LASER

Verstärkung durch induzierte Emission

Sender optischer Strahlung
hoher Kohärenz und Leistungsdichte

Herausgegeben von

W. Kleen und R. Müller

Unter Mitarbeit von

G. Grau · K. Gürs
D. Rosenberger · G. Winstel

Springer-Verlag Berlin Heidelberg GmbH

ISBN 978-3-642-87267-9   ISBN 978-3-642-87266-2 (eBook)
DOI 10.1007/978-3-642-87266-2

Titel Nr. 1471

Mitarbeiter

GRAU, G.   Dr. techn., o. Professor, Direktor des Instituts für Hochfrequenz-technik und Hochfrequenzphysik der Universität Karlsruhe

GÜRS, K.   Dr. phil. nat., Leiter der Lasergruppe im Battelle-Institut Frankfurt, Privatdozent an der Universität Frankfurt

KLEEN, W.   Dr. phil. nat. habil., Direktor des European Space Research and Technology Center, Noordwijk, Niederlande, Honorar-professor an der Technischen Hochschule München

MÜLLER, R.   Dr. techn., o. Professor, Direktor des Instituts für Technische Elektronik an der Technischen Hochschule München

ROSENBERGER, D.   Dr. rer. nat., Leiter des Laserlaboratoriums im Forschungs-laboratorium München der Siemens AG.

WINSTEL, G. H.   Dr. rer. nat., wissenschaftlicher Mitarbeiter im Forschungs-laboratorium München der Siemens AG.

Vorwort

Ursprung dieses Buches ist eine gemeinsame, etwa fünfjährige Arbeit der Verfasser und der Herausgeber auf dem Gebiet des Lasers im Forschungslaboratorium München der Siemens Aktiengesellschaft. Es gibt wohl kaum ein anderes Teilgebiet der modernen Physik und Technik (vielleicht ausgenommen das der Halbleiter), auf dem im letzten Jahrzehnt die zeitliche Dichte der Veröffentlichungen so groß war wie auf dem des Lasers. Außerdem hat dieses Fachgebiet als Grundlage eine Vielzahl recht verschiedener Spezialwissenschaften. Die Fülle und Vielfältigkeit des Stoffes sowie die Existenz von drei Laserarten, die sich durch ihre den Werkstoffen angepaßten Anregungsmechanismen unterscheiden, waren Anlaß für den Entschluß, mehrere Autoren heranzuziehen, von denen jeder einige Jahre auf einem der Teilgebiete tätig war. Die dadurch entstandene Gefährdung einer einheitlichen Darstellung hoffen wir durch gegenseitige Abstimmung soweit wie möglich vermieden zu haben.

Zur Vielfältigkeit der Probleme auf dem Gebiet des Lasers folgendes: Die theoretische Grundlage bildet die Quantenphysik, im besonderen die Theorie der Spektren. Wellenoptik und geometrische Optik sind weitere Elemente der *Physik* des Lasers, ebenso die Kristallphysik, insbesondere die optischen Eigenschaften von Einkristallen. All dies sind Teilgebiete der *Physik*. Daneben existieren Bereiche, die mit der *Nachrichtentechnik* eng verbunden sind. Dies beruht auf der Funktion des Lasers als Verstärker und Erzeuger elektromagnetischer Wellen, auf der Anwendung von Resonatoren und Wellenleitern, auf der Möglichkeit der Modulation von Laserstrahlung, auf der Tatsache, daß Laserstrahlung bezüglich Kohärenz der Strahlung etwa der eines Rundfunksenders gleicht, sowie auf der Ähnlichkeit der auftretenden statistischen Schwankungen (Rauschen) mit denen nachrichtentechnischer Sender und Verstärker. Alle diese letztgenannten Erscheinungen und Begriffe sind solche, mit denen der Nachrichtentechniker vertraut ist, dies allerdings in einem Gebiet wesentlich niedrigerer Frequenzen.

So treffen sich auf dem Lasergebiet die verschiedensten Sparten der „reinen" Physik und der Nachrichtentechnik. Physiker und Nachrichtentechniker sprechen aber leider keineswegs eine gemeinsame Sprache. Das äußert sich auch in der Schreibweise, in den Bezeichnungen und Symbolen, wie sie in beiden Sparten üblich sind. Z. B. werden Zeitfunktionen (bei komplexer Rechnung) in der Quantenphysik mit $\exp(-j\omega t)$, in der Nachrichtentechnik normalerweise mit $\exp(+j\omega t)$ angesetzt. Das hat u. a. Konsequenzen bei der Schreibweise komplexer Fortpflanzungskonstanten, komplexer Suszeptibilitäten und Brechungsindices, ferner bei den Vorzeichen von quantenmechanischen Erzeugungs- und Vernichtungsoperatoren. In der Schreibweise der Physik bedeutet z. B. ein negativer Imaginärteil der komplexen Suszeptibilität üblicherweise eine Dämpfung, in der gebräuchlichen Schreibweise der Nachrichtentechnik normalerweise hingegen Entdämpfung. Die Verwendung durchgehend *einheitlicher* Schreibweise wäre u. E. für dieses Buch keine befriedigende Lösung. Dies würde nämlich zur Folge haben, daß grundlegende Beziehungen der einen oder der anderen Disziplin in ungewohnter

Form erscheinen, so daß das Verständnis der Originalliteratur wesentlich erschwert würde. Im Interesse der Lesbarkeit wird daher in diesem Buch z. T. die Schreibweise der Physik, z. T. die der Nachrichtentechnik verwendet, worauf zur Vermeidung von Mißverständnissen in Einzelfällen ausdrücklich hingewiesen wird. Das gilt auch für die in den einzelnen Kapiteln verwendeten Bezeichnungen.

Die theoretisch-mathematische Behandlung der Vorgänge im Laser geschieht im vorliegenden Buch überwiegend auf der Grundlage der klassischen Quantenphysik, um damit den Interessen eines breiten Leserkreises gerecht zu werden. Es gibt auch zahlreiche quantenmechanische Untersuchungen und Beschreibungen des Lasers. Sie haben den Vorteil größerer Strenge und können vielfach als Beweis der Resultate herangezogen werden, die „halbklassisch" gewonnen sind. Jedoch wird nur in wenigen Fällen im Rahmen dieses Buches von der Quantenmechanik Gebrauch gemacht.

Das vorliegende Buch nimmt eine Mittelstellung zwischen Hand- und Lehrbuch ein. Als Ersatz für ein fehlendes Handbuch wurde versucht, alle wesentlichen Erscheinungen zu beschreiben und zu erklären sowie auf die zugehörige wichtige Literatur im Text hinzuweisen. Absolute Vollständigkeit der Literaturangaben wurde allerdings nicht angestrebt. Von einem elementaren Lehrbuch unterscheidet sich dieses Werk dadurch, daß keineswegs *alle* physikalischen Grundlagen der für den Laser wichtigen Teilgebiete der Physik eingehend behandelt sind. Wir hielten es aber für zweckmäßig, im Kapitel 2 eine Einführung in die Atomphysik der Laserspektren zu geben. Die Sprache und Schreibweise, deren sich der Spektroskopiker zur Beschreibung gequantelter Übergänge bedient, ist sehr speziell, nicht immer einheitlich, wird aber an so vielen Stellen dieses Buches benutzt, daß uns dieses einleitende Kapitel notwendig erschien.

Eine ausführliche Behandlung der Elemente der Halbleiterphysik, wie sie für das Verständnis des Halbleiterlasers erforderlich ist, hätte zu einer wesentlichen Überschreitung des vorgesehenen Buchumfangs geführt. Die Darstellung des Halbleiterlasers in Kapitel 7 setzt daher die Kenntnis der Grundlagen der Halbleiterphysik voraus. Es schien uns berechtigt, diese Voraussetzung zu machen, da mit dieser Laserart und diesem Kapitel 7 sich wohl in erster Linie Halbleiterspezialisten beschäftigen werden.

Dieses Buch, dessen Manuskript Mitte 1967 abgeschlossen wurde, erscheint etwa 10 Jahre nach der ersten Realisierung eines Lasers. Auch heute noch ist es schwer möglich, über die zukünftigen Anwendungen des Lasers und deren Bedeutung sichere Prognosen zu stellen. Über die Physik und Wirkungsweise des Lasers hingegen bestehen gut fundierte Kenntnisse und Vorstellungen, bezüglich derer grundsätzliche Änderungen kaum noch zu erwarten sind. In diesem Buch wurde daher das Schwergewicht auf die Beschreibung der physikalischen Vorgänge im Laser gelegt, dies mit der Hoffnung, daß dadurch dem Buch ein länger währender Wert beschieden sei.

Die Herausgeber möchten hiermit dem Springer-Verlag für die Betreuung und Sorgfalt bei der Drucklegung des Buches ihren Dank sagen.

Noordwijk/München, im Herbst 1968

Werner Kleen · Rudolf Müller

Inhaltsverzeichnis

Allgemein benutzte Bezeichnungen und Symbole

1. Physikalische Konstanten ($As = C$, $Ws = J$)

$m = 9{,}109 \cdot 10^{-28}\,\text{g}$ Ruhemasse des Elektrons

$e = 1{,}602 \cdot 10^{-19}\,\text{C}$ Elektronenladung

$e/m = 1{,}758 \cdot 10^{8}\,\text{Cg}^{-1}$ spezifische Elektronenladung

$c = 2{,}998 \cdot 10^{8}\,\text{ms}^{-1}$ Lichtgeschwindigkeit im Vakuum

$\varepsilon_0 = 8{,}854 \cdot 10^{-12}\,\text{AsV}^{-1}\,\text{m}^{-1}$ Dielektrizitätskonstante des Vakuums

$\mu_0 = 1{,}257 \cdot 10^{-6}\,\text{VsA}^{-1}\,\text{m}^{-1}$ Permeabilität des Vakuums

$Z_0 = \sqrt{\dfrac{\mu_0}{\varepsilon_0}} = 376{,}7\ \Omega$ Wellenwiderstand des leeren Raumes

$k = 1{,}380 \cdot 10^{-23}\,\text{J}\,(^\circ\text{K})^{-1}$ *Boltzmann-Konstante*

$L = 6{,}025 \cdot 10^{23}\,\text{Mol}^{-1}$ *Loschmidt-Zahl*

$R = 8{,}314\,\text{J}\,\text{Mol}^{-1}\,(^\circ\text{K})^{-1}$ molare Gaskonstante

$h = 6{,}625 \cdot 10^{-34}\,\text{Js}$ *Plancksches Wirkungsquantum*

$\hbar = \dfrac{h}{2\pi} = 1{,}054 \cdot 10^{-34}\,\text{Js}$

$R_\infty = 3{,}2899 \cdot 10^{15}\,\text{s}^{-1}$ *Rydberg-Frequenz*

$\mu_B = 1{,}165 \cdot 10^{-29}\,\text{Vsm}$ *Bohr-Magneton*

2. Mathematische Symbole

$x, y, z;\ r, \varphi, z;\ r, \vartheta, \varphi$ Koordinaten

$j = \sqrt{-1}$

$\text{Re}(x) = x_r$ Realteil von x

$\text{Im}(x) = x_i$ Imaginärteil von x

x^* zu x konjugiert komplexe Größe

c. c.   konjugiert komplexer Ausdruck einer komplexen Funktion

$\lg x$ *Briggscher Logarithmus* von x

$\ln x$ natürlicher Logarithmus von x

$\exp x = e^x$

$\boldsymbol{A}$ Vektor A

$\boldsymbol{e}$ Einheitsvektor

$\langle A(t) \rangle$ zeitlicher Mittelwert von A

$J_m(x)$ *Bessel-Funktion* m-ter Ordnung

$\hat{a}$ Operator a

$\delta(x)$ *Dirac-Delta-Funktion*

δ_{mn} *Kronecker-Symbol*

$\|S\| = \begin{Vmatrix} S_{11} & \cdots & \\ \cdots & \cdots & \cdots \\ & \cdots & S_{nn} \end{Vmatrix}$ Matrix

3. Physikalische Größen

A Fläche, Querschnitt

$A = A_{jk} = \int\limits_0^\infty A_\nu\, d\nu$ *Einstein-Koeffizient* für spontane Übergänge vom Niveau j zum Niveau k [s^{-1}]

$B = B_{jk} = \int\limits_0^\infty B_\nu\, d\nu$ *Einstein-Koeffizient* für induzierte Übergänge [m^3 s^{-2} J^{-1}]

$B' = B\,h\,\nu$ [m^3 s^{-2}]

$B'_\nu = B_\nu\,h\,\nu$ [m^3 s^{-1}]

C	Kapazität
E, $\boldsymbol{E}$	elektrische Feldstärke
$f(\nu)$	normierte Linienform eines atomaren Übergangs $\left(\int\limits_0^\infty f(\nu)\,d\nu = 1\right)$
f	Brennweite eines optischen Systems
$F = a^2/(L\,\lambda)$	*Fresnel-Zahl* eines Streifenspiegels der Breite $2a$ im optischen Abstand L
g_i	Entartungsgrad eines Niveaus i
$g = -2\alpha$	Verstärkungskonstante ($\alpha > 0$ Absorption, $\alpha < 0$ Verstärkung)
G	Leitwert
H, $\boldsymbol{H}$	magnetische Feldstärke
$\hat{H}$	*Hamilton-Operator*
I	Stromstärke
i	Stromdichte
$\boldsymbol{J}, J; \boldsymbol{j}, j$	Drehimpulsvektor, Drehimpulsquantenzahl
$\boldsymbol{k} = \boldsymbol{p}/\hbar$	Ausbreitungsvektor, Wellenvektor
$\boldsymbol{l}, l$	Bahndrehimpulsvektor bzw. zugehörige Quantenzahl für einzelne Elektronen
$\boldsymbol{L}, L$	Bahndrehimpulsvektor bzw. zugehörige Quantenzahl
L	Induktivität
M	Anzahl der Moden
M	Molekulargewicht
m_l, m_s	magnetische Quantenzahl für einzelne Elektronen
M_L, M_S, M_J	Magnetische Quantenzahl
n	Hauptquantenzahl
n	Anzahldichte [m^{-3}]
$n_\nu = dn/d\nu$	[$\mathrm{m}^{-3}\,\mathrm{s}$]
n, n_0, n_e	Brechungsindex
N	Anzahl
$\hat{p}$	Dipolmomentoperator
$\boldsymbol{p}$	Impulsvektor
P	Leistung
P, $\boldsymbol{P}$	dielektrische Polarisation ($D = \varepsilon_0\,E + P$)
p, p_{jk}	Übergangswahrscheinlichkeit für eine Polarisationsrichtung
Q	Anzahl der Lichtquanten
q	räumliche Dichte von Lichtquanten
Q	Güte eines Kreises
q	Zahl axialer Knoten eines TEM_{mnq}-Modus
$\boldsymbol{r}$	Ortsvektor
R	Reflexionsfaktor (bezogen auf Leistung)
R	Widerstand
$\boldsymbol{s}, s$	Spindrehimpulsvektor, Spindrehimpuls-Quantenzahl für einzelne Elektronen
$\boldsymbol{S}, S$	Spindrehimpulsvektor, Spindrehimpuls-Quantenzahl
S, $\boldsymbol{S}$	Leistungsflußdichte, Poynting-Vektor [Wm^{-2}]
T	absolute Temperatur
T	Zeitintervall
t	Zeitkoordinate
U, u	elektrische Spannung
v	Geschwindigkeit
V	Volumen
W	Energie
w	räumliche Energiedichte [Jm^{-3}]

$w_\nu = \dfrac{dw}{d\nu}$	spektrale Energiedichte [Jm^{-3} s]
Z	Kernladungszahl
α	Dämpfungskonstante (bezogen auf Amplitude, $\alpha > 0$ Dämpfung)
α	thermischer Ausdehnungskoeffizient
β	Phasenkonstante einer Welle
$\gamma = \alpha + j\,\beta$	Fortpflanzungskonstante einer Welle
$\Gamma = \exp(g\,z) = \exp(-2\,\alpha\,z)$	Leistungsgewinn
δ	relativer Leistungsverlust
δ_A	relativer Leistungsverlust durch Absorption
δ_B	relativer Leistungsverlust durch Beugung einer Welle bei einmaligem Durchlaufen eines Resonators
$\delta_R = 1 - R$	relativer Leistungsverlust bei Reflexion
$\varepsilon_r = \varepsilon_r' + j\,\varepsilon_r''$	relative komplexe Dielektrizitätskonstante
η	Wirkungsgrad
Θ	Öffnungswinkel eines Strahlbündels
$\varkappa$	Wärmeleitungskoeffizient
Λ	freie Weglänge
λ	Wellenlänge im Vakuum
μ	magnetisches Moment
ν	Frequenz
$\Delta\nu$	Linienbreite
$\Delta\nu_k$	Linienbreite eines „kalten" Resonators
$\tilde{\nu} = \nu/c$	Wellenzahl
$\delta\nu$	Abstand der mittleren Frequenzen von zwei Linien
σ	Wirkungsquerschnitt
σ	elektrische Leitfähigkeit
τ	Zeitkonstante, Lebensdauer
ψ	Wellenfunktion
$\omega = 2\pi\nu$	Kreisfrequenz
Ω	Raumwinkel
$\boldsymbol{\Omega}, \Omega$	Molekül-Drehimpulsvektor bzw. zugehörige Quantenzahl

4. Energie-Umrechnungstabelle $(e\,U = k\,T = h\,\nu = h\,c\,\tilde{\nu})$

	U	T	ν	$\tilde{\nu}$
	V	$°$K	s^{-1}	cm^{-1}
$U = 1\ \text{V} \triangleq$	1	$1{,}161 \cdot 10^4$	$2{,}418 \cdot 10^{14}$	$8{,}066 \cdot 10^3$
$T = 1\,°\text{K} \triangleq$	$8{,}617 \cdot 10^{-5}$	1	$2{,}083 \cdot 10^{10}$	$6{,}950 \cdot 10^{-1}$
$\nu = 1\ \text{s}^{-1} \triangleq$	$4{,}136 \cdot 10^{-15}$	$4{,}799 \cdot 10^{-11}$	1	$3{,}335 \cdot 10^{-11}$
$\tilde{\nu} = 1\ \text{cm}^{-1} \triangleq$	$1{,}240 \cdot 10^{-4}$	$1{,}439$	$2{,}998 \cdot 10^{10}$	1

1 Phänomenologische Beschreibung und Übersicht

Von W. KLEEN

Der Laser (Abkürzung für *L*ight *A*mplification by *S*timulated *E*mission of *R*adiation) ist in seiner äußeren Erscheinungsform die Quelle eines stark gebündelten Strahls weitgehend kohärenter elektromagnetischer Wellen mit Frequenzen, die sich von denen des Ultravioletts über den Bereich des sichtbaren Lichts bis ins ferne Infrarot erstrecken. Ihm verwandt ist der Maser (Abkürzung für *M*icrowave *A*mplification by *S*timulated *E*mission of *R*adiation), ein phasengetreuer Verstärker und ein Generator kohärenter Wellen im Bereich nachrichtentechnischer Höchstfrequenzen. Im Laser wie im Maser kann aus dem primären Vorgang, der Verstärkung, durch Rückkopplung eine Selbsterregung entstehen. Die Vorgänge im Laser (und auch im Maser) beruhen auf der Quantisierung der Energie in der Materie und im elektromagnetischen Strahlungsfeld. Physikalische Grundlage des Lasers ist also die Quantenphysik.

Als Werkstoffe dienen im Laser Gase, Dotierungsstoffe (Ionen) in dielektrischen Einkristallen, halbleitende Kristalle, in gewissem Umfang auch Ionen und Moleküle in festen Lösungen (Glas) und in flüssigen Lösungen. Die verwendbaren Stoffe bezeichnet man als „laseraktiv“. Der Energiezustand der Teilchen dieser Werkstoffe, Atome, Ionen oder Moleküle, ist durch die Existenz diskreter Energieniveaus oder Energiebänder beschrieben. In Gasen, Dämpfen und dielektrischen Kristallen haben die für Laserbetrieb geeigneten Energieniveaus eine energetische Breite, die klein gegen die Differenz der Energieniveaus ist. In der Darstellung der Energieniveaus, d. h. im Niveau- oder Termschema, wird der Zustand der Atome durch vier Quantenzahlen (Hauptquantenzahl, Bahnquantenzahl, magnetische Bahnquantenzahl und Spinquantenzahl) beschrieben. Diese Quantenzahlen machen Aussagen über die Elektronenkonfiguration und -zustände im Atom, im *Bohrschen Atommodell* über die Bahnen, Bahnformen der Elektronen sowie über die mit der Bahn und mit den Elektronen verknüpften Drehimpulse. Gemäß dem *Pauli-Prinzip* können in *einem* Atom Elektronen nur Zustände annehmen, die sich mindestens durch eine der vier Quantenzahlen unterscheiden. Wenn zwei Zustände durch verschiedene Quantenzahlen beschrieben werden, so bedeutet das nicht unbedingt die Existenz von zwei verschiedenen Energieniveaus. Man nennt Niveaus gleicher Energie, denen mehrere verschiedene Quantenzahlen zugeordnet sind, entartet. Durch Einwirkung äußerer Felder wird die Entartung aufgehoben, das Niveau aufgespalten.

In Gasen und Dämpfen bei geringem Druck können die einzelnen Atome oder Ionen als „frei“ angesehen werden, d. h. die ihnen benachbarten Teilchen haben keinen wesentlichen Einfluß auf Lage und energetische Breite der Niveaus. Das gilt jedoch nicht mehr für feste Körper, dielektrische Kristalle und Halbleiter. Laseraktive *dielektrische* Kristalle sind stets dotiert, enthalten also in einkristalliner Grundsubstanz Fremdstoffe, meist zwei- oder dreiwertige Ionen in Konzentrationen von der Größenordnung $1\,^0/_{00}$. Für den Laserbetrieb sind die Energieniveaus dieser Ionen maßgebend. Die Ionen sind in das Kristallgitter eingebaut, und wegen der geringen Konzentration besteht zwar zwischen ihnen nur sehr geringe Wechselwirkung, jedoch wirken auf sie die Felder benachbarter Ionen der Grundsubstanz. Die Niveauschemata der Ionen der Dotierung des Kristalls unterscheiden sich daher von denen, wie sie das *freie* Ion besitzt. Das gilt besonders ausgeprägt für solche Dotierungsionen, bei denen die für die Energieniveaus verantwortlichen Elektronen sich in einer äußeren Schale befinden (Beispiel: Cr^{3+} in Al_2O_3). Sehr viel geringer ist der Einfluß der Kristallfelder jedoch bei Dotierung mit Ionen, die äußere abgeschlossene Schalen besitzen und bei denen sich die die Energieniveaus bestimmenden Elektronen in einer inneren Schale befinden (Beispiel: Nd^{3+} mit insgesamt 8 Elektronen in der $5s$- und $5p$-Schale und 3 Elektronen in der $4f$-Schale). Die äußeren Schalen schirmen den Einfluß der Kristallfelder auf die $4f$-Schale ab.

Die Niveaus reiner, undotierter Halbleiter sind durch die Existenz zweier erlaubter Energiebereiche, des Leitungsbandes und des Valenzbandes und eines zwischen beiden liegenden unbesetzten Bereichs, der sogenannten verbotenen Zone, charakterisiert. Durch Dotierung entstehen innerhalb dieser verbotenen Zone neue Energieniveaus, sogenannte Störstellen-Niveaus.

Die Existenz und Lage der Energieniveaus in Gasen und dotierten Einkristallen äußert sich in den Absorptions- und Emissionsspektren, deren Frequenzen gemäß der Beziehung $v = \Delta W/h$ mit den Energiedifferenzen ΔW von Niveaus verknüpft sind. Jedoch treten nicht alle Übergänge, die man dem Niveauschema entnehmen kann, wirklich als *strahlende* Übergänge auf. Es existieren auch *verbotene* Übergänge, bestimmt durch wellenmechanisch berechenbare Übergangsverbote bzw. Auswahlregeln.

Beim Nullpunkt der absoluten Temperatur, $T = 0\,°K$, befinden sich alle Teilchen im niedrigsten Energieniveau, d. h. im Grundzustand. Bei endlicher Temperatur T und verschwindender Energiezufuhr aus der Umgebung nimmt die Zahl der Teilchen in den einzelnen Niveaus, d. i. die Besetzungszahl der einzelnen Niveaus, mit wachsender Höhe der Energieniveaus ab. Wird der Materie Energie zugeführt, so wird die Besetzungszahl höherer Energieniveaus auf Kosten der niedrigerer Energieniveaus vergrößert. Elektromagnetische Strahlung der Frequenz v kann aufgenommen werden, wenn die Energiedifferenz von zwei Niveaus gleich hv ist. Es treten dann in der Materie Übergänge zu höheren Energieniveaus auf — man spricht von *Anregung* durch *Absorption*. Die Zahl der Übergänge ist proportional der Intensität der einfallenden Strahlung und der Zahl der im unteren beteiligten Niveau befindlichen Teilchen. Anregung kann jedoch auch durch Stöße in Gasentladungen, durch Injektion von Ladungsträgern in Halbleiterdioden erzeugt werden.

Angeregte Materie geht durch Energieabgabe wieder in einen energetisch niedrigeren Zustand über. Die dabei freiwerdende Energie tritt dabei in drei Erscheinungsformen auf:

a) Nach einer kleinen mittleren Verzögerungszeit (Lebensdauer von z. B. *ms*, meist weniger) treten spontan Übergänge von den höheren Energieniveaus zu den tieferen auf. Die freiwerdende Energie wird in Form *spontaner Emission* ausgestrahlt. Die Quantenenergie $h\nu$ ist dabei gleich der Energiedifferenz der Niveaus. Die spontane Emission hat statistischen Charakter. Ihre Intensität ist proportional der Besetzungsdichte im oberen Niveau und *unabhängig* von der Intensität eines vorhandenen Strahlungsfeldes,

b) Zusätzlich „erzwingt" das Strahlungsfeld der Quantenenergie $h\nu$, die gleich der Differenz der beteiligten Energieniveaus ist, Übergänge vom oberen zum unteren Niveau. Die dadurch erzeugte Strahlung wird *erzwungene, induzierte* oder *stimulierte Emission* genannt. (A. EINSTEIN [1]). Ihre Intensität ist *proportional* der spektralen Strahlungsdichte des Wellenfeldes.

c) Schließlich kann ein Teil der Energie in Wärme umgewandelt werden. In Festkörpern werden durch Wechselwirkung mit dem Kristallgitter Phononen erzeugt, in Gasen wird Energie durch thermische Stöße übertragen (strahlungslose Übergänge).

Beim Betrieb eines Lasers treten alle drei Vorgänge auf. Der Vorgang a) ist eine Störerscheinung — ein Rauschen ähnlich dem, wie es in allen nachrichtentechnischen Verstärkern als Störung vorhanden ist. Die grundsätzlichen und wichtigen Eigenschaften des Lasers beruhen auf der Existenz des Vorganges b), der induzierten Emission.

Die bei Absorption von der Materie aufgenommene Energie ist proportional der Besetzungszahl des *Ausgangs*-Niveaus. Die Intensität der induzierten Emission ist proportional der Besetzungszahl des an der Emission beteiligten *oberen* Energieniveaus. Ist Wellenstrahlung in Materie vorhanden, so treten also stets gleichzeitig Absorption, d. h. Übergänge zu höheren Niveaus, und induzierte Emission, d. h. Übergänge in umgekehrter Richtung, auf. Solange die Besetzung des unteren Niveaus größer ist als die des oberen, überwiegt die Absorption, und eine durch die Materie hindurchtretende Welle wird gedämpft. Gelingt es jedoch, das obere Niveau eines Überganges stärker zu besetzen als das untere, so überwiegt die induzierte Emission. Dann wird eine einfallende elektromagnetische Welle mit einer Quantenenergie $h\nu$ gleich der Differenz der beteiligten Energieniveaus verstärkt, d. h. die Strahlungsleistung der Welle nimmt mit dem Weg der Welle im Medium zu. Dies gilt unabhängig von der Fortpflanzungsrichtung der Welle. Wie in einem nachrichtentechnischen Verstärker ist diese Verstärkung *phasentreu*, d. h. aus dem oberen Niveau werden Quanten in Phase mit denen der auslösenden elektromagnetischen Strahlung abgerufen.

Dieser induzierten Emission ist stets überlagert die oben genannte spontane Emission. Da die induzierte Emission proportional der Intensität des Strahlungsfeldes, die spontane Emission unabhängig von dieser ist, nimmt mit wachsender Strahlungsintensität der Anteil der spontanen Emission an der Gesamtemission ab. Er bleibt jedoch stets endlich, d. h. auch ein Laserverstärker hat endliches Rauschen.

Hat ein oberes Niveau eine Besetzung, die größer ist als die eines unteren, so spricht man von *Besetzungsumkehr* oder *Inversion*. Der Übergang aus der normalen Besetzung mit geringerer Besetzung der oberen Niveaus zur Inversion, d. h. der Übergang von der positiven Absorption zur negativen (Verstärkung) geschieht über den Wert Null der Absorption. Das bedeutet phänomenologisch, daß dabei die Materie „durchsichtig" ist, und zwar selektiv für die spezielle emittierte Frequenz mit einem $h\nu$ gleich der Energiedifferenz der beteiligten

1*

Niveaus. Rein formal kann man in der für solche Systeme gültigen Statistik die Inversion auch durch eine „negative" Temperatur T des Laserwerkstoffes beschreiben. Dabei wird der Zustand beginnender Inversion nach Überschreiten des Wertes $T = \infty$ erreicht. Abb. 1.1 zeigt zur Veranschaulichung die Besetzungszahlen zweier Energieniveaus im thermischen Gleichgewicht ($T > 0$), bei gerade verschwindender Absorption ($T = \infty$) und bei Inversion ($T < 0$).

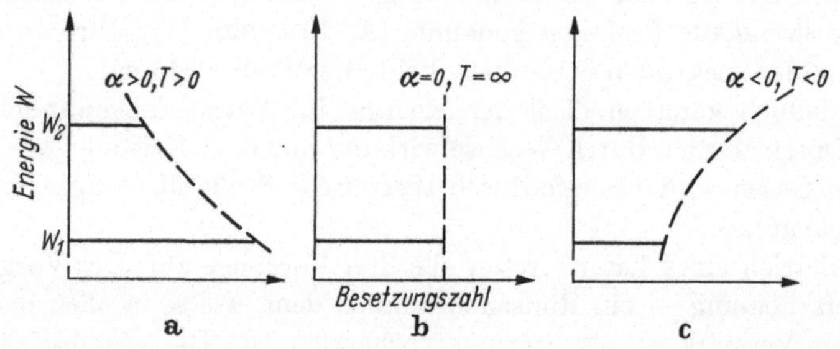

Abb. 1.1. Besetzungszahlen der Energieniveaus W_1, W_2 eines gequantelten Systems.

a) bei verschwindender Energiezufuhr Absorptionskoeffizient $\alpha > 0$, Dämpfung;
b) beim Übergang zur Inversion durch Energiezufuhr, $\alpha = 0$; c) Inversion, $\alpha < 0$, Verstärkung.

Jeder Laser beruht also auf der Realisierung einer Inversion. Man nennt im Sprachgebrauch die Herstellung einer Inversion auch das „*Pumpen*" des Lasers, die dazu erforderliche Energiequelle vielfach einfach „*Pumpe*". Die zur Erreichung der Inversion angewandten Methoden, d. h. die Art der Pumpe, sind verschieden, und daraus ergibt sich eine Einteilung in verschiedene Laserarten. Wird die

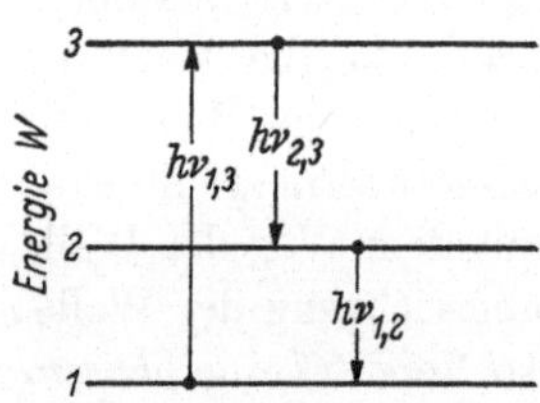

Abb. 1.2. Termschema eines Laserwerkstoffs mit drei Energieniveaus. $\nu_{1,3}$ Pumpfrequenz, $\nu_{1,2}$ Laserfrequenz.

Inversion durch Absorption einer Lichtstrahlung hergestellt, so spricht man von optischem Pumpen. Diese Methode des Pumpens wird in erster Linie beim Festkörperlaser mit dotierten dielektrischen Einkristallen verwendet (Kap. 5). Im Gaslaser (Kap. 6) werden Anregung und Inversion in der Regel durch Stöße erzeugt.

Optisches Pumpen geschieht normalerweise mit einer Frequenz, die größer ist als die der Laserstrahlung. Bei Anregung mit einer Frequenz gleich der der Laserstrahlung gelingt es nämlich nicht, den Zustand der Inversion zu erreichen. Da bei Gleichbesetzung von oberem und unterem Niveau die Materie durchsichtig ist, nimmt diese dann keine Energie mehr auf, und Erhöhung der Einstrahlung vergrößert nicht mehr die Besetzung des oberen Niveaus. Einer der entscheidenden Schritte zur Realisierung eines Lasers war der (bereits für den Maser von N. BLOEMBERGEN [6] gemachte) Vorschlag, sich zur Erzielung von Inversion eines Werkstoffs mit mindestens drei Energieniveaus zu bedienen. Das Pumpen geschieht entsprechend Abb. 1.2 mit einer Frequenz $\nu_{1,3}$; aus dem Niveau 3 treten vielfach strahlungslose Übergänge zum Niveau 2 auf, und dieses kann damit eine größere Besetzungszahl als das Niveau 1 annehmen. Niveau 2 wird also gegenüber Niveau 1 invertiert, die Laserstrahlung entsteht also mit der Frequenz $\nu_{1,2}$.

Beim Gaslaser (Kap. 6) werden allgemein Gase und Gasgemische mit mehr als zwei Energieniveaus benutzt. Beim Halbleiterlaser (Kap. 7) wird die Inversion normalerweise hergestellt durch Injektion von Ladungsträgern. Die Übergänge finden entweder vom Leitungsband zum Valenzband (Band–Band-Übergänge) oder auch zu oder von Störtermen in der verbotenen Zone statt.

Die Verstärkung elektromagnetischer Strahlungsenergie in einem invertierten Medium ist ein frequenzselektiver Vorgang; es wird nur die Frequenz verstärkt, deren Quantenenergie $h\nu$ gleich der Energiedifferenz der an der induzierten Emission beteiligten Energieniveaus ist. Wie alle nachrichtentechnischen Verstärker wird auch ein Laserverstärker zu einem Oszillator durch Anwendung einer Rückkopplung. Die Methode der Rückkopplung unterscheidet sich jedoch wesentlich von dem in der Nachrichtentechnik Üblichen. Beim Laser wird die Rückkopplung fast ausschließlich erzielt durch Reflexion an Spiegeln, die das aktive Lasermaterial einschließen, also die Quelle induzierter Emission begrenzen. Es existiert also, im Gegensatz zu normalen Oszillatoren der Nachrichtentechnik, im allgemeinen kein vom Verstärkerzweig getrennter Rückkopplungsweg. Verstärkung und gleichzeitig Rückkopplung vollziehen sich auf dem Weg des Lichtes im laseraktiven Werkstoff, und zwar in beiden Richtungen.

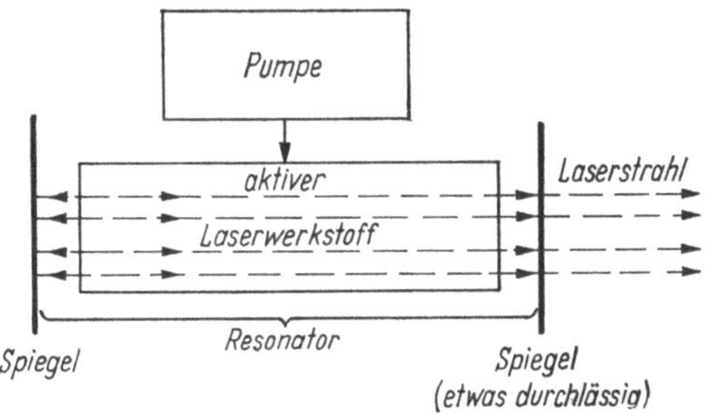

Abb. 1.3. Schema und Bestandteile eines Lasers.

Entsprechend den vorhergehenden Ausführungen besteht also ein Laser aus drei Bestandteilen, der Pumpe, dem aktiven Laserwerkstoff und dem Resonator, begrenzt durch reflektierende Spiegel (s. Abb. 1.3). Mindestens einer der beiden Spiegel besitzt dabei eine endliche Durchlässigkeit, um den Austritt des Laserstrahls zu ermöglichen. Der den Laserwerkstoff enthaltende, von den Spiegeln begrenzte Raum wirkt als optischer Resonator, in dem der Lichtstrahl hin- und herläuft.

Kap. 2 dieses Buches bringt Grundlagen der Atomphysik. Es schien uns zweckmäßig, dieses Kapitel einzufügen, um dem Leser, der mit dem Gebiet der Spektroskopie nicht vertraut ist, auf begrenztem Raum einen Überblick über die Phänomene der Atomphysik und speziell der Spektroskopie zu vermitteln, die für den Mechanismus des Lasers wichtig sind. Neben den Erscheinungen werden hier Begriffe und Bezeichnungen erläutert, die z. T. nicht einheitlich verwendet werden.

Kap. 3 beschreibt die Eigenschaften optischer Resonatoren. Diese sind allgemein dadurch gekennzeichnet, daß zwischen reflektierenden Berandungen der Lichtweg einer ganzzahligen Anzahl halber Wellenlängen gleicht. Die verschiedenen Formen der Resonatoren (*Fabry-Perot-Resonator*, konzentrische, konfokale Resonatoren) werden behandelt, ihre Stabilitätsbedingungen und Verluste untersucht, die Äquivalenz von Resonator und Linsenleitung wird aufgezeigt.

Im 4. Kapitel werden die Vorgänge beschrieben, die sowohl im Festkörper- wie im Gaslaser zur Verstärkung einer einfallenden Lichtwelle und zur Selbsterregung führen. Das Kapitel gibt einen Überblick über den stationären und dynamischen Betriebszustand (Sättigung, optimale Auskopplung, Relaxationsschwingungen).

Kap. 5, 6 und 7 sind den verschiedenen Laserarten gewidmet. Wie der Festkörperlaser mit dotierten dielektrischen Einkristallen wird auch der Flüssigkeitslaser optisch gepumpt (Kap. 5). Die Zahl der Gase und Gasgemische, die im Gaslaser (Kap. 6) durch Stöße angeregt werden und induziert emittieren, ist außerordentlich groß, sehr viel größer als die Anzahl der verschiedenartigen dotierten dielektrischen Einkristalle und der Halbleiterwerkstoffe, mit denen die Herstellung von Lasern möglich ist.

Der Halbleiterlaser (Kap. 7) nimmt unter den Laserarten eine gewisse Sonderstellung ein. Der meist benutzte Halbleiterlaser, der Diodenlaser, auch Laserdiode genannt, besteht aus benachbarten p- und n-dotierten Bereichen (pn-Übergang). Durch reflektierende Begrenzungsflächen wird der erforderliche Resonator realisiert. Anregung und Inversion geschehen durch Trägerinjektion im Durchlaßbereich. Die injizierten Elektronen und Löcher rekombinieren unter Strahlungsemission mit einer Quantenenergie, die *angenähert* gleich dem energetischen Abstand zwischen Valenz- und Leitungsband ist. Elementhalbleiter wie Germanium und Silizium sind aus Gründen, die in Kap. 7 näher erläutert werden, als Werkstoff für Halbleiterlaser nicht geeignet. Meist benutzt wird Galliumarsenid. Außer durch Trägerinjektion in pn-Übergängen kann in homogenen Halbleitern Inversion auch durch Elektronenbestrahlung erzeugt werden.

Da der Laser eine Quelle weitgehend kohärenter Strahlung darstellt, ist es verständlich, daß man sich bemüht hat, ähnlich wie in der Nachrichtentechnik, der im Idealfall zeitlich konstanten Laserstrahlung durch Modulation einen Informationsinhalt zu geben (Kap. 8). Grundsätzlich ist eine Modulation möglich durch zeitliche Variation der dem Laser zur Anregung zugeführten Energie, d. h. der Intensität des Pumplichtes beim Festkörperlaser bzw. des Stromes beim Gas- und Halbleiterlaser. Beim Festkörper- und Gaslaser ist diese Methode jedoch auf relativ niedrige Modulationsfrequenzen (Größenordnung 10^7 Hz) beschränkt. Nur beim Halbleiterlaser ist eine Modulation auf einfache Weise durch zeitliche Variation des Trägerstroms mit hohen Modulationsfrequenzen und breiten Übertragungsbereichen (10^9 Hz, evtl. mehr) durchführbar. In erster Linie dienen zur Modulation von Festkörper- und Gaslasern doppelbrechende Kristalle, durch die der Laserstrahl hindurchtritt und deren optische Eigenschaften durch ein elektrisches Wechselfeld geändert werden. Gleichfalls als Modulationsverfahren zu bezeichnen sind Methoden der Erzeugung kurzzeitiger Laserimpulse.

Bekanntlich sind in der Technik der Nachrichtenübertragung die statistischen Schwankungen (Rauschen) in Verstärkern und Oszillatoren außerordentlich wichtig. Für ein Gebiet der Frequenzen und Temperaturen, in dem $h\nu \ll kT$ ist — und das gilt im Gebiet der konventionellen Nachrichtentechnik — gibt es zahllose Untersuchungen über die Rauschquellen und ihre Wirkungen in Nachrichten-Übertragungssystemen. Beim Laser hingegen ist stets $h\nu$ vergleichbar mit oder groß gegen kT. Damit ergeben sich durch die Existenz des Lasers wesentlich neue Aspekte für die Theorie des Rauschens, und die Entdeckung des Lasers stimulierte zahlreiche Arbeiten über das „Quantenrauschen". Diese Tatsache war Anlaß, in unserem Buch den statistischen Eigenschaften der Laserstrahlung ein spezielles Kapitel (Kap. 9) zu widmen.

Zahlreiche verschiedenartige Anwendungen des Lasers (Kap. 10) im Laboratorium und in der Technik sind vorgeschlagen worden. Die zukünftige Bedeutung dieser Anwendungen ist vielfach noch nicht klar (s. Einleitung zu Kap. 10). Für viele Anwendungen des Lasers ist nicht die spezielle Eigenschaft der Kohärenz Anlaß. Sie beruhen vielmehr auf der Eigenschaft der großen spektralen Reinheit und insbesondere der hohen Energiedichte (Watt/cm²) der Laserstrahlung. Der Laser stellt in diesen Fällen also lediglich eine, verglichen mit anderen Strahlungsquellen, wesentlich verbesserte Lichtquelle dar.

Historie: Die Existenz und der Prozeß der induzierten Emission wurden bereits 1917 von EINSTEIN im Rahmen einer neuartigen Ableitung des *Planckschen Strahlungsgesetzes* erkannt [1]. Experimentell wurden Inversion und induzierte Emission in den Jahren 1928 bis 1950 bei der Resonanzspektroskopie nachgewiesen (R. LADENBURG und H. KOPFERMANN [2], E. M. PURCELL und R. V. POUND [3]). Die enge Verwandtschaft von Maser und Laser macht es notwendig, als grundlegend für den Laser auch die ersten Vorschläge und theoretischen Arbeiten über den Maser zu nennen. Sie entstanden unabhängig voneinander in den Vereinigten Staaten von Amerika (J. WEBER [4], J. P. GORDON, H. J. ZEIGER u. C. H. TOWNES [5], N. BLOEMBERGEN [6], A. L. SCHAWLOW u. C. H. TOWNES [7]) und in der Sowjetunion (V. A. FABRIKANT [8], N. G. BASOV u. A. M. PROKHOROV [9], s. a. [10]). C. H. TOWNES, N. G. BASOV und A. M. PROKHOROV erhielten 1964 gemeinsam für ihre Arbeiten den Nobelpreis für Physik. Die Erfindung des Masers regte Arbeiten mit dem Ziel an, das im Maser bei Mikrowellen realisierte Prinzip auch im optischen Spektralbereich experimentell zu verwirklichen. Dies gelang erstmals T. H. MAIMAN [11], der 1960 einen Festkörperlaser (Rubin) für Pulsbetrieb baute. Der erste kontinuierlich betriebene Laser war der Helium–Neon-Laser, der 1961 von A. JAVAN und Mitarbeitern [12] gebaut wurde. Die ersten Untersuchungen mit dem Ziel der Realisierung von Halbleiterlasern wurden ab 1959 von P. AIGRAIN durchgeführt (unveröffentlichte Mitteilung anläßlich eines Vortrages am MIT). Von ihm angeregte Arbeiten führten jedoch nicht zum Erfolg, da der ungeeignete Werkstoff Germanium verwendet wurde. 1962 wurden die ersten Halbleiterlaser in der Form von pn-Übergängen in Galliumarsenid etwa gleichzeitig von R. N. HALL [13], M. J. NATHAN [14] und T. M. QUIST [15] und deren Mitarbeitern gebaut. Die Inversion in homogenen Halbleitern durch Elektronenstrahlen wurde ab etwa 1959 von N. BASOV und Mitarbeitern [16] untersucht.

Literatur

[1] EINSTEIN, A.: Zur Quantentheorie der Strahlung. Phys. Z. 18 (1917) 121—128.

[2] LADENBURG, R., u. H. KOPFERMANN: Experimenteller Nachweis der negativen Dispersion. Z. Phys. Chemie Abt. A 139 (1928) 375—385.

[3] PURCELL, E. M., u. R. V. POUND: A nuclear spin system at negative temperature. Phys. Rev. 81, 2 (1951) 279—280.

[4] WEBER, J.: Amplification of microwave radiation by substances not in thermal equilibrium. Trans IRE, PGED 3 (1953) 1—4.

[5] GORDON, J. P., H. J. ZEIGER u. C. H. TOWNES: Molecular microwave oscillator and new hyperfine structure in the microwave spectrum of NH_3. Phys. Rev. 95, 1 (1954) 282—284.

[6] BLOEMBERGEN, N.: Proposal for a new type solid state maser. Phys. Rev. 104, 2 (1956) 324—327.

[7] Schawlow, A. L., u. C. H. Townes: Infrared and optical masers. Phys. Rev. 112 (1958) 1940—1949.

[8] Fabrikant, V. A.: Russ. Patent Nr. 123209 vom 18. 6. 1951.

[9] Basov, N. G., u. A. M. Prokhorov: Zhur. Eksp. i. Teoret. Fiz. 27 (1954) 431 u. 28 (1955) 249.

[10] Kassel, S.: Soviet laser research. Proc. IEEE 51 (1963) 216—218.

[11] Maiman, T. H.: Stimulated optical radiation in ruby. Nature 187 (1960) 493—494.

[12] Javan, A., W. R. Bennett Jr. u. D. R. Herriot: Population inversion and continuous optical maser oscillation in a gas discharge containing a He–Ne-mixture. Phys. Rev. Letters 6, 3 (1961) 106—110.

[13] Hall, R. N., G. E. Fenner, J. D. Kingsley, J. T. Soltys u. R. O. Carlson: Coherent light emission from GaAs-junctions. Phys. Rev. Letters 9 (1962) 366—368.

[14] Nathan, M. J., W. P. Dumke, G. Burns, F. H. Dill Jr. u. G. Lasher: Stimulated emission of radiation from GaAs pn-junctions. Appl. Phys. Letters 1 (1962) 62—64.

[15] Quist, T. M., R. H. Rediker, R. J. Keyes, W. E. Krag, B. Lax, A. L. McWorther u. H. J. Zeigler: Semiconductor maser of GaAs. Appl. Phys. Letters 1 (1962) 91—92.

[16] Basov, N. G., O. N. Krokhin u. Yu M. Popov: Indirect interband transitions and radiation absorption by free carriers, Advances in Quantum Electronics, Ed. J. R. Singer. Columbia University Press, London: 1961, S. 500—506 (Diskussionsbemerkung), s. a. Zhur. Eksp. i. Teoret. Fiz. 40 (1961) 1203.

2 Atomphysikalische Grundlagen laseraktiver Stoffe

Von D. ROSENBERGER

2.1 Einleitung

Hier wird zunächst eine kurze Einführung in diejenigen Bereiche der Atomphysik gebracht, deren Kenntnis unmittelbar zum Verständnis des Lasers und der Laserspektroskopie notwendig ist. Ausgehend vom Ein-Elektronen-System und der Bedeutung der Quantenzahlen werden die Multiplettspektren von freien und gebundenen Atomen bei verschiedenem Kopplungstypus diskutiert und ein kurzer Aufriß der Molekülspektroskopie gegeben. Daneben soll ein Einblick in die Absorptions- und Emissionsvorgänge sowie in die Besetzungsverteilung der Energieniveaus gewonnen werden, was unmittelbar zum Verständnis der Verstärkung durch induzierte Emission führt.

Diese Darstellung ist für einen Leserkreis gedacht, dem die Grundvorstellungen der Atomphysik und der Wellenmechanik bekannt sind. Sie kann kein Ersatz für ein Lehrbuch sein, da sowohl auf Vollständigkeit als auch weitgehend auf Ableitungen und Beweise verzichtet werden muß. Bei den einzelnen Abschnitten wird jedoch auf Lehrbücher verwiesen, die den jeweiligen Stoff ausführlich behandeln.

2.2 Das Einelektronensystem

2.2.1 Empirischer Befund

Am Beispiel des Wasserstoffatoms kann der prinzipielle Aufbau eines Atoms und damit die Systematik eines Linienspektrums auf einfache Weise verstanden werden.

Die Frequenzen ν_{mn} der vom ultravioletten bis ins infrarote Spektralgebiet reichenden Linien des Wasserstoffs lassen sich durch eine einzige, auf rein empirischem Weg gefundene Serienformel

$$\nu_{mn} = R\left(\frac{1}{m^2} - \frac{1}{n^2}\right) \tag{2.2/1}$$

beschreiben, worin m und n ganzzahlige Laufzahlen sind und R eine Konstante, die sogenannte *Rydberg-Frequenz* (s. Gl. (2.2/4)) ist. Verschiedene Linienserien unterscheiden sich dabei nur durch unterschiedliche m-Werte [1, 2].

2.2.2 Bohrsches Atommodell

Die *Bohrsche Theorie* des Einelektronensystems vermag das Wasserstoffspektrum und das der wasserstoffähnlichen Ionen sehr gut zu beschreiben [1, 2]. Die Gesetze der klassischen Mechanik und Elektrodynamik werden dabei durch drei Postulate durchbrochen. Für die Elektronen, die sich auf Kreisbahnen im *Coulomb-Feld* des positiven Kerns bewegen, werden folgende Forderungen erhoben:

a) Es sind nur ganz bestimmte Umlaufbahnen mit *diskreten* Energiewerten W_n erlaubt.

b) Diese Bahnen sind dadurch ausgezeichnet, daß der Betrag ihres Drehimpulses ein *ganzzahliges*[1] Vielfaches von $\hbar = h/2\pi$ ist.

c) Die Bewegung auf diesen Kreisbahnen geschieht *strahlungslos*. Übergänge zwischen den Bahnen erfolgen unter Emission bzw. Absorption eines Lichtquants der Frequenz ν_{mn}, wobei für $W_m > W_n$

$$h\nu_{mn} = W_m - W_n. \tag{2.2/2}$$

Dieser Theorie liegt also ein zweidimensionales, scheibenförmiges Atommodell mit punktförmigem Kern und ebensolchen Elektronen zugrunde, was jedoch sowohl mit der Erfahrung als auch mit den Ergebnissen der quantenmechanischen Rechnung nicht vereinbar ist, die für den Grundzustand des Atoms kugelsymmetrisches Verhalten verlangen. Darüber hinaus ist sie auf die Behandlung von Mehrelektronensystemen nicht mehr anwendbar, so daß wir im weiteren Verlauf nicht näher auf sie zurückkommen werden. Seiner großen Anschaulichkeit wegen wird das *Bohrsche Atommodell* jedoch immer wieder bei der Diskussion quantenmechanischer Größen herangezogen — man denke etwa an die Bezeichnung Bahndrehimpuls —, so daß es an dieser Stelle nicht unerwähnt bleiben sollte.

2.2.3 Hauptquantenzahl, Termschema

Die Energie des Elektrons auf einer ausgezeichneten Bahn im Einelektronensystem berechnet sich in Übereinstimmung von *Bohrscher Theorie* und Quantenmechanik (s. Kap. 2.2.4) zu

$$(W_B)_n = - h\,R/n^2 \qquad n = 1, 2, \dots, \tag{2.2/3}$$

worin n eine Laufzahl, die sog. *Hauptquantenzahl*, darstellt und die *Rydberg-Frequenz R* gegeben ist durch

$$R = \frac{e^4 Z^2}{8\,\varepsilon_0^2 h^3 (1/m + 1/m_k)} \tag{2.2/4}$$

(e Elementarladung, h *Plancksches Wirkungsquantum*, m, m_k Masse des Elektrons bzw. Kerns, Z Kernladungszahl).

Die Energiewerte $(W_B)_n$ werden als *Bindungsenergien* bezeichnet und geben dem Betrag nach an, welche Energie aufgewendet werden muß, um ein Elektron aus dem betreffenden Zustand abzutrennen. Sie sind negativ, da sie sich auf die Ionisationsgrenze als Nullpunkt der Energieskala beziehen.

Die *Terme* der Gl. (2.2/1), deren Differenz die Frequenz der emittierten Linien angibt, stellen somit Energieniveaus des Atoms, gemessen in Frequenzeinheiten,

---

[1] Die quantenmechanische Rechnung Gl. (2.2/20) zeigt, daß diese ganzen Zahlen l der *Bohrschen Theorie* durch $\sqrt{l\,(l+1)}$ zu ersetzen sind.

dar. In der praktischen Spektroskopie ist es jedoch üblich, sie in *Wellenzahlen* $\tilde{\nu} = \dfrac{\nu}{c}$ der Dimension cm^{-1} anzugeben ($\tilde{\nu}$ ist also die Zahl der Wellenlängen im Vakuum pro cm).

Der Hauptquantenzahl $n = 1$ entspricht der Term mit der größten Bindungsenergie $(W_B)_1 = -hR$, der als *Grundterm* bezeichnet wird. Ihm stehen die *angeregten* Terme gegenüber, die für $n \to \infty$ gegen die Ionisationsgrenze konvergieren. Trägt man die Terme mit steigenden Hauptquantenzahlen übereinander auf, so ergibt sich ein *Termschema*, wie es in Abb. 2.1 für das Wasserstoffatom aufgezeigt ist. Die Termenergien sind dabei rechts im Bild aufgetragen.

Anschaulicher ist es jedoch, den Nullpunkt der Energieskala in den Grundzustand des Atoms zu legen, wie es links in Abb. 2.1 geschehen ist. Man spricht dann im Gegensatz zu oben von (positiven) *Anregungsenergien* und einem *Energieniveau*-Schema[1]. Der Hauptquantenzahl n entspricht damit beim Wasserstoffatom die Anregungsenergie

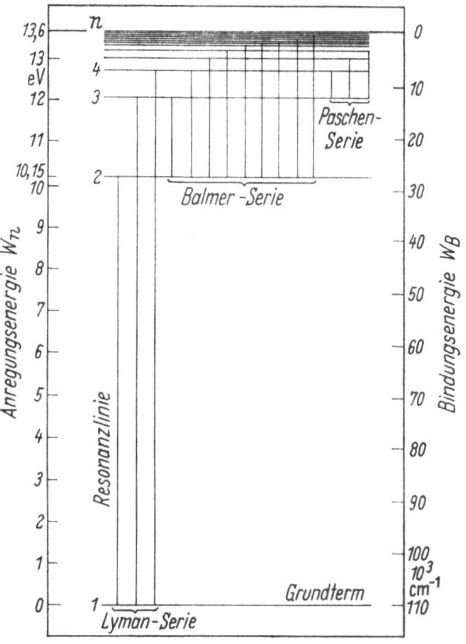

Abb. 2.1. Niveauschema (Termschema) des Wasserstoffatoms. Die Anregungsenergien sind in eV, die Bindungsenergien in cm^{-1} angegeben.

$$W_n = (W_B)_n - (W_B)_1 = hR\,(1 - 1/n^2). \qquad (2.2/5)$$

Die Energiewerte können sowohl in Wellenzahlen als auch in Elektronenvolt angegeben werden, wobei

$$1\ \text{eV} \equiv 8065{,}9\ \text{cm}^{-1}.$$

Für kleine Niveaudifferenzen in der Größenordnung von $^1/_{100}$ eV ist es auch üblich, kT_0 als Energiemaß zu verwenden. Es gilt

$$1\ kT_0 \equiv 0{,}0258\ \text{eV}.$$

Zwischen den Energieniveaus der Abb. 2.1 sind auch eine Reihe von Übergängen eingezeichnet, deren Frequenz der jeweiligen Niveaudifferenz proportional ist. Die zu einer Serie gehörenden Linien zeichnen sich dabei durch ein gemeinsames unteres Niveau aus. Eine besondere Bedeutung kommt der *Hauptserie* zu, die im Grundterm des Atoms endet und somit auch in Absorption beobachtet werden kann[2]. Von den Linien der Hauptserie ist wiederum diejenige ausgezeichnet,

---

[1] Im vorliegenden Buch wird durchwegs die Darstellung durch Energieniveauschemata gewählt.

[2] Die Beobachtung der anderen Linienserien in Absorption würde eine hohe Besetzung der nächst höheren Energieniveaus voraussetzen, die nur bei sehr hohen Temperaturen zu erwarten ist. Näheres s. Kap. 2.11.

die den Grundzustand mit dem nächsthöheren Niveau verbindet. Sie wird als *Resonanzlinie* bezeichnet, das dazugehörige obere Niveau als Resonanzniveau. Im allgemeineren Sinne — und damit auch für kompliziertere Niveauschemata gültig — werden als Resonanzniveaus solche Zustände bezeichnet, die ausschließlich in den Grundzustand emittieren und auch umgekehrt nur durch Absorption aus dem Grundzustand besetzt werden können.

2.2.4 Quantenmechanische Beschreibung

Obwohl die quantenmechanischen Ergebnisse der folgenden Abschnitte im allgemeinen ohne Ableitung und Beweis gebracht werden, erscheint es zweckmäßig, die Grundlagen und die Methoden der Theorie in einem kurzen Aufriß darzustellen:

Die Wellenmechanik verwendet zur Beschreibung der Wirkung eines bewegten Teilchens Korpuskel- und Wellendarstellung nebeneinander, indem die potentielle Energie, die nur im Korpuskelbild definierbar ist, beibehalten wird, die Lage des Teilchens dagegen durch die Amplitude einer (laufenden oder stehenden) Materiewelle beschrieben wird [1—5].

Die Verknüpfung der beiden Größen wird auf rein formale Art dadurch erreicht, daß im zeitunabhängigen Anteil der allgemeinen Wellengleichung für λ die *de Broglie-Wellenlänge* $\lambda = \dfrac{h}{p}$ des mit dem Impuls p bewegten Teilchens eingesetzt wird. Man erhält die zeitunabhängige *Schrödinger-Gleichung*

$$\Delta \psi + \frac{2m}{\hbar^2} (W - V)\psi = 0, \qquad (2.2/6)$$

worin W die Gesamtenergie, V die potentielle Energie und m die Masse des Teilchens bezeichnen. ψ beschreibt die Amplitude der Materiewelle. Wie bei einer elektromagnetischen Welle die Energiedichte durch das Amplitudenquadrat der schwingenden Feldstärke gegeben ist, so bestimmt das Betragsquadrat $\psi\psi^*$ der im allgemeinen komplexen Funktion ψ die Wahrscheinlichkeitsdichte. $\psi(x, y, z)\,\psi^*(x, y, z)\,dx\,dy\,dz$ gibt also die Wahrscheinlichkeit an, das Teilchen im Volumenelement $dx\,dy\,dz$ am Ort (x, y, z) anzutreffen.

Bei Kenntnis des Potentials führt die Lösung der *Schrödinger-Gleichung* unter Beachtung physikalisch sinnvoller Randwert- und Eindeutigkeitsforderungen auf ganz bestimmte ψ-Funktionen, die allein das System richtig beschreiben; dabei zeigt sich auch, daß bei $W < 0$ nur für ausgezeichnete, diskrete W-Werte überhaupt Lösungen existieren. Diese verallgemeinerte Aussage wird im nächsten Abschnitt anhand des Einelektronensystems erläutert.

Zuvor soll jedoch noch auf die Operatorenschreibweise hingewiesen werden, die eine knappe und übersichtliche Darstellung erlaubt und deshalb ausnahmslos Verwendung findet.

Mit ihr schreibt sich die *Schrödinger-Gleichung*

$$\hat{H}\psi = W\psi, \qquad (2.2/7)$$

wobei $\hat{H}$ den *Hamilton-* oder *Energieoperator* bezeichnet, der in Analogie zur klassischen *Hamilton-Funktion* mit Hilfe der Impulsoperatoren gebildet ist. Es ist

$$\hat{H} = \frac{\hat{p}_x^2 + \hat{p}_y^2 + \hat{p}_z^2}{2m} + V.$$ (2.2/8)

Für die Impulsoperatoren gilt dabei

$$\hat{p}_x = \frac{\hbar}{j}\,\frac{\partial}{\partial x}\,;\dots$$ (2.2/9)

In dieser Schreibweise kann die *Schrödinger-Gleichung* als Eigenwertgleichung des Energieoperators aufgefaßt werden. Die (zeitlich konstanten!) Energiewerte W_n, für die die Gleichung physikalisch sinnvolle Lösungen hat, werden dementsprechend als *Eigenwerte*, die zu W_n gehörenden Lösungen als *Eigenfunktionen* oder *Eigenzustände*[1] bezeichnet.

Von großer Bedeutung ist auch die Eigenwertgleichung des Drehimpulsoperators $\hat{l} = [\hat{r}\hat{p}]$, die wir im nächsten Abschnitt zur Deutung der Nebenquantenzahlen verwenden wollen.

2.2.5 Nebenquantenzahlen l und m_l, Bahndrehimpuls

Die formale Lösung der *Schrödinger-Gleichung* für das Einelektronensystem verwendet den Separationsansatz [1, 2]

$$\psi(r, \vartheta, \varphi) = R(r)\,\theta(\vartheta)\,\Phi(\varphi).$$ (2.2/10)

Zur Abtrennung des Radialteils muß eine Konstante α, zur Trennung der Winkelvariablen eine Konstante β eingeführt werden. Unter Beachtung physikalisch sinnvoller Randbedingungen und Eindeutigkeitsforderungen läßt sich zeigen, daß sich für Φ und θ nur dann Lösungen ergeben, wenn die zur Separation eingeführten Konstanten α und β bestimmte Werte annehmen:

$$\beta = m_l^2 \qquad \text{mit } m_l = 0,\,\pm 1,\,\pm 2,\,\dots$$ (2.2/11)

$$\alpha = l(l+1) \qquad \text{mit } l = 0, 1, 2, \dots$$ (2.2/12)

$$\text{und } l \geq |m_l|.$$ (2.2/13)

Die Lösung des Radialteils führt für $W \leq 0$ auf die *Bohrschen Energien* W_n der Gl. (2.2/3), wobei die Hauptquantenzahl n der Bedingung

$$n \geq l+1$$ (2.2/14)

gehorchen muß.

Die Lösung der Gl. (2.2/10) ist von den drei Parametern n, l, m abhängig gemäß

$$\psi_{n,l,m}(r, \vartheta, \varphi) = R_{n,l}(r)\,\theta_{l,m}(\vartheta)\,\Phi_m(\varphi).$$ (2.2/15)

---

[1] Wir wollen die beiden Bezeichnungsweisen hier nebeneinander verwenden, obwohl dem Begriff Eigenzustand physikalisch eine allgemeinere Bedeutung zukommt.

Dieser Gleichung wollen wir eine Reihe wichtiger Aussagen entnehmen.

Zu einem Energieeigenwert W_n, der nur durch den Wert der Hauptquantenzahl bestimmt ist, gehört eine ganze Reihe von Eigenzuständen, die sich in den *Nebenquantenzahlen* l und m_l unterscheiden. Man bezeichnet einen solchen Energiezustand als *entartet*.

Für ein gegebenes l kann m_l dabei nach den Gln. (2.2/11) und (2.2/13) nur die $(2l + 1)$ Werte

$$m = l, l - 1, l - 2, \ldots -l \tag{2.2/16}$$

annehmen. Genauso sind nach Gl. (2.2/14) bei vorgegebener Hauptquantenzahl nur die folgenden l-Werte erlaubt:

$$l = 0, 1, \ldots n - 1. \tag{2.2/17}$$

Zu jedem Energieeigenwert gehören somit

$$\sum_{l=0}^{n-1} (2l + 1) = n^2 \tag{2.2/18}$$

unterschiedliche Eigenzustände, die wir wie bisher mit $\psi_{n,l,m}$ bezeichnen wollen oder — der *Dirac-Schreibweise* [3, 4, 5] folgend — mit $|n, l, m_l>$.

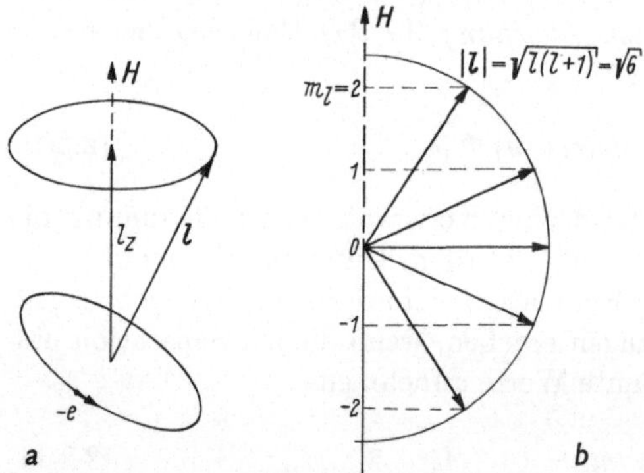

Abb. 2.2. a) Präzession des Bahndrehimpulses l eines kreisenden Elektrons um die Feldrichtung **H**. Der Betrag $|l|$ und die Komponente l_z sind zeitlich konstant und gequantelt; b) die möglichen Stellungen von l für $l = 2$ bei vorgegebener Feldrichtung (Richtungsquantelung).

Zur Erklärung der physikalischen Bedeutung der oben eingeführten Nebenquantenzahlen l und m betrachten wir in Abb. 2.2 den Drehimpuls l eines Elektrons, das sich auf einer *Bohrschen Bahn* bewegen möge. Die z-Achse des Koordinatensystems sei durch die Richtung eines schwachen äußeren Magnetfeldes (von verschwindend kleinem energetischem Einfluß) vorgegeben. Mit dem mechanischen Drehimpuls des Elektrons ist nach der klassischen Elektrodynamik ein magnetisches Moment μ_l antiparallel zu l verbunden, das in Verbindung mit dem äußeren Feld den Vektor l zur Präzession um die Feldrichtung veranlaßt.

Es gelten sowohl für den Betrag $|l|$ als auch für die z-Komponente l_z des Drehimpulses klassische Erhaltungssätze, nicht jedoch für die x, y-Komponenten. Diese sind zeitlich nicht konstant und werden demnach auch nicht gequantelt. Für die Operatoren $\hat{l}_z$ und $(\hat{l}_x^2 + \hat{l}_y^2 + \hat{l}_z^2)$ dagegen lassen sich Eigenwertgleichungen aufstellen, die in Analogie zu Gl. (2.2/7) folgende Eigenwerte liefern

$$l_z = m_l \hbar \tag{2.2/19}$$

$$|l|^2 = l(l + 1) \hbar^2. \tag{2.2/20}$$

Es wird also durch die Nebenquantenzahl l nach Gl. (2.2/20) der Betrag des Bahndrehimpulses bestimmt. l wird dementsprechend als *Bahndrehimpuls-Quantenzahl* bezeichnet.

Die Nebenquantenzahl m_l mißt nach Gl. (2.2/19) die Projektion des Drehimpulses auf die Feldrichtung und trägt den Namen *magnetische* Quantenzahl. Da sich nach Gl. (2.2/19) bei vorgegebenem äußerem Feld der Vektor l nur in diskreten Richtungen einstellen kann, spricht man von einer *Richtungsquantelung* des Drehimpulses.

In der Abb. 2.2b sind die möglichen Stellungen des l-Vektors für $l = 2$ skizziert. Da nach den Gln. (2.2/19) und (2.2/20) der Betrag $|l|$ immer größer als die Komponente l_z ist, präzediert — im klassischen Bild — der Drehimpuls auch für $m = l$ auf einem Kegelmantel um die Feldrichtung. Bei verschwindendem Feld sind die zu unterschiedlichen m_l-Werten gehörenden Energien gleich, jeder Eigenwert W_{nl} ist somit $(2l + 1)$fach *richtungsentartet*.

2.2.6 Spinquantenzahlen s und m$_s$

Zur vollständigen Beschreibung muß man dem Elektron noch einen Eigendrehimpuls s vom Betrag

$$|s| = \sqrt{s(s+1)}\,\hbar \qquad (2.2/21)$$

zuordnen. Im Gegensatz zum Bahndrehimpuls, der sich bei der Lösung der Wellengleichung zwanglos ergibt, wird die Einführung des *Spindrehimpulses* durch das magnetische Verhalten der Atome gefordert. Auf die Größe des zugeordneten magnetischen Moments μ_s werden bei wir Behandlung des *Zeeman-Effekts* näher eingehen (s. Kap. 2.8).

Die *Spinquantenzahl s* kann nur den einen Wert

$$s = 1/2 \qquad (2.2/22)$$

annehmen, woraus sich der Eigenwert

$$|s| = \sqrt{s(s+1)}\,\hbar = \sqrt{3/4}\,\hbar = 0{,}866\,\hbar \qquad (2.2/23)$$

ergibt.

In Analogie zur magnetischen Quantenzahl m_l wird eine *magnetische Spinquantenzahl m_s* definiert, die die z-Komponente des Elektronenspins mißt und die Werte $\pm 1/2$ annehmen kann. Es gilt somit

$$s_z = m_s \hbar = \pm \hbar/2 . \qquad (2.2/24)$$

Die Eigenzustände $|n, l, m_l, m_s >$ sind somit erst durch Angabe der vier Quantenzahlen n, l, m_l und m_s vollständig bestimmt. Da analog zu l und m_l die zu unterschiedlichen m_s-Werten gehörenden Energieeigenwerte nahezu gleich sind, liegt für W_n eine $2n^2$-fache Entartung vor.

Wie schon in Kap. 2.2.5 ausgeführt, stellt diese hohe Entartung der Wasserstoffniveaus einen Spezialfall dar, der bei Mehrelektronensystemen aufgehoben wird. Unterschiedliche Nebenquantenzahlen sind dort in der Regel auch unterschiedlichen Niveaus zugeordnet.

2.3 Mehrelektronensysteme

2.3.1 Bezeichnung von Elektronenkonfigurationen

In den vorausgegangenen Abschnitten wurde gezeigt, daß die eingeführten Quantenzahlen n, l, m_l und m_s einen Zustand des Wasserstoffatoms (oder eine Elektronenbahn) exakt beschreiben. Bei Betrachtung eines Mehrelektronensystems müssen wir uns vor Augen halten, daß in der Quantentheorie Quantenzustände und Quantenzahlen immer nur vollständigen und abgeschlossenen Systemen zugeordnet werden können, wie es z. B. ein Gesamtatom darstellt.

Es ist trotzdem üblich — und bei verschwindender Kopplung der einzelnen Elektronen miteinander auch gerechtfertigt — die Einzelelektronen eines Atoms mit den vier Quantenzahlen zu kennzeichnen und Elektronenkonfigurationen darzustellen. Die vier Bestimmungsstücke können alle Werte annehmen, die den Forderungen nach den Gln. (2.2/13), (2.2/14) u. (2.2/24)|

$$ n - 1 \geq l \geq |m_l| \qquad \text{und} \qquad m_s = \pm 1/2 $$

genügen. Nach dem *Pauli-Prinzip* ist jedoch nicht erlaubt, daß zwei Elektronen eines Atoms gleichzeitig in allen vier Quantenzahlen übereinstimmen. Die maximal mögliche Besetzung der einzelnen Zustände unter Beachtung dieses Prinzips ist in Tab. 2.1 aufgezeigt.

Die zu jeweils einer Hauptquantenzahl gehörenden Zustände werden als *Schale* bezeichnet, die zu einer Bahndrehimpulsquantenzahl l gehörenden als *Unterschale*. Vollgefüllte Schalen und Unterschalen haben keine resultierenden Spin- und Bahndrehimpulsmomente. Man spricht daher von *abgesättigten* Drehimpulsen.

Tabelle 2.1 *Nach dem Pauli-Prinzip erlaubte Elektronenkonfigurationen für $n \leq 3$.*
(Die Exponenten in der letzten Zeile geben die Höchstzahl der Elektronen pro Unterschale an)

n	1	2			3							
l	0	0	1		0	1			2			
m_l	0	0	1　0　-1		0	1　0　-1			2　1　0　-1　-2			
m_s	$\pm 1/2$	$\pm 1/2$	$\pm$　$\pm$　$\pm$		$\pm$	$\pm$　$\pm$　$\pm$			$\pm$　$\pm$　$\pm$　$\pm$　$\pm$			
	$1s^2$	$2s^2$	$2p^6$		$3s^2$	$3p^6$			$3d^{10}$			

Zur Kennzeichnung einer Elektronenkonfiguration bedient man sich in der Spektroskopie einer festen Terminologie, die im folgenden erläutert werden soll:

Die Bahndrehimpulsquantenzahl l wird durch die Buchstaben s, p, d, f usw. symbolisiert, denen die l-Werte 0, 1, 2, 3 usw. zukommen. Man spricht demgemäß von einem s-Elektron, einem p- oder f-Elektron. Ab f folgt die Bezeichnung dem Alphabet unter Auslassung von j. Die jeweilige Hauptquantenzahl wird dem Symbol vorausgestellt (z. B. $1s$, $3p$); ein hochgestellter Index ($1s^2$, $3p^5$) bezeichnet die Zahl der zu einem bestimmten n und l gehörenden Elektronen.

Die Konfiguration $1s^2\,2s^2\,2p^5\,4d$, die eine Gruppe angeregter Zustände des Neon realisiert, bedeutet demnach z. B., daß sich in der ersten *Schale* ($n = 1$)

zwei s-Elektronen, in der zweiten Schale zwei s- und fünf p-Elektronen und in der vierten Schale ein d-Elektron befinden. Da die m_l- und m_s-Werte der Einzelelektronen bei dieser Terminologie nicht angegeben werden, kann durch die Elektronenkonfiguration allein immer nur eine Gruppe mehr oder weniger dicht liegender Energieniveaus bezeichnet werden, die sich im einzelnen noch hinsichtlich der Größen und der Kombinationen der m_l- und m_s-Werte unterscheiden. Der Charakter und die energetische Lage der Energieniveaus hängt außerdem sehr davon ab, auf welche Weise die Bahn- und Spinmomente der Einzelelektronen zu *resultierenden Gesamtdrehimpulsen* zusammentreten, die dann in Verbindung mit der Elektronenkonfiguration einen Zustand des Gesamtsystems im eingangs erwähnten Sinne korrekt beschreiben. Wir wollen dies in den folgenden Abschnitten ausführlicher behandeln.

2.3.2 Verschiedene Kopplungstypen

Die Energie des Wasserstoffatoms setzte sich im *Bohrschen Modell* ausschließlich aus der kinetischen Energie des Elektrons und der elektrostatischen Energie im Coulombfeld zusammen. Bei Berücksichtigung des Spindrehimpulses tritt hierzu noch eine magnetische Energie, die auf der Wechselwirkung der magnetischen Momente μ_s und μ_l beruht (Spin-Bahn-Kopplung).

Analog setzt sich die Energie eines Mehrelektronensystems aus den kinetischen Energien, den Coulombenergien und den magnetischen Energien zusammen. Als wesentlich neuer Term ist dabei die *Coulombsche Abstoßung* der Einzelelektronen zu betrachten. Je nach Größe dieser Wechselwirkung relativ zur Spin–Bahn-Kopplung des Einzelelektrons können verschiedene Grenzfälle der Kopplung unterschieden werden.

a) Die Wechselwirkung der Elektronen ist groß gegenüber der Spin-Bahn-Kopplung beim Einzelelektron, die in erster Näherung vernachlässigt werden kann: Da alle Elektronen über die *Coulombsche Abstoßung* miteinander gekoppelt sind, setzen sich die Bahndrehimpulse l_i zu einem resultierenden Bahndrehimpuls L, die Spindrehimpulse s_i in gleicher Weise zu einem resultierenden Gesamtspin S zusammen. Die vektorielle Summe von L und S ergibt den Gesamtdrehimpuls J. Die geringe, anfänglich vernachlässigte Spin-Bahn-Wechselwirkung bewirkt nun eine Kopplung zwischen den Bahn- und den Spinsystemen, d. h. L und S präzedieren um die Richtung von J. Dies bedeutet wiederum, daß L und S zeitlich nicht mehr konstant sind und nur für J im strengen Sinne ein Drehimpulserhaltungssatz gilt.

Man bezeichnet diesen Kopplungstyp als *LS- oder Russel-Saunders-Kopplung*. Er ist *näherungsweise* bei der Mehrzahl der Atome, in Strenge bei den leichten Atomen der ersten Elementgruppen verwirklicht.

b) Ist die Spin-Bahn-Wechselwirkung groß gegenüber der Wechselwirkung der l_i bzw. der s_i untereinander, so kann jedes Elektron in Näherung als getrenntes System betrachtet werden. Es setzen sich die l_i und s_i vektoriell zum Gesamtdrehimpuls j_i des Einzelelektrons, die verschiedenen j_i auf gleiche Weise zum Gesamtdrehimpuls J zusammen. Wird in Näherung auch die *Coulomb-Wechselwirkung* der Elektronen eingeführt, so präzedieren die einzelnen j_i um J, für das allein wiederum im strengen Sinne der Drehimpuls-Erhaltungssatz gilt. Diese *jj-Kopplung* ist bei den schweren Atomen der letzten Elementgruppen in reiner Form ausgeprägt.

c) Ein dritter Kopplungstyp ergibt sich, wenn die elektrostatische Wechselwirkung klein ist gegenüber der Spin-Bahn-Wechselwirkung des Atomrumpfes, jedoch groß gegenüber der Spin-Kopplung des Leuchtelektrons. Dies bedeutet, daß ein definierter Gesamtdrehimpuls j_R des Atomrumpfes vorliegt, der mit dem Bahndrehimpuls l des Leuchtelektrons zu einem resultierenden Impuls K koppelt. Die schwache Kopplung des Spins s bewirkt eine Aufspaltung des durch K bestimmten Zustands in zwei Niveaus mit definiertem J. Diese jl-Kopplung ist erstmals von RACAH beschrieben worden und wird deshalb auch häufig nach ihm benannt. Sie ist bei den Edelgasen (außer He) und den dazu isoelektrischen Ionen (d. h. Ionen mit gleicher Elektronenkonfiguration) in guter Näherung verwirklicht.

d) Im allgemeinen kann weder die *Coulomb-Abstoßung* noch die Spin-Bahn-Kopplung als vernachlässigbar angesehen werden. Man erhält eine Zwischenkopplung, bei der ausschließlich der Gesamtdrehimpuls eines Zustandes scharf definiert ist. Sie ist bei den meisten Elementen in der Mitte des Periodischen Systems realisiert. Der Übergang zwischen verschiedenen Kopplungstypen kann innerhalb einer Periode an isoelektrischen Ionen beobachtet werden (z. B. an den untersten s-Niveaus von Na$^+$, Mg^{2+}, Al^{3+} usw.), jedoch auch innerhalb einer Elementengruppe (z. B. Ge, Sn, Pb), wo in den äußeren Schalen ebenfalls vergleichbare Elektronenkonfigurationen vorliegen. Häufig findet man auch innerhalb eines Atoms mit steigender Hauptquantenzahl n einen Übergang von *LS*- zu *jl*-Kopplung. Bei den genannten Übergängen ändert sich die relative Lage einzelner Termkomponenten; die *Anzahl* der Termkomponenten sowie die zugehörigen *J-Werte* bleiben jedoch stets *unverändert*.

Wir wollen uns im folgenden ausführlicher mit der *LS*-Kopplung beschäftigen, die eine gute Näherung für viele laseraktive Elemente darstellt. Zur Beschreibung der Spektren der Edelgase Neon bis Xenon, die im Gaslaser große Bedeutung erlangt haben, ist es jedoch notwendig, auch die *jl*-Kopplung näher zu betrachten. Auf eine Diskussion der reinen *jj*-Kopplung werden wir verzichten, da sie in der Laserspektroskopie von geringer Bedeutung ist.

2.4 LS-Kopplung

Die Entstehung der *Russel-Saunders-Terme* bei gegebener Elektronenkonfiguration ist in Abb. 2.3 für das Sauerstoffatom als Beispiel schematisch dargestellt. Die Kopplung der l_i zu L und der s_i zu S auf Grund der *Coulomb-Wechselwirkung*, sowie die Kopplung der S und L zu J auf Grund der Spin-Bahn-Wechselwirkung ist in Kap. 2.3.2 kurz beschrieben worden. Im folgenden wollen wir uns noch näher mit dem Aufbau und den Eigenschaften der durch L, S und J repräsentierten Terme beschäftigen, wobei auch die in Abb. 2.3 verwendete Termsymbolik verständlich werden wird.

2.4.1 Kopplung von Bahndrehimpulsen

Die l_i der Einzelelektronen setzen sich vektoriell zu einem Gesamtdrehimpuls L zusammen, für den

$$|\boldsymbol{L}| = \sqrt{L(L+1)}\,\hbar \qquad (2.4/1)$$

und

$$L_z = M_L \hbar, \qquad |M_L| \leq L \qquad (2.4/2)$$

gilt. Die ganzzahligen L- und M_L-Werte werden in Analogie zum Einzelelektron als Bahndrehimpuls- bzw. magnetische Quantenzahl bezeichnet.

Infolge der elektrostatischen Wechselwirkung der Einzelelektronen präzedieren l_2 und l_1 um L; d. h. beide sind nicht mehr scharf definiert oder: l_1 und l_2 sind keine *guten* Quantenzahlen mehr.

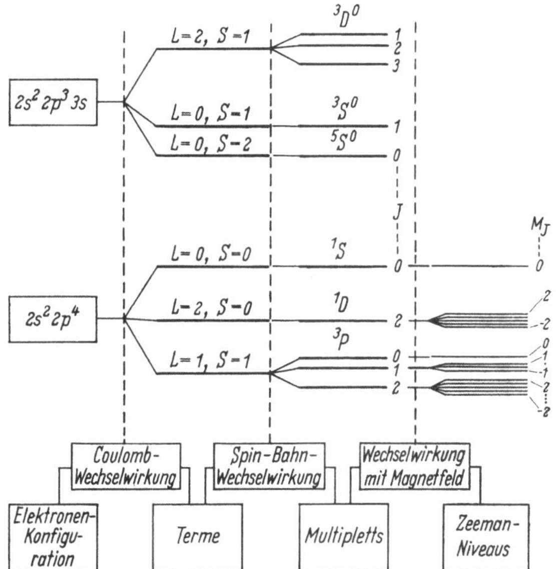

Abb. 2.3. Die Entstehung der *LS*-Terme für gegebene Elektronenkonfiguration beim Hinzutreten der *Coulomb*- und der Spin-Bahn-Wechselwirkung. Die Konfigurationen $2s^2\,2p^4$ und $2s^2\,2p^3\,3s$ sind beim Sauerstoff realisiert. Wegen der umgekehrten Termfolge (s. Text) wird $2s^2\,2p^4\,{}^3P_2$ zum Grundterm. Die Abstände der Multiplettschwerpunkte sind maßstäblich, die Aufspaltung der Multipletts sowie die *Zeeman-Aufspaltung* dagegen stark vergrößert wiedergegeben.

Die Vektoraddition ist in Abb. 2.4a für $l_1 = 2$ und $l_2 = 1$ demonstriert. L kann dabei die Werte $L = 3, 2, 1$ annehmen. Allgemein ergeben sich bei zwei Elektronen und für $l_1 \geq l_2$ die $(2l_2 + 1)$ verschiedenen Werte:

$$L = (m_l)_1^{\max} + (m_l)_2 \qquad (2.4/3)$$

mit $(m_l)_1^{\max} = l_1$; $(m_l)_2$ kann alle Werte annehmen, die nach dem *Pauli-Prinzip* erlaubt sind.

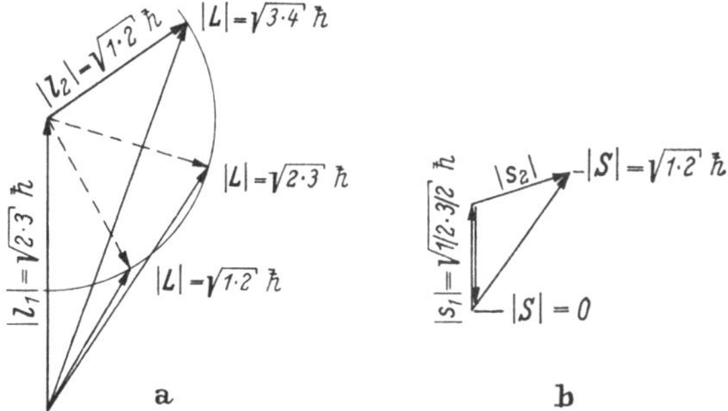

Abb. 2.4. a) Kopplung zweier Bahndrehimpulse mit $l_1 = 2$ und $l_1 = 1$ zu L mit $L = 3,2$ und 1; b) Kopplung zweier Spindrehimpulse s_i zu S mit $S = 1$ und 0.

Beispiel: Für $n_1 = n_2$ und $l_1 = l_2$ ist der Term mit $L = l_1 + l_2$ nur bei antiparalleler Spinstellung realisierbar.

Auf analoge Weise setzten sich mehrere Einzeldrehimpulse gemäß

$$L = \sum_i l_i \qquad (2.4/4)$$

zu einem resultierenden L zusammen.

Für $l_1 \geq l_2 \geq \cdots \geq l_n$ kann L die ganzzahligen Werte

$$L = (m_l)_1^{\max} + \sum_2^n (m_l)_i \qquad (2.4/5)$$

annehmen, für die $L \geq l_1 - \sum_2^n l_i$ und $L \geq 0$ gilt.

Beispiel: Für $n_1 \neq n_2 \neq n_3$ und $l_1 = l_2 = l_3 = 1$ folgt aus Gl. (2.4/5) $L = 3, 2, 1, 0$.

Für $n_1 = n_2 = n_3$ scheidet der Wert $L = 3$ aus, da maximal nur zwei m_l-Werte gleich sein können. Sind alle magnetischen Spinquantenzahlen m_s gleich, so müssen alle m_l-Werte verschieden sein, d. h. es ist nur

$$L = 1 + (0 - 1) = 0$$

erlaubt.

Setzen sich die Einzeldrehimpulse zu einem resultierendem Moment mit $L = 0$ zusammen, so bezeichnet man den Anregungszustand als einen S-Term. In völliger Analogie zur Bezeichnung der Einzelelektronen in Kap. 2.3.1 spricht man für $L = 1$ von einem P-Term, für $L = 2$ von einem D-Term usw.

2.4.2 Kopplung von Spindrehimpulsen

Auf gleiche Weise wie die l_i setzen sich auch die Spins s_i zu einem resultierenden Spin

$$S = \sum_i s_i \qquad (2.4/6)$$

zusammen, für den

$$|S| = \sqrt{S(S + 1)}\, \hbar \qquad (2.4/7)$$

und

$$S_z = M_s \hbar; \qquad |M_s| \leq S \qquad (2.4/8)$$

gilt.

Die Spinquantenzahl S ist gegeben durch

$$S = \sum (m_s)_i \qquad (2.4/9)$$

mit

$$S \geq 0.$$

S ist ganzzahlig für gerade Elektronenzahl (kleinster Wert $S = 0$) und halbzahlig für ungerade Elektronenzahl (kleinster Wert $1/2$). Abb. 2.4b zeigt die Kopplung zweier Spins zu einem resultierenden Spin der Quantenzahl $S = 1$ bzw. 0.

2.4.3 Kopplung der Bahn- und Spindrehimpulssysteme

L und S setzen sich vektoriell zum Gesamtdrehimpuls J zusammen, der durch die Gesamtdrehimpulsquantenzahl J gegeben ist zu

$$|J| = \sqrt{J(J+1)}\,\hbar. \qquad (2.4/10)$$

Ebenso gilt

$$J_z = M_J \hbar \quad |M_J| \leq J. \qquad (2.4/11)$$

Die Vektoraddition ist analog zur Bildung von L oder S vorzunehmen. Bei gegebenen L und S kann J die folgenden Werte annehmen:

$$L \geq S : J = L + S, L + S - 1, \ldots L - S \qquad (2.4/12)$$

$$L \leq S : J = S + L, S + L - 1, \ldots S - L. \qquad (2.4/13)$$

J wird somit (wie S) ganzzahlig bei gerader Elektronenzahl und halbzahlig bei ungerader Elektronenzahl.

2.4.4 Multiplizität und Termbezeichnung

Für $L \geq S$, was in den meisten Fällen realisiert ist, ergeben sich $2S + 1$ verschiedene J-Werte. Dies bedeutet, daß zu einem L,S-Paar $(2S + 1)$ Energieniveaus gehören, die sich in den J-Werten unterscheiden und als Komponenten eines *Multiplett*-Terms zu betrachten sind.

Man bezeichnet $2S + 1$ als die *Multiplizität* eines Terms, die dem Termsymbol vorangestellt wird; der betreffende J-Wert wird als Index angefügt, so daß $^{2S+1}L_J$ die Bezeichnung für eine Multiplettkomponente darstellt.

Beispiel: Zu $L = 2$ und $S = 1$ gehören die Terme $^3D_1$, $^3D_2$, $^3D_3$, (man lese: Triplett-D-Eins usw.), die zusammen ein Triplett (allgemein Multiplett) bilden.

Da sich gleiche Terme mit unterschiedlichen Elektronenkonfigurationen bilden lassen, setzt sich eine vollständige Termbezeichnung aus beiden Angaben zusammen. Zur Unterscheidung zwischen geraden Termen (Σl_i gerade) und ungeraden (Σl_i ungerade) Termen[1] wird bei letzteren an das L-Symbol noch ein kleines o angehängt, das jedoch in eindeutigen Fällen häufig weggelassen wird.

Beispiel: Grundterm von Sauerstoff: $2s^2\,2p^4\,^3P_2$; angeregter Term (ungerade): $2s^2\,2p^3\,3s$ $^3S_1^0$ (s. Abb. 2.3).

Für $L \leq S$ ergeben sich nach Gl. (2.4/13) nur $2L + 1$ verschiedene J-Werte, d. h. die Multiplizität der Terme ist nicht voll entwickelt. Es ist trotzdem üblich, die betreffenden Terme mit der vollen Multiplizität $2S + 1$ zu kennzeichnen, da der physikalische Charakter eines Terms weitgehend vom Gesamtspin und damit von der Multiplizität geprägt ist.

Beispiel: Der He-Term $^3S_1$, für den $L = 0$ und $S = 1$ ist, gehört zum Triplettsystem, obwohl er nur aus einer Komponente besteht (vergleiche auch die Terme $^5S_0$ und $^3S_1$ in der Abb. 2.3).

---

[1] d. h. zur Unterscheidung der Parität.

2.4.5 Termfolge

Die zu einem Multiplett gehörenden $2S + 1$ Komponenten sind bei *regulärer Termfolge* so angeordnet, daß der Term mit dem kleinsten J-Wert energetisch am tiefsten liegt. Reguläre Termfolge ist in der Regel dann vorhanden, wenn eine für das Spektrum verantwortliche p-, d- oder f-Unterschale[1] eines Atoms oder Ions nicht mehr als bis zur Hälfte besetzt ist. Andernfalls liegt eine *verkehrte* Termfolge vor, bei der die tiefste Komponente durch den größten J-Wert bestimmt ist. Bei symmetrischen Elektronenanordnungen wie sie bei p^x und p^{6-x}, d^x und d^{10-x} sowie f^x und f^{14-x} vorliegen, ergeben sich dabei (bis auf die andere Termfolge) vergleichbare Multipletts. Dies soll in der Tab. 2.2 an einigen Beispielen erläutert werden.

Tabelle 2.2 *Grundterme von Atomen und Ionen mit symmetrischer Elektronenanordnung in nicht gefüllten Schalen*

Atom/Ion	Elektronenkonfiguration im Grundzustand (äußere Schalen)	Grundterm
B	$2s^2\,2p^1$	$^2P_{1/2}$
F	$2s^2\,2p^5$	$^2P_{3/2}$
Ti	$3d^2\,4s^2$	$^3F_2$
Ni	$3d^8\,4s^2$	$^3F_2$
Nd^{3+}	$4f^3\,5s^2\,5p^6$	$^4I_{9/2}$
Er^{3+}	$4f^{11}\,5s^2\,5p^6$	$^4I_{15/2}$

2.4.6 Grundterme

Die in der Tabelle aufgeführten Grundterme bestimmen sich nach den *Hundschen Regeln*, die auf halbempirischer Grundlage beruhen und den Grundzustand eines Atoms in den meisten Fällen vorhersagen lassen. Sie fordern für den Grundterm eines Atoms oder Ions

a) maximalen Wert für die Summe aller Spinquantenzahlen m_s der Elektronen und

b) dabei höchstmöglichen Wert für die Summe aller magnetischen Quantenzahlen m_l derselben Elektronen.

Schalen und Unterschalen, die abgetättigt sind, können dabei selbstverständlich außer acht gelassen werden.

Für die zwei $3d$-Elektronen von Ti bedeutet dies nach Tab. 2.2 und nach den Gln. (2.4/3) u. (2.4/9)

$$\sum m_s = S = 1$$

$$\sum m_l = L = 2 + 1 = 3$$

d. h. $$J = 4, 3, 2.$$

Wegen der regulären Termfolge ergibt sich als Grundterm $^3F_2$.

Die Konfiguration $4f^3\,5s^2\,5p^6$ des Nd^{3+} liefert $\sum m_s = S = 3/2$, $\sum m_l = L = 3 + 2 + 1 = 6$, somit $J = \dfrac{15}{2},\ \dfrac{13}{2},\ \dfrac{11}{2},\ \dfrac{9}{2}$ und $^4I_{9/2}$ als Grundterm.

2.4.7 Richtungsentartung

Jedes Energieniveau, das durch die Quantenzahl J charakterisiert ist, spaltet in einem äußeren homogenen Magnetfeld in $2J + 1$ Komponenten auf, die durch

---

[1] Die anderen Unterschalen seien dabei impulsabgesättigt.

die magnetischen Quantenzahlen M_J bestimmt sind. Es liegt somit bei jedem *Russel-Saunders-Term* eine $2J + 1$fache Richtungsentartung vor. Der energetisch am höchsten liegenden *Zeeman-Komponente* kommt dabei $M_J = +J$ zu (s. Abb. 2.3).

2.5 Edelgasspektren, Racah-Kopplungsschema

2.5.1 Überblick

Die Energieniveaus der Edelgase Ne bis Xe lassen sich durch die Elektronenkonfigurationen $n'p^5 nl$ darstellen mit $n' = 2, 3, \ldots$ für Ne, A, $\ldots$ und $n = n', n'+1, \ldots$.

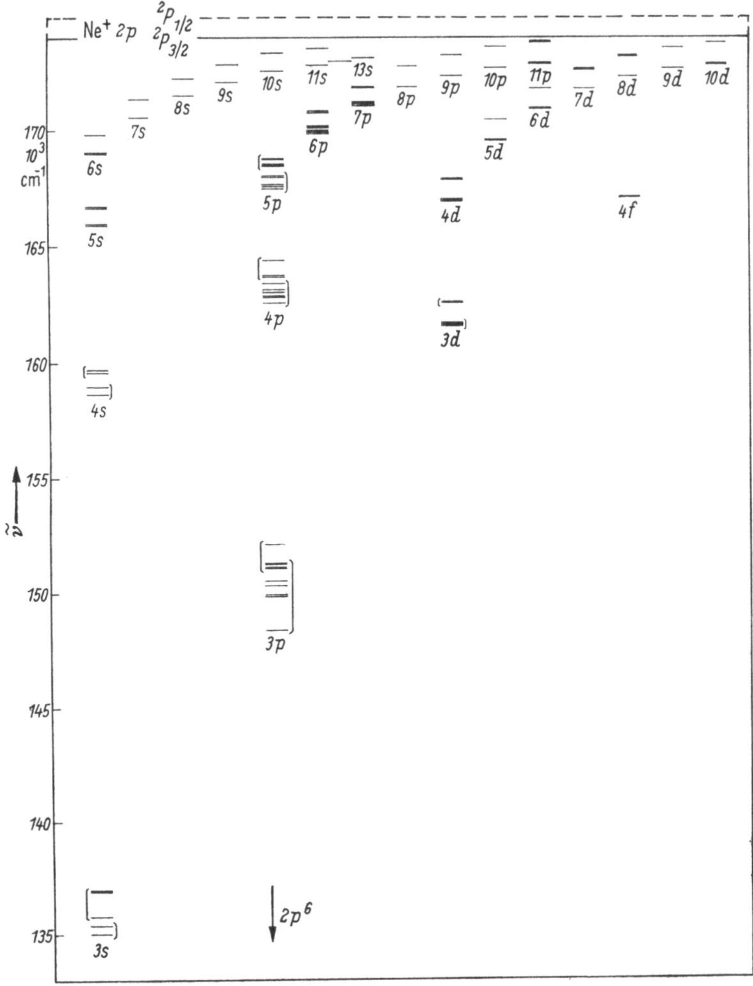

Abb. 2.5. Energieniveauschema des Neon.

Die Termgruppen s, p, d usf. spalten mit steigender Hauptquantenzahl in jeweils zwei Untergruppen auf, die gegen die Terme $2p\ ^2P_{3/2}$ bzw. $2p\ ^2P_{1/2}$ des Ions konvergieren. Für höhere n-Werte können in der Abbildung nur noch diese Untergruppen dargestellt werden.

Je nachdem ob das springende Elektron nl in einen ns, np oder nd-Zustand gelangt, unterscheidet man (vier) s-Niveaus, (zehn) p-Niveaus, (zwölf) d-Niveaus usw., die durch *kleine Buchstaben* gekennzeichnet werden (s. Niveauschema der Abb. 2.5). Vom Grundterm $n'p^6$ abgesehen, können nur die ersten angeregten Gruppen $(n'+1)\,s$ und $(n'+1)\,p$ in guter Näherung noch durch LS-Kopplung beschrieben werden. Mit steigender Hauptquantenzahl findet ein stetiger Übergang zur jj-Kopplung statt [6].

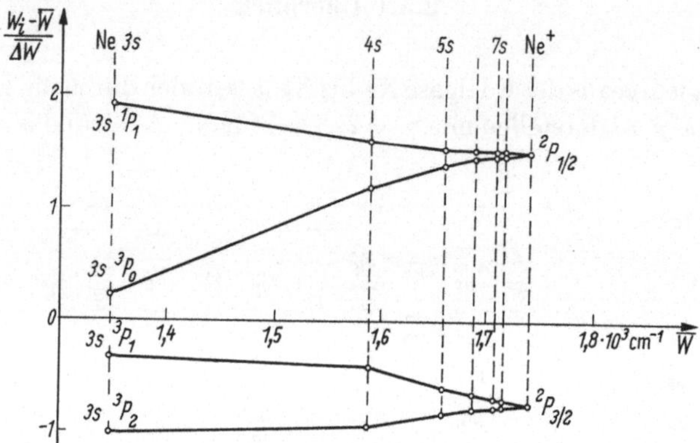

Abb. 2.6. Übergang von LS- zu jl-Kopplung bei den s-Termen des Neon. Als Abszisse ist die Energie $\overline{W}$ der Termschwerpunkte der jeweiligen s-Gruppen aufgetragen, als Ordinate der relative Abstand der Terme vom jeweiligen Schwerpunkt (bezogen auf die mittlere Aufspaltung $\overline{\Delta W} = (\Sigma g_i\,|\,W_i - \overline{W}\,|)/\Sigma g_i$.

Wir wollen dies am Beispiel der s-Niveaus des Ne näher betrachten: Für $n = 3$ lassen sich die vier Niveaus noch gut durch die LS-Terme ${}^3P_2$, ${}^3P_1$, ${}^3P_0$ und ${}^1P_1$ beschreiben. Der Triplettcharakter (Abb. 2.5) der Niveaus P ist gut ausgeprägt, und der Abstand zum Singulett-Term ${}^1P_1$ ist groß gegenüber der Multiplettaufspaltung. Mit steigendem n ergibt sich eine Umgruppierung derart, daß sich die Niveaus in zwei Gruppen trennen: Die beiden unteren Niveaus (mit s bezeichnet) konvergieren zum Grundterm des Ions Ne$^+$ $2p^5\,{}^2P_{3/2}$, der die Ionisationsgrenze darstellt, die beiden oberen, mit s' bezeichnet, zum dicht darüberliegenden Niveau Ne$^+$ $2p^5\,{}^2P_{1/2}$. Die relative Lage der s-Niveaus unterschiedlicher Hauptquantenzahl, die den Übergang von $2p^6\,3s$ nach $2p^5\,{}^3P_{3/2,\,1/2}$ gut erkennen läßt, ist in der Abb. 2.6 wiedergegeben.

Für die p-, d-, f-Niveaus findet eine ähnliche Gruppierung statt, nur ist sie dort erst bei höheren n-Werten zu erkennen (Abb. 2.5). Wie in Kap. 2.3.2 ausgeführt wurde, bleiben die Zahl und die J-Werte der Termkomponenten beim Übergang zwischen Zwei-Kopplungstypen unverändert. J ist also eine scharfe Quantenzahl.

Die oben dargelegten Konvergenzgrenzen der Untergruppen s, s'; p, p' usw. deuten darauf hin, daß die Aufspaltung in jeweils zwei Untergruppen durch die Spin-Bahn-Wechselwirkung des Atomrumpfes $2p^5$ hervorgerufen wird, die auch für die Ionenterme ${}^2P_{3/2,\,1/2}$ verantwortlich ist. Der jeweilige J-Wert des Rumpfes (3/2 oder 1/2) ist somit eine brauchbare Quantenzahl zur Beschreibung der Terme. Die Aufspaltung der Untergruppen ist durch die Kopplung des Valenzelektrons mit dem jeweiligen Rumpf zu erklären. Wir wollen dies anhand eines von Racah gegebenen Kopplungsschemas erläutern.

2.5.2 Racah-Kopplungsschema

Nach RACAH [7] können die angeregten Zustände der Edelgase durch eine jl-Kopplung beschrieben werden: Der Bahndrehimpuls l des Leuchtelektrons (ns, np usw.) koppelt mit dem Gesamtdrehimpuls j_R des Rumpfes zu einem resultierenden Moment K gemäß

$$l + j_R = K. \tag{2.5/1}$$

K koppelt mit dem Spin s des Elektrons zum Gesamtdrehimpuls J.

$$K + s = J. \tag{2.5/2}$$

Die Bezeichnung der Terme wird dabei folgendermaßen vorgenommen:

a) $j_R = 3/2$; Ungestrichene Terme $nl\,[K]_J$ (konvergieren nach $^2P_{3/2}$),

b) $j_R = 1/2$; Gestrichene Terme $nl'\,[K]_J$ (konvergieren nach $^2P_{1/2}$).

Ungerade Terme werden wie bei LS-Kopplung durch ein kleines o bezeichnet.

Beispiele: Die $3s$-Niveaus des Ne (s. Abb. 2.5) haben die Bezeichnung:

nach RACAH: $3s\,[3/2]_2^0$, $3s\,[3/2]_1^0$, $3s'\,[1/2]_0^0$, $3s'\,[1/2]_1^0$

  (LS: $3s\,^3P_2$, $3s\,^3P_1$, $3s\,^3P_0$, $3s\,^1P_1$)

Für das tiefste p-Niveau wird die Bezeichnung $3p\,[1/2]_1$.

Die j_R-, K- und J-Werte aller bekannten Edelgasniveaus sind in [8] zusammengestellt.

2.5.3 Paschensche Bezeichnung der Edelgasniveaus

Zur Kennzeichnung der energetisch tieferen Niveaugruppen wird häufig noch die *Paschensche Terminologie* verwendet, die sich zwar durch einfache Schreibweise auszeichnet, den physikalischen Charakter der Energieniveaus jedoch nicht immer wiederzugeben vermag, so daß ihr mehr historischer als praktischer Wert beizumessen ist.

Nach PASCHEN beginnt die Zählung der s-Gruppen grundsätzlich mit 1, die der p-Gruppen mit 2 und der d-Gruppen mit 3. Es ergibt sich somit, daß beim Neon die Niveaugruppen $1s$, $2p$ und $3d$ zu *einer* Hauptquantenzahl ($n = 3$) gehören, entsprechend der Konfiguration $2p^5\,3l$ ($l = 0, 1, 2$), beim Argon dagegen die Niveaugruppen $1s$, $2p$ und $4d$ (gemäß $3p^5\,4l$), da die Niveaugruppe $3d$, mit der die Zählung der d-Niveaugruppen beginnt, durch die Konfiguration $3p^5\,3d$ realisiert wird. Eine übersichtliche Zusammenstellung der einander entsprechenden Gruppen ist in Tab. 2.3 gegeben.

Innerhalb der s- und p-Gruppen werden die Niveaus von oben nach unten durchnumeriert, gemäß s_2, s_3, s_4, s_5 und p_1, $p_2 \ldots p_{10}$. Bei den d-Gruppen werden zusätzlich mehrfach gestrichene d- und s-Symbole verwendet, die wir hier nicht näher diskutieren wollen. Eine gute Zusammenstellung aller Edelgasniveaus gemäß der *Paschenschen Bezeichnung* ist in [9], in vollständiger Form in [8] zu finden. Eine Gegenüberstellung von *Racah-* und *Paschen-Bezeichnung* für die s- und p-Niveaus des Neon ist auch in Kap. 6.2 dieses Buches gegeben.

Tabelle 2.3 *Racah- und Paschen-Bezeichnung für die s-, p- und d-Gruppen der Edelgase*

Der Vergleich für Kr und Xe ist analog zu A, wenn die entsprechenden Hauptquantenzahlen n eingesetzt werden. (Die Untergruppen der *Racah-Terme* werden hier gemeinsam durch das ungestrichene Symbol bezeichnet.)

		Neon	
Racah	$3s, 4s, \ldots ns$	$3p, 4p, \ldots np$	$3d \ldots nd$
Paschen	$1s, 2s, \ldots (n-2)\,s$	$2p, 3p, \ldots (n-1)\,p$	$3d \ldots nd$
		Argon	
Racah	$4s, 5s, \ldots ns$	$4p, 5p, \ldots np$	$3d \ldots nd$
Paschen	$1s, 2s, \ldots (n-3)\,s$	$2p, 3p, \ldots (n-2)\,p$	$3d \ldots nd$

2.6 Die Spektren der Seltenen Erden

Unter den Übergangselementen nehmen die Elemente der Lanthaniden- und Aktinidengruppe eine besondere Stellung ein, da die unaufgefüllten, für die Kristallspektren ihrer Ionen verantwortlichen f-Schalen so gut gegen äußere Kristallfelder abgeschirmt sind, daß man zur Beschreibung dieser Spektren von den freien Ionen ausgehen kann und das Kristallfeld nur als Störung zu betrachten braucht. Bevor wir uns mit dem Einfluß des Kristallfeldes befassen, wollen wir daher einen kurzen Blick auf die Terme der freien Ionen werfen, wobei wir besonders nach dem Aufbau und der zugrundeliegenden Kopplung fragen wollen. Man muß sich bei dieser Betrachtung jedoch immer vor Augen halten, daß die zugehörigen Spektren in der Regel bei freien Ionen *nicht* zu beobachten sind, da elektrische Dipolübergänge innerhalb einer Unterschale verboten sind (s. Kap. 2.7). Erst eine von der Kugelsymmetrie abweichende Kristallfeldsymmetrie ermöglicht die Beobachtung der *erzwungenen* elektrischen Dipolstrahlung (s. Kap. 2.9) und eröffnet damit die Möglichkeit der experimentellen Prüfung. Bei der folgenden Betrachtung wollen wir uns auf die Elemente der Lanthanidenreihe, die Seltenen Erden (SE) im engeren Sinne, beschränken, da der Aufbau der Aktiniden in gewisser Analogie dazu verläuft.

Beim Einbau in Kristallgitter dominiert in der Regel der dreifach geladene Ionenzustand SE^{3+} mit der Elektronenkonfiguration $4f^n\,5s^2\,5p^6$, wobei n von 1 (Ce) bis 14 (Lu) läuft. Die größere Stabilität der leeren, halbvollen oder vollen $4f$-Schale im Gegensatz zur teilweise gefüllten Schale, führt dazu, daß Ce ($n=1$) auch als vierfach geladenes Ion $4f^0\,5s^2\,5p^6$, Eu ($n=6$) und Yb ($n=13$) dagegen auch als zweifach geladene Ionen der Konfiguration $4f^{n+1}\,5s^2\,5p^6$ auftreten. Die übrigen SE können erst beim Einbau in fremde Wirtsgitter durch die Reduktionspotentiale großer, umgebender Kationen in den zweiwertigen Zustand versetzt werden (s. Kap. 2.9).

Die Grundzustände der zwei- bzw. dreiwertigen SE-Ionen sind in der Tab. 2.4 zusammengestellt (s. auch Kap. 2.4.6). Es ist dabei vorausgesetzt, daß die Grundterme in LS-Kopplung beschrieben werden können, was sich als berechtigt erweist [10].

Man erkennt, daß die Termstruktur eines zweiwertigen Ions (etwa Eu^{2+}) und die des nachfolgenden dreiwertigen Ions (etwa Gd^{3+}) eine gewisse Analogie zeigen werden.

Tabelle 2.4 *Grundzustände der zwei- und dreiwertigen Lanthanidenionen*

Ordnungszahl $Z = 57 + n$	Element	SE^{2+}	SE^{3+}
58	Ce Cer	$4f^2\,(^3H_4)$	$4f\,(^2F_{5/2})$
59	Pr Praseodym	$4f^3\,(^4I_{9/2})$	$4f^2\,(^3H_4)$
60	Nd Neodym	$4f^4\,(^5I_4)$	$4f^3\,(^4I_{9/2})$
61	Pm Promethium	$4f^5\,(^6H_{5/2})$	$4f^4\,(^5I_4)$
62	Sm Samarium	$4f^6\,(^7F_0)$	$4f^5\,(^6H_{5/2})$
63	Eu Europium	$4f^7\,(^8S_{7/2})$	$4f^6\,(^7F_0)$
64	Gd Gadolinium	$4f^7\,5d\,(^9D_2)^1$	$4f^7\,(^8S_{7/2})$
65	Tb Terbium	$4f^9\,(^6H_{15/2})$	$4f^8\,(^7F_0)$
66	Dy Dysprosium	$4f^{10}\,(^5I_8)$	$4f^9\,(^6H_{15/2})$
67	Ho Holmium	$4f^{11}\,(^4I_{15/2})$	$4f^{10}\,(^5I_8)$
68	Er Erbium	$4f^{12}\,(^4H_6)$	$4f^{11}\,(^4I_{15/2})$
69	Tm Thulium	$4f^{13}\,(^2F_{7/2})$	$4f^{12}\,(^3H_6)$
70	Yb Ytterbium	$4f^{14}\,(^1S_0)$	$4f^{13}\,(^2F_{7/2})$
71	Lu Lutecium	$4f^{14}\,6s\,(^2S_{1/2})$	$4f^{14}\,(^1S_0)$

^{1} Bei Gd^{2+} liegen die Terme der Konfiguration $4f^8$ energetisch etwas höher als der angegebene Grundzustand.

Alle Anregungszustände, die auch beim Einbau ins Gitter noch hinreichend scharf bleiben, leiten sich von den Konfigurationen $4f^n$ bzw. $4f^{n+1}$ ab. Die *LS*-Kopplung stellt nur für die Grundzustände eine gute Näherung dar. Mit steigender Anregungsenergie und steigender Ordnungszahl gewinnt die Spin–Bahn-Kopplung immer mehr an Einfluß, so daß die Terme ihren *LS*-Charakter weitgehend verlieren [10].

Es läßt sich zeigen, daß durch die Spin-Bahn-Wechselwirkung Terme mit unterschiedlichen *L*- und *S*-, jedoch *gleichen* *J*-Werten miteinander gemischt werden [10, 11]. (Wie schon öfters betont worden ist (s. z. B. Kap. 2.3.2), bleibt der Gesamtdrehimpuls *J* eines Niveaus unabhängig vom jeweiligen Kopplungstyp stets unverändert.) Wir wollen dies anhand des Grundterms von Er^{3+} verdeutlichen, der bei reiner *LS*-Kopplung durch $^4I_{15/2}$, entsprechend $L = 6$, $S = 3/2$ und $J = 15/2$, symbolisiert wird (s. Kap. 2.4.6 u. Tab. 2.4). Bei *LS*-Kopplung existieren mit $J = 15/2$ nur noch die beiden Terme $^2K_{15/2}$ und $^2L_{15/2}$. Die Wellenfunktion des exakten Grundterms $^4I'_{15/2}$ berechnet sich demnach zu

$$\psi(^4I'_{15/2}) = a_1\psi(^4I_{15/2}) + a_2\psi(^2K_{15/2}) + a_3\psi(^2L_{15/2}),$$

wobei [11]

$$a_1 = 0{,}984, \quad a_2 = -0{,}176, \quad a_3 = -0{,}019.$$

Aus den Quadraten der Mischungskoeffizienten kann die Größe der Beimengung abgelesen werden. Im besprochenen Fall liegt demnach zu 97% ein reiner *LS*-Term vor.

Für höhere Niveaus können die Fremdanteile bis 50% ausmachen, was man sich bei Verwendung der reinen *LS*-Bezeichnung stets vor Augen halten sollte.

Die Zahl der innerhalb der $4f$-Unterschale möglichen Energieniveaus nimmt mit steigender Elektronenzahl $4f^4$ rasch zu. So ergeben sich bei Ce^{3+} und Yb^{3+} je zwei, bei Pr^{3+} und Tm^{3+} je dreizehn, bei Nd^{3+} und Er^{3+} (oder auch bei Pr^{2+} und

Ho^{2+}) je 41 und bei Gd^{3+} einige hundert Terme mit unterschiedlichen J-Werten. Wie an den Beispielen ersichtlich, ist die Anzahl gleich für die Konfigurationen $4f^n\,5s^2\,5p^6$ und $4f^{14-n}\,5s^2\,5p^6$ (d. h. für n $4f$-Elektronen oder n positive Löcher).

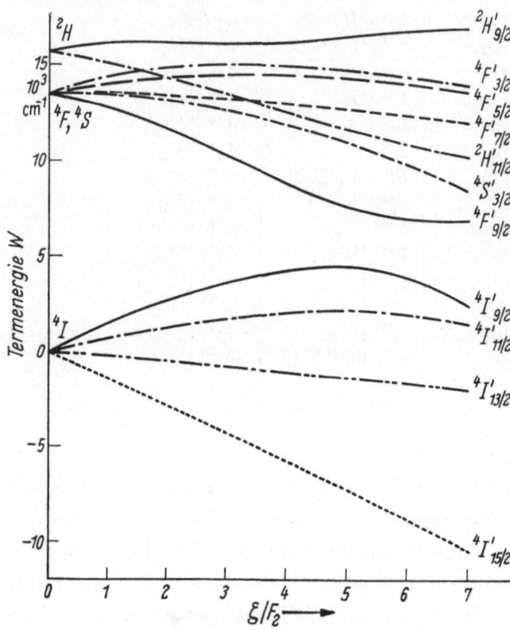

Abb. 2.7. Die Lage der Energieniveaus W des Er^{3+}-Ions in Abhängigkeit von der Spin-Bahn-Kopplungskonstanten ζ. ζ ist in Einheiten des *Slater-Integrals* F_2 angegeben, das durch Vergleich mit dem Experiment zu $F_2 = 435{,}5$ cm⁻¹ bestimmt wurde (nach H. G. KAHLE [11]).

Eine allgemeine Anleitung zur Bildung der möglichen *LS*-Terme unter Beachtung des *Pauli-Prinzips* wird in [12] gegeben; das Verfahren geht analog zur Bestimmung der Grundterme in Kap. 2.4.6. Für Yb^{3+} mit $4f^{13}$ oder $4f^{14-1}$ erhält man beispielsweise die Terme $^2F_{5/2}$ und $^2F_{7/2}$, die sich aus $l = 3$ und $s = 1/2$ (*ein* positives Loch!) leicht bilden lassen.

Der Abstand der Yb-Terme liegt bei etwa 1 eV. Im allgemeinen überdecken die Energieniveaus jedoch einen Bereich von mehreren eV, so daß bei einigen SE-Ionen Übergänge bis weit ins UV-Gebiet zu erhalten sind.

Der Anschaulichkeit halber wird in Abb. 2.7 die Lage der Energieniveaus von Er^{3+} sowie ihre Entstehung aus reinen *LS*-Termen bei steigender Spin-Bahn-Kopplung wiedergegeben.

Neben den erzwungenen elektrischen Dipolübergängen innerhalb der $4f$-Schalen finden auch solche in die $6s$-Niveaus sowie normale Dipolübergänge in die $5d$-Niveaus statt (s. Kap. 2.7). Die zugehörigen äußeren Niveaus sind jedoch weit stärker den Einflüssen der Kristallfelder ausgesetzt (s. Kap. 2.9), weshalb in der Regel nur noch bandenhafte Absorption zu beobachten ist.

2.7 Auswahlregeln für strahlende Übergänge in freien Atomen und Ionen

Übergänge zwischen zwei Niveaus eines Atoms oder Ions sind nur dann erlaubt, wenn die zugehörige Änderung der Quantenzahlen bestimmten Auswahlregeln gehorcht. Entsprechend der Unterscheidung von elektrischen und magnetischen Dipolübergängen und Quadrupolübergängen ergeben sich auch unterschiedliche Auswahlregeln für die verschiedenen Strahlungsformen. Wir wollen uns hier auf elektrische Dipolstrahlung beschränken, die beim freien Atom die anderen Strahlungsarten in der Intensität um viele Größenordnungen übertrifft. Magnetische Dipolstrahlung gewinnt erst bei den *Kristallspektren* an Interesse, wo sie hinsichtlich der Intensität mit der vom Kristallfeld *erzwungenen* elektrischen

Dipolstrahlung vergleichbar wird. Die im Kristallfeld gültigen Auswahlregeln wollen wir jedoch an anderer Stelle erläutern (s. Kap. 2.9.1).

Bei bekannter Kopplung lassen sich die Auswahlregeln für Übergänge zwischen zwei Zuständen $|a>$ und $|b>$ auf wellenmechanische Weise ableiten, indem man nach nichtverschwindenden Matrixelementen

$$<a|\,\hat{p}\,|b> = \int \psi^*(a)\,\hat{p}\,\psi(b)\,d\tau \tag{2.7/1}$$

der Dipolmomentoperatoren $\hat{p}_z = -e\hat{z}$, $\hat{p}_x = -e\hat{x}$ und $\hat{p}_y = -e\hat{y}$ bzw. $\hat{p}_z$ und $\hat{p}_\pm = -e(\hat{x} \pm i\hat{y})$ fragt. Wir wollen uns an dieser Stelle jedoch auf eine kurze Zusammenstellung der Ergebnisse beschränken (Tab. 2.5). Bei der Anwendung ist immer daran zu denken, daß eine Auswahlregel nur in dem Maße *streng* sein kann, als die zugehörigen Quantenzahlen *scharf* definiert sind. Mit steigender Multiplettaufspaltung bei LS-Kopplung werden demnach alle Auswahlregeln, die sich auf L und S beziehen, mehr und mehr durchbrochen (s. Kap. 2.3.2). Ähnliches gilt für die jl-Kopplung.

Tabelle 2.5 *Auswahlregeln für elektrische Dipolstrahlung bei LS- bzw. jl-Kopplung*
($\leftrightarrow$ bezeichnet einen erlaubten, $\nleftrightarrow$ einen verbotenen Übergang)

Auswahlregel	Bemerkung
$\Delta J = 0, \pm 1, 0 \nleftrightarrow 0$	gilt streng
Σl_i gerade $\leftrightarrow$ Σl_i ungerade	(*Laporte-Regel*) gilt streng; bedeutet: kein Übergang zwischen Termen gleicher Parität!
	LS-Kopplung:
$\Delta L = 0, \pm 1$	gilt unscharf; um so schärfer, je besser L definiert ist;
$\Delta S = 0$	gilt unscharf; Bemerkung wie unter L; bedeutet: Interkombinationsverbot, d. h. kein Übergang zwischen Termen verschiedener Multiplizität
	jl-Kopplung:
$\Delta l_e = \pm 1$	gilt streng; (d. h. nur Übergänge $s \leftrightarrow p$, $p \leftrightarrow$ d usw.)
$\Delta k = 0, \pm 1$	gilt unscharf
$\Delta j_c = 0$	gilt unscharf (wird sehr häufig verletzt)

2.8 Atome und Ionen im homogenen äußeren Magnetfeld (Zeemaneffekt)

2.8.1 Kopplung von Drehimpulsen und magnetischen Momenten

Wie schon in Kap. 2.2.5 und 2.2.6 erwähnt, ist jedem Bahn- und Spindrehimpuls ein entgegengesetzt gerichtetes magnetisches Moment μ zugeordnet, wobei

$$|\mu_L| = g_L\,\sqrt{L(L+1)}\,\mu_B \tag{2.8/1}$$

und

$$|\mu_S| = g_S\,\sqrt{S(S+1)}\,\mu_B \tag{2.8/2}$$

mit $g_L = 1$ und $g_S = 2$. Die Größe $\mu_B = \dfrac{\mu_0\,eh}{2m_e}$ bezeichnet das *Bohrsche Magneton*, die Einheit des magnetischen Moments [1, 2].

Bei einem aus Bahn- und Spinanteilen zusammengesetzten Drehimpuls $\boldsymbol{J}$ ist wegen der magnetischen Anomalie des Spins ($g_S = 2!$) nach Abb. 2.8 nur eine Komponente μ_J des Gesamtmoments $\mu = \mu_L + \mu_S$ der Richtung von $\boldsymbol{J}$ genau entgegengesetzt. μ selbst präzediert um $\boldsymbol{J}$, wobei sich im zeitlichen Mittel die zu $\boldsymbol{J}$ senkrechten Komponenten wegheben und nur μ_J als meßbares Moment bleibt mit

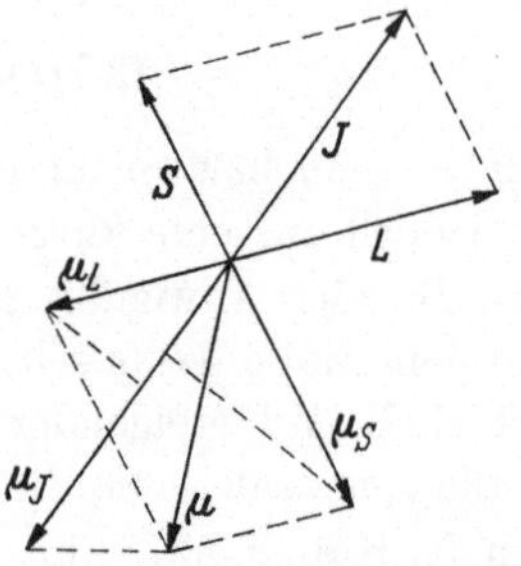

$$|\mu_J| = g_J \sqrt{J(J+1)}\, \mu_B. \qquad (2.8/3)$$

Im Gegensatz zu g_L und g_S variiert g_J je nach Größe und Kopplungsart der Bahn- und Spinmomente.

Abb. 2.8. Vektoraddition der magnetischen Momente μ_S und μ_L im Fall der *Russel-Saunders-Kopplung*. Das resultierende Moment μ präzessiert um die Richtung von $\boldsymbol{J}$, wobei nur μ_J zeitlich konstant und gequantelt ist.

Abb. 2.8 gibt das Vektordiagramm im Falle der *Russel-Saunders-Kopplung* wieder. Man entnimmt die Beziehung

$$\mu_J = \mu_L \cos(\boldsymbol{LJ}) + \mu_S \cos(\boldsymbol{SJ}), \qquad (2.8/4)$$

woraus mit den Gln. (2.8/1), (2.8/2) u. (2.8/3) unter Verwendung des Cosinussatzes g_J zu berechnen ist.

Man erhält

$$g_J = g_L \frac{J(J+1) + L(L+1) - S(S+1)}{2J(J+1)} + g_S \frac{J(J+1) + S(S+1) - L(L+1)}{2J(J+1)} \qquad (2.8/5)$$

oder

$$g_J = 1 + \frac{J(J+1) + S(S+1) - L(L+1)}{2J(J+1)} \qquad (2.8/6)$$

(*Landé-g-Faktor* für LS-Kopplung). g_J variiert in der Regel zwischen 1 und 2, kann jedoch auch andere, selbst negative Werte annehmen.

Zur Berechnung des g-Faktors bei jl-Kopplung kann man sich der Gl. (2.8/5) bedienen, die für die Kopplung beliebiger magnetischer Momente μ_A und μ_B zu μ_C gilt, wenn nur L und g_L durch A und g_A, S und g_S durch B und g_B sowie J und g_J durch C und g_C ersetzt werden [13].

Gemäß der Kopplung $\boldsymbol{J} = \boldsymbol{K} + \boldsymbol{S} = (\boldsymbol{j}_R + \boldsymbol{l}) + \boldsymbol{S}$ erhält man im ersten Schritt g_K aus g_j und g_l und im zweiten g_J aus g_K und g_S.

Es wird mit $J = K \pm 1/2$

$$g_J = \frac{2J+1}{2K+1} + 2\,\frac{K(K+1) + j_R(j_R+1) - l(l+1)}{(2K+1)(2J+1)}\,(g_j - 1), \qquad (2.8/7)$$

wobei g_j den g-Faktor des Rumpfes bezeichnet, der nach Gl. (2.8/6) zu berechnen ist [7].

2.8.2 Aufspaltung der Energieniveaus und Auswahlregeln für strahlende Übergänge

Jedes Energieniveau, das durch die Gesamtdrehimpulsquantenzahl J gekennzeichnet ist, spaltet in einem *schwachen*[1], homogenen Magnetfeld in $(2J + 1)$ äquidistante Komponenten auf, die durch die magnetischen Quantenzahlen M_J bezeichnet werden und die *keine* Entartung mehr aufweisen. Die magnetische Zusatzenergie ΔW_M ist gegeben durch

$$\Delta W_M = g_J M_J \mu_B H. \tag{2.8/8}$$

Übergänge zwischen den *Zeeman-Komponenten* zweier Terme sind *streng polarisiert*. Zu den Auswahlregeln für normale elektrische Dipolstrahlung (s. Kap. 2.7) treten die folgenden Auswahlregeln für die magnetische Quantenzahl M_J (s. auch Abb. 2.9):

$\Delta M_J = 0$ $0 \nleftrightarrow 0$	(2.8/9)	Das emittierte Licht ist linear, parallel zur Feldrichtung, polarisiert (π-Polarisation),
$\Delta M_J = \pm 1$	(2.8/10)	das emittierte Licht ist zirkular, in Ebenen senkrecht zur Feldrichtung, polarisiert (σ-Polarisation).

Senkrecht zur Feldrichtung werden somit *linear* polarisierte π- und σ-Komponenten beobachtet, *in* Feldrichtung nur *zirkular* polarisierte σ-Komponenten. Beim Übergang $\Delta M = +1$ hat der E-Vektor des emittierten Lichtes dabei den gleichen Umlaufsinn, wie die Elektronen in einer, das Magnetfeld erzeugenden, stromdurchflossenen Spule. Man beobachtet also linkszirkular polarisiertes Licht, wenn man in Feldrichtung und rechtszirkular polarisiertes Licht, wenn man der Feldrichtung entgegen blickt. Für $\Delta M = -1$ gilt jeweils das Entgegengesetzte.

In der Regel sind die g-Faktoren des oberen und des unteren Terms verschieden. Eine Linie wird dann im Magnetfeld in eine ganze Reihe von π- und σ-Komponenten aufgespalten (*anomaler Zeeman-Effekt*), deren Zahl sich unter Beachtung der Auswahlregeln (Gln. (2.8/9) u. (2.8/10)) wie folgt bestimmt:

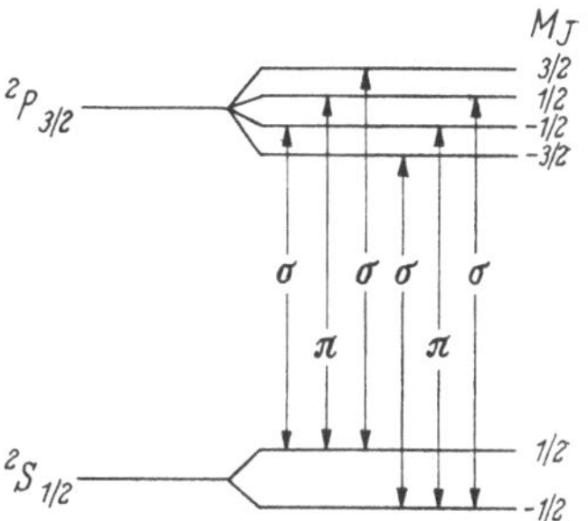

Abb. 2.9. Übergänge zwischen den *Zeeman-Komponenten* zweier Dublett-Terme. Senkrecht zur Feldrichtung werden linear polarisierte π- und σ-Komponenten, in Feldrichtung nur zirkular polarisierte σ-Komponenten beobachtet.

$$\Delta J = 0 \quad \begin{cases} J \text{ halbzahlig} & \begin{cases} 2J + 1 & \pi\text{-Komponenten} \\ 4J & \sigma\text{-Komponenten} \end{cases} \\ J \text{ ganzzahlig} & \begin{cases} 2J & \pi\text{-Komponenten} \\ 4J & \sigma\text{-Komponenten} \end{cases} \end{cases}$$

$$(M_J = 0 \nleftrightarrow M_J = 0)$$

$$\Delta J = \pm 1 \atop J_1 < J_2 \quad \begin{cases} 2J_1 + 1 & \pi\text{-Komponenten} \\ 2(2J_1 + 1) & \sigma\text{-Komponenten}. \end{cases}$$

---

[1] Die magnetische Aufspaltung sei z. B. bei *LS*-Kopplung klein gegen die Multiplettaufspaltung.

Wenn die g-Faktoren der kombinierenden Terme übereinstimmen, reduziert sich die Linienzahl auf eine π-Komponente und zwei σ-Komponenten (*normaler Zeeman-Effekt*).

Die Intensitäten der einzelnen π- und σ-Komponenten sind je nach der Größe von ΔJ und den beteiligten M_J-Werten sehr unterschiedlich. Eine übersichtliche Zusammenstellung der Einzelintensitäten findet man in [13].

2.9 Ionen im elektrischen Kristallfeld

Die für die charakteristischen Spektren der Übergangselemente verantwortlichen, unaufgefüllten Schalen sind beim Einbau in Kristallgitter an der Bindung nicht unmittelbar beteiligt. Die Ionen sind jedoch dem Einfluß des inhomogenen Kristallfeldes ausgesetzt, das von den Ladungen umgebender Kationen und Anionen oder von Dipolmolekülen (wie Kristallwasser) hervorgerufen wird. Zur Beschreibung der Elektronenbewegung kann also *nicht* mehr die *Kugelsymmetrie* des Kernfeldes herangezogen werden, sondern nur noch die *Punktsymmetrie* am Ort des betrachteten Ions. Diese Punktsymmetrie ist im allgemeinen geringer als die nach außen hin erkennbare Makrosymmetrie des Kristallgitters. Als Symmetrieelemente treten Spiegelebenen, Symmetrieachsen, Inversionszentren und beliebige Kombinationen in Erscheinung. Eine ausführliche Zusammenstellung und Erläuterung der Kristallsysteme und -klassen, die auch die Punktsymmetrie für nahezu alle kristallinen Verbindungen aufführt, ist unter [14] zu finden.

Zur Behandlung eines Ions im Kristallfeld [15] denkt man sich den Einfluß aller Elektronen und Kerne, die sich in der Umgebung des Ions bewegen, durch ein zeitlich konstantes Kristallfeld ersetzt. Der Einfluß dieses Kristallfeldes auf die Elektronenzustände des freien Ions wird je nach Lage der unaufgefüllten Schalen mehr oder weniger stark sein. Bei den Seltenen Erden ergibt sich durch die $5s^2\,5p^6$ Schalen eine ausgezeichnete Abschirmung. Der Einfluß des Kristallfeldes ist *klein* gegenüber der Spin–Bahn-Kopplung, so daß die Zustände des freien Ions in erster Näherung erhalten bleiben und nur eine zusätzliche Aufspaltung der einzelnen, durch J gekennzeichneten Terme, auftritt (*Stark-Effekt* im inhomogenen Feld).

Bei den Ionen der Eisenreihe ist der Kristalleinfluß *groß* gegen die Spin–Bahn-Wechselwirkung, die Kristallfeldaufspaltung übertrifft also die Multiplettaufspaltung des freien Ions. Die Quantenzahl J verliert damit ihren Sinn und die Quantenzahlen L und S sind im Kristallfeld getrennt zu behandeln. Demgemäß bleiben die Zustände der freien Ionen auch nicht näherungsweise erhalten.

Wir wollen hier nur den Fall des „kleinen" Kristallfeldes näher diskutieren, wie es uns in den Salzen der Seltenen Erden und in den mit Seltenen Erden dotierten Wirtsgittern begegnet.

2.9.1 Die Kristallfeldaufspaltung bei den Seltenen Erden

Innerhalb der Lanthanidenreihe ist der Einfluß des Kristallfeldes von unterschiedlicher Größe. Die Elemente in der Mitte der Reihe zeigen die geringste Störung, während am Rande die größte Einwirkung festzustellen ist. Eine von HELLWEGE [16] stammende Übersichtsfigur läßt den Gang der Gitterstörungen, worunter u. a. die Größe der Aufspaltung und die Linienbreite zu verstehen sind, qualitativ gut erkennen (Abb. 2.10).

Ein weiterer Einblick kann aus Abb. 2.11 gewonnen werden, in der die Kristallfeldaufspaltung für das Grundtermmultiplett $^4I_{7/2}$ des Nd^{3+} schematisch wiedergegeben ist. Die Abstände der einzelnen Kristallfeldkomponenten liegen etwa zwischen 10 und 100 cm^{-1}, was als typischer Wert für alle SE angesehen werden kann. Sie variieren selbstverständlich bei ein und demselben Ion von Kristall zu Kristall, entsprechend der verschiedenartigen Symmetrie- und Bindungsverhältnisse. Im Vergleich zu den Abständen der einzelnen Multiplettkomponenten, die im

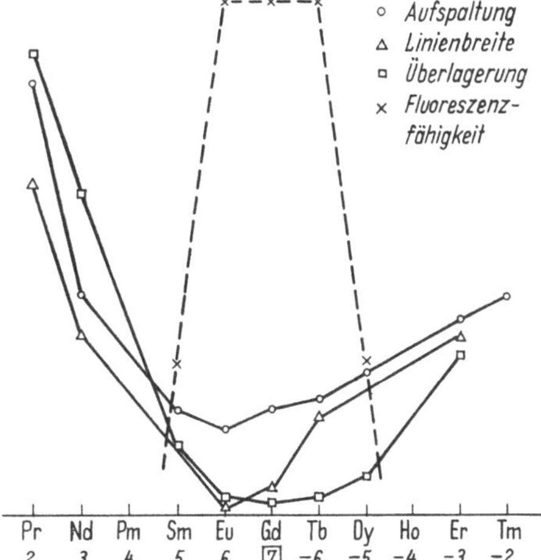

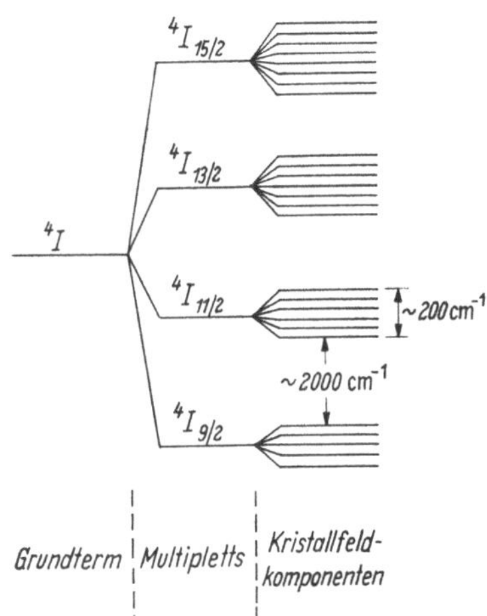

Abb. 2.10. Der Gang der Gitterstörung bei den dreiwertigen Ionen der Seltenen Erden. Die Ziffern unter den Elementen bezeichnen die Zahl der 4f-Elektronen bzw. die Zahl der positiven Löcher in der 4f-Schale. Elemente mit der Konfiguration 4f^n bzw. 4f^{14-n} haben weitgehend übereinstimmende Spektren (nach K. H. HELLWEGE [16]).

Abb. 2.11. Die Aufspaltung der Grundtermmultipletts $^4I_{9/2}$ bis $^4I_{15/2}$ des Nd^{3+}-Ions in Kristallfeldkomponenten (schematisch). Bei ungerader Elektronenzahl spaltet jeder Term in einem Kristallfeld mit geringerer als kubischer Symmetrie in $J + 1/2$ *Kramers-Dubletts* auf.

Mittel bei 1000 cm^{-1} liegen, ist die Kristallfeldaufspaltung jedoch immer als klein anzusehen ($\approx 10\%$). (Über den Abstand der einzelnen Multipletts s. Kap. 2.6 und Abb. 2.7).

Die Zahl der Kristallfeldkomponenten, die sich bei geringerer als kubischer Symmetrie einstellt, ist in der Tab. 2.6 vermerkt [15]. Bei halbzahligem J (ungerade Elektronenzahl) bleibt *immer* eine zweifache Entartung bestehen, die durch den dominierenden elektrostatischen Anteil des Kristallfeldes bedingt ist und grundsätzlich nur durch ein zusätzliches Magnetfeld aufgehoben werden kann. Sie wird als *Kramerssche Entartung* bezeichnet, die zugehörigen Niveaus als *Kramers-Dubletts*. Bei gerader Elektronenzahl und bei Feldern sehr niedriger Symmetrie kann jedoch eine vollständige Aufspaltung in $2J + 1$ Komponenten stattfinden [15].

Wenn wir die $(2J + 1)$ *Zeeman-Niveaus* des freien Ions durch die Eigenzustände $|J, M_J\rangle$ beschreiben[1] ($M_J = J, \ldots -J$), so werden im Kristallfeld die Eigen-

---

[1] Zur vollständigen Bestimmung der Eigenzustände gehören je nach Kopplung selbstverständlich noch eine Reihe anderer Quantenzahlen.

Tabelle 2.6 *Anzahl und Vielfachheit v der Kristallfeldkomponenten in „rein elektrostatischen"
Feldern, die zu einem J-Wert des freien Ions gehören*

Kristallsystem	$J = 0\ 1\ 2\ 3\ 4\ 5\ \ldots$ ganzzahlig	v	$J = \tfrac{1}{2}\,\tfrac{3}{2}\,\tfrac{5}{2} \ldots$ halbzahlig	v
triklin monoklin rhombisch	$1\ 3\ 5\ 7\ 9\ 11\ \ldots\ (2J+1)$	1		
trigonal	$1\ 1\ 1\ 3\ 3\ \ 3 \ldots 2\left[\dfrac{J}{3}\right]\,^{1)} + 1$	1	$1\ \ 2\ \ 3 \ldots (J + 1/2)$	2
hexagonal	$0\ 1\ 2\ 2\ 3\ \ 4 \ldots \left[\dfrac{2J-1}{3}\right] + 1$	2		
tetragonal	$1\ 1\ 3\ 3\ 5\ \ 5 \ldots 2\left[\dfrac{J}{2}\right] + 1$	1		
	$0\ 1\ 1\ 2\ 2\ \ 3 \ldots \left[\dfrac{J+1}{2}\right]$	2		

[1]) Die in [ ] stehenden Werte sind auf die nächst niedrige ganze Zahl abzurunden, z. B.
$\left[\dfrac{5}{3}\right] = 1$, $\left[\dfrac{6}{3}\right] = 2$ usw.

zustände der Starkkomponenten bei Betrachtung in nullter[1] Näherung Linearkombinationen der Form [15]

$$|> = \sum_M a_M\,|J, M_J>.\tag{2.9/1}$$

Es werden jedoch nur solche Zustände $|J, M_J>$ gemischt, die gewissen Symmetrie-
operationen gehorchen. Ist die Symmetrie des Kristallfeldes z. B. ausschließlich
durch eine p-zählige Drehachse bestimmt, so können nur solche $|J, M_J>$ kombi-
nieren, deren M_J-Werte sich um ein ganzzahliges Vielfaches der Achsenzählig-
keit p unterscheiden, für die also gilt

$$M_J = \mu \bmod p.\tag{2.9/2}$$

Die ordnenden Zahlen μ können als *Kristallquantenzahlen* angesehen werden; sie
treten an die Stelle der M_J-Werte, die im Kristallfeld in der Regel nicht mehr
definiert sind.

Die Zustände der 12 Kristallfeldkomponenten des Nd^{3+}-Terms $^4I_{11/2}$ lassen sich
bei $p = 6$ somit beschreiben durch

$$|> = \sum_M a_M\,|J = 11/2, M_J>\tag{2.9/3}$$

mit　$M_J = \pm 11/2,\ \mp 1/2$　entsprechend　$M_J = \mp 1/2 \bmod 6$

oder $M_J = \pm 9/2,\ \mp 3/2$　entsprechend　$M_J = \mp 3/2 \bmod 6$

oder $M_J = \pm 7/2,\ \mp 5/2$　entsprechend　$M_J = \mp 5/2 \bmod 6$.

---

[1] Das Kristallfeld geht bei festgehaltener Symmetrie gegen Null.

Gleiche Kristallquantenzahlen mit entgegengesetztem Vorzeichen fallen dabei in ein *Kramers-Dublett* zusammen. Im vorliegenden Fall beschreibt somit jedes Kristallquantenzahlpaar $\pm 1/2$, $\pm 3/2$, $\pm 5/2$ jeweils zwei unterschiedliche Terme.

Die Zuordnung der μ-Werte zu den Kristallfeldkomponenten variiert mit der Feldsymmetrie und muß auf experimentellem Weg ermittelt werden. Das in Abb. 2.12 gezeigte Beispiel gibt die Verhältnisse beim $NdCl_3$ wieder.

In Analogie zu den Dipolübergängen zwischen den *Zeeman-Komponenten* des freien Ions sind auch die Übergänge zwischen den Kristallfeldkomponenten im allgemeinen polarisiert. Wir wollen hier nur die Auswahlregeln für erzwungene elektrische Dipolstrahlung bei den zyklischen Kristallklassen C_p angeben, im übrigen jedoch auf die umfangreiche Literatur verweisen [15]. π- und σ-Polarisation sind bei den nachstehend aufgeführten Übergängen jeweils auf die p-zählige Symmetrieachse des Kristallfeldes bezogen. Es ergeben sich die Auswahlregeln:

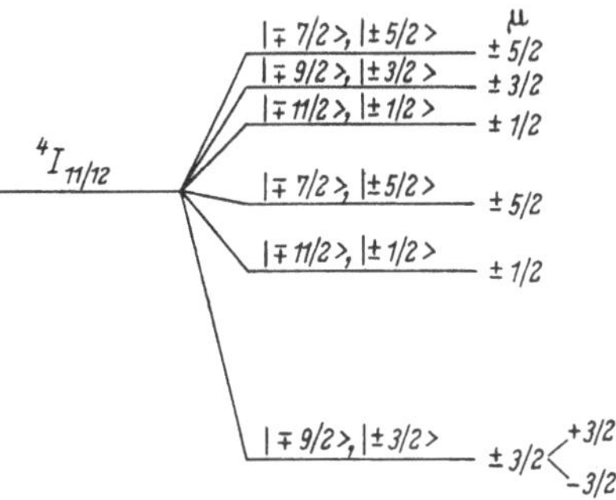

Abb. 2.12. Die Kristallfeldkomponenten (*Kramers-Dubletts*) des Nd^{3+} im Chloridgitter, das eine sechszählige Symmetrieachse hat. Jedes *Kramers-Dublett* spaltet im äußeren Magnetfeld in zwei Komponenten mit den Kristallquantenzahlen $+\mu$ bzw. $-\mu$ auf.

$$\pi\text{-Polarisation} \qquad \Delta\mu = 0 \bmod p,$$
$$\sigma\text{-Polarisation} \qquad \Delta\mu = \pm 1 \bmod p. \tag{2.9/4}$$

Die für das freie Ion gültigen Auswahlregeln für Änderungen der Quantenzahlen L, S und J (Kap. 2.6) werden vom Kristallfeld weitgehend aufgehoben. Es können sowohl Übergänge zwischen den Termen eines Multipletts als auch zwischen Termen beliebiger J-Werte stattfinden, solange $J \leq 2l$ ist, d. h. bei $4f$ Elektronen $J \leq 6$. Selbst diese Beschränkung kann jedoch im Einzelfall noch durchbrochen werden [10].

Als abschließendes Beispiel wollen wir die Laserübergänge $^4F_{3/2} \to {}^4I_{11/2}$ von Nd^{3+} im ladungskompensierten Gitter des $CaWO_4$ betrachten, bei dem die Nd-Ionen sehr wahrscheinlich die Ca-Plätze mit vierzähliger Feldsymmetrie einnehmen. Die beiden Übergänge haben als gemeinsames Endniveau ein *Kramers-Dublett* von $^4I_{11/2}$; als Oberniveaus dienen die beiden *Kramers-Dubletts* von $^4F_{3/2}$ mit $\mu = \pm 3/2$ bzw. $\mu = \pm 1/2$. Auf Grund der Auswahlregeln Gl. (2.9/4) müssen die Übergänge daher notwendigerweise unterschiedliche Polarisation zeigen.

2.10 Molekülspektren

Die folgende Einführung ist noch mehr als die bisherigen Abschnitte stark auf eine spezielle Laserart, die Molekularlaser, ausgerichtet; darüber hinaus kann sie nur als Hilfe zur ersten Lektüre von Originalarbeiten betrachtet werden.

2.10.1 Überblick

Ließen sich die Energieniveaus des freien Atoms oder Ions ausschließlich durch die Elektronenzustände beschreiben, so treten beim Molekül zur *Elektronenenergie* noch die *Schwingungsenergie* der gegeneinander schwingenden Kerne, sowie die *Rotationsenergie* des um die Hauptträgheitsachsen rotierenden Moleküls [2, 17, 18]. Beide Anteile sind gequantelt, so daß nach wie vor diskrete Energieniveaus vorliegen.

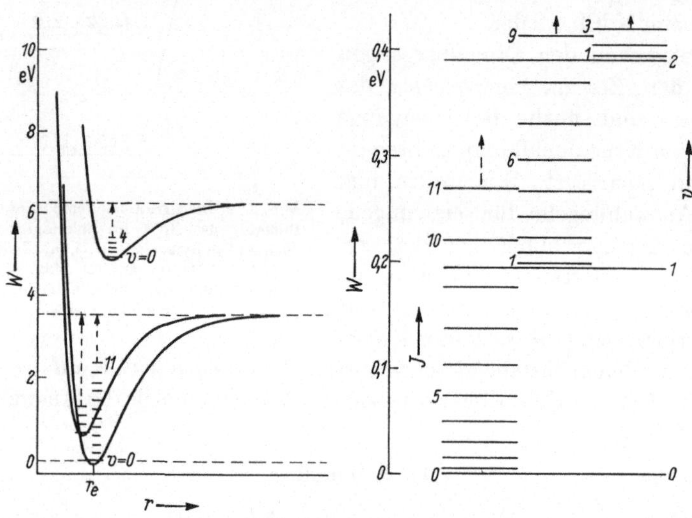

Abb. 2.13. Verschiedene Potentialkurven eines zweiatomigen Moleküls mit eingezeichneten Schwingungsniveaus. Das unterste Schwingungsniveau des Elektronengrundzustands wurde zum Nullpunkt der Energieskala gewählt. r bezeichnet den Kernabstand, r_e die Gleichgewichtslage. Die Schwingungsniveaus werden durch Schwingungsquantenzahlen v bezeichnet. Rechts ist die Rotationsstruktur der Schwingungsniveaus in überhöhter Darstellung wiedergegeben. Rotationsniveaus werden dabei durch die Drehimpuls-(Rotations-)quantenzahl J bezeichnet. Die beigegebenen Energiemaßstäbe lassen die Größenordnungen der Niveauabstände etwa erkennen.

Der Abstand unterschiedlicher Elektronenzustände liegt wie beim freien Atom in der Größenordnung von Elektronenvolts; die zu einem Elektronenzustand gehörenden Schwingungszustände sind etwa um $^1/_{100}$ bis $^1/_2$ eV getrennt, während der Abstand zweier Rotationsniveaus eines Schwingungszustandes in der Regel kleiner als $^1/_{100}$ eV ist.

Das Niveauschema eines zweiatomigen Moleküls mit Schwingungsstruktur ist in Abb. 2.13 wiedergegeben. Die potentielle Energie, unter deren Einfluß die Kerne ihre Schwingung ausführen, ergibt sich als Summe der Elektronenenergie und des *Coulomb-Potentials* der Kerne. Nur wenn diese potentielle Energie als Funktion des Kernabstandes (Potentialkurve) ein *Minimum* aufweist, ist der zugehörige Elektronenzustand *stabil*; andernfalls ergibt sich ein *instabiler* Zustand, bei dem sich die Kerne abstoßen (z. B. He_2-Grundzustand). Die Gesamtenergie des schwingenden Moleküls ist jeweils durch ein diskretes Schwingungsniveau gegeben. Jedes Schwingungsniveau zeigt wieder eine Rotationsstruktur, die in Abb. 2.13 seitlich in überhöhter Darstellung wiedergegeben ist.

Genauso wie die Rotationsstruktur aufeinanderfolgender Schwingungsterme sich teilweise überdeckt, können auch die Schwingungsterme eines Elektronen-

zustandes bei geeigneter Lage der Potentialkurven in die des nächsten Elektronenzustandes übergreifen. Häufig liegt jedoch das Potentialminimum des nächsthöheren Elektronenzustands über der Dissoziationsenergie, so daß keine Überlappung stattfinden kann (Abb. 2.13).

Übergänge zwischen den Rotationstermen ohne Änderung des Schwingungs-
und Elektronenzustandes ergeben das im fernen Infraroten gelegene *Rotations-
spektrum* eines Moleküls; bei zusätzlicher Änderung des Schwingungszustandes
beobachtet man das *Rotationsschwingungsspektrum* (nahes Infrarot) und bei
Änderung aller drei Zustände die *Bandensysteme* des photographischen Infrarots,
des sichtbaren und ultravioletten Spektralbereiches, die bei geringer Auflösung der
Spektralapparate teilweise als strukturlose Kontinua erscheinen können [2].

Nach diesem allgemeinen Überblick wollen wir uns genauer mit dem Aufbau
und der Bezeichnung der Energieniveaus befassen.

2.10.2 Elektronenzustände von zweiatomigen Molekülen

Der Aufbau und die Bezeichnung der Energieniveaus verläuft in weitgehender
Analogie zum freien Atom (s. Kap. 2.3 u. 2.4). Im Gegensatz zum kugel-
symmetrischen *Coulomb-Feld* des Atoms hat das elektrische Feld des Moleküls
jedoch rotationssymmetrischen Charakter, so daß eine Situation vorliegt, die mit
dem *Stark-Effekt* des Einzelatoms in einem starken elektrischen Feld vergleichbar
ist.

Im folgenden sei immer vorausgesetzt, daß das Molekül *nicht rotiert*, der Gesamtdrehimpuls sich also nur aus den Bahn- und Spindrehimpulsen der Elektronen
zusammensetzt. Für die leichteren Moleküle, die uns allein interessieren, läßt sich
dann zeigen, daß der resultierende Bahndrehimpuls L und der resultierende Spindrehimpuls S getrennt um die Kernverbindungslinie präzessieren, wobei nur die
Projektionen $M_L \hbar$ bzw. $M_S \hbar$ (s. Kap. 2.4.1 u. 2.4.2) zeitlich konstant und deshalb
gequantelt sind [17, S. 212ff.].

Wie in jedem rein elektrischen Feld haben Zustände mit $\pm M_L$ die gleiche
Energie, sind also zweifach entartet (man beachte die Übereinstimmung mit den
Kramers-Dubletts im elektrischen Kristallfeld, Kap. 2.9.1).

Ein Elektronenzustand wird demnach durch die Werte von

$$\Lambda = |M_L| = 0, 1, 2, \ldots L \qquad (2.10/1)$$

und

$$\Sigma = M_S = S, S-1, \ldots, -S \qquad (2.10/2)$$

bestimmt[1].

Entsprechend $\Lambda = 0, 1, 2, 3$ entsteht ein Σ-, Π-, Δ- oder Φ-Zustand[1] in
Analogie zu den S, P, D, F-Zuständen des freien Atoms [2, 17].

(Σ-Zustände machen in zweifacher Hinsicht eine Ausnahme: Wegen $\Lambda = 0$ sind sie
stets einfach. Darüber hinaus fehlt das innere, durch Λ hervorgerufene Magnetfeld parallel
zur Kernverbindungslinie. Das heißt aber, daß keine Spineinstellung erfolgen kann und somit die Quantenzahl M_S nicht definiert ist).

---

[1] Die Quantenzahl Σ ist nicht mit dem Termsymbol Σ zu verwechseln.

Da Σ und Λ parallel zur Kernverbindungsachse liegen, erhält man das Gesamtdrehimpulsmoment[1] (ohne Rotation!) Ω durch algebraische Addition, wobei

$$\Omega = |\Lambda + \Sigma|. \tag{2.10/3}$$

Wie beim Einzelatom gibt $2S + 1$ die Multiplizität eines Terms an, der durch $^{2S+1}\Lambda_\Omega$ bezeichnet wird.

Beispiele: Für $\Lambda = 3$ und $S = 1$ entsteht das Termtriplett $^3\Phi_2$, $^3\Phi_3$ und $^3\Phi_4$, für $\Lambda = 0$ und $S = 1/2$ der Term $^2\Sigma_{1/2}$ (vergleiche die Multiplizität von S-Termen der Atome, Kap. 2.4.4).

Wie beim Einzelatom, so unterscheidet man auch bei zweiatomigen Molekülen *gleicher* Ladung (H_2, N_2 ...) *gerade* und *ungerade* Zustände, je nachdem, ob die zugehörigen Eigenfunktionen bei Inversion am Symmetriezentrum (hier der Mittelpunkt der Kernverbindungslinie) ihr Vorzeichen beibehalten oder ändern. Das jeweilige Symmetrieverhalten wird durch ein angehängtes g oder u bezeichnet (z. B. Σ_u, Π_g).

Bei Σ-Zuständen ist zusätzlich noch das Symmetrieverhalten bei Spiegelung an Ebenen zu betrachten, die die Kernverbindungslinie enthalten. Je nachdem, ob sich das Vorzeichen der Eigenfunktionen ändert oder nicht, unterscheidet man Σ^-- und Σ^+-Zustände [17, S. 217].

Die Grundzustände der meisten zweiatomigen und auch der meisten dreiatomigen linearen Moleküle (wie CO_2) sind Σ-Terme. Um sie von anderen Σ-Termen zu unterscheiden, werden sie durch ein vorgesetztes X gekennzeichnet (z. B. Grundzustand von N_2: $X\,^1\Sigma_g^+$). Bei angeregten Termen werden die großen und kleinen Buchstaben des Alphabets, von A bzw. a beginnend, verwendet.

Elektrische Dipolübergänge zwischen den Termen sind u. a. nur erlaubt, wenn

$$\Delta\Lambda = 0, \pm 1 \tag{2.10/4}$$

(ein $\Sigma - \Delta$-Übergang ist demnach verboten).

Für zweiatomige Moleküle gleicher Ladung (s. oben) können sie darüber hinaus nur zwischen geraden und ungeraden Termen stattfinden (z. B. $\Sigma_u \leftrightarrow \Pi_g$, jedoch $\Pi_u \nleftrightarrow \Pi_u$; vergleiche die *Laporte-Regel*, Kap. 2.7).

Je nach Kopplungsfall gesellen sich hierzu noch eine ganze Reihe zusätzlicher Auswahlregeln, auf die wir jedoch nicht näher eingehen können (vgl. [17, S. 240 ff., S. 212 ff.]).

2.10.3 Schwingungszustände von Molekülen

Wie in Kap. 2.10.1 schon erwähnt wurde, zeigt jeder stabile Elektronenzustand eines Moleküls eine Schwingungsstruktur. Beim zweiatomigen Molekül erfolgt die Bewegung der Kerne dabei in einem Potential, dessen Verlauf (s. Abb. 2.13) mit wachsenden Amplituden immer mehr vom parabolischen Potential des harmonischen Oszillators abweicht [2, 17].

---

[1] Der Gesamtdrehimpuls J wird wesentlich durch den Drehimpuls der Kerne N bestimmt, wobei $J = \Omega + N$ oder $J = (\Lambda + N) + S$, je nachdem, ob S an die Kernverbindungsachse gekoppelt, d. h. M_S definiert ist oder nicht.

Für die Energie der Schwingungsniveaus gilt

$$W(v) = h\nu_e(v + 1/2) - h\nu_e x(v + 1/2)^2 + \cdots, \qquad (2.10/5)$$

wobei der erste Term die Energiewerte des harmonischen Oszillators und der zweite ein Korrekturglied darstellt ($x \ll 1$). Die *Schwingungs*quantenzahl v kann die Werte $v = 0, 1, 2 \ldots$ annehmen.

Die Energieabstände sind also nicht mehr äquidistant, sondern nehmen mit wachsenden v-Werten ab.

Für $v = 0$ ergibt sich die Nullpunktsenergie

$$W(0) = 1/2\,h\nu_e - 1/4\,h\nu_e x + \cdots \qquad (2.10/6)$$

Da das unterste Schwingungsniveau des Elektronengrundzustands den energetisch tiefsten Zustand eines Moleküls überhaupt bezeichnet, wird es häufig als Nullpunkt der Energieskala gewählt. Die Energie der nächsten angeregten Schwingungsniveaus ergibt sich dann zu

$$W_0(v) = W(v) - W(0) = h\nu_e v - h\nu_e vx\,(v + 1) \ldots \qquad (2.10/7)$$

Bei der Betrachtung von mehratomigen Molekülen wollen wir uns auf die untersten Schwingungsniveaus beschränken, so daß der anharmonische Potentialanteil zu vernachlässigen ist. Man kann dann die Schwingung eines mehratomigen Moleküls als Überlagerung gewisser Fundamentalschwingungen ν_i beschreiben [18, S. 77ff.], wobei für dreiatomige Moleküle

$$W(v_1, v_2, v_3) = h \sum_1^3 \nu_i\,(v_i + {}^1/_2). \qquad (2.10/8)$$

Für ein dreiatomiges linear-symmetrisches Molekül sind diese Fundamentalschwingungen in der Abb. 2.14 aufgezeigt. Sie leiten sich aus der Forderung ab, daß der Molekülschwerpunkt während der Oszillation ruht. Die Fundamentalschwingung ν_2 des linear-symmetrischen Moleküls (z. B. CO_2) ist dabei offensichtlich zweifach entartet, da die Schwingungen in und senkrecht zur Zeichenebene gleichwertig sind [18, S. 67].

Zur Bezeichnung der Schwingungsniveaus von dreiatomigen Molekülen bietet sich in Analogie zur Schwingungsquantenzahl v ein Zahlentripel (v_1, v_2, v_3) an, das die Zusammensetzung einer Schwingung aus den Fundamentalschwingungen und den

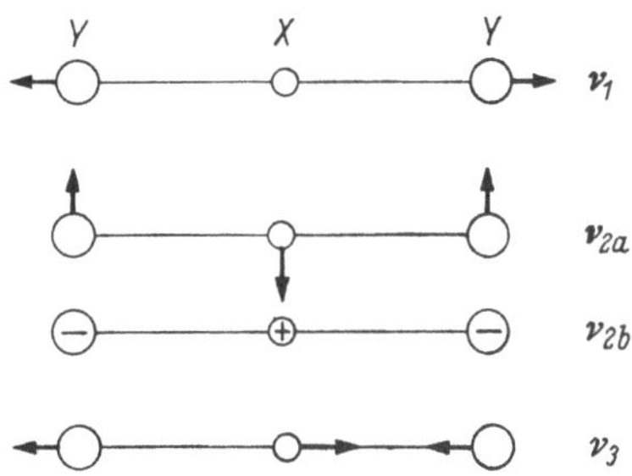

Abb. 2.14. Die Fundamentalschwingungen eines dreiatomigen symmetrischen Moleküls, z.B. CO_2; ν_2 ist zweifach entartet (nach G. HERZBERG [18]).

jeweiligen höheren Harmonischen zu erkennen gestattet. Es bedeutet demnach die Bezeichnung (1, 0, 2), daß sich die Schwingung aus einem Schwingungsquant ν_1 und aus zwei Schwingungsquanten ν_3 zusammensetzt. Die Entartung einer Schwingung wird durch ein hochgestelltes l gekennzeichnet, das im Falle des linear-symmetrischen Moleküls die Werte $l = v_i, v_i - 2, \ldots 1$ oder 0 annehmen kann [18, S. 80ff.].

Zur Kennzeichnung der *Symmetrieeigenschaft* eines Schwingungszustands werden bei linearen mehratomigen Molekülen dieselben Symbole verwendet wie zur Kennzeichnung der *Elektronenzustände* von *zweiatomigen* Molekülen (Σ, Π, Δ usw.). Obwohl an dieser Stelle keine Begründung und weitere Erläuterung gegeben werden kann, sei zur Vermeidung von Mißverständnissen ausdrücklich darauf hingewiesen [18, S. 104ff., 112, 119].

Die allgemeine Auswahlregel für Schwingungsübergänge lautet $\Delta v = \pm\, 1$, wobei mit geringerer Intensität auch Übergänge mit $\Delta v = \pm\, 2$, ± 3 möglich sind [2].

Elektrische Dipolübergänge zwischen den Schwingungszuständen von Molekülen sind jedoch nur dann erlaubt, wenn sie mit einer Änderung des Dipolmoments verbunden sind. Bei zweiatomigen symmetrischen Molekülen (H_2, O_2, N_2, ...) ändert sich das Dipolmoment nur dann, wenn gleichzeitig auch ein Elektronensprung stattfindet. Das bedeutet einmal, daß bei diesen Molekülen keine Rotations-Schwingungsbanden normaler Intensität zu beobachten sind und zum andern, daß alle Schwingungsniveaus des Elektronengrundzustands metastabil sind (s. z. B. Anwendung beim N_2-CO_2-Laser).

2.10.4 Rotationszustände von Molekülen

Zur Erläuterung der Rotationsstruktur eines Moleküls wollen wir uns vorerst auf den einfachsten Fall, ein nicht schwingendes, zweiatomiges Molekül ohne resultierenden Spin- und Bahndrehimpuls der Hüllenelektronen beschränken, d. h. wir betrachten etwa den Schwingungsgrundzustand ($v = 0$) des Elektronengrundzustands $^1\Sigma^+$ von N_2 [17, S. 449, S. 66ff.]. Der Gesamtdrehimpuls $\boldsymbol{J}$ bei Rotation des Moleküls besteht dann nur aus dem Drehimpuls $\boldsymbol{J} = \boldsymbol{N}$ der Kerne.

Wenn wir von dem geringfügigen Einfluß der Rotation auf das Trägheitsmoment I absehen, ergeben sich die Energieniveaus dieses Rotators zu

$$W(J) = h\,c\,B J\,(J+1) \qquad (2.10/9)$$

mit $J = 0, 1, 2, \ldots$ und der Rotationskonstanten $B = h/(8\pi^2 c I)$

Die Abstände zweier Rotationsniveaus

$$\Delta W = 2\,h\,c\,B\,J \qquad (2.10/10)$$

wachsen also linear mit J an. Sie sind — für nicht allzugroße J-Werte — etwa eine Größenordnung kleiner als die Abstände aufeinanderfolgender Schwingungsniveaus, wie aus Abb. 2.13 zu ersehen ist. Die Gl. (2.10/9) gilt auch für die Grundzustände aller bekannten linearen, polyatomigen Moleküle, z. B. CO_2, die durchwegs Σ-Charakter haben.

Für höhere Schwingungsniveaus ($v = 1, 2, \ldots$) muß die Änderung des Trägheitsmomentes berücksichtigt werden. Die relative Lage der Rotationsniveaus zueinander bleibt jedoch unverändert.

Liegen nun von Null verschiedene resultierende Bahn- und Spindrehimpulse der Hüllenelektronen vor, so bestimmen sich die J-Werte je nach der Größe und der Kopplung (s. Kap. 2.10.2) der Vektoren Λ, Σ (bzw. $\boldsymbol{S}$) und $\boldsymbol{N}$. Der J-Wert des tiefsten Rotationsniveaus wird dann im allgemeinen auch von Null verschieden sein.

Beispiel: Für die Kopplung $J = (A + \Sigma) + N = \Omega + N$ ergeben sich die Werte: $J = \Omega$, $\Omega + 1,\ldots$ so daß für einen $^2\Pi_{3/2}$-Term die Zählung der Rotationsniveaus mit $J = 3/2$ beginnt. Der energetische Abstand ΔW bleibt in diesem Fall nach wie vor proportional zu J. Für den Kopplungsfall $J = (A + N) + S$ dagegen ergibt sich durch die Ankopplung des Spins im allgemeinen eine Feinstruktur der durch $(A + N)$ vorgegebenen (Niveaus s. [17, S. 218 ff.]).

Die Auswahlregel für Rotationsübergänge ohne Elektronensprung lautet

$$\Delta J = \pm 1 \, . \tag{2.10/11}$$

In Analogie zu den Schwingungsübergängen sind elektrische Dipolübergänge zwischen Rotationsniveaus jedoch nur erlaubt, wenn sie mit einer Änderung des Dipolmoments verbunden sind (s. Kap. 2.10.3), was nur bei unsymmetrischen Molekülen wie z. B. HCl oder CO der Fall ist. Die gleiche Einschränkung gilt selbstverständlich für Rotations-Schwingungsübergänge, die als Rotations-Schwingungsbanden beobachtet werden. Ihre Entstehung ist aus dem Termschema der Abb. 2.15 qualitativ zu erkennen. Übergänge, für die (in Emission!) $\Delta J = +1$ gilt, bilden dabei den positiven oder *R-Zweig* der Bande, für $\Delta J = -1$ erhält man den negativen oder *P-Zweig*, der sich nach längeren Wellen erstreckt. Bei gleichzeitigem Elektronensprung beobachtet man auch den *Q-Zweig* mit $\Delta J = 0$, da für die Elektronenbandenspektren die Rotationsauswahlregel

$$\Delta J = 0, \pm 1 \tag{2.10/12}$$

lautet. Wegen der Änderung des Dipolmoments bei Elektronenübergängen werden die Elektronenbandenspektren (mit Schwingungs- und Rotationsstruktur) selbstverständlich auch bei den symmetrischen Molekülen beobachtet.

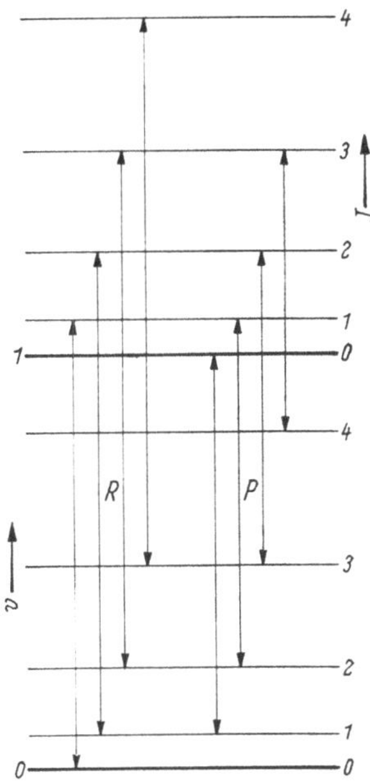

Abb. 2.15. Entstehung einer Rotationsschwingungsbande. Die Abbildung zeigt zwei Schwingungsniveaus mit Rotationsstruktur. Alle Übergänge mit $\Delta J = +1$ (in Emission) bilden den positiven oder R-Zweig, die mit $\Delta J = -1$ den negativen oder P-Zweig. $\Delta J = 0$ ist verboten.

2.11 Besetzung und Übergangswahrscheinlichkeiten

In den bisherigen Abschnitten haben wir über die energetische Lage und den Charakter von Energieniveaus gesprochen, ohne jedoch danach zu fragen, wieviel Atome sich jeweils in den einzelnen Zuständen tatsächlich aufhalten.

Bei thermischer Anregung ist die Besetzungsdichte n_j des j-ten Zustands durch die *Boltzmann-Statistik* bestimmt zu

$$n_j = n_0 \cdot \frac{g_j}{g_0} \exp\left(- W_j/kT\right), \tag{2.11/1}$$

wobei n_0 die Besetzung des Grundniveaus, g_j und g_0 die jeweiligen *statistischen* Gewichte und W_j die Anregungsenergie bezeichnen. Das Gewicht eines Zustands der Quantenzahl J ist dabei durch $g = 2J + 1$ gegeben.

Gl. (2.11/1) ist nicht mehr anwendbar, wenn Energie auf andere als auf thermische Art zugeführt wird, etwa durch Elektronenstoß in Gasentladungen oder durch Lichtabsorption in Festkörpern. Man kann dann allenfalls von einem stationären Gleichgewicht sprechen, bei dem sich in einzelnen, getrennten Termgruppen eine *Boltzmannsche Besetzungsverteilung* einstellen kann; die gemäß Gl. (2.11/1) zugeordnete Temperatur T ist jedoch mit der Temperatur des *Mediums* nicht mehr identisch. Ein typisches Beispiel ist die Besetzungsverteilung innerhalb der Rotationsniveaus verschiedener Schwingungsniveaus eines gepumpten Moleküls, das uns beim CO_2-Laser beschäftigen wird.

Bei der Betrachtung von nur zwei Niveaus j und k ist es selbstverständlich immer möglich, das Besetzungsverhältnis durch eine Temperatur zu beschreiben gemäß

$$n_j = n_k \frac{g_j}{g_k} \exp - (W_j - W_k)/kT \quad (W_j > W_k). \tag{2.11/2}$$

Man spricht von *Gleichbesetzung*, wenn $n_j = n_k \frac{g_j}{g_k}$, entsprechend einer Temperatur $T = \infty$, und von *Besetzungsumkehr* oder *-inversion*, wenn $n_j > n_k \frac{g_j}{g_k}$, entsprechend einer *Inversionstemperatur* $T_i < 0$.

Übergänge zwischen zwei Niveaus j und k werden durch Übergangswahrscheinlichkeiten p_{jk} und p_{kj} beschrieben, die selbstverständlich von der Besetzungsverteilung *unabhängig* sind. Da im thermischen Gleichgewicht

$$n_j \, p_{jk} = n_k \, p_{kj} \tag{2.11/3}$$

sein muß, ergibt sich

$$p_{jk} = p_{kj} \cdot \frac{g_k}{g_j} \exp (W_j - W_k)/kT. \tag{2.11/4}$$

Die Beziehung gilt sowohl für thermische Atom-Atom-Stöße als auch für Übergänge unter Emission und Absorption von Strahlung.

Für strahlende Übergänge definiert man nach Einstein speziell die drei Übergangswahrscheinlichkeiten:

A_{jk} Wahrscheinlichkeit für spontane Übergänge von j nach k unter Emission eines Lichtquants $h\nu_{jk} = W_j - W_k$

$B_{jk} \, w_\nu \, (\nu_{jk})$ Wahrscheinlichkeit für induzierte Emission in einem isotropen und unpolarisierten Strahlungsfeld der spektralen Energiedichte $w_\nu (\nu_{jk})$

$B_{kj} \, w_\nu \, (\nu_{jk})$ Wahrscheinlichkeit für (induzierte) Absorption im gleichen Strahlungsfeld.

Da die Niveaus W_j und W_k nicht beliebig scharf sind, ist bei dieser Definition vorausgesetzt, daß w_ν in der Umgebung von ν_{jk} als konstant anzusehen ist. Andernfalls ist es notwendig, die frequenzabhängigen Übergangswahrscheinlichkeiten pro Hz Bandbreite B_ν einzuführen, für die

$$\int B_\nu \, d\nu = B_{jk} \tag{2.11/5}$$

und

$$p_{jk} = \int (A_\nu + B_\nu w_\nu) \, d\nu = A_{jk} + \int B_\nu w_\nu \, d\nu \tag{2.11/6}$$

gilt.

Wenn man das Gleichgewicht in einem Hohlraum der Temperatur T und der Strahlungsdichte

$$w_\nu = \frac{8\pi h\nu^3}{c^3}\,\frac{1}{(\exp h\nu/kT) - 1}$$

betrachtet, so findet man, daß Gl. (2.11/4) (mit $p_{kj} = \int (B_\nu)_{kj} w_\nu\, d\nu$) nur erfüllt werden kann, wenn

$$(B_\nu)_{jk} = \frac{c^3}{8\pi h\nu^3}\,(A_\nu)_{jk} \tag{2.11/7}$$

und

$$\frac{(B_\nu)_{jk}}{(B_\nu)_{kj}} = \frac{B_{jk}}{B_{kj}} = \frac{g_k}{g_j} \tag{2.11/8}$$

ist.

Für schmale Linien, bei denen die Frequenzabhängigkeit von B_ν/A_ν vernachlässigt werden kann, gilt Gl. (2.11/7) auch für die integrierten Übergangswahrscheinlichkeiten, d. h.

$$B_{jk} = \frac{c^3}{8\pi h\nu^3}\,A_{jk}. \tag{2.11/7a}$$

In diesem Fall kann B_ν auch durch die Linienform $f(\nu)$ des betreffenden Übergangs (s. Kap. 2.12 und 2.13) ausgedrückt werden gemäß

$$(B_\nu)_{jk} = B_{jk}\,f(\nu). \tag{2.11/9}$$

Verwendet man anstelle der spektralen Energiedichte w_ν die Quantendichte q_ν, so gilt für die induzierte Übergangswahrscheinlichkeit

$$B_\nu w_\nu = B_\nu h\nu q_\nu = B_\nu' q_\nu. \tag{2.11/10}$$

B_ν und B_ν' bzw. B und $B' = \int B_\nu'\, d\nu$ werden im vorliegenden Buch nebeneinander verwendet.

B_{jk} berechnet sich aus den Matrixelementen (Gl. (2.7/1)) des Übergangs jk gemäß

$$B_{jk} = \frac{2\pi}{3\hbar^2}\left| \int \psi_j^* \,\hat{p}\,\psi_k\, d\tau \right|^2 \tag{2.11/11}$$

und ist mit der *Oszillatorenstärke* f^* durch

$$f_{jk}^* = B_{jk}\,\frac{m_e \nu\, g_j}{\pi e^2 g_k} \tag{2.11/12}$$

verknüpft.

Ist das Niveau j mit mehreren k-Niveaus durch optische Übergänge verbunden, so gilt

$$\sum_k A_{jk} = 1/\tau \tag{2.11/13}$$

mit τ als *mittlerer Lebensdauer*, die gemäß

$$n_j(t) = n_j(0)\,e^{-t/\tau} \tag{2.11/14}$$

den Zerfall eines besetzten Niveaus durch spontane Emission bestimmt.

Betrachtet man die Übergänge zwischen den jeweils $(2J + 1)$-Komponenten zweier entarteter Niveaus, so gilt

$$\sum_{\nu, \mu} A_{j\nu, k\mu} = g_j A_{jk} \tag{2.11/15}$$

$$(\nu = 0,1 \dots 2J_j + 1;\ \mu = 0,1 \dots 2J_k + 1)$$

und

$$\sum_{\nu, \mu} B_{j\nu, k\mu} = g_j B_{jk} = g_k B_{kj} = \sum_{\mu, \nu} B_{k\mu, j\nu}.$$

2.12 Linienform

Bei der Einführung der Übergangswahrscheinlichkeiten in Kap. 2.11 war vorausgesetzt worden, daß die betrachteten Energieniveaus beliebig scharf und die Strahlung der zugehörigen Übergänge streng monochromatisch sei. Tatsächlich beobachtet man jedoch bei Emissions- und Absorptionsprozessen eine endliche Linienbreite, die auf unterschiedliche Weise zustandekommen kann.

Die *natürliche* Linienbreite $\Delta\nu_N$ eines Übergangs läßt sich aus der Energieunschärfe ΔW_j der beteiligten Niveaus als Folge der endlichen Lebensdauer τ verstehen. Die zugehörige Linie hat *Lorentz-Form* und wird durch einen Intensitätsverlauf

$$f_N(\nu) = \frac{2\Delta\nu_N/\pi}{4(\nu - \nu_{jk})^2 + \Delta\nu_N^2} \tag{2.12/1}$$

beschrieben mit

$$\int_0^\infty f_N(\nu)\, d\nu = 1 \tag{2.12/2}$$

und

$$\Delta\nu_N = \frac{1}{2\pi}\left(\frac{1}{\tau_j} + \frac{1}{\tau_k}\right). \tag{2.12/3}$$

Da alle Atome eines Ensembles am Emissions- oder Absorptionsprozeß unabhängig von ihrer Lage *gleichberechtigt* teilnehmen können, spricht man auch von homogener Linienverbreiterung. Sie wird, abgesehen von den natürlich oder durch Stöße verbreiterten Linien, auch beim Einbau von Ionen in Kristallgitter beobachtet, wobei Spin–Gitter-Relaxationen oder wechselseitige Kopplung von Einzeldrehimpulsen zu einer Linienverbreiterung führen.

Bei *inhomogener* Linienverbreiterung streuen die Resonanzfrequenzen ν_{jk} der Einzelstrahler mit *Gaußscher Verteilung*; die Einzelatome sind deshalb in bezug auf Strahlungsprozesse *nicht* mehr als gleichberechtigt anzusehen. Man beobachtet inhomogene Linien u. a. bei thermisch bewegten Atomen (*Doppler-Effekt*) oder bei Ionen, die sich an Gitterplätzen mit unterschiedlichen lokalen Kristallfeldern befinden.

Bei Verbreiterung durch *Doppler-Effekt* gilt (bei vernachlässigbar kleiner natürlicher Linienbreite) für den Intensitätsverlauf

$$f_D(\nu) = \frac{2}{\Delta\nu_D} \sqrt{\frac{\ln 2}{\pi}} \, \exp - \left[\frac{2(\nu - \nu_{jk})}{\Delta\nu_D} \sqrt{\ln 2} \right]^2 \qquad (2.12/4)$$

mit

$$\int_0^\infty f_D(\nu)\, d\nu = 1 . \qquad (2.12/5)$$

Die *Doppler-Breite* $\Delta\nu_D$, die als Linienbreite bei halber Intensität definiert ist, ergibt sich für Gase der Temperatur T zu

$$\Delta\nu_D = \frac{2\nu_{jk}}{c} \sqrt{\frac{2RT\ln 2}{M}} = \frac{2\nu_{jk}}{c} \sqrt{\frac{2kT\ln 2}{m}} \qquad (2.12/6)$$

(R Gaskonstante, M Molekulargewicht, m Masse).

Für sichtbare Übergänge in freien Atomen gilt mit $\Delta\nu_D \approx 1$ bis 2 GHz und $\Delta\nu_N = 5$—50 MHz stets

$$\Delta\nu_N \ll \Delta\nu_D .$$

Im langwelligen Infrarot dagegen können beide Linienbreiten vergleichbar werden, so daß weder Gl. (2.12/1) noch Gl. (2.12/4) die Linienform exakt beschreiben. Es gilt vielmehr [19, S. 100]

$$f(\nu) = c \int_0^\infty f_N(\nu', \nu_{jk})\, f_D(\nu, \nu')\, d\nu' \qquad (2.12/7)$$

mit

$$\int_0^\infty f(\nu)\, d\nu = 1 ;$$

f_N und f_D sind dabei durch Gl. (2.12/1) bzw. (2.12/4), (mit $\nu_{jk} \to \nu'$) gegeben.

2.13 Linienintensität und Verstärkung

Die Gesamtintensität einer spontan emittierten Spektrallinie, die bei strenger Monochromasie durch

$$I_{jk} = n_j A_{jk}\, h\nu_{jk} \qquad (2.13/1)$$

gegeben ist, erhält man bei endlicher Linienbreite aus

$$I_{jk} = \int_0^\infty I_\nu \, d\nu$$

mit

$$I_\nu = I_{jk}\, f(\nu) = n_j A_{jk}\, h\nu_{jk}\, f(\nu) \qquad (2.13/2)$$

(I_ν Leistungsflußdichte pro Frequenzeinheit).

In Analogie zu Gl. (2.13/2) gilt für die induzierten Übergänge

$$I_\nu^{(i)} = \left(n_j - \frac{g_j}{g_k}\, n_k\right) B_{jk}\, h\nu_{jk}\, w_\nu(\nu)\, f(\nu)\,. \qquad (2.13/3)$$

Auf Grund der frequenzabhängigen Strahlungsdichte w_ν kann dabei

$$\frac{A_{jk}\, f(\nu)}{B_{jk}\, f(\nu)\, w_\nu} = \frac{A_{jk}}{B_{jk}\, w_\nu}\,,$$

das Verhältnis der Übergangswahrscheinlichkeiten für spontane und induzierte Emission, im Linienbereich *nicht* mehr als konstant angesehen werden (im Gegensatz zum Quotienten A_{jk}/B_{jk}).

Für ein monochromatisches Signal mit

$$I_\nu = c\, w_\nu = c\, w_0\, \delta(\nu - \nu_{jk}) \qquad (2.13/4)$$

$$\text{(d. h. } \textstyle\int I_\nu\, d\nu = c\, w_0)$$

wird daher die gesamte, induziert absorbierte bzw. emittierte Intensität nach Gl. (2.13/3)

$$I_{jk}^{(i)} = \int I_\nu^{(i)}\, d\nu = \left(n_j - \frac{g_j}{g_k}\, n_k\right) B_{jk}\, h\nu_{jk}\, w_0 \int \delta(\nu - \nu_{jk})\, f(\nu)\, d\nu =$$

$$= \left(n_j - \frac{g_j}{g_k}\, n_k\right) B_{jk}\, h\nu_{jk}\, w_0\, f(\nu_{jk})\,. \qquad (2.13/5)$$

Nun ist aber der Absorptions- bzw. Verstärkungskoeffizient eines Mediums für ein monochromatisches Signal der Gesamtintensität I_0 gegeben durch

$$\frac{dI_0}{dz} = g\, I_0\,. \qquad (2.13/6)$$

Aus den Gln. (2.13/4) und (2.13/5) folgt mit $I_0 = \int I_\nu\, d\nu = c\, w_0$ und $\dfrac{dI_0}{dz} = I_{jk}^{(i)}$ die wichtige Beziehung

$$g(\nu_{jk}) = \frac{1}{c} \left(n_j - \frac{g_j}{g_k}\, n_k\right) B_{jk}\, h\nu_{jk}\, f(\nu_{jk})\,. \qquad (2.13/7)$$

Die Verstärkung (bzw. Absorption) außerhalb der Linienmitte ergibt sich zu

$$g(\nu) = \frac{g(\nu_{jk})}{f(\nu_{jk})}\, f(\nu) \qquad (2.13/8)$$

Entsprechend ihrer Ableitung gilt Gl. (2.13/7) unabhängig vom Mechanismus der Linienverbreiterung, wenn nur der richtige Wert für $f(\nu_{ik})$ aus den Gln. (2.12/1), (2.12/4) bzw. (2.12/7) eingesetzt wird. Bei ihrer Anwendung ist jedoch zu beachten, daß eine konstante Besetzungsinversion vorausgesetzt ist, die nur bei verschwindender Signal-Eingangsintensität aufrecht erhalten werden kann. Bei höheren Signalintensitäten oder auch bei Laseroszillationen kann eine starke Abnahme der Besetzungsinversion und damit der Verstärkung beobachtet werden. In Kapitel 4 wird ausführlich über derartige Sättigungseffekte berichtet werden.

Gl. (2.13/7) leistet gute Dienste bei allen Abschätzungen bezüglich der Anschwingbedingungen, speziell bei Gaslasern. Ersetzt man $f_D(\nu_{jk})$ gemäß Gl. (2.12/4) und B_{jk} gemäß Gl. (2.11/7a) durch A_{jk}, so gilt

$$g(\nu_{jk}) = \left(n_j - \frac{g_j}{g_k} n_k\right) \cdot A_{jk} \cdot \frac{\lambda^2}{\Delta \nu_D} \sqrt{\frac{\ln 2}{16\pi^3}} \,. \qquad (2.13/9)$$

Da $\Delta\nu_D \sim 1/\lambda$ ist, ergibt sich hieraus die bekannte Beziehung

$$g \sim \lambda^3 \,. \qquad (2.13/10)$$

Die Herleitung von Gl. (2.13/7) reicht eigentlich schon über die gesteckten Grenzen des Kapitels hinaus. In Kap. 4 werden die Begriffe induzierte Emission und Verstärkung neu aufgegriffen und in ihrer Beziehung zum Laser weitergehend diskutiert werden.

2.14 Querschnitte bei Stoßprozessen

Bei der Anregung von Atomen, Ionen und Molekülen in elektrischen Gasentladungen spielen Stoßprozesse eine dominierende Rolle. Die für den Gaslaser bedeutenden Stöße zwischen energiereichen Elektronen oder angeregten (häufig metastabilen) Teilchen auf der einen und im Grundzustand befindlichen Teilchen auf der anderen Seite werden in Kap. 6 noch ausführlich behandelt werden. Die dort verwendeten Begriffe und Gesetzmäßigkeiten sollen kurz erläutert werden.

Die Wahrscheinlichkeit, daß ein stoßendes Teilchen auf der Strecke dz einen Treffer erleidet, ist gegeben durch

$$W\,dz = n_0 \sigma\,dz \,, \qquad (2.14/1)$$

wobei n_0 die Teilchendichte der gestoßenen Teilchen und σ der Querschnitt für den betrachteten Prozeß ist. σ ist in der Regel eine Funktion der Geschwindigkeit des stoßenden Teilchens. Für monoenergetische Geschosse der Geschwindigkeit v und der Dichte n ist die Stoßzahl längs der Strecke dz demnach gegeben durch

$$dn = n_0 n\, \sigma(v)\, dz \,. \qquad (2.14/2)$$

Pro Zeiteinheit erfolgen

$$\frac{dn}{dt} = \frac{dn}{dz}\frac{dz}{dt} = n\, n_0\, v \sigma(v) \qquad (2.14/3)$$

Stöße der betrachteten Art.

Falls die stoßenden Teilchen ein Geschwindigkeitsspektrum mit $n = \int n_v\, dv$ aufweisen, gilt an Stelle von Gl. (2.14/3)

$$\frac{dn}{dt} = n_0 \int n_v\, v \sigma(v)\, dv \,. \qquad (2.14/4)$$

Da in der Regel weder n_v noch $\sigma(v)$ genau bekannt sind, begnügt man sich häufig mit der Näherungslösung

$$\frac{dn}{dt} = n_0 n \bar{v}\bar{\sigma} \,, \qquad (2.14/5)$$

wobei $\bar{v}$ die mittlere Geschwindigkeit der stoßenden Teilchen und $\bar{\sigma}$ der über die Geschwindigkeit gemittelte Querschnitt ist. Bei *Maxwellscher Geschwindigkeitsverteilung* der stoßenden Teilchen gilt[1]

$$\bar{v} = \sqrt{8\,kT/m\pi}\,. \tag{2.14/6}$$

Neben dem Querschnitt eines Prozesses wird zur Beschreibung gelegentlich auch die Stoßhäufigkeit oder Stoßfrequenz verwendet, die durch

$$\nu_s = \frac{1}{n}\frac{dn}{dt} = n_0 \bar{v}\bar{\sigma} \tag{2.14/7}$$

gegeben ist.

Literatur

[1] HELLWEGE, K. H.: Einführung in die Physik der Atome, 2. Aufl. Heidelberger Taschenbücher, Berlin/Göttingen/Heidelberg: Springer 1964.

[2] FINKELNBURG, W.: Einführung in die Atomphysik, 4. Aufl., Berlin/Göttingen/Heidelberg: Springer 1956.

[3] MESSIAH, A.: Quantum mechanics, Vol. 1 und 2, Amsterdam: North-Holland 1961.

[4] SCHIFF, L. I.: Quantum mechanics, 2. Aufl., New York/Toronto/London: McGraw-Hill 1955.

[5] VUYLSTEKE, A. A.: Elements of maser theory, Princeton/N. J.: van Nostrand 1960.

[6] CONDON, E. U., u. G. H. SHORTLEY: The theory of atomic spectra, London: Cambridge University Press 1959, 301 ff.

[7] RACAH, G.: On a new type of vector coupling in complex spectra. Phys. Rev. 61, 537 (L) (1942).

[8] MOORE, C. E.: Atomic levels, Vol. 1. Circ. of the National Bureau of Standards, Washington/D. C. 1949.

[9] LANDOLT-BÖRNSTEIN: Zahlenwerte und Funktionen, 6. Aufl., 1. Band, 1. Teil, Berlin/Göttingen/Heidelberg: Springer 1950.

[10] WYBOURNE, B. G.: Spectroscopic properties of rare earths, New York/London/Sydney: Wiley 1965.

[11] KAHLE, H. G.: Spektrum, *Zeeman-Effekt* und Elektronenterme des dreiwertigen Erbiums, III. Z. Phys. 161, (1961) 486—495.

[12] SOMMERFELD, A.: Atombau und Spektrallinien, Bd. 1, Braunschweig: Vieweg 1931 und später, 491 ff.

[13] VAN DER BOSCH, J. C.: The *Zeeman effekt*, Handbuch der Physik XX VIII, Berlin/Göttingen/Heidelberg: Springer 1957, 305 ff.

[14] LANDOLT-BÖRNSTEIN: Zahlenwerte und Funktionen 6. Aufl., 1. Bd., 4. Teil, Berlin/Göttingen/Heidelberg: Springer 1950.

[15] FICK, E., u. G. JOOS: Kristallspektren, Handbuch der Physik XX VIII, Berlin/Göttingen/Heidelberg: Springer 1957, 205 ff.

[16] HELLWEGE, K. H.: Über die Spektren der kristallinen Salze der Seltenen Erden, Naturwiss. 34, (1947), 225—232.

[17] HERZBERG, G.: Molecular spectra and molecular structure, I. (Spectra of diatomig molecules), 2. Aufl., Princeton/ New York/Toronto/London: van Nostrand 1950.

[18] HERZBERG, G.: Molecular spectra and molecular/structure, II. (Infrared and Raman spectra), 2. Aufl., Princeton/New York/Toronto/London: van Nostrand 1950.

[19] MITCHELL, A. C. G., u. M. W. ZEMANSKY: Resonance radiation and excited atoms, London: Cambridge University Press 1961.

[20] BREENE JR., R. G.: Line width, Handbuch der Physik XXVII, Berlin/Göttingen/Heidelberg: Springer 1964.

---

[1] Der gleiche Wert ergibt sich für die mittlere einseitige Geschwindigkeit in einer Richtung.

3 Optische Resonatoren und Ausbreitungsgesetze für Laserstrahlen

Von G. GRAU

Von G. GRAU

Zusätzliche Bezeichnungen

$2a, 2b$	Lineare Abmessungen eines rechteckigen Resonatorspiegels
$g_i = 1 - \dfrac{L}{r_i}$	Kenngrößen eines Laserresonators (Spiegelabstand L, r_i mit $i = 1,2$ Krümmungsradien der Spiegel)
$G_1 = g_1 \dfrac{a_1}{a_2}$ $G_2 = g_2 \dfrac{a_2}{a_1}$	Resonatorparameter ($2a_1$, $2a_2$ ist die Breite der Streifenspiegel 1 und 2, die den Resonator bilden)
L	Optischer Abstand der Spiegel eines Resonators
$q(z) = \dfrac{1}{r(z)} - j\,\dfrac{\lambda}{\pi w^2(z)}$	komplexer Strahlparameter; r, w sind Krümmungsradius der Phasenfront und Fleckgröße an der Stelle z
r	Krümmungsradius eines sphärischen Resonatorspiegels
$\|S\| = \left\Vert \begin{matrix} A & B \\ C & D \end{matrix} \right\Vert$	Strahlmatrix eines optischen Systems
v	Feldgröße der skalaren Optik
w	Lineare Fleckabmessung eines *Gaußschen Lichtbündels* (Durchmesser des Bündels $= 2w$)
$\vartheta, \theta/2$	Halber Öffnungswinkel eines Lichtstrahls im Fernfeld (bezogen auf $1/e$ der Feldstärke auf der Achse bzw. auf $1/2$ der Leistungsflußdichte auf der Achse)
$\varkappa_{00}$	Leistungs-Kopplungskoeffizient von zwei TEM_{00}-Moden mit verschiedenen Strahlparametern
λ_{mnq}	Resonanzwellenlänge (im Vakuum) eines TEM_{mnq}-Modus
σ	Komplexer Eigenwert der Integralgleichung optischer Resonatoren.

3.1 Einführende Bemerkungen

Zum Aufbau eines Oszillators bei optischen Frequenzen benötigt man eine Resonanzstruktur hoher Güte für Lichtwellen. Solche Strukturen sollen im folgenden untersucht werden. Sie unterscheiden sich von den Resonatoren bei tieferen Frequenzen (z. B. im Mikrowellenbereich) dadurch, daß sie sehr groß gegen die Wellenlänge der verwendeten Strahlung sind, und daß üblicherweise nicht allseitig geschlossene Resonatoren verwendet werden.

Die Tatsache, daß auch in nicht allseitig geschlossenen Resonatoren Eigenschwingungen hoher Güte möglich sind, kann anhand einer geometrischen Eigenschaft der Ellipse anschaulich gemacht werden: In Abb. 3.1 bezeichnet E eine Ellipse, H eine dazu konfokale Hyperbel (Brennpunkte F_1, F_2). Ein Lichtstrahl L, der die Hyperbel in A berührt, bleibt bei fortgesetzten Reflexionen an der Ellipse immer Tangente der Hyperbel (der Berührungspunkt muß dabei nicht innerhalb der Ellipse liegen) und erfüllt nach sehr vielen Reflexionen das in Abb. 3.1 punktierte Gebiet innerhalb der hyperbolischen Kaustik [1]. Entfernt man die außerhalb der Kaustik liegenden Bögen der innen verspiegelten Ellipse, so hätte man im Fall einer uneingeschränkten Gültigkeit der geometrischen Optik einen ideal verlustfreien „Lichtkondensator". Das Wellenbild ergänzt unsere Überlegungen dahin, daß das Feld auch in das Gebiet des geometrischen Schattens vordringt, und somit entstehen an den Spiegelrändern Beugungsverluste, die aber klein gehalten werden können, wenn man die Spiegel etwas über das Gebiet zwischen der geometrischen Kaustik hinaus vergrößert.

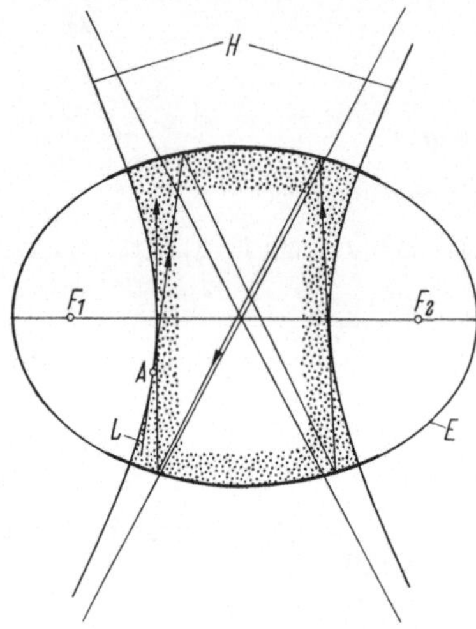

Abb. 3.1. Reflexion eines Lichtstrahls an einer innen verspiegelten Ellipse (Ausbildung einer hyperbolischen Kaustik).

Es erscheint somit verständlich, daß offene Resonatoren hoher Güte mit *sphärischen Spiegeln* möglich sind[1]. Solche Resonatoren bilden für noch zu untersuchende Kombinationen von Spiegelkrümmungen und Spiegelabständen Kaustiken aus und werden als stabile Resonatoren bezeichnet. Außer den Reflexionsverlusten treten in ihnen Beugungsverluste auf, welche durch die Spiegelgröße festgelegt sind.

Aufgabe der Resonatortheorie ist es, die Frequenzen der einzelnen Resonanzen, die zugehörigen Feldverteilungen und Verluste zu ermitteln. In Anlehnung an die englische Bezeichnungsweise sollen die einzelnen Schwingungsformen „Moden" genannt werden. Verschiedene Moden unterschieden sich in der Anzahl der achsialen Nullstellen und in ihrer transversalen Feldverteilung. Die Felder verschiedener transversaler Moden sind auf den Spiegelflächen orthogonal; der Modus niedrigster transversaler Ordnung ist durch eine Feldstärke charakterisiert, die im Strahlquerschnitt nach einer *Gauß-Funktion* variiert.

Grenzfälle von Resonatoren mit sphärischen Spiegeln sind der *Fabry-Perot-Resonator* mit parallelen, ebenen Spiegeln und der *konzentrische Resonator*, bei dem die Spiegel gegenüberliegende Ausschnitte eines Kreiszylinders oder einer Kugel sind. Bei diesen Resonatoren sind die Voraussetzungen zur Ausbildung von Kaustiken (und damit einer Feldkonzentration auf der Resonatorachse) nicht mehr gegeben. Die transversale Variation der Feldstärke im niedrigsten transversalen Modus ist hier statt einer *Gauß-Funktion* eine Kosinusfunktion und bedingt daher größere Beugungsverluste [2].

Ein weiterer singulärer Fall ist der *konfokale Resonator*, der aus zwei Spiegeln gleicher Krümmung im Abstand des Krümmungsradius besteht[2]. Er zeichnet sich

---

[1] Für die üblicherweise vorkommenden Krümmungsradien und Spiegelabstände sind elliptische von sphärischen Flächen in praxi nicht zu unterscheiden.

[2] Resonatoren mit zusammenfallenden Brennpunkten der Spiegel und *verschiedenen* Spiegelkrümmungen haben *hohe* Verluste. Obgleich auch sie „konfokal" sind, versteht man unter „dem konfokalen Resonator" immer jenen mit Spiegeln gleicher Krümmung.

unter allen Resonatoren mit gleicher Spiegelgröße und gleichem Spiegelabstand (aber variablen Krümmungen der Spiegel) durch eine besonders gute Konzentration des Feldes an den Spiegeln und daher geringe Beugungsverluste aus [3]. Die nachstehende Analyse wird zeigen, daß für optische Resonatoren beliebiger Spiegelkrümmungen und Spiegelabstände ein Stabilitätsdiagramm angegeben werden kann, in dem Bereiche hoher und Bereiche geringer Beugungsverluste unterschieden werden können. Der konzentrische, der konfokale und der *Fabry-Perot-Resonator* liegen an der Grenze zwischen Gebieten geringer und hoher Verluste.

Kurze zusammenfassende Darstellungen der Eigenschaften von Resonatormoden und der Resonatortheorie finden sich in [2, 4, 5].

3.2 Der Übergang vom Hohlraumresonator zum Fabry-Perot-Resonator[1]

Die Resonanzfrequenzen eines idealen Hohlraumresonators mit den Abmessungen $2a, 2b, L$ (Abb. 3.2) berechnet man aus der Forderung, daß die tangentiale elektrische Feldstärke an der Oberfläche verschwinden muß; insbesondere muß daher das elektrische Feld längs der Kanten verschwinden. Baut man das Feld aus einer Überlagerung ebener Wellen auf, so können obige Randbedingungen bei einer ebenen Welle mit der Wellennormalen $\overline{OP}$ (Abb. 3.2) nur dann erfüllt werden, wenn die Projektionen der Kanten $2a$, $2b$, L auf die Richtung der Wellennormalen jeweils ganzzahlige Vielfache einer halben Wellenlänge sind. Da der Einheitsvektor in Richtung $\overline{OP}$ durch $e = (\sin\vartheta \cos\varphi,\ \sin\vartheta \sin\varphi,\ \cos\vartheta)$ gegeben ist, gilt

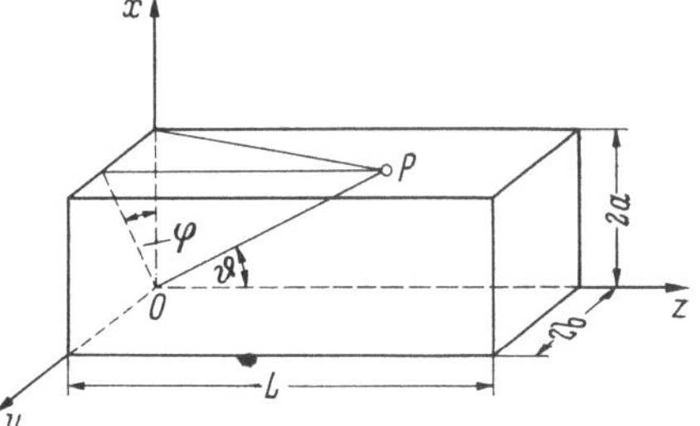

Abb. 3.2. Hohlraumresonator.

$$2a \sin\vartheta \cos\varphi = m'\,\frac{\lambda}{2}$$

$$2b \sin\vartheta \sin\varphi = n'\,\frac{\lambda}{2} \qquad m', n', q \text{ ganzzahlig} \qquad (3.2/1)$$

$$L \cos\vartheta = q\,\frac{\lambda}{2}\,.$$

Eliminiert man ϑ und φ, so erhält man für die möglichen Resonanzen die Wellenlängen

$$\frac{2L}{\lambda} = \left[q^2 + \left(\frac{m'L}{2a}\right)^2 + \left(\frac{n'L}{2b}\right)^2\right]^{1/2} \approx q + \frac{m'^2 L^2}{8a^2 q} + \frac{n'^2 L^2}{8b^2 q}, \qquad (q \gg m', n') \quad (3.2/2)$$

---

[1] Als *Fabry-Perot-Resonator* wird hier immer ein Resonator mit *ebenen*, parallelen Spiegeln bezeichnet.

4*

wobei für Wellen, die annähernd in Richtung der z-Achse laufen $(q \gg m', n')$ die Größe q praktisch gleich der Anzahl der halben Wellenlängen ist, die im Abstand L der Endflächen enthalten ist.

Durch Entfernen der zur z-Achse parallelen Wände erhält man den offenen *Fabry-Perot-Resonator* mit rechteckigen Spiegeln, dessen strenge Theorie kompliziert ist. Es ist aber anzunehmen, daß Moden des Hohlraumresonators mit kleinen Werten von m', n' noch gute Näherungen für die Moden des offenen Resonators darstellen werden. Die Verluste der Moden werden größer sein als im geschlossenen Resonator und werden mit steigenden Werten von m', n' zunehmen. Der geometrisch bedingte prozentuale Verlust pro Reflexion (Abb. 3.3) ist durch

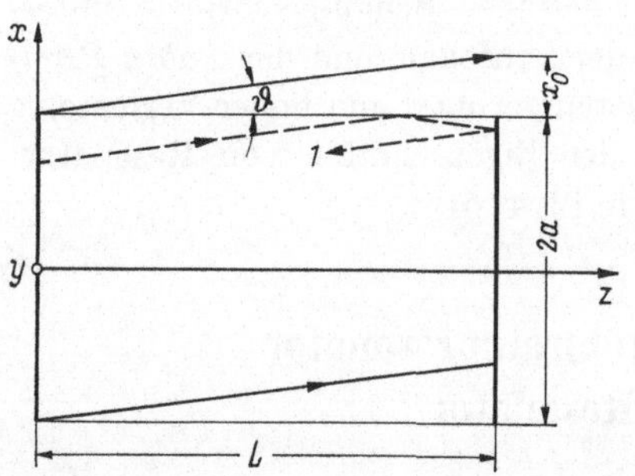

Abb. 3.3. Wanderungsverluste für schräglaufende Wellen im *Fabry-Perot-Resonator*. (Der Strahl 1 deutet schematisch die „Beugungsreflexion" an.)

$$\frac{x_0}{2a} \approx \frac{L}{2a}\,\vartheta$$

gegeben, steigt also proportional ϑ an. Ist im Resonator ein verstärkendes Medium, so ist der Gewinn pro Durchgang unter der Voraussetzung kleiner Verstärkungen und kleiner Winkel ϑ

$$\Gamma = \exp\left(\frac{gL}{\cos\vartheta}\right) \approx 1 + gL\left(1 + \frac{\vartheta^2}{2}\right),$$

steigt also für kleine ϑ langsamer als der Wanderungsverlust. Höhere transversale Moden werden daher schwerer anschwingen als Moden mit kleinen Werten m', n'.

Dabei wurde aber die Beugung vernachlässigt. Denkt man sich die Platten in Abb. 3.3 in y-Richtung unendlich ausgedehnt, so kann die Anordnung als Wellenleiter für einen Energietransport in x-*Richtung* aufgefaßt werden, welcher (zufolge der nahezu normal zur x-Richtung laufenden ebenen Wellen) nur knapp oberhalb der Grenzfrequenz arbeitet. Die Wellenwiderstände im Wellenleiter und im freien Raum sind daher sehr voneinander verschieden, und zufolge der starken Fehlanpassung des Wellenleiters an den freien Raum am oberen und unteren offenen Ende wird nur ein Bruchteil der Leistung in den freien Raum abgestrahlt, während die übrige Leistung in das Resonatorinnere zurückreflektiert wird. Man könnte von einer „Beugungsreflexion" am offenen Ende sprechen, die in Abb. 3.3 schematisch durch den Strahl 1 angedeutet ist. Es kann also auch in offenen Resonatoren zu geschlossenen Umläufen von Wellen kommen, ein weiteres Argument dafür, daß die Theorie des Hohlraumresonators eine grobe Abschätzung der Verhältnisse im offenen Resonator erlauben wird.

Es ist zu beachten, daß ein Modus mit $m' = n' = 0$ im geschlossenen Hohlraumresonator nicht möglich ist, da eine in z-Richtung laufende ebene Welle die Randbedingung an den Seitenflächen nicht erfüllen kann. Im offenen Resonator mit Spiegeln endlicher Größe wird diese Welle ebenfalls nicht auftreten, da sie konstante Feldstärke in jeder transversalen Ebene haben müßte, was an den Spiegelrändern große Beugungsverluste bedeuten würde.

Für rechteckige Spiegel und offene Resonatoren sind die niedrigsten transversalen Moden die mit $m' = n' = 1$. Es ist daher bei offenen Resonatoren eine andere Indizierung der Moden gebräuchlich: Man setzt $m' = m + 1$, $n' = n + 1$, den niedrigsten Moden entsprechen nun die Indizes $m = n = 0$. Da das Feld für $q \gg m$, n nahezu transversal ist, bezeichnet man sie als TEM_{mnq}-Moden (*transversal elektromagnetische Moden*) oder kurz als TEM_{mn}-Moden, wobei m und n die Anzahl der Knotenlinien im Feldbild auf den Spiegeln ist (die Resonatorspiegel haben eine von Null verschiedene Durchlässigkeit, daher ist die tangentiale Feldstärke dort von Null verschieden). Die Resonanzwellenlängen sind nach Gl. (3.2/2) durch

$$\frac{2L}{\lambda_{mnq}} = q + \frac{(m+1)^2 L^2}{8a^2 q} + \frac{(n+1)^2 L^2}{8b^2 q} \quad (q \gg m, n;\ m, n = 0, 1, \ldots) \quad (3.2/3)$$

gegeben. Nach Gl. (3.2/1) kann man sich das Feldbild am Spiegel durch eine Überlagerung von vier ebenen Wellen mit den Richtungen

$$\boldsymbol{e} = \left[\pm \frac{(m+1)\lambda}{4a},\quad \pm \frac{(n+1)\lambda}{4b},\quad \frac{q\lambda}{2L} \right] \quad (3.2/4)$$

entstanden denken. Jede dieser 4 Wellen besitzt zufolge der Beugung am Rechteckspiegel einen Divergenzwinkel in x-Richtung von $\lambda/2a$, in y-Richtung von $\lambda/2b$. Aus Gl. (3.2/4) entnimmt man, daß für einen TEM_{00}-Modus diese 4 Strahlen nicht getrennt werden können, da ihr Richtungsunterschied gerade dem Beugungswinkel entspricht.

Haben die Spiegel einen Leistungsreflexionskoeffizienten R, und sind die Beugungsverluste klein gegen die Reflexionsverluste (das ist selbst für die höchsten technisch realisierbaren Reflexionskoeffizienten der Fall), so kann man für die Linienbreite der Moden Gl. (9.4/10) verwenden, die unter Anwendung der Leitungstheorie abgeleitet ist:

$$\Delta \nu = \frac{c(1 - R)}{2\pi L \sqrt{R}}. \quad (3.2/5)$$

Aus Gl. (3.2/3) berechnet man für den Frequenzabstand $\delta \nu_t$ benachbarter transversaler Moden (TEM_{mn}- und $TEM_{m-1,\ n-1}$-Modus)

$$\delta \nu_t = \frac{cL}{16q} \left(\frac{2m+1}{a^2} + \frac{2n+1}{b^2} \right) \approx \frac{c}{32L} \left[(2m+1) \frac{\lambda L}{a^2} + (2n+1) \frac{\lambda L}{b^2} \right]. \quad (3.2/6)$$

Für die in der Optik üblichen Resonatoren ist $\delta \nu_t \ll \Delta \nu$, d. h. transversale Moden für ein bestimmtes q können zufolge des im Verhältnis zu ihrer Linienbreite kleinen Frequenzabstandes nicht getrennt werden (eine ebene Welle ist nur in dem Sinn eine „Resonanz" eines *Fabry-Perot-Resonators*, als sie sehr viele transversale Moden anregt, deren Resonanzfrequenzen sich nur wenig unterscheiden und deren Linien zufolge $\delta \nu_t \ll \Delta \nu$ nicht getrennt werden können). Erst wenn $\Delta \nu$ kleiner wird als $\delta \nu_t$, was man durch Kompensieren der Verluste durch ein verstärkendes Medium erreichen kann, werden die einzelnen Moden diskret; bei einer Überkompensation der Verluste können die Resonatormoden mit den niedrigsten

Verlusten anschwingen. Setzt man die Reflexionsverluste für alle Moden als gleich groß voraus, so entscheiden also die Beugungsverluste der einzelnen Moden über ein mögliches Anschwingen.

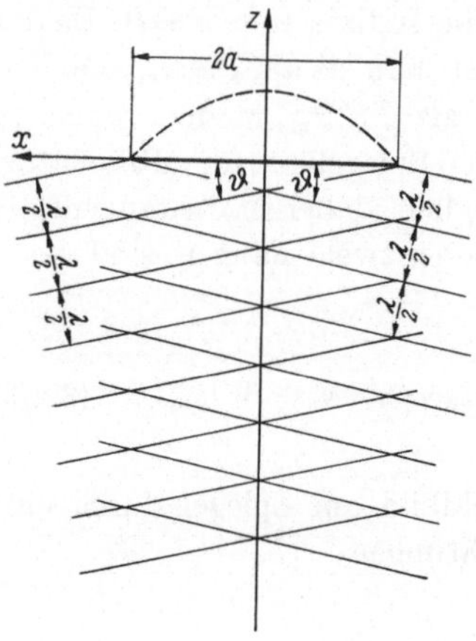

Abb. 3.4. Ausbildung eines TEM_{oq}-Modus im Resonator mit Streifenspiegeln der Breite $2a$ durch Überlagerung zweier ebener Wellen ($\vartheta = \lambda/(4a)$).

Sind die Spiegel entweder in y-Richtung oder in x-Richtung unendlich lang (solche Spiegel bezeichnet man als Streifenspiegel der Breite $2a$ bzw. $2b$), so genügen zur Indizierung zwei Größen (m, q) bzw. (n, q). Für TEM_{mq} (TEM_{nq})-Moden gelten alle bisher angeführten Beziehungen, wenn man in ihnen $b = \infty$ ($a = \infty$) setzt. Abb. 3.4 zeigt die Feldverteilung eines TEM_{oq}-Modus auf einem Streifenspiegel ($b = \infty$), die man sich nach Gl. (3.2/4) aus einer Überlagerung zweier ebener Wellen mit den Richtungen

$$e = \left(\pm \frac{\lambda}{4a}, 0, \frac{q\lambda}{2L} \right) \text{ entstanden denken kann.}$$

Tatsächlich wird jedoch im offenen Resonator das Feld am Spiegelrand nicht identisch Null sein, sondern einen sehr kleinen endlichen Wert annehmen, der zu endlichen Beugungsverlusten führt.

3.3 Der Fabry-Perot-Resonator

3.3.1 Die Integralgleichung des Fabry-Perot-Resonators

Die skalare Formulierung optischer Probleme ist dann gerechtfertigt, wenn alle in Frage kommenden Größen und Abstände groß gegen die Wellenlänge sind, und wenn die Felder nahezu transversal elektromagnetisch und linear polarisiert sind. Das Feld v_2 zufolge einer Feldverteilung v_1 in einer Öffnung A ist zufolge des *Huygensschen Prinzips* [6]

$$v_2 = \frac{j\beta}{4\pi} \int\limits_A v_1 \frac{\exp(-j\beta\varrho)}{\varrho} (1 + \cos\vartheta) \, dA; \tag{3.3/1}$$

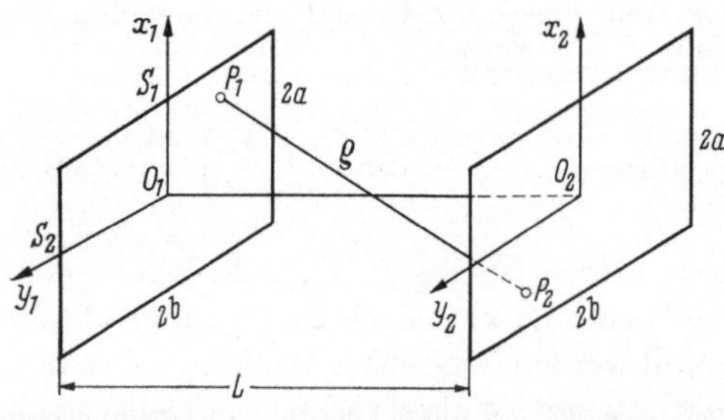

Abb. 3.5. *Fabry-Perot-Resonator* mit Rechteckspiegeln $2a$, $2b$ im Abstand L.

dabei ist $\beta = 2\pi/\lambda$, ϱ ist der Abstand vom Quellpunkt zum Aufpunkt und ϑ der Winkel zwischen ϱ und der Flächennormalen im Quellpunkt.

Abb. 3.5 zeigt zwei ebene Rechteckspiegel mit den Abmessungen $2a, 2b$ im Abstand L. Ein Modus des offenen Resonators ist dadurch definiert, daß sich die Feldverteilungen auf den beiden Spiegeln nur durch

einen komplexen Faktor σ unterscheiden ($v_2 = \sigma v_1$), wobei $|\sigma|$ und arg σ ein Maß für die Beugungsverluste und die Phasenverschiebung beim einmaligen Durchlaufen der Länge L sind (die Spiegel selbst seien verlustlos und sollen $R = 1$ haben).

Aus den Abständen $\overline{O_2S_1}$, $\overline{O_2S_2}$ (Abb. 3.5) kann man *Fresnel-Zahlen* F_x, F_y für Streifenspiegel der Breite $2a$, $2b$ definieren

$$\overline{O_2S_1} = L + F_x\,\frac{\lambda}{2} \qquad\qquad \overline{O_2S_2} = L + F_y\,\frac{\lambda}{2}$$

$$F_x = \frac{a^2}{L\lambda} \qquad\qquad F_y = \frac{b^2}{L\lambda}\,, \qquad\qquad (3.3/2)$$

und erhält unter der Voraussetzung $F_x \ll (L/a)^2$, $F_y \ll (L/b)^2$ aus Gl. (3.3/1) für den Resonator Abb. 3.5 die Integralgleichung [7]

$$\sigma_x\sigma_y v_x(x_2)v_y(y_2) = \int\limits_{-a}^{+a} v_x(x_1)\exp\left[j\,\frac{\pi}{4} - j\beta\,(x_1-x_2)^2/(2L)\right]\frac{dx_1}{\sqrt{L\lambda}} \times$$

$$\times \int\limits_{-b}^{+b} v_y(y_1)\exp\left[j\,\frac{\pi}{4} - j\beta\,(y_1-y_2)^2/(2L)\right]\frac{dy_1}{\sqrt{L\lambda}}. \qquad (3.3/3)$$

Diese Integralgleichung ist das Produkt zweier Integralgleichungen, die man für zwei Streifenspiegel erhalten würde, welche die Breite $2a$ ($2b$) haben und in y-Richtung (x-Richtung) unendlich ausgedehnt sind. Die Feldverteilung der TEM_{mn}-Moden am Rechteckspiegel $2a$, $2b$ ist gleich dem Produkt der Feldverteilungen

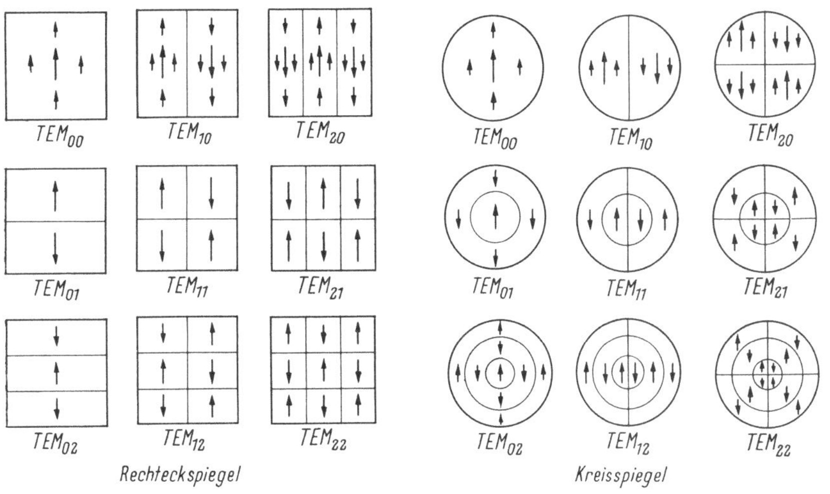

Abb. 3.6. Moden im Resonator mit ebenen Rechteck- und Kreisspiegeln (nach A. G. Fox und T. Li [7]). Pfeile deuten die Richtung der Feldstärke an.

der TEM_m- und TEM_n-Moden auf den Streifenspiegeln $2a$, $b = \infty$ und $a = \infty$, $2b$; der Eigenwert σ_{mn} des TEM_{mn}-Modus ist gleich dem Produkt der Eigenwerte σ_m, σ_n der Moden TEM_m und TEM_n auf den Streifenspiegeln.

Für Spiegel mit kreisförmiger Spiegelfläche (kurz als „Kreisspiegel" bezeichnet) ergeben sich als Lösungen der entsprechenden Integralgleichung in ebenen Polarkoordinaten (r, φ) Feldbilder, die wieder als TEM_{mn}-Moden bezeichnet werden, wobei aber nun m die Anzahl der Perioden in $\varphi = 2\pi$ und n die Anzahl der Nullstellen in radialer Richtung bedeutet. Einige Modenbilder für Rechteck-

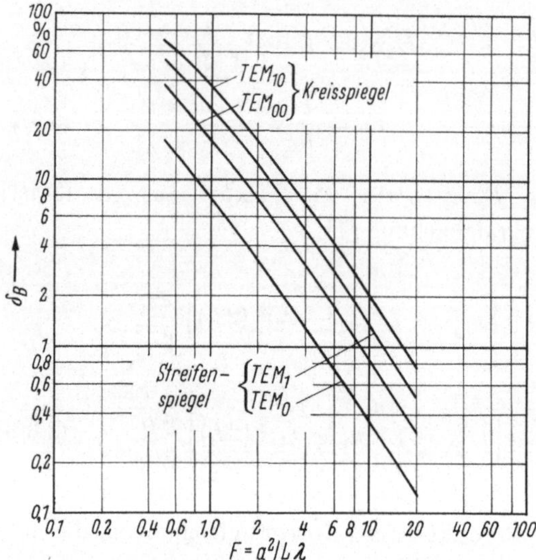

Abb. 3.7. Beugungsverluste δ_B (in Prozent) pro Durchgang für die niedrigsten Moden in Resonatoren mit ebenen Streifenspiegeln und Kreisspiegeln als Funktion der *Fresnel-Zahl* $F = a^2/(L\lambda)$ (nach A. G. Fox und T. Li [7]).

und Kreisspiegel sind in Abb. 3.6 dargestellt [7].

Die Integralgleichung Gl. (3.3/3) wurde für einen Streifenspiegel iterativ gelöst. Die wesentlichen Ergebnisse dieser Analyse sind die folgenden [7]:

a) Der TEM_{oo}-Modus hat unter allen Moden die kleinsten Beugungsverluste (als Beugungsverluste δ_B bezeichnet man die Intensitätsabnahme einer Welle der Anfangsintensität 1 beim einmaligen Durchlaufen der Spiegeldistanz L zufolge Beugung). Durch Approximieren der numerischen Ergebnisse erhält man für ebene Kreisspiegel mit dem Durchmesser $2a$ (TEM_{oo}-Modus)

$$\delta_{B,oo} = 0{,}207 \left(\frac{L\lambda}{a^2}\right)^{1,4} = \frac{0{,}207}{F^{1,4}}.$$

$$(3.3/4)$$

Abb. 3.7 zeigt die Beugungsverluste der niedrigsten Moden für Kreisspiegel und Streifenspiegel als Funktion der *Fresnel-Zahl F*.

b) Die Phasenverschiebung pro Durchgang, welche für Resonanz ein ganzzahliges Vielfaches von π sein muß, ist um einen Betrag $\Delta\Phi$ größer als die geometrische Phasenverschiebung $\beta L = 2\pi L/\lambda$:

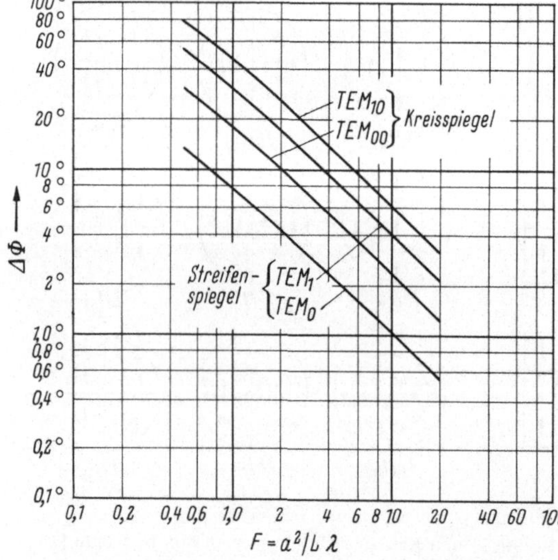

Abb. 3.8. Phasenvoreilung $\Delta\Phi$ (in Graden) pro Durchgang für die niedrigsten Moden in Resonatoren mit ebenen Streifenspiegeln und Kreisspiegeln als Funktion der *Fresnel-Zahl* $F = a^2/(L\lambda)$ (nach A. G. Fox und T. Li [7]).

$$\frac{2\pi L}{\lambda} + \Delta\Phi = q\pi. \qquad (3.3/5)$$

Daraus folgt, daß die Phasengeschwindigkeit der Moden im Resonator etwas größer ist als die Lichtgeschwindigkeit. $\Delta\Phi$ ist aus Abb. 3.8 zu entnehmen.

c) Die ebene Spiegelfläche ist selbst für den TEM_{oo}-Modus *keine* Fläche konstanter Phase (obgleich für große *Fresnel-Zahlen* die Phase über einen immer größeren Bereich des Spiegels annähernd konstant bleibt). Die Feldstärke nimmt am Spiegelrand einen endlichen Wert an, der mit sinkender *Fresnel-Zahl* zunimmt (d. h. die Beugungsverluste steigen mit sinkender *Fresnel-Zahl*).

d) Alle Moden sind polarisationsentartet, d. h. TEM_{mn}-Moden mit verschiedenen Polarisationsrichtungen haben gleiche Resonanzfrequenzen und Verluste. Für Resonatoren mit quadratischen Spiegeln sind außerdem TEM_{mn}- und TEM_{nm}-Moden entartet.

Für die Ermittlung der Linienbreite der einzelnen Moden kann man Gl. (3.2/5) verwenden, wenn man statt der Reflexionsverluste δ_R (definiert durch $1 - R = \delta_R$) die Summe von Reflexionsverlusten δ_R und Beugungsverlusten δ_B einsetzt:

$$\Delta\nu = \frac{c}{2\pi L}\,\frac{\delta_R + \delta_B}{\sqrt{1 - (\delta_R + \delta_B)}} \approx \frac{\nu\lambda}{2\pi L}\,(\delta_R + \delta_B). \qquad (3.3/6)$$

Daraus folgt für die Güte die Beziehung

$$\frac{\Delta\nu}{\nu} = \frac{1}{Q} = \frac{1}{Q_R} + \frac{1}{Q_B}, \qquad (3.3/7)$$

wobei Q_R und Q_B die den Reflexionsverlusten und Beugungsverlusten zuzuschreibenden Teilgüten sind:

$$Q_R = \frac{2\pi L}{\lambda\delta_R} \qquad Q_B = \frac{2\pi L}{\lambda\delta_B}. \qquad (3.3/8)$$

Setzt man Gl. (3.3/8) und Gl. (3.3/4) in Gl. (3.3/7) ein, so erhält man für die Güte des TEM_{oo}-Modus im Resonator mit ebenen Kreisspiegeln

$$Q = \frac{\lambda}{2\pi L}\left[\delta_R + 0{,}207\left(\frac{L\lambda}{a^2}\right)^{1,4}\right]. \qquad (3.3/9)$$

Die Güte wird für jenes L ein Maximum, bei dem $\delta_B = 2{,}5\,\delta_R$ ist. Die Existenz eines Gütemaximums folgt daraus, daß Q_R mit wachsendem L zunimmt, Q_B dagegen abnimmt. Ein praktisches Verfahren zur Gütemessung von Laserresonatoren wurde in [8] angegeben.

Um ein Anschwingen höherer Moden zu verhindern, wäre ein möglichst großer Unterschied zwischen dem Beugungsverlust des TEM_{oo}-Modus und dem höherer Moden erwünscht (die Reflexionsverluste sind für alle Moden gleich). Abb. 3.7 zeigt, daß für *Fresnel-Zahlen* $F > 1$ das Verhältnis der Beugungsverluste einzelner Moden von F (und damit von den Resonatordimensionen) unabhängig ist. Durch Ändern der Geometrie des *Fabry-Perot-Resonators* können somit einzelne Moden nicht bevorzugt oder benachteiligt werden [7].

Andere Behandlungen des *Fabry-Perot-Resonators* finden sich in [9, 10]. Ein Resonator mit stückweise ebenen, dachförmigen Spiegeln (Abb. 3.9) wurde in [11] vorgeschlagen. Seine Eigenschaften ähneln in mancher Hinsicht denen des noch zu besprechenden konfokalen Resonators mit sphärischen Spiegeln.

Rechnungen von Fox und Li zeigen [12], daß der *Fabry-Perot-Resonator* auf kleinste Spiegelverkippungen (Kippwinkel in der Größenordnung von Bruchteilen von λ/a) bereits sehr empfindlich mit einer Erhöhung der Beugungsverluste reagiert, wobei die Verluste des TEM_o-Modus schneller ansteigen als die des

TEM_1-Modus. Spiegel für *Fabry-Perot-Resonatoren* sollten daher auf eine Ebenheit von etwa $\lambda/100$ oder noch besser bearbeitet werden.

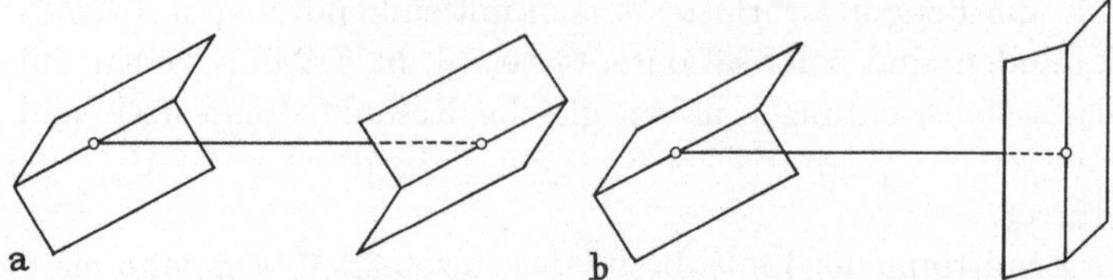

Abb. 3.9. Resonator mit dachförmigen Spiegeln, a) mit parallelen Kanten, b) mit gekreuzten Kanten (nach G. TORALDO DI FRANCIA [11]).

Die Berechnung der Moden unter Berücksichtigung des aktiven Mediums und der ungleichmäßigen Verstärkung über den Laserquerschnitt ist der Literatur zu entnehmen [13—15].

3.3.2 Analytische Lösung für den Fabry–Perot-Resonator

Aufbauend auf der strengen Lösung des Problems der Beugung am offenen Ende eines Hohlleiters wurde von VAINSHTEIN [16] eine analytische Lösung gefunden, die hier ohne Ableitung erwähnt werden soll. Die Ergebnisse decken sich im wesentlichen mit der numerischen Behandlung von Fox und Li [7].

Für Rechteckspiegel der Abmessungen $2a$, $2b$ erhält man für die Feldverteilung des TEM_{mnq}-Modus auf den Spiegeln

$$v_{x.m}(x)\,v_{y,n}(y) = \frac{\cos}{\sin}\left\{\frac{(m+1)\pi x}{2a\left[1+\dfrac{k(1+j)}{\sqrt{8\pi F_x}}\right]}\right\}\,\frac{\cos}{\sin}\left\{\frac{(n+1)\pi y}{2b\left[1+\dfrac{k(1+j)}{\sqrt{8\pi F_y}}\right]}\right\}\,m, n\,\begin{array}{l}\text{gerade}\\[4pt]\text{ungerade,}\end{array}$$

$$(3.3/10)$$

mit den Abkürzungen (ζ ist die *Riemannsche Zetafunktion*)

$$F_x = \frac{a^2}{L\lambda}\qquad F_y = \frac{b^2}{L\lambda}\qquad k = -\frac{\zeta(1/2)}{\sqrt{\pi}} = 0{,}824.\qquad (3.3/11)$$

Die Resonanzwellenlängen und die Beugungsverluste lauten:

$$\frac{2L}{\lambda_{mnq}} = q + \left(\frac{m+1}{4\sqrt{F_x}}\right)^2\frac{1+\dfrac{2k}{\sqrt{8\pi F_x}}}{\left[\left(1+\dfrac{k}{\sqrt{8\pi F_x}}\right)^2+\dfrac{k^2}{8\pi F_x}\right]^2} + \left(\frac{n+1}{4\sqrt{F_y}}\right)^2\frac{1+\dfrac{2k}{\sqrt{8\pi F_y}}}{\left[\left(1+\dfrac{k}{\sqrt{8\pi F_y}}\right)^2+\dfrac{k^2}{8\pi F_y}\right]^2}$$

$$(3.3/12)$$

$$\delta_{B,mn} = \frac{k\sqrt{2\pi}}{16}\frac{(m+1)^2}{F_x^{3/2}}\frac{1+\dfrac{k}{\sqrt{8\pi F_x}}}{\left[\left(1+\dfrac{k}{\sqrt{8\pi F_x}}\right)^2+\dfrac{k^2}{8\pi F_x}\right]^2} + \frac{k\sqrt{2\pi}}{16}\frac{(n+1)^2}{F_y^{3/2}}\times$$

$$\times\frac{1+\dfrac{k}{\sqrt{8\pi F_y}}}{\left[\left(1+\dfrac{k}{\sqrt{8\pi F_y}}\right)^2+\dfrac{k^2}{8\pi F_y}\right]^2}\cdot\qquad (3.3/13)$$

Für große *Fresnel-Zahlen* F_x, $F_y \gg 1$ und $q \gg m$, n geht Gl. (3.3/12) in Gl. (3.2/3) über, die aus der Theorie des Hohlraumresonators folgte. Vergleich von Gl. (3.3/13) für $m = n = 0$, $F_x = F_y$ mit Gl. (3.3/4) zeigt ebenfalls gute Übereinstimmung. Die entsprechenden Beziehungen für Streifenspiegel erhält man aus Gl. (3.3/10) bis (3.3/13) für $F_x = \infty$ (oder $F_y = \infty$).

Für Kreisspiegel mit dem Durchmesser $2a$ erhält man für den TEM_{mnq}-Modus:

$$v_{m,n}(r,\varphi) = J_m\left\{\frac{r\varkappa_{m,n+1}}{a\left[1 + \frac{k(1+j)}{\sqrt{8\pi F}}\right]}\right\} \cos n\varphi,$$

$$\frac{2L}{\lambda_{mnq}} = q + \left(\frac{\varkappa_{m,n+1}}{2\pi\sqrt{F}}\right)^2 \frac{1 + \frac{2k}{\sqrt{8\pi F}}}{\left[\left(1 + \frac{k}{\sqrt{8\pi F}}\right)^2 + \frac{k^2}{8\pi F}\right]^2},$$

$$\delta_{B,mn} = \frac{k\sqrt{2\pi}\,\varkappa_{m,n+1}^2}{4\pi^2 F^{3/2}} \frac{1 + \frac{k}{\sqrt{8\pi F}}}{\left[\left(1 + \frac{k}{\sqrt{8\pi F}}\right)^2 + \frac{k^2}{8\pi F}\right]^2}. \tag{3.3/14}$$

F und k ist durch Gl. (3.3/11) gegeben, $\varkappa_{m,n+1}$ ist die $(n+1)$-te Nullstelle der *Bessel-Funktion* m-ter Ordnung $J_m(x)$.

3.4 Der konfokale Resonator mit sphärischen Spiegeln

3.4.1 Die Integralgleichung des konfokalen Resonators

Als „konfokaler Resonator" wird allgemein ein spezieller konfokaler Resonator mit sphärischen Spiegeln bezeichnet, bei dem (Abb. 3.10) die Krümmungsradien r_1, r_2 der beiden Spiegel gleich groß und gleich dem Abstand L der beiden Spiegel sind ($r_1 = r_2 = L = r_0$). Die Spiegel sind quadratisch mit den Abmessungen $2a$, $2a$. Wendet man Gl. (3.3/1) an, so erhält man für die Feldverteilung auf den Spiegeln (mit einer unter der Voraussetzung $a^2/(r_0\lambda) \ll r_0^2/a^2$ gül-

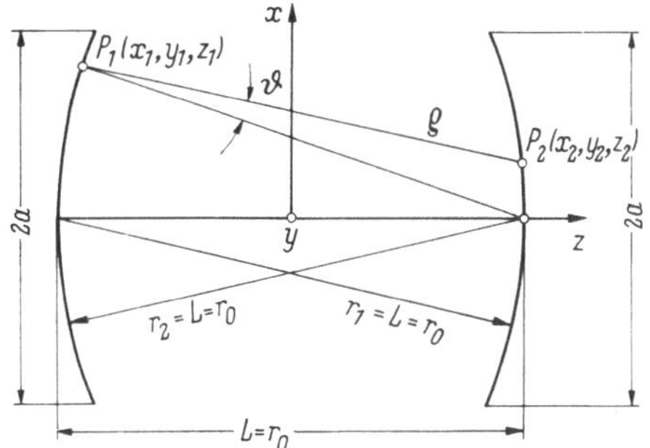

Abb. 3.10.
Der konfokale Resonator mit sphärischen Spiegeln.

tigen Näherung für den Abstand ϱ zweier Spiegelpunkte) die Integralgleichung [17]

$$\sigma_m \sigma_n v_{x,m}(x_2)\, v_{y,n}(y_2) = \frac{j\beta \exp(-j\beta r_0)}{2\pi r_0} \int_{-a}^{+a} v_{x,m}(x_1) \exp\left(j\frac{\beta x_1 x_2}{r_0}\right) dx_1 \times$$

$$\times \int_{-a}^{+a} v_{y,n}(y_1) \exp\left(j\frac{\beta y_1 y_2}{r_0}\right) dy_1. \tag{3.4/1}$$

Die Lösungen werden als TEM_{mn}-Moden bezeichnet. Die Feldverteilungen und die zugehörigen Eigenwerte lauten [17, 18]:

$$v_{x,m}(x)\, v_{y,n}(y) \sim S_{om}\left(2\pi F,\ \frac{x}{a}\right) S_{on}\left(2\pi F,\ \frac{y}{a}\right)$$

$$\sigma_m \sigma_n = 4F(j)^{m+n+1} \exp\left(-j\beta r_0\right) R_{om}^{(1)}(2\pi F, 1)\, R_{on}^{(1)}(2\pi F, 1)$$

$$F = \frac{a^2}{r_0 \lambda}. \tag{3.4/2}$$

S_{om}, $R_{om}^{(1)}$ sind dabei die azimuthale und radiale gestreckte Sphäroidfunktion erster Art und nullter Ordnung vom Grad m in der Bezeichnung von FLAMMER [19][1].

Für Resonanz muß $\arg(\sigma_m \sigma_n)$ ein Vielfaches von π sein; daraus folgen die Resonanzwellenlängen

$$\frac{2r_0}{\lambda_{mnq}} = q + \frac{1}{2}\,(m + n + 1). \tag{3.4/3}$$

Das Modenspektrum ist hochgradig entartet. Die Beugungsverluste sind durch

$$\delta_{B,mn} = 1 - |\sigma_m \sigma_n|^2 = 1 - [4F R_{om}^{(1)}(2\pi F, 1)\, R_{on}^{(1)}(2\pi F, 1)]^2 \tag{3.4/4}$$

gegeben.

Für große *Fresnel-Zahlen* ist das Feld am Spiegelrand sehr klein, sein genauer Verlauf am Rand daher uninteressant. In der Spiegelmitte ($x^2/a^2 \ll 1$, $y^2/a^2 \ll 1$) gilt dann für die Sphäroidfunktion die Näherung [19, 20]

$$S_{om}\left(2\pi F,\ \frac{x}{a}\right) \sim H_m\left(x\sqrt{\frac{2\pi}{r_0\lambda}}\right) \exp\left(-\frac{x^2\pi}{r_0\lambda}\right) \tag{3.4/5}$$

$$(H_m:\ \textit{Hermitesches Polynom}).$$

Aus dem Feld auf den Spiegeln kann unter Anwendung des *Huygensschen Prinzips*, Gl. (3.3/1), die Feldverteilung im ganzen Raum berechnet werden [17]

$$v_{mn}(x, y, z) \sim \frac{1}{\sqrt{1 + (2z/r_0)^2}}\, H_m\left(x\sqrt{\frac{2\pi}{r_0\lambda}}\sqrt{\frac{2}{1 + (2z/r_0)^2}}\right) H_n\left(y\sqrt{\frac{2\pi}{r_0\lambda}}\sqrt{\frac{2}{1 + (2z/r_0)^2}}\right) \times$$

$$\times \exp\left[-(x^2 + y^2)\frac{\pi}{r_0\lambda}\frac{2}{1 + (2z/r_0)^2}\right] \times$$

$$\times \exp\left[-j\frac{\pi r_0}{\lambda}\left(1 + \frac{2z}{r_0}\right) - j\frac{2\pi}{r_0\lambda}(x^2 + y^2)\frac{2z/r_0}{1 + (2z/r_0)^2} - j(m + n + 1) \times\right.$$

$$\left.\times \left(\frac{\pi}{2} - \arctan\frac{1 - \dfrac{2z}{r_0}}{1 + \dfrac{2z}{r_0}}\right)\right]. \tag{3.4/6}$$

---

[1] $S_{om}(c, \eta)$ und $R_{om}^{(1)}(c, \xi)$ werden in [20] mit $ps_m^0(\eta; c^2)$, $S_m^{0(1)}(\xi; c)$ und in [21] mit $S_{om}(c, \eta)$, $je_{om}(c, \xi)$ bezeichnet. Auch die Normierung der Funktionen ist verschieden (s. [19]).

Auf kreisförmigen Spiegeln mit dem Durchmesser $2a$ lautet die Feldverteilung in Polarkoordinaten für $r^2/a^2 \ll 1$ [22]

$$v_{plq}(r, \varphi) \sim \left(r \sqrt{\frac{2\pi}{r_0 \lambda}}\right)^l L_p^l \left(r^2 \frac{2\pi}{r_0 \lambda}\right) \exp\left(-r^2 \frac{\pi}{r_0 \lambda}\right) \frac{\sin}{\cos} l\,\varphi. \qquad (3.4/7)$$

L_p^l ist das zugeordnete *Laguerresche Polynom*; die Indizierung der Moden ist TEM_{plq} (für eine einfache Ableitung der Feldform in Polarkoordinaten mit einer etwas anderen Indizierung s. [23]). Die Resonanzwellenlängen erhält man aus

$$\frac{2r_0}{\lambda_{plq}} = q + \frac{1}{2}(2p + l + 1). \qquad (3.4/8)$$

Die TEM_{oo}-Moden für sphärische Rechteckspiegel und Kreisspiegel sind identisch.

3.4.2 Diskussion der Lösung für den konfokalen Resonator

Zufolge des exponentiellen Abfalls der Felder des konfokalen Resonators mit steigendem Abstand von der Achse sind die Beugungsverluste wesentlich kleiner als im *Fabry-Perot-Resonator* (Abb. 3.11). Der konfokale Resonator hat das größte Verhältnis zwischen den Beugungsverlusten höherer Moden und denen des TEM_{oo}-Modus unter allen Resonatoren, begünstigt daher das Anschwingen des Grundmodus.

Aus Gl. (3.4/6) definiert man eine lineare Fleckgröße w durch den Abstand jenes Punktes von der Achse, in dem die Feldstärke auf $1/e$ abgesunken ist[1]

$$w(z) = w_0 \sqrt{1 + (2z/r_0)^2} =$$
$$= w_0 \sqrt{1 + \left(\frac{\lambda z}{\pi w_0^2}\right)^2}, \quad w_0 = \sqrt{\frac{r_0 \lambda}{2\pi}}. \qquad (3.4/9)$$

w_0 ist dabei die Fleckgröße an der Stelle kleinsten Strahlquerschnittes, der sogenannten Strahltaille. w_0 ist unabhängig von der Spiegelgröße. Die Fleckgröße am Spiegel ($z = \pm r_0/2$) ist

$$w_{s0} = w_0 \sqrt{2} = \sqrt{\frac{r_0 \lambda}{\pi}}. \qquad (3.4/10)$$

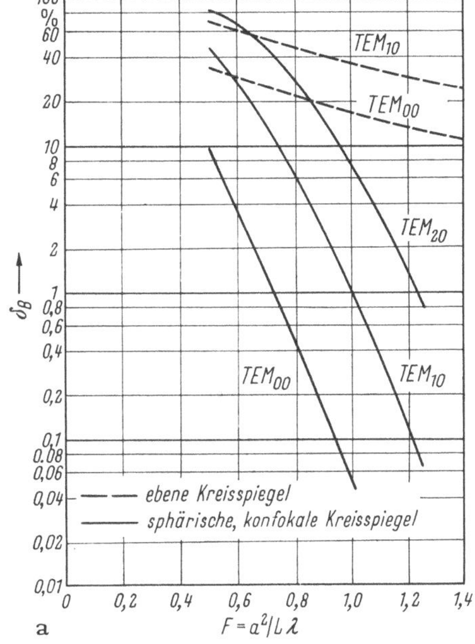

Abb. 3.11. Vergleich der Beugungsverluste des *Fabry-Perot-Resonators* und des konfokalen Resonators. a) Nach A. G. Fox und T. Li [7];

---

[1] Eigentlich sollte w „Fleckradius" heißen, da der Fleckdurchmesser $2w$ ist; im TEM_{oo}-Modus fließt durch einen Kreis mit dem Radius kw der Anteil $[1-\exp(-2k^2)]$ der Gesamtleistung; für $k = 1$ sind das 86, 47%, für $k = 1,5$ bereits 98,89%.

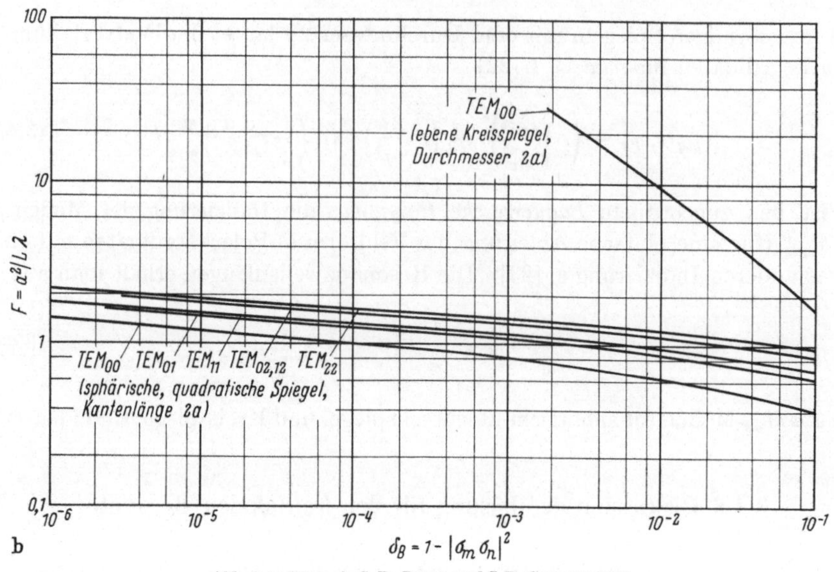

b

Abb. 3.11 b) nach G. D. Boyd und I. P. Gordon [17]).

Der Strahl erfüllt ein einschaliges Hyperboloid, welches sich im Fernfeld einem Kegel mit dem halben Öffnungswinkel

$$\vartheta = \lim_{z \to \infty} \frac{w(z)}{z} = \sqrt{\frac{2\lambda}{\pi r_0}} = \frac{\lambda}{\pi w_0} \qquad (3.4/11)$$

anschmiegt (Abb. 3.12). Der Strahlverlauf ist durch die Lage und die Größe der Strahltaille bestimmt. Eine zusätzliche Beugung am Spiegelrand tritt zufolge des exponentiellen Feldabfalls praktisch nicht auf, das Feldbild ist daher im Nahfeld und Fernfeld gleich (darin liegt ein Unterschied zum *Fabry-Perot-Resonator*, bei dem eine Fleckgröße im obigen Sinn nicht definiert werden kann, da sich das Feld sinusförmig bis an die Spiegelränder erstreckt und die Beugung am Spiegel nicht vernachlässigt werden kann).

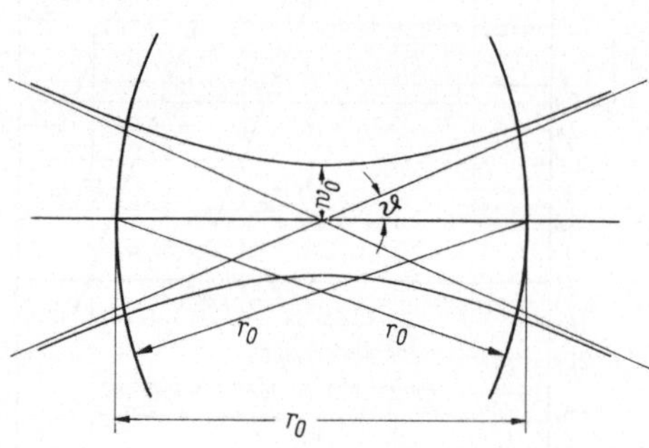

Abb. 3.12.
Strahlverlauf im konfokalen Resonator.

Als „Divergenzwinkel" θ' wird oft der *ganze* Öffnungswinkel eines Kegels bezeichnet, auf dessen Mantel die Leistungsflußdichte im Fernfeld auf die Hälfte ihres Wertes auf der Strahlachse abgesunken ist. Aus Gl. (3.4/6) folgt

$$\theta = 2 \sqrt{\frac{\lambda \ln 2}{\pi r_0}}. \qquad (3.4/12)$$

Die Feldverteilung der TEM_m-Moden auf einem sphärisch gekrümmten Streifenspiegel ist nach Gl. (3.4/6) durch Funktionen $H_m(\xi) \exp(-\xi^2/2) = \psi_m(\xi)$ gegeben $\left(\xi = x \sqrt{2\pi/(r_0\lambda)}\right)$. Diese Funktionen genügen der Differentialgleichung [24]

$$\frac{d^2\psi_m}{d\xi^2} + (2m + 1 - \xi^2)\,\psi_m = 0. \qquad (3.4/13)$$

Die am weitesten von der Achse $\xi = 0$ entfernten Wendepunkte der Funktion $\psi_m(\xi)$ haben die Koordinaten $\xi_w = \pm \sqrt{2m+1}$, d. h. $x_w = \pm \sqrt{2m+1}\,\sqrt{r_0\lambda/(2\pi)}$. Ein Vergleich mit Gl. (3.4/10) zeigt, daß für den TEM_0-Modus ($m=0$) die Fleckgröße am Spiegel gerade $w_{s0} = x_w\sqrt{2} = w_0\sqrt{2}$ ist. Definiert man analog eine Fleckgröße für TEM_m-Moden durch $w = x_w\sqrt{2}$, so erhält man

$$w(z) = w_0\sqrt{2m+1}\,\sqrt{1 + \left(\frac{\lambda z}{\pi w_0^2}\right)^2}\,. \qquad (3.4/14)$$

TEM_{mn}-Moden mit $m \neq n$ haben also in x-Richtung und y-Richtung unterschiedliche Fleckgrößen. Nach der Definition Gl. (3.4/11) ist der Divergenzwinkel ϑ des TEM_m-Modus um den Faktor $\sqrt{2m+1}$ größer als für den TEM_0-Modus. Der Intensitätsverlauf einiger höherer Moden ist in Abb. 3.13 dargestellt [25].

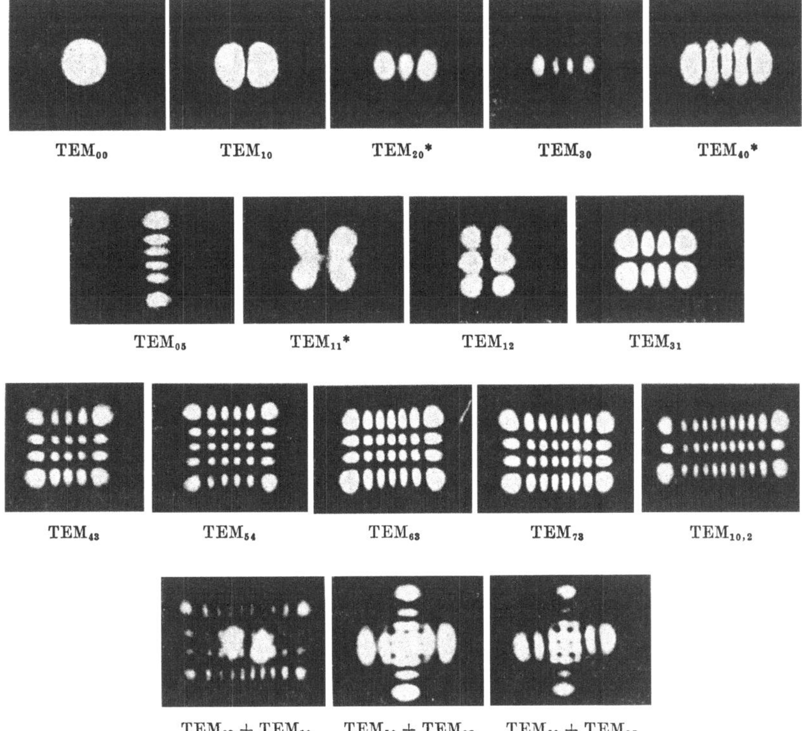

Abb. 3.13. Schwingungstypenbilder des He–Ne-Gaslasers. Die mit Sternen versehenen Bilder stellen keine reinen Moden dar (nach D. Rosenberger [25]).

Vernachlässigt man in Gl. (3.4/6) den letzten Term im Phasenfaktor, so erhält man für die Flächen konstanter Phase annähernd Kugelflächen, deren Krümmungsradius r in jenem Punkt z, in dem sie die Achse schneiden, durch

$$r(z) = z\left(1 + \frac{r_0^2}{4z^2}\right) = z\left[1 + \left(\frac{\pi w_0^2}{\lambda z}\right)^2\right] \qquad (3.4/15)$$

gegeben ist. In der Strahltaille ($z = 0$) ist die Phasenfront eine Ebene, die Spiegel selbst ($z = \pm r_0/2$) sind — im Gegensatz zum *Fabry-Perot-Resonator* — Flächen konstanter Phase (dies gilt für den TEM_{oo}-Modus; für höhere Moden springt die Phase entsprechend den Vorzeichen der *Hermiteschen Polynome* in den einzelnen Teilgebieten der Spiegel jeweils um π).

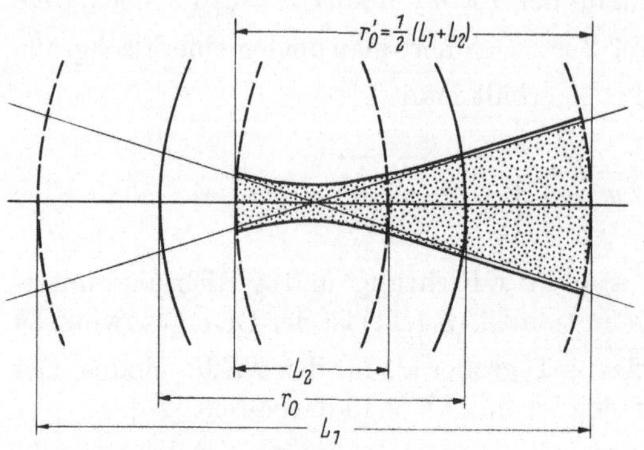

Abb. 3.14. Flächen konstanter Phase mit vorgegebenem Krümmungsradius r_0' im Strahl eines symmetrischen konfokalen Resonators ($r < r_0'$).

Der Krümmungsradius der Phasenfronten nimmt an den Spiegeln seinen minimalen Wert r_0 an. Gibt man einen beliebigen Krümmungsradius $r_0' > r_0$ vor, so können in einem (durch r_0 charakterisierten) konfokalen Resonator 4 Phasenflächen gefunden werden, deren Krümmungsradius r_0' ist: Sie liegen paarweise symmetrisch zur Resonatormitte und haben die Abstände L_1, L_2 (Abb. 3.14), für die aus Gl. (3.4/15) die quadratische Gleichung

$$L^2 - 2r_0'L + r_0^2 = 0, \qquad L_{1,2} = r_0' \pm \sqrt{r_0'^2 - r_0^2} \tag{3.4/16}$$

folgt. Diese Phasenfronten mit dem Krümmungsradius r_0' haben aber auch paarweise die Abstände $\frac{1}{2}(L_1 + L_2) = r_0'$ (Abb. 3.14). Da man anstelle jeder Phasenfront einen Spiegel einfügen kann, gibt es demzufolge auch konfokale Systeme mit dem Parameter r_0', welche *nicht* symmetrisch zu $z = 0$ liegen; die Fleckgrößen an den Spiegeln w_1, w_2 (bei $z = L_1/2$, $z = -L_2/2$) sind nunmehr verschieden; aus Gl. (3.4/9) folgt

$$w_{1,2} = w_0 \sqrt{1 + \frac{L_{1,2}^2}{r_0^2}} = \frac{w_0}{r_0} \sqrt{2r_0'\left(r_0' \pm \sqrt{r_0'^2 - r_0^2}\right)}, \tag{3.4/17}$$

wobei w_0, r_0 sich auf den „erzeugenden" konfokalen Resonator beziehen, in den der konfokale Resonator mit $r_0' > r_0$ eingebettet wurde. Man erhält die Beziehung

$$w_1 w_2 = \frac{r_0' \lambda}{\pi}. \tag{3.4/18}$$

Vergleich mit Gl. (3.4/10) zeigt, daß in einem konfokalen, durch r_0 charakterisierten Resonator das Produkt der Fleckgrößen auf den beiden Spiegeln immer $r_0 \lambda/\pi$ ist, unabhängig davon, ob der Strahlverlauf im Resonator symmetrisch oder unsymmetrisch ist. Die Strahltaille liegt nur dann in der Resonatormitte, wenn die Spiegel gleich groß sind (im Gegensatz dazu ist die Lage der Strahltaille in den anschließend besprochenen *nichtkonfokalen* Resonatoren von der Spiegelgröße *unabhängig*, und allein durch die Krümmungsradien und den Abstand der beiden Spiegel gegeben). Für die Berechnung des Strahlverlaufes in solchen unsymmetrischen konfokalen Resonatoren wird auf die Literatur verwiesen [22].

3.5 Allgemeine Resonatoren mit sphärischen Spiegeln

3.5.1 Einleitung

Für beliebige Resonatoren kann unter Verwendung von Gl. (3.3/1) eine Integralgleichung aus der Forderung formuliert werden, daß sich das Feldbild auf jedem der beiden Spiegel nach einem Hin- und Hergang der Welle im Resonator bis auf einen komplexen Faktor reproduziert. Eine exakte analytische Lösung für diese Integralgleichungen (wie sie für den konfokalen Resonator angegeben werden konnte) existiert nicht. Man verwendet daher kombiniert analytisch-numerische Methoden [26, 27], teils unter der Annahme von Einschränkungen, wie kleiner *Fresnel-Zahlen* [28] oder unendlich großer *Fresnel-Zahlen* [29]. Nichtkonfokale Resonatoren können auch als gestörte konfokale Systeme betrachtet und mit Methoden der Störungsrechnung behandelt werden [30, 31]. Daß Eigenwerte der Integralgleichungen existieren, auch wenn diese analytisch nicht geschlossen lösbar sind, wurde in [32] gezeigt.

Eine Möglichkeit der Behandlung von Resonatoren mit Spiegeln gleicher Krümmung ergibt sich, wenn man sich die Spiegel über ihre tatsächliche Begrenzung hinaus fortgesetzt und zu einem Rotationsellipsoid geschlossen denkt; die Wellengleichung kann dann in den Koordinaten des abgeplatteten Rotationsellipsoids behandelt werden [33, 34].

Die Moden sind nach wie vor [29] *Gauß-Hermitesche Funktionen* vom Typ der Gl. (3.4/6), deren Fleckgrößen, Resonanzfrequenzen und Verluste im folgenden diskutiert werden.

3.5.2 Der Strahlverlauf und die Resonanzbedingung

Gegeben sei ein Resonator durch die Spiegeldistanz L und die Krümmungsradien der Spiegel r_1, r_2 (Abb. 3.15). Kann man einen konfokalen Resonator (r_0) mit symmetrischem Strahlverlauf finden, bei dem Phasenflächen mit den Krümmungsradien r_1, r_2 im Abstand L auftreten, so ist der Strahlverlauf bekannt, der gegebene Resonator wurde in einen konfokalen Resonator „eingebettet".

Nach Gl. (3.4/16) gilt (Abb. 3.15)

$$L_1^2 - 2L_1 r_1 + r_0^2 = 0,$$
$$L_2^2 - 2L_2 r_2 + r_0^2 = 0,$$
$$L = \frac{1}{2}(L_1 + L_2). \qquad (3.5/1)$$

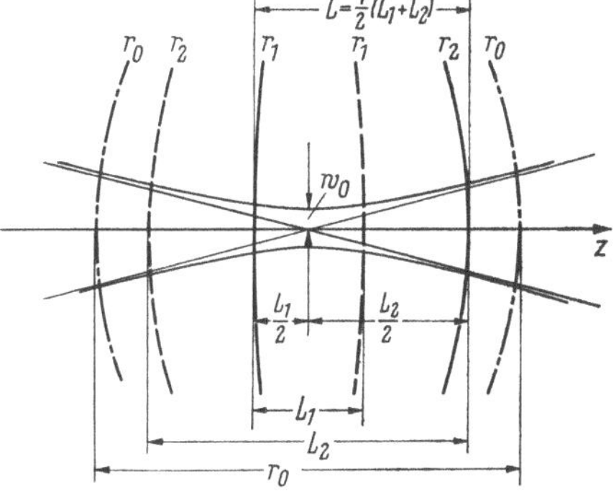

Abb. 3.15. Einbetten eines nichtkonfokalen Resonators (r_1, r_2, L) in einen konfokalen Resonator (r_0).

Aus diesen Beziehungen kann r_0 des gesuchten konfokalen Resonators als Funktion der Daten (r_1, r_2, L) des gegebenen Resonators berechnet werden; ebenso interessiert der Abstand der Spiegel von der Strahltaille ($L_2/2$, bzw. $-L_1/2$). Unter Einführung der Spiegelparameter g_1, g_2

$$g_i = 1 - \frac{L}{r_i} \qquad (i = 1, 2) \qquad (3.5/2)$$

erhält man

$$r_0^2 = L^2 \frac{4g_1 g_2(1 - g_1 g_2)}{(g_1 + g_2 - 2g_1 g_2)^2},$$

$$\frac{L_1}{2} = L \frac{g_2(1 - g_1)}{g_1 + g_2 - 2g_1 g_2},$$

$$\frac{L_2}{2} = L \frac{g_1(1 - g_2)}{g_1 + g_2 - 2g_1 g_2}. \tag{3.5/3}$$

Durch Einsetzen von r_0 und $z = L_2/2$ bzw. $z = -L_1/2$ erhält man aus Gl. (3.4/9) die Fleckgrößen in der Strahltaille und auf den Spiegeln:

$$w_0 = \sqrt{\frac{L\lambda}{\pi}} \left[\frac{g_1 g_2(1 - g_1 g_2)}{(g_1 + g_2 - 2g_1 g_2)^2} \right]^{1/4},$$

$$w_1 = \sqrt{\frac{L\lambda}{\pi}} \left[\frac{g_2}{g_1(1 - g_1 g_2)} \right]^{1/4},$$

$$w_2 = \sqrt{\frac{L\lambda}{\pi}} \left[\frac{g_1}{g_2(1 - g_1 g_2)} \right]^{1/4}. \tag{3.5/4}$$

Es gelten die Beziehungen

$$\left(\frac{w_1}{w_2}\right)^2 = \frac{g_2}{g_1}, \quad (w_1 w_2)^2 = \left(\frac{L\lambda}{\pi}\right)^2 \frac{1}{1 - g_1 g_2}, \tag{3.5/5}$$

die in einem Kreisdiagramm dargestellt werden können [35]. Mit Gl. (3.4/9) u. (3.4/15) kann die Fleckgröße und der Krümmungsradius an einer beliebigen Stelle berechnet werden. Damit ist der Strahlverlauf im allgemeinen Resonator gegeben. Für den Divergenzwinkel θ in der Definition nach Gl. (3.4/12) folgt

$$\theta = \sqrt{\frac{\lambda \ln 4}{\pi L}} \left[\frac{(g_1 + g_2 - 2g_1 g_2)^2}{g_1 g_2(1 - g_1 g_2)} \right]^{1/4}. \tag{3.5/6}$$

Eine numerische Auswertung dieser Beziehung für verschiedene Werte von g_1, g_2 findet man in [36]. Die Fleckgrößen und Divergenzwinkel höherer Moden ergeben sich gemäß den Darlegungen in Kap. 3.4.2.

Die Resonanzwellenlängen der TEM_{mnq}-Moden erhält man aus Gl. (3.4/6), indem man die Phasenverschiebung zwischen $z = -L_1/2$ und $z = L_2/2$ berechnet und einem ganzzahligen Vielfachen von π gleichsetzt

$$\frac{2L}{\lambda_{mnq}} = q + \frac{1}{\pi} (m + n + 1) \arccos \sqrt{g_1 g_2}. \tag{3.5/7}$$

Für runde Spiegel, d. h. TEM_{plq}-Moden Gl. (3.4/7) erhält man die Resonanzbedingung, indem man $(m + n)$ in Gl. (3.5/7) durch $(2p + l)$ ersetzt. Eine experimentelle Überprüfung von Gl. (3.5/7) ergab ausgezeichnete Übereinstimmung mit der Theorie [25].

Für Werte von g_1, g_2, die der Beziehung

$$g_1 g_2 = \cos^2 \frac{\pi q_0}{m + n} \qquad (q_0, m, n \text{ ganzzahlig}) \qquad (3.5/8)$$

genügen, haben TEM_{mnq}- und $TEM_{oo,q+q_0}$-Moden gleiche Resonanzfrequenz. Bei einem Laser mit inhomogener Linie kann das Erreichen der Abstimmbedingung Gl. (3.5/8) mit einem Abnehmen („dip") der Ausgangsleistung verbunden sein, wenn zufolge des Übereinanderfallens je zweier Moden in gewissen Bereichen der inhomogenen Linie keine Leistung entnommen wird ([37], s. auch Kap. 6.3.8—6.3.10).

3.5.3 Das Stabilitätsdiagramm der Resonatoren mit sphärischen Spiegeln

Aus der Gl. (3.5/4) für die Fleckgröße entnimmt man, daß für $g_1 g_2 = 1$ beide Fleckgrößen unendlich werden, wogegen für $g_1 = 0$ oder $g_2 = 0$ jeweils eine der Fleckgrößen Null wird, während die andere gegen unendlich geht. In allen diesen Fällen würden somit die Beugungsverluste unendlich werden. Da der Begriff der Fleckgröße aber aus der Näherung der tatsächlichen Felder in der Spiegelmitte durch *Gauß-Hermitesche Funktionen* folgte, bedeutet dies, daß die Näherungen in diesen Fällen versagen.

Wir erhalten daraus aber den Hinweis, daß Resonatoren mit niedrigen Verlusten nur im Bereich $g_1 g_2 < 1$ möglich sind (für $g_1 g_2 > 1$ nehmen die Fleckgrößen sogar komplexe Werte an!).

Abb. 3.16 zeigt den durch die Geraden $g_1 = 0$, $g_2 = 0$ und die Hyperbel $g_1 g_2 = 1$ begrenzten (nicht schraffierten) Bereich der Resona-

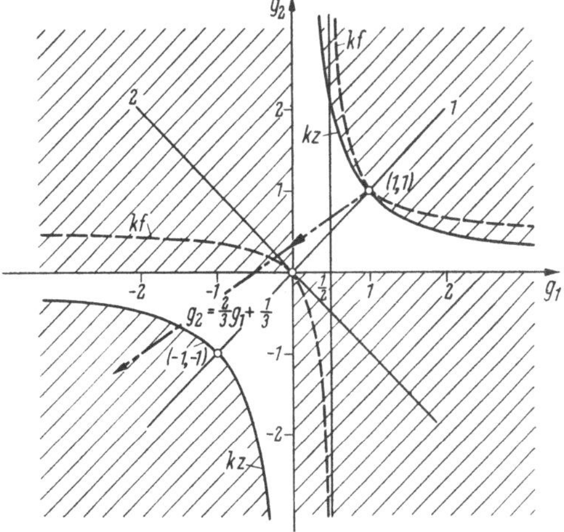

Abb. 3.16. Das Stabilitätsdiagramm optischer Resonatoren mit sphärischen Spiegeln.

toren mit niedrigen Verlusten. Bei Annäherung an die Grenzen dieses Bereiches steigen die Beugungsverluste stark an. Resonatoren im nichtschraffierten Bereich werden als stabil, alle anderen als instabil bezeichnet.

Bei der Berechnung der g-Werte nach Gl. (3.5/2) ist der Krümmungsradius positiv (negativ) einzusetzen, wenn der Spiegel seine konkave (konvexe) Fläche dem Resonatorinneren zukehrt.

Die Bedingung für Stabilität läßt sich in Worten folgendermaßen ausdrücken: Ein Resonator ist *stabil*, wenn die Strecke zwischen einem der beiden Spiegel und seinem Krümmungsmittelpunkt *entweder* den zweiten Spiegel *oder* dessen Krümmungsmittelpunkt enthält (liegen der zweite Spiegel *und* sein Krümmungsmittelpunkt entweder beide innerhalb oder beide außerhalb dieser Strecke, ist der Resonator instabil; Abb. 3.17 zeigt einige Beispiele für diesen Satz).

5*

Alle Resonatoren mit Spiegeln gegebener Krümmungsradien r_1, r_2 und variablem Abstand $0 \leq L \leq \infty$ liegen im Stabilitätsdiagramm auf der Geraden

$$g_2 = \frac{r_1}{r_2}\, g_1 + \left(1 - \frac{r_1}{r_2}\right), \tag{3.5/9}$$

die für den Spezialfall $r_2 = 3r_1/2$ strichpunktiert in Abb. 3.16 eingezeichnet ist. Dem Spiegelabstand $L = 0$ entspricht der Punkt $(1,1)$ im Diagramm, mit steigendem L wird die Gerade in Pfeilrichtung durchlaufen. Ist insbesonders $r_1 > 0$, $r_2 > 0$, $r_1 < r_2$ so gilt für den Resonator:

$$
\begin{aligned}
&\text{stabil} && 0 \leq L < r_1 \\
&\text{instabil} && r_1 \leq L \leq r_2 \\
&\text{stabil} && r_2 < L < r_1 + r_2 \\
&\text{instabil} && r_1 + r_2 \leq L \leq \infty .
\end{aligned}
\tag{3.5/10}
$$

Resonatoren mit Spiegeln gleicher Krümmung liegen auf der mit „1'' bezeichneten Geraden $g_1 = g_2$. Konfokale Resonatoren genügen der Beziehung $L = (r_1 + r_2)/2$, sie liegen auf der mit „kf'' bezeichneten Hyperbel

$$g_2\,(2g_1 - 1) = g_1 . \tag{3.5/11}$$

Unter allen konfokalen Resonatoren ist nur „der konfokale Resonator'' mit Spiegeln gleicher Krümmung stabil ($g_1 = g_2 = 0$).

Konzentrische Resonatoren ($L = r_1 + r_2$) liegen auf der mit „kz'' bezeichneten Hyperbel $g_1 g_2 = 1$ und bilden die Grenze zum Gebiet hoher Verluste. Der allgemein als „der konzentrische Resonator'' bezeichnete Typ ist der spezielle konzentrische Resonator mit $r_1 = r_2$, dem der Punkt $(-1, -1)$ im Diagramm entspricht. Seine Feldverteilung auf den Spiegeln (Winkelfunktionen) ähnelt der des *Fabry-Perot-Resonators*, der durch den Punkt $(1,1)$ dargestellt wird.

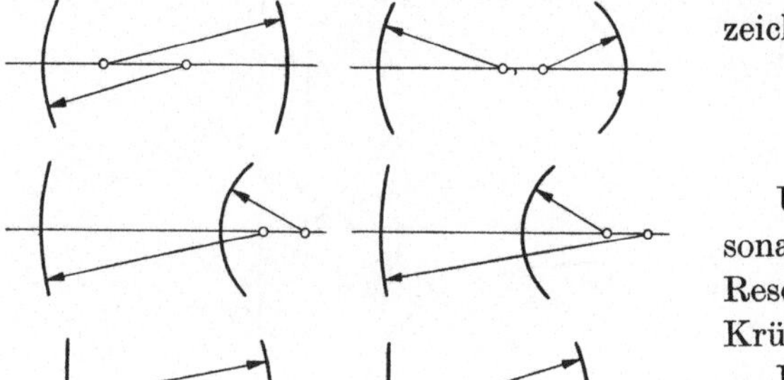

Abb. 3.17.
Beispiele für stabile und instabile optische Resonatoren.

Den Gln. (3.5/4 u. 3.5/7) für die Fleckgrößen und Resonanzwellenlängen entnimmt man, daß eine Änderung der Vorzeichen von g_1 *und* g_2 ohne Einfluß bleibt (im Diagramm entspricht dies einer Spiegelung am Ursprung). Vertauschen von g_1 und g_2 (Vertauschen der Spiegel) entspricht einem Vertauschen der Fleckgrößen und läßt die Resonanzbedingung ungeändert. Eine Spiegelung an der 135°-Geraden 2 entspricht einem Ändern der Vorzeichen von g_1, g_2 und einem anschließenden Vertauschen der Spiegel. Alle diese Resonatoren haben gleiche Fleckgrößen (wenn man von der Reihenfolge der Spiegel absieht) und gleiche Resonanzfrequenzen sowie gleiche Beugungsverluste. Für allgemeine Resonatoren müssen die Beugungsverluste durch Iterieren der entsprechenden Integralgleichung berechnet werden; es genügt, die Verhältnisse in dem von der 45°- und 135°-Geraden begrenzten Quadranten zu berechnen. Durch Spiegelung an den Geraden 1 und 2 erhält man dann die Verluste in der ganzen g_1–g_2-Ebene.

3.5.4 Beugungsverluste in allgemeinen Resonatoren

Die Verluste allgemeiner Resonatoren sind durch Lösen der entsprechenden Integralgleichungen zu ermitteln, können aber auch im Sinne einer Abschätzung auf die Verluste eines konfokalen Resonators zurückgeführt werden, die durch Gl. (3.4/4) gegeben sind.

Dies soll anhand eines Beispiels erläutert werden: Gegeben sei ein Resonator mit gleich großen, quadratischen Spiegeln der Kantenlänge $2a$; die Krümmungsradien seien $r_1 = r_2 = r$, der Spiegelabstand sei L. Die Fleckgrößen auf den Spiegeln sind dann aus Gl. (3.5/4)

$$w_1 = w_2 = w = \sqrt{\frac{L\lambda}{\pi}}\,(1 - g^2)^{-1/4}. \qquad (3.5/12)$$

Der Parameter r_0 jenes konfokalen Resonators, in den dieser Resonator eingebettet werden kann (s. Abb. 3.15, wenn $L_1 = L_2 = L$ ist), ist durch Gl. (3.5/3) gegeben. Die Fleckgröße am Spiegel dieses konfokalen Resonators ist daher w_{s0}, s. Gl. (3.4/10). Um in diesem konfokalen Resonator die gleichen Verluste zu erhalten, wie im gegebenen, müßte man quadratische Spiegel mit einer Kantenlänge $2a_0$ verwenden, die sich zur Kantenlänge der gegebenen Spiegel $2a$ so verhält wie die Fleckgrößen auf den Spiegeln [17]:

$$\frac{2a_0}{2a} = \frac{w_{s0}}{w}. \qquad (3.5/13)$$

Die *Fresnel-Zahl* des konfokalen Resonators F_0 mit den gleichen Verlusten, wie sie im gegebenen Resonator auftreten, ist daher aus den Gln. (3.5/12, 3.5/13, 3.4/10 u. 3.5/3)

$$F_0 = \frac{a_0^2}{r_0\lambda} = \frac{a^2}{L\lambda}\sqrt{1 - g^2} = F\sqrt{(1 - g)(1 + g)}. \qquad (3.5/14)$$

$F = a^2/(L\lambda)$ und $g = 1 - L/r$ charakterisieren den gegebenen Resonator. Durch Einsetzen von F_0 in Gl. (3.4/4) können die Verluste berechnet werden.

Hat der gegebene Resonator ungleiche quadratische Spiegel mit den Daten $2a_1, r_1$ und $2a_2, r_2$ im Abstand L, so sind die Verluste annähernd gleich dem arithmetischen Mittel der Verluste zweier konfokaler Resonatoren mit den *Fresnel-Zahlen*

$$F_{0i} = \frac{a_i^2}{L\lambda}\sqrt{(1 - g_i)(1 + g_i)}, \quad g_i = 1 - \frac{L}{r_i} \quad (i = 1,2), \qquad (3.5/15)$$

wobei die Verluste wieder aus Gl. (3.4/4) entnommen werden [22].

Aus Gl. (3.5/14) sieht man, daß unter allen Resonatoren mit $g_1 = g_2 = g$ der konfokale Resonator ($g = 0$) den größten Wert für F_0 und damit die kleinsten Beugungsverluste gibt. Die Näherung versagt, wie ebenfalls aus Gl. (3.5/14) ersichtlich, für $|g| > 1$ (also im Gebiet hoher Verluste). Die Verluste im instabilen Bereich können daher nur durch numerisches Lösen der Integralgleichungen oder durch andere Näherungsverfahren ermittelt werden [38, 39].

Ein sehr elegantes Näherungsverfahren faßt allgemeine Resonatoren als Störungen konfokaler Resonatoren auf [30, 31] und führt die Verluste auf die für alle Moden bekannten Verluste im konfokalen Resonator zurück.

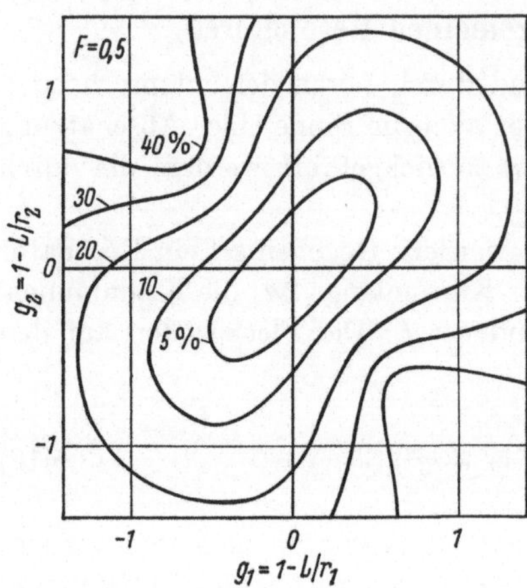

Abb. 3.18. Konturen konstanter Beugungsverluste für Resonatoren mit sphärischen Streifenspiegeln der Breite $2a$ für $F = a^2/(L\lambda) = 0{,}5$ (nach A. G. FOX und T. LI [12]).

Numerische Ergebnisse sind in zahlreichen Kurven in [40] enthalten. Ein Vergleich der Ergebnisse der oben skizzierten Näherungsmethode mit den aus den Integralgleichungen folgenden Verlusten liefert in Gebieten nicht zu nahe der Stabilitätsgrenze gute Übereinstimmung [12].

Abb. 3.18 zeigt Konturen konstanter Verluste für Resonatoren mit kleiner *Fresnel-Zahl*, die man als Schichtenlinien einer „Verlustfläche" deuten kann. Wie man sieht, steigen die Verluste (ausgehend vom Ursprung $g_1 = g_2 = 0$) im ersten und dritten Quadranten langsam, im zweiten und vierten Quadranten dagegen rasch an. Für größere *Fresnel-Zahlen* wird der Verlustanstieg in den Quadranten 1 und 3 flacher, in den Quadranten 2 und 4 dagegen steiler (im Einklang mit den für $F \to \infty$ gültigen Grenzen im Stabilitätsdiagramm, Abb. 3.16). Außerdem sind für große *Fresnel-Zahlen* die Verluste nicht mehr von der genauen Form, sondern nur mehr von der Fläche der Spiegel abhängig.

Verluste von Resonatoren mit einer Auskoppelöffnung in der Mitte der Resonatorspiegel werden in [41] behandelt.

3.5.5 Äquivalente Resonatoren

Für den in Abb. 3.19 dargestellten Resonator mit sphärischen Streifenspiegeln erhält man durch Anwendung des *Huygensschen Prinzips* entsprechend Gl. (3.3/1) nach Einführen normierter Koordinaten ξ und normierter Feldverteilungen $u(\xi)$,

$$\xi_i = \frac{x_i}{a_i} \qquad u_i(\xi_i) = v_i(x_i)\sqrt{a_i} \qquad (i = 1, 2), \qquad (3.5/16)$$

die Integralgleichungen [42]

$$\sigma_1 u_1(\xi_1) = \sqrt{jF} \int_{-1}^{+1} u_2(\xi_2) K(\xi_1, \xi_2)\, d\xi_2$$

$$\sigma_2 u_2(\xi_2) = \sqrt{jF} \int_{-1}^{+1} u_1(\xi_1) K(\xi_1, \xi_2)\, d\xi_1$$

$$K(\xi_1, \xi_2) = \exp\left[-j\pi F(G_1\xi_1^2 + G_2\xi_2^2 - 2\xi_1\xi_2)\right],$$

$$\int_{-1}^{+1} |u_1(\xi_1)|^2\, d\xi_1 = \int_{-1}^{+1} |u_2(\xi_2)|^2\, d\xi_2 \qquad \text{(Normierung)}, \qquad (3.5/17)$$

in denen nur 3 Parameter vorkommen:

$$F = \frac{a_1 a_2}{L\lambda},$$

$$G_1 = g_1 \frac{a_1}{a_2} = \frac{a_1}{a_2}\left(1 - \frac{L}{r_1}\right),$$

$$G_2 = g_2 \frac{a_2}{a_1} = \frac{a_2}{a_1}\left(1 - \frac{L}{r_2}\right). \qquad (3.5/18)$$

$1 - |\sigma_1|^2$ bzw. $1 - |\sigma_2|^2$ sind die Beugungsverluste am Spiegel 1 bzw. 2, $1 - |\sigma_1\sigma_2|^2$ ist der Beugungsverlust bei einem Hin- und Hergang. Für Resonanz muß $\sigma_1\sigma_2 \exp(-2\pi j L/\lambda)$ reell und positiv sein.

Aus obigen Beziehungen entnimmt man, daß Resonatoren, die in den Parametern F, G_1, G_2 übereinstimmen, gleiche Beugungsverluste, entsprechende Resonanzfreqenzen und bis auf einen Ähnlichkeitsfaktor gleiche Feldverteilungen haben. Läßt man F gleich, so entspricht einem Vertauschen von G_1, G_2 ein Vertauschen der Spiegel; eine Änderung der Vorzeichen von G_1 *und* G_2 ändert nichts an den Resonanzen und Verlusten.

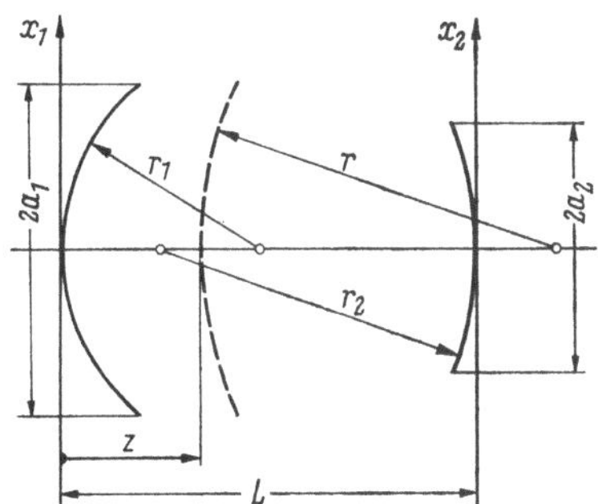

Abb. 3.19. Resonator mit sphärischen Streifenspiegeln mit der Breite $2a_1$ ($2a_2$) und dem Krümmungsradius $r_1(r_2)$.

Hat man in einem Resonator (F, G_1, G_2) eine Feldverteilung auf einer sphärischen Phasenfront im Abstand z vom Spiegel 1, dann ist in einem äquivalenten Resonator ($\bar{F} = F$, $\bar{G}_1 = G_1$, $\bar{G}_2 = G_2$) eine geometrisch ähnliche Feldverteilung im Abstand $\bar{z}$ vom Spiegel 1, wobei $\bar{z}$ gegeben ist durch

$$\frac{a_1}{a_2}\frac{L-z}{z} = \frac{\bar{a}_1}{\bar{a}_2}\frac{\bar{L}-\bar{z}}{\bar{z}}. \qquad (3.5/19)$$

Hat man $\bar{z}$ berechnet, folgt der Ähnlichkeitsfaktor der transversalen Koordinate aus

$$\frac{\bar{x}}{x} = \frac{\bar{z}}{z}\cdot\frac{a_1}{\bar{a}_1}. \qquad (3.5/20)$$

Ist r der Krümmungsradius der Wellenfront an der Stelle z im ursprünglichen Resonator, so ist der Krümmungsradius $\bar{r}$ der Wellenfront an der Stelle $\bar{z}$ im äquivalenten Resonator aus

$$\left(1 - \frac{z}{r_1}\right)\left(1 - \frac{z}{r}\right) = \left(1 - \frac{\bar{z}}{\bar{r}_1}\right)\left(1 - \frac{\bar{z}}{\bar{r}}\right) \qquad (3.5/21)$$

zu ermitteln. Für weitere Einzelheiten wird auf die Originalarbeit verwiesen [42].

3.6 Anpassung und Abbildung Gaußscher Strahlen

Die Ausbreitung von Lichtstrahlen der Form Gl. (3.4/6) mit *Gaußscher Einhüllender* der transversalen Feldstärkeverteilung (*Gaußscher Lichtstrahlen*) ist durch die Lage und Größe der Strahltaille w_0 des Grundmodus TEM_{00} festgelegt (Kap. 3.4.2). Mißt man Abstände z positiv (negativ) nach rechts (links) von der

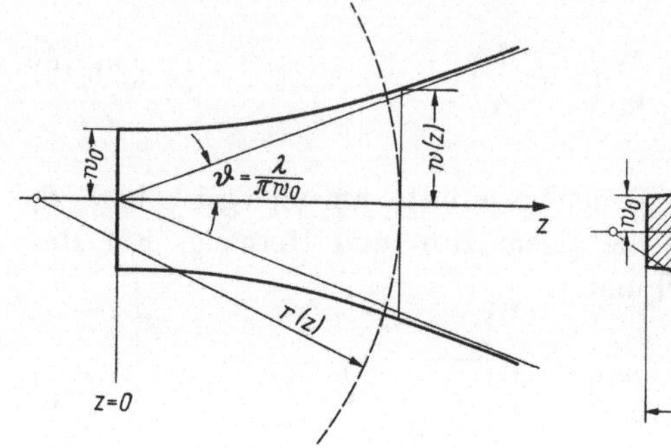

Abb. 3.20. *Gaußscher Lichtstrahl* [Strahltaille $z = 0$, $w(0) = w_0$].

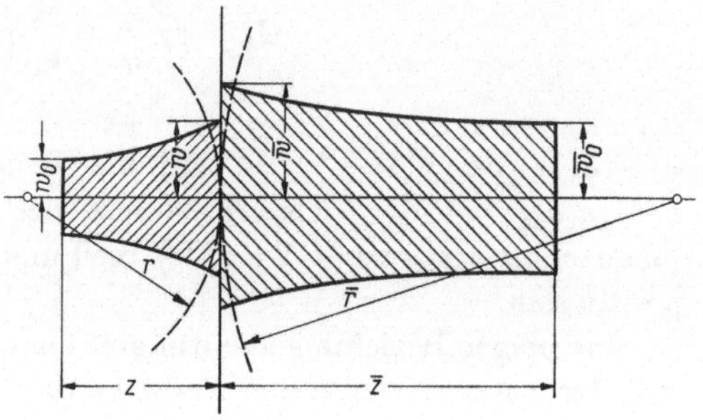

Abb. 3.21. Injektion eines *Gaußschen Lichtstrahls* (w_0, z) in ein optisches System mit den Systemparametern $\overline{w}_0, \overline{z}$.

jeweiligen Strahltaille, und sind $r(z)$, $w(z)$ Krümmungsradius der Phasenfront und Fleckgröße an der Stelle z, so gelten für den Grundmodus die Gln. (3.4/9 u. 3.4/15) sowie deren Umkehrungen (Abb. 3.20)

$$w_0 = \frac{w(z)}{\sqrt{1 + \left[\dfrac{\pi w^2(z)}{\lambda r(z)}\right]^2}}, \qquad z = \frac{r(z)}{1 + \left[\dfrac{\lambda r(z)}{\pi w^2(z)}\right]^2}. \tag{3.6/1}$$

Wird ein gegebener Strahlmodus in ein optisches System injiziert, welches selbst Moden ausbildet (Resonator, Linsenleitung), so werden in diesem System im allgemeinen viele verschiedene Moden angeregt. Von *Anpassung* spricht man dann, wenn der ankommende Strahlmodus (z. B. TEM_{00}) *nur* den ihm entsprechenden Systemmodus (z. B. TEM_{00}) anregt. Entwickelt man die Feldverteilung eines ankommenden TEM_{mn}-Modus (Parameter w_0, z) nach den Systemmoden $TEM_{\overline{m}\overline{n}}$ (Parameter $\overline{w}_0$, $\overline{z}$) — s. Abb. 3.21 —

$$v_{x,m}(x)\, v_{y,n}(y) = \sum_{\overline{m},\overline{n}} C_{mn,\overline{m}\overline{n}}\, \overline{v}_{x,\overline{m}}(x)\, \overline{v}_{y,\overline{n}}(y), \tag{3.6/2}$$

so bedeutet Anpassung $C_{mn,\overline{m}\overline{n}} = \delta_{m\overline{m}}\delta_{n\overline{n}}$. Eine ausführliche Behandlung der Modenkopplung findet man in [43]; hier interessiert nur der Leistungskopplungskoeffizient $\varkappa_{00}$ zwischen TEM_{00}-Moden (Abb. 3.21)

$$\varkappa_{00} = |C_{00,00}|^2 = \frac{4}{\left(\dfrac{w}{\overline{w}} + \dfrac{\overline{w}}{w}\right)^2 + \left(\dfrac{\pi w \overline{w}}{\lambda}\right)^2 \left(\dfrac{1}{\overline{r}} - \dfrac{1}{r}\right)^2} =$$

$$= \frac{4}{\left(\dfrac{w_0}{\overline{w}_0} + \dfrac{\overline{w}_0}{w_0}\right)^2 + \left(\dfrac{\lambda}{\pi w_0 \overline{w}_0}\right)^2 (z + \overline{z})^2}. \tag{3.6/3}$$

Anpassung ($\varkappa_{00} = 1$) liegt vor, wenn in einer Bezugsebene die Fleckgrößen und Krümmungsradien der Phasenfronten übereinstimmen ($w = \bar{w}$, $r = \bar{r}$), oder gleichbedeutend, wenn die Strahltaillen der beiden Strahlen zusammenfallen ($w_0 = \bar{w}_0$, $z + \bar{z} = 0$).

Daraus resultiert das Problem, gegebene Strahlen in solche mit vorgegebener Lage und Größe der Strahltaille zu transformieren [44, 45]. Einige grundlegende Abbildungsregeln [46] seien hier ohne Beweis angegeben:

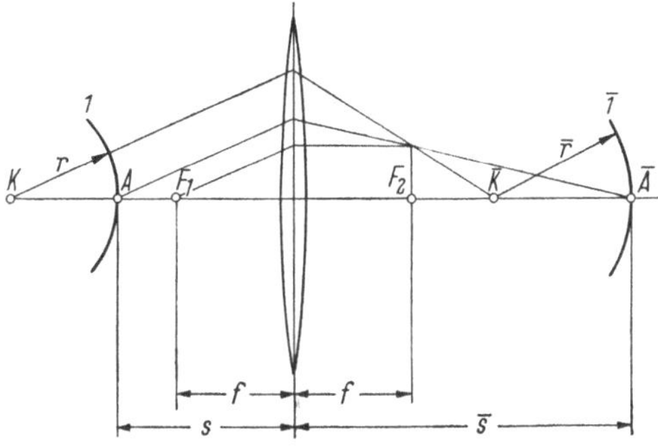

Abb. 3.22. Abbildung einer sphärischen Bezugsfläche mit einer Linse.

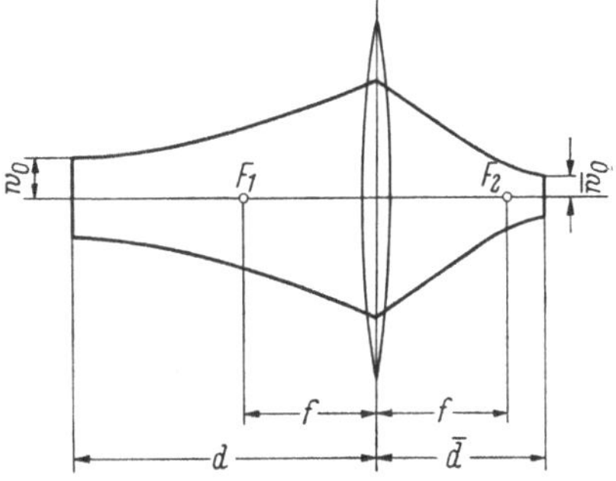

Abb. 3.23. Transformation eines *Gaußschen Strahls* durch eine Linse.

Eine sphärische Objektfläche 1 (Abb. 3.22) mit dem Krümmungsmittelpunkt K und dem Achsenschnittpunkt A wird durch ein optisches System (z. B. eine Linse) in eine sphärische Bildfläche $\bar{1}$ abgebildet, auf der die Felder nach Betrag und Phase (bis auf einen Ähnlichkeitsfaktor) den Feldern auf 1 gleichen; der Krümmungsmittelpunkt $\bar{K}$ und der Achsenschnittpunkt $\bar{A}$ von $\bar{1}$ sind geometrisch-optische Bilder von K, A. Ist speziell 1 eine Fläche konstanter Phase, so gilt dies auch für $\bar{1}$[1].

Aus einer Anwendung dieses Satzes ergibt sich die Transformation eines *Gaußschen Strahls* durch eine Linse der Brennweite f (Abb. 3.23)

$$\frac{1}{\bar{w}_0^2} = \frac{1}{w_0^2}\left(1 - \frac{d}{f}\right)^2 + \frac{1}{f^2}\left(\frac{\pi w_0}{\lambda}\right)^2$$

$$\bar{d} = f + \frac{f^2(d - f)}{(d - f)^2 + \left(\dfrac{\pi w_0^2}{\lambda}\right)^2}. \tag{3.6/4}$$

Diese Beziehung gilt für beliebige optische Systeme der Brennweite f, wenn man unter d, $\bar{d}$ die Abstände der Strahltaillen von den Hauptebenen des Systems versteht.

Ein Strahl mit gegebenem w_0 kann in einen Strahl mit vorgegebenem $\bar{w}_0$ durch eine vorhandene Linse der Brennweite f (Abb. 3.23) transformiert werden, wenn man die Abstände d, $\bar{d}$ folgendermaßen wählt:

$$d = f \pm \frac{w_0}{\bar{w}_0}\sqrt{f^2 - f_0^2}, \quad \bar{d} = f \pm \frac{\bar{w}_0}{w_0}\sqrt{f^2 - f_0^2}. \tag{3.6/5}$$

---

[1] Diese Regeln ermöglichen die Ausbildung von Resonatorspiegeln als dicke Linsen, welche eine Strahltaille ausbilden, deren Lage *unabhängig* von der Lage und dem Krümmungsradius des anderen Resonatorspiegels ist [47].

Dabei ist f_0 definiert durch

$$f_0 = \frac{\pi w_0 \overline{w}_0}{\lambda}. \tag{3.6/6}$$

Die Transformation kann daher nur für $f \geq f_0$ durchgeführt werden, wobei in Gl. (3.6/5) entweder in beiden Beziehungen das positive oder in beiden das negative Vorzeichen zu nehmen ist.

Eine elegante Formulierung der Übertragung *Gaußscher Strahlen* durch beliebige optische Systeme ist nach Einführen eines komplexen Strahlparameters

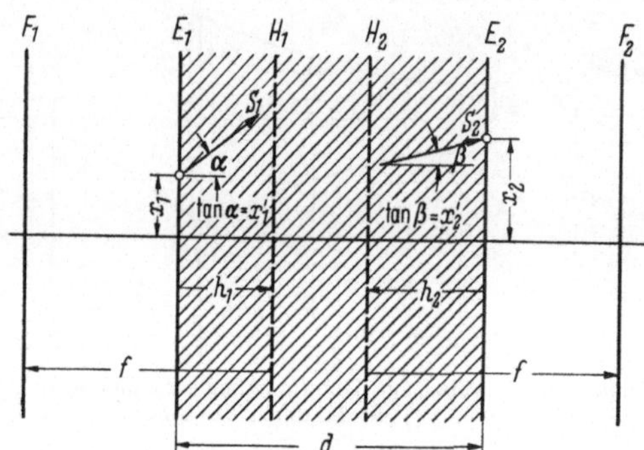

Abb. 3.24.
Optisches System, Bezugsebenen E_1, E_2; F_1, F_2 sind die Brennebenen, H_1, H_2 die Hauptebenen des Systems.

$$q(z) = \frac{1}{r(z)} - j \frac{\lambda}{\pi w^2(z)} \tag{3.6/7}$$

möglich: Sind q_1, q_2 die Strahlparameter in der Eingangsebene E_1 und der Ausgangsebene E_2 des Systems, so gilt die Beziehung [46, 48]

$$q_2 = \frac{A q_1 + B}{C q_1 + D}. \tag{3.6/8}$$

Dabei sind A, B, C, D Komponenten der Strahlmatrix, welche folgendermaßen definiert ist: E_1, E_2 seien die Bezugsebenen eines optischen Systems (Abb. 3.24); ein Lichtstrahl, der in das System im Abstand x_1 von der Achse mit der Steigung x_1' injiziert wird, soll das System mit dem Achsenabstand x_2 und der Steigung x_2' verlassen. Die Strahlmatrix definiert den Zusammenhang

$$\left\| \begin{array}{c} x_2 \\ x_2' \end{array} \right\| = \left\| \begin{array}{cc} A & B \\ C & D \end{array} \right\| \left\| \begin{array}{c} x_1 \\ x_1' \end{array} \right\| = \| S \| \left\| \begin{array}{c} x_1 \\ x_1' \end{array} \right\| \tag{3.6/9}$$

mit $AD - CB = 1$ (Umkehrbarkeit).

Drückt man die Strahlmatrix durch die Brennweite f und die Distanzen h_1, h_2 der Hauptebenen von den Bezugsebenen aus (h_1 wird von E_1 nach rechts, h_2 von E_2 nach links positiv gezählt, Abb. 3.24), so erhält man

$$\| S \| = \left\| \begin{array}{cc} A & B \\ C & D \end{array} \right\| = \left\| \begin{array}{cc} 1 - h_2/f & h_1 + h_2 - (h_1 h_2)/f \\ -1/f & 1 - h_1/f \end{array} \right\|. \tag{3.6/10}$$

Eine planparallele Platte (Dicke d, Brechungsindex n) in einem Medium mit $n = 1$ hat die Strahlmatrix (die Bezugsebenen liegen unmittelbar außerhalb der Platte im umgebenden Medium mit $n = 1$)

$$\| S \| = \left\| \begin{array}{cc} 1 & d/n \\ 0 & 1 \end{array} \right\|, \tag{3.6/11}$$

aus der mit Gl. (3.6/8) für die Fortpflanzung eines *Gaußschen Strahls* im freien Raum ($n = 1$)

$$q_2 = q_1 + d \tag{3.6/12}$$

folgt. Sie faßt die Aussage der Gln. (3.4/9, 3.4/15 u. 3.6/1) zusammen.

Für eine dünne Linse der Brennweite f (die Bezugsebenen sollen die Linse in den beiden Linsenscheiteln berühren) gilt

$$\|S\| = \left\| \begin{array}{cc} 1 & 0 \\ -1/f & 1 \end{array} \right\|. \tag{3.6/13}$$

Aus der Definition Gl. (3.6/9) folgt, daß die Strahlmatrix einer Aufeinanderfolge optischer Systeme gleich dem Produkt der Strahlmatrizen der Einzelsysteme in umgekehrter Reihenfolge ist.

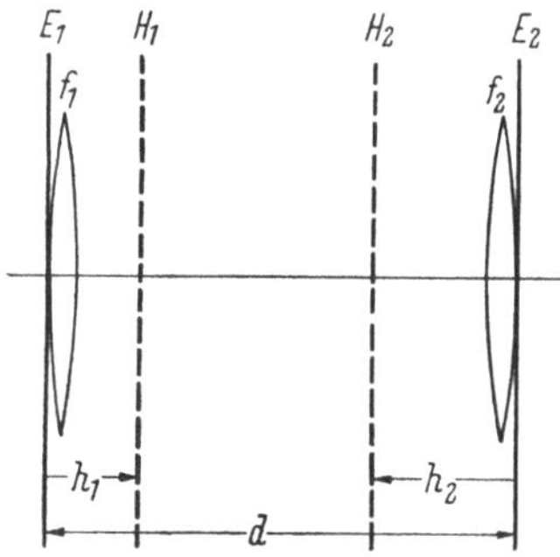

Abb. 3.25. Kombination zweier dünner Linsen mit den Brennweiten f_1, f_2 (E_1, E_2 und H_1, H_2 sind die Bezugsebenen und die Brennebenen der Kombination).

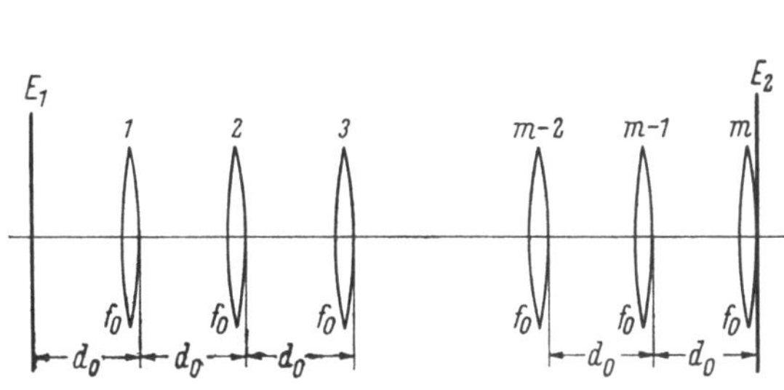

Abb. 3.26.
Folge von m dünnen Linsen der Brennweite f_0 im Abstand d_0.

Für die Anordnung Abb. 3.25 z. B. gilt

$$\|S\| = \left\| \begin{array}{cc} 1 & 0 \\ -1/f_2 & 1 \end{array} \right\| \left\| \begin{array}{cc} 1 & d \\ 0 & 1 \end{array} \right\| \left\| \begin{array}{cc} 1 & 0 \\ -1/f_1 & 1 \end{array} \right\| = \left\| \begin{array}{cc} 1 - d/f_1 & d \\ -1/f_1 - 1/f_2 + d/(f_1 f_2) & 1 - d/f_2 \end{array} \right\|, \tag{3.6/14}$$

und durch Vergleich mit Gl. (3.6/10) folgt für die Brennweite f und die Lage der Hauptebenen H_1, H_2 der Kombination

$$h_i = fd \frac{1}{f_i} \qquad (i = 1, 2)$$

$$\frac{1}{f} = \frac{1}{f_1} + \frac{1}{f_2} - \frac{d}{f_1 f_2}. \tag{3.6/15}$$

Für eine periodische Linsenfolge (Abb. 3.26) berechnet man

$$\|S\| = \frac{1}{\sin \vartheta} \left\| \begin{array}{cc} \sin (m\vartheta) - \sin (m-1)\vartheta & d_0 \sin (m\vartheta) \\ -\sin (m\vartheta)/f_0 & (1 - d_0/f_0) \sin (m\vartheta) - \sin (m-1)\vartheta \end{array} \right\|$$

$$\cos \vartheta = 1 - \frac{d_0}{2 f_0}. \tag{3.6/16}$$

Damit kann man die Strahlmatrix komplizierterer Systeme, z. B. der Linsenfolge Abb. 3.27 angeben: Dieses System ist eine periodische Folge von Systemen der Art Abb. 3.25, also von dicken Linsen, deren Brennweite f_0 nach Gl. (3.6/15) durch

$$\frac{1}{f_0} = \frac{1}{f_1} + \frac{1}{f_2} - \frac{d_1}{f_1 f_2} \tag{3.6/17}$$

gegeben ist. Der Abstand der einzelnen dicken Linsen (Abstände von dicken Linsen werden immer von den Hauptebenen gemessen) ist aus Abb. 3.27 $d_0 = d_2 + h_1 + h_2$, also mit Gl. (3.6/15)

$$d_0 = d_2 + d_1 f_0 \left(\frac{1}{f_1} + \frac{1}{f_2} \right). \tag{3.6/18}$$

Setzt man d_0 und f_0 aus Gl. (3.6/17) u. Gl. (3.6/18) in Gl. (3.6/16) ein, so ist die Strahlmatrix der Folge von Abb. 3.27 bekannt.

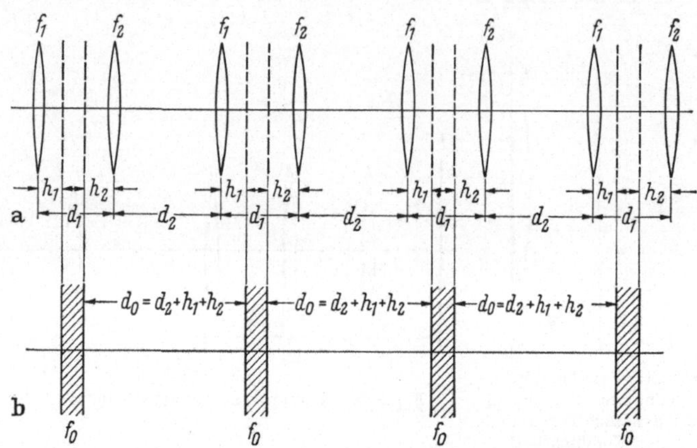

Abb. 3.27. a) Abwechselnde Aufeinanderfolge dünner Linsen der Brennweiten f_1, f_2 in Abständen d_1, d_2; b) äquivalente Folge identischer dicker Linsen der Brennweite f_0 im Abstand d_0.

Läßt man ein kühles Gas durch ein geheiztes Rohr strömen, so sinkt der Brechungsindex annähernd mit dem Quadrat des Abstandes r von der Achse

$$n(r) = n_0 - \frac{1}{2} n_2 r^2, \qquad (n_2 > 0). \tag{3.6/19}$$

Mit solchen Linsen (Gaslinsen) kann eine fokussierende Wirkung erzielt werden[1]. Eine Länge d eines solchen Mediums, eingebettet in ein Medium mit $n = 1$ (die Bezugsebenen liegen unmittelbar außerhalb des Mediums mit variablem n im Medium mit $n = 1$) hat die Strahlmatrix [5, 46]

$$\|S\| = \left\| \begin{array}{cc} \cos\left(d\sqrt{\frac{n_2}{n_0}}\right) & \frac{1}{\sqrt{n_0 n_2}} \sin\left(d\sqrt{\frac{n_2}{n_0}}\right) \\[2ex] -\sqrt{n_0 n_2}\, \sin\left(d\sqrt{\frac{n_2}{n_0}}\right) & \cos\left(d\sqrt{\frac{n_2}{n_0}}\right) \end{array} \right\|. \tag{3.6/20}$$

Die Brennweite und die Lage der Hauptebenen erhält man durch Vergleich mit Gl. (3.6/10).

Die Beziehungen für den Krümmungsradius und die Fleckgröße eines *Gaußschen Strahls* als Funktion von Krümmungsradius und Fleckgröße an einer anderen Strahlstelle und die Transformation eines *Gaußschen Strahls* durch eine Linse können in einem Kreisdiagramm dargestellt werden [49]. Die Strahlausbreitung kann auch durch elektrische Ersatzschaltbilder erfaßt werden [48, 50].

---

[1] Literatur s. Kap. 10.9.

3.7 Äquivalenz von Resonator und Linsenleitung.
Blenden und Linsen im Resonator; Ringresonatoren

Ein optischer Resonator mit sphärischen Spiegeln der Krümmungsradien r_1, r_2 im Abstand L ist einer Folge von dünnen Linsen im Abstand L äquivalent (Abb. 3.28), die abwechselnd die Brennweiten $f_1 = r_1/2$ und $f_2 = r_2/2$ besitzen [22].

Aus dieser Äquivalenz können auch die früher besprochenen Stabilitätsbedingungen für Resonatoren (Kap. 3.5.3) ermittelt werden: Die Anordnung in Abb. 3.28 ist ein Sonderfall von Abb. 3.27 für $d_1 = d_2 = L$, $f_1 = r_1/2$, $f_2 = r_2/2$. Setzt man diese Daten in die Strahlmatrix Gl. (3.6/16) bis Gl. (3.6/18) ein, so erhält man aus der Bedingung

$$-1 \leq \cos \vartheta \leq +1, \quad \left(\cos \vartheta = 1 - \frac{d_0}{2 f_0}\right)$$

$$(3.7/1)$$

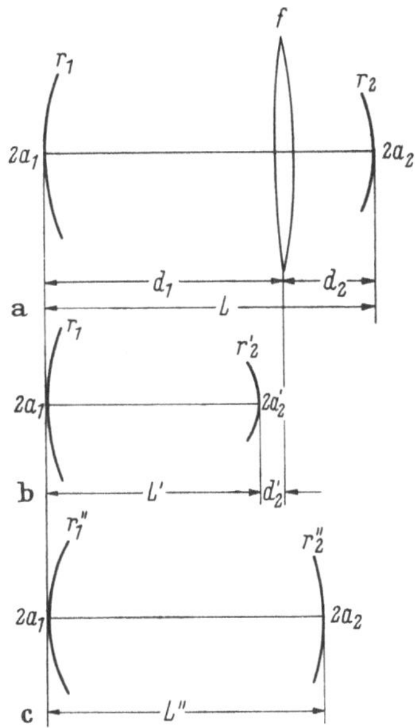

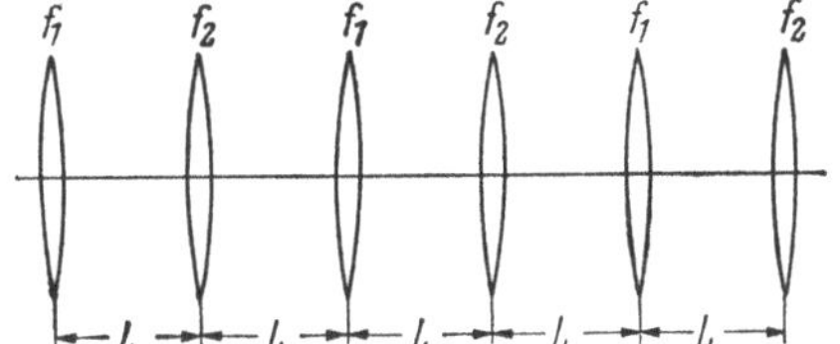

Abb. 3.28. Äquivalente Linsenleitung zu einem Resonator mit sphärischen Spiegeln mit den Krümmungsradien r_1, r_2 ($r_1 = 2f_1$, $r_2 = 2f_2$) im Abstand L.

Abb. 3.29. a) Resonator mit interner Linse; b), c) äquivalente Resonatorformen.

und Einführen der g-Parameter Gl. (3.5/2) die schon früher aus den Fleckgrößen erschlossene Stabilitätsbedingung $0 \leq g_1 g_2 \leq 1$.

Der Strahlverlauf in einer Linsenleitung sowie deren Verluste können ermittelt werden, indem man die Verhältnisse im äquivalenten Resonator untersucht (die Spiegeldurchmesser des äquivalenten Resonators sind gleich den Linsendurchmessern zu wählen).

Die Eigenmoden einer periodischen Aufeinanderfolge beliebiger Einzelsysteme können berechnet werden, wenn man fordert, daß die komplexen Strahlparameter Gl. (3.6/7) in der Eingangsebene und Ausgangsebene der Einzelsysteme übereinstimmen. Der Strahlparameter des Eigenmodus folgt somit aus Gl. (3.6/8) für $q_1 = q_2 = q$, ist also allein eine Funktion der Parameter A, B, C, D des Einzelsystems, die aus geometrisch-optischen Überlegungen resultieren. Auch Resonatoren mit inhomogenen Medien können nach diesem Verfahren berechnet werden [51].

Linsen in optischen Resonatoren, deren Durchmesser so groß ist, daß sie keine zusätzlichen Beugungseffekte hervorrufen, können folgendermaßen behandelt werden [30, 46]:

Abb. 3.29a zeigt einen Resonator mit sphärischen Streifenspiegeln mit einer internen Zylinderlinse der Brennweite f. Bildet man den rechten Spiegel nach den

Regeln von Kap. 3.6 durch die Linse ab, so erhält man den Resonator Abb. 3.29 b mit den Daten

$$\frac{1}{d_2'} = \frac{1}{f} - \frac{1}{d_2},$$

$$a_2' = -a_2 \frac{d_2'}{d_2} = \frac{f}{f - d_2},$$

$$L' = d_1 - d_2',$$

$$r_2' = -d_2' + \left(\frac{1}{f} - \frac{1}{d_2 - r_2}\right)^{-1}. \tag{3.7/2}$$

Die charakteristischen Resonatorparameter Gl. (3.5/18) dieses Ersatzresonators lauten:

$$F = \frac{a_1 a_2'}{L' \lambda} = \frac{a_1 a_2}{\lambda \left(d_1 + d_2 - \dfrac{d_1 d_2}{f}\right)},$$

$$G_1 = \frac{a_1}{a_2'} \left(1 - \frac{L'}{r_1}\right) = \frac{a_1}{a_2} \left[1 - \frac{d_2}{f} - \frac{1}{r_1}\left(d_1 + d_2 - \frac{d_1 d_2}{f}\right)\right],$$

$$G_2 = \frac{a_2'}{a_1} \left(1 - \frac{L'}{r_2'}\right) = \frac{a_2}{a_1} \left[1 - \frac{d_1}{f} - \frac{1}{r_2}\left(d_1 + d_2 - \frac{d_1 d_2}{f}\right)\right]. \tag{3.7/3}$$

Bei der Berechnung der Resonanzfrequenzen nach Gl. (3.5/7) ist zu berücksichtigen, daß die Phasenverschiebung des Ersatzresonators Abb. 3.29 b bei einem Durchgang um $\beta\,(d_2' + d_2)$ zu klein ist; man hat daher in der Resonanzbedingung den ursprünglichen Spiegelabstand L zu verwenden:

$$\frac{2L}{\lambda_{mnq}} = q + \frac{1}{\pi}\,(m + n + 1)\,\arccos \sqrt{G_1 G_2}. \tag{3.7/4}$$

G_1, G_2 sind aus Gl. (3.7/3) zu entnehmen. Die Fleckgröße am rechten Spiegel des ursprünglichen Resonators erhält man, indem man die Fleckgröße am rechten Spiegel des Ersatzresonators durch die Linse abbildet.

Abb. 3.29 c zeigt einen anderen Ersatzresonator mit gleichen Spiegelbreiten $(2a_1,\ 2a_2)$ wie im ursprünglichen Resonator, aber anderem Spiegelabstand und anderen Krümmungsradien

$$L'' = d_1 + d_2 - \frac{d_1 d_2}{f},\quad \frac{1}{r_1''} = \frac{1}{r_1} + \frac{d_2}{fL''},\quad \frac{1}{r_2''} = \frac{1}{r_2} + \frac{d_1}{fL''}. \tag{3.7/5}$$

Diese Beziehungen gelten auch für *Fabry-Perot-Resonatoren* mit interner Linse $(r_1 = r_2 = \infty)$.

Ein *Fabry-Perot-Resonator* mit interner Linse entspricht, wie man aus Abb. 3.30 unmittelbar einsieht, einer Linsenleitung mit Aperturblenden.

Ein Resonator mit *interner Blende* (Abb. 3.31) kann auf einen *Fabry-Perot-Resonator* mit interner Linse zurückgeführt werden, auf den Gl. (3.7/2) bis Gl. (3.7/5) angewendet werden kann.

So gibt z. B. Anwendung von Gl. (3.7/3) auf den Resonator Abb. 3.31 c die Parameter $(a_1 = a_2 = a, d_1 = d_2 = d, r_1 = r_2 = \infty, f = r/2)$

$$F = \frac{a^2}{2\,d\lambda\left(1 - \dfrac{d}{r}\right)}$$

$$G_1 = G_2 = \left(1 - \frac{2d}{r}\right), \qquad (3.7/6)$$

denen z. B. der in Abb. 3.32 gezeigte Resonator mit

$$L' = 2d\left(1 - \frac{d}{r}\right), \quad r' = r - d \qquad (3.7/7)$$

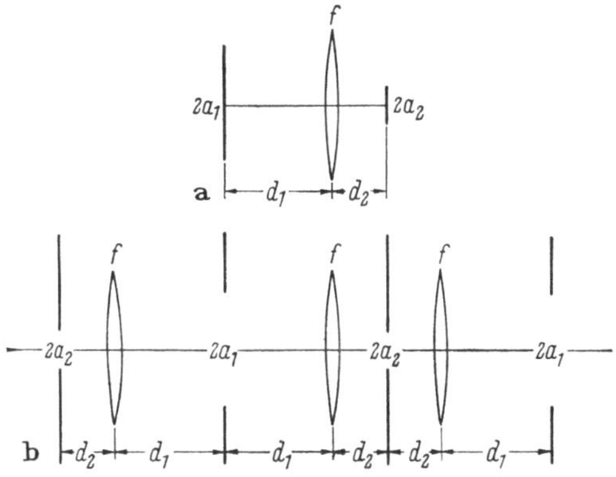

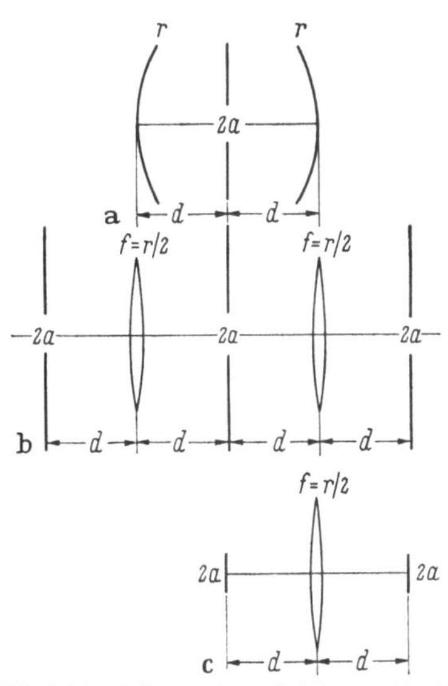

Abb. 3.31. a) Resonator mit interner Blende; b) äquivalente Linsenleitung $(f = r/2)$ mit internen Blenden; c) äquivalenter *Fabry-Perot-Resonator* mit interner Linse.

Abb. 3.30. a) *Fabry-Perot-Resonator* mit interner Linse; b) äquivalente Linsenleitung mit internen Aperturblenden.

äquivalent ist. Der Resonator Abb. 3.32 ist somit dem von Abb. 3.31 a äquivalent. Aus Gl. (3.7/7) sieht man, daß diese Reduktion für einen konzentrischen Resonator mit interner Blende ($r = d$ in Abb. 3.31 a) versagt. Der Grund liegt darin, daß bei einem konzentrischen System die Verluste allein durch die Spiegelgröße festgelegt sind, während bei obigem Reduktionsverfahren (s. Äquivalenz in Abb. 3.31 a bis 3.31 b) impliziert wurde, daß die Spiegelgröße in Abb. 3.31 a unendlich groß ist (die Aperturbegrenzung ist allein durch die Blende gegeben). Eine analytische Behandlung von Resonatoren mit internen Linsen findet man in [52].

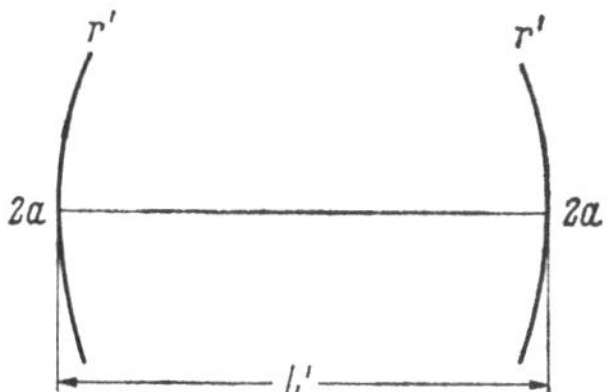

Abb. 3.32. Äquivalenter Resonator zu den Resonatoren nach Abb. 3.31 a, c. Die Werte von L', r' sind aus (3.7/7) zu entnehmen.

Die Äquivalenz von Resonatoren und Linsenleitungen kann auch auf *Ringresonatoren* ausgedehnt werden. Abb. 3.33 zeigt einen Ringresonator mit drei sphärischen Spiegeln. Es ist zu berücksichtigen, daß zufolge des Astigmatismus der sphärischen Spiegel die Brennweite für Lichtstrahlen, die *nicht* parallel zur Spiegelachse einfallen, von $f_i = r_i/2$ ($i = 1, 2, 3$) *verschieden* ist. Für Lichtstrahlen in der sagittalen Ebene (in Abb. 3.33 ist das die Zeichenebene) ist die Brennweite

$$f_{si} = \frac{r_i}{2} \cos \frac{\varphi_i}{2} \qquad (i = 1, 2, 3), \tag{3.7/8}$$

für Lichtstrahlen in der Vertikalebene (in Abb. 3.33 Ebenen normal zur Zeichenebene) sind die Brennweiten [53]

$$f_{vi} = \frac{r_i}{2} \frac{1}{\cos \dfrac{\varphi_i}{2}}. \tag{3.7/9}$$

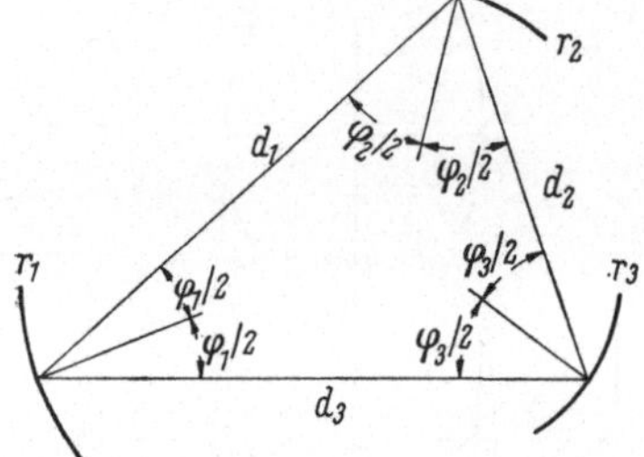

Abb. 3.33. Ringresonator mit drei Spiegeln.

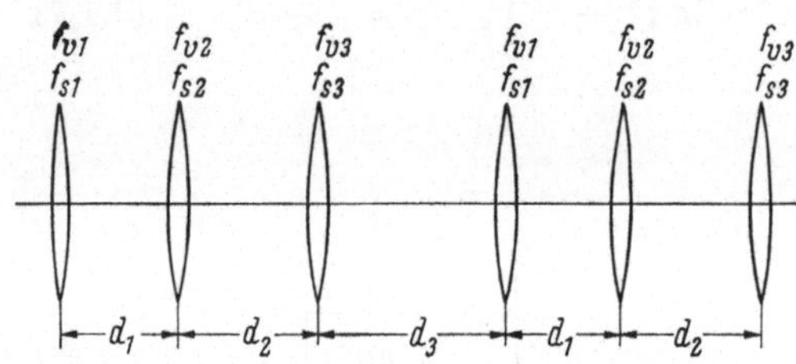

Abb. 3.34. Äquivalente Linsenleitungen für den Ringresonator von Abb. 3.33. Für Lichtstrahlen in der Sagittalebene gilt f_{si} nach Gl. (3.7/8), für Lichtstrahlen in der Vertikalebene gilt f_{vi} nach Gl. (3.7/9).

Man erhält daher für den Ringresonator mit drei Spiegeln zwei verschiedene äquivalente Linsenleitungen (Abb. 3.34), welche für sagittale bzw. vertikale Strahlen gelten. Diese Linsenleitungen können mit den in Kap. 3.6 u. 3.7 beschriebenen Methoden auf einen äquivalenten Resonator zurückgeführt werden, in dem der Strahlverlauf und die Resonanzbedingung berechnet werden kann. Der Strahlverlauf kann dann in die Linsenleitung und damit in den Ringresonator übertragen werden. Zufolge der verschiedenen Brennweiten der sphärischen Spiegel in der Sagittal- und der Vertikalebene ist der Strahlquerschnitt im Ringresonator elliptisch und weist in Sagittal- und Vertikalebene unterschiedliche Lagen der Strahltaille auf. Man kann $f_{vi} = f_{si}$ machen, indem man statt sphärischen ellipsoidische Spiegel verwendet.

Für eine detaillierte Behandlung des allgemeinen Ringresonators wird auf die Literatur verwiesen [52]. In [54] werden die Reduktionsformeln einer aus bis zu vier dünnen Linsen verschiedener Brennweiten und Abstände bestehenden Linsenfolge zu einer äquivalenten dicken Linse angegeben. [55] behandelt den Spezialfall, daß die Spiegel an den Ecken eines regelmäßigen n-Ecks angeordnet sind.

3.8 Unterdrückung unerwünschter Moden

Zufolge der großen Linienbreite der Verstärkung schwingen im allgemeinen im Laser eine Reihe von Moden verschiedener transversaler und achsialer Ordnung. Je nach dem Verwendungszweck des Lasers kann die Unterdrückung höherer transversaler Moden (z. B. wenn maximale Fokussierbarkeit gefordert ist) oder die zusätzliche Unterdrückung aller achsialen Moden bis auf einen einzigen gefordert sein (z. B. wenn hohe Ansprüche an die Monochromasie des Lichtes gestellt werden). Einige dieser Methoden, soweit sie direkt aus der Theorie der Resonatoren folgen, sollen hier diskutiert werden.

In Kap. 3.5.4 wurde gezeigt, daß der konfokale Resonator den geringsten Beugungsverlust besitzt; er hat auch das größte Verhältnis zwischen den Verlusten höherer transversaler Moden und den Verlusten des TEM_{oo}-Modus [56]. Ist aber das verstärkende Volumen größer als das Modenvolumen des TEM_{oo}-Modus, so wird zufolge des größeren Modenvolumens der höheren transversalen Moden dieser Vorteil wieder teilweise aufgehoben, da die Verstärkung der höheren Moden dann dementsprechend größer ist. Eine Unterdrückung höherer Moden erfordert daher einen konfokalen Resonator mit kleiner *Fresnel-Zahl*, bringt aber gleichzeitig justiertechnische Schwierigkeiten.

Man verwendet daher eher einen hemisphärischen Resonator, Abb. 3.35a, mit einem sehr kleinen ebenen Spiegel ($a_2 \ll a_1$), oder einen äquivalenten konzentrischen

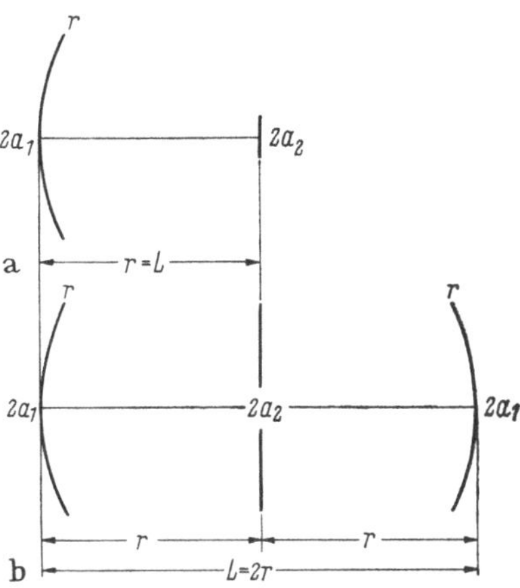

Abb. 3.35. a) Hemisphärischer Resonator mit kleinem ebenem Spiegel ($a_2 \ll a_1$); b) äquivalenter konzentrischer Resonator mit Modenblende.

Resonator mit interner Blende (Abb. 3.35b); diese Resonatoren sind annähernd einem konfokalen Resonator mit dem Spiegelabstand r äquivalent, bei dem die Spiegelbreiten durch $2a_1$, $2a_2$ gegeben sind. Das sieht man durch Vergleich der Resonatorparameter:

$$\text{konfokal:} \qquad G_1 = 0, \quad G_2 = 0, \qquad F = \frac{a_1 a_2}{r\lambda};$$

$$\text{hemisphärisch:} \qquad G_1 = 0, \quad G_2 = \frac{a_2}{a_1} \ll 1, \quad F = \frac{a_1 a_2}{r\lambda}.$$

$$(3.8/1)$$

Da beim konzentrischen Resonator aber die Feldverteilung von der Spiegelmitte nicht exponentiell abfällt, sondern nach Winkelfunktionen verläuft (wie beim *Fabry-Perot-Resonator*), sind die Modenvolumina aller transversalen Moden gleich. Die hemisphärische Anordnung ist der konzentrischen vorzuziehen, da eine Verkippung des ebenen Spiegels keine Dejustierung des Resonators, sondern nur eine Verkleinerung der wirksamen Spiegelfläche des linken Spiegels bedeutet. Die Modenunterdrückung in der konzentrischen Anordnung mit Blende (Abb. 3.35b) ist folgendermaßen zu verstehen: Die Feldverteilung in der Blendenebene ist die *Fourier-Transformierte* der Feldverteilung auf den Spiegeln; höhere transversale Moden haben daher in der Blendenebene eine größere transversale Ausdehnung und können somit durch die Blende unterdrückt werden. Diese Anordnung erweist sich bei Hochleistungslasern als günstig, da dabei eine hohe spezifische Belastung der Spiegel vermieden wird.

Aus Gl. (3.8/1) folgt, daß die Selektivität dieser Resonatoren für den TEM_{oo}-Modus nie größer sein kann als die eines konfokalen Resonators gleicher *Fresnel-Zahl* $F = a_1 a_2/(r\lambda)$.

Abb. 3.36 zeigt das Verhältnis der Beugungsverluste des TEM_1- und des TEM_0-Modus $\delta_{B,1}/\delta_{B,0}$ für Resonatoren mit Streifenspiegeln vom Typ Abb. 3.35b als Funktion der *Fresnel-Zahl* des äquivalenten Resonators Abb. 3.35a, $F = a_1 a_2/(r\lambda)$. Parameter der Kurven ist die *Fresnel-Zahl* $F_k = a_1^2/(2r\lambda)$ des konzentrischen Resonators Abb. 3.35b *ohne* Modenblende. Die strichlierte Kurve ist $\delta_{B,1}/\delta_{B,0}$ eines konfokalen Resonators mit gleicher *Fresnel-Zahl* $F = a_1 a_2/(r\lambda)$. Auf den Kurven sind ferner die absoluten Beugungsverluste $\delta_{B,0}$ für den TEM_0-Modus angegeben.

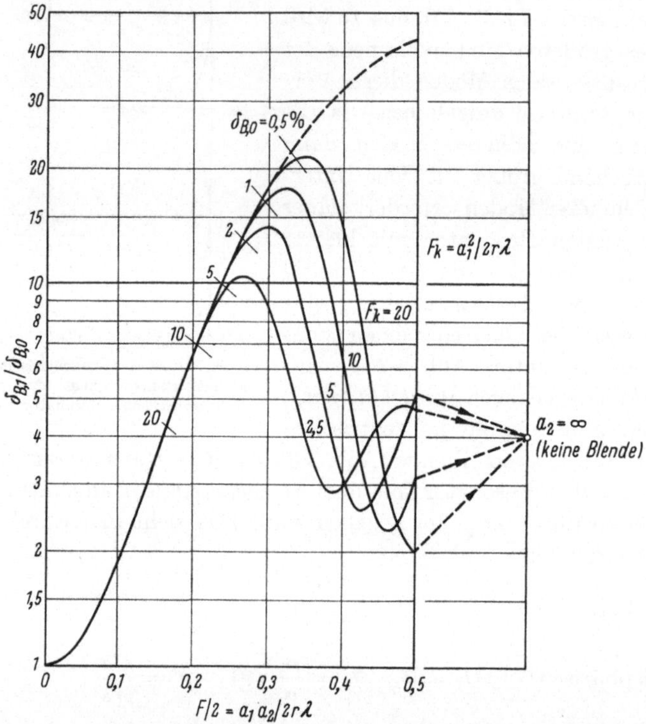

Abb. 3.36. Verhältnis der Beugungsverluste des TEM_1- und TEM_0-Modus $\delta_{B,1}/\delta_{B,0}$ für Resonatoren mit Streifenspiegeln nach Abb. 3.35 (nach T. Lı [56]). Man beachte, daß längs der Abszisse die halben *Fresnel-Zahlen* $F/2 = a_1 a_2/(2r\lambda)$ aufgetragen sind.

Man sieht, daß die größte Selektivität in diesem Diagramm für $F_k = 20$, $F/2 = 0,35$ erreicht wird, und daß dafür die Beugungsverluste des TEM_0-Modus bei 0,5% pro Durchgang liegen.

Für diese praktisch sehr wichtigen Anordnungen von Abb. 3.35 kann eine Reihe äquivalenter Formen angegeben werden; ein Beispiel sei Abb. 3.37 (bei der Abbildung der ebenen Spiegel durch die Linsen fallen die Krümmungsmittelpunkte in F zusammen; das System ist daher konzentrisch). Welche Anordnung in einem Laser verwendet wird, hängt von der Form des aktiven Mediums ab.

Höhere transversale Moden im *Fabry-Perot-Resonator* bewirken eine Vergrößerung des Divergenzwinkels des austretenden Lichtstrahls Gl. (3.2/4). Nichtparallel zur Achse laufende Wellen können unterdrückt werden, indem man die Reflexion der Spiegel für schräglaufende Wellen herabsetzt; das kann z. B. durch

Verwendung von Spiegeln wie in Abb. 3.38 erreicht werden: Der Spiegel ist als Prisma ausgebildet, die Fläche S ist verspiegelt, ϑ_T ist der Grenzwinkel der Totalreflexion des verwendeten Glases. Ein in Achsenrichtung 1 laufender Strahl wird an S_T totalreflektiert und am Spiegel S in sich reflektiert. Jeder von der Richtung 1 abweichende Strahl erfährt an der Fläche S_T mindestens *eine* unvollkommene Reflexion (entweder am Hinweg oder am Rückweg). Die Leistungsreflexionskoeffizienten $R_\perp$, $R_\parallel$ für normal und parallel zur Einfallsebene polarisierte Strahlen mit einer Winkelabweichung $\delta\varphi$ von der Richtung 1 lauten [57] für $\delta\varphi \ll 1$

$$\sqrt{R_\perp} = 1 - \sqrt{\frac{\delta\varphi}{n}}\,\frac{2^{3/2}}{\left(1-\dfrac{1}{n^2}\right)^{1/4}}\,,\qquad \sqrt{R_\parallel} = 1 - \sqrt{\delta\varphi}\,\frac{(2n)^{3/2}}{\left(1-\dfrac{1}{n^2}\right)^{1/4}}\,. \qquad (3.8/2)$$

n ist der Brechungsindex des Prismas. Winkelabweichungen in der Größenordnung von Winkelminuten erniedrigen bei Glasprismen $R_\perp$ um etwa 15%, $R_\parallel$ um etwa 40% [57].

Manchmal kann die Isolierung eines Modus höherer transversaler Ordnung erwünscht sein; dies geschieht am besten durch Verkippen oder Versetzen der

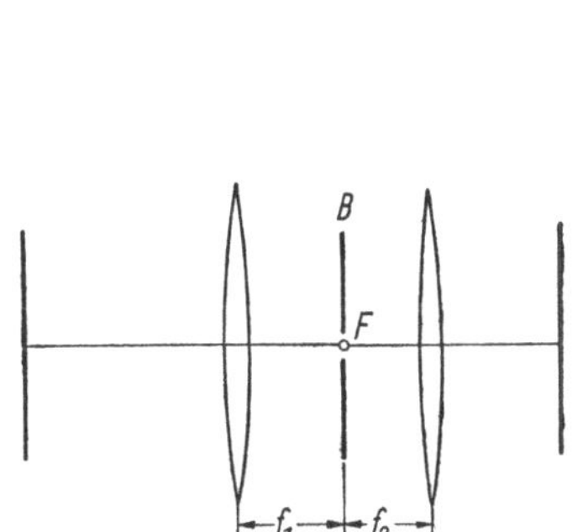

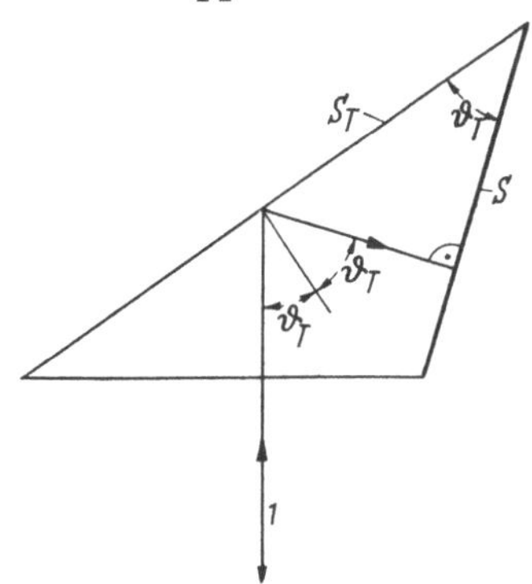

Abb. 3.37. Äquivalente Form für einen konzentrischen Resonator mit Modenblende.

Abb. 3.38. Prismenreflektor zur Unterdrückung schräglaufender Wellen in einem *Fabry-Perot-Resonator* (nach I. A. GIORDMAINE und W. KAISER [57]).

Spiegel oder Einbringen von dünnen Drähten in den Resonator zur Erzwingung von Knotenebenen. So können z. B. TEM_{m0q}-Moden durch Einbringen eines Spaltes in den Resonator isoliert werden, weil durch diese Maßnahme die Geometrie von einem Resonator mit Streifenspiegeln vorgetäuscht wird.

Zur Auswahl von *achsialen* Moden verwendet man in einer Fülle von Varianten das Prinzip der Kopplung zweier oder mehrerer Resonatoren. Auf die detaillierte Berechnung solcher Anordnungen [58—60] soll hier nicht eingegangen werden. Abb. 3.39 zeigt das Prinzip: Zwei Resonatoren werden durch einen teildurchlässigen Spiegel S_3 miteinander gekoppelt. Die Abstände der achsialen Moden der beiden *ent*koppelt gedachten Resonatoren zeigt Abb. 3.39b, c. Als resultierendes Modenspektrum der gekoppelten Resonatoren (Abb. 3.39d) ergibt sich im wesentlichen das Spektrum des längeren Resonators, welches mit der Periode des Spektrums des kürzeren Resonators moduliert ist (die Länge der gezeichneten Linien sei ein Maß für die Güte der Moden). Zufolge der Kopplung treten neue Eigenfrequenzen auf, die aber uninteressant sind, da sie bei schwacher Kopplung gerade im Gebiet maximaler Modenunterdrückung liegen. Im Durchlaßbereich bleiben die Eigenfrequenzen in erster Näherung erhalten.

Eine Unterdrückung achsialer Moden ist auch durch Einbringen einer planparallelen Platte möglich (Abb. 3.40; d = Dicke der Platte, n = Brechungsindex, R_0 = Leistungsreflexionskoeffizient an der Grenzfläche, δ_A = Absorptionskoeffizient der Platte, φ = Verkippungswinkel zur Resonatorachse). Der Leistungstransmissionskoeffizient δ_T dieser Platte für Wellen in Richtung der Resonatorachse beträgt [61]

$$\delta_T = \left[1 - \frac{\delta_A}{1 - R_0}\right]^2 \frac{1}{1 + \frac{4 R_0}{(1 - R_0)^2} \sin^2\left[\frac{2\pi d n}{\lambda} \sqrt{1 - \frac{\sin^2 \varphi}{n^2}}\right]}. \tag{3.8/3}$$

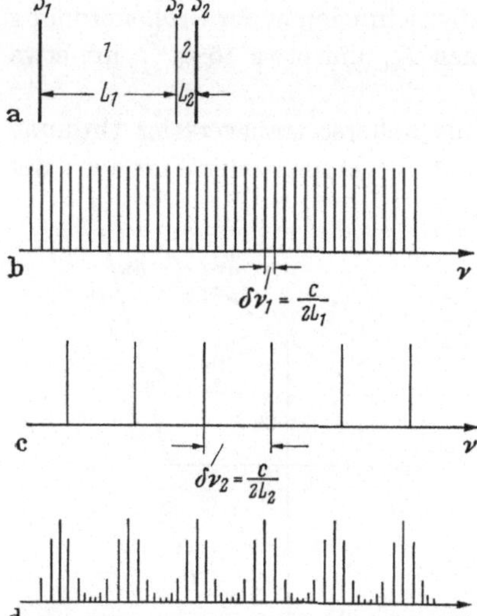

Abb. 3.39. a) Zwei durch einen teildurchlässigen Spiegel S_3 gekoppelte Resonatoren; b) Modenspektrum der achsialen Moden des Resonators 1; c) Spektrum der achsialen Moden des Resonators 2; d) Spektrum der achsialen Moden der gekoppelten Resonatoren.

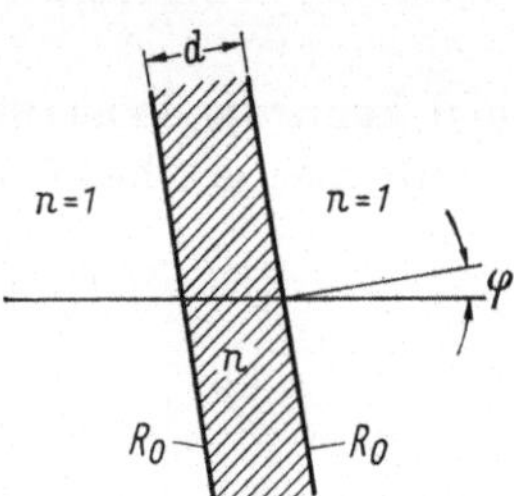

Abb. 3.40. Planparallele Platte.

Durch Variieren von φ ist eine Feinabstimmung der Lage der Transmissionsmaxima möglich; für eine beidseitig unverspiegelte Platte gilt

$$R_0 = \left(\frac{n - 1}{n + 1}\right)^2. \tag{3.8/4}$$

Experimentelle Untersuchungen über die Unterdrückung achsialer Moden durch eine der oben beschriebenen Methoden findet man z. B. in [62—65].

Literatur

[1] Bykov, V. P., u. L. A. Vainshtein: Geometric optics of open resonators, Soviet Phys. JETP 20, 2 (1965) 338—344.

[2] Fox, A. G.: Properties of optical cavity modes. Appl. Opt. Suppl. 2 on Chemical Lasers (1965) 58.

[3] Vainshtein, L. A.: Open resonators with spherical mirrors. Soviet Phys. JETP 18, 2 (1964) 471—479.

[4] Toraldo di Francia, G.: Theory of optical resonators. Quantum Electronics and Coherent Light, ed. by P. A. Miles, New York/London: Academic Press 1964, 53—77.

[5] KOGELNIK, H., u. T. LI: Laser beams and resonators, Proc. IEEE 54, 10 (1966) 1312—1329.

[6] SILVER, S.: Microwave antenna theory and design. MIT Radiation Laboratory Series, Vol. 12. McGraw-Hill 1949, 80 ff.

[7] FOX, A. G., u. T. LI: Resonant modes in a maser interferometer, Bell Syst. Techn. J. 40, 2 (1961) 453—488.

[8] BOERSCH, H., G. HERZIGER u. H. LINDNER: Messung der Güte von Laserresonatoren. Phys. Letters 11, 1 (1964) 38—39.

[9] KOTIK, J., u. C. NEWSTEIN: Theory of laser oscillations in Fabry-Perot-resonators. J. Appl. Phys. 32, 2 (1961) 178—186.

[10] BARONE, S. R.: Resonances of the Fabry-Perot-laser. J. Appl. Phys. 34, 4 (1963) 831—843.

[11] TORALDO DI FRANCIA, G.: Flat-roof resonators. Appl. Opt. 4, 10 (1965) 1267—1270.

[12] FOX, A. G., u. T. LI: Modes in a maser interferometer with curved and tilted mirrors. Proc. IEEE 51, 1 (1963) 80—89.

[13] RISKEN, H.: Calculation of laser modes in an active Perot-Fabry-interferometer. Z. Phys. 180 (1964) 150—169.

[14] LI, T., u. J. G. SKINNER: Oscillating modes in ruby lasers with nonuniform pumping energy distribution. J. Appl. Phys. 36, 8 (1965) 2595—2596.

[15] STATZ, H., u. C. L. TANG: Problem of mode deformation in optical masers. J. Appl. Phys. 36, 6 (1965) 1816—1819.

[16] VAINSHTEIN, L. A.: Open resonators for lasers. Soviet Phys. JETP 17, 3 (1963) 709—719.

[17] BOYD, G. D., u. J. P. GORDON: Confocal multimode resonator for millimeter through optical wavelength masers. Bell Syst. Techn. J. 40, 2 (1961) 489—508.

[18] SLEPIAN, D., u. H. O. POLLAK: Prolate spheroidal wave functions, Fourier analysis and uncertainty — I., Bell Syst. Techn. J. 40 (1961) 43—64.

[19] FLAMMER, C.: Spheroidal wave functions. Stanford University Press, California 1957.

[20] MEIXNER, J. u. F. W. SCHÄFKE: Mathieusche Funktionen und Sphäroidfunktionen, Berlin/Göttingen/Heidelberg: Springer 1954.

[21] MORSE, P. M., u. H. FESHBACH: Methods of theoretical physics I, II. McGraw-Hill 1953.

[22] BOYD, G. D., u. H. KOGELNIK: Generalized confocal resonator theory. Bell Syst. Techn. J. 41 (1962) 1347—1369.

[23] GRAU, G., D. ROSENBERGER u. L. URANKAR: Schwingungstypen im He–Hg⁺-Laser mit p-zähliger Symmetrie. Entwicklungsberichte Siemens & Halske 27, 3 (1964) 301—302.

[24] SNEDDON, I. N.: Spezielle Funktionen der mathematischen Physik und Chemie. Mathematische Formelsammlung II, B. I. Hochschultaschenbuch Bd. 54, Mannheim: Bibliographisches Institut 1963.

[25] ROSENBERGER, D.: Schwingungstypenspektrum im He–Ne-Gaslaser. AEÜ 17 (1963) 202—204.

[26] STREIFER, W.: Optical resonator modes — rectangular reflectors of spherical curvature. J. Opt. Soc. Am. 55, 7 (1965) 868—877.

[27] HEURTLEY, J. C., u. W. STREIFER: Optical resonator modes — circular reflectors of spherical curvature. J. Opt. Soc. Am. 55, 11 (1965) 1472—1479.

[28] BERGSTEIN, L., u. H. SCHACHTER: Resonant modes of optic cavities of small Fresnel numbers. J. Opt. Soc. Am. 55, 10 (1965) 1226—1233.

[29] CLARK, P. O.: A self-consistent field analysis of spherical mirror Fabry-Perot-resonators. Proc. IEEE 53, 1 (1965) 36—41.

[30] GLOGE, D.: Berechnung von Fabry-Perot-Resonatoren mit Streumatrizen. AEÜ 18 (1964) 197—203.

[31] GLOGE, D.: Ein allgemeines Verfahren zur Berechnung optischer Resonatoren und periodischer Linsensysteme. AEÜ 19 (1965) 13—26.

[32] COCHRAN, J. A.: The existence of eigenvalues for the integral equations of laser theory. Bell Syst. Techn. J. 44 (1965) 77—88.

[33] SPECHT, W. A., JR.: Modes in spherical-mirror resonators. J. Appl. Phys. 36, 4 (1965) 1306—1313.

[34] VAINSHTEIN, L. A.: Open resonators with spherical mirrors. Soviet Phys. JETP 18, 2 (1964) 471—479.

[35] GORDON, J. P.: A circle diagram for optical resonators. Bell Syst. Techn. J. 43, 7 (1964) 1826—1827.

[36] KARUBE, N.: Calculated divergence of laser beam from generalized spherical mirror cavities. Proc. IEEE 52 (1964) 327—328.

[37] HARDING, G. O., u. T. LI: Effect of mode degeneracy on ouput of gaseous optical masers. J. Appl. Phys. 35, 3 (1964) 475—478.

[38] SIEGMAN, A. E.: Unstable optical resonators for laser applications. Proc. IEEE 53 (1965) 277—287.

[39] KAHN, W. K.: Unstable optical resonators. Appl. Opt. 5, 3 (1966) 407—413.

[40] LI, T.: Diffraction loss and selection of modes in maser resonators with circular mirrors. Bell Syst. Techn. J. 44, 5 (1965) 917—932.

[41] MC CUMBER, D. E.: Eigenmodes of a symmetric cylindrical confocal laser resonator and their perturbation by output-coupling apertures. Bell Syst. Techn. J. 44, 2 (1965) 333—363.

[42] GORDON, J. P., u. H. KOGELNIK: Equivalence relations among spherical mirror optical resonators. Bell Syst. Techn. J. 48, 6 (1964) 2873—2886.

[43] KOGELNIK, H.: Coupling and conversion coefficients for optical modes. Proc. of the symposium on Quasi-Optics, Polytechnic Press of the Polytechnic Institute of Brooklyn, Brooklyn/N.Y. 1964, 333—347.

[44] KOGELNIK, H.: Matching of optical modes. Bell Syst. Techn. J. 43, 1 (1964) 334—337.

[45] HERRIOT, D. R., u. H. J. SCHULTE: Folded optical delay lines. Appl. Opt. 4 (1965) 883—889.

[46] KOGELNIK, H.: Imaging of optical modes — resonators with internal lenses. Bell Syst· Techn. J. 44, 3 (1965) 455—494.

[47] GRAU G.: Laserspiegel zur Auskopplung eines speziellen beugungsbegrenzten Parallelstrahls. AEÜ 20, 12 (1966) 704—705.

[48] KOGELNIK, H.: On the propagation of gaussian beams of light through lenslike media including those with a loss or gain. Appl. Opt. 4 (1965) 1562—1569.

[49] CHU, T. S.: Geometrical representation of Gaussian beam propagation. Bell Syst. Techn. J. 45, 2 (1966) 287—299.

[50] DESCHAMPS, G. A., u. P. E. MAST: Beam tracing and applications. Proc. of the Symposium on Quasi-Optics, Polytechnic Press of the Polytechnic Institute of Brooklyn, Brooklyn/N. Y. 1964, 379—395.

[51] KURAUCHI, N., u. W. K. KAHN: Rays and ray envelopes within stable optical resonators containing focusing media. Appl. Opt. 5, 6 (1966) 1023—1029.

[52] COLLINS, S. A., JR.: Analysis of optical resonators involving focusing elements. Appl. Opt. 3, 11 (1964) 1263—1274.

[53] SONNEFELD, A.: Die Hohlspiegel, Berlin: Verlag Technik 1957, 52.

[54] RIGROD, W. W.: The optical ring resonator. Bell Syst. Techn. J. 44, 5 (1965) 907—916.

[55] CLARK, P. O.: Self-consistent field analysis of multireflector optical resonators. J. Appl. Phys. 36, 1 (1965) 66—72.

[56] LI, T.: Mode-selection in an aperture-limited concentric maser interferometer. Bell Syst. Techn. J. 42, 6 (1963) 2609—2620.

[57] GIORDMAINE, J. A., u. W. KAISER: Mode-selecting prism reflectors for optical masers. J. Appl. Phys. 35, 12 (1964) 3446—3451.

[58] KLEINMANN, D. A., u. P. P. KISLIUK: Discrimination against unwanted orders in the Fabry-Perot-resonator. Bell Syst. Techn. J. 41, 2 (1962) 453—462.

[59] FONTANA, J. R.: Modes in coupled optical resonators with active media. IEEE Transactions on Microwave Theory and Techniques MTT 12, 4 (1964) 400—405.

[60] KUMAGAI, N., u. M. MATSUHARA: Design considerations for mode-selective Fabry-Perot-resonators. IEEE J. of Quantum Electronics QE-1, 2 (1965) 85—94.

[61] BORN, M., u. E. WOLF: Principles of optics, London/New York/Paris/Los Angeles: Pergamon Press 1959, 328.

[62] KOGELNIK, H., u. C. K. N. PATEL: Mode suppression and single frequency operation in a gaseous optical maser. Proc. IRE 50, 11 (1962) 2365—2366.

[63] MANGER, H., u. H. ROTHE: Selection of axial modes in optical masers. Phys. Letters 7, 5 (1963) 330—331.

[64] MANGER, H., u. H. ROTHE: Single and double axial mode operation of a Nd-optical maser. Phys. Letters 12, 3 (1964) 182—183.

[65] GEHRER, G., u. D. RÖSS: Modenselektive Eigenschaften einer planparallelen dielektrischen Platte als Reflektor eines Laserresonators. Z. Naturf. 20a, 5 (1965) 701—705.

4 Der Laser als Verstärker und Oszillator

Von K. Gürs

Spezielle Bezeichnungen

τ_l	Lebensdauer angeregter Zustände (Abfall auf das $1/e$-fache)
τ_c	Lebensdauer der Quanten im Resonator (Abfall auf das $1/e$-fache), Verweilzeit
τ_v	Lebensdauer der Quanten im nicht verstärkenden Lasermaterial (Abfall auf das $1/e$-fache)
τ_d	Dämpfungszeit der Relaxationsschwingungen (Abfall der *Amplitude* auf das $1/e$-fache)
τ_k	Kohärenzzeit
$\Delta \nu = \Delta \omega / 2\pi$	Linienbreite allgemein, z. B. der Fluoreszenz
$\Delta \nu_N$	natürliche Linienbreite
$\Delta \nu_I$	inhomogene Linienbreite
$\Delta \nu_c$	Bandbreite eines optischen Resonators
$\Delta \nu^*$	Linienbreite eines resonatorfreien Laserverstärkers, bezogen auf $3\,dB$ Abfall.

4.1 Einleitung

Wir untersuchen in den ersten acht Abschnitten dieses Kapitels die verschiedenen Eigenschaften des Laserverstärkers und -oszillators zunächst an Hand von Energiebetrachtungen, die die Umwandlung der Anregungsenergie aktiver Atome in Lichtenergie zum Gegenstand haben. Es folgt eine ausführliche Theorie des Lasers. Bei dieser geht man nicht von der Energie des Lichts, sondern von dessen elektromagnetischem Feld aus, das klassisch angesetzt wird. Die Dipolsysteme der aktiven Atome werden dagegen quantenmechanisch behandelt (Störungsrechnung). Diese Theorie lehnt sich an die quantenmechanische Dispersionstheorie an. Sie ist zur Deutung spezieller Effekte geeignet, zur Bestimmung der Eigenfrequenzen des aktiven Resonators und zur Untersuchung von Wechselwirkungen zwischen den Eigenschwingungen.

4.2 Optische Verstärker

Betrachten wir eine angenähert ebene Lichtwelle, die durch ein angeregtes Lasermaterial geht. Die Frequenz der Lichtwelle soll innerhalb der Fluoreszenzlinienbreite des Laserübergangs liegen. Die Besetzungsdichte in den beiden am Übergang beteiligten Termen sei n_2 (oben) und n_1 (unten), die Dichte der Quanten in der Lichtwelle bezeichnen wir mit q. Für die induzierte Emission ergibt sich dann

$$\frac{dq}{dt} = \left[n_2 (B'_\nu)_{21} - n_1 (B'_\nu)_{12} \right] q, \tag{4.2/1}$$

woraus mit

$$B'_\nu = (B'_\nu)_{21} = \frac{g_1}{g_2} (B'_\nu)_{12} \qquad (4.2/2)$$

$$\frac{dq}{dt} = B'_\nu \left(n_2 - \frac{g_2}{g_1} n_1 \right) q \qquad (4.2/3)$$

folgt. Darin sind g_1 und g_2 die statistischen Gewichte der beiden Terme und es ist

$$B'_\nu = f(\nu) B' = f(\nu) h(\varphi, \vartheta, P) \nu^3/8\pi\nu^2 \tau_{21}. \qquad (4.2/4)$$

Der *Einstein-Koeffizient* B'_ν hängt also von der Lebensdauer τ_{21}, von der Phasengeschwindigkeit v des Lichts im aktiven Material, von der Frequenz $\nu = c/\lambda$ und im Fall einer Richtungsanisotropie der spontanen bzw. induzierten Emission noch von der Fortschreitungsrichtung und der Polarisation der Lichtwelle relativ zur Orientierung des Lasermaterials bzw. der aktiven Atome ab. Für die Linienform $f(\nu)$ und die Anisotropiefunktion $h(\varphi, \vartheta, P)$ gelten die Normierungsbedingungen

$$\int\limits_0^\infty f(\nu) \, d\nu = 1 \quad \text{und} \quad \int\limits_{4\pi, \dot{P}_1, P_2} h(\varphi, \vartheta, P) \, d(\Omega, P) = 1. \qquad (4.2/5)$$

Vorzugsrichtungen für die Emission bestehen z. B. bei optisch einachsigen Laserkristallen; man unterscheidet σ- und π-Polarisation (s. Kap. 5.4.4). Betrachtet man bei Laserübergängen mit σ-Polarisation die Emission in Richtung längs der Achse, so hat die Funktion h für diese Vorzugsrichtung und für jede Polarisationsrichtung den Wert 3/2. Für π-Polarisation ist in der Vorzugsrichtung senkrecht zur optischen Achse $h = 3$, sofern der elektrische Feldstärkevektor des Lichts parallel zur optischen Achse schwingt.

Schreiben wir noch die effektive Besetzungsdifferenz

$$n_2 - \frac{g_2}{g_1} n_1 = n_p, \qquad (4.2/6)$$

und nehmen wir n_p als konstant und durch die Pumpleistung gegeben an, so erhalten wir für die relative Zunahme der Quantendichte pro Längeneinheit

$$\frac{1}{q} \frac{dq}{dx} = \frac{n_p}{v} B'_\nu. \qquad (4.2/7)$$

Die Integration liefert

$$q = q_1 \exp(g_0 x) \quad \text{mit} \quad g_0 = \frac{n_p}{v} B'_\nu. \qquad (4.2/8)$$

Die Lichtwelle verstärkt sich also auf dem Weg durch das aktive Medium, ihre Intensität nimmt exponentiell zu. Bei einer Länge l des aktiven Materials ergibt sich aus Gl. (4.2/8) für die Verstärkung Γ_{dB} in Dezibel

$$\Gamma_{dB} = 4{,}343 \frac{l}{\tau_{21}} \frac{v^2}{8\pi\nu^2} n_p f(\nu) h(\varphi, \vartheta, P). \qquad (4.2/9)$$

Maximale Verstärkung beobachtet man für die Frequenz $v = v_0$ in der Linienmitte; dort hat $f(v)$ ein Maximum. Nach Gl. (4.2/9) läßt sich ferner die Frequenz v_1 für eine um 3 dB geringere Verstärkung berechnen. Damit folgt für eine *Lorentzsche Linienform* nach Gl. (2.12/1) der Breite Δv, bei $\Gamma_{dB}(v_0) > 3\,dB$

$$\frac{\Delta v^*}{\Delta v} = \frac{2(v_1 - v_0)}{\Delta v} = \left(\frac{3}{\Gamma_{dB}(v_0) - 3}\right)^{1/2}. \qquad (4.2/10)$$

Ähnlich ergibt sich für eine *Gaußsche Linienform* nach Gl. (2.12/4) der Breite Δv

$$\frac{\Delta v^*}{\Delta v} = \frac{2(v_1 - v_0)}{\Delta v} = \left(\frac{\ln \dfrac{\Gamma_{dB}(v_0)}{\Gamma_{dB}(v_0) - 3}}{\ln 2}\right)^{1/2}. \qquad (4.2/11)$$

Gl. (4.2/10) und (4.2/11) zeigen, daß die Bandbreite Δv^* des Laserverstärkers nur wenig kleiner als die Fluoreszenzlinienbreite Δv ist; sie reduziert sich selbst bei 100 dB Verstärkung nur auf etwa $\Delta v/6$. Demgemäß ist auch die Linienbreite der Superstrahlungslaser[1] nur wenig gegenüber der Fluoreszenzlinienbreite vermindert. Erst bei Selbsterregung (Laseroszillator) ergibt sich eine wesentlich kleinere Linienbreite.

Heute kennt man aktive Materialien mit sehr großer Verstärkung, die höchsten Werte liegen bei einigen hundert dB pro Meter (z. B. Neon bei $\lambda = 0{,}6144\ \mu m$ und gekühlter Rubin bei $\lambda = 0{,}6934\ \mu m$). In solchen Fällen führt bereits eine sehr kleine Rückkopplung zur Selbsterregung. Will man Laser mit diesen Materialien als Verstärker einsetzen, so muß man sorgfältig jede Rückkopplung vermeiden, auch z. B. die diffuse Reflexion an einer Unterbrecherscheibe oder der Laborwand. Um beim Festkörperlaser eine Reflexion an den Stabenden zu verhindern, kann man die Stäbe so bearbeiten, daß die Endflächen für die im Laser verstärkte linear polarisierte Welle unter dem *Brewster-Winkel* gegen die Stabachse geneigt sind.

Optische Wanderwellenverstärker großer Verstärkung lassen sich ferner mit Hilfe von optischen Richtungsleitern [1] realisieren. Diese Richtungsleiter werden abwechselnd und in Reihe mit mehreren kurzen Laserkristallen angeordnet. Dadurch läßt sich ebenfalls die Rückkopplung unterdrücken. Weitere Arbeiten über Laserverstärker sind [2—7].

Der Laserverstärker ohne Rückkopplung und der Laseroszillator sind Grenzfälle. Auch für die Zwischenformen (Rückkopplung ohne Selbsterregung) gibt es wichtige Anwendungen. Ein solcher rückgekoppelter Verstärker habe zwei gleiche Spiegel mit einer Reflexion R und einer Transmission $(1 - R)$; Γ_0 sei der Verstärkungsfaktor für einmaligen Durchgang des Lichtes und L die optische Resonatorlänge. Durch Summation der nach verschiedenen Reflexionen aus dem Resonator austretenden verstärkten Anteile ergibt sich dann für den Verstärkungsfaktor [8]

$$\Gamma = \frac{I_{aus}}{I_{ein}} = \frac{\Gamma_0(1 - R)^2}{1 + \Gamma_0^2 R^2 - 2\Gamma_0 R \cos(4\pi v L/v)}. \qquad (4.2/12)$$

---

[1] Der Begriff Superstrahlung wird hier im Sinne einer durch induzierte Emission verstärkten spontanen Emission gebraucht.

In der Nähe der Selbsterregung (Nenner gleich Null) ist der Verstärkungsfaktor groß. Kleine Änderungen der Verluste im Resonator oder der optischen Resonatorlänge bewirken dann eine große Änderung der Verstärkung. Der rückgekoppelte Laserverstärker eignet sich daher gut zur genauen Relativmessung optischer Konstanten, wenn sich die Probe im inneren Strahlengang des Verstärkers befindet [8].

4.3 Nichtlineare Verstärkung, Sättigung

Die Verstärkung einer Lichtwelle in einem geeigneten aktiven Medium wurde im vorigen Abschnitt unter der Voraussetzung einer konstanten Besetzungsdichte n_p behandelt. Diese Voraussetzung ist nur für kleine Signale erfüllt. Im allgemeinen hängt die Besetzungsdichte selbst wieder von der Quantendichte q ab.

Um diese Tatsache zu berücksichtigen, müssen wir einen Laser mit bestimmten Eigenschaften des aktiven Materials annehmen. Wir wollen hier ein einfaches aber repräsentatives Beispiel diskutieren. Als aktives Medium wählen wir ein Vier-Niveau-Material; bei diesem erfolgt der Laserübergang in einen Term oberhalb des Grundniveaus. Die Lebensdauer τ_l in diesem Term sei klein. Ferner soll dieser Term bei der gewählten Arbeitstemperatur im thermischen Gleichgewicht praktisch unbesetzt sein. Die Besetzung im Ausgangsniveau ist dann zugleich Überbesetzung. Somit gilt die Gleichgewichtsbedingung

$$p = B'_\nu n q + \frac{n}{\tau_l}. \tag{4.3/1}$$

Darin ist p die normierte Pumpleistung (= Zahl der pro Volumen- und Zeiteinheit durch die Pumpe angeregten Atome); die beiden Glieder auf der rechten Seite geben die Änderung der Besetzungsdichte durch induzierte und spontane Emission an.

Im Fall einer homogen verbreiterten Linie beziehen sich p und n auf den gesamten Übergang; d. h. p ist die Anregungsdichte für alle Atome, die auf der gesamten Laserlinie emittieren können; n ist die Besetzungsdichte im gesamten Laserausgangsniveau.

Statt p können wir auch die Besetzung n_p einführen, die sich ohne induzierte Emission bei der gegebenen Pumpleistung einstellen würde,

$$p = \frac{n_p}{\tau_l} \qquad \text{(hom. Linie)}. \tag{4.3/2h}$$

Bei einer inhomogen verbreiterten Linie muß man die Verteilung der Pumpleistung auf die verschiedenen Frequenzen ν_1 innerhalb der Linie berücksichtigen

$$p(\nu_1 - \nu_0) = \frac{n_p}{\tau_l} f^*(\nu_1 - \nu_0) \qquad \text{(inhom. Linie)}. \tag{4.3/2i}$$

ν_0 ist die Frequenz im Linienmaximum. Als f^* ist die Linienform der inhomogen verbreiterten Fluoreszenzlinie einzusetzen, also z. B. bei *Doppler-verbreiterter*

Linie eine *Gaußsche Linienform*. Wir nehmen die Funktion f^* ebenfalls als normiert an,

$$\int\limits_0^\infty f^*(\nu_1 - \nu_0)\, d\nu_1 = 1\,. \tag{4.3/3}$$

Die einzelnen angeregten Atome emittieren jeweils bei den Frequenzen ν_1 (Wahrscheinlichkeitsmaxima); die „natürliche" Linienbreite für diese Emission sei $\Delta\nu_N$. Ferner vernachlässigen wir den Besetzungsausgleich innerhalb der inhomogen verbreiterten Linie (Breite $\Delta\nu_I$), d. h. die Lebensdauer τ_l soll klein gegen die maßgebende Ausgleichszeitkonstante (z. B. Stoßzeit in aktiven Gasen) sein.

Die Verstärkung wird durch die Gl. (4.2/7) beschrieben, die für die inhomogen verbreiterte Linie zu modifizieren ist. Es gilt

$$v\,\frac{dq}{dx} = qB'f(\nu)n \qquad \text{(hom. Linie)} \tag{4.3/4h}$$

und

$$v\,\frac{dq}{dx} = qB' \int\limits_0^\infty f(\nu - \nu_1)\, n(\nu_1 - \nu_0)\, d\nu_1 \qquad \text{(inhom. Linie)}. \tag{4.3/4i}$$

In (4.3/4i) ist $n(\nu_1 - \nu_0)$ zugleich die räumliche Dichte und die Dichte auf der Frequenzskala:

$$\int\limits_0^\infty n(\nu_1 - \nu_0)\, d\nu_1 = n$$

Das Integral in Gl. (4.3/4i) faßt alle Beiträge zur induzierten Emission auf der Frequenz ν zusammen, die von den einzelnen Atomen mit der Verteilung $n(\nu_1 - \nu_0)$ geleistet werden.

Aus den Gln. (4.3/1), (4.3/2h) und (4.3/4h) folgt dann

$$\frac{1}{q}\,\frac{dq}{dx} = \frac{n_p}{v}\, B'_\nu\, \frac{1}{(q/q_s) + 1} = \frac{g_0}{(q/q_s) + 1} \qquad \text{(hom. Linie)}. \tag{4.3/5h}$$

Darin ist

$$q_s = \frac{1}{B'f(\nu)\tau_l} = \frac{1}{B'_\nu\tau_l} \qquad \text{(hom. Linie)} \tag{4.3/6h}$$

der Sättigungsparameter. Für Verstärkung in der Linienmitte ($\nu = \nu_0$) und eine *Lorentzsche Linienform* (Breite $\Delta\nu$) folgt wegen $f(\nu_0) = 2/\pi\Delta\nu$

$$q_s = \frac{\pi\Delta\nu}{2B'\tau_l} \qquad \text{(hom. Linie)}. \tag{4.3/7h}$$

Aus den entsprechenden Gleichungen für die inhomogene Linie (4.3/1), (4.3/2i) und (4.3/4i) ergibt sich

$$\frac{1}{q}\,\frac{dq}{dx} = \frac{n_p}{v}\, B' \int\limits_0^\infty \frac{f(\nu - \nu_1)\, f^*(\nu_1 - \nu_0)}{f(\nu - \nu_1)\, B'\tau_l q + 1}\, d\nu_1 \qquad \text{(inhom. Linie)}. \tag{4.3/5i}$$

Besonders häufig tritt in der Praxis der Fall einer inhomogenen *Doppler-verbreiterten* Linie f^* und einer *Lorentz-Linie* f auf. Setzen wir diese Linienformfunktionen ein, so erhalten wir unmittelbar

$$\frac{1}{q}\frac{dq}{dx} = \frac{n_p}{v}\, B'\, \frac{4\Delta v_N}{\pi \Delta v_I}\left(\frac{\ln 2}{\pi}\right)^{1/2} \int\limits_0^\infty \frac{\exp - \left[\dfrac{v_1 - v_0}{\Delta v_I}(4\ln 2)^{1/2}\right]^2}{4(v - v_1)^2 + \Delta v_N^2 + \dfrac{2\Delta v_N B' \tau_l q}{\pi}}\, dv_1$$

$$\text{(inhom. Linie)}. \quad (4.3/8)$$

Statt $g_0 = \frac{n_p}{v}\, B' f(v)$ ergibt sich jetzt ein Verstärkungsfaktor

$$g_0 = \frac{n_p}{v}\, B'\, F(v) \qquad \text{(inhom. Linie)}. \quad (4.3/9)$$

Darin ist F das Faltungsintegral über die inhomogene Linie und eine *Lorentz-Linie* der intensitätsabhängigen Breite

$$\Delta v_L = \Delta v_N \left(1 + \frac{q}{q_s}\right)^{1/2} \qquad (4.3/10)$$

mit

$$q_s = \frac{\pi \Delta v_N}{2 B' \tau_l} = \frac{1}{B'_{v_1} \tau_l} \qquad \text{(inhom. Linie)}. \quad (4.3/7\,\mathrm{i})$$

Im Fall der inhomogen verbreiterten Linie ist der Sättigungsparameter q_s also frequenzunabhängig und nur durch die Lebensdauer und den homogenen Anteil der Linienbreite (Δv_N) bzw. den *Einstein-Koeffizienten* $B'_{v_1} = B' f(v - v_1)|_{v = v_1}$ $= B' f(0)$ mit $f(0) = 2/\pi \Delta v_N$ gegeben.

Die Auswertung von Gl. (4.3/8) kann exakt oder näherungsweise geschehen, wobei man Näherungen höherer Ordnung berücksichtigen muß, wenn Δv_N in die Größenordnung von Δv_I kommt. Wir wollen hier nur den Grenzfall $\Delta v_N \ll \Delta v_I$ einer wesentlich inhomogen verbreiterten Linie betrachten. In diesem Fall ändert sich f^* in Gl. (4.3/5i) im Bereich der Linie f nur wenig und kann vor das Integral gezogen werden. Die Rechnung liefert [9]

$$\frac{1}{q}\frac{dq}{dx} = \frac{n_p}{v}\, B' f^* \frac{1}{\sqrt{(q/q_s) + 1}} = \frac{g_0}{\sqrt{(q/q_s) + 1}} \quad \text{(inhom. Linie)} \quad (4.3/11)$$

mit q_s gemäß (4.3/7 i).

Nach Gl. (4.3/5h) und (4.3/11) wird also die Verstärkung in einem Laserverstärker mit zunehmendem Signal q nichtlinear gemäß der Beziehung

$$\frac{1}{q}\frac{dq}{dx} = \frac{g_0}{\left(\dfrac{q}{q_s} + 1\right)^n} \qquad (4.3/12)$$

mit $n = 1$ für eine homogen und $n = 1/2$ für eine inhomogen verbreiterte Linie. Die Nichtlinearität ist somit für die inhomogen verbreiterte Linie weniger ausgeprägt (Abb. 4.1), sie setzt allerdings in diesem Fall wegen $q_s \sim \Delta v_N \ll \Delta v_I$ schon bei relativ kleinen Intensitäten ein.

Gl. (4.3/12) mit $n = 1/2$ für eine inhomogen verbreiterte Linie gilt z. B. für verschiedene Gaslaser bei niedrigem Druck. Bei großen Signalen und wenn $\Delta \nu_N$ nicht klein gegen $\Delta \nu_I$ ist, muß eine erweiterte Beziehung der Art von Gl. (4.3/8) berücksichtigt werden; im Grenzfall $\Delta \nu_N \sqrt{(q/q_s) + 1} \gg \Delta \nu_I$ ergibt sich ein Verhalten wie beim Verstärker mit homogen verbreiterter Linie ($n = 1$).

Für einen Laserverstärker der Länge l mit homogen verbreiterter Linie liefert die Integration von Gl. (4.3/5h)

$$\ln (q_2/q_1) + (q_2 - q_1)/q_s = g_0 l. \qquad (4.3/13)$$

q_1 und q_2 sind die Quantendichten des Signals vor und nach der Verstärkung. Für große Intensitäten und Verstärkungen

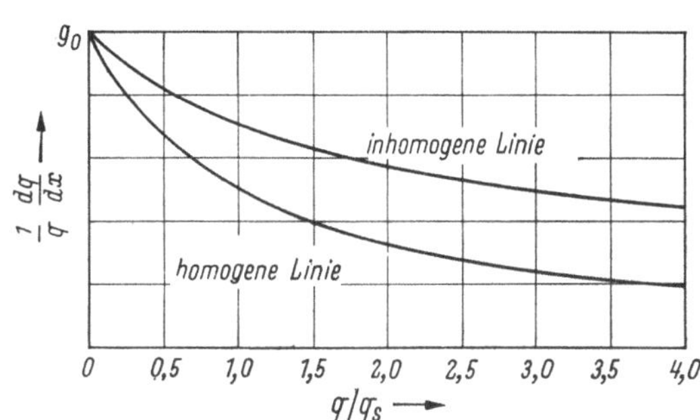

Abb. 4.1. Relative Zunahme der Quantendichte pro Längeneinheit $\frac{1}{q}\frac{dq}{dx}$ in Einheiten von g_0 in Abhängigkeit von $\frac{q}{q_s}$. — Man beachte, daß beim Gaslaser (inhomogene Linie) im allgemeinen g_0 und q_s kleiner sind als beim Festkörperlaser.

$q_2 \gg q_1 \gg q_s$ ist der erste Summand gegen den zweiten zu vernachlässigen; wir befinden uns im Bereich der Sättigung: Die Intensität der verstärkten Welle nimmt linear mit der Länge des Verstärkers zu.

Im Fall der inhomogen verbreiterten Linie bei nicht zu kleiner Intensität ergibt sich aus Gl. (4.3/11)

$$\sqrt{(q_2/q_1) + 1} - \sqrt{(q_1/q_s) + 1} \approx \frac{g_0}{2} l. \qquad (4.3/14)$$

Die Intensität ist eine quadratische Funktion der Länge. Die vorstehenden Rechnungen können auch auf den Fall ausgedehnt werden, daß die Lichtwelle im Verstärker Verluste erleidet [9—12].

4.4 Die Schawlow–Townessche Anschwingbedingung für den Laseroszillator

Die Rückkopplung eines Laserverstärkers führt zur Selbsterregung, wenn die Erzeugungsrate der Quanten im Resonator die Verlustrate überwiegt. Aus dem Verstärker wird dann ein Oszillator, also ein Lichterzeuger oder Lichtsender. Das Wort „Laser" wird im heutigen Sprachgebrauch hauptsächlich für Oszillatoren verwendet, bei anderen Anordnungen spricht man von „Laserverstärkern" oder „Superstrahlungslasern".

In optischen Resonatoren (s. Kap. 3) existieren Eigenfunktionen mit räumlich und zeitlich inhomogener Verteilung der Intensität (s. Kap. 4.9 und 5.4.3). Hier nehmen wir an, daß sich die Schwingungsenergie des Lasers gleichmäßig über den Resonator verteilt (z. B. durch Überlagerung mehrerer Eigenschwingungen), so daß sich keine räumlichen Besetzungsunterschiede ausbilden.

Die Zahl der Quanten im Resonator mit dem Volumen V sei Q, die Zahl der angeregten Atome N. Wir rechnen zunächst wie im vorigen Abschnitt mit einem Vier-Niveau-Material, bei dem der Endterm des Laserübergangs praktisch unbesetzt ist. Dann ergibt sich nach Gl. (4.2/3) die Zahl der induzierten Emissionsprozesse pro Zeiteinheit (Erzeugungsrate) zu

$$\frac{dQ}{dt} = B' f(\nu) \frac{QN}{V} = B'_\nu \frac{QN}{V} \qquad \text{(hom. Linie)}.$$

Für den Laser mit inhomogener Linie gilt entsprechend Gl. (4.3/4i)

$$\frac{dQ}{dt} = \frac{B'Q}{V} \int\limits_0^\infty f(\nu - \nu_1)\, N(\nu_1 - \nu_0)\, d\nu_1 \qquad \text{(inhom. Linie)}.$$

Hier ist $N(\nu_1 - \nu_0)$ die Besetzungszahldichte auf der Frequenzskala:

$$\int\limits_0^\infty N(\nu_1 - \nu_0)\, d\nu_1 = N$$

Im Fall einer wesentlich inhomogenen Verbreiterung $(\Delta\nu_I \gg \Delta\nu_N)$ hat $f(\nu - \nu_1)$ nur in der Umgebung von $\nu_1 = \nu$ merkliche Werte, so daß $N(\nu - \nu_0) = N f^*(\nu - \nu_0)$ vor das Integral gezogen werden kann. Fassen wir $B' f^*(\nu - \nu_0)$ zu B'_ν zusammen, so erhalten wir wie bei der homogenen Linie

$$\frac{dQ}{dt} = B'_\nu \frac{QN}{V}.$$

Die Verluste im Resonator kann man zusammenfassend durch eine Verweilzeit τ_c beschreiben. τ_c ist definiert als die Zeit, in der die Zahl der Quanten im „passiven" Resonator aufgrund der Verluste auf den e-ten Teil abnimmt. Die Verlustrate ergibt sich damit zu Q/τ_c. Eine Laserschwingung (Selbsterregung) tritt auf, sobald die Erzeugungsrate die Verlustrate erreicht, d. h. wenn $(B'_\nu QN/V) = (Q/\tau_c)$, also

$$N = N_0 = \frac{V}{B'_\nu \tau_c} \qquad (4.4/1)$$

ist. Dies ist die *Schawlow-Townessche Beziehung* für die zum Anschwingen eines Lasers nötige Besetzung N_0 [13, 14].

Im allgemeinen setzen sich die durch τ_c charakterisierten Verluste aus verschiedenen Anteilen zusammen, die durch Beugung, mangelnde Reflexion und Auskopplung an den Spiegeln (oder an *Brewster-Platten*) entstehen und aus Verlusten im aktiven Material aufgrund von Streuung und Absorption (durch Atome, die nicht am Laserprozeß beteiligt sind). Entsprechend setzt sich auch τ_c aus mehreren Anteilen zusammen:

Betrachten wir einen Laser der gebräuchlichsten Form mit zwei sich gegenüberstehenden ebenen oder sphärischen Spiegeln, zwischen denen das aktive Material angeordnet ist. Die Reflexionskoeffizienten an den beiden Spiegeln werden mit R_1 und R_2 bezeichnet und es sei m die Anzahl der doppelten Durchgänge des Lichts durch den Laserresonator während der Zeit t. Die Verluste im aktiven

Material pro Zeiteinheit kann man mit Q/τ_c angeben. Dann folgt für die Abnahme der Quantenzahl im passiven Resonator

$$Q = Q_0 \exp\left(-t/\tau_c\right) = Q_0 (R_1 R_2)^m \exp\left(-t/\tau_v\right), \qquad (4.4/2)$$

woraus sich

$$\frac{1}{\tau_c} = \frac{1}{\tau_v} - \frac{v}{2L} \ln R_1 R_2 \qquad (4.4/3)$$

oder

$$\frac{1}{\tau_c} = - \frac{v}{2L} \ln \Gamma_v R_1 R_2 \qquad (4.4/4)$$

ergibt. Die letzte Beziehung ist nützlich, wenn man statt der Verlustrate Q/τ_v den Abschwächungsfaktor $\Gamma_v = \exp\left(-2L/v\,\tau_v\right)$ kennt, der die Abnahme der Intensität der Welle pro doppeltem Durchgang durch den Resonator aufgrund der Verluste im aktiven Medium beschreibt. τ_v ist also die Zeit, in der die Welle auf ihrem Weg durch das *nicht* verstärkende Lasermaterial auf den e-ten Teil abklingt.

Für Laser mit einer merklichen Besetzung $N_1 \neq 0$ im Endniveau des Laserübergangs gilt für die Verstärkung die Gl. (4.2/3); für die *Schawlow-Townessche Beziehung* erhält man daher statt Gl. (4.4/1)

$$N_{20} - \frac{g_2}{g_1} N_{10} = \frac{V}{B'_v \tau_c}. \qquad (4.4/5)$$

Im Falle eines Drei-Niveau-Lasers mit konstanter Besetzungssumme $N_2 + N_1 = N_\Sigma$ und $g_2 = g_1$ wird aus Gl. (4.4/5)

$$N_{20} = \Delta N_0 + \frac{N_\Sigma}{2} = \frac{V}{2B'_v \tau_c} + \frac{N_\Sigma}{2}. \qquad (4.4/6)$$

In dieser Schreibweise ist ΔN_0 die Überbesetzung über die Inversionsschwelle, die durch $N_1 = N_2 = N_\Sigma/2$ definiert ist. Eine solche Beziehung gilt z. B. im Rahmen einer bestimmten Vereinfachung beim Rubinlaser (s. Kap. 5.4.2). Um die Besetzung N_{20} oder beim Vier-Niveau-Laser (4.4/1) die Besetzung N_0 aufrechtzuerhalten, muß die Anregung P_0 ($=$ Anzahl der pro Zeiteinheit durch die Pumpe angeregten Atome) gleich der spontanen Emission $= N_{20}/\tau_l$ bzw. N_0/τ_l sein.

Beim Drei-Niveau-Laser nimmt die wirksame Anregung mit der Entleerung des Grundniveaus gemäß $P_0 \left(1 - \dfrac{N_2}{N_\Sigma}\right)$ ab. Für die erforderliche normierte Pumpleistung an der Laserschwelle gilt daher

$$P_0 \left(1 - \frac{N_2}{N_\Sigma}\right) = \frac{V}{2B'_v \tau_c \tau_l} + \frac{N_\Sigma}{2\tau_l} \qquad (4.4/7)$$

bei dem Drei-Niveau-Laser und

$$P_0 = \frac{V}{B'_v \tau_c \tau_l} \qquad (4.4/8)$$

beim Vier-Niveau-Laser. Da B'_v die Lebensdauer τ_l reziprok enthält, s. Gl. (4.2/4), ist beim Vier-Niveau-Laser der Schwellenwert der Pumpleistung *unabhängig* von der Lebensdauer des Materials.

Beim Drei-Niveau-Laser muß erst die Hälfte $N_\Sigma/2$ aller aktiven Atome angeregt werden, bevor sich die gewünschte Überbesetzung aufbaut. Dies erfordert eine relativ hohe Pumpleistung. Wie die Auswertung zeigt, ist für nicht zu kleine Verweilzeiten τ_c die Überbesetzung $\Delta N_0 = V/2\,B'_v\,\tau_c$ klein gegen $N_\Sigma/2$. Daher ergibt sich nach Gl. (4.4/7) die normierte Pumpleistung P_0 am Schwellenwert zu

$$P_0 \approx \frac{N_\Sigma}{\tau_l}. \tag{4.4/7a}$$

Für Drei-Niveau-Laser ist also der Pumpleistungsschwellenwert desto kleiner, je größer die Lebensdauer τ_l ist. Als Drei-Niveau-Material kennen wir Rubin, dessen Bedeutung sich zu einem wesentlichen Teil aus der ungewöhnlich großen Lebensdauer von 3 ms (Zimmertemperatur) erklärt.

4.5 Die Bilanzgleichungen

In einem Laserresonator spielen zwei Arten von Energie eine Rolle, die Anregungsenergie der aktiven Atome und die Lichtenergie. Zwischen diesen Energiearten erfolgt ein Austausch. Über die Verstärkung der Lichtenergie auf Kosten von Anregungsenergie ist bereits in den ersten Abschnitten dieses Kapitels berichtet worden. Die dort benutzten Ausgangsgleichungen stellen Spezialfälle von zwei allgemeinen Energiebilanzgleichungen [14, 15] dar, die wir hier zunächst getrennt für den Laser mit homogen verbreiterter Linie und dann für den Laser mit inhomogener Linie diskutieren wollen. Zur Darlegung des Prinzips beziehen wir uns wieder auf den einfachsten Fall eines Vier-Niveau-Lasers mit unbesetztem Endterm des Laserübergangs. Der Drei-Niveau-Laser (Rubin) ist in Kap. 5.4.2 behandelt.

Wir messen die Anregungsenergie durch die Zahl N der angeregten Atome; die gespeicherte Lichtenergie ist proportional zur Zahl Q der Quanten im Resonator. Die Anregungsenergie nimmt zu aufgrund einer (normierten) Pumpleistung P, sie ändert sich ferner durch induzierte und spontane Emission. Wir erhalten als erste Bilanzgleichung

$$\frac{dN}{dt} = P - \frac{B'_v}{V}\,NQ - \frac{N}{\tau_l}. \tag{4.5/1}$$

Die Zahl Q der Quanten vermindert sich durch die verschiedenen Verluste (Verlustrate Q/τ_c), sie erhöht sich durch induzierte Emission sowie einen Anteil der spontanen Emission. Von der spontanen Emission N/τ_l ist der Teil zu berücksichtigen, der in die angeregten Eigenschwingungen geht. Falls nur eine Eigenschwingung angeregt ist, müssen wir also den Betrag der spontanen Emission durch die effektive Zahl M der Eigenschwingungen des Resonators teilen. Wir nehmen dabei zunächst an, daß das Resonatorvolumen V gleichmäßig vom aktiven Material erfüllt ist. Die zweite Bilanzgleichung ergibt sich damit zu

$$\frac{dQ}{dt} = \frac{B'_v}{V}\,NQ - \frac{Q}{\tau_c} + \frac{N}{M\,\tau_l}. \tag{4.5/2}$$

Falls im Resonator mehrere Eigenschwingungen (Anzahl d) angeregt sind, ist das letzte Glied noch mit d zu multiplizieren. Wir können dieses Glied ferner in eine andere Form bringen, wenn wir davon Gebrauch machen, daß nach der *Einsteinschen Strahlungstheorie* die induzierte Emission pro induzierendem Quant und Eigenschwingung gleich der spontanen Emission in diese Eigenschwingung ist. Durch Koeffizientenvergleich folgt damit aus Gl. (4.5/2) die *Einstein-Beziehung* für den Koeffizienten der induzierten Emission, vgl. Gl. (2.11/7):

$$\frac{1}{M\tau_l} = \frac{B'_\nu}{V}.\qquad(4.5/3)$$

Für eine *Lorentzsche Linienform* in der Linienmitte und wenn die induzierte Emission von der Ausbreitungs- und Polarisationsrichtung unabhängig ist $[h(\varphi, \vartheta, P) \equiv 1]$, errechnet sich[1] aus Gl. (4.5/3) mit Gl. (4.2/4)

$$M = \frac{4\pi^2\nu^2\Delta\nu\,V}{v^3}\qquad(\textit{Lorentz-Linie}).\quad(4.5/4)$$

Diesen Ausdruck können wir als die effektive Zahl der Eigenschwingungen eines Resonators vom Volumen V innerhalb der Linienbreite $\Delta\nu$ interpretieren. Er folgt nämlich mit Gl. (4.2/5) und $M_\nu = 8\pi\nu^2 V/v^3$ (spektrale Modendichte) bei Integration über die ganze Linie auch aus

$$M = \frac{1}{f(\nu_1)}\int M_\nu f(\nu)\,d\nu \approx \frac{M_\nu}{f(\nu_1)},\qquad(4.5/5)$$

da im Linienmaximum $f(\nu_1) = f(\nu_0) = 2/\pi\Delta\nu$ ist.

Für eine *Gaußsche Linienform* gilt

$$M = \frac{4\pi^2\nu^2\Delta\nu\,V}{(\pi\ln 2)^{1/2}\,v^3}\qquad(\textit{Gauß-Linie}).\quad(4.5/6)$$

Der letzte Summand in Gl. (4.5/2), der von der spontanen Emission herrührt, ist notwendig für den Fall, daß man von $Q = 0$ ausgehend mit einem Digitalrechner das Schwingungsverhalten des Lasers berechnen will. Ohne diesen Summanden wäre $(dQ/dt) = 0$ und Q konstant gleich Null, d. h. die Laserschwingung könnte nicht einsetzen. Bei Vorgabe einer anderen Anfangsbedingung $Q > 0$ und wenn die Zahl d der angeregten Eigenschwingungen nicht zu groß ist, kann dieses Glied vernachlässigt werden. Aus Gl. (4.5/2) folgt dann mit $dQ/dt = 0$ die Gleichgewichtsbedingung

$$N_0 = \frac{V}{B'_\nu\tau_c}.\qquad(4.4/1)$$

Dies ist die im vorigen Abschnitt behandelte *Schawlow-Townessche Beziehung.* Wir sehen, daß diese Beziehung nicht nur den Charakter einer Anschwingbedingung hat, sondern auch bei höherer Pumpleistung gilt. Sie besagt, daß die Besetzung und damit die spontane Emission im Fall einer Laserschwingung konstant und unabhängig von der Pumpleistung ist.

---

[1] Eine genaue Berechnung der Zustände im Phasenraum liefert im Nenner von Gl. (4.5/4) anstelle v^3 das Produkt $v^2 \cdot v_g$, worin v die Phasen- und v_g die Gruppengeschwindigkeit ist. Wie in der Literatur üblich vernachlässigen wir diesen (kleinen) Unterschied.

Bei einem Laser mit homogen verbreiterter Linie wird also ein fester Anteil der wirksamen Pumpleistung in spontane Emission umgewandelt, der übrige, mit steigender Pumpleistung zunehmende Anteil geht in die induzierte Emission und dient zum Ausgleich der Resonatorverluste unter Einschluß der Laseremission. Genau dies besagt die aus den Gln. (4.4/1) und (4.5/3) mit $dN/dt = 0$ folgende zweite Stationäritätsbedingung

$$P = \frac{Q_0}{\tau_c} + \frac{N_0}{\tau_l} = \frac{Q_0}{\tau_c} + \frac{V}{B'_\nu \tau_c \tau_l} = \frac{Q_0}{\tau_c} + \frac{M}{\tau_c}. \tag{4.5/7}$$

Wichtig erscheint noch der Hinweis, daß sich der Querschnitt aus den Bilanzgleichungen eliminieren läßt, indem man zu Besetzungs-, Quanten- und Pumpleistungsdichten übergeht. Das heißt, daß bei gleichförmiger Anregung das Emissionsverhalten eines Lasers (die Dynamik der Emission) unabhängig von dem Querschnitt ist, den die Schwingung einnimmt, falls die Verluste unabhängig von diesem Querschnitt sind. Man kann dann mit dem gesamten Volumen des Lasermaterials und demgemäß mit der Zahl aller aktiven Atome rechnen.

Die Bilanzgleichungen (4.5/1) und (4.5/2) gelten auch für Festkörperlaser mit äußeren, nicht auf den Kristall aufgebrachten Spiegeln bei kleinem und großem Spiegelabstand, wenn man die entsprechend dem Spiegelabstand vergrößerte Verweilzeit τ_c einsetzt, in B'_ν die Lichtgeschwindigkeit v im aktiven Material durch die Vakuumlichtgeschwindigkeit ersetzt und als Volumen den „optischen" Querschnitt des Kristalls mal der gesamten „optischen" Resonatorlänge nimmt.

Für den Laser mit inhomogen verbreiterter Linie (Breite $\Delta\nu_I$) sind die Bilanzgleichungen zu modifizieren: Wir müssen wieder mit der Besetzungsdichte $N(\nu_1 - \nu_0)$ auf der Frequenzskala rechnen; bei ν_0 liegt das Linienmaximum. Ferner muß wie in Kap. 4.3 die Verteilung der Pumpleistung $P(\nu_1 - \nu_0)$ auf die verschiedenen Frequenzen berücksichtigt werden. Wir betrachten somit die Bilanz der Atome, die in Richtung der Laserachse bei der Frequenz ν emittieren; ν_1 kann z. B. die *Doppler-verschobene* Frequenz von aktiven Gasatomen mit einem bestimmten Bewegungszustand sein.

Die Wahrscheinlichkeit der induzierten Emission hat allgemein eine *Lorentz-Verteilung* $f(\nu - \nu_1)$ mit einer Breite gleich der homogenen Linienbreite $\Delta\nu_N$. Die induzierte Emission soll auf der Frequenz ν erfolgen. Dann lautet die erste Bilanzgleichung für eine inhomogen verbreiterte Linie

$$\frac{dN(\nu_1 - \nu_0)}{dt} = P(\nu_1 - \nu_0) - \frac{B'}{V} f(\nu - \nu_1) Q(\nu) N(\nu_1 - \nu_0) - \frac{N(\nu_1 - \nu_0)}{\tau_l}. \tag{4.5/8}$$

Bei der zweiten Bilanzgleichung ist zu berücksichtigen, daß zur induzierten Emission alle Atome mit der Emissionsfrequenz beitragen, bei denen die *Lorentz-Verteilung* $f(\nu - \nu_1)$ noch einen merklichen Wert auf der Laserfrequenz ν besitzt. Wir müssen daher über alle derartigen Beiträge integrieren, also

$$\frac{dQ(\nu)}{dt} = Q(\nu) \frac{B'}{V} \int\limits_0^\infty f(\nu - \nu_1) N(\nu_1 - \nu_0) \, d\nu_1 - \frac{Q(\nu)}{\tau_c}. \tag{4.5/9}$$

Mit $P(v_1 - v_0) = N_p f^*(v_1 - v_0)/\tau_l$ gemäß Gl. (4.3/2i) und bei Vernachlässigung der Verluste Q/τ_c ist z. B. Gl. (4.3/5i) ein Spezialfall dieser Gleichungen.

Im Grenzfall $\Delta v_I \gg \Delta v_N$ ergibt sich im Gleichgewicht ($dN/dt = 0$ und $dQ/dt = 0$) aus Gl. (4.5/8) und (4.5/9) die Beziehung

$$\frac{Q_0 B'_{v_1} \tau_l}{V} = \left(\frac{B' f^* N_p \tau_c}{V} \right)^2 - 1, \qquad (4.5/10)$$

die für die inhomogen verbreiterte Linie an die Stelle von Gl. (4.5/7) tritt. Wegen der Bedeutung von B'_{v_1} s. Gl. (4.3/7i) und den nachfolgenden Text.

4.6 Das zeitliche Emissionsverhalten, Relaxationsschwingungen

Die Bilanzgleichungen (4.5/1) und (4.5/2) enthalten Produkte der Variablen N und Q und sind also nichtlinear. Eine Lösung gelingt nur näherungsweise oder mit Rechenmaschinen. Unter den Näherungsverfahren besitzt die sog. lineare Näherung (Störungsrechnung) eine besondere Bedeutung. Dabei ersetzt man jeweils N und Q durch die Summe aus ihren Gleichgewichtswerten und kleinen veränderlichen Anteilen,

$$N = N_0 + \varepsilon \quad \text{und} \quad Q = Q_0 + \eta. \qquad (4.6/1)$$

Glieder höherer Ordnung von ε und η werden vernachlässigt. Die Gleichgewichtswerte N_0 und Q_0 sind bereits in Gl. (4.5/7) und (4.4/1) angegeben; wir vernachlässigen wieder den Beitrag der spontanen Emission auf die Schwingungsintensität (letztes Glied in Gl. (4.5/2)).

Man kann jetzt z. B. ε aus den beiden Bilanzgleichungen eliminieren und erhält für η eine Schwingungsgleichung der vertrauten Form. Wir schreiben noch die normierte Pumpleistung P als ein Vielfaches (ξ-faches) der Pumpleistung P_0 am Schwellenwert, also

$$P = \xi P_0 = \xi \frac{N_0}{\tau_l} \qquad (4.6/2)$$

und erhalten nach unwesentlichen Vernachlässigungen (für nicht zu kleine Pumpleistungen)

$$\left. \begin{array}{c} \eta \\ \varepsilon \end{array} \right\} \sim \exp\left(-\frac{\xi t}{2\tau_l} \right) \left\{ \begin{array}{c} \sin \\ \cos \end{array} \right\} \sqrt{\frac{\xi - 1}{\tau_c \tau_l}}\, t. \qquad (4.6/3)$$

Die Lösung der Bilanzgleichungen in der linearen Näherung ist somit eine exponentiell gedämpfte harmonische Schwingung mit der Periodendauer T gemäß

$$T^2 = 4\pi^2 \frac{\tau_c \tau_l}{\xi - 1} \qquad (4.6/4)$$

und der Dämpfungszeit

$$\tau_d = \frac{2\tau_l}{\xi}. \qquad (4.6/5)$$

Je nach den Werten der Parameter τ_c, τ_l und ξ kann T größer oder kleiner als τ_d sein. Im Fall $T < \tau_d$ beginnt die Emission mit „Relaxationsschwingungen",

7*

die gedämpft sind und in kontinuierliche Emission übergehen. Der Verlauf solcher Relaxationsschwingungen ist in Abb. 4.2 wiedergegeben. Die hier dargestellte Lösung wurde von DUNSMUIR [14] mit einem Digitalrechner ermittelt.

Anschaulich lassen sich diese Relaxationsschwingungen wie folgt verstehen: Der Emissionsvorgang setzt mit kleiner Schwingungsenergie im Laserresonator und überhöhter Besetzung des angeregten Zustands ein. Schwingungsenergie

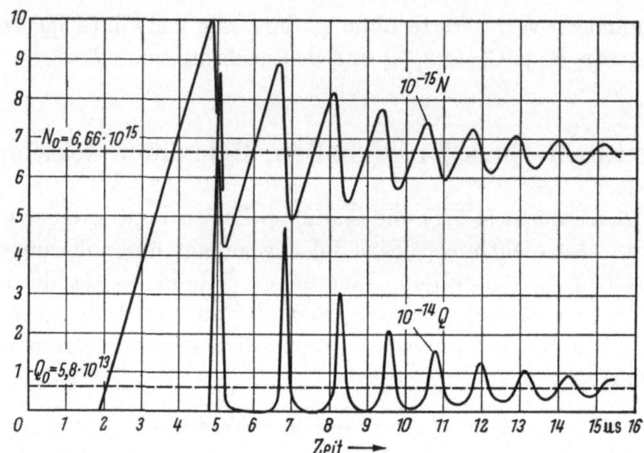

Abb. 4.2. Relaxationsschwingungen: zeitlicher Verlauf der Besetzungszahl N (oben) und der Quantenzahl Q (unten). Die Parameterwerte sind $\tau_c = 1{,}6 \cdot 10^{-8}$ s, $\tau_l = 5 \cdot 10^{-3}$ s, $P = 3{,}5 \cdot 10^{21}$ s^{-1} und $\xi = 2600$ (nach R. DUNSMUIR [14]).

und Emission wachsen auf Kosten der Besetzung, bis diese auf die Schwellenbesetzung gesunken ist. Die Schwingungsenergie nimmt dann wieder ab, während zunächst bei noch hoher induzierter Emission die Zahl der angeregten Atome weiter sinkt, bis bei hinreichend kleiner Schwingungsenergie die Anregung durch das Pumplicht wieder die induzierte und spontane Emission überwiegt und sich erneut eine überhöhte Besetzung aufbaut. Der geschilderte Vorgang wiederholt sich dann; es beginnt eine neue Relaxationsperiode.

Der erwähnte Fall $T < \tau_d$ ist bei den meisten Festkörperlasern verwirklicht; das Schwingungsverhalten dieser Laser wird in Kap. 5.4.2 diskutiert, dort auch weitere Literatur.

Bei den Gaslasern treten unter normalen Betriebsbedingungen keine Relaxationsschwingungen auf, was sich aus den in der Praxis gegebenen relativ kleinen Werten der Lebensdauer τ_l erklärt (Ausnahme: CO_2-Laser). Beim Helium–Neon-Laser ist z. B. $\tau_l = 10^{-7}$ s, ungefähr denselben Wert hat die Verweilzeit τ_c. Eine Abschätzung der Anregung unter näherungsweiser Berücksichtigung der inhomogenen Linienverbreiterung für übliche Betriebsbedingungen liefert für diesen $\xi = 2$. Das bedeutet nach Gl. (4.6/4) und (4.6/5), daß die Dämpfungszeit τ_d wesentlich kleiner als die Periodendauer T ist. Es können sich also keine Relaxationsschwingungen ausbilden. Über Relaxationsschwingungen beim Helium–Neon-Laser mit überlagertem Magnetfeld s. [16, 17].

4.7 Die Verteilung der Schwingungsenergie über die Länge des Laserresonators

Eine in einem Laserresonator von einem Spiegel mit kleiner Intensität ausgehende Welle verstärkt sich exponentiell. Sie trifft auf den zweiten Spiegel, wird dort reflektiert und erleidet dabei Verluste. Die geschwächte Welle wird dann auf dem Weg in umgekehrter Richtung wieder exponentiell verstärkt. Addiert man beide Wellen, so ergibt sich eine Intensitätsverteilung nach der Art eines hyperbolischen Cosinus. Das Symmetriezentrum dieser Verteilung liegt dabei an der Stelle gleicher Intensität der beiden Wellen und somit in der Nähe des Spiegels, an dem die kleineren Verluste auftreten.

Dies gilt für den Beginn der Emission, wenn sich bei überhöhter Besetzung eine Laserschwingung aufbaut. Im Gleichgewicht ist die Verstärkung gemäß Kap. 4.3 nichtlinear. Demzufolge stellt die Verteilung der Gesamt-Schwingungsintensität keine cosh-Funktion dar, sie weicht, wie sich zeigt, nur wenig von einem konstanten Wert ab. Es ist zunächst plausibel, daß dies für den Fall geringer Spiegelverluste zutrifft. Wir wollen zeigen, daß eine solche sich über die Länge des Resonators nur wenig ändernde Verteilung der Gesamtintensität auch bei einer starken Auskopplung vorliegt.

Mit einer starken Auskopplung arbeitet man (wegen der hohen Verstärkung) insbesondere beim Festkörperlaser, also bei Materialien mit im allgemeinen homogener Linienverbreiterung. In diesem Fall gelten die Gln. (4.3/1) und (4.3/4h), wie sie für die Verstärkung einer laufenden Welle abgeleitet wurden. Falls sich zwei in entgegengesetzter Richtung laufende Wellen mit den Quantendichten q_+ und q_- überlagern, gelten im Gleichgewicht statt diesen die folgenden Gleichungen [9, 18, 19]:

$$p - B'_\nu n \, (q_+ + q_-) - \frac{n}{\tau_l} = 0 \qquad (4.7/1)$$

und

$$-\frac{1}{q_-}\frac{dq_-}{dx} = \frac{1}{q_+}\frac{dq_+}{dx} = \frac{B'_\nu n}{v}. \qquad (4.7/2)$$

Diese Beziehungen lassen sich zusammenfassen zu

$$-\frac{1}{q_-}\frac{dq_-}{dx} = \frac{1}{q_+}\frac{dq_+}{dx} = \frac{g_0}{\dfrac{q_+ + q_-}{q_s} + 1} \qquad (4.7/3)$$

mit $g_0 = p\tau_l B'_\nu/v$ und $q_s = 1/\tau_l B'_\nu$ (Sättigungsparameter, s. Kap. 4.2 und 4.3). Aus Gl. (4.7/2) folgt ferner

$$\frac{d \ln q_+ q_-}{dt} = 0 \qquad (4.7/4)$$

oder

$$q_+ q_- = C = \text{const.} \qquad (4.7/5)$$

Das geometrische Mittel der beiden Wellen ist also örtlich konstant. Man kann in Gl. (4.7/3) einsetzen und erhält

$$\frac{1}{q_+}\frac{dq_+}{dx} = \frac{g_0 q_s}{q_s + q_+ + \dfrac{C}{q_+}}. \qquad (4.7/6)$$

Die Integration zwischen den beiden Grenzen $x = 0$ und $x = L$ liefert

$$g_0 q_s L = q_{+L} - q_{+0} + q_s \ln \frac{q_{+L}}{q_{+0}} - C \left(\frac{1}{q_{+L}} - \frac{1}{q_{+0}} \right) \qquad (4.7/7)$$

und entsprechend für die nach links laufende Welle

$$g_0 q_s L = q_{-0} - q_{-L} + q_s \ln \frac{q_{-0}}{q_{-L}} - C \left(\frac{1}{q_{-0}} - \frac{1}{q_{-L}} \right). \qquad (4.7/8)$$

Zusammen mit Gl. (4.7/5) besitzen wir damit drei Gleichungen für die fünf Unbekannten q_{+0}, q_{+L}, q_{-0}, q_{-L} und C. Die zwei restlichen Gleichungen zur Bestimmung dieser Unbekannten erhalten wir aus der Resonatorbedingung bzw. den Grenzbedingungen: Die Intensität bzw. Quantendichte der ankommenden Welle am Spiegel multipliziert mit einem Reflexionsfaktor R_0 bzw. R_L muß jeweils gleich der Intensität der reflektierten Welle sein. Durch den Reflexionsfaktor erfassen wir dabei den Transmissionsverlust δ_T und den Absorptionsverlust δ_A. In δ_A sind eventuell auch Streu- und andere Verluste im aktiven Material pro Durchgang enthalten. Es gelten die Beziehungen

$$R_0 = 1 - \delta_{T0} - \delta_{A0} \qquad (4.7/9)$$

und

$$R_L = 1 - \delta_{TL} - \delta_{AL}. \qquad (4.7/10)$$

Mit diesen Reflexionskoeffizienten ergeben sich die Grenzbedingungen

$$q_{+0} = R_0 q_{-0} \qquad (4.7/11)$$

und

$$q_{-L} = R_L q_{+L}. \qquad (4.7/12)$$

Damit und unter Verwendung von Gl. (4.7/5) erhält man aus den Gln. (4.7/7) und (4.7/8) die Beziehungen [19]

$$q_{+L} = q_s \left(g_0 L + \ln \sqrt{R_0 R_L} \right) \frac{\sqrt{R_0}}{\left(1 - \sqrt{R_0 R_L} \right) \left(\sqrt{R_0} + \sqrt{R_L} \right)} \qquad (4.7/13)$$

und

$$q_{+0} = q_{+L} \sqrt{R_0 R_L}. \qquad (4.7/14)$$

Die Werte q_{-0} und q_{-L} der Quantendichten für die entgegengesetzt laufende Welle folgen aus diesen Beziehungen durch Einsetzen von Gl. (4.7/11) und (4.7/12).

Die Ortsabhängigkeit der Quantendichte ergibt sich ebenfalls aus Gl. (4.7/6) durch Integration von 0 bis x, wenn man $C = q_{+0}^2 / R_0 = R_0 q_{-0}^2$ sowie Gl. (4.7/14) mit (4.7/13) berücksichtigt,

$$q_+(x) + q_s \ln \frac{q_+(x)}{q_{+0}} - \frac{q_{+0}^2}{R_0 q_+(x)} + q_{+0} \left(\frac{1}{R_0} - 1 \right) = g_0 q_s x, \qquad (4.7/15)$$

$$- q_-(x) - q_s \ln \frac{q_-(x)}{q_{-0}} + \frac{R_0 q_{-0}^2}{q_-(x)} - q_{-0} (1 - R_0) = g_0 q_s x. \qquad (4.7/16)$$

Als Beispiel wählen wir den Fall $R_0 = 1$, der (neben $R_L = 1$) zu den größten Abweichungen der Gesamtintensität von einem konstanten Wert führt. Ferner ist $R_L = 0{,}5$ und $g_0 L = 3$ angenommen. Man erhält dann die Intensitätsverteilung nach Abb. 4.3.

4.8 Optimale Auskopplung

Für den Laser mit *nicht zu hoher Spiegeltransmission* gelten die Bilanzgleichungen (4.5/1) und (4.5/2) bei homogen verbreiterter Linie bzw. (4.5/8) und (4.5/9) bei inhomogen verbreiterter Linie. Im stationären Fall ergeben sich daraus Gl. (4.5/7) bzw. (4.5/10). Diese schreiben sich wie folgt

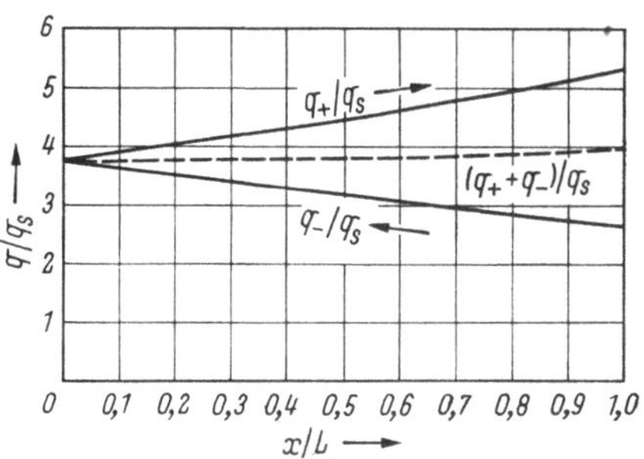

Abb. 4.3. Normierte Quantendichte bei starker Auskopplung (50 %) an einem Spiegel im Fall $g_0 L = 3$. Die Summe der Quantendichten für die nach links und die nach rechts laufende Welle ist nur schwach ortsabhängig.

$$(q_0/q_s) = v g_0 \tau_c - 1 \qquad \text{(hom. Linie)} \qquad (4.8/1)$$

und

$$(q_0/q_s) = (v g_0 \tau_c)^2 - 1 \qquad \text{(inhom. Linie)}, \qquad (4.8/2)$$

wenn man die Abkürzungen nach Gl. (4.2/8) sowie Gl. (4.3/6h) bzw. (4.3/9) und (4.3/7i) verwendet.

Führen wir statt der Verweilzeit τ_c die Verlustkoeffizienten $\delta_v = 1 - \Gamma_v$, $\delta_{T_1} = 1 - R_1$ und $\delta_{T_2} = 1 - R_2$ $\big($vgl. Gl. (4.4/4)$\big)$ ein, und fassen wir die unerwünschten Verluste (pro doppeltem Durchgang) zu δ und die Auskoppelverluste zu δ_T (Transmissionskoeffizient) zusammen, so folgt unter der Annahme $\delta, \delta_T \ll 1$:

$$\frac{q_0}{q_s} = \frac{2 L g_0}{\delta + \delta_T} - 1 \qquad \text{(hom. Linie)} \qquad (4.8/3)$$

bzw.

$$\frac{q_0}{q_s} = \left(\frac{2 L g_0}{\delta + \delta_T}\right)^2 - 1 \qquad \text{(inhom. Linie)}. \qquad (4.8/4)$$

Eine optimale Auskopplung liegt vor, wenn die Ausgangsleistung $q_0 \delta_T / 2$ maximal ist; die Bedingung dafür lautet $d(q_0 \delta_T)/d\delta_T = 0$. Die Rechnung liefert

$$\frac{\delta_{T\text{opt}}}{2 L g_0} = \sqrt{\frac{\delta}{2 L g_0}} - \frac{\delta}{2 L g_0} \qquad \text{(hom. Linie)} \qquad (4.8/5)$$

bzw.

$$\frac{(\delta + \delta_{T\text{opt}})^3}{\delta - \delta_{T\text{opt}}} = (2 L g_0)^2 \qquad \text{(inhom. Linie)}. \qquad (4.8/6)$$

Die maximale Quantendichte q_{max} des ausgekoppelten Strahls erhält man zu

$$q_{max} = \frac{1}{2}\, q_0\,(\delta_{Topt}) \cdot \delta_{Topt}. \tag{4.8/7}$$

und man findet durch Einsetzen von Gl. (4.8/5) und (4.8/6) in Gl. (4.8/3) bzw. (4.8/4)

$$\frac{q_{max}}{q_s} = Lg_0 \left(1 - \sqrt{\frac{\delta}{2Lg_0}}\right)^2 \qquad \text{(hom. Linie)} \tag{4.8/8}$$

bzw.

$$\frac{q_{max}}{q_s} = \frac{\delta_{Topt}^2}{\delta - \delta_{Topt}} \qquad \text{(inhom. Linie)}. \tag{4.8/9}$$

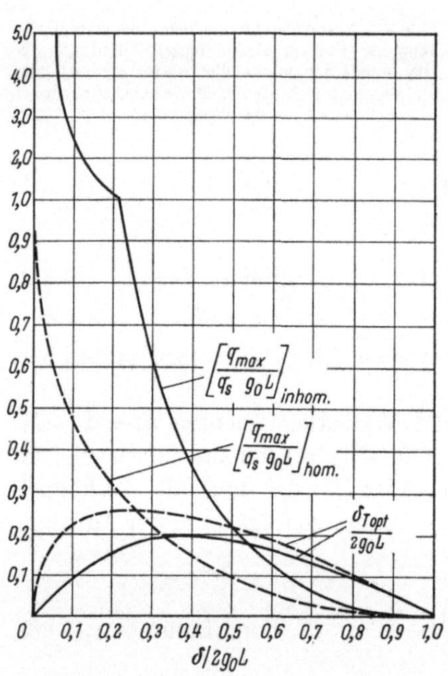

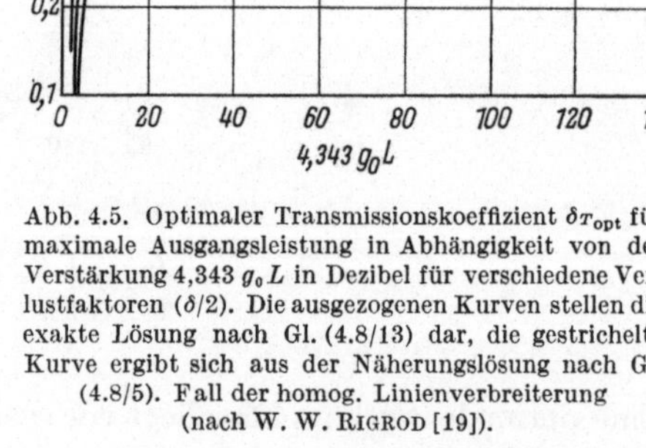

Abb. 4.4. Optimaler normierter Transmissionskoeffizient und die zugehörigen normierten Quantendichten der ausgekoppelten Welle maximaler Intensität für Einmodenlaser mit homogener und inhomogener Linienverbreiterung, in Abhängigkeit von den normierten Verlusten $\delta/2g_0 L$ (nach W. W. Rigrod [9]).

Abb. 4.5. Optimaler Transmissionskoeffizient δ_{Topt} für maximale Ausgangsleistung in Abhängigkeit von der Verstärkung 4,343 $g_0 L$ in Dezibel für verschiedene Verlustfaktoren ($\delta/2$). Die ausgezogenen Kurven stellen die exakte Lösung nach Gl. (4.8/13) dar, die gestrichelte Kurve ergibt sich aus der Näherungslösung nach Gl. (4.8/5). Fall der homog. Linienverbreiterung (nach W. W. Rigrod [19]).

Die Gln. (4.8/5) bis (4.8/9) sind in Abb. 4.4 dargestellt. Als wesentlicher Unterschied der Laser mit einer homogenen und einer inhomogenen Linienverbreiterung sei hervorgehoben, daß bei kleinen Verlusten δ für Laser mit homogener Linie der optimale Transmissionskoeffizient größer ist. Für den Vergleich der normierten Quantenzahlen anhand der Abbildung ist zu beachten, daß die Sättigungsparameter q_s verschiedene Werte haben und bei der homogenen Linie der gesamten Linienbreite, bei der inhomogenen Linie dagegen nur der natürlichen Linienbreite (eventuell mit Stoßverbreiterung) proportional sind.

In [9] findet man ferner eine Erweiterung der Beziehungen (4.8/6) und (4.8/9) auf den Fall, daß im Gaslaser mehrere über die Fluoreszenzlinie verteilte Eigenschwingungen angeregt sind.

Für den Laser mit *homogener* Linienverbreiterung und *großer* Auskopplung können wir uns der Ergebnisse des vorigen Abschnitts bedienen. Insgesamt werden die Quantendichten

$$q_{\text{aus}} = \delta_{TL} q_{+L} + \delta_{T0} q_{-0} \tag{4.8/10}$$

ausgekoppelt, vgl. Gln. (4.7/9) bis (4.7/14). Wir nehmen die Verluste an beiden Spiegeln als gleich an und erhalten

$$\frac{q_{\text{aus}}}{q_s} = \frac{1 - \dfrac{\delta}{2} - \sqrt{R_0 R_L}}{1 - \sqrt{R_0 R_L}} \left(g_0 L + \ln \sqrt{R_0 R_L}\right). \tag{4.8/11}$$

Bezeichnen wir $\sqrt{R_0 R_L} = 1 - \dfrac{\delta_T}{2} - \dfrac{\delta}{2}$, worin $(\delta_T/2)$ die während der Zeit eines einfachen Durchgangs des Lichts durch den Resonator auftretenden Auskoppelverluste und $(\delta/2)$ die übrigen Verluste zusammenfaßt, so ergibt sich

$$\frac{q_{\text{aus}}}{q_s} = \frac{\delta_T}{\delta_T + \delta} \left(g_0 L + \ln \left[1 - \frac{\delta}{2} - \frac{\delta_T}{2}\right]\right). \tag{4.8/12}$$

Die Dichte q_{aus} der austretenden Quanten wird für $(dq_{\text{aus}}/d\delta_T) = 0$ maximal, woraus die Beziehungen

$$\delta\,(2 - \delta - \delta_{T_{\text{opt}}}) \left(g_0 L + \ln \left[1 - \frac{\delta}{2} - \frac{\delta_{T_{\text{opt}}}}{2}\right]\right) = \delta_{T_{\text{opt}}}(\delta + \delta_{T_{\text{opt}}}) \tag{4.8/13}$$

und

$$\frac{q_{\text{max}}}{q_s} = \frac{\delta_{T_{\text{opt}}}^2}{\delta(2 - \delta - \delta_{T_{\text{opt}}})} \tag{4.8/14}$$

folgen. Für kleine Verluste $\delta_T + \delta \ll 1$ gehen diese Beziehungen in die Gln. (4.8/5) und (4.8/8) über. Der optimale Transmissionskoeffizient ist nach Gl. (4.8/13) nur implizit gegeben. Durch numerische Auswertung erhält man die Darstellung der Abb. 4.5.

4.9 Zur Quantentheorie des Lasers

Wie erwähnt, stellen die Bilanzgleichungen eine Näherung dar. Zur Deutung einiger spezieller Effekte, die in Kap. 4.11, 4.12 und 4.14 behandelt werden, muß eine allgemeinere Theorie herangezogen werden. Wir wollen eine solche Theorie kurz darlegen und damit eine Einführung in die umfangreiche Spezialliteratur geben. Es soll ferner gezeigt werden, unter welchen Bedingungen und Vernachlässigungen die Bilanzgleichungen aus dieser Theorie folgen.

Eine Anzahl aktiver Atome befinde sich in dem elektromagnetischen (,,optischen'') Feld eines Lasers. Ausgangspunkt für die Behandlung der Dipolsysteme der aktiven Atome in dem optischen Feld ist die *Schrödinger-Gleichung*. Mit Hilfe einer Störungsrechnung werden die Besetzungs- und Übergangswahrscheinlichkeiten für die beiden Laserterme bestimmt. Eine erhebliche algebraische Vereinfachung der Rechnung ergibt sich dabei durch Verwendung des Dichtematrixformalismus [32]. Das optische Feld selbst wird „klassisch" angesetzt, entsprechend den *Maxwellschen Gleichungen*. Ein solches Verfahren bietet sich an, weil die Zahl der Photonen pro Eigenschwingung im Resonator in jedem Fall groß ist. Auf Grund des optischen Felds erhält man nach Maßgabe der Besetzung und Anregung eine Polarisation P, die ihrerseits wieder auf das Feld wirkt und zusammen mit dem Feld die Besetzung beeinflußt. Die Methode [22, 23] entspricht dem Verfahren der quantenmechanischen Dispersionstheorie.

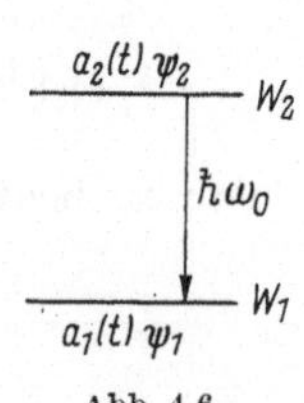

Abb. 4.6.
Zwei-Niveau-System.

Wir betrachten aktive Atome mit zwei Termen 1 und 2, zwischen denen Übergänge stattfinden (Abb. 4.6). Die Wahrscheinlichkeitsamplituden der Besetzung seien a_1 und a_2, die Besetzungswahrscheinlichkeiten also $|a_1|^2$ und $|a_2|^2$. Für die Energiedifferenz zwischen den Termen schreiben wir $\Delta W = W_2 - W_1 = \hbar\omega_0$.

Die Atome sollen sich in einem Resonator befinden, in dem ein elektrisches Feld E existiert. Dann lautet die *Schrödinger-Gleichung*

$$(\hat{H}_0 + \hat{H}_1)\,\psi = j\hbar\,\dot\psi. \qquad (4.9/1)$$

Darin sind $\hat{H}_0$ der ungestörte *Hamilton-Operator* der atomaren Systeme und

$$\hat{H}_1 = -\,p\,E(r, t) \qquad (4.9/2)$$

der Wechselwirkungsoperator, der die Störung durch das elektromagnetische Feld berücksichtigt; $p = er$ ist der Dipoloperator, siehe z. B. [20]. Die Lösung ψ der *Schrödinger-Gleichung* (4.9/1) läßt sich im Sinne einer Störungsrechnung nach den Eigenfunktionen ψ_1 und ψ_2 in den beiden Termen, also nach den Eigenfunktionen des ungestörten Problems, entwickeln,

$$\psi = a_1(t)\,\psi_1 + a_2(t)\,\psi_2. \qquad (4.9/3)$$

Wir setzen Gl. (4.9/3) in Gl. (4.9/1) ein, multiplizieren mit ψ_1^* bzw. ψ_2^* und integrieren über das Volumen. $E(r)$ ist über die Ausdehnung eines Atoms räumlich angenähert konstant und kann vor das Integral gezogen werden. Mit

$$\int \psi_m^*\hat{H}_0\psi_n\,dV = W_m\delta_{mn} \qquad (4.9/4)$$

und

$$\int \psi_m^*\hat{H}_1\psi_n\,dV = -\int \psi_m^*\,pE\psi_n\,dV = -p_{21}E(1 - \delta_{mn}), \qquad m, n = 1, 2 \qquad (4.9/5)$$

ergibt sich dann

$$j\hbar\,\dot a_1 = W_1 a_1 - p_{21}E a_2,$$
$$j\hbar\,\dot a_2 = W_2 a_2 - p_{21}E a_1, \qquad (4.9/6)$$

worin $p_{21} = p_{12}$ (für reelle Eigenfunktionen) das Matrixelement des elektrischen Dipolübergangs bedeutet. Die beiden Gleichungen (4.9/6) erlauben, die Wahrscheinlichkeitsamplituden a_1 und a_2 bei gegebenen Anfangsbedingungen in ihrem Verlauf zu bestimmen. Aus Gründen der algebraischen Vereinfachung rechnet man zweckmäßig statt mit a_1 und a_2 mit den bilinearen Größen $a_\mu \cdot a_\nu^*$ ($\mu, \nu = 1 \ldots 2$), die die Komponenten der „Dichtematrix" darstellen,

$$\|\varrho\| = \left\| \begin{matrix} |a_1|^2 & a_1 a_2^* \\ a_2 a_1^* & |a_2|^2 \end{matrix} \right\| = \left\| \begin{matrix} \varrho_{11} & \varrho_{12} \\ \varrho_{21} & \varrho_{22} \end{matrix} \right\|. \tag{4.9/7}$$

Für diese Dichtematrix gilt die Bewegungsgleichung

$$\|\dot{\varrho}\| = -\frac{j}{\hbar}\,[\|H\|, \|\varrho\|] = \frac{j}{\hbar}\,(\|\varrho\|\,\|H\| - \|H\|\,\|\varrho\|), \tag{4.9/8}$$

s. z. B. [20, 21]. $\|H\|$ ist darin die *Hamilton-Matrix*

$$\|H\| = \left\| \begin{matrix} W_1 & -\,\boldsymbol{p}_{21}\boldsymbol{E} \\ -\,\boldsymbol{p}_{21}\boldsymbol{E} & W_2 \end{matrix} \right\| \tag{4.9/9}$$

mit den bereits in Gl. (4.9/4) und (4.9/5) angegebenen Komponenten. Gl. (4.9/8) faßt vier Gleichungen für die Komponenten der Dichtematrix zusammen, sie beschreibt die Änderung der Besetzungswahrscheinlichkeiten ϱ_{11} und ϱ_{22} und der mittleren induzierten Polarisation $\boldsymbol{p} = \boldsymbol{p}_{21}(\varrho_{12} + \varrho_{21})$ des Atoms unter dem Einfluß des optischen Feldes ohne Berücksichtigung der Pumpleistung und der spontanen Emission.

Wir nehmen weiter an, daß durch Anregen (Pumpen) beide betrachteten Terme aufgrund von Übergängen aus einem Pumpniveau besetzt werden können und daß spontane Übergänge aus diesen Termen in tiefere Energiezustände auftreten. Dies trifft im allgemeinen auf den Gaslaser zu, für den Festkörperlaser sind vereinfachende Annahmen möglich. Mit ϱ_{11}^p und ϱ_{22}^p sollen die Besetzungswahrscheinlichkeiten bezeichnet werden, die sich ohne Anwesenheit eines elektromagnetischen Feldes bei inkohärentem Pumpen im Gleichgewicht einstellen. Ferner seien τ_1 und τ_2 die Lebensdauern in den beiden Termen. Dann läßt sich die Anregungswahrscheinlichkeit pro Zeiteinheit in der Form ϱ_{11}^p/τ_1 bzw. ϱ_{22}^p/τ_2 schreiben. Die Anregung ist also durch eine Matrix

$$\|\varrho_p\|\,\|\tau\|^{-1} = \left\| \begin{matrix} \varrho_{11}^p & 0 \\ 0 & \varrho_{22}^p \end{matrix} \right\| \left\| \begin{matrix} \tau_1 & 0 \\ 0 & \tau_2 \end{matrix} \right\|^{-1} = \left\| \begin{matrix} \dfrac{\varrho_{11}^p}{\tau_1} & 0 \\ 0 & \dfrac{\varrho_{22}^p}{\tau_2} \end{matrix} \right\| \tag{4.9/10}$$

zu berücksichtigen, die auf der rechten Seite der Bewegungsgleichung (4.9/8) addiert werden muß.

Die Abnahme der Besetzung bzw. der Wahrscheinlichkeitsamplituden a_μ durch spontane Übergänge erfolgt phänomenologisch nach einem Exponentialgesetz gemäß $\dot{a}_\mu\,(\text{spontan}) = -a_\mu/2\,\tau_\mu$; quantentheoretische Begründung hierfür in [24]. Für die biquadratischen Komponenten der Dichtematrix gilt dann ebenfalls ein Exponentialgesetz und man erhält

$$\|\dot{\varrho}\|\,(\text{spontan}) = -\frac{1}{2}\,(\|\tau\|^{-1}\,\|\varrho\| + \|\varrho\|\,\|\tau^{-1}\|). \tag{4.9/11}$$

Zusammenfassend ergibt sich damit für die Bewegungsgleichung der Dichtematrix aus Gl. (4.9/8), (4.9/10) und (4.9/11)

$$\|\dot\varrho\| = -\frac{j}{\hbar}\,[\|H\|,\|\varrho\|] - \frac{1}{2}\,[\|\tau\|^{-1}\,\|\varrho - \varrho_p\| + \|\varrho - \varrho_p\|\,\|\tau\|^{-1}]. \qquad (4.9/12)$$

Diese Gleichung beschreibt den Einfluß des elektromagnetischen (optischen) Feldes im Resonator auf die aktiven Atome. Aus Gl. (4.9/12) kann man den zeitlichen Verlauf der Überbesetzung (pro Volumeneinheit)

$$n = n_2 - n_1 = n_\Sigma\,(\varrho_{22} - \varrho_{11}) \qquad (4.9/13)$$

und der Polarisation

$$\boldsymbol{P} = n_\Sigma\boldsymbol{p}_{21}\,(\varrho_{12} + \varrho_{21}) \qquad (4.9/14)$$

bestimmen. Wir betrachten somit die Besetzung und Polarisation nicht als Mittelwert pro Atom, sondern pro Volumeneinheit; n_Σ ist die Dichte der aktiven Atome.

Das Feld induziert also im aktiven Material eine Polarisation. Umgekehrt beeinflußt gemäß den *Maxwellschen Gleichungen* die Polarisation das elektromagnetische Feld. Dieses Feld $\boldsymbol{E}(\boldsymbol{r}, t)$ läßt sich nach Eigenschwingungen

$$\boldsymbol{E}_n(\boldsymbol{r}, t) = \boldsymbol{E}_n(t)\,\boldsymbol{U}_n(\boldsymbol{r}) \qquad (4.9/15)$$

des Resonators (s. Kap. 3) entwickeln, die wir als normiert annehmen wollen:

$$\int \boldsymbol{U}_m\boldsymbol{U}_n\,dV = \delta_{mn}. \qquad (4.9/16)$$

Wir können ferner die Polarisation nach den Eigenschwingungen des Resonators entwickeln und erhalten als Entwicklungskoeffizienten

$$P_n(t) = \int \boldsymbol{P}(\boldsymbol{r}, t)\,\boldsymbol{U}_n(\boldsymbol{r})\,dV. \qquad (4.9/17)$$

Nach den Ergebnissen der Resonatortheorie (Kap. 3) können wir außerdem das Feld in räumlicher Hinsicht als langsam veränderlich in Richtung senkrecht zur Achse gegenüber der Richtung längs der Achse ansehen und daher bei der Auswertung der *Maxwellschen Gleichungen* näherungsweise das Glied rot rot E durch $-\dfrac{\delta^2 E}{\delta z^2}$ ersetzen, wobei z die Koordinate in Längsrichtung des Lasers ist. Damit folgt aus den *Maxwellschen Gleichungen*, daß die Amplituden $E_n(t)$ unter dem Einfluß der Polarisation $P_n(t)$ erzwungene Oszillationen ausführen,

$$\ddot{E}_n(t) + \frac{1}{\tau_c}\,\dot{E}_n + \omega_{cn}^2 E_n = -\frac{1}{\varepsilon}\,\ddot{P}_n. \qquad (4.9/18)$$

ω_{cn} ist die Kreisfrequenz der ungedämpften Eigenschwingung, τ_c die Abklingzeit, ε die Dielektrizitätskonstante.

Diese Gleichungen (4.9/18) zusammen mit den aus (4.9/12) folgenden Gleichungen für die Komponenten der Dichtematrix

$$\dot{\varrho}_{11} = \frac{j}{\hbar}\, p_{21} E\,(\varrho_{21} - \varrho_{12}) - \frac{1}{\tau_1}\,(\varrho_{11} - \varrho_{11}^{p}), \qquad (4.9/12\,\text{a})$$

$$\dot{\varrho}_{12} = j\,\omega_0 \varrho_{12} + \frac{j}{\hbar}\, p_{21} E\,(\varrho_{22} - \varrho_{11}) - \frac{1}{2}\,\varrho_{12}\left(\frac{1}{\tau_1} + \frac{1}{\tau_2}\right), \qquad (4.9/12\,\text{b})$$

$$\dot{\varrho}_{21} = \dot{\varrho}_{12}^{*} = -j\,\omega_0 \varrho_{21} - \frac{j}{\hbar}\, p_{21} E\,(\varrho_{22} - \varrho_{11}) - \frac{1}{2}\,\varrho_{21}\left(\frac{1}{\tau_1} + \frac{1}{\tau_2}\right), \qquad (4.9/12\,\text{c})$$

$$\dot{\varrho}_{22} = -\frac{j}{\hbar}\, p_{21} E\,(\varrho_{21} - \varrho_{12}) - \frac{1}{\tau_2}\,(\varrho_{22} - \varrho_{22}^{p}) \qquad (4.9/12\,\text{d})$$

sind die Gleichungen des Lasers, wie sie sich im Rahmen einer halbklassischen Theorie aufstellen lassen. Von Lamb [22] wurden diese Gleichungen zuerst zur Berechnung der Lasereigenschaften benutzt. Eine Darstellung mit Feldquantisierung gibt [26]; ferner [27, 28].

4.10 Die Bilanzgleichungen als Näherung der „neoklassischen" Gleichungen

Betrachten wir der Einfachheit halber wieder den in den ersten Abschnitten dieses Kapitels bevorzugten Fall des Vier-Niveau-Lasers mit kleiner Lebensdauer und damit kleiner Besetzung im Endterm des Laserübergangs, so daß in Gl. (4.9/12 b) und (4.9/12 c) $\varrho_{11} = 0$ gesetzt werden kann; die Gl. (4.9/12 a) kann dann außer Betracht bleiben. Ferner ist in diesem Fall „Besetzung im oberen Niveau" zugleich „Überbesetzung", d. h. aus (4.9/13) wird

$$n = n_2 = n_\Sigma \varrho_{22}. \qquad (4.9/13\,\text{a})$$

Wir berücksichtigen diese Änderungen, bilden die Summe und Differenz von Gl. (4.9/12 b) und (4.9/12 c), eliminieren $(\varrho_{21} - \varrho_{12})$ und erhalten unter Benutzung von Gl. (4.9/13 a) und (4.9/14)

$$\ddot{P} + \frac{2}{\tau_k}\,\dot{P} + \left(\omega_0^2 + \frac{1}{\tau_k^2}\right) P = -\frac{2\,\omega_0}{\hbar}\, p_{21}^2\, n E\,(z, t) \qquad (4.10/1)$$

sowie

$$\dot{n} + \frac{1}{\tau_l}\,(n - n_p) = \frac{1}{\hbar\,\omega_0}\left(\dot{P} + \frac{P}{\tau_k}\right) E\,(z, t). \qquad (4.10/2)$$

Darin sind $\tau_l = \tau_2$ die Lebensdauer der spontanen Emission und $\tau_k = 2\,\tau_1 \tau_2/(\tau_1 + \tau_2)$ die Kohärenzzeit.

Gl. (4.10/1) und (4.10/2) zusammen mit Gl. (4.9/18) beschreiben den betrachteten Vier-Niveau-Laser, sie stellen im übrigen nur eine andere übersichtliche Schreibweise von Gl. (4.9/12) dar. Gleichungen derselben Art gelten auch für den

Drei-Niveau-Laser. Diese Gleichungen lassen nicht mehr erkennen, daß sie mit Hilfe einer quantenmechanischen Rechnung gewonnen wurden. Man bezeichnet sie deshalb gelegentlich als „neoklassisch". Verschiedene Autoren nehmen diese neoklassischen Gleichungen zum Ausgangspunkt für spezielle Untersuchungen.

Die Bilanzgleichungen folgen nun aus den Gln. (4.9/18), (4.10/1) und (4.10/2) unter verschiedenen Vernachlässigungen. Wir nehmen zunächst an, daß im Laserresonator nur *eine* Eigenschwingung angeregt ist. Ferner berücksichtigen wir in der Entwicklung mit den Koeffizienten nach Gl. (4.9/17) nur das Glied $P(z, t) = P(t)\, U(z)$. Das bedeutet, daß die räumlichen Verteilungen der Polarisation und des Feldes übereinstimmen. Aus Gl. (4.9/18) ergibt sich dann die bekannte Resonatorgleichung

$$\ddot{E} + \frac{1}{\tau_c}\,\dot{E} + \omega_c^2 E = -\frac{1}{\varepsilon}\,\ddot{P}. \qquad (4.10/3)$$

Für die Feldstärke E machen wir wie üblich den Ansatz

$$E = \frac{1}{2}\,E_1 \exp{(j\omega_1 t)} + \text{c. c.}, \qquad (4.10/4)$$

(c.c. = konjugiert komplexe Größe). Darin stimmt die Kreisfrequenz ω_1 im allgemeinen nicht mit der Frequenz ω_{c1} der Eigenschwingung des passiven Laserresonators überein. Vielmehr ist ω_1 in Richtung auf ω_0, also zur Mitte der betrachteten Fluoreszenzlinie hin, verschoben. Dieser Effekt ("frequency pulling") wird im nächsten Abschnitt behandelt.

Wir nehmen ferner $E_1(t)$ und $n(t)$ als langsam veränderlich gegen die Amplitude der Polarisation $P_1(t)$ an: Störungen in der Polarisation sollen rascher abklingen als in der Feldstärke und der Besetzungszahl. Das bedeutet für die zugehörigen Zeitkonstanten

$$\tau_c,\ \tau_l \gg \tau_k. \qquad (4.10/5)$$

Benutzen wir ferner

$$\omega_1 \tau_k \quad \text{bzw.} \quad \omega_0 \tau_k \gg 1, \qquad (4.10/6)$$

so erhalten wir als Lösung von Gl. (4.10/1)

$$P = \frac{1}{2}\,P_1 \exp{(j\omega_1 t)} + \text{c. c.} \qquad (4.10/7)$$

mit

$$P_1 = \frac{j}{\hbar}\,\frac{\tau_k\, p_{21}^2}{1 - j\tau_k(\omega_0 - \omega_1)}\, nE_1. \qquad (4.10/8)$$

Die Polarisation ist also dem Betrage nach proportional zur Überbesetzung und zur Feldstärke. Diese Vorstellung liegt der weiteren Rechnung zu Grunde, und unter dieser Voraussetzung, die auf Gl. (4.10/5) zurückgeht, lassen sich die Bilanzgleichungen aus den Gln. (4.9/18), (4.10/1) und (4.10/2) ableiten [23, 25].

Gl. (4.10/5) ist für die bekannten Festkörperlaser-Materialien im allgemeinen erfüllt, z. B. gilt für Rubin bei Zimmertemperatur und für einen beiderseits verspiegelten Kristall von etwa 5 cm Länge $\tau_k \approx 3 \cdot 10^{-11}$ s, $\tau_l = 3 \cdot 10^{-3}$ s und $\tau_c \approx 3 \cdot 10^{-9}$ s.

Wegen Gl. (4.10/6) u. Gl. (4.10/7) kann man jetzt P/τ_k gegen $\dot{P}$ vernachlässigen. Wir setzen Gl. (4.10/7) in (4.10/2) ein, mitteln über eine Hochfrequenzperiode und machen davon Gebrauch, daß sich n und E_1 nur langsam ändern. Es ergibt sich

$$\dot{n} + \frac{1}{\tau_l}\,(n - n_p) = -\,B_\nu n w \qquad (4.10/9)$$

mit

$$B_\nu = \frac{1}{\varepsilon\hbar^2}\,\frac{\tau_k p_{21}^2}{1 + \tau_k^2(\omega_0 - \omega_1)^2}\,. \qquad (4.10/10)$$

$w = \dfrac{\varepsilon E_1^2}{2}$ ist die Energiedichte des elektromagnetischen Feldes im Resonator. Gl. (4.10/9) ist die erste der beiden Bilanzgleichungen.

Die zweite Bilanzgleichung für die im Resonator gespeicherte Feldenergie w folgt aus der Resonatorgleichung (4.10/3): In ihr können wir $\ddot{P}$ nach Gl. (4.10/7) durch $-\omega_1^2 P$ ersetzen. Wir multiplizieren mit $\dot{E}$ und mitteln bzw. integrieren über eine Hochfrequenzperiode und erhalten

$$\dot{w} + \frac{w}{\tau_c} = \hbar\,\omega_1\,B_\nu n w\,. \qquad (4.10/11)$$

Die Bilanzgleichungen in der früher angegebenen Form Gl. (4.5/1) und (4.5/2) folgen aus Gl. (4.10/9) und (4.10/11), wenn wir für $n = N/V$ und $w = Qh\nu/V$ schreiben und die normierte Pumpleistung n_p/τ_l mit P/V bezeichnen. Ferner ist $\pi\varDelta\nu_N\tau_k = 1$ sowie $B_\nu' = \hbar\omega B_\nu$. Führen wir das räumliche Gesamtmoment $\mu^2 = 3 p_{21}^2$ ein, so erhalten wir noch durch Vergleich mit Gl. (4.2/4) die Beziehung für die Lebensdauer

$$\tau_l = 3 v^3 \varepsilon\hbar/8\pi^2\mu^2\nu^3\,. \qquad (4.10/12)$$

4.11 Der Effekt der Frequenzverschiebung bei homogen verbreiterter Linie

In Kap. 4.10 wurde gezeigt, daß sich die Bilanzgleichungen als Näherung der allgemeinen halbklassischen (halb-quantenmechanischen) Lasergleichungen verstehen lassen. Mit dem Ansatz Gl. (4.10/4) für das elektrische Feld im Resonator ergab sich als Lösung dieser allgemeinen Gleichungen für die Polarisation der Zusammenhang Gl. (4.10/7) mit Gl. (4.10/8).

Durch Gl. (4.10/8) ist eine Beziehung zwischen der Feldstärkeamplitude E_1 und der Amplitude P_1 der Polarisation gegeben. Diese hat die Form $P_1 = \chi E_1$, worin die Suszeptibilität χ durch die Eigenschaften des Lasermaterials bestimmt ist. Eine zweite Beziehung zwischen P_1 und E_1 folgt aus den *Maxwellschen Gleichungen* in Gestalt der Resonatorgleichung (4.10/3), in die man Gl. (4.10/4) u. (4.10/7) einsetzt.

Beide Beziehungen sind linear und homogen, so daß man E_1 und P_1 eliminieren kann. Man erhält eine Bestimmungsgleichung für die unbekannte Eigenfrequenz ω_1 des aktiven Laserresonators:

Aus der Resonatorgleichung (4.10/3) ergibt sich mit Gl. (4.4/1) u. (4.10/10)

$$(-\,\omega_1^2 + \omega_{c1}^2)\,E_1 = \frac{\omega_1^2}{\varepsilon}\,Re\,(P_1)\,. \qquad (4.11/1)$$

Der Vergleich mit Gl. (4.10/8) liefert unter Verwendung von Gl. (4.10/10) und mit $\omega_{c1} + \omega_1 \approx 2\omega_1$

$$2(\omega_{c1} - \omega_1) = -\tau_k\, \hbar\, \omega_1 B_\nu (\omega_0 - \omega_1)\, n. \qquad (4.\,11/2)$$

Wir berücksichtigen wieder die *Schawlow-Townessche Anschwing- und Gleichgewichtsbedingung* nach Gl. (4.10/11) in der Form $\hbar\,\omega_1 B_\nu n = 1/\tau_c$ und führen die Linienbreite $\Delta\omega_N = 2/\tau_k$ und die Bandbreite des Resonators $\Delta\omega_c = 1/\tau_c$ ein. Dann schreibt sich Gl. (4.11/2) wie folgt:

$$\omega_1 - \omega_{c1} = (\omega_0 - \omega_{c1})\, \frac{\Delta\omega_c}{\Delta\omega_N + \Delta\omega_c}. \qquad (4.11/3)$$

Die Frequenz ω_1 des Lasers fällt also nicht mit der Eigenfrequenz ω_{c1} des passiven Resonators zusammen. Die Verschiebung zur Linienmitte (ω_0) ist (bei dem gegebenen Laser mit homogen verbreiterter Linie) proportional zum Abstand der Eigenfrequenz ω_{c1} von der Linienmitte [22, 29].

4.12 Linienprofil und Laserfrequenz bei inhomogen verbreiterter Linie

Betrachten wir ein aktives Gas mit einer bestimmten Geschwindigkeitsverteilung der Atome (oder Moleküle). Die natürliche Linienbreite $\Delta\nu_N$ sei klein gegen die Frequenzverschiebung durch den Dopplereffekt. Dann führt also die Bewegung der Atome zu einer wesentlichen inhomogenen Linienverbreiterung: Die Emission des einzelnen Atoms in Richtung der Laserachse kann entsprechend dem Bewegungszustand und der natürlichen Linienbreite nur in einem kleinen Bereich auf der gesamten Linie erfolgen. Ähnliches gilt z. B. auch für den Festkörperlaser mit Neodym-dotiertem Glas. Auf Grund der unregelmäßigen Anordnung der Atome im Glas sieht jedes Dotierungsatom ein anderes „Kristallfeld". Dem entspricht eine statistische Verteilung der Emissionsfrequenzen.

Diese Laser mit einer inhomogen verbreiterten Linie können wir beschreiben, wenn wir mit der Dichte $n(\omega)$ der angeregten Atome auf der Frequenzskala (n ist außerdem diese Atomanzahl pro Volumeneinheit) rechnen und gegebenenfalls über alle Beiträge summieren, die die verschiedenen aktiven Atome zur Polarisation oder induzierten Emission liefern (vgl. Kap. 4.5).

Wir nehmen an, daß der Laser nur auf *einer* Eigenschwingung angeregt ist und betrachten die Fluoreszenz. Dabei müssen wir berücksichtigen, daß zur Laserschwingung alle Atome beitragen können, deren Emissionsfrequenz bei Beobachtung in einer der beiden Richtungen längs der Achse in der Nähe der Laserfrequenz liegt. Bei Dopplerverbreiterung bedeutet dies eine bestimmte Geschwindigkeitskomponente der aktiven Atome in einer der beiden Richtungen. Untersuchen wir die Fluoreszenz nur in *einer* Richtung, so finden wir daher, daß durch die induzierte Emission eine Besetzungsabnahme auf zwei Frequenzen erfolgt (ω_1 und ω_1'), die symmetrisch im Abstand der Dopplerverschiebung zur Linienmitte liegen, also $\omega_1' - \omega_1 = 2(\omega_0 - \omega_1)$.

Die Besetzungsverteilung für den Gaslaser mit Dopplerverbreiterung folgt dann im Gleichgewicht ($\dot n = 0$) aus Gl. (4.10/9) zu

$$n(\omega) = \frac{n_p(\omega)}{1 + \tau_l w B_\nu(\omega - \omega_1) + \tau_l w B_\nu(\omega - \omega_1')} . \qquad (4.12/1)$$

Dabei steht im Nenner die Summe von zwei Gliedern, in denen die *Einstein-Koeffizienten* verschiedene Symmetriefrequenzen ω_1 und ω_1' besitzen. Falls diese beiden Frequenzen nicht zu dicht liegen $\left(\omega_1' - \omega_1 \gg \Delta \omega_N \sqrt{1 + C}\right)$, liefert die weitere Rechnung

$$n(\omega) = n_p(\omega) \left[1 - \frac{C \Delta \omega_N^2}{(1 + C)\, \Delta \omega_N^2 + 4(\omega - \omega_1)^2} - \frac{C \Delta \omega_N^2}{(1 + C)\, \Delta \omega_N^2 + 4(\omega - \omega_1')^2} \right] \qquad (4.12/2)$$

mit

$$C = 4 B \tau_l w / \Delta \omega_N . \qquad (4.12/3)$$

Für den Laser mit inhomogener Linienverbreiterung ohne Translationsbewegung der Atome tritt natürlich nur ein Quotient in der Klammer auf. Nach Gl. (4.12/1) bzw. (4.12/2) weicht also die Besetzungsverteilung $n(\omega)$ von der ohne induzierte Emission ($w = 0$) durch die Pumpleistung gegebenen Verteilung $n_p(\omega)$ in der Weise ab, daß Einschnitte im Besetzungsprofil bei den Frequenzen ω_1 und ω_1' entstehen.

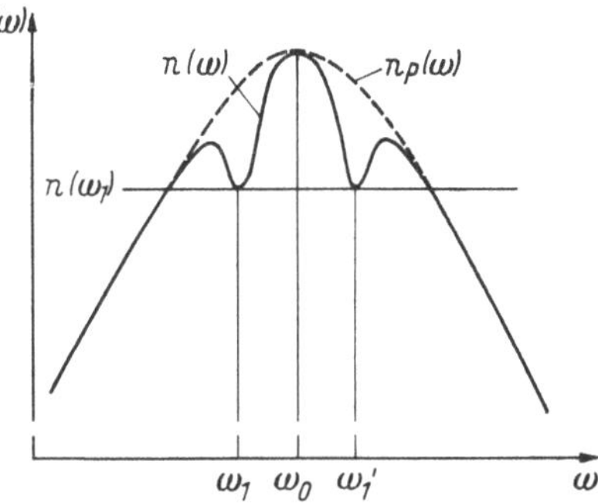

Abb. 4.7. Löcher im Linienprofil eines Lasers mit inhomogen verbreiteter Linie, Fall *einer* Eigenschwingung.

Diese besitzen eine *Lorentzsche Form* mit der Halbwertsbreite $\Delta \omega_N \sqrt{1 + C}$. Entsprechende Einschnitte („Löcher") sind natürlich auch im Profil der Fluoreszenzlinie zu beobachten (vgl. [22, 29, 30] und Abb. 4.7).

Mit der Laserleistung $P_L = w V \Delta \omega_c$ und unter Verwendung von $B' = v^3/8\pi v^2 \tau_l$ erhalten wir statt Gl. (4.12/3) auch

$$C = \frac{\lambda^3 P_L}{2\pi h V \Delta \omega_N \Delta \omega_c} . \qquad (4.12/4)$$

Setzen wir die Ausgangsleistung P_L auf der betrachteten Eigenschwingung in mW ein, so liefert die Auswertung von Gl. (4.12/4) für den Helium–Neon-Laser von üblichen Abmessungen und $\lambda = 0,63\ \mu m$, daß $C \approx P_L$ ist: Die Breite der Löcher liegt also je nach der Ausgangsleistung bei der natürlichen Linienbreite oder schon merklich darüber.

Für die Berechnung der Laserfrequenz kann man wieder Gl. (4.11/1) heranziehen, wobei jetzt n gemäß Gl. (4.12/2) von der Frequenz abhängt und man über ω integrieren muß. Entsprechend der Klammer in Gl. (4.12/2) sind dabei drei verschiedene Beiträge zu berücksichtigen, und zwar erstens

$$n^{(1)}(\omega) = n_p(\omega) = n_p \frac{2 \sqrt{\ln 2}}{\Delta \omega_I \sqrt{\pi}} \exp \left[-4 \ln 2 \left(\frac{\omega - \omega_0}{\Delta \omega_I} \right)^2 \right] , \qquad (4.12/5)$$

worin n_p die bei bestimmter Pumpleistung ohne induzierte Emission gegebene integrierte Besetzungsdichte ist. Ferner kann man den *Lorentz-Faktor* in der Form eines bestimmten Integrals schreiben, so daß man nach Gl. (4.10/8) insgesamt

$$P_1^{(1)} = \frac{j p_{21}^2 E_1}{\hbar} \int\limits_{-\infty}^{+\infty} n_p(\omega) \int\limits_0^{\infty} \exp\left(-\Delta\omega_N + 2j\left[\omega - \omega_1\right]\right) t \, dt \, d\omega \qquad (4.12/6)$$

erhält. Man kann dann zuerst die Integration über ω ausführen und findet ($\omega_0 =$ Mittenfrequenz der inhomogen verbreiterten Linie)

$$Re(P_1^{(1)}) = -\frac{p_{21} E_1}{\hbar} n_p \int\limits_0^{\infty} \sin 2\left[\omega_0 - \omega_1\right] t \cdot \exp\left(-\frac{\Delta\omega_I^2}{4 \ln 2}\right) t^2 \, dt, \qquad (4.12/7)$$

wenn man $\Delta\omega_N$ als klein gegen $\Delta\omega_I$ annimmt. Als weitere Näherung für nicht zu weit von der Linienmitte entfernt liegende Eigenschwingungen kann man den Sinus durch das Argument ersetzen und erhält nach Gl. (4.11/1)

$$(\omega_1 - \omega_{c1})^{(1)} = B' n_p \frac{\omega_0 - \omega_1}{\Delta\omega_I^2} 4 \ln 2. \qquad (4.12/8)$$

Nur in dieser Näherung ergibt sich also auch bei der inhomogen verbreiterten Linie eine lineare Frequenzverschiebung. Im allgemeinen ist jedoch die Frequenzverschiebung nicht proportional zum Abstand der Eigenfrequenz von der Linienmitte. Als weiterer Unterschied zum Laser mit homogener Linienverbreiterung fällt auf, daß die Frequenzverschiebung proportional zu n_p und damit zur Pumpleistung ist: Mit höherer Anregung wird die Laserfrequenz stärker zur Linienmitte hin verschoben.

Der zweite Summand in der Beziehung für $n(\omega)$, Gl. (4.12/2), gibt im Prinzip gemäß Gl. (4.10/8) Anlaß für einen zweiten additiven Beitrag $P_1^{(2)}$ zur Amplitude der Polarisation. Bei Berechnung von $Re\left(P_1^{(2)}\right)$ kann der Faktor $n_p(\omega)$ näherungsweise vor das Integral gezogen werden, weil sich $n_p(\omega)$ in dem Bereich nur wenig ändert, in dem der Integrand merkliche Werte besitzt. Im übrigen ist der Integrand eine ungerade Funktion mit dem Symmetriezentrum in ω_1; das Integral zwischen den Grenzen minus und plus unendlich wird daher null: In dieser Näherung hat das bei ω_1 entstehende „Loch" im Linienprofil keinen Einfluß auf die Lage der Frequenz ω_1; das „Loch" wirkt nicht auf sich selbst.

Eine wesentliche Frequenzverschiebung ergibt sich dagegen durch den Einfluß des dritten Summanden in Gl. (4.12/2), der das zugleich mit der Laseremission bei ω_1 auch auf der Frequenz $\omega_1' = 2\omega_0 - \omega_1$ entstehende „Loch" repräsentiert. Nach Gl. (4.10/8) entspricht diesem Summanden ein additiver Beitrag $P_1^{(3)}$ in der Amplitude der Polarisation und damit nach Gl. (4.11/1) auch ein additiver Beitrag $(\omega_1 - \omega_{c1})^{(3)}$ zur Frequenzverschiebung. Man erhält

$$(\omega_1 - \omega_{c1})^{(3)} = -\frac{\omega_1 p_{21}^2}{\varepsilon \hbar} \int\limits_{-\infty}^{+\infty} \frac{2(\omega - \omega_1)\, n_p(\omega)}{(\Delta\omega_N)^2 + 4(\omega - \omega_1)^2} \cdot \frac{(\Delta\omega_N)^2\, C}{(1 + C)\,\Delta\omega_N^2 + 4(\omega - \omega_1')^2} \, d\omega.$$

$$(4.12/9)$$

Sofern das Loch in ω_1' nicht zu breit und der Abstand der Löcher nicht zu klein ist, wirkt der zweite Quotient unter dem Integral wie eine δ-Funktion und man kann den ersten Quotienten mit $\omega = \omega_1'$ vor das Integral schreiben. Man findet im Fall einer wesentlich inhomogenen Linie $(\Delta\omega_I \gg \Delta\omega_N)$ mit $C \ll 1$ unter Verwendung der Gl. (4.2/4), (4.5/8), (4.5/9), (4.10/10) u. (4.12/3):

$$(\omega_1 - \omega_{c1})^{(3)} = \frac{B\,\tau_l w}{\tau_c}\;\frac{\omega_1 - \omega_1'}{\left(\dfrac{\Delta\omega_N}{2}\right)^2 + (\omega_1 - \omega_1')^2} \qquad (4.12/10)$$

Wegen $|\omega_1 - \omega_1'| \gg \Delta\omega_N/2$ und $B_\nu\,\tau_l w = \dfrac{n_p(\omega)}{n(\omega)} - 1$ sowie $\dfrac{n_p(\omega)}{n(\omega)} = \dfrac{g_0(\omega)}{f}$

mit $g_0 =$ Verstärkungsfaktor bei kleinem Signal ohne Laserschwingung und $f =$ Verlustfaktor im Laserbetrieb erhält man Gl. (4.12/10) auch in einer Schreibweise [29]

$$(\omega_1 - \omega_{c1})^{(3)} = \frac{\Delta\omega_c\,\Delta\omega_N}{4}\left(\frac{g_0(\omega_1)}{f} - 1\right)\frac{1}{\omega_1 - \omega_1'}. \qquad (4.12/11)$$

Man sieht, daß sich ω_1 auf Grund dieses Beitrags von der Linienmitte, also auch vom zweiten Loch entfernt (frequency pushing), und zwar desto stärker, je größer die Laserleitung und je kleiner der Abstand zwischen den Löchern ist.

Beim Laser mit inhomogen verbreiterter Linie wirken die Effekte also zum Teil in entgegengesetztem Sinne. Auch die durch zusätzliche angeregte Eigenschwingungen erzeugten „Löcher" im Linienprofil stoßen sich ab. Jedenfalls zeigt sich, daß beim Gaslaser (anders als beim Festkörperlaser mit homogen verbreiterter Linie) die Differenzfrequenzen zwischen benachbarten Eigenschwingungen verschiedener longitudinaler Ordnung nicht gleich sind. Man beobachtet entsprechend den theoretischen Ergebnissen je nach den Versuchsbedingungen eine unterschiedliche Feinstruktur im Schwebungsspektrum [29].

4.13 Die Möglichkeit der Koexistenz mehrerer angeregter Eigenschwingungen

Bei einem Laser mit homogen verbreiterter Linie und einer räumlich gleichen Verteilung der Schwingungsenergie in den einzelnen Eigenschwingungen kann nur *eine* Eigenschwingung angeregt werden. Dies folgt aus der *Schawlow-Townesschen Beziehung* (vgl. Kap. 4.4 und 4.11). Nach Erreichen der Schwelle auf dieser Eigenschwingung wird die Besetzungszahl festgehalten; durch erhöhtes Pumpen verstärkt sich lediglich die Schwingungsenergie und damit die Emission. Andere Moden mit höherer Schwellenbesetzung können nicht anschwingen.

In der Praxis treten jedoch zahlreiche Moden auf, und zwar desto mehr, je höher die Pumpleistung ist. Dies läßt sich aus der räumlich unterschiedlichen Struktur der Eigenschwingungen verschiedener Ordnung verstehen; die Schwingungsknoten und -bäuche fallen nicht zusammen. Daher ist die Verstärkung der einzelnen Eigenschwingungen zum Teil unabhängig voneinander. Nach Erreichen des Schwellenwertes auf *einer* Eigenschwingung kann die maßgebende

8*

Besetzung für die anderen Eigenschwingungen noch bis zum Schwellenwert wachsen, sofern man die Pumpleistung genügend erhöht (vgl. Abb. 4.8).

Beim Gaslaser gibt es außer diesem Effekt der räumlich selektiven Verstärkung (spatial hole burning) noch den der selektiven Verstärkung innerhalb der Linie (frequency hole burning). Für quantitative Untersuchungen muß man dabei berücksichtigen, daß (anders als beim Laser mit homogener Linie) die Gleichgewichtsdichte $n_0(\omega_1)$ bei der Laserfrequenz ω_1 von der Schwingungsenergie abhängt. Aus den Bilanzgleichungen für die inhomogen verbreiterte Linie folgt für die Gleichgewichts-Besetzungsdichte in der Mitte eines „Lochs" anstelle (4.4/1)

$$n(\omega_1) = n_0(\omega_1) = \frac{1}{2\pi B' \tau_c \sqrt{1 + 4w\tau_l B'/\hbar\omega_1 \, \Delta\omega_N}}. \tag{4.13/1}$$

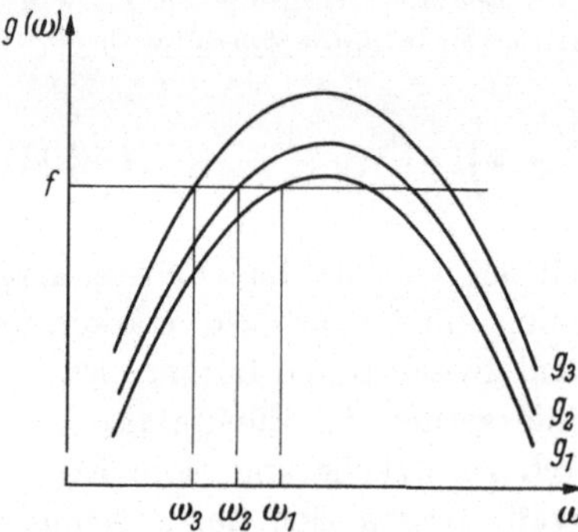

Abb. 4.8. Verstärkungsprofil für drei Eigenschwingungen bei homogener Verbreiterung. Die Gleichgewichtsverstärkung wird jeweils bei den zugehörigen Laserfrequenzen eingestellt.

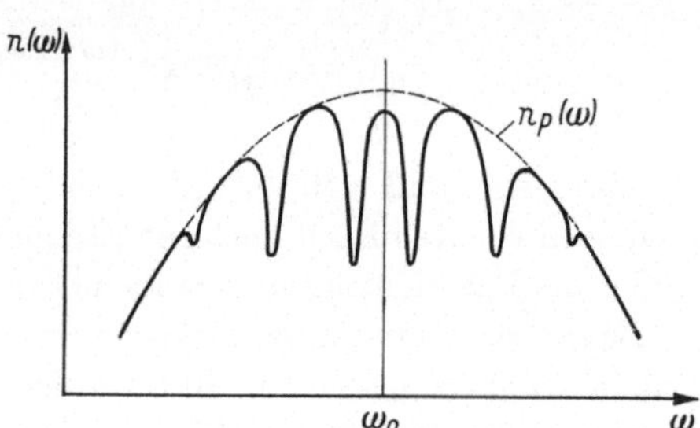

Abb. 4.9. Besetzungsprofil bei inhomogener Verbreiterung und drei angeregten Eigenschwingungen. Mit zunehmender Pumpleistung erhöht sich die Einhüllende $n_p(\omega)$, so daß bei weiteren Eigenschwingungen die Schwelle erreicht wird.

Mit wachsender Schwingungsenergie w sinkt also die Gleichgewichtsbesetzung auf der Laserfrequenz ω_1 zunehmend unter die Schwellenbesetzung. Man versteht dies aus der Überlegung, daß auch Teile der Linie mit höherer Besetzungsdichte (auf der Flanke des „Lochs" im Linienprofil) zur induzierten Emission beitragen. Dabei erhöht sich mit zunehmender Pumpleistung die Besetzungsdichte $n(\omega)$ außerhalb des Bereichs der „Löcher", dort ist $n(\omega) = n_p(\omega)$, so daß auch auf den Frequenzen anderer Eigenschwingungen die Schwelle erreicht wird (Abb. 4.9). Der räumlich und auch auf der Frequenzskala innerhalb der Linie ungleichförmige Abbau der Besetzung ermöglicht also das gleichzeitige Anschwingen mehrerer Moden.

Nach Gl. (4.13/1) hängen die Besetzungsdichten bei den Laserfrequenzen von der Schwingungsintensität ab. Dies heißt jedoch nicht, daß auch die Verstärkungsfaktoren eine Funktion der Schwingungsintensität sind. Vielmehr liefert die Rechnung

$$g(\omega_1) = \frac{1}{v} \int B' f\left(\frac{\omega - \omega_1}{2\pi}\right) n(\omega) \, d\omega = \frac{1}{v\tau_c}. \tag{4.13/2}$$

Die Verstärkungsfaktoren g sind also im Gleichgewicht auf allen Eigenfrequenzen gerade gleich den Verlustfaktoren. Im Falle frequenzunabhängiger Verluste sind die Verstärkungsfaktoren für alle Eigenschwingungen gleich.

4.14 Spezielle Effekte

1. Der Effekt des "frequency hole burning" führt auf eine Anomalie in der Ausgangsleistung. Man kann den Laser so betreiben, daß nur *eine* Eigenschwingung angeregt ist. Dadurch entstehen, wie im vorigen Abschnitt erläutert, genau zwei Löcher im Linienprofil symmetrisch zur Linienmitte. Ändert man die Abstimmung des Lasers durch Variation des Spiegelabstands, so wandern die beiden Löcher. Die Ausgangsleistung steigt dabei zunächst, wenn sich die Löcher auf die Linienmitte hinbewegen. Sie beginnt jedoch wieder zu sinken, wenn sich die beiden Löcher überlappen. In diesem Fall wird das gesamte Einzugsgebiet für die induzierte Emission wieder kleiner, und die Emission hat bei genauer Abstimmung der Eigenschwingung auf die Mitte der Fluoreszenzlinie ein Minimum. Man kann diesen Effekt zur Stabilisierung der Laserfrequenz ausnutzen (s. auch Kap. 6). Den Effekt bezeichnet man als *Lamb-dip* [22].

2. Einige besondere Effekte ergeben sich, wenn mehrere Eigenschwingungen angeregt sind. Welche Frequenzen dabei auftreten, läßt sich durch Einsetzen von n gemäß Gl. (4.10/2) in Gl. (4.10/1) untersuchen. Es entstehen dreifache Produkte der Art $P \cdot E \cdot E$. Lösungen für die Polarisation und das Feld erhält man nur dann, wenn man in dem Ansatz auch Summen- und Differenzfrequenzen der verschiedenen Eigenschwingungen zuläßt. Insbesondere liegen bei drei angeregten Eigenschwingungen die Differenzfrequenzen $2\omega_2 - \omega_3$, $\omega_1 + \omega_3 - \omega_2$ und $2\omega_2 - \omega_1$ in der Nähe der Resonatoreigenfrequenzen ω_1, ω_2 bzw. ω_3 und sind gegenüber den verbleibenden Summen- und Differenzfrequenzen bevorzugt. Solche Frequenzen können in der Emission beobachtet werden (combination tones).

3. Auch im Fall mehrerer angeregter Eigenschwingungen gilt noch Gl. (4.11/1), wobei die Amplitude P_1 jetzt Beiträge der Polarisation mit anderen Frequenzen enthält. Vernachlässigt man die kleineren Summanden, so bleiben noch zeitlich konstante Glieder und solche mit der Abhängigkeit $\sin \Omega$ und $\cos \Omega$ mit $\Omega = (2\omega_2 - \omega_1 - \omega_3)t$ übrig. Faßt man dann die nach Gl. (4.11/1) entstehenden Gleichungen für ω_1, ω_2 und ω_3 in geeigneter Weise zusammen, so ergibt sich eine Beziehung für die relative Phase Ω der Form

$$\dot{\Omega} = \sigma + A \sin \Omega + B \cos \Omega. \qquad (4.14/1)$$

σ ist durch die Frequenzverschiebung gegeben; die Faktoren A und B sind von derselben Größenordnung wie σ und enthalten die Feldstärkeamplituden von allen drei Eigenschwingungen. Im Fall $\sqrt{A^2 + B^2} > |\sigma|$ geht Ω gegen einen Grenzwert, d. h. es wird $\omega_3 - \omega_2 = \omega_2 - \omega_1$: Die Frequenzabstände werden gleich und es existieren starre Phasenbeziehungen [22]. Dieser Effekt trägt den Namen Phasen- oder Modenkopplung. Bei einer solchen Kopplung besteht die Emission aus einer Folge von Lichtimpulsen mit der Folgefrequenz $\omega_{n+1} - \omega_n$ (s. Kap. 6.3.11 sowie [31, 22]).

Literatur zu Kapitel 4

[1] GEUSIC, J. E., u. H. E. D. SCOVIL: A unidirectional traveling-wave optical maser. Bell Syst. Techn. J. 41, 4 (1962) 1371—1397.

[2] KISLIUK, P. P., u. W. S. BOYLE: The pulsed ruby maser as a light amplifier. Proc. IRE 49, 11 (1961) 1635—1639.

[3] STEELE, E. L., u. W. C. DAVIS: Laser amplifiers. J. Appl. Phys. 36, 2 (1965) 348—351.

[4] FRANTZ, L. M., u. J. S. NODVIK: Theory of pulse propagation in a laser amplifier. J. Appl. Phys. 34, 8 (1963) 2346—2349.

[5] BELLMAN, R., G. BIRNBAUM u. W. G. WAGNER: Transmission of monochromatic radiation in a two-level material. J. Appl. Phys. 34, 4 (1963) 780—782.

[6] AVIZONIS, P. V., u. R. L. GROTBECK: Experimental and theoretical ruby laser amplifier dynamics. J. Appl. Phys. 37, 2 (1966) 687—693.

[7] DAVIS, J. I., u. W. R. SOOY: The effects of saturation and regeneration in ruby laser amplifiers. Appl. Opt. 3, 6 (1964) 715—718.

[8] HERZIGER, G., H. LINDNER u. H. WEBER: Messung geringer Absorptions- und Brechungsindexänderungen mit dem Laserverstärker. Z. angew. Phys. 17, 2 (1964) 67—68.

[9] RIGROD, W. W.: Gain saturation and output power of optical masers. J. Appl. Phys. 34, 9 (1963) 2602—2609.

[10] CABEZAS, A. Y., u. R. P. TREAT: Effect of spectral hole-burning and cross relaxation on the gain saturation of laser amplifiers. J. Appl. Phys. 37, 9 (1966) 3556—3563.

[11] GORDON, E. I., A. D. WHITE u. J. D. RIGDEN: Gain saturation at 3.39 microns in the He–Ne-maser. Proc. Symp. on Optical Masers, ed. by J. Fox, Brooklyn: Polytechnic Press 1963, 309—319.

[12] WITTKE, J. P., u. P. J. WARTER: Pulse propagation in a laser amplifier. J. Appl. Phys. 35, 6 (1964) 1668—1672.

[13] SCHAWLOW, A. L., u. C. H. TOWNES: Infrared and optical masers. Phys. Rev. 112, 6 (1958) 1940—1949.

[14] DUNSMUIR, R.: Theory of relaxation oscillations in optical masers. J. Electr. Control 10 (1961) 453—458.

[15] STATZ, H., u. G. DE MARS: Transients and oscillation pulses in masers. Quant. Elect., ed. by. C. H. Townes. New York: Columbia University Press 1960, 530—538.

[16] CULSHAW, W., J. KANNELAUD u. F. LOPEZ: Zeeman effects in the helium–neon planar laser. Phys. Rev. 128, 4 (1962) 1747—1748.

[17] CULSHAW, W., u. J. KANNELAUD: Zeeman and coherence effects in the He–Ne laser. Phys. Rev. 133, 3 (1964) A 691—A 704.

[18] SCHULZ-DUBOIS, E. O.: Pulse sharpening and gain saturation in traveling-wave masers. Bell Syst. Techn. J. 43, 2 (1964) 625—658.

[19] RIGROD, W. W.: Saturation effects in high-gain lasers. J. Appl. Phys. 36 (1965) 2487-2490.

[20] YARIV, A.: Quantum Electronics. New York: Wiley 1967.

[21] BLOCHINZEW, D. J.: Grundlagen der Quantenmechanik, Frankfurt: Deutsch 1963.

[22] LAMB, W. E.: Theory of an optical maser. Phys. Rev. 134,6 (1964) A 1429—A 1450.

[23] DÄNZER, H.: Zur Theorie des Lasers. Biophysik 2 (1964) 105—132.

[24] WEISSKOPF, V., u. E. WIGNER: Berechnung der natürlichen Linienbreite auf Grund der Diracschen Lichttheorie. Z. Physik 63 (1930) 54—73; s. a. Z. Phys. 65 (1939) 18—29.

[25] TANG, C. L.: On maser rate equations and transient oscillations. J. Appl. Phys. 34 (1963) 2935—2940.

[26] HAKEN, H., u. H. SAUERMANN: Frequency shifts of laser modes in solid state and gaseous systems. Z. Physik 176,1 (1963) 47—62; s. a. Z. Phys. 173 (1963) 261—275.

[27] DAVIS, L. W.: Semiclassical treatment of the optical maser. Proc. IEEE 51 (1963) 76—80.

[28] JAYNES, E. T., u. F. W. CUMMINGS: Comparison of quantum and semiclassical radiation theories with application to the beam maser. Proc. IEEE 51 (1963) 89—109.

[29] BENNETT, W. R., JR.: Hole burning effects in a He-Ne optical maser. Phys. Rev. 126 (1962) 580—593.

[30] BENNETT, W. R., JR.: Gaseous optical masers. Appl. Optics Suppl. I (1962) 24—61.

[31] CROWELL, M. H.: Characteristics of mode-coupled lasers. IEEE J. Q. E. QE 1 (1965) 15-20.

[32] TOLMAN, R. C.: Principles of statistical mechanics, New York: Oxford University Press 1962.

5 Der optisch gepumpte Festkörperlaser

Von K. Gürs

5.1 Optisches Pumpen

5.1.1 Einleitung

Wie in Kap. 1 und 4 dargelegt, besteht der Laser aus einem aktiven Medium, in dem Licht einer oder mehrerer Wellenlängen verstärkt wird, und einem Resonator (s. Kap. 3), in dem sich das aktive Medium befindet. Durch den Resonator wird das verstärkte Licht bei jedem Umlauf wieder in das verstärkende Medium zurückgekoppelt. Bei Pumpleistungen oberhalb des Schwellenwerts erhöht sich die Schwingungsenergie, bis die ihr proportionale Summe aus Verlusten (auf Grund von Streuung, Beugung und Absorption) und ausgekoppelter Leistung gleich dem Energiegewinn durch die gegebene Verstärkung ist. Die Verstärkung geschieht durch induzierte Emission, auf Kosten der Anregungsenergie aktiver Atome.

Die Anregung erfolgt bei den Festkörperlasern mit dielektrischen Kristallen oder Gläsern durch „optisches Pumpen", d. h. durch Einstrahlen von Licht in das aktive Medium. Das Licht wird durch die aktiven Atome absorbiert und hebt die Leuchtelektronen in höhere Energieniveaus. Die Elektronen fallen dann im allgemeinen strahlungslos in den Ausgangsterm für den Laserübergang.

5.1.2 Drei- und Vier-Niveau-Laser

Eine direkte Anregung durch Einstrahlen von Licht einer Quantenenergie, die dem Abstand zwischen den Lasertermen entspricht, kann dabei nur auf eine Gleichbesetzung der beiden Terme führen, d. h. das aktive Medium wird transparent. Eine Inversion ist nicht zu erreichen, da sich bei einer Gleichbesetzung induzierte Emission und Absorption gerade kompensieren (s. Kap. 2).

Ein Lasermaterial muß daher mindestens drei Energieniveaus besitzen (Abb. 5.1). Man wird dabei solche Materialien bevorzugen, bei denen das obere Niveau (3) ein breites Energieband ist, oder bei dem sich dort mehrere Energiebänder befinden, weil dann die Absorption des Pumplichts in einem breiten Bereich des Spektrums erfolgt. Durch die Absorption von Pumplicht werden die Elektronen in das Niveau 3 angehoben. Sie fallen dann sehr rasch (z. B. $\tau_{32} < 10^{-7}$ s bei Rubin) in den Term 2, die Differenzenergie geht als Wärme an das Kristallgitter. Sofern die Lebensdauer im Term 2 hinreichend groß ist (z. B. 3 ms), wenn es sich also um einen metastabilen Term handelt, und man genügend stark pumpt,

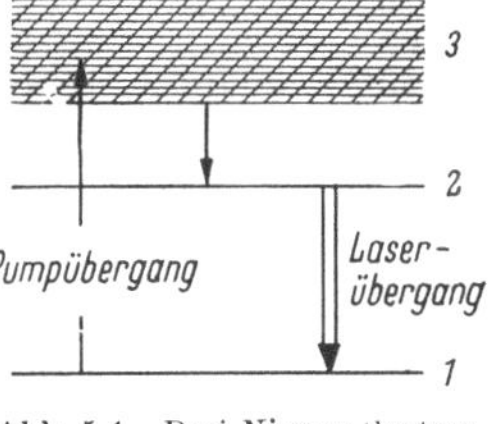

Abb. 5.1. Drei-Niveau-System.

kann man die gewünschte Überbesetzung zwischen den beiden am Laserübergang beteiligten Termen 2 und 1 erreichen (vgl. Kap. 4.4). Da das Niveau 1 der Grundterm ist, muß man beim Drei-Niveau-Laser mehr als die Hälfte aller aktiven Atome anregen, was eine große Pumpleistung erfordert. Deshalb gibt es bisher in der Praxis nur einen (allerdings wichtigen) Vertreter dieser Art, nämlich Rubin.

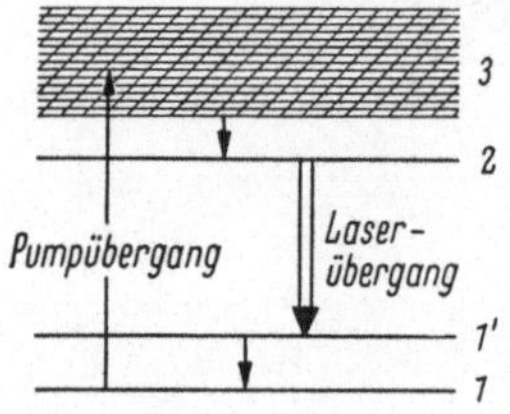

Abb. 5.2. Vier-Niveau-System.

Alle übrigen Festkörperlaser-Materialien sind Vier-Niveau-Systeme (Abb. 5.2). Bei diesen erfolgt der Laserübergang in einen Term (1'), in dem die Lebensdauer im allgemeinen sehr klein ist (z. B. 10^{-7} s). Der Übergang 1' in den Grundterm 1 ist strahlungslos. Die Arbeitstemperatur wird zweckmäßig so gewählt, daß der Term 1' entsprechend der *Boltzmann-Statistik* praktisch unbesetzt ist. Eine kleine Besetzung in Term 2 stellt dann bereits eine Inversion dar. Wichtige Vier-Niveau-Materialien sind mit bestimmten Seltenen Erden (z. B. Neodym oder Dysprosium) dotierte Kristalle von z. B. Calciumwolframat oder Calciumfluorid sowie dotierte Gläser.

Beim Drei-Niveau-Laser (Rubin) ist wegen der geringen Verweilzeit der Elektronen in den Pumpbändern die Besetzungssumme $N_1 + N_2$ in den beiden Lasertermen 1 bzw. 2 gleich der Gesamtzahl N_Σ der aktiven Atome. Die Überbesetzung $\Delta N = N_2 - N_1$ ergibt sich also zu $\Delta N = N_\Sigma - 2N_1 = 2N_2 - N_\Sigma$. Ebenso hängt bei den Vier-Niveau-Materialien die Überbesetzung nur von *einer* Variablen ab, dort ist (wegen der kleinen Lebensdauer $\tau_{l1'}$ im Term 1') im allgemeinen $\Delta N = N_2$. Damit sind in den bekannten Festkörperlasern einfache Grenzfälle realisiert, für die manche Eigenschaften leichter als bei den Gaslasern zu berechnen sind. Ferner besitzen einige Festkörperlaser relativ große Lebensdauern der angeregten Zustände, was zum Auftreten bestimmter dynamischer Effekte führt (s. Kap. 4.5 und 5.4.2). Der Festkörper eignet sich besonders gut zur Untersuchung dieser Effekte.

5.1.3 Pumpquellen

Als Pumpquellen zur Anregung des Lasermaterials dienen verschiedene Lampen (Abb. 5.3) sowie die Sonne [1—6] und in Einzelfällen auch Laserdioden [7, 8]. Die Farbtemperatur der gebräuchlichen Xenonlampen unter normalen Betriebsbedingungen liegt wie die der Sonne bei etwa 6000°K, so daß man durch geeignete Bündelung vergleichbare Pumplichtdichten erreicht. Als Pumpleistung stehen bei Bündelung des Sonnenlichts und Verwendung eines Sonnenspiegels von 1 m² Fläche an der Erdoberfläche bis zu 1,35 kW (Solarkonstante) zur Verfügung. Da der Schwellenwert der Pumpleistung für den kontinuierlichen Betrieb eines Lasers mit Neodym-dotiertem Yttrium-Aluminium-Granat (YAG : Nd³⁺) bei etwa 200 W liegt, lassen sich mit diesem Material leistungsstarke sonnengepumpte Laser bauen [9].

An Lampen werden für Laserzwecke Xenon- und Quecksilberhochdrucklampen sowie auch Wolframlampen verwendet. Abb. 5.3 zeigt in a—c einige Lampen für Impulslaser: In Abb. 5.3a ist eine wendelförmige Xenonlampe abgebildet. Der erste Laser von MAIMAN [10], ein Rubinlaser, wurde mit einer ähnlichen Lampe betrieben. In Abb. 5.3 b ist eine Weiterentwicklung dieses Typs mit ringförmigen Querschnitt dargestellt. Bei beiden Typen wird der Laserkristall in der Achse der Lampe angeordnet, d. h. die Lampe umgibt den Kristall. Am gebräuchlichsten sind stabförmige Lampen (5.3 c), deren Licht durch geeignete Reflektoren auf den Kristall gebündelt wird. Solche stabförmigen Lampen existieren in einer großen Typenzahl mit verschiedenen Längen und Durchmessern, sie sind mit Pulsenergien bis zu 10 000 J zu betreiben. Für hohe Impulsfolgen gibt

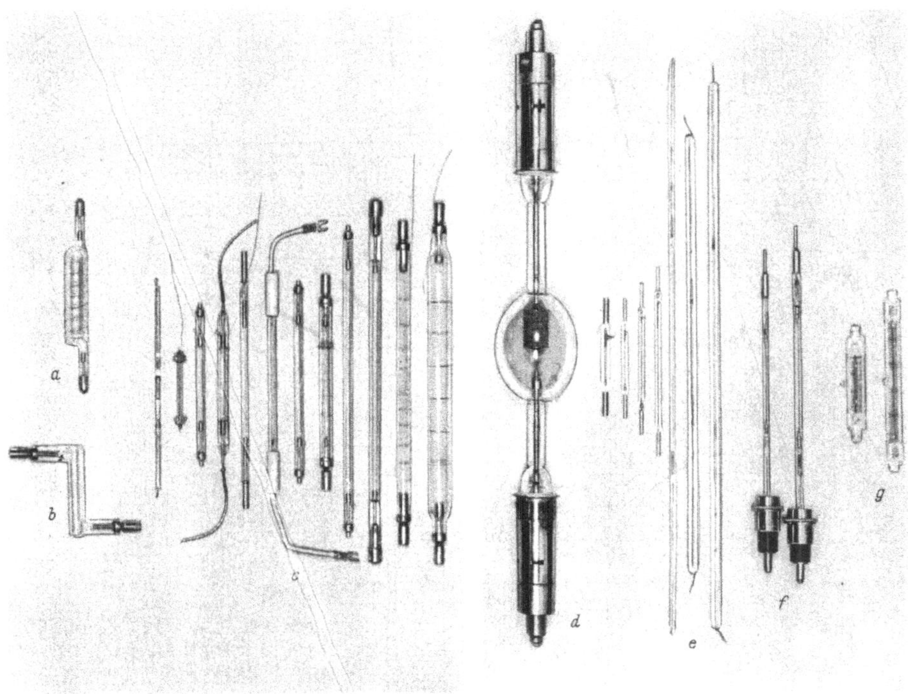

Abb. 5.3. Lampen zum Laserpumpen; in Klammern sind die Länge (Länge der Wendel, Bogenlänge) und der freie Innendurchmesser bzw. Bogendurchmesser oder Durchmesser der Drahtwendel angegeben.

Abb. 5.3. a) – c) Impulslampen.

a) Wendellampe PEK XE-5 (57 mm; 7 mm), 1200 J;
b) Ringlampe EG & G FX-53 (76 mm; 7 mm), 800 J;
c) stabförmige Lampen (von links nach rechts):

Philips SPP 1000	(14 mm; 2,5 mm), 20 J bei 50 Hz (Hg-Lampe),
Lampe zu Mecablitz 111	(37 mm; 3 mm), 50 J,
PEK XE-1-2	(51 mm; 5 mm), 80 J,
Osram BL 5156	(50 mm; 5,5 mm), 800 J,
PEK XE-14-A-3	(76 mm; 3 mm), 100 J bei 15 Hz,
GE FT 91	(76 mm; 4 mm), 125 J,
PEK XE-1-3	(76 mm; 5 mm), 400 J,
EG & G FX-42	(76 mm; 7 mm), 600 J,
PEK XE-1-6	(154 mm; 5 mm), 600 J,
TSL T/E 6/60	(150 mm; 5,5 mm), 2000 J,
EG & G FX-45	(153 mm; 7 mm), 2000 J,
EG & G FX-47	(166 mm; 13 mm), 10 000 J.

Abb. 5.3. d) – g) Lampen für kontinuierlichen Betrieb

d) Xe-Kurzbogenlampe Osram XBO 2500, 2500 W;
e) Quecksilberkapillarlampen:

PEK AH 6-1-B	(25 mm; 2 mm), 1 kW,
A-1-B	(28 mm; 1 mm), 2 kW,
A-2-B	(51 mm; 1 mm), 4 kW,
A-3-B	(76 mm; 1 mm), 6 kW,
A-6-RL	(152 mm; 1 mm), 12 kW,
D-3-RL	(76 mm; 2 mm), 3 kW,
D-6-RL	(152 mm; 2 mm), 6 kW;

f) Xenonkapillarlampen:
Osram XBF 1000 (50 mm; 3 mm), 1000 W,
         XBF 2500 (75 mm; 4,5 mm), 2500 W;

g) Jod–Wolfram-Lampen:
Osram 64 570 (30 mm; 4 mm), 800 W,
Osram 64 580 (80 mm; 1 mm), 1000 W.

es wassergekühlte Lampen dieser Art. Zur Erhöhung der Lichtausbeute im Bereich der Pumpbänder des Rubins kann man in den Lampenraum von Xenon-Lampen zusätzlich etwas Quecksilber einfüllen. Die stabförmigen Xenonlampen für Dauerbetrieb sind ebenfalls wassergekühlt.

Die Lampen der Abb. 5.3d—f sind kontinuierlich arbeitende Xenon- und Quecksilberlampen. Zum Teil enthalten die Quecksilberlampen auch Edelgas

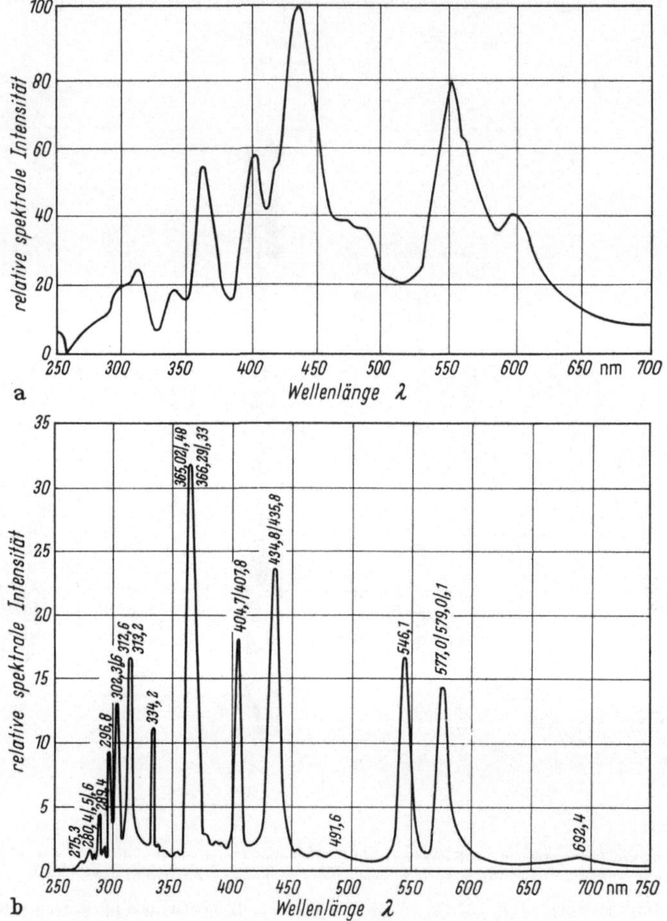

Abb. 5.4. a) Emissionsspektrum einer Quecksilberkapillarlampe; b) Emissionsspektrum einer Quecksilberkurzbogenlampe (HBO 200, PEK- bzw. Osram-Prospekt).

von geringem Druck, das als Zündhilfe dient. Die Kurzbogenlampen (Abb. 5.3d) besitzen eine besonders hohe Leuchtdichte. Sie werden für Anordnungen eingesetzt, in denen man das Pumplicht in Längsrichtung in den Laserstab einstrahlt [11]. Große Bedeutung besitzen ferner die Quecksilberkapillarlampen (Abb. 5.3e), mit denen man verschiedene Laser, auch den kontinuierlichen Rubinlaser, pumpen kann. Diese Kapillarlampen arbeiten bei einem Druck von einigen hundert Atmosphären. Da die mechanische Belastbarkeit der Quarzkapillaren mit kleiner werdendem Innendurchmesser und die thermische Belastbarkeit mit abnehmender Wandstärke der Kapillare steigen, sind die leistungsfähigsten Lampen dieser Art besonders dünn. Sie besitzen einen Außendurchmesser von ca. 3,5 mm und einen Bogendurchmesser von 1 mm und setzen pro Zoll Länge eine Leistung von annähernd 2 kW um. Solche Lampen werden inzwischen in Längen bis 6 Zoll hergestellt.

Unter den für Dauerbetrieb geeigneten Lasermaterialien läßt sich Neodym-dotierter Yttrium-Aluminium-Granat vorteilhaft mit Glühlampen pumpen. Spezielle Glühlampen sind zur Erhöhung der Lebensdauer zusätzlich mit Jod oder einem anderen Halogen gefüllt. Diese Lampen (Abb. 5.3g) erlauben eine hohe Betriebstemperatur und haben dementsprechend einen besonders großen Wirkungsgrad.

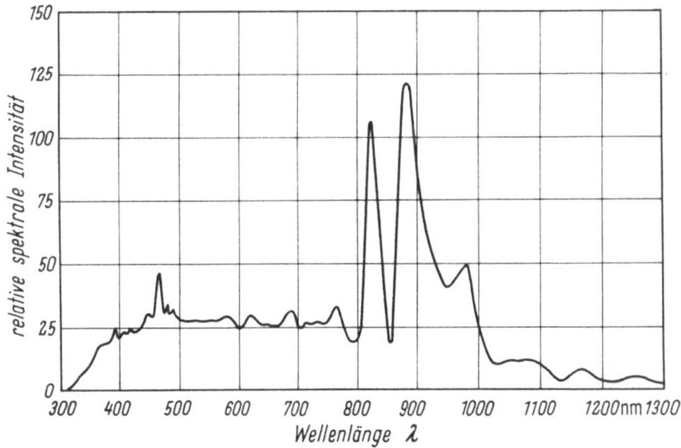

Abb. 5.5. Emissionsspektrum einer Xenonlangbogenlampe (XBF 6000, Osram).
Das Spektrum entspricht auch dem der Xenonkurzbogenlampen.

Während das Spektrum der Glühlampenemission dem des schwarzen Strahlers entspricht, zeigen sich bei den Gasentladungslampen charakteristische Maxima entsprechend dem Linienspektrum von Xenon oder Quecksilber. — Die Eignung der Lampen zum Pumpen der verschiedenen Laserkristalle hängt wesentlich davon ab, wieweit die Emissionsmaxima mit den Pumpbändern der Kristalle bzw. Gläser zusammenfallen. In Abb. 5.4 und 5.5 sind die spektralen Verteilungen der Emission von Xenon- und Quecksilberhochdrucklampen wiedergegeben.

Zu den Pumpquellen zählen in Sonderfällen auch Halbleiter-Laserdioden (s. Kap. 7). Im Fall des Dioden-gepumpten Lasers mit U^{3+} in CaF_2 (Emission bei 2,01 μ) liegt die Wellenlänge der Laserdiode aus GaAs ($\lambda \approx 0,84$ μm) auf einem Pumpband des Laserkristalls [7]. In andern Fällen kann man ternäre Mischkristalle $GaAs_xP_{1-x}$ als Grundmaterial für die Fluoreszenzdiode verwenden und die Emission auf ein Pumpband des Laserkristalls legen, z. B. auf ein Pumpband von $CaF_2 : Dy^{2+}$ bei 7200 Å [8]. Die Emission dieses Lasers erfolgt bei 2,36 μ.

5.1.4 Pumplichtreflektoren

Bei konventionellen Lichtquellen läßt sich nach den Gesetzen der Optik und der Thermodynamik die Dichte der Lichtenergie durch Abbildung nicht über die Dichte in der Lampe erhöhen. Beziehen wir uns auf das „optische" Volumen, so gilt dies auch bei Bündelung des Lichts einer Gasentladungslampe auf einen Kristall. Betrachten wir das geometrische Volumen, so kann in diesem die Energiedichte um den Faktor n^3 erhöht ($n =$ Brechungsindex im Kristall) sein. Durch dieses physikalische Gesetz und die in den Lampen verfügbare Energiedichte ist eine Grenze der Pumplichtdichte gegeben. Diese Grenze kann nicht überschritten, jedoch in günstigen Reflektoren annähernd erreicht werden.

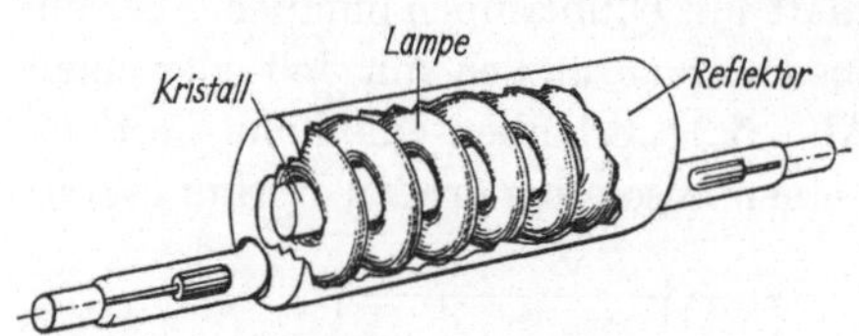

Abb. 5.6. Laserkristall mit konzentrisch angeordneter Wendellampe und zylindrischem Reflektor.

Die einfachsten Reflektoren haben nur die Aufgabe, das Pumplicht in ein bestimmtes Volumen einzuschließen, bis es nach mehrfachen Reflexionen auf den Laserstab trifft. In Verbindung mit

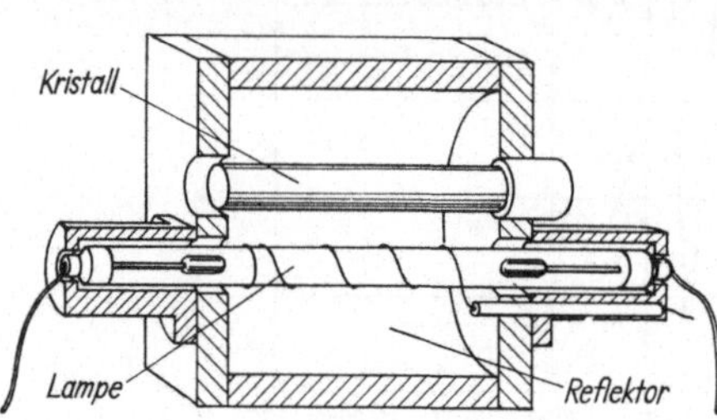

Abb. 5.7. Zylinderelliptischer Reflektor mit Kristall und Impulslampe, Längsschnitt.

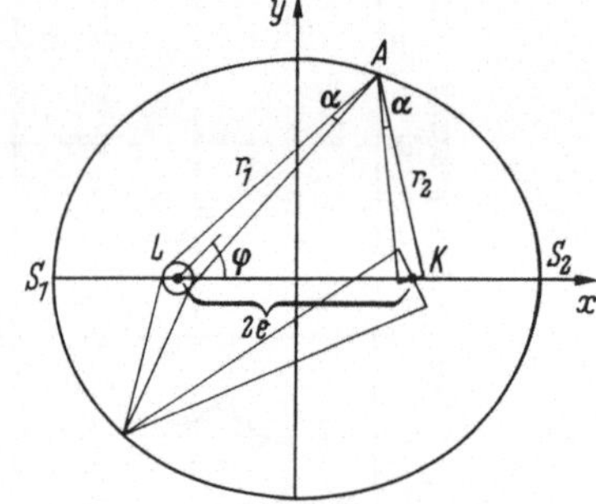

Abb. 5.8. Zur Abbildung in der Ellipse. Bei Reflexion an verschiedenen Stellen der Ellipse ist die Lichtstromdichte am zweiten Brennpunkt jeweils um das Verhältnis r_1/r_2 vergrößert oder verkleinert.

den wendelförmigen oder ringförmigen Lampen der Abb. 5.3a und b benutzt man Reflektoren, die diese Lampen als konzentrisches innen verspiegeltes Rohr (Abb. 5.6) umgeben. Bei ringförmigen Lampen kann man den Reflektorspiegel direkt auf die äußere Glaswand aufbringen. Man erhält dadurch einen einfach aufgebauten Laser, in dem der in der Achse angeordnete Kristall homogen gepumpt wird. Als Nachteil muß angeführt werden, daß sich das Pumplicht ziemlich gleichmäßig über den ganzen Reflektorraum verteilt, und daß bei mehrfachen Reflexionen auch entsprechend hohe Reflexionsverluste auftreten, so daß in solchen Anordnungen keine günstigen Schwellenwerte zu erzielen sind (vgl. Tab. 5.1, s. S. 130).

Die gebräuchlichsten Pumplichtreflektoren sind elliptische Zylinder [18] (Abb. 5.7, s. a. Abb. 5.55). Sie besitzen zwei Brennlinien, längs denen man die stabförmige Lampe und den Kristall anordnet. Sie werden durch spiegelnde Deckel abgeschlossen, durch die die Begrenzung der Anordnung in Längsrichtung aufgehoben erscheint. Im Fall einer idealen Verspiegelung ergibt sich eine vollkommene Zylindersymmetrie. Für solche Reflektoren kann man leicht nachweisen, daß die Dichte des gebündelten Pumplichts in einem verkleinerten Querschnitt die Dichte in der Lampe erreicht. Dies folgt aus der Zylindersymmetrie sowie der Tatsache, daß der Mittelwert des Quotienten r_1/r_2 gleich 1 ist, vgl. Abb. 5.8: Der Lichtstrom von der Lampe L in Richtung auf A wird im Ellipsenpunkt A zum anderen Brennpunkt K (Kristall) reflektiert. Da der Winkel α bei der Reflexion erhalten bleibt, ist das Verhältnis der Lichtstromdichten in L und K durch das Verhältnis der Brennstrahlen r_1/r_2 gegeben. Der Mittelwert dieses Quotienten ist

$$\frac{1}{2\pi} \int\limits_0^{2\pi} \frac{r_1}{r_2}\, d\varphi = 1\,[1]. \qquad (5.1/1)$$

In einem bestimmten Bereich erhält man also dieselbe Dichte der Lichtenergie, wie wenn Lampe und Kristall in der Mitte eines kreiszylindrischen Reflektors zusammenfallen. Dieser Bereich hängt in seinen Abmessungen davon ab, ob die Lampe optisch dicht ist, also gleichmäßig aus der Oberfläche abstrahlt (*Lambertsches Gesetz*), oder ob sie im andern Grenzfall für die eigene Strahlung transparent ist und in jedem Volumenelement gleiche Lichtenergie erzeugt. Im ersten Fall erhält man maximale Lichtintensität in einem Bereich in der Umgebung von K, der nach Abb. 5.8 durch alle von L herkommenden und in den Punkten A reflektierten Lichtbündel eingeschlossen wird.

Im zweiten Fall muß man die verkleinerte Abbildung der Lampe am entfernten Ellipsenscheitel S_2 betrachten: Nennen wir die Koordinaten eines Punktes auf dem Lampenumfang x_L und y_L. Dann gilt für den Lampenumfang die Kreisgleichung

$$(x_L + e)^2 + y_L^2 = r^2. \qquad (5.1/2)$$

Der Lampenradius r soll klein gegen die Ellipsenabmessungen sein, also $r \ll a, b$. Die Koordinaten des Bildpunktes seien x_K und y_K. Aus dem Abbildungsgesetz

$$\frac{1}{a - x_L} + \frac{1}{a - x_K} = \frac{1}{f}, \qquad (5.1/3)$$

und mit $e + x_L \ll a + e$ und $e - x_K \ll a - e$ erhält man

$$\frac{x_L + e}{x_K - e} = -\left(\frac{a + e}{a - e}\right)^2. \qquad (5.1/4)$$

Das zweite Abbildungsgesetz lautet

$$\frac{y_L}{y_K} = -\frac{a + e}{a - e}. \qquad (5.1/5)$$

Daraus ergibt sich

$$\frac{(x_K - e)^2}{r^2\left(\dfrac{a - e}{a + e}\right)^4} + \frac{y_K^2}{r^2\left(\dfrac{a - e}{a + e}\right)^2} = 1. \qquad (5.1/6)$$

Die Lampe wird also über den entfernten Ellipsenscheitel in einen verkleinerten elliptischen Bereich mit dem zweiten Brennpunkt K als Mittelpunkt abgebildet. In diesem Bereich reproduziert sich insgesamt die Pumplichtdichte der Lampe,

---

[1] Man kann Gl. (5.1/1) in ein bekanntes Integral überführen, indem man r_2 gemäß $r_2^2 = r_1^2 + 4e^2 - 4er_1 \cos \varphi$ ersetzt (Kosinussatz) und ferner die Ellipsenbedingung $r_1 + r_2 = 2a$ berücksichtigt.

d. h. der elliptische Zylinder liefert dort im Idealfall eine optimale Pumplicht-bündelung. Von diesem Idealfall ist man bei den günstigsten Reflektoren heute nicht mehr weit entfernt.

Verminderungen der Pumplichtdichte treten auf *erstens* durch Verluste bei der Reflexion an der Oberfläche und an den Endplatten. Verluste von 10% bei einmaliger Reflexion sind im Bereich der Pumpbänder des Rubins kaum zu vermeiden, unabhängig davon, ob man Silber- oder Aluminiumspiegel benützt. Die an sich etwas höhere Reflexion des Silbers wird durch leichtere Eintrübung auf Grund atmosphärischer Einflüsse und der Einwirkung des Pumplichts kompensiert. Aluminium läßt sich leicht durch Eloxieren schützen (Saphirüberzug). Wegen der Verluste ist es wesentlich, Mehrfachreflexionen zu vermeiden. Dies führt auf die Forderung, die Ellipsendurchmesser möglichst klein gegen die Länge des Reflektors zu machen. Die Anordnung 6 in Tab. 5.1 (S. 130) besitzt entsprechende Abmessungen, woraus sich zum Teil der kleine Schwellenwert erklärt.

Zweitens ergeben sich Pumplichtverluste durch Aussparungen im Reflektor, insbesondere durch Öffnungen in den Deckeln für die Kristall- und Lampenhalterung. Es ist zweckmäßig, diese Öffnungen möglichst klein zu wählen.

Drittens schattet sich die Lampe zum Teil selbst ab. Dieser Effekt wird vergrößert, wenn die Lampe zusätzlich von einem Kühlrohr umgeben ist. Verluste dieser Art sind beim Zylinderellipsoid grundsätzlich nicht zu vermeiden. Sie sind jedoch gering, wenn der Lampendurchmesser klein ist. Sie vermindern sich weiter bei Immersion im Reflektor (wenn dieser insgesamt zur Kühlung von Wasser durchflossen ist). In der Anordnung 6 (Tab. 5.1) betragen diese Verluste weniger als 10%.

Viertens treten Verluste im Kristall selbst auf, wenn dieser einen zu großen Durchmesser besitzt. Das Pumplicht wird dann bereits in den Außenbereichen des Kristalls absorbiert, wo sich eine Laserschwingung erst bei hohen Pumpleistungen oder überhaupt nicht aufbaut. In der Mittelzone des Kristalls, die normalerweise am stärksten angeregt wird, ist dann die Pumplichtkonzentration vermindert.

Fünftens wird die Lampe über die Umgebung des zweiten Scheitels S_2 im Reflektor vergrößert abgebildet. Das an S_2 reflektierte Licht bildet die Lampe in einen elliptischen Bereich ähnlich dem durch Gl. (5.1/6) gegebenen ab. In dieser Beziehung ist lediglich e durch $(-e)$ zu ersetzen. Das Bild der Lampe wird also desto größer, je größer das Verhältnis $(a + e)/(a - e)$ ist. In ungünstigen Reflektoren geht somit ein großer Teil des Pumplichts am Kristall vorbei.

Für niedrigen Schwellenwert und hohen Wirkungsgrad bei gegebener Kristalllänge empfehlen sich also Anordnungen mit kleiner Ellipse und geringem Brennpunktabstand, ferner mit kleinem Kristall- und besonders kleinem Lampendurchmesser. Für besonders hohe Ausgangsenergien bzw. -leistungen im Impulsbetrieb muß man allerdings aus Gründen der Belastbarkeit große Lampen und Kristalle verwenden.

Den beschriebenen Reflektor kann man sich aus einem Kreiszylinder entstanden denken, in dem die beiden Brennlinien und damit Lampe und Kristall zusammenfallen. In diesem Grenzfall liegt vollständige Rotationssymmetrie vor. Diese wird gestört, wenn die beiden Brennlinien auseinanderrücken. Die Störung in der Symmetrie der Pumplichteinstrahlung ist relativ gering, wenn in der Ellipse $e \ll a$ ist. Verstärkt wird die Unsymmetrie der Pumplichteinstrahlung durch direkt auf den Kristall kommendes Licht und durch die entsprechende Abschattung eines Teils des Reflektors. Diese Unsymmetrie kann eine ungleiche thermische Belastung des Kristalls bedeuten. Man darf deshalb den Kristall nicht genau mit der Achse in die Brennlinie legen sondern muß ihn so justieren,

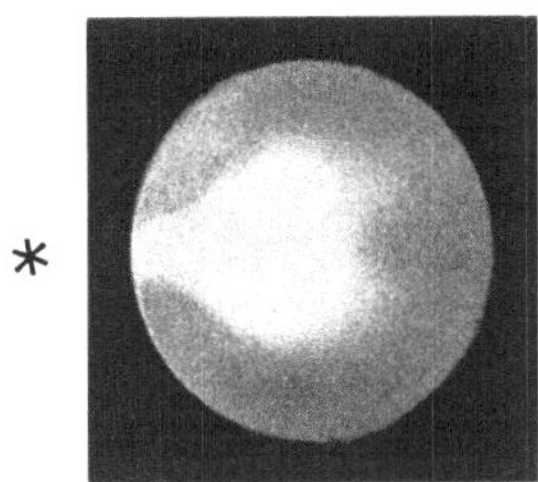

Abb. 5.9. Verteilung der Fluoreszenz über den Querschnitt eines in einem zylinderelliptischen Reflektor gepumpten Rubinkristalls (von 6,4 mm Durchmesser); die Lampe befindet sich auf der mit einem Stern bezeichneten Seite. Die Fluoreszenz ist ein Maß für die Pumpenergiedichte (nach V. Danu et al. [12]).

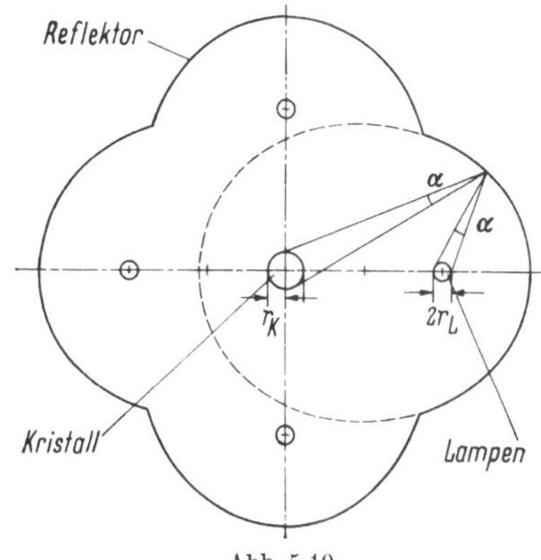

Abb. 5.10.
Querschnitt durch einen zylinderelliptischen Vierfachreflektor.

daß diese Achse mit der Schwerpunktslinie der Anregung zusammenfällt. Der Schwerpunkt der Anregung ist etwas von der Brennlinie in Richtung auf die Lampe verschoben [12] (Abb. 5.9). Eine andere Möglichkeit besteht darin, die Lampe um etwas mehr als den Brennpunktsabstand vom Kristall zu entfernen. Beachtet man diese Möglichkeiten, so ergeben sich durch die Unsymmetrie der Pumplichteinstrahlung keine Nachteile (vgl. Kap. 5.7).

Einleitend wurde betont, daß man durch Abbildung keine höhere Energiedichte als in der Lampe erzielen kann. Dies gilt auch für eine Art Reflektoren, die aus m Teilellipsoiden zusammengesetzt sind. Ein Beispiel eines solchen Reflektors ist in Abb. 5.10 im Querschnitt dargestellt. Der Querschnitt besteht aus vier symmetrisch angeordneten Teilellipsen, die *einen* gemeinsamen Brennpunkt besitzen. Abgesehen von der höheren Symmetrie gegenüber einem einfachen Zylinderellipsoid liegt der Sinn einer solchen Anordnung in der Möglichkeit, optimale Pumplichtdichten über einen großen Querschnitt zu erzeugen. Im allgemeinen ist dies mit einer einzelnen Lampe nicht möglich, insbesondere nicht mit Lampen, die die höchste Leuchtdichte bei kleinem Querschnitt erreichen. Ganz besonders trifft das auf die genannten Quecksilberkapillarlampen zu (Abb. 5.3e). Diese Lampen sind in ihrem Bogendurchmesser ($2\,r_L = 1$ mm) klein gegen den Kristalldurchmesser (z. B. $2\,r_K = 3$ mm), so daß bei geeigneter Dimensionierung auch im Fall vergrößerter Abbildung alles über den zugehörigen Ellipsenteil reflektierte Licht auf den Kristall geht. Dieser Ellipsenteil sammelt bei z. B. einem Reflektor mit 4 Ellipsen mehr als $^1/_4$ des Lichts der zugehörigen Lampe. Der Wirkungsgrad der Anordnung sinkt, die auf den Kristall auftreffende Pumpleistung steigt jedoch. Falls der Reflektor so aufgebaut ist, daß die Teilellipsoide jeweils über die gesamte Fläche ein Bild der Lampe geben, dessen Durchmesser größer als der

Kristalldurchmesser ist, erhält man den Gesamtwirkungsgrad eines m-teiligen Ellipsoids [13] zu

$$\eta = \frac{r_K}{m\,r_L}. \tag{5.1/7}$$

Der Wirkungsgrad η ist das Verhältnis der von den Lampen emittierten Lichtleistung zur auf den Kristall gelangenden Leistung. Bei gleichen Radien r_K und r_L von Kristall und Lampe beträgt der Wirkungsgrad gerade $1/m$, die Pumplichteinstrahlung entspricht also genau der Abstrahlung *einer* Lampe. Mit zunehmendem Verhältnis der Radien r_K/r_L steigt der Wirkungsgrad proportional zu

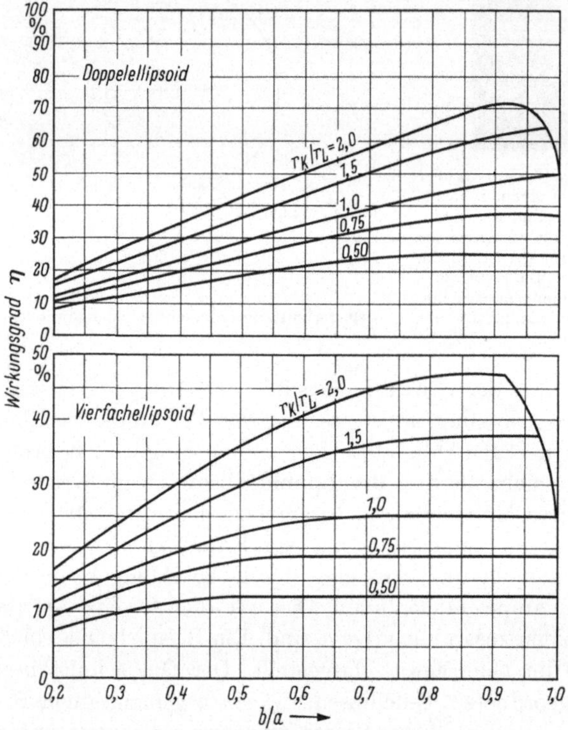

Abb. 5.11. Gesamtwirkungsgrad eines Doppel- und Vierfachzylinderellipsoids (nach C. Bowness et al. [13]) bei verschiedenen Achsenverhältnissen der Ellipsen. r_K/r_L ist das Verhältnis der Radien von Kristall und Lampe. Es ist berücksichtigt, daß die Lampe sich zu einem Teil selbst abschattet und daß direktes Licht auf den Kristall kommt.

diesem Verhältnis an. Für sehr große Quotienten r_K/r_L ist die Voraussetzung zur Ableitung von Gl. (5.1/7) im allgemeinen nicht mehr gegeben, für η findet man Sättigungswerte (<1); s. [13]. Berücksichtigt man noch die Abschattung durch die Lampe und das direkte Licht, so ergeben sich Wirkungsgrade für Doppel- und Vierfachellipsen wie in Abb. 5.11. Weitere Literatur zur Pumplichtbündelung in zylinderelliptischen Einfach- und Mehrfachreflektoren s. [14—17].

Eine günstige Symmetrie der Pumplichteinstrahlung ist bei dem rotationselliptischen Reflektor gegeben [19, 20]. Bei diesem befinden sich Lampe und Kristall jeweils zwischen Brennpunkt und Scheitel auf der Achse der Anordnung (Abb. 5.12). Strahlen, die auf einer Seite aus diesem Bereich von der Achse herkommen, treffen auf der anderen Seite wieder die Achse zwischen Brennpunkt und Scheitel. Dies geschieht unter Umständen nach mehrfachen Reflexionen. Jedenfalls kann kein Pumplicht in dem Bereich zwischen den beiden Brennpunkten verlorengehen. Der Nachweis für diese Tatsache ist leicht zu führen, wenn man die Ellipseneigenschaft und die allgemeinen Abbildungsgesetze berücksichtigt. Schwieriger ist der Lichtweg für Strahlen zu übersehen, die nicht von der Achse herkommen. Für den Teil der Lampe unmittelbar an einem Brennpunkt gelten

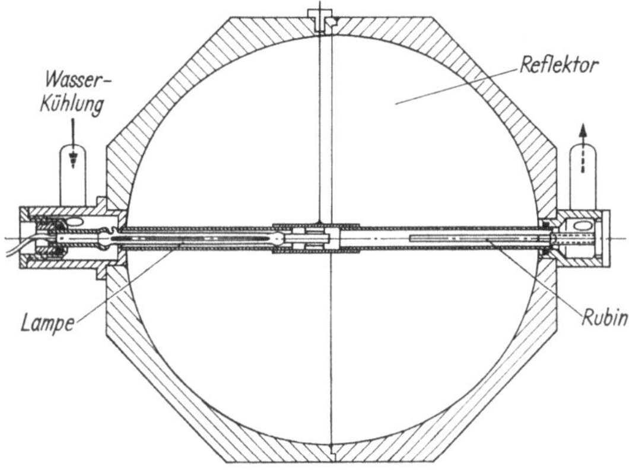

Abb. 5.12.
Rotationselliptischer Reflektor für Dauerbetrieb, Längs-schnitt; Lampe und Kristall befinden sich auf der Achse der Anordnung jeweils zwischen Brennpunkt und Scheitel (nach D. Röss [20]).

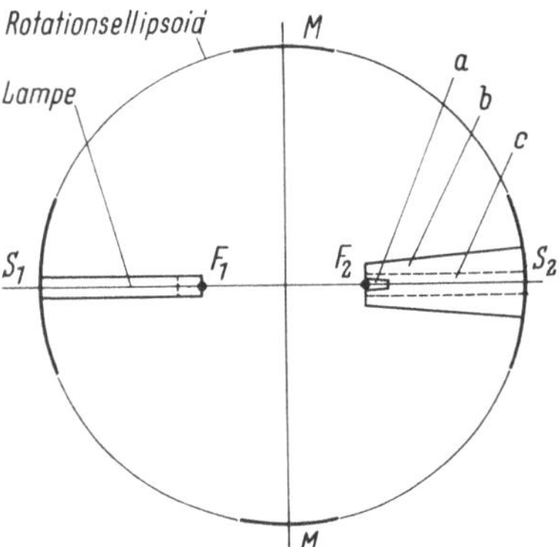

Abb. 5.13. Zur Abbildung im Rotations-ellipsoid bei einmaliger Reflexion.

a) Verkleinerte Abbildung der gesamten Lampe über den der Lampe entfernten Ellipsenscheitel S_2; b) stark vergrößerte Abbildung eines Teils der Lampe über den benachbarten Ellipsenscheitel S_1; c) Bündelung des Pumplichts in einen Bereich von den Abmessungen der Lampe durch Reflexion an der Mittelzone M des Ellipsoids.

ähnliche Aussagen wie beim Zylinderellipsoid. Dieser Teil wird über den benachbarten und entfernten Scheitel des Rotationsellipsoids vergrößert bzw. verkleinert abgebildet. Je mehr man sich vom lampenseitigen Brennpunkt entfernt, desto stärker werden die Unterschiede in der Bildgröße. In Abb. 5.13 sind die Bereiche maßstäblich eingetragen, auf die hin die Lampe über einmalige Reflexion an einem der beiden Scheitel abgebildet wird. Man sieht, daß stärkere Verkleinerungen als im Zylinderellipsoid vorkommen und daß infolge der stärkeren Vergrößerung größere Teile des Pumplichts nicht auf den Kristall gelangen. — Das von der Lampe aus der Nähe des Scheitels herkommende Licht wird zum überwiegenden Teil über Mehrfachreflexionen auf die andere Seite gebündelt. Die Pumplichtkonzentration für das mehrfach reflektierte Licht ist im Mittel besser als für das einfach reflektierte, jedoch bewirken hier die Reflexionsverluste eine stärkere Schwächung. Dementsprechend wird der Kristall an seinem Ende in der Nähe des Scheitels weniger stark gepumpt.

Alle diese genannten Pumplichtreflektoren sind keine Abbildungs-, sondern Beleuchtungssysteme. In ihnen wird ein Punkt im allgemeinen nicht wieder in einen Punkt abgebildet. Jedoch können einzelne Teile der Reflektoren jeweils eine Abbildung der Lampe liefern. Dies ist insbesondere bei den zuletzt beschriebenen elliptischen Reflektoren der Fall.

Zum Vergleich der einzelnen Reflektoren kann man die Schwellenwerte feststellen, die sich in diesen Reflektoren ergeben. Wir definieren die Schwellenwerte als die Pumpenergie oder Pumpleistung (oder Anregung pro Zeiteinheit, Kap. 5.3 und 5.4 sowie 4), bei denen in der betrachteten Anordnung die Laserschwingung einsetzt. Bei Verwendung ein und desselben Kristalls ist der Schwellenwert ein Maß für die Wirksamkeit der Pumplichtbündelung, er ist in guten Anordnungen besonders klein. In Tab. 5.1 sind die Schwellenwerte für einige Rubinlaser zusammengestellt. Hinsichtlich der Kristallabmessungen ist vor allem zu beachten, daß sich bei Rubin die erforderliche Anregung an der Laserschwelle proportional zur Kristallänge ändert.

Tabelle 5.1 *Schwellenwerte des Rubinlasers bei Verwendung verschiedener Lampen und Reflektoren. Es bedeuten: d = Durchmesser, l = Länge; a und b sind bei den Ellipsoiden die große und kleine Halbachse, e ist die lineare Exzentrizität. Die Dotierung des Kristalls beträgt 0,04 Gewichtsprozent Chrom. Zur Berechnung des äquivalenten Impulsschwellenwerts siehe Kap. 5.7.3*

Nr.	Reflektor	Abmessungen des Reflektors mm	Abmessungen des Kristalls mm	Schwellenwert	Lampe
1	Kreiszylindrischer Reflektor mit wendelförmiger Lampe	$d = 20$ $l = 66$	$d = 6$ $l = 50$	280 J	XE-5
2	Außen verspiegelte ringförmige Lampe	$d = 13$ $l = 60$	$d = 6$ $l = 50$	150 J	FX-53
3	Zylinderellipsoid I	$a = 25$ $b = 24$ $l = 50$	$d = 6$ $l = 50$	30 J	XE-1-2
4	Zylinderellipsoid II	$a = 12,5$ $b = 12$ $l = 40$	$d = 4$ $l = 40$	16 J	XE-14-A-2
5	Rotationsellipsoid	$a = 75$ $e = 25$	$d = 6$ $l = 50$	32 J	XE-1-2
6	Zylinderellipsoid für Dauerbetrieb	$a = 12,5$ $b = 12$ $l = 50$	$d = 3$ $l = 50$	1300 W (äquivalent 2,7 J)	A-2-B
7	Rotationsellipsoid für Dauerbetrieb	$a = 75$ $e = 25$	$d = 3$ $l = 50$	1300 W (äquivalent 2,7 J)	A-2-B

5.1.5 Kondensoranordnungen

Alle übrigen Anordnungen zur Bündelung des Pumplichts durch verspiegelte oder totalreflektierende Trichter oder durch geometrisch-optische Abbildung mittels Linsen oder Spiegeln verschenken zunächst einen großen Teil der Lampenleistung; es wird nur das in einen bestimmten Raumwinkel gehende Licht gesammelt. Das bedeutet nicht unbedingt eine Verminderung der Pumplichtdichte im Kristall. Durch Abbildung kann man in einem verkleinerten Bereich wieder die Energiedichte der Lampe reproduzieren. Es kommt daher durchaus in Betracht, Laserkristalle über eine optische Abbildung zu pumpen, z. B. mit Gas-entladungs-Kurzbogenlampen, die eine besonders hohe Leuchtdichte besitzen. Geeignete, mit Linsen oder Spiegeln arbeitende Abbildungssysteme lassen sich leicht finden. Wichtig sind zwei andere Kondensorsysteme, die unmittelbar in Verbindung mit dem Kristall (oder Laserglas) gebraucht werden oder mit diesem eine Einheit bilden:

Betrachten wir einen kreiszylindri-schen dielektrischen Stab und die Bre-chung, die das Pumplicht beim Ein-treten in den Stab erfährt (Abb. 5.14 a).

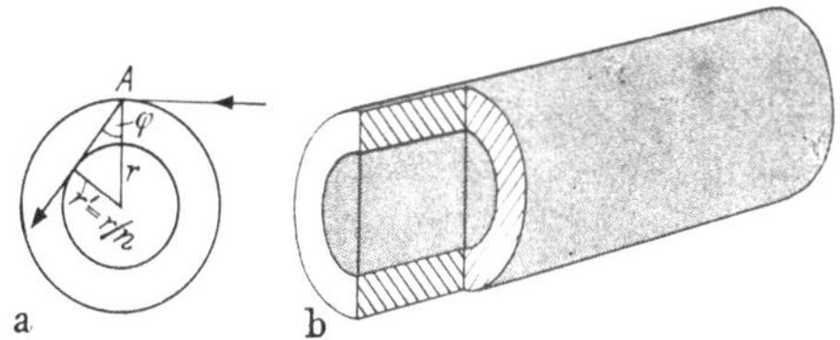

Abb. 5.14. a) Kondensorwirkung eines kreiszylindrischen dielektrischen Stabes; b) saphirummantelter Rubin.

Das im Punkt A auf den Laserstab treffende Licht wird zum Lot hin gebrochen. Bei streifendem Einfall kommt das Licht unter dem Grenzwinkel der Total-reflexion in den Kristall. Es gilt

$$\sin \varphi = \frac{1}{n} = \frac{r'}{r}, \qquad r' \equiv \frac{r}{n}. \tag{5.1/8}$$

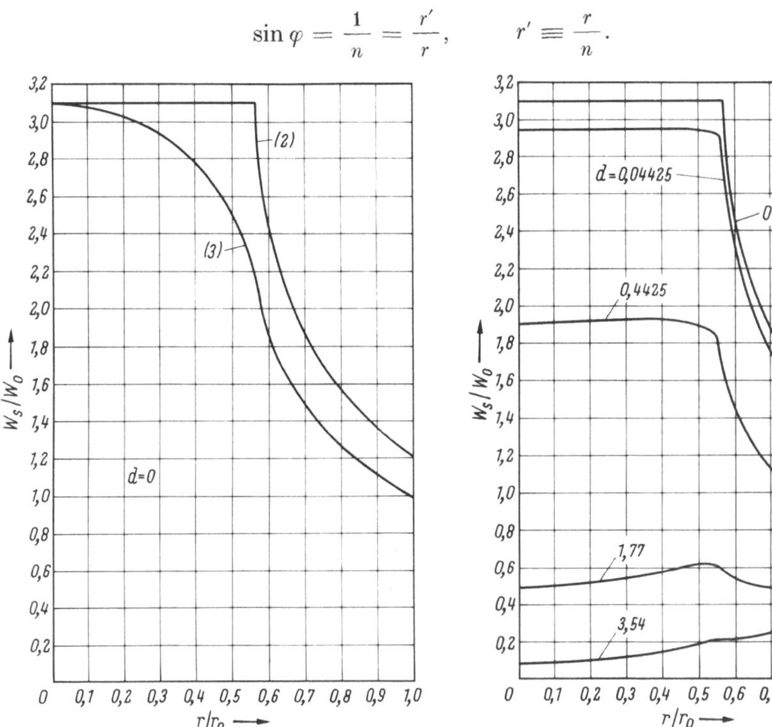

Abb. 5.15. Pumplichtverteilung in einem dielektri-schen transparenten Stab, der in ein gleichförmiges Pumplichtfeld eingebettet ist. w_s/w_0 ist das Ver-hältnis der Energiedichte im Stab zur Energie-dichte außerhalb des Stabes. r_0 = Stabradius. Kurve (2): zweidimensionales Modell, Kurve (3): dreidimen-sionales Modell (nach MCKENNA [22]).

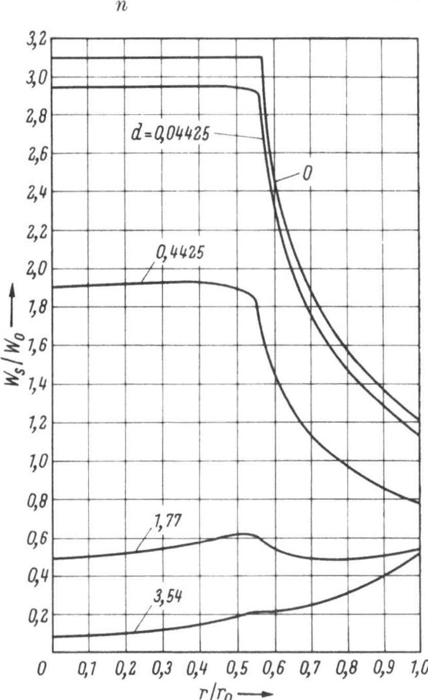

Abb. 5.16. Pumpenergiedichte in einem dielektri-schen absorbierenden Stab für verschiedene Werte der Absorption ($d = 2\alpha r_0$) (nach J. MCKENNA [22]); zweidimensionales Modell.

Sehen wir von der Absorption im Kristall ab, so geht also alles in den Stab mit dem Radius r eindringende Licht auch durch einen kleineren Zylinder vom Radius r/n. Dies bedeutet eine Erhöhung der Energiedichte um den Faktor n^2. Bei einer dielektrischen Kugel ergibt sich eine entsprechende Erhöhung der Energiedichte um den Faktor n^3 [21].

Will man bei Laserstäben den Faktor n^2 tatsächlich gewinnen, so darf der Stab in seinem Außenbereich keine Absorption aufweisen. Dies läßt sich technisch durchführen, indem man z. B. auf einen Rubinkristall epitaxial einen Saphirüberzug aufwachsen läßt. Solche mit einem Saphirmantel versehenen Stäbe (Abb. 5.14b) zeigen in der Tat einen besonders niedrigen Schwellenwert. Bei dünneren Rubinstäben von weniger als 3 mm Durchmesser wird die Absorption im Außenbereich gering, so daß die Verwendung eines Saphirmantels keine wesentliche Verbesserung mehr bringt.

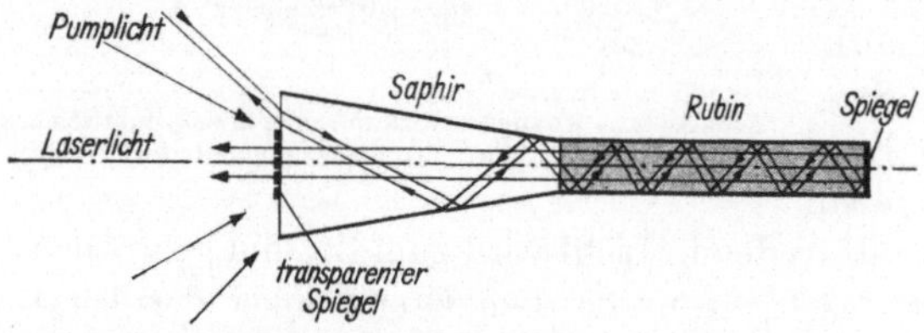

Abb. 5.17. Kondensoranordnung zum Pumpen des Stabes in Längsrichtung (end pumping), „Trompete" (nach D. F. NELSON und W. S. BOYLE [11, 29]).

Zur Berechnung der Energiedichte im Kristall kann man von zwei einfachen Grenzfällen ausgehen, wobei entweder das Pumplicht nur senkrecht zur Längsrichtung des Stabes eingestrahlt wird (zweidimensionales Modell) oder der Stab gleichmäßig aus allen Richtungen bestrahlt wird (dreidimensionales Modell). Ohne Berücksichtigung der Absorption ergibt sich eine Pumplichtverteilung wie in Abb. 5.15. Der praktische Fall liegt üblicherweise zwischen den beiden Modellfällen. Man kann ferner die Pumpenergiedichte z. B. unter der Annahme einer gleichförmigen

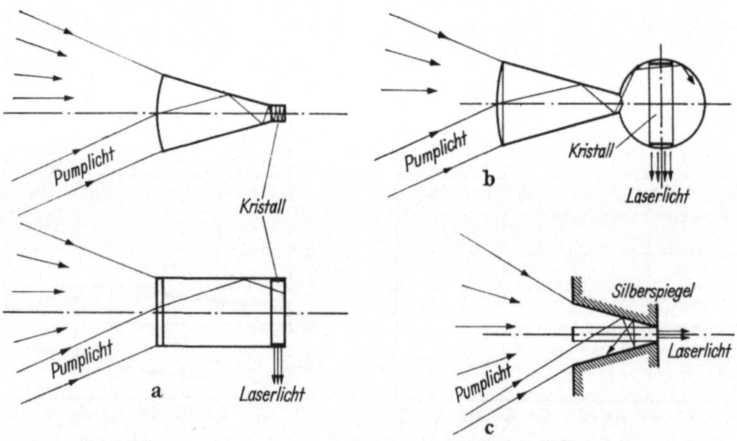

Abb. 5.18. Kondensoranordnungen zum Pumpen des Laserstabes durch die Mantelfläche (side pumping) (nach P. H. KECK, et al. [3,28] sowie C. G. JOUNG [9]).

Absorption $J = J_0 e^{-2\alpha x}$ berechnen. In Abb. 5.16 ist diese Dichte für verschiedene Werte von $d = 2\alpha r_0$ ($r_0 =$ Stabradius) angegeben [22]. Weitere Literatur zur Pumplichtbündelung in dielektrischen Stäben s. [23—27].

Eine zweite Anordnung eines Kristalls mit Kondensor ist unter dem Namen „Trompete" bekannt [11]. Diese besteht aus einem Rubinkristall, der an einem Ende in einen sich kegelförmig erweiternden Saphirteil übergeht. Einzelheiten der

Wirkungsweise kann man aus Abb. 5.17 entnehmen. Die Trompete war die erste aus einer Reihe von Anordnungen, die verspiegelte oder totalreflektierende Trichter für die Bündelung des Pumplichts benutzen. Erfolgreich eingesetzt wurden ferner auch Anordnungen, bei denen das Pumplicht in den Kristall etwa radial eintritt (Abb. 5.18) [3, 9, 28].

5.2 Resonanzstrukturen

Optisch gepumpte Festkörperlaser können besonders einfach aufgebaut sein. Abgesehen von der Pumpquelle und dem Pumplichtreflektor bestehen sie häufig nur aus einem *beiderseits an den Enden verspiegelten Laserstab* (Abb. 5.19). Man verwendet Planspiegel (*Fabry-Perot-Resonator*) sowie sphärische Spiegel, die in den meisten Fällen gleiche Krümmungsradien besitzen. Die Radien dürfen zwischen der halben Stablänge und Unendlich liegen (s. Kap. 3). Auf einen Umstand soll dabei hingewiesen werden: Die Laserstäbe besitzen, verglichen mit den Abmessungen des Gaslasers, im allgemeinen einen relativ zur Länge L großen Durchmesser $d = 2a$. Das heißt, daß die *Fresnel-Zahl* $F = na^2/\lambda L$ (a, L = geometrische Abmessungen, λ = Vakuumwellenlänge) relativ groß ist ($F \gg 1$)[1]; die Beugungsverluste auch bei Eigenschwingungen hoher transversaler Ordnung sind daher gering. Aus diesem

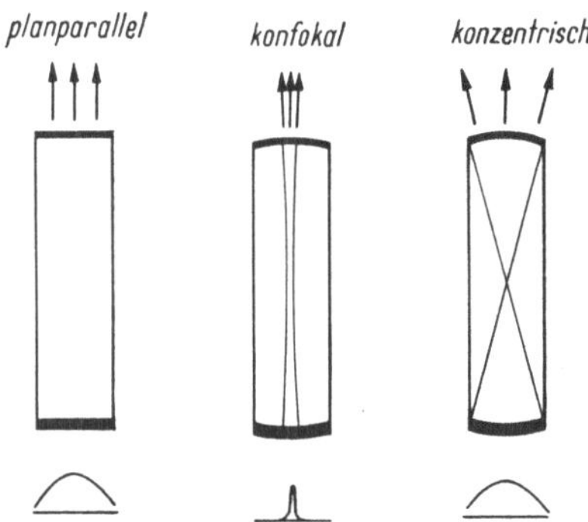

Abb. 5.19. Festkörperlaser mit planparallelen, konfokalen und konzentrischen Spiegeln. Im Idealfall ergeben sich an den Spiegeln für den Grundmode die im unteren Teil der Abbildung wiedergegebenen Verteilungen der elektrischen Feldstärke.

Grund treten zahlreiche verschiedene Eigenschwingungen zugleich auf; eine hohe Frequenzreinheit muß mit zusätzlichen Mitteln erzwungen werden (s. Kap. 5.5). Übliche Längen und Durchmesser der Laserstäbe sind einige cm bzw. mm. In Sonderfällen verwendet man jedoch auch Stäbe mit Längen von nur wenigen mm oder bis zu 1 m (z. B. aus Neodym-dotiertem Glas) und mit Durchmessern bis 20 mm.

Außer diesen Resonanzstrukturen mit beiderseits verspiegeltem Stab gibt es noch zahlreiche wichtige Sonderformen: Für viele Anwendungen ist es notwendig, mit einem oder zwei *externen Spiegeln* zu arbeiten (Abb. 5.20). Man kann dann zusätzliche optische Elemente in den Strahlengang zwischen Kristall und externem Spiegel bringen. Dies ist z. B. zur internen Modulation des Lasers (s. Kap. 8) erforderlich, ferner zur Erzeugung von Lichtimpulsen höchster Intensität (Riesenimpuls-Laser, s. Kap. 5.6) sowie auch für Maßnahmen zur Aussonderung von Eigenschwingungen („mode-selection", s. Kap. 5.5).

Bei speziellen Versuchen müssen besonders große Spiegelabstände (s. Kap. 5.4) bis zu einigen zehn Metern eingestellt werden. Dabei wird die Spiegeljustierung schwierig und es treten große Beugungsverluste auf. Diese Schwierigkeiten lassen

---

[1] Abweichend von den übrigen Kapiteln wird hier die *Fresnelzahl* unter Verwendung geometrischer Längen (a, L) definiert, um nicht an anderer Stelle „optische" Krümmungsradien der Spiegel einführen zu müssen. λ ist die Vakuumwellenlänge.

sich beseitigen, wenn man eine Linse mit relativ großem Durchmesser in den Strahlengang bringt (Abb. 5.20); die Linse wird in der Nähe des Kristalls aufgestellt. Die verspiegelte Endfläche des Kristalls, die brechende Vorderfläche und

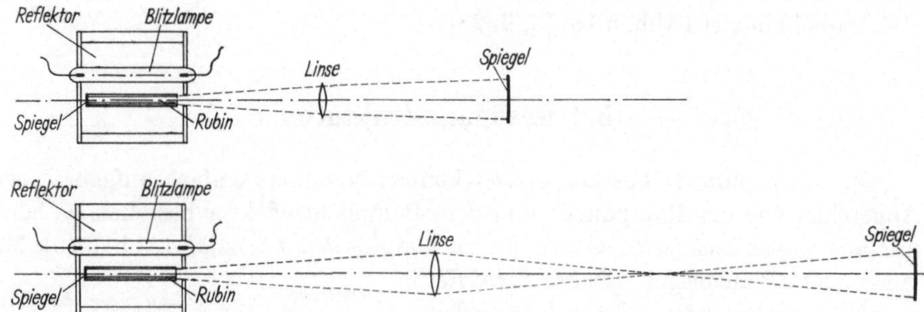

Abb. 5.20. Festkörperlaser mit externem Spiegel [30–34]. Bei Verwendung der eingezeichneten Linse im Strahlengang lassen sich große Resonatorlängen (z. B. 50 m) realisieren.

die Linse bilden dann ein optisches System, das je nach dem Abstand zwischen Linse und Kristall in seiner Brennweite veränderlich ist. Durch Verschieben der Linse können also verschiedene Resonatorformen realisiert werden.

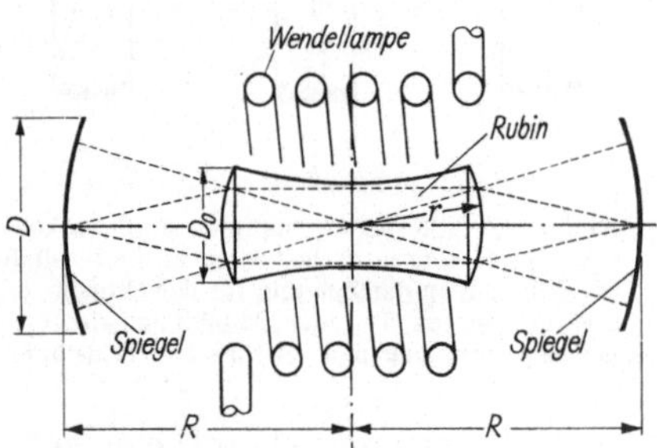

Abb. 5.21. „Konjugiert-konzentrischer" Resonator. Die Endflächen des Kristalls und die Spiegel sind konzentrisch angeordnet und besitzen einen solchen Abstand, daß der Kristall (als Linse) jeden Spiegel auf den anderen abbildet (nach R. V. Pole [35, 36]).

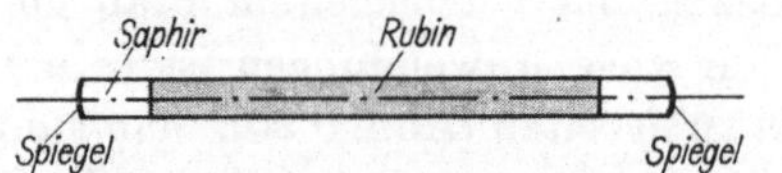

Abb. 5.22. Rubinkristall mit Saphirenden. Der Kristall läßt sich in *einem* Arbeitsgang durch Austauschen des Pulvers beim *Verneuil-Prozeß* herstellen. Er kann an den Saphirenden fest gehaltert werden, so daß keine Abschattung aktiven Materials erfolgt [37].

Ein spezieller Laserresonator mit Kristall und externen Spiegeln ist der „*konjugiert-konzentrische*" Resonator [35, 36], Abb. 5.21. Bei diesem ist das aktive Element (z. B. Rubin) an seinen Enden von zwei sphärischen Flächen in konzentrischer Anordnung begrenzt, es wirkt also als Linse. Die externen Spiegel sind ebenfalls konzentrisch zur Kristallmitte und in einem solchen Abstand angeordnet, daß die aktive Linse (Kristall) jeden Spiegel auf den anderen abbildet. Daher fallen die Brennpunkte von Linse und Spiegeln zusammen. Die Anordnung kann also nicht nur als konzentrisch, sondern zugleich auch als doppelt konfokal (mit zwei konfokalen Resonatoren in Reihe) angesehen werden. Der Resonator besitzt eine hohe Winkelentartung, daher lassen sich zur Aussonderung von Eigenschwingungen leicht räumliche Filter verwenden. Die Frequenz verschiedener Eigenschwingungen derselben longitudinalen Ordnung ist gleich. Das zeitliche Schwingungsverhalten eines solchen Lasers hängt stark von der genauen Justierung der externen Spiegel ab (s. Kap. 5.4.2).

Zu den Resonatoren mit externen Spiegeln zählen auch solche aus einem einzelnen beiderseits verspiegelten Einkristall, in dem jedoch die Enden nicht dotiert sind (Abb. 5.22), insbesondere Rubinkristalle, die an den Enden in Saphir übergehen [37].

Der Kristall kann dann an den Enden fest gehaltert und eventuell gegen das Kühlmittel abgedichtet werden, ohne daß eine Abschattung aktiven Materials erfolgt. Eine bei Drei-Niveau-Materialien auftretende Selbstabsorption des Laserlichts in nicht gepumpten Kristallteilen wird also vermieden. Es ergibt sich eine Verminderung des Schwellenwerts und eine Erhöhung der Ausgangsleistung (s. Kap. 5.7).

Ein weiterer Resonator besteht aus einer Reihe von hintereinander angeordneten aktiven Elementen (*many element laser*), z. B. planparallelen Laserkristallen [38—41]. Die beiden äußeren Grenzflächen des ersten oder letzten Elements können unverspiegelt oder verspiegelt sein. Auf Grund der inneren Reflexion an den Grenzflächen verlängert sich die Verweilzeit der Quanten im Resonator, daher vermindert sich die zum Anschwingen nötige Überbesetzung (s. Kap. 4.4). Solche Laser können ohne jeden Spiegelbelag auskommen und besitzen trotz großer Auskopplung einen niedrigen Schwellenwert. Ferner ist die Anzahl der Eigenschwingungen gegenüber nicht unterteilten Lasern (Kap. 5.5) stark vermindert.

Abb. 5.23. Festkörper-Ringlaser. Die Abstrahlung erfolgt tangential zur Oberfläche (nach P. WALSH et al. [44] sowie D. RÖSS 45]).

Außer diesen Anordnungen mit ebenen oder sphärischen Spiegeln bzw. reflektierenden Grenzflächen gibt es Laserresonatoren, die die Totalreflexion an der Außenfläche des aktiven Materials ausnutzen. Bekannt sind *Kugellaser* [42] aus $CaF_2 : Sm^{2+}$ und *Ringlaser* aus Rubin [44, 45] (Abb. 5.23); in diesen läuft das Laserlicht kreisförmig um. Die Reflexion erfolgt an gekrümmten Flächen und ist daher nicht ganz vollständig, außerdem ergeben sich Verluste durch Unebenheiten der Oberfläche und Streuung an Störungen im Kristall. Insgesamt sind die Verluste jedoch äußerst gering, daher haben die Untersuchungen mit solchen Resonatoren wissenschaftliche Bedeutung. Für die Anwendung ist es störend, daß die Abstrahlung im wesentlichen tangential zur gekrümmten Oberfläche und daher nicht gebündelt erfolgt.

Wichtig sind ferner Resonatoren, in denen man die Totalreflexion an ebenen Flächen ausnutzt. Man verwendet Kristalle und Glasstäbe, die an einem Ende oder auf beiden Seiten dachförmig oder in Form einer Würfelecke angeschliffen sind (Abb. 5.24). Bei Stäben mit zwei totalreflektierenden Dachkantprismen kann die Auskopplung von Licht mit Hilfe des optischen Tunneleffekts durch ein Prisma geschehen, das im Abstand von etwa einer Lichtwellenlänge an eine Dachfläche angesetzt ist (Abb. 5.24a). Einfacher und von größerer praktischer Bedeutung sind Anordnungen mit nur einem Dachkantprisma und einem teildurchlässigen Planspiegel am anderen Stabende (Abb. 5.24b). Die Verwendung einer Würfelecke als Reflexionsprisma (Abb. 5.24c) ist allgemein bekannt. Ein derartiges Prisma wirft das durch die Basis eintretende Licht parallel zu sich zurück („Katzenauge").

Solche reflektierenden Prismen können auch getrennt vom Laserstab eingesetzt werden, entweder in fester Justierung oder im Fall des Dachkantprismas auch als Drehprisma (s. Kap. 5.6, Abb. 5.24d). Durch Verwendung getrennter Prismen entstehen gekoppelte Resonatoren („mode-selection", s. Kap. 5.5). Direkt an den Kristall angeschliffene totalreflektierende Prismen sind ohne weitere Überlegungen zu verwenden, wenn das Lasermaterial optisch isotrop ist.

Bei doppelbrechenden Materialien hat man dagegen auf eine geeignete Ausrichtung der Prismen zu achten: Bei solchen Materialien ist zu vermeiden, daß sich die Schwingungsintensität (oder ein Teil davon) bei der Reflexion in ihrer Polarisationsrichtung relativ zur optischen Achse ändert: Andernfalls treten irreguläre Reflexionen auf.

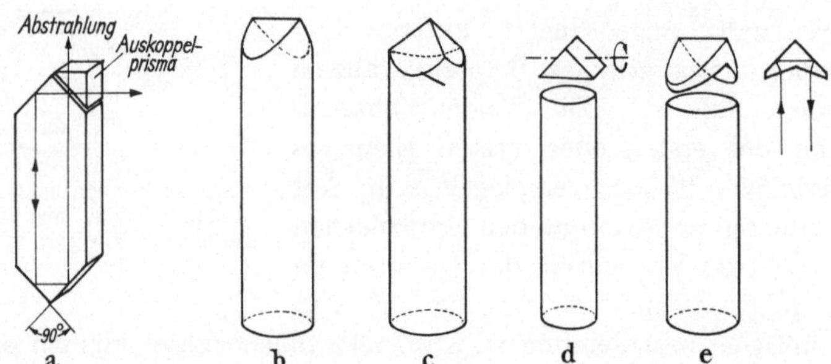

Abb. 5.24. Verschiedene Laser mit ebenen Totalreflexionsspiegeln.
a) Laserstab mit zwei Dachprismen und Auskopplung mit Hilfe des Tunneleffekts;
b) *ein* Dachprisma;   c) Würfelecke („Tripelspiegel, Katzenauge");   d) externes Dachprisma;
e) totalreflektierendes Doppelprisma zur Unterdrückung von Eigenschwingungen höherer transversaler Ordnung. Nur für genau parallel zur Symmetrieachse einfallendes Licht liegt der Reflexionswinkel bei beiden Reflexionen über dem Grenzwinkel der Totalreflexion (nach I. A. GIORDMAINE u. W. KAISER [46]).

Betrachten wir als Beispiel die Totalreflexion in einem einachsigen Kristall (Abb. 5.25). Die optische Achse und eine bestimmte Schwingungsrichtung sind eingezeichnet. In dem angenommenen Fall wird der einfallende ordentliche Strahl bei der Reflexion in einen außerordentlichen umgewandelt. Es erfolgt ein Brechungsindexsprung von n_0 zu n_e. Daraus folgt

$$n_0 \sin \alpha_0 = n_e \sin \alpha_e. \tag{5.2/1}$$

Für Rubin ist $n_0 = 1,768$ und $n_e = 1,760$, es ergibt sich $(\alpha_0 - \alpha_e) = 0,5°$. Bei der nächsten Reflexion an der zweiten Dachfläche wird der Ausfallswinkel um etwa denselben Betrag kleiner als der Einfallswinkel, so daß sich die Effekte addieren: Durch Reflexion an einem rechtwinkligen Dachprisma aus Rubin oder Saphir können also Winkelabweichungen bis zu 1° auftreten.

Bei doppelbrechenden Materialien hängt außerdem die Verstärkung von der Polarisationsrichtung ab. Auch aus diesem Grund ist ein Schwingungszustand (mit maximaler Verstärkung) bevorzugt, bei dem die Polarisationsrichtung nicht auf Grund von Reflexionen wechselt. — Allgemein ergibt sich jedoch bei der Totalreflexion eine Phasendifferenz δ zwischen dem in der Einfallsebene und dem senkrecht dazu schwingenden Licht. Linear polarisiertes Licht wird also in elliptisch polarisiertes umgewandelt[1].

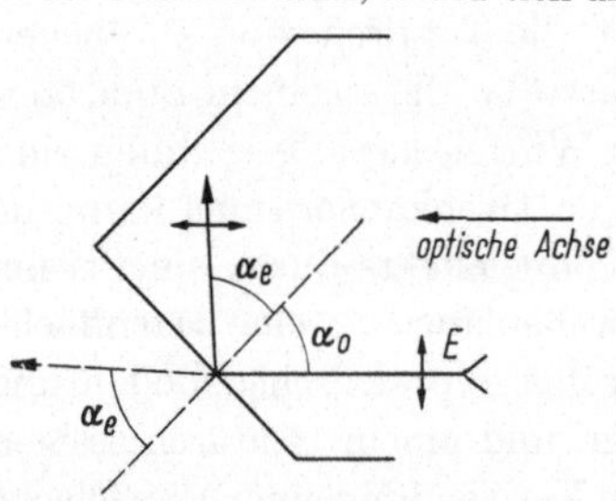

Abb. 5.25. Totalreflexion in einem optisch einachsigen Kristall (Rubin) für den Fall, daß die optische Achse und der Vektor der elektrischen Feldstärke in der Zeichenebene liegen.

Aus diesen Eigenschaften der Totalreflexion und der Doppelbrechung erhält man folgende Forderungen für eine Orientierung des Dachprismas: Bei optisch einachsigen Kristallen und σ-Polarisation (s. Kap. 5.4.4) für den Laserübergang (z. B. Rubin) muß im allgemeinen die Kante des Dachprismas auf der Ebene senkrecht stehen, die durch die optische Achse des Kristalls und die geometrische Achse des Laserstabs gebildet wird. — Liegt die optische Achse parallel zur Stabachse, so

---

[1] Für einen Einfallswinkel von 45° ist $\operatorname{tg} \dfrac{\delta}{2} = \dfrac{1}{n} \cdot \sqrt{n^2 - 2}$, also $\delta = 37°$ für $n = 1,5$.

ist diese Bedingung stets erfüllt. Im Fall des 90°-Kristalls kann die Dachkante auch in der genannten Ebene liegen.

Kristalle mit π-Polarisation (z. B. $CaWO_4$:Nd^{3+} bei 10585 Å) besitzen für die Laserstrahlung die größte Verstärkung, wenn die optische Achse senkrecht zur Stabachse liegt. Bei diesen Kristallen muß die Kante des Dachprismas in der durch die beiden Achsen gegebenen Ebene liegen.

5.3 Die für das Schwingungsverhalten eines Festkörperlasers maßgebenden Größen

Wir sehen hier von speziellen Effekten ab und betrachten als wesentlich für das Schwingungsverhalten die Größen, die in den Bilanzgleichungen (s. Kap. 4.5 und 5.4.2) stehen. Es sind dies die wirksame (normierte) Pumpleistung (Anregung) P, der *Einstein-Koeffizient* B'_ν, ferner die Lebensdauer τ_l der angeregten aktiven Atome und die Verweilzeit τ_c der Quanten im Resonator. Der *Einstein-Koeffizient* bei isotroper Verstärkung ist in der Linienmitte, also an der Stelle größter Verstärkung gleich $B'_\nu = c^3/n^3\, 4\pi^2\, \nu^2\, \Delta\nu\, \tau_l$. Der Brechungsindex n und die Laserfrequenz ν sind für die verschiedenen Festkörperlaser-Materialien jeweils von derselben Größenordnung. Sehr verschiedene Werte kann dagegen außer τ_l auch die Linienbreite $\Delta\nu$ annehmen; dies sogar bei ein und demselben Material. Für Rubin z. B. vermindert sich $\Delta\nu$ bei Abkühlung von Zimmertemperatur auf 77°K um fast den Faktor 100.

Vier bei den einzelnen Experimenten mit sehr verschiedenen Zahlenwerten auftretende Größen (Anregung oder Pumpleistung P, Lebensdauer τ_l, Verweilzeit τ_c bzw. Resonatorverluste und Linienbreite $\Delta\nu$) sind also für das Schwingungsverhalten maßgebend. Wir wollen zeigen, daß man diese Größen messen oder berechnen kann. Auf Grund dieser Tatsache läßt sich in den meisten Fällen mit Hilfe der Bilanzgleichungen das Schwingungsverhalten des Lasers quantitativ erfassen. Falls Abweichungen auftreten, beruhen diese im allgemeinen auf der Existenz mehrerer angeregter Eigenschwingungen und deren Wechselwirkung.

5.3.1 Pumpleistung

Die mittels Photomultiplier und Oszillograph meßbare Pumpleistungskurve ist beim Impulslaser üblicherweise durch den Spannungsverlauf an der Kondensatorbatterie und den Bogenwiderstand der Blitzlampe während der Zeit gegeben, während der sich die Kondensatorbatterie über die Lampe entlädt: Kurz nach dem Zünden der Lampe hat die Pumplichtintensität ein Maximum, danach folgt ein angenähert exponentieller Abfall (Abb. 5.26a). Günstiger für die theoretische Auswertung von Messungen sind Pumplichtkurven mit kurzzeitig konstanter Leistung. Man erhält solche (Abb. 5.26b) durch Verwendung einer geeigneten Kombination von Kapazitäten und Induktivitäten nach Art eines Kettenleiters anstelle einer einfachen Kondensatorbatterie [32].

Ebenfalls erhält man einen Pumpimpuls mit annähernd konstanter Intensität, wenn man mit einer großen Kondensatorbatterie arbeitet. Um dabei eine Überlastung der Lampe zu vermeiden, überbrückt man diese nach einer bestimmten Impulsdauer durch einen Nebenschluß. Dies geschieht durch Zünden eines Thyratrons [47].

Von der zu messenden Pumpleistung unterscheiden wir die normierte Pumpleistung P (s. Kap. 4), die dieser proportional ist. Wir verwenden die normierte Pumpleistung P, um von speziellen Eigenschaften der Anordnung (Pumplichtbündelung) und des Materials (z. B. Quantenwirkungsgrad) frei zu sein und eine für die Beschreibung aller Laser geeignete Größe zu besitzen. P hat die Dimension einer Anregungsleistung, gibt jedoch nur bei kleiner Besetzung $N_2 \ll N_\Sigma$ direkt die Anzahl der angeregten Atome pro Zeiteinheit an. Mit zunehmender Besetzung $N_2 = N_\Sigma - N_1$ vermindert sich die Anregung und damit die Wirksamkeit des Pumplichts gemäß dem Quotienten $P N_1/N_\Sigma$.

Im allgemeinen genügt für eine Auswertung experimenteller Emissionskurven des Lasers eine Kenntnis des Faktors ξ, um den die jeweilige normierte Pumpleistung über der Pumpleistung an der Schwelle liegt, $P = \xi P_0$. Dieser Faktor ξ ergibt sich direkt als Verhältnis der Höhe der gemessenen Pumpleistungskurve am jeweiligen Arbeitspunkt zur Höhe an der Laserschwelle. Die Schwelle ist dabei an dem Zeitpunkt zu messen, in dem die Laserschwingung aufhört. (Mit abnehmender Pumpleistung zeigt der Laser ein quasistationäres Verhalten. Zu

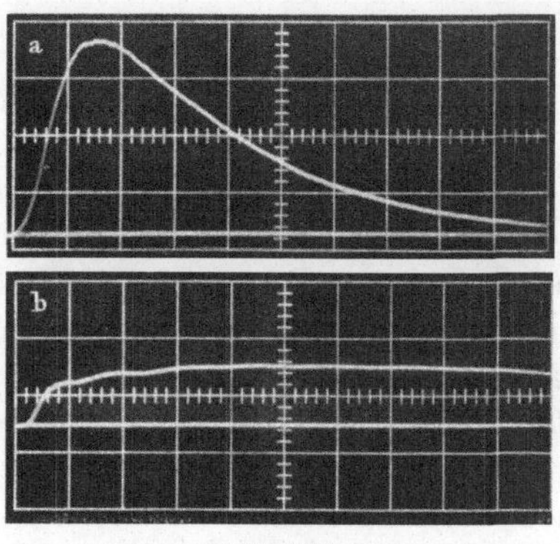

Abb. 5.26.
Zeitlicher Verlauf der Pumplichtintensität,

a) typischer Verlauf bei Entladung einer Kondensatorbatterie über eine stabförmige Xenon-Impulslampe;

b) Zeitverlauf bei Verwendung einer geeigneten Kombination von Kapazitäten und Induktivitäten nach Art eines Kettenleiters anstelle einer einfachen Kondensatorbatterie [32]. Die Bildbreite entspricht 1 ms.

Beginn der Laseremission wird dagegen die Schwellenbesetzung im allgemeinen bei einer überhöhten Pumpleistung erreicht; vergl. Abb. 5.32.) Experimentell im Impulsbetrieb erzielbare Werte bei leistungsfähigen Lampen und guten Pumplichtreflektoren sind $\xi = 30$ für Rubin und $\xi = 1000$ für Neodym-dotierten Yttrium-Aluminium-Granat.

Falls erforderlich, kann man die normierte Pumpleistung auch ihrem Zahlenwert nach angeben. Gemäß der *Schawlow-Townesschen*-Beziehung erhält man die Gln. (4.4/7 a) und (4.4/8) für den Drei-Niveau-Laser

$$P \approx \xi \frac{N_\Sigma}{\tau_l} \tag{5.3/1}$$

und für Vier-Niveau-Laser

$$P = \xi \frac{V}{B'_\nu \tau_c \tau_l}. \tag{5.3/2}$$

5.3.2 Resonatorverluste

Eine Lichtwelle in einem Laserresonator erleidet Verluste durch Beugung, mangelnde Reflexion an den Spiegeln, eventuell auch Absorption und Auskopplung. Beim Festkörperlaser kommen Verluste durch Streuung hinzu. Auf Grund der Verluste haben die Lichtquanten im Resonator eine begrenzte Lebensdauer [vgl. Gln. (4.4/3) und (4.4/4)], die wir Verweilzeit (τ_c) nennen. Mit dem Gütefaktor des Resonators Q ist diese Verweilzeit gemäß $Q = \omega \tau_c$ verknüpft.

Die Verluste lassen sich direkt messen oder berechnen sowie aus den Lasereigenschaften ermitteln. Betrachten wir die einzelnen Verlustanteile: Die Beugungsverluste fallen nur bei Anordnungen mit großem Spiegelabstand und kleinem Spiegeldurchmesser ins Gewicht. Im Falle beiderseits verspiegelter Stäbe ist die *Fresnel-Zahl* stets groß, d. h. die Beugungsverluste sind klein (s. Kap. 3).

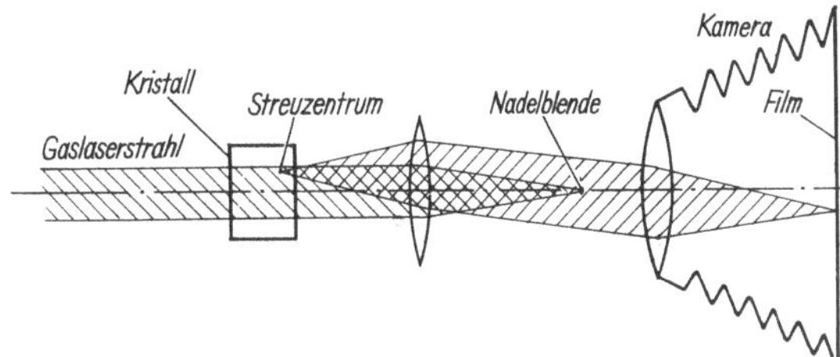

Abb. 5.27. Strahlengang zur Messung der Streuung und Beobachtung der Streuzentren.

Die Verluste an den Spiegeln können bei einmaliger Reflexion kleiner als 0,5% sein (gute Interferenzspiegel), sie betragen bei der Rubinwellenlänge 2,3% für Silber- und 8% für Goldspiegel [48]. Die Auskopplung (Transmission) ist einstellbar.

Schwieriger sind die Verluste durch Absorption und Streuung zu bestimmen. Für die wichtigsten der Vier-Niveau-Materialien (z. B. $CaWO_4$: Nd^{3+} und YAG : Nd^{3+}) und gute Kristalle sind derartige Verluste vernachlässigbar. Für Rubin kann man dagegen annehmen, daß eine Absorption auf Grund von Übergängen vom Laserausgangsniveau in höhere Bänder existiert [49]. Noch wesentlicher sind bei Rubin-Kristallen die Streuverluste. Diese lassen sich untersuchen, indem man z. B. einen Gaslaserstrahl durch den Kristall schickt, danach fokussiert und im Brennpunkt mit einer Nadelspitze ausblendet (Abb. 5.27). Man kann dann das an der Nadelspitze vorbeigehende gestreute Licht messen oder den Kristallquerschnitt mit einer Optik z. B. auf eine Photoplatte abbilden. Auf diese Weise werden die Streuzentren sichtbar (Abb. 5.28). Der bei einmaligem Durchgang durch einen nach VERNEUIL gezogenen 5 cm langen Kristall gestreute Anteil des Gaslaserstrahls beträgt selbst bei relativ gutem Kristall etwa 15%. Die Schwierigkeit einer genauen Angabe der Streuverluste liegt hier in der Frage, wie stark das Licht gestreut sein muß, damit es für die Laserschwingung tatsächlich verloren ist. Die Antwort fällt für verschiedene Resonatorformen verschieden aus: Während beim konfokalen Resonator nach geometrisch optischen Gesetzen selbst stark gestreutes Licht noch ständig in der Anordnung verbleibt, genügt beim planparallelen oder konzentrischen Resonator eine kleine Streuung, damit das Licht zur Außenfläche des Kristalls hin auswandert. Der Vorteil des Resonators mit konfokalen oder angenähert konfokalen

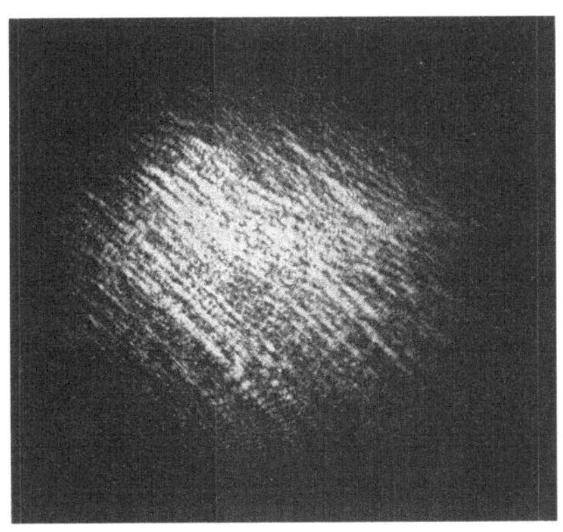

Abb. 5.28.
In einer Rubinscheibe gestreutes Laserlicht.
Beobachtung mit Strahlengang nach Abb. 5.27.

Spiegeln liegt also beim Festkörperlaser weniger in der Verminderung der ohnehin vernachlässigbaren Beugungsverluste als vielmehr in der Verringerung der effektiven Streuverluste. Kristalle mit solchen Spiegeln haben niedrigere Schwellenwerte.

Die Streuverluste können also durch direkte Messung nicht genau ermittelt werden. Daher sind weitere Verfahren nützlich, die die Verluste aus den Lasereigenschaften zu bestimmen gestatten [50, 51]: Betrachten wir einen Drei-Niveau-Laser mit der Besetzung N_1 (unten) und N_2 (oben) in den beiden Lasertermen, die Besetzungssumme ist konstant ($N_1 + N_2 = N_\Sigma$). Dann ergibt sich für die Schwellenbesetzung N_{20} im oberen Niveau die Gl. (4.4/6), die wir in der Form

$$N_{20} = \frac{K_1 \tau_l \, \Delta \nu}{\tau_c} + \frac{N_\Sigma}{2} \qquad (5.3/3)$$

schreiben können. Darin sind τ_l und $\Delta \nu$ temperaturabhängig. K_1 faßt einige Größen zusammen, die nicht bekannt zu sein brauchen, da man K_1 im Verlauf der Bestimmung von τ_c eliminiert.

Die Schwellenbesetzung N_{20} soll durch optisches Pumpen aufgebaut werden, wobei wir die Pumpenergie in einer Zeit zuführen wollen, die klein gegen die Lebensdauer τ_l ist. Die Verluste durch spontane Emission können dann vernachlässigt werden, es gilt für die Änderung der Besetzung

$$\frac{dN_2}{dt} = P\left(1 - \frac{N_2}{N_\Sigma}\right). \qquad (5.3/4)$$

Die Anregung ist also der Pumpleistung und der Zahl der Atome im Grundzustand ($N_\Sigma - N_2$) proportional. Aus Gl. (5.3/4) ergibt sich

$$N_{20} = N_\Sigma \left(1 - \exp[- W/N_\Sigma]\right). \qquad (5.3/5)$$

Darin ist $W = \int\limits_0^{T_0} P\,dt$ die normierte Pumpenergie, die jeweils zum Erreichen des Schwellenwertes benötigt wird. Setzt man jetzt (5.3/3) und (5.3/5) gleich, so kann man aus drei Messungen die Resonatorverluste bestimmen. Man kann entweder bei drei verschiedenen Temperaturen arbeiten, die Temperaturabhängigkeit von τ_l und $\Delta \nu$ berücksichtigen und nach Elimination von K_1 und dem Proportionalitätsfaktor in W die Verweilzeit τ_c berechnen, oder man kann bei der gleichen Temperatur arbeiten und bei drei Messungen jeweils die Verluste kontrolliert verändern. τ_c ist dann eine zusammengesetzte Größe (s. Kap. 4.4) mit einem unbekannten Anteil (z. B. den Streuverlusten), während die übrigen Verluste bekannt sind und variiert werden. — Messungen und Auswertungen dieser Art liefern für die Streuverluste von *Verneuil-gezogenem Rubin* Werte von ungefähr 15% pro Durchgang. Für aus der Salzschmelze gezogene 7 mm lange Kristalle ergeben sich nach einer ähnlichen, noch verfeinerten Methode Streuverluste von weniger als 1% pro Durchgang [51].

Eine weitere Methode der Bestimmung der Resonatorverluste beruht auf der Beobachtung des zeitlichen Emissionsverlaufs. In Kap. 4.6 sind bereits die Beziehungen für die Periodendauer T und Dämpfungszeit τ_d der Relaxationsschwingungen beim Vier-Niveau-Laser angegeben [Gln. (4.6/4 und 4.6/5)]. Diese lassen sich für nicht zu kleine Pumpleistung kombinieren zu

$$T^2 = 2\pi^2 \tau_c \tau_d. \qquad (5.3/6)$$

Durch Messung der Emissionsparameter T und τ_d läßt sich also ebenfalls die Verweilzeit τ_c bestimmen. Es sei hier vorweggenommen, daß die Beziehung (5.3/6) auch aus den Bilanzgleichungen für den Drei-Niveau-Laser (Rubinlaser) folgt (s. Kap. 5.4).

Diese Methode der Bestimmung von τ_c liefert bei den meisten Vier-Niveau-Lasern gute Ergebnisse. Bei Rubin ist sie dagegen nur in einigen Sonderfällen anwendbar [52]. Im allgemeinen sind beim Rubinlaser die Relaxationsimpulse unregelmäßig und ungedämpft, es treten somit Abweichungen vom Verhalten entsprechend den einfachen Bilanzgleichungen auf. (Näheres s. Kap. 5.4.2.)

5.3.3 Linienbreite

Bei den Materialien für Festkörperlaser sind die Fluoreszenz-Linienbreiten durch Wechselwirkung mit dem Gitter stark gegen die natürliche Linienbreite der isolierten Dotierungsatome vergrößert. Sie sind daher spektroskopisch mit großer relativer Genauigkeit zu messen. Eine Ausnahme bildet Dysprosium-dotiertes Calciumfluorid, dort ist die Linienbreite kleiner als 1 GHz. — Weitere Zahlenwerte für die Linienbreiten sind in Kap. 5.8 und Tab. 5.2 angegeben.

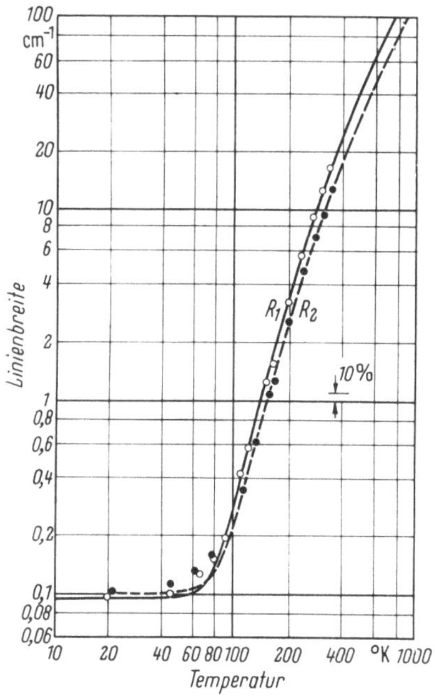

Abb. 5.29. Linienbreite der beiden Rubin-R-Linien in Abhängigkeit von der Temperatur (nach D. E. McCumber u. M. D. Sturge [53]).

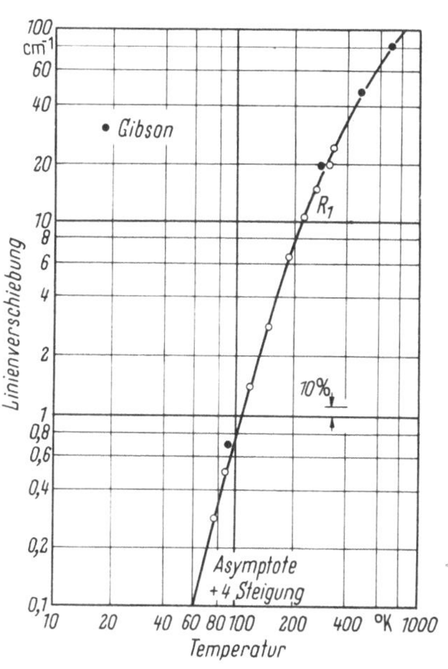

Abb. 5.30. Verschiebung der Wellenzahl der Rubin-R_1-Linie mit der Temperatur, Nullpunkt bei 0 °K (nach D. E. McCumber u. M. D. Sturge [53]).

Die Wechselwirkung mit den Umgebungsatomen kann zu einer inhomogenen Linienverbreiterung führen, wenn nämlich die aktiven Atome nicht stets an der gleichen Stelle eines periodischen Gitters eingebaut sind. Insbesondere besitzen also Laserstäbe aus Glas eine inhomogen verbreiterte Linie. Bei Rubin beträgt der inhomogene Anteil der Linienverbreiterung weniger als $^1/_{100}$ der Linienbreite bei Zimmertemperatur. Er beruht auf Änderungen des Kristallfeldes auf Grund von Spannungen und Störungen im Gitter. Kühlt man den Kristall auf unter 50 °K, so bleibt allein der inhomogene Anteil der Linienbreite übrig. Die homogene Verbreiterung bei höherer Temperatur beruht auf Schwankungen des Kristallfeldes durch thermische Gitterbewegungen. Sie läßt sich bei Rubin mit großer Genauigkeit aus einem *Debye-Modell* für die Gitterschwingungen unter der Annahme einer *Raman-Streuung* der Phononen an den aktiven Atomen berechnen [53]. Die Rechnung liefert für die Linienbreite Δv_n der beiden R-Linien ($n = 1,2$):

$$\Delta v_n \,(T) = \Delta v_n (0) + \bar{\alpha}_n \left(\frac{T}{T_D}\right)^7 \int\limits_0^{T_D/T} \frac{x^6 \exp\,[x]\,dx}{(\exp\,[x] - 1)^2} \tag{5.3/7}$$

mit der *Debye-Temperatur* $T_D = 760\,°K$, $\bar{\alpha}_1 = 544\ \mathrm{cm}^{-1}$, $\bar{\alpha}_2 = 415\ \mathrm{cm}^{-1}$, $\Delta v_1 (0) = 0{,}095\ \mathrm{cm}^{-1}$ und $\Delta v_2(0) = 0{,}10\ \mathrm{cm}^{-1}$. Die $\Delta v\,(0)$-Werte hängen jeweils von dem verwendeten Kristall ab. Die Beziehung (5.3/7) ist zusammen mit Meßwerten in Abb. 5.29 dargestellt.

Aus derselben Rechnung [53] folgt auch die Temperaturabhängigkeit der Lage des Maximums der Fluoreszenzlinie (Abb. 5.30). Man kann diese Temperaturabhängigkeit ebenfalls zu einer Messung der Linienbreite ausnutzen [54]: Dazu betreibt man einen Rubinlaser bei verschiedenen Temperaturen, die Emission liegt jeweils im Maximum der Fluoreszenzlinie, also bei verschiedenen Wellenlängen. Man kann dann die Absorption des Laserlichts in einem Rubinkristall von fester Temperatur messen. Auf diese Weise läßt sich ohne Verwendung eines hochauflösenden Spektrometers die Linienbreite bestimmen.

5.3.4 Lebensdauer

Die Lebensdauer der angeregten aktiven Atome ergibt sich bei den Vier-Niveau-Materialien aus Fluoreszenzmessungen. Man regt die Materialien in einem Fluoroskop oder mit hinreichend kurzzeitig emittierenden Blitzlampen an und beobachtet das Abklingen der Fluoreszenz.

Schwierigkeiten bestehen bei Rubin, das als Drei-Niveau-Material Resonanzabsorption besitzt, es kann also die eigene Strahlung wieder absorbieren. Um diese Selbstabsorption klein zu halten, muß man mit sehr kleinen Proben von geringer Dotierung arbeiten. Die Messungen ergeben [55] ein Maximum der Lebensdauer bei einer Temperatur von 120 °K (Abb. 5.31). Durch Vergleich mit der aus Absorptionsmessungen berechneten Kurve findet man, daß etwa 10% der Übergänge bei 77 °K und

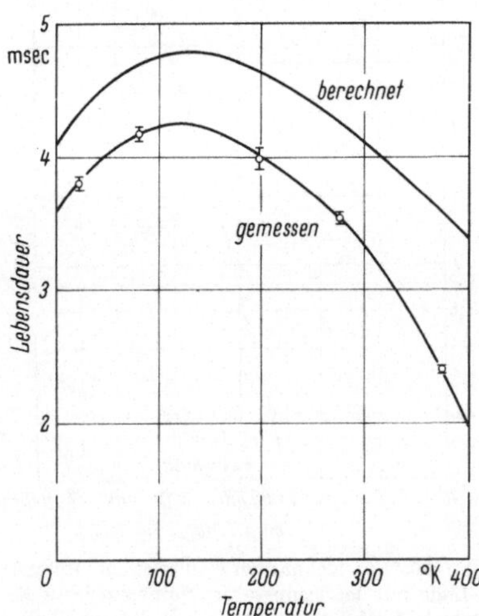

Abb. 5.31. Gemessene Lebensdauer der angeregten ^2E-Zustände von Rubin bei Untersuchung optisch dünner Kristalle und aus Absorptionsmessungen berechnete Lebensdauer für strahlende Übergänge im Bereich der R-Linien (nach D. F. NELSON u. M. D. STURGE [55]).

25% bei 300 °K nichtstrahlend sind oder außerhalb des Bereichs der R-Linien liegen. Weitere Angaben über Lebensdauern finden sich in Tab. 5.2 (S. 201–208).

Eine besonders einfache Methode der Lebensdauerbestimmung an einem Laserstab beruht auf der gleichzeitigen Beobachtung der Emission und des Pumplichtverlaufs [56, 57] (Abb. 5.32). Unterhalb des Schwellenwerts ist im allgemeinen die induzierte Emission zu vernachlässigen; für Vier-Niveau-Laser gilt

$$\frac{dN}{dt} = P(t) - \frac{N}{\tau_l}.$$ (5.3/8)

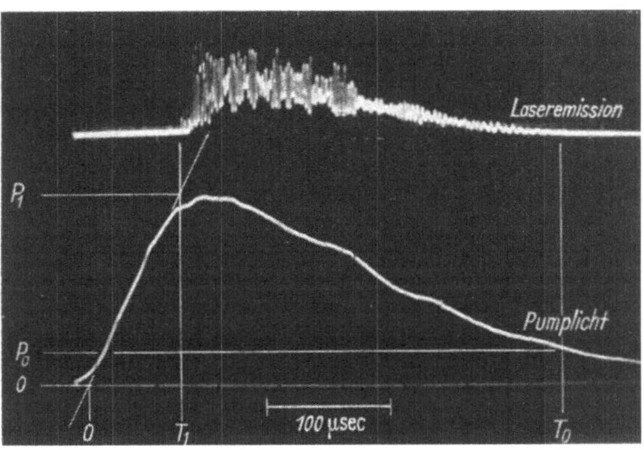

Abb. 5.32. Gleichzeitige Beobachtung von Emission und Pumplichtverlauf bei einem Laser mit Neodym in YAG. Die Auswertung gemäß Gl. (5.3/10) führt auf $1 - \exp(-76, 2x) = 62,8x$ mit $1/x = \tau_l$ in µs. Man erhält in Übereinstimmung mit anderen Messungen $\tau_l = 0,20$ ms.

Diese Differentialgleichung integriert man bis zu dem Zeitpunkt T_1, an dem die Laserschwingung einsetzt. Damit erhalten wir für die Schwellenbesetzung

$$N_0 = \int\limits_0^{T_1} P(t) \exp\left(\frac{t - T_1}{\tau_l}\right) dt.$$ (5.3/9)

Diese Besetzung läßt sich durch die normierte Pumpleistung P_0 zum Zeitpunkt T_0 ausdrücken, an dem die Laserschwingung aufhört. Zu diesem Zeitpunkt ist die spontane Emission gleich der Anregung, also $P_0 = N_0/\tau_l$. Wir können in Gl. (5.3/9) einsetzen und erhalten mit $P_1 = P(T_1)$ nach Umformung durch partielle Integration die Bestimmungsgleichung für τ_l

$$\int\limits_0^{T_1} \frac{dP}{dt} \exp\left(\frac{t - T_1}{\tau_l}\right) dt = P_1 - P_0.$$ (5.3/10)

Besonders bequem wird die Auswertung, wenn man die Pumpleistung so wählt, daß nur ein einzelner Emissionsimpuls auftritt. Dann fallen Einsatzpunkt und Ende der Emission zusammen ($P_0 = P_1$), die rechte Seite von Gl. (5.3/10) ist also Null. Dieser Sonderfall dürfte allerdings ein etwas ungenaueres Ergebnis liefern, weil sich der Einzelimpuls unter Umständen erst nach einer gewissen Relaxationszeit aufbaut.

Man kann ferner das Faltungsintegral Gl. (5.3/9) sehr einfach elektronisch bilden [57] und auf diese Weise die Ausrechnung von τ_l nach Gl. (5.3/10) ersparen (Analogrechner).

Die geschilderte Methode der Bestimmung der Lebensdauer kann man auch auf den Drei-Niveau-Laser ausdehnen. Bei einem solchen ist die Besetzung N_2 des angeregten Zustands an der Laserschwelle nicht mehr klein gegen die Gesamtzahl N_Σ der aktiven Atome; die Wirksamkeit des Pumplichts läßt daher während des Pumpprozesses gemäß der Abnahme der Besetzung des Grundzustands nach. Wir berücksichtigen wieder die spontane Emission und erhalten in Erweiterung von Gl. (5.3/4) anstelle Gl. (5.3/8)

$$\frac{dN_2}{dt} = P(t)\left(1 - \frac{N_2}{N_\Sigma}\right) - \frac{N_2}{\tau_l}. \tag{5.3/11}$$

Wie beim Vier-Niveau-Laser kann man daraus die Schwellenwertsbesetzung N_{20} angeben; man erhält

$$N_{20} = \exp\left[-\int_0^{T_1}\left(\frac{P(t)}{N_\Sigma} + \frac{1}{\tau_l}\right)dt\right]\int_0^{T_1} P(t)\exp\left[\int_0^t\left(\frac{P(t^*)}{N_\Sigma} + \frac{1}{\tau_l}\right)dt^*\right]dt. \tag{5.3/12}$$

Diese Besetzung N_{20} ist beim Drei-Niveau-Laser gleich $N_\Sigma/2$. Schreiben wir noch die Pumpleistung als ein Vielfaches (ξ-faches) der Schwellenleistung, $P(t) = \xi(t)\cdot P_0$, so ergibt sich mit Gl. (5.3/1) zur Bestimmung von τ_l

$$\exp\left[-\int_0^{T_1}\left(\xi(t) + 1\right)\frac{dt}{\tau_l}\right]\int_0^{T_1}\xi(t)\exp\left[\int_0^t\left(\xi(t^*) + 1\right)\frac{dt^*}{\tau_l}\right]dt = \frac{\tau_l}{2}. \tag{5.3/13}$$

Eine solche Bestimmung der Lebensdauer durch Messung der Pumpleistungskurve $P(t)$ bzw. $\xi(t)$ und Auswertung der Beziehung Gl. (5.3/13) hat zwei wesentliche Vorteile. Sie erspart eine unabhängige Messung der Lebensdauer mit einem Fluoroskop und damit einigen experimentellen Aufwand; sie kann außerdem die Fehler vermeiden, die durch Selbstabsorption auftreten. Diese Selbstabsorption ist an der Inversionsschwelle gleich der induzierten Emission; damit kompensieren sich die beiden Einflüsse. Durch geeignete Wahl der Pumpleistungskurve wird der durch die Selbstabsorption auftretende Fehler sehr klein.

Es sei noch darauf hingewiesen, daß der angeregte (^2E)-Zustand bei Rubin aufgespalten ist und daher Rubin kein reines Drei-Niveau-Material darstellt. Die Schwellenbeziehungen $N_{20} = N_\Sigma/2$ sowie Gl. (5.3/1) stellen für Rubin nur eine Näherung dar. Für genaue Rechnungen sind die Beziehungen zu verwenden, die in Kap. 5.4.2a abgeleitet werden.

5.4 Die Eigenschaften der Emission

5.4.1 Einleitung

Beim Festkörperlaser lassen sich die Arbeitsbedingungen in weiten Grenzen ändern, und die verschiedenen Kristalle besitzen sehr verschiedene Materialkonstanten. Zum Beispiel treten um annähernd drei Zehnerpotenzen verschiedene Linienbreiten auf, die Lebensdauern sind um vier Zehnerpotenzen verschieden. Auch sind die Linienbreiten und Lebensdauern bei einigen Materialien wesentlich größer als bei den Gaslasern. Dies ist die Ursache für eine ausgeprägte Instabilität der Emission (Relaxationsschwingungen). Der großen Linienbreite und der großen *Fresnel-Zahl* entsprechen ferner eine größere Anzahl Eigenschwingungen von verschiedener longitudinaler und transversaler Ordnung. Demgemäß beobachtet man beim Festkörperlaser eine Vielzahl von Effekten neben den Erscheinungen, die auf Kristallfehlern oder inhomogenem Pumpen beruhen. Von diesen Effekten sollen diejenigen ausführlich behandelt werden, die für den Festkörperlaser charakteristisch sind, oder die in der Anwendung eine Rolle spielen.

5.4.2 Das zeitliche Emissionsverhalten

a) Bilanzgleichungen für den Rubinlaser

Grundsätzliche Ausführungen über die in der Emission auftretenden Relaxationsschwingungen wurden bereits in Kap. 4 gebracht. Zur Deutung des Emissionsverhaltens der Festkörperlaser mit Ausnahme von Rubin eignen sich die in Kap. 4.5 angegebenen Bilanzgleichungen. Für Drei-Niveau-Laser müssen wir diese Gleichungen erweitern. Da Rubin das einzige bekannte Drei-Niveau-Lasermaterial ist, soll dies unter Berücksichtigung spezieller Eigenschaften des Termschemas von Rubin geschehen. Wir betrachten einen Grundterm ($^4A_2$) mit dem statistischen Gewicht $g = 4$ und zwei einander benachbarte angeregte Niveaus $^2E\,(2\bar A)$ und $^2E\,(\bar E)$ mit $g = 2$, s. a. Kap. 5.8 und Abb. 5.57.

Die bei tiefen Temperaturen zu beobachtende Nullfeldaufspaltung des Grundterms bleibt außer Betracht. Wir nehmen ferner an, daß der Laser nur auf der R_1-Linie schwingt [Übergang $^2E(\bar E) \to {}^4A_2$] und daß zwischen den beiden ^2E-Zuständen thermisches Gleichgewicht besteht. Das Besetzungsverhältnis zwischen diesen beiden Termen beträgt dann

$$N_{2o}/N_{2u} = a = \exp\left(-\Delta W/kT\right), \qquad (5.4/1)$$

worin ΔW die Energiedifferenz zwischen diesen beiden Termen ist. Wegen der sehr kurzen Relaxationszeiten für die Übergänge aus den Pumpniveaus in die ^2E-Terme gilt

$$N_1 + N_2 = N_\Sigma \qquad (5.4/2)$$

mit der Bezeichnung

$$N_2 = N_{2u} + N_{2o}. \qquad (5.4/3)$$

N_Σ ist die Gesamtzahl der aktiven Atome.

Der Einsteinkoeffizient B'_ν ist im Fall der Entartung jeweils umgekehrt proportional dem statistischen Gewicht des Ausgangsterms. Rechnen wir nur mit dem Koeffizienten der induzierten Emission und betrachten wir diesen als durch die Lebensdauer τ_l gegeben, also $B'_\nu = B'_{\nu,21} = V/\tau_l M$, so erhält man für den *Einstein-Koeffizienten* bei Absorption

$$B'_{\nu,12} = \frac{g_{2u}}{g_1}\, B'_\nu. \qquad (5.4/4)$$

Mit den genannten Voraussetzungen und mit Gl. (5.4/4) können wir dann die Bilanzgleichungen für Rubin wie folgt ansetzen:

$$\frac{d(N_2 - N_1)}{dt} = 2\left(P\,\frac{N_1}{N_\Sigma} - \frac{B'_\nu}{V}\,N_{2u}Q + \frac{B'_\nu}{V}\,\frac{g_{2u}}{g_1}\,N_1 Q - \frac{N_2}{\tau_l}\right) \qquad (5.4/5)$$

und

$$\frac{dQ}{dt} = \frac{B'_\nu}{V}\,N_{2u}Q - \frac{B'_\nu}{V}\,\frac{g_{2u}}{g_1}\,N_1 Q - \frac{Q}{\tau_c}. \qquad (5.4/6)$$

Gl. (5.4/5) beschreibt die Änderung der Überbesetzung durch Anregung (Pumpen), induzierte Emission, Absorption und spontane Emission. Gl. (5.4/6) gibt die Änderung der Zahl der im Resonator gespeicherten Quanten durch induzierte Emission, Absorption und Resonatorverluste an. Der Faktor 2 auf der rechten Seite von Gl. (5.4/5) tritt auf, weil durch die Anregung eines Atoms oder die Abstrahlung oder Absorption eines Lichtquants jeweils die Besetzung in beiden betrachteten Termen geändert wird.

In Gl. (5.4/6) ist auf der rechten Seite ein Summand $\zeta B'_\nu N_{2u}/V$ vernachlässigt, der die spontane Emission angibt, die in die angeregten Eigenschwingungen geht. Ein solches Glied ist nur wesentlich und von Einfluß auf das Schwingungsverhalten, wenn die Zahl ζ der angeregten Eigenschwingungen sehr groß ist.

Die Inversionsschwelle S ist im Fall verschiedener statistischer Gewichte der beiden Terme durch $N_1(S) = N_{2u}(S)\,\frac{g_1}{g_{2u}}$ definiert, woraus mit $g_1/g_{2u} = 2$ und a nach Gl. (5.4/1)

$$N_2(S) = \frac{a+1}{a+3}\,N_\Sigma \qquad (5.4/7)$$

folgt. Führen wir nun als neue Variable die Abweichung ΔN der Besetzung in den beiden angeregten Niveaus von der Inversionsschwelle ein, also

$$\Delta N = N_2 - N_\Sigma\,\frac{a+1}{a+3}, \qquad (5.4/8)$$

so erhalten wir aus Gl. (5.4/5) und (5.4/6) für die Bilanzgleichungen des Rubinlasers

$$\Delta\dot{N} = \frac{2}{a+3}\left(P - \frac{N_\Sigma}{\tau_l}\,\frac{a+1}{2}\right) - \Delta N Q\,\frac{B'_\nu}{V}\,\frac{a+3}{2(a+1)} - \Delta N\left(\frac{1}{\tau_l} + \frac{P}{N_\Sigma}\right) \qquad (5.4/9)$$

und

$$\dot{Q} = \Delta N Q\,\frac{B'_\nu}{V}\,\frac{a+3}{2(a+1)} - \frac{Q}{\tau_c}. \qquad (5.4/10)$$

Ähnlich wie in Kap. 4.6 lassen sich die Gleichgewichtswerte ΔN_0 und Q_0 sowie aus der linearen Näherung die Periodendauer T und die Dämpfungszeit τ_d der Relaxationsschwingungen bestimmen. Es ergibt sich

$$\Delta N_0 = \frac{V}{B'_\nu \tau_c}\,\frac{2(a+1)}{a+3}, \qquad (5.4/11)$$

$$Q_0 = \tau_c\left[\frac{2}{a+3}\left(P - \frac{a+1}{2}\,\frac{N_\Sigma}{\tau_l}\right) - \frac{V}{B'_\nu \tau_c}\,\frac{2(a+1)}{a+3}\left(\frac{1}{\tau_l} + \frac{P}{N_\Sigma}\right)\right], \qquad (5.4/12)$$

$$T^2 = \frac{8\pi^2\,(a+1)\,\tau_c V}{(a+3)\,B'_\nu Q_0}\,, \tag{5.4/13}$$

$$\tau_d = \frac{2\,(a+1)}{\left(P - \dfrac{N_\Sigma}{\tau_l}\dfrac{a+1}{2}\right)B'_\nu\tau_c}\,. \tag{5.4/14}$$

Unter der Voraussetzung

$$\Delta N_0 \approx \frac{V}{B'_\nu\tau_c} \ll \frac{N_\Sigma}{4} \tag{5.4/15}$$

kann man bei nicht zu kleiner Pumpleistung den zweiten Summanden

$$-2\,(a+1)\left(\frac{1}{\tau_l} + \frac{P}{N_\Sigma}\right)V/(a+3)B'_\nu\tau_c$$

in Gl. (5.4/12) vernachlässigen. Die Bedingung Gl. (5.4/15) ist im allgemeinen (für nicht zu kleine Verweilzeiten τ_c) erfüllt. Für die normierte Pumpleistung an der Laserschwelle ($Q_0 = 0$) folgt dann

$$P_0 = \frac{a+1}{2}\frac{N_\Sigma}{\tau_l}\,. \tag{5.4/16}$$

Wir setzen wieder $P = \xi P_0$ und erhalten

$$T^2 = \frac{8\pi^2\,V}{B'_\nu\,(\xi - 1)\,(N_\Sigma/\tau_l)} \tag{5.4/17}$$

sowie

$$\tau_d = \frac{4\,V}{B'_\nu\tau_c\,(\xi - 1)\,(N_\Sigma/\tau_l)}\,. \tag{5.4/18}$$

In diesen Beziehungen für T und τ_d hebt sich also der *Einstein-Koeffizient* B'_ν nicht weg. Dies hat seine Ursache darin, daß die Schwellenbesetzung im wesentlichen durch den Inversionspunkt nach Gl. (5.4/7) gegeben ist, abgesehen von einer kleinen Überbesetzung, Gl. (5.4/11). Beim Rubinlaser läßt sich also der *Einstein-Koeffizient* der induzierten Emission aus Messungen des Schwingungsverhaltens bestimmen. Beim Vier-Niveau-Laser ist dagegen Besetzung gleich Überbesetzung, d. h. die Schwellenbesetzung ist nach Gl. (4.4/1) umgekehrt proportional B'_ν, so daß sich B'_ν bei der Berechnung von Gl. (4.6/4) und (4.6/5) heraushebt.

b) *Erweiterte Bilanzgleichungen für den Rubinlaser mit mehreren Eigenschwingungen*

Die Bilanzgleichungen (5.4/9) und (5.4/10) wurden unter der Bedingung abgeleitet, daß die im Laserresonator gespeicherte Lichtenergie einen einheitlichen Schwingungszustand darstellt, daß der Laser homogen gepumpt wird und sich die Verluste gleichförmig über den Resonator verteilen. Ein einheitlicher Schwingungszustand kann bei Kopplung einer großen Zahl Eigenschwingungen vorliegen oder wenn nur eine einzelne Eigenschwingung angeregt ist. In der Praxis treten jedoch meist eine Anzahl Moden auf, die mehr oder weniger unabhängig voneinander schwingen. Die Berechnung eines solchen „multi-mode"-Lasers ist aufwendig und nicht allgemein durchführbar; lediglich in einem Grenzfall (Zwei-Moden-Laser) lassen sich übersichtliche Ergebnisse gewinnen [58].

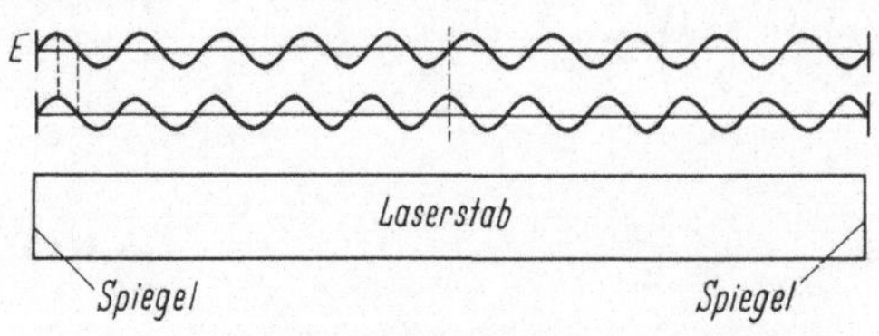

Abb. 5.33. Feldverlauf E für zwei benachbarte longitudinale Eigenschwingungen im Kristall.

Das Problem des „multi-mode"-Lasers besitzt einen räumlichen und einen zeitlichen Aspekt, die wir hier getrennt betrachten wollen. In bezug auf die räumliche Überlagerung der Eigenschwingungen ist zu berücksichtigen, daß die induzierte Emission bevorzugt an den Schwingungsbäuchen der stehenden Wellen erfolgt. Dort wird die Besetzung stärker als an den Knoten der Eigenschwingungen abgebaut (spatial hole-burning). Für verschiedene Eigenschwingungen liegen die Schwingungsknoten und -bäuche zum Teil an verschiedenen Stellen im Kristall (Abb. 5.33).

α) *Die räumliche Überlagerung der Eigenschwingungen.* Mathematisch läßt sich dieser Sachverhalt erfassen [59], indem man mit der Dichte Δn der Überbesetzung und der Dichte q der Quanten im Resonator rechnet und diese als ortsabhängig annimmt. Beschränken wir uns auf die Betrachtung verschiedener longitudinaler Moden, so ist die räumliche Verteilung der Quanten in der i-ten Eigenschwingung gegeben durch

$$q_i(z, t) = \frac{Q_i(t)}{V} 2 \sin^2(m_i \pi z/L)$$

$$= \frac{Q_i(t)}{V} [1 - \cos(2 m_i \pi z/L)]. \tag{5.4/19}$$

Darin ist $Q_i(t)$ die Gesamtzahl der Quanten in dieser Eigenschwingung, m_i ist die Anzahl halber Wellenlängen innerhalb der Resonatorspiegel und z der Abstand von einem der beiden planparallelen Laserspiegel. Mit Gl. (5.4/19) ergeben sich anstelle Gl. (5.4/9) und (5.4/10) die Bilanzgleichungen für den Rubinlaser zu

$$\Delta \dot{n}(z, t) = \frac{2}{3a + 1} \left(p - \frac{n_\Sigma}{\tau_l} \frac{a + 1}{2}\right) -$$

$$- \sum_i Q_i(t) \frac{B'_{\nu i}}{V} \frac{a + 3}{2(a + 1)} \Delta n(z, t) [1 - \cos(2 m_i \pi z/L)] -$$

$$- \Delta n(z, t) \left(\frac{1}{\tau_l} + \frac{p}{n_\Sigma}\right) \tag{5.4/20}$$

und

$$\dot{Q}_i(t) = Q_i(t) \frac{B'_{\nu i}}{V} \frac{a + 3}{2(a + 1)} \int_0^l \Delta n(z, t) [1 - \cos(2 m_i \pi z/L)] \, dz - \frac{Q_i(t)}{\tau_{ci}}. \tag{5.4/21}$$

$B'_{\nu i}$ bezeichnet den *Einstein-Koeffizienten* der induzierten Emission für die betrachtete Eigenschwingung, p ist die normierte Pumpleistungsdichte und n_Σ die Dichte der aktiven Chromatome im Rubin.

Zur Lösung von Gl. (5.4/20) und (5.4/21) muß man die Funktion der Besetzungsdichte nach dem räumlichen Verlauf der Eigenschwingungen des Resonators entwickeln, also

$$\Delta n\,(z,\,t) = \Delta n_0(t) + \sum_{k=1}^{j} \Delta n_k(t)\cos\left(2\,m_k\pi z/L\right), \qquad (5.4/22)$$

und man erhält dann durch Koeffizientenvergleich der *Fourier-Komponenten* im Fall von j Eigenschwingungen $2j + 1$ Gleichungen zur Bestimmung der Variablen n_0, n_k und Q_i.

Eine Auswertung dieser Gleichungen erfordert den Einsatz von Rechenmaschinen [59, 60]. Es zeigt sich, daß je nach den angenommenen Arbeitsbedin-

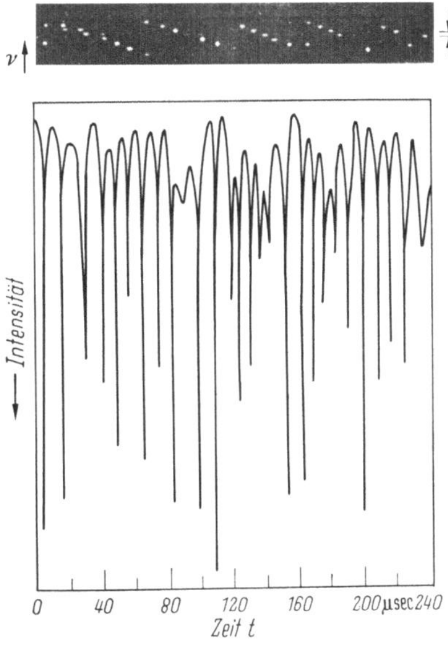

Abb. 5.34. Zeitlich aufgelöstes Interferogramm der Emission eines Rubinlasers („streak photograph") und zugehöriger Emissionsverlauf. In den einzelnen Emissionsimpulsen treten nacheinander verschiedene Eigenschwingungen auf („mode-hopping"), bis die Folge wieder bei der ersten Eigenschwingung beginnt (nach V. EVTUHOV, T. K. NEEDLAND u. W. A. SPECHT [61]).

gungen die einzelnen Eigenschwingungen koppeln können oder daß sie abwechselnd angeregt werden (mode-hopping). Die Schwankungen der Gesamtintensität können periodisch oder auch sehr unregelmäßig sein. Der Effekt des „mode-hopping" läßt sich mit Hilfe eines *Fabry-Perot-Interferometers* beobachten: Man blendet einen streifenförmigen Teil des Interferogramms aus und bildet diesen Teil über einen rotierenden Spiegel auf eine Photoplatte ab. Zeitlich aufeinanderfolgende Interferogramme erscheinen auf diese Weise in räumlicher Auflösung nebeneinander in der Abbildung (streak photograph) [61—66] (Abb. 5.34).

β) *Das zeitliche Zusammenwirken der Eigenschwingungen.* Auf Grund der Überlagerung verschiedener Eigenschwingungen ergeben sich ferner Schwebungen, d. h. im Resonator treten periodische Schwankungen der Lichtintensität auf. Nehmen wir jetzt an, daß die Eigenschwingungen im aktiven Material überall eine räumlich gleiche Verteilung der Feldstärke besitzen. Dies stellt für den allgemeinen Fall eine Vereinfachung dar, läßt sich jedoch auch in der Praxis realisieren. Wir können uns z. B. einen kurzen Kristall vorstellen, der zwischen zwei relativ weit entfernten Spiegeln in der Nähe des einen Spiegels angeordnet ist.

Bei einem solchen Laser fallen die Schwingungsknoten und -bäuche von zwei oder mehreren benachbarten axialen Eigenschwingungen innerhalb des aktiven Materials praktisch zusammen.

Für dieses Modell kann man leicht die halbklassischen Gleichungen des Lasers angeben und wie in Kap. 4.10 Bilanzgleichungen ableiten; man erhält

$$\Delta \dot{N} = \frac{2}{a+3}\left(P - \frac{N_\Sigma}{\tau_l}\frac{a+1}{2}\right) - \Delta N\,\frac{B'_\nu}{V}\,\frac{a+3}{2(a+1)} \times$$

$$\times \left\{\sum_{i=1}^{l} Q_i + 2\sum_{i>j}\sum \sqrt{\overline{Q_i Q_j}}\cos[\varphi_{ij}+\omega_{ij}t]\right\} - \Delta N\left(\frac{1}{\tau_l}+\frac{P}{N_\Sigma}\right) \qquad (5.4/23)$$

und

$$\dot{Q}_i = \Delta N\,\frac{B_\nu}{V}\,\frac{a+3}{2(a+1)}\left\{Q_i + \sum_{j=1}^{l}\sqrt{\overline{Q_i Q_j}}\cos[\varphi_{ij}+\omega_{ij}t]\right\} - \frac{Q_i}{\tau_c}. \qquad (5.4/24)$$

Darin bedeuten φ_{ij} und ω_{ij} die Phasen- und Frequenzdifferenzen zwischen den betrachteten Eigenschwingungen. Der *Einstein-Koeffizient* B'_ν ist für alle Eigenschwingungen als gleich angenommen. Ferner gelten diese Gleichungen für den Fall homogener Verluste im Laserresonator. — Gegenüber Gl. (5.4/9) und (5.4/10) enthalten Gl. (5.4/23) und (5.4/24) Zusatzglieder, die direkt als Schwebungsglieder zu verstehen sind. Aus der Existenz solcher Schwebungsglieder kann man den Effekt der ungedämpften Relaxationsschwingungen erklären [58].

c) *Relaxationsschwingungen beim Rubinlaser*

Nach den Ausführungen des vorigen Abschnitts sind somit im allgemeinen die in der Emission auftretenden Relaxationsschwingungen unregelmäßig und ungedämpft. Ein derartiges Emissionsverhalten wurde auch bereits bei den ersten Untersuchungen des Rubinlasers beobachtet [67]. — Erst später zeigte sich am gekühlten Rubinlaser (77 °K) [68], daß die Emission auch überwiegend kontinuierlich sein kann.

Eine Emission entsprechend den Bilanzgleichungen Gl. (5.4/9) und (5.4/10) wurde zum ersten Mal mit einem Laser mit externem Spiegel bei 15 m Spiegelabstand erzielt [30] (Abb. 5.35 b), später auch mit einem kurzen Laser mit beiderseits verspiegeltem Kristall [69] (Abb. 5.35 a). Heute kann man den durch die Bilanzgleichungen beschriebenen Grenzfall des Schwingungsverhaltens unter sehr verschiedenen Arbeitsbedingungen realisieren.

In diesen Fällen ergibt sich eine quantitative Übereinstimmung zwischen Theorie und Experiment, wie aus Abb. 5.35 zu ersehen ist: Die Abbildung enthält außer den Emissionsverläufen noch Angaben über die optische Resonatorlänge L, die Pumpleistung (Faktor ξ), die Zahl N_Σ der Dotierungsatome im Rubinkristall und die Temperatur des Kristalls. Die Oszillogramme a und c wurden unter Verwendung von beiderseits verspiegelten Kristallen von 63 bzw. 50 mm Länge und 6,3 mm Durchmesser aufgenommen; im Fall a waren die Spiegel sphärisch mit 58 mm Krümmungsradius, im Fall c planparallel.

Eine Berechnung von B'_ν gemäß Gl. (5.4/17) mit Hilfe der aus Oszillogramm a zu entnehmenden Periodendauer der Relaxationsschwingungen ergibt einen Wert von $B'_\nu = 5{,}4 \times 10^{-10}$ cm³ s⁻¹, der theoretische Wert ist $B'_\nu = c^3/\tau_l^* \, 4\pi^2\, \nu^2 \Delta\nu\, n^3\, h_\sigma = 6{,}0 \cdot 10^{-10}$ cm³ s⁻¹.

Darin hat der Anisotropiefaktor h_σ (vergl. Kap. 4.2) einen Zahlenwert von 0,7 (die spontane
Emission erfolgt überwiegend nur in σ-Polarisation), ferner weicht τ_l^* mit 4,1 ms etwas von
der Lebensdauer τ_l der angeregten Zustände ab. τ_l^* ist die Lebensdauer bei strahlenden Übergängen nur in den beiden R-Linien und enthält also gegenüber der normalerweise gemessenen
totalen Lebensdauer eine Korrektur für nichtstrahlende Übergänge sowie Übergänge auf
Satellitenlinien, bei denen die Ausgangsterme mit den ^2E-Niveaus im thermischen Gleichgewicht stehen [55] (s. Kap. 5.3.4).

Nach Gl. (5.4/17) sollen sich ferner die Periodendauern in Abb. 5.35a und 5.35b um den
Faktor 25,5 unterscheiden. Die gemessenen Periodendauern sind 1,43 µs und 35 µs, was einen
Faktor von 24,5 ergibt. Auch hier ist die Übereinstimmung gut. Entsprechendes gilt für das
Oszillogramm c.

Eine ähnliche Übereinstimmung ergibt sich nach Gl. (5.4/18) für die Zeitkonstante τ_d, die
das Abklingen der Relaxationsschwingungen beschreibt, wenn man vernünftige Werte für die
Verweilzeit τ_c annimmt. Ferner liefert Gl. (5.4/17) eine zutreffende Abhängigkeit der Periodendauer von der Pumpleistung.

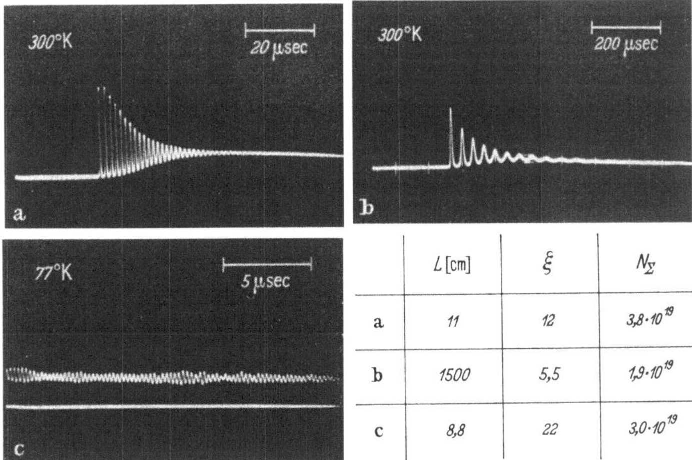

	L [cm]	ξ	N_Σ
a	11	12	$3,8 \cdot 10^{19}$
b	1500	5,5	$1,9 \cdot 10^{19}$
c	8,8	22	$3,0 \cdot 10^{19}$

Abb. 5.35. Relaxationsschwingungen beim Rubinlaser unter verschiedenen Arbeitsbedingungen [52], siehe Text.

Außer beim Laser mit sphärischen Spiegeln in annähernd konfokaler Anordnung und mit großem Spiegelabstand kann man eine Emission entsprechend den
Bilanzgleichungen (5.4/9) und (5.4/10) auch beim Laser mit konjugiert konzen-
trischem Resonator beobachten [35, 36] (s. Kap. 5.2). Bei diesem ergeben sich
darüberhinaus Anfangsbedingungen, daß praktisch kein Überschwingen erfolgt
und die Relaxationsschwingungen vom Beginn der Emission an ausgedämpft
sind (Abb. 5.36c). Dies gilt für die genaue konjugiert konzentrische Einstellung
der Spiegel. Vergrößert oder verkleinert man den Spiegelabstand durch Verschieben der Spiegel längs der Achse, so erhält man zunächst eine unregelmäßige
Emission und dann ungedämpfte periodische Relaxationsschwingungen (Abb.
5.36a, b, d, e), entsprechend einer Änderung der Zahl und Art der auftretenden
Eigenschwingungen.

Das Schwingungsverhalten (Abb. 5.35) gemäß den einfachen Bilanzgleichungen
ist also in der Tat ein Grenzfall. Bei beliebigem Zusammenwirken der Eigenschwingungen ergeben sich andere sehr verschiedenartige Emissionsverläufe. Wir
begnügen uns mit der Wiedergabe einiger typischer Emissionskurven, Abb. 5.37.

Besonders oft beobachtet man eine Emission wie in Abb. 5.37 a: Die Relaxationsschwingungen sind unregelmäßig und ungedämpft. Die Emission eines beiderseits planparallel bearbeiteten und verspiegelten Rubinkristalls erfolgt fast stets in

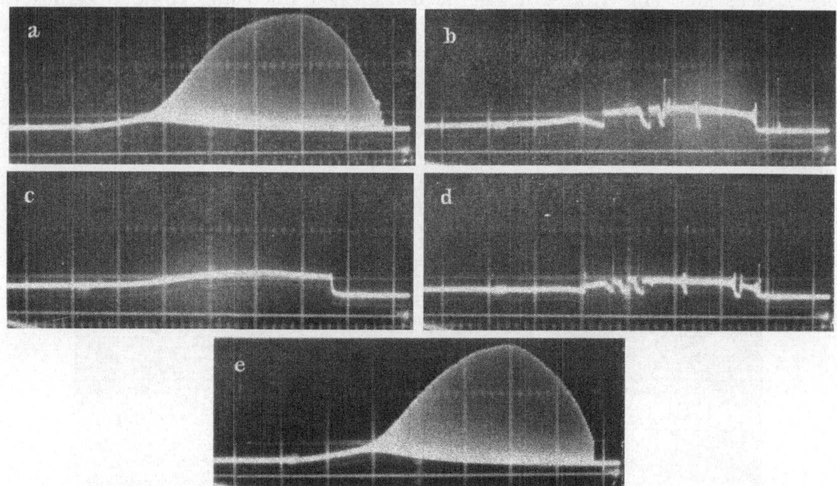

Abb. 5.36. Emission des Rubinlasers mit konjugiert-konzentrischem Resonator. In der genau konjugiert-konzentrischen Einstellung (5.36c) ergibt sich eine Emission ohne Relaxationsschwingungen. Mit zunehmendem und abnehmendem Abstand der Resonatorspiegel (bis 1,75 mm) treten ungedämpfte Relaxationsschwingungen auf (b, a bzw. d, e). (Nach R. V. POLE und H. WIEDER [36].) 100 µs pro Teilstrich, Zeitablenkung von rechts nach links.

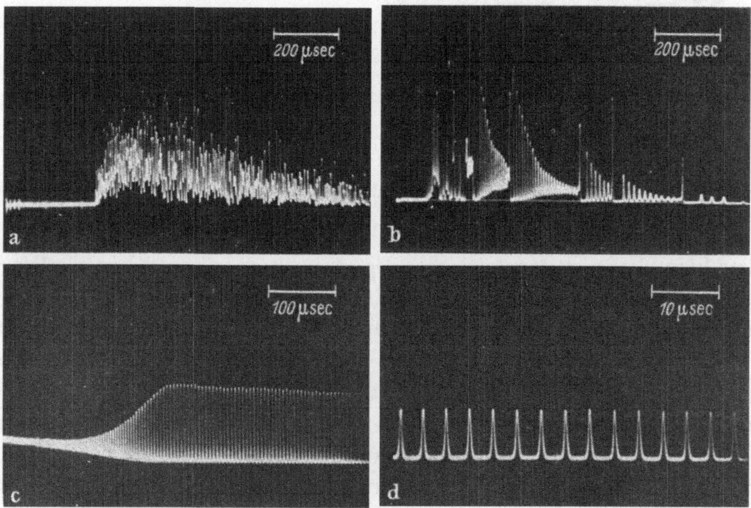

Abb. 5.37. Ungedämpfte Relaxationsschwingungen beim Rubinlaser. 300 °K.
a) Kristall mit planparallelen Spiegeln; $l = 50$ mm;
b) Krümmungsradien der beiden Spiegel $r = 58$ mm; $l = 63$ mm; $d = 7,5$ mm;
c) u. d) $r = 58$ mm; $l = 63$ mm; $d = 6,3$ mm;
d) konstante Pumpleistung gleich doppelter Schwellenleistung [52].

dieser Art. Bei sphärischen Spiegeln ist die Emission häufig abschnittsweise periodisch (Abb. 5.37 b), gelegentlich rein periodisch und ungedämpft (Abb. 5.37 d) und, wie oben diskutiert, bei bestimmten Abmessungen und Spiegeln in annähernd konfokaler Anordnung auch rein periodisch und gedämpft (Abb. 5.35a). In diesem Fall stellen die Relaxationsschwingungen einen Einschwingvorgang dar; die Emission wird kontinuierlich. Sie kann während der ganzen Dauer, auch bei kleiner Pumpleistung, kontinuierlich bleiben (Abb. 5.38), oder es bauen sich (bei anderen Rubinkristallen derselben Abmessung und Dotierung) mit abnehmender Pumpleistung von einem bestimmten Zeitpunkt an wieder Relaxationsschwingungen mit zunehmender Amplitude auf (Abb. 5.37c). Es gibt also tatsächlich

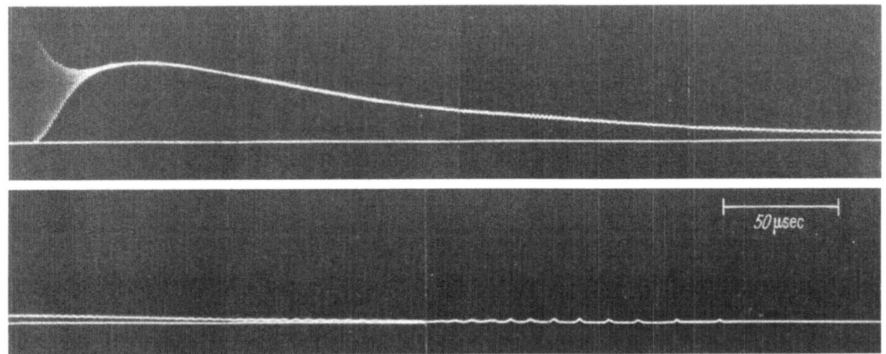

Abb. 5.38. Relaxationsschwingungen beim kurzen Rubinlaser mit beiderseits verspiegeltem Kristall; $l = 63$ mm; $d = 6{,}3$ mm; $r = 58$ mm; 300 °K; [69].

nicht nur Relaxationsschwingungen mit beliebig kleiner Dämpfung, sondern auch solche mit negativer Dämpfung. In diesem Fall wachsen die Amplituden der Relaxationsschwingungen bis zu einem Maximalwert. Die Amplitudenbegrenzung in jeder Relaxationsperiode folgt dann aus dem nichtlinearen Charakter der Bilanzgleichungen. Solche Relaxationsschwingungen vom „„limit-cycle‘‘-Typ treten oft auch bei verschiedenen Totalreflexionslasern (Ringlaser, Kugellaser) auf.

d) Relaxationsschwingungen bei den Vier-Niveau-Lasern

Auch für den Vier-Niveau-Laser wurden die Bilanzgleichungen (4.5/1 und 4.5/2) unter der Bedingung abgeleitet, daß die im Laserresonator gespeicherte Lichtenergie einen einheitlichen Schwingungszustand darstellt. Unter dieser Bedingung ergeben sich periodische gedämpfte Relaxationsschwingungen. Im Fall der Überlagerung vieler angeregter Eigenschwingungen zeigt sich, je nach den Abmessungen und der Art des Laserresonators, auch ein komplizierteres Emissionsverhalten. Außer der Resonatorform ist vor allem die Lebensdauer des Materials von Einfluß auf das Schwingungsverhalten. Eine kleine Lebensdauer τ_l bedeutet nach Gl. (4.6/5) eine starke Dämpfung der Relaxationsschwingungen (kleines τ_d). In diesem Fall können zusätzliche Instabilitäten nicht zur Auswirkung kommen; die Relaxationsschwingungen bleiben gedämpft und gehen in kontinuierliche Emission über.

Falls die Lebensdauer sehr klein ist, lassen sich überhaupt keine Relaxationsschwingungen beobachten [70]. Dies trifft auf $CaF_2 : Sm^{2+}$ zu, das unter allen bekannten Festkörperlaser-Materialien die kleinste Lebensdauer von $\tau_l = 1{,}3 \cdot 10^{-6}$ s besitzt. Mit dieser Lebensdauer folgt nach Gl. (4.6/4) und (4.6/5) unter der Annahme einer Verweilzeit von $\tau_c = 8 \cdot 10^{-9}$ s und einer relativen Pumpleistung von $\xi = 2$, daß die Relaxationsschwingungen bereits nach zwei Perioden abgeklungen sind, also nur unter besonderen Versuchsbedingungen bemerkt werden könnten. — Im Gegensatz zu $CaF_2 : Sm^{2+}$ hat $SrF_2 : Sm^{2+}$ eine besonders große Lebensdauer von $1{,}5 \cdot 10^{-2}$ s. Bei diesem Material zeigen sich daher ausgeprägte Relaxationsschwingungen ähnlich denen des Rubinlasers [71].

Ein entsprechendes Emissionsverhalten findet man noch bei einer Reihe von Materialien mit Lebensdauern im Millisekundenbereich, z. B. bei $CaF_2 : Dy^{2+}$ [72], $CaF_2 : Tm^{2+}$ [73] und $CaWO_4 : Ho^{3+}$ [74].

Bereits merklich unterschieden vom Schwingungsverhalten des Rubinlasers ist dasjenige einer Gruppe von Kristallen, bei denen die Lebensdauern in der Gegend von 0,1 ms liegen. Bei diesen Kristallen ergeben sich häufiger regelmäßige

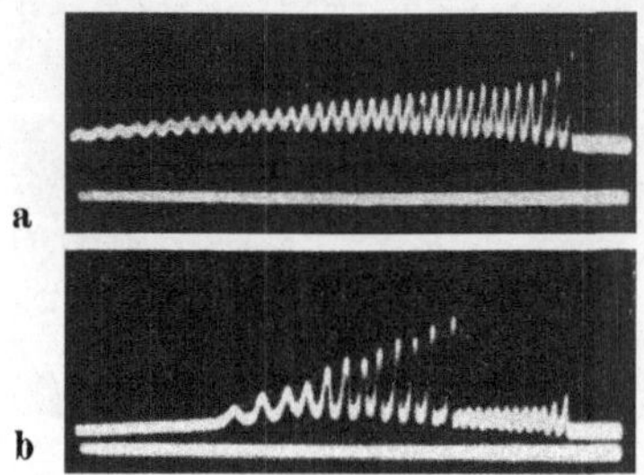

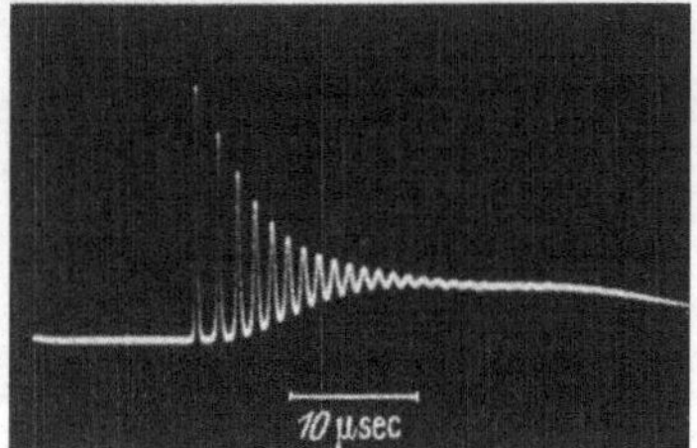

Abb. 5.39. Relaxationsschwingungen in der Emission des Lasers mit $CaF_2 : U^{3+}$ (nach P. P. SOROKIN u. M. J. STEVENSON [75]). Von *a*) nach *b*) zunehmende Pumpleistung. Zeitablenkung von rechts nach links. Die Bildbreite entspricht 0,5 ms.

Abb. 5.40. Relaxationsschwingungen bei $CaWO_4 : Nd^{3+}$. Der Kristall war mit „fast konfokalen" Spiegeln versehen. Arbeitsbedingungen siehe Text [52].

Relaxationsschwingungen, z. B. bei $CaF_2 : U^{3+}$ [75], Abb. (5.39). Eine Übereinstimmung der bei $CaF_2 : U^{3+}$ zu messenden Periodendauer mit der nach den Bilanzgleichungen bestimmten wurde in [76] nachgewiesen. Eine ähnliche Übereinstimmung findet man auch für $CaWO_4 : Nd^{3+}$ (Abb. 5.40) bei kurzem beiderseits verspiegelten Kristallen [52] sowie bei großem Spiegelabstand [31]. Mit der im Fall der Abb. (5.40) vorliegenden Pumpleistung ($\xi = 50$) sowie mit $\tau_l = 1{,}7 \cdot 10^{-4}$ s und $\tau_c = 10^{-8}$ s erhält man nach (4.6/4) und (4.6/5) genau die Werte der Periodendauer ($T = 1{,}2\ \mu s$) und der Dämpfungszeit ($\tau_d = 4\ \mu s$), wie sie aus der Abbildung zu entnehmen sind.

Auch bei dieser Gruppe der Vier-Niveau-Laser mit einer mittleren Lebensdauer hängt das Schwingungsverhalten wesentlich von der Form des Laserresonators ab. Bei planparallelen Spiegeln zeigen sich überwiegend unregelmäßige und ungedämpfte Relaxationsschwingungen, während der Laser mit sphärischen Spiegeln im allgemeinen periodische gedämpfte Relaxationsschwingungen aufweist.

5.4.3 Die räumliche Verteilung der Schwingungsintensität und der Öffnungswinkel des Laserstrahls

Typische Öffnungswinkel (2ϑ) für den Strahl eines Rubinlasers mit planparallel bearbe tetem beiderseits verspiegeltem Kristall sind 10′ bis 30′. Für den Öffnungswinkel im Fall der Beugung einer ebenen Welle an einer Lochblende vom Durchmesser des Kristalls (5 mm) errechnet sich dagegen nur ein Wert von 1′. Dieser Unterschied um etwa einen Faktor 20 erklärt sich aus Fehlern des Laserresonators (vgl. Kap. 5.9): Erstens ist ein mechanisch genau planparalleler Kristall nicht auch unbedingt optisch planparallel. Aufgrund von Spannungen im Kristall ergeben sich optische Weglängenunterschiede, die im allgemeinen ein bis einige Wellenlängen groß sind (einige Ringe im Interferometer). Dem entspricht eine effektive Krümmung der Spiegel von ungefähr 10 m. Ähnliche oder noch größere effektive Krümmungen treten auch als Folge der Erwärmung beim Pumpen auf, und zwar im Impulsbetrieb aufgrund der inhomogenen Pumplichteinstrahlung oder im Dauerbetrieb wegen der sich im Gleichgewicht einstellenden Temperaturdifferenz zwischen Kristallachse und gekühlter Außenfläche (Kap. 5.9).

Für den Öffnungswinkel des Laserstrahls außerhalb des Kristalls, definiert nach Gl. (3.4/11), erhält man beim Grundmode und bei gekrümmten Spiegeln in Erweiterung von Gl. (3.5/6)

$$2\vartheta = 2 \sqrt{\frac{2\lambda n}{\pi}}\,(2rL - L^2)^{-1/4}. \tag{5.4/25}$$

Daraus errechnet sich für die genannte effektive Krümmung mit $r = 10$ m ein Winkel $2\vartheta = 6'$. $L =$ Stablänge (geometrischer Spiegelabstand). Ferner ergibt sich eine Vergrößerung des Öffnungswinkels durch das Auftreten von Eigenschwingungen höherer transversaler Ordnung. Solche werden anstelle des Grundmodes angeregt, wenn die Nettoverstärkung für diese Eigenschwingungen größer als für den Grundmode ist. Dies kann bei einem Stab mit planparallelen Spiegeln eintreten, wenn die Schwankungen der Streuverluste über den Stabquerschnitt in der Höhe der Beugungsverluste liegen. Es stellen sich dann solche Eigenschwingungen ein, bei denen die transversalen Knoten mit den Stellen hoher Verluste im Kristall räumlich zusammenfallen. Bei sphärischen Spiegeln und großer *Fresnel-Zahl* $F \gg 1$ kann der Stab nur durch Eigenschwingungen höherer Ordnung ganz von der Schwingung erfaßt werden. Da die Öffnungswinkel *bei sphärischen Spiegeln* mit höherer Ordnung der Eigenschwingungen ($TEM_{m,n}$) proportional zu $\sqrt{(2m + 1)}$ bzw. $\sqrt{(2n + 1)}$ zunehmen, ergeben sich ohne weiteres Öffnungswinkel, die um den Faktor 3 und mehr über denen des Grundmode liegen. *Im Fall planparalleler Spiegel* nimmt der Öffnungswinkel bei gleichbleibendem Modenquerschnitt linear mit der Ordnung zu.

Ausgedehnte Störungen im Kristall können auch im Sinne einer Begrenzung des Querschnitts der Eigenschwingungen wirken. Mit einer Vergrößerung des Durchmessers der Eigenschwingungen vermindern sich die Beugungsverluste; dabei erhöhen sich jedoch die Streuverluste, wenn Kristallbereiche mit größeren Fehlern einbezogen werden. Bei Modenquerschnitten von wenigen zehntel Millimeter Durchmesser betragen die Beugungsverluste etwa 1%; in dieser Größenordnung liegen auch die Schwankungen der Streuverluste. Minimale Verluste treten also auf, wenn die Schwingung gerade Gebiete von solchen Querschnitten erfaßt. Aus diesem Grunde und infolge von Brechungsindexschwankungen im Kristall schwingt der Laser in der Nähe des Schwellenwerts häufig nur in Bereichen von geringem Durchmesser, den sogenannten „Fäden" (filament.).

Als weitere Ursache für eine ungleichförmige Verteilung der Schwingungsintensität im Kristall ist zu nennen, daß der Kristall im allgemeinen inhomogen gepumpt wird. Insbesondere bei Verwendung der elliptischen Reflektoren zur

Bündelung des Pumplichts und wenn die Lampe einen kleineren Querschnitt als der Kristall besitzt, ist die maximal gepumpte Zone im Kristall in ihrem Durchmesser kleiner als der Kristalldurchmesser. Dementsprechend ergibt sich für den Laserstrahl ein wesentlich vergrößerter Öffnungswinkel.

Das Schwingungsverhalten des Festkörperlasers weicht also im allgemeinen von dem eines idealen Lasers ab. Dies ist jedoch nur eine Folge inhomogenen Pumpens oder mangelnder Kristallqualität. Heute gelingt die Herstellung optisch

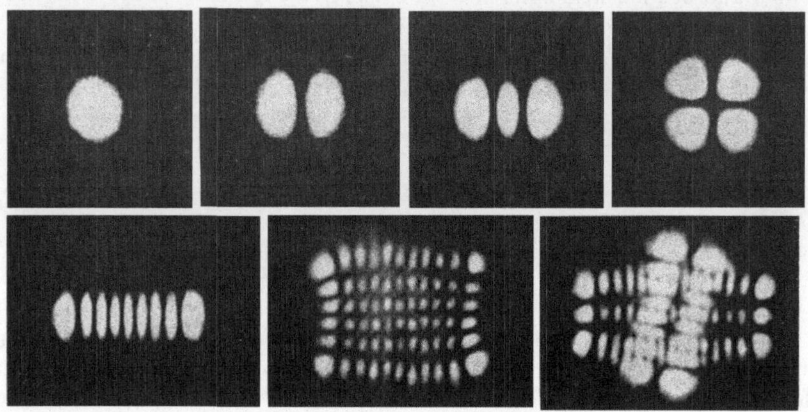

Abb. 5.41. Schwingungstypen eines kontinuierlichen Rubinlasers (Verteilung der Schwingungsintensität über den Querschnitt des Laserstrahls) [77].

sehr homogener Kristalle, die auch praktisch keine Streuzentren aufweisen. Mit diesen Kristallen kann man Laser bauen, in denen sich reine Eigenschwingungen einer einzelnen transversalen Ordnung ausbilden. Ein Beispiel solcher Eigenschwingungen in einem Verneuil-gezogenen Rubinkristall ist in Abb. 5.41 dargestellt [77]. Seit einiger Zeit kann man Rubinkristalle auch aus der Schmelze ziehen. Diese sind optisch sehr homogen. Ferner lassen sich auch störungsfreie Yttrium–Aluminium–Granat-Kristalle herstellen; mit solchen Kristallen ergeben sich Eigenschwingungen wie in Abb. 5.56. Die Emission des Festkörperlasers bei Verwendung guter Kristalle entspricht also der eines ungestörten Gaslasers. Dies gilt auch für den Laser mit planparallelen Spiegeln; man erhält einen Strahl mit beugungsbegrenztem Öffnungswinkel.

5.4.4 Die Polarisation der Laserstrahlung

Bei optisch isotropen Lasermaterialien beobachtet man im allgemeinen eine von der Polarisationsrichtung unabhängige Verstärkung des Lichts. Als solche Materialien sind eine Reihe kubischer Laserkristalle sowie Glas bekannt. Jedoch treten auch bei diesen Materialien in der Laseremission Polarisationseffekte auf.

Die Laserschwingung setzt stets nur in *einer* Eigenschwingung und Polarisationsrichtung ein; mit wachsender Anregung erfolgt die Schwingung dann auch in anderen Polarisationsrichtungen und Moden. Bei Pumpleistungen dicht am Schwellenwert ist also stets eine polarisierte Emission zu erwarten; mit höherer Pumpleistung nimmt der Polarisationsgrad ab [79]. Gelegentlich findet man noch bei mittleren und hohen Pumpleistungen, daß der Laser (mit planparallel verspiegeltem Kristall) aus einem Teil der Oberfläche polarisierte und im übrigen unpolarisierte Strahlung aussendet, oder daß er insgesamt polarisiertes Licht emittiert. In diesem Fall (bei isotroper Verstärkung) sind polarisationsabhängige Verluste für das Emissionsverhalten maßgebend. Diese können im Material selbst liegen, wenn z. B. Streuzentren bevorzugt längs bestimmter paralleler Kristallebenen angeordnet sind, oder sie können in der Form des Laserstabs begründet sein [51]. Hat der Laserstab z. B. rechteckigen Querschnitt und ist eine Kante schmal, so hängen die Beugungsverluste des Laserresonators von der Polarisationsrichtung der erzeugten Welle ab.

Wenn man ein Polarisationsfilter in den inneren Strahlengang des Lasers bringt, wird eine bestimmte Polarisationsrichtung in der Emission erzwungen. Als solche Filter wirken z. B. schrägstehende Grenzflächen Luft-Dielektrikum im Strahlengang. Solche Grenzflächen besitzen entsprechend den *Fresnelschen Formeln* eine von der Polarisationsrichtung abhängige Reflexion.

Bei anisotropen Materialien ist bereits im allgemeinen die Verstärkung polarisationsabhängig [92, 93]. Die bekannten Laserkristalle dieser Art sind optisch einachsig, z. B. Rubin und Calciumwolframat. Die optischen Übergänge der Dotierungsatome in diesen Kristallen sind polarisiert, und zwar unterscheiden wir σ- und π-Polarisation (vgl. Kap. 2.9 und 4.2). Bei σ-Polarisation schwingt der elektrische Vektor in allen Richtungen senkrecht zur optischen Achse, bei π-Polarisation in Richtung der optischen Achse.

Betrachten wir einen Strahl, bei dem die Schwingungsrichtung mit der optischen Achse einen bestimmten Winkel einschließt: Dann ist die Verstärkung im Fall der π-Polarisation proportional zum Quadrat der Komponente, die der zugehörige Richtungsvektor (in Schwingungsrichtung) auf der optischen Achse hat. Bei σ-Polarisation ändert sich die Verstärkung proportional dem Quadrat der in der Ebene senkrecht zur optischen Achse liegenden Komponente. Bei einer gegebenen Ausbreitungsrichtung der Welle besteht im Fall der π-Polarisation also stets maximale Verstärkung, wenn der Feldstärkevektor in der Ebene schwingt, die durch die Ausbreitungsrichtung und die optische Achse definiert ist. In einem schräg zur Achse geschnittenen Laserkristall mit π-Polarisation wird sich also normalerweise eine Schwingungsrichtung parallel zu der durch die optische Achse und die Stabachse gegebenen Ebene einstellen. Bei σ-Polarisation gibt es immer eine Schwingungsrichtung, die gleichzeitig auf der optischen Achse und der Achse des Laserstabs senkrecht steht. Der Laser wird, falls keine weiteren Einflüsse (polarisationsabhängige Verluste) wirksam sind, in dieser Polarisationsrichtung schwingen. Im Grenzfall des parallel zur optischen Achse geschnittenen Kristalls kann sich bei π-Polarisation überhaupt keine Laserschwingung ausbilden (Verstärkung Null), bei σ-Polarisation ist dagegen jede Polarisationsrichtung gleichwertig [43]. In diesem Fall gelten sinngemäß die Aussagen, die zu Beginn dieses Abschnitts über optisch isotrope Materialien gebracht wurden.

Häufig werden auch Kristalle mit einer Emission in σ-Polarisation (z. B. Rubin) verwendet, die senkrecht zur optischen Achse geschnitten sind. Bei diesen ändert sich die Verstärkung mit dem $\sin^2$ des Winkels, den die optische Achse mit der Schwingungsrichtung einschließt. Daraus läßt sich leicht die Schwingungsrichtung ermitteln, die sich bei polarisationsabhängigen Verlusten (z. B. eine *Brewster-Platte* im Strahlengang) einstellt.

5.5 Der Festkörperlaser mit nur einer Eigenschwingung, „mode-selection"

5.5.1 Selektive Anregung des transversalen Grundmodes

Wie bereits erwähnt, werden beim Festkörperlaser im allgemeinen eine große Zahl Eigenschwingungen angeregt, die ungefähr gleiche Verstärkung und gleiche Verluste besitzen. Dies folgt für die Moden verschiedener longitudinaler Ordnung aus der relativ zum Gaslaser größeren Linienbreite (Ausnahmen sind $CaF_2 : Dy^{2+}$ und $CaF_2 : Tm^{2+}$), sowie für die Moden verschiedener transversaler Ordnung aus der großen *Fresnel-Zahl*[1] $F = na^2/\lambda L$ (z. B. $F = 200$).

Betrachten wir einen Kristall mit zwei gleichen sphärischen Spiegeln (Krümmungsradius r). Dann ergibt sich nach der Resonatortheorie (s. Kap. 3) für das Verhältnis des Modenquerschnitts (Grundmode TEM_{00}) am Spiegel zum Kristallquerschnitt

$$\left(\frac{w_s}{a}\right)^2 = \frac{1}{\pi F} \sqrt{\frac{k^2}{2k-1}} \tag{5.5/1}$$

($k = r/L$ ist das Verhältnis von Spiegelradius zu Spiegelabstand). Für $0,513 < k < 20$ und $F = 200$ folgt $(a/w_s)^2 > 200$; d. h. die Eigenschwingung erfaßt weniger als $1/200$ des Kristallquerschnitts. Der Modenquerschnitt nimmt mit höherer transversaler Ordnung ($TEM_{m,n}$) gemäß $\sqrt{(2m + 1)(2n + 1)}$ zu. Das bedeutet, daß bei der angegebenen *Fresnel-Zahl* und in dem erwähnten Bereich von k noch Eigenschwingungen bis mindestens zur 50. Ordnung kleine Verluste aufweisen.

Auch in den Grenzfällen des planparallelen und des konzentrischen Resonators ($k = \infty$ bzw. $k = 0,5$) hängen die Beugungsverluste der Eigenschwingungen von der *Fresnel-Zahl* ab, sie nehmen stärker mit der transversalen Ordnung zu als beim Laser mit sphärischen Spiegeln (s. Kap. 3). Infolgedessen hat der Laser z. B. mit *Fabry-Perot-Resonator* bereits eine modenaussondernde Wirkung; jedoch bleiben im allgemeinen in der Emission eine Anzahl verschiedener transversaler Eigenschwingungen überlagert. Dies ist für viele Anwendungen unerwünscht.

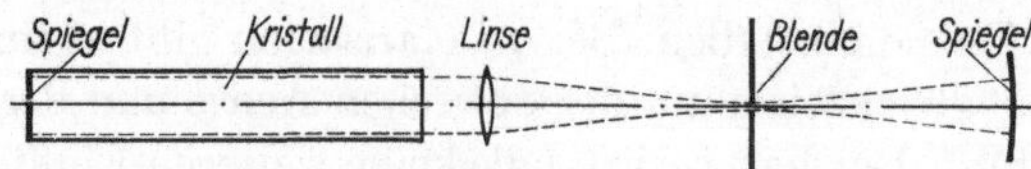

Abb. 5.42. Laser mit externem Spiegel und „Modenblende" zur Unterdrückung der unerwünschten Eigenschwingungen höherer transversaler Ordnung.

Will man verhindern, daß die Eigenschwingungen höherer Ordnung angeregt werden, so muß man deren Verluste vergrößern. Dies gelingt durch Blenden oder Begrenzungen im Strahlengang [80, 85, 86]. Von Vorteil sind dabei die Anordnungen, in denen nicht gleichzeitig der Querschnitt der von der Schwingung erfaßten Zone im Kristall reduziert wird. Ein Beispiel für eine solche Anordnung ist in Abb. 5.42 dargestellt. Linse und Kristall bilden ein Sammelsystem, dem ein Hohlspiegel gegenübersteht. Zwischen Linse und Spiegel entspricht die Verteilung der Schwingungsintensität der von Eigenschwingungen eines Lasers mit sphä-

---

[1] s. Fußnote S. 133.

rischen Spiegeln. Bringt man an die Stelle geringsten Strahlquerschnitts eine
Blende und schließt man diese, so bleibt im Laser zuletzt nur der Grundmode
angeregt. Diese Blende hat den Charakter einer Bildfeldblende und ist ohne Einfluß auf die Öffnung des Strahls im Kristall. Sie sorgt für eine Winkelbegrenzung
der im Kristall laufenden Welle. Von ähnlicher Wirkung sind auch bestimmte
Prismen (Abb. 5.24e), in denen die Reflexion in der Nähe des Grenzwinkels der
Totalreflexion erfolgt [6] (s. a. Kap. 3).

Besonders einfach ist ferner eine Anordnung mit äußerem Spiegel und passen-
dem Spiegelabstand, so daß der Kristall selbst als Modenblende wirkt. Bei sehr
großem Spiegelabstand können die Verluste in dieser Anordnung selbst für den
Grundmode zu groß werden; man verwendet dann zusätzlich eine Linse im
Strahlengang (Abb. 5.20).

Soll nicht der Grundmode, sondern eine einzelne Eigenschwingung höherer
transversaler Ordnung angeregt werden, so kann man dies ebenfalls mit Blenden
im Strahlengang erreichen. Als solche Blenden kommen feine Drähte in Frage.
Es bilden sich dann Eigenschwingungen aus, deren Knoten an den Stellen der
Drähte liegen; diese Eigenschwingungen besitzen die kleinsten Verluste. Eventuell
bewirken auch Störungen im Kristall eine Auswahl der angeregten Moden [87, 88].

5.5.2 Erzeugung nur einer longitudinalen Eigenschwingung

Wenn in einem Laser nur eine einzelne Eigenschwingung angeregt werden
soll, so muß man dafür sorgen, daß in den unerwünschten Eigenschwingungen die
Verstärkung unter der Laserschwelle bleibt. Um dies zu erreichen, kann man entweder die relative Verstärkung der
gewünschten oder die Schwelle bzw.
die Verluste der unerwünschten
Eigenschwingungen erhöhen.

Die Schwingungsknoten und
-bäuche der verschiedenen Eigenschwingungen liegen zum Teil an
verschiedenen Stellen im Kristall.
Die einzelnen Moden werden also
zum Teil unabhängig voneinander
verstärkt (s. Kap. 4.13). Nur dadurch ist überhaupt bei einer homogen verbreiterten Linie die

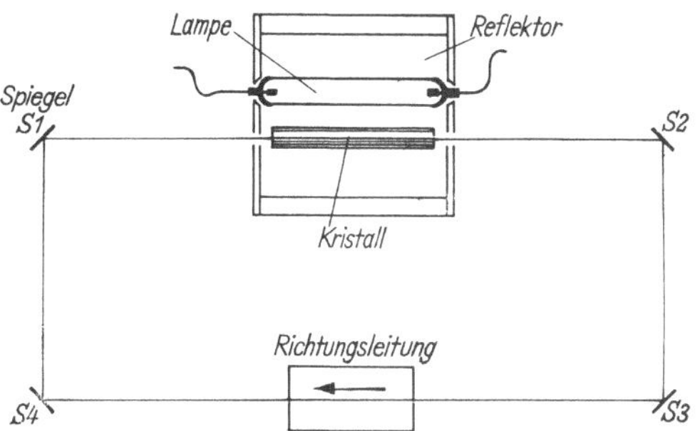

Abb. 5.43. Wanderwellenlaser mit umlaufendem Strahl
und Richtungsleitung.

gleichzeitige Anregung mehrerer Moden möglich. Diese Möglichkeit entfällt, wenn
die Eigenschwingungen im Kristall räumlich gleichförmig verstärkt werden, wenn
sich also im Laserresonator keine stehenden, sondern laufende Wellen ausbilden
[81, 59, 60, 84, 89, 90]. Es baut sich dann nur die Eigenschwingung auf, deren
Wellenlänge dem Maximum der atomaren Linie am nächsten liegt (Maximum der
Verstärkung). Zwei Ausführungsformen derartiger Wanderwellenlaser sind in
Abb. 5.43 und 5.44 dargestellt. In Abb. 5.43 läuft die Welle auf einem geschlossenen
Weg nur in einer Richtung um. In Abb. 5.44 sind die in beiden Richtungen durch
den Kristall laufenden Wellen in ihrer Polarisationsrichtung um 90° gedreht, so
daß ebenfalls keine Überlagerung zu einer stehenden Welle erfolgen kann.

Ein hinreichend ortsunabhängiger Inversionsabbau kann sich ferner auch im Fall der Anregung einer stehenden Welle ergeben, wenn man den Kristall im Resonator bewegt [91]. Die erforderliche Geschwindigkeit v errechnet sich aus dem Abstand zweier Schwingungsknoten $(= \lambda/2)$ und der für das Material und den Resonator charakteristischen Relaxationszeit ($\approx$ Periodendauer T der Relaxationsschwingungen), es muß also $v \gg \lambda/2T$ sein. Für Rubin ($\lambda = 0{,}69$ μm) ist T in der Größenordnung einiger Mikrosekunden, also ergibt sich die Bedingung $v \gg 0{,}1$ m/s.

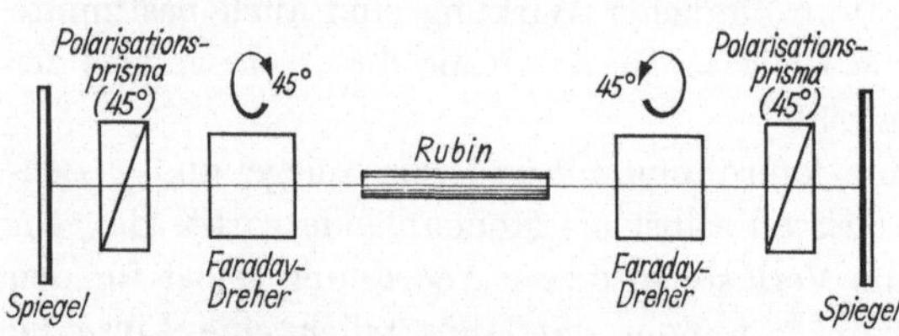

Abb. 5.44. Wanderwellenlaser mit gedrehter Polarisationsrichtung für den rücklaufenden Strahl.

Die weiteren Methoden der Modenaussonderung beruhen darauf, die Verluste und damit die Schwellen der unerwünschten Eigenschwingungen zu erhöhen. Dazu können im Prinzip alle Mittel der spektralen Zerlegung von Licht eingesetzt werden. Jedoch sind wegen des geringen Frequenzabstands zweier Eigenschwingungen jene Mittel besonders günstig, die eine große Dispersion besitzen, z. B. unverspiegelte oder verspiegelte planparallele Interferometerplatten. Diese Interferometerplatten werden im Strahlengang des Lasers untergebracht oder als Endspiegel gebraucht. Wir verweisen auf die allgemeinen Ausführungen in Kap. 3. Hervorgehoben sei hier die Verwendung eines planparallelen Plattenpaares oder -plattensatzes aus Glas, Quarz oder Saphir, die als hochbelastbare Interferenzspiegel eine große Rolle spielen.

Während beim Gaslaser alle Maßnahmen zur Aussonderung einzelner Eigenschwingungen zusätzliche Eingriffe in den Strahlengang darstellen, wirkt der Festkörperlaser z. B. mit einem externen Spiegel ohne weiteres bereits im Sinne einer Einschränkung der Modenzahl. Da an der Grenzfläche Lasermaterial (Dielektrikum)-Luft ein Brechungsindexsprung und damit eine Reflexion auftritt, stellt ein solcher Laser eine Anordnung aus zwei gekoppelten Resonatoren dar. In dieser bilden sich bevorzugt Eigenschwingungen aus, für die die Resonanzbedingung gleichzeitig in beiden Teilresonatoren erfüllt ist.

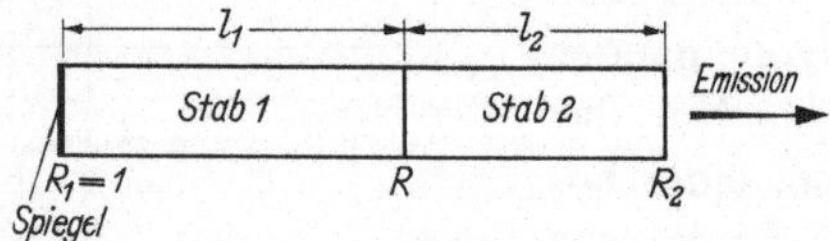

Abb. 5.45. Zur Unterdrückung von Eigenschwingungen: Laser mit aufgeteiltem Kristall; l_1, l_2 Länge der Teilstücke; R Reflexionsfaktoren für die Intensitäten.

Die Tatsache, daß jeder planparallel bearbeitete Laserstab zugleich eine Interferometerplatte darstellt, wird besonders in dem Laser mit aufgeteiltem Kristall („segmented-rod-laser" [38, 41], „many-element-laser" [39, 40], Kap. 5.2) ausgenutzt, dessen einfachste Form Abb. 5.45 zeigt: Zwei Kristalle der Längen l_1 und l_2 (mit $l_1 + l_2 = l$) werden mit der Stirnseite aufeinandergedrückt, ohne daß jedoch ein optischer Kontakt entsteht. Die Zwischenschicht kann dann durch einen einheitlichen Reflexionsfaktor R beschrieben werden. Die Reflexionsfaktoren an den äußeren Enden der Gesamtanordnung seien R_1 und R_2, wobei R_1

zu dem Stab mit der Länge l_1 gehören soll. Nehmen wir noch $R_2 \ll R_1 = 1$ an (geringe Reflexion R_2 an einem unverspiegelten Stabende), so folgt aus den Stetigkeitsbedingungen für das Feld unter Vernachlässigung von Produkten in R und R_2 die Beziehung

$$\sqrt{R_2}\, \exp\left[(\alpha_s + n\,2\pi j/\lambda)\,2l\right] + \sqrt{R}\, \exp\left[(\alpha_s + n\,2\pi j/\lambda)\,2l_1\right] = -1. \qquad (5.5/2)$$

Daraus läßt sich für jede Wellenlänge λ die zum Anschwingen des Lasers nötige Verstärkung α_s berechnen. Ein Minimum der notwendigen Verstärkung ergibt sich für

$$\exp\,(n\,4\pi j l/\lambda) = \exp\,(n\,4\pi j l_1/\lambda) = -1\,, \qquad (5.5/3)$$

woraus man die Resonatorbedingungen

$$l_1 = m_1\lambda/2\,, \quad l_2 = m_2\lambda/2 + \lambda/4 \quad \text{und} \quad l = m\lambda/2 + \lambda/4 \qquad (5.5/4)$$

mit

$$m = m_1 + m_2 \quad \text{und} \quad m, m_1, m_2 = \text{ganzzahlig}$$

erhält. Die Resonatorbedingungen müssen also einzeln für die beiden Teil-resonatoren erfüllt sein. Der Summand $\lambda/4$ in Gl. (5.5/4) erklärt sich aus der Tat-sache, daß das eine Ende des zusammengesetzten Stabes unverspiegelt ist, daß der Laserstrahl dort also von einem optisch dichteren in ein dünneres Medium überwechselt und sich somit an dieser Stelle ein Schwingungsbauch ausbildet.

5.6 Der Riesenimpuls-Laser

5.6.1 Die Methoden der Impulserzeugung

Laser-Riesenimpulse werden erzeugt, indem man zuerst den Laserstab an-regt, dabei die Schwingung unterdrückt und dann solche Arbeitsbedingungen schafft, daß die Schwellenbesetzung weit unter der Zahl der angeregten Atome liegt. Die gespeicherte Anregungsenergie wandelt sich dann in sehr kurzer Zeit in Lichtenergie um. Die Schwellenbesetzung ist dabei durch die *Schaw-low-Townessche Beziehung* Gl. (4.4/1) bzw. (4.4/6) gegeben, also durch den in dieser Beziehung enthaltenen *Einstein-Koeffizienten* B'_ν und die Verweilzeit τ_c (bzw. die Resonatorgüte $Q = \omega\tau_c$). Um die Schwellenbesetzung zu beein-flussen, kann man somit den Verstärkungskoeffizienten B'_ν oder die Resonator-verluste ändern („gain-switching" bzw. „loss-switching" oder „Q-switching"). Im folgenden sind die in Frage kommenden Verfahren aufgezählt. Besonders häufig werden davon die Methoden der Gütesteuerung mittels eines Drehspiegels $(b\,\beta)$ und einer *Kerr-Zelle* $(c\,\alpha)$ sowie der passiven Güteschaltung durch sättigbare Absorber (e) angewendet.

a) Verstärkungsschalter

Der *Einstein-Koeffizient* B'_ν enthält neben anderen Größen auch die Linien-breite, im Linienmaximum ist $B'_\nu \sim 1/\Delta\nu$. Kann man $\Delta\nu$ durch angelegte Felder vergrößern, so vermindert sich die Verstärkung. Dies läßt sich in der Tat sowohl durch angelegte magnetische als auch elektrische Felder erreichen.

α) Die *Zeeman-Aufspaltung* der R_1-Linie von Rubin wurde in [103] untersucht und gibt bei einem auf 77 °K gekühlten Kristall eine beträchtliche Verschiebung der Linienmaxima und eine Veränderung der Linienform. Will man nur eine Verbreiterung der Linie, so verwendet man am besten ein inhomogenes Magnetfeld. Ein solches läßt sich erzeugen, wenn man um die Mitte des Kristalls eine einzelne stromdurchflossene Drahtschleife legt [94].

β) Auch im elektrischen Feld spaltet die R_1-Linie (Rubin) auf und wird insgesamt breiter. Die Aufspaltung ist proportional der Feldstärke ($E \parallel c$-Achse) und erreicht einen Wert von 1 cm^{-1} bei 1,7 · 10^5 V/cm [95]. Bei Feldern oberhalb 70 kV/cm wird die Laserschwingung vollständig unterdrückt [96]. Diese Werte gelten bei Kühlung des Kristalls auf 77 °K.

γ) Gegebenenfalls kann man auch (bei geeigneten Materialien) davon Gebrauch machen, daß die Linienbreite kleiner als der Abstand zweier benachbarter longitudinaler Eigenschwingungen ist und daß sich die Linie mittels *Zeeman-Effekts* verschieben läßt. Dies trifft auf CaF : Dy^{2+} zu [97]. Bei diesem Material ist die Linienbreite kleiner als 1 GHz; der Abstand zweier Eigenschwingungen beträgt bei einem 2,5 cm langen Kristall 4,3 GHz. Magnetfelder von wenigen Gauß genügen, um eine merkliche Verstärkungsänderung zu bewirken. Insgesamt kann man den Laser bei Magnetfeldern bis 10000 Gauß über einen Bereich von 15 GHz abstimmen [97].

δ) Ein viertes Verfahren der Steuerung der Verstärkung [98] beruht auf den Polarisationseigenschaften des Rubins (Kap. 5.4.4). Man ordnet zwei 90°-Kristalle hintereinander und zwischen diesen eine *Kerr-Zelle* an. Die *Kerr-Zelle* kann so geschaltet werden, daß das von einem Kristall längs der Achse in der Hauptschwingungsrichtung emittierte Licht den andern Kristall entweder auch in der Hauptschwingungsrichtung oder mit einer Polarisation senkrecht dazu durchsetzt. Im ersten Fall ist die Verstärkung der Gesamtanordnung maximal, im zweiten minimal.

b) Aktive mechanische Güteschalter

α) Durch Eingriffe in den Rückkopplungsweg eines Lasers kann man die Resonatorverluste bzw. die Resonatorgüte steuern. Die einfachste Methode ist die Verwendung einer mechanischen Blende z. B. von der Form einer rotierenden Lochscheibe [99, 100]. Man setzt diese an die Stelle im Resonator, an der der Strahl möglichst stark gebündelt ist und erreicht Schaltzeiten von ungefähr 10^{-6} s.

β) Noch kleinere Schaltzeiten erhält man mit einem externen Drehspiegel bzw. Drehprisma [101, 102] (Abb. 5.46). Nur in einem Bereich der Prismenstellung von wenigen Bogenminuten kann der Laser schwingen, woraus sich bei einer Drehfrequenz von 1000 Hz Schaltzeiten von etwa 2 · 10^{-7} s errechnen. Als Drehprismen eignen sich 90°-Prismen aus Glas, Quarz oder Saphir, die mit ihrer Dachkante senkrecht zur Drehachse angeordnet sind. Solche Drehprismen sind im allgemeinen den Dreh-

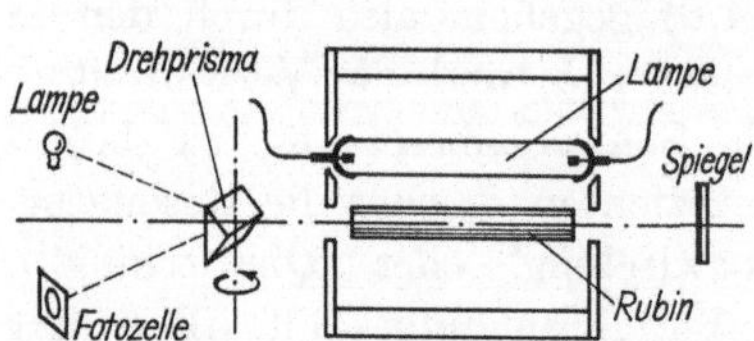

Abb. 5.46. Laser mit Drehprisma als Güteschalter. Die Lampe außerhalb des Reflektors liefert in der Photozelle ein Referenzsignal zur Steuerung der Pumpleistung (Zünden der Blitzlampe zum geeigneten Zeitpunkt, so daß das Maximum der Besetzung im Kristall mit der günstigsten Rückkopplungsstellung zusammenfällt).

spiegeln vorzuziehen, weil bei den Spiegeln im Falle hoher Impulsleistungen die
Beläge zerstört werden. Allerdings kommen auch planparallele Quarz- oder Saphir-
platten oder Paare solcher Platten als Drehspiegel in Frage. — Der Bereich der
Prismen- bzw. Spiegelstellung mit geringen Verlusten hängt von der Entfernung
vom Kristall ab. Die Schaltbedingungen lassen sich also durch Abstandsänderung
des Drehprismas vom Kristall und auch durch die Drehgeschwindigkeit ändern.
Dies wird in Kap. 5.6.2 ausführlicher diskutiert.

γ) Zu den mechanischen Schaltern können wir auch diejenigen rechnen, die
mit Ultraschall arbeiten [104]. Die Ultraschallschwingungen kann man direkt
in den Rubinkristall einkoppeln. Es treten dann im Kristall Brechungsindexschwankungen auf, die zeitlich periodisch mit der Schallfrequenz wechseln. Den
Brechungsindexschwankungen entsprechen vermehrte Verluste. — Dieses Verfahren eignet sich weniger zur Erzeugung einzelner Riesenimpulse; dagegen kann
man damit eine Emission in Form einer regelmäßigen Impulsfolge erhalten.

c) Aktive elektro- oder magnetooptische Güteschalter

α) Neben dem Drehspiegel wird die *Kerr-Zelle* (oder ein elektrooptischer
Kristall, z. B. KDP) am häufigsten als aktiver Güteschalter verwendet [105].
Die *Kerr-Zelle* wird zusammen mit einem Polarisationsprisma in den inneren
Strahlengang des Lasers gegeben (Abb. 5.47). Als Polarisationsprismen eignen

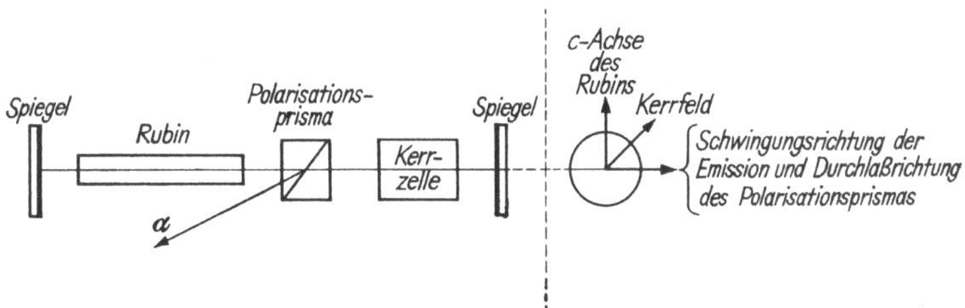

Abb. 5.47. Laserresonator mit Polarisationsprisma und Kerrzelle als Güteschalter.

sich besonders *Rochon-Prismen* oder *Glan-Thompson-Prismen*, weil bei diesen das
Licht *einer* Polarisationsrichtung keine Ablenkung bzw. Versetzung erfährt.
Mit etwas größerem Aufwand in der Justierung können jedoch auch *Wollaston-*
oder *Nicol-Prismen* eingesetzt werden. Solche Prismen werden zweckmäßig ohne
Kittung (also in optischem Kontakt bzw. mit Luftschicht) verwendet. Besonders
hoch belastbar sind als Polarisationsfilter dienende Quarzplattensätze, bei denen
man die Platten jeweils unter dem *Brewster-Winkel* im Strahlengang anordnet.
Über die Wirkungsweise der *Kerr-Zelle* (quadratische Abhängigkeit der Doppelbrechung von der Feldstärke) oder eines KDP-Kristalls (linearer elektrooptischer
Effekt) gibt Kap. 8 Auskunft.

Das Polarisationsprisma (Abb. 5.47) wird so justiert, daß es die normalerweise im Kristall entstehende Strahlung ungehindert durchläßt und die Strahlung mit einer Schwingungsrichtung senkrecht dazu entfernt. Die Feldstärke-
richtung in der *Kerr-Zelle* (z. B. mit Nitrobenzol) muß um 45° gegen die Schwingungsrichtung des Rubinlichts geneigt sein. Dann wird dieses Licht in zwei gleich
starke Komponenten zerlegt. Man wählt ferner die Feldstärke so, daß sich bei

11*

doppeltem Durchgang durch die *Kerr-Zelle* ein Phasenunterschied von π ergibt. Die beiden Komponenten des Lichts setzen sich dann nach dem zweiten Durchgang durch die *Kerr-Zelle* wieder zu linear polarisiertem Licht zusammen, das jedoch in seiner Polarisationsrichtung gegenüber der vorherigen Richtung um 90° gedreht ist. Dieses Licht wird durch das Polarisationsprisma aus dem Strahlengang herausgelenkt. Damit betragen die Verluste des Laserresonators 100%, d. h. die Laserschwingung wird unterdrückt. Nach Abschalten der Spannung geht dagegen das Licht unbeeinflußt durch die *Kerr-Zelle*. Die Schaltzeit des Güteschalters ist bei Verwendung einer *Kerr-Zelle* besonders niedrig. Sie hängt von dem Schaltkreis ab und hat üblicherweise Werte von $2 \cdot 10^{-8}$ s.

β) Die Schaltzeit ist wesentlich größer ($\approx 2 \cdot 10^{-6}$ s), wenn man anstelle des *Kerr-Effekts* den *Faraday-Effekt* für eine Güteschaltung ausnutzt [106].

d) Leistungserhöhung durch „Impulsauskopplung"

Alle angegebenen Laser mit aktivem Güteschalter arbeiten nach dem Prinzip, daß zu einem Zeitpunkt mit großer gespeicherter Anregungsenergie die Resonatorverluste innerhalb einer möglichst kurzen Schaltzeit stark reduziert werden. Es baut sich dann im Laserresonator eine hohe Schwingungsintensität auf. Die Nutzleistung wird im allgemeinen durch einen der beiden Resonatorspiegel hindurch ausgekoppelt und ist proportional zur Schwingungsintensität. Dabei ergibt sich eine desto größere Schwingungsintensität, je geringer die Resonatorverluste sind; dagegen bedeutet eine zunehmende Auskopplung (große Transmission des Spiegels), daß die Resonatorverluste größer werden. Man findet also zwei Bedingungen für besonders hohe Ausgangsleistungen, die einander entgegengesetzt sind.

Zu der Alternative — entweder große Auskopplung bei kleiner Schwingungsintensität oder kleine Auskopplung bei großer Schwingungsintensität (mit einem Optimum bei mittlerer Auskopplung) — gibt es jedoch noch eine dritte Möglichkeit [107]. Man kann zunächst bei hoher Güte eine maximale Schwingungsintensität erzeugen und dann die gesamte gespeicherte Lichtenergie innerhalb der Laufzeit im Resonator auskoppeln. Praktisch kann eine solche Anordnung ähnlich wie der Riesenimpulslaser mit *Kerr-Zelle* aufgebaut sein, vgl. Abb. 5.47. Die Spiegel besitzen in diesem Fall keine Durchlässigkeit. Aus einer solchen Anordnung wird ein Strahl α von optimaler Leistung ausgekoppelt, wenn man nach Abschalten der *Kerr-Zelle* im Maximum der Schwingungsintensität die Spannung wieder an die Zelle anlegt. Die mit dieser Methode der Impulsauskopplung erzielbare Leistung wird in Kap. 5.6.2 berechnet.

Die Methode der Impulsauskopplung entspricht im Aufbau des Lasers der in Kapitel 8 beschriebenen Methode der Auskoppelmodulation. Jedoch ist die Betriebsweise wesentlich verschieden. Während im Fall der Impulsauskopplung möglichst kurzzeitige und extreme Änderungen der Schwingungsintensität hervorgerufen werden, wählt man bei der Auskoppelmodulation solche Arbeitsbedingungen, daß praktisch keine Schwankung der im Laserresonator gespeicherten Schwingungsintensität auftritt [89, 90].

e) Sättigbare Absorber als passive Güteschalter

Neben den bisher angegebenen Methoden der Erzeugung von Riesenimpulsen gibt es noch andere, bei denen man die Nichtlinearität der Absorption bestimmter Filter oder der Reflexion von Halbleiterspiegeln ausnutzt. In diesen Fällen schafft der Laser selbst die Bedingungen, unter denen sich ein Riesenimpuls aufbaut. Die Steuerelemente werden also durch den Laser geschaltet; sie sind passiv. Damit entfällt auch die bei aktiven Schaltern erforderliche Einrichtung, die

das Schalten und das Zuführen der Pump-leistung synchronisiert. Der technologische Aufwand bei Verwendung passiver Schalter ist daher geringer.

Als solche nichtlinearen Filter verwendet man geeignete Farbgläser oder Farbstoff-lösungen [108—111], die man als planparallele Platte bzw. in einer Küvette in den inneren Strahlengang des Lasers bringt (Abb. 5.48).

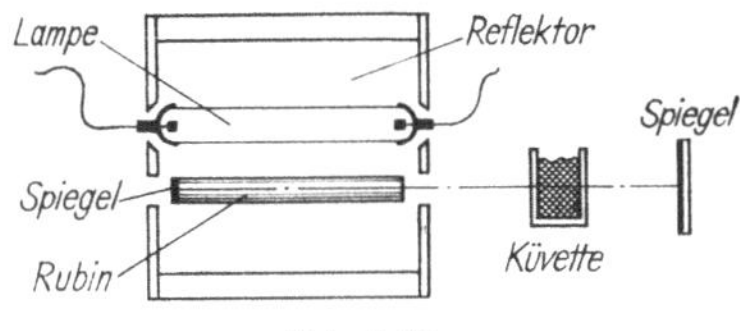

Abb. 5.48.
Küvette mit Farbstofflösung als passiver Güte-schalter im inneren Strahlengang des Lasers.

Brauchbare Gläser sind für den Rubinlaser z. B. CdS : Se-Glas [112], ferner das *Schottglas* RG 8 oder das *Corning-Uranglas* 3—79 [113]. Das Uranglas absorbiert die Rubinwellenlänge nur, wenn man es vorher z. B. mittels einer Blitzlampe optisch pumpt. Der Nachteil solcher Gläser ist deren begrenzte Belastbarkeit.

Im Gegensatz dazu lassen sich die Farbstofflösungen bis zu höchsten Lei-stungen verwenden, ohne daß Zerstörungen oder Zersetzungserscheinungen auf-treten. Besonders günstig sind Farbstoffe mit einem großen Absorptionsquer-schnitt $\sigma = B'_{\nu F}/v$ ($v =$ Phasengeschwindigkeit des Lichts in der Filterflüssig-keit), die also bei kleiner Konzentration bereits eine starke Absorption besitzen und auch schon bei kleiner Intensität in der Absorption nichtlinear werden. Die Konzentration solcher Farbstofflösungen wählt man derart, daß bei der höchsten Besetzung im Laserkristall die Verstärkung gerade die Verluste im Resonator überwiegt. Es setzt dann eine Laserschwingung ein. Von einer be-stimmten Schwingungsintensität an vermindert sich die Absorption in der Farbstofflösung, die Schwellenbesetzung sinkt. Dadurch kann ein zunehmender Teil der Anregungsenergie in Schwingungsenergie übergeführt werden; die Ab-sorption geht schließlich in Sättigung. Die Schwingungsintensität erreicht ihr Maximum, wenn die Besetzung auf einen Wert gesunken ist, der dem Schwellen-wert bei minimalen Resonatorverlusten unter Einschluß der Restabsorption in der Farbstofflösung entspricht. Praktische Werte für die Anfangsabsorption der Farbstoffzelle sind 10—85%, und zwar hängen die günstigsten Werte von der Kristallänge und -dotierung sowie der Spiegeltransmission ab.

Farbfilter sind nichtlinear, wenn die auftretende Absorption mit einem elektronischen Übergang zwischen zwei Energieniveaus verbunden ist und eine endliche Lebensdauer im angeregten Niveau besteht. Durch die Absorption er-folgt eine Abnahme der Besetzung im unteren Niveau und damit eine Abnahme der Zahl der absorbierenden Zentren: Die relative Absorption geht bei kontinuier-licher Einstrahlung mit zunehmender Intensität gegen Null, die absolute Ab-sorption geht gegen einen Grenzwert. Von diesem Grenzwert („Restabsorption") ist die „Sättigungsleistung" zu unterscheiden, bei der die Absorption nichtlinear wird. Man muß im Laser zunächst die Sättigungsleistung erreichen, damit sich ein Riesenimpuls aufbauen kann. Durch die Restabsorption ist dann die Verlustleistung gegeben, die die Farbstoffzelle während der Dauer des Riesenimpulses im Laserresonator verursacht.

Zur Berechnung der Sättigungsparameter nehmen wir an, daß die Absorptionslinie homogen verbreitert ist, d. h. daß eine Absorption an einer Stelle unmittelbar zu einer Anregung über die ganze Linie führt und daß sich die Besetzung gleichmäßig über den Grundterm bzw. den angeregten Term verteilt. Dann ist die Absorption proportional der Besetzungsdifferenz im angeregten Zustand (Besetzungsdichte n_2) und im Grundzustand (n_1). Wir erhalten im Gleichgewicht die Bilanzgleichungen

$$\frac{dq}{dx} = -\sigma(\nu)\,(n_1 - n_2)\,q \tag{5.6/1}$$

und

$$\sigma(\nu)\,(n_1 - n_2)\,q = \frac{n_2}{\nu\tau_{lF}}. \tag{5.6/2}$$

Gl. (5.6/1) beschreibt die Abnahme der Zahl der Quanten (Dichte q) einer Welle, die in einer Richtung (x) durch die Farbstofflösung geschickt wird. Gl. (5.6/2) folgt aus der Bedingung, daß die Absorption abzüglich der induzierten Emission gleich der spontanen Emission sein muß. Mit $n_1 + n_2 = n_F$ erhalten wir

$$\frac{dq}{dx} = -\sigma(\nu)\,n_F\,\frac{q}{(q/q_0)+1} \tag{5.6/3}$$

mit

$$q_0 = \frac{1}{2\,\nu\,\tau_{lF}\,\sigma(\nu)}. \tag{5.6/4}$$

Für kleine Intensitäten ($q \ll q_0$) ergibt sich aus Gl. (5.6/3) das bekannte Exponentialgesetz der Abnahme einer Welle durch Absorption

$$q_2 = q_1 \exp\left[-\sigma(\nu)n_F l\right], \tag{5.6/5}$$

worin q_1 die Quantenzahl vor Eintritt in die Farbstofflösung und q_2 diese Zahl nach Verlassen der Küvette ist; l bedeutet die Dicke der Farbstoffschicht.

Für große Intensitäten ($q \gg q_0$) geht die Farbstofflösung in Sättigung, die Restabsorption (Leistung P_r) folgt aus Gl. (5.6/3) zu ($V =$ durchstrahltes Volumen der Farbstofflösung)

$$P_r = q_0\,\sigma(\nu)\,n_F\,h\nu\,\nu\,V, \tag{5.6/6a}$$

das heißt

$$P_r = \frac{N_F\,h\nu}{2\,\tau_{lF}}. \tag{5.6/6}$$

Für eine Quantendichte $q = q_0$ ist nach Gl. (5.6/3) die Absorption bereits merklich nichtlinear: $q = q_0$ definiert die Sättigungsleistung (P_s). Für diese Sättigungsleistung P_s pro Einheit der Fläche A erhält man

$$\frac{P_s}{A} = q_0\,h\nu\,\nu = \frac{h\nu}{2\,\tau_{lF}\,\sigma(\nu)}. \tag{5.6/7h}$$

Wir können noch die vollständige Lösung von Gl. (5.6/3) angeben,

$$\frac{q_1 - q_2}{q_0} + \ln \frac{q_1}{q_2} = \sigma(\nu)\, n_F\, l \tag{5.6/8}$$

oder

$$\frac{P_1 - P_2}{P_0} + \ln \frac{P_1}{P_2} = \sigma(\nu)\, n_F\, l\,, \tag{5.6/9}$$

diese mit experimentellen Ergebnissen vergleichen und finden für bestimmte Farbstofflösungen (Abb. 5.49) eine Übereinstimmung des gemessenen Kurvenverlaufs mit dem berechneten [114].

Beim Vergleich ist zu beachten, daß bei diesen Farbstofflösungen im allgemeinen der Fall $\tau_{lF} \ll T_p$ (T_p = Dauer des Meßimpulses) vorliegt, für den auch die Gln. (5.6/8) und (5.6/9) gelten. Ein Vergleich für den Fall $\tau_{lF} \ll T_p$ ist in [114] durchgeführt.

Zur Auswertung von Gl. (5.6/7h), d. h. zur Bestimmung der Sättigungsleistung, ist die Kenntnis der Lebensdauer und des Wirkungsquerschnitts erforderlich. Diese betragen für Chloraluminium-Phtalocyanin (gelöst in Chlornaphthalin) $\tau_{lF} = 4{,}9\, ns$ [115] und $\sigma\,(0{,}69\,\mu\mathrm{m}) = 1{,}0 \cdot 10^{-15}\,\mathrm{cm}^2$ [114]. Daraus ergibt sich $P_s/A = 2{,}9 \cdot 10^4\,\mathrm{W/cm}^2$.

Weitere günstige Farbstoffe für passive Schalter für die Rubinwellenlänge sind metallfreies Phtalocyanin [116] ($\tau_{lF} = 1\,\mu\mathrm{s}$) sowie Kryptocyanin (Rubrocyanin) in Methanol ($\tau_{lF} = 4\,\mu\mathrm{s}$ [109] und $\sigma = 8{,}1 \cdot 10^{-16}\,\mathrm{cm}^2$ [108]); ferner wurde die Eignung einer großen Anzahl handelsüblicher Farbstoffe für diese Zwecke in [111] nachgewiesen. Für die Neodymwellenlänge (1,06 $\mu\mathrm{m}$) wurde Methin-Farbstoff als passiver Schalter erprobt [117].

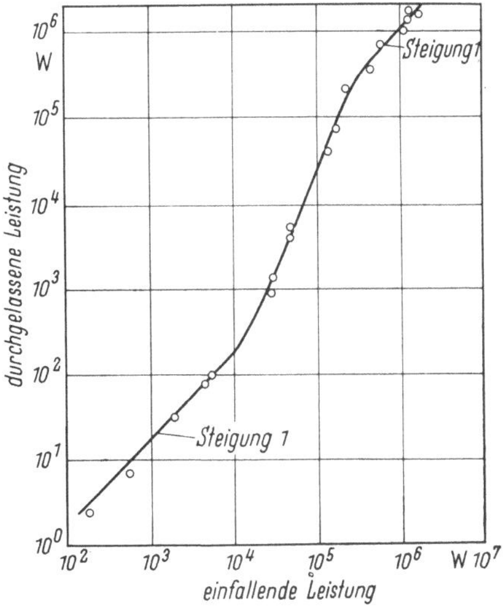

Abb. 5.49.
Nichtlineare Absorption in Chloraluminium-Phtalocyanin (gelöst in Chlornaphthalin). Es ist die durchgelassene Lichtleistung in Abhängigkeit von der einfallenden Lichtleistung aufgetragen. Strahlquerschnitt $^1/_{10}\,\mathrm{cm}^2$ nach T. A. ARMSTRONG [114]).

Zur Theorie der Sättigung eines Farbfilters noch zwei Bemerkungen: Die Absorption wurde als proportional zu ($n_2 - n_1$) angenommen. Dies gilt nur, wenn sich die Besetzung gleichmäßig auf die Energiebereiche innerhalb der beiden Terme verteilt, so daß die Linienform und -lage in Emission und Absorption gleich ist. In der Praxis beobachtet man jedoch Verschiebungen zwischen dem Absorptions- und dem Emissionsmaximum (*Franck-Condon-shift*) [116]. Die Besetzung des Endniveaus (beim Absorptionsprozeß), das innerhalb eines breiten Terms liegt, kann geringer sein, als es der Anregung entspricht. Im Grenzfall ist die Absorption nicht proportional zu der Besetzungsdifferenz sondern nur zu n_1. Die Rechnung zeigt, daß dann im Nenner von Gl. (5.6/4), (5.6/6) und (5.6/7h) der Faktor 2 entfällt. Abweichungen in der Besetzung des Endniveaus ergeben also nur eine geringfügige zahlenmäßige Korrektur der aufgeschriebenen Beziehungen.

Von großer Bedeutung ist dagegen die Frage, ob die Absorptionslinie (Abb. 5.50) homogen oder inhomogen verbreitert ist. Eine homogene Verbreiterung im Sinne unserer Rechnungen liegt vor, wenn Störungen im Linienprofil in einer Zeit ausgeglichen werden, die klein gegen die Dauer des Riesenimpulses ist, d. h. wenn in dieser Zeit jedes Farbstoffmolekül mit gleicher Wahrscheinlichkeit auf der Laserwellenlänge absorbieren kann. Diese kritische Zeit liegt bei 10^{-8} s. Falls die thermische

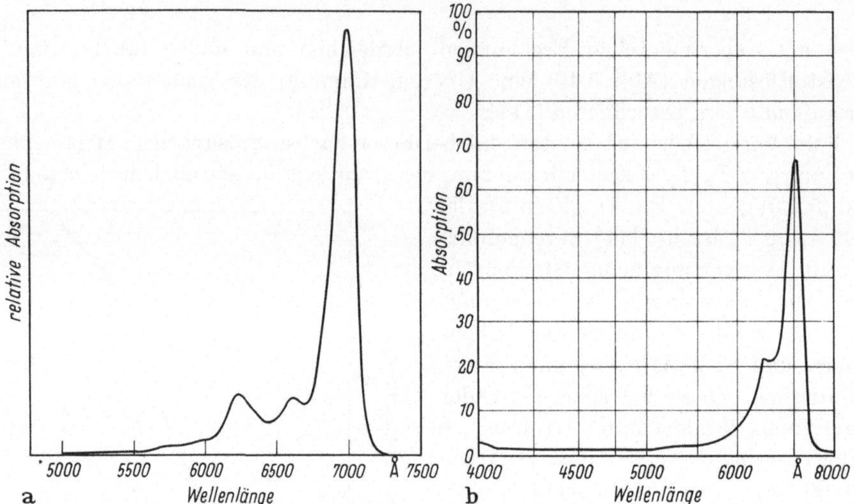

Abb. 5.50. Absorption von a) Chloraluminium-Phtalocyanin, gelöst in Chlornaphtalin (nach P. P. Sorokin et al. [110]) und b) Kryptocyanin, gelöst in Methanol (nach P. Kafalas et al. [108]); bei kleinen Intensitäten in Abhängigkeit von der Wellenlänge.

Bewegung der Moleküle für die Linienverbreiterung oder für Umbesetzungen innerhalb des Niveaus maßgebend ist, findet man Ausgleichszeiten $\ll 10^{-8}$ s, und die Linien sind in der Tat homogen verbreitert. Sofern die Verbreiterung auf der statistischen Anordnung der Lösungsmoleküle um das Farbstoffmolekül herum beruht, ist mit einer inhomogenen Verbreiterung zu rechnen.

Wie es scheint, spielen beide Mechanismen eine Rolle, und die Art der Linienverbreiterung bzw. der Grad der Homogenität der Linie hängt von der speziellen Farbstofflösung ab. Beweise für eine homogene Verbreiterung sind in [114] angegeben, für eine inhomogene Verbreiterung bei anderen Farbstofflösungen in [111] und [118].

Im Fall der inhomogen verbreiterten Linie gilt mit Gl. (4.3/12) für die Sättigungsleistung anstelle von Gl. (5.6/7h)

$$\frac{P_s}{A} = \frac{v\, hv\, \pi\, \Delta v_h}{2\, B'\, \tau_{lF}} = \frac{hv}{2\, \tau_{lF}\, \sigma(v_0)} \frac{\Delta v_h}{\Delta v}, \qquad (5.6/7\,\mathrm{i})$$

worin $\Delta v_h/\Delta v$ das Verhältnis von homogener (eventuell natürlicher) Linienbreite zur Gesamtlinienbreite ist; $\sigma(v_0)$ bedeutet den Absorptionsquerschnitt im Maximum der inhomogen verbreiterten Linie. Die notwendige Sättigungsleistung ist also gegenüber dem Fall der homogen verbreiterten Linie um den Faktor $\Delta v_h/\Delta v$ verkleinert.

f) Nichtlineare Reflektoren als passive Güteschalter

Außer nichtlinearen Absorbern kann man auch nichtlineare Reflektoren als passive Güteschalter verwenden [119]. Als solche eignen sich eine Reihe Halbleitermaterialien, z. B. Si, Ge, InP, InSb, Ga $(As_x P_{1-x})$ [120]. Infolge der Vermehrung der Ladungsträgerzahl durch inneren Photoeffekt steigt bei diesen Materialien die Reflexion bei starker Belichtung. Zum Beispiel ändert sich die Reflexion einer polierten Germaniumscheibe je nach der Lichtintensität zwischen 40 und 80%. Die höchsten relativen Änderungen der Reflexion ergeben sich, wenn man den Lichtstrahl schräg unter dem Pseudo-Brewster-Winkel auf die Halbleiterscheibe auftreffen läßt (von 15% auf 60% bei InSb) [121]. Im Fall einer streifenden Reflexion wird die Gefahr einer Zerstörung der Halbleiteroberfläche geringer, ebenso, wenn man den Halbleiterspiegel kühlt [122].

g) Dichroitische Polarisatoren als passive Güteschalter

Eine nichtlineare Absorption tritt auch bei dichroitischen Polarisationsfiltern auf [123]. Diese haben zusätzlich den Vorteil, daß man den Absorptionsquerschnitt σ der aktiven Zentren durch Drehen des Filters verändern kann. Ferner hängt σ nur wenig von der Wellenlänge ab. Zur theoretischen Beschreibung der Sättigung kann man sich der Bilanzgleichungen (5.6/1) u. (5.6/2) bedienen. Dabei ist allerdings zu berücksichtigen, daß die Übergänge nicht auch in der Emission wirksam sind, man muß daher die Besetzungsdichtedifferenz $n_1 - n_2$ durch die Dichte n_a der Absorptionszentren im Grundzustand ersetzen. Dadurch entfällt der Faktor 2 im Nenner von Gl. (5.6/4) u. (5.6/7).

h) Selbstschaltende Lasermaterialien

In Kap. 5.6.1e wurde angegeben, daß sich die Absorption von UO_2^{2+}-dotiertem Glas bei der Rubinwellenlänge sättigen läßt. Wie sich zeigt, ist dies auch bei der Neodym-Wellenlänge (1,06 μm) möglich, d. h. man kann die laseraktiven Atome (Neodym) und die sättigbaren Absorptionszentren zugleich in *einem* Material (Barium–Kron-Glas) unterbringen [124]. Der Ausgangsterm für den Absorptionsübergang in UO_2^{2+} ist ein metastabiles angeregtes Niveau; es ist also zuerst eine optische Anregung erforderlich, damit das Glas auf der 1,06 μm-Linie als Schalter wirkt. Diese Anregung muß mit relativ kurzwelliger Strahlung geschehen. Filtert man den Anteil der Pumpstrahlung mit $\lambda < 5200$ Å weg, dann unterbleibt ein Schalteffekt. Die Dotierung mit UO_2^{2+} hat noch den zusätzlichen Vorteil einer besseren Ausnutzung des Pumplichts durch Absorption und Übertragung von Anregungsenergie vom UO_2^{2+} auf das Neodymion. Dadurch wird der Schwellenwert etwa in demselben Maß verbessert, wie er sich durch die Absorption der Schaltzentren verschlechtert. Ein solches Glas liefert daher von Hause

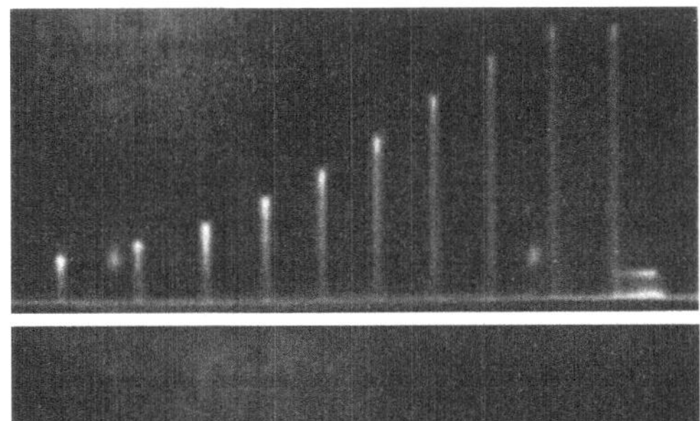

Abb. 5.51. Riesenimpulsfolge, erzeugt durch selbstschaltendes, zugleich mit Nd^{3+} und UO_2^{2+} dotiertes Laserglas (nach W. SHINER, E. SNITZER u. R. WOODCOCK [126]). Zeitablenkung von rechts nach links.

aus und ohne verminderten Schwellenwert eine Emission in Form von Riesenimpulsen. Eine ähnliche Emission zeigt auch dreifach mit Nd^{3+}, Yb^{3+} und UO_2^{2+} dotiertes Glas [125].

Besonders regelmäßig ist die Folge der Riesenimpulse (Abb. 5.51), die sich mit einem in [126] beschriebenen Laserglas ergibt. In diesem Glas bilden sich durch die UV-Anteile des Pumplichts Farbzentren, die als Schaltzentren für die Laserstrahlen wirken. Die Zahl der Farbzentren und damit die Anzahl der auftretenden Laser-Riesenimpulse läßt sich durch die Menge des auf den Kristall gelangenden UV-Lichts steuern.

5.6.2 Die Dynamik des Riesenimpuls-Lasers mit aktivem Schalter

a) Theoretische Beschreibung und Lösungsansatz

Als Modell des Riesenimpuls-Lasers betrachten wir einen Drei-Niveau-Laser, bei dem infolge optischen Pumpens eine Überbesetzung im oberen Niveau (2) besteht; und zwar sei ΔN die Überbesetzung über die Gleichbesetzung der beiden Niveaus, also $\Delta N = N_2 - N_\Sigma/2$. Für Vier-Niveau-Laser ist ΔN direkt die Besetzung im oberen Niveau. Bei dieser Besetzung soll die Resonatorgüte oder die Verstärkung erhöht werden. Zum Beispiel soll im Fall der Verwendung einer Blende oder eines optischen Schalters im Strahlengang der Rückkopplungsweg freigegeben werden. Wir setzen zunächst voraus, daß das „Schalten" schnell geschieht, also innerhalb einer Zeit, die klein gegen die Zeit ist, in der sich die Laserschwingung aufbaut. Nach dem Schalten sei die Verweilzeit der Quanten im Resonator gleich τ_c. Wir wollen ferner bereits das spätere Ergebnis benutzen, daß der Laserimpuls nur eine so kurze Zeitdauer existiert, daß in dieser Zeit keine nennenswerte Pumpleistung zugeführt und keine wesentliche spontane Emission abgegeben wird. Dann lauten nach Gln. (5.4/9) bis (5.4/11) mit $a = 1$ die Bilanzgleichungen

$$\Delta \dot N = - \frac{\Delta N}{\Delta N_0} \frac{Q}{\tau_c} \tag{5.6/11}$$

und

$$\dot Q = \left(\frac{\Delta N}{\Delta N_0} - 1 \right) \frac{Q}{\tau_c}. \tag{5.6/12}$$

Daraus folgt

$$\dot Q + \Delta N = - \frac{Q}{\tau_c}. \tag{5.6/13}$$

ΔN_0 ist die Überbesetzung an der Laserschwelle. Die Anfangs- und Endwerte der Quantenzahl Q und der Überbesetzung ΔN (vor Auftreten und nach Abklingen des Laserimpulses) sollen mit Q_a bzw. Q_e und ΔN_a bzw. ΔN_e bezeichnet werden.

Q_a und Q_e sind sehr klein gegen den Maximalwert Q_M der Quantenzahl in der Impulsspitze. Damit erhalten wir aus Gl. (5.6/13)

$$\Delta N_a - \Delta N_e = \frac{1}{\tau_c} \int_0^\infty Q \, dt. \tag{5.6/14}$$

Diese Beziehung sagt aus, daß das Zeitintegral über die Quantenverluste gleich der Abnahme der Besetzungszahl ist.

Aus Gl. (5.6/11) und (5.6/12) finden wir auch

$$dQ = \Delta N_0 \frac{d(\Delta N)}{\Delta N} - d(\Delta N) \tag{5.6/15}$$

mit der Lösung

$$Q - Q_a = \Delta N_0 \ln \frac{\Delta N}{\Delta N_a} + \Delta N_a - \Delta N. \tag{5.6/16}$$

Daraus können wir die Impulsleistung sowie ΔN_e bestimmen. Für $Q \to Q_e$ wird $\Delta N = \Delta N_e$, und mit $Q_a = Q_e \approx 0$ folgt

$$\ln \frac{\Delta N_e}{\Delta N_a} = \frac{\Delta N_a}{\Delta N_0} \left(\frac{\Delta N_e}{\Delta N_a} - 1 \right). \tag{5.6/17}$$

b) Leistung in der Impulsspitze

Als wichtigste Größe wollen wir jetzt die Leistung bestimmen, die mit einem solchen Riesenimpuls-Laser zu erzielen ist. Diese Leistung in der Impulsspitze ergibt sich nach Gl. (5.6/16) aus der Überlegung, daß die induzierte Emission gerade die Verluste kompensiert, wenn die Besetzung gleich der Schwellenwertsbesetzung ist. Im Maximum der Quantenzahl $Q = Q_M$ ist also $\Delta N = \Delta N_0$. Für die Spitzenleistung (Nutzleistung plus Verlustleistung) ergibt sich somit

$$P_M = Q_M \frac{h\nu}{\tau_c} = \left(\Delta N_0 \ln \frac{\Delta N_0}{\Delta N_a} + \Delta N_a - \Delta N_0 \right) \frac{h\nu}{\tau_c}. \tag{5.6/18}$$

Die ausgekoppelte Leistung P_{MK} (d. h. die Nutzleistung) erhält man aus Gl. (5.6/18) durch Multiplikation mit δ_K/δ,

$$P_{MK} = P_M \frac{\delta_k}{\delta}. \tag{5.6/19}$$

Darin ist δ der Gesamtverlust, um den sich die Schwingungsenergie bei doppeltem Durchgang durch den Resonator vermindert; δ_K ist der entsprechende Anteil der Schwingungsenergie, der ausgekoppelt wird. Zu δ_K kommt noch ein Anteil δ_R hinzu, der nur die Resonatorverluste beschreibt. Diese Verlustkoeffizienten stehen untereinander und mit der Verweilzeit τ_c in Beziehung gemäß

$$\exp\left(-t/\tau_c\right) = [(1 - \delta_R)(1 - \delta_K)]^{t/T_1} = (1 - \delta)^{t/T_1}, \tag{5.6/20}$$

darin ist $\tau_c = V/B'_\nu \, \Delta N_0$ (5.4/11) und $T_1 = 2L/c$ (T_1 gleich Laufzeit für doppelten „optischen" Weg L im Resonator).

Nehmen wir die Verlustkoeffizienten als klein gegen 1 an, so können wir, wie in der Literatur üblich, mit den Näherungen

$$\delta = \delta_K + \delta_R = \frac{T_1}{\tau_c} = \frac{2L}{c\,\tau_c} \tag{5.6/21}$$

rechnen. Damit ergibt sich die ausgekoppelte Intensität im Impulsmaximum zu

$$P_{MK} = \left(\Delta N_0 \ln \frac{\Delta N_0}{\Delta N_a} + \Delta N_a - \Delta N_0 \right) \left(\Delta N_0 - \frac{\delta_R V c}{2 B'_\nu L} \right) \frac{B'_\nu h\nu}{V}. \tag{5.6/22}$$

Sie hängt somit von den Anregungsbedingungen (ΔN_a) sowie von den Gesamtverlusten ($\sim \Delta N_0$) und den Resonatorverlusten (Verlustkoeffizient δ_R) ab. Die verschiedenen Verlustanteile sind dabei noch willkürlich angesetzt.

c) Bedingungen für maximale Leistung und maximale Energie

Fragen wir jetzt nach der günstigsten Auskopplung, die bei einem gegebenen Verlustkoeffizienten δ_R und einer Überbesetzung ΔN_a einen Impuls mit maximaler Leistung ergibt. Dieser günstigsten Auskopplung entsprechen unter Berücksichtigung der Resonatorverluste (Verlustkoeffizient δ_R) bestimmte Gesamtverluste, damit auch eine Verweilzeit τ_c und eine Schwellenüberbesetzung ΔN_0. Es besteht also die Aufgabe, das ΔN_0 zu finden, für das P_{MK} maximal wird. Wir erhalten

$$\frac{dP_{MK}}{d(\Delta N_0)} \sim \left(2\Delta N_0 - \frac{\delta_R V c}{2 B_v' L}\right) \ln \frac{\Delta N_0}{\Delta N_a} + \Delta N_a - \Delta N_0 = 0. \qquad (5.6/23)$$

Mit Gl. (5.6/21) und der Abkürzung $\Delta N_a / \Delta N_0 = x$ schreibt sich diese Bedingung:

$$\frac{\delta_R}{\delta} = 2 - \frac{x-1}{\ln x}. \qquad (5.6/24)$$

Damit läßt sich auch die bei optimaler Auskopplung erzielbare Leistung P^*_{MK} (in der Spitze des Riesenimpulses) angeben; nämlich

$$P^*_{MK} = \frac{\Delta N_0 \, h\nu}{\tau_c} \, (x - 1 - \ln x)^2 \, \frac{1}{\ln x}. \qquad (5.6/25)$$

Dieser Ausdruck ist übersichtlich und in seiner Größe leicht anzugeben, enthält allerdings die optimale Auskopplung δ^*_K nur implizit, s. Gl. (5.6/24) u. (5.6/21).

Um P^*_{MK} zu bestimmen, gehe man wie folgt vor: Man ermittle aus den experimentellen Bedingungen die vorhandene Überbesetzung ΔN_a (vgl. 5.6/4) und setze in die aus Gl. (5.4/11) und (5.6/21) folgende Beziehung

$$\Delta N_a = x \, \Delta N_0 = x \delta \, \frac{V c}{2 B_v' L} \qquad (5.6/26)$$

ein. Darin ist V/L der Querschnitt des Laserkristalls (beispielsweise 0,4 cm²), B_v' ist bekannt und für Rubin gleich $6 \cdot 10^{-10}$ cm³ s⁻¹ (Kap. 5.4.2c). Mit einem für 3 bis 4 Zoll lange Rubinkristalle üblichen Wert von z. B. $\Delta N_a = 10^{19}$ ergibt sich dann $x\delta = 1$.

    Ist das Produkt $x\delta$ ermittelt, so kann man nach Gl. (5.6/24) x ausrechnen (δ_R ist vorgegeben), damit unter Verwendung von ΔN_a nach Gl. (5.6/26) auch ΔN_0 und δ bzw. τ_c, und man kann somit P^*_{MK} angeben, Gl. (5.6/25). Für $\delta_R = 0{,}06$ erhält man z. B. nach Gl. (5.6/24) $x = 3$ und $\delta = {}^1/_3$, womit sich unter Verwendung von $L = 25$ cm ergibt: $1/\tau_c = 2 \cdot 10^8$ und $P^*_{MK} = {} = 150$ MW.

    Dies gilt für den normalen Betrieb mit einer während der Impulsdauer konstanten Auskopplung. Durch Anwendung der in Kap. 5.6d beschriebenen Impulsauskopplung [107] läßt sich noch eine weitere Leistungssteigerung erzielen. Der Laser wird zunächst möglichst verlustfrei betrieben. Nehmen wir an, daß im Maximum der Schwingungsintensit das Auskoppelelement „schnell" auf 100% Auskopplung geschaltet werden kann, so erhält man anstelle von Gl. (5.6/19) als ausgekoppelte Intensität einen Lichtimpuls mit einer Leistung von

$$P_{MI} = Q_M \, \frac{h\nu}{T_1}. \qquad (5.6/27)$$

Eventuell ist noch ein Faktor $(1 - \delta)$ hinzuzufügen, wenn auch während der Dauer der Auskopplung Verluste auftreten. Geschieht der Schaltvorgang in einer Zeit $T \ll T_1$, so entsteht praktisch ein Rechteckimpuls der Dauer T_1. Ist die Schaltzeit in derselben Größenordnung, aber kleiner als die Laufzeit T_1, so verbreitert sich der Impuls, ohne daß jedoch die Spitzenleistung sinkt. Diese Leistung errechnet sich nach Gl. (5.6/16) mit $\Delta N = \Delta N_0$ zu

$$P_{MI} = \frac{h\nu c}{2L} \left(\Delta N_0 \ln \frac{\Delta N_0}{\Delta N_a} + \Delta N_a - \Delta N_0\right). \qquad (5.6/28)$$

Setzen wir wie in dem Beispiel 6% Verluste für die Zeit vor der Auskopplung an, so ergibt sich nach Gl. (5.6/26) $\Delta N_0 = 6 \cdot 10^{17}$ und $P_{MI} = 1{,}4$ GW. Die erzielbare Leistung ist also in diesem Fall um den Faktor 9 größer als im üblichen Riesenimpulsbetrieb.

Nach Gl. (5.6/28) hängt die Ausgangsleistung empfindlich von den Resonatorverlusten ab. Sie würde für den verlustfreien Resonator $(\Delta N_0 = 0)$ $P_{MI} = \Delta N_a\, h\nu c/2L$ betragen, in unserem Beispiel also $P_{MI} = 1{,}8$ GW. Die Leistung und die Energieausbeute nehmen bei der Impulsauskopplung mit steigenden Verlusten (steigendem ΔN_0) proportional zu

$$\eta = \frac{\Delta N_0}{\Delta N_a} \ln \frac{\Delta N_0}{\Delta N_a} + 1 - \frac{\Delta N_0}{\Delta N_a} \quad (5.6/29)$$

ab. Dieser Zusammenhang ist in Abb. 5.52 dargestellt.

Das Verfahren der Impulsauskopplung liefert also besonders hohe Ausgangsleistungen. Es läßt sich allerdings nicht in jedem Fall durch Erweiterung der gegebenen Methoden der Riesenimpulserzeugung realisieren, außerdem ist der technologische Aufwand für die

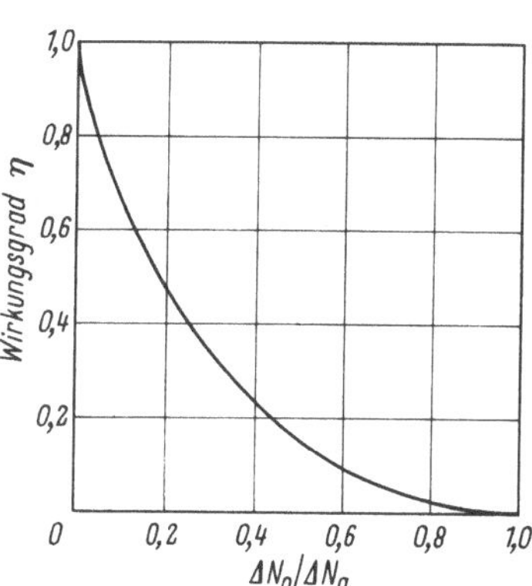

Abb. 5.52. Wirkungsgrad η eines Lasers mit Impulsauskopplung in Abhängigkeit von $\Delta N_0/\Delta N_a$ (Verhältnis der Schwellenüberbesetzung zur Anfangsüberbesetzung).

Impulsauskopplung [127, 129] relativ groß. Im allgemeinen verwendet man daher zur Erzeugung von Lichtimpulsen hoher Intensität nur die normalen in Kap. 5.6.1 beschriebenen Anordnungen mit Verstärkungs- oder Güteschalter.

Fragen wir nun noch nach den Bedingungen für eine maximale Energieausbeute (Fall des normalen Riesenimpulsbetriebes): Die insgesamt im Laser umgesetzte Energie ist gleich

$$W = h\nu\,(\Delta N_a - \Delta N_e). \qquad (5.6/30)$$

Davon wird ein Teil

$$W_K = h\nu\,(\Delta N_a - \Delta N_e)\left(1 - \frac{\delta_R}{\delta}\right) \qquad (5.6/31)$$

ausgekoppelt. Die Überbesetzung ΔN_e nach Abklingen des Impulses ist durch Gl. (5.6/17) gegeben, ferner kann δ nach Gl. (5.6/26) durch ΔN_0 bzw. ΔN_e ersetzt werden. Wir erhalten damit

$$W_K = h\nu\left(\Delta N_a - \Delta N_e + \frac{\delta_R V c}{2 B'_\nu L} \ln \frac{\Delta N_e}{\Delta N_a}\right). \qquad (5.6/32)$$

Ein Maximum der ausgekoppelten Energie in Abhängigkeit von den Gesamtverlusten ergibt sich für $d W_K/d(\Delta N_0) = 0$, woraus unter Berücksichtigung von $\Delta N_e = f(\Delta N_0)$ die Bedingung

$$\Delta N_e = \frac{\delta_R V c}{2 B'_\nu L} \qquad (5.6/33)$$

folgt. Für die maximal ausgekoppelte Energie selbst erhält man

$$W_K^* = h\nu\,\Delta N_a\,(1 - y + y \ln y) \qquad (5.6/34)$$

mit

$$y = \frac{\Delta N_e}{\Delta N_a} = \frac{\delta_R V c}{\Delta N_a \, 2 B'_v L} \, .$$

Für unser Beispiel berechnet sich y zu 0,06 und es ist $W_K = 0,77 \, hv \, \Delta N_a$.

Der optimale Auskoppelgrad ergibt sich durch Vergleich von Gl. (5.6/31) mit (5.6/34) zu

$$\delta_K = \delta_R \left(\frac{y-1}{y \ln y} - 1 \right) . \tag{5.6/35}$$

Veröffentlichungen über die Theorie des Riesenimpulslasers sind [102, 105, 107, 129—134], davon geben die Arbeiten [130] und [131] eine der unseren ähnliche Darstellung.

d) Impulsdauer und Impulsform

Nach Gl. (5.6/16) ist die Abhängigkeit $Q(\Delta N)$ bekannt, daher kann man die Differentialgleichung (5.6/11) formal integrieren:

$$t = - \tau_c \int\limits_{\Delta N_a}^{\Delta N} \frac{\Delta N_0 \, dz}{z \left(Q_a + \Delta N_0 \ln \dfrac{z}{\Delta N_a} + \Delta N_a - z \right)} \tag{5.6/36}$$

Mit $t = t(\Delta N)$ bzw. $\Delta N = \Delta N(t)$ ist somit nach Gl. (5.6/16) auch $Q(t)$ gegeben. Rechnet man nach Gl. (5.6/11) die Funktion $\Delta N(Q)$ aus und setzt man in Gl. (5.6/16) ein, so folgt mit $U = \int\limits_0^t Q \, dt'$

$$\frac{dU}{dt} + \frac{U}{\tau_c} = Q_a + \Delta N_a \left[1 - \exp\left(- \frac{U}{\Delta N_0 \, \tau_c} \right) \right] . \tag{5.6/36a}$$

Für diese Differentialgleichung lassen sich Näherungslösungen angeben, die auf einer Entwicklung der Exponentialfunktion beruhen. Je nach der Zahl der verwendeten Glieder ergeben sich mehr oder weniger genaue Lösungen. Für den Beginn und das Abklingen der Emission (Bereiche I und II) findet man brauchbare Näherungen bereits mit Hilfe von Gl. (5.6/11). Die beiden Bereiche I und II sind durch $\Delta N = \Delta N_a$ bzw. $\Delta N = \Delta N_e$ charakterisiert.

Für den Bereich I gilt

$$Q = Q_a \exp \left(\frac{\Delta N_a}{\Delta N_0} - 1 \right) \frac{t}{\tau_c} , \tag{5.6/37}$$

im Bereich II ist

$$Q = Q_1 \exp \left[\left(1 - \frac{\Delta N_e}{\Delta N_0} \right) \left(- \frac{t}{\tau_c} \right) \right] . \tag{5.6/38}$$

$Q_1(t_1 = 0)$ ist ein Punkt auf der abfallenden Flanke der Impulskurve. Nach Gl. (5.6/37) u. (5.6/38) werden die Emissionsimpulse symmetrisch, wenn man $\Delta N_a + \Delta N_e = 2 \Delta N_0$ wählt. Dies ist entsprechend Gl. (5.6/17) bei kleiner Anfangsbesetzung oder großer Auskopplung möglich. Unter optimalen Bedingungen für hohe Leistung oder große Energieausbeute bildet sich dagegen im allgemeinen ein unsymmetrischer Impuls mit steilem Anstieg und weniger raschem Abklingen aus.

In dem gewählten Beispiel ist $\Delta N_a/\Delta N_0 = x = 3$, so daß aus Gl. (5.6/37)

$$Q = Q_a 10^{0{,}87 t/\tau_c} \qquad\qquad (5.6/37\,\text{a})$$

folgt. Für einen Anstieg der Quantenzahl um etwa 16 Zehnerpotenzen bis annähernd zur Impulsspitze ergibt sich also eine Verzögerungszeit von $T_v = 18{,}4\,\tau_c = 92$ ns. Die eigentliche Impulsbreite (Halbwertsbreite) ist wesentlich geringer.

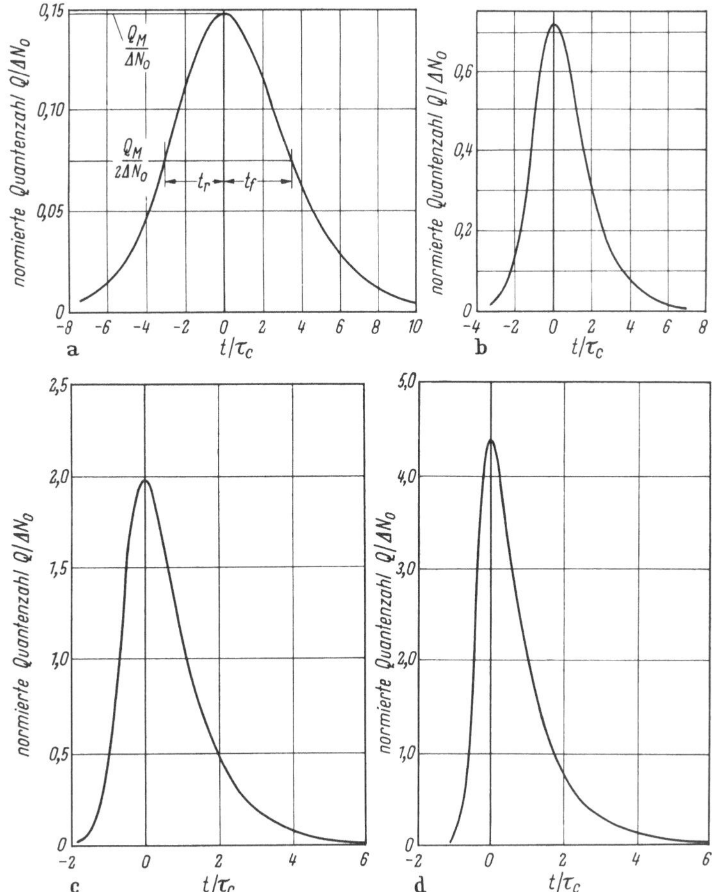

Abb. 5.53. Riesenimpuls-Laser, Impulsform für verschiedene Werte von $\Delta N_a/\Delta N_0$.
a) $\Delta N_a/\Delta N_0 = 1{,}649$;   b) $\Delta N_a/\Delta N_0 = 2{,}718$;   c) $\Delta N_a/\Delta N_0 = 4{,}482$;   d) $\Delta N_a/\Delta N_0 = 7{,}389$
(nach W. G. WAGNER u. B. A. LENGYEL [130]).

Diese Halbwertszeit T_H kann man näherungsweise ermitteln, wenn man in Gl. (5.6/36a) die Exponentialfunktion um die Impulsmitte entwickelt [132] und mit der gewonnenen Lösung den Zeitpunkt t für die halbe Maximalleistung berechnet. Bei einer solchen Entwicklung bricht man im allgemeinen nach dem quadratischen Glied ab, was in jedem Fall für $\Delta N_a \approx \Delta N_0$ eine gute Näherung darstellt. Für größere Werte von ΔN_a heben sich die Fehler in der Berechnung von T_H auf beiden Seiten der Impulsspitze im wesentlichen auf. Man erhält eine Beziehung, die in Übereinstimmung mit den Ergebnissen eines Digitalrechners in einem großen Bereich der Arbeitsbedingungen die Halbwertsbreite der Riesenimpulse richtig wiedergibt:

$$T_H = 2{,}5\,\tau_c\,\sqrt{\frac{\varDelta \bar{N}_0}{Q_M}} = 2{,}5\,\tau_c\left(\frac{\varDelta N_a}{\varDelta N_0} - \ln\frac{\varDelta N_a}{\varDelta N_0} - 1\right)^{-1/2}. \qquad (5.6/39)$$

Im Falle $x = 3$ (Beispiel) ist $T_H = 2{,}65\,\tau_c = 13{,}3$ ns. — Einige mit einem Digitalrechner nach Gl. (5.6/11) u. (5.6/12) berechnete Impulsverläufe sind in Abb. 5.53 aufgezeichnet [130].

e) Riesenimpuls-Laser mit langsamem Schalter

Bisher wurde ein idealisierter Riesenimpuls-Laser betrachtet, bei dem das Umschalten auf größere Güte oder Verstärkung „plötzlich" erfolgt. Ein solches schnelles Schalten innerhalb einer Zeit $T_I \ll T_H$ ergibt sich auch in der Praxis, wenn man unter geeigneten Bedingungen mit einer *Kerr-Zelle* bzw. einem elektrooptischen Kristall arbeitet. In anderen Fällen sind die Schaltzeiten jedoch vergleichbar mit oder größer als die Impulsdauer (z. B. Drehspiegel).

In solchen Fällen ist die zweite der angegebenen Bilanzgleichungen zu erweitern,

$$\dot{Q} = \left(\frac{\varDelta N}{\varDelta N_0} - f(t)\right)\frac{Q}{\tau_c}; \qquad (5.6/12\,\mathrm{a})$$

$\varDelta N_0$ ist darin die Schwellenüberbesetzung für $f(t) \equiv 1$. Die Resonatorgüte ändert sich also in der Darstellung Gl. (5.6/12 a) umgekehrt proportional zu einer

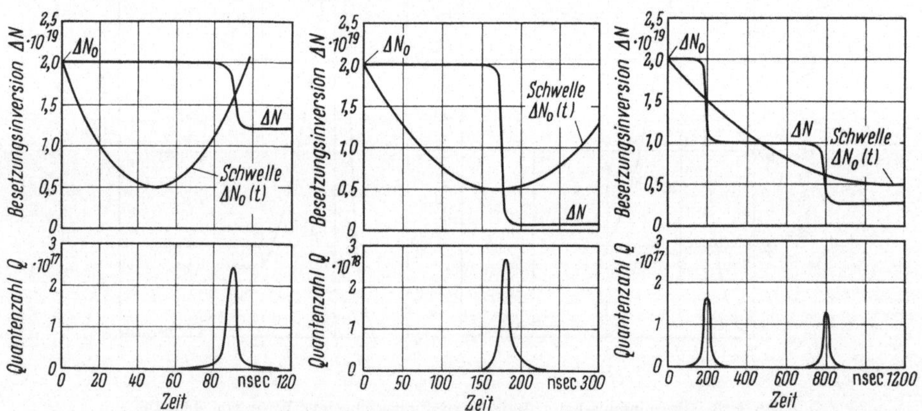

Abb. 5.54. Riesenimpuls-Laser mit langsamem Güteschalter, z. B. rotierendem Prisma: Zeitlicher Verlauf der Schwellenbesetzung, der Inversion und der Quantenzahl. Beachte den veränderten Ordinatenmaßstab mitte unten.

Zeitfunktion $f(t)$. Diese Funktion kann berechnet oder aus dem Experiment gewonnen werden. Die Bilanzgleichungen löst man dann nach einer numerischen Methode oder mit Hilfe einer Rechenmaschine.

Die Ergebnisse sollen anhand von Abb. 5.54 dargelegt werden. In die drei oberen Darstellungen ist jeweils eine zeitabhängige Schwellenüberbesetzung $\varDelta N_0(t) = f(t)\,\varDelta N_0$ eingetragen. Sobald diese die gegebene tatsächliche Besetzung unterschreitet (Zeitpunkt $t_0 = 0$), beginnt der Aufbau eines Laserimpulses. Die drei dargestellten Fälle unterscheiden sich durch die Annahmen, daß die Verzögerungszeit bis zum Erscheinen der Impulsspitze größer, gleich oder kleiner als die Zeit von t_0 bis zum Gütemaximum (Minimum von $\Delta N_0(t)$) ist. Im ersten Fall (a) gibt es nur *einen* Emissionsimpuls. Die Leistung ist relativ gering, da die freie Inversion $\Delta N_a - \Delta N_0(t)$ zur Zeit des Impulsmaximums nicht ihren größten Wert hat. In (b) ist die Leistung und Energie maximal. In (c) entstehen zwei oder mehrere kleine Impulse, die Inversion baut sich stufenweise ab. Vgl. [102].

Es gibt also bei einem solchen Riesenimpuls-Laser stets einen günstigsten Fall, bei dem die Arbeitsbedingungen optimal aufeinander abgestimmt sind: Gehen wir von einer gegebenen Inversion aus und nehmen wir eine bestimmte Drehgeschwindigkeit des Spiegels bzw. Prismas an, so ist die Verzögerungszeit bis zum Auftreten des Impulses eine Frage der Verweilzeit τ_c im Resonator. Die Resonatorlänge muß also geeignet gewählt werden [102, 134]. Hat man umgekehrt eine Anordnung mit festem Spiegelabstand, so ergibt sich ein Impuls von höchster Leistung nur bei einer bestimmten Drehgeschwindigkeit.

5.6.3 Theorie des Lasers mit passivem Schalter

Für den Laser mit passivem Schalter gelten drei Bilanzgleichungen [135], wovon eine [Gl. (5.6/40)] die Besetzungsverhältnisse im Laserkristall, eine zweite [Gl. (5.6/41)] die Anregung der Farbstoffmoleküle im Absorber und die dritte [Gl. (5.6/42)] die Änderung der gespeicherten Lichtenergie im Laserresonator aufgrund von Absorption und Emission beschreibt. Wir nehmen wieder an, daß die Pumpleistung und die spontane Emission während der kurzen Impulsdauer zu vernachlässigen sind (Lebensdauer $\gg$ Impulsdauer) und erhalten

$$\frac{d(\Delta N)}{dt} = - \frac{\Delta N}{\Delta N_0} \frac{Q}{\tau_c}, \tag{5.6/40}$$

$$\frac{d(\Delta F)}{dt} = - \sigma^* \frac{\Delta F}{\Delta N_0} \frac{Q}{\tau_c} \tag{5.6/41}$$

sowie

$$\frac{dQ}{dt} = \left(\frac{\Delta N}{\Delta N_0} + \sigma^* \frac{\Delta F}{\Delta N_0} - 1 \right) \frac{Q}{\tau_c}. \tag{5.6/42}$$

Darin sind bereits einige Abkürzungen eingeführt, und zwar $\Delta N_0 = V/B'_{\nu N}\tau_c$, ferner $\sigma^* = \sigma_F/\sigma_N$ mit $\sigma_F = B'_{\nu F}/v$ und $\sigma_N = B'_{\nu N}/v$ ($\sigma_{F,N} =$ Absorptionsquerschnitt der Farbstoffmoleküle bzw. Emissionsquerschnitt der aktiven Atome im Drei-Niveau-Material). ΔF ist die Überbesetzung über die Gleichbesetzung bei Anregung der Farbstoffmoleküle, es ist also $\Delta F = (F_2 - F_1)/2 = F_2 - F_\Sigma/2$. Die übrigen Größen der Überbesetzung der laseraktiven Atome (ΔN) über die Gleichbesetzung sowie der Quantenzahl (Q) und der Verweilzeit (τ_c) sind aus den vorangehenden Abschnitten geläufig, $B'_{\nu N}$ und $B'_{\nu F}$ sind die *Einstein-Koeffizienten* der induzierten Emission (bzw. Absorption) für die aktiven Atome und die Farbstoffmoleküle.

Für die Anfangswerte wählen wir die Bezeichnungen ΔN_a, ΔF_a und Q_a. Da sich vor Einsetzen der Laserschwingung alle Farbstoffmoleküle im Grundzustand befinden sollen, ist

$$\Delta F_a = - F_\Sigma/2. \tag{5.6/43}$$

Daraus folgt nach (5.6/42) für den Anfangswert ΔN_a ($=$ Schwellenwert mit Absorber)

$$\Delta N_a = \Delta N_0 + \frac{\sigma^* F_\Sigma}{2}. \tag{5.6/44}$$

Zur Lösung des Systems der Gl. (5.6/40) bis (5.6/42) dividieren wir zunächst die erste der drei Gleichungen durch die zweite und erhalten eine Differentialbeziehung zwischen ΔN und ΔF. Die Auswertung liefert

$$\Delta F = -\frac{F_\Sigma}{2}\left(\frac{\Delta N}{\Delta N_a}\right)^{\sigma^*}. \tag{5.6/45}$$

Für die Impulsspitze sei $\Delta N = \Delta N_M$, dort gilt $dQ/dt = 0$. Somit ergibt sich aus Gl. (5.6/42) unter Benutzung von Gl. (5.6/45)

$$\frac{\Delta N_M - \Delta N_0}{\Delta N_a - \Delta N_0} = \left(\frac{\Delta N_M}{\Delta N_a}\right)^{\sigma^*}. \tag{5.6/46}$$

Außer der Besetzung ΔN_M können wir auch die Quantenzahl Q_M in der Impulsspitze angeben. Allgemein folgt für die Quantenzahl in Abhängigkeit der Überbesetzung aus Gl. (5.6/42) unter Verwendung von Gl. (5.6/45):

$$Q - Q_a = \Delta N_a - \Delta N + \frac{F_\Sigma}{2}\left[\left(\frac{\Delta N}{\Delta N_a}\right)^{\sigma^*} - 1\right] + \Delta N_0 \ln \frac{\Delta N}{\Delta N_a}. \tag{5.6/47}$$

$\Delta N = \Delta N_M$ aus Gl. (5.6/46) in Gl. (5.6/47) eingesetzt liefert $Q = Q_M$.

Im allgemeinen Fall muß man zur Auswertung von Gl. (5.6/47) mit Gl. (5.6/46) eine Rechenmaschine einsetzen. Für günstige passive optische Schalter läßt sich jedoch eine sehr gute einfache Näherung angeben. Der Absorptionsquerschnitt beträgt z. B. für Kryptocyanin $\sigma_F = 8 \cdot 10^{-16}$ cm² [108], für Rubin bei Zimmertemperatur ist der Emissionsquerschnitt $\sigma_N = 3{,}5 \cdot 10^{-20}$ cm² (entsprechend $B'_{\nu N} = 6 \cdot 10^{-10}$ cm³ s⁻¹). Daraus folgt $\sigma^* = 2{,}3 \cdot 10^4$. Ähnliche Werte findet man auch für andere Farbstoffe, d. h. es ist im allgemeinen $\sigma^* \gg 1$. Unter dieser Bedingung ergibt sich wegen $\Delta N_M < \Delta N_a$ aus Gl. (5.6/46)

$$\Delta N_M = \Delta N_0. \tag{5.6/48}$$

Die Besetzung in der Impulsspitze ist also wie bei den schnellen aktiven Schaltern gleich der Schwellenbesetzung (ohne Absorber). Für Gl. (5.6/47) unter Berücksichtigung von $\sigma^* \gg 1$ erhalten wir

$$Q - Q_a = \Delta N_a - \Delta N_0 - \frac{F_\Sigma}{2} + \Delta N_0 \ln \frac{\Delta N_0}{\Delta N_a}. \tag{5.6/49}$$

Abgesehen von einem kleinen für die Anregung der Farbstoffmoleküle benötigten Anteil $F_\Sigma/2$ ist somit die maximale Quantenzahl im Fall des passiven Schalters mit großem Absorptionsquerschnitt genau gleich der Quantenzah bei Verwendung schneller aktiver Schalter (Gl. (5.6/8)). Es gelten daher auch die weiteren Aussagen von Kap. 5.1.2 über die maximale Leistung und Energie. Ferner liegt der Impuls ganz überwiegend im Bereich der Sättigung des Absorbers, so daß auch die Ausführungen in Kap. 5.6.2d über die Impulsdauer und -form zutreffen. Betr. Erweiterung der vorstehenden Theorie auf den Fall einer kleinen Lebensdauer τ_F der angeregten Farbstoffmoleküle ($\tau_F \lessgtr \tau_c$) s. [118].

Passive sättigbare Farbstofflösungen sind also sehr gut zur Erzeugung von Riesenimpulsen geeignet, sie wirken wie schnelle aktive Schalter. Ist die Lebensdauer der angeregten Zustände der Farbstoffmoleküle groß gegen die Impulsdauer und ist der Absorptionsquerschnitt groß gegen den des Lasermaterials (z. B. Rubin), so sind außerdem die Verluste auf Grund der Absorption der Farbstofflösung vernachlässigbar. Bei nicht zu kleiner Anregung entspricht dieser Verlustanteil relativ zur Impulsenergie etwa dem Verhältnis der Zahl der Farbstoffmoleküle zur Zahl der beteiligten Dotierungsatome im Laserkristall. (Genauer ist die Besetzungszahl $\Delta N_a - \Delta N_0$ mit der Zahl der Farbstoffmoleküle zu vergleichen). Dieses Verhältnis ist ungefähr gleich σ^*; die Verluste liegen also üblicherweise nur in der Größenordnung von $^1/_{100}\%$.

5.6.4 Geeignete Materialien für Riesenimpuls-Laser

Abgesehen von der Belastbarkeit des Materials hängt die zu erzielende Leistung in erster Linie von der Lebensdauer der angeregten Zustände ab, ferner aber auch von der Dotierung und der Verstärkung im Kristall bzw. Glas sowie der Wellenlänge der Laseremission.

Betrachten wir die Lampen zum Pumpen der Kristalle: Die maximale Energieabgabe dieser Lampen steigt mit der Impulsdauer. Lasermaterialien mit großer Lebensdauer können also eine größere Anregungsenergie sammeln. Wenn wir annehmen, daß eine bestimmte (normierte) Pumpleistung P für eine Zeit $T \gg \tau_l$ zur Verfügung steht, so errechnet sich die damit erzielbare Anregungsenergie für Vier-Niveau-Laser zu

$$W = N_a h\nu = \Delta N_a\, h\nu = P\,\tau_l\, h\nu. \qquad (5.6/50)$$

Somit ist ΔN_a wie auch ΔN_0 (vgl. Kap. 4.4.1 und 4.5.3) proportional zu τ_l, der Quotient $x = \Delta N_a/\Delta N_0$ ist also unabhängig von τ_l. Nach Gl. (5.6/25) ist damit die erzielbare Leistung P^*_{MK} gemäß ΔN_0 proportional zu τ_l. Dies gilt, solange die Zahl der angeregten Atome klein gegen die Gesamtzahl der aktiven Atome ist. Andernfalls sinkt die Wirksamkeit des Pumplichts mit der Abnahme der Besetzung im Grundterm. Eine genaue Berechnung zeigt, daß die Riesenimpulsleistung praktisch immer (auch beim Drei-Niveau-Laser) mit der Lebensdauer τ_l zunimmt, sofern man nicht mit unrealistisch hohen Pumpleistungen oder nicht vorkommenden sehr hohen Lebensdauern rechnet.

Unter den bei Zimmertemperatur arbeitenden Lasermaterialien ist daher Rubin mit $\tau_l = 3$ ms ganz besonders zur Erzeugung von „Riesenimpulsen" geeignet, zumal Rubin ein thermisch und mechanisch sehr hoch belastbares Material ist. Bei den häufig verwendeten Neodym-dotierten Gläsern ($\tau_l \approx 0,5$ ms) ist die Fluoreszenzlinie stark inhomogen verbreitert, so daß die einzelnen Teile der Linie unabhängige Beiträge für einen Riesenimpuls liefern. Außerdem werden diese Gläser sehr stark dotiert, was bei einer gegebenen Lampenleistung auch zu einer relativ großen Anregung führt. Diese Gläser eignen sich daher ebenfalls für die Erzeugung von Lichtimpulsen hoher Leistung.

5.6.5 Spektrum des Riesenimpuls-Lasers

Ein typischer Riesenimpuls-Laser mit aktivem Schalter hat eine Linienbreite von etwa 1 cm^{-1}; in diesen Bereich passen $2L$ verschiedene longitudinale Eigenschwingungen ($L =$ Resonatorlänge in cm). Von diesen Eigenschwingungen erscheint jedoch nur ein Teil in der Emission, die andern werden durch die Wirkung der verschiedenen Grenzflächen Dielektrikum-Luft im Resonator unterdrückt (vgl. Kap. 5.5) [136].

Beim Riesenimpuls-Laser mit passivem Schalter treten nur wenige Eigenschwingungen auf. In einem solchen Laser setzt die Schwingung zunächst bei kleiner Resonatorgüte (hohen Verlusten durch Absorption in der Farbstofflösung) unmittelbar nach Erreichen der Schwellenbesetzung ein, also unter Bedingungen, unter denen normalerweise nur einzelne Eigenschwingungen angeregt werden. In diesen Eigenschwingungen erreicht der Laser im allgemeinen bereits Leistungen von 100 W bis 1 kW, bevor die Absorption der Farbstofflösung in Sättigung geht. Diese Leistungen liegen um etwa 15 Zehnerpotenzen über denen bei spontaner Emission. Die angeregten Eigenschwingungen sind also in bezug auf ihre Anfangsbedingungen für die Bildung eines Riesenimpulses entscheidend bevorzugt. In der relativ kurzen Zeit vom Beginn der Sättigung bis zum Impulsmaximum können die übrigen Eigenschwingungen den Vorsprung der bereits angeregten Moden nicht mehr einholen [137].

Man kann also das Spektrum eines solchen Lasers als das Spektrum eines dicht an der Schwelle betriebenen Lasers verstehen. Darüber hinaus gibt es noch einen Mechanismus der Verminderung der Modenzahl, wenn die Linie der Farbstofflösung inhomogen verbreitert ist. In diesem Fall geht die Absorptionslinie zuerst auf der Frequenz der stärksten Eigenschwingung selektiv in Sättigung, wodurch die Güte für diese Eigenschwingung erhöht wird. Dadurch steigt die Intensität in dieser Eigenschwingung, es gibt vermehrten Inversionsabbau im Kristall und damit eine geringere Verstärkung für die übrigen Eigenschwingungen, so daß diese die Farbstofflösung nicht mehr auf ihrer Frequenz sättigen können. Dabei spielt allerdings eine Rolle, wie groß der homogene Anteil innerhalb der inhomogen verbreiterten Linie ist. Sofern er größer als der Abstand zweier Lasereigenschwingungen ist, kann auch nach diesem Mechanismus die Emission noch in einer Gruppe von Eigenschwingungen erfolgen.

In der Praxis beobachtet man in der Emission eines Lasers mit passivem Güteschalter stets mehr als eine Eigenschwingung, wenn nicht zusätzlich z. B. mit einem modenaussondernden dielektrischen Plattenpaar als externem Reflektor gearbeitet wird. Verwendet man solche Mittel, so kann man relativ leicht eine Emission mit nur einer einzelnen Eigenschwingung erhalten [138].

5.7 Der kontinuierliche Festkörperlaser

5.7.1 Einleitung

Insgesamt wurde bisher mit 15 verschiedenen dielektrischen Kristallen ein Dauerbetrieb erzielt, ferner mit Neodym-dotiertem Glas. Diese Materialien sind aus der Tabelle der Laserkristalle und -gläser in Kap. 5.8 zu ersehen (Tab. 5.2, S. 201—208).

Die dort angegebenen Schwellenwerte sind nur bedingt charakteristisch für die betreffenden Lasermaterialien; sie hängen wesentlich auch von den verwendeten Lampen und den Pumpanordnungen ab. Welche Verminderung des Schwellenwerts durch Verbesserung des Reflektors und Verwendung günstiger Lampen möglich ist, zeigt sich am Beispiel des Rubinlasers. Bei einem solchen Drei-Niveau-Laser kann man die Schwellenleistung in eine äquivalente Schwellenenergie umrechnen, indem man mit $\tau_l \cdot \ln 2$ multipliziert. Auf diese Weise erhält man aus der angegebenen Leistung von 1300 W (für Rubinkristalle von 2 Zoll Länge) eine Schwellenenergie von etwa 2,7 J (Tab. 5.1, S. 130). Ein solcher Schwellenwert läßt sich auch direkt messen, wenn man geeignete Quecksilberimpulslampen verwendet (z. B. Philips SPP 1000, s. Kap. 5.1.3). Er liegt um etwa eine Zehnerpotenz unter den niedrigsten früher für impulsbetriebene Rubinlaser angegebenen Werten.

Der Vergleich macht deutlich, wie wesentlich die Entwicklung geeigneter Reflektoren mit optimaler Pumplichtbündelung ist. Vergleichsmessungen zeigen, daß Rotationsellipsoide und klein dimensionierte Zylinderellipsoide gerin-

Abb. 5.55. Zylinderelliptischer Reflektor für kontinuierliche Festkörperlaser, zerlegt. Im Vordergrund Lampe und Kristall. Zur Kühlung wird der Reflektor direkt vom Wasser durchflossen [77].

ger Exzentrizität eine besonders gute Pumplichtbündelung liefern (Tab. 5.1). Günstige Zylinderellipsoide mit getrennten Kühlkreislauf für Lampe und Kristall besitzen eine große und kleine Hauptachse von 25 mm bzw. 24 mm. Bei direkt vom Kühlwasser durchflossenen Reflektoren sind geeignete Achsenabmessungen etwa $a = 12{,}5$ mm und $b = 12$ mm. Solche im ganzen Reflektorraum gekühlten kleinen Anordnungen bieten technologische Vorteile. Sie lassen sich billig herstellen und bequem handhaben, und man kann bei geeigneter Ausführung alle im Betrieb beanspruchten Teile leicht auswechseln. Abb. 5.55 zeigt einen zerlegten Reflektor für 3-Zoll-Kristalle mit Lampe und Kristall. — Wegen des kleinen Querschnitts läßt sich das Ellipsoid nicht auf die übliche Weise in einem Stück durch Ausdrehen bzw. Ausschlagen herstellen. Als eigentliches Reflektorrohr dient deshalb ein dünnwandiges, zunächst kreiszylindrisches, innen poliertes Silberrohr, das sich zwischen zwei halbelliptisch ausgefrästen Backen zu einem Zylinderellipsoid verformt. Die Durchführungen für Lampe und Kristall in den Endplatten aus Silber sind zugleich Ein- und Auslaß für das Kühlwasser.

Außer elliptischen Reflektoren benutzt man zum kontinuierlichen Pumpen bestimmte Kondensoranordnungen, bei denen das Licht mit Hilfe von totalreflektierenden oder verspiegelten Trichtern gesammelt wird [140, 28, 3]. Die bekannteste dieser Anordnungen ist die in Kap. 5.1.5 erwähnte „Trompete" [11].

5.7.2 Sonnengepumpte Laser

Der erste sonnengepumpte Laser verwendete Dysprosium-dotiertes Calcium-fluorid als Laserkristall [1]. Bei diesem Material erhält man die richtige Wertigkeit des Dysprosiums von 2 und damit eine leicht gelblichbraune Färbung des Kristalls durch Einwirkung von γ-Strahlung. Der Kristall ist ein Vier-Niveau-System, bei dem der Endterm des Laserübergangs nur 30 cm^{-1} über dem Grundterm liegt. Um diesen Endterm weitgehend zu entleeren, muß man den Kristall auf die Temperatur von flüssigem Neon oder flüssigem Wasserstoff kühlen. Der Dauer-betrieb wird dann aber bereits bei einer Pumpleistung von einigen Watt erreicht. Im Fall des sonnengepumpten Lasers nach [1] wurde ein Spiegel von 35 cm Durchmesser zur Fokussierung des Pumplichts benutzt. Bei Kühlung auf 77 °K gelingt ein kontinuierlicher Betrieb mit Sonnenlicht, das mit einem 45 cm-Spiegel gebündelt wird [2]. — Der niedrige Schwellenwert des Dysprosium-dotierten Calciumfluorids erklärt sich aus der für Kristalle besonders kleinen Fluoreszenz-linienbreite (< 1 GHz).

Die übrigen sonnengepumpten Laser arbeiten mit Neodym-dotierten Laser-materialien, die sämtlich bei Zimmertemperatur betrieben werden können. Neodym-Glas wird für diese Zwecke als dünner Kern ($\approx 0{,}4$ mm) in einem dickeren undotierten Glasstab verwendet [4, 5] und für einige Sekunden ohne Kühlung gepumpt.

Wegen des kleineren Schwellenwerts und der höheren Belastbarkeit wesentlich günstiger ist Neodym-dotierter Yttrium-Aluminium-Granat, mit dem bei An-regung durch Sonnenlicht bereits Dauerleistungen von über 1 W erzielt wurden [9]. Diese Leistung ergibt sich mit einem 61 cm-Parabolspiegel von 90 cm Brenn-weite und unter Verwendung von zwei Zylinderspiegeln unterschiedlicher Größe vor und hinter dem Kristall.

5.7.3 Kontinuierliche Rubinlaser

Der erste kontinuierliche Rubinlaser [140] verwendete einen aus einem Saphir-teil und einem Rubinteil bestehenden Kristall („Trompete"), bei dem der Rubin-teil nur eine Länge von 11,5 mm, einen Durchmesser von 0,6 mm und eine Dotie-rung von 0,006% Chrom hatte. Die Trompete mußte auf 77 °K gekühlt werden.

Bei Zimmertemperatur ist die Verstärkung des Rubins wesentlich geringer, daher braucht man für den Dauerbetrieb längere Kristalle mit höherer Dotierung. Wegen der größeren Absorption können diese Kristalle nicht in Längsrichtung gepumpt werden, d. h. man muß auf stabförmige Lampen und auf elliptische Reflektoren zur Bündelung des Pumplichts zurückgreifen [144, 145, 37]. Geeignete Lampen sind die Quecksilberkapillarlampen der Type A von PEK.

Vorteilhaft ist ferner die Verwendung von Rubinkristallen mit Saphirenden. Die Kristalle können an diesen Enden außerhalb des eigentlichen Reflektorraums fest gehaltert werden, und es ergibt sich auf Grund der fehlenden Abschattung des aktiven Materials eine Verminderung des Schwellenwerts bzw. eine Erhöhung der Ausgangsleistung. Dies gilt für alle 3-Niveau-Laser, bei denen sich wegen der auftretenden Selbstabsorption die an der Laserschwelle erforderliche Pumplicht-dichte um den Faktor $1/(1-2c)$ erhöht, wenn ein Teil c des aktiven Materials abgeschattet ist. Mit solchen Kristallen von 3 mm Durchmesser, 3 Zoll Länge des Rubinteils und 0,03% Chromdotierung erhält man zur Zeit bei 15% Spiegeldurchlässigkeit eine maximale Ausgangsleistung von 2 W. Bei dieser Leistung ist nur ein kleiner Teil des Kristallquerschnitts von der Schwingung erfaßt.

Diese derzeitige Leistungsgrenze des Lasers ist durch die begrenzte Leistungsfähigkeit der Lampen gegeben. Die Eigenschaften des Rubinkristalls würden Ausgangsleistungen bis in den 100-Watt-Bereich und Wirkungsgrade von einigen Prozent möglich machen. Dies folgt aus der Energiebilanz des Lasers sowie aus Messungen der Temperatur im Kristall [260]: An der Laserschwelle ist bei einem Drei-Niveau-Material etwa die Hälfte der aktiven Atome ($N_\Sigma/2$) angeregt. Daraus findet man die spontane Emission zu ($N_\Sigma/2\tau_l$). Die Rechnung zeigt, daß ein gleichförmig an der Schwelle angeregter Rubinkristall der genannten Abmessungen und Dotierung etwa 340 W spontane Emission abgibt. Mit steigender Pumpleistung bleibt oberhalb der Laserschwelle die Besetzung und damit die spontane Emission konstant. Daher wäre z. B. auch eine Ausgangsleistung von annähernd 340 W zu erwarten, wenn es gelingt, den Kristall über den ganzen Querschnitt mit doppelter Schwellenleistung zu pumpen und wenn der Kristall in seiner Leistungsfähigkeit nicht durch die thermische Belastung beeinträchtigt wird.

Aus Messungen der Laserwellenlänge unter Berücksichtigung der bekannten Abhängigkeit der Rubinwellenlänge von der Temperatur ergibt sich, daß der an der Laserschwelle betriebene Kristall längs der Achse um 12°C wärmer ist als an der gekühlten Oberfläche. Diese Temperaturdifferenz steigt proportional zur Pumpleistung; sie beträgt bei der höchsten derzeit verfügbaren Pumpleistung ca. 20° und liegt damit weit unter der Grenze, bei der eine merkliche Erhöhung des Schwellenwertes auftritt. Es scheint daher tatsächlich möglich, beim kontinuierlichen Rubinlaser Wirkungsgrade von einigen Prozent zu erreichen, falls Lampen mit einer um wenigstens den Faktor 2 größeren Leistung bei unverminderter Leistungsdichte entwickelt werden könnten.

5.7.4 Kontinuierliche Granatlaser

Bis vor etwa zwei Jahren war Neodym-dotierter Calciumwolframat der einzige Laserkristall, der bei Zimmertemperatur kontinuierlich betrieben werden konnte [146]. Die wassergekühlten Laser mit diesem Material hatten bereits ausgezeichnete Emissionseigenschaften, ähnlich denen des Gaslasers [147]. Heute wird der Neodym-dotierte Calciumwolframat in zwei Punkten wesentlich übertroffen, und zwar durch den ebenfalls mit Neodym dotierten Yttrium-Aluminium-Granat (YAG) [148]. Die Verbesserung liegt vor allem in der thermisch und mechanisch wesentlich größeren Stabilität des Granats und dem um den Faktor 3 kleineren Schwellenwert.

Neodym-dotierter Yttrium-Aluminium-Granat ist ein Vier-Niveau-System, bei dem der Endterm des Laserübergangs 2000 cm^{-1} über dem Grundterm liegt, also bei Zimmertemperatur im Gleichgewicht praktisch unbesetzt ist. Als Pumpquelle kann eine Glühlampe dienen, insbesondere eine Jod-Wolfram-Lampe, die bei großer Lebensdauer eine hohe Lichtausbeute hat. Laser mit YAG : Nd^{3+} können bei extrem einfachem Aufbau und bequemen Anschlußbedingungen (übliche Spannungsversorgung für die Glühlampe und Leitungswasser für die

Kühlung) eine Leistung bis zu 10 Watt abgeben, in Sonderfällen bis über 100 W; die Lebensdauer solcher Laser entspricht der Lebensdauer der Glühlampe und beträgt damit etwa 2000 Stunden. Die Emission des Lasers liegt bei 1,06 µm, also bei einer Wellenlänge, bei der man noch eine Glasoptik verwenden kann. Der Kristall wird bevorzugt aus der Schmelze gezogen, er ist mechanisch und thermisch annähernd so stabil wie Rubin, er kann ebenso in einer optisch sehr guten Qualität gezogen werden. Dementsprechend zeigt auch der Laser mit YAG : Nd³⁺ reine

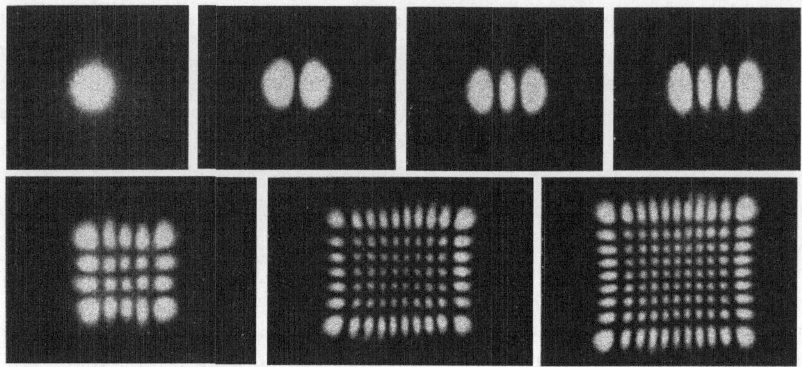

Abb. 5.56. Schwingungstypen eines Lasers mit YAG: Nd³⁺, aufgenommen mit Hilfe eines Bildwandlers [77].

Eigenschwingungen einzelner transversaler Ordnungen (Abb. 5.56). Bei konstanter Pumpleistung treten von einem kurzen Einschwingvorgang abgesehen, keine Amplitudenschwankungen auf; auch besitzt der Laser eine hohe Frequenzkonstanz.

Vergleicht man die Leistungskurven (d. h. die Kurven, die die Abhängigkeit der Ausgangsleistung von der Pumpleistung wiedergeben) dieses Lasers bei gleich großen Kristallen mit denen des Rubinlasers, so ist die erreichbare Steigung beim Rubinlaser größer. Rubin hat also einen besonders hohen Pumplichtwirkungsgrad, d. h. es nutzt die zur Verfügung stehende Pumplichtintensität besonders stark zur Anregung der aktiven Atome aus. Der Vorteil des Neodymdotierten Granats liegt dagegen in dem besonders niedrigen Schwellenwert. Beide Vorteile lassen sich z. T. kombinieren [148], indem man die Dotierung des Rubins (Chrom) und die des Granats (Neodym) zugleich im Granatkristall unterbringt. Die Chromdotierung ergibt eine hohe Pumplichtabsorption, und es erfolgt eine Übertragung der Anregungsenergie auf die Neodym-Atome. Solche doppelt dotierten Kristalle wurden bereits mit einem Wirkungsgrad von 0,33% erprobt.

Neuerdings gibt es Beispiele für eine noch wesentlich wirkungsvollere Übertragung von Anregungsenergie in Kristallen. Von JOHNSON u. a. [149] wurden Yttrium-Aluminium-Granat-Kristalle hergestellt und untersucht, die mit Holmium als aktiver Substanz und zusätzlich noch mit einer Reihe anderer Seltener Erden dotiert sind. Bei diesem Material lassen sich Wirkungsgrade von über 30% erreichen. Die Emission erfolgt bei einer Wellenlänge von 2,1 µm. Allerdings ist eine Kühlung der Kristalle auf 77 °K erforderlich.

Den größten Wirkungsgrad besitzen Festkörper- und auch Gaslaser mit einer relativ langwelligen Emission. Es sind dies der CO_2-Gaslaser (10,6 µm Wellenlänge) und der Granatlaser mit Holmium und anderen Seltenen Erden. Nachteil dieses Granatlasers ist die erforderliche Kühltemperatur von 77 °K. Zusätzlich gibt es den beschriebenen Neodym-dotierten Granatlaser als Hochleistungsfestkörper laser mit einer Emission im Ultraroten. Der Laser mit YAG: Nd^{3+} hat dabei den Vorteil eines sehr einfachen Aufbaus, einer langen Lebensdauer und einer bequemen Anwendbarkeit; dazu gehört, daß seine Strahlung noch mit einer Glasoptik zu bündeln ist. Im sichtbaren Spektralbereich können der kontinuierliche Rubinlaser und der Argon-Ionen-Laser vergleichbare Leistungen liefern.

5.8 Spektroskopische Daten der wichtigsten Kristalle und Gläser

Die Tabelle 5.2 (s. S. 201—208) bringt für die Festkörperlaser-Werkstoffe die Angaben über die Arbeitstemperatur, die Laserwellenlänge, die Lebensdauer der angeregten Zustände, die Linienbreite der spontanen Emission sowie den Schwellenwert in Joule für Impuls-, in Watt für Dauerbetrieb. Dazu ist vermerkt, ob der Schwellenwert in elliptischen Anordnungen (EL), mit einer wendelförmigen Lampe (WE) in einem verspiegelten Reflektor oder mit anderen Spiegel- oder Kondensorsystemen gemessen wurde (SP bzw. KO). Desgleichen ist die Art der Pumpquelle angegeben

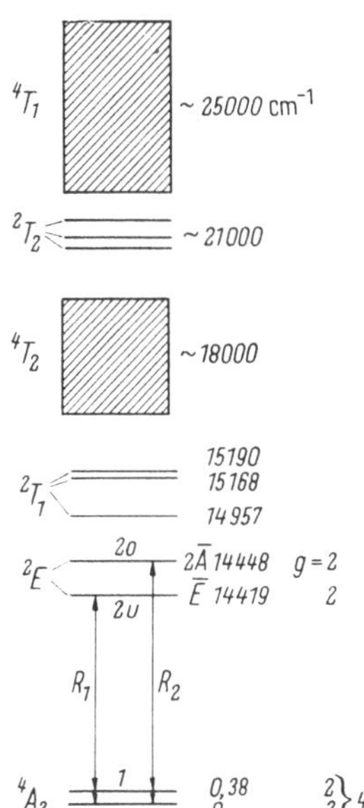

Abb. 5.57. Termschema des Rubins (nach NELSON u. STURGE [152]).

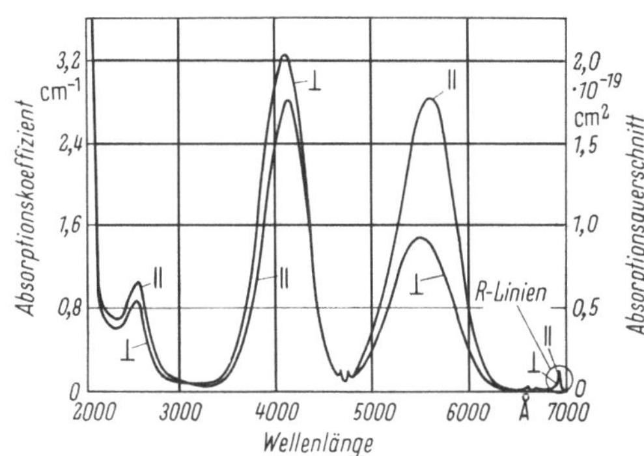

Abb. 5.58. Absorptionsspektrum von Rubin. ⊥, ∥, -einfallendes Licht senkrecht bzw. parallel zur c-Achse (nach T. H. MAIMAN et al. [153]).

(Xe = Xenon, Hg = Quecksilber- und Wo = Wolframlampe). Andere wichtige Daten wie die Lage der Pumpbänder (Absorptionsspektrum), der spontanen und induzierten Übergänge (Emissionsspektrum) und die zugehörigen Dotierungskonzentrationen sowie einige Eigenschaften des Wirtsmaterials (Brechungsindex, Dispersion und Dichte) sind im folgenden aufgeführt. Thermische Daten (Wärmeleitfähigkeit und spezifische Wärme für Rubin) finden sich in Kap. 5.9; über Linienbreite $\Delta\nu$ und Lebensdauer τ_l sind in Kap. 5.3.3 und 5.3.4 bereits einige Angaben gemacht. Dort ist die Temperaturabhängigkeit der Linienbreite, Laser-

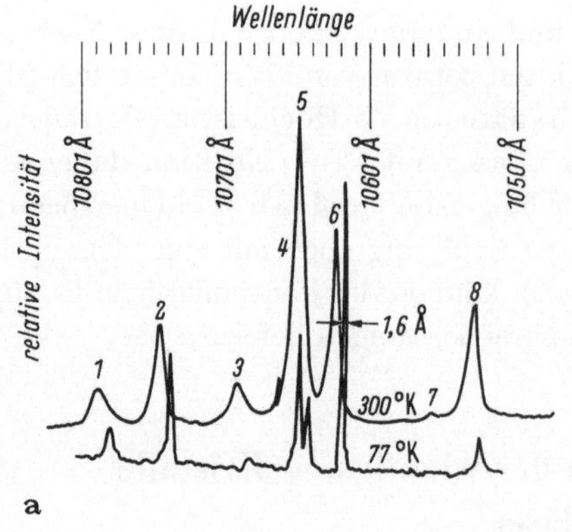

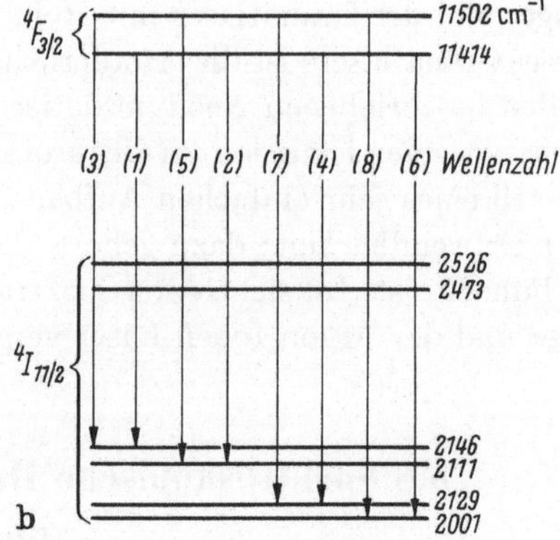

Abb. 5.59.

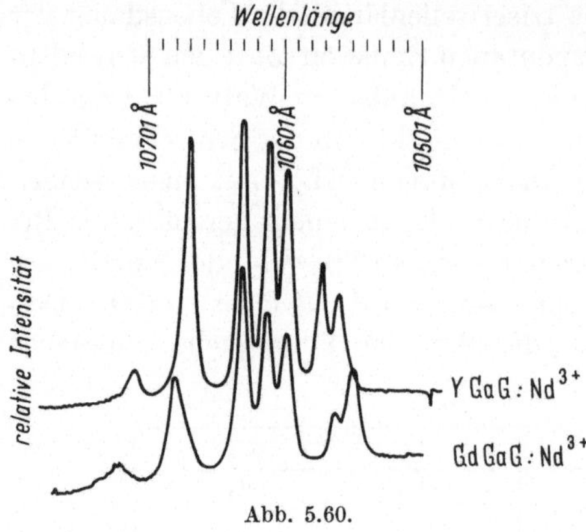

Abb. 5.60.

Abb. 5.59. Fluoreszenzspektrum (77°K und 300°K) und Termschema (300°K) von Neodym (Nd³⁺) in YAG (nach T. A. Koningstein u. T. E. Geusic [165]).

Abb. 5.60. Fluoreszenzspektrum (300°K) von Neodym (Nd³⁺) in YGaG und GdGaG (nach T. E. Geusic et al. [166]).

Abb. 5.61. Termschema von Cr³⁺ und Nd³⁺ in doppelt dotiertem YAG (nach Z. T. Kiss u. R. C. Duncan [167]).

Abb. 5.62. Anregungsspektrum (78°K) für die $^4F_{3/2} \rightarrow {}^4I_{11/2}$ Fluoreszenz von Nd³⁺ in YAG. a) 1,3% Nd; b) 1,3% Nd und 1,0% Cr³⁺; c) Absorptionsspektrum von YAG : Cr³⁺ (1%). (Nach Z. T. Kiss u. R. C. Duncan [167]).

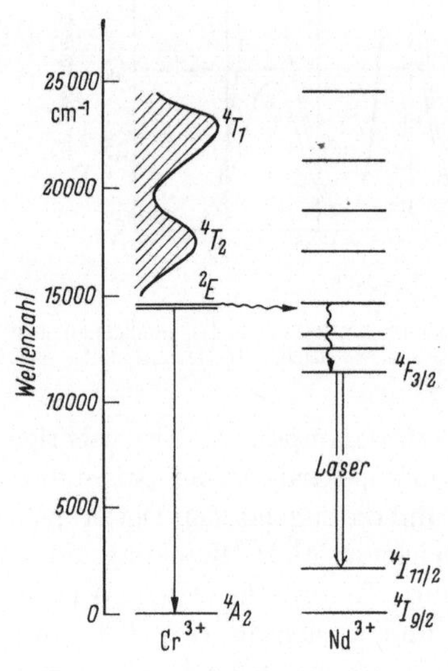

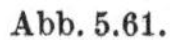

Abb. 5.61.

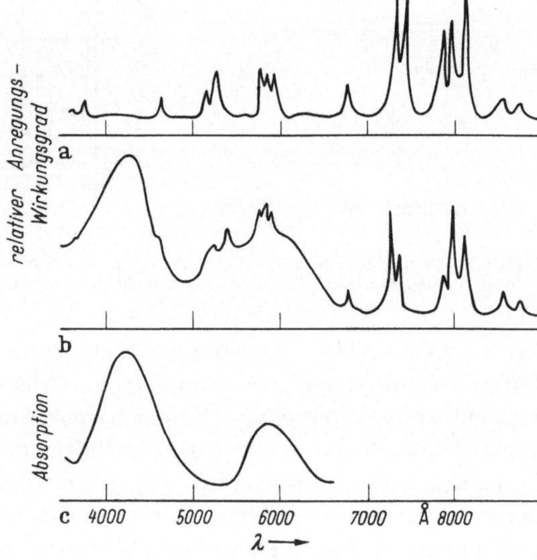

Abb. 5.62.

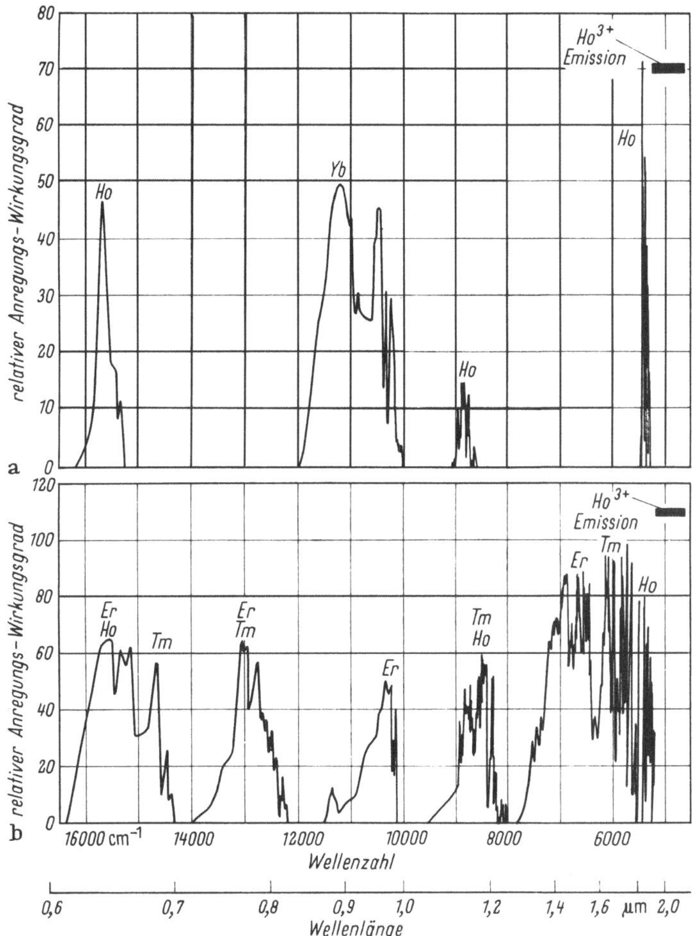

Abb. 5.63. Anregungsspektrum (77 °K) für die $^5I_7 \to {}^5I_8$ Fluoreszenz von Ho^{3+} (5%) in mehrfach dotiertem YAG. a) $Y_{1,5}$ $Yb_{1,5}$ Al_5O_{12}.   b) $Y_{1,25}$ $Er_{1,5}$ $Tm_{0,2}$ $Ho_{0,05}$ Al_5O_{12}.   (Nach L. F. Johnson et al. [149]).

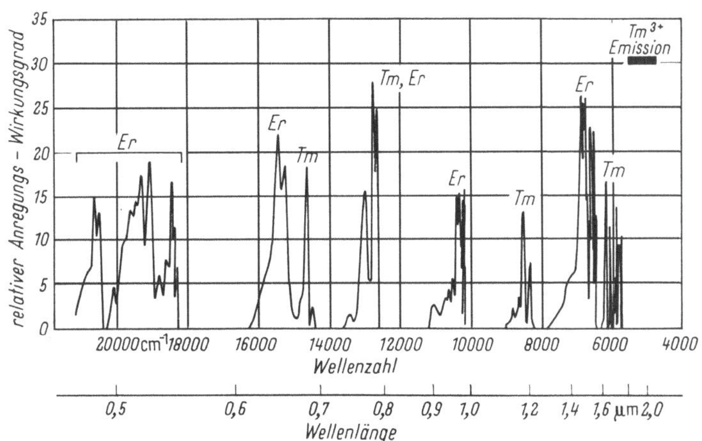

Abb. 5.64. Anregungsspektrum (77 °K) für die $^3H_4 \to {}^3H_6$ Fluoreszenz von Tm^{3+} in $Y_{1,5}$ $Er_{1,5}$ Al_5O_{12} (nach L. F. Johnson et al. [168]).

wellenlänge und Lebensdauer von Rubin dargestellt. — Eine zusammenfassende Arbeit über die spektroskopischen Eigenschaften der Laserkristalle ist [150], s. a. [201].

a) Rubin ($Al_2O_3 + Cr^{3+}$)

Molekulargewicht 101,94; Spez. Gew. 3,98. Das Aluminiumoxydgitter ist rhomboedrisch, die Cr^{3+}-Ionen befinden sich in einem leicht deformierten Octaeder aus Sauerstoff-Ionen. Der Brechungsindex für den ordentlichen Strahl beträgt n_o (0,694 µm) = 1,7634, er ist für den außerordentlichen Strahl um 0,008 geringer. Im sichtbaren Bereich des Spektrums gilt die Dispersionsformel [151]

$$n_o = 1,74453 + 101,0 \ (\lambda - 1598)^{-1}. \qquad (5.8/1)$$

worin λ in Å eingesetzt werden soll.

Für Laserzwecke werden Kristalle mit Dotierungen von 0,006% bis 0,7 Gewichts-% Chrom verwendet, den günstigsten Schwellenwert bei Zimmertemperatur geben Kristalle mit 0,035% Chrom (1 Gewichts-% Chrom $\triangleq$ 1 Mol-% Cr_2O_3 $\triangleq$ 1,5 Gewichts-% Cr_2O_3).

Das Termschema von Rubin ist auf S. 185 in Abb. 5.57 ([55]; s. a. [158]), das Absorptionsspektrum in Abb. 5.58 dargestellt [153]. Ferner gilt bei 300 °K: $\sigma_{R_1} = 1,9 \times 10^{-20}$ cm² [55]. Nach anderen Messungen [153] beträgt der Absorptionsquerschnitt $\sigma_{R_1} = 2,5 \times 10^{-20}$ cm²; aus dem in Abschnitt (5.4.2c) angegebenen Wert des *Einstein-Koeffizienten* folgt σ_{R_1} zu $1,7 \cdot 10^{-20}$ cm² (gemäß $\sigma = B'_{\nu 12}/v = B'_{\nu 21}g_{2u}/g_1 v = B'_{\nu 21}/2v$). Die Lebensdauer τ_R für strahlende Übergänge auf den beiden R-Linien ist bei Zimmertemperatur um $^1/_3$ größer als die Lebensdauer τ_l des angeregten ^2E-Zustands [55].

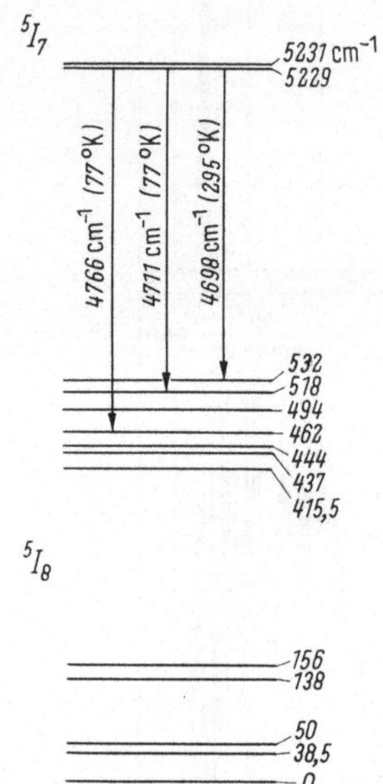

Abb. 5.65. Termschema (4,2 °K) und Laserübergänge $^5I_7 \rightarrow {}^5I_8$ von Ho³⁺ in $Y_{1,25}$ $Er_{1,5}$ $Tm_{0,2}$ $Ho_{0,05}$ Al_5O_{12} (nach L. F. Johnson et al. [149]).

b) Yttrium-Aluminium-Granat

Molekulargewicht 593,66; Spez. Gew. 4,2; n (1,06 µm) = 1,8186. Die für die spektroskopischen Eigenschaften der dotierten $Y_3Al_5O_{12}$- und $Y_3Ga_5O_{12}$-Kristalle (YAG bzw. YGaG) maßgebende Symmetrie des Kristallfelds am Ort des Yttriums ist entgegen früheren Annahmen geringer als kubisch [164]. Sie ist angenähert tetragonal, mit Abweichungen in Richtung auf eine ortho-rhombische Symmetrie. Diese Abweichungen sind im Galliumgranat größer als im Aluminiumgranat.

Wichtigster Granat-Laserkristall ist YAG : Nd³⁺, eventuell zusätzlich dotiert mit Cr³⁺. Die hauptsächlichsten (schmalen) Absorptionsbänder des Neodymdotierten Kristalls liegen im roten Bereich des Spektrums, weswegen dieser Kristall vorteilhaft mit Glühlampen gepumpt wird. Die Emissionsspektren von YAG : Nd³⁺ [165] im Bereich um die Laserwellenlänge (1,06 µm) sind in Abb. 5.59 und 5.60 (S. 186) dargestellt.

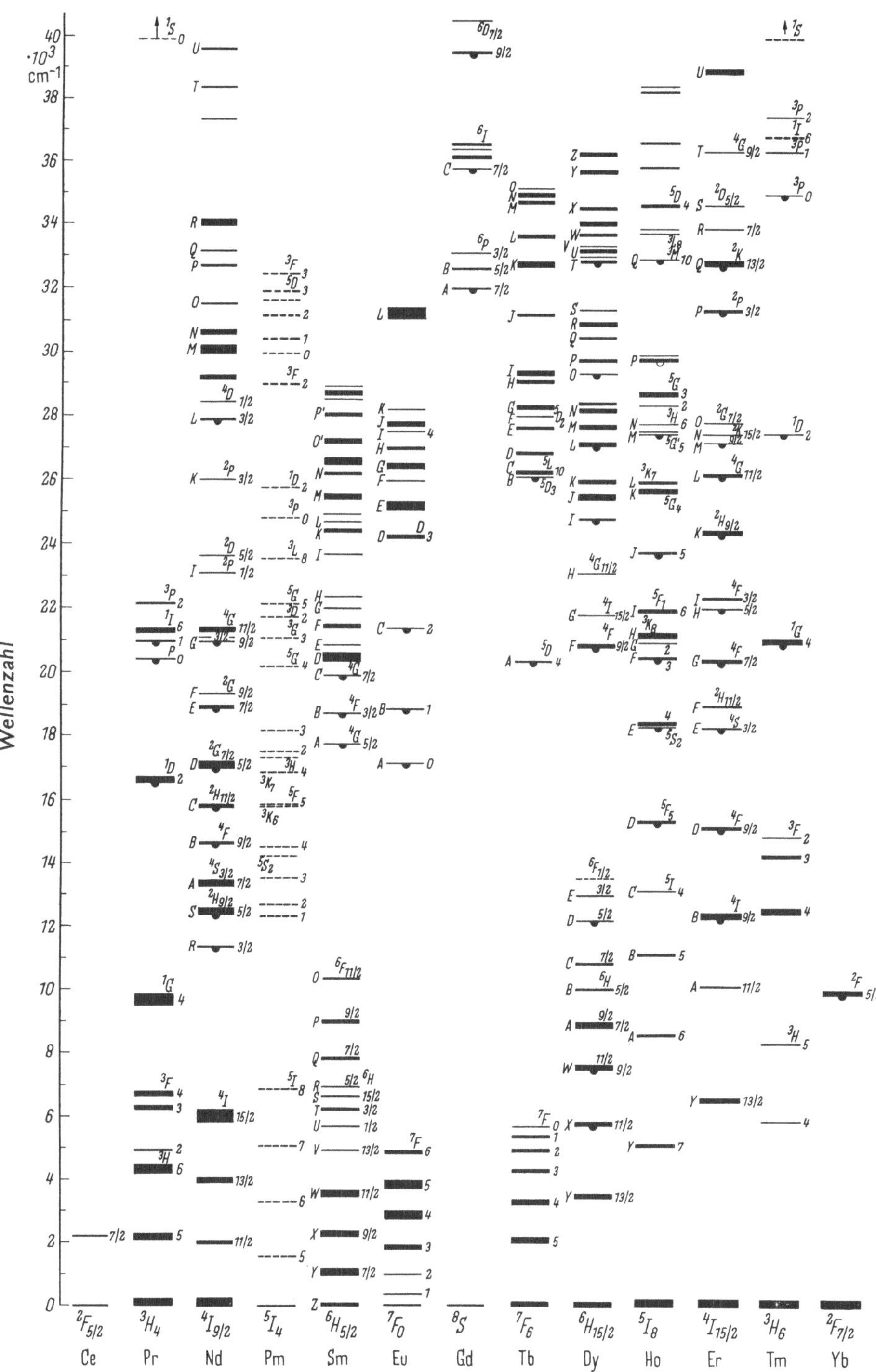

Abb. 5.66. Energiezustände der Ionen der dreiwertigen Seltenen Erden
(nach G. H. Dieke u. H. M. Crosswhite [172]).

Bei zusätzlicher Dotierung des YAG : Nd^{3+} mit Cr^{3+} erfolgt eine Energieübertragung von den ^2E-Zuständen des Chroms [167] auf die Neodymterme. Abb. 5.61 zeigt die beiden Termschemas von Cr^{3+} und Nd^{3+} in YAG, Abb. 5.62 (S. 186) das Anregungsspektrum für die $^4F_{3/2} \to {}^4I_{11/2}$-Fluoreszenz. Das Spektrum gibt die Intensität der spontanen Emission bei 1,06 μm in Abhängigkeit von der Wellenlänge des Pumplichts wieder. Als Pumpquelle diente das mit einem Monochromator und mit 30 Å-Auflösung gefilterte Licht einer 500 W-Wolframlampe. Die Abbildung zeigt, daß eine wirkungsvolle Anregung des Neodyms durch Pumpen des Chroms geschehen kann. Wegen dieses Mechanismus läßt sich der doppelt dotierte Kristall auch gut mit einer Hg-Lampe anregen.

Laserübergänge für weitere Seltene Erden in YAG $^3H_4 \to {}^3H_6$ (Tm^{3+}, 228), $^5I_7 \to {}^5I_8$ (Ho^{3+}, 462), $^2F_{5/2} \to {}^2F_{7/2}$ (Yb^{3+}, 623) und $^4I_{13/2} \to {}^4I_{15/2}$ (Er^{3+}, 525); die Zahlen bei den Elementen geben den Abstand in cm^{-1} des niedrigsten Laser-Endniveaus vom Grundterm an. Die Anregungsspektren der Ho^{3+}- und der Tm^{3+}-Emission (Abb. 5.63 u. 5.64, S. 187) beweisen eine wirkungsvolle Energieübertragung auch in vielfach (mit verschiedenen Seltenen Erden) dotierten Kristallen. — Die Lage der Energieterme des $^5I_8$-Endzustands von Ho^{2+} zeigt Abb. 5.65 (S. 188). Die Anregungsspektren wurden ebenfalls durch Pumpen mit einer Glühlampe aufgenommen, deren Licht durch einen Monochromator gefiltert war; [149, 168]. Die Kristalle werden bevorzugt aus der Schmelze gezogen. Die Dotierungen liegen bei 1 bis 5 at %.

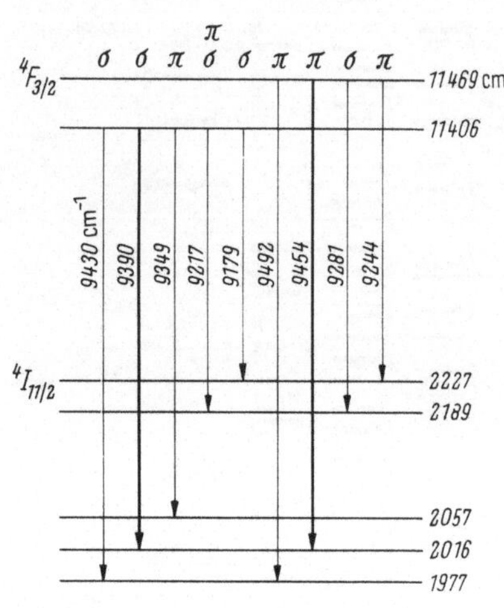

Abb. 5.67. Multipletts des Ausgangs- und Endniveaus für den Laserübergang in $CaWO_4 : Nd^{3+}$ mit Na-Kompensation, 77 °K (nach L. F. Johnson [171]).

c) Wolframate und Molybdate

$CaWO_4$ (Molekulargewicht 288,08; Spez. Gew. 6,06; n_o (1,06 μm) = 1,8933;

$$n_e \, (1,06 \, \mu m) = 1,9081; \quad \frac{dn}{dt} = \begin{array}{l} 7,1 \cdot 10^{-6} \, grd^{-1} \, (o) \\ 4,6 \cdot 10^{-6} \, grd^{-1} \, (e) \end{array}$$

$CaMoO_4$ (Molekulargewicht 200,03; Spez. Gewicht 4,4),
$SrWO_4$ („   335,55;   „   „   6,187),
$SrMoO_4$ („   247,58;   „   „   4,145),
$PbMoO_4$ („   367,16;   „   „   ∼6,5).

Die Kristalle sind vom Scheelit-Typ (tetragonal); sie werden aus der Schmelze gezogen und mit 0,3 bis 5 at-% dreiwertiger Seltener Erden dotiert. Der niedrigste Schwellenwert liegt z. B. für $CaWO_4 : Nd^{3+}$ bei einer Dotierung von 3%. Wegen der dreifachen Wertigkeit der Seltenen Erden gegenüber der zweifachen von Ca

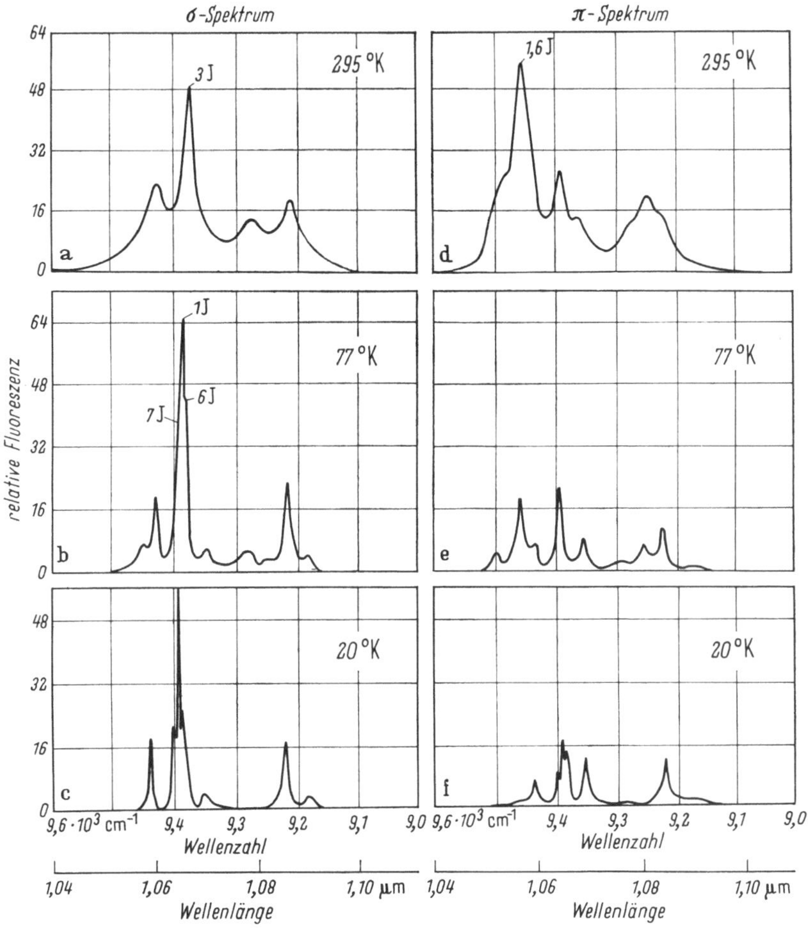

Abb. 5.68. Polarisation der $^4F_{3/2} \rightarrow {}^4I_{11/2}$ Fluoreszenz von $CaWO_4 : Nd^{3+} : Na^+$ (nach L. F. JOHNSON [169]).

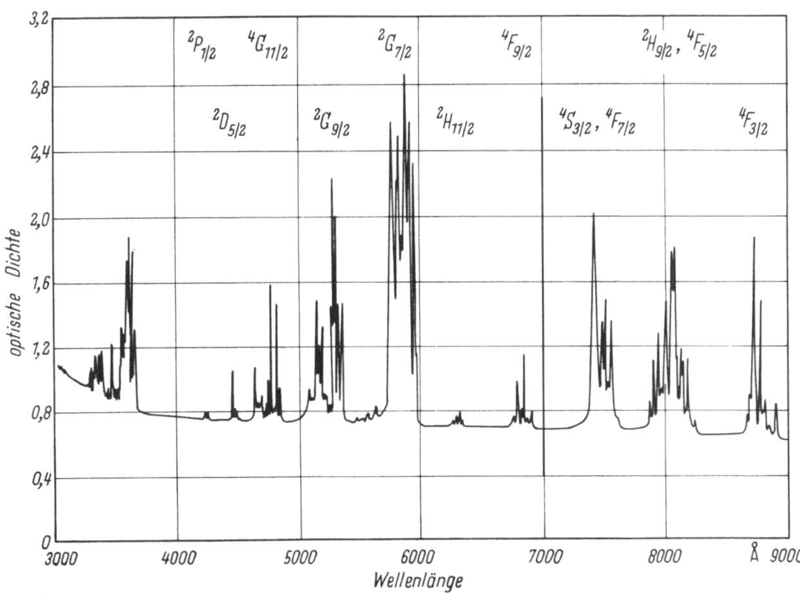

Abb. 5.69. Absorptionsspektrum (77 °K) von $CaWO_4 : Nd^{3+}$ (1%) $: Na^+$ (nach L. F. JOHNSON [169]).

bzw. Sr erfolgt ein gleichmäßiger Einbau nur bei zusätzlicher Dotierung mit Alkali-Atomen oder Niob. Die besten Ergebnisse (günstigster Schwellenwert) liefert eine Ladungskompensation mit Na [170].

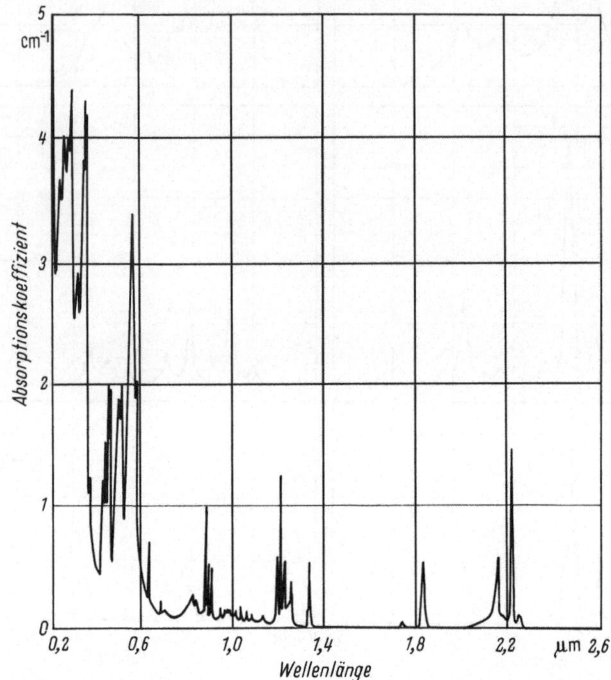

Abb. 5.70. Absorptionsspektrum (77 °K) von CaF_2: U^{3+} (0,1%) (nach G. D. BOYD et al. [187]).

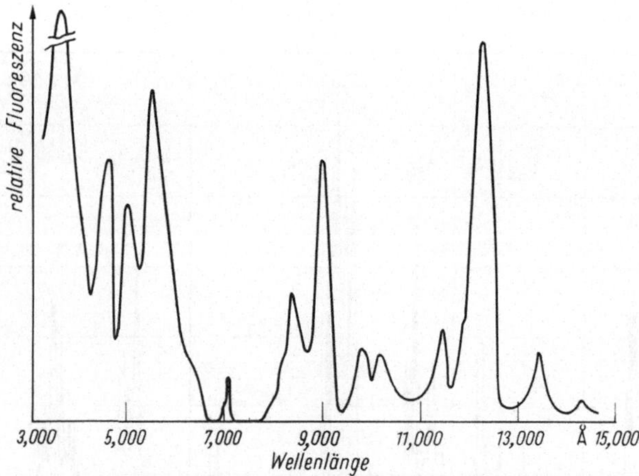

Abb. 5.71. Anregungsspektrum (78 °K) von CaF_2: U^{3+} (0,007%) für die 2,613 μm-Fluoreszenz, umgerechnet auf eine konstante (von der Wellenlänge unabhängige) Anregungsintensität (nach J. P. WITTKE et al. [184]).

Über die Energiezustände der Ionen der dreiwertigen Seltenen Erden gibt Abb. 5.66 (S. 189) Auskunft [172]. Die speziellen Termlagen von Nd^{3+}, Ho^{3+}, Tm^{3+}, Pr^{3+} und Er^{3+} in $CaWO_4$ sind in [171—173] zusammengestellt; die Multipletts des

Ausgangs- und des Endterms für den Laserübergang von Nd^{3+} in $CaWO_4$ sind in Abb. 5.67 (S. 191) angegeben [171]. Ferner sind das Emissionsspektrum bei 1,06 μm für σ- und π-Polarisation und das Absorptionsspektrum von $CaWO_4 : Nd^{3+}$ in Abb. 5.68 und 5.69 (S. 191) dargestellt [169, 171].

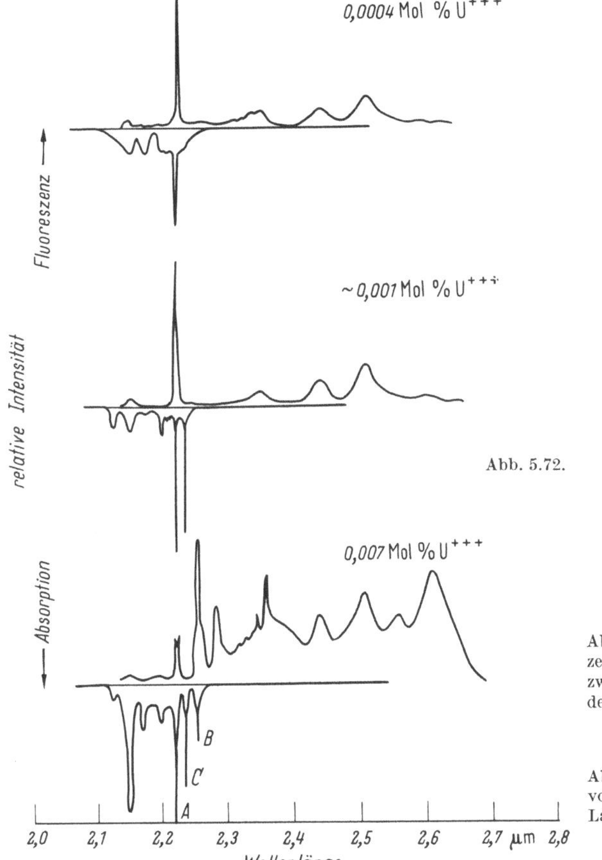

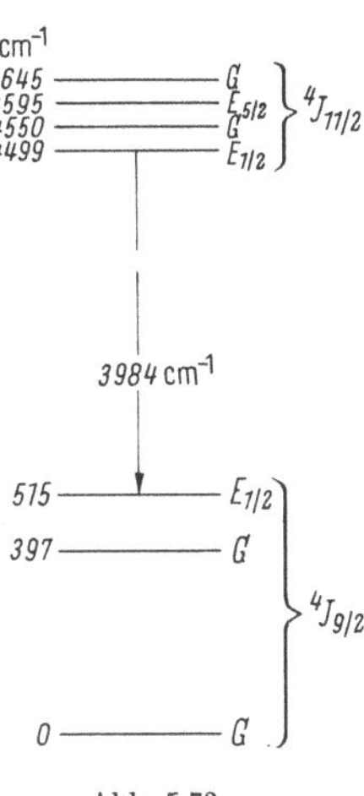

Abb. 5.72.   Abb. 5.73.

Abb. 5.72. Absorptions- und Fluoreszenzspektrum (78 °K) von $CaF_2 : U^{3+}$ zwischen 2,1 und 2,7 μm für verschiedene Dotierungskonzentrationen (nach J. P. Wittke et al. [184]).

Abb. 5.73. $^4I_{11/2}$- und $^4I_{9/2}$-Multipletts von $CaF_2 : U^{3+}$ mit dem eingezeichneten Laserübergang (nach J. P. Wittke et al. [184]).

Weitere Spektren der Seltenen Erden in den Molybdaten und Wolframaten findet man in [57, 74, 171, 173, 175, 178, 180]. In $CaMoO_4$ tritt bei doppelter Dotierung eine Energieübertragung von Er^{3+} auf Tm^{3+} und Ho^{3+} auf, die zugehörigen Spektren und Termschemata sind in [174] angegeben.

Über die Laseremission von $CaWO_4 : Nd^{3+}$ bei 0,9 und 1,35 μm und die dafür wesentlichen Termlagen und Spektren berichtet [176].

Die gegenüber den Werten in der Tab. 5.2 bei nicht ladungskompensiertem Neodym etwas veränderten Wellenlängen der Laserlinien sind in [169] angegeben.

d) Calciumniobat

Das Material hat ein spezifisches Gewicht von 4,80; der Brechungsindex liegt zwischen 2,07 und 2,20. Zur Ladungskompensation wird bei Nd^{3+}-Dotierung Na^+

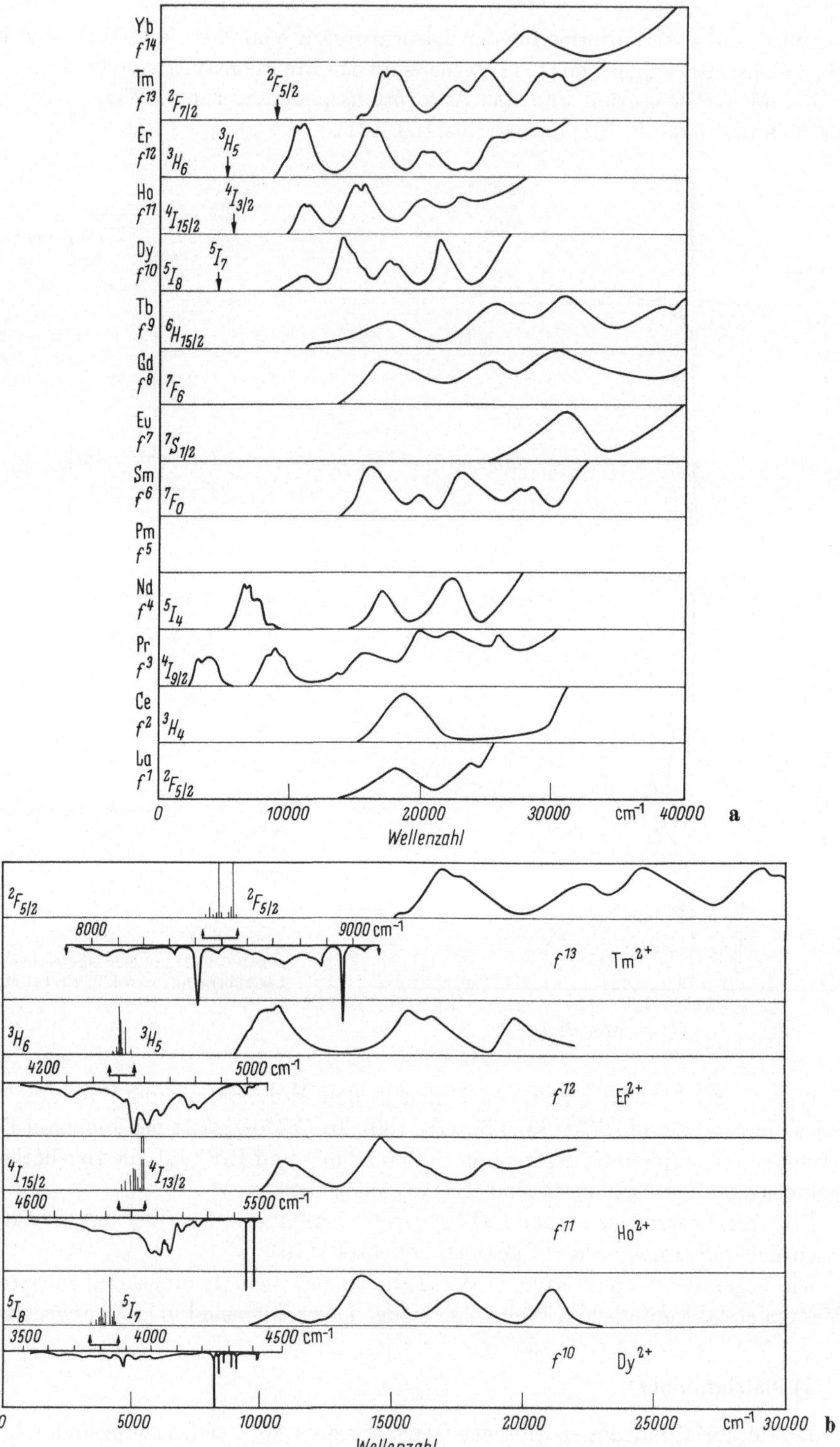

Abb. 5.74. Spektren verschiedener zweiwertiger Seltener Erden in CaF₂ (nach D. S. McClure u. a. [191]).
a) Absorptionsspektren; b) Anregungs- und Fluoreszenzspektren.

zugegeben, bei Ho^{3+}-, Pr^{3+}-, Er^{3+}- und Tm^{3+}-Dotierung wird ein entsprechender Teil des Nb^{5+} durch Ti^{4+} ersetzt. Spektroskopische Daten der dotierten Kristalle sind nicht verfügbar.

e) Erdalkalifluoride

Die Erdalkalifluoride CaF_2, SrF_2 und BaF_2 sind kubisch (Gitter vom Fluorit-Typ). Die Molekulargewichte betragen 78,8, 125,63 bzw. 175,36; die spezifischen Gewichte sind 3,180 und 4,24 bzw. 4,83. Die Brechungsindizes für CaF_2 wurden zu 1,4286 ($\lambda = 1,06$ μm), 1,4233 ($\lambda = 2,1$ μm) und 1,42053 ($\lambda = 2,6$ μm) gemessen.

Die Spektren der dreiwertigen Seltenen Erden (Nd^{3+}, Ho^{3+}, Tm^{3+} und Er^{3+}) in diesen Kristallen [150, 171, 182, 188] ähneln den Spektren dieser Elemente in den Wolframaten und Molybdaten (Energieniveaus s. Abb. 5.66). Mit denselben Dotierungselementen erhält man jedoch in den Fluoriden breitere und wesentlich schwächere Emissionslinien und somit höhere Schwellenwerte.

Günstige Emissionseigenschaften zeigen dagegen die mit U^{3+} dotierten Erdalkalifluoride [186]. Die Spektren dieser Laser-Kristalle sind wegen der verschiedenen Einbaumöglichkeiten des U^{3+} relativ kompliziert. Bei sehr kleinen Dotierungen (0,0004 mol-%) ergibt sich ein Spektrum, das dem „isolierten" Ion ($CaF_2 : U^{3+}$) zugeordnet wird. Mit zunehmender Dotierung geht die Intensität in diesem Spektrum in Sättigung und es treten zusätzliche Linien auf. Effekte der

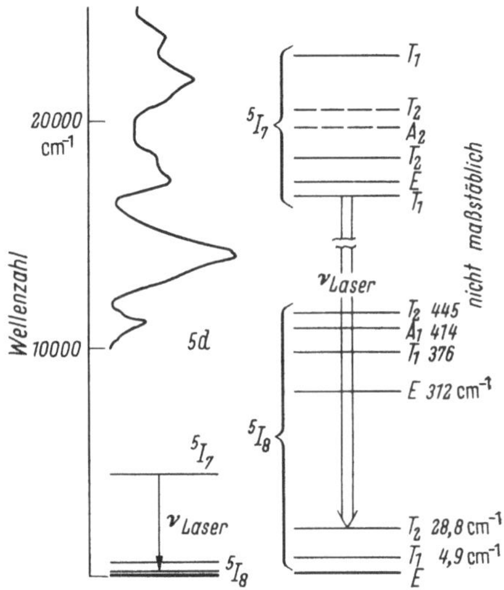

Abb. 5.75. Energieniveaus von $CaF_2 : Dy^{2+}$ (nach Z. J. Kiss [72]).

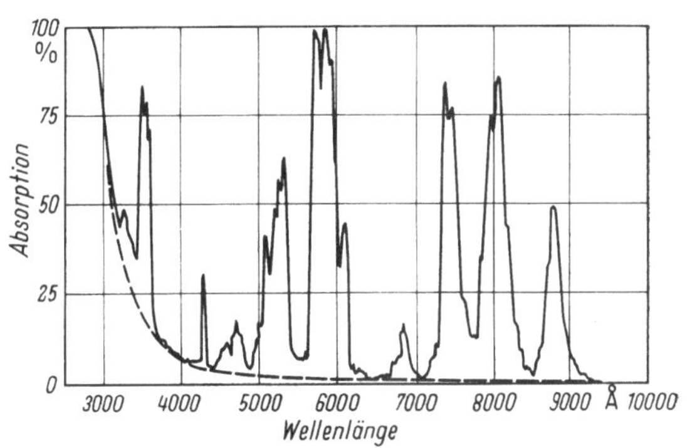

Abb. 5.76. Absorptionsspektrum (300 °K) von Nd^{3+} (5%) in Ba-Kronglas von 5 cm Dicke (nach L. G. DeShazer u. L. G. Komai [221]).

Paarbildung und der verschiedenen Art der Ladungsträgerkompensation spielen dabei eine Rolle [184]. Außerdem können die Uranionen auch in trigonaler anstelle tetragonaler Symmetrie in das Gitter eingebaut werden [185].

Abb. 5.70 gibt das Absorptionsspektrum eines mit 0,1 mol-% U^{3+} dotierten Kristalls [187] an, Abb. 5.71 (S. 192) das Anregungsspektrum für einen mit 0,007 mol-% dotierten Kristall [184]. Das Absorptions- und Emissionsspektrum zwischen 2,0 und 2,7 μm und seine Konzentrationsabhängigkeit ist aus Abb. 5.72 zu entnehmen [184]. Abb. 5.73 (S. 193) zeigt einen Ausschnitt aus dem Termschema des U^{3+} in CaF_2.

Einige Angaben über Absorptions- und Emissionslinien von U^{3+} in BaF_2 und SrF_2 finden sich in [189—190].

Die zweiwertigen Seltenen Erden in CaF_2 und SrF_2 besitzen im Unterschied zu den dreiwertigen eine besonders starke Absorption (praktisch im ganzen sichtbaren Bereich des Spektrums), damit auch einen hohen Pumplichtwirkungsgrad. Bereits bei sehr kleiner Dotierung (üblicherweise 0,01 bis 0,05%) zeigen diese Kristalle eine starke Färbung. In Abb. 5.74 (S. 194) sind die Absorptions- und Anregungsspektren dieser Seltenen Erden in CaF_2 dargestellt [191]. Die Energieniveaus von $CaF_2 : Dy^{2+}$ sind in Abb. 5.75 (S. 195) angegeben [72]. $CaF_2 : Dy^{2+}$ hat eine extrem kleine Fluoreszenzlinienbreite und einen besonders niedrigen Schwellenwert. Die geeignete Wertigkeit des Dy ergibt sich durch γ-Bestrahlung des dotierten Kristalls.

Weitere Spektren oder Termlagen der übrigen zweiwertigen Seltenen Erden in CaF_2 findet man in [72] (Tm^{2+}), [171] (Ho^{2+}), [197] (Sm^{2+}) und [188] (Er^{2+}). Ferner beobachtet man eine Laseremission auch in SrF_2. Spektroskopische Daten siehe [71 und 197] (Sm^{2+}) und [171] (Tm^{2+}).

f) Weitere Lasermaterialien

Als wichtiges Lasermaterial ist noch Neodym-Glas hervorzuheben; der Brechungsindex beträgt z. B. bei dem LG-55-Glas 1,5106. Spektroskopische Angaben findet man in [207, 208, 210, 216, 221]. Das Absorptionsspektrum von Nd^{3+} (5%) in Ba-Kronglas ist in Abb. 5.76 (S. 195) wiedergegeben. Der Quantenwirkungsgrad in diesem Glas beträgt 0,43 für die gesamte Fluoreszenz und 0,26 für die 1,06 μm-Fluoreszenz. Literatur über weitere Lasermaterialien s. Tab. 5.2, S. 201—208.

5.9 Der reale Festkörperlaser mit Materialfehlern und thermischen Störungen

Im wesentlichen sind es zwei Gruppen von Fehlern, die die Laserfunktion eines aktiven Materials beeinträchtigen: (1.) Streuzentren und (2.) makroskopische optische Störungen (optische Weglängenunterschiede), verbunden mit Spannungen im Kristall.

Durch die Streuzentren ergeben sich für die im Laser laufenden Wellen Verluste, was insbesondere den Schwellenwert und die Ausgangsleistung beeinflußt (s. Kap. 5.3.2). Sind die Streuzentren klein und gleichmäßig im Volumen verteilt, so führt ihre Anwesenheit nicht zu einer räumlichen Störung der sich ausbildenden Eigenschwingungen; auch wird der Öffnungswinkel des Laserstrahls nicht wesentlich erhöht. Zum Beispiel zieht man heute Rubinkristalle aus der Schmelze, die einen Strahl mit praktisch beugungsbegrenzter Öffnung liefern. Solche Kristalle können jedoch noch zahlreiche Streuzentren aufweisen, durch welche der Schwellenwert dieser Kristalle (von 2 bis 3 Zoll Länge) um 30—50% über dem von guten *Verneuil-gezogenen Kristallen* liegt. Abb. 5.77 stellt die mikroskopische Aufnahme eines solchen Kristalls dar, der senkrecht zur Stabachse betrachtet wird. An zahlreichen Zentren wird das längs der Achse durch den

Stab geschickte Licht eines Argonlasers aus dem Kristall herausgestreut. Wie interferometrische Aufnahmen zeigen, ist ein solcher Kristall makroskopisch optisch sehr homogen; man findet für die Wege längs der Achse keine nennenswerten optischen Längenunterschiede. Derartige Streuzentren sind allgemein Einschlüsse z. B. von Gas, Tiegelmaterial oder Verunreinigungen, z. T. auch von chemischen Verbindungen, die sich aus den Elementen des Kristalls mit Sauerstoff oder anderen Chemikalien bei der Herstellung bilden [232] (z. B. Einschlüsse von CaO in

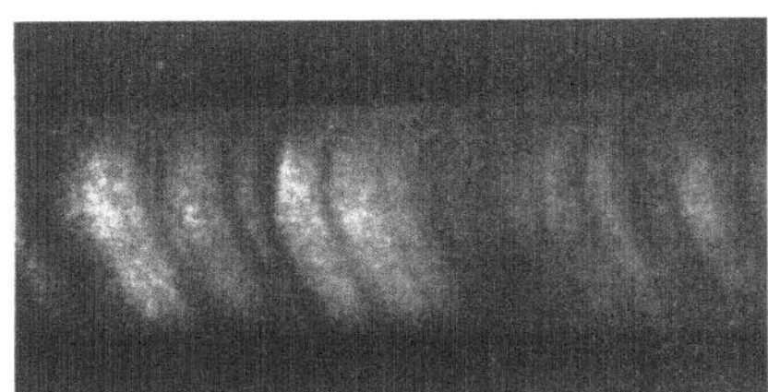

Abb. 5.77. Streuung von Argonlaserlicht längs eines tiegel-gezogenen Rubinkristalls, siebenfache Vergrößerung. Die Aufnahme läßt die Wachstumsfronten erkennen.

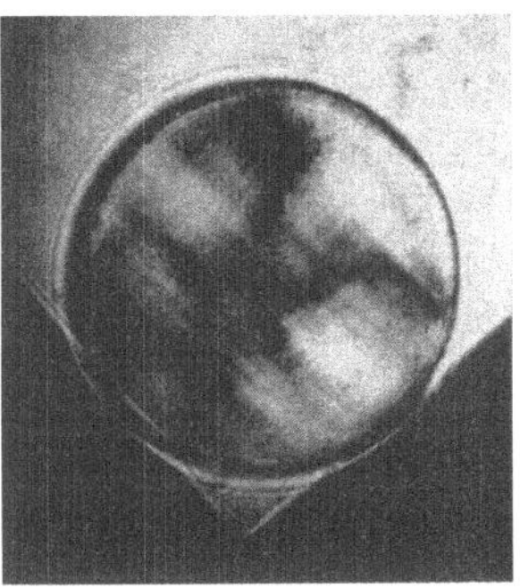

Abb. 5.78. Interferogramm eines guten plan-parallel bearbeiteten *Verneuil-gezogenen Rubinkristalls.*

CaF_2). Auch ergeben sich bei Unstöchiometrie Einschlüsse der überschüssigen Komponente. An diesen Streuzentren hat der Kristall innere Oberflächen, die häufig eben sind und in Winkeln zueinander stehen, die der Gitterstruktur des Kristalls entsprechen. Je nach der Größe der Streuzentren erfolgt daher die Streuung mehr oder weniger in bestimmte Vorzugsrichtungen.

Auch die *Verneuil-gezogenen Rubinkristalle* besitzen Streuzentren, die sich auf den Schwellenwert auswirken können. Bei guten Kristallen ist allerdings die Schwellenüberbesetzung ΔN_0 klein gegen die Besetzung $N_z/2$ an der Inversionsschwelle; Änderungen der Resonatorgüte bzw. der Verluste und damit von ΔN_0 sind daher nur schwer festzustellen [235]. Dagegen besitzen solche Kristalle durchweg starke makroskopische optische Störungen [234]. Ein typisches Inter-ferogramm eines guten planparallel bearbeiteten *Verneuil-gezogenen Rubinkristalls* zeigt Abb. 5.78. Solche Störungen auf Grund von Spannungen stellen eine starke Verformung des Laserresonators dar. Dementsprechend können sich keine gut definierten Eigenschwingungen ausbilden, und der Öffnungswinkel des Laserstrahls ist größer als es der Resonatortheorie bzw. den Beugungsgesetzen entspricht [231, 233]. Das Ziel muß also die Züchtung von Kristallen sein, die sehr wenig Streuzentren und dabei eine makroskopische optische Homogenität wie die aus der Schmelze gezogenen Rubin- oder Yttrium-Aluminium-Granat-Kristalle (YAG besitzen.

Mit solchen YAG-Kristallen kann man, wie Abb. 5.56 zeigt, heute schon im Dauerbetrieb arbeitende Laser mit einer praktisch idealen Emission bauen. Im Impulsbetrieb genügt jedoch eine gute Kristallqualität nicht für ein entsprechend ideales Emissionsverhalten. In diesem Fall befindet sich der Laser nicht im thermischen Gleichgewicht, und es treten Störungen durch die thermische Belastung auf. Diese bestehen in einer mechanischen Deformation und in optischen Weglängenänderungen auf Grund von Brechungsindexänderungen mit der Temperatur [237—240].

Wenn die Schwerpunktslinie der Pumplichteinstrahlung nicht in der Achse des Kristalls liegt, ergibt sich eine Verbiegung des Stabes und damit beim planparallel geschliffenen Kristall bzw. Glas eine Neigung der Endflächen zueinander. Auch wenn der Kristall geeignet im Reflektor justiert ist, ergibt sich eine inhomogene Erwärmung. Es erfolgt eine Konzentration des Pumplichts und der Erwärmung auf die Stabmitte [236, 259, 260]. Bei dünnen und langen Kristallen (eventuell mit Saphirenden) folgt daraus keine merkliche mechanische Änderung der Krümmung der Endflächen. Trotzdem wird auf Grund der Änderung des Brechungsindex mit der Temperatur der optische Weg auf der Kristallachse relativ zum Rand größer. Bei Temperaturunterschieden von wenigen Grad erhält man auf diese Weise je nach den Kristallabmessungen effektive Krümmungen der vorher planparallelen Spiegel, die einem Krümmungsradius von größenordnungsmäßig 1 m entsprechen. — Die auftretenden Effekte lassen sich aus der Kenntnis der zugehörigen Koeffizienten abschätzen; z. B. ist für Rubin

$$\alpha_{n\perp} = \frac{dn_\perp}{dT} = 12{,}6 \cdot 10^{-6}/°\text{C} \qquad (\text{s. [241]})$$

$$\alpha_{n\|} = 17{,}6 \cdot 10^{-6}/°\text{C} \qquad (\text{s. [242]})$$

ferner

$$\alpha_{l\perp} = \frac{1}{l}\frac{dl}{dT} = 5{,}0 \cdot 10^{-6}/°\text{C} \qquad (\text{s. [151]})$$

und

$$\alpha_{l\|} = 6{,}66 \cdot 10^{-6}/°\text{C} \qquad (\text{s. [151]}).$$

Für Neodymglas gilt

$$\alpha_l = 10{,}3 \cdot 10^{-6}/°\text{C} \qquad (\text{s. [240]}).$$

Rubin besitzt außerdem eine besonders große Wärmeleitfähigkeit [151]. In [151] ist ferner die Abhängigkeit der spezifischen Wärme von der Temperatur angegeben. Die beschriebenen thermischen Effekte sind weniger ausgeprägt, wenn man nicht mit einem abbildenden Reflektor sondern einer Wendellampe (Kap. 5.1.3) arbeitet und die fokussierende Wirkung des Stabes (Kap. 5.1.5) durch Verwendung einer angepaßten Immersionsflüssigkeit aufhebt.

5.10 Flüssigkeitslaser

Der wesentliche Unterschied zwischen dem seit einiger Zeit bekannten Flüssigkeitslaser und dem Festkörperlaser liegt nicht in dem Aggregatzustand des Lösungsmittels sondern in der Tatsache, daß die laseraktiven Atome in bestimmte komplexe organische Verbindungen eingebaut sind und daß die Verwendbarkeit für Laserzwecke auf den Eigenschaften des ganzen Moleküls beruht. Der Übergang zum Festkörperlaser ist stetig, wenn man das Lösungsmittel kühlt und die Lösung dabei in eine glasartige feste Struktur überführt. Ferner kann man diese Verbindungen auch in eine Kunststoffmatrix einbauen.

Als aktive Moleküle für Flüssigkeitslaser sind eine Anzahl Chelatverbindungen mit den Seltenen Erden Europium und Terbium bekannt, [245—249] bzw. [250 bis 252]. Eine Zusammenstellung der Chelate ist in [243] wiedergegeben. Die Verbindungen dieser Chelate z. B. mit Europium lassen sich in zwei Gruppen einteilen, die durch die Formeln $Eu(X)_3$ und $Eu(X)_4Y$ beschrieben werden. Es treten also entweder drei oder vier Chelationen als einwertige Liganden zu dem dreiwertigen Europium hinzu. Im Fall der Verbindung $Eu(X)_4Y$ ist dem Komplex $[Eu(X_4)^-]$ noch ein positiv einwertiges Ion (Y^+) angelagert (z. B. Piperidin). Beide Arten von Verbindungen eignen sich für Laserzwecke, jedoch sind bei den Verbindungen mit vier Chelationen die optischen Eigenschaften günstiger (größere Intensität in der Fluoreszenz, kleinerer Schwellenwert). Als Lösungsmittel kommen Methanol, Äthanol, eventuell gemischt mit Dimethylformamid (DMF) sowie Acetonitril in Frage; üblich sind Konzentrationen von 0,01 Mol/Liter.

Charakteristisch für diese Verbindungen ist eine sehr starke Absorption auf einigen Linien im Sichtbaren sowie bei $\lambda < 0{,}4$ µm, so daß das Licht dieser Wellenlängen bereits in einer sehr dünnen Schicht der Lösung absorbiert wird. Wirksam zum Anregen der inneren Flüssigkeitszonen ist vor allem der Ausläufer der kurzwelligen Absorptionsbande [244] oberhalb 0,4 µm. Die Energie wird fast ausschließlich von den Chelat-Ionen absorbiert und dann auf das Europium-Ion übertragen. Für die Emission ist dann das Europium-Ion maßgebend. In Abb. 5.79 sind die Termschemata des Chelats Hexafluoroacetylacetonat (HFA) und des Eu^{3+} wiedergegeben [253].

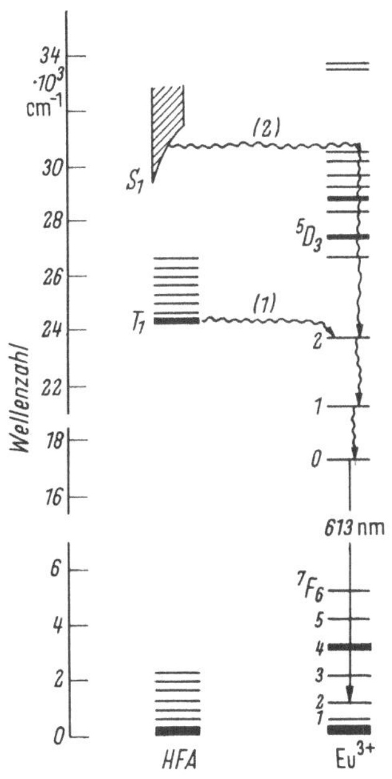

Abb. 5.79. Termschema des Chelats Hexafluoroacetylacetonat (HFA) und des Europiums [Eu^{3+}] (nach M. L. BHAUMIK et al. [253]).

Zwei Möglichkeiten der Energieübertragung sind eingezeichnet: Erstens kann bei Anregung in den Singulett-Zustand des HFA zunächst innerhalb des organischen Molekülteils eine Umbesetzung und Anregung des tieferliegenden Triplett-Zustands erfolgen; dann wird die Energie auf den $^5D_3$-Zustand des Europiums übertragen. Die andere Möglichkeit (2) ist eine direkte Energieübertragung vom Singulett-Zustand des HFA auf eine der verschiedenen Europium-Terme in gleicher Höhe. In beiden Fällen wird dann durch Umbesetzung innerhalb des Europiums der $^5D_0$-Term als Ausgangsterm für den Laserübergang angeregt (Endterm $^7F_2$). Offenbar spielen beide Übertragungsmechanismen eine Rolle, davon hat jedoch die Anregung über den Triplett-Zustand des HFA eine größere Wahrscheinlichkeit.

Unter den Europium-Chelat-Komplexen hat sich als besonders günstig für Laserzwecke der $[Eu(BTF)_1^-]$-Komplex erwiesen, der in Verbindung mit 14 verschiedenen organischen Kationen bei Lösung in Acetronil als Flüssigkeitslaser eingesetzt werden kann [254]. Bei Verwendung von Pyrrolidin oder Piperidin [255] bzw. [256] als Kation ergeben sich besonders niedrige Schwellenwerte, und der Flüssigkeitslaser kann bei Zimmertemperatur betrieben werden. Abb. 5.80 zeigt die Abhängigkeit des Schwellenwertes von Eu(BTF)H Pyrr (Pyrr für

Pyrrolidin) von der Temperatur, Abb. 5.81 die Abhängigkeit von der Konzentration [255].

Die Emission dieses Lasers liegt bei 6118 Å. — Als Reflektor verwendet man im allgemeinen ein Zylinderellipsoid. Die Laserflüssigkeit befindet sich in einer Kapillare von 1—4 mm Durchmesser; die Kapillare kann gekühlt werden und ist

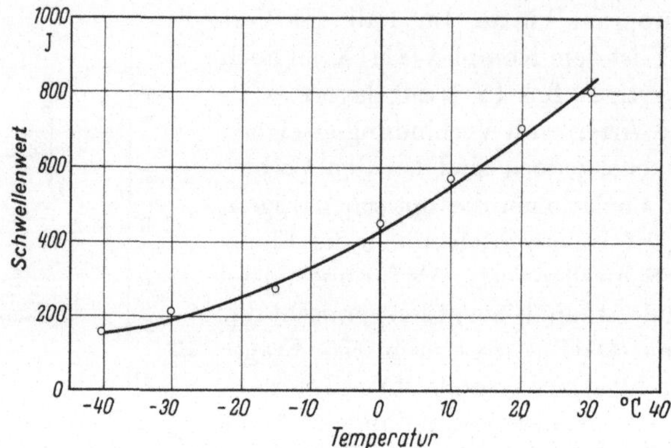

Abb. 5.80. Schwellenwert des Chelat-Flüssigkeitslasers mit Eu(BTF)H Pyrr (gelöst in Acetonitril) in Abhängigkeit von der Temperatur (nach E. J. SCHIMITSCHEK et al. [255]).

außerdem von einem UV-Filterrohr umgeben [257]. Bei EuB_4P (P für Piperidin) liegt die Wellenlänge bei 6130 Å. Die Lebensdauer der angeregten Zustände ($\tau_l = 0,5$ ms) unterscheidet sich von der für die strahlenden Übergänge ($\tau_R = 1,3$ ms) um den Faktor 2,6 [243]. Die Lebensdauer ist also relativ groß und die Emission besteht aus einer (zum Teil regelmäßigen [234]) Folge von Emissionsimpulsen.

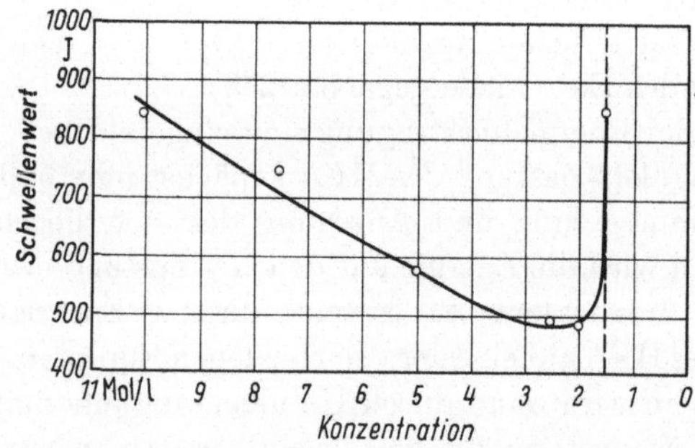

Abb. 5.81. Schwellenwert des Chelat-Flüssigkeitslasers mit Eu(BTF)H Pyrr in Abhängigkeit von der Konzentration (nach E. J. SCHIMITSCHEK et al. [255]).

Außer diesen auf organischer Basis aufgebauten Flüssigkeitslasern gibt es neuerdings auch den Flüssigkeitslaser mit Neodym in Selenoxychlorid [229, 230]. Dieser hat einen kleinen Schwellenwert, eine hohe Ausgangsleistung und er kann ohne Schwierigkeiten bei Zimmertemperatur betrieben werden. Neben diesen sehr günstigen Eigenschaften ist als Nachteil die starke Abhängigkeit des Brechungsindex von der Temperatur zu nennen.

Tabelle 5.2 *Werkstoffe und Daten von Festkörperlasern*

Lasermaterial	Temperatur °K	Wellenlänge μm	Lebensdauer der angeregten Zustände ms	Linienbreite der spontanen Emission cm^{-1}	Schwellenwert	Literatur
Rubin, Al$_2$O$_3$:Cr^{3+}	77	0,6934 (R_1)	4,2	0,17 (R_{1b})	2 J (EL, Hg)[1] 800 W (EL, Hg)[1]	[55, 154, 53]
	300	0,6943 (R_1)	3,0	12	3 J (EL, Hg)[1] 1200 W (EL, Hg)[1]	[153, 156, 51]
	300	0,6929 (R_2)	3,0	10	1,5 × R_1-Schwelle	[159, 162, 163]
	77	0,7009 (für Chrompaare)			} 2450 J (WE, Xe)	[160, 161]
	77	0,7041 (für Chrompaare)				
Granat, Y$_3$Al$_5$O$_{12}$:Nd^{3+}	77	1,0612	0,20 (3% Nd)	1,2		[166]
	300	1,0648	0,20 (3% Nd)	6,5	2 J (WE, Xe) 200 W (EL, Wo)	[166]
: Nd^{3+}(:1% Cr^{3+})	77	1,061	0,23 (1,3% Nd)		180 W (SP, Hg)	[167]
	300	1,065	0,21 (1,3% Nd)		2,1 J (SP, Xe) 750 W (SP, Hg)	[167]
:Tm^{3+}	77	1,8834	15		590 J (WE, Xe)	
		2,0132			208 J (WE, Xe) 315 W (EL, Wo)	[168]
:Tm^{3+}(:0,5% Cr^{3+})	77	2,0132			30 J (WE, Xe) 160 W (EL, Wo)	[168]
	295	2,019			640 J (WE, Xe)	[168]
:Ho^{3+}	77	2,0975	} 4		44 J (WE, Xe)	[168]
		2,0914			1760 J (WE, Xe)	
		2,1223			410 J (WE, Xe)	

[1]) Die angegebenen Impulsschwellenwerte für Rubin sind Minimalwerte, gemessen mit dünnen 2 Zoll-Kristallen (3 mm Durchmesser) und Quecksilberlampen. Für 2 Zoll-Kristalle mit 5 mm Durchmesser bei Verwendung von Xenonlampen ergeben sich in günstigen Anordnungen Schwellenwerte von 25 J. Die Konzentrationen sind in der Tabelle in Atomprozent bzw. Molprozent angegeben, sofern nicht anders vermerkt.

Tabelle 5.2 (Fortsetzung)

Lasermaterial	Temperatur °K	Wellenlänge μm	Lebensdauer der angeregten Zustände ms	Linienbreite der spotanen Emission cm⁻¹	Schwellenwert	Literatur
$Granat:Ho^{3+}(:0,5\%\ Cr^{3+})$	77	2,0975	} 4		25 J (WE, Xe) 210 W (EL, Wo)	[168]
		2,1223			25 J (WE, Xe) 250 W (EL, Wo)	
$:Yb^{3+}$	77	1,0296			325 J (WE, Xe)	[168]
$:Er^{3+}$	77	1,6602	} 15		80 J (WE, Xe)	[168]
		1,6452			470 J [WE, Xe)	
$Er_{1,48}Y_{1,5}Al_5O_{12}:Tm^{3+}$	77	1,880	} 15		264 J (WE, Xe)	[168]
		1,884			180 J (WE, Xe)	
		2,014			170 J (WE, Xe) 520 W (EL, Wo)	
$:Ho^{3+}$	77	2,0917	} 4		390 J (WE, Xe)	[168]
		2,0979			11 J (WE, Xe)	
		2,123			3800 J (WE, Xe) 47 W (EL, Wo)	
$Y_{1,25}Er_{1,5}Tm_{0,2}Al_5O_{12}:Ho_{0,05}$	77	2,0982	4			[149]
	85	2,1227	4		30 W (EL, Wo)	[149]
	295	2,1288	4		1240 J (WE, Xe)	[149]
$Y_3Ga_5O_{12}:Nd^{3+}$	77		≈ 0,2	≈ 1		[166]
	300	1,0633	≈ 0,2	6,5	250 J (WE, Xe)	
$Gd_3Ga_5O_{12}:Nd^{3+}$	77		≈ 0,2	≈ 2		[166]
	300	1,0633	≈ 0,2	8,0	350 J (WE, Xe)	
$CaWO_4:Nd^{3+}(:Na^+)$	77	1,0576	0,12...0,17	6	80 J (WE, Xe)	[171]
		1,0633	steigend mit	5	14 J (WE, Xe)	[171]
		1,0641	abnehmender	5	7 J (WE, Xe)	[169, 171]
		1,0650	Konzentration	6	1,5 J (WE, Xe) 400 W (EL, Hg)	[146, 169, 171]
		1,066		5	6 J (WE, Xe)	[169, 171]

Tabelle 5.2 (Fortsetzung)

Lasermaterial	Temperatur °K	Wellenlänge μm	Lebensdauer der angeregten Zustände ms	Linienbreite der spontanen Emission cm^{-1}	Schwellenwert	Literatur
$CaWO_4:Nd^{3+}(:Na^+)$	295	1,0582	0,15	≈ 20	2 J (WE, Xe)	[146, 171]
					500 W (EL, Hg)	
		1,0652		≈ 16	3 J (WE, Xe)	[169, 171]
	77	0,9145		15	4,6 J (WE, Xe)	[176]
	77	1,3372		6,4	2,1 J (WE, Xe)	
		1,345		6,9	7,6 J (WE, Xe)	[176]
		1,387			780 J (WE, Xe)	
	295	1,3392		≈ 50	3,6 J (WE, Xe)	[176]
$:Nd^{3+}(:Nb^{5+})$	77	1,0593		≈ 10	3,6 J (WE, Xe)	
		1,0598			2,6 J (WE, Xe)	[169]
		1,0647			1,4 J (WE, Xe)	
	295	1,0583			5 J (WE, Xe)	[169]
		1,0602			15 J (WE, Xe)	
$Na_{0,5}Gd_{0,5-x}Nd_xWO_4$ $x = 0,01 \dots 0,5$	77	1,06	0,005 … 0,19 Abnahme mit steigendem x		10 J (SP, Xe) für $x = 0,1$	[177]
$CaWO_4:Pr^{3+}$	78	1,0468	0,05		20 J (WE, Xe)	[57]
$:Er^{3+}$	77	1,612			800 J (WE, Xe)	[173]
$:Tm^{3+}$	77	1,911			60 J (WE, Xe)	[178, 171]
		1,916			73 J (WE, Xe)	
$:Ho^{3+}$	77	2,092			260 J (WE, Xe)	[74, 171]
$CaMoO_4:Nd^{3+}$	77	1,067	0,12 … 0,14		100 J (WE, Xe)	[171, 175]
	295	1,0673			160 J (WE, Xe)	[171]
	300	1,061	0,13		1200 W (EL, Hg)	[175]
$:Tm^{3+}(:Er^{3+})$	77	1,906			19 J (WE, Xe)	[174]
		1,9115			20 J (WE, Xe)	

Tabelle 5.2 (Fortsetzung)

Lasermaterial	Temperatur K°	Wellenlänge μm	Lebensdauer der angeregten Zustände ms	Linienbreite der spontanen Emission cm^{-1}	Schwellenwert	Literatur
$CaMoO_4 : Ho^{3+}(:Er^{3+})$	77	2,0556			107 J (WE, Xe)	
		2,0707			170 J (WE, Xe)	[174]
		2,0740			310 J (WE, Xe)	
$SrWO_4 : Nd^{3+}$	77	1,0574			4,7 J (WE, Xe)	
		1,0607			5,1 J (WE, Xe)	[171]
		1,0627			7,6 J (WE, Xe)	
	295	1,063			180 J (WE, Xe)	[171]
$SrMoO_4 : Nd^{3+}$	77	1,059			150 J (WE, Xe)	
		1,0611			500 J (WE, Xe)	
		1,0627			170 J (WE, Xe)	[171]
		1,0640		3	17 J (WE, Xe)	[180]
		1,0652			70 J (WE, Xe)	
	295	1,0576			45 J (WE, Xe)	[171]
		1,0643		15	125 J (WE, Xe)	[180]
$: Pr^{3+}$	77	1,04				[150a]
$PbMoO_4 : Nd^{3+}$	295	1,0586			60 J (WE, Xe)	[171]
$Ca(NbO_3)_2 : Nd^{3+}$	77	1,060	0,12		2 J (WE, Xe)	[181]
$: Ho^{3+}$	77	2,047	2,2		90 J (WE, Xe)	[181]
$: Pr^{3+}$	77	1,04			20 J (WE, Xe)	[181]
$: Er^{3+}$	77	1,61			800 J (WE, Xe)	[181]
$: Tm^{3+}$	77	1,91			125 J (WE, Xe)	[181]
$CaF_2 : Nd^{3+}$	77	1,0457			60 J (WE, Xe)	[171, 182]
	300	1,047			190 J (WE, Xe)	[183]
$: Ho^{3+}$	77	2,092			260 J (WE, Xe)	[171]
$: Er^{3+}$	77	1,617	20		1000 J (WE, Xe)	[188]

Tabelle 5.2 (Fortsetzung)

Lasermaterial	Temperatur °K	Wellenlänge μm	Lebensdauer der angeregten Zustände ms	Linienbreite der spontanen Emission cm^{-1}	Schwellenwert	Literatur
$CaF_2:U^{3+}$	20	2,613	0,13		2 J (WE, Xe)	[187]
	77	2,613	0,13		3,8 J (WE, Xe) 1200 W (EL, Hg)	[187]
	90	2,613	0,095		4,4 J (WE, Xe)	[187]
	300	2,613	< 0,015		1200 J (WE, Xe)	[187]
	77	2,24			Puls, Xe	[185]
	77	2,510			Puls, Xe	[184]
		2,571			Puls, Xe	[184]
		2,611			Puls, Xe; Kont., Hg	[184]
	300	2,57			Puls, Xe	[184]
$SrF_2:Tm^{3+}$	77	1,918			1600 J (WE, Xe)	[171]
	77	1,972				
$:U^{3+}$	20	2,407	0,110		8 J (WE, Xe)	
	77	2,407	0,080		32 J (WE, Xe)	[190]
	90	2,407	0,060		38 J (WE, Xe)	
	300	2,407			2000 J (WE, Xe)	
$BaF_2:U^{3+}$	20	2,556	0,15		12 J (WE, Xe)	[189]
$CaF_2:Dy^{2+}$	4	2,360		< 0,03		[72, 192]
	77	2,360	1—16 steigend mit abnehmender Dotierung	< 0,1	15 W (EL, Wo)	[193, 194]
$CaF_2:Tm^{2+}$	4	1,116	4	< 0,03	50 J (SP, Xe) 600 W (SP, Xe)	[195, 196]
	27	1,1153	4	< 0,03	1000 W (EL, Hg)	[72, 73]
	77	1,1153			800 J (WE, Xe)	[171]
$CaF_2:Ho^{2+}$	77	2,092			260 J (WE, Xe)	[171]

Tabelle 5.2 (Fortsetzung)

Lasermaterial	Temperatur °K	Wellenlänge μm	Lebensdauer der angeregten Zustände ms	Linienbreite der spontanen Emission cm^{-1}	Schwellenwert	Literatur
$CaF_2:Sm^{2+}$	4,2	0,7085	0,002	0,6	0,01 J (WE, Xe)	[197]
	20	0,7085	0,002	1,1		[198, 199]
$MgF_2:Ni^{2+}$	20	1,6223[1) $\pm$ 0,0009			(WE, Xe)	[202]
	77	1,6234[1) $\pm$ 0,0006	10		(WE, Xe)	[202]
$:Co^{2+}$ (1%)	77	1,993 [1) $\pm$ 0,010			(WE, Xe)	[203]
	77	2,053 [1) $\pm$ 0,008			(WE, Xe)	[203]
	77	1,750 [2)			(WE, Xe)	[203]
	77	1,8034[2)			(WE, Xe)	[203]
$ZnF_2:Co^{2+}$ (1%)	77	2,165 [1) $\pm$ 0,011			(WE, Xe)	[203]
$LaF_3:Pr^{3+}$ (1%)	77	0,5985			60 J (EL, Xe)	[204]
$:Nd^{3+}$	77	1,0631			93 J (WE, Xe)	[171]
		1,0399			75 J (WE, Xe)	
	295	1,0633			150 J (WE, Xe)	[171]
$CeF_3:Nd^{3+}$ (0,1%)	90	1,0638	0,225	9	41 J (SP, Xe)	[205]
$Glas:Nd^{3+}$ (0,5…8 Gew.-%)	300	$\approx$ 1,06	0,06…0,8 je nach Glasart	$\approx$ 300	5 J (EL, Xe) 1370 W (SP, Hg)	[210, 206, 207] [208, 4, 143]
$Na–Ca–Al\text{-}Silicatglas:Nd^{3+}$ (6 Gew.-%)	80	0,918			700 J (Xe)	[209, 212]

[1) Übergänge in Satellitenterme. Der weitere Übergang in den Endterm geschieht strahlungslos (Phononenerzeugung).

[2) Diese Linien entsprechen einem Übergang zwischen zwei Elektronenzuständen. Sie treten bei Verwendung selektiver Spiegel auf.

Tabelle 5.2 (Fortsetzung)

Lasermaterial	Temperatur °K	Wellenlänge µm	Lebensdauer der angeregten Zustände ms	Linienbreite der spontanen Emission cm^{-1}	Schwellenwert	Literatur
La–Ba–Th-Boratglas:Nd^{3+} (1 Gew.-%)	300	1,37 [1]			625 J (Xe)	[211, 207]
Ca–Li-Boratglas:Nd^{3+}	300	1,401	0,04		(WE, Xe)	[212]
Mg–Li–Al-Silicatglas :Gd^{3+} (3,2 Gew.-%)	300	0,313	3,8		400 J (WE, Xe)	[213]
:Ho^{3+} (3,4 Gew.-%)	77	1,95	0,7		3600 J (WE, Xe)	[214]
:Yb^{3+} (4,2 Gew.-%)	77	1,015	1,45		1300 J (WE, Xe)	[215]
Ca–Li-Boratglas :Yb^{3+} (3,1 Gew.-%)	77	1,018	0,88	≈ 500	260 J (WE, Xe)	[216, 218]
Mg–Li–Al-Silicatglas :Yb^{3+} (1%):Nd^{3+} (1%)	77	1,015 + 1,06				[217]
Ca–Li-Boratglas :Yb^{3+} (0,5%):Nd^{3+} (0,5%)	77	1,018	0,88	≈ 500	100 J (WE, Xe)	[216, 218]
K–Na–Ba-Silicatglas :Er^{3+}:Yb^{3+} (0,25 Gew.-% Er_2O_3 und Yb_2O_3)	300	1,5426	14		700 J (WE, Xe)	[219, 220]
SiO_2 (Glas) : Si III / Si II		0,2542 / 0,3856 / 0,4128 / 0,4131				[222]

[1] Bei Verwendung selektiver Spiegel.

Tabelle 5.2 (Fortsetzung)

Lasermaterial	Temperatur °K	Wellenlänge µm	Lebensdauer der angeregten Zustände ms	Linienbreite der spontanen Emission cm^{-1}	Schwellenwert	Literatur
$Y_2O_3:Nd^{3+}$ (1%)	77	1,073	0,26	3,8	260 J (Xe)	[223]
		1,078	0,26	3,8	350 J (Xe)	
: Eu^{3+} (5%)	223	0,6113	0,87	17	85 J (SP, Xe)	[224]
$Gd_2O_3:Nd^{3+}$	77	1,0776	0,12	8	(EL, Xe)	[225]
		1,0789	0,12	8	(EL, Xe)	
	300	1,0741	0,12	25	36 J (EL, Xe)	[225]
		1,0789	0,12	25	9 J (EL, Xe)	
$Er_2O_3:Tm^{3+}$ (0,5%)	77	1,934	2,9		3 J (Xe) Dauerbetrieb mit 500 W–Jod–Wo-Lampen	[226]
Exzitonen in KBr	77	0,3150	$\approx 10^{-3}$	3000	30 W (WE, Xe)	[227]
F_A(Li)-Zentren in KCl	70	2,72	$8 \cdot 10^{-5}$		20 J (EL, Xe)	
	210	2,7			20 J (El, Xe)	[228]
Chelatlaser (X = Chelation) EuX_3	100	0,6129	0,55	24	1000 J (WE, Xe)	[244, 247]
Lösungsmittel: Methylalkohol, Äthylalkohol, eventuell mit Dimethylformamid	140	0,6129 (0,6121 0,6130)	0,55	24	1700 J (WE, Xe)	[258, 249]
Kunststoffmatrix						
EuX_4Y	230	0,6118			150 J (EL, Xe)	[243, 246]
(Y = Organisches Kation)	300	0,6118		100	800 J (EL, Xe)	[254, 255]
Lösungsmittel: Acetonitril	300	0,6119		100	1700 J (WE, Xe)	[256]
Tb X_3 in Kunststoffmatrix	77	0,5450	0,7	180	400 J (WE, Xe)	[252...254]
Anorganischer Flüssigkeitslaser $SeOCl_2:Nd^{3+}$ (0,5 N)	300	1,056			5J (SP, Xe)	[229, 230]

Literatur zu Kapitel 5

[1] KISS, Z. J., H. R. LEWIS u. R. C. DUNCAN JR.: Sun pumped continuous optical maser. Appl. Phys. Letters 2, 5 (1963) 93—94.

[2] KAMINSKII, A. A., L. S. KORNIENKO u. A. M. PROKHOROV: Continuous solar laser using Dy^{2+} in CaF_2. Sov. Phys. Dokl. 10, 4 (1965) 334—335.

[3] KECK, P. H., J. J. REDMANN, C. E. WHITE u. R. E. DeKINDER JR.: A new condenser for a sun-powered continuous laser. Appl. Opt. 2, 8 (1963) 827—831.

[4] YOUNG, C. G.: Continuous glass laser. Appl. Phys. Letters 2, 8 (1963) 151—152.

[5] SIMPSON, G. R.: Continuous sun-pumped room temperature glass laser operation. Appl. Opt. 3, 6 (1964) 783—784.

[6] SIMPSON, G. R.: Optical Design for sun-pumping a cw optical maser. J. Opt. Soc. Am. 52, 5 (1962) 595.

[7] KEYES, R. J., u. T. M. QUIST: Injection luminescent pumping of CaF_2: U^{3+} with GaAs diode lasers. Appl. Phys. Letters 4, 3 (1964) 50—52.

[8] OCHS, S. A., u. J. I. PANKOVE: Injection-luminescence pumping of a CaF_2: Dy^{2+} laser. Proc. of the IEEE 52, 6 (1964) 713—714.

[9] YOUNG, C. G.: A sun-pumped cw one-watt laser. Appl. Opt. 5, 6 (1966) 993—997.

[10] MAIMAN, T. H.: Stimulated optical radiation in ruby. Nature 187, 4749 (1960) 493—494.

[11] NELSON, D. F., u. W. S. BOYLE: A continuously operating ruby laser. Appl. Opt. Suppl. 1 (1962) 99—102.

[12] DANUE, V., C. A. SACCHI u. O. SVELTO: Pump energy absorbed by a ruby rod in an elliptical cylinder. Alta Frequenza 33, 11 (1964) 758—759.

[13] BOWNESS, C., u. D. V. MISSIO: On the efficiency of single and multiple elliptical laser cavities. Appl. Opt. 4, 1 (1965) 103—107.

[14] RÖSS, D.: Die abbildende Beleuchtung optischer Molekularverstärker in elliptischen Spiegeln. Frequenz 16, 11 (1962) 423—428.

[15] SCHULDT, S. B., u. R. L. AAGARD: An analysis of radiation transfer by means of elliptical cylinder reflectors. Appl. Opt. 2, 5 (1963) 509—513.

[16] ACKERMANN, J. A.: Optimization of the parameters of multi-elliptical laser head configurations. Proc. IEEE 51, 7 (1963) 1032—1033.

[17] SCHULDT, S. B., u. R. L. AAGARD: An analysis of radiation transfer by means of elliptical cylinder reflectors. Appl. Opt. 2, 5 (1963) 509—513.

[18] CIFTAN, M., C. F. LUCK, C. G. SHAFER u. H. STATZ: A ruby laser with an elliptic configuration. Proc. IRE 49, 5 (1961) 960—961.

[19] MOONEY, C. S.: Laser pumping using an ellipsoid reflector. U.S. Patent 3238470, 5. April 1962.

[20] RÖSS, D.: Exfocal pumping of optical masers in elliptical mirrors. Appl. Opt. 3, 2 (1964) 259—265.

[21] SVELTO, O., u. M. DIDOMENICO JR.: High-index-of-refraction spherical sheath composite-rod optical masers. Appl. Opt. 2, 4 (1963) 431—440.

[22] McKENNA, J.: The focusing of light by a dielectric rod. Appl. Opt. 2, 3 (1963) 303—310.

[23] COOKE, CHARLIE H., J. McKENNA u. J. G. SKINNER: Distribution of absorbed power in a side-pumped ruby rod. Appl. Opt. 3, 8 (1964) 957—961.

[24] SKINNER, J. G.: Pumping energy distribution in ruby rods. Appl. Opt. 3, 8 (1964) 963 bis 966.

[25] DEVLIN, G. E., J. McKENNA, A. D. MAY u. A. L. SCHAWLOW: Composite rod optical masers. Appl. Opt. 1, 1 (1962) 11—16.

[26] SVELTO, O.: Pumping power considerations in an optical maser. Appl. Opt. 1, 6 (1962) 745—751.

[27] SOOY, W. R., u. M. L. STITCH: Energy density distribution in a polished cylinder of laser material. J. Appl. Phys. 34, 6 (1963) 1719—1723.

[28] KECK, P. H., J. J. REDMANN, C. E. WHITE u. D. E. BOWEN: Performance of a continuous-wave neodymium laser. Appl. Opt. 2, 8 (1963) 833—837.

[29] BOYLE, W. S., u. D. F. NELSON: Continuously pumped solid state optical masers. AGARDograph 71, "Light and Heat Sensing", London/Paris: Pergamon Press 1963, 199—206.

[30] Gürs, K.: Das Schwingungsverhalten von optischen Rubin-Masern mit großem Spiegel-abstand. Z. Naturf. 17a (1962) 990—993.

[31] Gürs, K.: Relaxationsschwingungen in der Emission optischer Maser mit Neodym in Calciumwolframat. Z. Naturf. 18a (1963) 418—420.

[32] Gürs, K.: Relaxationsschwingungen in der Emission optischer Rubin-Maser unter ver-schiedenen Arbeitsbedingungen. Z. Naturf. 18a (1963) 510—515.

[33] Gürs, K.: Beats and modulation in optical ruby-masers. Proc. Int. Symp. on Quantum Electronics, Paris Febr. 1963, Paris: Dunod 1964, 1113—1119.

[34] Shimizu, Tadao, Fujio Shimizu, Minato Kawaguti u. Koichi Shimoda: A ruby laser with external mirrors of large spacing. Japan J. Appl. Phys. 4, 6 (1965) 445 bis 451.

[35] Pole, R. V.: Conjugate-concentric laser resonator. J. Opt. Soc. Am. 55, 3 (1965) 254 bis 260.

[36] Pole, R. V., u. H. Wieder: Continuous operation of a ruby laser during pumping pulse. Appl. Opt. 3, 9 (1964) 1086—1087.

[37] Gürs, K.: Ein kontinuierlicher wassergekühlter Rubinlaser. Phys. Letters 16, 2 (1965) 125—127.

[38] Birnbaum, M., u. T. L. Stocker: Mode selection properties of segmented-rod lasers. J. Appl. Phys. 34, 11 (1963) 3414—3415.

[39] Pratesi, R., G. Toraldo di Francia u. L. Ronchi: Many-element lasers. Nuovo Cim. 34, 1 (1964) 40—50.

[40] Pratesi, R. u. G. Toraldo di Francia: Many-element lasers. Proc. of the Intern. Symp. on Laser-Phys. and Appl. Z. angew. Math. u. Phys. 16, 1 (1965) 68—71.

[41] Birnbaum, M., u. T. L. Stocker: Mode selection properties of segmented-rod giant pulse lasers. J. Appl. Phys. 37, 2 (1966) 531—534.

[42] Garrett, C. G. B., W. Kaiser u. W. L. Bond: Stimulated emission into optical whis-pering modes of spheres. Phys. Rev. 124, 6 (1961) 1807—1809.

[43] Nelson, D. F., u. R. J. Collins: The polarisation of the output from a ruby optical maser. Advances in Quantum Electronics, ed. by J. Singer. New York: Columbia University Press 1961, 79—83.

[44] Walsh, P., u. G. Kemmeny: Laser operation without spikes in a ruby ring. J. Appl. Phys. 34, 4, Part I (1963) 956—957.

[45] Röss, D.: Toroidal ruby lasers. Proc. IEEE 51, 3 (1963) 468—469.

[46] Giordmaine, J. A., u. W. Kaiser: Mode-selecting prism reflectors for optical masers. J. Appl. Phys. 35, 12 (1964) 3446—3451.

[47] Manger, H.: Quasi-continuous operation of a $CaWO_4$: Nd^{3+} maser using long duration pumping pulses. Proc. IEEE 53, 1 (1965) 83—84.

[48] Jackson, D. A., u. K. Narahari Rao: Resolving power in the near infrared of the fabry-perot interferometer with gold and with silver coatings. J. Opt. Soc. Am. 53, 5 (1963) 558—567.

[49] Greene, R. L., J. L. Emmett u. A. L. Schawlow: Effect of ultraviolett pumping on ruby laser output. Appl. Opt. 5, 2 (1966) 350—351.

[50] Aagard, R. L.: Losses in a pulsed ruby laser. J. Opt. Soc. Am. 53, 8 (1963) 911—914.

[51] Nelson, D. F., u. J. P. Remeika: Laser action in a flux-grown ruby. J. Appl. Phys. 35, 3 (1964) 522—529.

[52] Gürs, K.: Solid state lasers with cw emission. Proc. Intern. Symp. on Laser Physics and Appl.. J. Appl. Math. and Phys. (Schweiz) 16, 1 (1965) 49—62.

[53] McCumber, D. E., u. M. D. Sturge: Linewidth and temperature shift of the R lines in ruby. J. Appl. Phys. 34, 6 (1963) 1682—1684.

[54] Aagard, R. L.: Determination of R_1 linewidths in ruby using a pulsed ruby laser. J. Appl. Phys. 34, 7 (1963) 3631—3632.

[55] Nelson, D. F., u. M. D. Sturge: Relation between absorption and emission in the region of the R lines of ruby. Phys. Rev. 137, 4A (1965) A 1117—A 1130.

[56] Gürs, K.: Bestimmung der Lebensdauer von Anregungszuständen durch Zeitmessung an optischen Masern. Z. f. Naturf. 17a, 10 (1962) 883—885.

[57] Yariv, A., S. P. S. Porto u. K. Nassau: Optical maser emission from trivalent praseo-dymium in calcium tungstate. J. Appl. Phys. 33, 8 (1962) 2519—2521.

[58] FLECK, J. A. JR., u. R. E. KIDDER: Coupled-mode laser oscillation. J. Appl. Phys. 35, 10 (1964) 2825—2831.

[59] TANG, C. L., H. STATZ u. G. DeMARS: Spectral output and spiking behavior of solid-state lasers. J. Appl. Phys. 34, 8 (1963) 2289—2295.

[60] TANG, C. L., H. STATZ u. G. DeMARS: Regular spiking and single-mode operation of ruby laser. Appl. Phys. Letters 3, 11 (1963) 222—224.

[61] EVTUHOV, V., u. J. K. NEELAND: Study of the output spectra of ruby lasers. IEEE J. Q. E. QE-1, 1 (1965) 7—12, und SPECHT, W. A. JR., J. K. NEELAND, V. EVTUHOV: Output spectra of Nd : YAG and ruby lasers and implications for laser linewidth determining mechanisms. IEEE J. Q. E., im Druck.

[62] HUGHES, T. P.: Time-resolved interferometry of ruby laser emission. Nature 195, 4839 (1962) 325—328.

[63] ADAMSON, M. C., T. P. HUGHES u. K. M. YOUNG: The effects of temperature on ruby optical maser mode sequences. Proc. Int. Congress on Quantum Electronics, Paris Febr. 1963, Paris: Dunod 1964, 1459—1467.

[64] VIENOT, J. C., u. J. BULABOIS: Analyse spectrale et resolution spatiale et temporelle du faisceau emis par un maser optique à rubis. Proc. Int. Congress on Quantum Electronic Paris Febr. 1963, Paris: Dunod 1964, 1469—1475.

[65] VANUKOV, M. P., V. I. ISSAYENKO u. V. V. LUBINOW: Etude des variations temporelles de la composition spectrale et de la répartition angulaire du rayonnement emis par les lasers. Proc. Int. Congress on Quantum Electronics, Paris Febr. 1963, Paris: Dunod 1964, 1477—1482.

[66] CHIZHIKOVA, Z. A., M. D. GALANIN, V. V. KOROBKIN, A. M. LEONTOVITCH u. V. N. SMORTCHKOV: Coherence, spectra time scanning and pulsations of the laser emission. Proc. Int. Congress on Quantum Electronics, Paris Febr. 1963, Paris: Dunod 1964, 1483 bis 1491.

[67] COLLINS, R. J., D. F. NELSON, A. L. SCHAWLOW, W. BOND, C. G. B. GARRETT u. W. KAISER: Coherence, narrowing, directionality, and relaxation oscillations in the light emission from ruby. Phys. Rev. Letters 5, 7 (1960) 303—305.

[68] KOOZEKANANI, S., M. CIFTAN u. A. KRUTCHKOFF: Observation of quasi cw operation of an optical ruby maser. Appl. Opt. 1, 3 (1962) 372—373.

[69] GÜRS, K.: Periodische Relaxationsschwingungen und Emission ohne Spikes bei einem kurzen Rubinlaser. Z. Naturf. 18a, 12 (1963) 1363—1365.

[70] KAISER, W., C. G. B. GARRETT u. D. L. WOOD: Fluorescence and optical maser effects in $CaF_2 : Sm^{++}$. Phys. Rev. 123, 3 (1961) 766—776.

[71] SOROKIN, P. P., M. J. STEVENSON, J. R. LANKARD u. G. D. PETTIT: Spectroscopy and optical maser action in $SrF_2 : Sm^{2+}$. Phys. Rev. 127, 2 (1962) 503—508.

[72] KISS, Z. J.: The $CaF_2 : Tm^{2+}$ and the $CaF_2 : Dy^{2+}$ optical maser systems. Proc. Int. Congress on Quantum Electronics, Paris Febr. 1963, Paris: Dunod 1964, 805—815.

[73] DUNCAN, R. C., JR., u. Z. J. KISS: Continuously operating $CaF_2 : Tm^{2+}$ optical maser. Appl. Phys. Letters 3, 2 (1963) 23—24.

[74] JOHNSON, L. F., G. D. BOYD u. K. NASSAU: Optical maser characteristics of Ho^{3+} in $CaWO_4$. Proc. IRE 50, 1 (1962) 87—88.

[75] SOROKIN, P. P., u. M. J. STEVENSON: Stimulated emission from $CaF_2 : U^{3+}$ and $CaF_2 : Sm^{2+}$. Advances in Quantum Electronics. New York: Columbia University Press 1961, 65—77.

[76] BOSTICK, H. A., u. J. R. O'CONNOR: Infrared oscillations from $CaF_2 : U^{3+}$ and $BaF_2 : U^{3+}$ masers. Proc. IRE 50, 2 (1962) 219—220.

[77] GÜRS, K.: Continuous-wave solid-state-lasers. Paper presented at the XVth General Assembly of the U.R.S.I., 5—15 September 1966; and Progress in Radio Science 1963 to 1966, (1967) 2206—2219.

[78] EWANIZKY, T. F., P. J. CAPLAN u. J. R. PASTORE: Polarization of $CaF_2 : Sm^{3+}$ fluorescence. J. Chem. Phys. 43, 12 (1965) 4351—4353.

[79] SUN LU, u. T. A. RABSON: The polarization of light from Nd^{3+}-glass lasers. Appl. Phys. Letters 7 (1965) 219—220.

[80] BOERSCH, H., G. HERZIGER, S. MASLOWSKI u. H. WEBER: Reproduzierbare Wellenformen niedriger Ordnung beim Rubinlaser. Phys. Letters 4, 2 (1963) 86—88.

[81] KULEVSKY, L. A., P. P. PASHININ u. A. M. PROKHOROV: Travelling wave ruby optical maser. Proc. Int. Congress on Quantum Electronics, Paris Febr. 1963, Paris: Dunod 1964, 1065—1070.

[84] TANG, C. L., H. STATZ, G. A. DEMARS u. D. T. WILSON: Spectral properties of a single-mode ruby laser: Evidence of homogeneous broadening of the zero-phonon lines in solids. Phys. Rev. 136, 1 A (1964) 1—8.

[85] SKINNER, J., u. J. E. GEUSIC: Diffraction limited ruby oscillator. J. Opt. Soc. Am. 52, 11 (1962) 1319.

[86] BURCH, J. M.: Ruby masers with afocal resonators. J. Opt. Soc. Am. 52, 5 (1962) 602.

[87] RIGROD, W. W.: Isolation of axi-symmetrical optical-resonator modes. Proc. Int. Congress on Quantum Electronics, Paris Febr. 1963, Paris: Dunod 1964, 1285—1290.

[88] OKAYA, A.: Mode suppression on lasers by metal wires. Proc. IEEE 52, 12 (1964) 1741.

[89] GÜRS, K., u. R. MÜLLER: Internal modulation of optical masers. Proc. Symp. on Optical Masers, Polytechnic Institute of Brooklyn, April 16, 1963, Polytechn. Press (1963) 243—252.

[90] GÜRS, K., u. R. MÜLLER: Breitband-Modulation durch Steuerung der Emission eines optischen Masers (Auskoppelmodulation). Phys. Letters 5, 3 (1963) 179—181.

[91] FREE, J., u. A. KORPEL: Laser emission from a moving ruby rod. Proc. IEEE 52, 1 (1964) 90.

[92] BRUNTON, J. H.: Polarization of the light output from a ruby optical maser. Appl. Opt. 3, 11 (1964) 1241—1246.

[93] PAUTHIER, M., R. GAUTIER, S. DEINESS u. G. AMAT: Etude expérimentale de la lumière emise par un laser à rubis. J. Phys. Radium 22 (1961) 828—832.

[94] NEDDERMAN, H. C., Y. C. KLANG u. F. C. UNTERLEITNER: Control of ruby laser oscillation by an inhomogeneous magnetic field. Proc. IRE 50, 7 (1962) 1687—1688.

[95] KAISER, W., S. SUGANO u. D. L. WOOD: Splitting of the emission lines of ruby by an external electric field. Phys. Rev. Letters 6, 11 (1961) 605—607.

[96] KAISER, W., u. H. LESSING: Effects of an electric field on the laser emission of ruby. Appl. Phys. Letters 2, 11 (1963) 206—208.

[97] KISS, Z. J.: Zeeman tuning and internal modulation of the $CaF_2 : Dy^{2+}$ laser. Appl. Phys. Letters 3, 9 (1963) 145—148.

[98] PERESSINI, E. R.: Ruby laser giant-pulse generation by gain-switching. Appl. Phys. Letters 3, 11 (1963) 203—205.

[99] BASOV, N. G., V. S. ZUEV u. P. G. KRYUKOV: Power increase in a pulsed ruby laser by means of modulation of resonator Q. J. Exptl. Theoret. Phys. (USSR) 43 (1962) 353 bis 355.

[100] COLLINS, R. J., u. P. KISLIUK: Control of population inversion in pulsed optical masers by feedback modulation. J. Appl. Phys. 33, 6 (1962) 2009—2011.

[101] BENSON, R. C., u. M. R. MIRARCHI: The spinning reflector technique for ruby laser pulse control. IEEE Trans. MIL 8, 1 (1964) 13—21.

[102] ARECCHI, F. T., G. POTENZA u. A. SONA: Transient phenomena in Q-switched lasers: Experimental and theoretical analysis. Nuovo Cimento 34, 6 (1964) 1458—1472.

[103] SUGANO, S., Y. TANABE u. I. TSUJIKAWA: Absorption spectra of Cr^{3+} in Al_2O_3. J. Phys. Soc. Japan 13, 8 (1958) 880—910.

[104] DANIELSON, G. E. JR., u. A. J. DEMARIA: Internal gating of optically pumped, high-gain, solid-state lasers. Appl. Phys. Letters 5, 6 (1964) 123—125.

[105] MCCLUNG, F. J., u. R. W. HELLWARTH: Characteristics of giant optical pulsations from ruby. Proc. IEEE 51, 1 (1963) 46—53.

[106] HELFRICH, J. L.: Faraday effect as a Q-switch for ruby laser. J. Appl. Phys. 34, 4 (1963) 1000—1001.

[107] VUYLSTEKE, A. A.: Theory of laser regeneration switching. J. Appl. Phys. 34, 6 (1963) 1615—1622.

[108] KAFALAS, P., J. I. MASTERS u. E. M. E. MURRAY: Photosensitive liquid used as a nondestructive passive Q-switch in a ruby laser. J. Appl. Phys. 35, 8 (1964) 2349—2350.

[109] SOFFER, B. H.: Giant pulse laser operation by a passive, reversibly bleachable absorber. J. Appl. Phys. 35, 8 (1964) 2551.

[110] SOROKIN, P. P., J. J. LUZZI, J. R. LANKARD u. G. D. PETTIT: Ruby laser Q-switching elements using phthalocyanine molecules in solution. IBM Journ. Res. and Dev. 8, 2 (1964) 182—184.

[111] RÖSS, D.: Selektiv sättigbare organische Farbstoffe als optische Schalter — optische Impulsverstärker. Z. Naturf. 20a, 5 (1965) 696—700.

[112] BRET, G., u. F. GIRES: Giant-pulse laser and light amplifier using variable transmission coefficient glasses as light switches. Appl. Phys. Letters 4, 10 (1964) 175—176.

[113] DAMON, E. K.: Theory and technique of giant-pulse lasers. Microwaves 3, 7 (1964) 40—47.

[114] ARMSTRONG, J. A.: Saturable optical absorption in phthalocyanine dyes. J. Appl. Phys. 36, 2 (1965) 471—473.

[115] BOWE, P. W. A., W. E. K. GIBBS u. J. TREGELLAS-WILLIAMS: Lifetimes of saturable absorbers. Nature 209, 5018 (1966) 65—66.

[116] KOSONOCKY, W. F., S. E. HARRISON u. R. Stander: Observations of the triplet state in phthalocyanines. J. Chem. Phys. 43, 3 (1965) 831—833.

[117] SOFFER, B. H., u. R. H. HOSKINS: Generation of giant pulses from a neodymium laser by a reversibly bleachable absorber. Nature 204, 4955 (1964) 276.

[118] McLEARY, R., u. P. W. BOWE: The effect of absorber relaxation on passive Q-switch laser performance. Appl. Phys. Letters 8, 5 (1966) 116—117.

[119] CARMICHAEL, C. H., u. G. N. SIMPSON: Generation of giant optical maser pulses using a semiconductor mirror. Nature 202, 4934 (1964) 787.

[120] SOOY, W. R., M. GELLER u. D. P. BORTFELD: Switching of semiconductor reflectivity by a giant pulse laser. Appl. Phys. Letters 5, 3 (1964) 54—56.

[121] BIRNBAUM, M.: Modulation of the reflectivity of semiconductors. J. Appl. Phys. 36, 2 (1965) 657—658.

[122] STOCKER, T. L., u. M. BIRNBAUM: Giant-pulse-laser operation with semiconducting mirrors. Autumn Meeting, Am. Phys. Soc., Chicago/Ill., Oct. 28—30, 1965.

[123] FARKAS, G., u. I. KERTESZ: Nonlinear polarizers as λ-independent, variable Q-switches for lasers. Phys. Letters 20, 6 (1966) 634—635.

[124] MELAMED, N. T., u. C. Hirayama: Laser action in uranyl-sensitized Nd-doped glass. Appl. Phys. Letters 6, 3 (1965) 43—45.

[125] GANDY, H. W., R. J. GINTHER u. J. F. WELLER: Laser oscillations and self Q-switching in triply activated glass. Appl. Phys. Letters 7, 9 (1965) 233—236.

[126] SHINER, W., E. SNITZER u. R. WOODCOCK: Self Q-switched Nd^{3+} glass laser. Phys. Letters 21, 4 (1966) 412—413.

[127] SOFFER, B. H., u. B. B. McFARLAND: Frequency locking and dye spectral hole burning in Q-spoiled lasers. Appl. Phys. Letters 8, 7 (1966) 166—169.

[128] ERNEST, J., M. MICHON u. J. DEBRIE: Giant optical pulse shortening through pulse-transmission mode operation of a ruby laser. Phys. Letters 22, 2 (1966) 147—149 und MICHON, M., J. ERNEST u. R. AUFFRET: Pulsed transmission mode operation in the case of a mode locking of the modes of a non Q-spoiled ruby laser. Phys. Letters 21, 5 (1966) 514—515.

[129] FRANTZ, L. M.: Dynamics of the giant pulse laser. Appl. Opt. 3, 3 (1964) 417—420.

[130] WAGNER, W. G., u. B. A. LENGYEL: Evolution of the giant pulse in a laser. J. Appl. Phys. 34, 7 (1963) 2040—2046.

[131] MENAT, M.: Giant pulses from a laser: Optimum conditions. J. Appl. Phys. 36, 1(1965) 73—76.

[132] WANG, CH. C.: Optical giant pulses from a Q-switched laser. Proc. of the IEEE 51, 12 (1963) 1767.

[133] KAY, R. B., u. G. S. WALDMANN: Complete solutions to the rate equations describing Q-spoiled and PTM laser operation. J. Appl. Phys. 36, 4 (1965) 1319—1323.

[134] SCHAACK, G.: Dynamik des Riesenimpulses im Rubin-Laser. Z. angew. Phys. 17, 6 (1964) 385—392.

[135] SZABO, A., u. R. A. STEIN: Theory of laser giant pulsing by a saturable absorber. J. Appl. Phys. 36, 5 (1965) 1562—1566.

[136] McCLUNG, F. J., u. D. WEINER: Longitudinal mode control in giant pulse lasers. IEEE J. Q. E. QE-1, 2 (1965) 94—99.

[137] SOOY, W. R.: The natural selection of modes in a passive Q-switched laser. Appl. Phys. Letters 7, 2 (1965) 36—37.

[138] HERCHER, M.: Single-mode operation of a Q-switched ruby laser. Appl. Phys. Letters 7, 2 (1965) 39—41.

[139] WAYNANT, R. W., CULLOM, J. H., I. T. BASIL u. G. D. BALDWIN: Beam divergence measurement for Q-switched ruby lasers. Appl. Opt. 4, 12 (1965) 1648—1651.

[140] NELSON, D. F., u. W. S. BOYLE: A continuously operating ruby laser. Appl. Opt. 1, 2 (1962) 181—183.

[144] EVTUHOV, V., u. J. K. NEELAND: Continuous operation of a ruby laser at room temperature. Appl. Phys. Letters 6, 4 (1965) 75—76.

[145] RÖSS, D.: Room temperature ruby cw ruby laser. Microwaves 4, 4 (1965) 29—33.

[146] JOHNSON, L. F., G. D. BOYD, K. NASSAU u. R. R. SODEN: Continuous operation of a solid-state optical maser. Phys. Rev. 126, 4 (1962) 1406—1409.

[147] GÜRS, K., u. H. WESTERMEIER: Schwingungstypen hoher Symmetrie beim kontinuierlichen wassergekühlten Laser mit Neodym in Calciumwolframat. Z. Naturf. 19a, 12 (1964) 1357—1362.

[148] PRESSLEY, R. J., u. P. V. GOEDERTIER: Int. Electron. Devices Meeting, Washington, Oct. 20—22 (1965) 7.7.

[149] JOHNSON, L. F., J. E. GEUSIC u. L. G. VAN UITERT: Efficient, high-power coherent emission from Ho^{3+} ions in yttrium aluminium garnet, assisted by energy transfer. Appl. Phys. Letters 8 (1966) 200—202.

[150a] GÖRLICH, P., H. KARRAS, G. KÖTITZ u. R. LEHMANN: Spectroscopic properties of activated laser crystals I). Rev. Art., Phys. Stat. Sol. 5, (1964) 437—461.

[150b] GÖRLICH, P., H. KARRAS, G. KÖTITZ u. R. LEHMANN: Spectroscopie properties of activated laser crystals (II). Rev. Art., Phys. Stat. Sol. 6 (1964) 277—318.

[150c] GÖRLICH, P., H. KARRAS, G. KÖTITZ u. R. LEHMANN: Spectroscopie properties of activated laser crystals (III). Rev. Art., Phys. Stat. Sol. 8 (1965) 385—429.

[151] McFARLANE, R. A.: A summary of available data on the physical properties of synthetic sapphire. Supplied by Adolf Meller Co.

[153] MAIMAN, T. H., R. H. HOSKINS, I. J. D. HAENENS, C. K. ASAWA u. V. EVTUHOV: Stimulated optical emission in fluorescent solids. II. Spectroscopy and stimulated emission in ruby. Phys. Rev. 123, 4 (1961) 1151—1157.

[154] D'HAENENS, I. J., u. C. K. ASAWA: Stimulated and fluorescent optical emission in ruby from 4,2° to 300°K: Zero-field splitting and mode structure. J. Appl. Phys. 33, 11 (1961) 3201—3208.

[156] KIANG, Y. C., J. STEPHANY u. F. C. UNTERLEITNER: Visible spectrum absorption cross section of Cr^{3+} in the ^2E state of pink ruby. IEEE J. Q. E. QE-1, 7 (1965) 295 bis 298.

[158] SHINADA, M., S. SUGANO u. T. KUSHIDA: Absorption spectrum of optically pumped ruby. II Theoretical analyses. Technical Report of ISSP A, 196 (1966).

[159] MEYERS, F. J.: R_2 line optical maser action in ruby. J. Appl. Phys. 33, 10 (1962) 3139 bis 3140.

[160] SCHAWLOW, A. L., u. G. E. DEVLIN: Simultaneous optical maser action in two ruby satellite lines. Phys. Rev. Letters 6, 3 (1961) 96—98.

[161] WIEDER, I., u. L. R. SARLES: Stimulated optical emission from exchange-coupled ions of Cr^{3+} in Al_2O_3. Phys. Rev. Letters 6, 3 (1961) 95—96.

[162] HUBBARD, C. J., u. E. W. FISHER: Ruby laser action at the R_2 wavelength. Appl. Opt. 3, 12 (1964) 1499—1500.

[163] CALVIELLO, J. A., E. W. FISHER u. Z. H. HELLER: Simultaneous laser oscillation at R_1 and R_2 wavelengths in ruby. IEEE J. Q. E. QE-1, 3 (1965) 132.

[164] KONINGSTEIN, J. A.: Energy levels and crystal-field calculations of europium and terbium in yttrium aluminum garnet. Phys. Rev. 136, 3A (1964) A 717—A 725.

[165] KONINGSTEIN, J. A., u. J. E. GEUSIC: Energy levels and crystal-field calculations of neodymium in yttrium aluminium garnet. Phys. Rev. 136, 3A (1964) A 711—A 716.

[166] GEUSIC, J. E., H. M. MARCOS u. L. G. VAN UITERT: Laser oscillations in Nd-doped yttrium aluminum, yttrium gallium and gadolinium garnets. Appl. Phys. Letters 4, 10 (1964) 182—184.

[167] Kiss, Z. J., u. R. C. Duncan: Cross-pumped Cr^{3+}–Nd^{3+} : YAG laser system. Appl. Phys. Letters 4, 10 (1964) 200–202.

[168] Johnson, L. F., J. E. Geusic u. L. G. Van Uitert: Coherent oscillations from Tm^{3+}, Ho^{3+}, Yb^{3+} and Er^{3+} ions in yttrium aluminium garnet. Appl. Phys. Letters 7, 5 (1965) 127–129.

[169] Johnson, L. F.: Characteristics of the $CaWO_4$: Nd^{3+} optical maser. Proc. Int. Congress on Quantum Electronics, Paris Febr. 1963, Paris: Dunod 1964, 1021–1035.

[170] Nassau, K.: Alkali metal ion charge compensation in calcium tungstate optical maser crystals. Proc. Int. Congress on Quantum Electronics, Paris Febr. 1963, Paris: Dunod 1964, 833–839.

[171] Johnson, L. F.: Optical maser characteristics of rare-earth ions in crystals. J. Appl. Phys. 34, 4 (1963) 897–909.

[172] Dieke, G. H., u. H. M. Crosswhite: The spectra of the doubly and triply ionized rare earths. Appl. Opt. 2, 7 (1963) 675–686.

[173] Kiss, Z. J., u. R. C. Duncan, Jr.: Optical maser action in $CaWO_4$: Er^{3+}. Proc. IRE 50, 6 (1962) 1531.

[174] Johnson, L. F., L. G. Van Uitert, J. J. Rubin u. R. A. Thomas: Energy transfer from Er^{3+} to Tm^{3+} and Ho^{3+} ions in crystals. Phys. Rev. 133, 2A (1964) A 494–A 498.

[175] Duncan, R. C.: Continuous room-temperature Nd^{3+} : $CaMoO_4$ laser. J. Appl. Phys. 36, 3 (1965) 874–875.

[176] Johnson, L. F., u. R. A. Thomas: Maser oscillations at 0,9 and 1,35 microns in $CaWO_4$: Nd^{3+}. Phys. Rev. 131, 5 (1963) 2038–2040.

[177] Peterson, G. E., u. P. M. Bridenbaugh: Laser oscillation at 1,06 µ in the series $Na_{0,5}Gd_{0,5-x}Nd_xWO_4$. Appl. Phys. Letters 4, 10 (1964) 173–175.

[178] Johnson, L. F., G. D. Boyd u. K. Nassau: Optical maser characteristics of Tm^{3+} in $CaWO_4$. Proc. IRE 50, 1 (1962) 86–87.

[180] Johnson, L. F., u. R. R. Soden: Optical maser characteristics of Nd^{3+} in $SrMoO_4$. J. Appl. Phys. 33, 2 (1962) 757.

[181] Ballman, A. A., S. P. S. Porto u. A. Yariv: Calcium niobate $Ca(NbO_3)_2$ — A new laser host crystal. J. Appl. Phys. 34, 11 (1963) 3155–3156.

[182] Johnson, L. F.: Optical maser characteristics of Nd^{3+} in CaF_2. J. Appl. Phys. 33, 2 (1962) 756.

[183] Kaminskii, A. A., L. S. Kornienko, L. V. Makarenko, A. M. Prokhorov u. M. M. Fursikov: Stimulated emission of Nd^{3+} in CaF_2 at room temperature. Sov. Phys. JETP 19, 1 (1964) 262–263.

[184] Wittke, J. P., Z. J. Kiss, R. C. Duncan u. J. J. McCormick: Uranium doped calcium fluoride as a laser material. Proc. IEEE 51, 1 (1963) 57–62.

[185] Porto, S. P. S., u. A. Yariv: Trigonal sites and 2.24 micron coherent radiation of U^{3+} in CaF_2. J. Appl. Phys. 33, 4 (1962) 1620–1621.

[186] Sorokin, P. P., u. M. J. Stevenson: Stimulated infrared emission from trivalent uranium. Phys. Rev. Letters 5, 12 (1960) 557–559.

[187] Boyd, G. D., R. J. Collins, S. P. S. Porto, A. Yariv u. W. A. Hargreaves: Excitation, relaxation, and continuous maser action in the 2.613-micron transition of CaF_2 : U^{3+}. Phys. Rev. Letters 8, 7 (1962) 269–272.

[188] Pollack, S. A.: Stimulated emission in CaF_2 : Er^{3+}. Proc. IEEE 51, 12 (1963) 1793 bis 1794.

[189] Porto, S. P. S., u. A. Yariv: Optical maser characteristics of BaF_2 : U^{3+}. Proc. IRE 50, 6 (1962) 1542–1543.

[190] Porto, S. P. S., u. A. Yariv: Excitation, relaxation and optical maser action at 2,407 microns in SrF_2 : U^{3+}. Proc. IRE 50, 6 (1962) 1543–1544.

[191] McClure, D. S., u. Z. Kiss: Survey of the spectra of the divalent rare-earth ions in cubic crystals. J. Chem. Phys. 39, 12 (1963) 3251–3257.

[192] Johnson, L. F.: Continuous operation of the CaF_2 : Dy^{2+} optical maser. Proc. IRE 50, 6 (1962) 1691–1692.

[193] Yariv, A.: Continuous operation of a CaF_2 : Dy^{2+} optical maser. Proc. IRE 50, 7 (1962) 1699–1700.

[194] Kiss, Z. J., u. R. C. Duncan, Jr.: Pulsed and continuous optical maser action in CaF_2 : Dy^{2+}. Proc. IRE 50, 6 (1962) 1531–1532.

[195] Kiss, Z. J., u. R. C. Duncan, Jr.: Optical maser action in CaF_2: Tm^{2+}. Proc. IRE 50, 6 (1962) 1532—1533.

[196] Kiss, Z. J.: Energy levels of divalent thulium in CaF_2. Phys. Rev. 127, 3 (1962) 718 bis 724.

[197] Wood, D. L., u. W. Kaiser: Absorption and fluorescence of Sm^{2+} in CaF_2, SrF_2 and BaF_2. Phys. Rev. 126, 6 (1962) 2079—2088.

[199] Sorokin, P. P., u. M. J. Stevenson: Solid state optical maser using divalent samarium in calcium fluoride. IBM J. Res. and Dev. 5, 1 (1961) 56—58.

[201] Yariv, A., J. P. Gordon: The laser. Proc. IEEE 51, 1 (1963) 4—29.

[202] Johnson, L. F., R. E. Dietz u. H. J. Guggenheim: Optical maser oscillation from Ni^{2+} in MgF_2 involving simultaneous emission of phonons. Phys. Rev. Letters 11, 7 (1963) 318—320.

[203] Johnson, L. F., R. E. Dietz u. H. J. Guggenheim: Spontaneous and stimulated emission from Co^{2+} ions in MgF_2 and ZnF_2. Appl. Phys. Letters 5, 2 (1964) 21—22.

[204] Solomon, R., u. L. Mueller: Stimulated emission at 5985 Å from Pr^{3+} in LaF_3. Appl. Phys. Letters 3, 8 (1963) 135—137.

[205] O'Connor, J. R.: Lattice energy transfer and stimulated emission from CaF_3: Nd^{3+}. Appl. Phys. Letters 4, 12 (1964) 208—209.

[206] Snitzer, E.: Optical maser action of Nd^{3+} in a barium crown glass. Phys. Rev. Letters 7, 12 (1961) 444—446.

[207] Deeg, E., M. Faulstich u. N. Neuroth: Glas als Werkstoff für Festkörperlaser. Z. Glaskunde 39, 3 (1966) 104—112.

[208] Maurer, R. D.: Nd^{3+} fluorescence and stimulated emission in oxide glasses. Proc. of the Symposium on Opt. Masers, New York: Polytechnic Press 1963, 435—449.

[209] Maurer, R. D.: Operation of a Nd^{3+} glass optical maser at 9180 Å. Appl. Opt. 2, 1 (1963) 87—88.

[210] Snitzer, E.: Neodymium glass laser. Proc. Int. Congress on Quantum Electronics, Paris Febr. 1963, Paris: Dunod 1964, 999—1019.

[211] Mauer, P. B.: Laser action in neodymium-doped glass at 1,37 µ. Appl. Opt. 3, 1 (1964) 152.

[212] Pearson, A. D., S. P. S. Porto u. W. R. Northover: Laser oscillations at 0.918, 1,057 and 1,401 microns in Nd^{3+}-doped borate glasses. J. Appl. Phys. 35, 6 (1964) 1704 bis 1706.

[213] Gandy, H. W., u. R. J. Ginther: Simulated emission of ultraviolet radiation from gadolinium-activated glass. Proc. Int. Congress on Quantum Electronics, Paris Febr. 1963, Paris: Dunod 1964, 1045—1054.

[214] Gandy, H. W., u. R. J. Ginther: Stimulated emission from holmium-activated glass. Proc. IRE 50, 10 (1962) 2113—2114.

[215] Etzel, H. W., H. W. Gandy u. R. J. Ginther: Stimulated emission of infrared radiation from ytterbium activated silicate glass. Appl. Opt. 1, 4 (1962) 534—536.

[216] Pearson, A. D., u. G. E. Peterson: Energy exchange processes and laser oscillation in glasses. Proc. 7th Int. Congress on Glass 10, (1965) 1—11.

[217] Gandy, H. W., u. R. J. Ginther: Simultaneous laser action of neodymium and ytterbium ions in silicate glass. Proc. IRE 50, 10 (1962) 2114—2115.

[218] Pearson, A. D., u. S. P. S. Porto: Nonradiative energy exchange and laser oscillation in Yb^{3+}–Nd^{3+}-doped borate glass. Appl. Phys. Letters 4, 12 (1964) 202—204.

[219] Snitzer, E., u. R. Woodcock: Yb^{3+}–Er^{3+} glass laser. Appl. Phys. Letters 6, 3 (1965) 45—46.

[220] Woodcock, R., u. E. Snitzer: Energy transfer from Yb^{3+} to Er^{3+} in a silicate glass. J. Opt. Soc. Am. 55, 5 (1965) 608.

[221] DeShazer, L. G., u. L. G. Komai: Fluorescence conversion efficiency of neodymium glass. J. Opt. Soc. Am. 55, 8 (1965) 940—944.

[222] Becker, C. H., G. C. Cox u. D. B. McLennan: Quartz ultraviolet lasers. Proc. IEEE 51, 2 (1963) 358—359.

[223] Hoskins, R. H., u. B. H. Soffer: Stimulated emission from Y_2O_3:Nd^{3+}. Appl. Phys. Letters 4, 1 (1964) 22—23.

[224] CHANG, N. C.: Fluorescence and stimulated emission from trivalent europium in yttrium oxide. J. Appl. Phys. 34, 12 (1963) 3500—3504.

[225] SOFFER, B. H., u. R. H. HOSKINS: Fluorescence and stimulated emission from Gd_2O_3: Nd^{3+} at room temperature. Appl. Phys. Letters 4, 6 (1964) 113—114.

[226] SOFFER, B. H., u. R. H. HOSKINS: Energy transfer and cw laser action in Tm^{3+}:Er_2O_3. Appl. Phys. Letters 6, 10 (1965) 200—201.

[227] FINK, E. L.: UV laser emission by crystal excitons. Appl. Phys. Letters 7, 4 (1965) 103 bis 106.

[228] FRITZ, B., u. E. MENKE: Laser effect in KCl with $F_A(Li)$ centers. Solid State Com. 3 (1965) 61—63.

[229] HELLER, A.: A high-gain room-temperature liquid laser: Trivalent neodymium in selenium oxychloride. Appl. Phys. Letters 9, 3 (1966) 106—108.

[230] LEMPICKI, A., u. A. HELLER: Characteristics of the Nd^{3+}:$SeOCl_2$ liquid laser. Appl. Phys. Letters 9, 3 (1966) 108—110.

[231] WHITE, D., u. D. GREGG: Optical distortion in ruby lasers during pumping. Appl. Opt. 4, 8 (1965) 1034.

[232] BARDSLEY, W., u. G. W. GREEN: Optical scattering in calcium fluoride crystals. Brit. J. Appl. Phys. 16, 6 (1965) 911—912.

[233] BORTFELD, D. P., R. S. CONGLETON, M. GELLER, R. S. McCOMAS, L. D. RILEY, W. R. SOOY u. M. L. STITCH: Influence of optical quality on ruby laser oscillators and amplifiers. J. Appl. Phys. 35, 7 (1964) 2267—2269.

[234] HERCHER, M.: Relationship between the near field characteristics of a ruby laser and its optical quality. Appl. Opt. 1, 5 (1962) 655—670.

[235] DUEKER, G. W., C. M. KELLINGTON, M. KATZMANN u. J. G. ATWOOD: Optical properties and laser thresholds of thirty-nine ruby laser crystals. Appl. Opt. 4, 1 (1965) 109 bis 118.

[236] VEDUTA, A. P., A. M. LEONTOVICH u. V. N. SMORCHKOV: Changes in the resonator of a ruby laser when heated by pumping. P. N. Lebedev Phys. Inst., Akademiya Nauk SSSR (1965) JETP 21, 1 (1965) 59—63.

[237] WELLING, H., C. J. BICKART u. H. G. ANDRESEN: Change of optical path length in laser rods within the pumping period. IEEE J. Q. E. QE-1, 5 (1965) 223—224.

[238] TOWNSEND, R. L., C. M. STICKLEY u. A. D. MAIC: Thermal effects in optically pumped laser rods. Appl. Phys. Letters 7, 4 (1965) 94—96.

[239] WELLING, H. u. C. J. BICKART: Spatial and temporal variation of the optical path length in flash pumped laser rods. J. Opt. Soc. Am. 55, 11 (1965) 1575.

[240] TOWNSEND, R. L., JR.: Thermally induced effects in solid state laser rods. Air Force Camb. Res. Lab. Report AFCRL 66—57 (1966) Phys. Sci. Res. papers 188.

[241] IZATT, J. R., H. A. DAW u. R. C. MITCHELL: Variation of refractive index during laser operation. Reports on Contract Nr.-3531, 4 (1965).

[242] HOUSTON, T. W., L. F. JOHNSON, P. KISLIUK u. D. J. WALSH: Temperature dependence of the refractive index of optical maser crystals. J. Opt. Soc. Am. 53, 11 (1963) 1286 bis 1291.

[243] LEMPICKI, A., H. SAMELSON u. C. BRECHER: Laser action in rare earth chelates. Appl. Opt. Suppl. 2 (1965) 205—213.

[244] LEMPICKI, A., u. H. SAMELSON: Laser action in a solution of a europium chelate. Proc. of the Symp. on Optical Masers, New York (1963) 347—355.

[245] OHLMANN, R. C., E. P. RIEDEL, R. G. CHARLES u. J. M. FELDMAN: Investigations of a europium chelate solution as a potential liquid optical maser. Proc. Int. Congress on Quantum Electronics, Paris Febr. 1963; Paris: Dunod 1964, 779—785.

[246] SCHIMITSCHEK, E. J., u. R. B. NEHRICH, JR.: Laser action in europium dibenzoylmethide. J. Appl. Phys. 35, 9 (1964) 2786—2787.

[247] Anonyme Publikation: Conference on organic lasers. (25. 5. 1964) Office of Naval Res. Washington, D. C. General Telephone & Electr. Lab. Inc. Bayside, New York.

[248] WOLFF, N. E., u. R. J. PRESSLEY: Optical maser action in an Eu^{3+} containing organic matrix. Appl. Phys. Letters 2, 8 (1963) 152.

[249] LEMPICKI, A., u. H. SAMELSON: Optical maser action in europium benzoylacetonate. Phys. Letters 4, 2 (1963) 133—135.

[250] Huffman, E. H.: Additional observations of probable stimulated emission of a terbium ion chelate in a vinylic resin matrix. Nature 203, 4952 (1964) 1373—1374.

[251] Huffman, E. H.: Stimulated optical emission of a terbium ion chelate in a vinylic resin matrix. Nature 200, 4902 (1963) 158—159.

[252] Huffman, E. H.: Stimulated optical emission of a Tb^{3+} chelate in a vinylic resin matrix. Phys. Letters 7, 4 (1963) 237—239.

[253] Bhaumik, M. L., u. M. A. El-Sayed: Mechanism of energy transfer in some rare-earth chelates. Appl. Opt. Suppl. 2 (1965) 214—215.

[254] Riedel, E. P., u. R. G. Charles: Effect of organic cations on the laser threshold of solutions of europium tetrakis benzoyltrifluoroacetonate. J. Appl. Phys. 36, 12 (1965) 3954—3955.

[255] Schimitschek, E. J., J. A. Trias u. R. B. Nehrich, Jr.: Stimulated emission in an europium chelate solution at room temperature. J. Appl. Phys. 36, 3 (1965) 867—868.

[256] Samelson, H., A. Lempicki, C. Brecher u. V. Brophy: Room-temperature operation of a europium chelate liquid laser. Appl. Phys. Letters 5, 9 (1964) 173—174.

[257] Schimitschek, E. J., u. A. L. Lewis: Elliptical head for liquid laser research. Rev. Sci. Instr. 35, 7 (1964) 911—912.

[258] Lempicki, A., u. H. Samelson: Stimulated processes in organic compounds. Appl. Phys. Letters 2, 8 (1963) 159—161.

[259] Röss, D.: Analysis of a room-temperature cw ruby laser of 10 mm resonator length: The ruby laser as a thermal lens. J. Appl. Phys. 37, 9 (1966) 3587—3594.

[260] Gürs, K., u. H. Westermeier: Die Energiebilanz eines kontinuierlich an der Laserschwelle gepumpten Rubinlasers. Phys. Letters 23, 5 (1966) 319—320.

6 Der Gaslaser

Von D. ROSENBERGER

6.1 Überblick

Der Gedanke, elektromagnetische Wellen in einer Gasentladung mit negativem Absorptionskoeffizienten zu verstärken, wurde erstmals im Jahre 1939 von V. A. FABRIKANT geäußert [1]. In einer Patentschrift desselben Autors aus dem Jahre 1951 wurden die Grenzen des dafür geeigneten Spektralbereichs, Radiofrequenzen im Langwelligen und Ultraviolett im Kurzwelligen, näher umrissen [2]. Obwohl der Vorschlag dabei gleichzeitig auf beliebige invertierte Medien ausgedehnt wurde, richteten FABRIKANT und verschiedene Arbeitsgruppen am Lebedev-Institut ihr Hauptaugenmerk weiterhin auf die Verstärkung von Lichtfrequenzen in Gasen und metallischen Dämpfen. Es gelang ihnen, in verschiedenen Metalldampfgemischen (Cs–He, Hg–Zn) eindeutig Verstärkung für optische Frequenzen nachzuweisen [3, 4]. Erstaunlicherweise wurde jedoch kein Versuch unternommen, mit diesen invertierbaren Medien zu Laseroszillation zu gelangen. Unabhängig davon untersuchten SCHAWLOW und TOWNES 1958 in einer theoretischen Arbeit die Anschwingbedingungen eines analog zum Maseroszillator arbeitenden Lichtoszillators [5], der aus einem *Fabry-Perot-Resonator* mit optisch gepumpten Kaliumdampf als verstärkendem Medium gebildet sein sollte. In einer Reihe von theoretischen Arbeiten wurden auch die Möglichkeiten studiert, durch elektrische Entladungen in reinen Gasen und Gasgemischen Besetzungsumkehr zu erhalten [6—13]. Neben der Inversion durch Elektronenstoß wurde von JAVAN [7, 8] dabei auch die selektive Besetzung durch Stöße zweiter Art in Zweikomponentengemischen in Betracht gezogen, die besonders im Helium-Neon-Gemisch erfolgversprechend erschien und auch wenig später den Betrieb des ersten kontinuierlich arbeitenden Gaslasers ermöglichte [14].

Die theoretischen Überlegungen fußten auf einem umfangreichen spektroskopischen Material, das manche Effekte qualitativ vorhersagen ließ. Man denke etwa an die Kenntnisse bezüglich der sensibilisierten Fluoreszenz oder der Entleerung optischer Niveaus durch Stöße zweiter Art. Um die Besetzungsdifferenz zweier Niveaus einigermaßen sicher abschätzen zu können, ist jedoch eine quantitative Kenntnis all der Parameter notwendig, die die Besetzung des oberen bzw. unteren Niveaus bestimmen, d. h. neben den Lebensdauerwerten der Niveaus und den Wirkungsquerschnitten der beteiligten Elektronen-Atom- bzw. Atom-Atom-Stöße auch die Dichte und Geschwindigkeitsverteilung der Elektronen. Die bei vielen der obengenannten Arbeiten zugrundegelegte *Maxwellsche Geschwindigkeitsverteilung* der Elektronen stellt erfahrungsgemäß *keine* gute Näherung dar. Darüberhinaus sind vielfach bis heute sowohl die effektiven Lebensdauerwerte der meisten atomaren Niveaus als auch die Querschnitte der beteiligten Stoßprozesse zu wenig bekannt, als daß exakte Vorhersagen über den Besetzungsverlauf möglich wären. So wurden nicht nur die optimalen Betriebsbedingungen, sondern sogar

die Mehrzahl der bis heute bekannten Laserübergänge selbst auf empirischem Weg
ermittelt:

Auf den im nahen Infrarot emittierenden He-Ne-Laser folgten bald die Ein-
komponenten-Edelgaslaser, die das Spektrum der Laserlinien bis ins mittlere
Infrarot (100 μm) ausdehnten. Der sichtbare Spektralbereich wurde durch eine
zweite Liniengruppe des He-Ne-Lasers, sowie durch eine Reihe von Ionenüber-
gängen in gepulsten und kontinuierlichen Entladungen erschlossen. Neben reinen
Elektronenübergängen in Atomen und Ionen wurden dabei auch Elektronen-
banden- und Rotations-Schwingungsübergänge bei Molekülen als Laserlinien
beobachtet.

Die Zahl der Lasersubstanzen umfaßt heute alle gasförmigen Elemente und
eine Reihe von Metalldämpfen bis zu Kupfer- oder Mangandampf, sowie mehrere
zwei- und dreiatomige Moleküle. Eine ähnliche Vielfalt findet man unter den

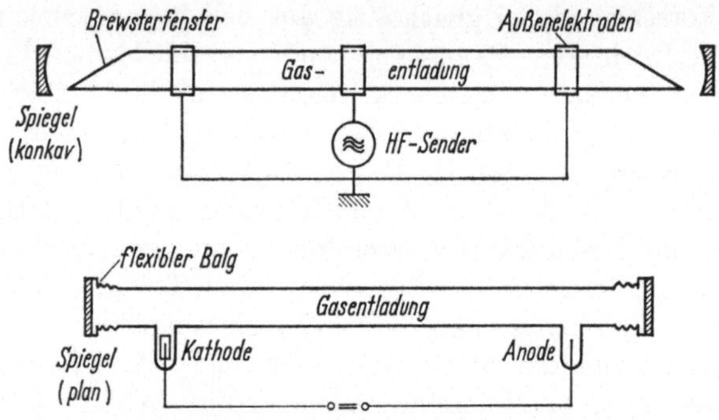

Abb. 6.1. Schematischer Aufbau von Gaslasern.

Oben: Anordnung mit externen sphärischen Spiegeln. Sie hat sich in den Spektralbereichen durchgesetzt,
in denen *Brewster-Fenster* mit hoher Durchlässigkeit zur Verfügung stehen. Die Strahlung ist linear polarisiert.

Unten: Anordnung mit internen planparallelen Spiegeln. Sie erfordert hohe Justiergenauigkeit.
Zur Anregung dienen Hochfrequenz- oder Gleichspannungsentladungen.

Anregungsprozessen. Neben dem optischen Pumpen, dem Elektronenstoß und
den verschiedenen Stößen zweiter Art, erwiesen sich auch die Photo- und Prä-
dissoziation sowie chemische Reaktionen als erfolgreich in der Erzeugung von
Besetzungsumkehr. Viele Laserlinien sind jedoch nur von wissenschaftlichem
Interesse, da häufig ein großer experimenteller Aufwand für ihre Erzeugung nötig
ist, oder aber der Wirkungsgrad des Anregungsprozesses und die Ausgangsleistung
gering sind.

Neben dem Helium-Neon-Laser, der im Sichtbaren oder nahen Infrarot
Leistungen bis zu 100 Milliwatt emittieren kann, haben vor allem die Edelgas-
Ionen-Laser mit einer Dauerstrichleistung von einigen Watt im grünen bis vio-
letten Spektralbereich sowie der bei 10,6 μm emittierende Kohlendioxydlaser
(Dauerstrichleistung von einigen hundert Watt) großes Interesse und auch tech-
nische Anwendung gefunden.

Trotz der unterschiedlichen Anregungsverfahren zeigen die Gaslaser sowohl in
ihrem Aufbau und ihrer Arbeitsweise als auch in der Qualität der abgegebenen
Strahlung viele gemeinsame Eigenschaften, die sie zum Teil von den Festkörper-
und Halbleiterlasern unterscheiden: Der typische Aufbau eines Gaslasers ist in

Abb. 6.1 wiedergegeben: In einem optischen Resonator, der in der Regel aus hochreflektierenden sphärischen Spiegeln gebildet ist, befindet sich, in ein zylindrisches Gefäß eingeschlossen, das invertierbare Gasmedium. Es steht unter niedrigem Druck und wird durch eine Gasentladung oder durch Einstrahlen von Pumplicht angeregt. Die Gaszelle wird entweder durch transparente Fenster, die unter dem *Brewsterschen Winkel* angeordnet sind oder unmittelbar durch die Resonatorspiegel vakuumdicht abgeschlossen.

Durch die Anregung wird zwischen verschiedenen Niveaus des laseraktiven Gases eine Besetzungsumkehr geschaffen, so daß die zugehörigen Übergänge — eine von Null verschiedene Übergangswahrscheinlichkeit vorausgesetzt — im Medium verstärkt werden können. Sobald die Verstärkung pro Durchgang die Resonatorverluste überwiegt, tritt Selbsterregung, d. h. Laseroszillation ein. Wegen der relativ geringen Dichte laseraktiver Atome sind beim Gaslaser entsprechend lange Verstärkungswege vorzusehen. Übliche Baulängen liegen daher in der Größenordnung von einem Meter. Die für Festkörperlaser typischen Verstärkungs- und Leistungswerte werden trotzdem nur in einigen wenigen Fällen erreicht. Dagegen zeigt sich der Gaslaser hinsichtlich der Qualität der Laserstrahlung als eindeutig überlegen. Die Gassäule als verstärkendes Medium ist frei von Spannungen, Schlieren und Einschlüssen und besitzt eine homogene Dotierung an aktiven Atomen. Streuverluste im Resonator sind deshalb nur an den Spiegeln und Abschlußfenstern zu erwarten. Die Homogenität der Gassäule erlaubt ferner, daß ein Volumen mit maximalem Querschnitt, das nur durch die Resonatorgeometrie vorgegeben ist, an der Schwingung teilhaben kann. Wegen der geringen Linienbreite der Laserübergänge läßt sich außerdem relativ leicht Oszillation bei *einer* Eigenfrequenz erhalten, was für viele Anwendungen von großer Bedeutung ist.

In den folgenden Betrachtungen wollen wir uns mit der Wirkungsweise verschiedener Gaslaser ausführlich befassen. Für die Auswahl der Typen und den Umfang der jeweiligen Darstellung sind dabei nicht nur die praktische und technische Bedeutung, sondern auch wissenschaftliche Gesichtspunkte maßgebend gewesen, die auch die Behandlung von weniger bedeutenden Sonderfällen rechtfertigen.

Wir wollen zu Beginn eine allgemeine Einführung in den Besetzungsmechanismus des Gaslasers geben, in der Lebensdauerbedingungen, Anregungsprozesse, die Geschwindigkeitsverteilung der Elektronen sowie verschiedene Entladungsformen diskutiert werden. Darauffolgend wollen wir uns mit der Wirkungsweise des He-Ne-Lasers, des am bekanntesten und am weitest verbreiteten Gaslasers befassen. Neben einer detaillierten Betrachtung des speziellen Inversionsprozesses soll vor allem das Sättigungsverhalten der Verstärkung, die Wechselwirkung gekoppelter Übergänge und verschiedener Eigenschwingungen sowie das Verhalten in magnetischen Feldern näher studiert werden. Obwohl eine ganze Reihe der zu beschreibenden Effekte im Prinzip auch bei anderen Lasern zu beobachten sind, wollen wir sie im Rahmen des He-Ne-Lasers behandeln, da sie größtenteils an diesem Lasertyp nachgewiesen worden und dort auch am leichtesten zu reproduzieren sind.

Im weiteren Verlauf werden wir die Laserübergänge in den übrigen neutralen Gasen und Dämpfen betrachten, daran anschließend die Übergänge in einfach und mehrfach ionisierten Elementen und schließlich die Elektronenbanden- und Rotations-Schwingungsübergänge bei Molekülen. Das Schwergewicht der Ausführungen wird bei den letztgenannten Gruppen wiederum bei wichtigen Vertretern, dem Argon-Ionen-Laser und dem Kohlendioxyd-Laser liegen. Zum Schluß des Kapitels wollen wir noch einen kurzen Blick auf solche Lasertypen werfen, die wegen ihres Anregungsprozesses (optisches Pumpen, Photodissoziation usw.) eine gewisse Sonderstellung einnehmen, sonst aber noch keine weiterreichende Bedeutung erlangt haben.

6.2 Erzielung von Besetzungsinversion

Die Besetzungsdichte eines Energieniveaus wird durch die Erzeugungsrate und die effektive Lebensdauer bestimmt. Besetzungsumkehr zwischen zwei Niveaus läßt sich daher mit Sicherheit in all den Fällen erreichen, bei denen sowohl die Erzeugungs- oder Pumprate als auch die effektive Lebensdauer des oberen Niveaus größer sind als die entsprechenden Werte des unteren Niveaus. Obwohl wir in Kap. 6.2.4 noch ausführlich zeigen werden, daß sich auch bei weniger günstigen Voraussetzungen Besetzungsumkehr erhalten läßt, geben die eben genannten „idealen" Bedingungen den Weg vor, der in der Regel zur Erzielung von Besetzungsumkehr zu begehen ist: Bestimmung von effektiven Lebensdauerwerten und Studium von Anregungsprozessen, die zu einer selektiven oder zumindest überwiegenden Anregung des oberen Niveaus führen.

Wegen ihrer großen Bedeutung beim Gaslaser sollen diese Anregungsprozesse im weiteren Verlauf ausführlich behandelt werden. Wir wollen dabei zwischen Anregungsmechanismen im eigentlichen Sinne (wie etwa Elektronenstoß, Stoß zweiter Art oder optisches Pumpen) und Entladungsformen (wie etwa Gleichstrom-, HF- oder Pulsentladung) unterscheiden. Letztere sind nicht nur von technischem sondern auch von physikalischem Interesse, da durch die Art der Energiezufuhr weitgehend die Energieverteilung und Dichte der Elektronen bestimmt werden, die wiederum von entscheidendem Einfluß auf die Besetzungsraten der einzelnen atomaren oder molekularen Niveaus sind.

6.2.1 Anregungsmechanismen

Das vom Festkörperlaser her bekannte Prinzip des optischen Pumpens hat beim Gaslaser wenig Bedeutung erlangt, da nur selten eine gute Übereinstimmung zwischen einer Absorptions- und einer Pumplinie zu finden ist und bei Verwendung von kontinuierlichen Pumpspektren wegen der geringen Breite der absorbierenden Übergänge nur ein sehr geringer Teil der angebotenen Leistung verwendet werden könnte. Wir werden die Methode des optischen Pumpens deshalb an dieser Stelle nicht gesondert erläutern, sondern bei der Behandlung des Cäsiumdampflasers, des einzigen Vertreters dieser Gattung, näher darauf eingehen (s. Kap. 6.7.1).

Wegen der freien Beweglichkeit der Gasatome bieten sich beim Gaslaser jedoch eine Reihe anderer Anregungsmechanismen an, die zugleich einen höheren Wirkungsgrad aufweisen als optisches Pumpen. Sie sind in Tab. 6.1 zusammengestellt. Die größte Bedeutung haben die Methoden erlangt, bei denen die Anregung unmittelbar oder mittelbar durch Elektronenstoß in elektrischen Gasentladungen vollzogen wird: ein- oder mehrstufige Elektronenstoßanregung und die verschiedenen Stöße zweiter Art mit metastabilen Fremdatomen.

Tabelle 6.1 *Anregungsmechanismen bei Gaslasern*

a) Inversion durch überwiegende Besetzung des oberen Laserniveaus. Es bedeuten A (oder B oder C): Atom oder Molekül im Grundzustand, A^*: im angeregten, A': im metastabilen und A^+: im ionisierten Zustand.

Prozeß	Beschreibung	Beispiel
	I *Elektronenstoß*	
$e + A \rightarrow A^* + e$	A) Anregung eines atomaren Zustands	Edelgaslaser
$e + A \rightarrow (A^+)^* + 2e$	B) Anregung eines Ionenzustands	Edelgas-Ionen-Laser (gepulst)
$e + A' \rightarrow (A^+)^* + 2e$ $e + (A^+)' \rightarrow (A^+)^* + e$	C) Zweistufenanregung über metastabile Zustände A' bzw. $(A^+)'$	Edelgas-Ionen-Laser (kontinuierlich)
$e + A^+ \rightarrow (A^+)^* + e$	D) Zweistufenanregung über Ionengrundzustand	
	II *Stoß zweiter Art*	
$C' + A \rightarrow A^* + C$	E) Austausch von rein elektronischer Anregungsenergie oder	He-Ne-Laser
	E') Austausch von Schwingungs- und Rotationsenergie	N_2-CO_2-Laser
$C' + A \rightarrow (A^+)^* + C + e$	F) Austausch von elektronischer Anregungsenergie unter Ionisation	He-Kr$^+$-Laser ($6s$-$5p$-Übergänge in Kr$^+$)
$C' + (AB) \rightarrow A^* + B + C$	G) Austausch von elektronischer Anregungsenergie unter Dissoziation	Ne-O_2-Laser He-CO-Laser He-NO-Laser
$C' + (AB) \rightarrow A' + B + C$ $e + A' \rightarrow A^* + e$	H) das gleiche mit nachfolgender Elektronenstoßanregung	Ar-O_2-Laser
$h\nu + A \rightarrow A^*$	**III** *Optisches Pumpen*	Cs-Dampf-Laser durch He-Linie gepumpt
$h\nu + (AB) \rightarrow A^* + B$	**IV** *Photodissoziation*	CH_3J-Laser mit Übergang im atomaren Jod
$h\nu + A_2 + B_2 \rightarrow 2(AB)^*$	**V** *Chemische Reaktion* (mit vorausgehender Photodissoziation)	HCl-Laser

b) Inversion durch überwiegende Entleerung des unteren Laserniveaus. In der Regel entleert sich das untere Laserniveau A^*, $(AB)^*$ durch spontane Emission; Ausnahmen bilden die folgenden Prozesse

$A^*(W) + A \rightarrow A + A^*(W \pm \Delta W)$ $(AB)^* \rightarrow A^* + B^*$	*Thermischer Atom-Atom-Stoß* *Prädissoziation*	He-Laser NO-Laserübergang

Anregung durch Elektronenstoß: Das Prinzip der Elektronenstoßanregung ist durch die *Franck-Hertz-Versuche* dargelegt worden, die in physikalischen Lehrbüchern ausführlich beschrieben sind: Elektronen, die in einem elektrischen Feld E längs einer freien Weglänge Λ beschleunigt worden sind, treffen auf ein im Grundzustand mit der Energie W_0 befindliches Atom oder Molekül und regen dieses in einen energetisch höheren, diskreten Zustand W_m an. Der Querschnitt σ_{0m} eines solchen Stoßes ist in guter Näherung proportional zur Übergangswahrscheinlich-

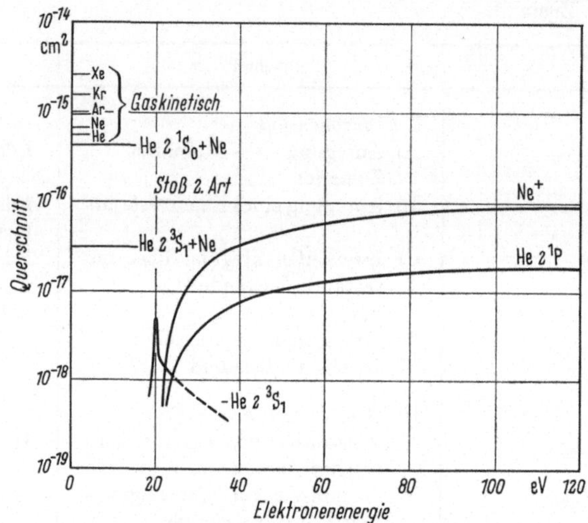

Abb. 6.2. Anregungsquerschnitte für optisch erlaubte (Kurve a) und optisch verbotene (Kurve b) Übergänge als Funktion der Elektronenenergie. Zum Vergleich sind auch Anregungsquerschnitte für verschiedene Stöße zweiter Art sowie gaskinetische Querschnitte angegeben.

keit für elektrische Dipolstrahlung[1] A_{m0} zwischen den betrachteten Energiezuständen. Im Gegensatz zum optischen Pumpen, bei dem die Frequenz ν des Pumplichtes innerhalb der Linienbreite der Bedingung

$$h\nu = W_m - W_0$$

genügen muß, kann die Energie W des stoßenden Elektrons — sofern es sich um einen optischen erlaubten Übergang handelt — mehr als eine Größenordnung über der Anregungsenergie liegen, bevor der Querschnitt σ_{0m} merklich zurückgeht [15].

Bei optisch verbotenen Übergängen[2] (d. h. $A_{m0} = 0$, z. B. bei verschiedener Multiplizität oder gleicher Parität der Terme) wird dagegen für σ_{0m} ein schmales Resonanzmaximum dicht oberhalb der Anregungsenergie und ein steiler Abfall für $W > W_m$ beobachtet [15]. Typische Anregungsquerschnitte als Funktion der Stoßenergie sind für beide Fälle in Abb. 6.2 wiedergegeben.

Die Elektronenstoßanregung zur Erzielung von Überbesetzung kann also immer dann in Betracht gezogen werden, wenn vom Grundterm zum oberen

-----

[1] Der erste nichtverschwindende Term der Entwicklung von

$$\sigma_{0m} \sim \left| \int \psi_0^* \exp\left(i\Delta \, \boldsymbol{k}\boldsymbol{r}\right) \psi_m \, d\tau \right|^2$$

ist proportional zu A_{m0} ($\Delta\boldsymbol{k}$ Änderung des Ausbreitungsvektors der Elektronen).

[2] σ_{0m} wird dann durch den zweiten Term der Entwicklung bestimmt, der mit W^{-1} abfällt.

Laserniveau ein optisch erlaubter, zum unteren Laserniveau dagegen ein optisch verbotener Übergang existiert, was unter anderem bedeutet, daß Grundniveau, oberes und unteres Laserniveau abwechselnd gerade und ungerade Zustände sind (alternierende Parität, s. Kap. 2.4.4). Unter der Voraussetzung, daß nicht überwiegend monoenergetische Elektronen der Energie $W \approx W_n$ vorhanden sind, wird sich dann wegen des breiten Resonanzmaximums von σ_{0m} immer eine überwiegende Anregung der oberen Niveaus einstellen.

Das untere Niveau W_n eines solchermaßen invertierten Niveaupaares kann sich wegen $A_{n0} = 0$ nicht direkt durch spontane Emission zum Grundterm entleeren. Wenn es als Laserendniveau in Frage kommen soll, muß es sich jedoch mit hoher Übergangswahrscheinlichkeit in einen anderen, vierten Term entleeren können, der seine Besetzung schließlich an den Grundterm abgibt und somit den Kreislauf schließt. Dieses vierte Niveau ist in der Regel hoch besetzt, entweder weil es metastabil ist oder wegen hoher Resonanzabsorption aus dem Grundterm quasimetastabilen Charakter hat. Die Entleerung zum Grundterm ist also nur über Wand- und Teilchenstöße möglich.

In Abb. 6.3 ist dieses Vierniveausystem schematisch wiedergegeben. Man findet es besonders häufig bei den Edelgasen Neon bis Xenon, bei denen Term- und Laserübergänge der genannten Art in großer Zahl beobachtet werden (siehe Kap. 6.4.2).

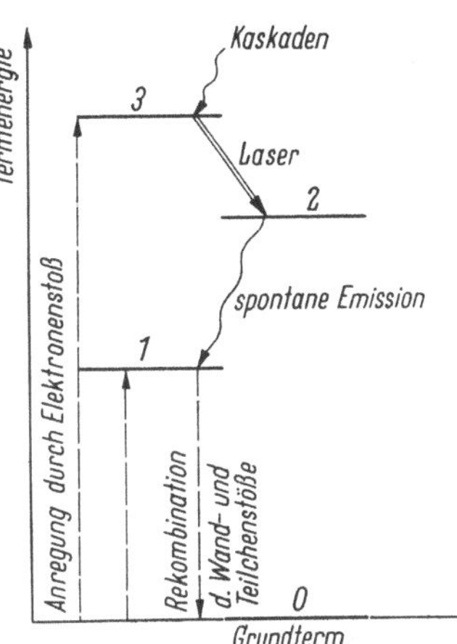

Abb. 6.3. Vierniveausystem, wie es bei vielen Gaslasern realisiert ist. Die Terme 0–1–2–3 haben alternierende Parität. Das Laserendniveau kann nur durch Elektronen mit Resonanzenergie ($W \approx W_2$), das obere Laserniveau dagegen mit Elektronen der Energie $W > W_3$ angeregt werden. Das Niveau 1 hat in der Regel metastabilen Charakter (s. Text).

Steigt die Besetzungsdichte des metastabilen Niveaus zu hoch an, so kann durch Elektronenstoß oder Resonanzabsorption eine merkliche Besetzung des unteren Laserniveaus auftreten. Das Niveau stellt somit einen Engpaß im genannten Kreislauf dar (metastable bottle neck), der die Inversion begrenzt.

Als Beispiel sei die bekannte Laserlinie des Neon bei $\lambda = 1{,}15\ \mu\mathrm{m}$ genannt, die durch Elektronenstoßanregung erhalten werden kann gemäß

$$p^6 \xrightarrow{\text{Elektronenstoß}} p^5\, 4s \xrightarrow{\text{Laser}} p^5\, 3p \xrightarrow[\text{Emission}]{\text{spontane}} p^5\, 3s \xrightarrow{\text{Wandstöße}} p^6.$$

Anregung von Ionenzuständen durch direkten Elektronenstoß: Es gelten die gleichen Gesetzmäßigkeiten wie oben besprochen. Da die Anregungsenergien solcher Zustände in der Regel jedoch oberhalb von 30 eVolt liegen — somit weit über dem Maximum der Energieverteilungsfunktion der Elektronen (s. Kap. 6.2.2) — stehen der praktischen Realisierung gewisse Schwierigkeiten entgegen. In Kap. 6.2.2 wird gezeigt, daß sich Elektronen dieser Energien in größerer Zahl nur durch gepulste Hochspannungsentladungen bei niedrigem Druck erzeugen lassen.

Der Besetzungsmechanismus

$$e + A \to (A^+)^* + 2e \qquad \text{(B)}$$

spielt somit bei allen gepulsten Ionenlasern eine dominierende Rolle. Findet der Stoßprozeß in einer (sehr kurzen) Zeit T statt, für die $T \ll \hbar/\Delta W$ gilt (ΔW ist die auftretende Energieänderung), ist die Annahme gerechtfertigt [16], daß sich die Wellenfunktionen der Elektronen des Ionenrumpfes nicht merklich ändern (sudden perturbation), was zur Berechnung der Besetzungsverteilung der Ionenzustände nach dem Stoß benutzt werden kann. Wie BENNETT u. a. gezeigt haben [17], werden beim Argon aus dem Grundterm $3p^6$ ($^1S_0$) bevorzugt die Terme $3p^4$ (^3P) $4p$ angeregt und solche der Konfiguration $3p^4$ (^3P) $4s$, die die Parität des atomaren Grundzustands haben, unterdrückt.[1] Dies steht in Übereinstimmung mit den bei Ar$^+$ auftretenden Laserlinien, die in ihrer Mehrzahl zwischen den erwähnten Niveaugruppen übergehen (s. Abb. 6.4).

Neben der Anregung durch einfachen Elektronenstoß spielen bei Edelgas-Ionen-Lasern auch Zweistufenprozesse eine bedeutende Rolle, wie sie in Tab. 6.1 (C und D) und Abb. 6.4 angegeben sind. Als Zwischenniveaus kommen in erster Linie nur solche Terme in Frage, die eine relativ hohe Besetzung aufweisen; außer dem Ionengrundzustand also die metastabilen Zustände des Atoms und des Ions. Die Anregung der oberen Laserniveaus aus dem Ionengrundzustand ist allerdings nur durch Elektronen mit Schwellenwertsenergie möglich, da beide Zustände die gleiche Parität haben (vgl. Abb. 6.2 u. 6.4), während sich die Anregung aus den metastabilen Niveaus des Atoms durch eine „plötzliche Störung" [16] erklären läßt.

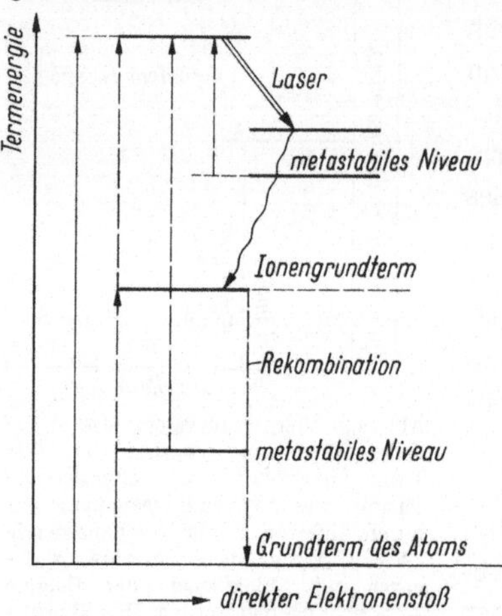

Abb. 6.4. Anregung der Terme beim Argon-Ionen-Laser durch einfachen bzw. zweifachen Elektronenstoß. Terme gleicher Parität sind untereinander angeordnet.

Je nachdem ob ein Laserniveau durch einfachen Elektronenstoß oder über einen Mehrstufenprozeß angeregt wird, ergibt sich eine unterschiedliche Abhängigkeit der Besetzungsdichte vom Entladungsstrom.

Bei Anregung durch einfachen Elektronenstoß ist eine lineare Abhängigkeit der Besetzungsdichte vom Strom zu erwarten, da die Bildungsrate nach Gl. (2.14/5) gegeben ist durch

$$\frac{dn}{dt} = n_0 n_e \bar{\sigma}_0 \bar{v}_e \qquad (6.2/1\,\text{a})$$

und $i \sim n_e$ in den meisten Fällen gut erfüllt ist (s. Kap. 6.2.2) (n_0 Dichte der Atome im Grundzustand, n_e Elektronendichte, $\bar{v}_e$ mittlere Geschwindigkeit, $\bar{\sigma}_0$ über die Elektronengeschwindigkeit gemittelter Querschnitt).

Für die Zweistufenprozesse dagegen ist eine quadratische Abhängigkeit vorhanden, da die Besetzungsdichte der Zwischenniveaus n' selbst linear von der Stromdichte abhängt und damit

$$\frac{dn}{dt} = n' n_e \bar{\sigma}' \bar{v}_e \sim n_e^2. \qquad (6.2/1\,\text{b})$$

---

[1] Querschnitte für Elektronenstoßanregung aus dem Grundterm des Ar-Atoms gibt [199].

Dies bedeutet, daß Zweistufen-Anregungsprozesse erst bei hohen Stromdichten wirksam werden, wie sie z. B. bei den kontinuierlichen Edelgas-Ionen-Lasern vorliegen.

Anregung durch Stöße zweiter Art: Neben der Anregung durch Ein- und Mehrstufen-Elektronenstoß hat bei Gaslasern die Besetzung durch Stöße zweiter Art große Bedeutung erlangt. Aus Tab. 6.1, S. 223 ist zu entnehmen, daß an diesen Stößen Stoßpartner in verschiedenen Anregungs- und Bindungszuständen teilnehmen und sehr unterschiedliche Endprodukte auftreten können. Alle Stöße zweiter Art stimmen jedoch darin überein, daß Anregungsenergie zwischen zwei Stoßpartnern ausgetauscht wird, die innerhalb von $\Delta W \approx k T_0$ in Energieresonanz stehen.[1] Bei allen bedeutsamen Prozessen befindet sich dabei vor dem Stoß der eine Partner in einem metastabilen Zustand, der andere im Grundzustand. Wie aus den Reaktionsgleichungen in Tab. 6.1 zu ersehen ist, muß die Anregungsenergie nicht notwendigerweise auf ein stabiles Energieniveau übertragen werden; der gestoßene Partner kann ionisiert werden oder dissoziieren, solange die Gesamtenergie (innerhalb von $k T_0$) sowie der Impuls erhalten bleiben.

Stoßprozesse der Art

$$C' + A \rightarrow A^* + C \pm \Delta W, \quad \text{(E)}$$

bei denen rein elektronische Anregungsenergie übertragen wird, sind in einer Reihe von theoretischen Arbeiten untersucht worden [15, 18]. Zur Erklärung bedient man sich der Potentialkurven des Moleküls $(AC)^*$, das bei Annäherung der Partner kurzzeitig gebildet wird und bei Dissoziation in die Zustände $A^* + C$ bzw. $A + C'$ zerfallen kann. Die Übergangswahrscheinlichkeit erreicht dort ein Maximum, wo sich die entsprechenden Potentialkurven am stärksten nähern [15].

Da der Verlauf der Potentialkurven jedoch allgemein nicht bekannt ist, waren theoretische Untersuchungen nur in speziellen Einzelfällen möglich. Sie ergeben in guter Übereinstimmung mit experimentellen Ergebnissen für die Stoßquerschnitte etwa folgende Abschätzung:

Wenn die Elektronensprünge in beiden Partnern zu optisch erlaubten Übergängen gehören und der resultierende Gesamtspin beim Stoß erhalten bleibt (etwa Triplett-Term $\rightarrow$ Triplett-Term; sog. *Wignersche Spinerhaltungsregel*), lassen sich bei guter Energieresonanz Querschnitte um 10^{-13} cm² erreichen; falls einer der Partner in einem metastabilen Zustand ist und $\Delta W \approx k T_0$, werden Querschnitte von 10^{-16} cm² beobachtet, die etwa eine Größenordnung über den üblichen Querschnitten für Elektronenstoß liegen (s. Abb. 6.2).

Die Betrachtung des Stoßes

$$C' + AB \rightarrow A^* + B + C \pm \Delta W \quad \text{(G)}$$

kann wie beim unelastischen Atom-Atom-Stoß mit Hilfe der potentiellen Energie des kurzzeitig gebildeten Moleküls $(ABC)^*$ vorgenommen werden. Es ist jedoch hier allgemein nicht mehr möglich, den Energieaustausch durch Potentialkurven in einer zweidimensionalen Darstellung zu erklären, da der Potentialverlauf je nach Lage der drei Atome zueinander verschieden sein kann.

---

[1] Dieser Energiebetrag kann durch thermische Bewegung kompensiert werden.

Bei der dreidimensionalen Darstellung läßt sich wie bei (E) zeigen, daß Übergänge dann stattfinden, wenn sich Potentialflächen auf kritische Entfernung nähern. Im Gegensatz zum Atom-Atom-Stoß ist der Energieaustausch wegen der größeren Zahl von vorhandenen Freiheitsgraden bei dem Drei-Atom-Modell jedoch

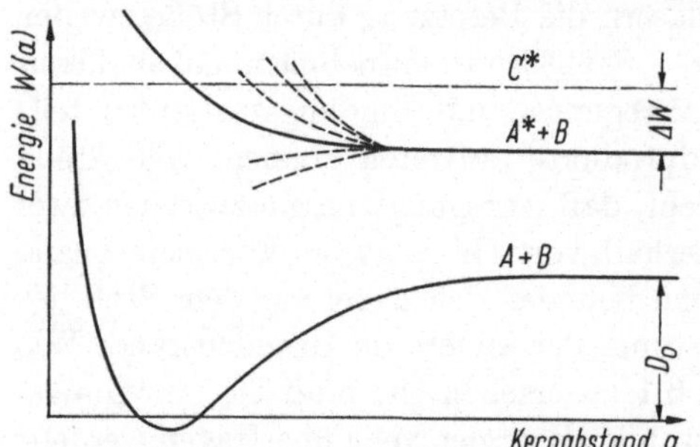

Abb. 6.5. Potentialkurven des Moleküls (AB) im Grund- und angeregten Zustand als Funktion des Kernabstandes. Die Energie des metastabilen Atoms C^* wird von (AB) unter Erzeugung eines angeregten Zustands $(AB)^*$ (gestrichelte Kurvenschar) absorbiert. $(AB)^*$ zerfällt in $A^* + B$. $(D_0$ Dissoziationsenergie im Grundzustand).

weitaus unkritischer. Besonders deutlich wird dies beim Stoß mit nachfolgender Dissoziation, bei dem drei Teilchen zur Erhaltung von Energie und Impuls vorhanden sind. Es lassen sich daher selbst bei Energiedifferenzen von 1 eV noch Wirkungsquerschnitte von 10^{-15} cm² erreichen. In stark angenäherter Form kann der Energieaustausch gemäß (G) betrachtet werden als Übergang des Moleküls AB vom Grundzustand zu einem angeregten Zustand $(AB)^*$ mit nachfolgender Dissoziation. Diese Darstellung hat sich auch bei der Erklärung etwa des Ne-O_2-Lasers eingebürgert und soll daher in Abb. 6.5 kurz erläutert werden. Dort sind die Potentialkurven für den Grundzustand und den angeregten Zustand des Moleküls AB als Funktion des Kernabstandes gezeigt. Da normalerweise eine ganze Reihe angeregter Molekülzustände zu denselben Dissoziationsprodukten führen können, ist eine Schar von Potentialkurven (gestrichelt) angedeutet.

Im Gegensatz zu den Prozessen (F)—(H) sind die Stoßprozesse (E) reversibler Natur. Die Zeitkonstante $\tau(A^*)$ für den *rückläufigen* Prozeß

$$A^* + C \rightarrow A + C'$$

(s. Tab. 6.1, S. 223) ist nach Kap. 2.11 gegeben durch [15,47]

$$\tau(A^*) = \tau(C') \frac{g(A^*)\,g(C)\,n(A)}{g(C')\,g(A)\,n(C)} \exp - [W(A^*) - W(C')]/kT. \qquad (6.2/2)$$

Für $W(A^*) > W(C')$, d. h. bei endothermen Stößen, kann die Wahrscheinlichkeit des rückläufigen Prozesses die des vorlaufenden nach Maßgabe der Größe von ΔW übertreffen. Man kann hieraus unmittelbar die Bedeutung des metastabilen Stoßpartners beim betrachteten Stoß zweiter Art ermessen: Die Anregungsrate $(1 \rightarrow 2)$ ist durch $n(C')/\tau(C')$, die Rate $(2 \rightarrow 1)$ durch $n(A^*)/\tau(A^*)$ gegeben. Da nun der Zustand A^* (oberes Laserniveau) eine wesentlich kürzere Lebensdauer hat als der metastabile Zustand C', wird $n(A^*) \ll n(C')$ und damit für Energiedifferenzen von einigen kT und $n(A) \approx n(C)$ auch der rückläufige Prozeß $(2 \rightarrow 1)$ vernachlässigbar klein.

6.2.2 Messung von Dichte und Energieverteilung der Elektronen

Die Wirksamkeit der einzelnen Anregungsmechanismen zur Erzielung von Überbesetzung hängt in hohem Maße von der Dichte und Energieverteilung der Gasentladungselektronen ab. Die Kenntnis dieser Größen als Funktion von Stromstärke, Druck und Gefäßdimensionen ermöglicht eine Abschätzung der Besetzungsrate einzelner Terme und damit der Besetzungsinversion zweier Laserniveaus.

Wie Erfahrung und theoretische Überlegungen zeigen, hängt die Energieverteilung der Elektronen bei gleicher zugeführter Leistung stark von den elektrischen Anregungsbedingungen ab. Nach einer kurzen Einführung in die gebräuchlichsten Meßmethoden wollen wir uns deshalb ausführlich mit den verschiedenen Entladungsformen befassen, die bei Gaslasern von Bedeutung sind. Den breitesten Raum wird die Diskussion der Entladungsparameter bei Gleichspannungsentladung einnehmen; daneben sollen die HF-, Trioden- und Zyklotron-Resonanz-Anregung, sowie die gepulste Hochspannungsentladung besprochen werden.

Wie in Kap. 6.1 erwähnt wurde, ist bei vielen Arbeiten, in denen die Stoßanregung und Besetzungsinversion in Gasentladungen untersucht worden ist, eine *Maxwell-Boltzmannsche Geschwindigkeitsverteilung* der Elektronen zugrunde gelegt worden. Ebenso gehen verschiedene Meßmethoden von der Voraussetzung aus, die Energie der Elektronen — zumindest in gewissen Energiebereichen — durch eine *Maxwell-Verteilung* beschreiben zu können. Für relativ niedrige Energiewerte ist diese Verteilung im allgemeinen auch gut realisiert; oberhalb der Anregungsenergien stellt sie jedoch keine brauchbare Näherung mehr dar. In diesem Bereich können Abweichungen um mehrere Größenordnungen auftreten [19].

Wenn die Energieverteilung in einem Energieintervall durch eine *Maxwell-Verteilung* angenähert werden kann, ist es sinnvoll, eine Elektronentemperatur T_e zu definieren, gemäß

$$k T_e = \frac{m v_w^2}{2} = \frac{2}{3}\left(\frac{m \overline{v_e^2}}{2}\right) = \frac{2}{3}\, e\,\overline{U} \qquad (6.2/3)$$

wo v_w die wahrscheinlichste Geschwindigkeit, $\overline{v_e^2}$ das mittlere Geschwindigkeitsquadrat und $e\,\overline{U}$ die mittlere Energie bezeichnen. Bei Kenntnis der Elektronendichte n_e ist dann auch die absolute spektrale Verteilung

$$(n_e)_W = (n_e)_v \cdot \frac{1}{v_e m} \qquad (6.2/4)$$

bekannt, für die

$$n_e = \int\limits_0^\infty (n_e)_W \, dW = \int\limits_0^\infty (n_e)_v \, dv_e \qquad (6.2/5)$$

gilt.

Im allgemeinen muß die spektrale Dichteverteilung experimentell als Funktion der Elektronenenergie bestimmt werden. Im Hinblick auf die Stoßanregung ist es häufig zweckmäßig, gleich die spektrale Elektronenflußdichte

$$S_W = (n_e)_W \, v_e = \frac{1}{e}\, i_W \qquad (6.2/6)$$

zu ermitteln (i Stromdichte), da sie die Anregungsrate eines Niveaus aus dem Grundterm der Besetzungsdichte n_0 gemäß

$$\frac{dn}{dt} = n_0 \int\limits_0^\infty \sigma(W)\, S_W \, dW \qquad (6.2/7)$$

bestimmt (s. Kap. 2.14).

Meßmethoden: Zur Messung der oben definierten Größen können verschiedene Verfahren herangezogen werden. Neben den bekannten Sonden- und Mikrowellenmethoden ist auch eine neuere Meßmethode mit Energiespektrometern zu erwähnen.

Das klassische Verfahren zur Ermittlung von Elektronenenergiespektren bedient sich der *Langmuir-Sonde* [20, 21]. Es werden die Ströme gemessen, die im

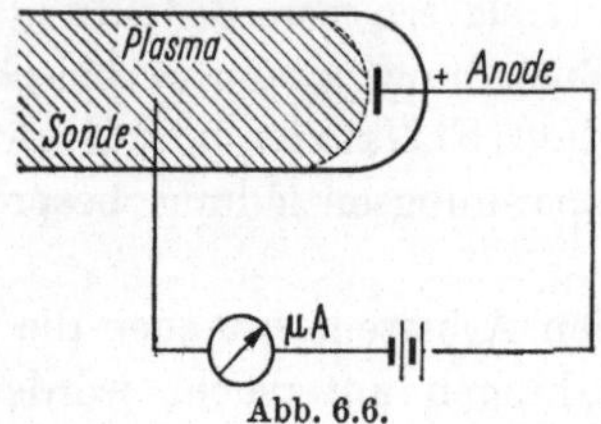

Abb. 6.6.
Sondenanordnung nach LANGMUIR, schematisch.

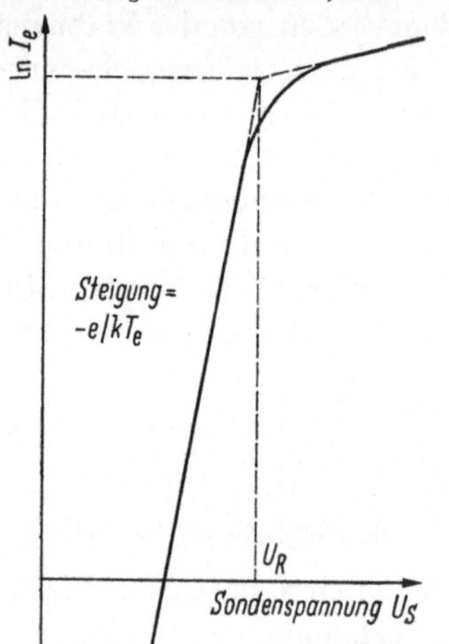

Abb. 6.7. Halblogarithmische Darstellung des Sondenstroms I_e als Funktion der Sondenspannung U_s; Kurvenverlauf bei *Maxwellscher Geschwindigkeitsverteilung* der Elektronen.

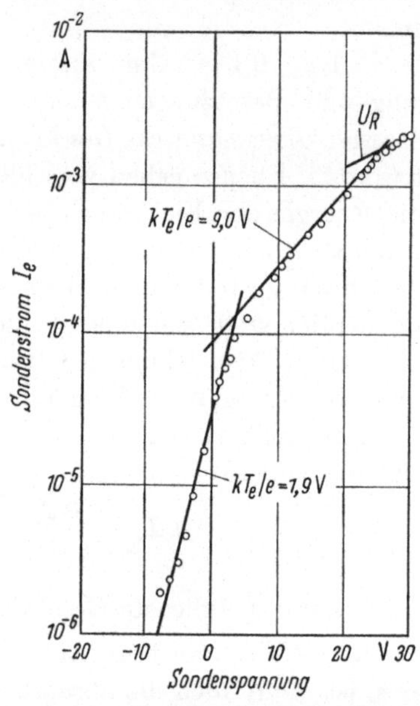

Abb. 6.8. Bestimmung der Elektronentemperatur in einem mit Hochfrequenz erregten Xenonplasma. Die beiden linearen Teilstücke lassen auf zwei Geschwindigkeitsgruppen mit unterschiedlicher Temperatur schließen (nach S. AISENBERG [22]).

geschlossenen Kreis Sonde–Plasma–Anode–Sonde oder umgekehrt bei variabler Sondenspannung fließen (Abb. 6.6). Aus dem Anlaufstrom I_e der Elektronen als Funktion der negativen Sondenspannung U_S läßt sich gemäß

$$\ln I_e = -\frac{eU_S}{kT_e} + \text{const}\,(T_e, n_e) \tag{6.2/8}$$

die Elektronentemperatur T_e bestimmen [20]. Wie die Abb. 6.7 zeigt, entnimmt man T_e bei halblogarithmischer Darstellung aus der reziproken Steigung des linearen Kurventeils der Strom-Spannungs-Kurve. Werden mehrere lineare Anteile beobachtet, so kann auf die Existenz verschiedener Elektronengruppen geschlossen werden, von denen jede für sich eine *Maxwellsche Geschwindigkeitsverteilung* bei unterschiedlicher Elektronentemperatur aufweist.

Für Messungen in elektrodenlosen, mit Hochfrequenz angeregten Plasmen wurden Mehrfachsonden entwickelt, bei denen zwei oder mehr Sonden auf schwebendem[1] Potential liegen (floating multiple probes), d. h., zu keinem festen Potential Bezug haben. Während Zweifach-Sonden offensichtliche Mängel aufweisen und zu Fehlinterpretation führen, lassen sich mit den von AISENBERG [22] beschriebenen Dreifach-Sonden exakte Messungen des Energiespektrums sowohl im Bereich der langsamen als auch der schnellen Elektronen ausführen. Eine nach diesem Verfahren erhaltene Meßkurve, die den Anlaufstrom in einem mit HF erregten Xenonplasma wiedergibt, ist in Abb. 6.8 gezeigt. Die Darstellung läßt unterhalb des Plasmapotentials U_R zwei lineare Teilstücke erkennen, denen zwei Elektronengruppen mit *Maxwellscher Geschwindigkeit* entsprechen.

Außer der Energieverteilung läßt sich mit Sondenmethoden auch die Elektronendichte einer Entladung bestimmen, wobei jedoch die effektive Oberfläche der Sonde bekannt sein muß, die je nach Ausführungsform stark variiert [20, 21, 23]. Da sich überdies Sondenmessungen nur für relativ hohe Ladungsträgerdichten (n^+, $n_e \approx 10^8$ cm^{-3}) eignen, empfiehlt es sich, für Elektronendichtemessungen auf Mikrowellenmethoden zurückzugreifen [20, 21]. Bei diesen wird die Plasmafrequenz der Elektronen

$$\omega_p = \left(\frac{n_e e^2}{m_e \varepsilon_0}\right)^{1/2} \qquad (6.2/9)$$

gemessen, die mit der relativen Dielektrizitätskonstanten durch

$$\varepsilon = 1 - \left(\frac{\omega_p}{\omega}\right)^2 \qquad (6.2/10)$$

verbunden ist. Zur Bestimmung von ω_p bieten sich verschiedene Wege an, die auf folgenden Effekten beruhen:

a) Änderung der Resonanzfrequenz ω_0 eines Mikrowellenresonators, der teilweise von der Gasentladung erfüllt ist: Die Methode eignet sich für Elektronendichten zwischen 10^8 und 10^{10} cm^{-3} und liefert sehr exakte Ergebnisse [20]. Es gilt

$$\frac{\Delta \omega_0}{\omega_0} = \frac{G}{2}\left(\frac{\omega_p}{\omega}\right)^2 \qquad (6.2/11)$$

wobei G einen geometrischen Faktor bezeichnet, der von der Resonatorform sowie der Lage und Ausdehnung der Gasentladungsstrecke bestimmt wird. Abb. 6.9 zeigt einen rechteckigen H$_{101}$-Resonator mit quadratischer Basis, wie er in [24] zur Messung der Elektronendichte eines He-Ne-Plasmas verwendet worden ist.

b) Messung der Transmission oder Reflexion von Mikrowellen in einem Hohlleiter, der von einem Gasentladungsrohr durchsetzt ist: Eine Anordnung zeigt Abb. 6.10. Die im Hohlleiter in z-Richtung fortschreitende H$_{10}$-Welle erzeugt durch ihren (stets transversalen) E-Vektor eine Polarisation des Plasmas, entsprechend einem elektrischen Dipol. Für die Dipolresonanzfrequenz, die sich wie üblich durch maximale Absorption bemerkbar macht, gilt die einfache Beziehung [26]

$$\omega_R = \omega_p/\sqrt{2}, \qquad (6.2/12)$$

---

[1] Das Sondenpotential stellt sich so ein, daß Elektronen- und Ionenstrom im Gleichgewicht stehen. Es ist stets kleiner als das Raumpotential.

woraus wie oben die Elektronendichte zu entnehmen ist. Es versteht sich von selbst, daß bei Mikrowellenmessungen nur der über den Querschnitt des Entladungsrohres gemittelte Wert von n_e erhalten wird, während mit Sondenmethoden auch die radiale Abhängigkeit [23] bestimmt werden kann.

Wie die Elektronendichte, so kann auch die Elektronentemperatur mit Mikrowellenmethoden ermittelt werden. Man mißt das Rauschen einer Gasentladung

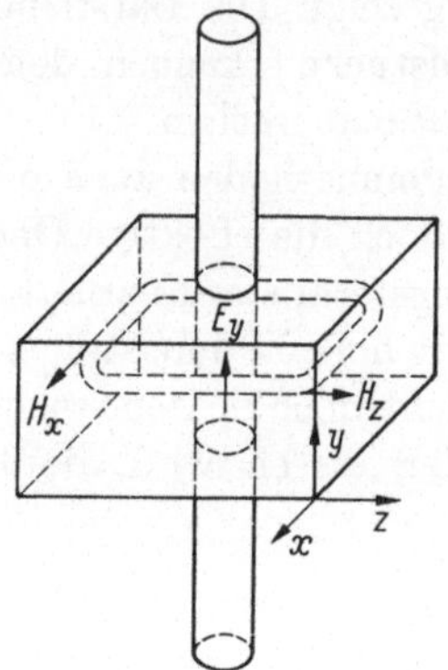

Abb. 6.9. H_{101} Resonator mit quadratischem Querschnitt zur Messung der Elektronendichte in einem Entladungsrohr; $E_{Rohr} \parallel E_y$ (nach E. F. LABUDA u. E. I. GORDON [24]).

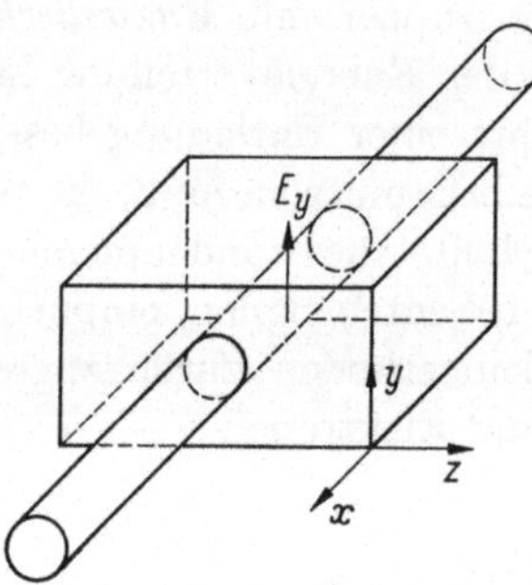

Abb. 6.10. Hohlleiter für H_{10}-Welle mit Entladungsrohr senkrecht zur Feldstärke ($E_{Rohr} \perp E_y$).

im Mikrowellenbereich [20], das näherungsweise als Emission eines schwarzen Körpers der Temperaturen T_R beschrieben werden kann, wobei (bei *Maxwellscher Geschwindigkeitsverteilung* der Elektronen) $T_R \approx T_e$. Die Rauschtemperatur wird vorteilhaft durch Vergleich mit einer Standard-Rauschquelle bestimmt, wie es u. a. in [24] bei einem He-Ne-Gemisch durchgeführt wurde. Abweichungen von einer *Maxwell-Verteilung* lassen sich durch Korrekturen berücksichtigen [25].

Eine direkte Meßmethode bedient sich eines Energiespektrometers, das den spektralen Elektronenfluß unmittelbar anzeigt. Die zu messenden Elektronen treten dabei aus einer Öffnung auf der Anodenseite der Gasentladungsstrecke in das unter Hochvakuum gehaltene Energiespektrometer ein, in dem sie auf konventionelle Art fokussiert und registriert werden [19].

6.2.3 Energieverteilung und Dichte der Elektronen bei unterschiedlichen Entladungsformen

Gleichspannungsentladung: In Gasentladungen mit Drücken um 1 Torr werden längs der Entladungsstrecke sehr unterschiedliche Werte für die elektrische Feldstärke, die mittlere Elektronenenergie und die Elektronendichte beobachtet [20]. Die höchsten Elektronengeschwindigkeiten werden an der kathodenseitigen Grenze des negativen Glimmlichts gemessen, das sich zur Anregung von Laserniveaus in erster Linie anbietet. Um diese schmale Grenzschicht aber tatsächlich als verstärkendes Medium ausnutzen zu können, ist es notwendig, die Laserresonatorachse senkrecht zur Entladungsstrecke anzuordnen. Obwohl sich mit derartigen Anordnungen hohe Verstärkungswerte erreichen lassen, haben sie wegen der schwierigen Technologie keine nennenswerte Bedeutung erlangt.

Die *positive Säule*[1] weist demgegenüber in ihrer ganzen Länge konstante Feldstärke sowie homogene Energieverteilung und Elektronendichte auf. Wir wollen im folgenden die Abhängigkeit dieser Größen von Druck, Stromstärke und Rohrdimensionen diskutieren. Die Betrachtung sei vorerst auf den Druckbereich 10^{-2} Torr $< p < 10$ Torr sowie den Stromdichtebereich 10^{-3} A/cm^2 $< i < 1$ A/cm^2 beschränkt.

Der maximale Energiebetrag, den ein Elektron zwischen zwei elastischen Stößen längs der freien Weglänge Λ gewinnen kann, ist durch $eE\Lambda$ gegeben. (Wie wir weiter unten sehen werden (Abb. 6.11), ist dieser Betrag im allgemeinen etwa ein Zehntel der mittleren Elektronenenergie der Gasentladung). Als Maß für den Energiegewinn pro freier Weglänge wird jedoch im allgemeinen nicht $eE\Lambda$, sondern der dazu proportionale Quotient aus Feldstärke und Druck, E/p, verwendet. Typische E/p-Werte für Gleichspannungsentladungen liegen in der Größenordnung von 10 Volt/cm Torr.

Entsprechend seiner physikalischen Bedeutung verhält sich der

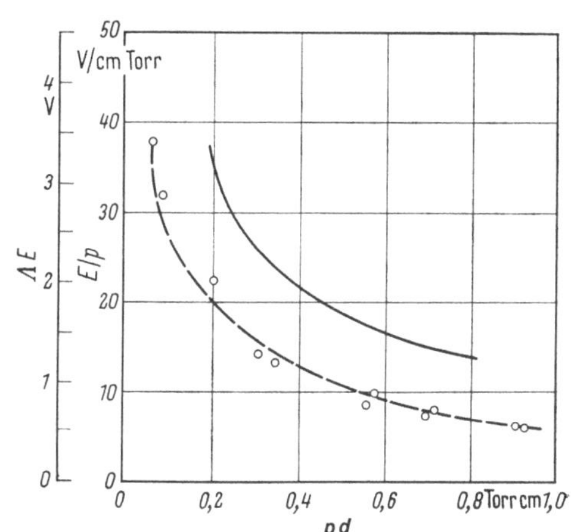

Abb. 6.11. Quotient aus elektrischer Feldstärke und Druck als Funktion von pd. Ausgezogen: Meßkurve für He; gestrichelt: Meßkurve für Ne; eingezeichnete Meßpunkte: Ergebnisse an einem He-Ne-Gemisch. Die Ordinate ist außerdem in ΛE geeicht, wobei ein elastischer Querschnitt von $3{,}5 \cdot 10^{-16}$ cm^2 zugrunde gelegt ist. Die ΛE-Werte geben als Funktion von pd den Energiebetrag an, den ein Elektron maximal längs der freien Weglänge erreichen kann (nach J. Y. WADA u. H. HEIL [19]).

Quotient E/p als Funktion der oben genannten Entladungsparameter qualitativ gleich wie die mittlere Energie $\overline{W}$ bzw. die Elektronentemperatur T_e. Für Drucke oberhalb von 1 Torr gehorcht E/p in guter Näherung den Ähnlichkeitsgesetzen[2] der Gasentladung, d. h.

$$E/p = f(pd). \qquad (6.2/13)$$

Dies ist in Abb. 6.11 am Beispiel von He-Ne-Entladungen gezeigt. Für konstanten Rohrdurchmesser d und steigenden Druck werden für E/p abnehmende Werte beobachtet, obwohl die Feldstärke allein für $p > 1$ Torr in der Regel ansteigt [20]. Die Abhängigkeit der Größen E und E/p von der Stromstärke ist innerhalb der oben gesetzten Grenzen in der Regel gering [19, 20].

---

[1] Ob die Entladung mit kalter oder geheizter Kathode betrieben wird, ist auf den Charakter der positiven Säule ohne Einfluß. Die Kathodenwahl beeinflußt in erster Linie nur die Größe der Kathodenzerstäubung und damit die Lebensdauer des Lasers.

[2] Zwei Entladungen sind als ähnlich definiert, wenn bei gleichen Strömen ($I_1 = I_2$) und gleichen Spannungen ($U_1 = U_2$) für die linearen Dimensionen Länge l, Durchmesser d und freie Weglänge Λ

$$l_1/l_2 = d_1/d_2 = \Lambda_1/\Lambda_2 = a$$

und damit u. a. für Druck p und Feldstärke E

$$p_1/p_2 = E_1/E_2 = 1/a$$

gilt (a Proportionalitätskonstante).

Mit dem Verhalten des Quotienten E/p ist auch die Größe der mittleren Energie $\overline{W}$ als Funktion der Entladungsparameter qualitativ skizziert. Wie E/p, so lassen sich auch $\overline{W}$ bzw. T_e innerhalb gewisser Grenzen von pd und I als Funktion von

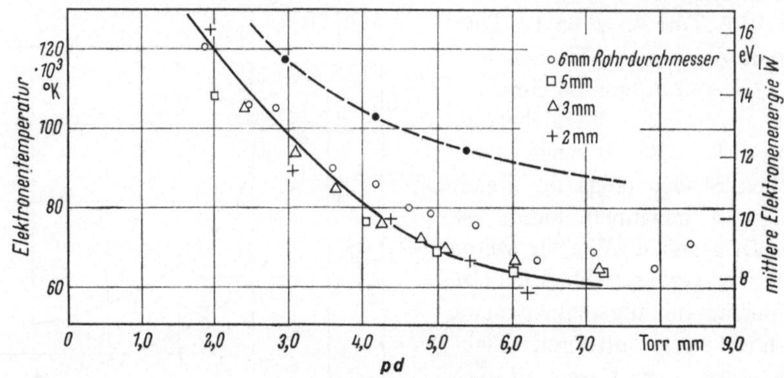

Abb. 6.12. Elektronentemperatur T_e bzw. mittlere Elektronenenergie $\overline{W}$ für eine mit Gleichstrom erregte He-Ne-Entladung ($p_{He}/p_{Ne} = 5:1$) als Funktion von pd. Ausgezogene Kurve: Mikrowellen-Rauschmessung (nach E. F. LABUDA u. E. I. GORDON [24]); gestrichelte Kurve: Messung mit Energiespektrometer (nach J. Y. WADA u. H. HEIL [19]). Zum Vergleich der Kurven wurde $kT_e = {}^2/_3\,\overline{W}$ gesetzt.

pd darstellen. Die für ein He-Ne-Gemisch gültige pd-Abhängigkeit der Elektronentemperatur T_e ist in Abb. 6.12 wiedergegeben. Die zugrunde liegenden Meßergebnisse wurden aus Mikrowellen-Rauschmessungen (also unter der An-

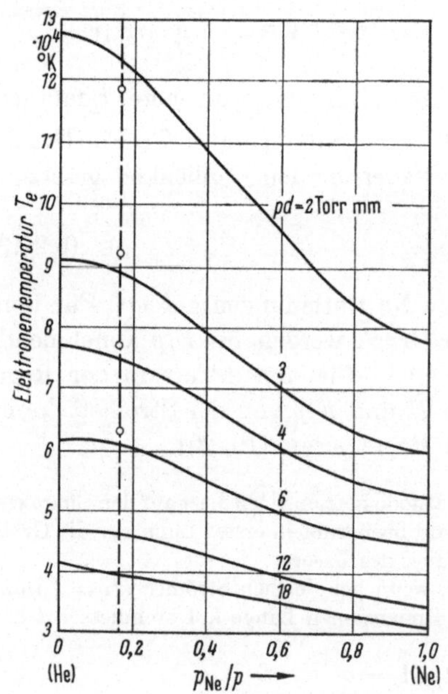

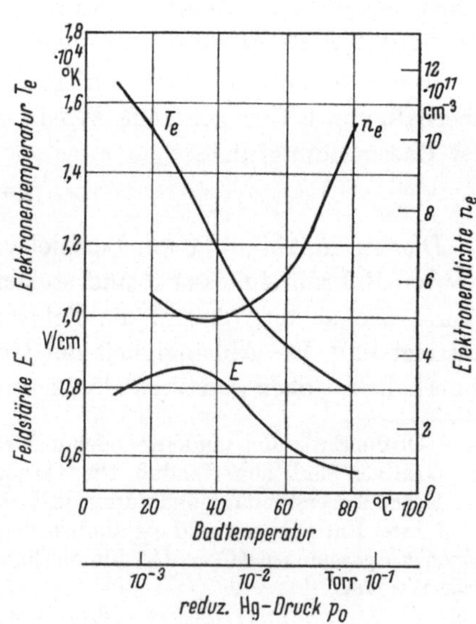

Abb. 6.13. Elektronentemperatur als Funktion des He-Ne-Verhältnisses mit pd als Parameter (p Gesamtdruck); theoretische Kurven (nach R. T. YOUNG [27]); zum Vergleich sind experimentelle Werte (nach E.F. LABUDA u. E. I. GORDON [24]) für $p_{Ne}/p = {}^1/_6$ eingezeichnet.

Abb. 6.14. Elektronentemperatur, Feldstärke und Elektronendichte einer Ar-Hg-Mischung als Funktion des reduzierten Hg-Partialdrucks p_0 ($p_0 = 273\,p/T$, p wirklicher Fülldruck). Argonpartialdruck 3 Torr, Stromdichte etwa 40 mA/cm² (nach W. VERWEJ [23]).

nahme von *Maxwell-Verteilung*) gewonnen [24]. Zum Vergleich ist eine Meßkurve eingezeichnet, die mit Hilfe eines Energiespektrometers an einer identischen Entladung gewonnen wurde [19] und die mittleren Energien wiedergibt.

Bei überwiegender *Maxwell-Verteilung* läßt sich auch theoretisch zeigen, daß T_e als Funktion von pd dargestellt werden kann. Eine Theorie für reine Gase findet man in [20], die Erweiterung auf Gasgemische in [27]. Die Übereinstimmung der erweiterten Theorie mit den experimentellen Ergebnissen erweist sich als sehr gut, wie aus Abb. 6.13 entnommen werden kann, in der die Elektronentemperatur verschiedener He-Ne-Gemische als Funktion der Mischungsverhältnisse mit pd als Parameter aufgetragen ist. Die der Abb. 6.12 zugrundeliegenden experimentellen Werte sind zum Vergleich eingezeichnet. Man erkennt, daß sich bei diesen Gasgemischen die Elektronentemperatur etwa linear mit dem Mischungsverhältnis zwischen den Werten der reinen Gase ändert.

Der praktischen Bedeutung wegen wollen wir T_e noch in solchen Fällen betrachten, bei denen einem Gas mit konstantem Druck ein zweites Gas mit bedeutend kleinerer Ionisationsenergie beigemischt wird. Am Beispiel einer Ar-Hg-Mischung ist in Abb. 6.14 zu sehen, wie mit steigendem Hg-Partialdruck T_e stark zurückgeht, obwohl der absolute

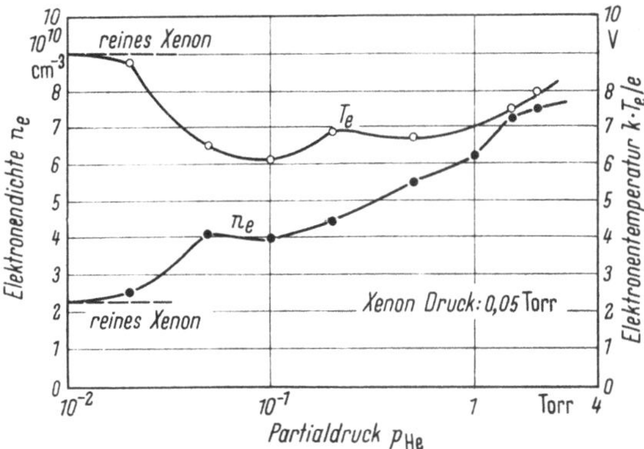

Abb. 6.15. Elektronentemperatur und -dichte in einem mit HF erregtem He-Xe-Plasma als Funktion des He-Partialdrucks bei einem Xe-Partialdruck von 0,05 Torr (nach S. AISENBERG [28]).

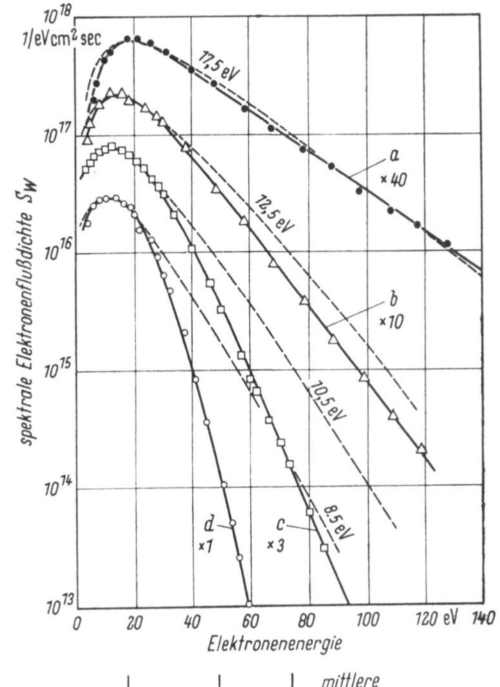

	pd Torr·mm	E V/cm	mittlere Energie eV
a	0,68	6,0	26
b	1,5	6,5	18
c	3,0	8,0	14
d	5,6	11,0	12

Abb. 6.16. Spektrale Elektronenflußdichte $S_W = i_W/e$ als Funktion der mittleren Elektronenenergie $\overline{W}$ mit pd als Parameter (p_{He}: $p_{Ne} = 5:1$, $i = 100$ mA/cm², $d = 7$ mm). Die Ordinatenwerte der Kurven A bis C sind mit den angegebenen Faktoren multipliziert worden, um Überlappung zu vermeiden. Die gestrichelten Kurven entsprechen jeweils einer *Maxwell-Verteilung* bei den angegebenen Temperaturen (nach J. Y. WADA und H. HEIL [19]).

Fremdgasdruck relativ gering ist. Man beachte dagegen, daß die Elektronentemperatur eines Gases mit relativ niedriger Ionisationsenergie (etwa Xe) bei Zusatz eines Gases mit großer Ionisationsenergie (etwa He) auch bei hohem Fremdgasdruck nur unwesentlich absinkt (Abb. 6.15).

Die experimentell ermittelten Energiespektren lassen sich in der Regel für Elektronenenergien *unterhalb* der jeweiligen Anregungsenergie gut durch eine *Maxwell-Verteilung* beschreiben. Für höhere Energien ergeben sich Abweichungen

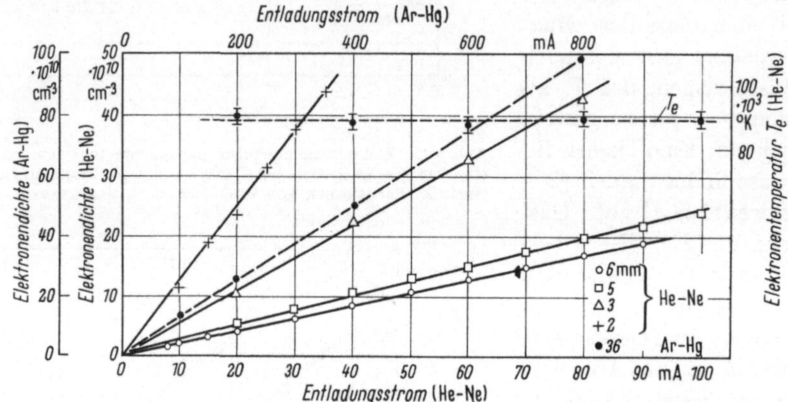

Abb. 6.17. Elektronendichte als Funktion der Stromstärke. Durchgezogene Kurve: He-Ne-Gemische mit $p_{Ne} : p_{He}$ = 1 : 5 und pd = 0,36 Torr cm (Rohrdurchmesser als Parameter); gestrichelte Kurve: Ar-Hg-Gemisch mit p_{Ar} = 3 Torr, p_{Hg} = 7 · 10⁻³ Torr. Die lineare Abhängigkeit zeigt an, daß T_e innerhalb der angegebenen Grenzen als konstant anzusehen ist (nach E. F. LABUDA u. E. I. GORDON [24] u. W. VERWEJ [23]).

von der *Maxwell-Verteilung*, wobei für große pd-Produkte ($\approx 0,5$ Torr cm in Abb. 6.16) Unterschiede von einigen Größenordnungen auftreten können. Für kleine pd-Werte dagegen ($\approx 0,07$ Torr cm in Abb. 6.16) kann gute Übereinstimmung zwischen gemessener und *Maxwell-Verteilung* vorliegen.

Für viele Gase erweist sich die mittlere Elektronenenergie innerhalb der eingangs angenommenen Grenzen als relativ unabhängig von der Stromstärke bzw. Stromdichte der Entladung. Dieses Verhalten steht in Übereinstimmung mit der *linearen* Abhängigkeit zwischen Stromstärke und mittlerer Elektronendichte, die experimentell u. a. an He-Ne-Gemischen mit Stromdichten zwischen 10^{-2} A/cm² und 1 A/cm² sowie Ar-Hg-Mischungen mit 10^{-2} A/cm² $< i <$ 10^{-1} A/cm² nachgewiesen wurde (Abb. 6.17).

Die Verteilung der Elektronen über den Querschnitt des Entladungsrohres kann in guter Näherung durch die Nullte *Bessel-Funktion* $J_0(2,4\,r/R)$ beschrieben werden [23]. T_e bzw. $\overline{W}$ dagegen erweisen sich als relativ unabhängig von den Ortskoordinaten und können im Rahmen unserer Betrachtung als konstant über den Querschnitt angesehen werden.

Hochfrequenzentladung: Im großen und ganzen gesehen sind Gleichspannungs- und HF-Entladungen zur Anregung von Gaslasern gleichwertig. Der Vorzug der äußeren Elektroden bei der HF-Entladung wird etwas beeinträchtigt durch die inhomogene Anregung der Plasmasäule, die sich jedoch durch gute Anpassung und größere Anzahl von Elektroden weitgehend beheben läßt. Wird dies versäumt, so entstehen zu „heiße" und zu „kalte" Anregungszonen, die beide nicht die optimalen Anregungsbedingungen aufweisen. Die Frequenz muß so groß gewählt werden, daß die Periodendauer klein ist gegenüber den Relaxationszeiten im Plasma. Da letztere im Mikrosekundenbereich liegen, ist bei $\nu_{HF} > 1$ MHz keine Welligkeit in der Ausgangsleistung zu erwarten.

Die Abhängigkeit der Elektronendichte n_e und Elektronentemperatur T_e von den äußeren Entladungsparametern ist innerhalb bestimmter pd-Werte qualitativ gleich wie bei Gleichspannungsentladungen, d. h. n_e ist eine lineare Funktion des Quotienten aus zugeführter Leistung und Elektrodenspannung P/U (Maß für die Stromstärke) und T_e ist innerhalb der gleichen Grenzen weitgehend unabhängig von P/U [29].

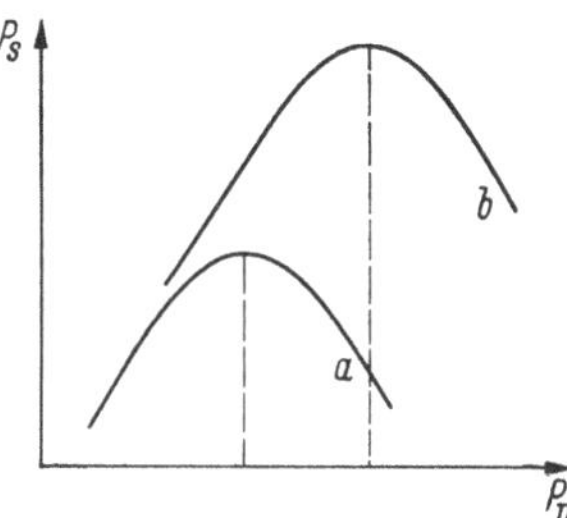

Abb. 6.18. Ausgangsleistung eines He-Ne-Lasers als Funktion der Pumpleistung P_p. a) Gleichspannungsanregung; b) zusätzliche HF-Anregung [32].

Die Ergebnisse an He-Ne-Gaslasern legen jedoch die Vermutung nahe, daß bei HF-Anregung eine höhere mittlere Elektronenenergie zu erwarten ist als bei Gleichspannungsbetrieb. Es zeigt sich nämlich, daß die für Laserbetrieb optimalen Fülldrucke bei HF-Anregung etwa doppelt so groß sind wie bei Gleichspannungsanregung [30]. Da die Elektronentemperatur mit steigendem Druck zurückgeht (Abb. 6.12), ist daher der Schluß naheliegend, daß sie unter gleichen Druckverhältnissen bei HF-Anregung höher liegt.

Die erreichbare Laserausgangsleistung ist für beide Anregungsverfahren etwa gleich. Ein eindeutiger Gewinn in der Laserausgangsleistung läßt sich jedoch bei kombinierter Anregung erhalten (Abb. 6.18). Sehr wahrscheinlich werden dabei die langsamen Elektronen, die in der Gleichspannungsentladung in genügender Anzahl vorhanden sind, während einer HF-Halbperiode auf hohe Energien beschleunigt [31].

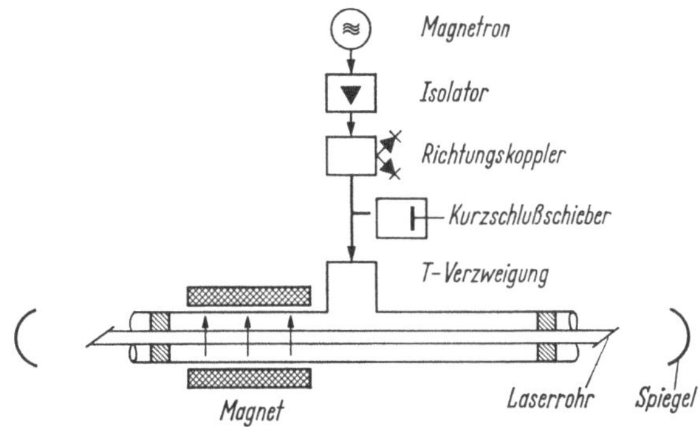

Abb. 6.19. Laseranregung durch Elektronen-Zyklotron-Resonanz im Mikrowellengebiet; schematischer Versuchsaufbau (nach S. A. AHMED u. R. KOCHER [33]).

Anregung durch Elektronen-Zyklotronresonanz: Bei dieser Methode wird die mittlere Energie der Elektronen durch Zufuhr von Mikrowellenleistung bei Zyklotronresonanz vergrößert und damit die Wahrscheinlichkeit für die Anregung von Lasertermen erhöht [33]. Das erregende Mikrowellenfeld liegt dabei senkrecht zu einem magnetischen Gleichfeld, welches das Laserrohr ebenfalls senkrecht durchsetzt (Abb. 6.19).

Die mittlere Energie, die einem Elektron zwischen zwei Stößen aus dem Mikrowellenfeld der Feldstärke $E = E_1 \cos \omega t$ zugeführt wird, beträgt nach [33]

$$\overline{W} = \frac{e^2 E_1^2}{4 m_e} \left(\frac{1}{(\omega + \omega_c)^2 + v_s^2} + \frac{1}{(\omega - \omega_c)^2 + v_s^2} \right),\qquad (6.2/14)$$

wobei $\omega_c = eB/m$ die Zyklotronresonanz-Frequenz und $v_s = n_0\,\overline{\sigma}\,\overline{v}_e$ die Stoßfrequenz der Elektronen bezeichnen. (B Induktion des Magnetfeldes, n_0 Teilchendichte, $\overline{\sigma}$ mittlerer Wirkungsquerschnitt für Elektronen-Atom-Stöße, $\overline{v}_e$ mittlere Geschwindigkeit der Elektronen). Falls $\omega \gg v_s$, wird der Energiegewinn $\overline{W}$ bei Zyklotronresonanz ($\omega = \omega_c$) maximal, und zwar gilt dann

$$\overline{W} = \frac{e^2 E_1^2}{4 m v_s^2}.\qquad (6.2/15)$$

Die Anregung durch Zyklotronresonanz erfordert erheblichen apparativen Aufwand, weshalb sie bisher keine breite Anwendung gefunden hat. Aus den Messungen von AHMED und KOCHER [33], die das Verfahren als erste beschrieben haben, läßt sich jedoch entnehmen, daß eine beträchtliche Erhöhung der mittleren Elektronenenergie und eine Steigerung der Laserausgangsleistung bis zum Faktor fünf gegenüber den herkömmlichen Anregungsarten zu beobachten ist.

Triodenanregung: Der Triodenanordnung liegt der Gedanke zugrunde, durch Verwendung nahezu monoenergetischer Elektronen eine hohe Anregungsrate speziell für die Laserniveaus zu erhalten. In Abb. 6.20a ist der prinzipielle Aufbau eines Triodenlasers wiedergegeben, wie er in [34] erstmals beschrieben wurde: Die bandförmigen Elektroden sind parallel zur Laserachse angeordnet. Der geheizten Oxydkathode liegt in geringem Abstand ein Gitter gegenüber, das zur Beschleunigung der Elektronen dient. Die Anode ist relativ zur Kathode auf negativem Potential. ($U_A < U_K = 0$).

Je nach Betriebszustand ergibt sich im Gitter-Anoden-Raum ein unterschiedlicher Potentialverlauf (s. Abb. 6.20b): Das Rohr sei mit einem Gas der Ionisierungsspannung U_i gefüllt. Der lineare Potentialverlauf im Kathoden-Gitter- bzw. Gitter-Anoden-Raum bei kalter Kathode (Kurve A) wird bei geheizter Kathode und einem Gitterpotential $U_g < U_i$ wegen der eingeschwemmten Primärelektronen auf typische Weise abgesenkt (Kurve B). Für U_g-Werte knapp oberhalb der Ionisierungsspannung U_i tritt im Gitter-Anoden-Raum gitterseitig Ionisation auf. Da die Sekundärelektronen wegen der größeren Beweglichkeit rascher als die Ionen abgezogen werden, bildet sich eine positive Raumladung aus, die das Potential gitterseitig gegen U_g anhebt (Kurve C). Für $U_g > U_i$ wächst die Eindringtiefe der Primärelektronen und die positive Raumladung dehnt sich weiter nach der Anodenseite aus. Die Kurve D stellt den stationären Zustand für U_g-Werte dar, die weit genug oberhalb von U_i liegen.

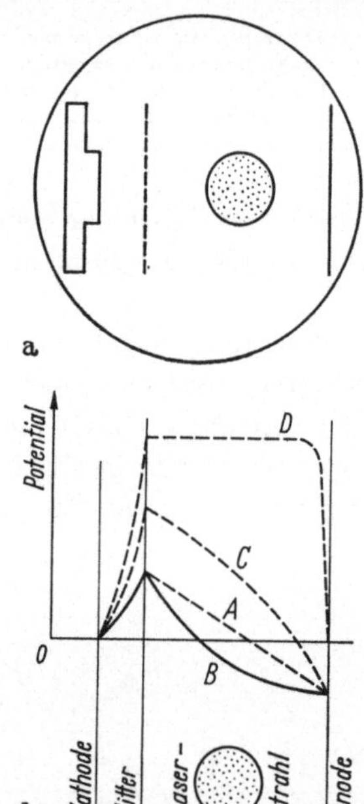

Abb. 6.20. Triodenanregung eines Gaslasers. a) Querschnitt des Entladungsrohres; b) Potentialverteilung zwischen den Elektroden bei verschiedenen Betriebszuständen; (A) kalte Kathode, $U_g < U_i$; (B) heiße Kathode, $U_g < U_i$; (C) $U_g \approx U_i$, (D) $U_g > U_i$. Die Kurve D stellt die endgültige Potentialverteilung dar, wie sie für Laseranwendung gewünscht wird (nach P.K. TIEN et al. [34]).

Wenn durch geeignete Wahl des Fülldrucks dafür gesorgt ist, daß die mittlere freie Weglänge für unelastische Elektronen-Atom-Stöße größer ist als der Kathoden-Gitter-Abstand, so treten tatsächlich nur monoenergetische Elektronen der Voltgeschwindigkeit U_g in den Gitter-Anoden-Raum ein und unelastische Stöße finden ausschließlich mit solchen Elektronen statt.

Wie die Zyklotronresonanzanregung, so hat auch die Triodenanregung praktisch wenig Bedeutung erlangt, da die Elektrodenanordnung relativ kompliziert ist und keine lange

Lebensdauer erhalten wird. Sie eignet sich jedoch sehr gut zur Untersuchung des Besetzungsmechanismus, da die zugehörigen Entladungsparameter klar übersehbar sind. Daneben ist es möglich, Anregungsquerschnitte für interessierende Übergänge relativ leicht zu ermitteln.

Pulsanregung: Eine gepulste Entladung zur Anregung von Laserniveaus kann in zweifacher Hinsicht von Vorteil sein: Einmal ist es möglich, bei geringer mittlerer Pumpleistung entsprechend dem Tastverhältnis sehr hohe Entladungsströme zu erzeugen, wie sie im Dauerbetrieb nur unter großem technischem Aufwand zu erzielen sind. Zum anderen tritt an den Pulsflanken eine zeitabhängige Besetzungsverteilung auf, die von der stationären Besetzung erheblich abweichen kann.

Hohe Entladungsströme im Ampere-Bereich sind z. B. für alle Ionenlaser zur Erzeugung einer ausreichenden Besetzungsinversion notwendig. Bei den meisten Lasersystemen, die im gepulsten Betrieb arbeiten, ist die hohe Stromstärke allein jedoch keine hinreichende Voraussetzung. Die entscheidende Überbesetzung geschieht zu Beginn und am Ende des Pulses. Dies soll im folgenden näher betrachtet werden.

An ein Entladungsrohr mit Elektrodenabstand a werden ein Spannungsimpuls mit einer Anstiegszeit von etwa 100 ns und einer Dauer von einigen µs angelegt. Die Spannung möge höher sein als die Durchbruchsspannung U_D, die für nicht zu enge Rohre eine Funktion von pa ist. Der prinzipielle Spannungsverlauf während des Durchschlags ist in Abb. 6.21 aufgezeigt. Die Entladung durchläuft die drei Zonen der *Townsend-*, der Glimm- und der Bogenentladung, wobei die mittlere verschwindend

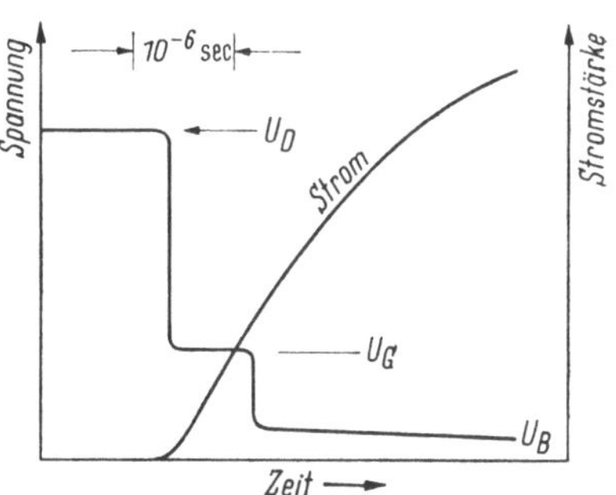

Abb. 6.21. Spannungsverlauf während des elektrischen Durchschlags in einer Gasentladungssäule. Es bedeuten: U_D Durchbruchspannung (*Townsend-Entladung*), U_G Spannung während der Glimmentladung, U_B Spannung bei Bogenentladung. Am Ende der Durchbruchzeit T_D liegt eine große Dichte hochenergetischer Elektronen vor.

klein werden kann. Entsprechend fällt die Spannung am Rohr von U_D über U_G auf U_B. Der Strom, der während der *Townsend-Entladung* noch nahezu Null ist, steigt gemäß Abb. 6.21 steil an. Im *Townsend-Bereich* ist der Potentialabfall längs des Rohres nahezu gleichförmig; da keine nennenswerten Raumladungen vorhanden sind, bestimmt sich die Feldstärke E aus U/a. In diesem Bereich sind daher die höchsten E/p Werte während des gesamten Entladungsverlaufs und damit die höchsten Elektronentemperaturen zu erwarten, die diejenigen einer Glimm- oder gar Bogenentladung weit übertreffen. Am Ende der Durchbruchszeit T_D, wenn zusätzlich noch eine hohe Elektronendichte vorliegt, kann demnach eine wirksame Besetzung der Terme mit hochenergetischen Elektronen stattfinden.

Nach Kap. 6.2.1, können Laserniveaus W_n, die mit dem Grundterm optisch nicht verbunden sind, nur durch Elektronen mit Schwellenwertenergie merklich besetzt werden, da der Anregungsquerschnitt für $W > W_n$ steil abfällt. Bei Anregung mit hochenergetischen Elektronen ist somit zu erwarten, daß in erster Linie die Laser-Ausgangsniveaus angeregt, die unteren Niveaus dagegen nur mittelbar über Kaskaden aus höheren Termen mit entsprechender Zeitverzögerung besetzt werden. Es ist also möglich, auch in den Fällen Besetzungsinversion zu erhalten, bei denen die stationäre Besetzung des unteren Niveaus weit über der des oberen liegt (Abb. 6.22). Das untere Niveau kann selbst metastabilen Charakter haben, wenn nur die Pulszwischenzeiten groß genug zur völligen Entleerung durch Wand- oder Teilchenstöße sind. Beispiele für metastabile Endniveaus sind der gepulste Cu-Laser (s. Kap. 6.4.1), die gepulsten Edelgas-(Atom)-Laser mit den $2p - 1s$-Übergängen (s. Kap. 6.4.4), sowie der gepulste N_2-Laser (s. Kap. 6.6.3).

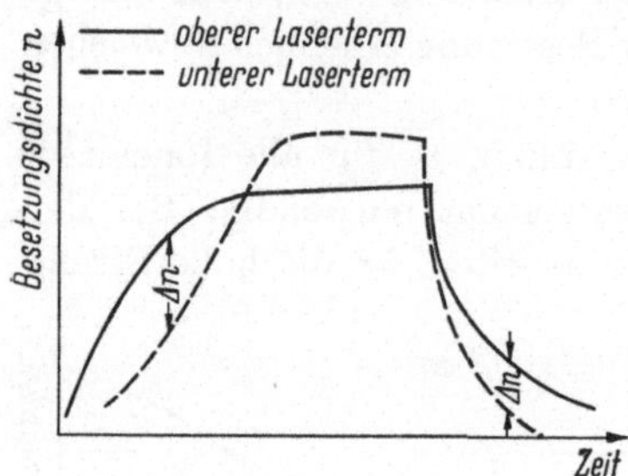

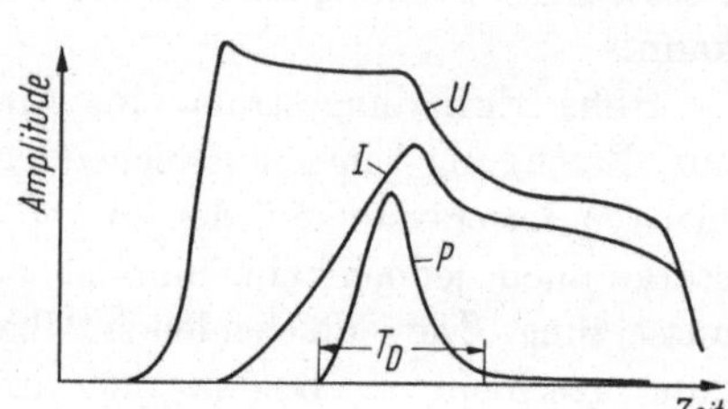

Abb. 6.22. Besetzungsverlauf in einer gepulsten Entladung. Zu Beginn und am Ende des Pulses kann Überbesetzung eintreten.

Abb. 6.23. Verlauf von Spannung U, Strom I und induziert emittierter Strahlungsleistung P $(P\sim\Delta n)$ im CO-Laser für $T_{\mathrm{Puls}} > T_D$. Die Dauer des Laserpulses ist etwa gleich T_D.

Liegt die Lebensdauer des oberen Niveaus weit genug über der des unteren Niveaus und außerdem über der Thermalisierungszeit[1] für schnelle Elektronen, so kann auch an der hinteren Pulsflanke Überbesetzung eintreten (Abb. 6.22). Diese ist besonders ausgeprägt, wenn das obere Laserniveau durch Stöße zweiter Art über metastabile Fremdatome besetzt wird (etwa He-Ne), da in diesen Fällen die lange Lebensdauer des stoßenden Atoms die Abklingzeit des oberen Laserniveaus bestimmt. Eine Reihe von Übergängen des He-Ne-Lasers lassen sich daher besonders gut im Nachleuchten beobachten.

Der charakteristische Verlauf von Spannung, Strom und induzierter Emission (als Maß für die Überbesetzung Δn) ist in Abb. 6.23 am Beispiel des CO-Lasers dargestellt. Man erkennt, daß die maximale Inversion kurz vor dem Ende der Durchschlagszeit T_D erreicht ist.

Gasentladung im Magnetfeld: Zur Untersuchung des *Zeemann-Effekts* bei Gaslasern sowie zum Betrieb von Ionenlasern hoher Ausgangsleistung ist es notwendig, die Gasentladung in magnetischen Feldern brennen zu lassen. Neben der Aufspaltung der Energieniveaus wird dabei auch die Gasentladung selbst beeinflußt. Die primäre Wirkung des Magnetfeldes besteht darin, die Ladungsträger, die nicht in Richtung der Feldlinien laufen, auf Schraubenlinien um die Feldlinien zu zwingen. Während der Einfluß auf die Ionen in den meisten Fällen vernachlässigbar klein ist, werden die Bahnen der Elektronen beträchtlich geändert. Das Magnetfeld versucht, alle Trägerbewegungen senkrecht zu seiner Richtung zu unterdrücken, während die Bewegung parallel zum Feld ungestört bleibt. Elektronen, die sich senkrecht zum Magnetfeld bewegen, durchlaufen weit größere Wege als ohne Feld; die Stoß- und Ionisierungsraten werden demgemäß erhöht,

---

[1] Zeit, in der die Elektronen wieder auf thermischer Geschwindigkeit angelangt sind (einige μs).

was sich (für Bewegungsrichtungen senkrecht zum Feld!) wie eine Druckerhöhung auswirkt. Ein transversal zur Entladungsrichtung angelegtes Magnetfeld erhöht demnach den elektrischen Widerstand des Plasmas und damit — bei gleichbleibender Stromstärke — die benötigten Zündspannungen und Feldstärken. Gasentladungen kommen daher bei genügend starken transversalen Magnetfeldern zum Erlöschen. In axialen Magnetfeldern wird die Bewegung in Richtung des elektrischen Feldes bevorzugt und die Diffusion zu den Rohrwänden unterbunden. Die Entladung hat demgemäß niedrigeren Widerstand und kann mit kleinerer Spannung und Feldstärke brennen. Die Elektronen werden darüber hinaus in der Rohrachse konzentriert, was bei Feldern um 1000 Oe zu einer hohen Stromdichte in dem für Laserverstärkung bedeutsamen Entladungsgebiet führt.

Wie schon aus den abnehmenden Feldstärken geschlossen werden kann, ist die Konzentration der Elektronen mit einer Verminderung der mittleren Elektronenenergie verbunden. Wir werden darauf bei der Behandlung der kontinuierlichen Edelgas-Ionen-Laser (Kap. 6.5.2) zurückkommen.

6.2.4 Lebensdauerbedingung

Der Verstärkungskoeffizient g eines Lasermediums für die Frequenz ν_{32} ist nach Gl. (2.13/11) der Besetzungsdifferenz $\Delta n = n_p = n_3 - g_3 n_2/g_2$ und der Übergangswahrscheinlichkeit A_{32} direkt proportional. Für das in Kap. 4 behandelte, idealisierte Modell des Vier-Niveau-Lasers war unterhalb des Schwellenwerts der Oszillation wegen $n_2 = 0$

$$n_p \cdot A_{32} = n_p/\tau_3 = p_3, \qquad (6.2/16)$$

wobei p_3 die Anzahl der pro Zeit- und Volumeneinheit in das obere Niveau angeregten Atome und τ_3 die Lebensdauer dieses Niveaus für ausschließliche Entleerung durch spontane Emission bezeichnete. Der Verstärkungskoeffizient ist demnach der Pumpleistungsdichte p_3 direkt proportional.

Für die praktische Anwendung beim Gaslaser müssen wir ein modifiziertes Modell zugrunde legen, das sowohl die Besetzung des unteren Laserniveaus als auch den Einfluß von Resonanzabsorption und Stoßentleerung auf die Lebensdauerwerte berücksichtigt. Das zugehörige Niveauschema, das die Besetzungsverhältnisse bei den meisten Gaslasern beschreibt, ist in Abb. 6.3 wiedergegeben. Es besteht aus dem hochbesetzten Grundterm 0, einem im beliebigen Abstand darüberliegendem Niveau 1, das im echten Sinne oder wegen hoher Resonanzabsorption (s. Kap. 2) metastabil sein möge und den beiden Laserniveaus 2 und 3, zwischen denen die Übergangswahrscheinlichkeit A_{32} besteht. Die Niveaus haben abwechselnd geraden und ungeraden Charakter, so daß auch hohe Übergangswahrscheinlichkeiten A_{21} und A_{30} vorliegen. Das laseraktive Gas von etwa 1 Torr Gesamtdruck befindet sich in einem Entladungsrohr und sei einer Gasentladung der Temperatur T ausgesetzt.

Die Besetzung der Laserniveaus erfolgt dann durch Elektronen- oder Atom-Atom-Stöße und durch Kaskadenübergänge aus höheren Niveaus, die Entleerung durch spontane Emission und durch thermische Atom-Atom-Stöße. (Die Entleerung durch Stöße zweiter Art ist vernachlässigbar klein, s. Kap. 6.2.1.)

Beim nichtoszillierenden Laser gilt dabei für die Besetzung des oberen Niveaus

$$n_3 = p_3 \cdot \tau_3, \qquad (6.2/17)$$

wobei p_3 die Anregung durch Stoß und Kaskaden berücksichtigt und die *effektive* Lebensdauer τ_3 durch

$$1/\tau_3 = \sum_{k \neq 0} A_{3k} + \beta_3 A_{30} + n_0 \, \bar{v} \, \bar{\sigma}_3 \qquad (6.2/18)$$

gegeben ist.

$\bar{v} = \sqrt{8\,\mathrm{kT}/m\pi}$ ist die mittlere Geschwindigkeit der Gasatome (mit der Masse m) und $\bar{\sigma}_3$ der über die Geschwindigkeit gemittelte, totale Querschnitt für zerstörende Stöße mit Atomen im Grundzustand. β ist ein Maß für die Verlängerung der Lebensdauer durch wiederholte Emission und Wiederabsorption und variiert zwischen 0 (vollkommene) und 1 (verschwindende Wiederabsorption). Für verschiedene Grenzfälle ist β als Funktion der Linienbreite, des Drucks, der Temperatur und der Rohrgeometrie berechnet worden [35]. Unter der Annahme, daß die angeregten Atome etwa gemäß der *Bessel-Funktion* $J_0(2{,}4\,r/R)$ längs eines Rohrradius r verteilt sind[1], gilt für doppler-verbreiterte Linien und Entladungsrohre mit einer Länge $l \gg r$

$$\beta = 1{,}6/\!\left(2\,\alpha\,r\,\sqrt{\pi \ln 2\,\alpha\,r}\right), \qquad (6.2/19)$$

wobei 2α der Absorptionskoeffizient des Gases für den betreffenden Resonanzübergang ist, der in Analogie zum Verstärkungskoeffizienten g (s. Gl. (2.13/11)) gegeben ist durch

$$2\alpha = \frac{\lambda^3 n_0 g_i A_{i0}}{8\pi\,g_0}\,\sqrt{\frac{m}{2\pi\,kT}}. \qquad (6.2/20)$$

Durch Auswertung der Beziehung für die üblichen atomaren Resonanzübergänge ($\lambda \approx 1000$ Å, $A_{i0} \approx 10^7 - 10^8$) erkennt man, daß im allgemeinen schon für Fülldrucke $p > 10^{-3}$ Torr (d. h. $n_0 > 5 \cdot 10^{13}$ cm^{-3}) vollkommene Wiederabsorption auftritt[2]. Für längerwellige Übergänge zum Grundterm ist die Wiederabsorption gemäß der λ^3-Abhängigkeit von α schon bei kleinsten Drucken vollständig.

Da der Übergang 2—1 bei vielen Gaslasern im Sichtbaren oder nahen Infraroten liegt und in üblichen Gasentladungen Dichten metastabiler Atome von $10^{10} - 10^{11}$ cm^{-3} erreicht werden können, ist gegebenenfalls auch bei der Entleerung in metastabile Niveaus die Wiederabsorption in Betracht zu ziehen.

Die Stoßrate bei der Entleerung von Laserniveaus ist für die üblichen Fülldrucke ($p > 1$ Torr) in der Regel vernachlässigbar klein. Bei hohen Fülldrucken und bei guter Energieresonanz kann die Stoßentleerung jedoch mit dem Zerfall durch spontane Emission vergleichbar werden (Entleerung des unteren Laserniveaus beim He-Laser) oder diesen sogar übertreffen (CO_2-Laser). Über die Messung von effektiven Lebensdauerwerten und Übergangswahrscheinlichkeiten s. [37].

---

[1] Dies ist wiederholt auf experimentellem Wege nachgewiesen worden (s. Kap. 6.2.3).

[2] Dies führt jedoch nur bei Niveaus, die sich ausschließlich in den Grundterm entleeren können, zu metastabilem Charakter.

Im Gegensatz zum Vierniveau-Festkörperlaser zeigen die meisten Gaslaser eine relativ hohe Besetzung des Laser-Endniveaus, die durch direkte Elektronenstoßbesetzung sowie durch Kaskadenübergänge hervorgerufen wird. Die Pumprate p_2 für das untere Niveau ist in manchen Fällen sogar größer als p_3. Da nach Gl. (6.2/18) Besetzungsumkehr gleichbedeutend ist mit

$$\frac{p_3 \tau_3}{g_3} > \frac{p_2 \tau_2}{g_2}, \qquad\qquad (6.2/21)$$

muß in solchen Fällen ein hinreichend großer Quotient τ_3/τ_2 zur Erfüllung von Gl. (6.2/21) vorliegen. (In der Regel ist τ_3 bei Gaslasern eine halbe bis eine Größenordnung größer als τ_2).

Um eine Vorstellung von der Größenordnung der erwähnten Parameter zu vermitteln, hier die für einen He-Ne-Laser bei typischen Betriebsbedingungen geltenden Werte: Für den Übergang $3s_2 \to 2p_4$ bei 6328 Å mit $g_3 = 3$ und $g_2 = 5$ ist etwa: $\tau_3 = 10^{-7}$ s (für $\beta_3 = 0$), $\tau_2 = 2 \cdot 10^{-8}$ s, $A_{32} = 5 \cdot 10^6$ s^{-1}, $p_3 \approx p_2$, $n_3 \approx 10^9$ cm^{-3}, $n_3/n_2 \approx 2 - 3$ (d. h. $\Delta n \approx n_2$).

6.3 Der Helium-Neon-Laser

6.3.1 Überblick

Mit einem Helium-Neon-Gemisch wurde der erste kontinuierlich arbeitende Laser realisiert [14]. Die laseraktive Komponente ist atomares Neon, das durch metastabile Heliumatome selektiv besetzt wird. Im Gegensatz zu den Laserlinien des durch Elektronenstoß angeregten reinen Neon zeichnen sich die Laserübergänge des He-Ne-Gemischs durch relativ hohe Verstärkung und durch Ausgangsleistungen im Milliwattbereich aus. Sie liegen zudem größtenteils im meßtechnisch sehr gut zugänglichen sichtbaren und nahen infraroten Spektralbereich. Da sich Helium-Neon-Laser darüber hinaus mit relativ geringem experimentellem Aufwand betreiben lassen, sind sie zum Repräsentanten des Gaslasers schlechthin geworden, sowohl als Studienobjekt zur Untersuchung interner Besetzungs- und Schwingungsvorgänge, als auch als Sender für kohärente Strahlung.

Aus dem He-Ne-Termschema der Abb. 6.24 ist zu ersehen, welche Termgruppen des Neon mit den hochbesetzten metastabilen Heliumtermen $2\,^3S_1$ und $2\,^1S_0$ in Energieresonanz stehen. Man erwartet demnach einen Energieaustausch zwischen

$$\text{He } 2\,^3S_1 \quad \text{und} \quad \text{Ne } 2s$$

sowie zwischen

$$\text{He } 2\,^1S_0 \quad \text{und} \quad \text{Ne } 3s \quad \text{und} \quad \text{Ne } 4f.$$

Da auch der He-Term $2\,^1P_1$ wegen starker Resonanzabsorption aus dem Grundterm eine hohe Besetzung aufweist, wird auch ein Resonanzaustausch zwischen

$$\text{He } 2\,^1P_1 \quad \text{und} \quad \text{Ne } 6p$$

beobachtet (Termbezeichnungen in Kap. 2.5.2 und 2.5.3).

16*

Das Arbeitsprinzip des He-Ne-Lasers läßt sich somit in stark vereinfachenden Zügen wie folgt skizzieren: Die oberen Laserniveaus $2s$ bzw. $3s$ werden durch Stöße zweiter Art besetzt. Die unteren Laserniveaus $2p$ bzw. $3p$ erfahren nur eine geringe Besetzung durch Elektronenstoß und spontane Emission aus höheren Termen. Da die Lebensdauer der p-Niveaus geringer ist als die der jeweiligen s-Niveaus, tritt Besetzungsumkehr und Laseremission zwischen den s- und p-Niveaus ein. Die p-Niveaus entleeren sich durch spontane Emission in die metastabilen bzw. quasimetastabilen $1s$-Niveaus, die durch Wand- und Teilchenstöße zum Grundterm übergehen.

Da verschiedene s-Terme des Ne auch durch direkten Elektronenstoß besetzt werden können, lassen sich einige typische Linien des He-Ne-Lasers auch in reinem Ne beobachten. Eine exakte Abgrenzung zwischen dem He-Ne- und dem Ne-System ist also nicht möglich. Wir wollen uns in folgenden Betrachtungen auf die für das He-Ne-System typischen Liniengruppen $2s - 2p$ bei 1,15 µm, $3s - 2p$ bei 0,63 µm und $3s - 3p$ bei 3,39 µm, sowie die Laserkaskaden $3s - 3p - 2s - 2p$ beschränken und bezüglich der verbleibenden Übergänge auf die Linientabellen und die dort gegebene Literatur verweisen.

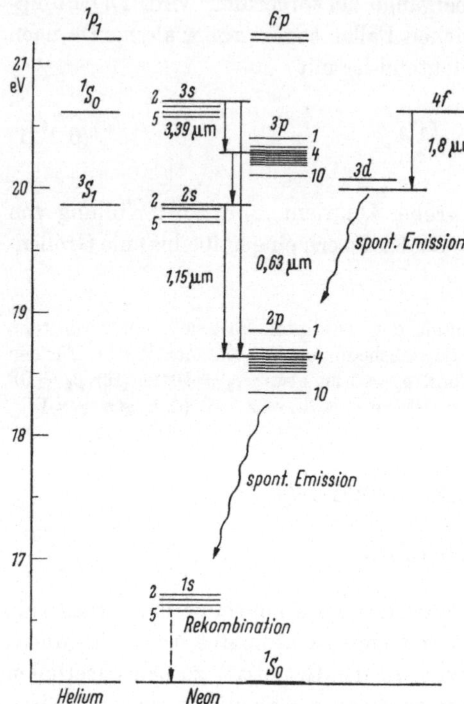

Abb. 6.24. Termschema des He-Ne-Lasers mit Laserübergängen. Von den Liniengruppen ist jeweils nur ein Übergang eingezeichnet.

6.3.2 Die Besetzung der oberen Laserniveaus 2s und 3s

D as He-Niveau $2\,{}^3S_1$ liegt etwa 0,039 eVolt oberhalb von Ne $2s_2$, ein Abstand, der $3/2\,kT_0$ entspricht und somit eine hohe Austauschrate erwarten ließe, wenn durch den Singulettcharakter von $2s_2$ (${}^1P_1$ in LS-Kopplung) nicht die *Wignersche Spinerhaltungsregel* (WSR, s. Kap. 6.2.1) verletzt werden würde. Der Triplett-Term $2s_3$ (${}^3P_0$) wiederum liegt zu weit außerhalb der Energieresonanz ($\Delta W = 0{,}058$ eV $\approx 2{,}2\,kT_0$) als daß ein großer Stoßquerschnitt zu erwarten wäre. Die Querschnitte der Reaktionen

$$\text{He}\,(2\,{}^3S_1) + \text{Ne} \rightarrow \text{He} + \text{Ne}\,2s_2\,({}^1P_1) \tag{a}$$

und

$$\text{He}\,(2\,{}^3S_1) + \text{Ne} \rightarrow \text{He} + \text{Ne}\,2s_3\,({}^3P_0) \tag{b}$$

sind somit im Vergleich zu andern Querschnitten für Stöße 2. Art relativ klein (s. Tab. 6.2). Da jedoch in hohem Maße nur $2s$ Niveaus besetzt werden, stellen die Reaktionen (a) und (b) einen sehr selektiven Anregungsmechanismus dar.

Tabelle 6.2 *Querschnitte σ für Stöße zweiter Art und Elektronenstoß*

Stoß	$\Delta W/\mathrm{eV}$	$\sigma/10^{-16}\,\mathrm{cm^2}$	Literatur
He $(2\,^3S_1)$ + Ne → He + Ne $(2s_{2,3,4,5})$		0,37	14
		0,28	39
He $(2\,^3S_1)$ + Ne → He + Ne $(2s_2)$	0,039	0,14	40
He $(2\,^3S_1)$ + Ne → He + Ne $(2s_3)$	0,058	0,14	40
He $(2\,^1S_0)$ + Ne → He + Ne $(3s_2)$	0,048	4,1	39
He $(2\,^1S_0)$ + Ne → He + Ne $(3s_4)$	0,044	0,01	40
He $(2\,^3S_1)$ + Ar → He + Ar$^+$ + e		6,6	39
He $(2\,^1S_0)$ + Ar → He + Ar$^+$ + e		55	39
He $(2\,^3S_1)$ + Xe → He + Xe$^+$ + e		13,9	39
He $(2\,^1S_0)$ + Xe → He + Xe$^+$ + e		103	39
Ne + e (30 eV) → Ne $(2s_2)$ + e		0,43	34
Ne $(1s_5)$ + Ar → Ne + Ar$^+$ + e		2,6	42

Die am tiefsten gelegenen $2s$-Niveaus $2s_4$ und $2s_5$ können aus dem Niveau $2s_3$ besetzt werden[1] gemäß dem Prozeß

$$\text{He} + \text{Ne}\,(2s_3) \rightarrow \text{He} + \text{Ne}\,(2s_{4,5}), \tag{c}$$

für den Querschnitte von 10^{-14} cm² typisch sind, da sowohl Energieresonanz als auch die WSR erfüllt werden [40].

Für die Niveaus $2s_2$ und $2s_4$ kommt zusätzlich auch eine Besetzung durch Elektronenstoß aus dem Grundterm in Betracht. Obwohl der Anregungsquerschnitt des Niveaus $2s_2$ für Elektronenstoß nahezu gleich dem der Reaktionen (a) und (b) ist, werden wegen der niedrigen Elektronentemperaturen jedoch keine bedeutenden Anregungsraten beobachtet. Erst bei höherem oder gar dominierendem Ne-Anteil werden beide Anregungsprozesse vergleichbar (s. Tab. 6.2).

Bei der Besetzung der Termgruppe $3s$ ist der endotherme Prozeß

$$\text{He } 2\,^1S_0 + \text{Ne} \rightarrow \text{He} + \text{Ne } 3s_2\,(^1P_1) - \Delta W \tag{d}$$

eindeutig dominierend [40]. Es wird ein Stoßquerschnitt erreicht, der eine Größenordnung über dem der Prozesse (a) und (b) liegt (Tab. 6.2). Die Besetzung der Niveaus $3\,s_{3,4,5}$ ist vernachlässigbar klein, ebenso eine zusätzliche Besetzung durch direkten Elektronenstoß aus dem Grundterm. Die Besetzungsdichte von $3s_2$, gemessen an der Intensität der spontan emittierten Linie $3s_2 - 2p_4$ bei 6328 Å, zeigt deshalb die gleiche Abhängigkeit vom Entladungsstrom wie die Dichte der metastabilen He $2\,^1S_0$-Atome (Abb. 6.25). Für niedrige Ströme ergibt sich ein linearer Anstieg mit der Stromstärke, während für höhere Ströme die Besetzung in die Sättigung gelangt. (Eine befriedigende Erklärung für das Sättigungsverhalten ist bis jetzt noch nicht gegeben worden [19]; möglicherweise kann es durch zerstörende Stöße zwischen He $2\,^1S_0$ und Elektronen erklärt werden [43].)

---

[1] Über thermischen Besetzungsaustausch innerhalb der $2s$-Gruppe siehe [44].

Für Terme, die ausschließlich durch Elektronenstoß besetzt werden, ergibt sich dagegen eine streng lineare Abhängigkeit der emittierten Intensität vom Entladungsstrom, was am Beispiel des Übergangs Ne $5s_2 - 2p_2$ in Abb. 6.25 gezeigt ist (über die lineare Abhängigkeit der Elektronendichte vom Entladungsstrom ist in Kap. 6.2.3 berichtet worden). Die Stromabhängigkeit der Kurve B ist auch typisch für alle von den 2s-Niveaus spontan emittierten Linien, was die geringe Bedeutung des Elektronenstoßanteils im Vergleich zur Besetzung durch Stöße zweiter Art mit He $2\,^3S_1$ unterstreicht [40].

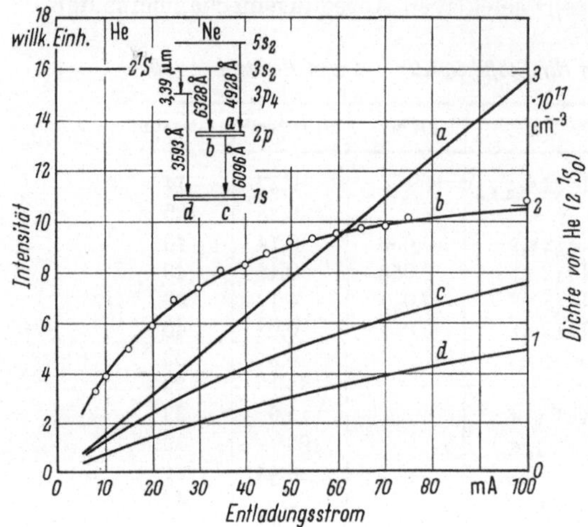

Abb. 6.25. Intensität verschiedener von $2p$, $3p$, $3s$ und $5s$ ausgehender Linien als Funktion des Entladungsstromes. Die Zuordnung der Linien ist durch das Termschema gegeben. Die Meßpunkte geben die Dichte der metastabilen He (2^1S_0) Atome als Funktion des Stromes wieder (nach A. D. WHITE u. E. I. GORDON [43]).

Die Dichte der metastabilen Heliumatome 2^1S_0 strebt im angeführten Beispiel (0,6 Torr He, 0,1 Torr Ne) einem Sättigungswert von $2 \cdot 10^{11}$ cm^{-3} zu. Die Besetzungsdichte von Ne $3s_2$ läßt sich daraus auf einfache Weise abschätzen: Ist τ_{12} die Zeitkonstante für den Prozeß (d), so gilt nach Gl. (6.2/2) mit $\Delta W = 1,8\,kT_0$ für den rückläufigen Prozeß

$$\tau_{21} = \tau_{12}\,\frac{n(\mathrm{Ne})}{n(\mathrm{He})}\,\exp - \Delta W/kT = \tau_{12}\,p(\mathrm{Ne})/6\,p(\mathrm{He}).$$

Der Quotient $n(\mathrm{Ne}\,3s_2)/n(\mathrm{He}\,2^1S_0)$ bestimmt sich damit aus der Gleichung

$$n(\mathrm{He}\,2\,^1S_0)/\tau_{12} = n(\mathrm{Ne}\,3s_2)\,(^1/\tau_{21} + {}^1/\tau), \qquad (6.3/1)$$

worin $\tau = 2 \cdot 10^{-8}\,s$ (Tab. 6.3) die Lebensdauer des Neonzustandes $3s_2$ bei Zerfall durch spontane Emission ist. Für die obengenannten Druckverhältnisse erhält man mit der mittleren Relativgeschwindigkeit $\bar{v} = 2 \cdot 10^5$ cm/s und dem Stoßquerschnitt $\sigma_{12} = 4 \cdot 10^{-16}$ cm^2 (Tab. 6.2)

$$1/\tau_{21} = 36/\tau_{12} = 36\,\sigma_{12}\,\bar{v}\,n(\mathrm{Ne}) \ll 1/\tau,$$

so daß

$$n(\mathrm{Ne}\,3s_2) \approx 5 \cdot 10^{-3}\,n(\mathrm{He}\,2^1S_0) = 1 \cdot 10^9\,\mathrm{cm}^{-3}. \qquad (6.3/2)$$

6.3.3 Besetzung der unteren Laserniveaus $2p$ und $3p$

Die Endniveaus der interessierenden Laserübergänge, die Niveaugruppen $2p$ und $3p$, liegen um mehrere Zehntel eV unterhalb der Termenergie der jeweiligen He-Zustände, so daß eine Anregung durch Stöße zweiter Art auszuschließen ist.

Als Besetzungsmechanismen für die p-Niveaus sind folgende Prozesse in Betracht zu ziehen: Anregung durch Elektronenstoß mit Resonanzelektronen, Kaskadenbesetzung aus höheren Termen, Elektronenstoßanregung aus den metastabilen $1s$-Niveaus sowie Resonanzabsorption aus derselben Niveaugruppe. Die ersten beiden Prozesse lassen eine lineare Stromstärkeabhängigkeit erwarten, während für den dritten Prozeß, der eine Zweistufenanregung darstellt, eine quadratische Abhängigkeit typisch ist.

Der Besetzungsverlauf für die Endniveaus $2p_4$ und $3p_4$ als Funktion der Stromstärke ist in Abb. 6.25 wiedergegeben. Man erkennt einen linearen Anstieg der spontan emittierten Intensität für kleine Ströme, was auf Elektronenstoß- und Kaskadenbesetzung hinweist. Da sich kein quadratischer Anteil feststellen läßt, ist bei den üblichen Partialdrucken die Besetzungsdichte der metastabilen $1s$-Niveaus — entgegen einer lange vorherrschenden Meinung — ohne merklichen Einfluß auf die erreichbare Überbesetzung. Damit werden auch alle Versuche gegenstandslos, die Verstärkung der He-Ne-Laserübergänge durch Zusatz von Ar oder H_2, die einen großen Querschnitt für Stöße zweiter Art mit Ne $(1s)$ zeigen, zu erhöhen (s. Tab. 6.2).

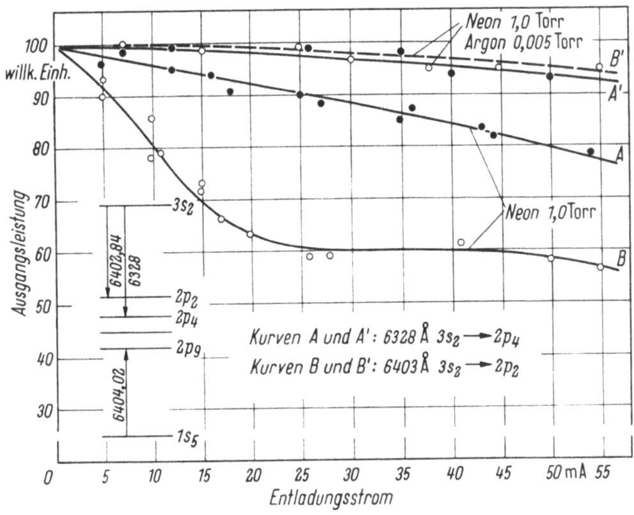

Abb. 6.26. Ausgangsleistung eines bei 6328 Å bzw. bei 6402 Å oszillierenden Lasers als Funktion des Entladungsstromes der Absorptionszelle (s. Text). Mit reinem Ne ergeben sich die Kurven *A* und *B*, mit einer Ne-Ar-Füllung die Kurven *A'* und *B'* (nach A. D. WHITE [46]).

Bei steigendem Ne-Anteil im Gasgemisch gewinnt die Besetzung der $2p$-Niveaus aus $1s$ jedoch immer mehr Bedeutung. Dies sei anhand der Besetzung von $2p_4$ in einer reinen Neon-Entladung gezeigt: Setzt man zusätzlich zu einer He-Ne-Entladungsstrecke eine mit Ne gefüllte Entladungszelle in einen Laserresonator, so läßt sich die Besetzungsdichte von $2p_4$ auf Grund der steigenden Absorption, d. h. abnehmenden Laserintensität gut studieren [46]. Abb. 6.26 gibt die Intensität der beiden Laserlinien $3s_2 - 2p_4$ (6328 Å) und $3s_2 - 2p_2$ (6402 Å) als Funktion der Stromstärke in der Ne-Zelle wieder (Kurven *A* und *B*). Durch Zusatz von Ar wird die Besetzungsdichte von Ne $(1s)$ und damit die von $2p_4$ verringert, was sich in einer Erhöhung der Ausgangsintensität bemerkbar macht (Kurven *C* und *D*). Der Effekt ist für die Laserlinie bei $\lambda = 6402$ Å besonders hoch, da diese zusätzlich durch den Übergang $1s_5 - 2p_9$ absorbiert wird.

Der Einfluß der Resonanzabsorption der $2p - 1s$-Übergänge auf die Besetzungsdichte der $2p$-Niveaus scheint ebenfalls vernachlässigbar klein zu sein, da die beiden von $2p$ ausgehenden Übergänge $2p_2 - 1s_5$ (5882 Å) und $2p_2 - 1s_2$ (6598 Å) die gleiche Stromabhängigkeit zeigen, obwohl $1s_5$ weitaus stärker besetzt ist als das Resonanzniveau $1s_2$ [43].

Einen relativ großen Einfluß auf die Besetzungsdichte der $2p$-Niveaus hat der Besetzungsaustausch innerhalb der Termgruppe durch thermische Ne-Ne-Stöße. Es werden dadurch vorwiegend die unteren Niveaus der Gruppe, vor allem das durch eine größere Energielücke abgesetzte Niveau $2p_{10}$ besetzt, das somit als Laserniveau nur geringe Bedeutung hat.

Die $3p$-Niveaus des Neon werden weit weniger durch Elektronenstoß angeregt als die $2p$-Terme. Für das $3p_4$-Niveau, Endniveau eines starken Laserübergangs, ist gezeigt worden [40, 43], daß die Stromabhängigkeit fast analog zu der von Ne $3s_2$ verläuft. Das bedeutet, daß die Besetzung im wesentlichen durch spontane Emission aus $3s_2$ erfolgt. Ne $(3p_4)$ kann somit als ideales Laser-Endniveau angesehen werden.

6.3.4 Lebensdauern und Übergangswahrscheinlichkeiten; $2s-2p$-Übergänge

Während die Lebensdauerwerte der $2p$-Niveaus von einer ganzen Reihe Autoren bestimmt worden sind, liegt über die $2s$-, $3p$- und $3s$-Niveaus wenig Information vor. Die bekannten Werte sind in Tab. 6.3 zusammengestellt, wobei bei den $2p$-Termen nur die neuesten Meßwerte [41, 48], die höchste Genauigkeit aufweisen wiedergegeben, werden.

Tabelle 6.3 *Lebensdauern τ der $2s$-, $2p$- und $3p$-Niveaus (Paschen-Bezeichnung) von Neon*

Niveau	τ/ns	Niveau	τ/ns
$2p_1$	14,7 [48]; 14,4 [41]	$3p_1$	63,5 [48]
$2p_2$	16,5 [48]; 18,8 [41]	$3p_4$	9,8 [50]
$2p_3$	23 [48]; 17,6 [41]	$3p_{10}$	65 [48]
$2p_4$	22 [48]; 19,1 [41]		
$2p_5$	19 [48]; 19,9 [41]	$2s_2$	96[1]) [47]
$2p_6$	22 [48]; 19,7 [41]	$2s_3$	159 [47]
$2p_7$	20,3 [48]; 19,9 [41]	$2s_4$	98[1]) [47]
$2p_8$	24,3 [48]; 19,8 [41]	$2s_5$	110 [47]
$2p_9$	22,5 [48]; 19,4 [41]		
$2p_{10}$	24,8 [41]	$3s_2$	10—20 [45]

[1]) Lebensdauerwerte durch Resonanzabsorption vergrößert.

Man erkennt, daß die durch Resonanzabsorption erhöhten Zerfallszeiten der $2s$-Terme etwa eine Größenordnung über denen der $2p$-Niveaus liegen. Die Lebensdauerwerte der $3s$-Gruppe sind mit denen der $2p$-Gruppe vergleichbar und größer als die der $3p$-Niveaus, so daß auch zwischen $3s$ und $3p$ bzw. $2p$ die Voraussetzungen für Laseremission gegeben sind (vgl. Kap. 6.2.4).

Die Übergangswahrscheinlichkeiten für die möglichen $2s-2p$-Übergänge sind unter Verwendung des jl-Kopplungsschemas (Kap. 2.5) berechnet worden [49]. Es zeigt sich, daß eine Reihe von „verbotenen" Übergängen als schwache spontane Emissionslinien bekannt sind und die *Racah-Kopplung* die Terme nur näherungsweise beschreibt. Die J-Auswahlregel (s. Kap. 2.7) scheint die einzig gültigen Übergangsverbote zu bestimmen.

Die derzeit bekannten Laserlinien sind in Tab. 6.4 zusammengestellt. Neben der Wellenlänge sind die berechneten Übergangswahrscheinlichkeiten und Literaturhinweise vermerkt.

Tabelle 6.4 *$2s-2p$-Laserübergänge in Neon. Die Wellenlängen in µm sind die für Luft geltenden Werte. Übergänge, die nicht der J-Auswahlregel gehorchen, sind weggelassen. Wellenlängen im Kursivdruck wurden nur in Fluoreszenz beobachtet. Die Zahlenwerte unter den Linien geben die relative Übergangswahrscheinlichkeit im jl-Kopplungsschema wieder* [49]

| Racah | Paschen | $4s'[1/2]_1^0$ | $4s'[1/2]_0^0$ | $4s[3/2]_1^0$ | $4s[3/2]_2^0$ |
		$2s_2$	$2s_3$	$2s_4$	$2s_5$
$3p'[1/2]_0$	$2p_1$	1,5230[b) 1/9	—	1,7162[e1) 0	—
$3p'[1/2]_1$	$2p_2$	1,1766[b1) 2/9	1,1984[a) 1/9	*1,2887* 0	*1,3219* 0
$3p[1/2]_0$	$2p_3$	1,1602[c) 0	—	1,2689[d1) 1/9	—
$3p'[3/2]_2$	$2p_4$	1,1523[a1) 5/9	—	*1,2594* 0	1,2912[d) 0
$3p'[3/2]_1$	$2p_5$	1,1409[c) 1/9	1,1614[a) 2/9	1,2459[e1) 0	*1,2769* 0
$3p[3/2]_2$	$2p_6$	1,0844[b) 0	—	1,1788[e) 1/18	1,2066[a) 1/2
$3p[3/2]_1$	$2p_7$	1,0621[e) 0	1,0798[b) 0	1,1525[f2) 5/18	*1,1790* 1/18
$3p[5/2]_2$	$2p_8$	1,0295[e) 0	—	1,1143[b1) 1/2	1,1391[b) 7/9
$3p[5/2]_3$	$2p_9$	—	---	—	1,1178[a) 7/9
$3p[1/2]_1$	$2p_{10}$	0,8865[e) 0	0,8988[e) 0	*0,9486* 1/18	*0,9665* 5/18

[1]) Oszillieren auch in reinem Ne.
[2]) Oszilliert am besten in reinem Ne.
[a]) nach JAVAN et al. [14]
[b]) nach McFARLANE et al. [50]
[c]) nach RIDGEN und WHITE [52]
[d]) nach DER AGOBIAN et al. [54]
[e]) nach ZITTER [55]
[f]) nach BENNETT und KNUTSON [56]

Die höchste Ausgangsleistung und Verstärkung zeigt der Übergang $2s_2 - 2p_4$ bei 1,1523 µm. Daneben erscheinen relativ stark die Übergänge $2s_2 - 2p_{1,2}$ $2s_3 - 2p_{2,5,7}$; $2s_4 - 2p_8$ und $2s_5 - 2p_{6,8,9}$. Erst durch Verwendung von 10 m langen Entladungsrohren gelang es, auch Laserübergänge zum Niveau $2p_{10}$ zu erhalten [55], das durch eine relativ breite Energielücke von $2p_9$ abgesetzt ist und aus den höheren $2p$-Termen besetzt wird. Möglicherweise ist auch eine Besetzung durch Stöße zweiter Art mit metastabilen He-Molekülen im $2\,^1\Sigma$-Zustand von Bedeutung [57].

Eine Reihe der in Tab. 6.4 wiedergegebenen Laserlinien ließ sich auch in reinen Ne-Entladungen beobachten. Es sind stets Übergänge, die von $2s_2$ und $2s_4$ ausgehen, den Termen, die mit dem Grundterm durch starke UV-Übergänge verbunden sind und somit einen hohen Querschnitt für Elektronenstoß zeigen.

6.3.5 $3s-2p$- und $3s-3p$-Übergänge

Sämtliche Laserübergänge der $3s-2p$- und $3s-3p$-Gruppen haben $3s_2$ als oberes Niveau. In der sichtbaren Gruppe dominiert der Übergang $3s_2-2p_4$ bei 6328 Å [53], in der infraroten Gruppe der Übergang $3s_2-3p_4$ bei 3,39 µm [58]. Aufgrund der geringen Besetzung des $3p_4$-Niveaus und des mit λ^3 anwachsenden Verstärkungskoeffizienten (s. Kap. 2.13), werden für die 3,39 µm-Linie sehr hohe Verstärkungswerte (über 40 dB/m) gemessen. Dies bedeutet, daß schon die *Fresnelsche Reflexion* an dielektrischen Trennschichten (etwa Luft/Glas) zur Oszillation bei 3,39 µm ausreicht. In Resonatoren mit Vielschichtspiegeln für 0,63 µm wird somit immer eine starke 3,39 µm-Oszillation vorhanden sein, wenn keine Maßnahmen zur Unterdrückung getroffen werden. Es bieten sich dafür mehrere Möglichkeiten an: Bei Resonatoren mit sehr kleinen Verlusten für 0,63 µm genügt es, das Verstärkungsprofil für 3,39 µm durch *Zeeman-Aufspaltung* um einige hundert MHz zu verbreitern. Die *Doppler-Breite* des sichtbaren Übergangs, die bei etwa 1,6 GHz liegt, wird durch diese magnetische Aufspaltung nur relativ wenig beeinflußt, während die Verstärkung für 3,39 µm (*Doppler-Breite* etwa 300 MHz) stark reduziert wird. Es genügt, die inhomogenen Felder kleiner Permanentmagnete mit einigen hundert Oe zu verwenden. Eine völlige Unterdrückung der 3,39 µm-Oszillation kann auch durch absorbierende oder dispergierende Medien erreicht werden. Im ersten Fall verwendet man *Brewster-Fenster* aus Glas oder mit Methan gefüllte Absorptionszellen [61], im zweiten Fall ein oder mehrere Prismen innerhalb des Resonators. Schließlich läßt sich die infrarote Strahlung auch durch Lochblenden oder Entladungsrohre mit kleinem Querschnitt dämpfen, da das von einer Eigenschwingung erfaßte Volumen etwa proportional mit λ anwächst (s. Kap. 3).

Bei sehr langen Entladungsrohren mußte man allerdings feststellen, daß die 3,39 µm-Strahlung auch ohne Rückkopplung durch induzierte Emission so verstärkt wird, daß die sichtbare Oszillation merklich geschwächt und schließlich unterdrückt wird [60]. Für diese Laserstrahlung, die ohne Rückkopplung — und damit ohne diskrete Eigenfrequenzen — durch induzierte Emission entsteht, hat sich der Begriff „Superstrahlung" ("Super-Radiance") eingebürgert.

Wegen des räumlich exponentiellen Verlaufs der Verstärkung stellt sich für die 3,39 µm-Superstrahlung im Innern eines Entladungsrohres der Länge l ein Intensitätsverlauf ein, der durch $P(z) \sim \cosh{(gz)}$ mit $-l/2 \leq z \leq l/2$ und dem Verstärkungskoeffizienten g beschrieben werden kann (s. Kap. 4.7). Dabei ist allerdings vorausgesetzt, daß g längs der Rohrachse konstant ist, was für längere Rohre wegen des Sättigungsverhaltens der Verstärkung (s. Kap. 6.3.8) nicht mehr streng erfüllt ist. Der durch die obige Beziehung gegebene Intensitätsverlauf ist experimentell bestätigt worden (Abb. 6.27). Verwendet man einen für 0,63 µm justierten Resonator mit zwei symmetrisch angeordneten internen Prismen (Abb. 6.27), so sinkt die IR-Intensität auf einen längs des Rohres konstanten Wert ab (Kurve B). Wird nur ein Prisma verwendet, so kann die 3,39 µm-Strahlung an einem Spiegel voll reflektiert werden. Ihre Intensität steigt demgemäß zur Prismenseite hin an, was einen Intensitätsverlust für die sichtbare Oszillation zur Folge hat.

Um neben der starken sichtbaren Laserlinie bei 6328 auch andere $3s_2 - 2p$-Übergänge zu erhalten, muß sowohl die Oszillation und Superstrahlung bei 3,39 μm als auch der $3s_2 - 2p_4$-Übergang selbst unterdrückt werden. Bei Verwendung von

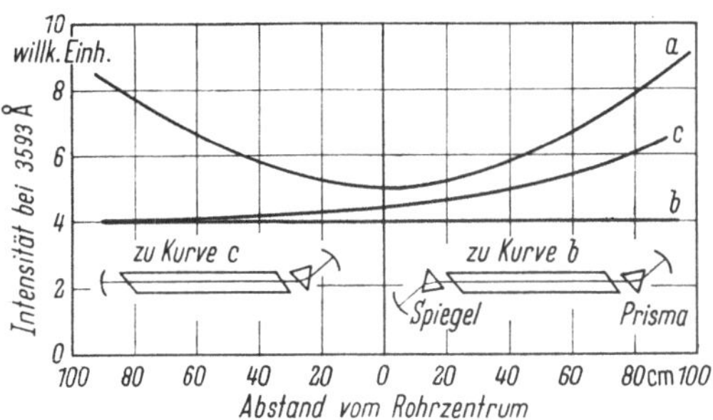

Abb. 6.27. Die Intensität der 3,39 μm Superstrahlung längs des Entladungsrohres, gemessen durch die Intensität der senkrecht zur Rohrachse austretenden Strahlung $3p_4 - 1s_2$ bei 3593 Å, die der Besetzung von $3p_4$ und damit der 3,39 μm Intensität weitgehend proportional ist. Kurve a: Beide Spiegel entfernt, Kurve b: Zwei Prismen im Resonator; Oszillation bei 0,63 μm; Kurve c: Ein Prisma im Resonator, Oszillation bei 0,63 μm, volle Reflexion für 3,39 μm an einem Spiegel. Der Prismenwinkel γ bestimmt sich aus dem *BrewsterWinkel* φ_B durch $\gamma = 180° - 2\varphi_B$ (nach A. D. WHITE u. J. D. RIGDEN [60]).

einem bzw. zwei Prismen lassen sich sieben weitere Laserübergänge im Bereich von 5940—7305 Å erhalten, die in Tab. 6.5 mit ihren relativen Ausgangsleistungen zusammengestellt sind.

Tabelle 6.5 $3s_2-2p$- und $3s_2-3p$-Laserübergänge in Neon

λ/μm	Übergang (Paschen, Bezeichnung)	relative Ausgangsleistung (je Gruppe)	Literatur
0,7305[2])	$3s_2-2p_1$	1,2	[60]
0,6401[1])	$3s_2-2p_2$	2	[59, 60]
0,6351[3])	$3s_2-2p_3$	0,6	[60]
0,6328	$3s_2-2p_4$	100	[53, 60]
0,6293[1])	$3s_2-2p_5$	0,6	[59, 60]
0,6118[1])	$3s_2-2p_6$	6	[59, 60]
0,6046[2])	$3s_2-2p_7$	1	[60]
0,5940[2])	$3s_2-2p_8$	0,8	[60]
3,3902[4])	$3s_2-3p_2$	40	[61]
3,3913	$3s_2-3p_4$	100	[58]

[1]) ein Prisma, [2]) zwei Prismen, [3]) drei Prismen im Resonator, [4]) mit Methanzelle im Resonator.

Die Unterdrückung bzw. Trennung verschiedener gekoppelter Oszillationen mittels interner Prismen wird naturgemäß umso schwieriger, je dichter die Linien liegen und je größer ihre Wellenlänge ist (geringe Dispersion im Infraroten). So läßt sich Oszillation bei $3s_2-3p_2$ (3,3903 μm) nur erhalten, wenn die dominierende, nur 10 Å entfernte Linie 3,3913 μm durch selektive Absorption gedämpft wird. Es eignet sich dafür Methan, dessen P_7-Zweig der ν_3-Bande nur etwa zwei Dopplerbreiten (600 MHz) neben der 3,3913 μm Linie stark absorbiert [61]. Zur Absorption sind Zellen mit etwa 1 cm Länge und 10 Torr Methan ausreichend.

Der Übergang $3s_2-2p_2$ bei 6402 Å nimmt in mancher Hinsicht eine Sonderstellung ein. Wie schon bei Abb. 6.26 erwähnt wurde, liegt die Linie nur um 60 Dopplerbreiten vom Übergang $1s_5-2p_4$ bei 6402,02 Å entfernt, der wegen der starken Besetzung des metastabilen $1s_5$-Niveaus neben nachweisbaren Absorptionsverlusten auch eine Änderung der optischen Weglänge für die $3s_2-2p_2$ Oszillation bringt. Da die Verteilung der metastabilen $2s_5$-Atome längs des Rohrradius etwa gemäß der *Besselfunktion* $J_0(2,4r/R)$ verläuft, wirkt das Entladungsrohr wie eine Gaslinse, deren Brechkraft bei der Resonatorgeometrie zu berücksichtigen ist. Dieses Verhalten macht es erklärlich, daß sich die Oszillation bei 6401 Å auch in an sich „verbotenen" Resonatorbereichen beobachten läßt [62, 65]. Eine Besonderheit des Übergangs liegt auch darin, daß die Ausgangsleistung als Funktion der Rohrlänge ein anderes Verhalten zeigt als bei den übrigen sieben $3s_2-2p$-Übergängen. Wie oben schon erwähnt wurde, können die Entladungsstrecken für die sichtbaren Übergänge wegen der konkurrierenden infraroten Superstrahlung ohne besondere Vorkehrungen nicht beliebig lang gewählt werden. Es zeigte sich, daß für 6401 Å schon bei 1 m Rohrlänge, für die übrigen Linien jedoch übereinstimmend erst bei 2 m Länge ein Intensitätsmaximum zu beobachten ist [46].

6.3.6 Wechselwirkung verschiedener Laserübergänge, Kaskadenlaser

Die Wechselwirkung verschiedener Laserübergänge der $2s - 2p$-, $3s - 2p$- und $3s - 3p$-Gruppen beruht stets darauf, daß Übergänge durch gemeinsame Ober- oder Unterterme miteinander gekoppelt sind. Die Oszillation mit der höheren Verstärkung unterdrückt dann eine benachbarte Oszillation, indem sie ein gemeinsames Oberniveau bevorzugt entleert oder ein gemeinsames Unterniveau bevorzugt füllt.

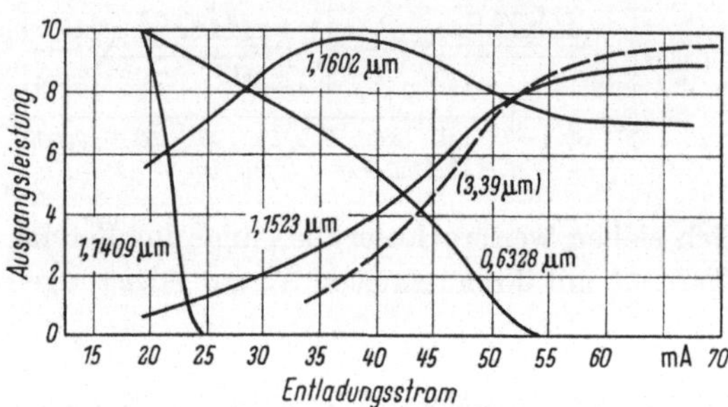

Abb. 6.28. Intensität verschiedener gekoppelter Laserübergänge bei simultaner Oszillation als Funktion des Entladungsstromes. Der Intensitätsverlauf der 3,39 μm-Linie (gestrichelt) ist qualitativ aus der Intensität der spontanen Emission bei 3593 Å ($3p_4 - 1s_2$) rekonstruiert (nach J. D. RIGDEN u. A. D. WHITE [52]).

Wechselwirkung zwischen Laserlinien, die verschiedenen Spektralbereichen angehören, kann im allgemeinen nur dann beobachtet werden, wenn breitbandige Spiegel verwendet werden können oder die Verstärkung bei mindestens einem Übergang so hoch ist, daß ein geringes Reflexionsvermögen zur Oszillation ausreicht. Letzteres ist der Fall bei den Übergängen $3s_2 - 2p_4$ und $3s_2 - 3p_4$ (s. a. Abb. 6.27 u. [64]).

Mit Interferenzspiegeln, die sowohl bei 0,63 μm als auch bei 1,15 μm hohes Reflexionsvermögen zeigen [70], läßt sich die Wechselwirkung der Übergänge $2s_2 - 2p_{3,4,5}$, $3s_2 - 2p_4$ und $3s_2 - 3p_4$ untersuchen [52]. Abb. 6.28 gibt die Ausgangsleistung der Linien bei simultaner Oszillation auf allen Frequenzen als Funktion des Entladungsstromes wieder. Der Übergang $2s_2 - 2p_4$ bei 1,15 μm, der normalerweise über alle anderen $2s - 2p$-Übergänge dominiert, wird bei gleichzeitiger starker Oszillation auf der 0,63 μm-Linie wegen des gemeinsamen Endniveaus $2p_4$ so stark gedämpft, daß die benachbarten Übergänge $2s_2 - 2p_{3,5}$ begünstigt werden und höhere Ausgangsleistung zeigen als die 1,15 μm-Linie.

Bei Verwendung von Gold- oder Silberspiegeln, die gleichzeitige Oszillation beim $3s_2 - 3p_4$-Übergang und bei mehreren $2s - 2p$-Übergängen erlauben, tritt eine hohe Besetzungsinversion zwischen den $3p$- und $2s$-Termen auf, da die Besetzung der $2s$-Niveaus auf dem Schwellenwert der Oszillation gehalten und das Niveau $3p_4$ durch starke 3,39 μm-Strahlung besetzt wird. Bei ausreichendem Reflexionsvermögen im 2 μm-Spektralbereich — wie es beispielweise bei Goldspiegeln gegeben ist — lassen sich daher unschwer eine Reihe von $3p - 2s$-Laserübergängen feststellen, die sich zum Teil zu Laserkaskaden aneinanderfügen. Als Beispiel seien genannt

$$3s_2 \xrightarrow{3,391\ \mu m} 3p_4 \xrightarrow{2,395\ \mu m} 2s_2 \xrightarrow{1,152\ \mu m} 2p_4$$

und

$$3s_2 \xrightarrow{3,391\ \mu m} 3p_4 \xrightarrow{2,035\ \mu m} 2s_4 \xrightarrow{1,269\ \mu m} 3p_3.$$

Die derzeit bekannten Laserübergänge der $3p - 2s$-Gruppe, die zum Teil von mehreren Autoren unabhängig voneinander nachgewiesen wurden [54, 55, 65—69], sind in Tab. 6.6 zusammengefaßt.

Tabelle 6.6 $3p-2s$-Übergänge des He-Ne-Lasers

Übergang	$\lambda/\mu m$ (in Luft)	Übergang	$\lambda/\mu m$ (in Luft)
$3p_1-2s_2$	2,1041[2])	$3p_4-2s_4$	2,0350
$3p_1-2s_4$	1,8210	$3p_4-2s_5$	1,9574
$3p_2-2s_4$	2,0354	$3p_5-2s_2$	2,4250
$3p_2-2s_5$	1,9577	$3p_8-2s_5$[1])	2,3260
$3p_3-2s_4$	2,1708[2])	$3p_{10}-2s_5$[1])	2,5524
$3p_4-2s_2$	2,3951		

[1]) Oszillieren auch in reinem Neon.
[2]) Oszillieren am besten in reinem Neon mit 0,01 Torr $< p_{Ne} < 1$ Torr.

Bei längeren Entladungsrohren werden die $3p-2s$-Laserübergänge auch erhalten, ohne daß die $2s$-Niveaus durch $2s - 2p$-Oszillation entleert werden. Dies zeigt, daß die Besetzungsrate für $3s_2$ die für $2s_2$ wesentlich übersteigt. Für einige $3p - 2s$-Übergänge ist es sogar ausreichend, wenn das obere Niveau nur durch 3,39 μm-Superstrahlung besetzt wird. In einem 10 m-Rohr konnten so alle aufgeführten $3p - 2s$-Laserübergänge ohne ihre Kaskadenpartner erhalten werden [55]. Für die meisten Linien erweist sich dabei ein He-Ne-Gemisch mit 5—20% Neon als günstig. Bei Oszillation einer geschlossenen Laserkaskade können auch für den Mitteilteil der Kaskade hohe Verstärkungswerte auftreten. Beispielsweise wurden für den Übergang $3p_4 - 2s_2$ bei 2,39 μm etwa 50% pro Meter gemessen [68].

Verschiedene Übergänge zeigen die höchste Verstärkung bei reinen Neonfüllungen. In der Regel sind es solche Linien, deren oberes Niveau nicht direkt durch den starken $3s_2 - 3p_4$-Übergang besetzt wird und deren unteres Niveau in He-Ne-Mischungen stark durch Stöße zweiter Art mit He sowie durch benachbarte, von $3p_4$ ausgehende Laserübergänge höherer Intensität gefüllt wird.

6.3.7 Verstärkung des He-Ne-Lasers

In der folgenden Betrachtung wollen wir uns auf die Kleinsignalverstärkung des He-Ne-Lasers beschränken. Das Verstärkungsprofil des oszillierenden Lasers, das sowohl durch "hole burning" als auch durch homogene Entleerung modifiziert ist, wird in Kap. 6.4 behandelt. Falls nicht anders erwähnt, beziehen wir uns vorerst immer auf die Vestärkungswerte für das Zentrum der dopplerverbreiterten Linie und für die Achse des Entladungsrohres.

Die Verstärkung einer He-Ne-Entladungsstrecke hängt von der Stromdichte, dem Mischungsverhältnis und Gesamtdruck sowie den Rohrdimensionen ab. Als Funktion des Entladungsstromes ergeben sich deutliche Maxima, die mit steigendem Druck steiler werden und zu niedrigeren Stromwerten wandern, mit sinkendem Druck dagegen sich mehr und mehr abflachen und sich gleichzeitig zu höheren Strömen verschieben (Abb. 6.29). Mit abnehmendem Rohrdurchmesser steigen die Verstärkungswerte steil an, wobei man feststellt, daß sich für jeden Durchmesser d ein optimaler Druck p_{opt} und eine optimale Stromdichte i_{opt} finden lassen, denen ein optimaler Verstärkungskoeffizient g_{opt} bzw. optimaler Verstärkungsfaktor $\Gamma_{\text{opt}} = \exp(g_{\text{opt}} \cdot l) \approx 1 + g_{\text{opt}} \cdot l$ entspricht. Das optimale Mischungsverhältnis von He zu Ne erweist sich dagegen als weitgehend unabhängig von den übrigen Parametern.

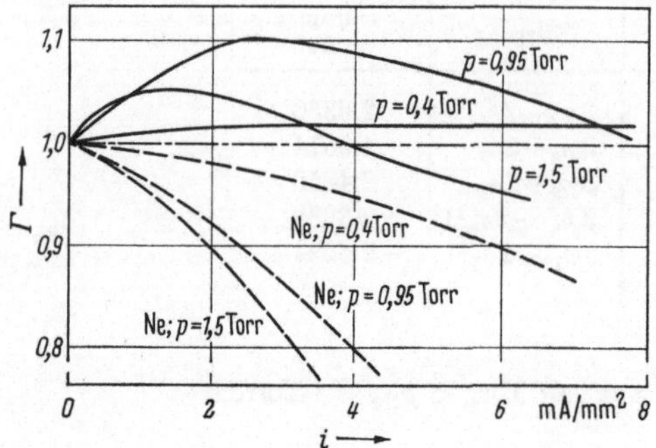

Abb. 6.29. Verstärkungsfaktor $\Gamma = 1 + gl$ einer He-Ne-Entladung für 6328 Å als Funktion der Stromdichte bei unterschiedlichen Fülldrucken. Das Mischungsverhältnis liegt konstant bei $p_{\text{He}} = 6\,p_{\text{Ne}}$ (ausgezogene Kurven). Die gestrichelten Kurven gelten für reines Ne (nach G. Herziger et al. [73]).

Nach diesem qualitativen Überblick wollen wir anhand von Meßkurven[1] zu einer quantitativen Betrachtung übergehen. Abb. 6.30 gibt den Verstärkungskoeffizienten g der 1,15 µm-Linie $(2s_2 - 2p_4)$ als Funktion des He-Partialdrucks für unterschiedlichen Ne-Druck wieder. Der Maximalwert $g \approx 27\%/\text{m}$ wird für $p_{\text{Ne}} \approx 0{,}35$ Torr und $p_{\text{He}} \approx 3{,}5$ Torr erreicht, was einem Mischungsverhältnis $p_{\text{He}}/p_{\text{Ne}} = 10$ entspricht. Dieser Wert wurde von einer Reihe anderer Autoren bestätigt [71, 72] und kann als typisch für die $2s - 2p$-Übergänge angesehen werden. Abb. 6.30 ist weiter zu entnehmen, daß auch mit reinem Ne beachtliche Verstärkungswerte erhalten werden können. Für die von $3s_2$ ausgehenden Übergänge erweist sich ein Mi-

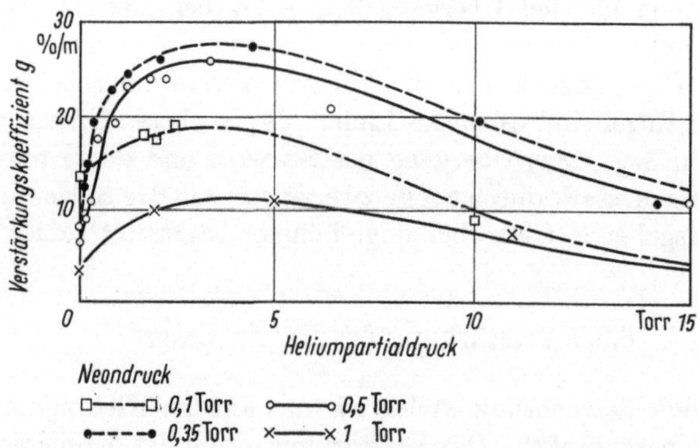

Abb. 6.30. Verstärkungskoeffizient eines He-Ne-Gemischs für 1,15 µm als Funktion des He-Partialdrucks bei verschiedenen He-Drucken. Rohrdurchmesser 3 mm (nach R. Grudzinski u. J. Spalter [71]).

schungsverhältnis $p_{\text{He}}/p_{\text{Ne}}$ zwischen 5 und 7 als günstig [43, 73]. Wie Abb. 6.29 erkennen läßt, kann in reinen Ne-Entladungen für den Übergang bei 6328 Å keine Besetzungsinversion erzielt werden.

---

[1] Die der folgenden Betrachtung zugrundeliegenden Meßergebnisse wurden im wesentlichen an Gleichstromentladungen gewonnen. Bei HF-Anregung können Verschiebungen zu höheren optimalen Partialdrucken beobachtet werden [30].

Änderungen des Gesamtdrucks p und des Rohrdurchmessers d wirken sich stark auf die Elektronendichte n_e und Elektronentemperatur T_e aus. Der Zusammenhang zwischen diesen Größen ist in Kap. 6.3 ausführlich diskutiert worden. Es zeigte sich, daß T_e innerhalb des interessierenden Bereichs als Funktion von pd dargestellt werden kann und die Elektronendichte der Stromstärke proportional ist. Da bei variablem Durchmesser die Verstärkung für $T_e = \text{const}$ und $n_e = \text{const}$ gleichbleiben sollte, erwartet man für den optimalen Gesamtdruck eine Abhängigkeit gemäß

$$p_{\text{opt}} d = \text{const.} \tag{6.3/3}$$

Gl. (6.3/3) wurde für nicht zu große Änderungen von d experimentell bestätigt und leistet für Abschätzungen gute Dienste [75]. Man findet

$$(p_{\text{opt}}/\text{Torr})\,(d/\text{mm}) \approx 4. \tag{6.3/3a}$$

Nach [73] läßt sich für die 6328 Å-Linie p_{opt} im Bereich von $1\ \text{mm} < d < 20\ \text{mm}$ in Näherung auch durch die Beziehung

$$(p_{\text{opt}}/\text{Torr})\,(d/\text{mm})^{0,3} \approx 1,6 \tag{6.3/4}$$

darstellen. Für sehr kleine Rohrdurchmesser liefert Gl. 6.3/4 zu niedrige, für große Durchmesser etwas zu hohe Druckwerte.

Die optimale Stromdichte für denselben Übergang folgt nach [73] der empirischen Beziehung

$$(i_{\text{opt}}/\text{mAcm}^{-2})\,(d/\text{mm})^{1,4} \approx 10. \tag{6.3/5}$$

Für den Verstärkungskoeffizienten g_{opt} findet man für $d > 3\ \text{mm}$ dieselbe Potenzabhängigkeit. Es gilt [73, 74]

$$g_{\text{opt}}\,(d/\text{mm})^{1,4} = \gamma \tag{6.3/6}$$

mit $\gamma = 0,4-0,5\ \text{m}^{-1}$ für $0,633\ \mu\text{m}$ und $\gamma = 2\ \text{m}^{-1}$ für $1,153\ \mu\text{m}$.

Für kleinere Durchmesser ($d < 3\ \text{mm}$) wird der Verstärkungskoeffizient nach [74] besser beschrieben durch

$$g_{\text{opt}}\,(d/\text{mm}) = \gamma \tag{6.3/7}$$

mit $\gamma = 0,24\ \text{m}^{-1}$ für $0,633\ \mu\text{m}$ und $\gamma = 1,24\ \text{m}^{-1}$ für $1,153\ \mu\text{m}$.

Eine graphische Darstellung der Optimalwerte p_{opt}, i_{opt} und g_{opt} ist in Abb. 6.31 u. 6.32 wiedergegeben. Wir wollen an dieser Stelle betonen, daß die angegebenen Werte für γ bzw. für g_{opt} sich auf Gasgemische mit ^4He, dem dominierenden He-Isotop beziehen. Unter Verwendung von ^3He lassen sich die Verstärkungswerte beachtlich erhöhen (bis 25% bei 6328 Å [76]), da wegen der höheren Relativgeschwindigkeit zwischen ^3He und Ne eine größere Austauschrate eintritt. Wegen der relativ geringen Verstärkungswerte, die bei den $2s - 2p$- und $3s - 2p$-Gruppen beobachtet werden, kann bei üblichen Laserlängen der Kleinsignalgewinn pro Durchgang als lineare Funktion der Rohrlänge betrachtet werden, d. h.

$$\Delta P/P = gl.$$

Für die 3,39 μm-Linie dagegen kann der exponentielle Charakter des Verstärkungsprozesses nicht mehr vernachlässigt werden. Im übrigen zeigt der Gewinn für diesen Übergang eine ähnliche Abhängigkeit von den genannten Entladungsparametern wie für die Übergänge bei 0,63 und 1,15 μm [77]. Da die Übergänge

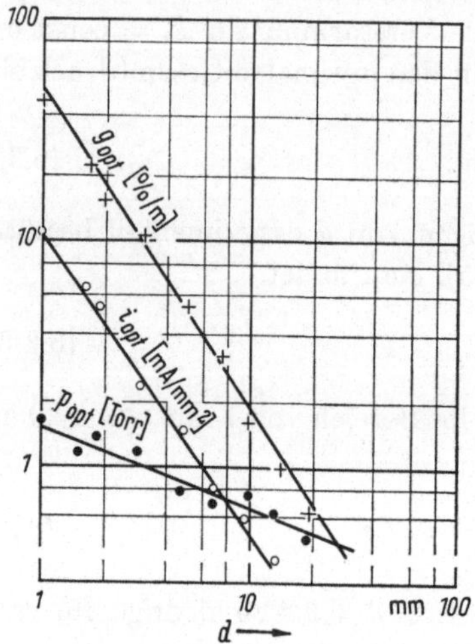

Abb. 6.31. Maximaler Verstärkungskoeffizient g_{opt} und optimale Parameter p_{opt} und i_{opt} für 6328 Å als Funktionen des Rohrdurchmessers bei einem (optimalen) Mischungsverhältnis $p_{He} = 5,5\ p_{Ne}$ (nach G. HERZIGER et al. [73]).

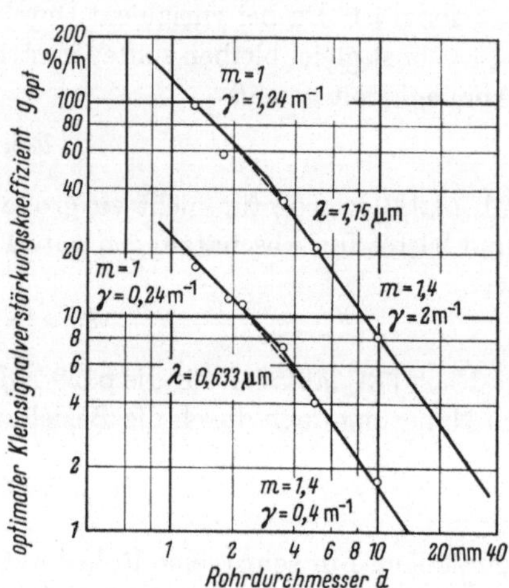

Abb. 6.32. Maximaler Verstärkungskoeffizient für $λ = 0,63$ und 1,15 μm in einem He-Ne-Gemisch als Funktion des Rohrdurchmessers. Für $d > 3$ mm erhält man als Steigung der Kurven $m \approx 1,4$, für $d < 3$ mm $m \approx 1$ (nach E. SPILLER [74]).

bei 3,39 μm und 0,63 μm vom selben oberen Niveau ausgehen, ist durch Verwendung des Isotops ^{3}He die gleiche Gewinnsteigerung zu erzielen wie bei der roten Linie (Abb. 6.33).

Die bisher genannten Meßwerte für die Verstärkung bezogen sich durchwegs auf die Achse des Entladungsrohrs. Es ist zu erwarten, daß die Verstärkung zur Rohrwandung hin mehr oder weniger steil abfällt. Das radiale Profil der Elektronendichte kann durch die *Bessel-Funktion* J_0 gemäß

$$n_e(r) = n_e(o)\, J_0\, (4,8\ r/d) \tag{6.3/8}$$

beschrieben werden. Die gleiche Verteilung berechnet man in guter Näherung für metastabile He-Atome und somit auch für die Besetzung der oberen Laserniveaus [73].

Da die Besetzung der unteren Laserniveaus proportional n_e ist (s. Abb. 6.25) berechnet sich für die Besetzungsinversion und damit für den Verstärkungskoeffizienten ebenfalls eine radiale Abhängigkeit. Es gilt [73]

$$g(r/d) = g(o)\, J_0\, (4,8\ r/d) \tag{6.3/9}$$

Die experimentelle Prüfung ergab, daß sich der theoretische Kurvenverlauf bei nicht zu hohen Stromdichten sehr gut bestätigen läßt (Abb. 6.34). Bei höheren Stromdichten wird in Achsennähe eine Abflachung des Kurvenverlaufs beobachtet [73], die bis zu einer geringen Einsattelung führen kann [16]. Aus der oben aufgezeigten Stromabhängigkeit der Verstärkung ist diese Erscheinung als lokaler Sättigungseffekt anschaulich zu verstehen.

Für Frequenzen, die von der Mittenfrequenz ν_0 des dopplerverbreiterten Übergangs abweichen ($\nu \gtrless \nu_0$) fällt die Verstärkung im Grenzfall der inhomogenen

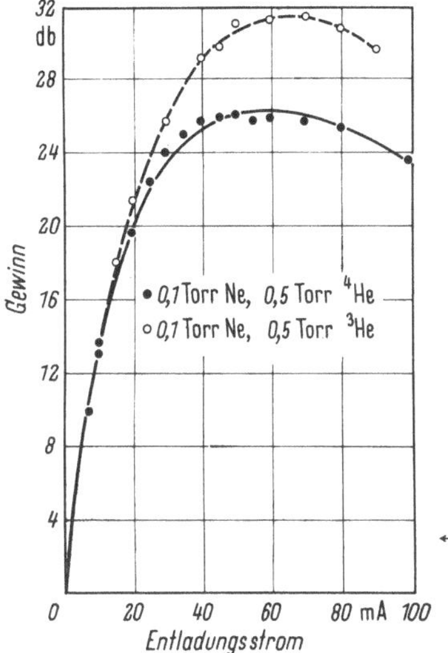

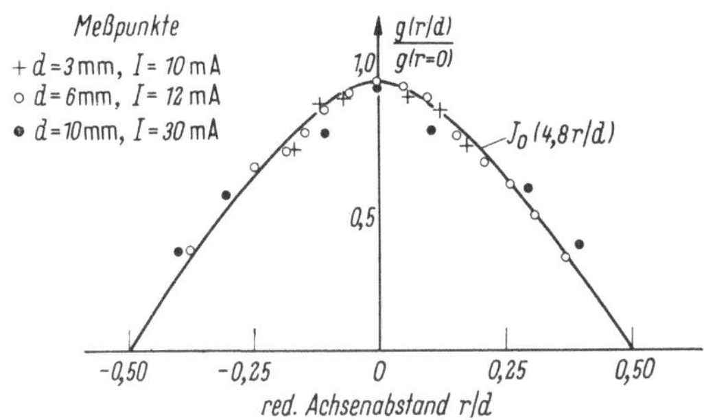

Abb. 6.34. Radiales Verstärkungsprofil einer He-Ne-Entladung (Darstellung in reduzierten Koordinaten) (nach G. Herziger et al. [73]).

Abb. 6.33. dB-Gewinn für $\lambda = 3{,}39$ μm in einer He-Ne-Entladung als Funktion der Stromstärke. Eingangsleistung -48 dbm ($\approx 10^{-8}$ Watt). Ausgezogene Kurve: 0,1 Torr Ne, 0,5 Torr ^{4}He; gestrichelte Kurve: 0,1 Torr Ne, 0,5 Torr ^{3}He (nach A. D. White u. E. I. Gordon [43]).

Linienverbreiterung[1] entsprechend der *Gaußschen Linienform* ab (s. Gl. (2.12/4)). Liegt ein Isotopengemisch vor, so können je nach Anteil der einzelnen Isotope mehr oder weniger starke Abweichungen von der *Gaußschen Linienform* beobachtet werden (Einsattelung oder Schulter im Linienprofil). Da natürliches Neon neben dem dominierenden Isotop ^{20}Ne zu etwa 9% auch ^{22}Ne enthält, läßt sich eindeutig eine asymmetrische Schulter im Verstärkungsprofil erkennen [64, 78, 79] (s. Abb. 6.39).

Die im Verlauf dieses Abschnitts wiedergegebenen Meßergebnisse über optimale Entladungsparameter gelten ausschließlich für kontinuierlichen Betrieb. Bei Pulsbetrieb lassen sich weitaus höhere Fülldrucke verwenden, die dementsprechend größere Werte für Verstärkung und Ausgangsleistung liefern [80—83].

6.3.8 Die Sättigung der Verstärkung bei Oszillation

Im Kapitel 4.3 dieses Buches ist das Sättigungsverhalten der Verstärkung für die beiden Grenzfälle der homogenen bzw. inhomogenen Linienverbreiterung an Hand der *Lambschen Theorie* erklärt worden. Um diese theoretischen Vorhersagen mit experimentellen Ergebnissen am He-Ne-Laser vergleichen und nötigenfalls erweitern zu können, erscheint es zweckmäßig, die wesentlichen Sättigungseffekte kurz in Erinnerung zu rufen:

Die der Kleinsignalverstärkung entsprechende Inversionsdichte n_p eines Lasermediums wird mit steigender Signalleistungsflußdichte S verringert, da

---

[1] Im allgemeinen liegt keine streng inhomogene Linie vor, so daß sich eine Modifizierung des *Gaußschen Verstärkungsprofils* ergibt (s. Kap. 6.3.8).

ein Gleichgewicht zwischen der Pumprate und der von (Sn_p) abhängigen Emissionsrate bestehen muß. Der Gewinn sinkt für streng inhomogene Linien nach Gl. (4.3/12) gemäß

$$g\,(\nu_0,\,S)\,=\,g_{00}\left(1+\frac{S}{S_0}\right)^{-1/2} \qquad\qquad (6.3/10)$$

ab, wobei $g_{00}\,l$ der maximale Kleinsignalgewinn längs der Strecke l für $\nu = \nu_0$ und S_0 ein Sättigungsparameter ist[1]. Für den Verstärkungskoeffizienten g_{00} gilt nach Gl. (2.13/11)

$$g_{00}\sim n_p\,A_{jk}\,\lambda^3\,.$$

Der Sättigungsparameter S_0 ist im Gültigkeitsbereich der *Lambschen Theorie* (Kap. 4 [22]) durch

$$S_0 = \frac{2\pi\,hc}{\lambda^3\,\tau_j\,\tau_k\,A_{jk}} = \frac{4\pi^2\,hc}{\lambda^3\,A_{jk}}\,\frac{\varDelta\nu_N}{(\tau_j+\tau_k)} \qquad\qquad (6.3/11)$$

gegeben (s. a. Kap. 4, speziell Gl. (4.3/11)). Bei zwei Übergängen, die *gleiche* Besetzungsinversion n_p und *gleiche* Kleinsignalverstärkung $g_{00}\,l$ aufweisen, sich jedoch hinsichtlich ihrer Lebensdauerwerte unterscheiden, gilt $S_0 \sim 1/\tau_j\tau_k$. Die Verstärkung wird demnach um so rascher in die Sättigung gelangen, je größer die Lebensdauerwerte der Laserniveaus sind.

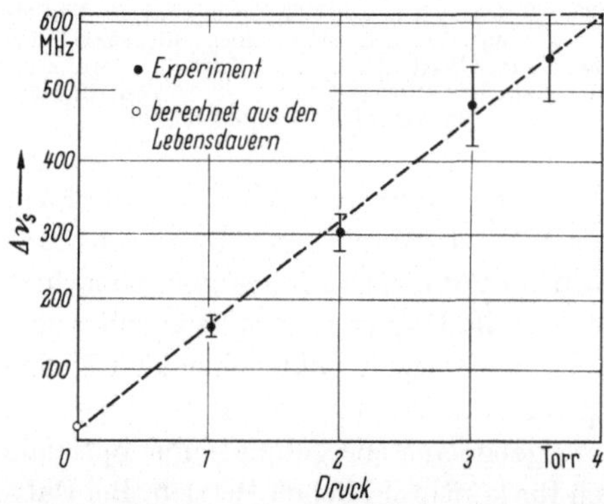

Abb. 6.35. Linienbreite $\varDelta\nu_S$ der Linie 6328 Å als Funktion des Fülldrucks. Die aus den Werten von $\tau_j \approx \tau_k \approx$ $\approx$ 20 ns berechnete natürliche Linienbreite $\varDelta\nu_N = 16\,\mathrm{MHz}$ steht mit der auf $p = 0$ extrapolierten Meßkurve in Übereinstimmung (nach P. W. SMITH [84]).

Bei Oszillation auf einer Resonatoreigenfrequenz ν senkt sich die Besetzungsinversion der am Verstärkungsprozeß beteiligten Atome so weit ab, bis die verbleibende Verstärkung $g(\nu,S)\,l$ und die Verluste pro Durchgang δ einander gleich sind[2]. Bei einer homogen verbreiterten Linie senkt sich dabei das gesamte Linienprofil ab, während bei inhomogener Verbreiterung das ursprüngliche Linienprofil nur in der Umgebung der Oszillationsfrequenz gestört wird ("hole burning").

Da bei dopplerverbreiterten Linien der Mittenfrequenz ν_0 zur Verstärkung einer in z-Richtung laufenden Welle der Frequenz $\nu_1 = \nu_0 + \delta\nu$ die Atome innerhalb der Geschwindigkeitsklasse $v_z = c\,\delta\nu/\nu_0$ beitragen und sich eine entgegenlaufende Welle derselben Frequenz aus der Geschwindigkeitsklasse $-v_z$ verstärkt, sind bei stehenden Wellen zwei symmetrisch zu ν_0 liegende Löcher im Linienprofil zu erwarten (Abb. 6.36). Die durch "hole burning" entstehenden Löcher haben *Lorentzschen Charakter*; das gestörte Linienprofil läßt sich somit durch eine Faltung von *Lorentz- und Doppler-Linie* gemäß Gl. (2.12/7) erhalten (vgl. auch Gln. (4.3/5i) und (4.3/8)).

---

[1] Da die Leistungsflußdichte S mit der in Kap. 4 verwendeten Quantendichte q durch $S = wc = qh\nu c$ verbunden ist, gilt auch für die Sättigungsparameter $S_0 = h\nu c q_s$.

[2] Damit ist auch der Wert von S im Schwingungsfall festgelegt.

Die Halbwertsbreite dieser *Lorentzschen Löcher* entspricht bei kleinen Drücken ($< 0{,}1$ Torr) und kleinen Signalleistungen ($S/S_0 \ll 1$), d. h. im Gültigkeitsbereich der in Kap. 4 skizzierten *Lambschen Theorie*, in guter Näherung der natürlichen Linienbreite $\Delta\nu_N$ des betrachteten Übergangs. Bei den für He-Ne-Laser üblichen Fülldrücken von einigen Torr wird die Halbwertsbreite jedoch überwiegend durch

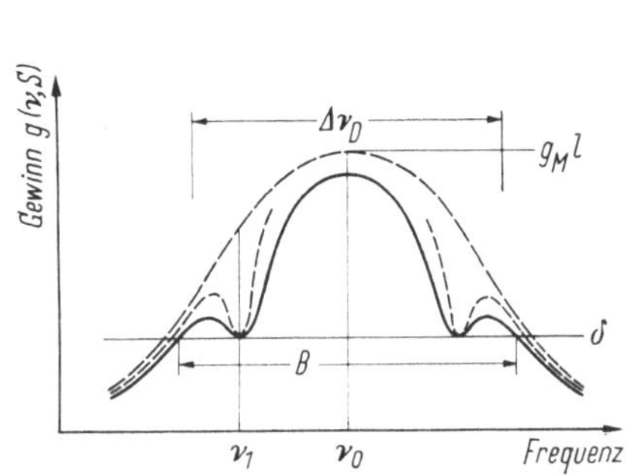

Abb. 6.36. Verstärkungsprofil bei Oszillation einer Eigenschwingung der Frequenz ν_1. Die Lochbreite $\Delta\nu_H$ ist durch Gl. (6.3/12) gegeben. Je nach der Breite und der spektralen Lage der Löcher wird das Linienprofil auch außerhalb der Oszillationsbandbreite B abgesenkt.

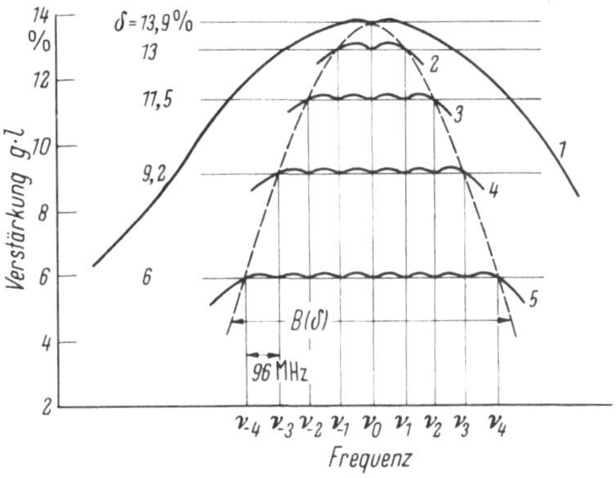

Abb. 6.37. Die Sättigung der Verstärkung bei fortschreitender Entdämpfung des Resonators für den roten Ne-Übergang 6328 Å. Bei einem Fülldruck von 0,5 Torr beträgt die Linienbreite $\Delta\nu_S$ nach Abb. 6.35 100 MHz; sie ist also mit dem Abstand axialer Moden $\delta\nu_a = 96$ MHz vergleichbar. Das Verstärkungsprofil wird deshalb nahezu homogen abgesenkt. Die Größe der Oszillationsbandbreiten $B(\delta)$ wurde [74] entnommen.

Stoßverbreiterung bestimmt [84]. Die zugehörige Linienbreite $\Delta\nu_S$, auf deren experimentelle Bestimmung wir weiter unten noch zu sprechen kommen werden, kann die natürliche Breite um eine Größenordnung übertreffen. So bestimmt man beispielsweise $\Delta\nu_N$ für den Übergang Ne $3s_2 - 2p_4$ zu 20 MHz, während für $\Delta\nu_S$ bei 1,5 Torr (He + Ne) 200 MHz gemessen werden (Abb. 6.35).

Die *Lorentzsche Lochbreite* bei der Leistungsflußdichte S ergibt sich nach Gl. (4.3/8) und (4.3/10) zu

$$\Delta\nu_H = \Delta\nu_S \left(1 + S/S_0\right)^{1/2}, \tag{6.3/12}$$

wobei der Sättigungsparameter S_0 durch

$$S_0 = \frac{2\pi\,hc}{\lambda^3\,\tau_j\,\tau_k\,A_{jk}}\;\frac{\Delta\nu_S}{\Delta\nu_N} = \frac{4\pi^2\,hc}{\lambda^3\,A_{jk}}\;\frac{\Delta\nu_S}{(\tau_j + \tau_k)} \tag{6.3/11a}$$

gegeben ist [84] (Kap. 4 [11]).

Je nach der Größe von $\Delta\nu_H$ zur Halbwertsbreite $\Delta\nu_D$ der *Doppler-Linie*, wird daher bei Oszillation *einer* Eigenfrequenz das gesamte Linienprofil mehr oder weniger beeinflußt. Für vergleichbare Werte von $\Delta\nu_H$ und $\Delta\nu_D$ ist es daher nicht mehr sinnvoll, von inhomogener Linienverbreiterung zu sprechen, da eine nahezu homogene Entleerung stattfinden könnte (Abb. 6.36). Bei Oszillation mehrerer Eigenfrequenzen mit dem Frequenzabstand $\delta\nu_a = c/2L$ muß sich dementsprechend schon für $\Delta\nu_H \approx \delta\nu_a$ das Gesamtprofil der Verstärkungszone entscheidend absenken, wodurch das verbleibende Verstärkungsprofil nahezu dem einer homogen verbreiterten Linie gleicht. In Abb. 6.37 ist das geschilderte

17*

Sättigungsverhalten für den Ne-Übergang bei 6328 Å quantitativ wiedergegeben: Die Kurven 1 bis 5 zeigen das Verstärkungsprofil bei fortschreitender Entdämpfung des Resonators. Sobald $\delta < g_M l$, beginnt der Laser auf der Eigenfrequenz zu oszillieren, die dem Zentrum ν_0 der *Doppler-Linie* am nächsten ist. Im Maße, in dem die Verluste absinken, kommen immer mehr Eigenschwingungen zur Oszillation. Aus dem Oszillationseinsatz läßt sich bei bekanntem Modenabstand jeweils die Breite der verstärkenden Zone (Oszillationsbandbreite) B ermitteln. Entsprechend der nahezu *Gaußschen Linienform* der *Doppler-Kurve* wächst B in der Nähe des Schwellenwerts sehr stark mit abnehmendem δ an.

Nach dieser überwiegend qualitativen Betrachtung wollen wir die Verstärkung bei einer *Doppler-Linie* als Funktion der Frequenz ν und der Leistungsflußdichte $S(\nu)$ bei großen *Lorentzschen Linienbreiten* $\Delta\nu_S$ berechnen. Der Verstärkungskoeffizient $g(\nu)$ ergibt sich nach Gln. (4.3/8), (2.12/4) und (6.3/12) zu

$$g(\nu, S) = \frac{2g_{00}\,\Delta\nu_S}{\pi} \cdot \int_0^\infty \frac{\exp\left[-(\nu' - \nu_0)^2/(0{,}6\,\Delta\nu_D)^2\right]}{4(\nu - \nu')^2 + \Delta\nu_S^2\,(1 + S/S_0)}\, d\nu', \qquad (6.3./13)$$

wobei $g_{00} = \frac{n_p}{c}\,B'_{jk}\,f_D(\nu_0)$ gleich dem maximalen Verstärkungskoeffizienten bei streng inhomogenem Liniencharakter ist (s. Gl. (2.13/7), wie aus der Integration von Gl. (6.3/13) für $\Delta\nu_H \ll \Delta\nu_D$ zu

$$g(\nu) = g_{00}(1 + S/S_0)^{-1/2} \exp\left[-(\nu - \nu_0)^2/(0{,}6\,\Delta\nu_D)^2\right] \qquad (6.3/14)$$

entnommen werden kann (vgl. (Gl. 4.3/12)).

Die strenge Lösung von Gl. (6.3/13) ergibt [85]

$$g(\nu) = g_{00}(1 + S/S_0)^{-1/2}\,Re\,F\left[(\nu - \nu_0)/0{,}6\,\Delta\nu_D + j\cdot\frac{\Delta\nu_S}{1{,}2\,\Delta\nu_D}\,(1 + S/S_0)^{1/2}\right], \qquad (6.3/15)$$

wobei $Re\,F(z) = F_R(z) = F_R(\nu, \Delta\nu_H)$ der Realteil der Fehlerfunktion für komplexe Argumente ist, die durch

$$F(z) = [1 + \Phi(jz)]\exp(-z^2)$$

mit

$$\Phi(jz) = \frac{2}{\sqrt{\pi}} \int_0^{jz} dt\,\exp(-t^2)$$

definiert und in [86] tabelliert ist.

Im Gegensatz zur streng inhomogenen Linie gilt bei großen Breiten $\Delta\nu_S$ für den Verstärkungskoeffizienten in der Linienmitte

$$g_M = g(\nu = \nu_0, S = 0) = g_{00}\,F_R(\nu_0, \Delta\nu_S) \neq g_{00}. \qquad (6.3/16)$$

Die Parameter $\Delta\nu_S$ und S_0, die bei bekannter *Doppler-Breite* das Verstärkungsprofil nach Gl. (6.3/15) bestimmen, lassen sich beide auf experimentellem Wege ermitteln:

Den Linienbreitenparameter $\Delta\nu_S$ kann man durch Messung der frequenzabhängigen Ausgangsleistung $P(\nu)$ eines Einmoden-Lasers gewinnen, da sich der Quotient $P(\nu)/P(\nu_0)$ nach der auf höhere Drucke erweiterten *Lambschen Theorie* in guter Näherung als Funktion von $\Delta\nu_S$ gemäß

$$P(\nu)/P(\nu_0) = S(\nu)/S(\nu_0) = f(\Delta\nu_S) \qquad (6.3/17)$$

darstellen läßt und $f(\Delta\nu_S)$ berechnet werden kann [84].

Wie Abb. 6.35 erkennen läßt, zeigt $\Delta\nu_S$ für die 6328 Å Linie des He-Ne-Lasers innerhalb der üblichen Fülldrücke eine gute lineare Druckabhängigkeit. Die für $p \to 0$ extrapolierte Meßkurve liefert eine natürliche Linienbreite, die sehr gut mit der aus den Lebensdauerwerten (s. Tab. 6.3) berechneten Breite übereinstimmt.

Der Sättigungsparameter S_0 kann aus der Intensität bzw. der Leistungsflußdichte $S(\nu_0)$ eines bei $\nu = \nu_0$ oszillierenden Lasers bestimmt werden. Der theoretische Zusammenhang läßt sich an Hand des nächsten Abschnitts qualitativ verstehen, wenn man $S(\nu_0)/S_0$ aus Gl. (6.3/20) für $S(\nu_0) \ll S_0$, d. h. $\Delta\nu_S \approx \Delta\nu_H$, eliminiert. Man erhält

$$S(\nu_0) \approx S_0 \left(\frac{g_M}{g(\nu_0, S(\nu_0))} - 1 \right) = S_0 (\eta - 1), \qquad (6.3/18)$$

wobei der *Anregungsparameter* η als Quotient aus maximaler Kleinsignalverstärkung und Verlusten pro Durchgang definiert und durch

$$\eta = \frac{g_M \, l}{\delta} = \frac{g_M}{g(\nu, S)} \qquad (6.3/18\,\text{a})$$

gegeben ist (Ableitung s. [84]).

Da mit steigendem Druck die Linienbreite $\Delta\nu_S$ linear ansteigt und somit immer mehr angeregte Atome zur Verstärkung eines Signals herangezogen werden können, erwartet man, daß auch der Sättigungsparameter S_0 mit dem Druck

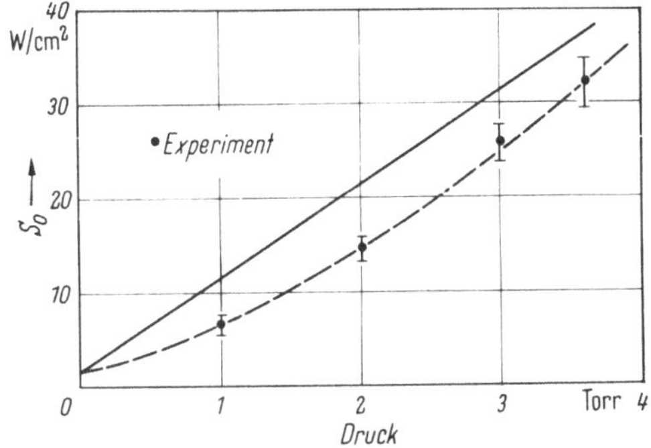

Abb. 6.38. Experimentell gefundene Abhängigkeit des Sättigungsparameters S_0 vom Fülldruck für den 6328-Å-Laser. Nach Gl. (6.3/12) ergibt sich mit $A_{jk} = 1{,}38 \cdot 10^6\,\text{s}^{-1}$ (W. L. Faust u. R. McFarlane [91]) und $\tau_j \approx \tau_k \approx 20\,\text{ns}$ (Tab. 6.3) die eingezeichnete lineare Abhängigkeit (Meßkurve nach P. W. Smith [84]).

anwächst. Nach Gl. (6.3/11 a) sollte sich eine lineare Abhängigkeit ergeben, die jedoch experimentell nicht bestätigt wird. Wie Abb. 6.38 zeigt, mißt man eine relativ starke Abweichung vom linearen Verlauf.

Eine Abhängigkeit des Sättigungsparameters vom Rohrdurchmesser und der Entladungsstromdichte läßt sich experimentell — in Übereinstimmung mit Gl. (6.3/11 a) — nicht feststellen [84].

6.3.9 Leistungsdichte und optimale Ausgangsleistung des He-Ne-Lasers

Die Leistungsdichte im Inneren des Resonators und die Ausgangsleistung eines Gaslasers werden sowohl vom Charakter des verstärkenden Mediums als auch von den Eigenschaften des Laserresonators bestimmt.

Wie im vorhergehenden Abschnitt deutlich wurde, läßt sich das verstärkende Medium durch den maximalen Kleinsignalgewinn $g_M l$, den Sättigungsparameter S_0, den Linienbreitenparameter $\Delta \nu_S$ und die *Doppler-Breite* $\Delta \nu_D$ beschreiben. Obwohl die vier Parameter keine unabhängigen Größen sind, empfiehlt es sich, sie nebeneinander zu verwenden.

Von den Eigenschaften des Resonators interessieren in diesem Zusammenhang neben den geometrischen Abmessungen, die den Querschnitt einer Eigenschwingung und die Gesamtverstärkung bestimmen, vor allem die Gesamtverluste δ und die Spiegeltransmission δ_t. Wir wollen den Einfluß der genannten Größen auf die Ausgangsleistung eines He-Ne-Lasers kurz skizzieren: Nach Kap. 4.2 ist die Ausgangsleistung (einschließlich aller anderen Verluste) eines bei der Frequenz ν oszillierenden Lasers der Zahl der induzierten Übergänge pro Zeiteinheit, d. h. der Fläche des zugehörigen Lochs[1] oder näherungsweise dem Produkt $[g(S = 0) - g(S(\nu))]\,\Delta \nu_H = [g(S = 0) - \delta/l]\,\Delta \nu_H$ proportional.

Hohe Kleinsignalverstärkung und niedrige Verluste sind jedoch allein noch kein Kriterium für hohe Laserintensität. Da die gesättigte Verstärkung nur eine Funktion des Quotienten $S(\nu)/S_0$ ist (Gl. (6.3/14) oder (6.3/15)), wächst bei gegebener Kleinsignalverstärkung und gegebenen Verlusten die Laserintensität auch stets proportional zum Sättigungsparameter S_0 an. Man erwartet demnach eine Abhängigkeit der ausgekoppelten Leistungsflußdichte $S(\nu)\delta_t$ von den genannten Parametern gemäß

$$S(\nu)\delta_t \sim S_0\,[g(S = 0) - \delta/l]\,\Delta \nu_H. \qquad (6.3/19)$$

Eine *quantitative* Aussage über die Intensität bei Oszillation *einer* Eigenschwingung gewinnen wir aus Gl. (6.3/15) und (6.3/16).

Mit $\eta = \dfrac{g_M}{g(\nu,\,S(\nu))}$ folgt für $|\nu - \nu_0| \geq \Delta \nu_H/2$

$$\eta = (1 - S/S_0)^{1/2}\,\frac{F_R[\nu_0, \Delta \nu_S]}{F_R[\nu, \Delta \nu_S\,(1 + S/S_0)^{1/2}]}. \qquad (6.3/20)$$

Da der Anregungsparameter η durch die maximale Kleinsignalverstärkung und die Verluste bestimmt ist und S_0 sowie $\Delta \nu_S$ als Funktion des Fülldrucks bekannt sind, läßt sich die Leistung eines Einmoden He-Ne-Lasers in Abhängigkeit von η berechnen.

Für $|\nu - \nu_0| \leq \Delta \nu_H/2$, d. h. bei Oszillation im Zentrum der *Doppler-Linie*, ist zu beachten, daß die emittierenden Atome dem Feld der hin- und zurücklaufenden Wellen ausgesetzt sind. Dies bedeutet, daß sich für $\nu \to \nu_0$ die wirksame Leistungsflußdichte ständig erhöht. Für $\nu = \nu_0$ ist somit der Quotient $S(\nu)/S_0$ durch $2S(\nu_0)/S$ zu ersetzen.

Die durch Gl. 6.3.12 gegebene Lochbreite $\Delta \nu_H$ wird sich daher für $\nu \to \nu_0$ etwas vergrößern, die Gesamtintensität jedoch zurückgehen, da hin- und zurücklaufende Wellen nur durch Atome *einer* Geschwindigkeitsklasse verstärkt werden. Man beobachtet somit eine Einsattelung im frequenzabhängigen Leistungsprofil (*Lamb*

---

[1] Man kann sich den Zusammenhang an Hand der Abb. 6.36 verdeutlichen: Die Fläche der *Doppler-Kurve* ist der Überbesetzung und somit der Gesamtpumprate proportional. Die Fläche eines *Lorentzschen Lochs* entspricht dann der Pumprate, die für induzierte Emission verwendet wird und somit gleich der Emissionsrate ist.

dip), die um so ausgeprägter ist, je kleiner die *Lorentzschen Lochbreiten* und je größer die Kleinsignalverstärkung ist (Abb. 6.39).

Die nach Gl. (6.3/20) zu berechnenden theoretischen Leistungsdichten stehen in guter Übereinstimmung mit experimentellen Ergebnissen. Dies wird aus Abb. 6.40 ersichtlich, in der die Abhängigkeit der relativen Leistungsflußdichte S/S_0 vom Anregungsparameter η für verschiedene Linienparameter $\Delta\nu_S$ dargestellt ist. Wie man sieht, ergibt sich für kleine Anregungsparameter in guter Näherung eine lineare Abhängigkeit gemäß $S/S_0 \sim (\eta - 1)$

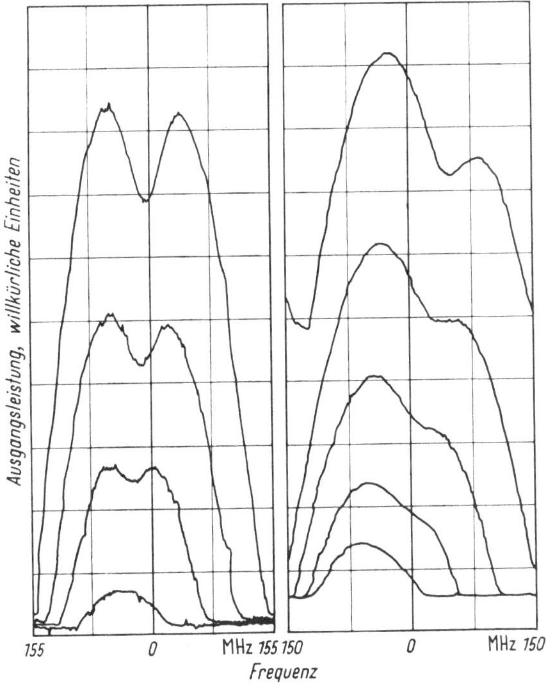

Abb. 6.39. Ausgangsleistung eines bei 1,15 μm ($2s_2 - 2p_4$) oszillierenden Einmoden-He-Ne-Lasers als Funktion der Frequenz bei unterschiedlicher Pumpleistung. Linkes Teilbild: nahezu isotopenreines Neon (99% ^{20}Ne); rechtes Teilbild: natürliches Isotopengemisch (91% ^{20}Ne, 9% ^{22}Ne), Mischungsverhältnis in beiden Fällen $p_{He} \approx$ 1 Torr, $p_{Ne} \approx 0,1$ Torr. Durch das Isotopengemisch wird die Einsattelung (*Lamb dip*) weitgehend verwischt (nach A. SZÖKE u. A. JAVAN [78]).

Für He-Ne-Laser, die eine größere Länge als 30 cm aufweisen, ist in der Regel das Einzugsgebiet $\Delta\nu_S$ einer Eigenschwingung größer als der Abstand $\delta\nu_a$ zweier Eigenschwingungen. Nun ist die Gesamtintensität mehrerer sehr dicht liegender Moden aus den eingangs genannten Gründen gleich der Intensität, die ein Modus bei alleiniger Oszillation im gleichen Einzugsgebiet hätte. Der Multimodenbetrieb des He-Ne-Lasers läßt sich daher näherungsweise durch das folgende Modell beschreiben: Innerhalb der Oszillationsbandbreite B oszillieren symmetrisch zu ν_0 im jeweiligen Abstand $\Delta\nu_H$ eine Reihe von Eigenschwingungen, deren gesamte Leistungsflußdichte durch

$$S_g = S(\nu') \frac{B}{\Delta\nu_H} \qquad (6.3/21)$$

gegeben ist, wobei $S(\nu')$ die Leistungsflußdichte einer bei $\nu' = \nu_0 + \dfrac{B}{2}$ oszillie-renden Eigenschwingung mittlerer Intensität ist. $S(\nu')$ läßt sich aus Gl. (6.3/20) berechnen wenn $S(\nu)$ durch $2S(\nu')$ und ν durch ν' ersetzt werden[1].

Die Oszillationsbandbreite ist näherungsweise[2] durch

$$B = 1{,}2\,\Delta\nu_D\,\sqrt{\ln\eta} \qquad (6.3/22)$$

gegeben, was aus der Definition von η (Gl. 6.3/18a) und aus Gl. (6.3/14) unmittelbar einzusehen ist. Die auf S_0 normierte Gesamtintensität läßt sich somit wie die

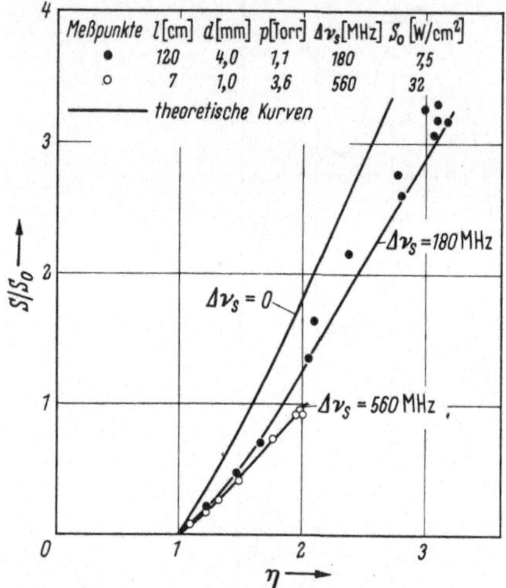

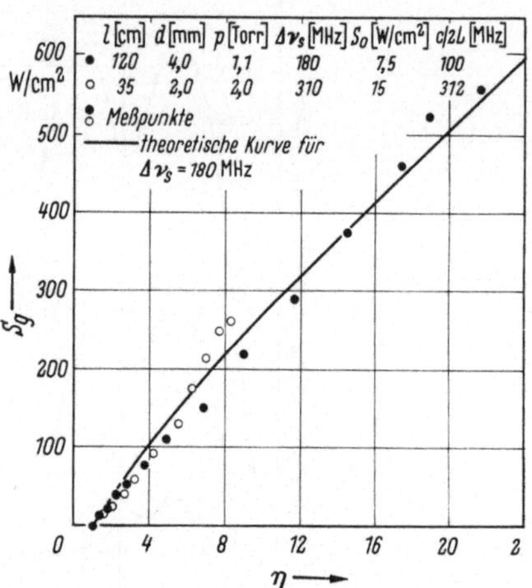

Abb. 6.40. Normierte innere Intensität eines bei 6328 Å oszillierenden Einmoden-He-Ne-Lasers ($\nu = \nu_0$) als Funktion des Anregungsparameters $\eta = g_M\,l/\delta$. Die theoretischen Kurven sind als Funktion der Parameter S_0 und $\Delta\nu_S$ aus Gl. (6.3/20) berechnet. S_0 und $\Delta\nu_S$ sind Abb. 6.35 bzw. 6.38 entnommen (nach P. W. Smith [85]).

Abb. 6.41. Innere Intensität des 6328-Å-He-Ne-Lasers bei Multimodenbetrieb als Funktion des Anregungsparameters. Die Leistung wird unabhängig von S_0 und $\Delta\nu_S$. Die theoretische Kurve ist mit Hilfe der Gl. 6.3/23 für $S_0 = 7{,}5$ Watt/cm² und $\Delta\nu_S = 180$ MHz berechnet (nach P. W. Smith [85]).

Intensität im Einmodenbetrieb (Gl. (6.3/20)) ebenfalls als Funktion von Anregungs- und Linienbreitenparameter schreiben. Wie in [85] gezeigt, erhält man in guter Näherung eine lineare Abhängigkeit vom Anregungsparameter η gemäß

$$S_g/S_0 = K\,(\Delta\nu_S)\,(\eta - 1) \qquad (6.3/23)$$

mit $K(\Delta\nu_S)$ als Proportionalitätskonstante.

Das Produkt aus der theoretisch zu berechnenden Proportionalitätskonstanten K und dem experimentell bestimmbaren Sättigungsparameter S_0 erweist sich dabei als weitgehend unabhängig vom Fülldruck. Für nicht zu große Werte von η gilt [85]

$$S_0 K = 30 \pm 3 \text{ W/cm}^2,$$

---

[1] Der Faktor 2 beruht darauf, daß die Einzugsgebiete von jeweils zwei symmetrisch liegenden Eigenschwingungen identisch sind.

[2] Für streng inhomogene Linien gilt der Zusammenhang exakt.

so daß sich für S_g die einfache und wichtige Beziehung

$$S_g = (30 \pm 3)\,(\eta - 1)\ \mathrm{W/cm^2} \qquad (6.3/24)$$

ergibt (Abb. 6.41). Dies bedeutet, daß die Leistungsdichte im Innern des Resonators für den 6328 Å Laserübergang bei Multimodenbetrieb nur eine Funktion des Anregungsparameters und — im Gegensatz zur Leistungsdichte bei Einmodenbetrieb — *unabhängig* von der Linienbreite $\varDelta \nu_S$ und dem Sättigungsparameter S_0 ist. Gl. (6.3/24) ist experimentell an Rohren mit unterschiedlichem Fülldruck nachgeprüft worden, wobei sich eine sehr gute Übereinstimmung feststellen ließ [85].

Bei Kenntnis der Leistungsflußdichten S im Innern des Resonators ergibt sich die am Spiegel ausgekoppelte Leistung zu $S\delta_t$. Da mit steigendem Koppelgrad δ_t der Anregungsparameter η und damit die Leistungsflußdichte S absinkt, existiert ein optimaler Koppelgrad $(\delta_t)_{\mathrm{opt}}$, der sich aus der Bedingung

$$\left.\frac{d(S\delta_t)}{d\delta_t}\right|_{\delta_t = (\delta_t)_{\mathrm{opt}}} = 0 \qquad (6.3/25)$$

ableitet, wobei S aus Gl. (6.3/20) bzw. (6.3/23) zu berechnen und die Gesamtverluste δ durch die Spiegelverluste δ_t und die übrigen Resonatorverluste δ_a zu ersetzen sind. Wie die Leistungsflußdichten $S(\nu)$ und S_g, so ist auch der optimale Koppelgrad für Einmoden- und Multimodenbetrieb verschieden. Aus der linearen Beziehung Gl. (6.3/23) läßt sich $(\delta_t)_{\mathrm{opt}}$ auf besonders einfache Weise berechnen. Man erhält mit $\eta = \dfrac{g_M l}{\delta_a + \delta_t}$ und der Bedingung Gl. (6.3/25) für Multimodenbetrieb

$$(\delta_t)_{\mathrm{opt}} = \sqrt{\delta_a\, g_M\, l} - \delta_a. \qquad (6.3/26)$$

Es ist dabei zu beachten, daß $(\delta_t)_{\mathrm{opt}}$ den Koppelgrad pro Durchgang angibt. Bei Resonatoren mit einseitiger Auskopplung ist daher für den teildurchlässigen Spiegel $\delta_t = 2(\delta_t)_{\mathrm{opt}}$ zu verwenden.

Unter der Annahme, daß sich der Intensitätsfluß bei Oszillation im transversalen Grundmodus gleichmäßig über einen Querschnitt $w_0^2\pi$ verteilt, läßt sich die maximale Gesamtausgangsleistung eines He-Ne-Lasers somit in allen Fällen berechnen. Bei Multimodenbetrieb (im transversalen Grundmodus!) kann sie sogar in geschlossener Form angegeben werden. Man erhält P_{max} mit Gl. (6.3/24) und (6.3/26) als Funktion der maximalen Kleinsignalverstärkung $g_M l$ und der Resonatorverluste δ_a zu

$$P_{\mathrm{max}}/w_0^2\pi = S_g(\delta_t)_{\mathrm{opt}} = 30\left(\sqrt{g_M l} - \sqrt{\delta_a}\right)^2\ \mathrm{W/cm^2}. \qquad (6.3/27)$$

Dieser Wert verdoppelt sich bei gleicher Länge l der verstärkenden Zone, wenn nur auf einer Seite des Resonators ausgekoppelt wird. So kann man beispielsweise bei einem Gewinn von 10% und Streuverlusten von 1% pro Durchgang bei einseitiger Auskopplung eine Leistungsflußdichte von etwa 15 mW/mm² erreichen, was mit der experimentellen Erfahrung in guter Übereinstimmung steht [87].

6.3.10 Das Eigen- und Zwischenfrequenzspektrum des He-Ne-Lasers

Bei den Betrachtungen über die Ausgangsleistung des He-Ne-Lasers wurde stillschweigend vorausgesetzt, daß der Laser im Grundmodus TEM_{00q} oszillierte, dessen Volumen wegen des rotationssymmetrischen Charakters leicht abgeschätzt werden kann. Multimodenbetrieb war demnach gleichbedeutend mit der Oszillation mehrerer Eigenschwingungen TEM_{00}, die sich ausschließlich in der axialen Knotenzahl q unterschieden, jedoch gleiches Volumen und gleiche Resonatorverluste hatten (s. Kap. 3).

In einem Resonator, der weder durch die Spiegelgröße noch durch Blenden begrenzt ist, können jedoch bei genügender Verstärkung auch eine ganze Reihe von Eigenschwingungen unterschiedlicher transversaler Ordnung oszillieren, die sich durch typische Intensitätsverteilungen in den Spiegelebenen auszeichnen und daher leicht identifiziert werden können (s. Abb. 3.13).

Für Gaslaser, deren Entladungsrohre durch *Brewster-Fenster*[1] abgeschlossen sind oder die andere polarisierende Elemente im Resonator haben, sind alle Eigenfrequenzen linear polarisiert; bei senkrecht zur Achse angeordneten Abschlußplatten,

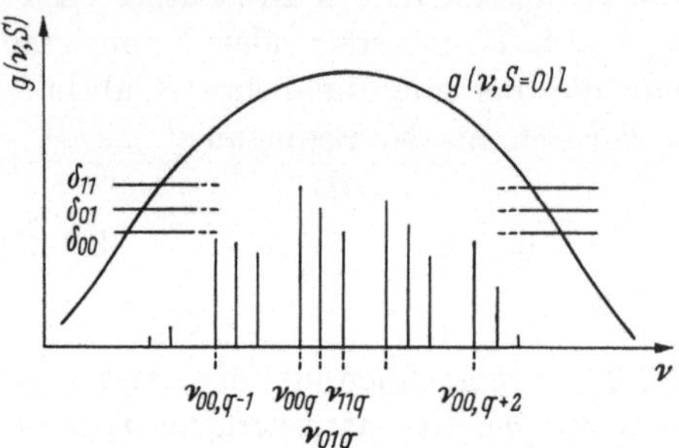

Abb. 6.42. Eigenfrequenzspektrum bei Oszillation von drei Frequenzsätzen TEM_{mnq}. Die Intensität der Eigenschwingungen ist proportional zu $[g(v, S = 0) - \delta_{m,n}/l]$.

oder bei Lasern, deren Spiegel ins Vakuum einbezogen sind, können dagegen alle möglichen Polarisationszustände beobachtet werden (im allgemeinen elliptisch mit den Spezialfällen der zirkularen und linearen Polarisation). Es kann dabei als Regel gelten, daß die Eigenfrequenzen unterschiedlicher transversaler Ordnung verschiedene Polarisation aufweisen. Wir werden im nächsten Abschnitt darauf noch ausführlich zu sprechen kommen.

In Abb. 6.42 ist ein mögliches Eigenfrequenzspektrum schematisch wiedergegeben. Es ist dabei angenommen, daß drei Frequenzsätze TEM_{mnq} mit unterschiedlichen transversalen Knotenzahlen ($m + n = 0, 1, 2$) oszillieren, deren Ausgangsleistung entsprechend den höheren Resonatorverlusten mit steigender transversaler Ordnung abnimmt. Die Frequenzen der betrachteten Eigenschwingungen sind durch Gl. (3.5/7) gegeben, die möglichen Frequenzdifferenzen durch

$$\delta v = \frac{c}{2L}\left(\Delta q + f\Delta\,(m + n)\right) = \delta v_a + \delta v_t. \qquad (6.3/30)$$

Falls nur die „axialen" Eigenfrequenzen TEM_{00q} oszillieren, kann das zugehörige Frequenzspektrum mit einem Schwinginterferometer vom *Fabry-Perot-Typ* aufgelöst werden. Wie Abb. 6.43 erkennen läßt, gibt die Einhüllende der Einzelintensitäten das Verstärkungsprofil des atomaren Übergangs wieder.

---

[1] Allgemeine Bezeichnung für Abschlußfenster, die unter dem *Brewsterschen Winkel* $\varphi_B =$ $= \arctan n$ angebracht sind und das parallel zur Einfallsebene schwingende Licht (E-Vektor) ohne Reflexionsverluste durchtreten lassen.

Im rechten Teilbild ist deutlich eine Einsattelung (*Lamb dip*, s. Kap. 6.3.9) und eine asymmetrische Schulter (Isotopeneffekt, s. Kap. 6.3.8) zu erkennen. Um Frequenzspektren der gezeigten Art exakt aufnehmen zu können, muß neben dem Laserresonator auch die relative Lage zum Schwinginterferometer völlig stabil gehalten werden. Darüber hinaus sind die Resonatoren durch eine Optik

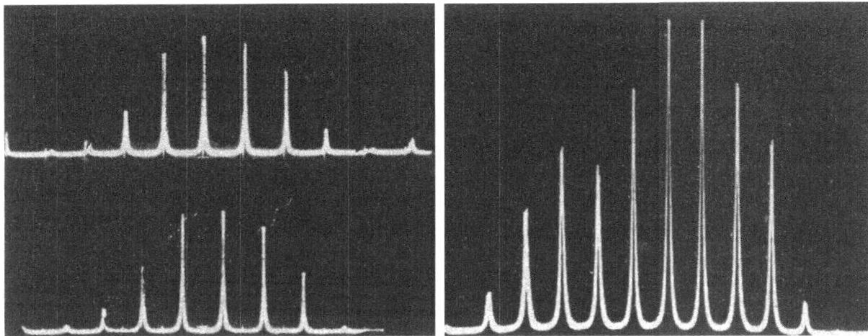

Abb. 6.43. Eigenfrequenzspektren bei Oszillation im transversalen Grundmodus TEM_{00}. linkes Teilbild: Durch Änderung der Resonatorlänge um $\lambda/4$ läßt sich das optische Spektrum um einen halben Modenabstand verschieben; rechtes Teilbild: Wenn bei Verwendung eines Neon-Isotopengemischs ein Modus auf das Zentrum des ^{20}Ne-Verstärkungsmaximums eingestellt wird, läßt sich eine Einsattelung (*Lamb dip*) im Leistungsprofil beobachten. Wegen des unterschiedlichen Isotopenanteils wird das Leistungsprofil asymmetrisch. Man vergleiche Abb. 6.39 (nach R. F. FORK et al. [89]).

aneinander anzupassen (näheres s. Kap. 3) wobei durch einen optischen Isolator (Polarisator und $\lambda/4$-Platte) dafür zu sorgen ist, daß keine Reflexe, die das Frequenzspektrum beeinflussen könnten, in den Laserresonator zurückgelangen [89].

Weit weniger Sorgfalt wird zur Aufzeichnung des Zwischenfrequenzspektrums benötigt, das sich ohne besondere Vorkehrung mit einem Photodetektor aufnehmen läßt, sofern nur die Eigenfrequenzen gleich polarisiert sind. Da die Photoemission dem *Quadrat* der Feldstärke der einfallenden Strahlung proportional ist, wird eine Modulation des Photostroms bei den möglichen Zwischenfrequenzen beobachtet.

Bei der Aufnahme des Zwischenfrequenzspektrums von Moden verschiedener *transversaler* Ordnung ist zu beachten, daß sich bei allen Moden höherer transversaler Ordnung die Phase jeweils bei Überschreiten einer Knotenebene ändert. Wie in Abb. 6.44 an der Überlagerung eines TEM_{00q} und eines TEM_{10q}-Modus gezeigt wird, ist

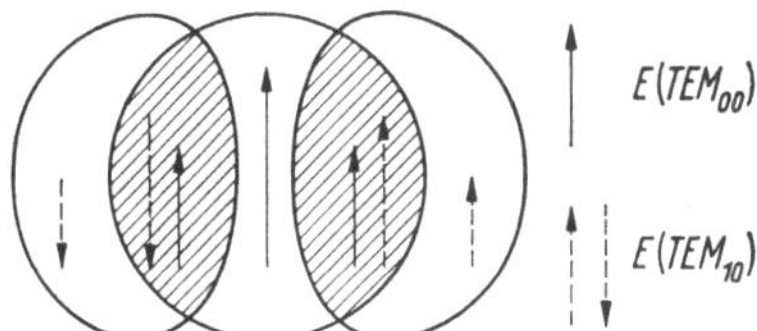

Abb. 6.44. Überlagerung der Intensität von zwei Moden verschiedener transversaler Ordnung. Die in den beiden Überlagerungsgebieten (schraffiert) entstehende Zwischenfrequenz $\delta\nu_t$ ist gegenphasig. Zur Erzielung eines intensiven Signals ist eine der beiden schraffierten Flächen abzudecken.

somit auch die in beiden Überlagerungsgebieten entstehende Zwischenfrequenz $\delta\nu_t$ gegenphasig. Ein intensives Zwischenfrequenzsignal ist demnach nur zu erhalten, wenn eines der Überlagerungsgebiete durch eine Blende ganz oder teilweise abgedeckt wird [90]. Häufig liegen jedoch die Transversalmoden etwas asymmetrisch in Bezug zur Resonatorachse (Abb. 6.46), so daß die Größe der gegenphasigen Überlappungsgebiete nicht gleich ist und auf Blenden verzichtet werden kann.

Bei den drei, in Abb. 6.42 skizzierten Modensätzen lassen sich Zwischenfrequenzen

$$\delta\nu = i\,\delta\nu_a + k\,\delta\nu_t, \qquad \begin{aligned} i &= 0, 1, 2, 3, \ldots \\ k &= 0, 1, 2 \end{aligned}$$

nachweisen, die sämtlich als Linearkombinationen von $\delta\nu_a$ und $\delta\nu_t$ dargestellt
werden können. Da beide Zwischenfrequenzen Funktionen der Resonatorlänge
sind, lassen sich bei Variation des Spiegelabstands typische Frequenzkurven

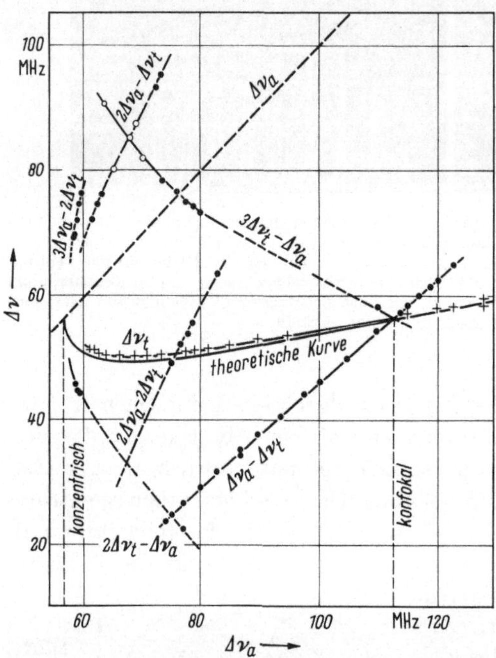

Abb. 6.45. Frequenzspektrum eines He-Ne-Lasers zwischen
konfokaler und konzentrischer Spiegelstellung. Als Abszisse
wurde $\delta\nu_a = c/2L$ verwendet [32].

aufnehmen, die in Abb. 6.45
für den Bereich zwischen konzentrischer und konfokaler Resonatoreinstellung wiedergegeben
sind.

Es ist üblich, diejenigen Überlagerungen von Eigenschwingungen als rein zu bezeichnen, bei
denen nur Zwischenfrequenzen
$\delta\nu_a$ zu messen sind, die sich in m
und n also nicht unterscheiden.
Entsprechende Modenbilder sind
in der unteren Reihe der Abb.
6.46 zu finden. In der Gegenüberstellung (obere Reihe) werden Aufnahmen gezeigt, bei
denen Zwischenfrequenzen $\delta\nu_t$
festgestellt wurden. Sie sind
zum Teil eindeutig als Überlagerung von Eigenschwingungen
verschiedener transversaler Ordnung zu erkennen, zum Teil
weist nur der verwaschene Intensitätsverlauf der mittleren
Maxima darauf hin.

Durch Loch- und Fadenblenden im Inneren des Resonators lassen sich die
Werte von m und n weitgehend festlegen und unerwünschte Beimengungen anderer
transversaler Ordnungen ausschalten. Das Schwingungsspektrum besteht dann
nur aus noch Eigenfrequenzen, die in der axialen Knotenzahl q verschieden sind.
Ihr Frequenzabstand ist in erster Näherung nur durch den Spiegelabstand L
gegeben. Eine genaue Analyse des Zwischenfrequenzspektrums läßt jedoch eine
Feinstruktur erkennen, die darauf hinweist, daß die Eigenfrequenzen nicht äquidistant liegen. Diese Verschiebung gegenüber den Werten des passiven Resonators
ist sowohl auf den anomalen Verlauf des Brechungsindex in der Umgebung eines
verstärkenden Übergangs, als auch auf die Modifizierung des Linienprofils durch
Lorentzsche Löcher zurückzuführen (s. Kap. 4.12).

Als Folge der anomalen Dispersion wird die optische Weglänge für Frequenzen
$\nu < \nu_0$ verkleinert, für Frequenzen $\nu > \nu_0$ dagegen vergrößert, so daß die Eigen-

frequenzen in Richtung der Mittenfrequenz ν_0 gezogen werden (mode pulling).
In die gleiche Richtung wirkt die Verschiebung auf Grund der von jeder Oszillation
selbst hervorgerufenen Löcher, solange die Eigenfrequenz weit genug vom Zentrum

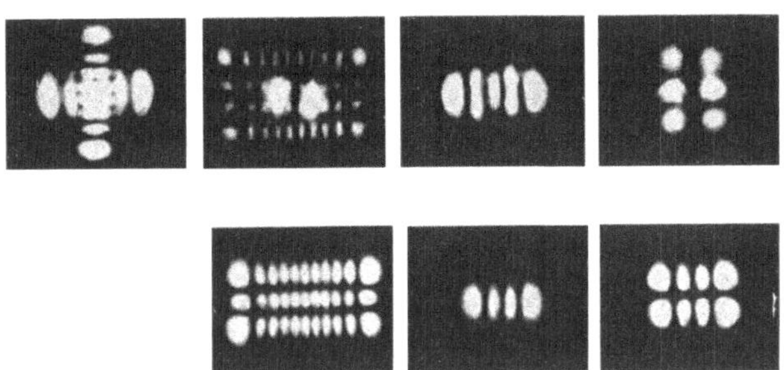

Abb. 6.46. Eigenschwingungen unterschiedlicher transversaler Ordnung.
Obere Reihe: Überlagerungen; untere Reihe: reine Eigenschwingungen (bezüglich m und n).

der Fluoreszenzlinie entfernt ist. Bei Oszillation nahe dem Linienzentrum wird
sich wegen der überlappenden, symmetrisch liegenden Löcher eine Verschiebung
nach außen (mode pushing) ergeben (s. a. *Lamb dip*). Von benachbarten Oszillationen geschaffene Löcher können je nach ihrer Lage
relativ zur betrachteten Resonanz eine Verschiebung
in Richtung der Linienmitte oder von der Mitte weg
bewirken. Eine quantitative Betrachtung dieser Effekte
ist in Kap. 4.3 gegeben worden, so daß wir uns an
dieser Stelle mit der Wiedergabe des experimentellen
Befunds begnügen können. Er kann anhand der Abb. 6.47
beschrieben werden, die das Zwischenfrequenzspektrum
eines He-Ne-Lasers bei verschiedenen Pumpleistungen,
d. h. bei unterschiedlicher Modenzahl, wiedergibt: Solange nur zwei Eigenfrequenzen oszillieren, erscheint
eine Zwischenfrequenz $\delta\nu_a$ (oberes Teilbild). Bei drei
Eigenfrequenzen werden *zwei* Werte $\delta\nu_a$ und *eine* Zwischenfrequenz $2\,\delta\nu_a$ gemessen, wobei die Struktur bei
$\delta\nu_a$ verschwindet, sobald die drei Eigenfrequenzen
symmetrisch zu ν_0 oszillieren. Allgemein ergeben sich
bei der Oszillation von n Eigenfrequenzen $(n-1)$
Zwischenfrequenzen bei $\delta\nu_a$, $(n-2)$ bei $2\,\delta\nu_a$, $(n-k)$
bei $k\,\delta\nu_a$. Bei Oszillation mehrerer Modensätze mit
unterschiedlicher transversaler Ordnung wird eine ähnliche Aufspaltung, wie verständlich, auch bei der Zwischenfrequenz $\delta\nu_t$ beobachtet.

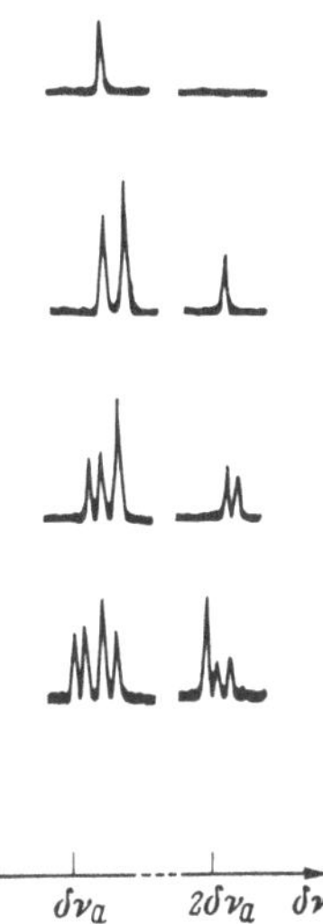

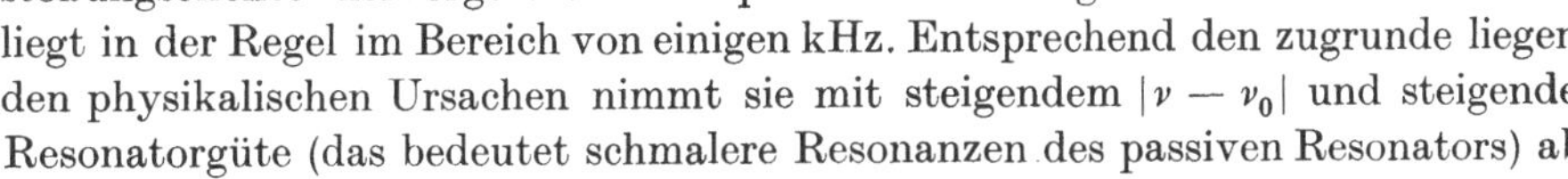

Abb. 6.47. Zwischenfrequenzspektrum eines He-Ne-Planar-
Lasers (planparallele Spiegel).
Die Pumpleistung steigt von oben
nach unten an. Die Zwischenfrequenzen $\delta\nu_a$ liegen im Bereich
von 160 MHz, die Zwischenfrequenzen $2\,\delta\nu_a$ bei 320 MHz
(nach W. R. Bennett Jr. [72]).

Die durch die besprochenen Anziehungs- und Ab-
stoßungseffekte hervorgerufene Frequenzverschiebung
liegt in der Regel im Bereich von einigen kHz. Entsprechend den zugrunde liegen-
den physikalischen Ursachen nimmt sie mit steigendem $|\nu - \nu_0|$ und steigender
Resonatorgüte (das bedeutet schmalere Resonanzen des passiven Resonators) ab.

Weit höhere Frequenzverschiebungen können beobachtet werden, wenn durch eine Asymmetrie im Resonator für Moden höherer transversaler Ordnung die Frequenzentartung in m und n aufgehoben wird. So ist es beispielsweise die Regel, daß in einem Resonator mit *Brewster-Fenstern* bei einer Überlagerung der Moden TEM_{01q} und TEM_{10q} Zwischenfrequenzen von etwa 1 MHz festgestellt werden, die auf die unterschiedlichen (optischen) Frequenzen dieser Moden hinweisen [90].

6.3.11 Wechselwirkung gekoppelter Oszillationen

Aus den Betrachtungen über das Sättigungsverhalten der Verstärkung bei Oszillation s. Kap. 6.3.8) wird deutlich, daß immer dann eine Wechselwirkung von zwei Lasereigenschwingungen der Frequenzen ν_1 und ν_2 stattfinden wird, wenn sich die zugehörigen Einzugsgebiete der Breite $\Delta \nu_H$ merklich überlappen (s. Abb. 6.36).

Für laufende Wellen ist dies erfüllt sobald $|\nu_1 - \nu_2| < \Delta \nu_H$, für stehende Wellen wegen des symmetrisch zu ν_0 liegenden zweiten Loches jedoch auch für $|(\nu_0 - \nu_1) - (\nu_0 - \nu_2)| < \Delta \nu_H$. Wie die experimentelle Untersuchung zeigt, kann diese Wechselwirkung sowohl zu einer Kopplung der Intensitäten als auch der Phasen der einzelnen Eigenschwingungen führen.

Die folgenden Betrachtungen sind auf Eigenschwingungen gleicher Polarisation beschränkt, wodurch gewährleistet ist, daß die gleichen magnetischen Unterniveaus der im allgemeinen entarteten Laserterme für die Verstärkung herangezogen werden. Wir werden später sehen, daß bei der gleichzeitigen Oszillation von Moden verschiedener Polarisation ein andersartiges Kopplungsverhalten beobachtet wird (Kap. 6.3.12 und 6.3.13).

Wir wollen uns zunächst mit der Wechselwirkung zweier gleichzeitig oszillierender Eigenschwingungen befassen, deren Frequenzabstand — abgesehen von Pulling-Effekten — konstant und etwa gleich der halben Bandbreite $B/2$ des verstärkenden Übergangs sei. Durch Änderung der Resonatorlänge um $\lambda/2$ werden die Eigenfrequenzen ν_1 und ν_2 innerhalb der Bandbreite verschoben.

Für den Fall, daß keine Wechselwirkung vorliegt, ist bei Abstimmung des Resonators ein Intensitätsverlauf für ν_1 und ν_2 zu erwarten, wie er auch für Einmoden-Betrieb typisch ist, d. h. $P(\nu_2)$ wird, vom Zentrum des *Lamb dips* ausgehend, einen Maximalwert durchlaufen und auf Null abfallen, während $P(\nu_1)$ einen dazu symmetrischen Verlauf aufweisen wird (gestrichelte Kurven in Abb. 6.48b). Sobald eine Wechselwirkung vorliegt, ist zu erwarten, daß der Modus mit geringerer Intensität vom Eintritt in die Wechselwirkungszone an in zunehmendem Maße unterdrückt wird. Der auf Grund der *Lambschen Theorie* (ohne Berücksichtigung von Stoßeffekten) berechnete Intensitätsverlauf ist in der Abb. 6.48b eingezeichnet.

Der experimentell beobachtete Kurvenverlauf (Teilbild *c*) weicht vom theoretischen Bild in zweifacher Hinsicht ab. Der Intensitätsverlauf zeigt einmal eine ausgeprägte Asymmetrie bezüglich $\nu_{12} = \nu_0$, zum andern wird stets nur ein und derselbe Modus unterdrückt, gleichgültig ob die Wechselwirkungszone von der Seite höherer Frequenzen ($\nu_{12} > \nu_0$) oder niedrigerer Frequenzen her erreicht wird. Offensichtlich ist die Verstärkung für $\nu < \nu_0$ größer als für $\nu > \nu_0$, so daß der Modus ν_1 stets dominiert. Wie in [88] gezeigt ist, läßt sich die Asymmetrie des

Verstärkungsprofils durch Stoßeffekte[1] im Gasmedium erklären und auch quantitativ beschreiben.

Neben der Kopplung der Intensitäten kann beim He-Ne-Laser unter bestimmten Betriebsbedingungen auch eine Phasenkopplung (self mode locking) beobachtet werden. Dies bedeutet, daß die Phasen der Einzelmoden, die normalerweise von einander unabhängig sind, eine feste Beziehung zueinander haben, so daß beispielsweise die Amplituden von $2k + 1$ Eigenschwingungen durch $\cos(\omega_0 + \varkappa \varDelta\omega)t$ mit $\varkappa = 0, \pm 1, \ldots \pm k$ beschrieben werden können.

Die theoretischen Grundlagen zum Verständnis der Phasenkopplung sind in Kap. 4.14 gegeben worden. Dort wird auch gezeigt, daß die Überlagerung von phasengekoppelten, äquidistanten Eigenschwingungen zu einer pulsierenden Ausgangsleistung führt, wobei die Pulsfrequenz der Zwischenfrequenz $\delta\nu_a$ zweier aufeinanderfolgender Moden entspricht.

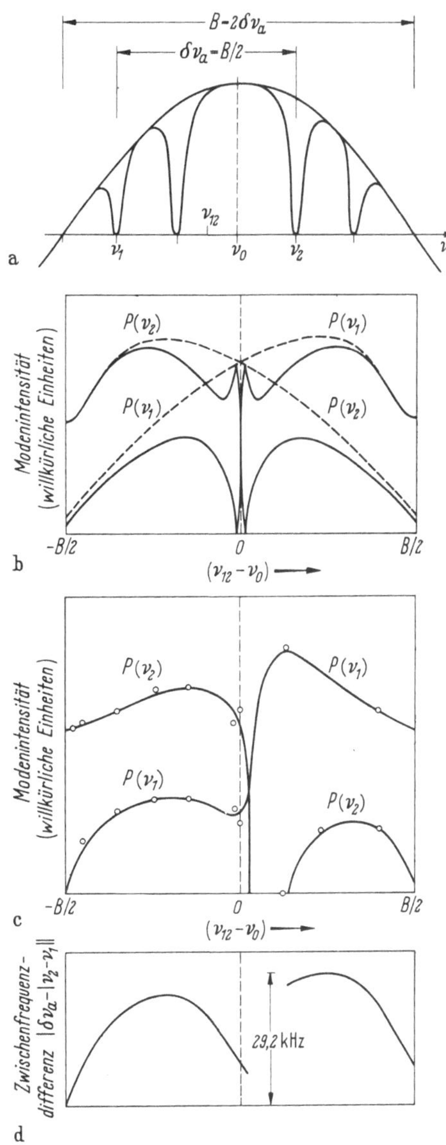

Abb. 6.48. Zur Kopplung zweier gleichzeitig oszillierender Moden.
a) Der Abstand der Moden entspreche der halben Oszillationsbandbreite, d. h. $\delta\nu_a = B/2$. Die Mittenfrequenz $\nu_{12} = (\nu_1 + \nu_2)/2$ ändere sich zwischen $-B/2 < \nu_{12} - \nu_0 < +B/2$. Die Wechselwirkungszone ist durch $-\varDelta\nu_\mathrm{H}/2 < \nu_{12} - \nu_0 < +\varDelta\nu_\mathrm{H}/2$ gegeben; b) Ausgangsleistung der Einzelmoden auf Grund der *Lambschen Theorie* (ohne Berücksichtigung von Stoßeffekten). Gestrichelte Kurven: keine Wechselwirkung zwischen den Moden (zu realisieren bei einem Ringlaser mit zwei gleichsinnig umlaufenden Wellen ν_1 und ν_2); ausgezogene Kurven: Wechselwirkung zwischen den Moden. Innerhalb der Wechselwirkungszone wird die Intensität beider Moden reduziert; c) Experimentell gefundene Ausgangsleistung für $p\,(^3\mathrm{He}) = 0{,}42$ Torr, $p\,(^{20}\mathrm{Ne}) = 0{,}15$ Torr. Bei der Abstimmung dominiert innerhalb der Wechselwirkungszone immer der Modus ν_1 $(< \nu_0)$. Die Asymmetrie beruht auf Stoßeffekten (s. Text); d) Abweichung der gemessenen Zwischenfrequenz $|\nu_2 - \nu_1|$ von $\delta\nu_a$. Da für $\nu < \nu_0$ größere Verstärkung vorliegt als für $\nu > \nu_0$, werden auch die Frequenzen unterschiedlich gezogen, so daß ein asymmetrischer Verlauf entsteht (nach R. L. Fork u. M. A. Pollack [88]).

---

[1] Bei Stoßprozessen unterscheidet man üblicherweise zwischen „harten" und „weichen" Stößen. Während erstere die Wechselwirkung zwischen einem Atom und einem Strahlungsfeld unterbrechen und ihr Einfluß somit einer Erhöhung der Zerfallsrate gleichkommt, bewirken letztere außer einer Verbreiterung der zugehörigen *Lorentzschen Linien* auch eine Frequenzverschiebung des Linienmaximums sowie eine asymmetrische Linienform. Man vergleiche auch die Linienform von bewegten strahlenden Ionen (s. Kap. 6.5.1).

Der experimentelle Nachweis der Phasenkopplung ist an gewisse Voraussetzungen gebunden: Die Oszillation eines Multimodenlasers muß auf die fundamentale transversale Schwingungsform TEM_{00q} beschränkt werden, die über das zur Isolierung von anderen Transversalmoden notwendige Maß hinaus durch eine Blende oder einen hochdurchlässigen Spiegel zu bedämpfen ist. Die Resonatorlänge muß dabei so gewählt werden, daß der Abstand „axialer" Moden in der

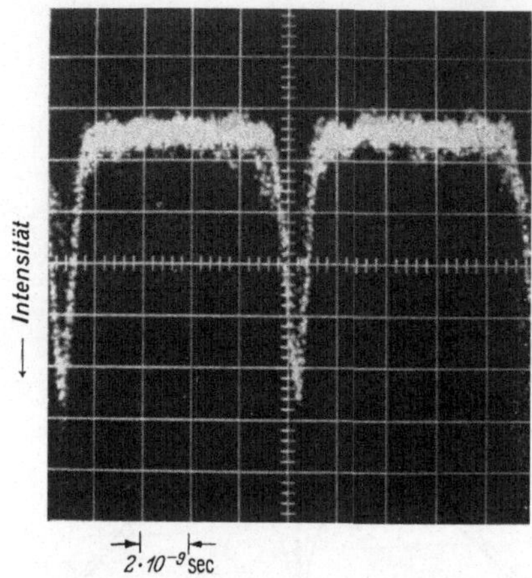

Abb. 6.49 Ausgangsleistung eines 6328-Å-He-Ne-Lasers bei Oszillation von phasengekoppelten Moden. Die Pulsfolgefrequenz ist durch den Modenabstand δv_a gegeben (nach M. H. CROWELL, Kap. 4 [31]).

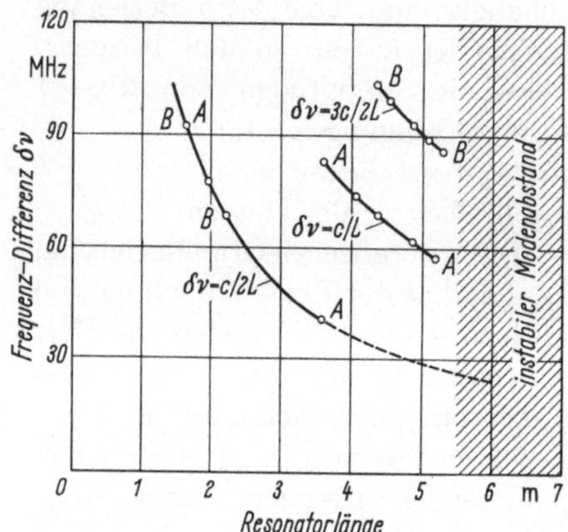

Abb. 6.50. Die ausgezogenen Kurvenstücke $A-A$ bzw. $B-B$ geben die Abstimmbereiche wieder, innerhalb derer phasengekoppelte Oszillation bei der einfachen, doppelten oder dreifachen Zwischenfrequenz möglich ist. $A-A$: Zentrum des Rohres 82 cm von einem der Spiegel entfernt. $B-B$: Rohr im Zentrum des Resonators. Länge der Entladungsstrecke 92 cm (nach R. E. MCCLURE [92]).

Größenordnung der *Lorentzschen Lochbreiten* liegt. Ein zu geringer Abstand führt — wie oben gezeigt — zur Kopplung der Intensitäten und damit zu teilweiser Unterdrückung von Moden, während bei zu großem Abstand die Kopplung zu gering ist, um starre Phasen zu erzwingen.

Wie schon bei der Betrachtung des Zwischenfrequenzspektrums in Kap. 6.3.10 ausgeführt wurde, ist die der Theorie zugrunde liegende äquidistante Modenfolge bei einem realen Laser nur näherungsweise zu verwirklichen. Bei Oszillation von phasengekoppelten Moden wird diese Äquidistanz jedoch erzwungen, so daß in jedem Falle scharfe Pulse der Folgefrequenz δv_a emittiert werden (Abb. 6.49).

Für He-Ne-Laser von etwa 1 Torr Gesamtdruck läßt sich der mit δv_a gepulste Betrieb für Resonatorlängen von etwa 0,5 bis 2,5 m (d. h. Pulsfrequenzen von 300 bis 60 MHz) erhalten. Da sich für 1 Torr die Linienbreite Δv_S zu etwa 160 MHz berechnet, bedeutet dies, daß stabile Phasenkopplung für Modenabstände im Bereich von

$$\Delta v_S/2 < c/2L < 2\Delta v_S \qquad (6.3/31)$$

erhalten werden kann.

Für $c/2L < \Delta v_S/2$ wird wegen der Intensitätskopplung nur noch eine stark fluktuierende Ausgangsleistung registriert. Verdoppelt oder verdreifacht man jedoch die Resonatorlängen, so läßt sich wieder ein stabiler Betrieb mit gekoppelten

Phasen erreichen, bei dem allerdings nur jede zweite bzw. jede dritte Eigenfrequenz oszilliert und deshalb die Zwischenfrequenzen $2\,c/2L$ bzw. $3\,c/2L$ wieder die Ungleichung (6.2/31) erfüllen [92]. Für jeden Gaslaser ergeben sich so in Abhängigkeit vom Fülldruck kritische Resonatorlängen, die die Grenzen für stabile phasengekoppelte Oszillation aufzeigen. Die für einen He-Ne-Laser mit 1 Torr Gesamtdruck gemessenen stabilen Bereiche sind zusammen mit den zugehörigen Zwischen- bzw. Pulsfolgefrequenzen in Abb. 6.50 wiedergegeben.

6.3.12 Oszillation und Kopplung von Eigenschwingungen beliebiger und unterschiedlicher Polarisation

In den bisherigen Betrachtungen wurde die Polarisation der Laseroszillationen außer acht gelassen, da wir uns ausschließlich auf Experimente stützten, die an Laserrohren mit *Brewster-Fenster-Abschluß* gewonnen worden waren. Durch die selektive Reflexion der *Brewster-Platten* wird eine Schwingungsrichtung stark bedämpft, so daß stets linear polarisierte Laserstrahlung erzwungen wird.

Bei Gaslasern, die senkrecht stehende Abschlußplatten oder interne (d. h. ins Vakuum einbezogene) Spiegel verwenden, ist zwar die grobe Anisotropie der Verluste beseitigt, durch unvermeidliche Spannungsdoppelbrechung der Fenster oder geringfügige Anisotropie der Spiegelbeläge werden sich jedoch immer Vorzugsrichtungen ergeben, die den einen oder den anderen Polarisationszustand begünstigen. Da diese verbleibenden Anisotropien ortsabhängig sind, wird sich in der Regel für Moden mit unterschiedlicher transversaler Intensitätsverteilung auch ein unterschiedlicher Polarisationszustand ergeben.

Demgegenüber hat das verstärkende Gasmedium völlig isotropen Charakter, sofern das magnetische Erdfeld genügend abgeschirmt ist. Unter Isotropie verstehen wir dabei, daß alle magnetischen Unterniveaus der im allgemeinen entarteten Laserterme gleich besetzt sind, so daß für zwei zueinander orthogonal polarisierte Wellen gleicher Frequenz gleiche Kleinsignalverstärkung vorliegt. Im klassischen Bild, bei dem jedes invertierte Atom als orientierter Oszillator betrachtet werden kann, bedeutet dies, daß diese Oszillatoren homogen auf alle Orientierungen verteilt sind. Mit Hilfe dieses klassischen Modells läßt sich auch unmittelbar verstehen, daß diese Isotropie bei höheren Signalintensitäten zerstört werden muß. Betrachten wir beispielsweise die Oszillation einer linear polarisierten Welle in einem Medium mit homogen verteilten linearen Oszillatoren: Da die Welle nur mit solchen Oszillatoren in Wechselwirkung treten kann, deren elektrisches Dipolmoment eine Komponente in Feldrichtung hat, muß eine anisotrope Entleerung in Bezug auf die orientierten Dipole eintreten. Das hat zur Folge, daß die Verstärkung für eine dazu orthogonale Welle *nicht* bis zum Schwellenwert der Oszillation abgesenkt wird [93]. Bei Oszillation einer elliptisch polarisierten Welle wird demgemäß die Anisotropie der gesättigten Verstärkung je nach Grad der Elliptizität verschieden sein. Dies bedeutet, daß nicht jeder elliptische Polarisationszustand zeitlich stabil ist; das verstärkende Medium zeigt auf Grund der anisotropen Sättigung vielmehr das Bestreben, eine zirkulare oder lineare Polarisation zu erzeugen.

Für eine genauere Betrachtung des Polarisationsverhaltens erweist sich das oben gegebene klassische Bild als nicht mehr geeignet, da es die J-Werte der Laserterme unberücksichtigt läßt. Wie die quantenmechanische Rechnung zeigt [94], besteht für Übergänge mit $J \leftrightarrow J + 1 (J \geq 1)$ und $J = {}^1/_2 \leftrightarrow J = {}^1/_2$ Tendenz zur linearen Polarisation, für Übergänge mit $J \leftrightarrow J (J > 1)$ Tendenz zur zirkularen Polarisation, während für Übergänge mit $J = 0 \leftrightarrow J = 1$ und $J = 1 \leftrightarrow J = 1$ jeder beliebige elliptische Polarisationszustand existieren kann.

Inwieweit sich der jeweils vom Medium begünstigte Polarisationszustand nun tatsächlich ausbilden kann, wird von der Anisotropie des Resonators entschieden. Wird durch die Spiegelbeläge beispielsweise eine lineare Schwingungsrichtung bevorzugt, so wird sich bei Tendenz zu linearer Polarisation diese Schwingungsrichtung ausbilden, bei Tendenz zu zirkularer Polarisation dagegen wird eine Welle elliptischer Polarisation mit nahezu gleichen Halbachsen oszillieren. Ähnliche Betrachtungen lassen sich für Reflektoren anstellen, die bevorzugt zirkular polarisiertes Licht reflektieren [93] und demgemäß bei Tendenz zu linearer Polarisation eine geringe Elliptizität in der Laseroszillation erzeugen.

Die bedeutendsten Übergänge des He-Ne-Lasers bei 0,63 µm, 1,15 µm und 3,39 µm, die sämtlich $J = 1 \to J = 2$ Übergängen entsprechen, zeigen in Übereinstimmung mit der Theorie lineare Polarisation, sofern nicht durch spezielle Reflektoren eine schwache Elliptizität erzwungen wird. Wie die experimentelle Erfahrung zeigt, sind in der Regel zwei zu einander orthogonale Polarisationsrichtungen bevorzugt, die je nach transversalem Modencharakter oder je nach Abstimmung des Resonators eingenommen werden. So beobachtet man nicht nur, daß Eigenschwingungen unterschiedlicher transversaler Struktur (z. B. TEM_{01q} und TEM_{10q} in zueinander orthogonalen Polarisationsrichtungen oszillieren, man registriert vielmehr auch einen Sprung der Polarisation, wenn ein Ein-Moden-Laser innerhalb der verstärkenden Zone von einer niederen zu einer höheren Frequenz abgestimmt wird. Dieser Sprungpunkt ist bei festgehaltener Spiegelanisotropie reproduzierbar und läßt sich durch Rotation eines Spiegels innerhalb gewisser Grenzen verschieben. Bei minimaler Anisotropie scheint er bevorzugt an der höherfrequenten Flanke des *Lamb dips* zu liegen [96].

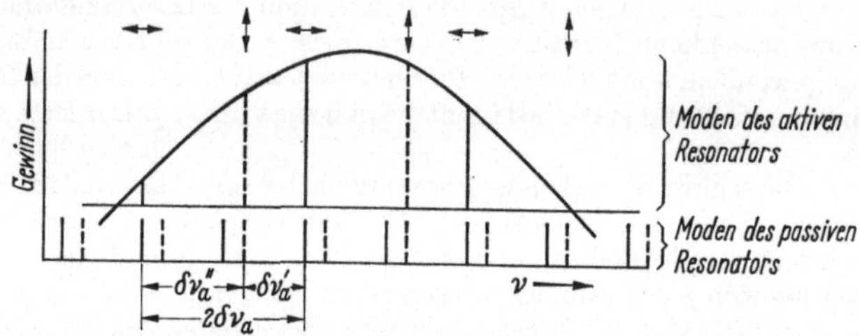

Abb. 6.51. Frequenzspektrum eines He-Ne-Lasers mit senkrechten Fenstern. Aufeinanderfolgende oszillierende Moden zeigen jeweils zueinander orthogonale Polarisation. In einem Resonator mit doppelbrechendem Prisma, in dem die Strahlengänge für die verschieden polarisierten Lichtstrahlen getrennt sind, lassen sich die beiden Modensätze innerhalb von $\delta \nu \approx \delta \nu_a$ gegeneinander verschieben. Ändert man die Resonatorlänge einer Polarisationsrichtung ausgehend von $\delta \nu_a' = \delta \nu_a'' = \delta \nu_a$ um $\lambda/2$ (d. h. $\delta \nu_a' \to o$, $\delta \nu_a'' \to 2\,\delta \nu_a$), so schwingt nach kurzer Instabilität wieder ein neuer Modensatz mit $\delta \nu_a' = \delta \nu_a'' = \delta \nu_a$ an.

Bei Multimodenoszillation im transversalen Grundmodus TEM_{00q} kann man an Lasern mit senkrecht zur Achse stehenden Fenstern zwei orthogonal polarisierte Modensätze beobachten, wobei aber — im Gegensatz zu oben — die axialen Moden über die ganze Oszillationsbandbreite abwechselnd in einer der beiden Richtungen schwingen [97] (Abb. 6.51). Da die optische Weglänge auf Grund geringer Spannungsdoppelbrechung in der Regel für beide Schwingungsrichtungen verschieden ist, ergibt sich dabei nur innerhalb jeder Polarisation eine äquidistante Modenfolge der Frequenzdifferenz $2\,\delta \nu = c/L$. Trennt man den optischen Weg der verschiedenen Polarisationen innerhalb des Resonators durch ein doppelbrechendes Prisma, so kann man die optische Weglänge für jede Polarisation getrennt variieren und damit die Modensätze verschiedener Polarisation gegeneinander verschieben. Die Zwischenfrequenzen aufeinanderfolgender Moden ($\delta \nu_a'$ und $\delta \nu_a''$) lassen sich somit stetig verändern (Abb. 6.51).

Da bei Multimodenbetrieb die Einzugsgebiete aufeinanderfolgender Eigenschwingungen schon deutlich ineinander übergreifen, wird durch die Oszillation von zwei orthogonalen Modensätzen die „orientierte Inversion" des Mediums stärker in die Sättigung getrieben, als bei Oszillation von Moden einer einzigen Polarisationsrichtung, was zu höheren Gesamtleistungsdichten (etwa 10%) im Laser führt. Die simultane Oszillation zweier Modensätze ist wegen des höheren Wirkungsgrades daher in der vorliegenden Resonatoranordnung stets bevorzugt.

6.3.13 Zeeman-Effekt im Helium-Neon-Laser

Wird ein Lasermedium in ein homogenes Magnetfeld gebracht, so spalten die im allgemeinen entarteten Laserterme in jeweils äquidistante magnetische Unterniveaus auf. Je nach der Größe der magnetischen Aufspaltung ΔW_M relativ zur natürlichen Linienbreite bzw. zur Dopplerbreite einer *Zeeman-Linie* zeichnen sich dabei drei Bereiche mit unterschiedlichen Verstärkungseigenschaften ab, die Anlaß zu typischen Oszillationseffekten geben. Wir wollen daher im folgenden zwischen dem *Zeeman-Effekt* in starken Feldern $(\varDelta W_M > \varDelta \nu_D)$, in mittleren Feldern $(\varDelta \nu_N < \varDelta W_M < \varDelta \nu_D)$ und schwachen Feldern $(W_M \ll \varDelta \nu_N)$ unterscheiden.

Eine *Zeeman-Aufspaltung*, die größer als die Dopplerbreite der infraroten und roten Laserübergänge des He-Ne-Lasers ist, erreicht man mit Feldern oberhalb von 500—1000 Oe. Die spontane Emission in Feldrichtung besteht dann aus rechts- und linkszirkular polarisierten *Zeeman-Komponenten*, während senkrecht zum Feld lineare π- und σ-Komponenten zu beobachten sind. Die Linien sind klar getrennt und zeigen eindeutige Polarisation.

Wie man sich mit Hilfe von Gl. (2.11/13) u. (2.13/11) leicht überlegen kann, geht die Verstärkung pro *Zeeman-Übergang* $M_i \to M_k$ relativ zur Verstärkung g_{mn} der feldfreien Linie im Mittel entsprechend der Komponentenzahl zurück (d. h. $g_{mn} = \varSigma g_{M_i M_k}$ mit $-J_m \le M_i \le +J_m$ und $-J_n \le M_k \le +J_n$), so daß sie bei den meisten Übergängen des He-Ne-Lasers unter die Schwellenwertsverstärkung absinkt. Bei einigen hochverstärkenden Übergängen (z. B. 3,39 µm) läßt sich jedoch Oszillation auf den verschiedenen *Zeeman-Komponenten* erhalten.

Wie Abb. 6.52 zeigt, sind diese Übergänge in der Regel durch gemeinsame obere bzw. untere magnetische Niveaus gekoppelt. Da die zugehörigen *Doppler-Linien* jedoch getrennt sind, ist die Wechselwirkung bei simultaner Oszillation analog zu der üblichen Wechselwirkung gekoppelter Übergänge stark unterschiedlicher Frequenz, die in Kap. 6.3.6 ausführlich behandelt worden ist.

Da sich das Linienprofil der *Zeeman-Linie* oberhalb der kritischen Feldstärke mit wachsender Aufspaltung nicht mehr ändert, sollten dann auch die Verstärkung pro Linie und damit die Gesamtausgangsleistung auf allen Linien unabhängig vom Feld werden. Wie in Kap. 6.2.3 gezeigt worden ist, wird jedoch durch starke axiale Felder die Elektronentemperatur der Gasentladung erheblich herabgesetzt, so daß die Inversion mit steigender axialer Feldstärke ständig zurückgeht. Transversale Felder dagegen bewirken einen Anstieg der Elektronentemperatur und führen dementsprechend zu leicht erhöhten Ausgangsleistungen, die sich oberhalb der kritischen Feldstärke als relativ unabhängig vom angelegten Feld erweisen [98].

Bei einer magnetischen Aufspaltung, die *klein* gegen die *Dopplerbreite*, jedoch *größer* als die natürliche Linienbreite ist, läßt sich in spontaner Emission keine *Zeeman-Struktur* mehr erkennen, obwohl die von einer Atomklasse der Geschwindigkeit v_z emittierten *Zeeman-Linien* nach wie vor scharf getrennt sind und definierte Polarisation zeigen (Abb. 6.52). Da für die bedeutendsten Übergänge des He-Ne-Lasers die g-Faktoren des oberen und unte-

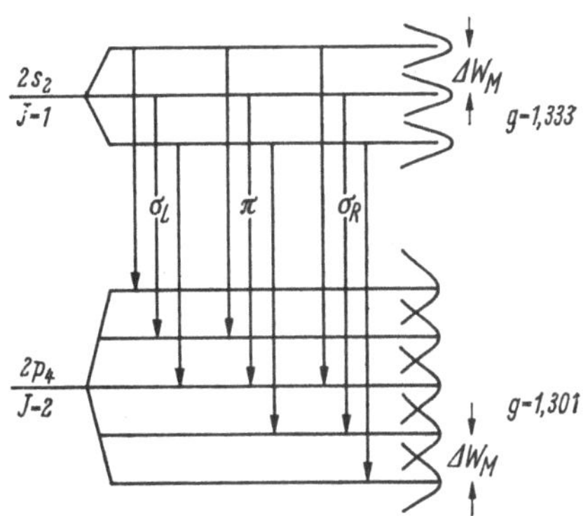

Abb. 6.52. *Zeeman-Terme* und *Zeeman-Linien* des Ne-Übergangs $2\,s_2 - 2\,p_4$. Der Drehsinn der σ-Komponenten gilt bei Beobachtung in Richtung des magnetischen Feldes. Je nach der Größe der magnetischen Aufspaltung $\varDelta W_M$ relativ zur Breite der *Zeeman-Terme* wird ein verschiedenes Kopplungsverhalten beobachtet (s. Text).

ren Zustands in der Regel um weniger als 10% verschieden sind[1], kann bei dieser mittleren magnetischen Aufspaltung das Verstärkungsprofil des Gesamtübergangs je nach Orientierung des Magnetfeldes in guter Näherung[2] in zwei Bereiche, die gegenläufig zirkular polarisiertes Licht verstärken, bzw. in drei Bereiche, die linear polarisiertes Licht verstärken, unterteilt werden (Abb. 6.53), entsprechend den *Zeeman-Übergängen* $\varDelta M = \pm 1$ (axiales Feld) bzw. $\varDelta M = 0$, ± 1 (transversales Feld). Da sich die *Doppler-Kurven* stark überlappen, können im axialen Feld somit zwei gegenläufig zirkular polarisierte, im transversalen Feld zwei orthogonale, linear polarisierte Wellen derselben Frequenz jeweils *unabhängig* voneinander verstärkt werden.

Bei einem Laser mit zylindersymmetrischem Resonator und axialem Magnetfeld, bei dem nur eine Resonatoreigenfrequenz innerhalb der Oszillationsbandbreite liegt, erwartet

---

[1] $g(2\,p_2) = 1{,}340$;　$g(2\,p_4) = 1{,}301$;　$g(2\,p_6) = 1{,}229$;　$g(3\,p_4) = 1{,}184$;　$g(3\,s_2) = 1{,}295$; $g(2\,s_2) = 1{,}333$.

[2] Für gleiche g-Werte bzw. für Übergänge $J = 1 \to J = 0$ gilt diese Aussage exakt.

18*

man demnach die Oszillation von zwei gegenläufig zirkular polarisierten Wellen gleicher Frequenz v, deren Amplituden je nach der Lage von v relativ zu den beiden *Zeeman-Maxima* gleich (bei symmetrischer Lage, $v = v_0$) oder verschieden (wenn $v \neq v_0$) sind und sich für $v = v_0$ zu einer linear polarisierten, für $v \neq v_0$ dagegen zu einer elliptisch polarisierten Welle zusammensetzen. Auf Grund der in Kap. 6.3.10 beschriebenen Pulling-Effekte werden die Frequenzen der beiden Laseroszillationen jedoch in Richtung der jeweiligen Verstärkungsmaxima verschoben, so daß eine Frequenzdifferenz $v_R - v_L$ zwischen der rechts- und linksdrehenden Komponente entsteht, die zu einer Rotation des resultierenden linearen Feldvektors (für $v = v_0$) bzw. der Polarisationsellipse (für $v \neq v_0$) führt. Wie man sich leicht

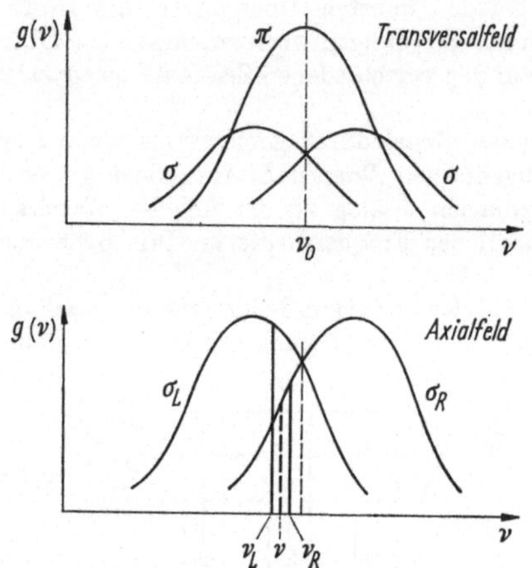

Abb. 6.53. Verstärkungsprofil des He-Ne-Lasers bei mittlerer magnetischer Aufspaltung ($\Delta v_N < \Delta W_M < < \Delta v_D$). Im axialen Magnetfeld wird nach Kap. 2.8 eine (in Feldrichtung gesehen) rechtszirkular polarisierte laufende oder stehende Welle in der höherfrequenten *Zeeman-Linie* verstärkt. Die Frequenzen v_R und v_L werden von der Resonatorfrequenz v weggezogen, so daß eine Frequenzdifferenz $v_R - v_L$ entsteht.

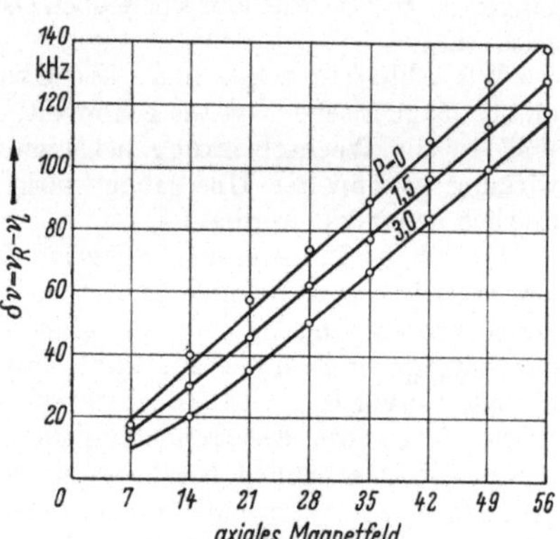

Abb. 6.54. Zwischenfrequenz $\delta v = v_R - v_L$ als Funktion der magnetischen Feldstärke bei verschiedenen Modenintensitäten (P in willkürlichen Einheiten). $P = 0$ entspricht dem Schwellenwert (nach M. L. SKOLNICK et al. [99]).

überlegt, entspricht die Rotationsfrequenz des linearen Feldvektors bzw. der Polarisationsellipse der halben Differenzfrequenz (Schwebungsfrequenz). Schickt man einen ausgekoppelten Laserstrahl durch einen linearen Polarisator, so beobachtet man daher eine mit der Zwischenfrequenz $|v_R - v_L|$ sinusförmig modulierte Leistung.

Entsprechend der unterschiedlichen Frequenzverschiebung (pulling) je nach Lage relativ zu den beiden Verstärkungsmaxima, bleibt die Zwischenfrequenz beim Abstimmen des Resonators nicht konstant. Sie ist darüberhinaus eine Funktion des magnetischen Feldes, das die Entfernung der *Zeeman-Maxima* bestimmt, sowie eine Funktion der Pumpleistung (Höhe der Maxima), der Modenintensität (Tiefe der Löcher) und der Resonatorgüte (Breite der Resonatorresonanzen). Die experimentell für einen bei 6328 Å oszillierenden Laser gefundene Abhängigkeit vom Magnetfeld sowie der Modenintensität ist in Abb. 6.54 wiedergegeben. Am Schwellenwert der Oszillation läßt sich die Differenzfrequenz durch die einfache Beziehung [99]

$$\delta v = \sqrt{\frac{ln2}{\pi^3}} \, \frac{2c\,\delta}{h\,L\Delta v_D} \, (g\,\mu_B H) = \sqrt{\frac{ln2}{\pi}} \, \frac{4v}{hQ} \left(\frac{g\mu_B H}{\Delta v_D} \right) \qquad\qquad 6.3/32$$

wiedergegeben, aus der die lineare Abhängigkeit von der auf die *Doppler-Breite* normierten magnetischen Aufspaltung (g ist der mittlere *Landé-Faktor* der beiden Niveaus) sowie die Abhängigkeit von den Verlusten δ bzw. der Güte $Q = 2\pi L/\lambda\delta$ zu erkennen ist. Die lineare Feldabhängigkeit ist über einen Bereich von 50 Oe nachgewiesen worden und gilt offensichtlich auch oberhalb des Schwellenwerts (Abb. 6.54).

Da bei Oszillation in der Nähe eines Linienmaximums ν_0 das Frequenzziehen (pulling) durch Frequenzschieben (pushing) abgelöst wird, verschwindet die Zwischenfrequenz nicht erst für $H \to 0$ sondern schon bei endlichen Feldstärken mit einer magnetischen Aufspaltung $\Delta W_M > \Delta \nu_N \cdot h$. Eine weitere Verringerung des Magnetfeldes führt dann zu einer neuerlichen Trennung der zirkularen Eigenfrequenzen auf Grund des nun dominierenden Pushing-Effekts. Da jetzt aber $\nu_R < \nu_L$ gilt, rotiert die Polarisationsellipse in entgegengesetzter Richtung.

Sobald die magnetische Aufspaltung *klein* gegenüber der Breite der (sich dann überlappenden) *Zeeman-Niveaus* ist, können zwei gegenläufig zirkulare Übergänge von einer Frequenz stimuliert werden. Die induzierten Übergänge zeigen dementsprechend kohärente Phasen und setzen sich zu linear polarisierter Laserstrahlung mit definierter Neigung der Polarisationsebene zusammen.

Bei verschwindendem Feld ist die Polarisationsrichtung durch eine der Vorzugsrichtungen des zugrundegelegten, schwach anisotropen Resonators (s. Kap. 6.3.12) gegeben. Da sich bei kleinen Magnetfeldern offensichtlich die relative Phase der beiden Oszillationen ändert, wird mit wachsendem Feld eine Drehung der Polarisationsebene beobachtet. Der Effekt kann mit Hilfe der *Lambschen Theorie* unter der Annahme einer leicht anisotropen Resonatorgüte [95, 96] beschrieben werden. Wie Experiment und Theorie übereinstimmend zeigen, liegt der maximale Drehwinkel bei 45°. Er wird in der Regel mit Feldstärken von einigen Zehntel Oersted erreicht. Höhere Felder führen zu einer Entkopplung der Oszillationen und damit zum Auftreten der für mittlere Felder typischen Zwischenfrequenz $\pm (\nu_R - \nu_L)$. (Ein ähnliches Verhalten wie im Bereich des magnetischen Nullfeldes wird auch bei mittleren Feldern in der oben erwähnten Übergangszone beobachtet, in der sich Pulling- und Pushing-Einflüsse kompensieren und $\nu_R - \nu_L$ ebenfalls verschwindet).

Wir haben zur Einführung in den *Zeeman-Effekt* des He-Ne-Lasers bewußt eine überwiegend phänomenologische Beschreibung gewählt, da sie die größere Anschaulichkeit gewährleistet. Die vorliegenden theoretischen Arbeiten, die sich überwiegend auf die Arbeit von *Lamb* stützen und zumeist idealisierte Termübergänge verwenden, können die beobachteten Effekte qualitativ und teilweise sogar quantitativ gut beschreiben. Wir wollen besonders auf eine zusammenfassende Arbeit [100] sowie auf [95, 96] verweisen. Weitere Literatur über den *Zeeman-Effekt*: [101—105].

6.4 Laserübergänge in neutralen Gasen und Dämpfen (außer He-Ne)

6.4.1 Überblick

Im Vergleich zum He-Ne-Laser sind die Laserübergänge in den sonstigen atomaren Gasen und Dämpfen von relativ geringer Bedeutung. Wir wollen uns daher im wesentlichen mit einem kurzen Überblick begnügen und nur einige wenige Vertreter näher untersuchen, die wegen ihrer spektralen Lage (Ne), ihrer hohen Kleinsignalverstärkung (Xe), ihres besonderen Anregungsmechanismus (O, C, N) oder wegen ihres besonders hohen Wirkungsgrades (Cu, Mn) spezielles Interesse erwecken.

Vom leichtesten Element, dem atomaren Wasserstoff, ist nur ein infraroter Laserübergang bekannt [106]. Versuche, auf der roten H_α-Linie durch selektive Besetzung mit Ne-Stößen (in Analogie zum Ne-O_2-Laser) Laseremission zu erzielen, erwiesen sich als erfolglos [107].

In Helium lassen sich fünf infrarote Laserlinien nachweisen [108]. Als Besonderheit muß dabei genannt werden, daß das Endniveau der 2,06 μm-Linie in hohem Maße durch He-Ne-Stöße entleert wird [72].

Die Edelgase Ne bis Xe, die sich in ihrem Termaufbau grundlegend von He unterscheiden (s. Kap. 2.5) zeigen weitgehend übereinstimmende Lasereigenschaften. Die Besetzung der oberen Niveaus geschieht sehr wahrscheinlich durch die kombinierten Prozesse von Elektronenstoßanregung aus dem Grundterm (vor allem für s- und d-Niveaus, s. Abb. 6.3 u. 6.56), Elektronenstoßanregung aus metastabilen Termen (vor allem für p-Niveaus), durch Elektronen-Ionen-Rekombination und durch Kaskadenübergänge [110]. Während sich der Ne-Laser durch die große Zahl und die spektrale Lage (bis 125 μm) seiner Linien auszeichnet, sind die Xenon-Übergänge wegen ihrer hohen Kleinsignalverstärkung von besonderem Interesse. Die Linien des Ar- und Kr-Lasers, in Verstärkung und Intensität mit denen des Ne-Lasers vergleichbar, blieben dagegen relativ bedeutungslos.

Von den Halogenen zeigen Cl, Br und J Laseremission. Sie liegt im nahen Infrarot und läßt sich ohne Schwierigkeiten im kontinuierlichen Betrieb erhalten.

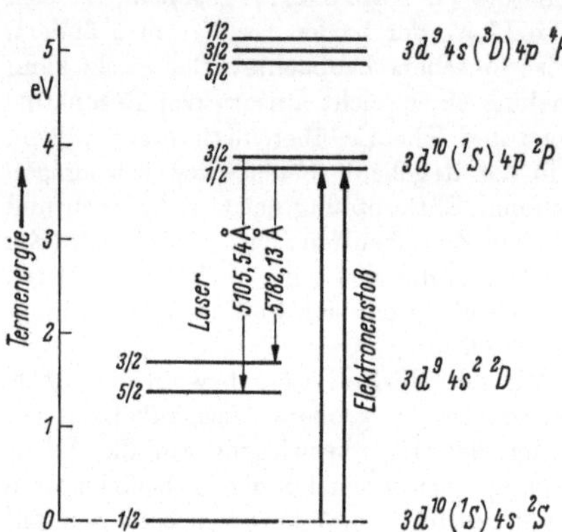

Abb. 6.55. Termschema des atomaren Kupfers. Es sind alle Terme unterhalb von 5 eVolt eingezeichnet. Die unteren Laserniveaus sind metastabil (gleiche Parität wie der Grundzustand sowie $\Delta L = 2$), so daß nur Pulsbetrieb möglich ist (s. Kap. 6.2. und 6.4.4). Typische Besetzungsdichten bei 0,3 Torr Cu ($\approx 1500\,°C$) sind $10^{15}\,\mathrm{cm^{-3}}$ für die oberen und $10^{12}\,\mathrm{cm^{-3}}$ für die unteren Niveaus (nach W. T. Walter et al. [141]).

In den Originalarbeiten wurden u. a. Gemische aus Cl_2 und He oder Ne [124 bis 126] bzw. HBr oder HJ [127, 128] als Lasermedien verwendet.

Das in Ar-Br_2-Gemischen kontinuierlich oszillierende Linienquartett bei 8446 Å [129], das wegen des äußerst geringen Linienabstands für Heterodynexperimente geeignet ist und ursprünglich dem Bromübergang $5p\;^4D^0_{3/2} - 5s\;^4P_{3/2}$ bei 8446 Å zugeordnet wurde, ist nachweislich auf O_2-Verunreinigungen zurückzuführen [130]. Die Linien entsprechen den Feinstrukturübergängen $3p\;^3P_{0,2,1}-3s\;^3S^0_1$ des Sauerstoffatoms, die auch für die Oszillation des Ne-O_2- bzw. des Ar-O_2-Lasers verantwortlich sind [131].

In der Gruppe der Chalkogene zeigt außer Sauerstoff auch atomarer Schwefel Laseremission. Eine der beiden Linien entspricht in Analogie zu O dem Übergang $4p\;^3P_2 - 4s\;^3S^0_1$. Wegen des geringen Dampfdrucks von Schwefel bei Zimmertemperatur empfiehlt es sich dabei, von gasförmigen Schwefelverbindungen wie SF_6 [129] oder H_2S im Gemisch mit Edelgasen auszugehen.

In Entladungen von gasförmigen Kohlenstoff- oder Siliziumverbindungen lassen sich auf ähnliche Weise Laserlinien in C und Si erhalten. Während für die C-Linien CO oder CO_2 als Gasmedium geeignet sind [128], lassen sich Si-Linien mit $SiCl_4$-Dampf erhalten [134].

Weitaus mehr technologische Schwierigkeiten entstehen bei der Erzeugung von Laserübergängen in metallischen Dämpfen. Abgesehen von Quecksilber, das auch bei Zimmertemperatur einen für Laserzwecke ausreichenden Dampfdruck hat, sind Temperaturen im Bereich von 830 °C (Pb) bis 1420 °C (Cu) nötig, um Dampfdrücke von 0,1 Torr zu erzeugen. In der Regel werden den Metalldämpfen einige Torr Helium als Puffergas zugesetzt. Man erreicht damit einerseits günstigere Entladungseigenschaften und kann andererseits auf Grund der geringeren freien Weglänge störende Metallablagerungen auf den kühlen *Brewster-Fenstern* weitgehend verhindern.

Während sich in Hg-Dämpfen neben gepulstem Laserbetrieb [135] auch kontinuierliche Emission erhalten läßt, ist die Emission bei Pb [138], Mn [139] oder Cu [140] auf gepulste Entladungen beschränkt.

Da die letztgenannten Metalle, im Gegensatz zu allen anderen gasförmigen Laserelementen, energetisch sehr tief liegende Laserniveaus haben (einige eVolt oberhalb des Grundterms, Abb. 6.55), sind theoretisch sehr hohe Wirkungsgrade möglich. So gehen beispielsweise beim Kupfer nur 36% der Anregungsenergie der oberen Laserterme bei der Relaxation der unteren Laserniveaus verloren (s. Kap. 6.2.3).

Die Emission von Cu, Pb und Mn liegt im sichtbaren und nahen infraroten Spektralbereich (Tab. 6.14, S. 316). Von besonderer Bedeutung sind die grünen Linien des Kupfers (Abb. 6.55), für die Verstärkungswerte von 40 bis 60 dB/m und Ausgangsleistungen von 2 kW bei Wirkungsgraden von 1% erhalten werden [141].

6.4.2 Neonlaser

Die Laserstrahlung des reinen Ne, die mit Gasentladungen von etwa 10^{-2} Torr erhalten wird, liegt im Spektralbereich von 1 bis 150 μm. Sie besteht aus $s-p$-, $p-s$-, $p-d$- und $d-p$-Übergängen, die sich teilweise zu Laserkaskaden aneinanderfügen. Die derzeit bekannten Laserübergänge sind im Termschema der Abb. 6.56 aufgezeigt. Die Termbezeichnung folgt dem jl-Kopplungsschema, das in Kap. 2.5.2 erklärt worden ist. Wir wollen diese Bezeichnung auch für die folgende Betrachtung beibehalten.

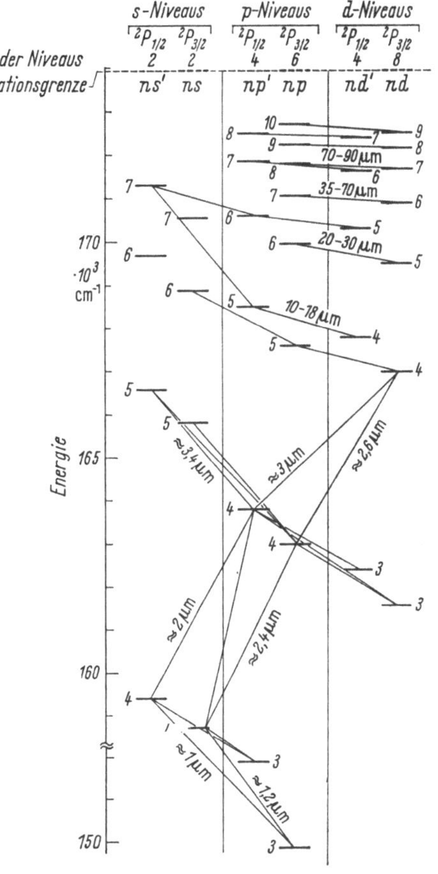

Abb. 6.56. Termschema des Neon mit Laserübergängen. Die Terme jeder Gruppe sind nur durch jeweils zwei Niveaus repräsentiert, die die Schwerpunkte der nach Ne⁺ ²P₁/₂ bzw. Ne⁺ ²P₃/₂ konvergierenden Terme darstellen (s. Kap. 2.5). Eine Zusammenstellung aller Linien findet sich in Tab. 6.14, S. 316.

Die meisten Laserübergänge des Ne befolgen die Auswahlregeln $\Delta J = \Delta k = \Delta l$ (s. Kap. 2.7) [110], denen bei jl-Kopplung die größten Übergangswahrscheinlichkeiten entsprechen [91].

Die Übergänge zwischen den Termgruppen $4s-3p$ und $4p-4s$ wurden schon bei Behandlung des He-Ne-Lasers erwähnt. Die meisten dieser Laserlinien lassen sich nur mit relativ langen Entladungsrohren (einige Meter) erzeugen, einige jedoch zeigen eine Verstärkung und Ausgangsleistung, die noch mit entsprechenden Werten schwacher He-Ne-Laserlinien verglichen werden können. Neben dem 1,1523 μm Übergang mit etwa 5% Gewinn pro Meter erscheint noch relativ stark die Linie 2,1043 µm[1], die im Oberniveau des erstgenannten Übergangs endet und etwa 3% Gewinn pro Meter bei einer Ausgangsleistung von etwa 1 mW aufweist. Die von beiden Übergängen gebildete Laserkaskade $3p_1 - 2s_2 - 2p_4$ (Bezeichnung nach Paschen, s. Abb. 6.24) läßt sich unschwer mit einem Rohr von 1 m Länge und 0,2 Torr Neon nachweisen. Alle übrigen Übergänge sind nur mit erheblichem experimentellen Aufwand zu erhalten [109—113]. Man benötigt Rohrlängen von mehreren Metern und Rohrdurchmesser bis etwa 50 mm. (Diese großen Durchmesser ergeben sich unmittelbar aus den *Fresnel-Zahlen* $F = a^2/L\lambda$ (s. Kap. 3), die die Beugungsverluste bestimmen und nicht kleiner als 1 werden sollten). Optimale Fülldrucke liegen bei etwa 0,01 bis 0,02 Torr.

Wegen relativ hoher Verluste beim Durchgang durch *Infrarot-Brewster-Fenster* verwendet man Laserkonstruktionen, bei denen die Resonatorspiegel ins Vakuum einbezogen sind. Die Auskopplung wird im nahen Infrarot durch eine geringe Transparenz der Spiegelbeläge erzielt, bei den Wellenlängen im Bereich von 10 bis 130 µm durch ein Koppelloch in einem der metallischen Spiegelbeläge [109—113]. Da die Halbwertsbreiten der langwelligen Fluoreszenzlinien, die die verstärkende Zone bestimmen, in der Regel kleiner als der Abstand der Resonatorfrequenzen sind, ist es nötig, die Resonatorlänge durch piezoelektrische oder magnetostriktive Abstimmung auf $\lambda/2$ genau einzustellen.

Die Ausgangsleistungen einander entsprechender Linien verschiedener Termgruppen wie $4p - 3d$, $5p - 4d$ usw. nehmen mit steigenden Hauptquantenzahlen stark ab. So wird bei gleichen Arbeitsbedingungen (0,05 Torr Ne, 0,6 A Entladungsstrom) für die Linie $4p$ $[3/2]_2 - 3d$ $[5/2]_3^0$ bei 7,4799 µm eine Ausgangsleistung von etwa 10^{-5} Watt gemessen, für die Linie $8p$ $[3/2]_2 - 7d$ $[5/2]_3^0$ bei 85,047 µm dagegen nur noch 10^{-8} Watt.

6.4.3 Xenon-Laser

Von den Laserlinien der Edelgase Ar, Kr und Xe wurden nur die Übergänge des Xe ausführlicher untersucht, da sie teilweise sehr hohe Verstärkungswerte aufweisen (bis 70 dB/m). Die Linien des Xe-Lasers lassen sich teilweise in reinem Xe, teilweise in Xe-He-Gemischen erhalten. Wie in Abb. 6.15 gezeigt worden ist, wird durch Zugabe von He die Elektronendichte in Xe-Entladungen bis auf das Dreifache erhöht, ohne daß die Elektronentemperatur merklich zurückgeht. Da der dominierende Besetzungsprozeß in Elektronenstoßanregung aus dem Grundterm besteht, werden dadurch die effektiven Pumpraten beträchtlich erhöht. Der Wirkungsgrad der Laserprozesse geht jedoch gleichzeitig zurück, so daß der Intensitätsanstieg durch höhere Pumpleistungen erkauft werden muß [117, 122].

Die stärksten Linien des Xe- bzw. He-Xe-Lasers gehen von den $5d$-Niveaus aus ($3d_6$ bis $3s_1'''$ in *Paschenscher Bezeichnung*, s. Kap. 2.5), die etwa 10 eV über dem Grundterm $5p^6$ $^1S_0$ liegen und durch Elektronenstoß gemäß

$$\text{Xe}\ (5p^6\ {}^1S_0) + e \to \text{Xe}\ (5p^5\ 5d) + e$$

besetzt werden (Abb. 6.57).

---

[1] Die Linie ist in der Originalarbeit irrtümlich mit 2,1019 µm angegeben.

Es besteht Besetzungsinversion gegenüber den $6p$-Termen, die sich in die metastabilen $6s$-Niveaus entleeren können. Die stärksten Laserlinien der $5d - 6p$-Gruppe sind im Termschema der Abb. 6.57 eingezeichnet.

Das Niveau $5d\,[1/2]_1^0$ $(3d_5)$ kann auch durch Stoß zweiter Art mit metastabilen Kr-Atomen besetzt werden, da es innerhalb von 15 cm^{-1} $(\approx 0,1\,kT_0)$ in Energieresonanz mit Kr $5s\,[3/2]_2^0$ $(1\,s_5)$ steht [120, 121].

Die dominierende Laserlinie in einer reinen Xe- oder einer He-Xe-Entladung liegt bei 3,5 μm und entspricht dem Übergang $5d\,[7/2]_3^0 - 6p\,[5/2]_2$. Ihre Kleinsignalverstärkung ist mit der des Ne-Übergangs bei 3,39 μm vergleichbar und liegt für ein Rohr mit 2,6 mm $\varnothing$ bei 70 dB/m. Sie nimmt bei reinen Xe-Füllungen mit sinkendem Druck ständig zu, so daß im Hinblick auf hohe Kleinsignalverstärkung kein optimaler Xe-Druck existiert (Abb. 6.58).

Die Abhängigkeit der Kleinsignalverstärkung vom Rohrdurchmesser ist für verschiedene Xe-Drucke in der Abb. 6.59 gezeigt. Man findet, daß der Gewinn in dB für $d \geq 3,5$ mm in guter Näherung dem Rohrdurchmesser indirekt proportional ist [22] gemäß

$$10 \log P/P_0 = \frac{f(p)}{d}.$$

Das radiale Verstärkungsprofil, das beim He-Ne-Laser für nicht zu hohe Stromdichte gut durch $J_0(4{,}8\,r/d)$ beschrieben werden konnte, zeigt bei den hochverstärkenden Xe-Linien einen weitaus steileren Abfall mit r, so daß die Verstärkung in den äußeren Rohrzonen verschwindend klein wird. Entsprechend stark ist die Änderung des optischen Brechungsindex für die Laserwellenlänge längs des Rohrradius, so daß Xe-Entladungen sehr gute fokussierende Eigenschaften aufweisen.

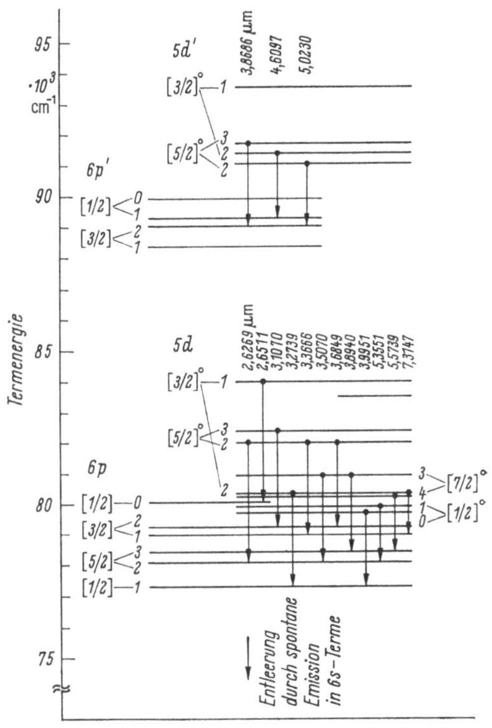

Abb. 6.57. Termschema des Xe-Lasers mit einer Auswahl der stärksten Laserlinien.

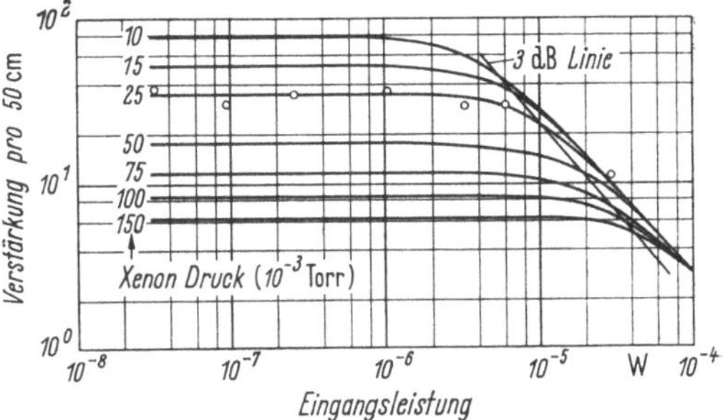

Abb. 6.58. Verstärkung in einer Xe-Entladung als Funktion der Eingangsintensität für Xe-Drucke zwischen 10^{-2} und 0,15 Torr bei einem Rohrdurchmesser von 8 mm. Die eingezeichnete 3 dB Linie (sie markiert die Eingangsintensität, bei der der Gewinn um 3 dB gesunken ist) verschiebt sich bei Reduzierung des Durchmessers auf 2,6 mm etwa um 2−3 Größenordnungen zu niedrigeren Signalleistungen (nach P. O. Clark [122]).

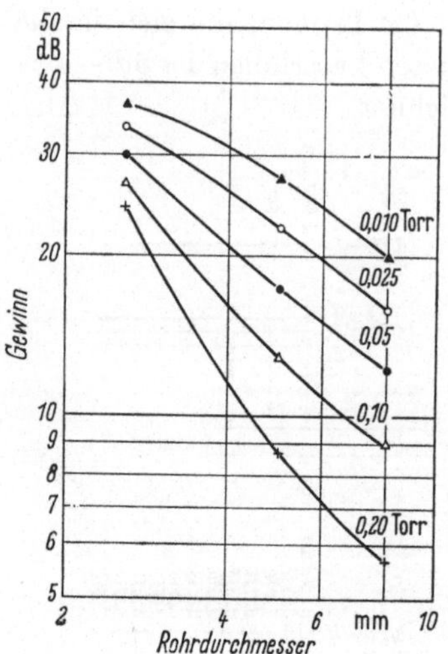

Abb. 6.59. Die Kleinsignalverstärkung eines Xe-Lasers als Funktion des Rohrdurchmessers bei verschiedenen Fülldrücken (nach P. O. CLARK [122]).

Da die Verstärkung von Xe- und He-Xe-Gemischen schon für sehr kleine Eingangsintensitäten ($\approx 10^{-5}$ Watt) ausgeprägtes Sättigungsverhalten zeigen (Abb. 6.58), ist im Hinblick auf hohe Ausgangsleistung eine andere Dimensionierung des Drucks zu wählen. Man findet, daß vergleichbare Sättigung bei umso größeren Signalleistungen auftritt, je höher der Fülldruck und je kleiner der Rohrdurchmesser ist [122] (Abb. 6.58).

Wegen der äußerst niedrigen Fülldrucke bei reinen Xe-Füllungen tritt die Gasaufzehrung sehr störend in Erscheinung. Mit einer stickstoffgekühlten Kühlfalle kann man einen konstanten Fülldruck aufrechterhalten.

Bei He-Xe-Gemischen ist Hochfrequenz-Anregung notwendig, da in Gleichspannungsentladungen durch starke Kataphorese in kurzer Zeit eine Trennung der Füllgase eintritt, die einen hohen Verlust an Verstärkung nach sich zieht [122].

6.4.4 Laser-Übergänge zwischen den Niveaus $2p$ und $1s$ der Edelgase Neon, Argon, Krypton und Xenon

Die $2p$-Terme der obengenannten Edelgase stellen bei Gleichstromerregung die energetisch am tiefsten gelegenen Laserendniveaus dar. Sie entleeren sich in die hochbesetzten metastabilen bzw. Resonanzniveaus $1s$, deren Besetzungsdichten einige Größenordnungen über denen der $2p$-Terme liegen. Bei gepulster Anregung ist es jedoch möglich, kurzzeitig eine Besetzungsinversion zwischen einigen Termen der $2p$- und $1s$-Gruppen zu erhalten, die zu intensiven superstrahlenden Laserübergängen führt [142—146]. Die derzeit bekannten Linien sind zusammen mit typischen Betriebsbedingungen in der Tab. 6.7 zusammengefaßt.

Tabelle 6.7 *$2p—1s$ Laserübergänge der Edelgase* Ne, Ar, Kr *und* Xe. Die Intensitätsangaben beziehen sich auf Entladungen in elektrischen Feldern parallel zum Laserstrahl (Ausnahme s. [146]); typische Betriebsbedingungen: Fülldruck 0,2—0,4 Torr (*3 Torr); Pulszeiten $1\,\mu s$, Stromdichten 500—2000 A/cm².

Gas	λ/Å	Übergang	relative Intensität	Literatur
Neon	5400,56*	$2p_1 - 1s_4$	schwach[2]	[144, 146]
	5944,83	$2p_4 - 1s_5$	mittel	[143, 144]
	6143,06	$2p_6 - 1s_5$	stark	[143, 144]
Argon	7503[1]	$2p_1 - 1s_2$		[163]
Krypton	8104,37	$2p_8 - 1s_5$	stark	[145]
Xenon	9045,45	$2p_9 - 1s_5$	stark	[145]
	9799,70	$2p_{10} - 1s_5$	stark	[145]

[1]) Zuordnung unsicher.
[2]) Bei Transversalfeldern und 30 Torr sehr stark [146].

Der Besetzungsvorgang ist im Prinzip bei der Behandlung der Pulsentladung in Kap. 6.2.3 erläutert worden. Am Beispiel des starken Übergangs Ne $2p_6 - 1s_5$ sei der Inversionsprozeß etwas genauer untersucht (s. Abb. 6.24): Das Endniveau $1s_5$, das wegen $\Delta J = 2$ (Übergang zum Grundterm) im strengen Sinne metastabil ist, kann auf zwei verschiedenen Wegen besetzt werden, einmal durch Kaskaden aus höheren Termen über die $2p$-Niveaus und zum anderen durch thermische Stöße aus den Resonanzniveaus $1s_2$ und $1s_4$. Inversion und Lasertätigkeit ist dann zu erwarten, wenn der zweite Prozeß mit einer längeren Zeitkonstanten verknüpft ist als der erste. Bei 0,4 Torr Ne berechnet man aus der mittleren freien Weglänge $\Lambda = 0{,}03$ cm und der mittleren Partikelgeschwindigkeit $\bar{v} = 8 \cdot 10^4$ cm/s für die Besetzung von $1s_5$ aus $1s_{2,4}$ eine Zeitkonstante von $4 \cdot 10^{-7}$ s. Die Kaskadenbesetzung der $2p$-Niveaus erfolgt vorwiegend aus der $2s$-Gruppe. Unter der Annahme, daß die Besetzung der Niveaus $1s_{2,4}$ und $2s_{2,4}$ zeitlich gleichartig verläuft, werden die $2p$-Niveaus somit spätestens nach der mittleren Lebensdauer der $2s$-Terme (10^{-7} sec) besetzt sein. Wegen der hohen Besetzungsinversion zwischen $2s$ und $2p$ finden diese Übergänge jedoch überwiegend durch induzierte Emission statt, so daß sich die Besetzung der $2p$-Terme mit einer Zeitkonstanten vollziehen wird, die klein gegen 10^{-7} s ist. Spätestens nach Ablauf der mittleren Lebensdauer der $2p$-Niveaus, d. h. nach etwa 10^{-8} s, wird sich zwischen $2p$ und $1s$ eine Gleichbesetzung eingestellt haben. Die Dauer der induzierten $2p - 1s$-Übergänge ist somit auf diese Zeit beschränkt, was in guter Übereinstimmung mit den experimentell beobachteten Werten von etwa $10-20$ ns steht [143, 145].

Bei periodisch wiederkehrenden Pulsen muß gefordert werden, daß sich die metastabilen Endniveaus in den Pulszwischenzeiten völlig entleeren können, was für Frequenzen unterhalb von 10 kHz erfüllt ist [143].

Entsprechend dem oben geschilderten Besetzungsvorgang werden die $2p - 1s$-Laserübergänge in der Regel zusammen mit ihren Kaskasenpartnern $2s - 2p$ (manchmal auch $3d - 2p$) beobachtet. Die $2p - 1s$-Pulse sind dabei etwa 8 ns gegenüber den $2s - 2p$-Pulsen verzögert [145]. Bei der Laserkaskade

$$2s_2 \xrightarrow{\;11530\ \text{Å}\;} 2p_4 \xrightarrow{\;5944\ \text{Å}\;} 1s_5$$

kann man feststellen, daß die Intensität der gelben Linie 5944 Å durch Verwendung von Resonatorspiegeln für 11 530 Å stärker erhöht werden kann als durch Spiegel mit hohem Reflexionsvermögen im Gelben, da durch Infrarotspiegel eine hohe Besetzung von $2p_4$ gewährleistet ist.

Die zwischen den $2p$- und $1s$-Niveaus auftretende Überbesetzung ist so hoch, daß sich schon mit Rohren von 10 cm Länge (1 mm $\varnothing$) ohne Spiegel Superstrahlung nachweisen läßt [143]. Die Ausgangsleistung längerer Rohre beträgt einige Watt und kann durch Verwendung von Spiegeln kaum erhöht werden (s. Tab. 6.7).

Bei Rohren von etwa 1 m Länge läßt sich eindeutig eine asymmetrische Ausgangsleistung feststellen. Derjenige Teil des Rohres, der *zuerst* gezündet wird, dient gewissermaßen als Ausgangspunkt der Superstrahlungswelle. Während in Richtung der Elektronenbewegung ständig neu invertiertes Medium erschlossen wird, findet eine entgegenlaufende — d. h. auch zeitlich verzögerte — Welle nur noch geringe Überbesetzung vor [144].

6.4.5 Laserübergänge in atomarem Sauerstoff, Stickstoff und Kohlenstoff (Anregung durch Stöße zweiter Art mit nachfolgender Dissoziation)

In Edelgas-Glimmentladungen, die geringe Zusätze von O_2, N_2, CO, CO_2, NO oder NO_2 enthalten, lassen sich eine Reihe von infraroten Laserlinien nachweisen, die atomaren Übergänge der obengenannten Elemente zugeordnet werden können [129, 131, 133]. Die Anregung der Laserterme geschieht durch Stöße zweiter Art mit metastabilen Edelgasatomen (He*, Ne*, Ar*) und nachfolgender Dissoziation (s. Kap. 6.2.2).

Bei guter Energieresonanz werden Einstufenprozesse beobachtet wie

$$Ne^* + O_2 \rightarrow Ne + O + O\ (3\,^3P_2)$$

oder $$He^*\ (2\,^3S_1) + CO \rightarrow He + O + C\ (3\,^3P,\ 3\,^1D)$$

$$\rightarrow He + O + C\ (3\,^3D,\ 3\,^1P).$$

Es ist jedoch auch eine Zweistufenanregung möglich, bei der die Laserterme durch Elektronenstoß aus metastabilen O*, N* oder C*-Atomen angeregt werden gemäß

$$\left.\begin{array}{l} Ar^* + O_2 \rightarrow Ar + O + O^*\ (2\,^1S_0) \\ Ne^* + NO \rightarrow Ne + N + O^*\ (2\,^1S_0) \end{array}\right\}\ O^* + e \rightarrow O\ (3\,^3P_2) + e$$

oder

$$He^* + CO \rightarrow He + O + C^*\ (2\,^5S_2,\ 2\,^1S_0);$$

$$C^* + e \rightarrow C\ (3\,^3P,\ 3\,^1D,\ 3\,^3D,\ 3\,^1P) + e.$$

Wir wollen uns auf die Betrachtung des Laserübergangs $3\,^3P_2 - 3\,^3S_1$ im atomaren Sauerstoff beschränken und die Linien der übrigen Elemente nur tabellarisch wiedergeben (s. Tab. 6.14, S. 316).

Die Besetzung des oberen Niveaus durch Ne*- bzw. Ar*- Stoß, entsprechend einem Ein- oder Zweistufenprozeß, ist anhand der Abb. 6.60 zu verstehen. Sie zeigt das Termschema des O_2-Moleküls sowie die Anregungszustände der durch Dissoziation aus den jeweiligen Potentialkurven entstehenden O-Atome.

Nach Kap. 6.2.2 kann bei den betrachteten Stößen zweiter Art wegen der Beteiligung von letztlich drei Stoßteilchen auch bei relativ großen Energieunterschieden (einige Zehntel eV) zwischen stoßendem und angeregtem Teilchen noch eine hohe Austauschrate vorhanden sein. Es wird deshalb auch eine Besetzung des unteren Laserniveaus durch Resonanzstöße entsprechend

$$Ne^*\ (1\,s_5) + O_2 \rightarrow Ne + O + O\ (3\,^3S,\ 3\,^5S)$$

beobachtet. Da das obere Niveau jedoch durch Stöße von Ne* $1\,s_4$ und Ne* $1\,s_3$ besetzt wird und für die drei Stöße ein gleichgroßer Querschnitt anzunehmen ist ($\sigma \approx 2 \cdot 10^{-15}\,cm^2$, [107]), läßt sich zwischen $3\,^3P_2$ und $3\,^3S_1$ Inversion erhalten.

Der Sauerstofflaser oszilliert bei 8448 Å, einer Wellenlänge, die wegen der guten Koinzidenz mit der Strahlung des Galliumarsenid-Lasers von Interesse ist. Einer praktischen Anwendung stehen jedoch gewisse technologische Schwierig-

keiten entgegen, da O_2-Aufzehrung an den Wänden sowie geringfügige Verunreinigungen sich störend auf den Besetzungsvorgang auswirken können [132].
Es empfiehlt sich daher, den Laser mit strömenden Gasen zu betreiben.

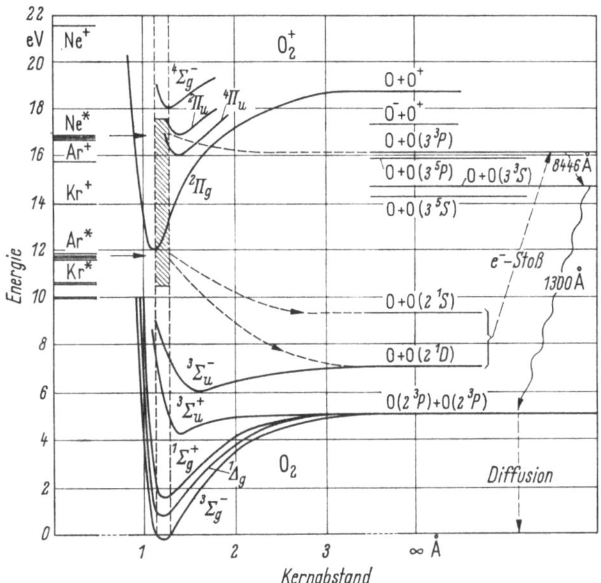

Abb. 6.60. Termschema des O_2-Moleküls mit den Termlagen der metastabilen Edelgasniveaus. Die energetische
Lage des Grundterms $2\,^3P$ des Sauerstoffatoms ist durch die Dissoziationsenergie des Molekül-Grundterms $^3\Sigma_g$
gegeben (≈ 4 eV).

Die Fülldrücke der Gase sind je nach Art der Mischungskomponenten verschieden. Beim Ne-O_2-Laser erweisen sich 0,014 Torr O_2 und 0,35 Torr Ne als
günstig, beim Ar-O_2-Laser dagegen 0,036 Torr O_2 und 1,3 Torr Ar. Als optimale
Partialdrücke für die übrigen Gemische werden 0,01 Torr CO oder CO_2, 0,03 Torr
NO oder NO_2 im Gemisch mit jeweils 2 Torr He oder 1 Torr Ne angegeben [129].

6.5 Ionenlaser

6.5.1 Überblick

Die Laserübergänge in ionisierten Gasen und Dämpfen zeigen eine Reihe
übereinstimmender Merkmale, die sie sowohl von den Laserlinien der neutralen
Elemente als auch von den Rotations-Schwingungsübergängen der Moleküle
unterscheiden. Sie liegen, von wenigen Ausnahmen abgesehen, im sichtbaren
und ultravioletten Spektralbereich, haben relativ hohe Verstärkung (einige
dB/m) und können Ausgangsleistungen von einigen Watt (Dauerstrich) bis zu
einigen Kilowatt (Pulsbetrieb) abgeben. Zur Erzielung solch hoher Ausgangsleistungen sind wegen des geringen Wirkungsgrades von 10^{-4} bis 10^{-3} jedoch
Pumpleistungen im Bereich von einigen Kilowatt (Dauerstrich) bis zu einigen

Megawatt (Puls) notwendig, die in der Regel zu erheblichen technologischen Schwierigkeiten hinsichtlich der Wärmeabfuhr und der Lebensdauer der Entladungsgefäße führen (s. Kap. 6.9).

Die überwiegende Zahl der Laserlinien ionisierter Elemente läßt sich nur im Pulsbetrieb erhalten, wobei Spannungen von 10—20 kV, Ströme von 10—100 A und Fülldrücke von 10^{-3} bis 10^{-1} Torr als typische Betriebsparameter anzusehen sind. Da bei niedrigen Partialdrücken häufig keine stabile Entladung aufrechtzuerhalten ist, erweist es sich als günstig, einige Zehntel Torr Helium oder Neon als Puffergas beizumischen.

Kontinuierlicher Betrieb wurde bisher nur von den Ionen der Edelgase Neon, Argon, Krypton und Xenon sowie von ionisiertem Chlor, Brom, Schwefel und Phosphor berichtet. Alle Übergänge dieser Elemente, die für Dauerstrichbetrieb geeignet sind, erweisen sich dabei mit den stärksten Übergängen bei Pulsanregung als identisch [150].

Während die Edelgase in konventionellen Gleichspannungsentladungen mit Feldern von einigen V/cm und Schwellenwerts-Stromdichten von etwa 100 A/cm² (Argonlaser) bis zu etwa 1000 A/cm² (UV-Laser mit Ne^+, Ar^{++} oder Kr^{++}) erregt werden können, empfiehlt sich zur Anregung chemisch agressiver Gase eine elektrodenlose induktive Anregung durch Hochfrequenz [148, 149].

Der unterschiedliche Anregungsmechanismus der Laserterme bei Puls- bzw. Gleichspannungsanregung ist in Kap. 6.2 besprochen worden. Man erwartet demnach bei Pulsbetrieb überwiegende Besetzung durch einmaligen Stoß hochenergetischer Elektronen, während bei kontinuierlichem Betrieb wegen der geringen Elektronentemperatur verschiedene Zweistufenprozesse in Betracht zu ziehen sind.

Einige Kr^+-Terme lassen sich offensichtlich auch durch Stöße zweiter Art mit metastabilen He ($2\,^3S_1$) Atomen besetzen, was bei Pulsanregung zu einer typischen Verzögerung zwischen Anregungspuls und Lichtemission führt [150, 169]. Ähnliche Anregungsmechanismen sind sehr wahrscheinlich auch für die Besetzung von Xe^+-Termen in Ne-Xe-Gemischen [169] und von J^+-Termen in He(Ne)-J-Gemischen verantwortlich zu machen [150, 174].

Da im Pulsbetrieb außer den genannten Besetzungsmechanismen auch durch Kaskadenübergänge aus höheren Ionentermen eine Besetzungsumkehr erzielt wird [178], können Laserlinien auch von solchen Termen ausgehen, die auf Grund ihrer Parität nicht durch direkten Elektronenstoß besetzt werden können. Wie beim He-Ne-Laser können sich daher auch bei Ionen-Lasern Laserkaskaden ausbilden, die in jeder Stufe Terme unterschiedlicher Parität verbinden (s. Tab. 6.14, S. 316ff. und Abb. 6.76).

Kontinuierlicher Betrieb wird dagegen — von wenigen unbedeutenden Ausnahmen abgesehen — nur zwischen den Termkonfigurationen $(^3P)\,np \rightarrow (^3P)\,ns$ der einfach ionisierten Edelgase [150] sowie zwischen den Termen $(^4S^0, {}^2D^0, {}^2P^0)\,np \rightarrow (^4S^0, {}^2D^0, {}^2P^0)\,ns$ der zweifach ionisierten Edelgase und der dazu isoelektrischen einfach ionisierten Halogene beobachtet ($n = 3$ für Ne, 4 für Ar oder Cl, 5 für Kr, 6 für Xe). Alle Übergänge gehorchen den Auswahlregeln für LS-Kopplung und erfolgen *ohne* Änderung der Konfiguration des jeweiligen Ionenrumpfes $^4S^0$, $^2D^0$ oder $^2P^0$. Die bedeutendsten Übergänge von Ionenlasern sind in der Tab. 6.8 aufgeführt. Alle übrigen Linien in Tab. 6.14, S. 316ff.

Tabelle 6.8 *Die bedeutendsten Laserübergänge in Ionen. P gepulster Betrieb,*
K kontinuierlicher Betrieb möglich.

$\lambda/\text{Å}$ (Luft)	Ion	Literatur	$\lambda/\text{Å}$ (Luft)	Ion	Literatur
2358,0	Ne^{3+}	P 170	4917,8	Cl^+	P 166; K 176
2983,8	O^{2+}	P 163, 170	4965,1	Ar^+	P 152, 154; K 159, 286
3323,8	Ne^+	P 163, 170; K 175	5044,9	Xe^+	P 156, 163; K 150, 286
3378,3	Ne^+	P 163, 170; K 175	5078,3	Cl^+	P 166; K 176
3507,4	Kr^{2+}	P 163, 170; K 175	5145,3	Ar^+	P 152, 154; K 159, 286
3511,1	Ar^{2+}	P 163, 170; K 175	5208,3	Kr^+	P 156; K 161, 286
4067,4	Kr^{2+}	P 163	5217,8	Cl^+	P 166; K 176
4131,3	Kr^{2+}	P 163	5221,4	Cl^+	P 166; K 176
4347,4	O^+	P 162, 163	5261,5	Xe^+	P 156, 163; K 150, 286
4351,3	O^+	P 162, 163	5308,7	Kr^+	P 156; K 161, 286
4414,9	O^+	P 162, 163	5392,2	Cl^+	P 166; K 176
4417,0	O^+	P 162, 163	5592,4	O^+	P 160, 162
4579,4	Ar^+	P 152, 154; K 159, 286	5677,3	Hg^+	P 151, 153
4603,0	Xe^+	P 156, 163; K 150, 286	5679,5	N^+	P 150, 163
4619,2	Kr^+	P 156, 163; K 161, 286	5681,9	Kr^+	P 156; K 150, 161
4680,4	Kr^+	P 156, 163; K 161, 286	5971,1	Xe^+	P 156, 163; K 150, 286
4764,9	Ar^+	P 152–155; K 159, 286	6094,7	Cl^+	P 166; K 176
4765,7	Kr^+	P 156, 163; K 161, 286	6149,9	Hg^+	P 151, 153
4781,3	Cl^+	P 166; K 176	6270,8	Xe^+	P 156, 163; K 150, 286
4846,6	Kr^+	P 163; K 161, 286	6470,9	Kr^+	P 156, 163; K 161, 286
4879,9	Ar^+	P 152, 154; K 159, 286	7827,6	Xe^+	P 171
4896,9	Cl^+	P 166; K 176	7988,0	Xe^+	P 171
4904,8	Cl^+	P 166; K 176			

Ein weiterer bedeutsamer Unterschied zwischen den Laserübergängen bei neutralen und ionisierten Elementen ergibt sich bei Betrachtung der Fluoreszenzlinienbreiten und der stoßverbreiterten natürlichen Linienbreiten.

Auf Grund der hohen Stromdichten stellen sich in den Entladungszonen der Ionenlaser Betriebstemperaturen ein, die in der Regel eine halbe bis eine ganze Größenordnung über denen der neutralen Gaslaser liegen. Die für die *Doppler-Breite* der Ionenlaser maßgebende Temperatur der positiven Ionen ist dabei nur bei hohen Fülldrücken gleich der Temperatur der neutralen Gaskomponente [179]. Für niedrige Drücke (große E/p-Werte) können sich

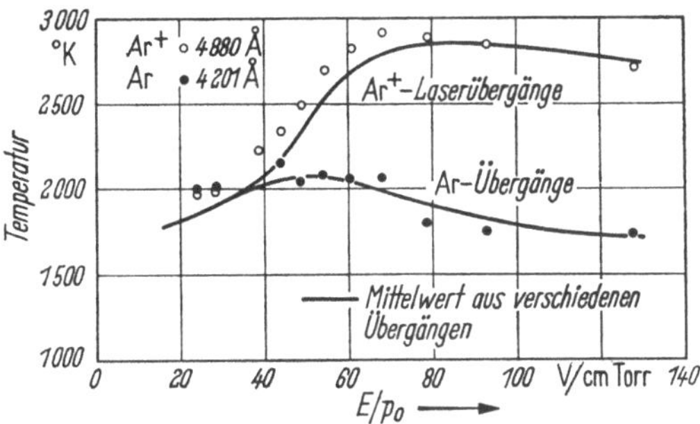

Abb. 6.61. Temperatur von neutralen und ionisierten Teilchen in einer kontinuierlichen Argonentladung als Funktion des Quotienten aus Feldstärke und Druck E/p; 7 Amp.; 2 mm $\varnothing$; (nach E. A. BALLIK et al. [179]).

erhebliche Abweichungen zu höheren Werten ergeben, da die Ionen außer den thermischen Stößen auch in steigendem Maße der Beschleunigung des elektrischen Feldes ausgesetzt sind. Wie Abb. 6.61 zeigt, mißt man beispielsweise in einer kontinuierlichen Argon-Entladung eine Ionentemperatur von 3000 °K, während für den He-Ne-Laser etwa 300—400 °K typisch sind. Als Folge dieser hohen Temperaturen ergeben sich *Doppler-Breiten* im Bereich einiger GHz, die beispiels-

weise den Betrieb von Einmoden-Lasern auf Resonatorlängen von einigen cm
beschränken. Die Linienbreiten für einige typische Ionenübergänge sind in Tab. 6.9
zusammengestellt.

Tabelle 6.9 *Fluoreszenzlinienbreiten einiger Ionenlinien. Die entsprechenden Gastemperaturen
gelten unter der Annahme, daß das Linienprofil durch Doppler-Verbreiterung entsteht [181]*

$\lambda/\text{Å}$ (Luft)	Stromdichte/Acm^{-2}	Linienbreite/GHz	Temperatur/°K
Ar$^+$ 4880	450	3,80	3000
Ar$^+$ 5145	450	3,80	3000
Kr$^+$ 4846	350	2,4	2600
Xe$^+$ 4603	230	1,66	1850
Hg$^+$ 6150	(Puls)	0,5*	370

* Für ein Isotop

Eine bemerkenswerte Ausnahme stellt die rote Linie des Hg$^+$-Lasers dar, bei der
(für jeweils ein Isotop) die extrem geringe *Doppler-Breite* von nur 500 MHz gemessen wurde [181]. Sehr wahrscheinlich ist dieser Befund dadurch zu erklären, daß

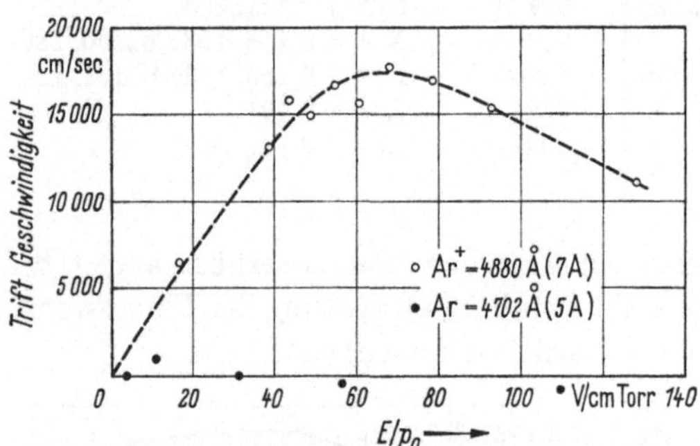

Abb. 6.62. Triftgeschwindigkeiten von Ar$^+$-Ionen in einem
2-mm-Rohr bei 7 Amp., gemessen aus der *Doppler-Verschie-
bung* der Linie 4880 Å (nach E. A. BALLIK et al. [179]).

die Besetzungsinversion zu Beginn des Entladungspulses stattfindet und die Erhitzung des
Plasmas mit zeitlicher Verzögerung erfolgt [182].

Die mittlere axiale[1] Triftge-
schwindigkeit der Ionen in Laser-
plasmen liegt bei etwa 10^4 cm/s
(d. h. bei etwa $^1/_{10}$ der mittleren Ionengeschwindigkeit, s.
Abb. 6.62), so daß sich auf Grund
des *Doppler-Effekts* eine deutliche
Frequenzverschiebung des Verstärkungsprofils um etwa $\Delta\nu_D/10$
ergibt. Dies hat zur Folge, daß eine Welle, die in Richtung der Ionentrift läuft,
bei einer höheren, eine Welle, die der Ionentrift entgegenläuft, dagegen bei einer
niedrigeren Frequenz maximal verstärkt wird[2]. Der Frequenzabstand der beiden
Maxima beträgt beim Ar$^+$-Laser etwa 800 MHz ($2\nu\,v/c$); er ist also klein gegenüber der *Doppler-Breite*, so daß für eine stehende Welle keine Einsattelung im
Verstärkungsprofil auftritt (Abb. 6.63).

Neben der Verbreiterung der *Doppler-Kurven* wird bei den Ionenlasern auch
eine starke homogene Verbreiterung der natürlichen Linienform beobachtet.
Im Gegensatz zur Stoßverbreiterung beim He-Ne-Laser, die proportional zum

---

[1] Neben der axialen Ionentrift wird auch eine radiale Ionentrift beobachtet, deren Geschwindigkeit etwa eine Größenordnung höher ist (10^5 cm/s im Ar-Plasma) [197].

[2] Man kann dies folgendermaßen leicht einsehen: Eine Welle der Frequenz ν, die einem
mit der Geschwindigkeit v bewegten Ion entgegenläuft, wird im System des Ions mit der
Frequenz $\nu\,(1 + v/c)$ registriert. Die Welle kann mit dem Ion demnach nur in Wechselwirkung treten, wenn $\nu\,(1 + v/c) = \nu_0$, wobei ν_0 die Emissionsfrequenz des ruhenden Ions ist.

Druck anwächst (Abb. 6.35), läßt sich die Verbreiterung bei den Ionenlasern in guter Näherung als Funktion von E/p darstellen (Abb. 6.64). Als physikalische

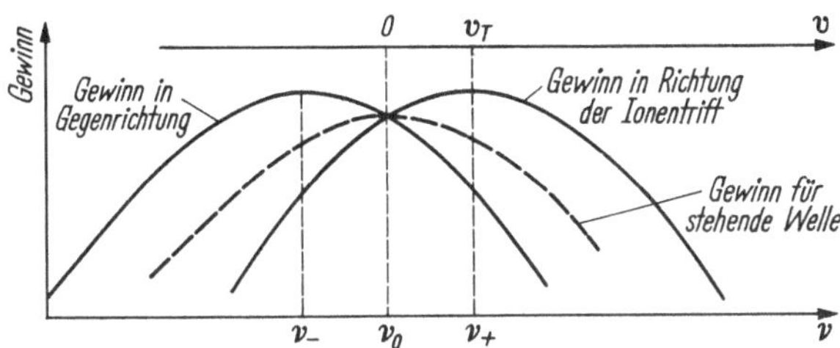

Abb. 6.63. Verstärkungsprofil in einem Plasma mit Ionentrift. Eine Welle, die in Richtung der Ionentrift läuft, wird maximal bei $v_+ = v_0 (1 + v_T/c)$, eine entgegenlaufende Welle, maximal bei $v_- = v_0 (1 - v_T/c)$ verstärkt. Die Verstärkung pro Durchgang für eine stehende Welle ergibt sich als Mittelwert der beiden ausgezogenen Kurven (gestrichelt). Beim Ar$^+$-Laser liegt v_T bei $1,9 \cdot 10^4$ cm/s, so daß $\delta v \approx 400$ MHz.

Ursache der Verbreiterung ist — zumindest bei hohen E/p-Werten — die Kleinwinkelstreuung in Ionen-Ionen-Stößen in Betracht zu ziehen [180].

Die gemessenen Breiten der *Lorentz-Linien* liegen teilweise eine halbe Größenordnung über den natürlichen Linienbreiten, beim Ar$^+$-Laser also im Bereich von 300—500 MHz (s. Tab. 6.10). Wie wir bei der Betrachtung des Ar$^+$-Lasers noch sehen werden, kann die große Breite der *Lorentz-Linien* von entscheidendem Einfluß auf das Oszillationsverhalten und das Modenspektrum eines Ionenlasers sein.

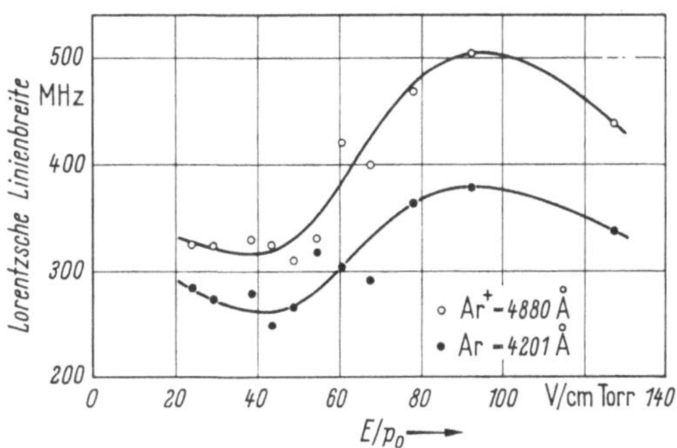

Abb. 6.64. Stoßverbreiterte *Lorentzsche Linienbreiten* in einem Argon-Plasma als Funktion von E/p (7 Amp., 2 mm $\varnothing$) (nach E. A. BALLIK et al. [179]).

Eine weitere Störung des Linienprofils ergibt sich aus der Beschleunigung der Ionen während des Emissionsaktes. Sie ist jedoch gegenüber der Verbreiterung von untergeordneter Bedeutung [180].

Tabelle 6.10 *Lorentzsche Linienbreiten für einige* Ar$^+$-*Linien, Gastemperatur 1400°K, Ionentemperatur 2500°K; Kapillare mit 2 mm $\varnothing$ und 0,3 Torr Ar [180]*

$\lambda/\text{Å}$	Natürliche Linienbreite/MHz	Beob. Linienbreite/MHz (I = 5A)	$\lambda/\text{Å}$	Natürliche Linienbreite/MHz	Beob. Linienbreite/MHz (I = 5A)
4579	107	500	4965	105	500
4658	106	600			
4765	107	520	5017		460
4880	107	500	5145	108	680

6.5.2 Edelgas-Ionen-Laser

Anregungsbedingungen und Linienspektren: Die Edelgas-Ionen-Laser zeigen sowohl bei Puls- als auch bei Dauerstrichbetrieb weitgehend übereinstimmende

Eigenschaften. Unterschiede bestehen nur hinsichtlich des durch die Laseremission überdeckten Spektralbereichs sowie des Wirkungsgrades und damit der technisch realisierbaren Ausgangsleistung. Entsprechend der mit steigender Ordnungszahl abnehmenden Termenergien verschiebt sich die Laseremission vom Ultravioletten bei Ne^+ bis zum Grünen und Roten bei Xe^+. Aus dem gleichen Grunde tritt mit steigender Ionisierungsstufe eine Verschiebung der Spektren zu kürzeren Wellen ein.

Die Schwellenwertspumpleistungen liegen in der Regel umso höher, je kürzer die Laserwellenlänge ist, wobei die Linien des einfach ionisierten Argon eine bemerkenswerte Ausnahme bilden, da sie niedrigere Schwellenwerte haben als vergleichbare Übergänge in Xe^+ oder Kr^+. Der Argon-Ionen-Laser nimmt somit unter allen Ionen-Lasern eine dominierende Stellung ein. Wir wollen einen kurzen Blick auf seine Eigenschaften bei gepulstem Betrieb werfen und anschließend sein Dauerstrichverhalten behandeln.

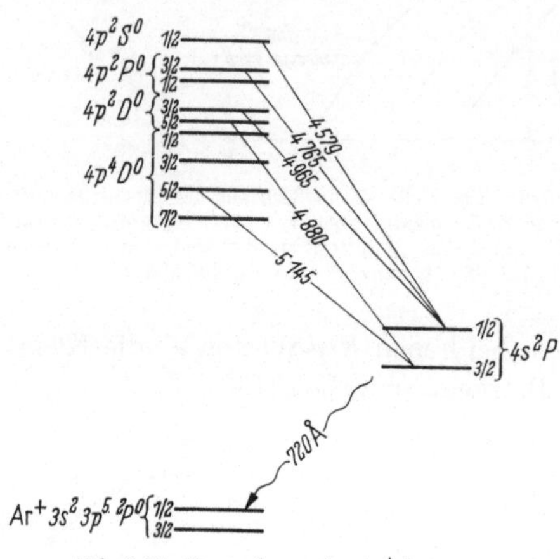

Abb. 6.65. Termschema des Ar^+-Lasers.

Die bedeutendsten Linien des Ar^+-Lasers liegen im violetten, blauen und grünen Spektralbereich und entsprechen Übergängen zwischen den $(^3P)4p$ und $(^3P)4s$-Termen. Letztere sind durch UV-Resonanzübergänge mit dem relativ hochbesetztem Grundterm des Ions verbunden (Abb. 6.65).

Die Lebensdauerwerte der $4p$-Niveaus sind experimentell [184, 185] und theoretisch [183] in guter Übereinstimmung zu etwa 10^{-8} s bestimmt worden (Tab. 6.11). Die theoretischen Werte der beiden Endniveaus $4s\,^2P_{1/2,\,3/2}$ liegen bei $2 \cdot 10^{-9}$ s, wodurch günstige Voraussetzungen für eine hohe Überbesetzung geschaffen sind. Wegen des Dreiniveaucharakters ist allerding eine Besetzung der Endterme durch Resonanzabsorption aus dem Grundterm des Ions nicht auszuschließen.

Tabelle 6.11 *Lebensdauerwerte τ und Übergangswahrscheinlichkeiten A_{ps} nach [183] für einige 4p- und 4s-Niveaus des Ar^+-Ions. Die angegebenen Schwellenwertsströme I gelten für Kapillaren von etwa 1 mm² Querschnitt in einem Laser mit internem Prisma [183].*

Niveau	$4s\,^2P_{1/2}$			$4s\,^2P_{3/2}$			τ/ns	
	$A/10^7\,s^{-1}$	$\lambda/\text{Å}$ (Luft)	I/A	$A/10^7\,s^{-1}$	$\lambda/\text{Å}$ (Luft)	I/A	theoretisch [183]	experimentell [184]
$4p\,^2S_{1/2}$	8,42	4579	5,2	—	—	—	8,2	8,8
$4p\,^2P_{1/2}''$	—	—	—	7,55	4658	6,9	10,5	8,7
$4p\,^2P_{3/2}^0$	7,15	4765	3,8	2,77	4545	10,5	9,9	9,4
$4p\,^2D_{3/2}^0$	2,63	4965	4,0	7,27	4727	6,7	9,8	9,8
$4p\,^2D_{5/2}^0$	—	—	—	8,96	4880	1,45	9,7	9,1
$4p\,^4D_{5/2}^0$	—	—	—	0,707	5145	3,6	7,7	7,5
$4s\,^2P_{1/2}$							1,78	
$4s\,^2P_{3/2}$							1,81	

Bei Pulsanregung erfolgt die Laseremission ohne nennenswerte Zeitverzögerung zum Strompuls. Je nach Ionisationsstufe erhält man jedoch einen typischen Intensitätsverlauf des Laserpulses, den Abb. 6.66 für drei unterschiedliche Ioni-sationsstufen des Ar-Ions zeigt. Da die höch-sten Elektronenenergien zu Beginn des Pulses erhalten werden (s. Kap. 6.2), wird der Anstieg der Laserintensität umso steiler und die Puls-breite umso kürzer, je höher die Ionisations-stufe ist [170]. Für einfach ionisierte Atome wird häufig Emission während der gesamten Pulsdauer gemessen, so daß von quasikonti-nuierlichem Betrieb gesprochen werden kann [155]. Mit steigenden Stromdichten werden immer höhere Ionisationsstufen angeregt, z. T. aus dem Grundterm des neutralen Atoms, in steigendem Maße jedoch auch aus niedrigeren Ionisationszuständen. Die Intensität der Laser-linien kann daher mit steigendem Strom nicht beliebig zunehmen, sondern muß einem Sätti-gungswert zustreben. Wie Abb. 6.67 erkennen läßt, beobachtet man ausgeprägte Intensitäts-maxima, wobei der optimale Strom für die erste Ionisationsstufe häufig gleich dem Schwellen-wertsstrom der nächsten Ionisationsstufe ist [170]. Für das Absinken der Laserintensität jen-seits des Optimalwerts ist außer der Reduzie-rung der Ionendichte sehr wahrscheinlich auch die Resonanzabsorption zwischen den Laserend-termen und den jeweiligen Ionengrundzuständen verantwortlich zu machen (s. Abb. 6.65).

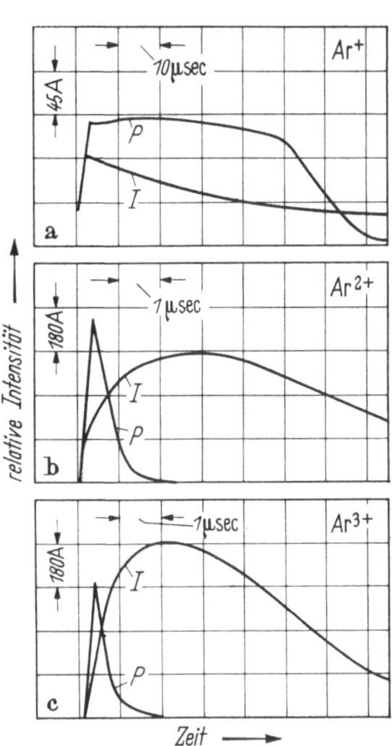

Abb. 6.66. Laserintensität P und Strom-stärke I als Funktion der Zeit für Ar-Ionen unterschiedlicher Ladung (nach P. K. CHEO und H. G. COOPER [170]).

Da die Resonanzabsorption für die Rohrachse am stärksten ist (größte Entfernung von den Rohrwänden) lassen sich in nicht zu dünnen Rohren ($\varnothing > 3\,\mathrm{mm}$) bei hohen Stromdichten typische Ringmoden beobachten [157, 188], die sich mit steigendem Strom immer stärker aus dem Rohrzentrum zurückziehen. Der Effekt läßt sich auch durch Erhöhung des Fülldrucks (erhöhte Absorption für Resonanzübergänge) oder — wie Abb. 6.68 zeigt — bei Dauerstrich-betrieb auch durch ein axiales Magnetfeld er-reichen (Bündelung der Elektronen und damit erhöhte Stromdichte in der Achse) [189].

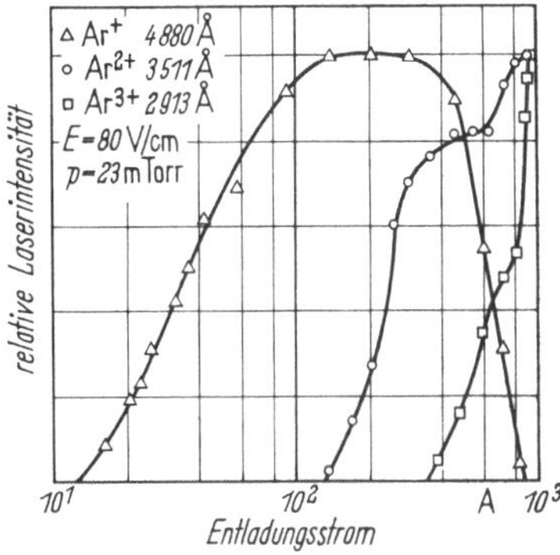

Abb. 6.67. Intensitätsverlauf von Laser-linien unterschiedlich geladener Ar-Ionen als Funktion der Stromstärke bei gepul-ster Anregung (nach P. K. CHEO und H. G. COOPER [170]).

Bei Dauerstrichbetrieb steigt die Laserausgangsleistung mit hoher Potenz des Stromes an (Abb. 6.69). Knapp oberhalb des Schwellenwerts mißt man einen Verlauf gemäß $P \sim i^6$ bis i^8, im Bereich mittlerer Pumpleistung einen Anstieg mit i^4 und bei hohen Pumpströmen schließlich eine quadratische Stromabhängig-

19*

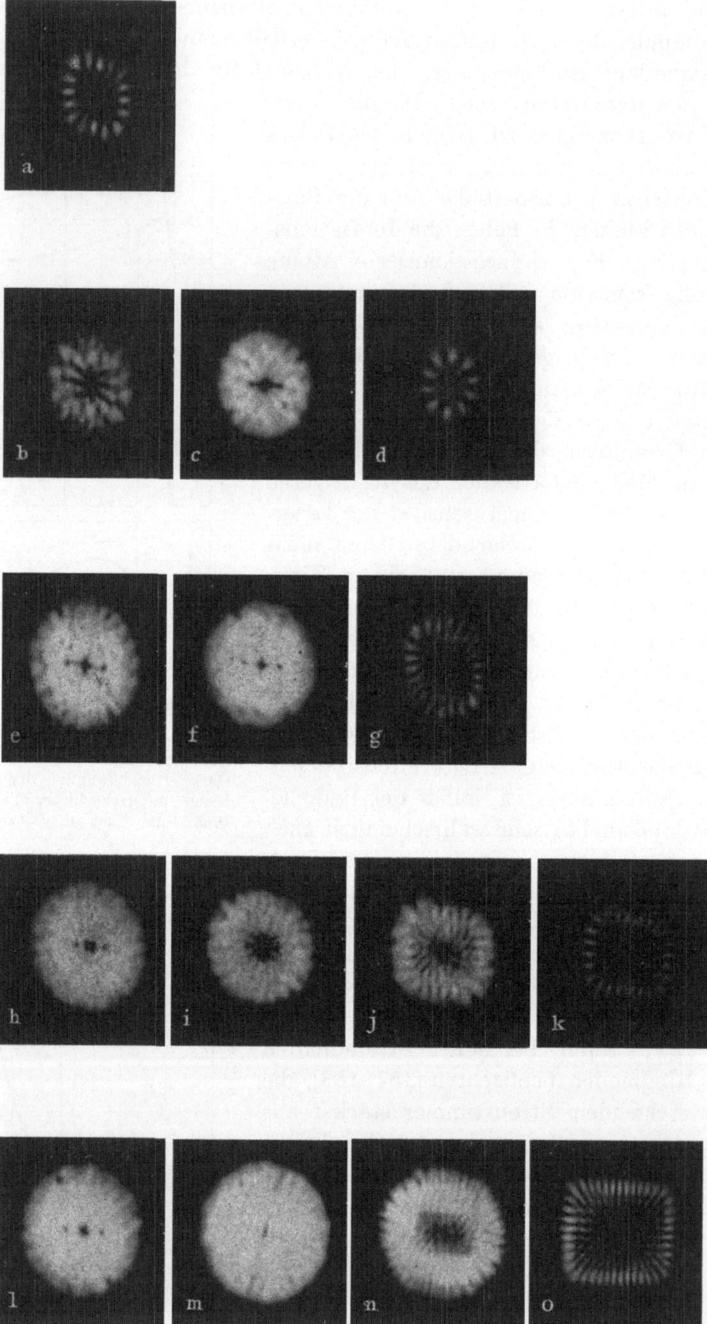

Abb. 6.68. Veränderung der transversalen Modenstruktur eines Ar-Lasers bei Änderung des Fülldrucks (von unten nach oben steigend) bzw. beim Anlegen eines axialen Magnetfeldes (von links nach rechts steigend). Die Ringmoden entstehen sehr wahrscheinlich auf Grund starker Resonanzabsorption (aus dem Ionengrundterm) im Rohrzentrum (nach I. GOROG u. F. W. SPONG [189]).

keit. Da die Elektronen- und Ionendichte linear mit dem Strom ansteigen und die mittlere Elektronenenergie annähernd konstant ist [186], läßt sich die quadratische Abhängigkeit auf Grund der dominierenden Zweistufenanregung unmittelbar

verstehen. (Nach Gl. (6.3/19) ist P eine lineare Funktion der Verstärkung, welche nach Kap. 6.2 quadratisch von i abhängt). Nahe am Schwellenwert wächst jedoch auch die Oszillationsbandbreite (Breite der verstärkenden Zone) mit steigendem Gewinn, wodurch der Anstieg gemäß i^4 bis i^8 verständlich wird.

Die für Rohre von etwa 10 cm Länge geltenden Schwellenwertsströme sind in der Tab. 6.11 bei den jeweiligen Linien angegeben. Wie man sieht, liegt der dominierende Übergang bei 4880 Å. Obwohl alle $4p-4s$-Übergänge durch gemeinsame Ober- und Unterniveaus gekoppelt sind, wird bei höheren Strömen simultane Oszillation auf allen angeführten Wellenlängen beobachtet.

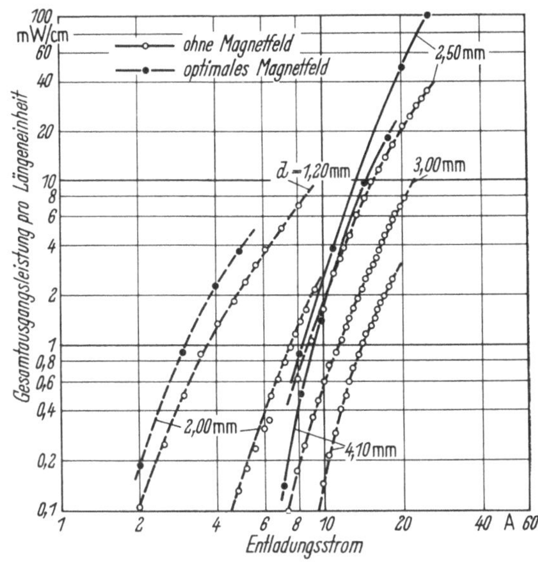

Abb. 6.69. Ausgangsleistung eines Ar-Lasers bei 4880 Å als Funktion der Stromstärke bei unterschiedlichen Rohrdurchmessern. Gestrichelte Kurven: ohne Magnetfeld; ausgezogene Kurven: optimales Magnetfeld (nach E. F. LABUDA et al. [187]).

Die Gesamtintensität verteilt sich dann etwa mit 50% auf 4880 Å, 30% auf 5145 Å, 10% auf 4965 Å und 10% auf alle übrigen Linien [186].

Als günstiger Fülldruck für niedrige Ströme und kleine Durchmesser erweist sich 0,5 Torr reines Argon. Mit sinkendem Druck erhöhen sich zwar die Schwellenwerte, der Intensitätsanstieg als Funktion des Stromes wird jedoch steiler, so daß für hohe Ströme (und damit auch größere Rohrdurchmesser) kleinere Fülldrucke vorteilhafter sind. Durch Zusätze von gleichen Teilen Neon können die Schwellenwerte etwas erniedrigt werden. Gleichzeitig verschiebt sich die Intensitätsverteilung zugunsten der schwächeren Linien.

Einfluß axialer Magnetfelder: Die Stromdichte in der Rohrachse und damit die Laserleistung läßt sich bei *gleichbleibendem* Gesamtstrom durch Verwendung axialer Magnetfelder entscheidend erhöhen (Abb. 6.69). Das Feld fokussiert die Elektronen in der Rohrachse um so ausgeprägter, je größer der Rohrdurchmesser ist. Da mit steigendem Feld sowohl die mittlere Elektronenenergie abnimmt als auch die Fluoreszenzlinien aufgrund der *Zeeman-Aufspaltung* in der Regel immer breiter werden, existiert eine (druck- und querschnittsabhängige) optimale Feldstärke, die für die üblichen Fülldrucke bei etwa 1 kOe liegt.

Definiert man einen Magnetfeld-Verstärkungsfaktor als Quotient aus Laserleistung bei optimalem Feld und Leistung bei verschwindendem Feld, so steigt der Faktor linear mit dem Durchmesser des Entladungsrohres an [186, 187].

Abb. 6.70 zeigt, daß bei Rohren mit 5 mm Durchmesser schon eine zehnfache
Erhöhung der Ausgangsleistung zu erwarten ist.

Wie bei der Behandlung des *Zeeman-Effekts* in Kap. 2.8 und in Kap. 6.3.13
näher ausgeführt ist, beträgt die Aufspaltung der *Zeeman-Komponenten* bei
axialen Feldern von 1 kOe etwa 4 GHz; sie ist also vergleichbar mit der Fluoreszenzlinienbreite Δv_D der unaufgespaltenen Linie (s. Tab. 6.9). Für einen Laser-

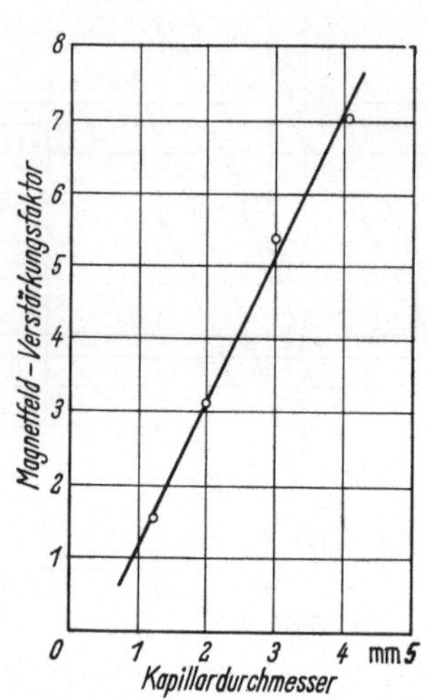

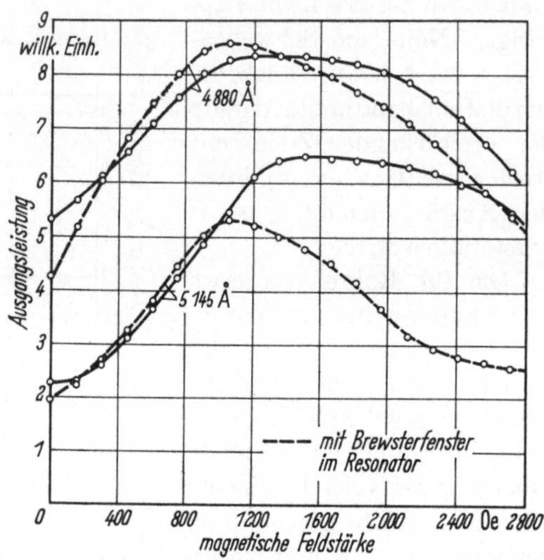

Abb. 6.70. Magnetfeld-Verstärkungsfaktor P (Feld)/P (ohne Feld) als Funktion des Rohrdurchmessers (nach E. F. LABUDA et al. [187]).

Abb. 6.71. Ausgangsleistung eines Ar$^+$-Lasers auf den Linien 4880 Å $(g_j \neq g_k)$ und 5145 Å $(g_j = g_k)$ als Funktion der magnetischen Feldstärke. Rohrdurchmesser 2 mm; Entladungsstrom 14 Amp (nach E. F. LABUDA et al. [187]).

übergang, dessen Terme *übereinstimmende* g-Faktoren haben (z. B. die grüne Linie
5145 Å mit $g_j = g_k = 1{,}334$) ergibt sich somit das in der Abb. 6.53 gezeigte Verstärkungsprofil. Es zerfällt in zwei sich überlappende Verstärkungsbereiche der
(unveränderten) Breite Δv_D, die jeweils die Übergänge mit $\Delta M = +1$ (linkszirkular) bzw. $\Delta M = -1$ (rechtszirkular) verstärken und symmetrisch zu v_0 liegen.
Für Linien, deren Terme unterschiedliche g-Faktoren haben, werden die Bereiche
je nach der Größe von $|g_j - g_k|$ und der Zahl der *Zeeman-Niveaus* verbreitert.

In einem Resonator mit isotropen, d. h. polarisationsunabhängigen Verlusten
können bei der Eigenfrequenz v sowohl eine links- als auch eine rechtszirkular
polarisierte Welle anschwingen, die im allgemeinen auf Grund von Pulling-Effekten
etwas verschiedene Frequenzen haben (s. Kap. 6.3.10). Je nach der Lage von v
relativ zu v_0 dominiert eine der beiden Oszillationen auf Grund der unterschiedlichen Verstärkung. Obwohl die Übergänge $\Delta M = \pm 1$ gemeinsame obere und
untere *Zeeman-Niveaus* haben (und zwar relativ um so mehr, je größer die
Komponentenzahl ist, Abb. 6.52) sind die beiden gegenläufig zirkularen Oszillationen im allgemeinen nicht gekoppelt, da sie durch Ionen unterschiedlicher
Geschwindigkeitsklassen verstärkt werden (Ausnahme: $v = v_0$). Eine Kopplung
tritt dann ein, wenn die Pulling-Effekte vernachlässigbar klein sind. Man erwartet
dann elliptisch polarisierte Oszillationen, deren Drehsinn und Elliptizität vom
Vorzeichen $v_1 - v_0$ abhängen.

In einem Resonator mit *anisotropen* Verlusten (*Brewster-Fenster*) können bei zirkularen Übergängen nur elliptische Wellen anschwingen. Da eine elliptische Welle aber stets aus zwei gegenläufigen zirkularen Wellen mit unterschiedlichen Amplituden zusammengesetzt werden kann, stimuliert sie sowohl Übergänge mit $\Delta M = +1$ als auch solche mit $\Delta M = -1$, was einer Kopplung der Übergänge gleichkommt. Die relative Phase bestimmt sich so, daß die große Halbachse der Ellipse in der Einfallsebene der *Brewster-Platte* liegt (Bedingung für minimale Reflexion). Der Betrag der Elliptizität wird von der Anisotropie der Verluste und vom ebenfalls anisotropen Verstärkungsprofil bestimmt.

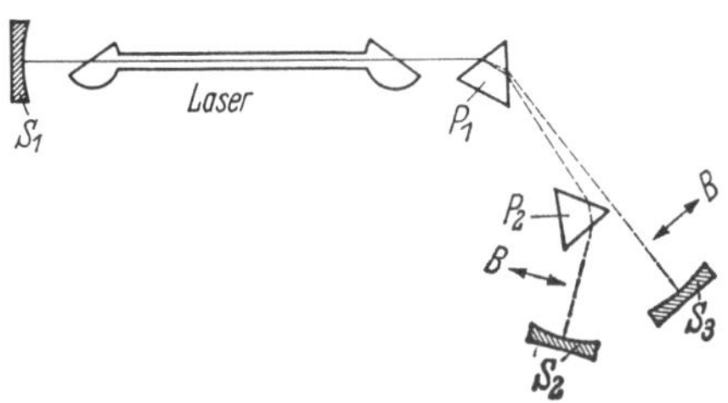

Abb. 6.72. Resonator mit internen Prismen P zur Trennung zweier Laseroszillationen (S Spiegel, B Blenden).

Da eine elliptische Welle an einer *Brewster-Platte* endliche Verluste erleidet, erwartet man eine Intensitätsabnahme beim Übergang vom isotropen zum anisotropen Resonator, der mit steigendem Feld immer ausgeprägter werden sollte. Erstaunlicherweise läßt sich jedoch erst oberhalb von 1 kOe ein merklicher Intensitätsunterschied feststellen (Abb. 6.71). Die „kritischen" Feldstärken liegen dabei um so höher, je breiter die verstärkenden Bereiche, d. h. je verschiedener die g-Faktoren der kombinierenden Terme sind (z. B. 1 kOe für 5145 Å, 1,4 kOe für 4880 Å).

Kopplung von Laserübergängen verschiedener Frequenz: Wie oben erwähnt, sind die $4p$–$4s$-Übergänge des Ar⁺-Lasers durch gemeinsame obere und untere Niveaus miteinander gekoppelt. Diese Kopplung hat zur Folge, daß die Besetzungsinversion eines Übergangs bei Oszillation des Kopplungspartners niedriger ist als bei selektiver Dämpfung oder Unterbrechung der konkurrierenden Linie. Zur Untersuchung der Wechselwirkung zweier gekoppelter Linien bedient man sich vorteilhaft eines Resonators mit internem Prisma, in dem die Strahlengänge der Linien räumlich getrennt und somit unabhängig voneinander unterbrochen werden können (Abb. 6.72).

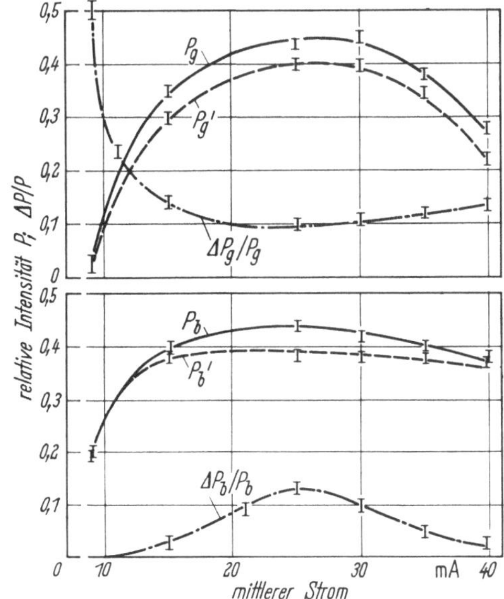

Abb. 6.73. Intensitätsänderung bei 4880 Å bzw. 5145 Å beim Unterbrechen des gekoppelten Linienpartners [190].

Von besonderem Interesse ist die Kopplung der beiden stärksten Linien des Argonlasers bei 4880 Å und 5145 Å, die den Übergängen $4p\,^2D^0_{5/2} - 4s\,^2P_{3/2}$ bzw. $4p\,^4D^0_{5/2} - 4s\,^2P_{3/2}$ entsprechen. Abb. 6.73 gibt die Meßergebnisse wieder, die an einem gepulsten Ar⁺-Laser gewonnen wurden [190]. Man erkennt, daß der Intensitätsgewinn der schwächeren grünen Linie beim Unterbrechen der dominierenden blauen Linie erwartungsgemäß am Schwellenwert am größten ist (Faktor 2), während die blaue Linie bei maximaler Intensität der grünen Linie am empfindlichsten auf die Unterbrechung dieser Linie reagiert. Die Relaxationszeiten für die beobachteten Intensitätsänderungen sind durch die Lebensdauer der betreffenden Niveaus und die Abklingzeit des Resonators gegeben und liegen unterhalb von 1 μs.

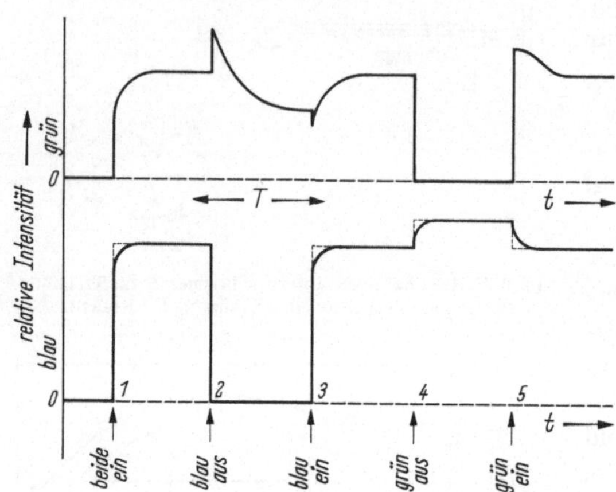

Abb. 6.74. Anomale Wechselwirkung der Linien 4880 Å (blau B) und 5145 Å (grün G). Die Ordinate gibt die relativen Intensitäten der Linien B und G beim wechselseitigen Unterbrechen mit einer Periode T von einigen Sekunden wieder. B ist zwischen den Punkten $0-1$ und $2-3$, G zwischen $0-1$ und $4-5$ unterbrochen [191].

Bei Dauerstrich kann neben dieser „normalen" auch eine „anomale" Wechselwirkung beobachtet werden, für die Relaxationszeiten der Größenordnung von Sekunden sowie inverse Intensitätsänderungen typisch sind [191]. Die wesentlichen Merkmale sind aus Abb. 6.74 zu entnehmen, in der die Intensitäten der beiden Linien beim wechselseitigen Unterbrechen mit einer Periode von einigen Sekunden wiedergegeben sind. Richten wir das Augenmerk zunächst auf den Markierungspunkt 2, bei dem die Intensität B unterbrochen wird: Die Intensität G zeigt kurzzeitig den erwarteten normalen Anstieg, sinkt dann aber mit großer Relaxationszeit unter den ursprünglichen Wert ab. Eine analoge Folge von Kurzzeit- und Langzeitwechselwirkung ergibt sich bei allen Ein- und Ausschaltpunkten (1—5 in Abb. 6.74).

Eine Erklärung der anomalen Wechselwirkung ist sehr wahrscheinlich nur über die Ionen- und Druckverteilung im Entladungsrohr möglich: Wie schon angegeben, wird beim Ar-Laser eine mittlere Ionentriftgeschwindigkeit von 10^4 cm/s beobachtet, die bei den hohen Ionendichten von 10^{14} cm^{-3} (etwa 1% der Gesamtteilchenzahl) zu einem beachtlichen Ionenstrom führt. Wegen der relativ engen Kapillaren ist die Rückwanderung neutraler Teilchen erschwert, so daß sich während des Betriebs längs des Entladungsrohrs ein Druckgefälle einstellt, das nur noch auf einem Teilstück des Rohres optimalen Fülldruck gewährleistet [194]. Bei der Konstruktion von Argonlasern wird diesem Effekt durch eigene Gasrückleitungen Rechnung getragen (s. Kap. 6.8, Abb. 6.91); eine völlige Eliminierung des Druckgradienten scheint jedoch nicht möglich zu sein. Beim Unterbrechen einer starken Laseroszillation steigt die Besetzung des zugehörigen oberen Laserniveaus stark an, die Erzeugung zweifach geladener Ionen auf Kosten von einfach geladenen nimmt demgemäß zu, was zu einer höheren Ionentrift und zur Ausbildung eines steileren (d. h. ungünstigeren) Druckgradienten führt. Typische Relaxationszeiten für die Ausbildung eines Druckgefälles liegen im Bereich von 1 s, was die gleichgroßen Zeiten bei der anomalen Wechselwirkung erklären mag.

Modenspektrum des Argon-Ionen-Lasers: Das Frequenzspektrum des Ar$^+$-Lasers unterscheidet sich sowohl hinsichtlich seiner Stabilität als auch hinsichtlich der Zahl der oszillierenden Moden in charakteristischer Weise von den Spektren atomarer Laser, wie sie etwa am Beispiel des He-Ne-Lasers näher erläutert worden sind (s. Kap. 6.3.10ff.).

Beim Ar$^+$-Laser läßt sich eine kritische Pumpleistung angeben, die einen Bereich äußerst stabiler, von einem Bereich äußerst instabiler Oszillationen trennt.

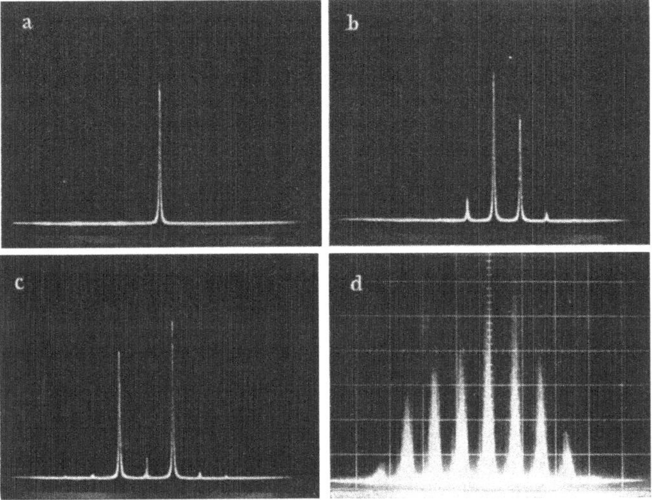

Abb. 6.75. Modenspektrum eines Ar$^+$-Lasers bei unterschiedlichen Pumpströmen: (a) 1,4 A, (b) 1,41 A, (c) 1,62 A, (d) 1,98 A (a) − (c) stabile Oszillation, (d) instabile Multimodenoszillation; Belichtung für (d) 15 Sekunden. Der Modenabstand im Teilbild (b) ist gleich $\delta\nu_a = 326$ MHz (nach T. J. BRIDGES u. W. W. RIGROD [193]).

Sie beträgt etwa das Eineinhalbfache der Schwellenwertsleistung, hängt jedoch im einzelnen stark vom Aufbau (Zweispiegel- oder Ringresonator) und der Dimensionierung des Lasers ab [192, 193], s. Abb. 6.75. Unterhalb der kritischen Pumpleistung beobachtet man außerordentlich stabile Oszillationen, deren Frequenzabstand nur bei kleinen Resonatorlängen ($L < 50$ cm) dem Abstand der „axialen" Resonatormoden $c/2L$ gleich ist. In der Regel sind die oszillierenden Moden auf Grund der großen *Lorentzschen Linienbreiten* (s. Tab. 6.10) um ein Vielfaches des axialen Modenabstands getrennt. Da die Lochbreite mit der Laserintensität gemäß Gl. (6.3/12) zunimmt, wächst auch der Abstand oszillierender Moden mit steigender Pumpleistung mehrmals sprunghaft um $c/2L$. Die Zahl der oszillierenden Moden geht entsprechend zurück.

Die stabile Oszillation mehrerer weit entfernter Moden ist nun offensichtlich nur so lange möglich, als das vorhandene Besetzungsprofil durch *mehr* als zwei Eigenschwingungen erniedrigt wird. Beim Überschreiten der zugehörigen kritischen Pumpleistung wird eine äußerst stark fluktuierende „Multimodenoszillation" beobachtet, bei der in beliebiger Folge alle möglichen Resonatoreigenfrequenzen abwechselnd anschwingen. Die Intensität eines Einzelmodus unterliegt daher völlig unkontrollierten Schwankungen, während die Gesamtintensität relativ konstant bleibt.

Da die technisch realisierbaren Pumpströme in Ar-Plasmen weit über den kritischen Strömen liegen (Wechsel von stabiler zu instabiler Oszillation), muß die instabile Oszillation als der bei hohen Ausgangsleistungen übliche Betriebszustand des kontinuierlichen Ar^+-Laser betrachtet werden. Der Anwendung dieses Lasers sind daher in all den Bereichen, in denen eine frequenzstabile Ausgangsleistung verlangt wird, relativ enge Grenzen gesetzt.

Ähnlich wie beim He-Ne-Laser (s. Kap. 6.3.11) läßt sich auch beim Ar^+-Laser unter bestimmten Betriebsbedingungen eine Phasenkopplung verschiedener oszillierender Moden (self mode locking) erhalten. Die Laserstrahlung besteht dann aus scharfen Pulsen der Folgefrequenz $c/2L$; Einzelheiten in [196].

6.5.3 Quecksilber-Ionen-Laser

Die Laserlinien des ionisierten Quecksilbers sind sowohl in historischer als auch in physikalischer Hinsicht von Bedeutung. Mit einem He-Hg-Gemisch wurde der erste Ionenlaser realisiert [151] und dabei der sichtbare Spektralbereich mit einer grünen (5077 Å) und einer orangeroten Linie (6150 Å) weiter erschlossen. Wie

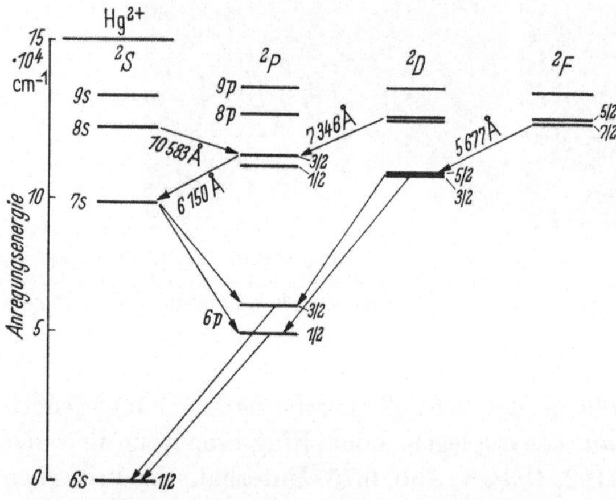

schon in Kap. 6.5.1 festgestellt, zeichnet sich der Übergang bei 6150 Å zudem durch eine extrem kleine *Doppler-Breite* von nur 500 MHz aus, was die Verwendung des roten Hg^+-Lasers als Wellenlängennormal nahelegt [182, 183]. Außer den beiden sichtbaren Linien lassen sich noch eine Reihe von Infrarotübergängen nachweisen [157], die sich zum Teil mit der roten Linie zu Laserkaskaden zusammenfügen (Abb. 6.76). Im Gegensatz zum neutralen Quecksilber, bei dem verschie-

Abb. 6.76. Termschema des Hg^+-Lasers mit Laserübergängen.

dene Laserlinien auch in kontinuierlicher Emission zu erhalten sind, wird beim Hg^+-Ion nur bei gepulster Anregung Laseroszillation beobachtet. Bei der roten Linie ist es dabei möglich, durch geeignete Wahl der Pulsform während der gesamten Pulsdauer Laseremission zu erhalten [151], so daß der Übergang möglicherweise auch für Dauerstrichbetrieb verwendet werden kann.

Obwohl die Linien auch mit reinem Quecksilberdampf zu erhalten sind, erweist es sich als günstig, etwa 0,5 Torr He als Puffergas beizumischen. Der Hg-Dampfdruck des ungezündeten Rohrs wird üblicherweise mittels eines auf Zimmertemperatur gehaltenen Hg-Vorratsgefäßes auf 10^{-3} Torr eingestellt. Da die Hg^+-Ionen im He-Hg-Gemisch während der Entladung den überwiegenden Anteil des Ionenstroms bestreiten, wird während des Betriebs der Hg-Partialdruck anodenseitig erniedrigt, kathodenseitig dagegen erhöht (Kataphorese). Befindet sich das Vorratsgefäß auf der Seite der Anode, so bleibt der Partialdruck anodenseitig konstant, erhöht sich jedoch kathodenseitig bis zu einem Wert, der etwa durch die mittlere Gastemperatur vorgegeben ist. Man hat also in der Regel mit einem langzeitlich (einige Sekunden) ansteigenden Hg-Partialdruck und damit auch mit zeitabhängigen Schwellenwertsströmen für die einzelnen Linien zu rechnen.

Es zeigt sich, daß die grüne Linie ihre maximale Intensität bei relativ kleinem Hg-Druck ($\approx 10^{-3}$ Torr) und hohen Pulsströmen (≈ 200 A/cm^2), die rote Linie dagegen bei höherem Hg-Druck und äußerst niedrigen Pumpstrom (≈ 20 A/cm^2) erreicht. Bei mittlerer Pumpleistung läßt sich daher ein Betriebszustand einstellen, bei dem die grüne Linie nur im Rohrzentrum (hohe Elektronendichte), die rote dagegen nur in der Nähe der Rohrwandung Inversion zeigt und somit die Laserstrahlung aus einem grünen Zentrum mit rotem Ring besteht. Im Gegensatz zu den Edelgas-Ionen-Lasern liefert die Resonanzabsorption aus dem Ionengrundterm beim Hg$^+$-Laser keinen Beitrag zur Ausbildung dieser ringförmigen Modenstrukturen.

Bei sehr geringem He-Druck läßt sich mit geeigneten Spiegeln auch Oszillation bei 4977 Å erhalten. Die Linie entspricht einem Übergang in Hg^{2+}, der durch 45 eV Elektronen angeregt wird [158]. Nach Kap. 6.2 ist die Erzeugung so großer Elektronenenergien nicht mit hohem Fremdgasdruck vereinbar, so daß die Linie bei den üblichen He-Drucken von 0,5 bis 1 Torr nicht nachgewiesen werden kann. Durch geeignete Partialdrucke und Stromdichten läßt es sich erreichen, daß die Summe der orangeroten, grünen und blauen Laserlinie eine weiße Strahlung liefert [158].

6.6 Laserübergänge in Molekülen

6.6.1 Überblick

Aus den bisher betrachteten Laserspektren der neutralen und ionisierten Elemente ergab sich übereinstimmend, daß Besetzungsinversion und Laseroszillation immer nur innerhalb einer kleinen Auswahl von Elektronentermen zu erhalten war. Bei den Molekülen ist die Zahl der invertierbaren Niveaus, verglichen mit der Mannigfaltigkeit der Elektronen-, Schwingungs- und Rotationsterme (s. Kap. 2.10) noch weitaus geringer.

Entsprechend der Klassifizierung der Molekülspektren sind die beobachteten molekularen Laserübergänge in Elektronenbandenübergänge (nahes Infrarot bis Ultraviolett) und Rotations-Schwingungsübergänge innerhalb des Elektronengrundzustands (Infrarot) zu unterteilen. Erstere sind nur bei gepulster Anregung zu erhalten, wobei die Besetzungsinversion entweder durch direkten Elektronenstoß aus dem Singulett-Elektronengrundterm vorgenommen wird — falls es sich um Singulett-Zustände handelt — oder durch Stöße zweiter Art erfolgt — falls es sich um die Anregung von Triplett-Zuständen handelt. Als typisches Beispiel kann das N_2-Molekül genannt werden, bei dem u. a. die Anregungsprozesse

$$N_2\,(X\,{}^1\Sigma) + e \to N_2^*\,(a\,{}^1\Pi) + e$$

und[1]

$$N_2^*\,(\text{Singulett}) + N_2\,(X\,{}^1\Sigma) \to N_2^*\,(B\,{}^3\Pi) + N_2$$

---

[1] N_2^* — der Stern bedeutet angeregtes Molekül.

nebeneinander beobachtet werden. Auch bei den Rotations-Schwingungsübergängen läßt sich Besetzungsinversion im Prinzip durch direkten Elektronenstoß
erreichen. Wie am Beispiel des CO_2-Lasers gezeigt werden soll, sind jedoch in diesem Fall Rekombinationsprozesse, Kaskadenbesetzung und vor allem Stöße mit Fremdmolekülen weit wirkungsvoller.

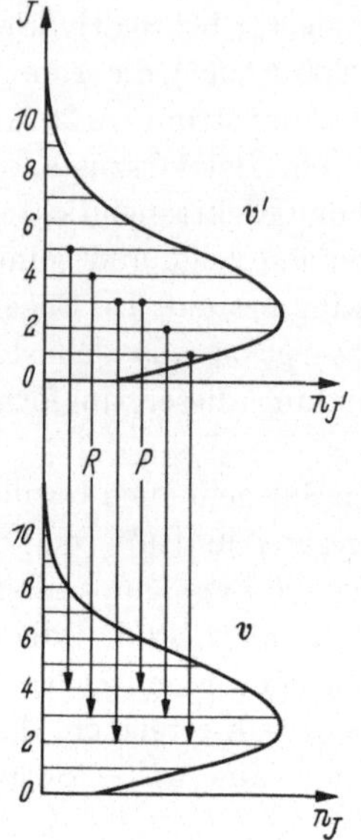

Abb. 6.77. Besetzungsverteilung $n_J = (2J+1)n_{J=0}$ exp $-W_{rot}/kT_{rot}$ innerhalb zweier Schwingungsniveaus für $T_{vib} = \infty$ und $(T_{rot})_{v'} = (T_{rot})_v$. Da nur für $[n_{J-1}/(2J-1) - n_J/(2J+1)] > 0$ Verstärkung erfolgt, kann nur der P-Zweig in Laseremission beobachtet werden. Sobald $T_{vib} < 0$, können auch Übergänge des R-Zweigs verstärkt werden (s. Abb. 6.78).

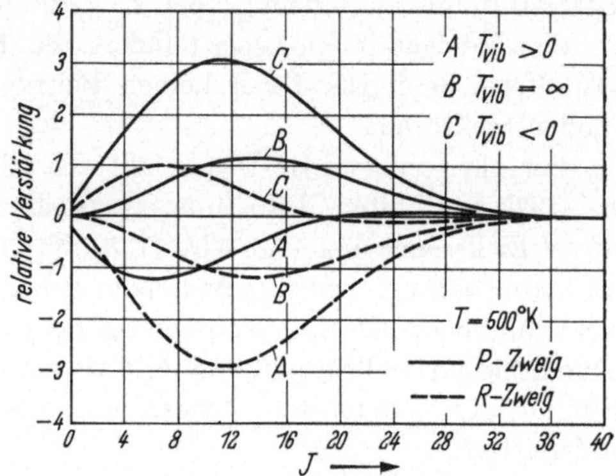

Abb. 6.78. Verstärkung für Rotations-Schwingungsübergänge in CO ($v = 7 \to v = 6$) als Funktion des J-Werts des oberen Niveaus für verschiedene Schwingungstemperaturen. Für $T_{vib} > 0$ werden nur P-Übergänge verstärkt, während für $T_{vib} < 0$ auch R-Übergänge mit niedrigen J-Werten verstärkt werden können.

Die Besetzungsinversion bei Molekülen beschränkt sich in der Regel auf die Rotationsniveaus verschiedener Schwingungszustände; nur in Ausnahmefällen (Pulsanregung) sind die Schwingungsniveaus selbst invertiert (d. h. Schwingungstemperatur $T_{vib} < 0$). Wie Abb. 6.77 und 6.78 zeigen, beobachtet man für $T_{vib} > 0$ nur den P-Zweig einer Rotationsschwingungsbande, während bei $T_{vib} < 0$ auch für den Q- oder R-Zweig Inversion vorliegen kann. Die beobachteten molekularen Laserlinien gehören daher meistens den P-Zweigen der jeweiligen Banden an, wobei der Bandencharakter im Laserspektrum je nach der Zahl der invertierten Terme mehr oder weniger stark zum Ausdruck kommt.

Im Gegensatz zu den Spektren der Elemente ändern sich die Termenergien der Moleküle bei Isotopenwechsel um sehr große Beträge, da die Molekülmasse sowohl die Schwingungs- als auch die Rotationsenergie entscheidend bestimmt. Neben Frequenzänderungen bis zu etwa 10% bei vergleichbaren Übergängen beobachtet man in der Regel auch eine Verlagerung der Inversion auf andere Übergänge, so daß durch Isotopenaustausch eine große Variationsmöglichkeit innerhalb der Laserspektren besteht [200, 201].

6.6.2 Laserübergänge zwischen Rotations-Schwingungstermen linearer Moleküle; CO_2-Laser

Laseremission zwischen Rotations-Schwingungstermen des Elektronengrundzustands wird u.a. bei den Molekülen CO, NO, CO_2, CS_2 und N_2O beobachtet. Im Gegensatz zu den Laserniveaus der Atome und Ionen, die in der Regel energe-

Tabelle 6.12 *Theoretische Übergangswahrscheinlichkeiten für spontane Emission und Lebensdauern τ für verschiedene Zustände des CO_2-Moleküls [205]*

Übergang	A_{jk}/s^{-1} (ohne Resonanzabsorption)	A_{jk}/s^{-1} (mit Resonanzabsorption)
$00^01 - 00^00$ R	$2{,}0 \cdot 10^2$	$8{,}8$
P	$2{,}0 \cdot 10^2$	$10{,}1$
$00^01 - 02^00$ R	$0{,}19$	
P	$0{,}20$	
$00^01 - 10^00$ R	$0{,}33$	
P	$0{,}34$	
$00^02 - 00^01$ R	$3{,}9 \cdot 10^2$	
P	$4{,}1 \cdot 10^2$	
$01^10 - 00^00$ R	$0{,}48$	$0{,}48$
P	$0{,}46$	$0{,}46$
Q	$0{,}94$	$0{,}35$
$02^00 - 01^10$ R	$0{,}22$	
P	$0{,}26$	
Q	$0{,}48$	
$10^00 - 01^10$ R	$0{,}20$	
P	$0{,}23$	
Q	$0{,}44$	
$02^20 - 01^10$ R	$1{,}07$	
P	$0{,}84$	
Q	$1{,}89$	

Niveau	τ_j/s (ohne Resonanzabsorption)	τ_j/s (mit Resonanzabsorption)
00^01	$2{,}4 \cdot 10^{-3}$	$5 \cdot 10^{-2}$
00^02	$1{,}3 \cdot 10^{-3}$	
01^10 (J gerade)	$1{,}1$	$2{,}8$
01^10 (J ungerade)	$1{,}1$	$1{,}1$
02^00	$1{,}0$	
10^00	$1{,}1$	
02^20	$0{,}26$	

tisch sehr hoch liegen und deren gegenseitiger Abstand relativ zur Anregungsenergie sehr gering ist (etwa 1 eV zu 30 eV), betragen die Anregungsenergien der genannten Schwingungsterme oft nur einige Zehntel Elektronenvolt. Sie sind also mit der Energiedifferenz der Laserterme vergleichbar, wodurch theoretisch sehr hohe Laserwirkungsgrade möglich werden.

Im folgenden soll ausschließlich der CO_2-Laser [200—223] behandelt werden, der wegen seines hohen Wirkungsgrades (bis 30%) und seiner hohen Ausgangsleistungen (einige kW) unter allen molekularen Lasern die größte Bedeutung hat. Die Laserübergänge der anderen Moleküle sind zusammen mit den jeweiligen Literaturhinweisen in Tab. 6.14, S. 337—347, zusammengestellt.

Die für Laseremission interessierenden Schwingungsterme des CO_2-Moleküls sind im Termschema Abb. 6.79 eingezeichnet. Wie in Kap. 2.10.3 ausgeführt worden ist, kann man die Schwingungszustände bei Vernachlässigung des anharmonischen Potentialanteils aus den Fundamentalschwingungen ν_1, ν_2 und ν_3 (Abb. 2.14) zusammensetzen und sie dementsprechend mit den Zahlentripeln (v_1, v_2^l, v_3) bezeichnen. Wie man sich an Hand der Abb. 2.14 überzeugen kann, werden in dieser Näherung jedoch alle Übergangswahrscheinlichkeiten für elektrische Dipolstrahlung zwischen den Lasertermen zu Null. Erlaubt sind ausschließlich die Übergänge 00^00-00^01, 00^01-00^02 usw. und 00^00-01^10, $01^10-02^{2,0}0$ usw., bei denen eine *Änderung* des Dipolmoments auftritt und der Schwingungsmodus (antisymmetrische Valenzschwingung ν_3 bzw. Deformationsschwingung ν_2) erhalten bleibt. Durch Berücksichtigung des anharmonischen Potentialanteils läßt sich die Diskrepanz mit der experimentellen Erfahrung beseitigen: Auf Grund der Anharmonizität werden die Wellenfunktionen verschiedener Anregungszustände der Normalschwingungen gemischt, so daß die übliche Bezeichnung eines Niveaus mit (v_1, v_2^l, v_3) nur noch den dominierenden Anteil zur Wellenfunktion darstellt [205]. Für die interessierenden Übergänge ergeben sich somit von Null verschiedene Übergangswahrscheinlichkeiten, die für eine Reihe von Niveaus in der Tab. 6.12 aufgeführt sind. Wie man aus Tab. 6.12 sieht, liegt die Lebensdauer des oberen Laserniveaus (00^01) unter Berücksichtigung der starken Resonanzabsorption aus dem Schwingungsgrundterm (00^00) bei etwa 0,05 s, die des unteren Laserniveaus (10^00) dagegen bei 1 s. Die experimentell beobachtete hohe Besetzungsinversion zwischen diesen Termen läßt sich also allein aus den optischen Übergangswahrscheinlichkeiten nicht erklären. Es läßt sich zeigen, daß der 10^00 Schwingungszustand des CO_2-Moleküls in überwiegendem Maße durch thermische Relaxation in einem Zwei-Stufen-Prozeß entleert wird [206]: Da die Energie der Deformationsschwingung $\tilde{\nu}_2 = 667\ cm^{-1}$ innerhalb von kT_0 gerade halb so groß ist wie die Energie der symmetrischen Valenzschwingung $\tilde{\nu}_1 = 1388\ cm^{-1}$, kann beim Stoß zweier CO_2-Moleküle ein Energieaustausch gemäß

$$CO_2\,(10^00) + CO_2\,(00^00) \quad\text{oder}\quad \begin{cases} \to\quad CO_2\,(01^10) + CO_2\,(01^10) \\ \to\quad CO_2\,(00^00) + CO_2\,(02^{2,0}0) \end{cases}$$

stattfinden. In einem weiteren Schritt entleeren sich die ν_2-Zustände in den Schwingungsgrundzustand unter Umwandlung der Anregungsenergie in Translationsenergie der Moleküle. Nach [206] sind etwa $5 \cdot 10^4$ Stöße zur Entleerung des 10^00-Niveaus nötig, was bei 1 Torr und 330 °K einer Relaxationszeit von $3 \cdot 10^{-3}$ s entspricht. Die Relaxationsrate kann durch Zusatz von Wasserdampf beachtlich erhöht werden (s. unten).

Die thermischen Übergangswahrscheinlichkeiten zwischen den einzelnen Rotationsniveaus eines Schwingungsterms liegen um mehrere Größenordnungen über denen der Schwingungsniveaus. Man beobachtet Thermalisierungsraten von 10^6 bis $10^7\ s^{-1}$, die eine rasche Einstellung einer *Boltzmannschen Besetzungsverteilung* innerhalb der Rotationsterme gewährleisten [206, 207]. Die zugehörige

Rotationstemperatur T_{rot} unterscheidet sich auf Grund der verschiedenen Relaxationszeiten τ_{rot} und τ_{vib} von der Schwingungstemperatur T_{vib}. Diese ist wegen der niedrigen Werte von τ_{vib} wiederum verschieden von der Gastemperatur T_{mol}.

Laseroszillation in CO_2 wurde erstmals von PATEL [208] beobachtet. Er verwendete gepulste Entladungen von reinem CO_2-Gas, in denen die Besetzung des oberen Laserterms außer durch Elektronenstoß hauptsächlich durch Rekombination von CO und O zu angeregten CO_2-Molekülen erfolgt. Obwohl mit reinem CO_2-Gas auch kontinuierliche Emission erhalten werden kann [202], verwendet man heute ausschließlich CO_2-N_2-He-Gemische, die einen weitaus höheren Wirkungsgrad und dementsprechend höhere Ausgangsleistungen ergeben. Wir wollen die Funktion der einzelnen Gaskomponenten im folgenden erläutern:

Der von LEGAY und LEGAY-SOMMAIRE [203] vorgeschlagene und von PATEL [204] realisierte N_2-CO_2-Laser beruht auf der selektiven Anregung des oberen Laserniveaus (00^01) durch Stöße zweiter Art mit metastabilen N_2-Molekülen (s. Kap. 2.10.3), die sich in den angeregten Schwin-

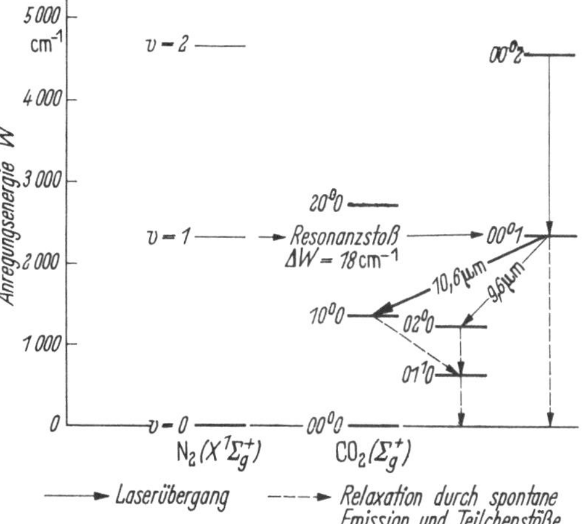

Abb. 6.79. Ausschnitt aus dem Termschema von CO_2 und N_2. Es sind nur die Schwingungsterme ohne Rotationsstruktur eingezeichnet. Sie gehören sämtlich den Elektronengrundtermen der betrachteten Moleküle an. (In der neueren französischen Literatur [218, 224] wird — abweichend von der konventionellen Bezeichnung (s. Kap. 2; [18]) — die Bezeichnung der folgenden Niveaus vertauscht: $10^00 \leftrightarrow 02^00$ und $11^10 \leftrightarrow 03^10$. Die dominierenden Übergänge bei 10,6 μm z. B. werden demnach mit $00^01 \rightarrow 02^00$ bezeichnet).

gungszuständen, vornehmlich im ersten angeregten Schwingungszustand des Elektronengrundterms $X\,^1\Sigma_g^+$ von N_2 befinden (Abb. 6.79). Der erste angeregte Schwingungszustand N_2^* ($v = 1$) steht innerhalb von $\Delta W \approx 18$ cm⁻¹ ($\approx {}^1/_{10}\,kT_0$) mit dem Laserniveau 00^01 in Energieresonanz. Die Lebensdauer des Terms erreicht in reinen Stickstoffentladungen 0,1 bis 1 s, so daß bis zu 30% aller Stickstoffmoleküle in diesem Zustand angeregt sein können [209] und bei einigen Torr Besetzungsdichten von 10^{16} cm⁻³ beobachtet werden[1].

Trotz eines relativ geringen Stoßquerschnitts [207] ergeben sich somit sehr hohe Besetzungsraten. N_2^*-Moleküle der Schwingungszustände $v = 2, 3, 4$ usw. können unter Abgabe jeweils eines Schwingungsquants gemäß

$$N_2^*\,(v = v') + CO_2\,(00^00) \rightarrow N_2^*\,(v = v' - 1) + CO_2\,(00^01) - \Delta W$$

ebenfalls zur Besetzung beitragen, da die Energiedifferenz bis zu $v = 6$ klein gegenüber kT_0 ist [207]. Die hohe Lebensdauer der Stickstoffmoleküle legte es ursprünglich nahe, in einem Laser mit strömenden Gasen die Anregungszone

---

[1] Die Besetzungsdichte von metastabilen He-Molekülen im He-Ne-Laser liegt etwa bei 10^{11} bis 10^{12} cm⁻³.

(reiner Stickstoff) und die Wechselwirkungszone ($N_2 + CO_2$) räumlich voneinander zu trennen (Abb. 6.80), was jedoch keinen Vorteil gegenüber der gemeinsamen Anregung bringt.

Die Funktion von He im CO_2-N_2-He-Gemisch ist zweifacher Natur. Es trägt sowohl zu erhöhter Bildung metastabiler N_2-Moleküle [210] als auch zur Entleerung der Laserendniveaus [205, 211] bei.

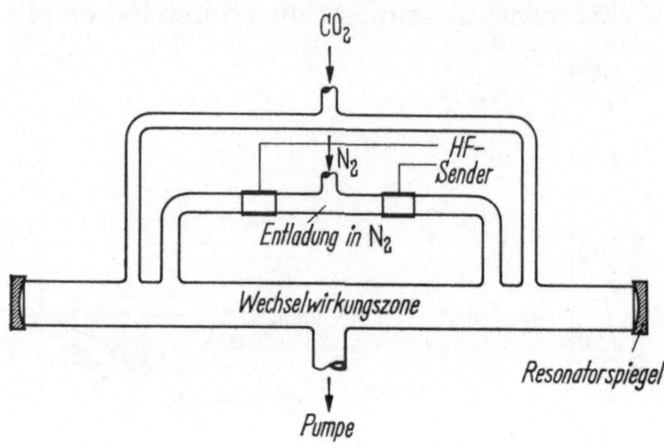

Abb. 6.80. N_2-CO_2-Laser mit räumlicher Trennung von Anregungszone (N_2) und Wechselwirkungszone ($N_2 + CO_2$) (nach C. K. N. Patel [204]).

Durch geringe Zusätze von Wasserdampf ($\approx 0{,}1$ Torr) wird die Laserausgangsleistung ebenfalls erhöht, da durch Resonanzstöße gemäß

$$CO_2 (10^00) + H_2O (000) \rightarrow$$
$$\rightarrow CO_2 (00^00) + H_2O (010)$$

und auf Grund der geringen Relaxationszeit von Wasserdampf die unteren Laserniveaus verstärkt entleert werden [212, 213]. Einen ähnlichen Effekt erzielt man durch Zugabe von H_2-Gas [214], das sich mit CO_2 entsprechend dem temperaturabhängigen Gleichgewicht

$$CO_2 + H_2 \rightleftharpoons CO + H_2O$$

teilweise zu H_2O umsetzt, jedoch auch selbst zur Entleerung der Endniveaus beiträgt (Abb. 6.81). Nach [206] gilt für die Relaxationszeit des 10^00-Zustands bei einem Wasserpartialdruck von $p_{H_2O} < 0{,}01$ Torr etwa

$$\imath = 10^{-4}\, \tau_0\, (p/\mathrm{Torr}^{-2}),$$

wobei τ_0 die Relaxationszeit in Abwesenheit von Wasserdampf ist. Wie Abb. 6.81 zeigt, existiert

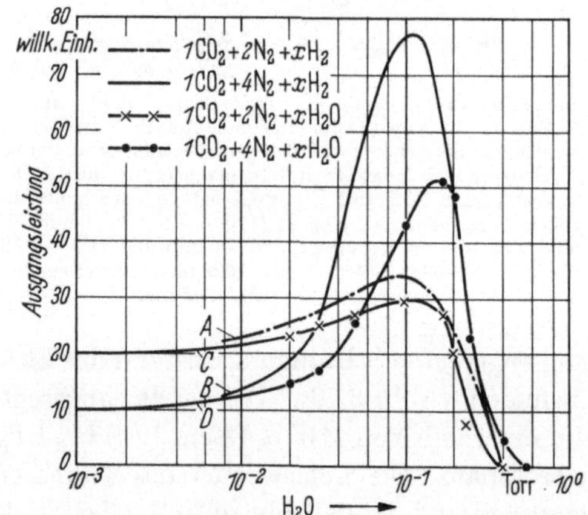

Abb. 6.81. Einfluß von H_2 bzw. H_2O auf die Ausgangsleistung eines CO_2-N_2-Lasers. Die Kurven A und B gelten bei Zusatz von H_2, die Kurven C und D bei Zusatz von H_2O. Als Abszisse ist der effektive H_2O-Druck (entsprechend dem $CO_2 + H_2 \rightleftharpoons CO + H_2O$ Gleichgewicht bei 600 °K) bzw. der reale H_2O-Druck aufgetragen [214].

ein optimaler Partialdruck $p_{H_2O} \approx 0{,}1$ Torr. Durch einen höheren Wasseranteil wird offensichtlich auch die Besetzung der oberen Laserniveaus gestört, so daß die Ausgangsleistung für $p_{H_2O} > 0{,}1$ Torr stetig zurückgeht.

Da im CO_2-N_2-Gemisch als Folge der Gasentladung Zersetzungsprodukte entstehen, läßt sich mit strömenden Gasen, bei denen für eine ständige Erneuerung der Gasfüllung gesorgt ist, höhere Ausgangsleistung erzielen als bei einem abgeschlossenem System[1]. Die optimalen Strömungsgeschwindigkeiten liegen bei

---

[1] Außerdem wird durch den Gasaustausch die Entleerung des Laserendniveaus beschleunigt.

einigen m/s; sie müssen im einzelnen in Abhängigkeit von der Rohrgeometrie und den Partialdrucken der Gase ermittelt werden. Umgekehrt hängen auch die optimalen Partialdrucke der Gaskomponenten von der übrigen Dimensionierung der Entladungsstrecke ab. In der Regel liefert ein Gemisch aus etwa 0,5 bis 1 Torr CO_2, 1 bis 2 Torr N_2, 8 Torr He und 0,1 Torr H_2O eine gute Ausgangsleistung.

Unter optimalen Betriebsbedingungen und bei vollständiger Ausnützung des invertierten Volumens lassen sich je nach Aufbau des Lasers $15-30\%$ der durch die Gasentladung eingespeisten Pumpleistung als Laserleistung auskoppeln. Die theoretische, durch die Termlagen (s. Abb. 6.79) vorgegebene Grenze ist durch $(\nu_3 - \nu_1)/\nu_3 \approx 40\%$ gegeben.

Da sich pro Kubikzentimeter invertiertes Volumen maximal einige hundert Milliwatt auskoppeln lassen, sind für Hochleistungs-CO_2-Laser Baulängen von einigen Metern notwendig. Der Querschnitt der Entladungsrohre kann nicht beliebig vergrößert werden, da sich die Entladungen bei größeren Durchmessern längs der Rohrachse zusammenschnüren und die homogene Anregung des Volumens nicht mehr gewährleistet ist. Damit entstehen zu „heiße" und zu „kalte" Anregungszonen was zu einer Reduzierung des mittleren Wirkungsgrades führt. Günstige Durchmesser liegen bei 20 bis 60 mm.

Außer für hohe Ausgangsleistung sind große Resonatorlängen beim CO_2-Laser auch aus Stabilitätsgründen notwendig: Wie man sich aus Gl. (2.12/6) berechnet, beträgt die *Doppler-Breite* der bei 10,6 μm gelegenen Übergänge bei einer Temperatur von 400 °K etwa 50 MHz[1]. Um nun Koinzidenz von Resonatormoden und verstärkenden Frequenzbereichen zu erhalten, sind entsprechend hohe Modendichten, d. h. Resonatorlängen oberhalb von 3 m (s. Kap. 3) erforderlich.

Da die Lebensdauer der Laserniveaus auch unter Berücksichtigung der Stoßentleerung oberhalb von 10^{-5} s liegt, ergeben sich *Lorentzsche Linienbreiten* (s. Gl. (2.12/13)) im Bereich von hundert Kilohertz, die — wenn man sie mit den *Doppler-Breiten* von 50 MHz vergleicht — für eine überwiegend inhomogene Entleerung der Linien sprechen. Berücksichtigt man jedoch die hohe Austauschrate innerhalb der Rotationsniveaus auf Grund thermischer Stöße (ein Molekül des CO_2-Lasers erfährt innerhalb seiner Lebensdauer über 10^3 geschwindigkeitsändernde Stöße), so ist auch bei Einmodenoszillation eine vorwiegend homogene Entleerung der Linien wahrscheinlich.

Da die *Doppler-Breite* proportional zu $\sqrt{T}$ ist, lassen sich durch Kühlung des Entladungsrohrs die Verstärkung und der Wirkungsgrad beachtlich erhöhen. Nach [215] erreicht man bei Kühlung auf $-60\,°C$ (Kühlmantel mit Trockeneis in Methanol) eine Verdopplung des Wirkungsgrades und der Ausgangsleistung gegenüber dem Betrieb bei $+40\,°C$ Wandtemperatur.

Die spektrale Intensitätsverteilung der CO_2-Laser ist in geringem Maße sowohl von der Betriebstemperatur als auch von der Wahl der Zusatzgase abhängig. Im allgemeinen beobachtet man eine starke Intensitätsgruppe von Rotations-Schwingungslinien bei 10,6 μm, die dem P-Zweig des $00^01 - 10^00$ Schwingungs-

---

[1] Zum Vergleich: Beim roten He-Ne-Laser ist die *Doppler-Breite* 1,6 GHz, beim Argon-Laser etwa 4 GHz.

übergangs angehören. Die dominierenden Linien dieser Gruppe sind in der Regel $P(16)$, $P(18)$, $P(20)$ und $P(22)$, d. h. die Übergänge in die Rotationsniveaus $J = 16, 18, 20, 22$[1]. Durch Austausch des Sauerstoffisotops ^{16}O gegen ^{18}O lassen sich die Linien in den Spektralbereich um 9,4 µm verschieben [200] (s. Tab. 6.13).

Tabelle 6.13 *Wellenzahlen $\tilde{v}$ der dominierenden Linien des CO_2-Lasers bei Verwendung der Sauerstoffisotope ^{16}O bzw. ^{18}O*

Übergang	v/cm^{-1} nach [200]	
	$^{12}C^{16}O_2$	$^{12}C^{18}O_2$
00^01-10^00, $P(18)$	945,9	1070,6
$P(20)$	944,2	1069,0
$P(22)$	942,3	1067,4
$P(24)$	940,5	1065,8
$P(26)$	938,6	1064,2

Bei höheren Temperaturen können neben den Linien des P-Zweiges auch die Übergänge $R(4)$ bis $R(54)$ in Laseremission beobachtet werden [216—218, 226]. Wie erwähnt, setzt die Oszillation beim R-Zweig auch eine Inversion der Schwingungsterme voraus.

Laseroszillation in $^{12}C^{16}O_2$ wurde außerdem auf den P- und R-Zweigen der 00^01-02^00-Bande[2] bei 9,6 µm bzw. 9,2 µm [202, 218, 226], auf dem P-Zweig der 01^11-11^10-Bande[2] bei 11 µm [218] sowie auf der Linie $P(31)$ der 00^02-00^01-Bande [219] erhalten. Die Übergänge sind im Termschema der Abb. 6.79 eingezeichnet und mit den zugehörigen Wellenlängen in Tab. 6.14, s. S. 342—343, zusammengestellt.

Abschließend wollen wir noch auf eine Besonderheit des CO_2-Lasers[3] hinweisen, die ihn von anderen Gaslasertypen unterscheidet: Auf Grund der hohen Lebensdauern der Laserterme kann sich bei fehlender Rückkopplung in einem Verstärkungsrohr eine hohe Überbesetzung aufbauen, die — in Analogie zum Festkörperlaser — durch gesteuerte Rückkopplung (Q-switch) abgerufen werden und zu hohen Pulsleistungen führen kann [220—222].

6.6.3 Elektronenbandenübergänge in Wasserstoff, Stickstoff und Kohlenmonoxyd

Die Laserübergänge in den obengenannten zweiatomigen Molekülen lassen sich durchwegs nur in gepulsten Entladungen mit Spannungen zwischen 10 und 100 kV, Strömen von etwa 10 bis 100 A und Drücken von einigen Torr beobachten. Während bei H_2, D_2 und HD maximal nur zwei Rotationslinien eines Schwingungsübergangs erscheinen [232, 233], werden bei N_2 [234—236] und CO [238] teilweise gutausgebildete Bandenspektren beobachtet (Linientabelle 6.14, s. S. 337 ff.). Die an den Laserprozessen beteiligten Elektronenterme sind aus den Termschemata der Abb. 6.82 zu entnehmen. Wie man sieht, ist bei H_2 und CO jeweils nur ein Niveaupaar des Singulettsystems invertiert, während bei N_2 Inversion im Singulett- und Triplettsystem beobachtet wird.

---

[1] Wegen der Symmetrieeigenschaften der beteiligten Schwingungsniveaus sind nur Übergänge von ungeraden J-Werten des oberen zu geraden J-Werten des unteren Niveaus erlaubt. Näheres siehe (Kap. 2 [18, S. 381 ff.]).

[2] Die Zuordnung der Termbezeichnung zu den experimentell ermittelten Termwerten ist nicht einheitlich. Näheres siehe Unterschrift zu Abb. 6.79.

[3] Ähnliches gilt für N_2O, CS_2 u. a.

Neben den sichtbaren Laserlinien des CO-Lasers, die dem *Angström-System* angehören [238] und Pulsleistungen bis zu einigen Watt aufweisen können, interessieren vor allem die UV-Übergänge der „2. positiven Gruppe" des N_2-

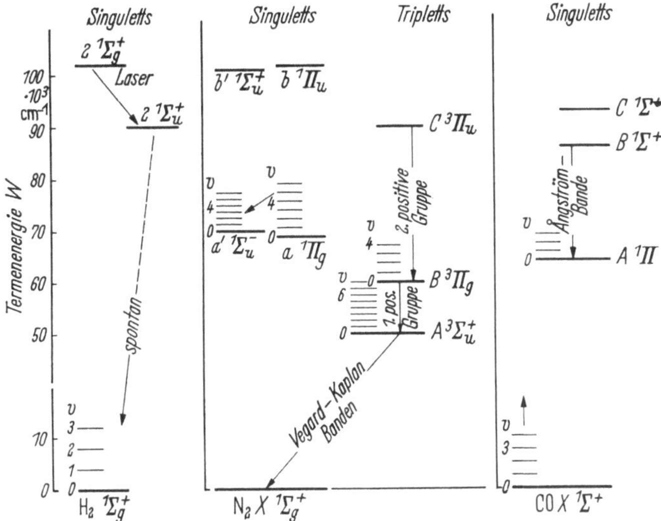

Abb. 6.82. Termschemata von H_2, N_2 und CO mit Laserübergängen.

Moleküls [235—237], die im Spektralbereich von 3000 bis 4000 Å liegen. Mit gewissem experimentellem Aufwand und elektrischen Entladungen transversal zur Laserachse (Fülldruck $\approx$ 30 Torr) lassen sich auf der bei 3371 Å gelegenen dominierenden Linie Pulsleistungen von einigen hundert Kilowatt erzeugen [236], was von keinem anderen UV-Laser auch nur annähernd erreicht wird.

Die Übergänge der 1. positiven Gruppe von N_2 enden im metastabilen Elektronenterm $A\,^3\Sigma_u^+$, der aus dem Singulettgrundterm $X\,^1\Sigma_g^+$ nur durch Elektronen mit Resonanzenergie angeregt werden kann. Die Linien sind also, was den Charakter der beteiligten Elektronenterme betrifft, mit den $2p-1s$-Übergängen der Edelgase (s. Kap. 6.4.4) zu vergleichen. Die Besetzung der oberen Niveaus $B\,^3\Pi_g^+$ geschieht sehr wahrscheinlich durch Stöße mit angeregten (Singulett-) Molekülen (s. Kap. 6.6.1), während für die Entleerung der metastabilen Endniveaus $A\,^3\Sigma_u^+$ neben Wanddiffusion und Teilchenstößen auch die Resonanzstrahlung der *Vegard-Kaplan-Banden* in Frage kommt.

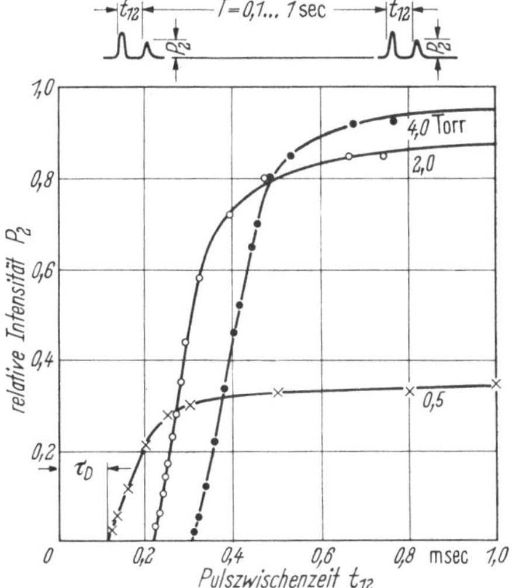

Abb. 6.83. Doppelpulsanregung beim CO-Laser. Als Ordinate ist die Intensität P_2 des zweiten Laserimpulses aufgetragen, als Abszisse die Pulszwischenzeit t_{12}. Die Totzeit τ_T wächst mit zunehmendem Druck an (nach H. G. COOPER u. P. K. CHEO [240]).

20*

Nach jedem Entladungsimpuls läßt sich bei den Molekül-Lasern eine Totzeit von der Größenordnung einiger Millisekunden beobachten, innerhalb derer durch einen zweiten Puls keine Inversion zu erzielen ist [240]. Sie erklärt sich durch Rekombinationsprozesse innerhalb des Gasmediums und an den Wänden des Entladungsrohres und ist deshalb um so größer, je geringer die mittlere freie Weglänge, d. h. je höher der Fülldruck ist (Abb. 6.83). Der Pulsfolgefrequenz beim Betrieb von CO- oder N_2-Lasern ist deshalb im Bereich von einigen hundert Hertz eine obere Grenze gesetzt.

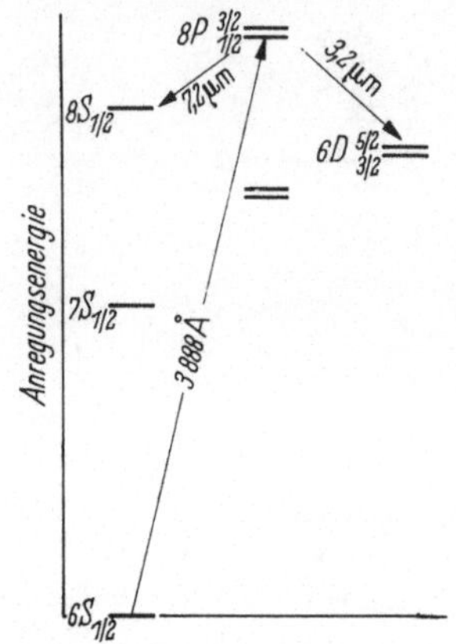

Abb. 6.84. Ausschnitt aus dem Termschema des Cäsiums mit Pump- und Laserlinien. Beim optischen Pumpen können nur Terme angeregt werden, die mit dem Grundterm optisch verbunden sind. Die Parität des oberen Laserterms ist daher verschieden von der des Grundterms.

6.7 Gaslaser mit speziellen Anregungsmechanismen

Bisher wurden Gaslaser beschrieben, bei denen die Pumpenergie über eine Gasentladung zugeführt wird. Neben diesem dominierenden Anregungsverfahren existieren noch eine Reihe anderer Methoden, die in vereinzelten Fällen zu Besetzungsinversion führen können, nämlich Energiezufuhr durch optisches Pumpen, durch Photodissoziation und durch chemische Reaktionen.

6.7.1 Anregung durch optisches Pumpen; der Cäsiumdampf-Laser

Obwohl Cäsium, historisch gesehen, das zweite Gas nach He–Ne war, mit dem Laseremission erzielt werden konnte [241, 72], ist es vorerst das einzige Gas, das durch optisches Pumpen ausreichend invertiert werden kann.

Wie die Abb. 6.84 zeigt, fällt die Cäsium-Resonanzlinie $6\,S_{1/2}$–$8\,P_{1/2}$ bei 3888,65 Å innerhalb einer halben *Doppler-Breite* mit der starken Helium-Linie $3\,^3P$–$2\,^3S$ bei 3888,646 Å zusammen, so daß der Cs-Term $8\,P_{1/2}$ unter Verwendung einer He-Pumplampe mit einem hohen Wirkungsgrad besetzt werden kann. Da die Besetzung streng selektiv erfolgt, wird trotz einer relativ hohen Stoßrelaxation Besetzungsinversion zwischen $8\,P_{1/2}$ und den Termen $8\,S_{1/2}$ bzw. $6\,D_{3/2}$ beobachtet.

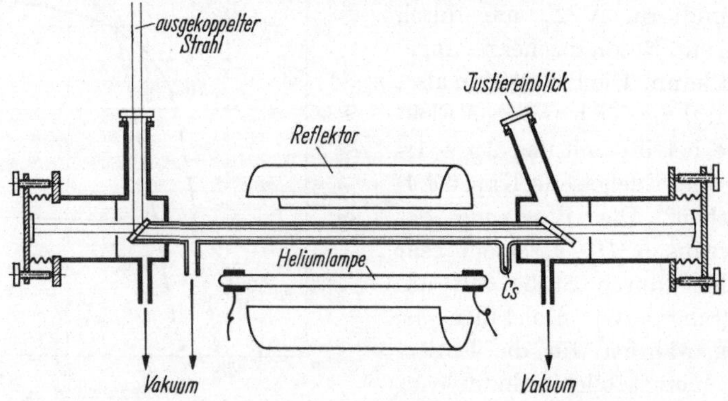

Abb. 6.85. Schematischer Aufbau eines Cs-Dampf-Lasers: Die Heliumlampe (4 Torr He, 800 Watt) befindet sich in einer Brennlinie des elliptischen Reflektors; in der anderen Brennlinie ist das Laserrohr(10 mm ∅, ca. 1 m lang) angeordnet. Das Rohr ist mit BaF_2-Fenstern abgeschlossen, die auf beiden Seiten an Vakuum grenzen. Die Evakuierung der Außenräume erwies sich als nötig, um die Zerstörung der atmosphärenseitigen Vakuumdichtung durch Cs-Dampf zu unterbinden. Die Auskopplung erfolgt an einem unter 45° stehenden Fenster (nach P. RABINO-WITZ et al. [241]).

Die enormen technologischen Schwierigkeiten, die bei der Erzeugung eines reinen Cs-Dampfes entstehen, wurden mit der in der Abb. 6.85 gezeigten Anordnung gelöst. Laseroszillation wurde zuerst beim 7,18 μm-Übergang beobachtet, der wegen des λ^3-Gesetzes Gl. (2.13/10) höhere Verstärkung aufweist als der 3,2 μm-Übergang nach $6\,D^1/_2$. Man erhält für 7,18 μm einen Gewinn von etwa 3 dB/m und Ausgangsleistungen von 50 μ Watt, die bei Verwendung von gepulsten Blitzlampen möglicherweise bis auf 1 Watt erhöht werden können.

6.7.2 Anregung durch Photodissoziation

Da die Photodissoziation eines Moleküls nur bei gleichzeitiger Elektronenanregung möglich ist (s. Kap. 2 [2]) befindet sich eines der Spaltstücke in der Regel in einem angeregten Zustand, d. h.

$$AB + h\nu \rightarrow A + B^*.$$

B^* kann sowohl ein angeregter Atom- als auch ein angeregter Molekülzustand sein. Besetzungsinversion zwischen zwei Termen wird sich dann einstellen, wenn in überwiegendem Maße ein bestimmter Zustand angeregt wird. Dies ist beispielsweise der Fall bei der Photodissoziation von CH_3J, die gemäß

$$CH_3J + h\nu \rightarrow CH_3 + J\,(^2P^1/_2)$$

verläuft und zur Besetzungsinversion zwischen den Jodtermen $^2P^1/_2$ und $^2P^3/_2$ führt.

Mit Blitzenergien von 2200 Joule, unter Verwendung von Xenon-Blitzlampen (50 cm Länge, 13 mm $\varnothing$), die parallel zu den gasgefüllten Laserrohren (0,5 bis 80 Torr) lagen, gelang es, beim 1,3 μm-Übergang $^2P^1/_2 - {}^2P^3/_2$ eine Verstärkung von 106 dB/m und Laserpulse von einigen hundert Watt zu erzeugen [242]. Während bei kleinen Blitzenergien die induzierte Emission während der gesamten Pumpzeit zu beobachten ist, bricht sie bei hohen Pumpenergien nach erfolgter Zersetzung des Ausgangsmaterials vorzeitig zusammen. Anstelle von CH_3J kann auch CF_3J als Lasermedium verwendet werden. Beim Austausch von Jod gegen Brom wird jedoch keinerlei Laserstrahlung beobachtet.

In ähnlicher Weise wie bei den genannten Jodverbindungen läßt sich auch durch Photodissoziation von NOCl und von C_2N_2 Laseremission in angeregten NO* [243] bzw. CN* [244] erhalten. Die Linien liegen im Bereich von 5 bis 6 μm und entsprechen Rotationsschwingungsübergängen zwischen angeregten Schwingungstermen des Elektronengrundzustands.

6.7.3 Anregung durch chemische Reaktionen

Der Vorschlag, durch chemische Reaktion zu einer selektiven Anregung von Molekülen und damit zu Besetzungsinversion zu gelangen, wurde schon vor Erprobung des ersten Gaslasers geäußert. Als besonders erfolgversprechend erschien u. a. ein H_2-Cl_2-Gemisch, bei dem auch totale Inversion zwischen einigen Schwingungsniveaus des HCl-Moleküls (d. h. $T_{\mathrm{vib}} < 0$) nachgewiesen werden konnte [245]. Mit einem H_2-Cl_2-Gemisch wurde der erste chemische Laser realisiert [246]. Die Zündung der chemischen Reaktion erfolgte durch Photodissoziation von Cl_2 mittels einer Xenon-Blitzlampe (60 cm Länge, 13 mm $\varnothing$). Typische Fülldrucke liegen zwischen 3 und 15 Torr $H_2 + Cl_2$, wobei die zur Erreichung des Laserschwellenwerts nötige Blitzenergie bei Erhöhung des Drucks im genannten Druckbereich von 1000 auf 200 Joule zurückgeht. Der Gewinn eines HCl-Lasers beträgt etwa 2 dB/m. Die Linien entsprechen P-Übergängen zwischen den Schwingungstermen $v = 1 \rightarrow v = 0$ und $v = 2 \rightarrow v = 1$ und liegen im Bereich um 3,8 μm.

Auch durch Photolyse eines CS_2-O_2-Gemischs läßt sich Laseremission erhalten [247]. Bei Verwendung von 1 Torr CS_2, 1 Torr O_2 und 150 Torr He erscheinen etwa 30 Rotations-Schwingungsübergänge des CO-Moleküls, die z. T. auch durch Anregung in CO-Gasentladungen zu erhalten sind.

6.8 Praktische Ausführungsformen von Gaslasern

In Abb. 6.1 wurde der prinzipielle Aufbau von Gaslasern, in Abb. 6.20 die spezielle Elektrodenanordnung beim Triodenlaser, in Abb. 6.80 die selektive Anregung beim CO_2-N_2-Laser und in Abb. 6.85 der Aufbau eines Cs-Dampf-Lasers wiedergegeben. Zur Ergänzung dieser schematischen Darstellungen seien noch einige praktische Ausführungsformen beschrieben.

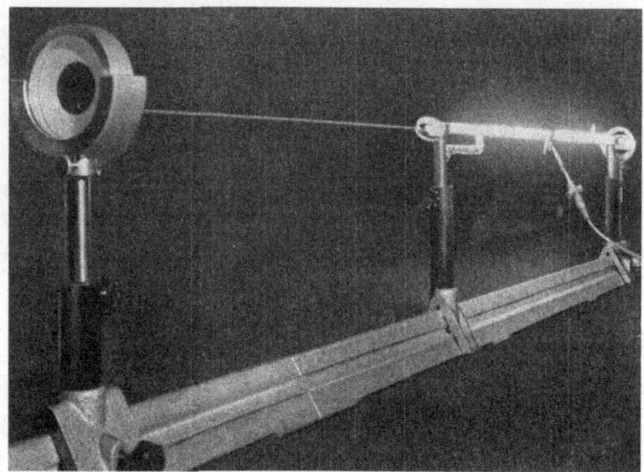

Abb. 6.86. Laboratoriumsaufbau eines He-Ne-Gaslasers. Die Spiegel sind sehr empfindlich gegenüber Erschütterungen, so daß nur instabile Multimodenoszillation zu erhalten ist.

Die Form des Laserresonators wird weitgehend durch den Anwendungszweck bestimmt. Für unstabilisierten Multimodenbetrieb genügt es z. B., die justierbaren Laserspiegel und das Entladungsrohr auf einer optischen Bank anzuordnen wie in Abb. 6.86 gezeigt. Derartige Anordnungen sind dabei um so schwieriger zu justieren (und reagieren damit auch um so empfindlicher auf mechanische

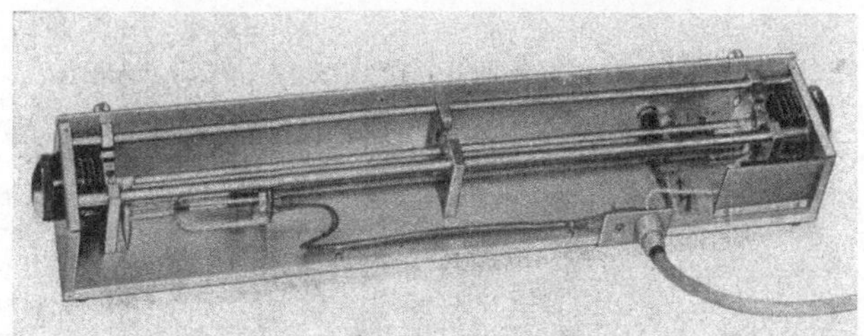

Abb. 6.87. Aufbau eines kommerziellen He-Ne-Gaslasers. Die Spiegelhalterungen sind durch Invarstangen fest miteinander verbunden. Das Entladungsrohr kann im vorjustierten Resonator in zwei Koordinatenrichtungen bewegt werden (Siemens Werkphoto).

Erschütterungen), je länger die Brennweite der Spiegel und je dünner das Entladungsrohr ist. Vielfach sind die Resonatorspiegel auf massiven Invarblöcken montiert oder durch Invarrohre miteinander verbunden, um thermische Dejustierung und Vibrationen weitgehend zu vermeiden (Abb. 6.87). Bei Einmodenbetrieb ist zusätzlich eine Längenabstimmung des Resonators vorzusehen, die piezoelektrisch (Keramik) oder magnetostriktiv (Invar) vorgenommen werden kann (Abb. 6.88; s. auch Kap. 6.9).

Als Spiegelträger werden je nach Spektralbereich Glas (sichtbar), Quarz (UV bis 3,5 μm) oder die aus der Infrarotspektroskopie bekannten transparenten Substanzen, vor allem Metallhalogenide und -chalkogenide verwendet. Da neuerdings Interferenzverspiegelungen ($\lambda/4$-Schichten aus abwechselnd hoch- und niedrigbrechendem transparentem Material) auch für den Infrarotbereich bis 10,6 μm angeboten werden, werden metallische Spiegelbeläge weitgehend verdrängt. Sie können jedoch für die meisten infraroten Laserübergänge gut verwendet werden. Wegen der verbleibenden Absorption von etwa $1-2\%$ (für Ag, Au, Al) ist bei Hochleistungs-CO_2-Lasern allerdings für ausreichende Wärmeabfuhr zu sorgen, was häufig nur durch massive metallische Spiegelkörper zu erreichen ist.

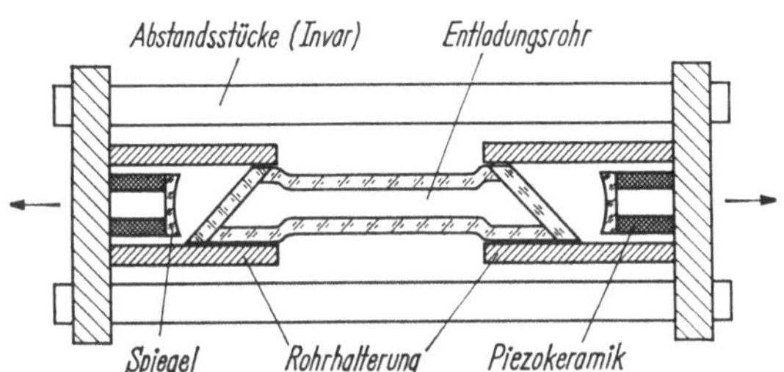

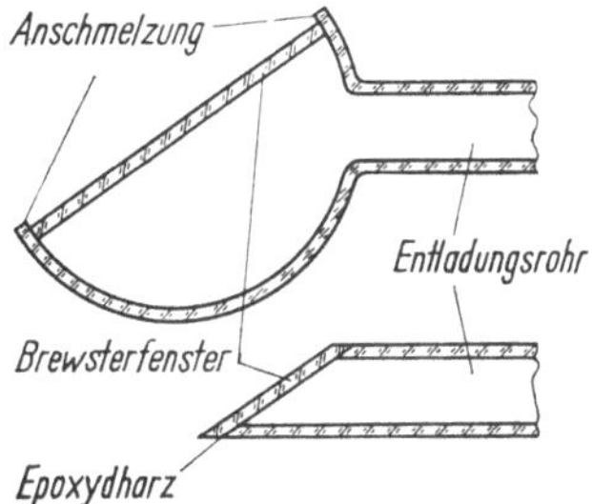

Abb. 6.88. Schematischer Aufbau eines stabilisierbaren Gaslasers. Die Spiegel sind auf Piezokeramik montiert, so daß die Resonatorlänge in der Größenordnung einer halben Wellenlänge abgestimmt werden kann.

Abb. 6.89. Zur vakuumdichten Befestigung von *Brewster-Platten*. Beim Verschmelzen (a) läßt sich Spannungsdoppelbrechung nicht vermeiden. Die fertigen Rohre lassen sich jedoch bei hohen Temperaturen ausheizen. Mit Epoxydharzen aufgekittete Fenster (b) zeigen sehr geringe Spannungen. Die Rohre können jedoch nur bis etwa 200 °C erhitzt werden und müssen im übrigen durch starke Entladungsströme gereinigt werden.

An die Oberflächenqualität von Laserspiegeln werden erhebliche Anforderungen gestellt. Obgleich sich bei hoher Verstärkung (z. B. He-Ne 3,39 μm) auch mit einfachsten Reflektoren Oszillation erzielen läßt, ist zur Vermeidung von Phasenstörungen und Streuverlusten eine Ebenheit der Oberfläche von $\lambda/10$ bis $\lambda/20$ bei sphärischen Spiegeln und von $\lambda/100$ bei planparalleler Spiegelanordnung wünschenswert. Über den optimalen Auskoppelgrad ist in Kap. 6.3.9 berichtet worden. Gl. (6.3/26), die für den He-Ne-Laser abgeleitet wurde, kann weitgehend auch auf andere Laser übertragen werden.

An die Abschlußfenster des Entladungsrohrs werden die gleichen optischen Forderungen gestellt wie an die Spiegeloberfläche. Besondere Sorgfalt ist darauf zu verwenden, daß in den Platten beim Befestigen am Gasentladungsrohr keine Spannungen entstehen, die zu Doppelbrechung Anlaß geben könnten (Abb. 6.89).

Als Material für die Entladungsrohre dienen bei geringen Stromdichten elastische Hartgläser (Pyrex); bei hohen Stromdichten, wie sie bei den Dauerstrich-Ionen-Lasern üblich sind, wird Quarzglas[1] verwendet. Da mit steigendem SiO_2-Anteil die Porosität eines Glases ansteigt, ist bei den genannten Rohrmaterialien auf Grund von Wanddiffusion mit relativ hohen Heliumverlusten zu

---

[1] Bei Ar⁺-Lasern wurden auch Versuche mit Keramik- oder geschichteten Metall-Keramik-Rohren [187] sowie mit geschichteten Graphitrohren [198] unternommen.

rechnen (Abb. 6.90). Durch Gasaufzehrung an Wänden und die Getterwirkung von metallischen Flächen und Oxydkathoden werden auch die Partialdrucke anderer Füllgase während des Betriebs reduziert. Für die Neonkomponente in He-Ne-Lasern stellt sich dabei offenbar ein Gleichgewicht ein (Abb. 6.90), während beim Argon-Ionen-Laser (auch bei elektrodenloser HF-Anregung) für eine ständige Gaszufuhr gesorgt werden muß. Neben der Gasaufzehrung tritt auch die Verunreinigung durch die aus den Rohrwänden und Elektroden austretenden Fremdgase störend in Erscheinung. So wird beispielsweise die Verstärkung eines He-Ne-Lasers unter den Schwellenwert erniedrigt, wenn der O_2-Anteil etwa $^1/_{100}$ des Ne-Anteils überschreitet [250]. Eine lange Brennlebensdauer ist deshalb in der Regel nur bei ausreichender Getterung zu erreichen.

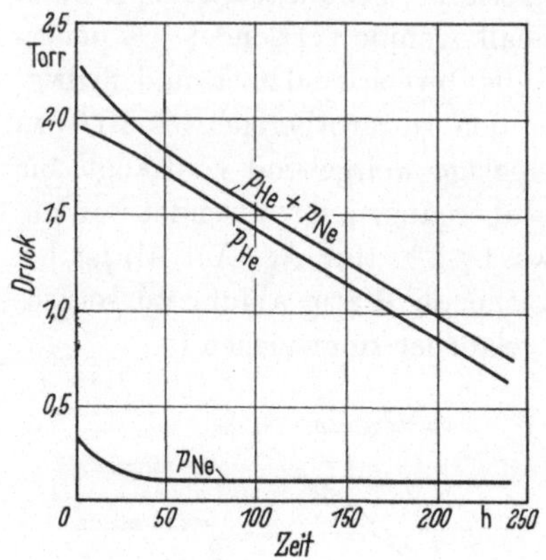

Abb. 6.90. Druckabnahme in einem He-Ne-Gaslaser als Funktion der Betriebszeit. Die Durchlässigkeit der Wände für He ist temperaturabhängig, so daß die Lagerlebensdauer wesentlich höher ist als die zu extrapolierende Brennlebensdauer (nach R. TURNER et al. [248]).

Bei der Konstruktion von Dauerstrich-Ionen-Lasern ist eine ausreichende Kühlung der Entladungskapillare sowie eine Gasrückleitung (s. Kap. 6.5.2) vorzusehen. Außerdem ist die defokussierende Wirkung der magnetischen Streufelder durch entsprechende Aufweitung der Entladungskapillare zu beiden Seiten des Magneten zu berücksichtigen (Abb. 6.91).

Während die ersten Gaslaser aus vakuumtechnischen Gründen mit elektrodenlosen HF-Entladungen betrieben wurden, fanden im Laufe der Zeit Gleichspannungsentladungen immer stärkeren Eingang. Obwohl sich bei niedrigen

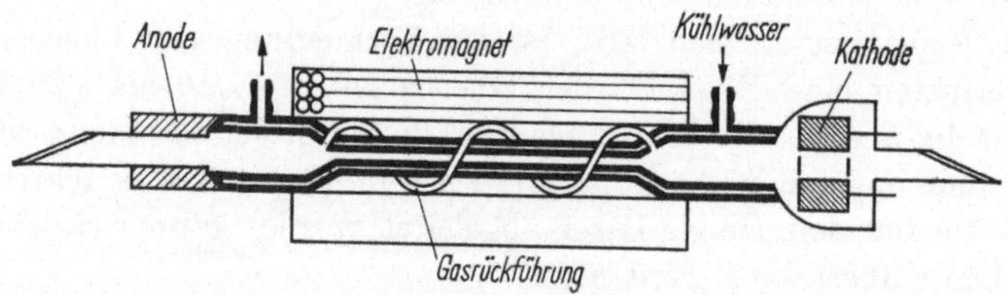

Abb. 6.91. Schematischer Aufbau eines Argon-Ionen-Lasers mit axialem Magnetfeld und Wasserkühlung. Im Bereich der magnetischen Streufelder wird ein starkes Elektronen- und Ionenbombardement der Rohrwände beobachtet. Es ist daher zu empfehlen, die Kapillare ganz in den homogenen Teil des Feldes einzubetten. Bei Quarzkapillaren tritt während des Betriebs Entglasung und Zersetzung auf.

Strömen bis etwa 5 mA auch mit Kaltkathoden hohe Brennlebensdauern erzielen lassen [251], werden in der Regel geheizte Oxydkathoden verwendet. Sie können je nach Dimensionierung Ströme von einigen mA bis zu etwa 100 A abgeben. Als Anodenmaterial hat sich Wolfram bewährt. Es kann in Form von Stiften oder Hohlzylindern unmittelbar mit entsprechenden Gläsern verschmolzen werden.

6.9 Stabilisierung der Frequenz von Gaslasern

Nach Kap. 4 und 6 wird die Frequenz eines Einmodenlasers sowohl durch die Resonatorlänge als auch durch die nichtlinearen Eigenschaften des verstärkenden Mediums bestimmt, welche je nach Abstimmung und Anregungsbedingungen zum Ziehen (pulling) oder Schieben (pushing) einer Frequenz Anlaß geben. Jede Änderung im verstärkenden Medium kann dabei prinzipiell durch eine entsprechende Änderung in der Resonatorlänge so kompensiert werden, daß die Laserfrequenz unverändert bleibt.

Zunächst ein qualitativer Überblick über die möglichen Störeinflüsse: Kurzzeitliche Störungen sind in erster Linie durch mechanische Erschütterungen zu erwarten, die durch die Unterlage oder die Atmosphäre übertragen werden. Um eine Vorstellung von den durch Vibrationen hervorgerufenen Frequenzänderungen zu gewinnen, muß man sich vergegenwärtigen, daß eine Änderung der Resonatorlänge um 2 Å bei einem He-Ne-Laser von 10 cm Länge gemäß $\delta\nu/\nu = \delta L/L$ einer Frequenzänderung von 1 MHz entspricht. Da eine Frequenzstabilität von einigen MHz oder weniger für viele Anwendungszwecke notwendig ist, muß zur Vermeidung störender Kurzzeitschwankungen äußerste Sorgfalt bei der Konstruktion, der Aufstellung und Abschirmung des Lasers angewendet werden. Die Resonatorspiegel sind in der Regel durch stabile Invar- oder Quarzrohre miteinander verbunden (Abb. 6.88) und auf schweren Stein- oder Metallplatten montiert, die wiederum auf weichen Gummiballons gelagert sind. Atmosphärische Störungen sind durch Abdeckglocken fernzuhalten.

Neben den mechanischen Einflüssen könnte auch durch extrem rauschende Gasentladung kurzzeitliche Änderungen der Elektronen- und Inversionsdichten und damit der optischen Resonatorlänge auftreten. In der Regel sind jedoch die Brechungsindexschwankungen des verstärkenden Mediums — vor allem bei Stabilisierung auf das Zentrum der verstärkenden Linie — vernachlässigbar klein.

Langzeitliche Frequenzschwankungen werden durch Temperatur- und Luftdruckänderungen hervorgerufen. Für eine Laserkonstruktion, wie sie in Abb. 6.88 gezeigt ist, erhält man die Frequenzänderung

$$dv = v_0 \left(\alpha\, \Delta T + 3,63 \cdot 10^{-7}\, \frac{\Delta p}{\text{Torr}}\, \frac{l}{L} \right),$$

wobei α der lineare Ausdehnungskoeffizient der Abstandsstücke und l/L der Anteil der Resonatorlänge in Luft (d. h. außerhalb des Entladungsgefäßes) ist. Typische Werte für eine Invarkonstruktion mit $l/L = 0{,}1$ und $\lambda = 6328$ Å sind $\delta\nu = 500$ MHz/Grad und $\delta\nu = 20$ MHz/Torr. Der Einfluß von Luftkonvektion oder Schallwellen auf die optische Weglänge führt in der Regel zu Frequenzänderungen unterhalb von 0,5 MHz.

Um einen Laser innerhalb eines Frequenzintervalls stabilisieren zu können, muß einmal die Abweichung von einer Sollfrequenz registriert werden können, zum andern muß sie in ein Fehlersignal umgewandelt werden, dessen Amplitude die Größe und dessen Phase die Richtung der Abweichung vorgeben. Die Resonatorlänge wird dann mittels einer piezoelektrischen Keramik so gesteuert, daß das Fehlersignal verschwindet.

Zur Messung der Frequenzabweichung bieten sich eine Reihe von Verfahren an. Sie verwenden entweder die charakteristischen Eigenschaften des Lasermediums, und zwar [252, 256]

a) die Abhängigkeit der Ausgangsleistung von der Oszillationsfrequenz und den Anregungsbedingungen (s. Kap. 6.3.8—6.3.9),

b) die Änderung der Dispersion in der Umgebung einer Linie,

oder ein externes Frequenzvergleichsmaß, und zwar

c) eine Absorptionszelle mit magnetisch aufgespaltenen Niveaus,

d) ein Zweistrahlinterferometer,

e) einen passiven optischen Resonator (*Fabry-Perot-Interferometer*).

Bei allen Verfahren, die sich auf die Form der frequenzabhängigen Leistungskurve gründen (a), wird die Resonatorlänge mit einer niedrigen Frequenz f moduliert. Der Hub wird dabei so gering gewählt, daß die Laserfrequenz innerhalb des zu stabilisierenden Bereichs bleibt. Auf Grund der periodischen Abstimmung wird auch die Laserausgangsleistung moduliert (mit der Grundwelle und zusätzlichen höheren Harmonischen), und zwar je nach Lage relativ zu einem Extremum der Abstimmkurve (z. B. dem Zentrum des *Lamb dips*) mit gleicher oder entgegengesetzter Phase (Abb. 6.92). Es gelingt auf diese Weise, die Frequenz auf ein Minimum bzw. ein Maximum der Leistungskurve zu stabilisieren. Die Stabilisierung mit Hilfe des *Lamb dip* Minimums hat den schwerwiegenden Nachteil, daß die Referenzfrequenz, das Zentrum des *Lamb dips*, selbst eine Funktion der Anregungsbedingungen und des Drucks und damit kurz- und langzeitlichen Änderungen unterworfen ist [255]. Die auf Stromschwankungen beruhenden Kurzzeitänderungen lassen sich ausregeln, wenn man die Pumpleistung so weit erniedrigt, daß der *Lamb dip* gerade verschwindet. Nach [254] kann dann die Amplitude der zweiten Harmonischen (s. oben) zur Steuerung des Entladungsstromes herangezogen werden. Die mit diesem Verfahren erreichbare Stabilität liegt bei etwa $2 \cdot 10^{-9}$.

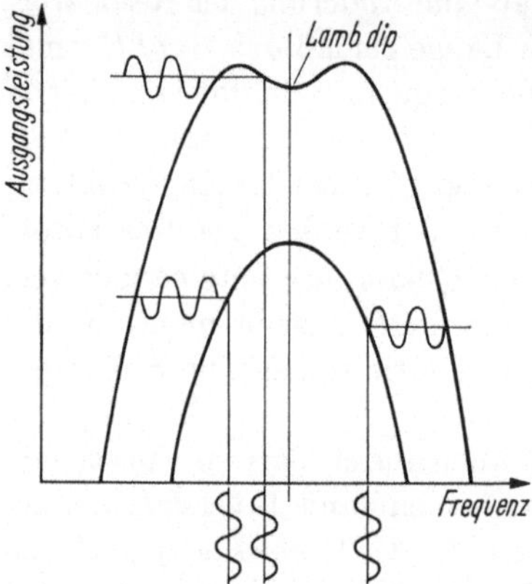

Abb. 6.92. Amplitudenmodulation der Laserstrahlung durch Modulation der Oszillationsfrequenz. a) kleine Pumpleistung; b) große Pumpleistung und *Lamb dip*.

Neben dem Verstärkungsverhalten eines Mediums kann auch der Dispersionsverlauf zur Stabilisierung verwendet werden (b) [256]. Wie in vorhergehenden Abschnitten gezeigt worden ist, wird die Oszillationsfrequenz zu beiden Seiten des Fluoreszenzlinienzentrums in entgegengesetzte Richtung verschoben (mode pushing). Die Größe der Frequenzverschiebung ist der Verstärkung proportional, so daß durch geringfügige Modulation der Verstärkung (bei festgehaltenem Resonatorabstand!) auch die Frequenz der Laseroszillation moduliert wird (bei Verringerung der Verstärkung wird $\delta \nu < 0$ für $\nu > \nu_0$ und $\delta \nu > 0$ für $\nu < \nu_0$). Um nun die Richtung der Frequenzänderung feststellen und damit ein Fehlersignal gewinnen zu können, muß die mittlere Frequenz des derart modulierten Lasers mit der eines zweiten Lasers verglichen werden. Aus der Änderung der Zwischenfrequenz kann dann auf die Richtung der Frequenzänderung $\delta\nu$ geschlossen werden. Die Frequenz des Vergleichslasers wird üblicherweise um einige MHz verschieden von der mittleren Frequenz des modulierten Lasers gewählt und mittels einer Regelungsschleife von der Bandbreite einiger kHz an diese mittlere Frequenz angeschlossen. Das Stabilisierungsverfahren (b) erfordert somit relativ großen experimentellen Aufwand, erlaubt jedoch eine Kurzzeitstabilisation von $1 \cdot 10^{-12}$ und eine Langzeitstabilisation von $1 \cdot 10^{-10}$.

Bei der Stabilisierung mittels einer äußeren Absorptionszelle (c) verwendet man den Dichroismus des in ein axiales Magnetfeld eingebetteten Lasermediums zur Erzeugung eines Steuersignals. Ein entsprechender Versuchsaufbau ist in Abb. 6.93 schematisch wiedergegeben. Das linear polarisierte Licht des zu stabilisierenden Lasers wird mittels eines elektrooptischen Elements (*Kerrzelle*, Kristall mit *Pockels-Effekt*) periodisch in rechts- und linkszirkular polarisiertes Licht verwandelt. Während für $\nu = \nu_0$ die Absorption in der *Zeeman-Zelle* für beide Polarisationsrichtungen gleich ist, erhält man für $\nu \neq \nu_0$ unterschiedliche Absorption (oberes Teilbild der Abb. 6.93), was wiederum zur Steuerung des Laser-Resonators verwendet werden kann.

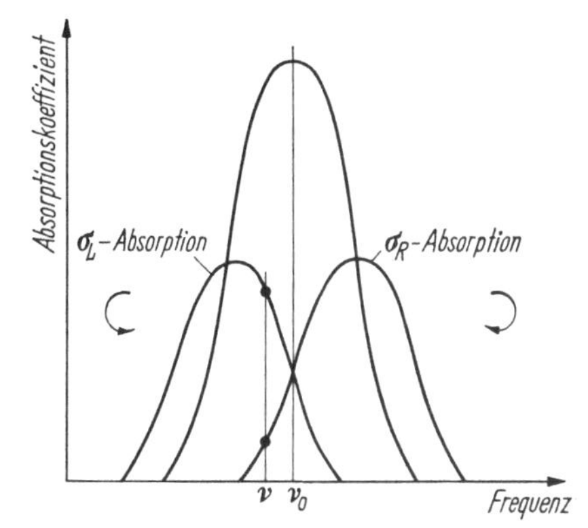

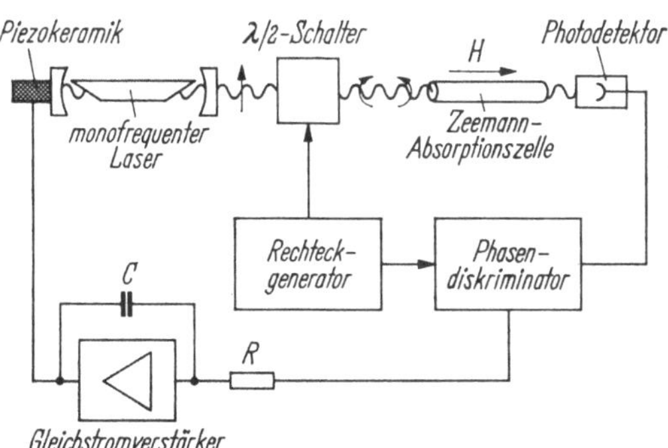

Abb. 6.93. Stabilisierung eines Lasers mittels einer äußeren *Zeeman-Absorptionszelle*. Man arbeitet am Wendepunkt der *Gauß-Kurven* (H $\sim$ 350 Oe bei der Ne-Linie 6328 Å). Für $\nu \neq \nu_0$ ist die Absorption für gegensinnig polarisiertes Licht unterschiedlich groß (oberes Teilbild).

(Anstelle eines Polarisationsschalters kann bei festgehaltener zirkularer Polarisation auch ein magnetisches Wechselfeld verwendet werden.) Das Verfahren ist zur Stabilisierung eines He-Ne-Lasers auf $1 \cdot 10^{-10}$ verwendet worden. Für die Absorptionszelle verwendet man isotopenreines Neon, um ein symmetrisches Absorptionsprofil und damit im Schnittpunkt der beiden *Zeeman-Linien* die gleiche Flankensteilheit für die σ_R- und σ_L-Kurve zu erhalten. Da das Zentrum der feldfreien *Doppler-Linie* oder — was gleichbedeutend ist — der Schnittpunkt der *Zeeman-Linien* sich geringfügig mit dem Fülldruck der Absorptionszelle ändern, ist auch bei diesem Verfahren eine langzeitliche Änderung der Referenzfrequenz nicht ausgeschlossen.

Das Stabilisierungsverfahren mittels eines äußeren Zweistrahl-Interferometers (d) beruht auf der Interferenz zwischen zwei unterschiedlich verzögerten Teilstrahlen des Lasers. Der Wegunterschied kann entweder geometrisch oder mittels eines doppelbrechenden Mediums erzeugt werden. Jede Frequenzänderung führt dann zu einem Wechsel im Interferenzbild, der registriert und zur Erzeugung eines Steuersignals verwendet werden kann. Die Referenzfrequenz läßt sich durch Veränderung der Weglängenunterschiede innerhalb des verstärkenden Bereichs beliebig einstellen. Andererseits wird sie durch jede Erschütterung des Interferometers verändert, so daß das Verfahren (d) wenig praktische Anwendung findet. Einzelheiten wie [252].

Auch bei der Verwendung eines optischen Resonators als Frequenzdiskriminator (e) läßt sich die Frequenz innerhalb der verstärkenden Zone beliebig vorgeben. Moduliert man wie bei den Verfahren (a) und (b) die Laserfrequenz durch periodische Änderung des Spiegelabstands, so läßt sich ein Steuersignal gewinnen, dessen Amplitude die Größe und dessen Phase die Richtung der Frequenzabweichung vorgeben. Da die Güte $\left(Q = 2\pi L/(\lambda(1 - R))\right)$ eines optischen Resonators von etwa 5 cm Länge bei Verwendung von hochreflektierenden Spiegeln ($R \approx 99{,}5$) bei 10^8 liegt, lassen sich Resonanzbreiten von 5 MHz, und damit eine kurzzeitliche Stabilisierungen bis $1 \cdot 10^{-9}$ erreichen. Wenn über längere Zeit eine stabile Referenzfrequenz aufrechterhalten werden soll, ergeben sich außerordentlich harte Forderungen. So muß z. B. die Temperatur bei Verwendung von Quarzkonstruktionen auf $10^{-3}\,°C$ konstant gehalten werden, um eine Stabilisierung auf $1 \cdot 10^{-9}$ zu gewährleisten.

Die genannten Stabilisierungsverfahren sind zusammenfassend in [252, 253] beschrieben. Es sei noch auf zwei Arbeiten hingewiesen, bei denen Einmodenoszillation durch Unterdrückung unerwünschter Moden erreicht wurde. Die Laserresonatoren sind dabei nach Art eines *Michelson-Interferometers* aufgebaut, dessen beide Arme in der Länge abstimmbar sind. Da bei solchen Anordnungen die verstärkende Länge des Laserplasmas nicht begrenzt ist, kann eine hohe „monofrequente" Leistung abgegeben werden [258, 259].

Tabelle 6.14 *Laserübergänge in Atomen, Ionen und Molekülen.*

Bei der Reihenfolge der Elemente wurden die Gruppen des Periodischen Systems zugrundegelegt. Die Ordnung der Moleküle erfolgte soweit wie möglich nach chemischen Gesichtspunkten. Im einzelnen ergibt sich damit die folgende Anordnung

H;	B, In
He, Ne, Ar, Kr, Xe	Zn, Cd, Hg
F, Cl, Br, J	Ca, Cu, Mn, Cs
O, S, Se, Te	H_2, D_2, HD, H_2O, D_2O, HCl, HCN
N, P, As, Sb	CN, CO, CO_2, OCS, CS_2
C, Si, Ge, Sn, Pb	NH_3, N_2, NO, NO_2

Für die Atome und Ionen sind Luftwellenlängen, für die Moleküle Vakuumwellenlängen angegeben. Es gilt $\lambda_{\text{Vak.}} = n_{\text{Luft}}\,\lambda_{\text{Luft}}$ mit

$\lambda/\mu\text{m}$	>2	1	0,8	0,68	0,6	0,54	0,5	0,465	0,41	0,38
$(n_{\text{Luft}} - 1) \cdot 10^4$	2,73	2,74	2,75	2,76	2,77	2,78	2,79	2,80	2,82	2,84

Der Index P oder K bei den Literaturangaben weist auf gepulsten bzw. kontinuierlichen Betrieb hin; intensive Linien sind durch * gekennzeichnet.

Bedeutende Laserlinien sind auch in den Tab. 6.4, 6.5, 6.6, 6.7 und 6.13 dieses Buches angegeben.

Ausführliche Linientabellen finden sich außerdem bei [16], [72], [150] (Ionenlaser) und [226] (CO_2-Laser).

Wasserstoff

λ/μm (Luft)	Übergang	Literatur	Betriebsbedingungen
1,8751	H $n = 4 \to n = 3$	[106]	gepulste Entladung in 0,01 Torr H_2 und 3,5 Torr He

Helium

λ/μm (Luft)	Übergang	Literatur	Betriebsbedingungen
1,8685	He $4^3F \to 3\,^3D$	[302]	0,4 Torr He ⎫ konti-
1,9543	He $4p\,^3P \to 3d\,^3D$	[16, 72]	0,4 Torr He ⎬ nuier-
2,0603	He $7d\,^3D \to 4p\,^3P$	[16, 72, 109]	0,8 Torr He ⎭ lich
4,605	He $5s\,^1S \to 4p\,^1P$	[114]	
95.8	He $3p\,^1P_1^0 \to 3d\,^1D_2$	[303]	0,5 Torr He, gepulst

Neon (ionisiert)

λ/μm (Luft)	Übergang	Literatur	Betriebsbedingungen
0,235796	Ne^{3+} $3p\,^4D_{7/2}^0 \to 3s\,^4P_{5/2}$	[170]	allgemein: bei
0,247340	Ne^{2+}	[170]	gepulstem Betrieb
0,267790	Ne^{2+} $3p\,^3P_{2,0} \to 3s^3S_1^0$	[163, 170]	Stromstärken bis über
0,267864	Ne^{2+} $3p\,^3P_1 \to 3s\,^3S_1^0$	[163, 170]	100 A und hohe E/p-
0,277765	Ne^{2+} $(^2D^0)\,3p\,^3D_3 \to (^2D^0)\,3s\,^3D_3^0$	[163]	Werte, typische Drücke
0,286688	Ne^{3+}	[163, 170]	$10^{-3} - 10^{-2}$ Torr
0,331975	Ne^+ $(^1D)\,3p\,^2P_{1/2}^0 \to (^1D)\,3s\,^2D_{3/2}$	[170, 172]	
0,332377	Ne^+ $3p\,^2P_{3/2}^0 \to 3s\,^2P_{3/2}$	[163, 170, 172, 175[K]]	⎰ kontinuierlich bei ⎱ 45 A; Rohr mit ⎱ 3,5 mm $\varnothing$ und $l = 1$ m
0,332437		[172]	
0,332717	Ne^+ $3p\,^4D_{3/2}^0 \to 3s\,^4P_{3/2}$	[163]	
0,332923	Ne^+ $3d\,^4D_{7/2} \to 3p\,^4D_{7/2}^0$	[172]	
0,333114	Ne^{2+} $(^2P^0)\,3p\,^3D_2 \to (^2P^0)\,3s\,^1P_1^0$	[172]	
0,334552	Ne^+ $(^1D)\,3p\,^2P_{3/2}^0 \to (^1D)\,3s\,^2D_{5/2}$	[170, 172]	
0,337830	Ne^+ $3p\,^2P_{1/2}^0 \to 3s\,^2P_{1/2}$	[163, 170, 172, 175[K]]	⎰ kontinuierlich bei ⎱ 65 A; Rohr mit ⎱ 3,5 mm $\varnothing$ und $l = 1$ m
*0,339286	Ne^+ $3p\,^2P_{3/2}^0 \to 3s\,^2P_{1/2}$	[163, 170]	
0,339320	Ne^+ $3d\,^2D_{3/2} \to 3p\,^2D_{5/2}^0$	[172]	
0,371309	Ne^+ $3p\,^2D_{3/2}^0 \to 3s\,^2P_{3/2}$	[304]	⎰ kontinuierlich bei ⎱ 22 A; Rohr mit ⎱ 3 mm $\varnothing$ und $l = 1$m

Neon (atomar)

λ/μm (Luft)	Übergang	Literatur	Betriebsbedingungen
0,54006	Ne $2p_1 \to 1s_4$	[144, 146]	gepulst, Super- strahlung
0,58525	Ne $2p_1 \to 1s_2$	[16, 163]	gepulst (Tab. 6.7)
0,59448	Ne $2p_4 \to 1s_5$	[143, 144]	gepulst, Super- strahlung

Neon (atomar) (Fortsetzung)

$\lambda/\mu m$ (Luft)	Übergang		Literatur	Betriebsbedingungen
0,59393	Ne	$3s_2{\to}2p_8$	[16, 60]	$p_{Ne}{:}p_{He}=1{:}6;$
0,60461	Ne	$3s_2{\to}2p_7$	[16, 60]	Prisma im
0,61180	Ne	$3s_2{\to}2p_6$	[16, 60]	Resonator
0,61431	Ne	$2p_6{\to}1s_5$	[142, 144]	gepulst, Superstrahlung
0,63282	Ne	$3s_2{\to}2p_4$	[16, 70, 72]	$p_{Ne}{:}p_{He}=1{:}6$ dominierende Linie
0,63518	Ne	$3s_2{\to}2p_3$	[16, 60]	
0,64011	Ne	$3s_2{\to}2p_2$	[16, 59, 60]	Prisma im Resonator
0,73048	Ne	$3s_2{\to}2p_1$	[16, 60]	
0,88653	Ne	$2s_2{\to}2p_{10}$	[16, 55]	für die von $2s$
0,89886	Ne	$2s_3{\to}2p_{10}$	[16, 55]	ausgehenden
1,0295	Ne	$2s_2{\to}2p_8$	[16, 55]	Linien $p_{Ne}{:}p_{He}{\approx}1{:}10;$
1,0621	Ne	$2s_2{\to}2p_7$	[16, 55]	s. a. Tab. 6.4
1,0798	Ne	$2s_3{\to}2p_7$	[51, 55, 72]	
1,0844	Ne	$2s_2{\to}2p_6$	[51, 55, 72]	
1,1143	Ne	$2s_4{\to}2p_8$	[51, 55, 72]	
1,1177	Ne	$2s_5{\to}2p_9$	[14, 55, 72]	
1,1390	Ne	$2s_5{\to}2p_8$	[51, 55, 72]	
1,1409	Ne	$2s_2{\to}2p_5$	[52, 55, 72]	
1,1523	Ne	$2s_2{\to}2p_4$	[14, 55, 72]	auch in reinem Ne
1,1525	Ne	$2s_4{\to}2p_7$	[16, 56]	am besten in reinem Ne
1,1601	Ne	$2s_2{\to}2p_3$	[52, 55, 72]	
1,1614	Ne	$2s_3{\to}2p_5$	[14, 55, 72]	
1,1767	Ne	$2s_4{\to}2p_2$	[51, 55, 72]	
1,1789	Ne	$2s_4{\to}2p_6$ Ne $2s_5{\to}2p_7$ } ?	[16, 55]	
1,1985	Ne	$2s_3{\to}2p_2$	[14, 55, 72]	
1,2066	Ne	$2s_5{\to}2p_6$	[14, 55, 64]	
1,2460	Ne	$2s_4{\to}2p_5$	[16, 55]	
1,2689	Ne	$2s_4{\to}2p_3$	[16, 54, 65]	$p_{Ne}:p_{He}=1{:}5$
1,2887	Ne	$2s_4{\to}2p_2$	[16]	
1,2912	Ne	$2s_5{\to}2p_4$	[16, 54, 55]	
1,5231	Ne	$2s_2{\to}2p_1$	[51, 55, 72]	
1,7162	Ne	$2s_4{\to}2p_1$	[16, 55]	
1,8210	Ne	$3p_1{\to}2s_4$	[16, 55]	
1,8253	Ne	$4Y\,(J=2,3){\to}3d_4$	[16, 147]	
1,8276	Ne	$4V\,(J=4,5){\to}3d_4$	[16, 147]	0,02 Torr Ne
1,8304	Ne	$4Y\,(J=2,3){\to}3d_3$	[16, 147]	0,05 Torr Ne , 0,5
1,8403	Ne	$4Y\,(J=2){\to}3d_2$	[16, 147]	0,005 Torr Ne , Torr
1,8591	Ne	$4Z\,(J=3){\to}3d_1''$	[16, 147]	0,02 Torr Ne , He
1,8597	Ne	$4Z\,(J=3,4){\to}3d_1'$	[16, 54].	0,02 Torr Ne
1,9574	Ne	$3p_4{\to}2s_5\,(?)$	[16, 55]	0,1 Torr Ne; 1 Torr He
1,9577	Ne	$3p_2{\to}2s_5$	[16, 55]	
2,0350	Ne	$3p_4{\to}2s_4$	[16, 65, 69, 110]	
2,0353	Ne	$3p{\to}_22s_4\,(?)$	[16, 55, 110]	
2,1041	Ne	$3p_1{\to}2s_2$	[16, 54, 55]	0,1 Torr Ne
2,1708	Ne	$3p_3{\to}2s_4$	[16, 54, 55]	0,05 Torr Ne
2,3260	Ne	$3p_8{\to}2s_5$	[16, 55]	
2,37		(?)	[16, 69]	
*2,3951	Ne	$3p_4{\to}2s_2$	[16, 55, 66, 68]	0,06 Torr Ne; 0,34 Torr He

Neon (atomar) (Fortsetzung)

$\lambda/\mu\mathrm{m}$ (Luft)		Übergang	Literatur	Betriebsbedingungen
2,4219	Ne	$4d_2{\to}3p_8$	[16]	0,15 Torr Ne
2,4250	Ne	$3p_5{\to}2s_2$	[16, 55]	0,08 Torr Ne;
				0,24 Torr He;
2,5393	Ne	$4d_5{\to}3p_6$	[16, 110]	
2,5524	Ne	$3p_{10}{\to}2s_5$	[16, 55]	für Linien oberhalb
2,7574	Ne	$4d_2{\to}3p_3$	[16, 110]	2,5 μm
2,7819	Ne	$3s_3{\to}3p_7$	[16, 110]	$p_{Ne} = 0{,}01-0{,}2$ Torr
2,9448	Ne	$3s_4{\to}3p_{10}$	[16, 110]	$p_{He} = 0-1$ Torr;
2,9668	Ne	$4d_2{\to}3p_5$	[16, 110]	Einzelheiten sind der
2,9805	Ne	$4d_3{\to}3p_5$	[16, 110]	Literatur zu ent-
3,0260	Ne	$4d_3{\to}3p_2$ $\Big\}$?	[16, 110]	nehmen
3,0268	Ne	$4d_3{\to}3p_4$	[16, 110]	
3,3173	Ne	$3s_4{\to}3p_8$	[16, 110]	
3,3333	Ne	$3s_2{\to}3p_5$ $\Big\}$?	[16, 110]	
3,3353	Ne	$3s_5{\to}3p_9$	[16, 110]	
3,3500	Ne	$6d_5{\to}4p_3$	[114]	
3,3510	Ne	$3p_{10}{\to}2s_2$	[114]	
3,3804	Ne	$5s_3{\to}4p_5$ $\Big\}$?	[16, 110]	
3,3840	Ne	$5s_3{\to}4p_2$	[16, 110]	
3,3903	Ne	$3s_2{\to}3p_2$	[16, 110]	
*3,3913	Ne	$3s_2{\to}3p_4$	[16, 52, 59, 60, 72, 110]	0,1 Torr Ne; 0,7 Torr He, bei 3 mm $\varnothing$ 40 dB/m; bedeutende Linie des He-Ne-Lasers
3,4471	Ne	$3s_4{\to}3p_7$ $\Big\}$?	[16, 110]	
3,4489	Ne	$3s_3{\to}3p_2$	[16, 110]	
3,4789	Ne	$3s_4{\to}3p_6$	[114]	
3,5835	Ne	$3s_5{\to}3p_6$	[16, 110]	
3,6515	Ne	$8p_6{\to}5d_1''$	[114]	
3,7736	Ne	$3p_1{\to}3d_2$	[16, 110]	
3,9806	Ne	$3s_4{\to}3p_3$	[16, 110]	
4,2171	Ne	$3s_2{\to}3p_1$	[114]	
5,1696	Ne	$5s_1''''{\to}4p_5$	[114]	
5,3243	Ne	$5d_1''{\to}4p_6$	[114]	
5,3249	Ne	$5d_2{\to}4p_7$	[114]	
5,4033	Ne	$3p_1{\to}3s_1'$	[16, 110]	
5,6652	Ne	$3p_3{\to}3d_2$	[16, 110]	
5,7053	Ne	$4p_2{\to}3s_3$	[114]	
5,7758	Ne	$4p_9{\to}3s_5$	[114]	
5,8844	Ne	$4p_5{\to}3s_2$	[114]	
5,9563	Ne	$4p_8{\to}3s_4$	[114]	
6,7769	Ne	$4s_5{\to}4p_{10}$	[114]	
6,8865	Ne	$7s_1'{\to}6p_{10}$	[114]	
6,9857	Ne	$3p_6{\to}3d_3$	[114]	
7,3208	Ne	$4s_5{\to}4p_9$	[16, 110]	
7,4201	Ne	$4s_3{\to}4p_2$ $\Big\}$?	[16, 110]	
7,4217	Ne	$4p_2{\to}4d_3$	[16, 110]	
7,4679	Ne	$3p_6{\to}3d_1''$	[16, 110]	
7,4779	Ne	$3p_6{\to}3d_1'$	[16, 110]	
7,4973	Ne	$4s_5{\to}4p_3$	[16, 110]	
7,5292	Ne	$4s_4{\to}4p_7$	[16]	
7,5674	Ne	$6d_5{\to}5X$	[114]	
7,5850	Ne	$6d_6{\to}5X$	[114]	
7,6142	Ne	$3p_7{\to}3d_1''$	[16, 110]	
7,6440	Ne	$4p_5{\to}4d_1''$	[16]	

$$Neon\ (atomar)\ (Fortsetzung)$$

$\lambda/\mu\mathrm{m}$ (Luft)	Übergang	Literatur	Betriebsbedingungen
7,6489	Ne $3p_8 \to 3d_4$	[16, 110]	
7,6904	Ne $3p_4 \to 3s_1''''$	[16]	
7,6994	Ne $3p_4 \to 3s_1'''$	[16, 110]	
7,7389	Ne $3p_8 \to 3d_3$	[16, 110]	
7,7634	Ne $3p_2 \to 3s_1''$	[16, 110]	
7,7794	Ne $4s_5 \to 4p_7$	[16, 110]	
7,8347	Ne $4s_5 \to 4p_6$	[16, 110]	
7,8693	Ne $7p_6 \to 5s_5$	[114]	
7,9406	Ne $7p_8 \to 5s_5$	[114]	
7,9824	Ne $6s_2 \to 6p_{10}$	[114]	
8,0066	Ne $3p_5 \to 3s_1''''$	[16, 110]	
8,0599	Ne $3p_9 \to 3d_4'$	[16, 110]	
8,1712	Ne $3p_9 \to 3d_3$	[114]	
8,3347	Ne $3p_8 \to 3d_1''$ ⎱ ?	[16, 110]	
8,3472	Ne $3p_8 \to 3d_1'$ ⎰	[16, 110]	
8,8388	Ne $3p_9 \to 3d_1''$ ⎱ ?	[16, 110]	
8,8528	Ne $3p_9 \to 3d_1'$ ⎰	[16, 110]	
9,0871	Ne $4s_4 \to 4p_3$	[16, 110]	
10,060	Ne $3p_{10} \to 3d_5$	[16, 110]	
10,978	Ne $3p_{10} \to 3d_3$	[16, 110]	
11,857	Ne $4p_{10} \to 3s_3$ ⎱ ?	[16, 110]	
11,898	Ne $4p_3 \to 4d_2$ ⎰	[16, 16]	
12,831	Ne $4p_1 \to 4s_1'$	[16, 110]	
13,736	Ne $4s_1'' \to 4Y\ (J=2{,}3)$ ⎱ ?	[16]	
13,756	Ne $4s_1''' \to 4Y\ (J=2{,}3)$ ⎰	[16, 110]	
16,634	Ne $4p_6 \to 4d_1''$	[16, 110]	
16,664	Ne $4p_6 \to 4d_1'$	[16, 110]	
16,889	Ne $4p_7 \to 4d_1''$	[16, 110]	
16,943	Ne $4p_8 \to 4d_4$	[16, 110]	
17,153	Ne $4p_4 \to 4s_1'''$	[16, 110]	
17,184	Ne $4p_4 \to 4s_1''$	[16, 110]	
17,800	Ne $4p_2 \to 4s_1''$	[16, 110]	
17,837	Ne $4p_5 \to 4s_1'''$	[16, 110]	
17,884	Ne $4p_9 \to 4p_4'$	[16, 110]	
18,392	Ne $4p_8 \to 4d_1''$	[16, 110]	
20,474	Ne $5p_3 \to 5d_5$	[16, 110]	
21,746	Ne $5p_3 \to 5d_2$	[16, 110]	
22,830	Ne $4p_{10} \to 4d_3$	[16, 110]	
25,416	Ne $5p_1 \to 5s_1'$	[16, 110]	
28,045	Ne $5p_7 \to 5d_6$	[16, 110]	
31,544	Ne $5p_6 \to 5d_1'$	[16, 110]	
31,919	Ne $5p_7 \to 5d_1''$	[16, 111]	
32,007	Ne $5p_8 \to 5d_4$	[16, 110]	
32,507	Ne $5p_4 \to 5s_1'''$	[16, 110]	
33,815	Ne $5p_5 \to 5s_1''''$ ⎱ ?	[16, 110]	
33,828	Ne $5p_9 \to 5d_4'$ ⎰	[16, 110]	
34,543	Ne $5p_2 \to 5s_1''$	[16, 110]	
34,670	Ne $5p_8 \to 5d_1''$	[16, 111]	
35,592	Ne $6p_3 \to 6d_2$	[16, 111]	0,05 Torr Ne
37,221	Ne $6p_1 \to 6s_1'$	[16, 111]	
41,730	Ne $5p_{10} \to 5d_3$	[16, 111]	
50,69	Ne $6p_6 \to 6d_3$	[16, 113]	
52,40	Ne $6p_2 \to 6s_1''$	[16, 113]	

Neon (atomar) (Fortsetzung)

λ/μm (Luft)	Übergang	Literatur	Betriebsbedingungen
53,47	Ne $6p_6 \rightarrow 6d_1'$	[16, 111]	
54,00	Ne $6p_7 \rightarrow 6d_1''$	[16, 111]	
54,10	Ne $6p_8 \rightarrow 6d_4$	[16, 111]	
55,51	Ne $6p_5 \rightarrow 6s_1''''$	[16, 113]	
57,34	Ne $6p_9 \rightarrow 6d_4'$	[16, 111]	
68,31	Ne $6p_{10} \rightarrow 6d_3$	[16, 112]	
72,08	Ne $7p_1 \rightarrow 7s_1'$	[16, 113]	
85,01	Ne $7p_6 \rightarrow 7d_1'$	[16, 112]	
86,93	Ne $7p_4 \rightarrow 7s_1''''$	[16, 113]	0,02 Torr Ne
88,47	Ne $7p_7 \rightarrow 7d_1''$	[16, 113]	
89,82	Ne $7p_9 \rightarrow 7d_4$	[16, 113]	
93,0	Ne?		
106,0	Ne $9p_3 \rightarrow 9d_2$ $\Big\}$? Ne $8p_7 \rightarrow 8d_1''$	[16, 113]	0,01 Torr Ne
124,6	Ne $8p_6 \rightarrow 8d_1''$ $\Big\}$? Ne $8p_6 \rightarrow 8d_1'$	[16, 113]	
126,1	Ne?	[16, 113]	
132,8	Ne?	[16, 113]	

Argon (ionisiert)

λ/μm (Luft)	Übergang	Literatur	Betriebsbedingungen
0,262493	Ar^{3+} $(^1D)\, 4p\, ^2D^0_{5/2} \rightarrow (^1D)\, 4s\, ^2D_{5/2}$	[170]	gepulste Entladung hoher Stromdichte in 0,001—0,1 Torr Ar; evtl. Zusätze von He oder Ne als Puffergas für Übergänge in Ar$^+$
0,275392	Ar^{2+} . . .	[163, 170]	
0,288416	Ar^{2+} $(^2D^0)\, 4p\, ^3P_2 \rightarrow (^2D^0)\, 4s\, ^3D^0_3$	[170, 172]	
0,291300	Ar^{3+} $4p\, ^2D^0_{5/2} \rightarrow 4s\, ^2P_{3/2}$	[163, 170, 172]	
0,292627	Ar^{3+} $4p\, ^2D^0_{3/2} \rightarrow 4s\, ^2P_{1/2}$	163, 170, 172]	
0,300266	. . .	[163, 170, 172]	
0,302405	Ar^{2+} $(^2P^0)\, 4p\, ^3D_3 \rightarrow (^2P^0)\, 4s\, ^3P^0_2$	[163]	
0,305484	Ar^{2+} $(^2P^0)\, 4p\, ^3D_2 \rightarrow (^2P^0)\, 4s\, ^3P^0_1$	[163]	
0,333613	Ar^{2+} $(^2D^0)\, 4p\, ^3F_4 \rightarrow (^2D^0)\, 4s\, ^3D^0_3$	[163, 170, 172]	
0,334472	Ar^{2+} $(^2D^0)\, 4p\, ^3F_3 \rightarrow (^2D^0)\, 4s\, ^3D^0_2$	[163, 170, 172]	
0,335849	Ar^{2+} $(^2D^0)\, 4p\, ^3F_2 \rightarrow (^2D^0)\, 4s\, ^3D^0_1$	[163, 170, 172]	
0,351112	Ar^{2+} $4p\, ^3P_2 \rightarrow 4s\, ^3S^0_1$	[163, 166, 170, 175^K]	$\Big\{$ 0,69 Torr; 68 A bei 3,5 mm $\varnothing$; $l = 1$ m [175]
0,351418	Ar^{2+} $4p\, ^3P_1 \rightarrow 4s\, ^3S^0_1$	[163, 166, 172]	
0,357661	Ar$^+$ $4d\, ^4F^0_{7/2} \rightarrow 4p\, ^4D_{5/2}$	[163]	kontinuierlicher Betrieb (K) bei Drücken von 0,01 bis 0,8 Torr; Schwellenwerte für Rohre mit 2,5 mm $\varnothing$ und $l = 30$ cm nach [286]
0,363789	Ar^{2+} $(^2D^0)\, 4p\, ^1F_3 \rightarrow (^2D^0)\, 4s\, ^1D^0_2$	[163, 166, 170, 304^K]	
0,37052	Ar^{2+}? . . .	[163]	
0,379532	Ar^{2+} $(^2P^0)\, 4p\, ^3D_3 \rightarrow (^2P^0)\, 3d\, ^3P^0_2$	[163, 172]	
0,385829	Ar^{2+} $(^2P^0)4p\, ^3D_2 \rightarrow (^2P^0)\, 3d\, ^3P^0_1$	[163]	

Argon (ionisiert) (Fortsetzung)

λ/μm (Luft)	Übergang	Literatur	Betriebsbedingungen
0,414671	Ar^{2+} $(^2D^0)\,4p\,^3P_2{\rightarrow}(^2P^0)\,4s\,^3P_2^0$	[163]	
0,418298	Ar^{2+} . . .	[163]	
0,437075	Ar^+ $(^1D)\,4p\,^2D^0_{3/2}{\rightarrow}3d\,^2D_{3/2}$	[163, 266[K], 286[K]]	0,1 Torr; 8 A
0,448181	Ar^+ $(^1D)\,4p\,^2D^0_{5/2}{\rightarrow}3d\,^2D_{5/2}$	[150, 286[K]]	0,08 Torr; 7,3 A
0,454505	Ar^+ $4p\,^2P^0_{3/2}{\rightarrow}4s\,^2P_{3/2}$	[152, 154, 159[K], 286[K]]	0,01 Torr; 3,2 A
*0,457935	Ar^+ $4p\,^2S^0_{1/2}{\rightarrow}4s\,^2P_{1/2}$	[152, 154, 155, 159[K], 286[K]]	0,04 Torr; 4,4 A
0,460956	Ar^+ $(^1D)\,4p\,^2F^0_{7/2}{\rightarrow}(^1D)\,4s\,^2D_{5/2}$	[163]	
0,465789	Ar^+ $4p\,^2P^0_{1/2}{\rightarrow}4s\,^2P_{3/2}$	[152, 154, 155, 159[K], 286[K]]	0,01 Torr; 3,0 A
0,472686	Ar^+ $4p\,^2D^0_{3/2}{\rightarrow}4s\,^2P_{3/2}$	[152, 159[K], 163, 286[K]]	0,01 Torr; 3,3 A
*0,476486	Ar^+ $4p\,^2P^0_{3/2}{\rightarrow}4s\,^2P_{1/2}$	[152—155, 159[K], 163, 286[K]]	0,01 Torr; 2,2 A
*0,487986	Ar^+ $4p\,^2D^0_{5/2}{\rightarrow}4s\,^2P_{3/2}$	[152, 154, 155, 159[K], 286[K]]	0,18 Torr; 1,0 A
0,488903	Ar^+ $4p\,^2P^0_{1/2}{\rightarrow}4s\,^2P_{1/2}$	[163, 150, 266[K]]	
*0,496507	Ar^+ $4p\,^2D^0_{3/2}{\rightarrow}4s\,^2P_{1/2}$	[152, 154, 155, 159[K], 286[K]]	0,01 Torr; 3,5 A
0,49928	$Ar^{2+}?$ . . .	[150]	
*0,501716	Ar^+ $(^1D)\,4p\,^2F^0_{5/2}{\rightarrow}3d\,^2D_{3/2}$	[152, 154, 155, 159[K], 286[K]]	0,04 Torr; 5 A
0,514179	Ar^+ $(^1D)\,4p\,^2F^0_{7/2}{\rightarrow}3d\,^2D_{5/2}$	[163, 150, 266[K]]	
*0,514532	Ar^+ $4p\,^4D^0_{5/2}{\rightarrow}4s\,^2P_{3/2}$	[152, 154, 155, 159[K], 286[K]]	0,22 Torr; 4,5 A
0,528690	Ar^+ $4p\,^4D^0_{3/2}{\rightarrow}4s\,^2P_{1/2}$	[152, 159[K], 163, 286[K]]	0,8 Torr; 17,2 A
0,550220	Ar^{2+} $(^2D^0)\,4p\,^3D_3{\rightarrow}(^2P^0)\,4s\,^3P_2^0$	[163, 150]	
0,877186	Ar^+ $4p\,^2P_{3/2}{\rightarrow}(^1D)\,4s\,^2D_{5/2}$	[171]	
*1,092344	Ar^+ $4p\,^2P^0_{3/2}{\rightarrow}3d\,^2D_{5/2}$	[150[K], 171, 173]	

Argon (atomar)

λ/μm (Luft)	Übergang	Literatur	Betriebsbedingungen
0,7503	Ar $2p_1{\rightarrow}1s_2$	[163[P]]	gepulst
1,21396	Ar $3s'_1{\rightarrow}2p_4$	[267[P]]	
1,24028	Ar $3d_2{\rightarrow}2p_7$	[267[P]]	
1,27022	Ar $3s'_1{\rightarrow}2p_2$	[267[P]]	

Argon (atomar) (Fortsetzung)

$\lambda/\mu m$ (Luft)	Übergang		Literatur	Betriebsbedingungen
1,6180	Ar	$2s_5 \rightarrow 2p_3$	[16, 72, 109]	alle Linien mit
1,6941	Ar	$3d_3 \rightarrow 2p_6$	[16, 72, 109]	$\lambda \geq 1,21$ μm in konti-
1,7930	Ar	$3d_5 \rightarrow 2p_6$ $\Big\} ?$	[16, 72, 109]	nuierlicher Emission;
	Ar	$3d_6 \rightarrow 2p_7$		schwache HF- oder
*2,0616	Ar	$3d_3 \rightarrow 2p_3$	[16, 72, 109]	Gleichspannungsent-
2,0986	Ar	$3d_5 \rightarrow 2p_5$	[16]	ladung in etwa
2,1332	Ar	$3d_5 \rightarrow 2p_4$	[16]	0,05 Torr Ar
2,1534	Ar	$3d_3 \rightarrow 2p_2$	[16, 110]	
2,2038	Ar	$3d_6 \rightarrow 2p_4$ $\Big\} ?$	[16, 110]	
2,2077	Ar	$3d_5 \rightarrow 2p_3$	[16, 110]	
2,3132	Ar	$3d_5 \rightarrow 2p_2$	[16, 110]	
2,3966	Ar	$3d_6 \rightarrow 2p_2$	[16, 110]	
2,5008	Ar	$6s_1'' \rightarrow 4p_{10}$	[16, 110]	
2,5487	Ar	$3p_9 \rightarrow 3d_4$	[16, 110]	
2,5504	Ar	$3p_5 \rightarrow 2s_4$	[16, 110]	
*2,5627	Ar	$6s_1'' \rightarrow 4p_9$	[16]	
*2,5661	Ar	$3p_1 \rightarrow 2s_2$	[16, 110]	
2,6542	Ar	$3p_4 \rightarrow 3s_1''''$	[118]	
2,6836	Ar	$3p_7 \rightarrow 3d_1''$	[16, 110]	
2,7357	Ar	$3p_2 \rightarrow 3s_1''$	[16, 110]	
2,8195	Ar	$3p_4 \rightarrow 2s_3$ $\Big\} ?$	[16, 110]	
2,8238	Ar	$3p_6 \rightarrow 2s_4$	[16, 110]	
2,8776	Ar	$3p_9 \rightarrow 2s_5$	[16, 110]	
2,8836	Ar	$3p_6 \rightarrow 3d_1'$	[16, 110]	
2,9273	Ar	$3p_5 \rightarrow 3d_2$	[16, 110]	
2,9788	Ar	$3p_8 \rightarrow 2s_4$	[16, 110]	
3,0454	Ar	$3p_8 \rightarrow 3d_1'$	[16, 110]	
3,0988	Ar	$3p_9 \rightarrow 3d_1'$	[16, 110]	
*3,1325	Ar	$3p_{10} \rightarrow 2s_5$ $\Big\} ?$	[16, 110]	
3,1338	Ar	$4p_3 \rightarrow 4d_1''$	[16]	
4,2033	Ar	$3p_0 \rightarrow 3s_1''$	[118]	
4,7138	Ar	$3p_9 \rightarrow 3s_1'''$	[118]	
4,9146	Ar	$4p_3 \rightarrow 4s_1''$	[16, 110]	
4,9199	Ar	$5s_1'''' \rightarrow 4U$	[118]	
4,9496	Ar	$5d_1'' \rightarrow 4U \ (J = 3)$	[16, 110]	
5,1203	Ar	$4p_9 \rightarrow 4d_4$ $\Big\} ?$	[16, 110]	
5,1205	Ar	$5d_4 \rightarrow 4V \ (J = 4)$	[16]	
5,3897	Ar	$3p_{10} \rightarrow 3s_1''$	[118]	
5,4666	Ar	$5d_4' \rightarrow 4V \ (J = 5)$	[16, 110]	
5,4680	Ar	$5d_4' \rightarrow 4V \ (J = 4)$ $\Bigg\} ?$	[16, 110]	
5,8022	Ar	$4d_3 \rightarrow 3p_8$	[118]	
*5,8461	Ar	$4p_5 \rightarrow 3s_4$	[16, 110]	
6,0515	Ar	$4d_5 \rightarrow 3p_6$	[16, 110]	
*6,7443	Ar	$4p_9 \rightarrow 3s_5$	[118]	
6,9410	Ar	$4d_2 \rightarrow 3p_4$ $\Big\} ?$	[16, 110]	
6,9429	Ar	$4p_2 \rightarrow 3s_2$	[16, 110]	
*7,2147	Ar	$4p_{10} \rightarrow 3s_5$	[16, 110]	
7,7982	Ar	$4X \ (J = 2) \rightarrow 4d_3$ $\Big\} ?$	[16, 110]	
7,8002	Ar	$4X \ (J = 1) \rightarrow 4d_3$	[16, 110]	
7,8042	Ar	$4s_2 \rightarrow 4p_2$	[16]	
12,138	Ar	$4s_1' \rightarrow 4X \ (J = 1)$ $\Big\} ?$	[16, 110]	
12,188	Ar	$4s_1' \rightarrow 4X \ (J = 2)$	[16, 110]	

Argon (atomar) (Fortsetzung)

λ/μm (Luft)	Übergang	Literatur	Betriebsbedingungen
15,032	Ar $5s_1'' \rightarrow 5\,Y\ (J=3)$ ⎫ ?	[16, 110]	
15,037	Ar $5s_1'' \rightarrow 5\,Y\ (J=2)$ ⎭		
26,937	Ar $4s_1'' \rightarrow 4\,Y\ (J=3)$ ⎫ ?	[16, 110]	
26,956	Ar $4s_1'' \rightarrow 4\,Y\ (J=2)$ ⎭		

Krypton (ionisiert)

λ/μm (Luft)	Übergang	Literatur	Betriebsbedingungen
0,264941	. . .	[170]	gepulste Entladungen
0,266441	Kr^+ $(^1D)\,5d\,^2P_{3/2} \rightarrow 5p\,^4D_{1/2}$	[170]	hoher Stromdichte;
0,274139	. . .	[170]	Druck von 0,001 bis
0,304970	. . .	[163]	0,1 Torr
0,312438	Kr^{2+} $(^2D^0)\,5p\,^1D_2 \rightarrow (^2D^0)\,5s\,^1D_2^0$	[170]	
0,323951	Kr^{2+} $(^2P^0)\,5p\,^1D_2 \rightarrow (^2P^0)\,5s\,^1P_1^0$	[163, 170]	
0,337496	Kr^{2+} $(^2P^0)\,5p\,^3D_3 \rightarrow (^2P^0)\,5s\,^3P_2^0$	[163]	
*0,350742	Kr^{2+} $5p\,^3P_2 \rightarrow 5s\,^3S_1^0$	[163, 170, 175K]	⎰ 0,58 Torr; 50 A bei ⎱ 3,5 mm $\varnothing$, $l=1$ m [175]
0,356423	Kr^{2+} $5p\,^3P_1 \rightarrow 5s\,^3S_1^0$	[170]	
*0,406737	Kr^{2+} $(^2D^0)\,5p\,^1F_3 \rightarrow (^2D^0)\,5s\,^1D_2^0$	[163, 304K]	kontinuierlicher
*0,413133	Kr^{2+} $5p\,^5P_2 \rightarrow 5s\,^3S_1^0$	[163]	Betrieb (K) bei
0,415444	Kr^{2+} $(^2D^0)\,5p\,^3F_3 \rightarrow (^2D^0)\,5s\,^1D_1^0$	[163]	Drücken von 0,01 bis
0,417179	Kr^{2+} $5p\,^5P_1 \rightarrow 5s\,^3S_1^0$	[163]	0,45 Torr; Schwellen-
0,422658	Kr^{2+} $(^2D^0)\,5p\,^3F_2 \rightarrow (^2D^0)\,4d\,^3D_1^0$	[163]	werte für 2,5 mm $\varnothing$
0,431781	Kr^+ $6s\,^4P_{5/2} \rightarrow 5p\,^4P_{5/2}^0$	[167, 169]	und $l=30$ cm nach
0,438654	Kr^+ $6s\,^4P_{5/2} \rightarrow 5p\,^4P_{3/2}^0$	[167, 169]	[286]
0,444329	Kr^{2+} $(^2D^0)\,5p\,^3D_2 \rightarrow (^2D^0)\,4d\,^3D_1^0$	[163]	
0,457720	Kr^+ $(^1D)\,5p\,^2F_{7/2}^0 \rightarrow (^1D)\,5s\,^2D_{5/2}$	[156, 161K, 163]	
0,458285	Kr^+ $6s\,^4P_{3/2} \rightarrow 5p\,^4D_{5/2}^0$	[167, 169]	
0,461528	Kr^+ $5p\,^2P_{3/2} \rightarrow 5s\,^2P_{3/2}$	[268]	
0,461915	Kr^+ $5p\,^2D_{5/2}^0 \rightarrow 5s\,^2P_{3/2}$	[156, 161K, 163, 286K]	0,03 Torr; 3,3 A
0,463386	Kr^+ $(^1D)\,5p\,^2F_{5/2}^0 \rightarrow (^1D)\,5s\,^2D_{3/2}$	[156, 163, 266K]	
0,465016	Kr^+ $5p\,^2P_{1/2}^0 \rightarrow 5s\,^4P_{1/2}$	[163]	
*0,468041	Kr^+ $5p\,^2S_{1/2}^0 \rightarrow 5s\,^2P_{1/2}$	[156, 161K, 163, 286K]	0,06 Torr; 7,2 A
0,469444	Kr^+ $6s\,^4P_{5/2} \rightarrow 5p\,^4D_{7/2}^0$	[167, 169]	
*0,476243	Kr^+ $5p\,^2D_{3/2}^0 \rightarrow 5s\,^2P_{1/2}$	[156, 161K, 163, 286K]	0,03 Torr; 5,5 A
0,476573	Kr^+ $5p\,^4D_{5/2}^0 \rightarrow 5s\,^4P_{3/2}$	[156, 161K, 163, 286K]	0,01 Torr; 2,4 A
*0,482517	Kr^+ $5p\,^4S_{3/2}^0 \rightarrow 5s\,^2P_{1/2}$	[156, 161K, 163, 286K]	
0,484659	Kr^+ $5p\,^2P_{1/2}^0 \rightarrow 5s\,^2P_{3/2}$	[150K, 161K, 163, 286K]	
0,501645	Kr^{2+} $(^2D^0)\,5p\,^1D_2 \rightarrow (^2P^0)\,4d\,^1F_3^0$	[269]	
0,502240	Kr^+ $5p\,^4D_{3/2}^0 \rightarrow 5s\,^2P_{3/2}$	[159, 266K]	
0,512573	Kr^+ $6s\,^4P_{3/2} \rightarrow 5p\,^4D_{3/2}$	[167, 169]	
0,520831	Kr^+ $5p\,^4P_{3/2}^0 \rightarrow 5s\,^4P_{3/2}$	[150K, 156, 161K, 286K]	0,1 Torr; 6,5 A

Krypton (ionisiert)

λ/μm (Luft)	Übergang	Literatur	Betriebsbedingungen
0,530865	Kr$^+$ $5p\ ^4P^0_{5/2}\to5s\ ^4P_{3/2}$	[150 K, 156, 161 K, 286 K]	
*0,568188	Kr$^+$ $5p\ ^4D^0_{5/2}\to5s\ ^2P_{3/2}$	[150 K, 156, 161 K]	0,1 Torr; 4,4 A
0,575298	Kr$^+$ $5p\ ^4D^0_{3/2}\to5s\ ^2P_{1/2}$	[159]	
0,603717 $\Big\}\,$?	Kr^{2+} $(^2D^0)\ 5p\ ^3P_1\to(^2P^0)\ 4d\ ^5D^0_1\Big\}$	[265]	
0,60381	Kr$^+$ $(^3p)5f\,^4F^0_{3/2}\to(^1D)4d\,^2\ D_{3/2}$		
0,616880	Kr$^+$ $(^1D)\ 5p\ ^2F^0_{5/2}\to4d\ ^2D_{3/2}$	[266 K]	
0,631022	Kr^{2+} $(^2D^0)\ 5p\ ^3P_2\to(^2P^0)\ 4d\ ^3D^0_1$	[265]	
0,631276	. . .	[265]	
0,641661	Kr$^+$ $(^1D)\ 5p\ ^2P^0_{3/2}\to4d\ ^2P_{3/2}$	[279]	
0,647088	Kr$^+$ $5p\ ^4P^0_{5/2}\to5s\ ^2P_{3/2}$	[156, 161 K, 163, 286 K]	0,26 Torr; 6,2 A
0,657012	Kr$^+$ $(^1D)\ 5p\ ^2D^0_{5/2}\to4d\ ^2F_{5/2}$	[156, 163, 266 K, 286 K]	0,05 Torr; 6,1 A
0,66029	Kr$^+$ $(^1D)\ 5p\ ^2P^0_{1/2}\to4d\ ^2F_{5/2}$	[265]	
0,676442	Kr$^+$ $5p\ ^4P^0_{1/2}\to5s\ ^2P_{1/2}$	[156, 161 K, 163, 286 K]	0,21 Torr; 6,8 A
0,687084	Kr$^+$ $(^1D)\ 5p\ ^2F^0_{5/2}\to4d\ ^2P_{3/2}$	[156, 163, 266 K, 286 K]	
0,79314	Kr$^+$ $(^1D)\ 5p\ ^2F^0_{7/2}\to4d\ ^2F_{5/2}$	[286 K]	
0,799322	Kr$^+$ $5p\ ^4P^0_{3/2}\to4d\ ^4D_{1/2}$	[156, 163, 171, 286 K]	0,45 Torr; 20,5 A
0,8280	?	[286 K]	
0,85878	?	[171]	
0,86901	Kr$^+$ $5p\ ^2P^0_{1/2}\to(^1D)\ 5s\ ^2D_{3/2}$	[286 K]	0,2 Torr; 16 A

Krypton (atomar)

λ/μm (Luft)	Übergang	Literatur	Betriebsbedingungen
*0,8104	Kr $2p_8\to1s_5$	[145 P]	gepulst, Superstr.; alle Linien
1,6900	Kr $3d_5\to2p_{10}$	[16, 72, 109]	oberhalb 1,69 μm
1,6936	Kr $3d''_1\to2p_7$	[16, 72, 109]	kontinuierlich;
1,7843	Kr $3d_6\to2p_{10}$	[16, 72, 109]	0,02—0,07 Torr Kr
1,8185	Kr $3s''''_1\to2p_2$	[16, 72, 109]	
1,9211	Kr $4s_5\to3p_8$	[16, 72, 109]	
*2,1165	Kr $3d_3\to2p_7$	[16, 72, 109]	$\Big\}$ 0,035 Torr (1 mW in
*2,1902	Kr $3d_3\to2p_6$	[16, 72, 109]	2 m-Rohr)
2,4260	Kr $3d_5\to2p_7$	[16, 1]	
*2,5234	Kr $3d_5\to2p_6$	[16, 72]	
2,6260	Kr $3d_6\to2p_7$ $\Big\}$?	[16, 110]	
2,6281	Kr $4p_6\to3s''''_1$	[16, 110]	
2,8611	Kr $3p_8\to2s_5$ $\Big\}$?	[16, 110]	
2,8656	Kr $3p_9\to2s_5$	[16, 110]	
2,9836	Kr $3p_3\to4d''_1$ $\Big\}$?	[16, 110]	
2,9870	Kr $3p_4\to2s_3$	[16, 110]	
3,0528	Kr $3p_4\to4d''_1$	[16, 110]	
3,0664	Kr $3p_{10}\to2s_5$	[16, 110]	
3,1508	Kr $3p_1\to4d_2$	[16, 110]	
3,3401	Kr $3p_{10}\to2s_4$ $\Big\}$?	[16, 110]	
3,3411	Kr $3d_5\to2p_3$	[16]	

Krypton (atomar) (Fortsetzung)

$\lambda/\mu\text{m}$ (Luft)	Übergang	Literatur	Betriebsbedingungen
3,4873	Kr $3p_3{\to}3s_5$ $\Big\}$?	[16, 110]	
3,4885	Kr $3p_3{\to}4d_2$	[16, 110]	
3,9573	Kr $3s_5{\to}3p_8$	[118]	
4,3736	Kr $4d_2{\to}3p_6$ $\Big\}$?	[16, 110]	
4,3755	Kr $3s_5{\to}3p_6$	[16]	
4,8760	Kr $3d_2{\to}2p_4$	[16, 110]	
4,8819	Kr $4d_1''{\to}3p_9$	[16, 110]	
4,9983	Kr $3s_1'{\to}3p_{10}$	[118]	
5,1298	Kr $2s_4{\to}2p_2$	[118]	
5,2985	Kr $4d_2{\to}3p_5$ $\Big\}$?	[16, 110]	
5,3004	Kr $4d_3{\to}3p_8$	[16, 110]	
5,5685	Kr? $4d_4{\to}3p_8$	[16, 110]	
*5,5848	Kr $5d_4'{\to}4\,U\,(J=5)$	[16, 110]	
5,6290	Kr $5d_3{\to}4\,T\,(J=3)$	[16, 110]	
7,0565	Kr $4\,W\,(J=3,4){\to}4d_4''$	[16, 110]	
7,3605	Kr $4\,U\,(J=5){\to}4d_4'$	[118]	

Xenon (ionisiert)

$\lambda/\mu\text{m}$ (Luft)	Übergang	Literatur	Betriebsbedingungen
0,247718	. . .	[170]	gepulste Entladung
0,269182	. . .	[170]	bei niedrigen Drücken
0,298385	Xe^{2+} $(^2P^0)\,6p\,32_1{\to}(^2P^0)\,6s\,^3P_0^0$	[163]	von 0,001−0,1 Torr;
0,307971	. . .	[163, 170, 172]	
0,324684	Xe^{2+} $(^2P^0)\,6p\,^3D_3{\to}(^2D^0)\,5d\,^3D_3^0$	[170]	bei kontinuierlichem
0,330604	. . .	[163, 170, 172]	Betrieb (K) Drücke von
0,333078	. . .	[163, 170, 172]	0,01−0,65 Torr; Schwellenwerte
0,334991	. . .	[170]	für 2,5 mm ⌀
0,345424	Xe^{2+} $(^2D^0)\,6p\,^1D_2{\to}(^2D^0)\,6s\,^1D_2^0$	[170, 172]	und $l=30$ cm
0,348296	. . .	[163, 170]	nach [286]
0,364546	. . .	[170, 172]	
0,366915	. . .	[170]	
0,374571	Xe^{2+} $(^2D^0)\,6p\,^1D_2{\to}(^2D^0)\,5d\,^1D_2^0$	[170]	
0,378097	Xe^{2+} $6p\,^3P_2{\to}6s\,^3S_1^0$	[163, 170, 172]	
0,380327	. . .	[170]	
0,397293	. . .	[170]	
0,405005	Xe^{2+} $6p\,^3P_1{\to}6s\,^3S_1^0$	[265]	
0,406041	Xe^{2+} $(^2P^0)\,6p\,32_1{\to}(^2P^0)\,5d\,25_1^0$	[163, 172]	
0,421401	Xe^{2+} $(^2D^0)\,6p\,^3P_2{\to}(^2D^0)\,5d\,^3D_3^0$	[163]	
0,424024	Xe^{2+} $(^2D^0)\,6p\,^1D_2{\to}(^2P^0)\,5d\,17_3^0$	[163]	
0,427259	Xe^{2+} $(^2D^0)\,6p\,^3F_4{\to}(^2D^0)\,5d\,^3D_3^0$	[163]	
0,428588	Xe^{2+} $(^2D^0)\,6p\,^3D_3{\to}(^2D^0)\,6s\,^1D_2^0$	[163]	
0,430585	Xe^{2+} $(^2D^0)\,6p\,^3D_3{\to}(^2D^0)\,5d\,^3D_3^0$	[163]	
0,443415	Xe^{2+} $(^2D^0)\,6p\,^3F_2{\to}(^2D^0)\,5d\,^3D_1^0$	[163]	
*0,460303	Xe^+ $6p\,^4D_{3/2}^0{\to}6s\,^4P_{3/2}$	[150 K, 156, 163, 286 K]	0,01 Torr; 3,5 A
0,467368	Xe^{2+} $(^2D^0)\,6p\,^1F_3{\to}(^2D^0)\,6s\,^1D_2^0$	[163, 266 K, 286 K]	0,47 Torr
0,468354	Xe^{2+} $6p\,^5P_2{\to}6s\,^3S_1^0$	[163]	

Xenon (ionisiert) (Fortsetzung)

$\lambda/\mu m$ (Luft)	Übergang	Literatur	Betriebsbedingungen
0,472357	Xe^{2+} $(^4S^0)\,6p\,^5P_1 \rightarrow (^4S^0)\,6s\,^3S_1^0$	[268]	
0,474892	Xe^{2+} . . .	[266 K, 268]	
0,486249	Xe^+ $7s\,^4P_{5/2} \rightarrow 6p\,^4P_{5/2}^0$	[168, 169]	
0,486946	Xe^{2+} $(^2D^0)\,6p\,^3F_3 \rightarrow (^2D^0)\,5d\,^3D_2^0$	[163, 266 K, 286 K]	0,65 Torr
0,488730	Xe^+ $6p\,^2P_{3/2}^0 \rightarrow 6s\,^2P_{3/2}$	[150]	
*0,495416	. . .	[163]	
0,496508	Xe^+ $(^1D)\,7s\,^2D_{3/2} \rightarrow (^1D)\,6p\,^2P_{3/2}^0$	[150, 163]	
*0,500778	. . .	[163]	
0,504492	Xe^+ $(^1D)\,6p\,^2P_{1/2}^0 \rightarrow (^1D)\,6s\,^2D_{3/2}$	[150 K, 156, 163, 286 K]	0,04 Torr; 6,7 A
*0,515906	. . .	[163]	
0,523893	Xe^{2+} $(^2D^0)\,6p\,^3P_2 \rightarrow (^2P^0)\,5d\,13_1^0$	[163, 266 K]	
0,525992	Xe^+ $\{$ $7s\,^4P_{5/2} \rightarrow 6p\,^4D_{5/2}^0$	[150, 163]	
und/oder $\}$?			
0,526043	Xe^+ $6p\,^2P_{3/2}^0 \rightarrow 6s\,^2P_{1/2}$	[150, 163, 266 K]	
0,526195	Xe^+ $(^1D)\,6p\,^2D_{3/2}^0 \rightarrow (^1D)\,6s\,^2D_{3/2}$	[150 K, 156, 163, 286 K]	0,1 Torr; 10,2 A
0,531387	Xe^+ $7s\,^4P_{5/2} \rightarrow 6p\,^4D_{7/2}^0$	[168, 169]	
*0,535288	. . .	[163]	
*0,539459	. . .	[163]	
0,540104	Xe^{2+} $(^2D^0)\,6p\,^3P_2 \rightarrow (^2P^0)\,5d\,15_2^0$	[264]	
*0,541915	Xe^+ $6p\,^4D_{5/2}^0 \rightarrow 6s\,^4P_{3/2}$	[150 K, 156, 163, 286 K]	0,05 Torr; 3,2 A
0,552439	Xe^{2+} $(^2D^0)\,6p\,^1D_2 \rightarrow (^2P^0)\,6s\,^3P_2^0$	[266 K]	
0,565938	Xe^+ $6p\,^2P_{1/2}^0 \rightarrow 5d\,^2P_{1/2}$	[150]	
0,572691	Xe^+ $(^1D)\,6p\,^2D_{5/2}^0 \rightarrow (^1D)\,5d\,^2F_{5/2}$	[150, 169]	
0,575103	Xe^+ $6p\,^2D_{3/2}^0 \rightarrow 5d\,^2P_{1/2}$	[150]	
0,595565	. . .	[163]	
*0,597111	Xe^+ $(^1D)\,6p\,^2P_{3/2}^0 \rightarrow (^1D)\,6s\,^2D_{3/2}$	[150 K, 156, 163, 286 K]	0,08 Torr; 7,7 A
0,609361	Xe^+ $7s\,^4P_{3/2} \rightarrow 6p\,^4D_{3/2}^0$	[169]	
0,617617	. . .	[265]	
0,623824	Xe^{2+} $(^2D^0)\,6p\,^1F_3 \rightarrow (^2P^0)\,5d\,17_3^0$	[265]	
0,627081	Xe^+ $(^1D)\,6p\,^2F_{5/2}^0 \rightarrow (^1D)\,6s\,^2D_{3/2}$	[150 K, 156, 163, 286 K]	0,03 Torr; 4,6 A
0,652865	Xe^+ $(^1D)\,6p\,^2F_{7/2}^0 \rightarrow (^1D)\,5d\,^2F_{5/2}$	[266 K, 286 K]	0,07 Torr; 7,3 A
0,66943	Xe^+ $6p\,^4P_{3/2}^0 \rightarrow 5d\,^4D_{1/2}$	[286 K]	0,07 Torr; 7,3 A
0,70723	Xe^+ $37_{5/2}^0 \rightarrow 6d\,^4D_{5/2}$	[286 K]	
0,714903	Xe^+ $(^3P)\,6p\,^4D_{3/2} \rightarrow (^3P)\,6s\,^2P_{3/2}$	[268, 286 K]	0,05 Torr; 5,6 A
*0,782763	Xe^+ $35_{5/2}^0 \rightarrow 16_{3/2}$	[171]	
*0,798800	Xe^+ $6p\,^4P_{1/2}^0 \rightarrow 6s\,^4P_{1/2}$	[171]	
0,833270	Xe^+ $27_{5/2}^0 \rightarrow 6d\,^4D_{5/2}$	[171]	
0,84068	? . . .	[171]	
0,844619	Xe^+ $27_{5/2}^0 \rightarrow 6d\,^4D_{3/2}$	[171]	
0,85667	. . .	[171]	
0,858251	Xe^+ $31_{3/2}^0 \rightarrow 10_{5/2}$	[171]	
*0,871617	Xe^+ $6p\,^4D_{3/2}^0 \rightarrow 5d\,^2P_{3/2}$	[171, 286 K]	0,03 Torr; 3,5
*0,905930	Xe^+ $27_{5/2}^0 \rightarrow 16_{3/2}$	[171]	
0,926539	Xe^+ $(^1S)\,5d\,^2D_{3/2} \rightarrow 6p\,^4D_{5/2}^0$	[171]	
0,928854	Xe^+ $13_{1/2}^0 \rightarrow (^1D)\,5d\,^2S_{1/2}$	[171]	
*0,969859	Xe^+ $6p\,^4D_{3/2}^0 \rightarrow 5d\,^4P_{5/2}$	[171]	
1,063385	Xe^+ $6p\,^4D_{3/2}^0 \rightarrow 5d\,^4P_{3/2}$	[171]	
*1,0950	. . .	[171]	

Xenon (atomar)

$\lambda/\mu m$ (Luft)	Übergang		Literatur	Betriebsbedingungen
*0,904545	Xe	$2p_9 \to 1s_5$	[145P]	} gepulst; 0,2—0,4
*0,979970	Xe	$2p_{10} \to 1s_5$	[145P]	Torr; Superstrahlung
2,0262	Xe	$3d_2 \to 2p_7$	[72, 109, 115, 119]	alle Linien mit $\lambda > 2\,\mu m$ kontinuier-
2,3193	Xe	$3d'_1 \to 2p_9$	[16, 72, 108]	lich in Xe oder He–Xe
2,4825	Xe	$3d'_1 \to 2p_8$	[16]	
*2,6269	Xe	$3d'' \to 2p_9$	[16, 72, 108, 119]	
*2,6511	Xe	$3d_2 \to 2p_5$	[16, 72, 108, 119]	0,02 Torr Xe; 1 Torr He
2,6601	Xe	$3s'_1 \to 2p_1$	[16]	
2,6665	Xe	$5d_5 \to 2p_4$	[118]	
3,1069	Xe	$3d'_1 \to 2p_6$	[16, 72, 108, 119]	
*3,2739	Xe	$3d_3 \to 2p_{10}$	[16, 119]	0,01—0,02 Torr Xe
3,3085	Xe	$4p_8 \to 4d'_1$	[118]	
*3,3666	Xe	$3d'' \to 2p_7$	[16, 72, 108, 119]	0,01 Torr Xe; 1 Torr He
3,4014	Xe	$3p_4 \to 2s_4$	[118]	
3,4335	Xe	$3p_9 \to 2s_4$	[16, 110]	
*3,5070	Xe	$3d_4 \to 2p_9$	[16, 72, 108, 116, 119]	0,03 Torr Xe; 1 Torr He (60 dB/m bei 7 mm ⌀)
3,6210	Xe	$3s'''' _1 \to 3p_6$	[16]	
3,6509	Xe	$3p_{10} \to 2s_5$	[16, 110]	
3,6788	Xe	$3d_5 \to 2p_{10}$	[16, 72, 108]	
*3,6849	Xe	$3d'' \to 2p_6$	[16, 72, 108]	0,04 Torr Xe; 0,3 Torr He
*3,8686	Xe	$3s'''_1 \to 2p_3$	[16]	
*3,8940	Xe	$3d_4 \to 2p_8$	[16, 72, 108]	
*3,9955	Xe	$3d_6 \to 2p_{10}$	[16, 72, 108]	0,01 Torr Xe; 1 Torr He
4,1516	Xe	$3s''_1 \to 3p_7$	[16]	
4,5381	Xe	$3d_3 \to 2p_9$	[118]	
4,5665	Xe	$4p_9 \to 4d_2$	[118]	
4,5694	Xe	$3s_4 \to 3p_7$	[118]	
*4,6097	Xe	$3s'''' _1 \to 2p_2$	[16]	
*5,0230	Xe	$3s''_1 \to 2p_3$	[118]	
*5,3551	Xe	$3d_5 \to 2p_9$	[118]	
5,4735	Xe	$5d'_1 \to 4U\ (J=3)$	[118]	
*5,5739	Xe	$3d'_4 \to 2p_8$	[16, 72, 108]	0,01 Torr Xe
5,6019	Xe	$4d_4 \to 4Z\ (J=4)$	[118]	
6,3103	Xe	$5d'_4 \to 4T\ (J=5)$	[118]	
6,3137	Xe	$5d'_4 \to 4Z\ (J=4)$	[118]	
*7,3147	Xe	$3d_3 \to 2p_7$	[16, 72, 108]	
7,4294	Xe	$4d_2 \to 3p_6$	[118]	
9,0040	Xe	$3d_3 \to 2p_6$	[16, 72, 108]	
9,7002	Xe	$3d_5 \to 2p_7$	[16, 72, 108]	
11,289	Xe	$4p_7 \to 3s''''_1\ (?)$	[16]	
11,296	Xe	$3s'''_1 \to 4Z\ (J=4)$	[16, 110]	
12,263	Xe	$3d_6 \to 2p_7$	[16, 72, 108]	
12,913	Xe	$3d_5 \to 2p_6$	[16, 72, 108]	
18,500	Xe	$3s''''_1 \to 4U\ (J=3)$	[16, 110]	
75,578	Xe	$2p_5 \to 3d_5$	[271]	

Fluor (ionisiert)

$\lambda/\mu m$ (Luft)	Übergang		Literatur	Betriebsbedingungen
0,275958	F^{2+}	$3p\,^2D^0_{5/2}\rightarrow 3s\,^2D_{5/2}$	[270]	gepulste Entladung in
0,282612	F^{3+}	$3p\,^3D_3\rightarrow 3s\,^3P_2$	[270]	0,002 Torr F_2
0,312151	F^{2+}	$3p\,^4D^0_{7/2}\rightarrow 3s\,^4P_{5/2}$	[270]	
0,217413	Fe^{2+}	$3p\,^2D^0_{5/2}\rightarrow 3s\,^2P_{3/2}$	[270]	
0,320276	F^+	$3p'\,^1D_2\rightarrow 3s'\,^1D^0_2$	[270]	
0,402472	F^+	$3p\,^2P_2\rightarrow 3s\,^3S^0_1$	[270]	

Chlor (ionisiert)

$\lambda/\mu m$ (Luft)	Übergang		Literatur	Betriebsbedingungen
0,263267	Cl^{2+}	$4p'\,^2F^0_{7/2}\rightarrow 4d'\,^2D_{5/2}$	[270, 272]	gepulste Entladung in
0,319146	Cl^{2+}	$4p\,^4S^0_{3/2}\rightarrow 4s\,^4P_{5/2}$	[270]	0,002 Torr Cl_2
0,339287	Cl^{2+}	$4p'\,^2D^0_{3/2}\rightarrow 4s'\,^2D_{3/2}$	[270]	
0,339343	Cl^{2+}	$4p'\,^2D^0_{5/2}\rightarrow 4s'\,^2D_{5/2}$	[270]	
0,353004	Cl^{2+}	$4p'\,^2F^0_{7/2}\rightarrow 4s'\,^2D_{5/2}$	[270]	
0,356069	Cl^{2+}	$4p'\,^2F^0_{5/2}\rightarrow 4s'\,^2D_{3/2}$	[270]	
0,360210	Cl^{2+}	$4p\,^4D^0_{7/2}\rightarrow 4s\,^4P_{5/2}$	[270]	
0,361283	Cl^{2+}	$4p\,^4D^0_{5/2}\rightarrow 4s\,^4P_{3/2}$	[270]	
0,362268	Cl^{2+}	$4p\,^4D^0_{3/2}\rightarrow 4s\,^4P_{1/2}$	[270]	
0,372046	Cl^{2+}	$4p\,^2D^0_{5/2}\rightarrow 4s\,^2P_{3/2}$	[270]	
0,374882	Cl^{2+}	$4p\,^2D^0_{3/2}\rightarrow 4s\,^2P_{1/2}$	[270]	
0,413250	Cl^+	$4p'\,^1D_2\rightarrow 4s'\,^1D^0_2$	[177^K]	kontinuierliche Ring-
0,474042	Cl^+	$4p''^1P_1\rightarrow 3d''^1D^0_2$	[177^K]	entladung in 0,05 Torr
0,476871	Cl^+	$4p''^3D_2\rightarrow 4s''^3P^0_1$	[177^K, 270^P]	Cl_2
0,478134	Cl^+	$4p''^3D_3\rightarrow 4s''\,^3P^0_2$	[166^P, 176^K]	gepulst (500 A) und
0,489685	Cl^+	$4p'\,^3F_4\rightarrow 4s'\,^3D^0_3$	[166^P, 176^K]	kontinuierlich (Ring-
0,490483	Cl^+	$4p'\,^3F_3\rightarrow 4s'\,^3D^0_2$	[166^P, 176^K]	entladung)
0,491781	Cl^+	$4p'\,^3F_2\rightarrow 4s'\,^3D^0_1$	[166^P, 176^K]	
0,507829	Cl^+	$4p'\,^3D_3\rightarrow 4s'\,^3D^0_3$	[166^P, 176^K]	
0,510310	Cl^+	$4p'\,^3D_2\rightarrow 4s'\,^3D^0_2$	[177^K]	
*0,521776	Cl^+	$4p\,^3P_2\rightarrow 4s\,^3S^0_1$	[166^P, 176^K]	
0,522136	Cl^+	$4p\,^3P_1\rightarrow 4s\,^3S^0_1$	[166^P, 176^K]	
0,539216	Cl^+	$4p'\,^1F_3\rightarrow 4s'\,^1D^0_2$	[166^P, 176^K]	
0,609473	Cl^+	$4p'\,^1P_1\rightarrow 4s'\,^1D^0_2$	[166^P, 176^K]	

Chlor (atomar)

$\lambda/\mu m$ (Luft)	Übergang		Literatur	Betriebsbedingungen
0,9451	Cl	$4p\,^2P_{3/2}\rightarrow 4s\,^2P_{1/2}$	[125^K]	$\left\{\begin{array}{l} \text{0,01}-\text{0,08 Torr } Cl_2 \\ \text{0,3}-\text{3 Torr He} \end{array}\right.$
1,3859	Cl	$3d\,^2D_{5/2}\rightarrow 4p\,^4D^0_{5/2}$	[128^P]	gepulst, 3000 A,
1,3891	Cl	$3d\,^4P_{3/2}\rightarrow 4p\,^4D^0_{3/2}$	[128^P]	in HCl
1,9755	Cl	$3d\,^4D_{7/2}\rightarrow 4p\,^4P^0_{5/2}$	[124^K, 126]	0,1 Torr Cl_2;
2,0199	Cl	$3d\,^4D_{5/2}\rightarrow 4p\,^4P^0_{3/2}$	[124^K, 126]	1,5 Torr He
2,4466	Cl	$3d\,^4D_{7/2}\rightarrow 4p\,^4D^0_{7/2}$	[128^P]	

Brom (ionisiert)

$\lambda/\mu\mathrm{m}$ (Luft)	Übergang		Literatur	Betriebsbedingungen
0,474266	Br$^+$	$5p''\,^3D_3{\rightarrow}5s''\,^3P_2^0$	[273P]	gepulste Entladung in 0,04 Torr Br$_2$
0,505463	Br$^+$	$5p'\,^3F_3{\rightarrow}4d\,^3D_2^0$	[273P]	
*0,518238	Br$^+$	$5p\,^3P_2{\rightarrow}5s\,^3S_1^0$	[273P, 274]	
0,523826	Br$^+$	$5p\,^3P_1{\rightarrow}5s\,^3S_1^0$	[273P]	
*0,533203	Br$^+$	$5p'\,^1F_3{\rightarrow}5s'\,^1D_2^0$	[273P, 274]	
0,611756	Br$^+$	$5p\,^5P_2{\rightarrow}5s\,^3S_1^0$	[285P]	
0,616878	Br$^+$	$5p\,^5P_1{\rightarrow}5s\,^3S_1^0$	[285P]	

Brom (atomar)

$\lambda/\mu\mathrm{m}$ (Luft)	Übergang		Literatur	Betriebsbedingungen
2,2854	Br	$(^3P_2)\,4d[3]_{7/2}{\rightarrow}(^3P_2)\,5p[2]_{5/2}^0$	[127K]	kontinuierliche Entladung in HBr
2,3511	Br	$(^3P_2)\,4d[3]_{5/2}{\rightarrow}(^3P_2)\,5p[2]_{3/2}^0$	[127K]	
2,8375	Br	$(^3P_2)\,4d[3]_{7/2}{\rightarrow}(^3P_2)\,5p[3]_{7/2}^0$	[127K]	

Jod (ionisiert)

$\lambda/\mu\mathrm{m}$ (Luft)	Übergang		Literatur	Betriebsbedingungen
0,453379			[275P]	gepulste Entladung in 0,1 Torr J$_x$ und 2—4 Torr He
0,467440			[275P]	
0,493467			[275P]	
0,498692	J$^+$	$(^2D^0)\,6p\,^3D_2{\rightarrow}5d\,^3D_1^0$	[150, 174]	
0,521627	J$^+$	$(^2D^0)\,6p\,^3F_2{\rightarrow}5d\,^3D_1^0$	[150, 174]	
*0,540736	J$^+$	$(^2D^0)\,6p\,^3D_2{\rightarrow}(^2D^0)\,6s\,^3D_2^0$	[150, 165, 174]	
0,5419			[174]	
0,562569	J$^+$	$6p\,^3P_2{\rightarrow}6s\,^3S_1^0$	[150, 174]	
0,567808	J$^+$	$(^2D^0)\,6p\,^3F_2{\rightarrow}(^2D^0)\,6s\,^3D_2^0$	[150, 165, 174]	
*0,576078	J$^+$	$(^2D^0)\,6p\,^3D_2{\rightarrow}(^2D^0)\,6s\,^3D_1^0$	[150, 164, 165, 175]	
*0,612749	J$^+$	$(^2D^0)\,6p\,^3D_1{\rightarrow}(^2D^0)\,6s\,^3D_2^0$	[150, 164, 165, 174]	
0,6516	J$^+$	$6p'\,^3F_2{\rightarrow}5p^5\,^1P_1^0$	[276]	
0,658521	J$^+$	$(^2D^0)\,6p\,^3D_1{\rightarrow}(^2D^0)\,6s\,^3D_1^0$	[150, 165, 174]	
0,690477	J$^+$	$(^2D^0)\,6p\,^3D_2{\rightarrow}(^2D^0)\,6s\,^1D_2^0$	[150, 174]	
0,703299	J$^+$	$(^2D^0)\,6p\,^3F_2{\rightarrow}(^2D^0)\,5d\,^3D_2^0$	[150, 165, 174]	
0,825384	J$^+$	$(^2D^0)\,6p\,^3D_1{\rightarrow}(^2D^0)\,5d\,^3P_0^0$	[150, 174]	
0,880423	J$^+$	$(^2D^0)\,6p\,^3F_2{\rightarrow}(^2D^0)\,5d\,^3F_3^0$	[150, 174]	

Jod (atomar)

λ/μm (Luft)		Übergang	Literatur	Betriebsbedingungen
0,98			[174P]	$p_J < 0,1$ Torr
1,01			[174P]	2−4 Torr He
1,03			[174P]	
1,06			[174P]	Photodissoziation
1,315	J	$^2P_{1/2} \to {}^2P_{3/2}$	[242P]	von CF_3J oder CH_3J;
1,4542	J	$(^3P)\,6d[2]_{3/2} \to (^3P)\,7p[1]^0_{3/2}$	[128P]	80 Torr
2,5986	J	$(^3P)\,5d[2]_{3/2} \to (^3P)\,6p[1]^0_{3/2}$	[128P]	gepulst, HJ
2,7572	J	$(^1D)\,5d[2]_{5/2} \to (^1D)\,6p[1]^0_{3/2}$	[127K]	kontinuierliche Ent-
3,2363	J	$(^3P)\,5d[2]_{5/2} \to (^3P)\,6p[1]^0_{3/2}$	[127K]	ladung in HJ
3,4296	J	$(^3P)\,5d[4]_{7/2} \to (^3P)\,6p[3]^0_{5/2}$	[127K]	

Sauerstoff (ionisiert)

λ/μm (Luft)		Übergang	Literatur	Betriebsbedingungen
*0,298378	O²⁺	$(^2P^0)\,3p\,^1D_2 \to (^2P^0)\,3s\,^1P^0_1$	[163, 170]	alle Linien in gepulster
0,304713	O²⁺	$(^2P^0)\,3p\,^3P_2 \to (^2P^0)\,3s\,^3P^0_2$	[163, 170]	Entladung, 0,001 bis
0,306345	O³⁺	$(^1S)\,3p\,^2P^0_{3/2} \to (^1S)\,3s\,^2S_{1/2}$	[170]	0,1 Torr O_2
0,338133 oder 0,338128	O³⁺	$(^3P^0)\,3p\,^4D_{3/2} \to (^3P^0)\,3s\,^4P^0_{1/2}$ $(^3P^0)\,3p\,^4D_{5/2} \to (^3P^0)\,3s\,^4P^0_{3/2}$	[170]	
0,338554	O³⁺	$(^3P^0)\,3p\,^4D_{7/2} \to (^3P^0)\,3s\,^4P^0_{5/2}$	[170]	
0,374949	O⁺	$(^3P)\,3p\,^4S^0_{3/2} \to (^3P)\,3s\,^4P_{5/2}$	[162, 163, 170]	
0,375467	O²⁺	$(^2P^0)\,3p\,^3D_2 \to (^2P^0)\,3s\,^3P^0_1$	[162, 163, 170]	
0,375988	O²⁺	$(^2P^0)\,3p\,^3D_3 \to (^2P^0)\,3s\,^3P^0_2$	[162, 163, 170]	
*0,434738	O⁺	$(^1D)\,3p\,^2D^0_{3/2} \to (^1D)\,3s\,^2D_{3/2}$	[162, 163]	
*0,435128	O⁺	$(^1D)\,3p\,^2D^0_{5/2} \to (^1D)\,3s\,^2D_{5/2}$	[162, 163]	
*0,441488	O⁺	$(^3P)\,3p\,^2D^0_{5/2} \to (^3P)\,3s\,^2P_{3/2}$	[162, 163]	
*0,441697	O⁺	$(^3P)\,3p\,^2D^0_{3/2} \to (^3P)\,3s\,^2P_{1/2}$	[162, 163]	
0,460552		. . .	[162]	
0,464914	O⁺	$(^3P)\,3p\,^4D^0_{7/2} \to (^3P)\,3s\,^4P_{5/2}$	[163]	
*0,559237	O²⁺	$(^2P^0)\,3p\,^1P_1 \to (^2P^0)\,3s\,^1P^0_1$	[150, 162, 163]	
0,672136	O⁺	$(^3P)\,3p\,^2S^0_{1/2} \to (^3P)\,3s\,^2P_{3/2}$	[162]	

Sauerstoff (atomar)

λ/μm (Luft)		Übergang	Literatur	Betriebsbedingungen
0,844628 0,844638 0,844672 0,844680	O	$3p\,^3P_{0,2,1} \to 3s\,^3S^0_1$	[131 (Ne–O_2, Ar–O_2)] [129 (Ar–Br_2)] [16, 72, 130, 233P]	kontinuierliche HF-Entladung; 0,014 Torr O_2; 0,35 Torr Ne; auch in Ar–Br_2 Entladung mit 0,09 Torr Br_2; 1,8 Torr Ar
6,8161	O	$3s'\,^3D^0_2 \to 4p\,^3P_1$	[233P]	gepulste Entladung
6,8731	O	$3s'\,^3D^0_3 \to 4p\,^3P_2$	[233P]	in O_2

Schwefel

$\lambda/\mu m$ (Luft)	Übergang		Literatur	Betriebsbedingungen
*0,263898	S^{4+}	. . .		gepulste Entladung
0,332486	S^{2+}	$4p^3\,P_2 \rightarrow 3d^3\,P_2^0$		(bis 1000 A) in SO_2;
0,349737	S^{2+}	. . . .		manche Linien auch in
*0,370941	S^{2+}	$4p^3D_2 \rightarrow 3d^3P_1^0$		SF_6 oder H_2S.
0,492560	S^+	$4p^4P_{3/2}^0 \rightarrow 4s^4P_{1/2}$		Fülldruck $0{,}01-0{,}05$
0,501424	S^+	$4p^2P_{3/2} \rightarrow 4s^2P_{3/2}$		Torr
0,503262	S^+	$4p^4P_{5/2}^0 \rightarrow 4s^4P_{5/2}$		Rohre von 0,3 mm bis
*0,516032				6 mm $\varnothing$
*0,521962				
*0,532088	S^+	$4p'\,^2F_{7/2}^0 \rightarrow 4s'\,^2D_{5/2}$	[278]	
*0,534583	S^+	$4p'\,^2F_{5/2}^0 \rightarrow 4s'\,^2D_{3/2}$		
0,542874	S^+	$4p^4D_{3/2}^0 \rightarrow 4s^4P_{1/2}$		
*0,543287	S^+	$4p^4D_{5/2}^0 \rightarrow 4s^4P_{3/2}$		
*0,545388	S^+	$4p^4D_{7/2}^0 \rightarrow 4s^4P_{5/2}$		
0,547374	S^+	$4p^4D_{1/2}^0 \rightarrow 4s^4P_{1/2}$		
0,550990	S^+	$4p^4D_{3/2}^0 \rightarrow 4s^4P_{3/2}$		
0,556511	S^+	$4p^4D_{5/2}^0 \rightarrow 4s^4P_{5/2}$		
*0,564012	S^+	$4p^2D_{5/2}^0 \rightarrow 4s^2P_{3/2}$		
*0,564716	S^+	$4p^2D_{3/2}^0 \rightarrow 4s^2P_{1/2}$		
0,581935	S^+	$4p^2D_{3/2}'' \rightarrow 4s^2P_{3/2}$		
1,0455	S	$4p^3P_2 \rightarrow 4s^3S_1^0$	[16, 129]	kontinuierliche HF-
1,0636	S	$4p'\,^1F_3 \rightarrow 4s'\,^1D_2^0(?)$	[16, 129]	ladung in SF_6; 0,03 Torr SF_6, 2 Torr He

Selen

$\lambda/\mu m$ (Luft)	Übergang		Literatur	Betriebsbedingungen
0,509650	Se^+	$5p\,^4D_{7/2}^0 \rightarrow 4d\,^4F_{9/2}$	[274]	gepulste Ringentladung
0,522751	Se^+	$5p\,^4D_{7/2}^0 \rightarrow 5s\,^4P_{5/2}$	[274]	in 0,1 Torr Ne mit Se-Dampf (erhitzte Probe)

Tellur

$\lambda/\mu m$ (Luft)	Übergang	Literatur	Betriebsbedingungen
0,55762	Te^+　$5s^2\,5p^2\,(^1D)\,6p\,(J = 7/2) \rightarrow$ $5s\,5p^4\,(J = 5/2)$	[283]	gepulste Ringentladung in 0,2 Torr Ne mit
0,57080	Te^+　$103\,106{,}12$ cm^{-1} $(J = 7/2) \rightarrow$ $85\,592{,}36$ cm^{-1} $(J = 5/2)$	[283]	0,002 Torr Te (1500 °C)
0,63497	$Te^+(?)$	[283]	

Stickstoff (ionisiert)

λ/μm (Luft)	Übergang		Literatur	Betriebsbedingungen
0,336734	N²⁺	$(^3P^0)\,3p\,^4P_{5/2}\rightarrow(^3P^0)\,3s\,^4P^0_{5/2}$	[170]	gepulste Entladungen
0,347867	N³⁺	$(^2S)\,3p\,^3P^0_2\rightarrow(^2S)\,3s\,^3S_1$	[162, 170]	(500 A) in Luft, N_2 oder
0,348296	N³⁺	$(^2S)\,3p\,^3P^0_1\rightarrow(^2S)\,3s\,^3S_1$	[170]	NH_3 mit Drucken von
0,399501	N⁺	$3p\,^1D_2\rightarrow3s\,^1P^0_1$	[277]	0,001−0,1 Torr
0,409732	N²⁺	$(^1S)\,3p\,^2P^0_{3/2}\rightarrow(^1S)\,3s\,^2S_{1/2}$	[162]	
0,410338	N²⁺	$(^1S)\,3p\,^2P^0_{1/2}\rightarrow(^1S)\,3s\,^2S_{1/2}$	[162]	
0,451088	N²⁺	$(^3P^0)\,3p\,^4D_{5/2}\rightarrow(^3P^0)\,3s\,^4P^0_{3/2}$	[162]	
0,451487	N²⁺	$(^3P^0)\,3p\,^4D_{7/2}\rightarrow(^3P^0)\,3s\,^4P^0_{5/2}$	[162]	
0,463055	N⁺	$(^2P^0)\,3p\,^3P_2\rightarrow(^2P^0)\,3s\,^3P^0_2$	[162]	
0,566663	N⁺	$(^2P^0)\,3p\,^3D_2\rightarrow(^2P^0)\,3s\,^3P^0_1$	[150]	
0,567601	N⁺	$(^2P^0)\,3p\,^3D_1\rightarrow(^2P^0)\,3s\,^3P^0_0$	[150]	
*0,567956	N⁺	$(^2P^0)\,3p\,^3D_3\rightarrow(^2P^0)\,3s\,^3P^0_2$	[150, 163]	

Stickstoff (atomar)

λ/μm (Luft)	Übergang		Literatur	Betriebsbedingungen
0,86284	N	$3p\,^2P^0_{3/2}\rightarrow3s\,^2P_{3/2}$	[233P]	gepulste Entladung in
0,93862	N	$3p\,^2D^0_{3/2}\rightarrow3s\,^2P_{1/2}$	[233P]	0,2−0,7 Torr N_2 oder
0,93921	N	$3p\,^2D_{5/2}\rightarrow3s\,^2P_{3/2}$	[233P]	0,15 Torr N_2, 3 Torr He
1,34295	N	$3p\,^2S^0_{1/2}\rightarrow3s\,^2P_{1/2}$	[233P]	
1,35818	N	$3p\,^2S_{1/2}\rightarrow3s\,^2P_{3/2}$	[16K, 129K, 233P]	kontinuierliche Ent- ladung in 0,3 Torr NO
1,45423			[16K, 129K, 233P]	oder N_2O mit 2 Torr He oder 1 Torr Ne,
3,7942			[233P]	auch gepulst [233]
3,8154			[233P]	

Phosphor

λ/μm (Luft)	Übergang		Literatur	Betriebsbedingungen
0,334769	P³⁺	$4p\,^3P^0_2\rightarrow4s\,^3S_1$		gepulste Entladung
0,442208	P²⁺	$4p\,^2P^0_{3/2}\rightarrow4s\,^2S_{1/2}$		in PF_5, etwa
*0,602421	P⁺	$4p\,^3D_2\rightarrow4s\,^3P^0_1$		0,04 Torr
*0,603421	P⁺	$4p\,^3D_1\rightarrow4s\,^3P^0_0$		
*0,604325	P⁺	$4p\,^3D_3\rightarrow4s\,^3P^0_2$	[270]	
0,608786	P⁺	$4p\,^3D_1\rightarrow4s\,^3P^0_1$		
0,616577	P⁺	$4p\,^3D_2\rightarrow4s\,^3P^0_2$		
0,667193	P			

Arsen

λ/μm (Luft)	Übergang		Literatur	Betriebsbedingungen
0,54980	As⁺	$5p\,^3D_1\rightarrow5s\,^3P^0_0$		gepulste Ringent-
0,55583	As⁺	$5p\,^3D_2\rightarrow5s\,^3P^0_1$	[274]	ladung in 0,1 Torr
0,56516	As⁺	$5p\,^3D_3\rightarrow5s\,^3P^0_2$		Ne mit As-Dampf
0,61703	As⁺	$5p\,^1P_1\rightarrow5s\,^3P^0_1$		

Antimon

$\lambda/\mu m$ (Luft)	Übergang	Literatur	Betriebsbedingungen
0,61299	Sb$^+$ $6p\,^3D_3 \to 6s\,^3P_2^0$	[283]	gepulste Ringentladung in 0,2 Torr Ne mit 0,002 Torr Sb

Kohlenstoff

$\lambda/\mu m$ (Luft)	Übergang	Literatur	Betriebsbedingungen
0,464745	C^{2+} $3p\,^2P_2^0 \to 3s\,^3S_1$	[162, 163]	gepulste Entladung in CO_2, Luft, Kr, Xe; (Kohlenstoff möglicherweise aus Kathode)
0,465016	C^{2+} $3p\,^3P_1^0 \to 3s\,^3S_1$	[162]	
0,49541	C$^+$(?) $3d\,^2P_{1/2}^0 \to 3p\,^2P_{1/2}$	[163]	
1,0691	C $3p\,^3D_3 \to 3s\,^3P_2^0$	[16, 129]	kontinuierliche HF-Entladung, 0,01 Torr CO oder CO_2; 2 Torr He oder 1 Torr Ne
1,4540	C $3p\,^1P_1 \to 3s\,^1P_1^0$	[16, 129]	
2,0645	C $5d\,^1D_2^0 \to 4p\,^3P_2$	[16]	
3,4046	C $4d\,^1D_2^0 \to 4p\,^1P_1$	[16]	
3,5155	C $6d\,^3P_2^0 \to 5p\,^3D_3$	[16]	
5,5956	C $4p\,^3S_1 \to 3d\,^3P_1^0$	[16]	

Silizium

$\lambda/\mu m$ (Luft)	Übergang	Literatur	Betriebsbedingungen
0,455259	Si^{2+} $4p\,^3P_2 \to 4s\,^3S_1$	[270, 272]	gepulste Entladung von PF_6; ursprünglich dem F zugeordnet; Reaktion von F mit den Gefäßwänden
0,456784	Si^{2+} $4p\,^3P_1 \to 4s\,^3S_1$	[270, 272]	
0,634724	Si$^+$ $4p\,^2P_{3/2} \to 4s\,^2S_{1/2}$	[270, 272]	
0,637148	Si$^+$ $4p\,^2P_{1/2} \to 4s\,^2S_{1/2}$	[270, 272]	
0,667193	Si$^+$ $4p\,^2D_{7/2} \to 4s\,^4P_{5/2}$	[270, 272]	
1,1984	Si $4p\,^3D_2 \to 4s\,^3P_1^0$	[134]	gepulste Entladung in $SiCl_4$ (evtl. mit Ne)
1,2034	Si $4p\,^3D_3 \to 4s\,^3P_2^0$	[134]	
1,5883	Si $5s\,^3P_1^0 \to 4p\,^3D_1$	[134]	

Metalldämpfe: Ge, Sn, Pb, B, In, Zn, Cd
Gepulster Betrieb; man verwendet Quarz- oder Metallrohre, die in Öfen eingebettet sind [261]; als Puffergas werden 1—2 Torr He oder Ne beigegeben.

$\lambda/\mu m$ (Luft)	Übergang	Literatur	Betriebsbedingungen
0,513175	Ge$^+$ $4f\,^2F_{5/2}^0 \to 4d\,^2D_{3/2}$	[281]	900—1000 °C
*0,517865	Ge$^+$ $4f\,^2F_{7/2}^0 \to 4d\,^2D_{5/2}$	[281]	$3\cdot10^{-7}-5\cdot10^{-6}$ Torr
*0,579918	Sn$^+$ $4f\,^2F\,^2F_{7/2}^0 \to 5d\,^2D_{5/2}$	[281]	1000 °C
*0,645350	Sn$^+$ $6p\,^2P_{3/2}^0 \to 6s\,^2S_{1/2}$	[281]	$2\cdot10^{-4}$ Torr
0,684405	Sn$^+$ $6p\,^2P_{1/2}^0 \to 6s\,^2S_{1/2}$		
0,6579	Sn $10d\,^3D_{0,2}^0 \to 6p\,^3P_1$	[306, 308]	Sn Cl$_4$-Dampf
*0,53721	Pb$^+$ $5f\,^2F_{7/2}^0 \to 6s\,6p^2\,^4P_{5/2}$	[281]	650—800 °C $2\cdot10^{-3}-5\cdot10^{-2}$ Torr
0,7229	Pb $^3P_1^0 \to {}^1D_2$	[138]	900 °C; 0,1—0,5 Torr
0,345134	B$^+$ $2p^2\,^1D_2 \to 2p\,^1P_1^0$	[306]	0,05 Torr BCl_3

Metalldämpfe: Ge, Sn, Pb, B, In, Zn, Cd (Fortsetzung)

λ/μm (Luft)	Übergang	Literatur	Betriebsbedingungen
*0,468082	In$^+$ $4f\,{}^3F^0_4 \to 5d\,{}^3D_3$	[281]	200—320 °C 10^{-3}—10^{-1} Torr
*0,492404	Zn$^+$ $4f\,{}^2F_{7/2} \to 4d\,{}^2D_{5/2}$	[280]	300—400 °C 10^{-3}—10^{-1} Torr
*0,610253	Zn$^+$ $5d\,{}^2D_{5/2} \to 5p\,{}^2P^0_{3/2}$	[281]	
0,747879	Zn$^+$ $4s^2\,{}^2D_{5/2} \to 4p\,{}^2P^0_{3/2}$	[281]	
0,758848	Zn$^+$ $5p\,{}^2P_{3/2} \to 5s\,{}^2S_{1/2}$	[281]	
0,761290	Zn$^+$ $6s\,{}^2S_{1/2} \to 5p\,{}^2P^0_{1/2}$	[281]	
0,775786	Zn$^+$ $6s\,{}^2S_{1/2} \to 6p\,{}^2P_{3/2}$	[280]	
*0,441563	Cd$^+$ $5s^2\,{}^2D_{5/2} \to 5p\,{}^2P^0_{3/2}$	[281]	200—320 °C 10^{-3}—10^{-1} Torr
0,533749	Cd$^+$ $4f\,{}^2F_{5/2} \to 5d\,{}^2D_{3/2}$	[280]	
0,537804	Cd$^+$ $4f\,{}^2F_{7/2} \to 5d\,{}^2D_{5/2}$	[280]	

Quecksilber (ionisiert)

λ/μm (Luft)	Übergang	Literatur	Betriebsbedingungen
0,479701	Hg^{2+} $5d^8\,6s^2\,(J=4)-5d^9\,6p_{1/2}$ $(J=3)\,126{,}468\cdot 3\;\mathrm{cm}^{-1}$ $105{,}627\cdot 8\;\mathrm{cm}^{-1}$	[150, 158]	gepulste Entladung in Hg—He; 0,001 Torr Hg, 1 Torr He
*0,56773	Hg$^+$ $5f\,{}^2F^0_{7/2} \to 6d\,{}^2D_{5/2}$	[151, 153, 157]	
*0,61499	Hg$^+$ $7p\,{}^2P^0_{3/2} \to 7s\,{}^2S_{1/2}$	[151, 153, 157]	
0,7065		[16]	
0,73466	Hg$^+$ $7d\,{}^2D_{5/2} \to 7p\,{}^2P^0_{3/2}$	[151, 157]	
0,85498	Hg$^+$ $5g\,{}^2G_{7/2} \to \mathrm{C}\,{}^2F^0_{5/2}$	[157]	
0,8622	Hg$^+$ $8p\,{}^2P^0_{3/2} \to {}^4D^2_{5/2}\,(?)$	[157]	
0,8677		[157]	
0,93968	Hg$^+$ $10s\,{}^2S_{1/2} \to 8p\,{}^2P^0_{3/2}$	[157]	
1,0583	Hg$^+$ $8s\,{}^2S^0_{1/2} \to 7p\,{}^2P^0_{3/2}$	[151, 157]	
1,5555	Hg$^+$ $7p\,{}^2P^0_{3/2} \to 6d\,{}^2D_{5/2}$	[157]	

Quecksilber (atomar)

λ/μm (Luft)	Übergang	Literatur	Betriebsbedingungen
1,11768	Hg $7p\,{}^1P^0_1 \to 7s\,{}^3S_1$	[282]	Hg—He, gepulst
1,2222	?	[16]	Hg—Ar,
1,2246	?	[16]	Hg—Ar,
1,2545	?	[157]	Hg—He,
1,2760	?	[16]	Hg—Ar,
1,2981	?	[157]	Hg—He,
1,3655	?	[157]	Hg—He,
1,3675	Hg $7p\,{}^3P^0_1 \to 7s\,{}^3S_1$	[282]	Hg—He,
1,5295	Hg $6p'\,{}^3P^0_2 \to 7s\,{}^3S_1$	[136, 137, 157, 282]	Hg—He, auch kontinuierlich
1,6920	Hg $5f\,{}^1F^0_3 \to 6d\,{}^1D_2$	[157, 282]	Hg—He, gepulst
1,6942	Hg $5f\,{}^3F^0_2 \to 6d\,{}^3D_1$	[157, 282]	
1,7073	Hg $5f\,{}^3F^0_4 \to 6d\,{}^3D_3$	[282]	

Quecksilber (atomar) (Fortsetzung)

λ/μm (Luft)	Übergang		Literatur	Betriebsbedingungen
1,71099	Hg	$5f\,^3F^0_3\rightarrow6d\,^3D_2$	[157, 282]	Hg—He, gepulst
1,7329	Hg	$7d\,^1D_2\rightarrow7p\,^1P^0_1$	[282]	
1,8130	Hg	$6p'\,^3F^0_4\rightarrow6d\,^3D_3$	[136, 157]	auch kontinuierlich
3,93	Hg	$\begin{cases}6d\,^3D_3\rightarrow6p'\,^3P^0_2\\5g\,G\rightarrow5f\,F^0\end{cases}$	[282]	Hg—He, gepulst
5,88	Hg	$6p'\,^1P^0_1\rightarrow7d\,^3D_2$	[282]	
6,49	Hg	$\begin{cases}9s\,^1S_0\rightarrow8p\,^1P^0_1\\11p\,^3P^0_1\rightarrow10s\,^3S_1\end{cases}$	[282]	

Metalldämpfe: Ca, Cu, Mn

Gepulster Betrieb; Aluminium-Vakuumrohre in geheiztem Ofen [141]; 1—2 Torr He als Puffergas. Temperatur für 0,1 Torr Dampfdruck: 690°C (Ca), 1420°C (Cu), 1060°C (Mn). Alle Linien zeigen Superstrahlung. Bei der Mn-Linie 5341 Å wird Oszillation auf 6 Hyperfeinstrukturkomponenten beobachtet [284].

λ/μm (Luft)	Übergang		Literatur	Gewinn (dB/m)
*0,854209	Ca+	$4p\,^2P^0_{3/2}\rightarrow3d\,^2D_{5/2}$	[141]	58
*0,866214	Ca+	$4p\,^2P^0_{1/2}\rightarrow3d\,^2D_{3/2}$	[141]	58
*0,510554	Cu	$4s\,^2P^0_{3/2}\rightarrow4s^2\,^2D_{5/2}$	[140, 141]	58
*0,578213	Cu	$4s\,^2P^0_{1/2}\rightarrow4s^2\,^2D_{3/2}$	[140, 141]	42
*0,534106	Mn	$y\,^6P^0_{7/2}\rightarrow a\,^6D_{9/2}$		37
0,542036	Mn	$y\,^6P^0_{5/2}\rightarrow a\,^6D_{7/2}$		
0,547064	Mn	$y\,^6P^0_{5/2}\rightarrow a\,^6D_{5/2}$		
0,551677	Mn	$y\,^6P^0_{3/2}\rightarrow a\,^6D_{3/2}$		
0,553776	Mn	$y\,^6P_{3/2}\rightarrow a\,^6D_{1/2}$		
*1,28998	Mn	$z\,^6P^0_{7/2}\rightarrow a\,^6D_{9/2}$	[139, 141]	23
1,32938	Mn	$z\,^6P^0_{7/2}\rightarrow a\,^6D_{7/2}$		
1,33190	Mn	$z\,^6P^0_{5/2}\rightarrow a\,^6D_{7/2}$		
1,36267	Mn	$z\,^6P^0_{5/2}\rightarrow a\,^6D_{5/2}$		
1,38642	Mn	$z\,^6P^0_{3/2}\rightarrow a\,^6D_{3/2}$		
1,39975	Mn	$z\,^6P^0_{3/2}\rightarrow a\,^6D_{1/2}$		

Cäsium

λ/μm (Luft)	Übergang		Literatur	Betriebsbedingungen
3,2040	Cs	$8p\,^2P^0_{1/2}\rightarrow6d\,^2D_{3/2}$	[72, 241]	optisches Pumpen auf der Cs-Resonanzlinie $6S_{1/2}$—$8P_{1/2}$ mittels der He-Linie $\lambda=3880$ Å
7,1821	Cs	$8p\,^2P^0_{1/2}\rightarrow8s\,^2S_{1/2}$	[72, 241]	

Molekularer Wasserstoff H_2, D_2, HD

$\lambda/\mu m$ (Luft)	Übergang	Literatur	Betriebsbedingungen
	H_2: $2s\,^1\Sigma_g^+ \to 2p\,^1\Sigma_u^+$		
0,834950	$(v \to v')$ $2 \to 1,\ P(2)$	[233]	gepulste Entladung
0,887613	$1 \to 0,\ P(4)$		hoher Stromdichte
0,889882	$1 \to 0,\ P(2)$		in H_2, D_2 oder HD,
1,116220	$0 \to 0,\ P(4)$		0,8 — 3 Torr
1,122205	$0 \to 0,\ P(2)$		
1,305662	$0 \to 1,\ P(4)$		
1,316109	$0 \to 1,\ P(2)$		
1,564193	$0 \to 2,\ P(4)$		
1,581950	$0 \to 2,\ P(2)$		
	D_2: $2s\,^1\Sigma_g^+ \to 2p\,^1\Sigma_u^+$		
0,827752	$2 \to 0,\ P(3)$	[233]	
0,944156	$1 \to 0,\ R(1)$		
0,952367	$1 \to 0,\ P(1)$		
0,953005	$1 \to 0,\ P(3)$		
	D_2: $3p\,^3\Sigma_u^+ \to 2s\,^3\Sigma_g^+$		
1,477548	$6 \to 8,\ P(4)$	[233]	
	HD: $2s\,^1\Sigma_g^+ \to 2p\,^1\Sigma_u^+$		
0,917201	$1 \to 0,\ P(2)$	[233]	

Wasser H_2O, D_2O

Übergänge nicht identifiziert. Betriebsbedingungen: Die meisten Linien in gepulster Entladung; 0,4 — 1 Torr H_2O bzw. D_2O [291, 293]. Einige Linien in kontinuierlichem Betrieb (mit K bezeichnet). Submillimeteroszillation mit strömenden Gasen [294].

H_2O		D_2O	
$\lambda/\mu m$ (Luft)	Literatur	$\lambda/\mu m$ (Luft)	Literatur
16,931	[293]	33,896	
23,365	[293]	35,090	
26,666	[293]	36,319	
*27,974	[291^K, 293]	36,524	
28,054		37,791	
28,273		40,994	
28,356		56,845	
32,929		71,965	[293]
*33,033		72,429	
35,000		72,747	
35,841		73,337	
36,619		74,545	
37,859		76,305	
38,094	[293]	84,111	
39,698		84,3	
40,629		107,7	[294^K]
45,523		171,6	
47,251			
47,469			
47,693			
48,677			
53,906			
55,077			
57,660			

$$Wasser\ H_2O,\ D_2O\ (Fortsetzung)$$

H₂O		D₂O	
$\lambda/\mu m$ (Luft)	Litertur	$\lambda/\mu m$ (Luft)	Literatur
67,177	} [293]		
73,402			
78,455	[291^K, 293]		
79,106	[293]		
89,775	[293]		
115,42	[293]		
118,65	[291^K, 293, 294^K]		
120,08	[293]		
220,34	[294^K, 9295^K]		

$$Fluorwasserstoff\ HF$$

Reine Rotationsübergänge in den Schwingungsniveaus $v = 0, 1, 2$ [und 3 des Elektronengrundterms von HF [313]. Betriebsbedingungen: Gepulste Entladung in einer strömenden Mischung von Freon und Wasserstoff (bzw. CCl_3F, $CClF_3$, oder $CBrF_3$ mit H_2).

$\lambda/\mu m$ (Vakuum)	Übergang (J+1→J)		$\lambda/\mu m$ (Vakuum)	Übergang (J+1→J)	
16,0215	$v = 0$	$J = 15$	15,0163	$v = 1$	$J = 17$
14,4406	0	17	13,7277	1 (2)	19 (20)
13,7841	0	18			20
13,2009	0	19	13,1877	1	20
12,6781	0	20	12,7006	1	21
12,2082	0	21	12,2619	1	22
11,7854	0	22	20,9393	2	12
11,4033	0	23	14,2881	2	19
11,0573	0	24	13,2211	2	21
10,7439	0	25	10,8117	2	28
10,4578	0	26	10,5819	2	29
10,1978	0	27	21,7885	3	12
21,6986	1	11	20,3513	3	13
20,1337	1	12	19,1129	3	14
18,8010	1	13	11,5408	3 (4)	27 (29)

$$Chlorwasserstoff\ HCl$$

Rotationsschwingungsübergänge im Elektronengrundterm des HCl-Moleküls. Betriebsbedingungen: Photolyse eines $(Cl_2 + 2\,H_2)$-Gemischs von $3-16$ Torr mittels Xe-Blitzlampen [246].

$\lambda/\mu m$ (Vakuum)	Übergang	$\lambda/\mu m$ (Vakuum)	Übergang
3,6996	1−0 Bande, P (8)	3,8081	P (11)
3,7341	P (9)	3,8402	2−1 Bande, P (8)
3,7707	P (10)		

$$Cyanwasserstoff\ HCN$$

$\lambda/\mu m$ (Vakuum)	Übergang	Literatur	Betriebsbedingungen
284	$11^10\ (J=12) - 11^10\ (J=11)$	[310]	Kontinuierliche
309,714	$11^10\ (J=11) - 11^10\ (J=10)$	[310]	Entladung in
310,887	$11^10\ (J=11) - 04^00\ (J=10)$	[309, 310]	einem Gemisch
335,183	$04^00\ (J=10) - 04^00\ (J=\ 9)$	[310]	aus CH_3CN, H_2O
336,558	$11^10\ (J=10) - 04^00\ (J=\ 9)$	[309, 310]	und He
372,528	$04^00\ (J=\ 9) - 04^00\ (J=\ 8)$	[310]	

Cyan CN

Zuordnung der Linien nicht gesichert; verschiedene Linien lassen sich eindeutig als Übergänge in HCN deuten [309]; s. HCN

$\lambda/\mu m$ (Vakuum)	Übergang	Literatur	Betriebsbedingungen
5,18382	$X^2\Sigma$, 4—3 Bande, P (9)	[244]	Photolyse (Blitz) von
5,19546	P(10)		C_2N_2; 20 Torr
5,20543	P(11)		
119	?	[300]	gepulste Entladung in 10^{-2} Torr CH_3CN und 0,8 Torr $(CH_3)_2SO_4$
	$\qquad v'\quad J'\qquad\qquad v''\ K''$		
310,0	$A^2\Pi_{1/2}(18,\ 11^1/_2)\to X^2\Sigma(21,\ 22)(?)$	[299]	
310,4 ⎱			gepulst; 0,3 Torr CH_3CN
310,5 ⎬		[300]	Aufspaltung nur bei
311,5 ⎰			bestimmten Dampfdruck
310,895	$A^2\Pi_{1/2}(17,\ 7^1/_2)\to B^2\Sigma(5,\ 7)(?)$	[299, 301]	
311,3 (?)		[294]	strömendes CH_3CN Gas, kontinuierlich
334,4		[300]	gepulst, 0,5 Torr CH_3CN
334,8		[300]	
336,566	$A^2\Pi_{1/2}(17,\ 3^1/_2)\to B^2\Sigma(5,\ 4)\,(?)$	[294, 296, 299, 301]	strömendes CH_3CN-Gas, kontinuierlich [294]
372,7	$A^2\Pi_{1/2}(17,\ 27^1/_2)\to X^2\Sigma(20,\ 29)\,(?)$	[299]	
537,5 ⎱	$A^2\Pi_{3/2}(18,\ 2^1/_2)\to X^2\Sigma(21,\ 1)\,(?)$	⎰ [298]	
538,5 ⎰		⎱ [299]	
676	$A^2\Pi_{3/2}(18,\ 1^1/_2)\to X^2\Sigma(21,\ 0)\,(?)$	[299]	gepulst, JCN
774	$A^2\Pi_{3/2}(18,\ 3^1/_3)\to X^2\Sigma(21,\ 3)\,(?)$	[298, 299]	gepulst, JCN

Kohlenmonoxid CO

a) Elektronenbandenübergänge $B\,{}^1\Sigma - A\,{}^1\Pi$. Betriebsbedingungen: gepulste Entladung hoher Stromdichte in 2 Torr CO [238] bzw. 0,7 Torr CO [287]. Die P-Übergänge sind sehr intensitätsschwach [287].

$\lambda/\mu m$ (Luft)	Übergang	Literatur	$\lambda/\mu m$ (Luft)	Übergang	Literatur
0,450248	0—0 Bande, Q(9)		0,483503	0—1 Bande, P(6)	
0,450382	Q(8)		0,483523	P(5)	
0,450501	Q(7)		0,517959	0—2 Bande, Q(12)	
0,450602	Q(6)		0,518211	Q(11)	
0,450690	Q(5)		0,518442	Q(10)	
0,450762	Q(4)		0,518653	Q(9)	
0,450821	Q(3)		0,518843	Q(8)	
0,451076	P(6)		0,519001	Q(7)	
0,481947	0—1 Bande, Q(12)		0,519154	Q(6)	
0,482155	Q(11)	[287]	0,519281	Q(5)	[287]
0,482348	Q(10)		0,519363	P(11)	
0,482524	Q(9)		0,519387	Q(4)	
0,482685	Q(8)		0,519472	Q(3)	
0,482829	Q(7)		0,519488	P(10)	
0,482956	Q(6)		0,519595	P(9)	
0,483067?	Q(5)		0,519680	P(8)	
0,483162	Q(4)		0,519743	P(7)	
0,483467	P(7)		0,519786	P(6)	

CO (Fortsetzung)

$\lambda/\mu m$ (Luft)	Übergang	Literatur	$\lambda/\mu m$ (Luft)	Übergang	Literatur
0,519807	$0-2$ Bande, $P(5)$		0,607270	$0-4$ Bande, $Q(5)$	[238, 287]
0,519807	$P(4)$		0,607436	$Q(4)$	[238, 287]
0,558411	$0-3$ Bande, $Q(13)$		0,607566	$Q(3)$	
0,558748	$Q(12)$		0,607584	$P(9)$	
0,559058	$Q(11)$	[238, 287]	0,607663	$Q(2)$	
*0,559343	$Q(10)$	[238, 287]	0,607731	$P(8)$	
*0,559602	$Q(9)$	[238, 287]	0,607850	$P(7)$	
*0,559836	$Q(8)$	[238, 287]	0,607934?	$P(6)$	
*0,560043	$Q(7)$	[238, 287]	0,607987	$P(5)$	[287]
*0,560224	$Q(6)$	[238, 287]	0,608007?	$P(4)$	
0,560380	$Q(5)$	[238, 287]	0,658103	$0-5$ Bande, $Q(13)$	
0,560509	$Q(4)$		0,658623	$Q(12)$	
0,560563	$P(10)$		0,659105	$Q(11)$	
0,560613	$Q(3)$		0,659547	$Q(10)$	[238, 287]
0,560693?	$Q(2)$		*0,659948	$Q(9)$	[238, 287]
0,560700	$P(9)$		*0,660306	$Q(8)$	[238, 287]
0,560811	$P(8)$		*0,660630	$Q(7)$	[238, 287]
0,560898	$P(7)$	[287]	*0,660910	$Q(6)$	[238, 287]
0,560958	$P(6)$		0,660971	$P(11)$	[287]
0,560993	$P(5)$		0,661151	$Q(5)$	[238, 287]
0,604369	$0-4$ Bande, $Q(14)$		0,661243	$P(10)$	[287]
0,604816	$Q(13)$		0,661353	$Q(4)$	[238, 287]
0,605232	$Q(12)$		0,661512	$Q(3)$	[287]
0,605619	$Q(11)$		0,661634	$Q(2)$	[287]
*0,606296	$Q(9)$	[238, 287]	0,661919	$P(7)$	[287]
*0,606588	$Q(8)$	[238, 287]	0,662003	$P(5)$	[287]
*0,606848	$Q(7)$	[238, 287]	0,662033	$P(4)$	[287]
*0,607075	$Q(6)$	[238, 287]			

b) Rotationsschwingungsübergänge im Elektronengrundterm $X\,^1\Sigma^+$. Bei gepulster Entladung in reinem CO ($p \approx 0,8$ Torr) werden P-Übergänge zwischen relativ niedrigen J-Werten ($P(7)$ bis $P(14)$) beobachtet. Die Emission erfolgt in Form von Laserkaskaden, die von $v = 10$ ausgehen und in $v = 5$ enden [229]. In strömendem CO-CO_2-Gemisch lassen sich Übergänge zwischen Termen mit höheren J-Werten beobachten [288]. Ebenso werden bei kontinuierlicher Anregung in strömendem N_2-CO-Gemisch (0,035 bis 0,7 Torr CO, 4,5 Torr N_2) die Terme mit höheren J-Werten bevorzugt [230]. Dauerstrich in den Bändern $5-4$ bis $18-17$. Ein Teil der Linien läßt sich auch durch Photolyse eines Gemischs aus 1 Torr CS_2, 1 Torr O_2 und 150 Torr He erhalten [247].

$\lambda/\mu m$ (Vakuum)	Übergang	Literatur	$\lambda/\mu m$ (Vakuum)	Übergang	Literatur
5,03755	$6-5$ Bande, $P(7)$		5,10410	$7-6$ Bande, $P(7)$	
5,04750	$P(8)$		5,11418	$P(8)$	
5,05755	$P(9)$		5,12445	$P(9)$	[229]
5,06773	$P(10)$	[229]	5,13485	$P(10)$	
*5,07807	$P(11)$		*5,14530	$P(11)$	[229, 288]
5,08845	$P(12)$		5,15595	$P(12)$	[229, 247, 288]
5,09905	$P(13)$	[229, 247]			
5,10985	$P(14)$	[229]	5,16666	$P(13)$	[229, 288]
5,1203	$P(15)$	[288]	5,17765	$P(14)$	[229, 288]
5,1318	$P(16)$	[288,230^K]	5,18865	$P(15)$	[229, 288]
5,1429	$P(17)$	[288,230^K]	5,2110	$P(17)$	[288]
	$P(16)-P(28)$	[230^K]	5,2224	$P(18)$	[288]

CO (Fortsetzung)

λ/μm (Vakuum)	Übergang	Literatur	λ/μm (Luft)	Übergang	Literatur
5,2329	P(19)	[288]	5,3906	P(14)	[229, 288]
5,2459	P(20)	[288]	5,4021	P(15)	[288]
	P(15)—P(28)	[230ᴷ]	5,4142	P(16)	[288]
5,17220	8—7 Bande, P(7)	[229]	5,4264	P(17)	[247, 288]
5,19250	P(8)	[229]	5,4506	P(19)	[288]
5,19290	P(9)	[229]	5,4631	P(20)	[288]
5,20345	P(10)	[229, 247]	5,4755	P(21)	[288]
*5,21410	P(11)	[229]	5,4881	P(22)	[288]
5,22498	P(12)	[229, 247]		P(14)—P(27)	[230ᴷ]
5,23600	P(13)	[229]	5,4080	11—10 Bande, P(9)	[247]
5,24710	P(14)	[229, 288]	5,4196	P(10)	[247]
5,2581	P(15)		5,4299	P(11)	[247]
5,2695	P(16)		5,4425	P(12)	[247]
5,2806	P(17)		5,4536	P(13)	[288]
5,2926	P(18)	[288]	5,4654	P(14)	[288]
5,3047	P(19)		5,4774	P(15)	[288]
5,3166	P(20)		5,4891	P(16)	[288]
5,3282	P(21)		5,5015	P(17)	[288]
5,3403	P(22)		5,5135	P(18)	[288]
	P(14)—P(28)	[230ᴷ]	5,5264	P(19)	[288]
5,24195	9—8 Bande, P(7)	[229]	5,5392	P(20)	[288]
5,25250	P(8)	[229]		P(13)—P(25)	[230ᴷ]
5,26310	P(9)	[229, 247]	5,4842	12—11 Bande, P(9)	
*5,27380	P(10)	[229, 247]	5,4946	P(10)	
5,28465	P(11)	[229, 247]	5,5072	P(11)	[247]
5,29570	P(12)	[229, 247, 288]	5,5187	P(12)	
			5,5299	P(13)	
5,30695	P(13)	[229, 247, 288]	5,5423	P(14)	
			5,5914	P(18)	[288]
5,31820	P(14)	[229, 247, 288]	5,6043	P(19)	[288]
				P(17)—P(25)	[230ᴷ]
5,3293	P(15)		5,5971	13—12 Bande, P(12)	[247]
5,3406	P(16)		5,6087	P(13)	[247]
5,3525	P(17)			P(15)—P(24)	[230ᴷ]
5,3646	P(18)	[288]	5,6546	14—13 Bande, P(10)	[247]
5,3768	P(19)		5,6654	P(11)	[247]
5,3886	P(20)		5,6780	P(12)	[247]
5,4006	P(21)			P(15)—P(25)	[230ᴷ]
5,4136	P(22)			15—14 Bande, P(14)—P(24)	
	P(15)—P(28)	[230ᴷ]		16—15 Bande, P(16)—P(22)	
5,32415	10—9 Bande, P(8)	[220]		17—16 Bande, P(16)—P(20)	[230ᴷ]
5,33490	P(9)	[229]		18—17 Bande, P(15)—P(20)	
5,34590	P(10)	[229, 247]			
*5,35695	P(11)	[229, 247]			
5,36820	P(12)	[229, 247, 288]			
5,37950	P(13)	[229, 247]			

Kohlendioxid CO_2

Rotationsschwingungsübergänge im Elektronengrundterm $^1\Sigma_g^+$ des CO_2-Moleküls. Man beachte, daß die Schwingungsniveaus in der Literatur nicht einheitlich bezeichnet werden. In neueren französischen Publikationen wird 02^00 anstelle von 10^00 sowie 03^10 anstelle von 11^10 (und umgekehrt) verwendet. In der folgenden Tabelle ist durchwegs die konventionelle Bezeichnung (Kap. 2 [18]) beibehalten worden. Mit Ausnahme des 4,3 μm Übergangs (Q-switch) alle Linien in kontinuierlicher Emission. Die meisten R-Linien nur mit internem Prisma zu erhalten.

Betriebsbedingungen: Kontinuierliche Entladung in reinem CO_2 (0,2 Torr; Linien mit → bezeichnet [202]), in CO_2-N_2- bzw. CO_2-N_2-He-Gemischen (0,8 Torr—1,8 Torr CO_2, 1—5 Torr N_2, 3—10 Torr He je nach Rohrdurchmesser und Strömungsgeschwindigkeit). Ausgangsleistungen bei 10,6 μm bis einige hundert Watt.

λ/μm (Vakuum)	Übergang	Literatur	λ/μm (Vakuum)	Übergang	Literatur
4,3	00^02-00^01, $P(31)$	[219]	9,6760	→ $P(34)$	[202, 226]
9,1265	00^01-02^00, $R(52)$		9,6940	$P(36)$	
9,1340	$R(50)$		9,7140	$P(38)$	
9,1420	$R(48)$		9,7335	$P(40)$	
9,1490	→ $R(46)$		9,7535	$P(42)$	
9,1575	$R(44)$		9,7735	$P(44)$	
9,1660	$R(42)$		9,7940	$P(46)$	
9,1740	$R(40)$		9,8150	$P(48)$	
9,1830	$R(38)$		9,8360	$P(50)$	
9,1920	$R(36)$		9,8575	$P(52)$	
9,2010	$R(34)$		9,8790	$P(54)$	
9,2103	$R(32)$		9,9010	$P(56)$	
9,2197	$R(30)$		9,9230	$P(58)$	
9,2295	$R(28)$		9,9465	$P(60)$	
9,2397	$R(26)$		10,058	00^01-10^00, $R(54)$	[226]
9,2500	$R(24)$		10,067	$R(52)$	
9,2605	$R(22)$		10,076	→ $R(50)$	
9,2715	$R(20)$		10,086	$R(48)$	
9,2825	$R(18)$	[226]	10,095	$R(46)$	
9,2937	$R(16)$		10,105	$R(44)$	
9,3055	$R(14)$		10,115	$R(42)$	
9,3172	$R(12)$		10,126	$R(40)$	
9,3295	$R(10)$		10,137	$R(38)$	
9,3420	$R(8)$		10,148	$R(36)$	
9,3555	→ $R(6)$		10,159	$R(34)$	
9,3677	$R(4)$		10,171	$R(32)$	
9,4285	$P(4)$		10,183	$R(30)$	
9,4425	$P(6)$		10,195	$R(28)$	
9,4580	→ $P(8)$		10,208	$R(26)$	[216, 226]
9,4735	$P(10)$		10,220	$R(24)$	[216, 226]
9,4885	$P(12)$		10,234	$R(22)$	[216, 226]
9,5045	$P(14)$		10,247	$R(20)$	[216, 226]
9,5195	$P(16)$		10,261	$R(18)$	[216, 226]
9,5360	$P(18)$		10,275	$R(16)$	[216, 226]
9,5525	$P(20)$		10,289	$R(14)$	[216, 226]
9,5690	$P(22)$	[202, 226]	10,304	$R(12)$	[226]
9,5860	$P(24)$	[202, 226]	10,319	$R(10)$	[226]
9,6035	$P(26)$	[202, 226]	10,334	$R(8)$	[226]
9,6215	$P(28)$	[202, 226]	10,350	→ $R(6)$	[226]
9,6395	$P(30)$	[202, 226]	10,366	$R(4)$	[226]
9,6575	→ $P(32)$	[202, 226]	10,4410	$P(4)$	[226]

Kohlendioxid CO$_2$ (Fortsetzung)

λ/μm (Vakuum)	Übergang	Literatur	λ/μm (Vakuum)	Übergang	Literatur
10,4585	00^01-10^00, P(6)	[226]	10,9360	00^01-10^00, → P(50)	
10,4765	→ P(8)	[226]	10,9630	↳ P(52)	
10,4945	P(10)	[226]	10,9900	P(54)	
10,5135	P(12)	[202, 226]	11,0165	P(56)	
*10,5325	P(14)	[202, 204, [226]	10,9735	01^11-11^10, → P(19)	
			10,9950	P(21)	
*10,5515	P(16)	[202, 204, 226]	11,0165	P(23)	
			11,0300	P(24)	
*10,5715	P(18)	[202, 204, 226]	11,0385	P(25)	
			11,0535	P(26)	
*10,5915	P(20)	[202, 204, 226]	11,0610	P(27)	
			11,0760	P(28)	
*10,6115	P(22)	[202, 204, 226]	11,0850	P(29)	
			11,1000	P(30)	
*10,6325	P(24)	[202, 204, 226]	11,1070	P(31)	[226]
			11,1235	P(32)	
*10,6535	P(26)	[202, 204, 226]	11,1315	P(33)	
			11,1485	P(34)	
10,6750	P(28)	[202, 226]	11,1555	P(35)	
10,6965	P(30)	[202, 226]	11,1735	P(36)	
10,7190	P(32)	[202, 226]	11,1790	P(37)	
10,7415	P(34)	[202, 226]	11,1980	↳ P(38)	
10,7650	P(36)	[202, 226]	11,2035	P(39)	
10,7880	P(38)	[202, 226]	11,2235	P(40)	
10,8120	P(40)		11,2295	P(41)	
10,8360	P(42)		11,2495	P(42)	
10,8605	P(44)	} [226]	11,2545	P(43)	
10,8855	P(46)		11,2770	P(44)	
10,9110	↳ P(48)		11,2805	P(45)	

Kohlenstoffoxysulfid OCS

Rotationsschwingungsübergänge im Elektronengrundterm. Betriebsbedingungen: Gepulste Entladung in OCS-, OCS-N$_2$-, OCS-He-, OCS-CO- und OCS-CO-He-Gemischen. Typische Fülldrücke z. B. 0,3 Torr OCS, 0,3 Torr CO (oder 0,6 Torr He). Oszillationsbeginn 10 μs nach Strompuls [228].

λ/μm (Vakuum)	Übergang	λ/μm (Vakuum)	Übergang
8,2388	00^01-10^00, R(26)	8,3809	00^01-10^00, P(24)
8,2416	R(25)	8,3839	P(25)
8,2439	R(24)	8,3870	P(26)
8,2518	R(21)	8,3900	P(27)
8,2543	R(20)	8,3930	P(28)
8,2571	R(19)	8,3962	P(29)
8,2595	R(18)	8,3999	P(30)
8,2623	R(17)	8,4024	P(31)
8,2645	R(16)	8,4055	P(32)
8,2673	R(15)	8,4085	P(33)
8,3625	P(18)	8,4117	P(34)
8,3654	P(19)	8,4146	P(35)
8,3685	P(20)	8,4178	P(36)
8,3715	P(21)	8,4213	P(37)
8,3746	P(22)	8,4243	P(38)
8,3779	P(23)		

Schwefelkohlenstoff CS_2 (?)

Rotationsschwingungsübergänge im Elektronengrundterm [311]. Betriebsbedingungen: Strömendes N_2-CS_2-Gemisch; 2 Torr N_2, 0,1 Torr CS_2; der Stickstoff wird vor der Vereinigung durch Gleichspannungsentladung angeregt [277].

$\lambda/\mu m$ (Vakuum)	Übergang	$\lambda/\mu m$ (Vakuum)	Übergang
11,4823^K	001 — 100, P(28)	11,5166	001 — 100, P(38)
*11,4893	P(30)	11,5237	P(40)
11,5962	P(32)	11,5307	P(42)
*11,5031	P(34)	11,5376	P(44)
11,5099	P(36)	*11,5446	P(46)

Ammoniak NH_3 (?)

Mögliche Zuordnung der Linien in [312]. Betriebsbedingungen: Gepulste Entladung hoher Stromdichte in strömendem NH_3; 0,4—2,4 Torr [290].

$\lambda/\mu m$ (Vakuum)	$\lambda/\mu m$ (Vakuum)
21,471	24,918
22,542	26,282
22,563	31,951
23,675	

Molekularer Stickstoff N_2

a) Elektronenbandenübergänge im „zweiten positiven System" $C^3\Pi_u - B\,^3\Sigma_g$, $v = o \rightarrow v = o$. Betriebsbedingungen: Gepulste Entladung hoher Stromdichte in 4 Torr N_2 [235]. Bemerkungen: Auf der dominierenden Linie $\lambda_{\text{Luft}} = 3370,8$ Å lassen sich Pulsleistungen von einigen hundert kW erzeugen [236]; Wellenlängen und Indizierung der Linien nach [237].

$\lambda/\mu m$ (Vakuum)	Übergang	$\lambda/\mu m$ (Vakuum)	Übergang
0,337139	P_1-5	*0,33721	P_2-8,10
0,337162	P_1-7,13	0,337212	P_2-9
0,337168	P_1'-8	0,337216	P_3-5
0,337172	P_1'-12	0,337223	P_3-11
*0,33718	P_1'-10, P_1-11,9	0,337227	P_3-6
0,337189	P_2-6	0,337235	P_3-10
0,337195	P_2-12, P_3-4	0,337237	P_3-7
0,337200	P_2-7	*0,33724	P_3-8,9

b) Elektronenbandenübergänge im „ersten positiven System" $B^3\Pi_g - A\,^3\Sigma_u^+$. Betriebsbedingungen: Gepulste Entladung hoher Stromdichte in 1 bis 4 Torr N_2 [234]. Bemerkungen: Wegen des metastabilen Charakters der Endniveaus ist prinzipiell nur Pulsbetrieb möglich. Wellenlängen und Indizierung der Linien nach [237].

$\lambda/\mu m$ (Vakuum)	Übergang	$\lambda/\mu m$ (Vakuum)	Übergang
0,748480	4 — 2 Bande, Q_1-11	0,757434	3 — 1 Bande, —
*0,748948	Q_1-9	*0,758313	Q_3-13
0,749189	$^PQ_{23}$-7	0,758632	Q_3-11
*0,749377	Q_1-7	0,758855	Q_3-9
0,749775	Q_1-5	0,759199	—
*0,750363	P_1-11	0,759524	Q_1-15

Molekularer Stickstoff N_2 (Fortsetzung)

$\lambda/\mu m$ (Vakuum)	Übergang	$\lambda/\mu m$ (Vakuum)	Übergang
0,760079	3−1 Bande, Q_1-13	*0,885504	1−0 Bande, Q_3-11
0,760608	Q_1-11	0,885704	Q_3-10
*0,761091	Q_1-9	*0,885872	Q_3-9
0,761195	$^PQ_{23}$-5	0,885893	Q_2-13
0,761535	Q_1-7	0,885998	Q_3-8
0,761946	Q_1-5	0,886090	Q_3-7
0,762506	$^PQ_{12}$-11	0,886093	Q_3-5, R_1-9
0,762631	$^PQ_{12}$-9	0,886397	$^RQ_{21}$-5
0,762721	$^PQ_{12}$-7	0,886500	Q_1-15
*0,771418	2−0 Bande, Q_3-9	0,886522	Q_2-11
*0,774602	Q_1-5	0,886941	Q_1-14
0,775483	$^PR_{13}$-1	0,887043	Q_2-9
0,865569	2−1 Bande, R_3-7	*0,887365	Q_1-13
0,865730	Q_3-15	0,887775	Q_1-12
0,866327	Q_3-13	*0,888162	Q_1-11
0,866494	Q_2-15	0,888532	Q_1-10
0,866583	Q_3-12	0,888884	Q_1-9
*0,866810	Q_3-11	0,889150	$^PQ_{23}$-5
0,86700	Q_3-10	0,889219	Q_1-8
*0,867161	Q_3-9	0,889358	$^PQ_{23}$-7
0,867197	Q_2-13	0,889460	$^PQ_{23}$-9
0,867371	Q_3-7	*0,889539	Q_1-7
0,867793	Q_2-11	0,889846	Q_1-6
0,868520	R_1-7	*0,890137	Q_1-5
0,868613	Q_1-13	0,890420	Q_1-4
0,859001	Q_1-12	0,890617	P_1-13
*0,869375	Q_1-11	0,890688	Q_1-3
0,869729	Q_1-10	0,890811	$^PQ_{12}$-11
*0,870067	Q_1-9	0,890911	P_1-11
0,870307	$^PQ_{23}$-5	0,891038	$^PQ_{12}$-9
0,870388	Q_1-8	0,891135	P_1-9
0,870494	$^PQ_{23}$-7	0,891199	$^PQ_{12}$-7
0,870570	$^PQ_{23}$-11	0,891308	$^PQ_{12}$-5,
*0,870696	Q_1-7		P_1-7
0,870986	Q_1-6	0,891373	$^PQ_{12}$-3
*0,871267	Q_1-5	1,043874	0−0 Bande, Q_1-15
0,871533	Q_1-4	1,044548	Q_1-14
0,871690	P_1-13	1,045189	Q_1-13
0,871792	Q_1-3	1,045806	Q_1-12
0,871884	$^PQ_{12}$-11	1,046404	Q_1-11
0,871977	P_1-11	1,046956	Q_1-10
0,872106	$^PQ_{12}$-9	1,047482	Q_1-9
0,872193	P_1-9	1,047979	Q_1-8
*0,872266	$^PQ_{12}$-7	*1,048249	$^PQ_{23}$-7
*0,872374	$^PQ_{12}$-5	1,048461	Q_1-7
*0,872460	$^PQ_{12}$-3	1,048922	Q_1-6
0,883620	1−0 Bande, —	*1,049348	Q_1-5
0,884372	Q_3-15	1,049766	Q_1-4
0,884662	—	1,050161	Q_1-3
0,885001	Q_3-13	*1,050519	$^PQ_{12}$-9
0,885163	Q_2-15	1,050800	$^PQ_{12}$-7
0,885269	Q_3-12	1,051005	$^PQ_{12}$-5

Molekularer Stickstoff N_2 (Fortsetzung)

$\lambda/\mu m$ (Vakuum)	Übergang	$\lambda/\mu m$ (Vakuum)	Übergang
1,051118	0—0 Bande, $^PQ_{12}$-3	*1,231430	Q_1-10
1,052548	$^OQ_{12}$-3	1,232219	Q_1-9
1,052911	$^OP_{12}$-5	1,232962	Q_1-8
1,053382	$^OP_{12}$-7	1,233671	Q_1-7
1,053760	$^OP_{12}$-9	1,234332	Q_1-6
1,230598	0—1 Bande, Q_1-11	1,234969	Q_1-5

c) Elektronenbandenübergänge $a\,{}^1\Pi_g - a'\,{}^1\Sigma_u^-$. Betriebsbedingungen: Gepulste Entladung hoher Stromdichte in 0,6—2 Torr N_2 (3 μm Bereich) bzw. 0,15 Torr N_2 und 0,5 Torr He (8 μm Bereich). Oszillation nur zu Beginn des Pumpimpulses [233].

$\lambda/\mu m$ (Vakuum)	Übergang	$\lambda/\mu m$ (Vakuum)	Übergang
3,29462	2—1 Bande, $Q(14)$	3,45212	1—0 Bande, $Q(12)$
3,30166	$Q(12)$	3,45852	$Q(10)$
3,30755	$Q(10)$	3,46377	$Q(8)$
3,31239	$Q(8)$	3,46804	$Q(6)$
3,31616	$Q(6)$	3,47127	$Q(4)$
3,31892	$Q(4)$	8,18384	0—0 Bande, $Q(8)$
		8,21106	$Q(6)$

Stickoxid NO

Rotationsschwingungsübergänge im Grundtermdublett $^2\Pi_{1/2}$ und $^2\Pi_{3/2}$. Das Spektrum besteht aus zwei überlagerten Banden, die je einem der Grundtermkomponenten zugeordnet sind. Die Linien werden durch $P(J-{}^1/_2)$ bezeichnet [231]. Betriebsbedingungen: Gepulste Entladung in strömendem Gemisch von 0,5 Torr NOCl und 5,8 Torr He [231] oder Anregung durch Photodissoziation von NOCl [243].

$\lambda/\mu m$ (Vakuum)	Übergang $P(J-{}^1/_2)$ in	$^2\Pi_{1/2}$	$^2\Pi_{3/2}$
5,8462	6—5 Bande,		$P(7)$
5,8549		$P(8)$	
5,8584			$P(8)$
5,8706			$P(9)$
5,8789		$P(10)$	
5,9036		$P(12)$	
5,9083			$P(12)$
5,9423	7—6 Bande,		$P(7)$
5,9546			$P(8)$
5,9632		$P(9)$	
5,9673			$P(9)$
5,9756		$P(10)$	
5,9799			$P(10)$
5,9882		$P(11)$	
5,9931			$P(11)$
6,0010		$P(12)$	
6,0054			$P(12)$
6,0192			$P(13)$
6,0267		$P(14)$	
6,0324			$P(14)$
6,0402		$P(15)$	

$\lambda/\mu m$ (Vakuum)	Übergang $P(J-{}^1/_2)$ in	$^2\Pi_{1/2}$	$^2\Pi_{3/2}$
6,0419	8—7 Bande,		$P(7)$
6,0543			$P(8)$
6,0628		$P(9)$	
6,0673			$P(9)$
6,0801			$P(10)$
6,0884		$P(11)$	
6,0934			$P(11)$
6,1015		$P(12)$	
6,1204			$P(13)$
6,1417		$P(15)$	
6,1538	9—8 Bande,	$P(8)$	
6,1576			$P(8)$
6,1663		$P(9)$	
6,1792		$P(10)$	
6,1838			$P(10)$
6,1921		$P(11)$	
6,1972			$P(11)$
6,2055		$P(12)$	
6,2110			$P(12)$
6,2191		$P(13)$	
6,2249			$P(13)$
6,2328		$P(14)$	

Stickoxid NO (Fortsetzung)

$\lambda/\mu m$ (Vakuum)	Übergang in $P(J-{}^1/_2)$			$\lambda/\mu m$ (Vakuum)	Übergang in $P(J-{}^1/_2)$		
		${}^2\Pi^1/_2$	${}^2\Pi^3/_2$			${}^2\Pi^1/_2$	${}^2\Pi^3/_2$
6,2381	10—9 Bande,		$P(6)$	6,3136		$P(12)$	
6,2511			$P(7)$	6,3191			$P(12)$
6,2602		$P(8)$		6,3274		$P(13)$	
6,2645			$P(8)$	6,3336			$P(13)$
6,2778			$P(9)$	6,3764	11—10 Bande,		$P(8)$
6,2865		$P(10)$		6,3894			$P(9)$
6,2913			$P(10)$	6,3980		$P(10)$	
6,2998		$P(11)$		6,4031			$P(10)$
6,3051			$P(11)$	6,4262		$P(12)$	
				6,4321			$P(12)$

Distickstoffoxid N_2O

Rotationsschwingungsübergänge im Elektronengrundterm $X\,{}^1\Sigma_g^+$ des N_2O-Moleküls. Betriebsbedingungen: Alle P-Linien kontinuierlich in strömendem N_2-N_2O-Gemisch mit 0,4 Torr N_2 und 0,1 Torr N_2O (selektive Anregung durch Stöße mit metastabilen N_2^*-Molekülen in Analogie zu N_2-CO_2) [224]. In reinem strömenden N_2O (4—5 Torr) nur bei gepulster Anregung Oszillation [289]. R-Linien nur in strömendem N_2-N_2O-Gemisch bei gepulster Anregung [225].

$\lambda/\mu m$ (Vakuum)	Übergang	Literatur	$\lambda/\mu m$ (Vakuum)	Übergang	Literatur
10,4635	$00^01—10^00,\ R(20)$		10,8523	$00^01—10^00,\ P(20)$	
10,4733	$R(19)$		10,8628	$P(21)$	
10,4811	$R(18)$		10,8736	$P(22)$	
10,4899	$R(17)$		10,8843	$P(23)$	
10,4975	$R(16)$	[225]	10,8951	$P(24)$	[289]
10,5075	$R(15)$		10,9061	$P(25)$	
10,5152	$R(14)$		10,9170	$P(26)$	
10,5241	$R(13)$		10,9280	$P(27)$	
10,5329	$R(12)$		10,9390	$P(28)$	
10,5419	$R(11)$		10,9510	$P(29)$	
10,7698	$P(12)$		10,9612	$P(30)$	
10,7799	$P(13)$		10,9724	$P(31)$	
10,7901	$P(14)$		10,9838	$P(32)$	
10,8005	$P(15)$		10,9951	$P(33)$	[224]
10,8107	$P(16)$	[224]	11,0067	$P(34)$	
10,8212	$P(17)$		11,0184	$P(35)$	
10,8312	$P(18)$		11,0296	$P(36)$	
10,8416	$P(19)$		11,0416	$P(37)$	

Literatur zu Kapitel 6

[1] FABRIKANT, V. A.: Dissertation, Lebedev Institut, Akademie der Wissenschaften UdSSR (1939).

[2] FABRIKANT, V. A.: Patent Nr. 123209 v. 18. 6. 1951; veröff.: Byulleten Izobretenig 1959, S. 29 [genaues Zitat des Patentanspruchs bei S. KASSEL: Soviet laser research, Proc. IEEE 51 (1963) 216—218].

[3] BUTAYEVA, F. A., u. V. A. FABRIKANT: Sammlung verschiedener Artikel in: Akad. Nauk. SSSR, Fiz. Inst. imeni P. N. Lebedeva Issledovaniya po eksp. i teoret. fiz. Sbornik (1959) 62—70.

[4] ABLEKOV, V. K., M. S. PESIN u. I. L. FABELINSKII: The realization of a medium with negative absorption coefficient. Sov. Phys. JETP 12 (1961) 618—619; Russ. 39 (1960) 892—893.

[5] SCHAWLOW, A. L., u. C. H. TOWNES: Infrared and optical masers. Phys. Rev. 112 (1958) 1940—1949.

[6] SANDERS, S. H.: Optical maser design. Phys. Rev. Letters 3 (1959) 86—87.

[7] JAVAN, A.: Possibility of production of negative temperature in gas discharges. Phys. Rev. Letters 3 (1963) 87—89.

[8] JAVAN, A., Possibility of obtaining negative temperature in atoms by electron impact. Quantum Electronics, ed. by C. H. Townes, New York: Columbia University Press 1960, 564—572.

[9] BASOV, N. G., u. O. N. KROKHIN: Production of negative-temperature states by electron excitation in a gas mixture. Sov. Phys. JETP 12 (1961) 1240—1242, Russ. 39 (1960) 1777—1780.

[10] BASOV, N. G., u. O. N. KROHKIN: Population inversion in a discharge in a mixture of two gases. Appl. Opt. 1 (1962) 213—216.

[11] FABRIKANT, V. A.: Negative absorption coefficient produced by discharges in a gas mixture. Sov. Phys. JETP 14, 2 (1961) 375—377; Russ. 41, 2 (1961) 524—527.

[12] FABRIKANT, V. A.: Acad. Nauk. USSR 26 (1962) 61.

[13] RAUTIAN, S. G., u. I. I. SOBELMAN: Negative absorption in metal vapors. Sov. Phys. JETP 12 (1961) 156—158; Russ. 39 (1960) 217—219.

[14] JAVAN, A., W. R. BENNETT, JR., u. D. R. HERRIOTT: Population inversion and continuous optical maser oscillation in a gas discharge containing a He–Ne mixture. Phys. Rev. Letters 6 (1961) 106—110.

[15] MASSEY, H. S. W., u. E. H. S. BURHOP: Electronic and ionic impact phenomena. Oxford: Clarendon Press 1952.

[16] BENNET, JR., W. R.: Inversion mechanism in gas lasers. Appl. Opt., Supplement on Chemical lasers (1965) 14—20.

[17] BENNETT, JR., W. R., u. G. N. MERCER: Super-radiance, excitation mechanism, and quasi cw-oszillation in the visible Ar+ laser, Appl. Phys. Letters 4 (1964) 180—182.

[18] BATES, D. R., u. B. L. MOISEIWITSCH: Proc. Phys. Soc. (London) A 67 (1954) 805; BATES, D. R., J. T. LEWIS: Proc. Phys. Soc. A 68 (1955) 173; BATES, D. R.: Proc. Royal Soc. A 240 (1957), 437; A 243 (1957) 15; A 245 (1958) 299; Proc. Phys. Soc. A 68 (1959) 227.

[19] WADA, J. Y., u. H. HEIL: Electron energy spectra in neon, xenon and helium–neon laser discharges. IEEE J. Q. E. QE-1 (1965) 327—335.

[20] FRANCIS, G.: The glow discharge at low pressure, Handbuch der Physik, Band XXII, Berlin/Göttingen/Heidelberg: Springer 1956, S. 53—208.

[21] LOEB, L. B.: Basic processes of gaseous electronics, Berkeley and Los Angeles: University of California Press 1955.

[22] AISENBERG, S.: Multiple probe measurements in high frequency plasmas lasers. J. Appl. Phys. 35 (1964) 130—134.

[23] VERWEIJ, W.: Probe measurements and determination of electron mobility in the positive column of low-pressure mercury-argon discharges. Thesis, Universität Utrecht 1960; veröff.: Philips Res. Report Suppl. 1—4.

[24] LABUDA, E. F., u. E. I. GORDON: Microwave determination of average electron energy and density in He–Ne discharges. J. Appl. Phys. 35 (1964) 1647—1648.

[25] BEKEFI, G., J. L. HIRSHFIELD u. S. C. BROWN: Kirchhoff's radiation law for plasmas with non-Maxwellian distributions. Phys. Fluids 4 (1961) 173—176.

[26] DATTNER, A.: The plasma resonator. Ericson Technics 2 (1957), 309—350.

[27] YOUNG, R. T.: Calculation of average electron energies in He–Ne discharges. J. Appl. Phys. 36 (1965) 2324—2325.

[28] AISENBERG, S.: The effect of helium on electron temperature and electron density in rare gas lasers. Appl. Phys. Letters 2 (1963) 187—189.

[29] MASSEY, J. T., A. G. SCHULZ, S. M. CANNON u. B. F. HOCHHEIMER: Relationship of electron parameters to external electric parameters in a radio-frequency excited helium–neon discharge. J. Appl. Phys. 36 (1965) 1790—1791.

[30] MIELENZ, K. D., u. K. F. NEFFLEN: Gas mixtures and pressures for optimum output power of rf-excitet helium–neon gas lasers at 632,8 μm. Appl. Optics 4 (1965) 565—567.

[31] GEORGE, N.: Improved population inversion in gaseous lasers. Proc. IEEE 51 (1963) 1152—1153.

[32] ROSENBERGER, D.: Der Gaslaser. Z. angew. Phys. 17 (1964) 7—10.

[33] AHMED, S. A., u. R. KOCHER: Microwave electron resonance pumping of a gaslaser. Proc. IEEE 52 (1964) 1737.

[34] TIEN, P. K., D. MAC NAIR u. H. C. HODGES: Electron beam excitation of gas laser transitions and measurements of cross sections of excitation. Phys. Rev. Letters 12 (1964) 30—33.

[35] HOLSTEIN, T.: Phys. Rev. 72 (1947) 1212; 83 (1951) 1159.

[36] BATES, D. R., u. A. DAMGAARD: Phil. Trans. A 242 (1950) 101.

[37] BENNETT, JR., W. R., P. J. KINDLMANN u. G. N. MERCER: Measurement of excited state relaxation rates. Appl. Opt. Supplement on Chemical Lasers (1965) 34—57.

[38] HÄNSCH, T., u. P. TOSCHEK: Measurement of neon atomic level parameters by laser differential spectrometrie. Phys. Letters 20 (1966) 273—275.

[39] BENTON, E. E., E. E. FERGUSON, F. A. MARSEN u. W. W. ROBERTSON: Cross sections for the-excitation of helium metastable atoms by collisions with atoms. Phys. Rev. 128 (1962) 206—209.

[40] MASSEY, J. T., A. G. SCHULZ, B. F. HOCHHEIMER u. S. M. CANNON: Resonanz energy transfer studies in a helium–neon gas discharge. J. Appl. Phys. 36 (1965) 658—659.

[41] BENNETT, W. R., JR., u. P. J. KINDLMANN: Radiative and collision-induced relaxation of atomic states in the $2p^5\,3p$ configuration of neon. Phys. Rev. 149 (1966) 38—51.

[42] BIONDI, M. A.: Phys. Rev. 88 (1952) 660.

[43] WHITE, A. D., u. E. I. GORDON: Excitation mechanism and current dependence of population inversion in He–Ne lasers. Appl. Phys. Letters 3 (1963) 197—199.

[44] PARKS, J. H., A. SZÖKE u. A. JAVAN: Study of collision-excitation transfer in neon, using He–Ne maser. Bull. Am. Phys. Soc. II, 9 (1964) 490.

[45] FORK, R. L., L. E. HARGROVE u. M. A. POLLACK: Population pulsation and lifetimes in He–Ne lasers. Appl. Phys. Letters 5 (1964) 5.

[46] WHITE, A. D.: Anomalous behaviour of the 6402,84 Å gas laser. Proc. IEEE 52 (1964) 721.

[47] BENNETT, JR., W. R., P. J. KINDLMANN u. G. N. MERCER: Measurement of excited state relaxation rates. Appl. Opt. Suppl. on Chemical Lasers (1965) 34—57.

[48] KLOSE, J. Z.: Atomic lifetimes in neon I. Phys. Rev. 141 (1966) 181—186.

[49] KOSTER, G. F., u. H. STATZ: Probabilities for the neon laser transitions. J. Appl. Phys. 32 (1961) 2054.

[50] CORDOVER, R. H., A. SZÖKE u. A. JAVAN: Resonance experiments on the excited states of neon. Bull. Am. Phys. Soc. II, 9 (1964) 490.

[51] McFARLANE, R. A., C. K. PATEL u. W. R. BENNETT, JR.: New He–Ne optical maser transitions. Proc. IEEE 50 (1962) 2111—2112.

[52] RIGDEN, J. D., u. A. D. WHITE: The interaction of visible and infrared maser transitions in the helium–neon system. Quantum Electronics I, ed. by P. Grivet, N. Bloembergen, New York: Columbia University Press 1964, S. 499—505; Proc. IEEE 51 (1963) 943—945.

[53] WHITE, A. D., u. J. D. RIDGEN: Continuous gas maser operation in the visible. Proc. IRE 50 (1962) 1697.

[54] DER AGOBIAN, R., J.-L. OTTO, R. ECHARD u. R. CAGNARD: Emission stimulée de nouvelles transitions infrarouges du néon. Compt. Rend. 257 (1963) 3844—3847.

[55] ZITTER, R. N.: 2s—2p and 3p—2s transitions of neon in a laser ten meters long. J. Appl. Phys. 35 (1964) 3070—3071.

[56] BENNETT, JR., W. R., u. J. W. KNUTSON, JR.: Simultaneous laser oscillation on the neon doublet at 1,1523 microns. Proc. IEEE 52 (1964) 861.

[57] SEVERIN, P. J.: The quenching of light by microwave incident on a negative glow plasma in a cold cathode glow discharge in a helium–neon mixture. Phys. Letters 9 (1964) 129.

[58] BLOOM, A. L., u. R. C. REMPEL: Laser operation at 3,39 μm in a helium–neon mixture. Appl. Opt. 2 (1963) 317—318.

[59] BLOOM, A. L.: Observation of new visible gas laser transitions by removal of dominance. Appl. Phys. Letters 2 (1963) 101—102.

[60] WHITE, A. D., u. J. D. RIGDEN: The effect of super-radiance at 3,39 μm on the visible transitions in the He–Ne maser. Appl. Phys. Letters 2 (1963) 211—212.

[61] MOORE, C. B.: Gas-laser frequency selection by molecular absorption. Appl. Opt. 4 (1965) 252—253.

[62] BLOOM, A. L., u. D. L. HARDWICK: Operation of He–Ne Laser in the "fordbidden" resonator region. Phys. Letters 20 (1966) 373—374.

[63] BURLAMACCHI, P., u. G. TORALDO DI FRANCIA: Selection of the 6401 Å line in a He–Ne laser with hemispherical geometrie. Il Nuovo Cimento 42 B (1) (1966) 186—188.

[64] ROSENBERGER, D.: Schwingverhalten und Wechselwirkung der 0,63 μm und 3,39 μm Oszillationen bei einem He–Ne-Laser mit kleinem Spiegelabstand. Phys. Letters 8 (1964) 187—189.

[65] CAGNARD, R., R. DER AGOBIAN, R. ECHARD u. J.-L. OTTO: L'emission stimulée de quelques transitions infrarouges de l'hélium et du néon. Compt. Rend. 257 (1963) 1044 bis 1047.

[66] GERRITSEN, H. J., u. P. V. GOEDERTIER: A gaseous (He–Ne) cascade laser. Appl. Phys. Letters 4 (1964) 20.

[67] ROSENBERGER, D.: Oscillation of three 3p—2s transistions in a He–Ne laser. Phys. Letters 9 (1964) 29—31.

[68] GRUDZINSKY, R., M. PAILLETTE u. J. BECRELLE: Étude de transitions laser couplées dans mélange hélium–néon. Compt. Rend. 258 (1964) 1452—1454.

[69] DER AGOBIAN, R., J. L. OTTO, R. CAGNARD u. R. ECHARD: New Ne laser transitions in the near infrared. J. Appl. Phys. 35 (1964) 2787.

[70] RIGDEN, J. D., u. A. D. WHITE: Simultaneous gas maser action in the visible and infrared. Proc. IRE 50 (1962) 2366—2367.

[71] GRUDZINSKI, R., u. J. SPALTER: Utilisation d'un laser à gaz pour l'étude de l'amplification d'un melange gazeux. Quantum Electronics I, ed. by P. Grivet, N. Bloembergen, New York: Columbia University Press 1964, 515—521.

[72] BENNETT, JR., W. R.: Gaseous optical masers. Appl. Opt. Suppl. on Optical Masers 1 (1962) 24—61.

[73] HERZIGER, G., W. HOLZAPFEL u. W. SEELIG: Verstärkung einer He-Ne-Gasentladung für die Laserwellenlänge λ = 6328 AE. Z. Phys. 189 (1966) 385—400.

[74] SPILLER, E.: Experimental investigations on gain and maximum output of the He–Ne laser. Z. Phys. 182 (1965) 487—498.

[75] GORDON, E. I., u. A. D. WHITE: Similarity laws for the effects of pressure and discharge diameter on gain of He–Ne lasers. Appl. Phys. Letters 3 (1963) 199—201.

[76] WHITE, A. D.: Increased power output of the 6328 Å gas maser. Proc. IEEE 51 (1963) 1669.

[77] MOELLER, G. K., u. T. K. McCUBBIN, JR.: Study of helium–neon laser amplification at 3,39 μm. Appl. Opt. 4 (1965) 1412—1415.

[78] SZÖKE, A. u. A. JAVAN: Isotope shift and saturation behaviour of the 1,15 μ transition of Ne. Phys. Rev. Letters 10 (1963) 521—524.

[79] CORDOVER, R. H., T. S. JASEJA u. A. JAVAN: Isotope shift measurement for 6328 Å He–Ne laser transition. Appl. Phys. Letters 7 (1965) 322—324.

[80] PETRASH, G. G., u. I. N. KNYAZEV: Study of pulsed laser generation in neon and in mixtures of neon and helium. Sov. Phys. JETP 18 (1964) 571, in Russ. 45 (1963) 833.

[81] CLUNIE, D. M., u. N. H. ROCK: Optical gain in neon and helium/neon pulsed discharges. Phys. Letters 13 (1964) 213—214.

[82] KOBOYASHI, S., H. OKAMOTO u. M. KAMIYAMA: Characteristics of a pulsed high-pressure He–Ne laser. IEEE J. Q. E. QE-1 (1965) 222—223.

[83] TOYODA, K. u. C. YAMANAKA: Enhanced lasing of the high pressure He–Ne laser. IEEE J. Q. E. QE-1 (1965) 281—283.

[84] SMITH, P. W.: Linewidth and saturation parameters for the 6328 Å transition in a He–Ne laser. J. Appl. Phys. 37 (1966) 2089—2093.

[85] SMITH, P. W.: The output power of a 6328 Å He–Ne gaslaser. IEEE J Q. E. QE-2 (1966) 62—68.

[86] Handbook of Mathematical Functions: M. ABRAMOWITZ and I. A. STEGUN, Eds., Washington/D. C.: National Bureau of Standards (1964) 297—330.

[87] SMITH, P. W.: On the optimum geometrie of a 6328 Å laser oscillator. IEEE J. Q. E. QE-2 (1966) 77—79.

[88] FORK, R. L., u. M. A. POLLACK: Mode competition and collision effects in gaseous optical masers. Phys. Rev. 139 (1965) A 1408—1414.

[89] FORK, R. L., D. R. HERRIOTT u. H. KOGELNIK: A scanning spherical mirror interferometer for spectral analysis of laser radiation. Appl. Opt. 3 (1964) 1471—1484.

[90] GOLSBOROUGH, J. P.: Beat frequencies between modes of a concave-mirror optical resonator. Appl. Opt. 3 (1964) 267—275.

[91] FAUST, W. L., u. R. A. McFARLANE: Line strengths for noble-gas maser transitions; calculations of gain/inversion at various wavelenghts. J. Appl. Phys. 35 (1964) 2010 bis 2015.

[92] McCLURE, R. E.: Mode locking behavior of gas lasers in long cavities. Appl. Phys. Letters 7, 6 (1965) 148—150.

[93] DeLANG, H., G. BOUWHUIS u. E.·T. FERGUSON: Saturation-induced anisotropy in a gaseous medium in zero magnetic field. Phys. Letters 19, 6 (1965) 482—484.

[94] POLDER, D., u. W. VAN HAERINGEN: The effect of saturation on the ellipticity of modes in gas lasers. Phys. Letters 19, 5 (1965) 380—381.

[95] CULSHAW, W., u. J. KANNELAUD: Coherence effects in gaseous lasers with axial magnetic fields. I. Theoretical. Phys. Rev. 141, 1 (1966) 228—236.

[96] KANNELAUD, J., u. W. CULSHAW: Coherence effects in gaseous lasers with axial magnetic fields. II. Experimental. Phys. Rev. 141, 1 (1966) 237—245.

[97] DOYLE, M., u. M. B. WHITE: Frequency splitting and mode competition in a dual-polarization He–Ne gas laser. Appl. Phys. Letters 5, 10 (1964) 193—195.

[98] AHMED, S. A., R. C. KOCHER u. H. J. GERRITSEN: Gas lasers in magnetic fields. Proc. IEEE 52 (1964) 1356—1357.

[99] SKOLNICK, M. L., T. G. POLANYI u. I. TOBIAS: The measurement of magnetically induced mode splitting in lasers. Phys. Letters 19, 5 (1965) 386—387.

[100] HEER, C. V., u. R. D. GRAFT: Theory of magnetic effects in optical maser amplifiers and oscillators. Phys. Rev. 140 (1965) A 1088—A 1104.

[101] FORK, R. L., u. M. SARGENT, III: Mode competition and frequency splitting in magnetic-field-tuned optical masers. Phys. Rev. 139 (1965) A 617—A 618.

[102] D'YAKONOV, M. I.: On the theory of the gas laser in a weak longitudinal magnetic field. Sov. Phys. JETP 22, 4 (1966) 812—819.

[103] CULSHAW, W., u. J. KANNELAUD: Effects of transverse and axial magnetic fields on gaseous lasers. Phys. Rev. 145, 1 (1966) 257—267.

[104] PELIKAN, H.: Frequency and polarization locking phenomena in a laser with axial magnetic field. Phys. Letters 21, 6 (1966) 652—653.

[105] KANNELAUD, J., u. W. CULSHAW: Interaction between the axial modes of a *Zeeman* laser. Appl. Phys. Letters 9, 3 (1966) 120—123.

[106] BOCKASTEN, K., T. LUNDHOLM u. O. ANDRADE: Laser lines in atomic and molecular hydrogen. J. Opt. Soc. Am. 56, 9 (1966) 1260—1261.

[107] MARSHALL, T. C.: De-activation of neon metastables by H_2, Plasma Laboratory, Report No. 8, Columbia University, New York 1964.

[108] FAUST, W. L., R. A. McFARLANE, C. K. N. PATEL u. C. G. D. GARRETT: Gas maser spectroscopy in the infrared. Appl. Phys. Letters 1 (1962) 85—88.

[109] PATEL, C. K. N., W. R. BENNETT, JR., W. L. FAUST u. R. A. McFARLANE: Infrared spectroscopy using stimulated emission techniques. Phys. Rev. Letters 9 (1962) 102 bis 104.

[110] FAUST, W. L., R. A. McFARLANE, C. K. N. PATEL u. C. G. B. GARRETT: Noble gas optical maser lines at wavelengths between 2 and 35 microns. Phys. Rev. 133 (1964) A 1476—1486.

[111] PATEL, C. K. N., W. L. FAUST, R. A. McFARLANE u. C. G. B. GARRETT: Laser action up to 57,355 microns in gaseous discharges (Ne, He–He). Appl. Phys. Letters 4 (1964) 18—19.

[112] McFARLANE, R. A., W. L. FAUST, C. K. N. PATEL u. C. G. B. GARRETT: Neon gas maser lines at 68,329 microns and 85,047 microns. Proc. IEEE 52 (1964) 318.

[113] PATEL, C. K. N., W. L. FAUST, R. A. MCFARLANE u. C. G. B. GARRETT: CW optical maser action up to 133 microns (0,133 mm) in neon discharges. Proc. IEEE 52 (1964) 713.

[114] BROCHARD, J., u. S. LIBERMAN: Emission stimulée de nouvelles transitions infrarouges de l'hélium et du néon. Compt. Rend. 260 (1965) 6827—6829.

[115] PATEL, C. K. N., FAUST, W. L., u. R. A. MCFARLANE: High gain gaseous (Xe–He) optical masers. Appl. Phys. Letters 1 (1962) 84—85.

[116] PAANANEN, R. A., u. D. L. BOBROFF: Very high gain gaseous (Xe–He) optical maser at 3,5 μ. Appl. Phys. Letters 2 (1963) 99—100.

[117] BRIDGES, W. B.: High optical gain at 3,5 μ in pure xenon. Appl. Phys. Letters 3 (1965) 45—47.

[118] LIBERMAN, S.: Emission stimulée de nouvelles transitions infrarouges de l'argon, du krypton et du xenon. Compt. Rend. 261 (1965) 2601—2604.

[119] WALTER, W. T., u. S. M. JARRETT: Strong 3,27 micron laser oscillation in xenon. Appl. Opt. 3 (1964) 789.

[120] GROSOF, G., u. R. TARG: Enhancement in mercury-krypton and xenon-krypton gaseous discharges. Appl. Opt. 2 (1963) 299—302.

[121] BRUNETT, H.: Laser gain measurements in a xenon–krypton discharge. Appl. Opt. 4 (1965) 1354.

[122] CLARK, P. O.: Investigation of the operating characterictics of a 3,5 μ xenon laser. IEEE J. Q. E. QE-1 (1965) 109—113.

[123] KLÜVER, J. W.: Laser amplifier noise at 3,5 microns in helium-xenon. J. Appl. Phys. 37, 8 (1966) 2987—2999.

[124] PAANANEN, R. A., C. L. TANG u. F. A. HORRIGAN: Laser action in Cl_2 and $HeCl_2$. Appl. Phys. Letters 3, 9 (1963) 154.

[125] PAANANEN, R. A., u. F. A. HORRIGAN: Near infrared lasering in $NeCl_2$ and $HeCl_2$. Proc. IEEE 52, 10 (1964) 1261.

[126] BOCKASTEN, K.: On the classification of laser lines in chlorine and iodine. Appl. Phys. Letters 4, 7 (1964) 118.

[127] JARRETT, S. M., J. NUNEZ u. G. GOULD: Infrared laser oscillation in HBr and HI gas discharges. Appl. Phys. Letters 7, 11 (1965) 294—296.

[128] JARRETT, S. M., J. NUNEZ u. G. GOULD: Laser oscillation in atomic Cl and I in the HCl and HI gas discharges. Appl. Phys. Letters 8, 6 (1966) 150—151.

[129] PATEL, C. K. N., R. A. MCFARLANE u. W. L. FAUST: Optical maser action in C, N, O, S and Br on dissociation of diatomic or polyatomic molecules. Phys. Rev. 133 (1964) A 1244.

[130] TUNITSKY, L. N., u. E. M. CHERKASOV: Interpretation of oscillation lines in Ar–Br_2 laser. J. Opt. Soc. Am. 56, 12 (1966) 1783—1784.

[131] BENNETT, JR., W. R., W. L. FAUST, R. A. MCFARLANE u. C. K. N. PATEL: Dissociative excitation transfer and optical maser oscillation in Ne–O_2 and Ar–O_2 discharges. Phys. Rev. Letters 8 (1963) 470—474.

[132] JACOBS, G. B.: Oxygen laser aging characteristics. Proc. IEEE 52 (1964) 1259.

[133] SHIMAZU, M., u. Y. SUZAKI: On the new laser oscillations in He–N_2, Ne–N_2, He-air, Ne-air, He–CO_2 and Ne–CO_2 discharges. Japan J. Appl. Phys. 3 (1964) 561.

[134] SHIMAZU, M., u. Y. SUZAKI: Laser oscillations in silicon tetrachloride vapor. Japan J. Appl. Phys. 4, 10 (1965) 819.

[135] DOYLE, W. M.: Use of time resolution in identifying laser transitions in a mercury-rare gas discharge. J. Appl. Phys. 35 (1964) 1348—1349.

[136] RIGDEN, J. D., u. A. D. WHITE: Optical maser action in iodine and mercury discharges. Nature 198 (1963) 774.

[137] PAANANEN, R. A., C. C. TANG, F. A. HORRIGAN u. H. STATZ: Optical maser action in He–Hg RF discharges. J. Appl. Phys. 34 (1963) 3148.

[138] FOWLES, G. R., u. W. T. SILFVAST: High-gain laser transition in lead vapor. Appl. Phys. Letters 6 (1965) 236—237.

[139] PILTCH, M., W. T. WALTER, N. SOLIMENE, G. GOULD u. W. R. BENNETT, JR.: Pulsed laser transitions in manganese vapor. Appl. Phys. Letters 7 (1965) 309—310.

[140] WALTER, W. T., M. PILTCH, N. SOLIMENE u. G. GOULD: Pulsed laser action in atomic copper vapor. Bull. Am. Phys. Soc. 11 (1966) 113.

[141] WALTER, W. T., N. SOLIMENE, M. PILTCH u. G. GOULD: Efficient pulsed gas discharge lasers. IEEE J. Q. E. QE-2, 9 (1966) 474—479.

[142] HEARD, H. G., u. J. PETERSEN: Super-radiant yellow and organge laser transitions in pure neon. Proc. IEEE 52 (1964) 1258.

[143] ROSENBERGER, D.: Laserübergänge und Superstrahlung bei 6143 Å und 5944 Å in einer gepulsten Neon-Entladung. Phys. Letters 13 (1964) 228—229.

[144] CLUNIE, D. M., R. S. A. THORN u. K. E. TREZISE: Asymetric visible super-radiant emission from a pulsed neon discharge. Phys. Letters 14 (1965) 28—29.

[145] ROSENBERGER, D.: Superstrahlung in gepulsten Argon-, Krypton- und Xenon-Entladungen. Phys. Letters 14 (1965) 32.

[146] LEONARD, D. A., R. A. NEAL u. E. T. GERRY: Oberservation of a super-radiant self-terminating green laser transition in neon. Appl. Phys. Letters 7 (1965) 175.

[147] MCFARLANE, R. A., W. L. FAUST u. C. K. N. PATEL: Oscillations on f–d transitions in neon in a gas optical maser. Proc. IEEE 51, 3 (1963) 468.

[148] GOLDSBOROUGH, J. P., E. B. HODGES u. W. E. BELL: RF Induction excitation of cw visible laser transitions in ionized gases. Appl. Phys. Letters 8, 6 (1966) 137—139.

[149] BELL, W. E.: Ring discharge excitation of gas ion lasers. Appl. Phys. Letters 7, 7 (1965) 190—191.

[150] BRIDGES, W. B., u. A. N. CHESTER: Spectroscopy of ion lasers. IEEE J. Q. E. QE-1, 2 (1965) 66—84.

[151] BELL, W. E.: Visible laser transitions in Hg⁺. Appl. Phys. Letters 4 (1964) 34—35.

[152] BRIDGES, W. B.: Laser oscillation in singly ionized argon in the visible spectrum. Appl. Phys. Letters 4 (1964) 128—130.

[153] CONVERT, G., M. ARMAND u. P. MARTINOT-LAGARDE: Effet laser dans des mélanges mercure-gaz rares. Compt. Rend. 258 (1964) 3259—3260.

[154] CONVERT, G., M. ARMAND u. P. MARTINOT-LAGARDE: Transitions laser visibles dans l'argon ionisé. Compt. Rend. 258 (1964) 4467—4469.

[155] BENNETT, JR., W. R., J. W. KNUTSON, JR., G. N. MERCER u. J. L. DETCH: Super-radiance, excitation mechanisms, and quasi-cw oscillation in the visible Ar⁺ laser. Appl. Phys. Letters 4 (1964) 180—182.

[156] BRIDGES, W. B.: Laser action in singly ionized krypton and xenon. Proc. IEEE 52 (1964) 843—844.

[157] BLOOM, A. L., W. E. BELL u. F. O. LOPEZ: Laser spectroscopy of a pulsed mercury-helium discharge. Phys. Rev. 135 (1964) A 578—A 579.

[158] GERRITSEN, H. J., u. P. V. GOEDERTIER: Blue gas laser using Hg²⁺. J. Appl. Phys. 35 (1964) 3060—3061.

[159] GORDON, E. I., E. F. LABUDA u. W. B. BRIDGES: Continuous visible laser action in singly ionized argon, krypton and xenon. Appl. Phys. Letters 4 (1964) 178—180.

[160] GORDON, E. I., u. E. F. LABUDA: Gas pumping in continuously operated ion lasers. Bell Syst. Techn. J. 43 (1964) 1827—1829.

[161] DER AGOBIAN, R., J. L. OTTO, R. CAGNARD, J. BARTHÉLÉMY u. R. ÉCHARD: Émission stimulée en régime permanent dans le spectre visible du krypton ionisé. Compt. Rend. 260 (1965) 6327—6329.

[162] MCFARLANE, R. A.: Laser oscillation on visible and ultraviolet transistions of singly and multiply ionized oxygen, carbon, and nitrogen. Appl. Phys. Letters 5 (1964) 91—93.

[163] BRIDGES, W. B., u. A. N. CHESTER: Visible and UV laser oscillation at 118 wavelengths in ionized neon, argon, krypton, xenon, oxygen and other gases. Appl. Opt. 4 (1965) 573—580.

[164] FOWLES, G. R., u. R. C. JENSEN: Visible laser transitions in the spectrum of singly ionized iodine. Proc. IEEE 52 (1964) 851—852.

[165] FOWLES, G. R., u. R. C. JENSEN: Visible laser transitions in ionized iodine. Appl. Opt. 3 (1964) 1191—1192.

[166] MCFARLANE, R. A.: Optical maser oscillation on iso-electronic transitions in Ar III and Cl II. Appl. Opt. 3 (1964) 1196.

[167] LAURES, P., L. DANA u. C. FRAPARD: Nouvelles transitions laser dans le domaine 0,42-0,52 μ obtenues à partir du spectre du krypton ionisé. Compt. Rend. 258 (1964) 6363—6365.

[168] Laures, P., L. Dana u. C. Frapard: Nouvelles raies laser visibles dans le xenon ionisé. Compt. Rend. 259 (1964) 745—747.

[169] Dana, L., u. P. Laures: Stimulated emission in krypton and xenon ions by collisions with metastable atoms. Proc. IEEE 53 (1965) 78—79.

[170] Cheo, P. K., u. H. G. Cooper: Ultraviolet ion laser transitions between 2300 Å and 4000 Å. J. Appl. Phys. 36 (1965) 1862—1865.

[171] Sinclair, D. C.: Near-infrared oscillation in pulsed noble gas ion lasers. J. Opt. Soc. Am. 55 (1965) 571—572

[172] Dana, L., P. Laures u. R. Rocherolles: Raies laser ultraviolettes dans le neon, l'argon et le xenon. Compt. Rend. 260 (1965) 481—484.

[173] Horrigan, F. A., S. H. Koozekanani u. R. A. Paananen: Infrared laser action and lifetimes in argon II. Appl. Phys. Letters 6 (1965) 41—43.

[174] Jensen, R. C., u. G. R. Fowles: New laser transitions in iodine-inert gas mixtures. Proc. IEEE 52 (1964) 1350.

[175] Paananen, R.: Continuously-operated ultraviolet lasers. Appl. Phys. Letters 9 (1966) 34—35.

[176] Bell, W. E., A. L. Bloom u. J. P. Goldsborough: Visible laser transitions in ionized selenium, arsenic, and bromine. IEEE J. Q. E. (1965) 400.

[177] Zarowin, C. B.: New visible cw laser lines in singly-ionized chlorine. Appl. Phys. Letters 9 (1966) 241—242.

[178] Rudko, R. I., u. C. L. Tang: Effects of cascade in the excitation of the Ar II laser. Appl. Phys. Letters 9 (1966) 41—44.

[179] Ballik, E. A., W. R. Bennett, Jr., u. G. N. Mercer: Temperatures, Lorentzian widths, and drift velocities in the argon-ion laser. Appl. Phys. Letters 8 (1966) 214 bis 216.

[180] Bennett, Jr., W. R., E. A. Ballik u. G. N. Mercer: Spontaneous-emission line shape of ion laser transitions. Phys. Rev. Letters 16 (1966) 603—605.

[181] Bloom, A. L., R. L. Byer u. W. E. Bell: Emission line widths of ion lasers. Phys. Quant. Electr., New York: McGraw-Hill 1966, S. 688—689.

[182] Bloom, A. L.: Gas lasers. Proc. IEEE 54 (1966) 1262.

[183] Statz, H., F. A. Horrigan u. S. H. Koozekanani: Transition probabilities for some Ar II laser lines. J. Appl. Phys. 36 (1965) 2278—2286.

[184] Bennett, Jr., W. R., P. J. Kindlmann, G. N. Mercer u. J. Sunderland: Relaxation rates of the Ar$^+$ laser levels. Appl. Phys. Letters 5 (1964) 158—160.

[185] Bakos, J., J. Szigeti u. L. Varga: The lifetimes of ionized argon states. Phys. Letters 20 (1966) 503—504.

[186] Gordon, E. I., E. F. Labuda, R. C. Miller u. C. E. Webb: Excitation mechanisms of the argon ion laser, Phys. of Quant. Electr., New York: McGraw-Hill 1966, S. 664—673.

[187] Labuda, E. F., E. I. Gordon u. R. C. Miller: Continuous-duty argon ion lasers. IEEE J. Q. E. QE-1 (1965) 273—279.

[188] Cheo, P. K., u. H. G. Cooper: Evidence for radiation trapping as a mechanism for quenching and ring-shaped beam formation in ion lasers. Appl. Phys. Letters 6 (1965) 177—178.

[189] Gorog, I., u. F. W. Spong: High pressure, high magnetic field effects in continuous argon lasers. Appl. Phys. Letters 9 (1966) 61—63.

[190] Rosenberger, D.: Schwingverhalten eines kurzen Ar$^+$-Lasers und Wechselwirkung zweier gekoppelter Schwingungen. Entwicklungsb. Siemens & Halske, 27. Jg. (1964) 299—301.

[191] Rosenberger, D.: Anomale Wechselwirkung von gekoppelten Schwingungen im kontinuierlichen Argon-Ionen-Laser. Phys. Letters 22 (1966) 54—55.

[192] Rigrod, W. W., u. T. J. Bridges: Bistable traveling-wave oscillations of ion ring laser. IEEE J. Q. E. QE-1 (1965) 298—303.

[193] Bridges, T. J., u. W. W. Rigrod: Output spectra of the argon ion laser. IEEE J. Q. E. QE-1 (1965) 303—308.

[194] Neusel, R. H.: Gas pumping in repetitively pulsed ion lasers. IEEE J. Q. E. QE-2, 8 (1966) 331—333.

[195] Paananen, R. A.: Progress in ionized-argon lasers. IEEE Spectrum 3, 6 (1966) 88—89.

[196] GADDY, O. L., u. E. M. SCHAEFER: Self-locking modes in the argon ion laser. Appl. Phys. Letters 9, 8 (1966) 281—282.

[197] MERCER, G. N., V. P. CHEBOTAYEV u. W. R. BENNETT, JR.: Radial drift velocities in the argon ion laser. Appl. Phys. Letters 10, 6 (1967) 177—179.

[198] HERNQVIST, K. G., u. J. R. FENDLY, JR.: Construction of long life argon lasers. IEEE J. Q. E. QE-3 (1967) 66—72.

[199] BENNETT, JR., W. R., G. N. MERCER, P. J. KINDLMANN, B. WEXLER u. H. Hyman: Direct electron excitation cross sections pertinent to the argon ion laser. Phys. Rev. Letters 17, 19 (1966) 987—991.

[200] WIEDER, I., u. G. B. McCURDY: Isotope shifts and the role of fermi resonance in the CO_2 infrared maser. Phys. Rev. Letters 16, 13 (1966) 565—567.

[201] McCURDY, G. B., u. I. WIEDER: Generation of new infrared maser frequencies by isotopic substitution. IEEE J. Q. E. QE-2, 9 (1966) 385—387.

[202] PATEL, C. K. N.: Continuous-wave laser action on vibrational-rotational transitions of CO_2. Phys. Rev. 136 (1964) A 1187—A 1193.

[203] LEGAY, F. u. N. LEGAY-SOMMAIRE: Sur les possibilités de réalisation d'un maser optique utilisant l'énergie de vibration des gaz excités par l'azote activé. Compt. Rend. 259 (1964) 99—103.

[204] PATEL, C. K. N.: Selective excitation through vibrational energy transfer and optical maser action in N_2-CO_2. Phys. Rev. Letters 13 (1964) 617.

[205] STATZ, H.: Transition probalities between laser states in carbon dioxide. J. Appl. Phys. 37, 11 (1966) 4278—4284.

[206] WITTEMAN, W. J.: Inversion mechanisms, population densities and coupling-out of a high-power molecular laser. Philips Res. Repts. 21 (1966) 73—84.

[207] PATEL, C. K. N.: Vibration energy transfer — an efficient means of selective excitation in molecules. Phys. of Quantum Electronics, New York: McGraw-Hill 1966, S. 643—654.

[208] PATEL, C. K. N.: Interpretation of CO_2 optical maser experiments. Phys. Rev. Letters 12, 21 (1964) 588.

[209] PATEL, C. K. N.: CW high-power N_2-CO_2 laser. Appl. Phys. Letters 7, 1 (1965) 15—17.

[210] MOELLER, G., u. J. D. RIGDEN: High-power laser action in CO_2-He mixtures. Appl. Phys. Letters 7, 10 (1965) 274—276.

[211] PATEL, C. K. N., P. K. TIEN u. J. H. McFEE: CW high-power CO_2-N_2-He laser. Appl. Phys. Letters 7, 11 (1965) 290—292.

[212] WITTEMAN, W. J.: Increasing continuous laser-action on CO_2 rotational vibrational transitions through selective depopulation of the lower laser level by means of water vapour, Phys. Letters 18, 2 (1965) 125—127.

[213] WITTEMAN, W. J.: Rate-determining processes for the production of radiation in high-power molecular lasers, IEEE J. Q. E. QE-2, 9 (1966) 375—378.

[214] ROSENBERGER, D.: The influence of hydrogen on the output of a N_2-CO_2 laser, Phys. Letters 21, 5 (1966) 520—521.

[215] BRIDGES, T. J., u. C. K. M. PATEL: High-power brewster window laser at 10.6 microns. Appl. Phys. Letters 7, 9 (1965) 244—245.

[216] HOWE, J. A.: Effect of foreign gases on the CO_2 laser: R-branch transitions. Appl. Phys. Letters 7, 1 (1965) 21—22.

[217] MOELLER, G., u. J. D. RIGDEN: Observation of laser action in the R-branch of CO_2 and N_2O vibrational spectra, Appl. Phys. Letters 8, 3 (1966) 69—70.

[218] FRAPARD, C., P. LAURES, M. ROULOT, X. ZIEGLER u. N. LEGAY-SOMMAIRE: Mise en évidence de 85 oscillations laser nouvelles sur trois transitions vibrationelles de l'anhydride carbonique. Compt. Rend. 262, 20 (1966) 1340—1343.

[219] HOCKER, L. O., M. A. KOVACS, C. K. RHODES, G. W. FLYNN u. A. JAVAN: Vibrational relaxation measurements in CO_2 using an induced-fluorescence technique. Phys. Rev. Letters 17, 5 (1966) 233—235.

[220] FLYNN, G. W., L. O. HOCKER, A. JAVAN, M. A. KOVACS u. C. K. RHODES: Progress and applications of Q-switching techniques using molecular gas lasers. IEEE J. Q. E. QE-2, 9 (1966) 378—381.

[221] FLYNN, G. W., M. A. KOVACS, C. K. RHODES u. A. JAVAN: Vibrational and rotational studies using Q-switching of molecular gas lasers. Appl. Phys. Letters 8, 3 (1966) 63—65.

[222] Bridges, T. J.: Competition, hysteresis and reactive Q-switching in CO_2 lasers at 10,6 microns. Appl. Phys. Letters 9, 4 (1966) 174—176.

[223] Rigden, J. D., u. G. Moeller: Recent developments in CO_2 lasers. IEEE J. Q. E. QE-2, 9 (1966) 365—368.

[224] Patel, C. K. N.: CW Laser action in N_2O (N_2–N_2O System). Appl. Phys. Letters 6, 1 (1965) 12—13.

[225] Howe, J. A.: R-branch laser action in N_2O. Phys. Letters 17, 3 (1965) 252—253.

[226] Laures, P., u. X. Ziegler: Lasers moléculaires de grande puissance en fonctionnement continu et en impulsions. J. Chim. Phys. 64 (1967) 100—106.

[227] Patel, C. K. N.: CW laser oscillation in an N_2–CS_2 system. Appl. Phys. Letters 7, 10 (1965) 273—274.

[228] Deutsch, T. F.: OSC molecular laser. Appl. Phys. Letters 8, 12 (1966) 334—335.

[229] Patel, C. K. N.: Vibrational-rotational laser action in carbon monoxide. Phys. Rev. 141, 1 (1966) 71—83.

[230] Patel, C. K. N.: CW laser on vibrational-rotational transitions of CO. Appl. Phys. Letters 7, 9 (1965) 246—247.

[231] Deutsch, T. F.: NO molecular laser. Appl. Phys. Letters 9, 8 (1966) 295—297.

[232] Bazhulin, P. A., I. N. Kynazev u. G. G. Petrash: Stimulated emission from molecular hydrogen and deuterium in the near infrared. Sov. Phys. JETP 22 (1966) 11—16.

[233] McFarlane, R. A.: Stimulated emission spectroscopy of some diatomic molecules. Physics of Quant. Electr., New York: McGraw Hill 1966, S. 655—663.

[234] Mathias, L. E. S., u. J. T. Parker: Stimulated emission in the band spectrum of nitrogen. Appl. Phys. Letters 3, 1 (1963) 16.

[235] Heard, H. G.: Ultra-violet gas laser at room temperature. Nature 200 (1963) 667.

[236] Shipman, J. D., u. A. C. Kolb: A high power pulsed nitrogen laser. IEEE J. Q. E. QE-2 (1966) 298.

[237] Kasuya, T., u. D. R. Lide, Jr.: Measurements on the molecular nitrogen pulsed laser. Appl. Opt. 6, 1 (1967) 69—70.

[238] Mathias, L. E. S., u. J. T. Parker: Visible laser oscillations from carbon monoxide. Phys. Letters 7 (1963) 194.

[239] Cheo, P. K., u. H. G. Cooper: Excitation mechanisms of population inversion in CO and N_2 pulsed lasers. Appl. Phys. Letters 5, 3 (1964) 42—44.

[240] Cooper, H. G., u. P. K. Cheo: Dependence of the recovery time of the pulsed carbon monoxide laser on gas pressure and tube bore. Appl. Phys. Letters 5, 3 (1964) 44 bis 46.

[241] Rabinowitz, P., S. Jacobs u. G. Gould: Continuous optically pumped Cs laser. Appl. Opt. 1, 4 (1962) 513—516.

[242] Kaspar, J. V. V., u. G. C. Pimentel: Atomic iodine photodissociation laser. Appl. Phys. Letters 5, 11 (1964) 231—233.

[243] Pollack, M. A.: Molecular laser action in nitric oxide by photodissociation of NOCl. Appl. Phys. Letters 9, 2 (1966) 94—96.

[244] Pollack, M. A.: Laser action in optically-pumped CN. Appl. Phys. Letters 9, 6 (1966) 230—232.

[245] Polanyi, J. C.: Proposal for an infrared maser dependent on vibrational excitation. J. Chem. Phys. 34, 1 (1961) 347—348.

[246] Kaspar, J. V. V., u. G. C. Pimentel: HCl chemical laser. Phys. Rev. Letters 14, 10 (1965) 352—354.

[247] Pollack, M. A.: Laser oscillation in chemically formed CO. Appl. Phys. Letters 8, 9 (1966) 237—238.

[248] Turner, R., K. M. Baird, M. J. Taylor u. C. J. Van der Hoeven: Lifetime of helium–neon lasers. Rev. Sci. Instr. 35, (1964) 996—1002.

[249] Turner, R., C. J. Van der Hoeven: Analysis of gas pressure and composition in a helium–neon laser discharge. Rev. Sci. Instr. 36 (1965) 1003—1005.

[250] Taylor, J. E.: Quenching of optical gain in helium–neon masers by oxygen. Bull. Am. Phys. Soc. II, Bd. 9 (1964) 281.

[251] Hochuli, U., u. P. Haldemann: Cold cathodes for possible use in 6328 Å single mode He–Ne gas lasers. Rev. Sci. Instr. 36, 10 (1965) 1493—1494.

[252] WHITE, A. D.: Frequency stabilization of gas lasers. IEEE J. Q. E. QE-1, 8 (1965) 349—357.

[253] WHITE, A. D.: Gas laser frequency stabilization. Microwaves 6, 1 (1967) 51—61.

[254] SHIMODA, K., u. A. JAVAN: Stabilization of the He–Ne maser on the atomic line center. J. Appl. Phys. 36 (1965) 718.

[255] BLOOM, A. L., u. D. L. WRIGHT: Pressure shifts in a stabilized single wavelength helium–neon laser. Appl. Opt. 5, 10 (1966) 1528—1532.

[256] BENNETT, JR., W. R., S. F. JACOBS, J. T. LATOURETTE u. P. RABINOWITZ: Dispersion characteristics and frequency stabilization of a gas laser. Appl. Phys. Letters 5 (1964) 56.

[257] WHITE, A. D., E. I. GORDON u. E. F. LABUDA: Frequency stabilization of single mode gas lasers. Appl. Phys. Letters 5 (1964) 97.

[258] SMITH, P. W.: Stabilized, single-frequency output from a long laser cavity. IEEE J. Q. E. QE-1, 8 (1965) 343—348.

[259] DiDOMENICO, JR., M.: Characteristics of a single-frequency Michelson-type He–Ne gas laser. IEEE J. Q. E. QE-2, 8 (1966) 311—322.

[260] WHITE, A. D.: Pressure- and current-dependent shifts in the center frequency of the Doppler-broadened $(2p_4 \rightarrow 3s_2)$ 6328 Å ^{20}Ne transition. Appl. Phys. Letters 10 (1967) 24—26.

[261] PILTCH, M., u. G. GOULD: High temperature alumina discharge tube for pulsed metal vapor lasers. Rev. of Sci. Instr. 37, 7 (1966) 925—927.

[262] RIGDEN, J. D.: A metallic plasma tube for ion lasers. IEEE J. Q. E. QE-1, 5 (1965) 221.

[263] GOLDSBOROUGH, J. P.: Cyclotron resonance excitation of gas-ion laser transitions. Appl. Phys. Letters 8, 9 (1966) 218—219.

[264] NEUSEL, R. H.: A new xenon laser oscillation at 5401 Å. IEEE J. Q. E. QE-2, 3 (1966) 70.

[265] NEUSEL, R. H.: New laser oscillations in xenon and krypton. IEEE J. Q. E. QE-2, 11 (1966) 758.

[266] BRIDGES, W. B., u. A. S. HALSTEAD: New cw laser transitions in argon, krypton, and xenon. IEEE J. Q. E. QE-2, 4 (1966) 84.

[267] BOCKASTEN, K., T. LUNDHOLM u. O. ANDRADE: New near infrared laser lines in argon I. Phys. Letters 22, 2 (1966) 145—146.

[268] NEUSEL, R. H.: New laser oscillations in krypton and xenon. IEEE J. Q. E. QE-2, 8 (1966) 334.

[269] NEUSEL, R. H.: A new krypton laser oscillation at 5016,4 Å. IEEE J. Q. E. QE-2, 5 (1966) 106.

[270] CHEO, P. K., u. H. G. COOPER: UV and visible laser oscillations in fluorine, phosphorus and chlorine. Appl. Phys. Letters 7, 7 (1966) 202—204.

[271] PETROV, Y. N., u. A. M. PROKHOROV: 75 µ quantum generator. JETP Letters 1, 1 (1965) 24—25.

[272] PALENIUS, H. P.: The indentification of some Si and Cl laser observed by Cheo and Cooper. Appl. Phys. Letters 8, 4 (1966) 82—83.

[273] KEEFFE, W. M., u. W. J. GRAHAM: Laser oscillation in the visible spectrum o singly ionized pure bromine vapor. Appl. Phys. Letters 7, 10 (1965) 263—264.

[274] BELL, E. W., A. L. BLOOM u. J. P. GOLDSBOROUGH: Visible laser transitions in ionized selenium, arsenic, and bromine. IEEE J. Q. E. QE-1, 9 (1965) 400.

[275] KOVAL'CHUK, V. M., u. G. G. PETRASH: New generation lines of a pulsed iodine-vapor laser. JETP Letters 4, 6 (1966) 144—146.

[276] WILLET, C. S., u. O. S. HEAVENS: Laser transition at 651,6 nm in ionized iodine. Optica Acta 13, 3 (1966) 271—273.

[277] ALLEN, R. B., R. B. STARNES u. A. A. DOUGAL: A new pulsed ion laser transition in nitrogen at 3995 Å. IEEE J. Q. E. QE-2, 8 (1966) 334.

[278] COOPER, H. G., u. P. K. CHEO: Ion laser oscillations in sulfur. Phys. of Quant. Electr., New York: McGraw Hill 1966, S. 690—697.

[279] COTTRELL, T. H. E., D. C. SINCLAIR u. J. M. FORSYTH: New laser wavelengths in krypton. IEEE J. Q. E. QE-2, 10 (1966) 703.

[280] FOWLES, G. R., u. W. T. SILFVAST: Laser action in the ionic spectra of zinc and cadmium. IEEE J. Q. E. QE-1, 3 (1965) 131.

[281] Silfvast, W. T., G. R. Fowles u. B. D. Hopkins: Laser action in singly ionized Sn, Pb, In, Cd, and Zn. Appl. Phys. Letters 8, 12 (1966) 318—319.

[282] Bockasten, K., M. Garavaglia, B. A. Lengyel u. T. Lundholm: Laser lines in Hg I. J. Opt. Soc. Am. 55 (1965) 1051—1053.

[283] Bell, W. E., A. L. Bloom u. J. P. Goldsborough: New laser transitions in antimony and tellurium. IEEE J. Q. E. QE-2, 6 (1966) 154.

[284] Silfvast, W. T., u. G. R. Fowles: Laser action on several hyperfine transitions in Mn I. J. Opt. Soc. Am. 56, 6 (1966) 832—833.

[285] Keeffe, W. M., u. W. J. Graham: Observation of new Br^+ laser transitions. Phys. Letters 20 (1966) 643.

[286] Labuda, E. F., u. A. M. Johnson: Threshold properties of continuous duty rare gas ion laser transitions. IEEE J. Q. E. QE-2, 10 (1966) 700—701.

[287] Henry, A., G. Arya u. L. Henry: Émission laser de l'oxyde de carbone dans le spectre visible. Compt. Rend. 261 (1965) 1495—1497.

[288] McFarlane, R. A., u. J. A. Howe: Stimulated emission in the system CO/CO_2. Phys. Letters 19, 3 (1965) 208—210.

[289] Mathias, L. E. S., A. Crocker u. M. S. Wills: Laser oscillations from nitrous oxide at wavelengths around 10,9 μ. Phys. Letters 13 (1964) 303—304.

[290] Mathias, L. E. S., A. Crocker u. M. S. Wills: Laser oscillations at wavelengths between 21 and 32 μ from a pulsed discharge through ammonia. Phys. Letters 14, 1 (1965) 33—34.

[291] Witteman, J. W., u. R. Bleekrode: Pulsed and continuous molecular far infrared gaslaser. Phys. Letters 13, 2 (1964) 126—127.

[292] Crocker, A., H. A. Gebbie, M. F. Kimmitt u. L. E. S. Mathias: Stimulated emission in the far infrared. Nature 201, 4910 (1964) 250—251.

[293] Mathias, L. E. S., A. Crocker: Stimulated emission in the far infra-red from water vapour and deuterium oxide discharges. Phys. Letters 13, 1 (1964) 35.

[294] Müller, W. M., u. G. T. Flesher: Continuous wave submillimeter oscillation in H_2O, D_2O and CH_3CN. Appl. Phys. Letters 8, 9 (1966) 217—218.

[295] Flesher, G. T., u. W. M. Müller: Submillimeter gas laser. Proc. IEEE 54, 4 (1966) 543—546.

[296] Gebbie, H. A., N. W. B. Stone u. F. D. Findlay: A stimulated emission source at 0,34 millimetre wavelength. Nature 202 (1964) 686.

[297] Steffen, H., J. Steffen, J. F. Moser u. F. K. Kneubühl: Stimulated emission of ICN up to 0,774 mm wavelength. Z. angew. Math. Phys. 17, 3 (1966) 472—474.

[298] Steffen, H., J. Steffen, J. F. Moser u. F. K. Kneubühl: Comments on a new laser emission at 0,774 mm wavelength from ICN. Phys. Letters 21, 4 (1966) 425—426.

[299] Steffen, H., P. Schwaller, J.-F. Moser u. F. K. Kneubühl: Mechanism of the submillimeter laser emissions from the CN-radical. Phys. Letters 23, 5 (1966) 313 bis 314.

[300] Prettl, W., u. L. Genzel: Notes on the submillimeter laser emission from cyanic compounds. Phys. Letters 23, 7 (1966) 443—444.

[301] Hocker, L. O., A. Javan u. D. Ramachandra Rao: Absolute frequency measurement and spectroscopy of gas laser transitions in the far infrared. Appl. Phys. Letters 10, 5 (1967) 147—149.

[302] Abrams, R. L. u. G. J. Wolga: Near infrared laser transitions in pure helium. IEEE J. Q. E. Qe-3 (1967) 368.

[303] Mathias, L. E. S., A. Crocker u. M. S. Wills: Pulsed laser emission from helium at 95 μm. IEEE J. Q. E. Qe-3 (1967) 170.

[304] Bridges, W. B., R. J. Freiberg u. A. S. Halsted: New continous UV ion transitions in neon, argon and krypton. IEEE J. Q. E. Qe-3 (1967) 339.

[305] Neusel, R. H.: New laser oscillations in Ar, Kr, Xe u. N. IEEE J. Q. E. Qe-3 (1967) 207—208.

[306] Cooper H. G. u. P. K. Cheo: Laser transitions in B II, Br II and Sn. IEEE J. Q. E. Qe-2 (1966) 785.

[307] Willett C. S.: New laser oscillations in singly ionized iodine. IEEE J. Q. E. Qe-3 (1967) 33.

[308] CARR, W. C. u. R. W. GROW: A new laser line in tin using stanic chloride vapor. Proc. IEEE 55 (1967) 1198.

[309] LIDE, JR., D. R. u. A. G. MAKI: On the explanation of the so-called CN laser. Appl. Phys. Letters 11 (1967) 62—64.

[310] HOCKER, L. O. u. A. JAVAN: Absolute frequency measurements on new cw HCN sub-milimeter laser lines. Phys. Letters 25 A (1967) 489—490.

[311] MAKI, A. G.: Interpretation of the CS_2 laser transitions. Appl. Phys. Letters 11 (1967) 204—205.

[312] LIDE, JR., D. R.: Interpretation of the far infrared laser oscillation in ammonia. Phys. Letters 24 A (1967) 599—600.

[313] DEUTSCH, T. F.: Laser emission from HF rotational transitions. Appl. Phys. Letters 11 (1967) 18—20.

7 Der Halbleiterlaser

Von G. H. Winstel

Spezielle Bezeichnungen

$c_{a,i,sp,ind}$	Zahl der in Volumen-, Zeit- und Energieeinheit erfolgenden elektronischen Übergangsprozesse durch Absorption, induzierte und spontane Emission von Lichtquanten und Nettorate der induzierten Emission
$C_{a,i,sp.ind}$	Gesamtzahl der pro Volumen und Zeiteinheit erfolgenden elektronischen Übergänge, analog zu $c_{a,i,sp,ind}$
$2d$	Dicke der aktiven Schicht eines Halbleiterlasers
$D_{n,p,j}$	Diffusionskonstante verschiedener Teilchen (Träger n, p und Dotierungsstoff j)
$f_{n,p}$	statistische Verteilung der Elektronen bzw. Löcher in den Halbleiterbändern (insbesondere *Fermi-Verteilungen*)
$k = k_r + jk_i$	Ausbreitungskonstante für optische Wellen
$I_s,\ i_s$	Schwellenstrom (bzw. -dichte) eines Injektionslasers beim Lasereinsatz
n^*	optischer Brechungsindex
n	Elektronendichte
n_0	Gleichgewichtswert der Elektronendichte
n_i	Elektronen- und Löcherdichte im undotierten (Eigen-) Halbleiter
$N_{L,V}$	Effektive Dichte der elektronischen Zustände im Leitungs- und Valenzband (Bandgewicht)
$N_{A,D,S}$	Dichte von Störatomen (Akzeptoren, Donatoren, sonstige Störzentren)
N_{ph}	Anzahl der Photonen pro Energieeinheit in den Moden eines Laserkristalls
$m_{n,p}$	effektive Masse der Elektronen bzw. Löcher im Halbleiterkristall
p	Löcher-(Defektelektronen-)Dichte
p_0	Gleichgewichtsdichte der Löcher
$W_G = W_L - W_V$	energetische Breite des verbotenen Bandes (Bandabstand)
$W_{L,V}$	Elektronenenergie an der Leitungs- bzw. an der Valenzbandkante
$W_{Fn,p}$	*Fermi-Energie* des Elektronen- bzw. Löcherensembles
ΔW_F	Differenz $W_{Fn} - W_{Fp}$ der *Quasi-Fermi-Energien* von Elektronen und Löchern in einem Nichtgleichgewichtszustand
$\zeta_{n,p}$	Abstand des *Fermi-Niveaus* $W_{Fn,p}$ von der Bandkante $W_{L,V}$
η_R	Wirkungsgrad für die gewünschten strahlenden Übergänge bei der Rekombination
$\mu_{n,p}$	elektrische Beweglichkeit der Elektronen bzw. Löcher im Halbleiterkristall
$\varrho(W)$	räumliche und energetische Dichte der erlaubten Elektronenzustände bei der Energie W
$\tau_{R,sp,K,L}$	Zeitkonstanten der Rekombination, der strahlenden spontanen Übergänge, der Übergänge mit kohärenter Strahlungsemission und des Laserresonators
φ	elektrisches Potential von Elektronen

7.1 Einleitung und historischer Überblick

Wie in Gas- und optisch gepumpten Festkörperlasern kann auch in bestimmten Halbleitern eine Lichtemission induziert und bei Rückkopplung der entstehenden Strahlung ein Laser realisiert werden. Die wesentlichen Unterschiede, die eine gesonderte Behandlung des Halbleiterlasers erfordern, beruhen auf der Art der

Elektronenzustände. Während diese bei den anderen Lasern in der Energieskala ein Spektrum schmaler Linien darstellen, sind beim Halbleiter breite Energiebänder vorhanden. Dieser Sachverhalt führt vor allem zu einer relativ großen Breite der spontanen Emissionslinie und damit nach der *Schawlow-Townes-Bedingung* (vgl. Gl. 7.3/5) zu einer sehr hohen Schwellenleistung für eine optische Anregung.

Schon kurz nach der Entdeckung des Maser-Prinzips wurde auch nach verschiedenen anderen für Halbleiter geeigneten Anregungsverfahren gesucht. So hat P. Aigrain 1957 während einer Vorlesungsreihe im *Lincoln Laboratorium des Massachusetts Institute of Technology* (MIT), USA, auf die Möglichkeit hingewiesen, einen Halbleiterkristall durch direkte Injektion von energiereichen Ladungsträgern über einen Punktkontakt anzuregen. Seine mit Germanium durchgeführten Versuche führten, wie heute verständlich, jedoch nicht zum Ziel.

Etwa zur gleichen Zeit wurden von Watanabe und Nishisawa [29] sowie von W. Heywang [30] ähnliche Ideen in Patentschriften niedergelegt, wobei letztgenannter bereits das heute bevorzugt angewandte Prinzip der Anregung eines Diodenlasers durch Trägerinjektion über einen *pn*-Übergang beschrieben hat. Zwei andere Arbeitsgruppen im MIT und im *Lebedev-Institut*, USSR, versuchten dann unabhängig voneinander, Halbleiterlaser zu realisieren. Dabei wurden der Cyclotron-Maser, ein Laser mit Band-Band-Übergängen, und ein Störstellenlaser auf Halbleitergrundlage angegeben, beide bereits mit elektrischer Anregung [31]. Die meisten dieser Vorschläge waren jedoch noch unvollständig. Sie wurden nach einer Diskussion auf der *1. Konferenz über Quantenelektronik* (1959) experimentell geprüft und die Ergebnisse bei der 2. Tagung zu diesem Thema (1961) referiert. Dort hat N. B. Basov in einer Diskussionsbemerkung [33] erstmalig auf ein weiteres Anregungsprinzip hingewiesen, die Trägerinjektion durch einen Elektronenstrahl.

Kurz danach haben sich M. Bernard und G. Duraffourg [32] sowie N. B. Basov mit O. N. Krokhin und Y. M. Popov [33] theoretisch mit der Anregung von Halbleiterlasern befaßt und die notwendige thermodynamische Laserbedingung ermittelt, die der Inversionsbedingung der anderen Laserarten entspricht. Einen wesentlichen Fortschritt auf dem Wege zur Realisierung eines Halbleiterlasers nach dem genannten *pn*-Anregungsprinzip brachten 1961 die Vorschläge von C. Benoit à la Guillaume und Mme. Tric [34], die das Prinzip der Rückkopplung mittels eines *Fabry-Perot-Interferometers*, wie es mit Erfolg für Gas- und Festkörperlaser angewendet wird, auf den Halbleiter übertrugen. Jedoch erst Anfang 1962, nach der Entdeckung der hohen Lichtausbeute im Wellenlängenbereich von 0,8 bis 0,9 μm (je nach Arbeitstemperatur) durch Rekombination von injizierten Ladungsträgern bei in Flußrichtung betriebenen Galliumarseniddioden durch R. J. Keyes und T. M. Quist [35] vom MIT, waren alle Voraussetzungen erfüllt, um den ersten Halbleiterlaser herzustellen.

Aufgrund theoretischer Überlegungen zeigte W. P. Dumke [36] gleichzeitig, daß gerade Galliumarsenid wegen seiner speziellen Bandstruktur besonders günstig für einen Laser sein muß. Im Herbst des gleichen Jahres gelang es dann tatsächlich einer Arbeitsgruppe mit R. N. Hall, bei der *General Electric Company*, die ersten *pn*-Injektionslaser aus diesem Werkstoff herzustellen [37]. Dabei werden durch Einprägen eines Stromimpulses im wesentlichen Elektronen vom *n*-

dotierten Bereich in den p-Bereich der Diode injiziert, die, nach Abgabe eines Teiles ihrer Energie als Licht, über den anschließenden p-Bereich wieder abfließen.

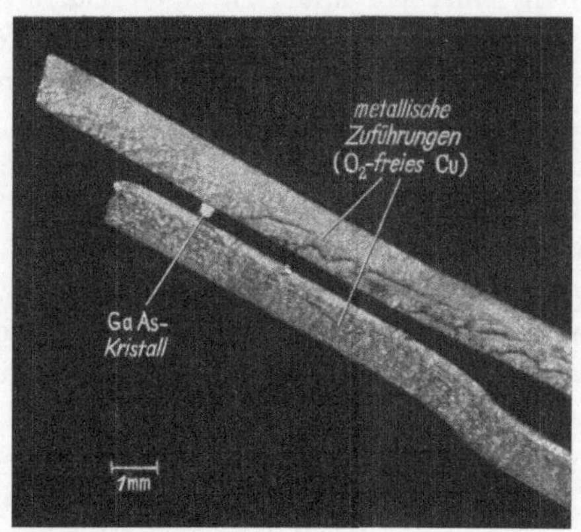

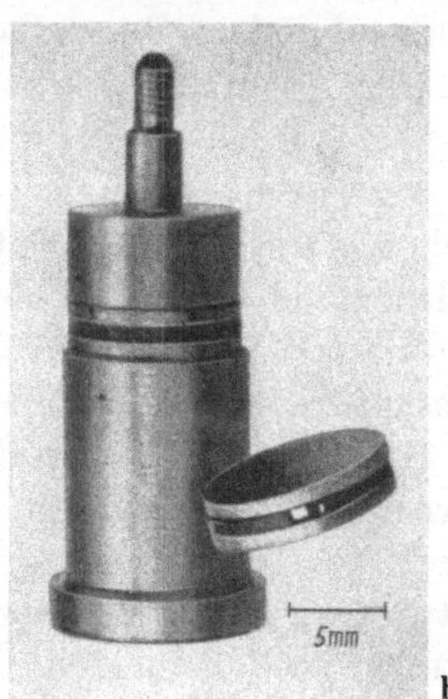

Abb. 7.1. Abbildung einer Laserdiode. a) Für Dauerbetrieb bei 77 °K, mit 1 W Ausgangsleistung (nach J. C. MARINACE [126]); b) für Impulsbetrieb bei 300 °K (Forschungslaboratorium Erlangen der Siemens AG).

Die *Fabry-Perot-Spiegel* sind dabei senkrecht zur Ebene des pn-Überganges angeordnet. In kurzen Zeitabständen waren auch Arbeitsgruppen beim IBM Watson Research Center [38] und beim MIT [39] mit dem gleichen Laseraufbau (vgl. Abb. 7.1 u. Abb. 7.2) erfolgreich.

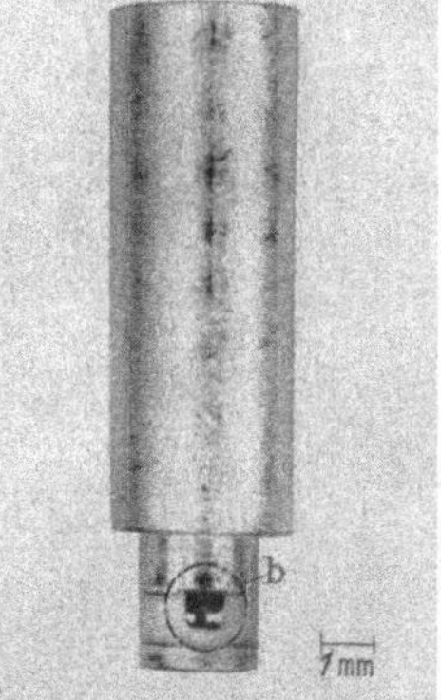

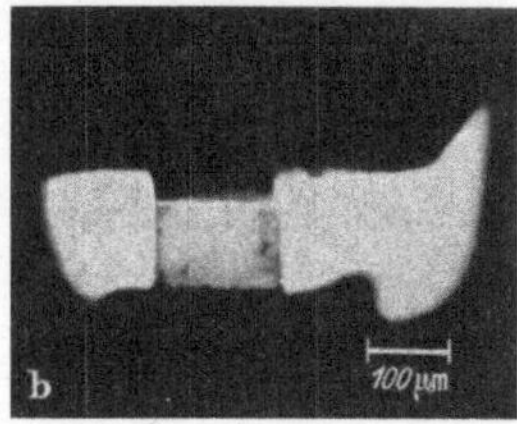

Abb. 7.2. Abbildung einer Laserdiode in einer Hochfrequenzfassung mit vergrößert hervorgehobenem, leuchtendem Laserkristall (Forschungslaboratorium München der Siemens AG).

Die weitere Entwicklung der Halbleiterlaser ist durch eine Fülle von Einzelexperimenten gekennzeichnet, die von einer stetig zunehmenden Zahl von Arbeitsgruppen durchgeführt wurden. Dabei wurden zunächst die genannten Anregungsprinzipien auf andere Halbleitersubstanzen angewandt, um den verfügbaren Wellenlängenbereich der Emission zu erweitern. Es wurde auch davon Gebrauch gemacht, die Energie des angeregten Bandes gegenüber dem Grundband und damit die Wellenlänge kontinuierlich einzustellen durch Verwendung von geeignet zusammengesetzten Mischkristallen aus Halbleitern mit verschiedenen Bandabständen.

Der erste Mischkristall-Laser war aus Galliumarsenid-Galliumphosphid [40], das Linien sichtbaren roten Lichtes zwischen etwa 0,6 und 0,8 µm, je nach Zusammensetzung, emittieren kann. Es folgten weitere Laser mit Indiumarsenid [41], Indiumphosphid [42] und mit Mischkristallen aus Indiumarsenid-Galliumarsenid [43] sowie Indiumarsenid-Indiumphosphid [44] die Licht im Wellenlängenbereich zwischen 0,84 bis 3,2 µm liefern.

Alle diese Laser funktionierten zunächst nur mit Pulsanregung und bei tiefen Temperaturen, jedoch wurde auch Dauerbetrieb möglich nach Absenkung des

Laserschwellenstroms, z. B. durch weitere Temperaturerniedrigung oder ein hohes Magnetfeld. Dabei wurden bei InSb Feldstärken bis zu 10^5 Gauß angewandt [45], wobei gleichzeitig die Wellenlänge des emittierten Lichtes in einem gewissen Bereich durch das Magnetfeld variiert werden konnte. Eine Variation der Laserfrequenz kann auch durch Temperaturänderungen oder durch Einwirkung von hydrostatischem [46] oder uniaxial [47] wirksamem mechanischem Druck erfolgen. Mit GaAs wurde schließlich auch bei Zimmertemperatur Laserfunktion erreicht [48], jedoch nur im Pulsbetrieb mit kurzer Pulsdauer und geringer Folgefrequenz.

Die bisher genannten Substanzen sind durchweg $A^{III}B^V$-Verbindungen mit der für GaAs charakteristischen Bandstruktur. Da aber auch bei Verbindungen anderer Elementgruppen und unter den Elementen Halbleiter mit ähnlichen Elektronensystemen vorkommen, lag die Ausweitung der Experimente auf solche Substanzen nahe. Diese gelang Ende 1963 mit der Verwendung von $A^{IV}B^{VI}$-Verbindungen der Bleireihe, PbTe [49], PbSe [50] und PbS [51], die zu einer Erweiterung des durch Diodenlaser überdeckten Wellenlängenbereichs bis zu $\lambda \approx 8,5$ µm führten.

Einen weiteren, wichtigen Fortschritt brachte das Experiment der Anregung von Halbleiterlasern durch Elektronenstrahlen, die, wie schon erwähnt, von BASOV 1961 vorhergesagt worden war. Die ersten Versuche in dieser Richtung ergaben 1963 am *Lebedev-Institut* nur eine Linienverschmälerung bei der Lumineszenz von CdS [52]. BENOIT À LA GUILLAUME und DEBEVER [53] erzielten 1964 als erste durch Injektion schneller Elektronen mit einer Energie von einigen keV in InSb und InAs echte kohärente Emission. Danach gelang diese Art der Anregung auch HURWITZ und KEYES bei GaAs [54], und sie wurde bei diesem Halbleiter von CUSANO [55] in Abhängigkeit von der Dotierung und ihrer Konzentration untersucht. Theoretisch prüften KLEIN [56] und HORA [57] diese Anregungsmethode, letzterer für langsame Elektronen. Kurz darauf wurden von der französischen Arbeitsgruppe auch Te [59], ein Elementhalbleiter aus der VI. Gruppe des periodischen Systems der Elemente und beim MIT die schon genannten $A^{IV}B^{VI}$-Halbleiter der Bleireihe [60] erfolgreich durch Elektronenstrahl angeregt.

Eine weitere Anregungsmethode wurde 1965 durch K. WEISER und J. F. WOODS [61] erprobt. Die nötigen Träger im Leitungs- und Valenzband werden, ähnlich wie in einer Gasentladung, durch Stoßionisation mit Trägervervielfachung im elektrischen Feld einer Kristallzone hohen Widerstandes erzeugt. Dieser Weg war bereits theoretisch von BASOV 1960 [62] vorhergesagt worden. Er kann eventuell auch auf pn-Übergänge bei Betrieb im Bereich des Lawinendurchbruchs ausgedehnt werden.

Es bleibt noch zu erwähnen, daß es 1964 gelungen ist, Halbleiter auch optisch anzuregen z. B. unter Einsatz der sehr intensiven Lichtquelle eines stromangeregten GaAs-Lasers. Zunächst wurden auf diese Weise InSb [63] und InAs [64] und dann auch GaAs [65] als Laser betrieben. Die bisher hergestellten Halbleiterlaser sind in Tab. 7. 1a—c mit zugehöriger Wellenlänge des emittierten Lichts und Literaturhinweisen zusammengestellt.

Tabelle 7.1 *Bisher realisierte Halbleiterlaser*
(*Zusammenstellung nach* H. F. IVEY [14], *ergänzt*)

a) *pn-Injektionslaser*　　　　　　　　b) *Durch Elektronenstrahl angeregte Halbleiterlaser*

Material	$\lambda/\mu\mathrm{m}$	Literatur*	Material	$\lambda/\mu\mathrm{m}$	Literatur
GaAs	0,84	[T 1—T 12]	GaAs	0,84	[T 37—T 45]
Ga(As, P)	0,64—0,84	[T 13—T 17]	Ga(As, P)	(0,70)	[T 46]
(Ga, In)As	0,84—3,1	[T 18]	GaSb	1,53	[T 47]
InAs	3,1	[T 19—T 21]	GaSe	0,59	[T 48]
In(As, P)	0,9—3,1	[T 22]	InAs	3,0	[T 49], [T 50]
InP	0,9	[T 23]	InSb	4,95	[T 50], [T 51]
InSb	5,2	[T 24—T 28]	CdS	0,495	[T 52—T 56]
In(As, Sb)	3,1—5,2	[T 29]	CdSe	0,69	[T 56], [T 57]
GaSb	1,6	[T 30], [T 31]	CdTe	0,78	[T 58]
PbS	4,32	[T 32]	Cd(S, Se)	0,49—0,69	[T 59]
PbSe	8,5	[T 33], [T 34]	PbS	4,27	[T 60]
PbTe	6,5	[T 35]	PbSe	8,5	[T 60]
In(Ga, As)	0,84—3,1	[T 36]	PbTe	6,5	[T 60]
			Te	3,72	[T 51, [T 61]

* Diese Angaben sind nicht vollständig, siehe auch [9], [10].

c) *Optisch angeregte Halbleiterlaser*

Material	angeregt durch	Literatur
GaAs	Rubin	[T 46,] [T 62,] [T 63]
GaAs	Nd	[T 64]
GaSb	GaAs	[T 65]
InSb	GaAs	[T 66, [T 67]
InAs	GaAs	[T 65, [T 68]
CdS	Rubin	[T 69, [T 70]
(Cd, Hg)Te	GaAs	[T 71]
PbTe	GaAs	[T 67]
PbTe	CO_2	[T 72]

Literatur zu den Tabellen 7.1a—c

[T 1] HALL, R. N., et al.: Coherent light emission from GaAs junctions. Phys. Rev. Letters 9 (1962) 366—368.

[T 2] NATHAN, M. I., et al.: Stimulated emission of radiation from GaAs p–n junctions. Appl. Phys. Letters 1 (1962) 62—64.

[T 3] QUIST, T. M., et al.: Semiconductor Maser of GaAs. Appl. Phys. Letters 1 (1962) 91—92.

[T 4] BURNS, G., F. H. DILL, JR., u. M. I. NATHAN: The effect of temperature on the properties of GaAs laser. Proc. IEEE 51 (1963) 947—948.

[T 5] ENGELER, W. E., u. M. GARFINKEL: Temperature effects in coherent GaAs diodes. J. Appl. Phys. 34 (1963) 2746—2750.

[T 6] LAMORTE, M. F., T. GONDA u. H. JUNKER: Phenomena influencing the temperature behavior of stimulated emission in GaAs p–n junctions. IEEE J. Q. E. QE-2 (1966) 9—15.
Effect of higher absorption in non-lasing GaAs diodes at 300°K. IEEE J. Q. E. QE-2 (1966) 74—76.

[T 7] ENGELER, W., u. M. GARFINKEL: Thermal characteristics of GaAs laser junctions under high power pulsed conditions. Solid State Electron. 8 (1965) 585—604.

[T 8] KEYES, R. W.: Thermal problems of the injection laser. IBM J. Res. and Dev. 9 (1965) 303—314.

[T 9] PILKUHN, M. H., u. H. S. RUPPRECHT: Junction heating of GaAs injection lasers during continuous operation. IBM J. Res. and Dev. 9 (1965) 400—404.

[T 10] LAMORTE, M. F.: Continuous operation is near for uncooled diode lasers. Electronics 39, January 10 (1966) 95—99.

[T 11] RYAN, F. M., u. R. C. MILLER: The effect of uniaxial strain on the threshold current and output of GaAs lasers. Appl. Phys. Letters 3 (1963) 162—163.
MILLER, R. C., F. M. RYAN u. P. R. EMTAGE: Uniaxial strain effects in gallium arsenide laser diodes, in: Radiative Recombination in Semiconductors, Paris: Dunod 1964, 209—215.

[T 12] GALEENER, F. L., et al.: Evidence for the role of donor states in GaAs electroluminescence. Phys. Rev. Letters 10 (1963) 472—474.

[T 13] HOLONYAK, N., JR., et al.: The direct-indirect transition in Ga $(As_{1-x}P_x)$ p-n junctions. Appl. Phys. Letters 3 (1963) 47—49.

[T 14] PILKUHN, M., u. H. RUPPRECHT: Electroluminescence and lasing action in $GaAs_xP_{1-x}$. J. Appl. Phys. 36 (1965) 684—688.

[T 15] HOLONYAK, N., Jr., u. S. F. BEVACQUA: Coherent (visible) light emission from $Ga(As_{1-x}P_x)$ junctions. Appl. Phys. Letters 1 (1962) 82—83.

[T 16] TEITJEN, J. J., u. S. A. OCH: Improved performance of $GaAs_{1-x}P_x$ laser diodes. Proc. IEEE 53 (1965) 180—181.

[T 17] FULTON, T. A., D. B. FITCHEN u. G. E. FENNER: Pressure effects in $Ga(As_{1-x}P_x)$ electroluminescent diodes. Appl. Phys. Letters 4 (1964) 9—11.

[T 18] MELNGAILIS, I. A., A. J. STRAUSS u. R. H. REDIKER: Semiconductor diode masers of $(In_xGa_{1-x})As$. Proc. IEEE 51 (1963) 1154—1155.

[T 19] MELNGAILIS, I.: Maser action in InAs diodes. Appl. Phys. Letters 2 (1963) 176—178.
MELNGAILIS, I., u. R. H. REDIKER: Properties of InAs lasers. J. Appl. Phys. 37 899—911.

[T 20] MELNGAILIS, I., u. R. H. REDIKER: Magnetically tunable cw InAs maser. Appl. Phys. Letters 2 (1963) 202—204.

[T 21] GALEENER, F. L., et al.: Magnetic properties of InAs diode electroluminescence. J. Appl. Phys. 36 (1965) 1574—1579.

[T 22] ALEXANDER, F. B., et al.: Spontaneous and stimulated infrared emission from In (P, As) diodes. Appl. Phys. Letters 4 (1964) 13—15.

[T 23] WEISER, K., u. R. S. LEVITT: Stimulated light emission from InP. Appl. Phys Letters 2 (1963) 178—179.
BURNS, G., et al.: Some properties of InP lasers. Proc. IEEE 51 (1963) 1148 bis 1149.

[T 24] MELNGAILIS, I.: Longitudinal injection-plasma laser of InSb. Appl. Phys. Letters 6. (1965) 59—60.

[T 25] PHELAN, R. J., et al.: Infrared InSb laser diode in high magnetic field. Appl. Phys. Letters 3 (1963) 143—145.

[T 26] BENOIT À LA GUILLAUME, C., u. P. LAVALLARD: Laser effect in InSb. Solid State Comm. 1 (1963) 148—153.

[T 27] BERNARD, M.: Stimulated emission in InSb. Compt. Rend. 257 (1963) 2984.

[T 28] PHELAN, R. J., u. R. H. REDIKER: Magnetic tuning of CW InSb diode laser. Proc. IEEE 52 (1964) 91—92.

[T 29] BASOV, N. G.: Semiconductor quantum generator on $p-n$ junction in $InAs_{1-x}Sb_x$ system. Fiz. Tverdogo Tela 8 (1966) 1060—1063.

[T 30] CHIPAUX, C., et al.: Emission Stimulée dans l'Antimoniure de Gallium, in: Radiative Recombination in Semiconductors, Paris: Dunod, 1964, 217—222.
CHIPAUX, C., u. R. EYMARD: Etude de l'effet „laser" dans des jonctions d'antimoniure de gallium. Phys. Status Solidi 10 (1965) 165—174.

[T 31] KUKOVA, I. V.: Stimulated emission from GaSb diffused $p-n$ junctions. Fiz. Tverdogo Tela 7 (1965) 3421—3422, Fiz. Tverdogo Tela 8 (1966) 1028—1034.

[T 32] BUTLER, J. F., u. A. R. CALAWA: PbS diode laser. J. Electrochem. Soc. 112 (1965) 1056 bis 1057.

[T 33] BUTLER, J. F.: PbSe diode laser. Solid State Commun. 2 (1964) 303—304.
BUTLER, J. F., A. R. CALAWA u. R. H. REDIKER: Properties of the PbSe diode laser. IEEE J. Q. E. QE-1 (1965) 4—7.

[T 34] BESSON, J. M., et al.: Pressure-tuned PbSe diode laser. Appl. Phys. Letters 7 (1963) 206—208.
PRATT, G. W., JR., u. J. E. RIPPER: Theory of a pressure-tuned lead salt laser. J. Appl. Phys. 36 (1965) 1525—1527.

[T 35] BUTLER, J. F., et al.: PbTe diode laser. Appl. Phys. Letters 5 (1964) 75—77.

[T 36] MELNGAILIS, I., A. J. STRAUSS u. R. H. REDIKER: Semiconductor Diode Masers of $(In_xGa_{1-x})As$. Proc. IEEE 51 (1963) 1154—1155.

[T 37] HURWITZ, C. E., u. R. J. KEYES: Electron-beam pumped GaAs laser. Appl. Phys. Letters 5 (1964) 139—141.

[T 38] CUSANO, D. A.: Radiative recombination from GaAs directly excited by electron beams. Solid State Comm. 2 (1964) 353—358.

[T 39] CUSANO, D. A., u. J. D. KINGSLEY: Laser emission from n-type GaAs excited by fast electrons. Appl. Phys. Letters 6 (1965) 91—93.

[T 40] CUSANO, D. A.: Identification of laser transitions in electron-beam pumped GaAs. Appl. Phys. Letters 7 (1965) 151—152.

[T 41] KLEIN, C. A.: Laser-action threshold in electron-beam excited GaAs. Appl. Phys. Letters 7 (1965) 200—202.

[T 42] COLEMAN, P. D., u. G. E. BENNETT: Stimulated cathodoluminescence in n-type GaAs at 77 °K. Proc. IEEE 53 (1965) 419—420.

[T 43] KURBATOV, L. N.: Generation of coherent radiation in GaAs specimens under electronic excitation. Doklady Akad. Nauk SSSR 165 (1965) 303.

[T 44] BASOV, N. G., O. V. BOGDANKEVICH u. B. M. LAVRUSHKIN: GaAs laser with fast electron excitation. Fiz. Tverdoga Tela 8 (1966) 21—33.

[T 45] CASEY, H. C., JR., u. R. H. KAISER: Room-temperature super-radiance radiation in n-type GaAs by continuous electron-beam excitation. Appl. Phys. Letters 8 (1966) 113—115.

[T 46] BASOV, N. G.: Quantum oscillator and amplifier investigations in Physics of Quantum Electronics, ed by P. L. Kelley et al. New York: McGraw-Hill 1966, 411—423.

[T 47] BENOIT À LA GUILLAUME, C., u. J. M. DEBEVER: Laser effect in GaSb by electron bombardement. Compt. Rend. 259 (1964) 2200.

[T 48] BASOV, H. G.: Radiation in GaSe single crystals induced by excitation with fast electrons. Sov. Phys.-Doklady 10 (1965) 329—330.

[T 49] BENOIT À LA GUILLAUME, C., u. J. M. DEBEVER: Laser effect in InAs by electron bombardement. Sol. State Comm. 2 (1964) 145—147.

[T 50] BENOIT À LA GUILLAUME, C., u. J. M. DEBEVER: Effect Laser par bombardement electronique, in: Radiative Recombination, in: Semiconductors, Paris: Dunod 1964, 255 bis 257.

[T 51] BENOIT À LA GUILLAUME, C., u. J. M. DEBEVER: Electron-beam excitation of semi-conductor lasers, in: Physics of Quantum Electronics, ed. by P. L. Kelley et al. New York: McGraw-Hill 1966, 397—410.

[T 52] BASOV, N. G., u. O. V. BOGDANKEVICH: Excitation of semiconductor lasers by a beam of fast electrons, in: Radiative Recombination in Semiconductors, Paris: Dunod 1964, 225—233.

[T 53] BASOV, N. G., O. V. BOGDANKEVICH u. A. G. DEVYATKOV: Exciting a semiconductor laser with a fast electron beam. Sov. Phys.-Doklady 9 (1964) 288. CdS laser excited by fast electrons. Sov. Phys.-JETP 20 (1965) 1067—1068.

[T 54] EGOROV, W. D., G. O. MÜLLER u. H. WEBER: Zur Kantenlumineszenz von CdS bei starker Kathodenstrahlanregung. Phys. Status Solidi 12 (1965) 71—80.

[T 55] BENOIT À LA GUILLAUME, C., u. J. M. DEBEVER: Laser effect in CdS by electronic bombardement Compt. Rend. 261 (1965) 5428.

[T 56] HURWITZ, C. E.: Electron-beam pumped lasers of CdSe and CdS. Appl. Phys. Letters 8 (1966) 121—124.

[T 57] Nolle, E. L., et al.: Stimulated emission of CdSe in Case of electron excitation. Fiz. Tverdogo Tela 8, (1966) 286—287.

[T 58] Vavilov, V. S., u. E. L. Nolle: CdTe laser with electron excitation. Sov. Phys.-Doklady 10 (1965) 827—828.

[T 59] Hurwitz, C. E.: Efficient visible lasers of CdS_xSe_{1-x} by electron-beam excitation. Appl. Phys. Letters 8 (1966) 243—245.

[T 60] Hurwitz, C. E., A. R. Calawa u. R. H. Rediker: Electron beam pumped lasers of PbS, PbSe, PbTe. IEEE J. Q. E. QE-1 (1965) 102—103.

[T 61] Benoit à la Guillaume, C., u. J. M. Debever: Emission spontanée et stimulée du Tellure par bombardement electronique. Sol. State Comm. 3 (1965) 19—20.

[T 62] Schlickman, J. J., M. E. Fitzgerald u. R. J. Kingston: Evidence of stimulated emission in ruby-pumped GaAs. Proc. IEEE 52 (1964) 1739—1740.

[T 63] Basov, N. G., A. Z. Grasyuk u. V. A. Katulyn: Stimulated emission in optically excited GaAs. Sov. Phys.-Doklady 10 (1965) 343—344.

[T 64] Basov, N. G., et al: Generation in GaAs under two-photon optical excitation of Nd-glass laser emission. JETP Letters 1 (1965) 118—120.

[T 65] Benoit a la Guillaume, C., u. J. M. Laurant: Laser effect in InAs and GaSb by optical excitation. Comp. Rend. 262 (1966) 275.

[T 66] Phelan, R. J., Jr., u. R. H. Rediker: Optically pumped semiconductor laser. Appl. Phys. Letters 6 (1965) 70—71.

[T 67] Phelan, R. J., Jr.: Laser emission by optical pumping of semiconductors, in: Physics of Quantum Electronics, ed. by P. L. Kelley et al. New York: McGraw-Hill 1966, 435 bis 441.

[T 68] Melngailis, I.: Optically pumped InAs laser IEEE J. Q. E. QE-1 (1965) 104—105.

[T 69] Koniukhov, V. K., L. A. Kolevskii u. A. M. Prokhorov: Optical oscillation in CdS under the action of two-photon excitation by a ruby laser. Sov. Phys.-Doklady 10 (1965) 943—945.

[T 70] Basov, N. G.: Laser oscillation in CdS by two-photon optical excitation by ruby laser radiation. Fiz. Tverdogo Tela 7 (1965) 3639—3640.

[T 71] Melngailis, I., u. A. J. Strauss: Spontaneous and coherent photoluminescence in $Cd_xHg_{1-x}Te$. Appl. Phys. Letters 8 (1966) 179—180.

[T 72] Patel, C. K. N., et al.: Multiphotonplasma production and stimulated recombination in semiconductors. Phys. Rev. Letters 16 (1966) 971—974.

7.2 Grundlagen

7.2.1 Elektronen im Halbleiter

In einem Kristall sind wegen der hohen Dichte der Atome die Zustände der äußeren Elektronenschale und die angeregten Zustände zu Energiebändern entartet, die beim Halbleiter durch eine verbotene Zone der Energiebreite W_G getrennt sind. Der Grundzustand entspricht dem Valenzband, in dem sich diejenigen Elektronen befinden, die die elektronische Bindung zwischen den Bausteinen des Kristalls bewirken. Im angeregten Zustand oder Leitungsband befinden sich beim undotierten Halbleiter nur Elektronen, die z. B. durch thermische Stöße aus der Bindung gelöst sind.

Durch Zugabe von geeigneten Fremdatomen kann man sowohl eine höhere Dichte der Elektronen im Leitungsband als auch von Defektelektronen oder Löchern im Valenzband erzeugen. Im ersten Fall spricht man von Donatoren, im zweiten von Akzeptoren. Beide Störzentren liefern lokalisierte Zustände im verbotenen Band nahe den Bandkanten W_L und W_V des Leitungs- bzw. Valenzbandes. Die Akzeptorterme nehmen Elektronen auf, wodurch im Valenzband

Löcher (p) entstehen. Die überschüssigen Elektronen (n) der Donatoren gehen ins Leitungsband oder werden bei gleichzeitiger Anwesenheit von Akzeptoren von diesen ganz oder zum Teil eingefangen.

Im thermodynamischen Gleichgewicht gilt bei genügend niedrigen Trägerdichten $n < N_L$ und $p < N_V$ ein Massenwirkungsgesetz

$$n p = n_i^2 = N_L N_V \exp\left(-\frac{W_G}{kT}\right). \tag{7.2/1}$$

Im undotierten Halbleiter ist $n = p = n_i$, die sogenannte Eigenleitungsdichte, die durch thermische Stoßionisation von Valenzelektronen entsteht. Mit Hilfe der Bandgewichte N_L und N_V für Leitungs- bzw. Valenzband können die Bänder in vielen Fällen formal durch „Terme" ersetzt werden. Diese Terme sind im Energieschema an die Stelle der Bandkanten zu setzen.

Bei hohen Dichten von n und p, wie sie für Laser notwendig sind, besteht zwischen den Donatoren- und Akzeptordichten N_D bzw. N_A und den Trägerdichten im Gleichgewicht eine der Beziehungen

$$N_D - N_A = n \quad \text{für} \quad N_D > N_A, \quad n\text{-Typ, Elektronenleitung} \tag{7.2/2}$$
$$N_A - N_D = p \quad \text{für} \quad N_A > N_D, \quad p\text{-Typ. Löcherleitung.}$$

Die Elektronen und Löcher sind als quasifreie Träger zu betrachten und führen zu einer elektrischen Leitfähigkeit

$$\sigma = e(\mu_p p + \mu_n n). \tag{7.2/3}$$

Überwiegt z. B. die Löcherdichte, dann kann man aus Messungen von σ und der *Hall-Konstanten* $R_H = 1/ep$ die Beweglichkeit μ_p und die Konzentration p der Träger bestimmen.

Zur Beschreibung der optischen Übergänge zwischen den Bändern ist die Zahl der angeregten (n) und die Zahl der leeren Zustände (p) nicht geeignet, da sie keine einheitlichen Energien besitzen. Brauchbare Größen auch für hohe Konzentrationen $n > N_L$, $p > N_V$ erhält man aus einer genaueren Betrachtung der Energiestruktur der Bänder und deren Besetzung durch Träger.

In einfachen Fällen gilt nahe der Bandkante, ähnlich wie für freie Elektronen, ein quadratischer Zusammenhang zwischen Energie W und Impuls $\boldsymbol{p}$, wobei dem Einfluß des Kristalls Rechnung getragen wird durch eine effektive Masse m_n bzw. m_p der Träger.

Für die Elektronen im Leitungsband gilt

$$W = W_L + \frac{\hbar^2}{2\,m_n}\,|\boldsymbol{k} - \boldsymbol{k}_L|^2. \tag{7.2/4}$$

Dabei ist $\boldsymbol{k} = \boldsymbol{p}/\hbar$ der Wellenvektor der Elektronen, der entsprechend der quantenmechanischen Theorie nur diskrete Werte annehmen kann. Die Abzählung ergibt für die resultierende Energieabhängigkeit der Zustandsdichte im Leitungsband

$$\varrho_L(W) = \frac{1}{\pi^2 \sqrt{2}} \left(\frac{m_n}{\hbar^2}\right)^{3/2} \sqrt{W - W_L}\,. \tag{7.2/5}$$

Bei hohen Störstellendichten N_D und N_A und auch bei hohen Trägerdichten n, p wird die Zustandsdichte nahe der Bandkante stark gestört, so daß die Gl. (7.2/5) die Verhältnisse nur noch in günstigen Fällen quantitativ beschreiben kann. Bei starken Störungen ergeben sich Verkleinerungen des Bandabstandes und Ausläufer des parabolischen Bandes, die in größerem Abstand von der ursprünglichen Bandkante durch *Gauß-Funktionen* im „verbotenen" Band beschrieben werden können [66],

$$\varrho(W) \sim \exp\left[-\left(\frac{W}{W_o}\right)^2\right]. \tag{7.2/6}$$

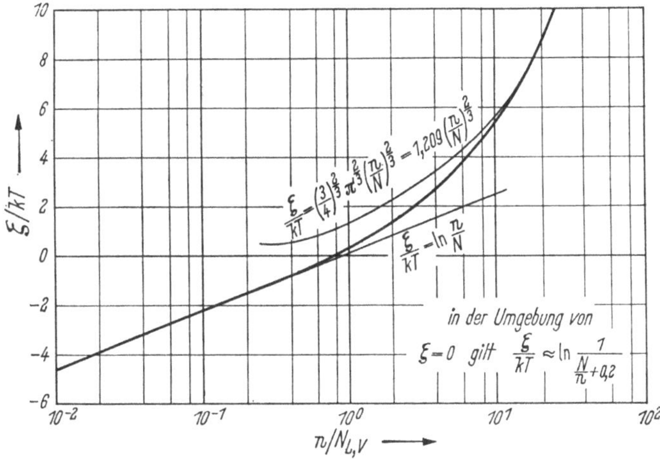

Abb. 7.3. Abstand ζ des *Fermi-Niveaus* W_F von einer Bandkante $W_{L,V}$ als Funktion der Trägerdichte n,p im parabolischen Band (nach E. SPENKE [67]).

Im Gleichgewicht ist die Besetzungswahrscheinlichkeit dieser Zustände gegeben durch die *Fermi-Funktion*

$$f_n = \left(1 + \exp\frac{W - W_{Fn}}{kT}\right)^{-1} \tag{7.2/7}$$

für Elektronen und

$$f_p = \left(1 + \exp\frac{W_{Fp} - W}{kT}\right)^{-1} \tag{7.2/8}$$

für Löcher, wobei im thermodynamischen Gleichgewicht gilt $W_{Fn} = W_{Fp}$.

Hiermit ergibt sich ein geeignetes Maß für die Beschreibung der Elektronenübergänge, und zwar die „Halbbesetzungsgrenze", die durch die *Fermi-Energie* W_F gegeben ist. Je nach Gesamtzahl der Träger liegt diese im verbotenen Band oder mehr oder weniger tief in den Bändern selbst. Die Integration über alle Zustände unter Berücksichtigung ihres Besetzungsgrades liefert bei bekanntem $\varrho(W)$ einen Zusammenhang zwischen W_F und den Trägerdichten n und p, der für das parabolische Band in Abb. 7.3 wiedergegeben ist. Es ist der Abstand ζ des *Fermi-Niveaus* W_F von einer Bandkante gegen die entsprechende Trägerdichte im zugehörigen Band aufgetragen, bezogen auf dessen Bandgewicht $N_{L,V}$. Dafür gilt:

$$N_{L,V} = 2 \left(\frac{2\pi \, m_{n,p} k T}{h}\right)^{2/3} \approx 2{,}5 \cdot 10^{19} \left(\frac{m_{n,p}}{m}\right)^{2/3} \left(\frac{T}{300° \text{ K}}\right)^{2/3} \text{cm}^{-3}. \qquad (7.2/9)$$

Mit Hilfe von ζ kann man auch eine Gleichgewichtsbedingung entsprechend Gl. (7.2/1) zwischen n und p für beliebige Trägerdichten formulieren,

$$\zeta_n \left(\frac{n}{N_L}\right) + \zeta_p \left(\frac{p}{N_V}\right) + W_G = 0. \qquad (7.2/10)$$

Näherungsfunktionen für den Zusammenhang $\zeta(n)$ sind ebenfalls in Abb. 7.3 angegeben für die wichtigen Bereiche $n \ll N_{L,V}$ und $n \gg N_{L,V}$. Im Falle von $n > N_{L,V}$ ist ζ positiv und das *Fermi-Niveau* liegt innerhalb eines Bandes. Wegen des damit verknüpften metallähnlichen Zustandes spricht man von einem entarteten Halbleiter.

7.2.2 Elektronenübergänge im Halbleiter

Elektronenübergänge im Halbleiter sind sowohl mit als auch ohne Beteiligung von Photonen möglich. Beides ist für die Funktion eines Halbleiterlasers wichtig. Abklingprozesse ohne Photonenemission ebenso wie Vorgänge, bei denen Photonen ungewollter Wellenlänge erzeugt werden, gehen als Verlustprozesse in die Laserbilanz ein, begrenzen den Wirkungsgrad und erhöhen den Schwellenwert der Pumpleistung.

Neben der besonders wichtigen Band-Band-Rekombination (auch unter Einschluß bandkantennaher Donatoren und Akzeptoren) spielen Konkurrenzprozesse vor allem dann eine entscheidende Rolle, wenn die Bandübergänge nicht direkt erfolgen können. Dem Impulssatz entspricht beim Elektronenübergang im Halbleiter die Erhaltung des Wellenzahlvektors $\boldsymbol{k}$. Der Übergang kann daher normalerweise mit hoher Wahrscheinlichkeit nur dann direkt erfolgen, wenn die $\boldsymbol{k}$-Werte in Leitungs- und Valenzband übereinstimmen. Wesentlich geringer (z. B. um den Faktor 10^{-2}) ist die Rekombinationswahrscheinlichkeit, wenn diese $\boldsymbol{k}$-Werte verschieden sind, da es neben den beteiligten Elektronen und Löchern zur Impulserhaltung noch eines dritten Stoßpartners bedarf.

Die Halbleitermaterialien können damit in zwei Gruppen eingeteilt werden, die sich, wie in Abb 7.4 a, b dargestellt, durch den Aufbau des Bandsystems unterscheiden. Bei der ersten Gruppe mit Galliumarsenid (GaAs) als wichtigsten Vertreter liegen die mit Trägern bevorzugt besetzten absoluten Bandextrema von Valenz- und Leitungsband im $W(\boldsymbol{k})$-Raum übereinander bei gleichen $\boldsymbol{k}$-Werten $\boldsymbol{k}_V = \boldsymbol{k}_L$. Die zweite Gruppe mit Galliumphosphid (GaP) hingegen hat ihre absoluten Bandextrema bei verschiedenen Wellenzahlvektoren: die Valenzbandkante liegt wie für GaAs bei $\boldsymbol{k} = 0$, die Leitungsbandkante ist aber dagegen verschoben. Als Stoßpartner wirken sowohl lokalisierte Gitterschwingungen, die sog. Phononen, als auch Rekombinationszentren, wie Fremdatome und andere Gitterfehlstellen. Zwei Übergänge mit Phononenbeteiligung sind in die Abb. 7.4 b eingetragen, wobei der Vorgang mit Hilfe virtueller Terme im verbotenen Band dargestellt ist, die als Zwischenzustände bei der Rekombination betrachtet werden können. Die beiden Prozesse entsprechen der zusätzlichen Absorption bzw. Emission eines Phonons. Im Rekombinationsschema der Abb. 7.4 c entspricht dies dem Fall I b.

Sind anstelle virtueller Terme echte, bandkantenferne Störterme (Fall II in Abb. 7.4 c) beteiligt, so spricht man von einem Band-Term-Übergang, der sowohl strahlend als auch nichtstrahlend erfolgen kann. Diese Rekombinationszentren

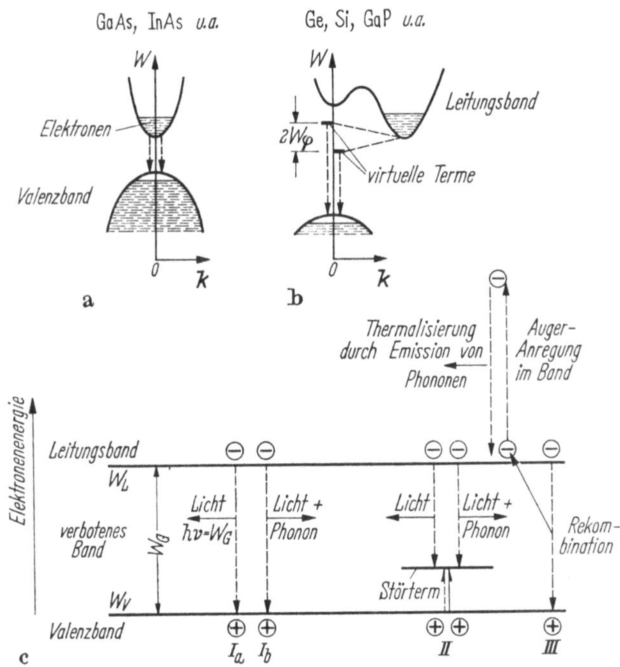

Abb. 7.4. Rekombinationsprozesse in Halbleitern. a) Bandstruktur im Energie-Impulsraum für Halbleiter mit direktem Band–Band-Übergang; b) Bandstruktur für Halbleiter mit Band–Band-Übergängen, bei denen zur k-Erhaltung weitere Stoßpartner (z. B. Phononen) erforderlich sind (indirekter Übergang); c) Rekombinationsschema. I a, b) Direkte Band–Band-Übergänge (Absorption bzw. Emission eines Photons); II) Rekombination über Störterme im verbotenen Band, die z. B. durch Fremdatome hervorgerufen sind; III) *Auger-Prozeß* bzw. Photoemission mit direkt anschließender Reabsorption.

mit ihren relativ großen Wirkungsquerschnitten haben auf die Strahlungsemission in Halbleitern vom GaP-Typ einen großen Einfluß. Schon in geringer Konzentration erniedrigen sie den Wirkungsgrad für die Band-Band-Rekombinationsstrahlung so stark, daß bisher mit keinem Halbleiter dieser Art ein Laser hergestellt werden konnte[1]. Dies betrifft auch die in höchster Qualität herstellbaren Halbleiterwerkstoffe Si und Ge. Die erfolgreichen Experimente beschränken sich auf Substanzen mit direktem Band-Band-Übergang, wie GaAs, InP, InAs, InSb, PbSe, PbTe, Te und Mischkristallen mit mindestens einer Komponente aus dieser Reihe. Bei letzteren sind die erzielbaren Wellenlängen in Abhängigkeit von den

---

[1] Dieses Argument trifft nur bedingt zu, da man mit genügend kurzen und starken Stromimpulsen sicher eine beliebig hohe Anregung schaffen kann (vgl. Kap. 7.,3). Allerdings tritt mit der dann zwangsläufig zunehmenden Trägerdichte auch deren Absorption stark in Erscheinung. Dies dürfte nach neuen Untersuchungen z. B. bei Si der entscheidende Grund dafür sein, daß eine Laserfunktion nicht erzielt werden kann [68].

24*

Konzentrationen der Komponenten einstellbar. Dies beruht darauf, daß sich die Bandabstände bei bestimmten k-Werten linear mit der Konzentration der Komponenten verändern. Ein wichtiges Beispiel hierfür ist die Reihe GaAs/GaP, deren Bandabstands- und Emissionsverhalten in Abb. 7.5 wiedergegeben sind [69]. Mit dem Phosphorgehalt erhöht sich der Bandabstand kontinuierlich und führt ab etwa 15% P zur Emission von sichtbarem Licht. Bei etwa 40% P ändert sich der Typus des Halbleiters: Das Leitungsbandminimum bei $k = (100)$ sinkt unter das Minimum bei $k = 0$ ab. Wegen des großen Unterschieds der Rekombinationswahrscheinlichkeit wird aber auch dann noch der direkte Übergang gefunden, wenn das (100)-Minimum schon einige kT tiefer liegt als das (000)-Minimum und daher stärker besetzt ist [70]. Mischkristalle mit höherer GaP-Konzentration

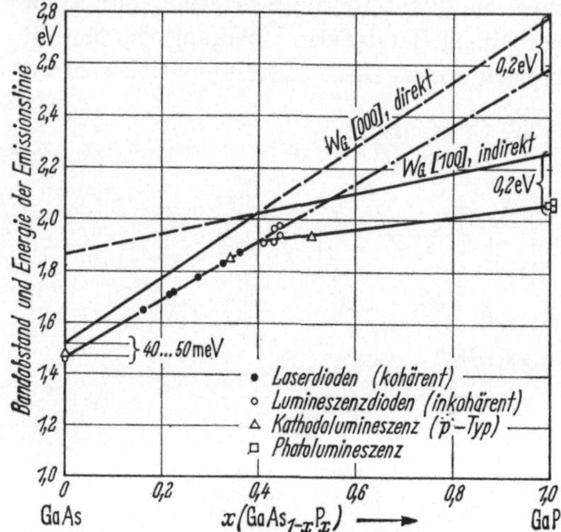

Abb. 7.5. Bandabstandsänderung im System GaAs/GaP mit Übergang von direkter Rekombination ([000]) bei niedriger P-Konzentration zu indirekter ([100]) bei hohen P-Dichten und Wellenlänge der emittierten Band–Band-Linie (nach D. A. CUSANO [69]).

sind aber wegen der jetzt zunehmenden indirekten Rekombination nicht mehr für Laser geeignet. Die Grenzwellenlänge für bevorzugt direkte Übergänge ergibt sich aus dem Bandabstand von etwa 2 eV zu 0,61 μm bei 300 °K.

Als weitere Mechanismen der Rekombination kommen noch der *Auger-Prozeß* (III in Abb. 7.4) und die unmittelbare Reabsorption des emittierten Lichtes durch

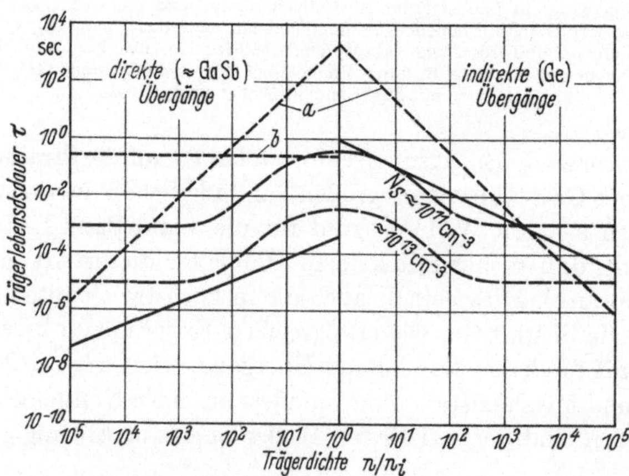

Abb. 7.6. Rekombinationszeitkonstanten (Trägerlebensdauer) bei den verschiedenen Übergangsarten. ——— strahlende Band–Band-Übergänge, – – – strahlungslose Übergänge über Störstellen der Dichte N_S, ······ strahlungslose *Auger-Übergänge*; a) von Band zu Band; b) über Störterme.
Die Trägerdichte ist auf die Eigenleitungsdichte n_i normiert. Die Darstellung auf der linken Seite gilt für einen Halbleiter mit direktem Übergang und die auf der rechten Seite für indirekte Rekombination. Als Bandabstand wurde in beiden Fällen 0,7 eV (entspricht Ge) gewählt (nach I. MELNGAILIS [41]).

freie Träger in Betracht. Diese Vorgänge sind letztlich in ihrer Wirkung nicht zu unterscheiden. In jedem Fall wird die Rekombinationsenergie auf Leitungselektronen übertragen, die ihrerseits mit Phononen in Wechselwirkung treten, so daß schließlich die Energie als Wärme an das Gitter abgegeben wird[1].

In Abhängigkeit von der Trägerdichte ist das prinzipielle Verhalten der Rekombinationszeitkonstanten für die Prozesse I bis III in Abb. 7.6 wiedergegeben (Grundlagen hierzu in [71]), und zwar links für Halbleiter mit direktem und rechts für solche mit indirektem Übergang. Bei dieser Auftragung ist zu beachten, daß für die Bandparameter W_G und m_{eff} in beiden Fällen gleiche Werte verwendet sind. Größere W_G-Werte erhöhen die Wahrscheinlichkeit für den strahlenden Band-Band-Übergang, kleinere diejenige für den *Auger-Effekt* und die Selbstabsorption. Man erkennt, wie schon z. B. bei $N_S = 10^{13}$ Rekombinationszentren/ cm³ in einem weiten Bereich der Trägerdichte die strahlungslosen Multiphononprozesse die strahlenden indirekten Band-Band-Übergänge mit Phononbeteiligung übertreffen (vgl. Kap. 7.2.4 mit Tab. 7.2, S. 379).

Im Falle der direkten Übergänge überwiegen dagegen auch noch bei höheren Rekombinationszentrendichten die strahlenden Band-Band-Übergänge. Dies gilt insbesondere bei größerem Bandabstand des verwendeten Halbleiters und tiefen Temperaturen, d. h. bei kleineren Werten der Eigenleitungsdichte $n_i = = \sqrt{N_c N_v} \exp(-W_G/2\,kT)$. Bei GaAs mit $W_G \approx 1{,}5$ eV sollten dementsprechend für alle beim Laser auftretenden Trägerdichten die strahlenden Band-Band-Prozesse dominieren. Dieser Sachverhalt erklärt die Sonderstellung dieses Halbleitermaterials für die Erzeugung von Licht durch Rekombination.

7.2.3 Strahlende Band-Band-Übergänge

Theoretische Berechnungen über strahlende Band-Band-Übergänge, auch unter Einbezug der mit ihnen verwandten Rekombination über bandnahe Elektronenzustände [flache Donatoren und Akzeptoren sowie damit zusammenhängende Bandausläufer nach Gl. (7.2/6)] sind vielfach durchgeführt worden [72].

Wenn $a_{LV} = a_{VL}$ die quantenmechanische Übergangswahrscheinlichkeit ist für Übergänge zwischen einem Energiezustand $W(k_2)$ im Leitungsband und einem Zustand $W(k_1)$ im Valenzband, z. B. entsprechend Gl. (7.2/4), dann gilt für die Anzahl der in der Zeiteinheit aus den mit N_{ph} Photonen besetzten Moden gleicher Energie eines Strahlungsfeldes absorbierten Quanten pro Volumeneinheit

$$c_a(\nu) = N_{ph}(\nu) \iint\limits_{k_1\,k_2} a_{VL}\varrho_V(k_1)\,(1 - f_p(k_1))\,\varrho_L(k_2)(1 - f_n(k_2))$$
$$\times\,\delta\,(W(k_2) - W(k_1) - h\nu)\,dk_2\,dk_2. \tag{7.2/11}$$

Analog erhält man für die durch induzierte Emission erzeugten Quanten

$$c_i(\nu) = N_{ph}(\nu) \iint\limits_{k_1\,k_2} a_{VL}\varrho_L(k_2)\,f_n(k_2)\,\varrho_V(k_1)\,f_p(k_1)$$
$$\times\,\delta\,(W(k_2) - W(k_1) - h\nu)\,dk_1\,dk_2. \tag{7.2/12}$$

---

[1] Neuere Untersuchungen [143] haben gezeigt, wie auch im Gefolge einer *Auger-Rekombination* Licht, allerdings mit anderer Wellenlänge, entstehen kann.

Die Zahl der spontan ermittierten Quanten c_{sp} erhält man aus c_i, wenn man berücksichtigt, daß sie sich von c_i nur durch ihre Unabhängigkeit von dem schon vorhandenen Strahlungsfeld unterscheidet,

$$c_{sp}(\nu) = c_i(\nu)/N_{ph}. \tag{7.2/13}$$

Es bedeuten ϱ_V, ϱ_L die Zustandsdichten im Valenz- bzw. Leitungsband, z. B. nach Gl. (7.2/5) oder (7.2/6), f_n, f_p die Besetzungswahrscheinlichkeit der Zustände mit Elektronen bzw. Löchern. $1 - f_n$ und $1 - f_p$ entsprechen dann den unbesetzten Zuständen. Zwischen $W(k_2)$ und $W(k_1)$ ergibt sich beispielsweise die spontane Emissionsrate aus dem Produkt der Übergangswahrscheinlichkeit, der Zahl der besetzten Zustände im Leitungsband und der Zahl der freien (d. h. mit Löchern besetzten) Zustände im Valenzband. Die δ-Funktion erzwingt, daß bei der Integration nur über Prozesse integriert wird, für die sich Photonen gleicher Energie $W(k_2) - W(k_1) = h\nu$ ergeben.

Zwischen den so definierten Übergangsraten ergibt sich im thermodynamischen Gleichgewicht die Beziehung $c_{a,o} = c_{i,o} + c_{sp,o}$, woraus $N_{ph,0}(\nu) = (\exp(h\nu/\mathrm{kT})-1)$ folgt, wie es das *Plancksche Strahlungsgesetz* verlangt.

Für die folgenden Berechnungen ist Voraussetzung, daß jede Trägerart sich innerhalb ihres Bandes thermalisiert, d. h. daß die Besetzung der Zustände durch eine *Fermi-Verteilung* nach Gl. (7.2/7) und (7.2/8) beschrieben werden kann, wobei jedoch im Nichtgleichgewicht für jede Trägerart eine andere *Quasi-Fermi-Energie* W_{Fn} bzw. W_{Fp} einzuführen ist.

Die Einführung der *Quasi-Fermi-Energien* setzt die meist erfüllte Bedingung voraus, daß die Träger innerhalb jedes Bandes sich untereinander in ein Temperaturgleichgewicht setzen in Zeiten, die klein sind gegen die Rekombinationszeiten. Man erhält für die Einstellzeit τ_{th} des Temperaturgleichgewichtes in Abhängigkeit von der überschüssigen Energie W_{ex} der Träger [73] für Streuung an akustischen und optischen Phononen

$$\tau_{th,a} = \frac{D}{v_s^2}\left(\frac{kT}{W_{ex}}\right)^{1/2}$$

bzw.

$$\tau_{th,o} = \tau_{th,a}\,\frac{m_{n\,p}\,v_s^2}{W_{\varphi,o}}.$$

Dabei sind D (≈ 50 cm²/s) der Diffusionskoeffizient der Träger, v_s ($\approx 5 \cdot 10^5$ cm/s) die Schallgeschwindigkeit im Halbleiter und $W_{\varphi,o}$ ($\approx 0{,}1$ eV) die Energie der optischen Phononen. Die in Klammern angegebenen Zahlenwerte sind typisch für alle interessierenden Halbleitermaterialien und führen zu der Abschätzung $\tau_{th,o} \approx 10^{-3}$ s und $\tau_{th,a} < 10^{-12}$ s.

Aus Gl. (7.2/11) bis (7.2/13) kann man nun einen allgemeinen Zusammenhang zwischen der Nettorate der induzierten Emission $c_{ind} = c_i - c_a$ und der Rate der spontanen Emission ableiten,

$$c_{ind}(\nu) = c_{sp}(\nu)\,N_{ph}(\nu)\left(1 - \exp\frac{h\nu - \Delta W_F}{kT}\right). \tag{7.2/14}$$

Diese Gleichung gilt unabhängig von der Gültigkeit einer k-Auswahlregel ($k_1 = k_2$) und auch noch dann, wenn die beteiligten Zustände statistische Gewichte ungleich eins haben.

Für die experimentelle Bestimmung der Emissionsraten und die spätere Behandlung des Halbleiterlasers ist ihr Zusammenhang mit der Absorptionskonstanten 2α wichtig,

$$2\alpha = -\frac{c^2 h}{8\pi\, n^{*2} \nu^2 N_{ph}}\, c_{ind}(\nu).\qquad(7.2/15)$$

Das Minuszeichen beruht darauf, daß c_{ind} positiv ist, wenn Strahlung emittiert wird und negativ, wenn Strahlung absorbiert wird. Diese Beziehung ist vor allem dann von großer praktischer Bedeutung, wenn $c_{ind}(\nu)$ nicht theoretisch bestimmt werden kann; z. B. bei unbekannten Zustandsdichten ϱ_L, $\varrho_V \cdot n^*$ ist der Brechungsindex für Licht der Wellenlänge $\lambda = c/\nu$ [$n^*(\lambda)$ für GaAs, siehe Abb. 7.24].

7.2.4 Emissions- und Absorptionsspektren

Für Bandstrukturen mit Zustandsdichten nach Gl. (7.2/5) und Gl. (7.2/6) wurden Emission und Absorption theoretisch bestimmt. Diese Berechnungen wurden beim parabolischen Band durchgeführt für strenge Gültigkeit der k-Auswahlregel [74], für völlige Durchbrechung dieser Regel, wobei jeder Leitungsbandzustand mit jedem Valenzbandzustand rekombiniert [75], und für Bandausläufer, wie sie sich vor allem bei hochdotiertem, kompensierten Material ($N_D \approx N_A$) ergeben [76].

Bei k-Erhaltung tritt in die Integranten der Gln. (7.2/11) bis (7.2/13) als weiterer Faktor $\delta^3(\boldsymbol{k}_1 - \boldsymbol{k}_2)$. Zusammen mit dem die Energieerhaltung ausdrückenden Faktor $\delta(W(\boldsymbol{k}_2) - W(\boldsymbol{k}_1) - h\nu)$ führt dies zur „Aufhebung" der Integrationen. Man erhält für die spontane Emission

$$c_{sp}(\nu) = \frac{1}{V}\, a_{LV}\, \varrho_{LV}(1 - f_p)\,(1 - f_n)\qquad(7.2/16)$$

mit

$$\varrho_{LV}(W) = \frac{1}{2\pi\, \hbar^3}\left(2\,\frac{m_n m_p}{m_n + m_p}\right)^{3/2} \sqrt{W - W_G}.\qquad(7.2/17)$$

Ohne k-Erhaltung bleibt eine Integration erhalten, und es gilt

$$c_{sp}(\nu) = a_{LV} \int\limits_0^{h\nu - W_G} \varrho_L(W)\, \varrho_v(W - h\nu)\, \varrho_n(W)\, f_p(W - h\nu)\, dW.\qquad(7.2/18)$$

Die zugehörigen induzierten Größen c_a, c_i bzw. c_{ind} erhalten wir durch Anwendung von Gl. (7.2/11), (7.2/12) und (7.2/14).

Absorption und spontane Emission sind im ersten Fall nahe der Bandkante für nichtentartete Halbleiter wegen $f_n \approx f_p \approx 0$ proportional zu $\sqrt{W - W_G}$. Dies gilt auch bei invertierter Besetzung ($f_n \approx f_p \approx 1$) für die spontane und induzierte Emission. Im zweiten Fall sind die Integrale elementar auswertbar unter Vernachlässigung der Besetzungsfunktionen f_n, f_p, und man erhält Proportionalität zu $(W - W_G)^2$.

Die Emissionslinien sind in Abb. 7.7a dargestellt für GaAs mit $\zeta_p = 11{,}8\,\mathrm{meV}$, was bei $T = 80°\mathrm{K}$ einer Löcherdichte von etwa $8 \cdot 10^{18}/\mathrm{cm}^3$ entspricht. Die Anregung mit Elektronen ist beschrieben durch die zwei verschiedenen Werte ζ_n von 5 meV und 15 meV, die für Elektronenkonzentrationen von $8{,}3 \cdot 10^{16}/\mathrm{cm}^3$ bzw. $1{,}9 \cdot 10^{17}/\mathrm{cm}^3$ gelten. Für a_{LV} ist zu setzen $2{,}6 \cdot 10^{32}/\mathrm{cm}^3\,\mathrm{s(eV)}^3$. Berücksichtigt man, daß in einem Laser sich die spontane Strahlung in den Raumwinkel 4π verteilt, während die induzierte Emission in einem engen Bündel (z. B. 10°) abgestrahlt wird, so erkennt man, daß in dem vorliegenden Beispiel praktisch nur noch die induzierte Emission eine Rolle spielt.

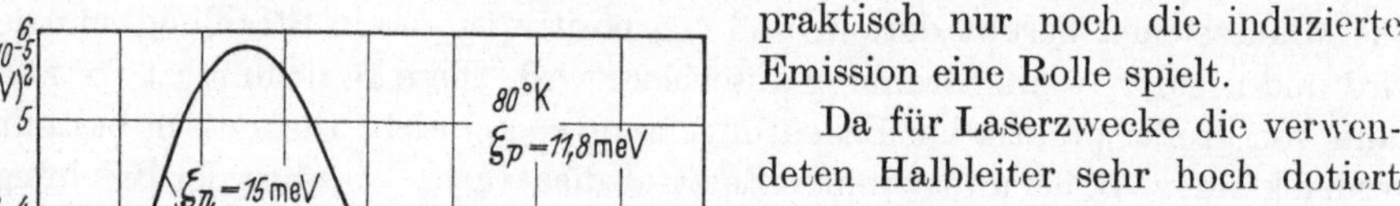
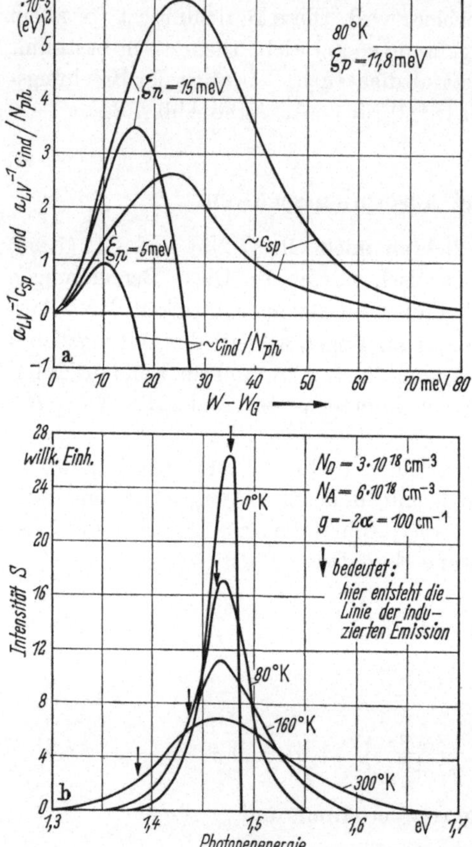

Da für Laserzwecke die verwendeten Halbleiter sehr hoch dotiert sein müssen, haben die Berechnungen mit parabolischen Bändern nur grundsätzliche Bedeutung. Bei hohen Dichten verändert sich durch die freien Träger und durch die Dotierungsatome sowohl die Bandfüllung als auch die Bandstruktur [vgl. Gl. (7.2/6)] und damit auch die Wellenlänge und Linienform (vgl. Kap. 7., 2.3) des erzeugten Lichtes. Dabei sind vor allem drei Effekte zu berücksichtigen:

1. Die Auffüllung der Bänder durch die freien Träger, die bei n-Material zu einer merklichen Verkleinerung der Wellenlänge des emittierten Lichtes führt (*Burstein-Effekt* [77]).

2. Die Verminderung des Bandabstandes durch Träger-Träger-Wechselwirkung [78]. Diese ist besonders groß in p-Material, da hier für Laser die Dichten wegen des großen Bandgewichtes N_V besonders hoch sein müssen. Dies führt zu einer größeren Wellenlänge.

3. Das Auftreten von Bandausläufern aufgrund statistischer Störung des periodischen Potentials durch Fremdatome [79].

Abb. 7.7. Theoretische Emissionslinien für Band–Band-Übergänge ohne k-Erhaltung in GaAs. a) Für parabolische Bänder; b) für Bänder mit Ausläufern auf Grund hoher Dotierung. Das Material ist als kompensiert angenommen, so daß das *Fermi-Niveau* W_F im Bandausläufer liegt (nach G. Lasher u. F. Stern [72c] und E. Haken u. H. Haken [74]).

Im letzten Fall entstehen relativ weit von den Bandkanten entfernt nahezu lokalisierte Störzentren, über die die Rekombination im wesentlichen strahlend erfolgt. Diese Zustände spielen bei stark kompensierten Halbleitern eine Rolle, da in diesem Fall das *Fermi-Niveau* in diesen Bandausläufern liegt [s. Gl. (7.2/6)]. Es tritt eine besonders starke Zunahme der Lichtwellenlänge auf, verbunden mit einer einseitig *Gaußschen Linienform*, wegen der statistischen Verteilung der Störatome.

Das hieraus folgende Verhalten ist an Hand von Meßergebnissen der Lumineszenz nach Elektronenstrahlanregung für verschieden dotiertes GaAs in Abb. 7.8

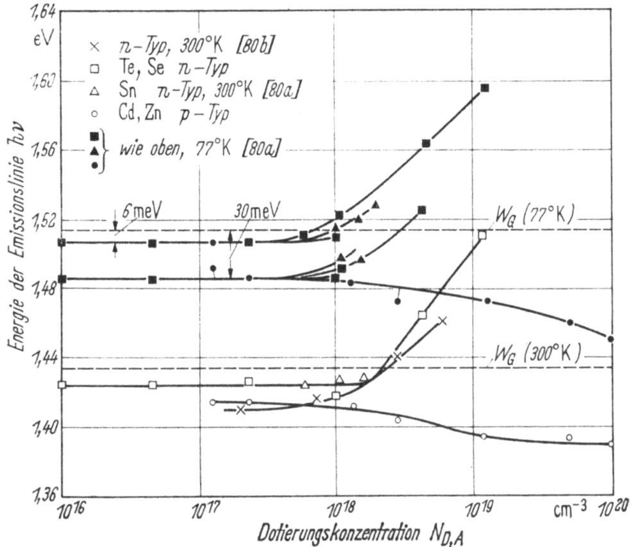

Abb. 7.8. Energie der emittierten Photonen bei GaAs nach Anregung durch Elektronenstrahl für verschiedene Werte der n- bzw. p-Dotierung (nach D. A. CUSANO [80]).

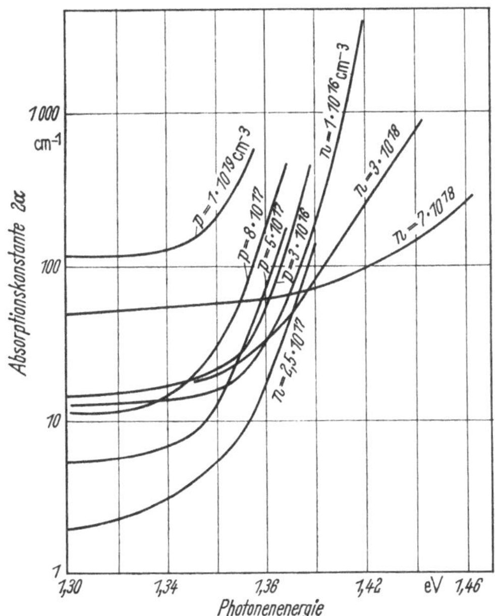

Abb. 7.9. Experimenteller Verlauf der Absorption bei n- bzw. p-dotiertem GaAs (nach R. BRAUNSTEIN et al. [84 b])

wiedergegeben [80]. Dabei ist darauf zu achten, daß sich die Verhältnisse noch ändern, wenn Kompensation vorliegt: Es ergibt sich eine Verschiebung der Emissionslinie nach größeren Wellenlängen bei gleichzeitiger Linienverbreiterung.

Dieser Effekt ist besonders stark ausgeprägt bei hochdotiertem p-Material, da hier Gesamtkonzentration von $2-4 \cdot 10^{20}/\text{cm}^3$ auftreten können. So ergibt sich für $300\,^\circ\text{K}$ beispielsweise bei amphoterer Si-Dotierung $\lambda = 0{,}92\ \mu\text{m}$ [81] und bei gleichzeitiger Dotierung mit Zn und Sn eine Wellenlänge bis zu $0{,}98\ \mu\text{m}$ [82].

Für solche Fälle gilt näherungsweise eine Zustandsdichte nach Gl. (7.2/6) mit

$$W_0 = \left(\frac{\pi}{3}\right)^{1/3} \frac{e^2}{\varepsilon\varepsilon_0} \left(\frac{\hbar^2\,\varepsilon\varepsilon_0}{e^2 m_p}\right)^{1/4} \frac{N_A^{1/2}}{(N_A - N_D)^{1/12}}.$$

Theoretische Ergebnisse für das Emissionsverhalten bei einer solchen Bandstruktur sind in Abb. 7.7b für verschiedene Temperaturen wiedergegeben. Die Pfeile zeigen an, an welcher Stelle des Spektrums die induzierte Emission erscheint.

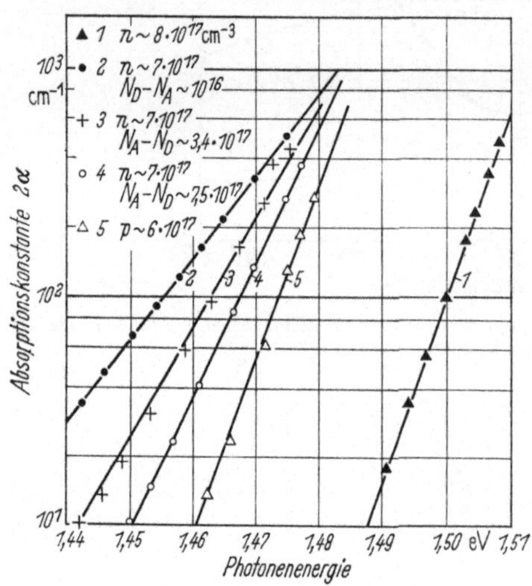

Abb. 7.10. Verlauf der Absorptionskante bei GaAs als Funktion des Kompensationsgrades für 77°K (nach G. Lucovsky [85]).

Als Parameter wurden benutzt $N_A = 6 \cdot 10^{18}/\text{cm}^3$ und $N_D = 3 \cdot 10/^{18}\text{cm}^3$ bei einer Anregung, die durch $g = -2\alpha = 100/\text{cm}$ gekennzeichnet ist. Diesem Wert entsprechen bei einem realen Diodenlaser Stromdichten von $680\ \text{A}/\text{cm}^2$ bei $0\,^\circ\text{K}$, $1210\ \text{A}/\text{cm}^2$ bei $80\,^\circ\text{K}$ und $19200\ \text{A}/\text{cm}^2$ bei Raumtemperatur (vgl. Kap. 7.3.3).

Die Absorptionskonstante 2α ist je nach Dotierung entsprechend geändert. Aufgrund der genannten Effekte gilt nur bei hohen Reinheiten der Kristalle die Theorie mit parabolischem Band (bei GaAs mit Elektron-Loch-Wechselwirkung) [83]. In Abb. 7.9 sind Kurven für den spektralen Verlauf der Absorption für n- und p-Typ GaAs wiedergegeben [84]. Diese zeigen bei hohen Elektronendichten die *Burstein-Verschiebung* nach kurzen Wellen und bei hoher Löcherkonzentration die Verschiebung nach langen Wellen mit zusätzlicher Anhebung der Absorption durch Bandausläufer und freie Ladungsträger in diesem Bereich. In Abhängigkeit vom Kompensationsgrad ist in Abb. 7.10 die Verschiebung der Absorptionskante dargestellt [85]. Zum Vergleich ist als Kurve 1 der Verlauf einer allein der Elektronendichte zugeordneten Kante eingetragen.

7.2.5 Rekombinationsrate und Trägerlebensdauer

Die Gesamtrate der strahlenden spontanen Band-Band-Übergänge C_{sp} kann bestimmt werden durch Integration von c_{sp} nach Gl. (7.2/13) über den Energiebereich der spontanen Emissionslinie. Allgemein gilt:

$$C_{sp} = \int c_{sp}\, dW.$$

Wegen Gl. (7.2/15) besteht ein Zusammenhang mit 2α, so daß aus Absorptionsdaten C_{sp} ermittelt werden kann, wenn für c_{sp} kein analytischer Ausdruck bekannt ist. Für parabolische Bänder kann man jedoch mit Hilfe von Gl. (7.2/16) u. (7.2/18) theoretisch die Übergangsrate gewinnen. Man erhält ohne k-Auswahlregel unabhängig von der Trägerdichte eine Proportionalität

$$C_{sp} = B\,n\,p.$$

Diese Gleichung ist exakt erfüllt auch bei Übergängen mit k-Erhaltung, wenn $n, p < N_L, N_V$ ist. Im Fall der Entartung nur einer der Trägerdichten gibt diese Gleichung noch die Größenordnung richtig an. Die Proportionalitätskonstante B ergibt sich mit den Daten für GaAs zu $B = 2{,}8 \cdot 10^{-10}$ cm³/s. Bei Übergängen mit Phononbeteiligung gilt ebenfalls ein Zusammenhang wie oben. Für B erhält man aber eine andere Abhängigkeit von den Halbleiterparametern. Sind an der Rekombination andere Stoßpartner N_S, wie z. B. Fremdatome, beteiligt, dann ergibt sich anstelle der Proportionalität zu den Majoritätsträgern eine solche zu N_S.

Zur Beschreibung des zeitlichen Verhaltens der Anregung oder der Lichtemission ist besser geeignet eine Lebensdauer τ_R für überschüssige Träger. Diese ergibt sich per Definition aus den Übergangsraten C_j. Wenn Δn die Dichte der Überschußelektronen ist, erhält man

$$\frac{\Delta n}{\tau_R} = \sum_j \frac{\Delta n}{\tau_j} = \sum C_j. \qquad (7.2/19)$$

Dabei kann man jedem Übergangsmechanismus eine eigene Zeitkonstante τ_j zuordnen. Insbesondere gilt für den strahlenden spontanen Übergang

$$\frac{\Delta n}{\tau_{sp}} = C_{sp}.$$

Führt man eine Intrinsic-Zeitkonstante für $n\,p = n_i^2$ ein, dann folgt

$$\tau_{sp} = \frac{2\,n_i}{n + p}\,\tau_i. \qquad (7.2/20)$$

Tabelle 7.2 *Zeitkonstanten für die Rekombination in verschiedenen Halbleitern* [87]

Material	n_i/cm^{-3}	τ_i/s	$\tau_{R\max}/\mathrm{s}$
Si	$1{,}5 \cdot 10^{10}$	$1{,}7 \cdot 10^4$	$2{,}5 \cdot 10^{-3}$
Ge	$2{,}4 \cdot 10^{13}$	$0{,}61$	$1{,}5 \cdot 10^{-4}$
PbS	$3{,}0 \cdot 10^{15}$	10^{-5}	$9{,}0 \cdot 10^{-6}$
PbSe	$6{,}2 \cdot 10^{15}$	$2{,}0 \cdot 10^{-6}$	$2{,}5 \cdot 10^{-7}$
PbTe	$4{,}0 \cdot 10^{15}$	$2{,}4 \cdot 10^{-6}$	$1{,}9 \cdot 10^{-7}$
InSb	$2{,}0 \cdot 10^{16}$	$6{,}2 \cdot 10^{-7}$	$1{,}2 \cdot 10^{-7}$
GaSb	$4{,}3 \cdot 10^{12}$	$9{,}0 \cdot 10^{-3}$	$3{,}7 \cdot 10^{-7}$
InAs	$1{,}6 \cdot 10^{15}$	$1{,}5 \cdot 10^{-5}$	$2{,}4 \cdot 10^{-7}$
GaAs	$9{,}5 \cdot 10^{5}$	$2{,}0 \cdot 10^{3}$	—

τ_i ist eine für jeden Halbleiter charakteristische Größe. Bei reinen Kristallen $(n, p \approx n_i)$ erhält man aus dem Vergleich von τ_i mit den höchsten gemessenen Trägerlebensdauern einen ersten Aufschluß über die Wahrscheinlichkeit des optischen Übergangs. Kürzere Lebensdauern als τ_i lassen meist auf ein Überwiegen ungewollter Prozesse schließen, die zu hohen Verlusten Anlaß geben. Um Größenordnungen zu kleine Lebensdauern zeigen an, daß indirekte Band-Band-Übergänge vorliegen. Da bei GaAs die Eigenleitungsdichte extrem niedrig ist, besteht keine Chance, mit τ_i vergleichbare Zeitkonstanten zu finden. Dies gilt auch für das durch ein Trapsystem hochohmig gemachte semiisolierende Material mit ca. 10^7 Träger/cm³, da in diesem die Rekombination über Störstellen überwiegt [86].

In Tab. 7.2 sind Zahlenwerte für τ_i und gemessene Höchstwerte $\tau_{R,\,max}$ der Lebensdauer zusammengestellt.

7.2.6 Die Laserbedingung

Der notwendige Anregungszustand für einen Laser kann unmittelbar aus Gl. (7.2/14) und (7.2/15) abgelesen werden. Soll ein Halbleiter gerade keine Absorption durch den gewünschten induzierten inversen Prozeß aufweisen, so muß gelten

$$\text{induzierte Emission} \geq \text{Absorption},$$

d. h.

$$c_{ind} \geq 0, \qquad 2\alpha \leqq 0, \qquad\qquad (7.2/21)$$

oder

$$\Delta W_F \geq h\nu \quad \text{bzw.} \quad (h\nu - W_G) - (\zeta_n + \zeta_p) \geq 0.$$

Diese Beziehung kann auch direkt abgeleitet werden aus den infinitesimalen Beziehungen zwischen Absorption und induzierter Emission für beliebige Zustände, deren Besetzung durch *Quasi-Fermi-Funktionen* beschreibbar ist. Sie gilt daher allgemein und liefert bei einem direkten Band-Band-Übergang

$$\Delta W_F > W_G$$

und bei einem Übergang mit gleichzeitiger Emission eines Phonons der Energie W_φ

$$\Delta W_F > h\nu - W_\varphi.$$

Für Übergänge unter Einschluß von Störtermen gilt ebenfalls Gl. (7.2/21). Es ist jedoch zu beachten, daß die *Quasi-Fermi-Energien* für die direkt beteiligten Zustände, also in diesem Fall für die Terme, definiert werden müssen. Nur bei sehr enger Kopplung derselben mit dem benachbarten Band gilt für Term- und Bandsystem der gleiche Wert für W_F. Gl. (7.2/21) kann für parabolische Bänder mit Hilfe der Größen ζ nach Abb. 7.3 in Bedingungen für die Trägerdichten n und p umgewandelt werden. Dies gelingt analytisch nur in Spezialfällen. Für eine Abschätzung geht man von der für Band-Band-Übergänge an sich nicht mehr gültigen Voraussetzung aus, daß auch im Laserbetrieb in beiden Bändern die Trägerdichte noch durch die Näherung für kleine Konzentrationen $n, p \ll N_L, N_V$ gilt. In diesem Fall erhält man

$$np > N_L N_V \exp\left(\frac{h\nu - W_G}{kT}\right)$$

oder mit $W_G = h\nu$

$$n \cdot p > N_L N_V.$$

Diese Bedingung steht jedoch in Widerspruch mit der Voraussetzung kleiner Dichten. Mindestens eine der Konzentrationen n, p muß daher im Laserbereich wesentlich größer sein als das zugehörige Bandgewicht, d. h., die entsprechende Größe ζ nach Abb. 7.3 ist größer als Null. Im allgemeinen wird man beide Konzentrationen größer als die Bandgewichte machen müssen.

Ein realer Laser weist Strahlungsverluste auf, z. B. durch Absorptionsvorgänge, die nicht zum betrachteten Emissionsprozeß invers sind oder durch Beugung in benachbarte nichtangeregte Kristallbereiche mit hoher Absorption. Diese Verluste müssen durch die induzierte Emission gedeckt werden, daher genügt $2\alpha = 0$ nicht mehr für den Einsatz der Laserwirkung; die Bedingung Gl. (7.2/21) wird verschärft. Die quantitative Behandlung hängt aber von der gewählten speziellen Laseranordnung ab (vgl. Kap. 7.3.2).

7.3 Physik des Injektionslasers

7.3.1 Anregungsarten

Gegenüber der sonst bei Festkörperlasern üblichen Anregung durch Licht mit einem geeigneten Spektrum haben sich beim Halbleiter Methoden bewährt, die in irgendeiner Form die in diesem Material möglichen Transportprozesse der elektrischen Leitung und der Trägerdiffusion ausnutzen. Sie können alle an Hand der

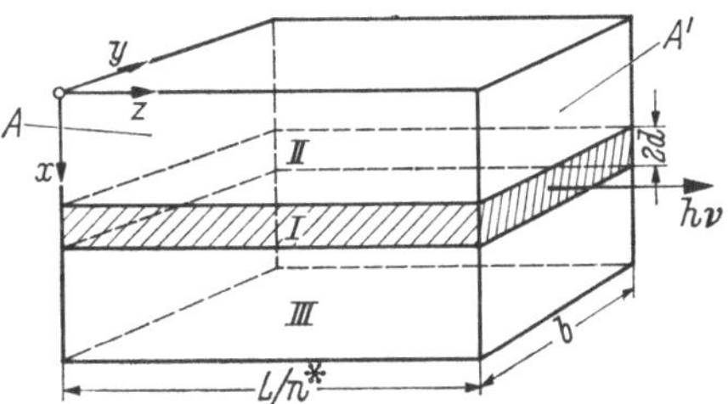

Abb. 7.11. Schematische Darstellung der Schichtstruktur eines Halbleiterlasers. *I* ist die aktive Schicht. Die Bedeutung der anderen Schichten ist abhängig von der Anregungsart. Die Endflächen A, A' sind meist als planparallele Spiegel nach Art des *Fabry-Perot-Interferometers* ausgebildet. Es können Spaltflächen oder polierte Flächen sein, die meist wegen des hohen Brechungsindex der Halbleiter ($n^* = 3-4$) nicht zusätzlich verspiegelt sind.

schematischen Darstellung in Abb. 7.11 beschrieben werden. Eine laseraktive Schicht I der Dicke $2d$ ist senkrecht zu ihrer längsten Ausdehnung L/n^* (L optische Länge, n^* Brechungsindex) begrenzt durch planparallele, reflektierende Grenzflächen A, A'. Für in Richtung AA' laufende Wellen hat die Anordnung bei genügender Anregung eine hohe Verstärkung und Rückkopplung, so daß induziert emittiertes Licht abgestrahlt werden kann. Die Bedeutung der Schichten II und III ist je nach Anregungsmethode verschieden.

a) pn-Anregung

Wegen des stark verminderten Bandabstandes in einem hochdotierten p-leitenden Kristallbereich kann man die zur Anregung erforderlichen Elektronen direkt aus einer anschließenden n-leitenden Schicht II injizieren. Im Bänderschema nach Abb. 7.12 ist dies dargestellt. Da im thermodynamischen Gleichgewicht die *Fermi-Energie* W_F für Elektronen und Löcher in einem Kristall ortsunabhängig ist, ist die Energie der Elektronen und Löcher gleich. Eine innere Potentialbarriere verhindert, daß sie in diesem Zustand zusammenfließen. Legt man die Schicht II an den negativen Pol einer Spannungsquelle, dann erhöht sich die potentielle Energie der Elektronen, und es fließen wegen des meist kleineren Bandabstandes im p-Gebiet (und wegen der geringeren effektiven Masse m_n) im Überschuß Elektronen über die erniedrigte Barriere nach Schicht I. Die angelegte Spannung entspricht dem Unterschied der *Quasi-Fermi-Energien* $W_{Fn} - W_{Fp}$.

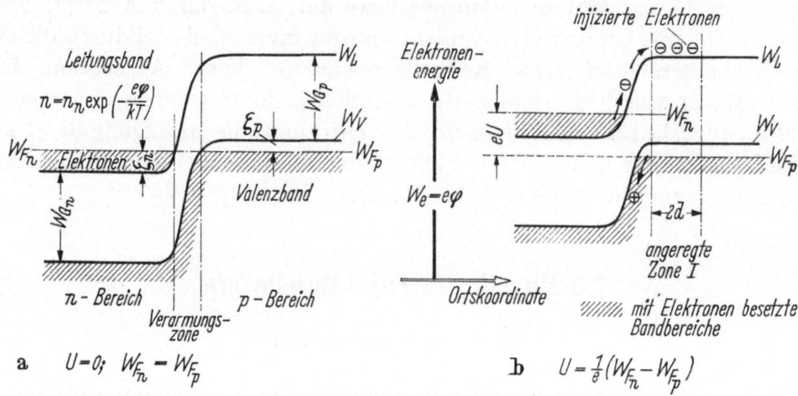

Abb. 7.12. Bänderschema eines p-n-Überganges. Der Verlauf a) der Bandkanten entspricht dem Ruhezustand (thermodynamisches Gleichgewicht); b) ist der Verlauf bei Betrieb in Flußrichtung. Hier werden im wesentlichen Elektronen aus dem n-Bereich in das p-dotierte Gebiet injiziert. Diese Unsymmetrie liegt an der kleineren effektiven Masse der Elektronen (höherer Füllungsgrad ζ des Leitungsbandes im n-Bereich) und am meist verringerten Bandabstand im p-Gebiet. Für die angelegte Spannung gilt $U = (1/e)\,(W_{Fn} - W_{Fp})$.

Durch die Trägerinjektion kann nach Maßgabe der Lebensdauer τ_R und Diffusionskonstante D der Elektronen im p-Material eine Schicht I der Dicke $2d = \sqrt{D\tau_R}$ angeregt werden. Hier finden spontane und induzierte Rekombinationsprozesse statt. Dabei kommen die injizierten Elektronen vom Leitungsband ins Valenzband, wo sie durch nachtransportierte Löcher aus der p-dotierten Schicht III wieder eliminiert werden. Auf diese Weise schließt sich der Stromkreis.

Um die nach Gl. (7.2/21) für induzierte Emission erforderlichen Trägerdichten in I errechnen zu können, müssen die Dotierungen N_A in Schicht I und III sowie N_D in Schicht II mindestens so hoch gewählt werden, daß die Gleichgewichtsdichten p_0 bzw. n_0 in diesen Bereichen die Laserbedingung erfüllen. In der Regel wird man beide Kristallschichten in den Bereich der Entartung $n_0 > N_L,\, p_0 > N_V$ dotieren.

Eine solche Anordnung liegt auch vor bei pn-Schichtfolgen in normalen Dioden und Transistoren. In Analogie spricht man daher beim pn-Injektionslaser auch von einer Laserdiode. Dieses Bauelement hat auch entsprechend kleine Abmessungen (vgl. Kap. 7.4) und ist sehr einfach durch Anschluß an eine Stromquelle zu betreiben. Wegen seiner großen Bedeutung wird dieser Lasertyp in den folgenden Abschnitten bevorzugt behandelt. Die wichtigsten Beziehungen können jedoch auch auf den Elektronenstrahllaser übertragen werden, mit dem eine enge formale Verwandtschaft besteht.

b) Elektronenstrahlanregung

Schließt man hochenergetische Elektronen in einen homogenen Halbleiterkristall, dann werden durch Primär- und Sekundärstoßprozesse nahe der Oberfläche Trägerpaare erzeugt. Diffusionsvorgänge sorgen für eine gleichmäßige Verteilung dieser Träger auf ein bestimmtes aktives Volumen (Schicht I). Schicht III ist der Trägerkristall und Schicht II entfällt. Diese Form der Anregung ist vor allem dann anzuwenden, wenn das Halbleitermaterial nicht mit beiden Leitungstypen hergestellt werden kann (vgl. Kap. 7.4). Gleiches gilt für eine Anregung des Lasers durch Trägererzeugung im Halbleiter bei hohem elektrischen Feld.

c) Anregung im hohen elektrischen Feld

In hohen elektrischen Feldern (etwa 10^4 bis 10^5 V/cm) gewinnen Ladungsträger genügend Energie, um Elektronen aus Bindungen im Kristall zu befreien. Der Vorgang setzt bei einer von der Kristallgeometrie abhängigen Grenzspannung ein und führt zu einer Trägerlawine, ähnlich wie beim elektrischen Durchschlag in Gasen (*Townsend-Entladung*).

Das elektrische Feld kann dafür (vgl. Abb. 7.11) direkt an eine halbleitende Schicht I mit hochdotierten Kontaktbereichen II, III gelegt werden [88]. Eine andere Anregungsmethode besteht darin, von einer metallischen Elektrode aus über eine sehr dünne Isolierschicht (z. B. 1000 Å) ein Wechselfeld zu erzeugen. In diesem Fall tritt zunächst die Trägervervielfachung nur bei niedrigen Dotierungen auf. Bei hohen Dotierungen sind die Anfangsfeldstärken genügend hoch, um eine Trägererzeugung durch quantenmechanischen Tunneleffekt zu erzielen [89].

7.3.2 Laserbedingung für den realen Halbleiterlaser

Ist die in Abb. 7.11 mit I bezeichnete aktive Schicht in einem genügend angeregten Zustand $2\alpha < 0$, dann wird in ihr eine am einen Spiegelende einfallende elektromagnetische Welle der Intensität S verstärkt.

Da aber gleichzeitig eine Leistungsdämpfung $2\alpha_V$ durch Verluste im Resonator auftritt und die Abstrahlung ebenfalls gedeckt werden muß, hat die am zweiten Spiegel austretende Welle eine Intensität $(1 - R_2)\, S \exp 1/n^* (- 2\alpha L - 2\alpha_V L)$. Eine echte Verstärkung liegt demnach dann vor, wenn $- 2a > (n^*/L) \ln [1/ (1 - R_2) + \alpha_V]$ ist. Die Schwelle der Selbsterregung erhält man, wenn man die reflektierte Welle weiter verfolgt. Sie hat eine Intensität $R_2 S \exp 1/n^* (- 2\alpha L - 2\alpha_V L)$ und erleidet auf ihrem Weg zurück zum ersten Spiegel wieder eine Verstärkung, so daß schließlich von dort eine Intensität $R_1 R_2 S \exp 1/n^* (- 4\alpha L - 4\alpha_V L)$ in den Resonator zurückläuft. Zur Selbsterregung des Lasers kommt es, wenn diese Intensität gerade gleich groß ist wie die zuerst eingeprägte. Die Schwingbedingung heißt demnach

$$R_1 R_2 \exp 1/n^* (- 4\alpha L - 4\alpha_V L) \geq 1 .$$

Dabei sind R_1 und R_2 die Reflexionskoeffizienten für die beiden Spiegelflächen. Diese Ungleichung ergibt die Bedingung für den Schwellenwert $g_s = - 2\alpha_s$ der Verstärkungskonstanten $g = - 2\alpha$ beim Lasereinsatz,

$$g > g_s = - 2\alpha_s = (n^*/2L) \ln \frac{1}{R_1 R_2} + 2\alpha_V . \qquad (7.3/1)$$

L, R_1, R_2 und $2\alpha_V$ sind von der individuellen Ausführung des Resonators abhängig. Häufig sind beim Halbleiterlaser die Reflexionskoeffizienten der Spiegelflächen relativ klein, da einfach Spaltflächen des Kristalls oder polierte Endflächen vorliegen. In diesen Fällen ist $R_{1,2}$ für senkrechte Inzidenz der axialen Strahlung durch den Brechungsindex des Halbleiters n^* gegen Luft bestimmt zu

$$R = \left(\frac{n^* - 1}{n^* + 1}\right)^2.$$

Bei GaAs mit $n^* = 3{,}5$ ergibt sich $R \approx 30\%$. Aus Gründen der Anregung muß L relativ klein (z. B. 0,3—1 mm) gewählt werden. Unter diesen Voraussetzungen kann häufig $2a_V$ in Gl. (7.3/1) vernachlässigt werden. Dann werden beim Beispiel des GaAs negative Absorptionskoeffizienten von $-2\alpha_S \approx 40/\mathrm{cm}$ bis $120/\mathrm{cm}$ für den Laserbetrieb erforderlich.

7.3.3 Der Schwellenstrom beim Diodenlaser

Für den durch Strominjektion angeregten Diodenlaser kann die für die Verstärkungskonstante g formulierte Laserschwelle in eine Bedingung für die erforderliche Stromdichte umgerechnet werden. Dabei sei vorausgesetzt, daß die in Abb. 7.11 mit I bezeichnete Schicht homogen angeregt werden soll. Die Schicht sei bevorzugt so mit Akzeptoren dotiert, daß sie bereits im thermodynamischen Gleichgewicht eine hohe Löcherdichte p_0 aufweist. Die Anregungsschwelle für $-2a$ kann nach Gl. (7.3/1) und (7.2/15) bei bekannten Abmessungen und Verlusten (vgl. Kap. 7.3.4) errechnet werden. Sie ist charakterisiert durch die Dichte der erforderlichen Überschußelektronen n_s, für die gelten soll $n_s < p_0$. Diese Bedingung ist bei $p_0 > N_V$ relativ leicht zu erfüllen, da wegen $m_n < m_p$ meist $N_L < N_V$ ist (vgl. Tab. 7.7).

Dies gilt insbesondere bei GaAs mit $m_p/m_n \approx 10$ und $N_V \approx 30\,N_L$. In diesem Fall kann man die Erhöhung der Löcherdichte auf $p = p_0 + n_s$ (auf Grund der Neutralitätsbedingung) vernachlässigen.

Um reale Schwellenströme errechnen zu können, ist noch ein Quantenwirkungsgrad η_R einzuführen, der angibt, zu welchem Teil die erzeugten Träger über den gewünschten Übergang rekombinieren und so zur Lichtemission beitragen. η_R kann zurückgeführt werden auf die Zeitkonstanten der beteiligten Rekombinationsprozesse. Ist τ_{rad} die Zeitkonstante für den interessierenden strahlenden Übergang, dann gilt nach Gl. (7.2/19) für die wirksame Gesamtzeitkonstante

$$\frac{1}{\tau_R} = \frac{1}{\tau_{rad}} + \sum \frac{1}{\tau_j} = \frac{1}{\eta_R \tau_{rad}}. \tag{7.3/2}$$

Die Schwellenstromdichte i_s ergibt sich aus der Rekombinationsrate $\sum C_s$, multipliziert mit der Dicke $2d$ der anzuregenden Schicht und der Elementarladung mit $(n_s \gg n_0)$

$$i_s = 2ed\sum C_j = \frac{2\,ed}{\eta_R}\,\frac{n_s}{\tau_{rad}}. \tag{7.3/3}$$

n_s/τ_{rad} kann berechnet werden durch Integration der spektralen Verteilungen der Emissionsraten

$$\frac{n_s}{\tau_{rad}} = C_{rad} = \int (c_{sp} + c_{ind})\, dW. \tag{7.3/4}$$

Nahe der Laserschwelle ist die Zahl der Photonen N_{ph} in den einzelnen Schwingungsmoden der Anordnung noch wenig von Null verschieden, wenn man annimmt, daß nicht einzelne Schwingungsmoden mit extremer Güte vorliegen. C_{rad} kann dann an der Laserschwelle aus der spontanen Rekombination allein berechnet werden. Superstrahlung, die in einem Übergangsgebiet auftreten könnte, wird demnach vernachlässigt. Für τ_{rad} kann dann in Gl. (7.3/3) τ_{sp} gesetzt werden. Da n_s bei bekanntem p_0 abgeschätzt werden kann aus $W_G = h\nu = \Delta W_F$, können wir hiermit für den Schwellenstrom eine untere Grenze angeben. Das *Fermi-Niveau* W_{Fp} der Löcher im entarteten Zustand hängt schwach von T ab, während sich W_{Fn} für die nichtentarteten Elektronen mit steigendem T immer mehr an W_{Fp} angleicht. Dies kann nur kompensiert werden durch eine erhöhte Elektronenkonzentration n_s.

Wenn niedrige Verluste des Lasers vorliegen, kann bei genügend großem $\zeta_p \gg kT$ der Wert für $\zeta_n < 0$ bleiben, und man erhält für genügend hohe Temperaturen

$$n_s \geq N_L \exp \frac{-\zeta n}{kT} \sim T^{3/2}.$$

Der andere Extremfall mit ζ_n, $\zeta_p > kT$ liegt höchstens bei tiefen Temperaturen vor, da er bei hohen Temperaturen eine extrem hohe Strombelastung mit sich bringen würde. Da in diesem Fall auch ζ_n nur noch wenig von T abhängt, sind n_s und damit der Schwellenstrom unabhängig von der Temperatur.

Ohne Kenntnis der Rekombinationszeit τ_R erhält man i_s folgendermaßen: In Gl. (7.3/4) kann man das Integral ersetzen durch einen Mittelwert von c_{sp}, multipliziert mit der Breite $h\,\Delta\nu_{sp}$ der spontanen Emissionslinie. Dieser Mittelwert von C_{sp} ist zurückführbar auf die Absorptionskonstante 2α. Da $g = -2\alpha$ wesentlich größer als Null sein muß, um die Verluste des Lasers zu decken, gilt $\Delta W_F > h\nu$, und damit wird in Gl. (7.2/15) $c_{ind} =$ $= N_{ph} c_{sp}$. Verwendet man diese Beziehung für c_{sp}, dann erhält man für den Schwellenstrom explizit

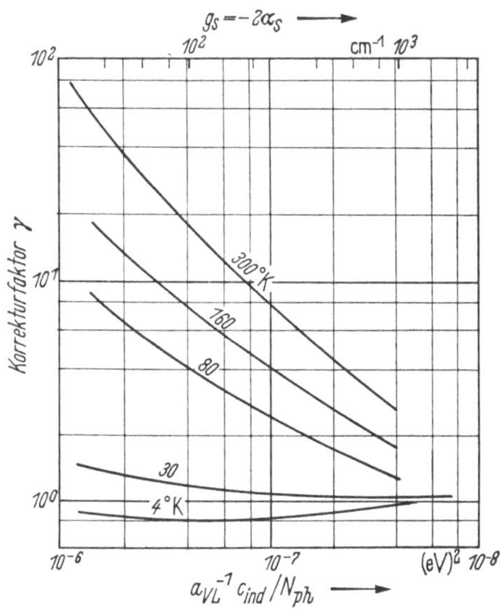

Abb. 7.13. Zusammenhang zwischen dem Korrekturfaktor γ für den Schwellenstrom und der Verstärkung g_s an der Laserschwelle (nach G. Lasher und F. Stern [72c], betr. a_{VL} s. Gl. (7.2/12)).

$$i_s = \frac{16\pi\, e d}{\eta_R}\, \gamma \left(\frac{n^*}{\lambda}\right)^2 \Delta\nu_{sp} \cdot g_s. \qquad (7.3/5)$$

Dabei ist γ ein zusätzlicher Korrekturfaktor, der den beim Gleichsetzen von $c_{sp} =$ $= c_{sp}\,(\Delta W_F = h\nu)$ gemachten Fehler korrigiert. Er wird um so größer, je größer die Temperatur ist,

$$\gamma = \frac{C_{sp}}{h\,(\Delta\nu_{sp})\,\dfrac{c_i}{N_{ph}}}.$$

Für GaAs ohne k-Auswahlregel ist der Zusammenhang zwischen γ und g_s in Abb. 7.13 für eine Reihe von Temperaturen angegeben. Die Abweichungen von $\gamma = 1$ bei tiefen Temperaturen sind durch kleine, von der Linienform der Emission abhängige Faktoren, gegeben.

Das Ergebnis für die Temperaturabhängigkeit des Schwellenstroms ist in Abb. 7.14a für T-unabhängige Verluste wiedergegeben, wobei die in Abb. 7.7a benutzte Löcherkonzentration von $p = 8 \cdot 10^{18}/\text{cm}^3$ angenommen wurde. Bis $T \approx 30\,°\text{K}$ bleibt der Schwellenstrom etwa konstant. Er wird nur zur Kompensation der Verluste verbraucht. Anschließend steigt er proportional $T^{1,8}$ bis $T^{2,6}$. Die Übereinstimmung mit dem experimentellen Verlauf $i_s \sim T^3$ für diffundierte Dioden [90] (vgl. Kap. 7.4.1) ist wie in Abb. 7.15, Kurve a, dargestellt, recht gut. Vor allem, wenn man an reale Verluste, wie Absorption durch freie Ladungsträger, denkt, die mit der Temperatur steigen. Die in Abb. 7.14a eingezeichneten induzierten Emissionslinien liegen umso näher beim Maximum der spontanen Linie, je höher die Verluste der Anordnung sind (Fall B).

Ein anderes Temperaturverhalten des Schwellenstroms zeigen Dioden aus kompensiertem Material mit wirksamen Bandausläufern. Die Berechnungen führen für den in Abb. 7.7b angenommenen Zahlenwert $N_A - N_D = 3 \cdot 10^{18}/\text{cm}^3$ und mit $|2\alpha| = 100/\text{cm}$ zu dem in Abb. 7.14b gezeigten Verlauf. Die Schwellenströme bei tiefen Temperaturen nehmen mit erhöhter Kompensation, d.h. mit N_D zu. Die verschiedenen Kurven überschneiden sich jedoch bei höherer Temperatur, so daß die Schwellenströme oberhalb etwa $100\,°\text{K}$ bei hochkompen-

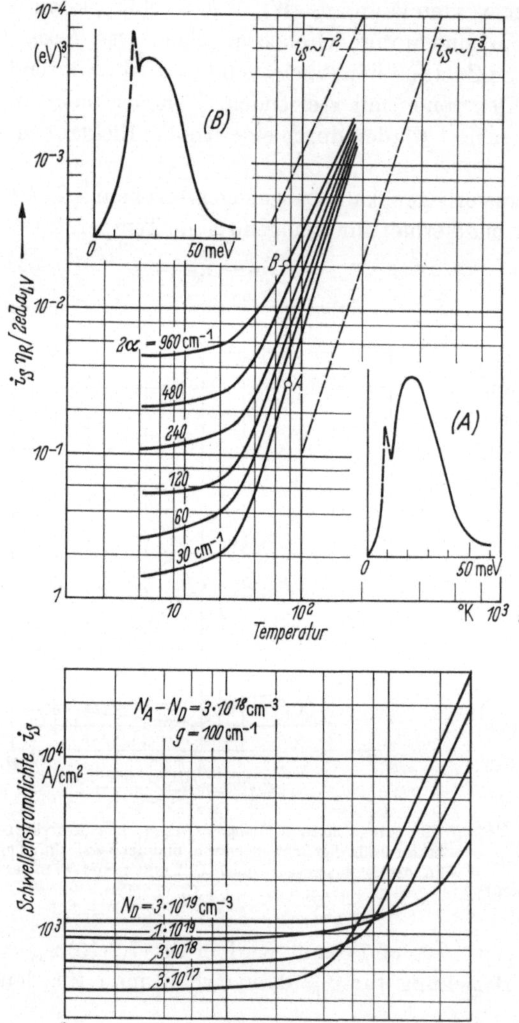

Abb. 7.14. Theoretischer Temperaturgang des Schwellenstromes bei Band–Band-Übergängen in GaAs. a) Für ein parabolisches Band; b) für ein Band mit ausgeprägten Bandausläufern. Man erkennt die charakteristische Veränderung mit zunehmender Kompensation: bei tiefen Temperaturen wird der Schwellenstrom erhöht, bei hohen Temperaturen nimmt er ab. Die Emissionskurven (A) und (B) in a) zeigen, wie bei hoher Resonatorgüte ($\sim 1/2\,\alpha_V$) die induzierte Emission am langwelligen und bei geringer Güte am kurzwelligen Ende der natürlichen Linie entsteht (nach G. LASHER und F. STERN [72c] und F. STERN [76]).

siertem Material niedriger liegen. Auch dieses Verhalten wird experimentell bestätigt (vgl. Abb. 7.15, Kurve *b*) und zwar an epitaktisch hergestellten Dioden (s. Kap. 7.4.2).

Diese Ergebnisse zeigen, daß für den Betrieb bei tiefen Temperaturen diffundierte und bei hohen Temperaturen epitaktische, kompensierte Dioden vorzuziehen sind, da sie in den entsprechenden Temperaturbereichen jeweils die niedrigsten Schwellenströme zur Laseremission benötigen.

Durch Zusammenfassung von Gl. (7.3/1) und (7.3/5) kann man für den Schwellenstrom $I_s = A i_s$ schreiben

$$I_s = K g_s = K \left(\frac{n^*}{2L} \ln \frac{1}{R_1 R_2} + 2a_V \right), \qquad (7.3/5\,\mathrm{a})$$

wobei neben der Dämpfung $2a_V$ der für eine Beschreibung der experimentellen Ergebnisse geeignete Gewinnfaktor $\frac{1}{K}$ eingeführt würde, der den Gewinn durch induzierte Emission pro Strom- und Längeneinheit des Lasers darstellt.

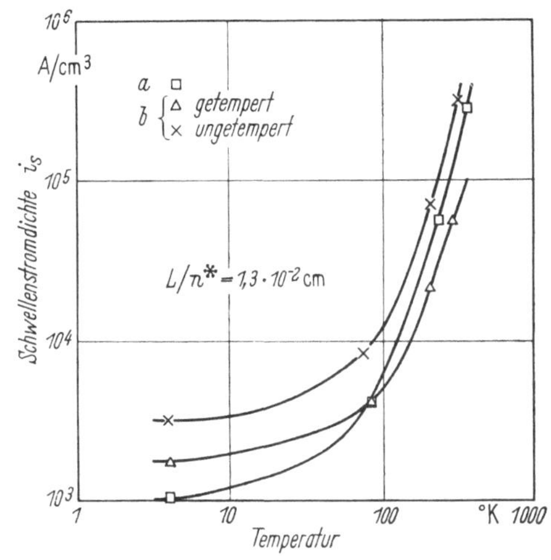

Abb. 7.15.
Experimenteller Temperaturverlauf des Schwellenstroms a) bei diffundierten (wenig kompensierten) Dioden; b) bei durch Epitaxie hergestellten GaAs-Dioden (hoch kompensiert) (nach M. H. PILKUHN u. H. RUPPRECHT [90]).

Experimentelle Werte für $\frac{1}{K}$ und $2a_V$, die man bei bekannten R_1 und R_2 durch Variation der geometrischen Resonatorlänge L/n^* [90] erhält, sind für die nach verschiedenen Herstellungsverfahren (vgl. Kap. 7.4.1) erhaltenen GaAs-Dioden stark unterschiedlich, wie man es nach den oben gewonnenen theoretischen Ergebnissen erwartet. Für die Dioden, deren Kennlinien in Abb. 7.15 wiedergegeben sind, wurden die in Tab. 7.3 zusammengestellten Werte gewonnen.

Tabelle 7.3 *Gewinnfaktor und Verluste in GaAs-Dioden-Lasern* [90]

Diode	$T = 300\,°\mathrm{K}$			$T = 77\,°\mathrm{K}$		
	A/cm K	$2a_V$ cm	$\Delta\lambda/\text{Å}$	A/(cm · K)	$2a_V$ cm	$\Delta\lambda/\text{Å}$
D	$5,7 \cdot 10^{-4}$	20	350	$2,5 \cdot 10^{-2}$	15	110
ET	$3,8 \cdot 10^{-3}$	92	540	$3,9 \cdot 10^{-2}$	14	300

D: Diffundierte Diode, ET: Epitaktische Diode nach einer Wärmebehandlung, K nach Gl. (7.3/5 a).

Die Unabhängigkeit der Quotienten $(\Delta\lambda)/K$ nach Gl. (7.3/5) (mit $\gamma = 1$) von der Herstellungsart der Diode ist sowohl für 77 °K als auch für 300 °K nicht gegeben. Vergleicht man die Linienbreiten und Schwellenströme bei 4,2 °K, dann wird die Übereinstimmung erwartungsgemäß besser erreicht.

25*

7.3.4 Wellenausbreitung im Diodenlaser

Bei der bisherigen Betrachtung des Injektionslasers wurde stillschweigend vorausgesetzt, daß die Zonen II und III (vgl. Abb. 7.11) keine Rückwirkung auf das Verhalten des Lasers haben. Die Berechnungen z. B. für den Schwellenstrom i_s [siehe Gl. (7.3/5) und (7.3/5a)] gelten demnach nur für große Dicken $2d$ der aktiven Schicht I. Versuchsweise wurde der Einfluß der absorbierenden Schichten II und III berücksichtigt durch additives Zufügen von Verlusten $2a_V$ in Gl. (7.3/1). Dies ist bei kleinen $2d$-Werten nicht mehr ausreichend. Die tatsächlichen Verhältnisse sind nun zu erfassen durch Lösung der *Maxwell-Gleichungen* für die Wellenausbreitung in der vorgegebenen Struktur. Da diese wesentlich anders ist als bei übrigen Lasern — kleine Abmessungen und eine aktive Schicht, an die sich stark absorbierende Bereiche anschließen — ist hier eine eigene Behandlung dieses Problems erforderlich (vgl. Kap. 3, Resonatoren).

Die Unterschiede der komplexen dielektrischen Konstanten ε_{rI}, ε_{rII}, ε_{rIII} in den einzelnen Schichten bewirken entlang der aktiven Schicht I eine Führung der optischen Welle, die sonst in die Schichten II und III auslaufen würde. Eine Laserwirkung wäre in diesem Fall wegen zu hoher Verluste nicht möglich.

Die quantitative Behandlung hängt sowohl von den genannten Daten als auch von der Geometrie der Anordnung ab. Theoretisch und experimentell wurden bisher Formen behandelt, deren Querschnitt in der pn-Ebene ein Rechteck bzw. ein Quadrat mit vier spiegelnden Seitenflächen [91], ein Dreieck [92] oder ein Kreis [91] ist. Am wichtigsten ist der schon in Abschnitt 7.3.2 vorausgesetzte rechteckige Resonator, entsprechend Abb. 7.11, nach Art eines *Fabry-Perot-Interferometers* mit zwei planparallelen Stirnflächen hoher Reflexion und zwei parallelen aufgerauhten Seitenflächen [93]. Dieser Resonator wurde bereits eingehend theoretisch und experimentell untersucht.

Die Amplitude der mit dem Faktor $\exp j(\omega t - kz)$ in z-Richtung (senkrecht zu den Spiegelflächen A, A') fortschreitenden Welle erhält man aus den *Maxwell-*

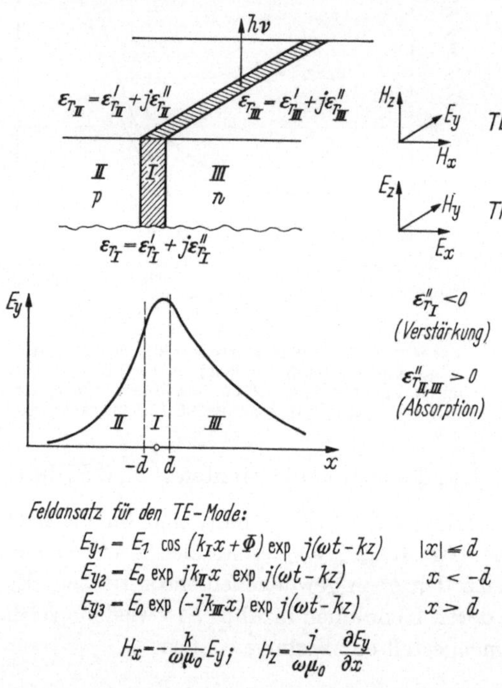

Abb. 7.16. Einfachste Feldverteilung in einer Laserstruktur mit absorbierenden Bereichen II und III, die seitlich eine dünne aktive Schicht I begrenzen (Wellenleitung). Die Vektoren der elektrischen und der magnetischen Komponente der Lichtwelle sind für den transversal-elektrischen TE- und den transversalmagnetischen TM-Mode angegeben. Für den TE-Schwingungsmodus sind die analytischen Ausdrücke in den Schichten I – III angegeben.

Gleichungen[1]. Es ergeben sich die beiden in Abb. 7.16 angedeuteten, prinzipiell verschiedenen Schwingungsmoden: Einmal der *TE*-Mode mit dem elektrischen Feld E_y in der *pn*-Ebene senkrecht zur Ausbreitungsrichtung z und magnetische Vektorkomponenten H_x und H_z senkrecht zu E_y. Beim zweiten, *TM*-Mode, sind die Rollen von E und H vertauscht. Das elektrische Feld enthält eine Komponente senkrecht zur *pn*-Ebene. Die *pn*-Ebene kann in Richtung y als unendlich ausgedehnt aufgefaßt werden, da an den Seitenflächen die Reflexion inkohärent erfolgt. Für den *TE*-Modus, der sich vom *TM*-Modus bezüglich seiner Ausbreitungseigenschaften, solange $n^* \cdot d > \lambda$ ist, nur wenig unterscheidet, erhält man in beide x-Richtungen abklingende Amplituden des elektrischen Feldes, deren analytische Ausdrücke und qualitativer Verlauf in Abb. 7.16 für die einzelnen Schichten eingetragen sind.

Durch die Felder in den passiven Schichten II und III mit $\varepsilon_r'' < 0$ entstehen Verluste und durch das Feld in der aktiven Schicht I mit $\varepsilon_r'' > 0$ der Gewinn, der im stationären Zustand alle Verluste, auch die durch Abstrahlung, decken muß.

Setzt man die Feldfunktionen in die *Maxwell-Gleichungen* ein, dann erhält man zwischen den Ausbreitungskonstanten k_I, k_II, k_III und k die Zusammenhänge

$$k^2 + k_\mathrm{I}^2 = (\omega/c)^2\, \varepsilon_{r\mathrm{I}}$$
$$k^2 + k_\mathrm{II}^2 = (\omega/c)^2\, \varepsilon_{r\mathrm{II}}$$
$$k^2 + k_\mathrm{III}^2 = (\omega/c)^2\, \varepsilon_{r\mathrm{III}}. \qquad (7.3/6)$$

Weitere Beziehungen ergeben sich aus der Stetigkeit der Felder an den Schichtgrenzen

$$\tan 2k_\mathrm{I}d = \mathrm{j}\left(\frac{k_\mathrm{III}}{k_\mathrm{I}} + \frac{k_\mathrm{II}}{k_\mathrm{I}}\right) : \left(1 + \frac{k_\mathrm{II}k_\mathrm{III}}{k_\mathrm{I}^2}\right) \qquad (7.3/7)$$

für den *TE*-Mode und

$$\tan 2k_\mathrm{I}d = \mathrm{j}\left(\frac{\varepsilon_{r\mathrm{I}}}{k_\mathrm{I}}\frac{k_\mathrm{III}}{\varepsilon_{r\mathrm{III}}} + \frac{\varepsilon_{r\mathrm{I}}}{k_\mathrm{I}}\frac{k_\mathrm{II}}{\varepsilon_{r\mathrm{II}}}\right)\left(1 + \frac{\varepsilon_{r\mathrm{I}}^2}{k_\mathrm{I}^2}\frac{k_\mathrm{II}k_\mathrm{III}}{\varepsilon_{r\mathrm{II}}\varepsilon_{r\mathrm{III}}}\right) \qquad (7.3/8)$$

für den *TM*-Mode.

Aus den teilweise transzendenten Gleichungen (7.3/6) bis (7.3/8) kann man im Prinzip die k_j-Werte bei bekannten ε_{rj}- oder 2α-Werten $(2\alpha \approx k_0\,\varepsilon_r''/\varepsilon_{r0}')$ errechnen. Zur näherungsweisen Lösung sind zwei Wege eingeschlagen worden: Einmal können unter Voraussetzung genügend kleiner Werte für $|k_1 d|$ die tan-Funktionen durch die ersten Glieder einer Reihenentwicklung nach ihren Argumenten angenähert werden [93a]. Andererseits besteht die Möglichkeit, zunächst nur mit den Realteilen ε_r' von ε_r zu rechnen und dann den Einfluß der Imaginärteile ε_r'' abzuschätzen [93b].

Da der erste Weg zu leicht überschaubaren Ergebnissen führt, seien diese für den symmetrischen Fall $\varepsilon_{r\mathrm{II}} = \varepsilon_{r\mathrm{III}}$ hier angegeben. Es gelten

$$k \approx k_0 \sqrt{\varepsilon_{r0}'}\left[1 + \frac{1}{2}j\left(\frac{\varepsilon_{r\mathrm{II}}''}{\varepsilon_{r\mathrm{II}}'} + 2\frac{(k_o d)^2}{\varepsilon_{r\mathrm{II}}'}\,\Delta\varepsilon_{r\mathrm{I\,II}}'\,\Delta\varepsilon_{r\mathrm{I\,II}}''\right)\right] \qquad (7.3/9)$$

und

$$k_\mathrm{II} \approx k_0^2 d\,(\Delta\varepsilon_{r\mathrm{I\,II}}'' - j\,\Delta\varepsilon_{r\mathrm{I\,II}}'). \qquad (7.3/10)$$

---

[1] k ist hier die komplexe Ausbreitungskonstante $k = k_r + jk_i$. Die Größe $2k_i$ entspricht demnach in folgendem der Verstärkung $g = -2\alpha$.

Dabei ist $k_0 = \omega/c$ und $\Delta\varepsilon_{r\mathrm{I\,II}} = \varepsilon_{\mathrm{I}r} - \varepsilon_{r\mathrm{II}}$ ist der Unterschied der komplexen Dielektrizitätskonstanten von Schicht I und II.

Die ε_r-Werte ergeben sich aus den Absorptionsdaten für die emittierte Strahlung. Für Schicht I erhält man $2a$, z. B. aus Gl. (7.2/15) und für Schicht II und III aus Absorptionsmessungen an entsprechend dotierten Kristallen (für GaAs s. [84]). Aus diesen Daten kann mit Hilfe der *Kramers-Kronig-Relation* ε_r' und ε_r'' er-

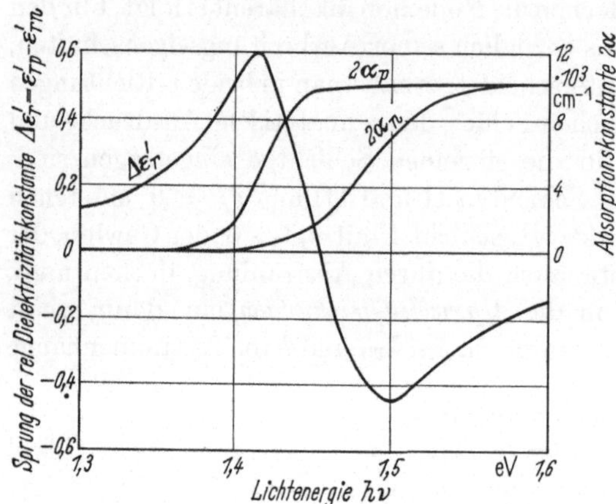

rechnet werden, wobei berücksichtigt werden muß, daß durch die in die aktive Schicht injizierten Träger ein zusätzlicher Anteil zur Absorptionskonstanten 2α entsteht, der in Gl.(7.2/15) noch nicht enthalten ist [68, 94].

Die so bestimmten Werte für ε_r' und ε_r'' sind stark abhängig von der Wellenlänge des erzeugten Lichtes, da man sich in Schicht II bzw. III im Bereich der Absorptionskanten befindet.

Abb. 7.17 zeigt für n- und p-Typ GaAs einen typischen Verlauf von $2a$ mit der Energie der Lichtquanten [93b]. Dazu ist aufgetragen der berechnete Wert für $\Delta\varepsilon_r' = \varepsilon_{rp}' - \varepsilon_{rn}'$. Be-

Abb. 7.17. Unterschied des Realteils von ε_r zwischen n- und p-dotiertem GaAs nahe der Absorptionskante bei 300°K. Die Berechnung ist erfolgt aus dem eingetragenen Verlauf der Absorptionskonstanten $2\,\alpha_n$ und $2\,\alpha_p$ mit Hilfe der *Kramers-Kronig-Relation* zwischen Real- und Imaginärteil von ε_r (nach W. W. ANDERSON [93b]).

trachtet man z. B. eine Zimmertemperatur-Laserlinie mit $hv = 1{,}38$ eV, dann findet man $\Delta\varepsilon_r' = 0{,}34\,\varepsilon_{r0}'$. Dieser Sprung liegt nahezu ausschließlich auf der p-Seite einer solchen Diode, so daß sie sehr unsymmetrisch ist.

Einige wichtige Eigenschaften der Dioden-Laser (oder ähnlich aufgebauter Anordnungen) erhält man aus dem *Poynting-Vektor* $\boldsymbol{S}$ der Strahlungsdichte. Für das Kristallinnere kann man $\boldsymbol{S}$ direkt aus den in Abb. 7.16 angegebenen Feldgrößen errechnen. Für die Komponenten in x- bzw. z-Richtung gilt beim TE-Mode

$$S_x = E_y H_z, \quad S_z = -E_y H_x.$$

Das Ergebnis für die Nutzabstrahlung in z-Richtung ist

$$\overline{P}_z = \frac{1}{T}\int\limits_{-\infty}^{+\infty}\int\limits_0^T E_{yr} H_{zr}\,dt\,dx =$$

$$= \frac{E_0^2}{\omega\mu}(1-R)\,b\left[4k_r d + \frac{k_r}{k_{\mathrm{II}i}}\exp\left(2k_{\mathrm{II}i}d\right)\right]\exp\frac{2k_i L}{n^*}. \qquad (7.3/11)$$

Dabei gibt der erste Summand die Abstrahlung aus der aktiven Schicht wieder (unter der näherungsweise gültigen Bedingung $2k_i d \ll 1$) und der zweite den Beitrag der Lichtsäume in den passiven Schichten II und III.

In die absorptiven Schichten läuft ein Energiestrom in x-Richtung, der als Beugungsverlust in die Bilanz des Schwellenstroms eingeht

$$\overline{P}_x = + \frac{1}{T} \int\limits_0^L \int\limits_0^T E_{yr} H_{xr}\, dt\, dt =$$

$$= - \frac{E_0^2}{\omega\mu} \frac{k_{\mathrm{II}r}}{k_i} \exp\left(2 k_{\mathrm{II}i} d\right) \left(\exp \frac{2 k_i L}{n^*} - 1 \right). \qquad (7.3/12)$$

Die Schwingbedingungen für eine Schichtstruktur mit endlicher Ausdehnung $2d$ der aktiven Schicht kann unter der Voraussetzung vernachlässigbarer Streuverluste aus Gl. (7.3/11) gewonnen werden. Um den Zusammenhang mit den für unendlich ausgedehnte Medien I bis II gültigen Absorptionskoeffizienten $2\alpha_j$ besser erkennen zu können, sind diese an Stelle des Imaginärteils ε_r'' der Dielektrizitätskonstanten eingeführt: $-2\alpha = k_0 \varepsilon_r'' / \sqrt{\varepsilon_r'}$. Mit der meist erfüllten Bedingung $|\varepsilon_{rI}''| \gg \varepsilon_{rII}''$ erhält man

$$-2\bar{\alpha}_{n,p} - 2(k_0 d)^2\, \Delta\varepsilon_{r\,\mathrm{I\,II}} \cdot 2a_{\mathrm{I}} \approx 2 k_i \geq \frac{n^*}{2L} \ln \frac{1}{R_1 R_2} \cdot {}^1 \qquad (7.3/13)$$

Dabei ist $\bar{\alpha}_{n,p}$ der Mittelwert $\frac{1}{2}(\alpha_n + \alpha_p)$ für beliebig unsymmetrisch aufgebaute Dioden.

Aus Gl. (7.3/11) folgt für eine positive Abstrahlung $\overline{P}_z$, daß wegen $k_r > 0$, $k_{\mathrm{II}i} < 0$ sein muß. Dies stimmt überein mit einer nach außen abfallenden Intensität von S_x. Hieraus ergibt sich nach Gl. (7.3/10) als Bedingung für den ε-Sprung an den Schichtgrenzen $\Delta\varepsilon_{r\,\mathrm{I\,II}}'' > 0$. Geht man mit diesen Ergebnissen in die Laserbedingung nach Gl. (7.3/13) ein, dann findet man wegen $\bar{\alpha}_{n,p} > 0$ (Absorption!) wie erwartet eine Bedingung für den Imaginärteil von ε_{rI}'' in der Form $2\alpha_{\mathrm{I}} < 0$. Den genauen Zusammenhang für $2\alpha_{\mathrm{I}}$ erhält man durch Auflösen der Gl. (7.3/13) nach dieser Größe. Das wichtigste Ergebnis der vorstehenden Rechnung ist die Notwendigkeit eines ε-Sprunges an den Schichtgrenzen. Bei konstantem ε tritt keine Führung der Lichtwelle auf, und es könnten bei endlicher Breite $2d$ der aktiven Schicht die Verluste auf Grund der Beugung in die passiven Schichten durch keine noch so hohe Anregung kompensiert werden.

Der Zusammenhang zwischen g und $2\alpha_{\mathrm{I}}$ ist nach Gl. (7.3/13) durch die endliche Breite $2d$ der aktiven Schicht stark verändert. Es gilt nicht $g = -2\alpha_{\mathrm{I}}$ [vgl. Gl. (7.3/1)] sondern

$$g = -2\alpha = -2(k_0 d)^2 \Delta\varepsilon_{r\mathrm{I\,II}}' \, 2\alpha_{\mathrm{I}} = K' 2\alpha_{\mathrm{I}}, \qquad (7.3/14)$$

wobei in $2\alpha_I$ auch die Verluste durch Trägerabsorption enthalten sein sollen, $2\alpha_{\mathrm{I}} = 2\alpha_{ind} + 2\alpha_T$.

Nimmt man für $2\alpha_{\mathrm{I}}$ einen Zusammenhang $2\alpha_{\mathrm{I}} = -$ const. $(I - I_0)$ an, dann erhält man als Laserbedingung

$$2 k_i = K^{-1} I - 2\alpha_V \geq \frac{n^*}{2L} \ln \frac{1}{R_1 R_2} \qquad (7.3/15)$$

---

¹ Die Nettoverstärkung $2k_i$ kann an einer allseitig aufgerauhten Laserdiode direkt gemessen werden [96].

und damit für den Schwellenstrom eine Beziehung entsprechend Gl. (7.3/5a). Für die Größen $2a_V{}^2$ und K (s. Gl. (7.3/5a) u. Tab. 7.3) erhalten wir aus den Gln. (7.3/13) bis (7.3/15) die Zusammenhänge mit den optischen Daten der einzelnen Bereiche der Schichtstruktur.

Nur noch durch numerische Rechnung sind Modelle zu erfassen mit einem kontinuierlichen Übergang von Brechungsindex und Absorptionskonstante zwischen den Schichten I und II bzw. I und III. Für einen diffundierten Dioden-Laser wurde ein realistisches Modell mit Schichtaufbau durchgerechnet. In den Tab. 7.4a und 7.4b sind die Ausgangsdaten und Ergebnisse zusammengestellt [98].

Tabelle 7.4a *Optisches Modell eines* Zn-*diffundierten* GaAs-*Lasers bei* $77°$K [98]

Schicht	$N_A - N_D$ cm^{-3}	Dicke µm	n^*	$2\varkappa$ cm^{-1}
1	$-1 \cdot 10^{18}$	∞	3,59	10
2	$2 \cdot 10^{18}$	2d	3,61	$-g$
3	$3 \cdot 10^{19}$	2	3,59	80
4	$7 \cdot 10^{19}$	2	3,55	250
5	$1,5 \cdot 10^{20}$	∞	3,50	600

Tabelle 7.4b *Berechnete Eigenschaften des Modellasers nach Tab. 7.4a* [98] *für verschiedene Dicken* $2d$ *der aktiven Schicht* [K' *nach Gl.* (7.3/14)]

| 2d | ein Maximum in $\mid E_y \mid^2$ | | | zwei Maxima in $\mid E_y \mid^2$ | | |
| | $2\bar{\alpha}_{n,p}$ | K' | θ | $2\bar{\alpha}_{n,p}$ | K' | Abweichung der Intensitätsmaxima von der senkrechten Ausstrahlung (Winkelgrad) |
µm	cm^{-1}		Winkel-grad	cm^{-1}		n-Seite	p-Seite
0,5	22	0,50	8				
0,75	15	0,67	9,5				
1,0	9	0,81	9,5	134	0,12	8	6
1,5	4	0,91	9,5	21	0,54	8	9
2,0	2	0,95	8,5	10	0,77	10	10

Als weitere Größe kann man aus den Leistungsbeziehungen (Gl. (7.3/11) und (7.2/12)) den Wirkungsgrad η_L des Lasers errechnen. Wenn man Gl. (7.3/13) zum Eliminieren von R verwendet, dann ergibt sich an der Laserschwelle

$$\frac{1}{\eta_R} = 1 + \frac{k_{\mathrm{II}r}}{k_i} : \left(\frac{k_r}{k_{\mathrm{II}i}} + 4 k_r d \exp\left(2 k_i d\right) \right). \tag{7.3/16}$$

Die Beziehung liefert mit Gl. (7.3/9) für k_{II} eine Längenabhängigkeit des Wirkungsgrades $\eta \sim \eta_0/(1 + \mathrm{const} \cdot L)$, die durch experimentelle Ergebnisse bestätigt wird [99] (s. Abb. 7.18).

---

[2] $2\alpha_V$ kann z. B. experimentell bestimmt werden aus dem Schwellenstrom für verschiedene Resonatorlängen L bei konstanten Reflexionskoeffizienten R an den Grenzflächen [68] oder bei konstantem L/n^* mit Variation der R-Werte durch Vergütung [97] (vgl. Tab. 7.3).

Tab. 7.4b enthält auch den Öffnungswinkel θ des abgestrahlten Lichtbündels. Dieser Winkel hängt mit der Breite B der lichtführenden Schicht zusammen, die als Beugungsöffnung wirkt. Aus den Poynting-Vektoren S_x erhält man für die Breite $\varDelta$ des Lichtsaumes

$$\varDelta = {}^1\!/_2\, k_{\mathrm{II}\,i} = (2\,k_0^2 d\, \varDelta\varepsilon'_{r\mathrm{I\,II}})^{-1}$$

und damit

$$B = \frac{1}{2\,k_{\mathrm{II}\,i}} + \frac{1}{2\,k_{\mathrm{III}\,i}} + 2d \approx \lambda/\theta\,. \tag{7.3/17}$$

Eine genauere Bestimmung der Abstrahlungseigenschaften ist möglich aus der Feldverteilung, z. B. bei $z = 0$. Um die Intensitätsverteilung im Außenraum zu gewinnen, muß man dieses Feld mit Hilfe einer *Fourierintegral-Transformation* in

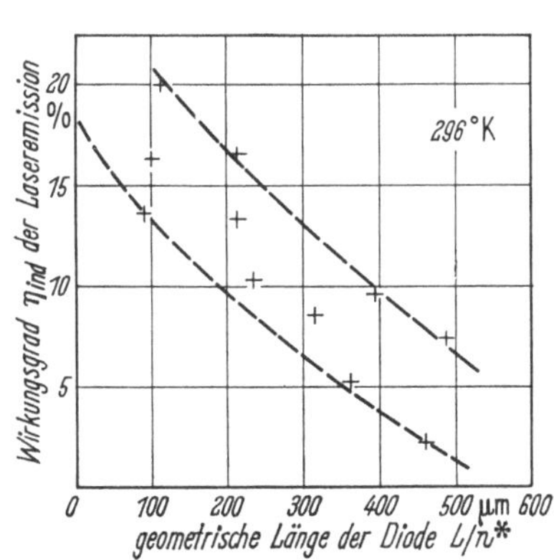

Abb. 7.18. Abhängigkeit des externen Wirkungsgrades von GaAs-Diodenlasern für verschiedene optische Längen L/n^* des Resonators (Kristalllänge) (nach M. H. Pilkuhn u. H. Rupprecht [99]).

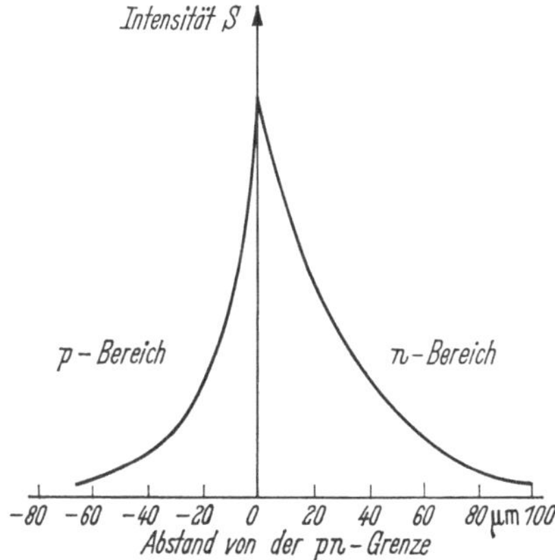

Abb. 7.19. Verlauf der Lichtintensität nahe der Oberfläche eines GaAs-Diodenlasers. In den absorptiven Schichten nimmt die Intensität erwartungsgemäß exponentiell ab (nach W. L. Bond et al. [93d]).

ebene Wellen zerlegen [100]. Für den halben Öffnungswinkel, definiert durch das erste Minimum der Intensität, erhält man

$$\theta \approx \arcsin \lambda/B\,.$$

Eine Bestimmung von θ kann daher einen gewissen Aufschluß geben über die Breite der lichtführenden Schicht im Laser und damit für kleine Dicken $2d$ über $1/k_{i\mathrm{II},\mathrm{III}}$ bzw. $\varDelta\varepsilon'_{r\mathrm{I\,II}}$.

Abb. 7.19 zeigt eine gemessene Verteilung der Lichtintensität im Kristallinneren nahe der Austrittsfläche [83d]. Winkelverteilungen der Ausstrahlung sowohl senkrecht zur pn-Ebene als auch in der pn-Ebene, sind in Abb. 7.20 wiedergegeben [101][1]. Die Strahlcharakteristik in der pn-Ebene ist ein Maß dafür, in welcher Breite der Diodenlaser kohärent strahlt.

---

[1] Bei sehr hohen Stromdichten treten auch größere Öffnungswinkel auf [102]; dies kann vielleicht auf die Anregung einer zunehmenden Anzahl von Moden zurückgeführt werden, die sich überlagern.

Beim Diodenlaser trägt meist nicht der ganze Querschnitt gleichmäßig zur Lichterzeugung bei. Daher erscheinen mit zunehmender Anregung einzelne

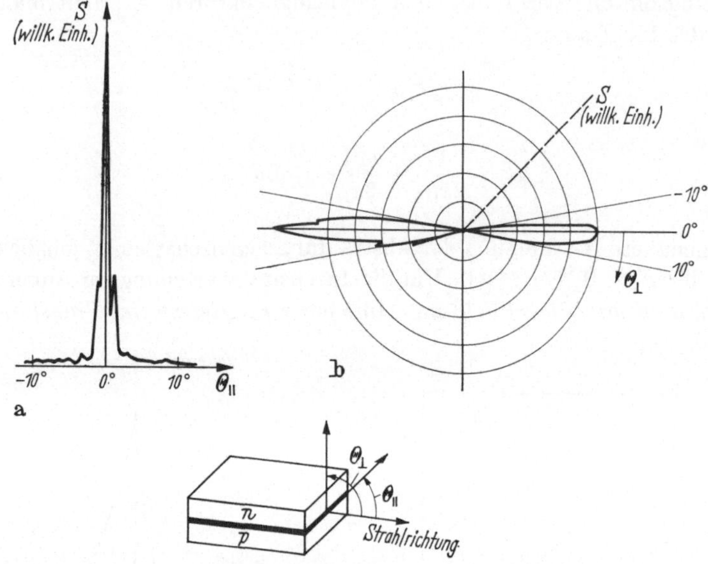

Abb. 7.20. Winkelverteilung der Ausstrahlungsintensität S eines GaAs-Diodenlasers.
a) In der p–n-Ebene; b) senkrecht zur p–n-Ebene.

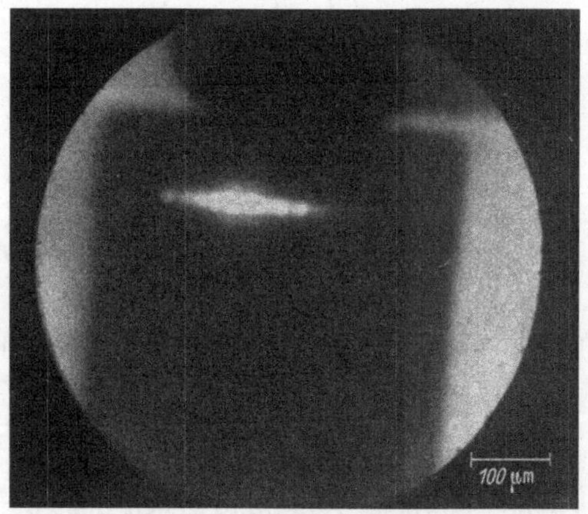

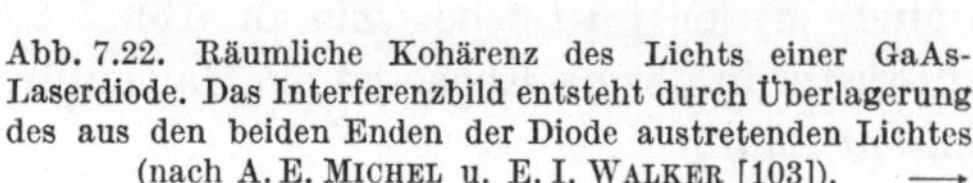

Abb. 7.21. p–n-Diode in Laserbetrieb. Einzelne kohärent strahlende Kanäle sind perlenschnurartig längs des p–n-Übergangs aneinander gereiht. Dies dürfte auf einen Kohärenzpinch der Stromverteilung zurückzuführen sein (nach H. J. HENKEL, Siemens AG, private Mitteilung).

Abb. 7.22. Räumliche Kohärenz des Lichts einer GaAs-Laserdiode. Das Interferenzbild entsteht durch Überlagerung des aus den beiden Enden der Diode austretenden Lichtes (nach A. E. MICHEL u. E. I. WALKER [103]). ⟶

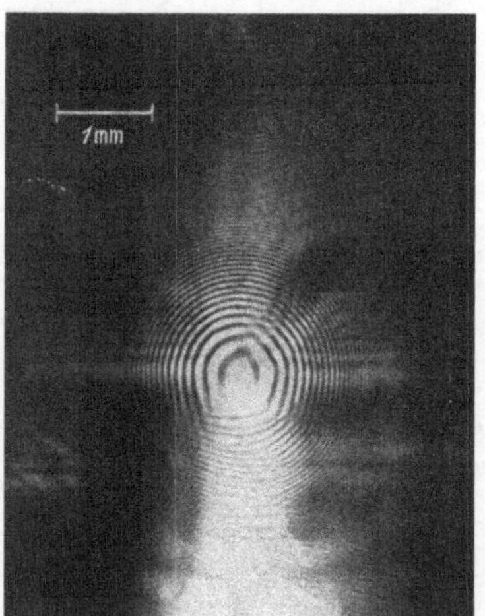

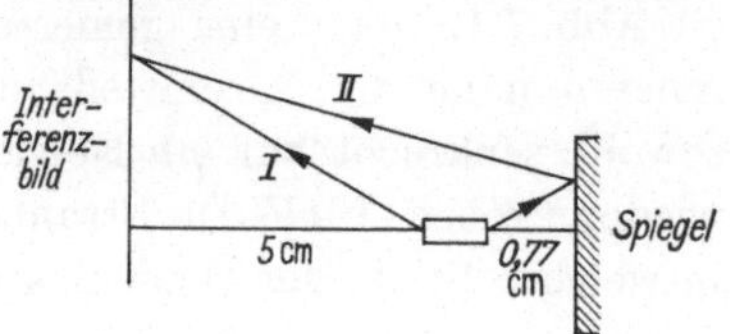

leuchtende Bereiche, die, wie in Abb. 7.21 gezeigt, perlenschnurartig aneinander gereiht sind mit ziemlich gleichmäßigen Abständen. Da die induzierten Rekombinationsprozesse mit zunehmender Anregung stärker zunehmen (Zeitkonstante τ_K, vgl. Abschnitt 7.3.6), fließt in den leuchtenden Bereichen auch der höhere Strom. Es tritt eine Art „Kohärenzpinch" auf [87]. Aus der Querausdehnung der Lichtflecke ergibt sich die Bündelung des Lichtstrahls in dieser Richtung. Sie ist meist, wie in Abb. 7.20a gezeigt, besser als senkrecht zum p–n-Übergang.

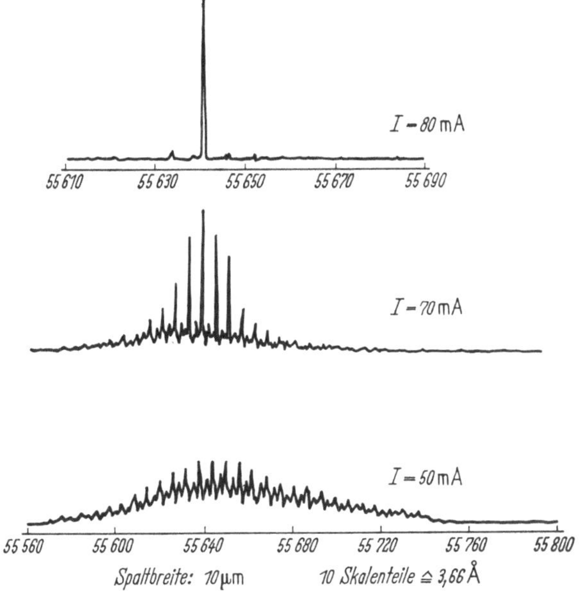

Abb. 7.23. Modenselektion mit zunehmender Anregung eines GaAs-Diodenlasers bei 2,1 °K. Die spektrale Verteilung der Emission ist mittels eines hochauflösenden *Fabry-Perot-Interferometers* aufgenommen (nach P. P. SOROKIN et al. [104]).

Abb. 7.22 zeigt an Hand eines schematisch wiedergegebenen Interferenzexperimentes [103], daß die von einem Lichtfleck und seinem Gegenstück auf der Kehrseite des Kristalls ausgesandte Strahlung kohärent ist. Da der Wegunterschied beider Lichtbündel 2 cm beträgt, ergibt sich aus dem Abstand der Interferenzringe von 40 μm durch Abschätzung eine Linienbreite von 0,3 Å, das sind im Frequenzmaß 10 GHz.

Präzise Messungen der Emissionslinien wurden mit einem *Fabry-Perot-Interferometer* bei $T < 2,1$ °K durchgeführt [104]. Die Spektren in Abb. 7.23 zeigen, wie sich aus den schon im Bereich der spontanen Emission bevorzugten Schwingungsmoden mit zunehmender Anregung eine schmale Laserlinie entwickelt, die jedoch durch dicht benachbarte achsennahe Moden verbreitert erscheint (Envelope). Aus Interferenzmessungen bei 15 °K wurde eine Linienbreite von weniger als $2 \cdot 10^{-3}$ Å (50 MHz) ermittelt [105]. Dies stellt die derzeitige Grenze des Auflösungsvermögens optischer Spektralapparate dar. Empfindlicher ist die Messung der Bandbreite der Mischlinie, die durch Überlagerung zweier benachbarter Moden entsteht. Bei einem Laser mit 7 W Ausgangsleistung bei 4,2 °K wurde $\Delta \nu = 150$ kHz d. h. eine Linienbreite von $5 \cdot 10^{-6}$ Å gemessen.

Die in Abb. 7.16 angenommene Feldverteilung im Halbleiter stellt unter den axialen Moden nur einen Spezialfall dar. Vor allem an Dioden mit einer breiteren hochohmigen Schicht I, die durch Injektion von beiden Seiten mit Elektronen und Löchern angefüllt wird, treten Schwingungsformen auf, die in x-Richtung Nulldurchgänge des elektrischen Feldes aufweisen. Ein solches Beispiel mit zwei Feldmaxima ist in Tab. 7.4b aufgenommen. Weitere theoretische und experimentelle Untersuchungen [106] wurden durchgeführt mit dem Ziel: Dioden herzustellen mit günstigen Eigenschaften bezüglich abgestrahlter Leistung, schmalerer Breite Δv der spontanen Linie (da die Rekombination in einem von Dotierungsstörstellen unbeeinflußten Kristallbereich erfolgt), geringeren Beugungsverlusten und engerer Bündelung der Abstrahlung.

7.3.5 Schwingungsmoden beim Diodenlaser

Wie bereits angedeutet, sind bezüglich der Ausbildung des elektromagnetischen Feldes verschiedene Eigenschwingungen im Diodenlaser möglich. Dies gilt auch für die Frequenz der Schwingung, die innerhalb der Emissionslinie viele Werte annehmen kann.

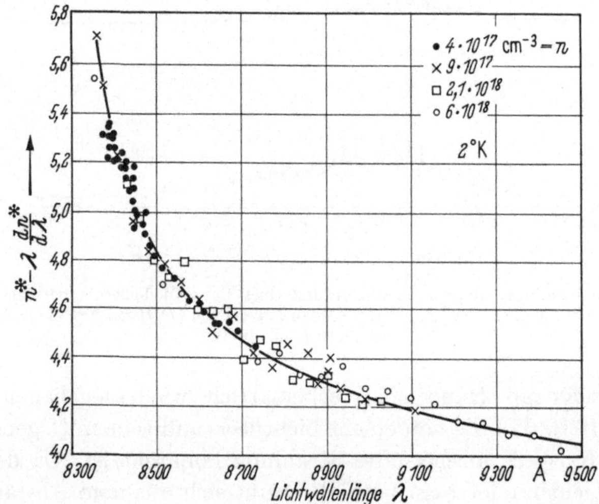

Abb. 7.24. Dispersion des Brechungsindex bei GaAs mit verschiedener Trägerdichte (nach N. I. NATHAN et al. [107]).

Für die axialen Moden ergeben sich die Frequenzabstände δ aus der Bedingung, daß die Resonatorlänge einem ganzzähligen Vielfachen der halben Periode von E_y entsprechen muß:

$$(\delta k_r) L = \pi.$$

Hieraus erhält man mit Gl. (7.3/14) bei konstantem Brechungsindex

$$\delta v = c/2L.$$

Diese Beziehung ist jedoch zu modifizieren durch die Dispersion von n^*. Außerdem ist im realen Laser die Temperatur des Kristalls vom Betriebszustand abhängig, so daß sowohl n^* als auch L sich ändern:

$$\delta v = \frac{c}{2L} : \left(1 + \frac{\lambda}{n^*} \frac{\partial n^*}{\partial \lambda} + \frac{T}{n^*} \frac{\partial n^*}{\partial T} + \frac{T}{L} \frac{\partial L}{\partial T} \right) \tag{7.3/18}$$

Der reine Einfluß der Dispersion kann aus dem Abstand der einzelnen Schwingungen vor dem Lasereinsatz gemessen werden (vgl. Abb. 7.23). Da bei Erhöhung des Anregungsstromes sich die Wellenlänge ändert, kann man $2L\,(\delta\lambda)/\lambda^2$ als Funktion von λ bestimmen [107]. Das Ergebnis ist nahezu unabhängig von der Elektronendichte und für $T = 2\,°\mathrm{K}$ in Abb. 7.24 dargestellt. Da sich die Emissionslinie nahe der Bandkante $h\nu = W_L - W_V$ befindet, ist die Dispersion sehr ausgeprägt.

Die Frequenzabstände der einzelnen axialen Moden sind beim Halbleiterlaser trotz des hohen Brechungsindex wesentlich größer als bei den anderen Lasern. Für einen GaAs-Diodenlaser mit der optischen Länge $L = 3,6 \cdot 300\ \mu\mathrm{m} \approx 1\ \mathrm{mm}$ und $\lambda = 8400$ A erhält man $\delta\nu \approx 10^{11}$ Hz.

Bisher wurde angenommen, daß nur ein bestimmter Schwingungsmodus im Laser angeregt wird. Bei Temperaturerhöhungen, wie sie im Betrieb einer Diode durch Verlustprozesse auftreten, springt aber der

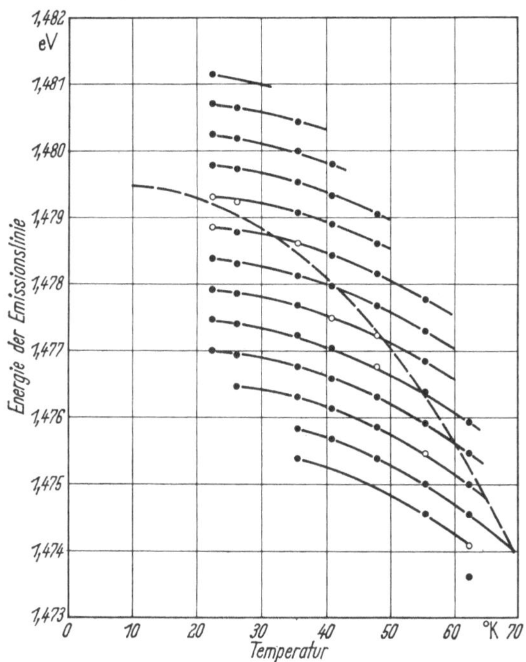

Abb. 7.25. Modensprünge auf Grund der Temperaturerholung während des Betriebs einer GaAs-Laserdiode. ● mögliche axiale Eigenschwingungen nach Gl. (7.3/18); ○ experimentell beobachtete Moden; − − Verlauf von $W_G - 41{,}6$ meV.

Schwingungszustand von einem Mode zum anderen [108]. Dieses Verhalten ist in Abb. 7.25 dargestellt. Diese zeigt in Abhängigkeit von der Temperatur das Wandern der Moden und ganz speziell die Modensprünge, die das Laserlicht macht, da sich im Betrieb die Temperatur der Diode erhöht.

Vor allem bei höheren Strömen werden aber beim Diodenlaser auch mehrere Moden gleichzeitig angeregt. Dies ist allerdings unwahrscheinlicher als bei den anderen Lasertypen, da die an einem Übergang beteiligten Elektronen-Bandzustände untereinander in starker Wechselwirkung stehen. Theoretische Untersuchungen wurden durchgeführt [109] mit stehenden Wellen, deren Knoten an den Spiegelflächen des Resonators liegen. Sie haben gezeigt, daß um so mehr axiale Moden angeregt werden, je höher die Dichte der injizierten Träger ist. Außerdem wächst die Zahl der gleichzeitig angeregten Moden mit der Resonatorlänge L und zwar umso stärker, je kleiner das Verhältnis $(\delta\nu)/(\Delta\nu)$ aus Modenabstand und Linienbreite ist und je kleiner die ambipolare Diffusionskonstante $D_a = (\mu_p D_n + \mu_n D_p)/(\mu_n + \mu_p)$[1] ist, die für den Ausgleich der Ladungsträger sorgt.

---

[1] Meist ist $\mu_n \gg \mu_p$ und wegen $D = kT\,\mu/e$ gilt dann $D_a \approx 2\,D_p$.

Besonders bei tiefen Temperaturen sollten demnach leicht viele Moden anzuregen sein. Abb. 7.26a gibt für $T = 4{,}2\,°\mathrm{K}$, aufgetragen über dem Injektionsstrom, die Intensität in den einzelnen Moden. Man erkennt, wie sie nacheinander

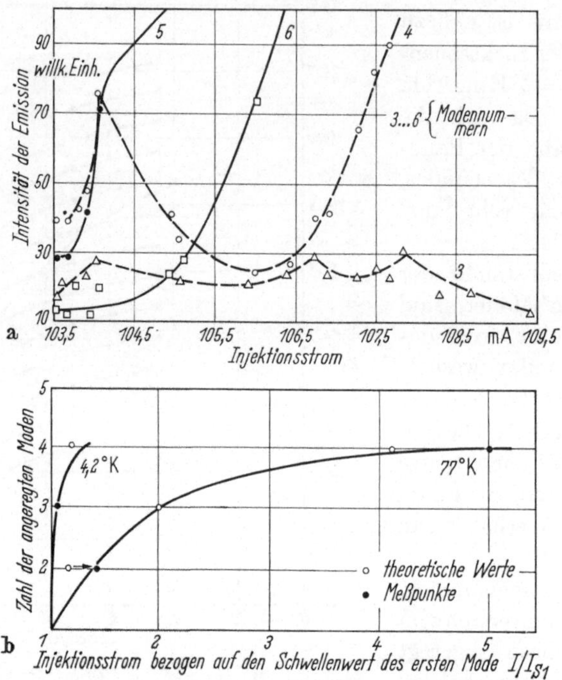

Abb. 7.26. Multimodenbetrieb beim Diodenlaser. a) Intensität in den mit wachsendem Injektionsstrom angeregten Schwingungsmoden (3—6) einer GaAs-Laserdiode; b) Vergleich der berechneten und beobachteten Anzahl der mit steigendem Strom im Diodenlaser angeregten Moden.

immer stärker anschwingen. Daneben ist in Abb. 7.26b der Vergleich zwischen
Theorie und Experiment durchgeführt für die Anzahl der angeregten Moden in
Abhängigkeit von der im Laser gespeicherten Ladung AnL/n^* die dem Strom im
wesentlichen proportional ist. Die vorhergesagte Temperaturabhängigkeit ist
genau erfüllt.

7.3.6 Zeitverhalten der Emission eines Diodenlasers

Im Prinzip gelten für das Relaxationsverhalten des Halbleiterlasers ähnliche
Zusammenhänge wie sie in Kap. 4 bereits behandelt wurden. Hier interessiert vor
allem das Pulsverhalten. Dafür sind maßgebend die mittlere Trägerlebensdauer
τ_R für spontane Emission (nach Gl. (7.3/2)) und die Zeitkonstante τ_L des Resonators, die man für axiale Moden aus der Verstärkungskonstanten g_s nach Gl. (7.3/1)
und der Lichtgeschwindigkeit c/n^* im Kristall gewinnt.

$$\tau_L = \frac{n^*}{c}\,/g_s = \left(\frac{2a_V c}{n^*} + \frac{c}{2L}\ln\frac{1}{R_1 R_2} \right)^{-1}. \qquad (7.3/19)$$

τ_L ist sicher kleiner als $(2L/c)\ln R_1 R_2$, womit für einen GaAs-Diodenlaser der Länge $L/n^* = 300\ \mu\mathrm{m}$ mit unvergüteten Endflächen folgt $\tau_L = 4\cdot 10^{-12}\,\mathrm{s}$. Damit liegt τ_L unter den erwarteten Rekombinationszeiten $\tau_{sp} = [n_i/(n + p)]\cdot \tau_i$ (vgl. Gl. 7.2/20); trotz der extrem niedrigen Eigenleitungsdichte n_i (s. Tab. 7.2) gilt dies auch bei GaAs, wofür theoretisch minimale Zeitkonstanten von 10^{-10} bis 10^{-9} s [72b] und experimentell $2\cdot 10^{-9}$ s [110a] bestimmt wurden. Man kann daher aus dem zeitlichen Verhalten der Lichtemission nach Einschalten eines Stromes I über τ_R Auskunft erhalten. Es treten im Laserbetrieb zwei Effekte auf: Zunächst eine Verzögerungszeit τ_V bis zum Aufbau der zum Einsetzen der induzierten Emission erforderlichen Trägerdichte n_s und dann ein Anstieg der kohärenten Emission mit einer Zeitkonstanten τ_K, die eine Funktion von τ_R, τ_L und I ist.

Für das Anwachsen der Trägerdichte vor dem Lasereinsatz erhält man [110a] die Differentialgleichung

$$\frac{d(\Delta n)}{dt} = \frac{n_s}{\tau_R I_s} I - \frac{\Delta n}{\tau_R}, \qquad (7.3/20)$$

deren Lösung für $\Delta n = n_s$ die Verzögerungszeit τ_V liefert

$$\tau_V = \tau_R \ln \frac{1}{1 - I_s/I}. \qquad (7.3/21)$$

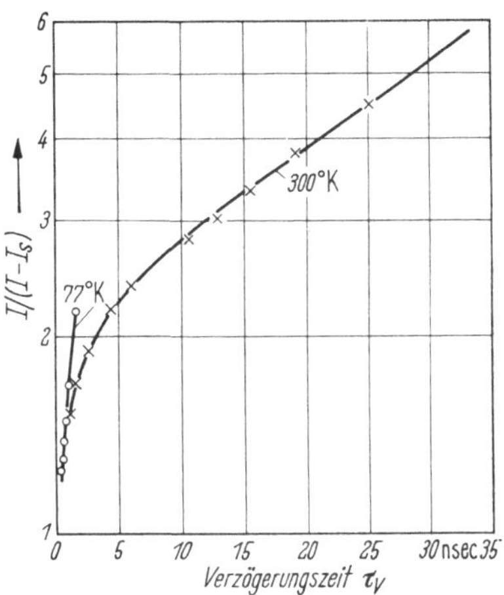

Abb. 7.27. Verzögerung des Einsatzes der Laseremission gegenüber dem Beginn der Strominjektion bei Rechteckimpulsen. Aus der Steigung der Kurve bei 77 °K kann die Zeitkonstante $\tau_R = 1{,}6$ ns der spontanen Emission ermittelt werden. Bei 300 °K tritt eine starke Abweichung vom einfachen Verlauf nach Gl. (7.3/21) auf. Dies ist auf Haftstellen (Traps) zurückzuführen, die zunächst mit Trägern gefüllt werden müssen (nach K. L. Konnerth, private Mitteilung).

Dabei ist $I_s = A\cdot i_s$ die Stromstärke, bei welcher die Laserschwelle $\Delta n = n_s$ für $t \to \infty$ erreicht wird.

Ergebnisse für GaAs-Dioden sind in Abb. 7.27 wiedergegeben. Aus der Steigung der Meßkurve für $T = 77\,°\mathrm{K}$ kann τ_R zu $1{,}6\,ns$ ermittelt werden. Bei $T = 300\,°\mathrm{K}$ entspricht die Meßkurve nicht der Gl. (7.3/21). Erst oberhalb $\tau_V = 5\,ns$ mündet sie in eine solche Gesetzmäßigkeit ein. Dies ist auf eine Haftstellendichte N_T im verbotenen Band zurückzuführen, die erst aufgefüllt werden muß, ehe n_s aufgebaut werden kann. Zur Beschreibung ist in Gl. (7.3/20) ein Glied

$$\frac{d(\Delta n)}{dt}\bigg|_T = -\frac{\Delta n}{\tau_T}(1 - \xi)$$

hinzuzufügen, wobei τ_T die Einfangzeit für Träger in diesen Haftstellen ist und ξ deren Besetzungsgrad. Außerdem gilt eine weitere Differentialgleichung

$$N_T \frac{d\xi}{dt} = \frac{\Delta n}{\tau_T}(1 - \xi).$$

Diese Haftstellen bewirken besonders in der Nähe von $I = I_s$ starke, stromabhängige Abweichungen von Gl. (7.3/21). Die Auswertung der Abb. 7.27 bei genügend großen Strömen (z. B. $I/I_s > 10$) liefert auch für $T = 300\,°\mathrm{K}$ ein $\tau_R = 1{,}6\,ns$.

Vermeidet man den Einbau von Haftstellen z. B. Kupfer, dann treten auch bei hoher Temperatur keine vergrößerten τ_V-Werte auf [111].

Mit diesen Verzögerungszeiten können z. T. auch die beobachteten erhöhten I_s-Werte erklärt werden, da Dioden mit Haftstellen bis zum Lasereinsatz eine höhere Arbeitstemperatur erreichen, wodurch sich in $I_s \sim T''$ die Potenz n gegenüber der Theorie erhöht (vgl. Abb. 7.14a und 7.14b). Messungen der Anstiegszeit im Bereich der Laserstrahlung zeigen, daß die Zeitkonstante τ_{ind} wesentlich niedriger ist als τ_{sp} für die spontane Emission (z. B. $\tau_{ind} = 0,1\,\tau_{sp}$ [110]). Die Zeitkonstante τ_K für die kohärente Emission nimmt ab mit steigender Anregung, d. h. mit dem Injektionsstrom. In der Grenze $I \to \infty$ tritt schließlich τ_L auf.

Die nichtlinearen Differentialgleichungen, die den Laser beschreiben [109a, 112], können für kleine Änderungen linearisiert werden und liefern als Zeitkonstante τ_K der kohärenten Emission

$$\frac{1}{\tau_K} = \frac{1}{2\eta_R\,\tau_{sp}} \frac{I}{I_s} \left(1 \pm \sqrt{1 - 4\,\frac{\eta_R\,\tau_{sp}}{\tau_L}\frac{I_s}{I}\left(1 - \frac{I_s}{I}\right)} \right).$$

Bei hoher Resonatorgüte $\tau_L \gg \eta_R\tau_{sp}$ erhält man zwei Zeitkonstanten, deren größte das Verhalten bestimmt. τ_K ist nur über I_s von τ_{sp} abhängig und nimmt nach einem hyperbolischen Gesetz mit der Anregung ab,

$$\tau_K = \tau_L / \left(1 - \frac{I_s}{I}\right). \qquad (7.3/22)$$

Im Grenzfall $I \to \infty$ liefert Gl. (7.3/21) die Zeitkonstante τ_L des Resonators und nahe der Laserschwelle $\tau_K = \infty$. Für die Gesamtstrahlung ist in diesem Fall noch die Zeitkonstante der spontanen Emission gültig.

Anders liegen die Verhältnisse bei geringer Resonatorgüte, $4\eta_R\tau_{sp} \gg \tau_L$, wobei der Wurzelausdruck in einem gewissen Strombereich imaginär ist. Es treten daher Schwingungen der Frequenz

$$\omega = \frac{1}{\sqrt{\eta_R\tau_{sp}\tau_L}} \sqrt{\frac{I}{I_s} - 1}$$

auf, und die Amplitude enthält als Zeitkonstante

$$\frac{1}{\tau_K} = 2\eta_R\tau_{sp}\frac{I}{I_s}. \qquad (7.3/23)$$

Meßergebnisse über das Impulsverhalten einer GaAs-Laserdiode [112] sind in Abb. 7.28 wiedergegeben. Berücksichtigt man das Zeitverhalten der verschiedenen Komponenten der Meßanordnung, dann erhält man die in Abb. 7.29 dargestellte Stromabhängigkeit des Laseranstiegs.

Für die Meßwerte gibt es zwei Erklärungen, wovon die mit hoher Resonatorgüte unwahrscheinlich ist, da sich entgegen der obigen Abschätzung von $\tau_L < 4 \cdot 10^{-12}$ s nach Gl. (7.3/22) τ_L zu $4 \cdot 10^{-11}$ s ergibt. Für $\eta_R\tau_{sp}$ würde die Abschätzung gelten $\eta_R\tau_{sp} \ll 4 \cdot 10^{-11}$ s. Da wegen der geringen Frequenzauflösung der Meßanlage Schwingungen im Bereich von 10 GHz nicht mehr nachweisbar waren, sollte die Messung auch im Bereich $\eta_R \tau_{sp} > \tau_L$ der Zeitkonstanten entsprechen. Dann gilt Gl. (7.3/23). Entsprechend dieser Beziehung ist in Abb. 7.29

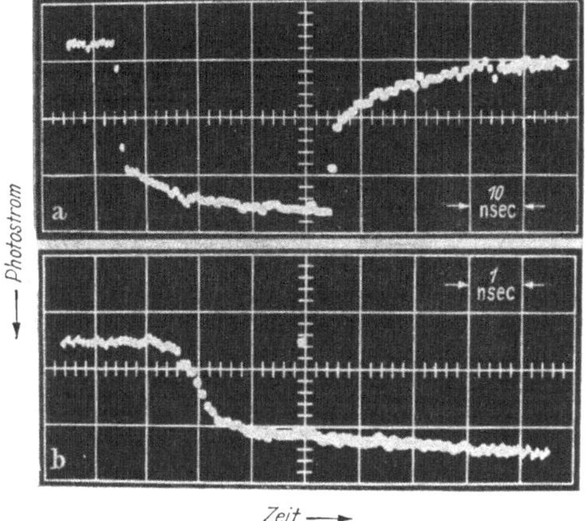

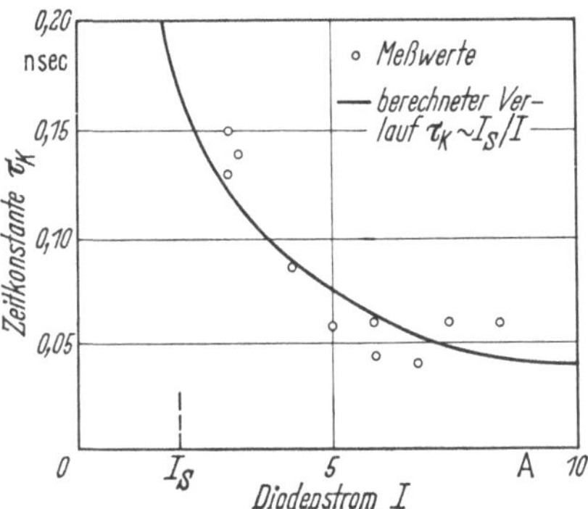

Abb. 7.28. Zeitverhalten der Lichtemission einer GaAs-Laserdiode bei Impulsbetrieb. *Sampling-Diagramm* des Lichtimpulses einer HF-Diode (entsprechend Abb. 7.2). Der Anstieg enthält noch die Anstiegszeit des Oszillographen und die der Si-Empfangsdiode mit zusammen 0,6ns (nach [112]).

Abb. 7.29. Anstiegszeit der Emission einer GaAs-Laserdiode nach Abb. 7.2 in Abhängigkeit von der Stromstärke. Oberhalb des Laserschwellenstroms I_s gilt ein Zusammenhang $\tau \sim I_s/I$, der schließlich begrenzt wird durch die Zeitkonstante τ_L des Resonators.

die theoretische Kurve eingetragen, und man erhält $\eta_R \tau_{sp} = 8{,}5 \cdot 10^{-11}$ s, was mit den Daten für τ_{sp} einem Wirkungsgrad von ca. 10% entspricht. Auch bezüglich τ_L ist dieses Ergebnis konsistent.

Die niedrigen Zeitkonstanten von weniger als 10^{-10} s lassen eine hohe Modulationsfrequenz erwarten. Dies ist für viele Anwendungen von großer Bedeutung. Experimentell wurden Modulationsfrequenzen von 2 GHz erreicht [110b].

7.4 Spezielle Eigenschaften von Injektionslasern

In Kap. 7.2 und 7.3 wurden im wesentlichen idealisierte Betrachtungen angestellt über die Wirkungsweise und physikalischen Grundlagen der Halbleiterlaser. Vor allem bezüglich des Temperaturverhaltens sind die theoretischen Daten auch mit dem experimentellen Befund verglichen. Eine Reihe praktisch wichtiger Ergebnisse ist jedoch noch nicht berücksichtigt.

7.4.1 Einfluß von Magnetfeld und mechanischen Spannungen

Sowohl durch ein Magnetfeld als auch durch ein mechanisches Spannungsfeld kann man die Bandstruktur im Halbleiter verändern. Daher ist eine Beeinflussung der Laseremission möglich. Darüber hinaus erhält man wertvolle Hinweise über die Art des induzierten Rekombinationsprozesses. So erhält man bei $GaAs_{1-x}P_x$-Laserdioden mit zunehmendem (allseitigen) Druck den in Abb. 7.30a gezeigten starken Anstieg des Schwellenstromes [113]. Dieser wird dadurch gedeutet, daß in diesen Substanzen unter hydrostatischem Druck das (100)-Neben-minimum des Leitungsbandes (vgl. Kap. 7.2.2 und Abb. 7.5) relativ zum Minimum bei $k = 0$ nach geringeren Energien rückt, so daß ein Teil der Elektronen ins Nebenminimum tritt und für direkte Übergänge, d. h. für die Erzeugung von

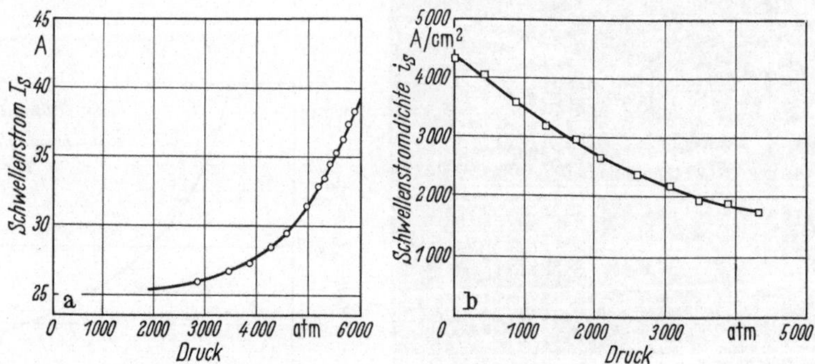

Abb. 7.30. Druckabhängigkeit des Schwellenstromes. a) Ga(As$_{1-x}$P$_x$)-Laserdiode bei hydrostatischem Druck (nach T. A. FULTON et al. [113]); b) GaAs-Laserdiode bei uniaxialem Druck in (100)-Richtung (nach F. M. RYAN u. R. C. MILLER [114]).

Laserstrahlung, verlorengeht. Der Wirkungsgrad η_R nimmt ab und damit steigt nach Gl. (7.3/5) der Schwellenstrom an. Ein völlig anderes Verhalten wurde bei GaAs unter uniaxialem Druck gefunden [114]. Der Schwellenstrom nimmt mit dem Druck ab, wie in Abb. 7.30 b gezeigt wird. Dieser Sachverhalt ist bei Band-Band-Übergängen in folgender Weise zu deuten: Durch uniaxialem Druck wird die

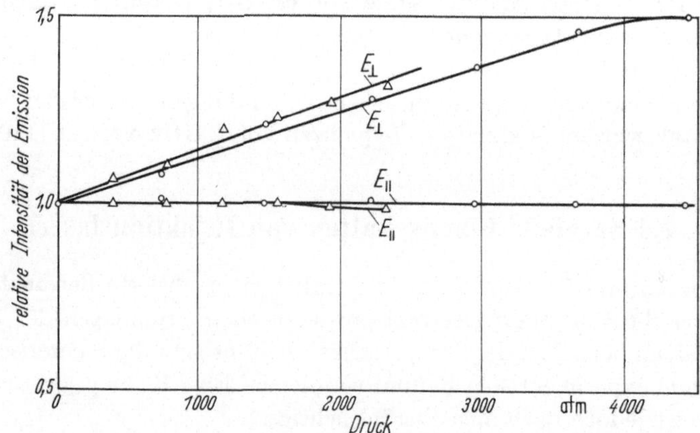

Abb. 7.31. Intensität der polarisierten Komponenten der spontanen Emissionsstrahlung bei GaAs-Dioden unter uniaxialem Druck senkrecht zur pn-Ebene. △△ (100)-pn-Ebene; ○○ (111)-pn-Ebene (nach R. C. MILLER et al. [115]).

kubische Symmetrie des Valenzbandes aufgehoben, so daß die Übergangswahr-scheinlichkeit abhängig wird von der Ausstrahlungsrichtung. In Abb. 7.31 ist die hierdurch bedingte Polarisation des emittierten Lichtes dargestellt. Man erkennt, daß unter Druck das Licht sowohl für eine (100)- als auch für eine (111)-pn-Ebene bevorzugt senkrecht zu dieser Ebene polarisiert wird. Gleichzeitig tritt eine Aufspaltung der spontanen Emissionslinie auf, wobei sich vor allem die Energie der parallel zur (111)-pn-Ebene polarisierten Komponente nach kürzeren Wellenlängen verschiebt [115]. Dieses Verhalten wird theoretisch mit Hilfe der Deformationspotentiale in GaAs verstanden. Weitere Ergebnisse, auch über die Linienverschiebung bei uniaxialem Druck, sind in der oben genannten Originalliteratur vorhanden.

Ähnlich wie der uniaxiale Druckeffekt kann auch die bei InSb gefundene Verringerung des Schwellenstromes (s. Abb. 7,32 a) in einem longitudinalen

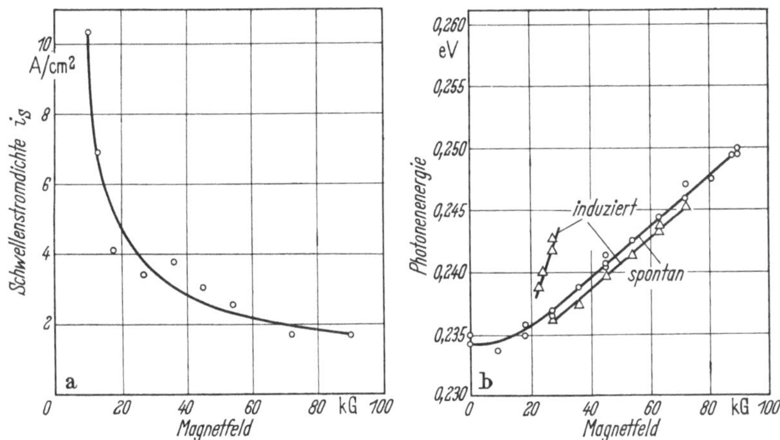

Abb. 7.32. Einfluß eines Magnetfeldes auf a) Schwellenstrom ($T < 2\,°K$) und b) Energie der emittierten Photonen bei InSb-Laserdioden (nach R. I. PHELAN et al. [116]).

Magnetfeld [116] gedeutet werden, denn im transversalen Feld tritt kein ausgeprägter Effekt auf. Es wird auch eine Aufspaltung und Verschiebung der emittierten Linie beobachtet (s. Abb. 7.32 b), wobei allerdings wegen der selektiven Rückkopplung durch den Resonator immer nur eine der Spektrallinien im Laserbetrieb beobachtet wird. Die Aufspaltung ist hervorgerufen durch eine *Landau-Aufspaltung* des Leitungsbandes. Dieses Effekt ist um so größer, je kleiner die effektive Masse im Band ist. Da in InSb die Elektronenmasse nur etwa $2{,}7 \cdot 10^{-2}\,\mathrm{m}$ (vgl. Tab. 7.7) beträgt, ist hier die Aufspaltung und Linienverschiebung besonders ausgeprägt.

7.4.2 Herstellungsverfahren für Diodenlaser

Um pn-Übergänge oder auch andere Schichtstrukturen herzustellen, werden im wesentlichen drei Verfahren angewendet, die alle von einem einheitlich dotierten einkristallinen Halbleiter ausgehen.

1. Dotieren durch Eindiffusion

Beim Diffusionsverfahren dringen Fremdatome bei hoher Temperatur in den Kristall ein und dotieren ihn in einem gewissen Bereich um (z. B. von n- auf p-Typ), der durch die Eindringtiefe $\sqrt{Dt}$ gegeben ist ($D =$ Diffusionskonstante,

$t =$ Diffusionszeit). Für GaAs ist dieses Verfahren in nahezu jeder Originalarbeit über Laserdioden beschrieben. Meist wird Zn als Akzeptor in n-dotierte Kristalle (Se-, Te-, Si-dotiert) eingebracht. Bedingungen, unter denen eine solche Dotierung stattfinden kann, sind z. B. eine Diffusionszeit von 2 Stunden bei 850 °C in einer abgeschlossenen Quarzampulle von 7 cm³ Volumen, die 5 bis 10 mg ZnAs enthält, das sich bei der genannten Temperatur zersetzt [117]. Eine invers aufgebaute Diode mit in p-Grundmaterial eindiffundierter n-Schicht wurde für GaAs ebenfalls beschrieben [118].

2. Kristallwachstum aus Metallschmelzen

Aus Metallschmelzen kann man Halbleiterschichten epitaxial (d. h. durch einkristalline Fortsetzung) auf einen Substratkristall aufwachsen lassen [119]. Dieses Verfahren wird häufig als Legierungsverfahren bezeichnet. Hier liegen die Temperaturen meist wesentlich niedriger als beim Diffusionsverfahren, so daß der Kristall mit geringen Strörungen aufwächst. Man läßt beispielsweise auf n-Typ GaAs-Kristalle Si- oder Zn/Sn-dotierte Schichten aufwachsen (Zusammensetzung der Metallschmelze z. B. 1% Zn und 99% Sn, Aufwachstemperatur 600 °C, Zeit 5 Minuten). Erstere weisen einen hohen Kompensationsgrad auf [81], da Si amphoter, d. h. als Donator und Akzeptor — je nach Herstellungstemperatur überwiegt ein Typus — eingebaut wird; letztgenannte [82] sind noch wesentlich höher kompensiert, was sich in einer extrem langen Wellenlänge der emittierten Strahlung zeigt (bei $T = 300$ °K ist $\lambda \approx 1$ µm). Ein anderer erfolgreicher Weg besteht darin, Sn in einen hoch-p-dotierten Kristall einzulegieren [120].

3. Kristallwachstum aus der Gasphase

Durch thermische Zersetzung gasförmiger Verbindungen der Elemente des Halbleiters wird auf einem Substratkristall, ähnlich wie bei der Ausscheidung aus einer Metallschmelze, eine Halbleiterschicht epitaxial aufgebaut [121]. Dieses Verfahren ist anwendbar für alle Halbleitermaterialien, wobei im Prinzip alle denkbaren Profile der Dotierungskonzentration erzielt werden können. Es ist besonders gut geeignet für die Herstellung von hochreinen Halbleiterschichten, wie sie allerdings für Laser kaum in Betracht gezogen werden müssen.

7.4.3 Aufbau optimaler Diodenlaser für hohe Betriebstemperaturen

Zwei Tatsachen erschweren die Herstellung von Diodenlasern mit großem Wirkungsgrad und ihre Funktion bei hohen Temperaturen: Dotierungsinhomogenitäten und die Erwärmung im Betrieb.

Wegen der Zunahme der Rekombinationsrate im Bereich der induzierten Emission wird ein Teilbereich einer Diode, in dem zuerst die Laserbedingung erfüllt ist, auch bei weiterer Stromerhöhung bevorzugt, und man erhält keine homogen leuchtende Diode. Es tritt vielmehr der bereits früher genannte Kohärenz-pinch [112] auf (s. Abb. 7.21).

Eine solche Bevorzugung ergibt sich wegen der unvermeidlichen räumlichen Schwankung der Dotierung. Zum Beispiel ist auf Grund des Herstellungsverfahrens in den Kristallen häufig eine Schichtstruktur der Dotierungskonzentration vorhanden. Sie kann mit verschiedenen Methoden direkt nachgewiesen werden. Am einfachsten sind die qualitativen Nachweise durch Anätzen sowie durch Betrachten des Kristalls im infraroten Durchlicht unter Zuhilfenahme eines Bildwandlers [123]. Die Helligkeitsunterschiede kann man dabei auch für eine quantitative Konzentrationsangabe benutzen, wenn man die Dicke der mit parallelem Licht durchstrahlten Schicht und ihren Absorptionskoeffizient als Funktion der Trägerdichte kennt (für GaAs, s. Abb. 7.9). Ein besseres Auflösungsvermögen und auch Einzelheiten über die Art der Rekombination erhält man aus der Lumineszenzstrahlung der Kristalloberfläche, die von Ort zu Ort mit Hilfe eines bewegten Licht- (Photolumineszenz) oder Elektronenstrahls angeregt wird. Die Energie der Spektrallinie ergibt die Dotierungskonzentration [124] (vgl. Abb 7.8).

Die Temperaturerhöhung im Betrieb führt wegen der starken Temperaturabhängigkeit des Schwellenstromes bei $T > 50\,°\mathrm{K}$ zu einer Erhöhung des Schwellenwertes. Diese Erscheinung verhindert den Dauerbetrieb bei fehlender Kühlung, z. B. bei Raumtemperatur, da eine Erhöhung der Anregungsleistung mit der des Schwellenstroms nicht mehr Schritt halten kann. Man erreicht die Laserfunktion nur noch im Impulsbetrieb, wobei das erlaubte Tastverhältnis und die Impulsdauer Funktionen sind der im Betrieb auftretenden Temperaturerhöhung. Für vereinfachte Wärmeableitungsmodelle wurden theoretische Vorhersagen gemacht [125].

Für Diodenlaser erhält man besonders übersichtliche Ergebnisse: Einmal für den Fall einer Wärmeerzeugung in der aktiven Schicht (vgl. Abb. 7.11) wegen eines Quantenwirkungsgrads $\eta_R < 1$, wobei die Wärme über die Halbleiterschichten II und III in die als Wärmesenken wirksamen elektrischen Kontakte abfließt [125 b]. Ein anderes Modell geht von einem summarischen Wärmeersatzschaltbild aus mit Wärmekapazität C_W, Wärmewiderstand R_W und Wärmeerzeugung sowohl in Serienwiderständen als auch durch $\eta_R < 1$ [125 c]. Im ersten Fall erhält man eine Aussage über den maximal erlaubten Schwellenstrom, bei welchem noch Dauerbetrieb möglich ist. Das zweite Modell liefert darüber hinaus auch Ergebnisse für den Impulsbetrieb.

Beide Modelle setzen einen Temperaturgang des Schwellenstromes $\sim T^n$ an (vgl. Abb. 7.14 a, b und Abb. 7.15)

$$i_s = i_0\,(T/T_0)^n. \tag{7.4/1}$$

Die Lösung der Wärmeleitungsgleichung

$$-\varkappa\,\frac{dT}{dx} = i\,U\,(1 - \eta_R)$$

für das erste Modell ergibt mit dem typischen Verlauf der Wärmeleitung $\varkappa = a/T$ und einem Abstand l der Wärmesenken von der aktiven Zone

$$\ln\frac{T}{T_0} = \frac{i_0\,U\,(1 - \eta_R)\,l}{\varkappa\cdot T}\left(\frac{T}{T_0}\right)^n.$$

Für große Werte von i_0 hat diese Gleichung keine Lösung, Laserfunktion ist nicht zu erzielen. Als Grenzbedingung ergibt sich

$$i_0 \leq \varkappa\cdot T/n\,e\,U\,(1 - \eta_R)l. \tag{7.4/2}$$

Mit günstigen Annahmen über GaAs ($n = 3/2$, $U = 1,5$ V, $\eta_R = 0,7$, $l = 200$ μm und $\varkappa T = 110$ W/cm) ergibt sich $i_0 \leq 3 \cdot 10^3$ A/cm². Diese Stromdichte ist in guter Übereinstimmung mit dem Schwellenwert für 90 °K, der höchsten Tempera-

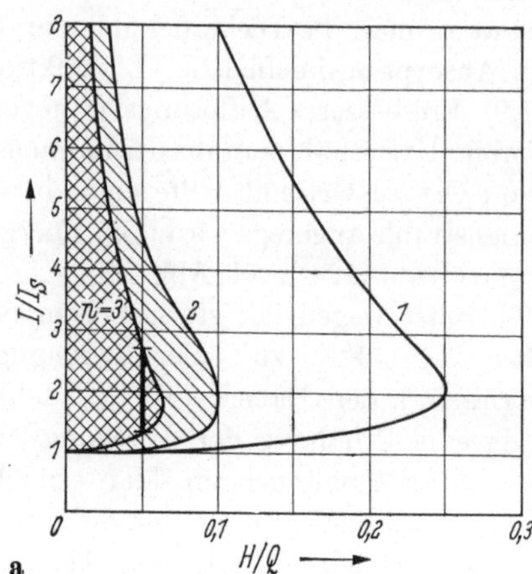

tur, bei welcher bisher mit einfachem Aufbau noch Dauerbetrieb erzielt wurde (vgl. Tab. 7.6)[1].

Das zweite Modell enthält Impulslänge τ und Impulsfrequenz ν. Es gibt daher für eine Temperatur oberhalb der Dauerbetriebsgrenze Auskunft über die Impulsparameter, bei welchen noch Laserbetrieb während jedes Impulses eintritt.

Aus der Lösung der Differentialgleichung mit den oben angegebenen Größen des Modells erhält man für die Temperatur am Ende eines Pulses

$$T = T_0 + R_W P_W H,$$

wobei P_W die erzeugte Wärme ist,

$$P_W = I^2 R + \frac{1}{e}\,(1 - \eta_R)\,I W_G,$$

und H ein Heizfaktor

$$H = \frac{1 - \exp\left(-\tau/R_W C_W\right)}{1 - \exp\left(-1/R_W C_W \nu\right)}.$$

R ist der *Ohmsche Widerstand* des Diodenlasers und W_G steht für die Quantenenergie der erzeugten Strahlung, die bei Band‑Band‑Rekombination praktisch gleich ist dem Bandabstand des Halbleiters. Mit Gl. (7.4/1) erhält man anstelle der Grenzbeziehung

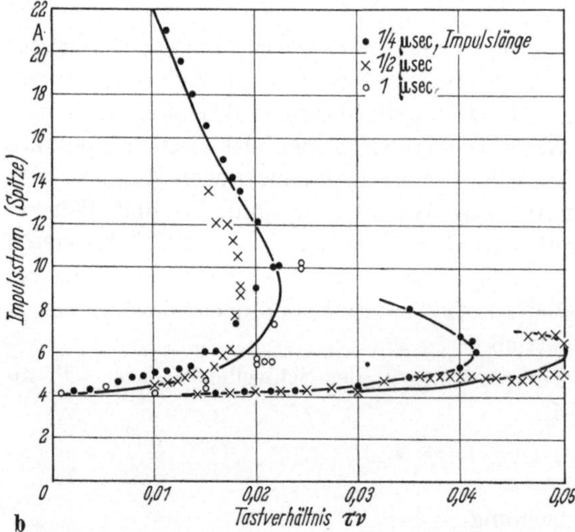

Abb. 7.33. Bereich der kohärenten Emission einer Laserdiode bei Impulsbetrieb. a) Theoretischer Zusammenhang für verschiedene Exponenten der Temperaturabhängigkeit des Schwellenstroms. Innerhalb des schraffierten Bereichs wird kohärentes Licht emittiert, außerhalb nur inkohärentes. H ist ein Maß für Frequenz und Dauer von Stromimpulsen. Q ist ein Gütemaß für die Diode, das den Wärmewiderstand und den elektrischen Widerstand enthält; b) Meßergebnisse für verschiedene Tastverhältnisse $\tau\nu$ und Impulslängen bei einer GaAs-Diode.

---

[1] Durch Verwendung von Diamant (Typ II a), dem derzeit besten Wärmeleiter (Faktor 5 bis 10 gegenüber Kupfer) bei einem Aufbau ähnlich Abb. 7.36a, konnte Dauerbetrieb bei einer diffundierten GaAs-Laserdiode bis $T = 202,5$ °K erzielt werden [144]. Hiernach erscheint es als nicht aussichtslos mit kompensierten Dioden bei 300 °K noch Dauerbetrieb zu erreichen.

Gl. (7.4/2) eine Grenzkurve, die in Abb. 7.33a für verschiedene Werte des Exponenten n in Gl. (7.4/1) wiedergegeben ist. Q ist dabei ein Gütemaß für die verwendete Diode. Es enthält den Schwellenstrom I_0 bei der Temperatur T_0 des Kühlmittels und die Widerstände R_W für den Wärmefluß und R für die elektrische Leitung

$$Q = T_0/R_W R I_0{}^2. \qquad (7.4/3)$$

Für einen genügend kleinen Wert von H/Q liefert die Grenzkurve für den Impulsstrom einen Bereich I/I_0, innerhalb dessen Laserbetrieb zu erwarten ist. Zum Beispiel muß bei $n = 3$ und $H/Q = 0{,}05$ gelten $1{,}3 < I/I_0 < 2{,}7$.

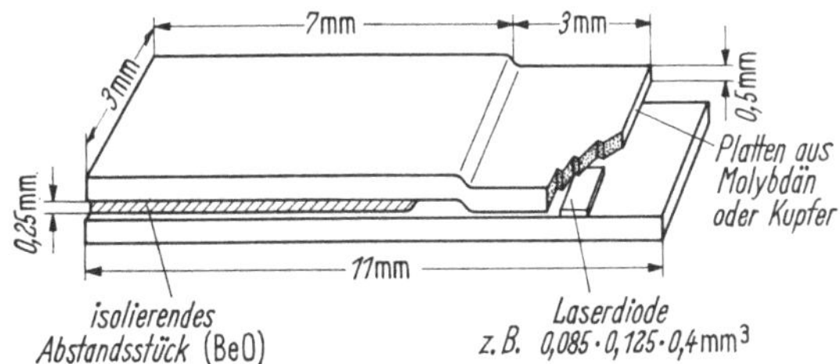

Abb. 7.34. Aufbau eines Diodenlasers mit guter Wärmeableitung nach Abb. 7.1 (nach J. C. Marinace [126]).

Der Schwellenwert Q der Güte für Dauerbetrieb ($H = 1$) ergibt sich an der Stelle, an der man nur einen diskreten Stromwert anstelle eines Bereiches für I/I_0 erhält. Unter Vernachlässigung der Verluste durch $\eta_R < 1$ liegt der zugehörige Strom unabhängig von n bei $I = 2I_0$.

Näherungswerte im Nieder- und Hochfrequenzbereich für die erfolgte Temperaturerhöhung ΔT_E am Ende eines Impulses und ihr Wert T_A beim Beginn des nächsten Impulses sind in Tab. 7.5 wiedergegeben.

Tabelle 7.5 *Temperaturerhöhung einer Laserdiode im Betrieb $T = T_0 + \Delta T_A + \Delta T_E$*
ΔT_A Temperaturerhöhung am Anfang eines Impulses
ΔT_E Temperaturerhöhung am Ende eines Impulses
nach J. P. Quine et al. [125c].

Pulsfolgefrequenz	H	ΔT_A	ΔT_E
$\nu \ll R_W C_W$	$\tau/R_W C_W$	0	$\tau P_W/C_W$
$\nu \gg R_W C_W$	$\nu \cdot \tau$	$R_W P_W \nu \tau$	$\tau P_W/T_W$

Abb. 7.33b zeigt Meßwerte des Mindest- und Höchststroms bei gegebenem Impuls-Tastverhältnis $\tau\nu$ für GaAs-Dioden. Die höchsten Tastverhältnisse wurden erzielt mit einer Indiumzwischenschicht, die den Wärmewiderstand zwischen Diode und Wärmesenke herabsetzt.

Besonders erfolgreich bezüglich des Wärmetransports war man mit drei verschiedenen Diodenaufbauten. Den ersten Aufbau, bei welchem der Diodenkristall zwischen zwei durch eine dünne Isolierschicht voneinander getrennten Metallfedern aus Mo oder Cu angebracht ist, zeigt schematisch Abb. 7.34. Sie entspricht der Diode, wie sie in Abb. 7.1 wiedergegeben ist. Mit diesem Aufbau wurde bei 77 °K erstmalig Dauerbetrieb mit der bemerkenswerten Ausgangsleistung von 1 W erzielt [126] (s. Tab. 7.6). Ebenso erfolgreich sind Anordnungen, wie sie in Abb. 7.35 wiedergegeben sind [127]. Hier ist die Laserdiode eingebettet in die Aussparung einer hochohmigen (semiisolierenden) GaAs-Scheibe. Die Kontakte werden durch Scheiben aus Wolfram gebildet, dessen Ausdehnungskoeffizient ähnlich gut wie der von Molybdän mit dem von GaAs übereinstimmt. Gleichzeitig ist auch eine gute Wärmeabführung durch Wärmeleitung gewährleistet.

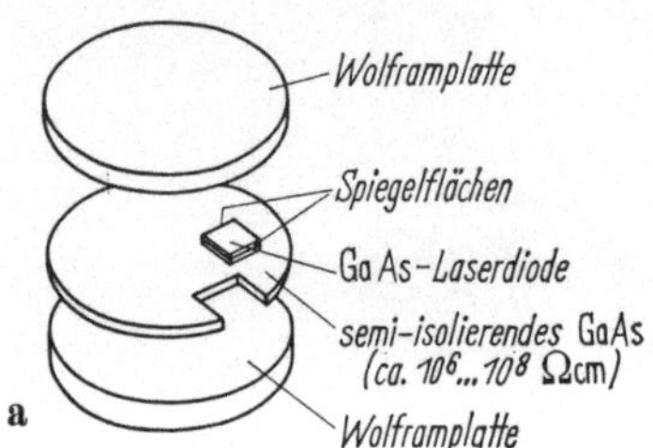

Abb. 7.35. Aufbau eines Diodenlasers mit guter Wärmeableitung (nach W. E. ENGELER [127a]). a) Schematischer Aufbau; b) Photographie.

Für sehr kurze Impulse ergibt sich nach Abb. 7.33a praktisch keine Einschränkung der Stromstärke. Trotzdem wird auch hier bereits die Lichtemission beeinflußt. So wurde gezeigt [128], daß sich das Emissionsspektrum mit der Stromstärke stark verändert. Dies dürfte jedoch am ehesten auf die Auffüllung der

Tabelle 7.6 *Betriebsdaten optimaler GaAs-Laserdioden (Stand Anfang 1966)*

	Temperatur des Kühlmittels °K	$\lambda/\text{Å}$	Schwellenstromdichte A/cm²	Werte des Stroms A	der Leistung W	Pulslänge ns	Pulsfolgefrequenz Hz	Literatur
Pulsbetrieb	77	8400	$2{,}2 \cdot 10^3$	70	25	30	60	[129]
			$2{,}4 \cdot 10^3$	500	80	100	20	[102]
	300	9000	$1{,}0 \cdot 10^5$	—	—	60	35	[130]
			$9{,}4 \cdot 10^5$	1200	14	10	60	[129]
			$2{,}9 \cdot 10^4$	120	60	100	30	[131]
			—	—	1	20	200	[131]
			—	96×100	$2 \times 1{,}5\,\text{k}$	50	10	[133]
Dauerbetrieb	20,5	8340	(0,26 A)	4	3,2			[127]
	77	8400	$0{,}17 \cdot 10^3$	—	—			[132]
			$0{,}8{-}2{,}8 \cdot 10^3$	—	1			[126]
	90	—	—	—	0,45			[126]
	202,5	—	$\leq 4{,}2 \cdot 10^4$	2	—			[144][1]

[1] siehe auch Fußnote S. 406.

Bänder durch Trägerinjektion zurückzuführen sein, die nach Abb. 7.7a, b eine Veränderung der spontanen Linie hervorruft.

Eine Zusammenstellung der bisher höchsten Emissionsleistungen bei verschiedenen Arbeitstemperaturen ist in Tab. 7.6 wiedergegeben, wobei besonders auf die Ergebnisse mit einer zusammenhängenden Reihe von GaAs-Laserdioden aus einer Halbleiterscheibe hingewiesen werden soll. Mit einer solchen Anordnung wurde bei 300 °K und 50 ns Pulsdauer eine Impulsleistung von mehr als 1,5 kW erreicht [133]. Für solche Vielfachlaser und ebenso für Einzeldioden hat sich ein dritter Aufbau bewährt. Er ist in Abb. 7.36a schematisch wiedergegeben.

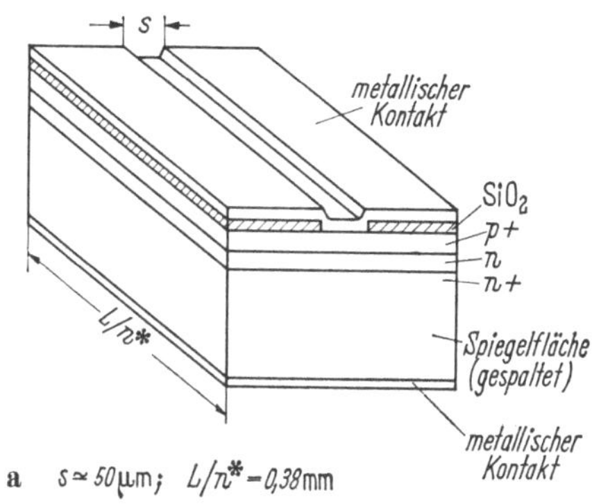

Abb. 7.36b zeigt, wie bei einem solchen Diodenlaser mit streifenförmiger Anregungszone auch ähnlich definierte Schwingungsmoden angeregt werden können [134] wie beim Gaslaser [58]. Die Kontaktierung der p-Schicht einer solchen Diode erfolgt nicht über die ganze Oberfläche des Halbleiterscheibchens. Es ist vielmehr der größte Teil der Oberfläche durch eine Isolierschicht bedeckt. Hierdurch entsteht eine verhältnismäßig kleine aktive Diode in einem größeren, als Kühlkörper wirkenden Kristall. Man kann auch bereits vor der Eindiffusion der p+-Schicht (vgl. Kap. 7. 4.2) die Oberfläche durch eine Maskierung teilweise vor dem Eindringen des Dotierungsstoffes schützen. So ist es bei Dioden mit langer Wellenlänge (kompensiert, s. z. B. [81]) möglich, den inaktiven Kristall auch in der Längsausdehnung, d. h. in Emissionsrichtung zu vergrößern, ohne damit eine unliebsame Erhöhung der Schwellenströme in Kauf nehmen zu müssen.

Als Maskierungsmaterial kommt derzeit sowohl amorphes SiO_2 als auch SiN_x in Frage, wobei letzterem der Vorzug zu geben ist wegen der geringen Grenzflächendiffusion zwischen Mas-

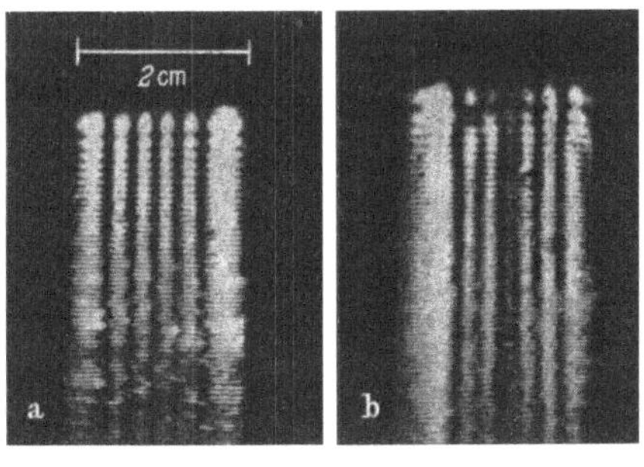

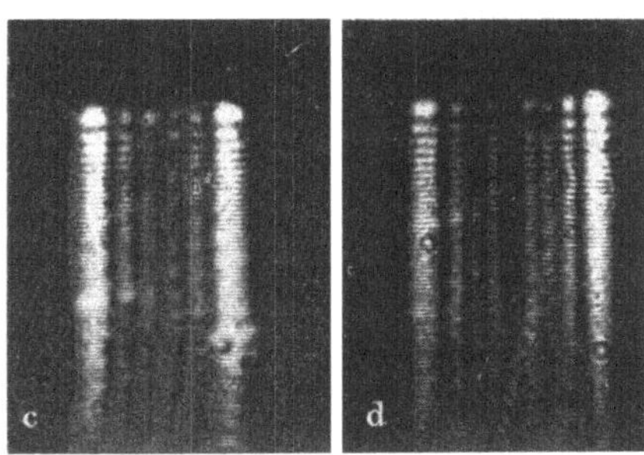

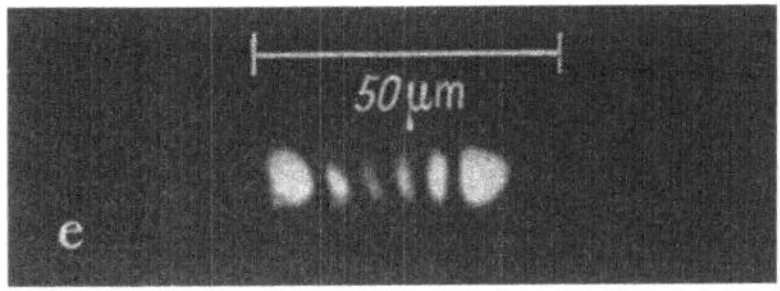

Abb. 7.36. Diodenlaser mit streifenförmiger Anregung (nach J. C. DYMENT [134]). a) Schematisch; b) Modenbilder. ← a...d Fernfeld, e Nahfeld.

kierungsschicht und Halbleiteroberfläche. Diese Schichten (und solche aus ZnS, MnF) sind bei geeigneter Dicke auch verwendbar zur zweiseitigen oder einseitigen

Verbesserung der Resonatorspiegel [135]. Letzteres führt zu einer Erhöhung der Emissionsleistung auf der unvergüteten Diodenseite. Verbesserungen bis zu 100% konnten ebenfalls erzielt werden mit einer stark reflektierenden Spiegelschicht aus aluminiumhaltigem Silikonlack [136]. Hierbei ist jedoch darauf zu achten, daß nicht gleichzeitig Kurzschlüsse zwischen p- und n-Schicht erzeugt werden.

7.4.4 Der Elektronenstrahl-Injektionslaser

Durch einen Elektronenstrahl wird in einem Halbleiterkristall ein oberflächennaher Bereich angeregt. Der Kristall kann ähnlich wie beim Diodenlaser mit planparallelen Endflächen ausgestattet sein, so daß kohärentes Licht senkrecht zum einfallenden Elektronenstrahl austritt. Es ist aber auch möglich, wie es in Abb. 7.37 schematisch dargestellt ist, die Schicht parallel zu den Spiegeln in einem *Fabry-Perot-Resonator* anzuordnen.

Zwei Bereiche der Energie des Elektronenstrahls sind zu unterscheiden: langsame Elektronen von 1—20 eV, die gerade die Potentialbarriere der Halbleiteroberfläche überwinden können und anschließend im Halbleiter durch Stoßprozesse thermalisieren, d. h. im Leitungsband eine Energieverteilung annehmen, die durch eine *Fermi-Funktion* Gl. (7.2/7) beschrieben werden kann [57]. Anders wirken schnelle Elektronenstrahlen mit Energien von 10—50 keV (auch bis zu 1 MeV). Bei diesen entstehen bei Primär- und Sekundärstoßprozessen durch Paarerzeugung Elektronen und Löcher im Halbleiter, die sich jeweils wiederum rasch ins thermische Gleichgewicht setzen. Dabei können Leistungen bis zu 2 Ws/cm² umgesetzt werden [137].

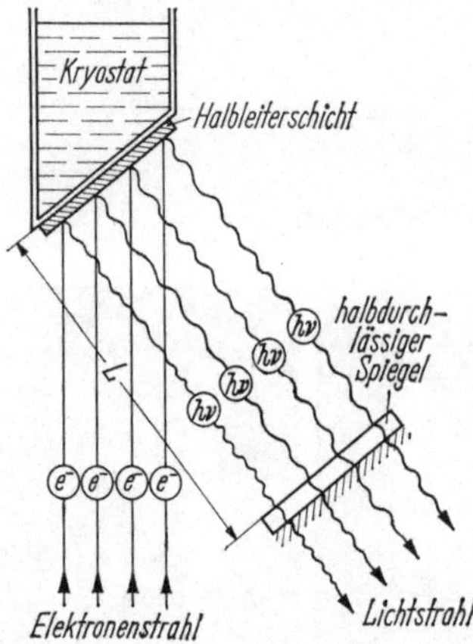

Abb. 7.37. Schematischer Aufbau eines Injektionslasers mit Elektronenstrahlanregung (nach N. G. BASOV u. O. V. BOGDANKEVICH [137]). Dieser Laser arbeitet mit einer dünnen Halbleiterschicht und im Gegensatz zum Diodenlaser und anderen elektronenstrahlangeregten Lasern mit externen Spiegeln, wodurch die Resonatorgüte $\tau_{(L)}$ erheblich verbessert wird.

Da die Anregung mit langsamen Trägern analog zur Injektion über eine pn-Barriere verläuft und da bisher ein solcher Laser noch nicht realisiert wurde, beschränken wir die Beschreibung auf die Anregung mit hochenergetischem Elektronenstrahl. Diese Methode wurde bei vielen Halbleitersubstanzen erfolgreich angewendet. Ein typisches Beispiel für den Zusammenhang zwischen Lichtemission und Elektronenstrom und für die mit der kohärenten Emission verknüpfte Linienverschmälerung gibt Abb. 7.38a, b für einen Laser aus CdS, in dem kein pn-Übergang und aus dem damit kein Diodenlaser hergestellt werden kann.

Setzt man für die Laserschwelle eine notwendige Generationsrate C_{ES} für Elektron-Lochpaare ein, so ergibt sich im Gleichgewicht für den Schwellenstrom im Elektronenstrahl i_s in Analogie zu Gl. (7.3/3)

$$i_s = (1 - R_E)e\, C_{Es}\, \frac{W_P}{W_E} \cdot 2d. \qquad (7.4/4)$$

Dabei ist R_E der Reflexionskoeffizient für Elektronen an der Kristalloberfläche, $2d$ ist die effektive Eindringtiefe des Elektronenstrahls einschließlich einer Diffusionsverbreiterung der durch Stöße erzeugten Trägerwolke, W_p ist die mittlere für ein Trägerpaar aufgewandte Energie und W_E ist die Energie der Elektronen im Strahl.

Aus C_{Es} errechnet sich mit einer mittleren Lebensdauer der erzeugten Träger τ_R deren stationäre Dichte $\Delta n_s = \tau_R C_{Es}$. Für $W_p = W_E$ und $R_E = 0$ geht Gl. (7.4/4) direkt über in Gl. (7.3/3) für die Strominjektion. Mit geeigneten Annahmen über die Größen der Gl. (7.4/4) sowie für die geometrischen Dimensionen des Resonators und für dessen Verluste kann man in Abhängigkeit von der Kristalldotierung die an der Laserschwelle erforderliche Generationsrate errechnen. Das Ergebnis für einen GaAs-Laser bei 4,2 °K ist in Abb. 7.39 dargestellt mit folgenden speziellen Annahmen [138]:

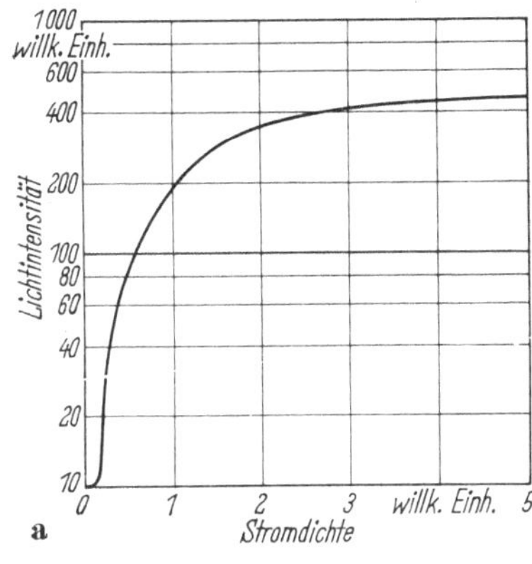

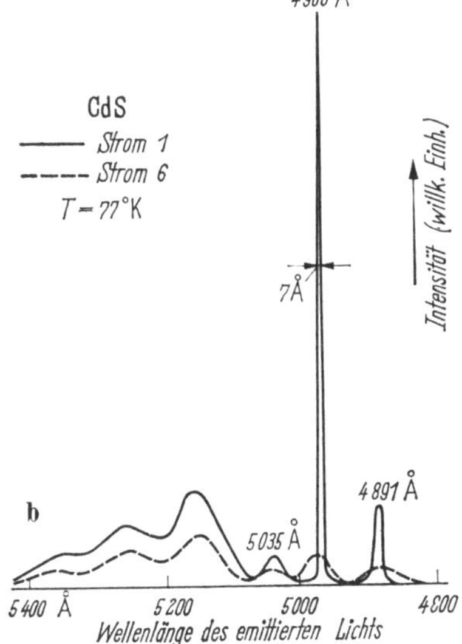

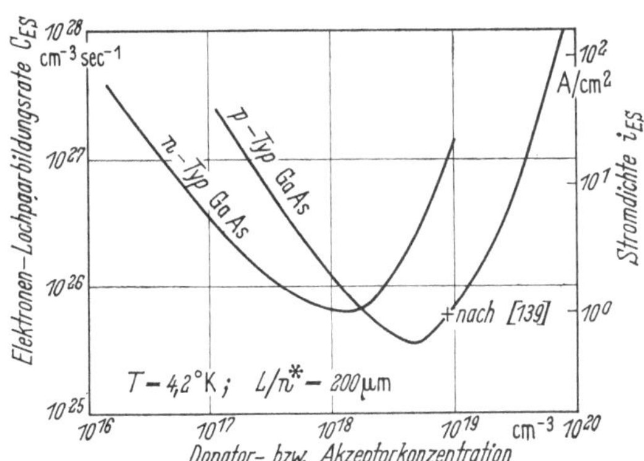

Abb. 7.38. Elektronenstrahlangeregter CdS-Laser (nach N. G. BASOV und G. V. BOG-DANKEVICH [137]). Fläche des Laserkristalls $2 \times 1{,}5$ mm², Strahlenergie 200 keV. a) Lichtintensität in Abhängigkeit vom Injektionsstrom; b) Emissionslinie im kohärenten Betrieb und im Laserbetrieb.

Abb. 7.39. Abhängigkeit der Schwellenwerte für die Erzeugungsrate von Elektron-Lochpaaren und der Stromdichte im 50 keV-Elektronenstrahl von der Kristalldotierung bei GaAs (nach C. A. KLEIN [138]).

Elektronenenergie im Strahl $W_E = 50$ keV,

mittlere Paarbildungsenergie $W_p = 5$ eV,

Länge des Resonators   200 µm,

effektive Eindringtiefe der erzeugten Träger $2d = 10$ µm,

Verluste im Resonator durch Lichtabsorption der freien Ladungsträger.

Bei flüssig-Helium-Temperatur gewonnene experimentelle Ergebnisse [139] sind in Abb. 7.39 eingetragen; sie stimmen sehr gut mit der theoretischen Erwartung überein.

Tabelle 7.7 *Kenndaten verschiedener für*

Material	Gittertyp	Energie W_{th} u. Lage d. Leitungsbandes (Bandabstand) eV	Optischer Bandabstand W_{opt} eV	Optischer Übergangstypus	effektive Masse	
					Elektronen m_n	Löcher m_p
Si	Diamant (A 4)	1,15 (77 °K) $k = (0,85; 0; 0)$	2,5 (77 °K)	indirekt	$m_1 = 0,90$ $m_2 = 0,19$ $m_3 = m_2$	$m_1 = 0,52$ $m_2 = 0,16$
Ge	Diamant (A 4)	0,734 (77 °K) $k = (1;1;1)$	0,889 (77 °K)	indirekt	$m_1 = 1,64$ $m_2 = 0,192$ $m_3 = m_2$	$m_1 = 0,043$ $m_2 = 0,34$
Te	Rhombisch (A 8)	0,33 (0 °K) $k = (0;0;0)$	0,34 (0 °K)	direkt	$m_d = 0,68$	$m_1 = 0,123$ $m_2 = 0,085$ $m_3 = 0,044$
GaP	Zinkblende (B 3)	2,4 (0 °K) 2,24 (300 °K) $k = (0,85; 0; 0)$	2,8 (0 °K)	indirekt	0,34	
GaAs	Zinkblende (B 3)	1,53 (0 °K) 1,35 (300 °K) $k = (0; 0; 0)$	1,53 (0 °K)	direkt	0,067	
GaSb	Zinkblende (B 3)	0,78 (4 °K) 0,67 (300 °K) $k = (0; 0; 0)$	0,9	direkt	0,047	
InP	Zinkblende (B 3)	1,41 (0 °K) 1,26 (300 °K) $k = (0; 0; 0)$	1,41 (0 °K) 1,27 (300 °K)	direkt	0,073	
InAs	Zinkblende (B 3)	0,44 (0 °K) 0,35 (300 °K) $k = (0; 0; 0)$	0,43 (0 °K) 0,36 (300 °K)	direkt	0,020	$m_1 = 0,025$ $m_2 = 0,41$
InSb	Zinkblende (B 3)	0,25 (0 °K) 0,17 (300 °K) $k = (0; 0; 0)$	0,27 (0 °K) 0,18 (300 °K)	direkt	0,027	$m_1 = 0,18$
PbS	kubisch (B 1)	0,38 (300 °K) $k = (1; 1; 1)$	0,41 (300 °K)	direkt	0,16	
PbSe	kubisch (B 1)	0,26 (300 °K) $k = (1; 1; 1)$	0,29 (300 °K)	direkt	0,3	
PbTe	kubisch (B 1)	0,28 (300 °K) $k = (1; 1; 1)$	0,32 (300 °K)	direkt	0,21	

Laser interessanter Halbleitermaterialien

Gitterkonstante a Å	Dichte d g/cm³	spez. Wärme c_p cal/mol	Schmelzpunkt T_s °K	Wärmeleitfähigkeit W/cm · grad	Wärmeausdehnungskoeffizient[1] α cm/grad	Brechungsindex n^* (bei λ/μm)
5,43	2,33	1,24 (80 °K) 4,65 (300 °K)	1690	13 (50 °K) 1,3 (300 °K)	$-0,77 \cdot 10^{-6}$ (80 °K)	3,42 (0,589)
5,66	5,32	2,65 (80 °K) 5,47 (300 °K)	1210	5,5 (50 °K) 0,7 (300 °K)	$+1,05 \cdot 10^{-6}$ (80 °K)	4,01 (0,589)
$a = 4,46$ $c = 5,93$	6,24	5,23 (100 °K) 6,16 (289 °K)	723	—	$\parallel: +27,5 \cdot 10^{-6}$ $\perp: -1,7 \cdot 10^{-6}$	$\parallel: 3,07$ (0,59) $\perp: 2,68$ (0,59)
5,45					$+5,3 \cdot 10^{-6}$	3,37 (0,59)
5,65	5,31	2,76 (80 °K)	1510	0,37 (300 °K)	$+5 \cdot 10^{-6}$ (300 °K)	3,6
6,095	5,62	3,5 (80 °K) 5,75 (270 °K)	985	0,27	$6,9 \cdot 10^{-6}$	3,9
5,87	4,79	2,60 (80 °K) 5,3 (270 °K)	1327	0,5	$4,5 \cdot 10^{-6}$	3,37
6,06	—	3,37 (80 °K) 5,66 (270 °K)	1216	0,29 (300 °K)	$4,5 \cdot 10^{-6}$	3,4
6,48	5,78	4,8 (80 °K) 5,88 (300 °K)	798	0,15 (300 °K)	$4,7 \cdot 10^{-6}$	3,75
5,94	7,61	8,17 (76 °K) 11,75 (300 °K)	1350	0,008	$26 \cdot 10^{-6}$	3,5 (0,50) 3,7 (0,72)
6,12	8,15	9,48 (75 °K) 11,9 (240 °K)	1335	0,017	—	—
6,50	8,16	10,2 (75 °K) 12,0 (250 °K)	1177	0,022	—	3,8 (1,00)

Fortsetzung von Tabelle 7.7

Material	Gittertyp	Trägerbeweglichkeit		Temperaturkoeffizient des Bandabstandes $\dfrac{\partial W_a}{\partial t}$
		Elektronen μ_n cm²/Vs	Löcher μ_p cm²/Vs	eV/°K
Si	Diamant (A 4)	$1\,300\ (T/300)^{-2,6}$	$500\ (T/300)^{-2,3}$	$-2,3 \cdot 10^{-4}\ (300\,°\mathrm{K})$
Ge	Diamant (A 4)	$3\,800\ (T/300)^{-1,7}$	$1\,800\ (T/300)^{-2,3}$	$-3,7 \cdot 10^{-4}\ (300\,°\mathrm{K})$
Te	Rhombisch (A 8)	$1\,100\ (360\,°\mathrm{K})$	$5000\ (77\,°\mathrm{K})$	$-0,7 \cdot 10^{-4}\ (> 77\,°\mathrm{K})$
GaP	Zinkblende (B 3)		$17\ (300\,°\mathrm{K})$	$-5,5 \cdot 10^{-4}\ (300\,°\mathrm{K})$
GaAs	Zinkblende (B 3)	$9000\ (300\,°\mathrm{K})$	$400\ (300\,°\mathrm{K})$	$-5 \cdot 10^{-1}\ (300\,°\mathrm{K})$
GaSb	Zinkblende (B 3)	$4000\ (300\,°\mathrm{K})$	$1\,420\ (300\,°\mathrm{K})$	$-3,5 \cdot 10^{-4}$
InP	Zinkblende (B 3)	4000	$650\ (300\,°\mathrm{K})$	$-4,6 \cdot 10^{-4}\ (100\,°\mathrm{K})$
InAs	Zinkblende (B 3)	$30\,000\ (300\,°\mathrm{K})$	$240\ (290\,°\mathrm{K})$	$-2,8 \cdot 10^{-4}$
InSb	Zinkblende (B 3)	$620\,000\ (80\,°\mathrm{K})$ $76\,000\ (300\,°\mathrm{K})$	$5000\ (78\,°\mathrm{K})$	$-2,8 \cdot 10^{-4}$
PbS	kubisch (B 1)	$500\ (300\,°\mathrm{K})$	$600\ (T/300)^{-2,2}$	$+4 \cdot 10^{-4}$
PbSe	kubisch (B 1)	$1\,020\ (300\,°\mathrm{K})$	$930\ (T/300)^{-2,2}$	$+4 \cdot 10^{-4}$
PbTe	kubisch (B 1	$1\,620\ (300\,°\mathrm{K})$	$750\ (T/300)^{-2,2}$	$+4 \cdot 10^{-4}$

Die errechnete Erzeugungsrate C_{Es} für 25 keV-Elektronen ist zusammen mit Meßwerten [140] in Abb. 7.40 sowohl für n-Typ- als auch p-Typ-Material in Abhängigkeit von der Temperatur wiedergegeben; Parameter ist dabei die Lebensdauer τ_R der erzeugten Träger.

Eine Deutung der beobachteten Lichtemissionslinien führt zu der Erkenntnis [141], daß bei dieser Anregung bisher keine Band-Band-Übergänge aufgetreten sind. Vielmehr handelt es sich je nach Dotierung des Kristalls um Übergänge zwischen Donatorniveaus und Valenzband.

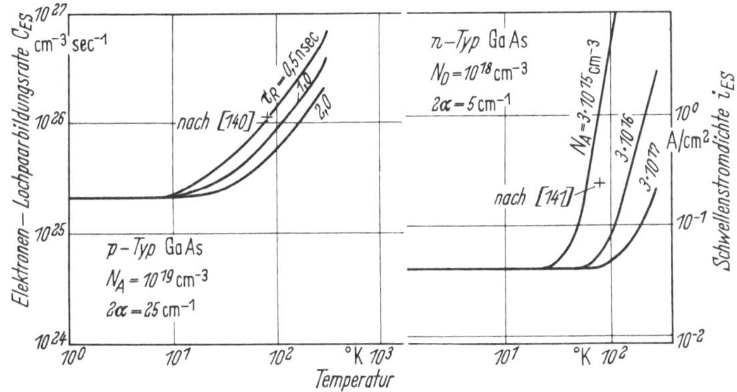

Abb. 7.40. Temperaturabhängigkeit der Erzeugungsrate für Elektron-Lochpaare und der Stromdichte im 25 keV-Elektronenstrahl an der Laserschwelle bei GaAs (nach D. A. Cusano [140]).

Allen bisher betriebenen Elektronenstrahllasern ist gemeinsam der relativ geringe Nutzeffekt. Während für die Erzeugung eines Elektron-Lochpaares ca. 5 eV benötigt werden, liefert es bei der Rekombination im Falle des GaAs maximal ein Photon mit etwa 1,5 eV. Es können daher selbst bei einem Quantenwirkungsgrad der Rekombination von $\eta_R = 1$ nur 30% der absorbierten Energie des Primärstrahls in Licht umgewandelt werden; der Rest führt zur Erwärmung des Kristallgitters. Hierdurch wird die Schwellenstromdichte oberhalb einer Grenztemperatur, ähnlich wie beim pn-Injektionslaser, erhöht. Es wurde dementsprechend bisher bei keiner Arbeitstemperatur Dauerbetrieb erzielt.

Literatur

Allgemeine Einführungen in die Halbleiterphysik und -technologie unter besonderer Berücksichtigung optischer Eigenschaften

Spenke, E.: Elektronische Halbleiter, 2. Auflage, Berlin: Springer 1965.

Shockley, W.: Electrons and holes in semiconductors with applications to transistor electronics, New York: van Nostrand 1959.

Hannay, N. B.: Semiconductors, New York: Reinhold 1959.

Kittel, Ch.: Introduction to solid state physics, London: Wiley 1956.

Putley, E. H.: The Hall effect and related phenomena, London: Butterworths 1960.

Cohen, M. L., u. T. K. Bergstresser: Band structures and pseudopotential form factors for fourteen semiconductors of the diamond and zincblende structures. Phys. Rev. 141 (1966) 789—796.

Blakemoore, J. S.: Semiconductor statistics, London: Pergamon Press 1962, Vol. 3.

Moss, T. S.: Optical properties of semiconductors, London: Butterworths 1959.

Stern, F.: Elementary theory of the optical properties of solids. in: solid state physics, Vol. 15, ed. by F. Seitz and D. Turnbull, New York: Academic Press 1963, 300—408.

McLean, T. P.: The absorption edge spectrum of semiconductors. in: Progress in semiconductors 5, ed. by A. F. Gibson, London: Heywood 1960, 54—102.

Willardson, R. K., u. H. W. Goering: Compound semiconductors. Vol. 1, Preparation of III—V compounds, New York: Reinhold 1962.

Pilkuhn, M. H., u. H. Rupprecht: Diffusion problems related to GaAs injection lasers. Trans. Met. Soc. AIME 230 (1964) 296—299.

Shortes, S. R., J. A. Kanz u. E. C. Wurst jr.: Zinc diffusion through SiO_2 films. Trans. Met. Soc. AIME 230 (1964) 300—305.

Madelung, O.: Physics of III—V-compounds, New York: Wiley 1964.

Hilsum, C.: Gallium Arsenide. in: Progress in semiconductors 9, ed. by A. F. Gibson, London: Temple Press Books 1965, 135—178.

Spezielle Literatur

Zusammenfassende Darstellungen über Halbleiter-Laser und Elektrolumineszenz

[1] Rediker, R. H.: Infrared and visible. light emission from forward-biased $p-n$ junctions[1]. Solid State Design, August (1963) 3—12.

[2] Winstel, G. H.: Die Galliumarsenid-Lumineszenz- und die Laser-Diode, neue Bauelemente der Nachrichtentechnik. Intern. Elektr. Rundschau 17 (1963) 389—392.

[3] Winstel, G.: Physikalische Grundlagen der Halbleiter-Injektions-Laser. Z. angew. Phys. 17 (1964) 10—16.

[4] Burns, G., u. N. I. Nathan: PsN-junction lasers. Proc. IEEE 52 (1964) 770—794.

[5] Hooge, F. N.: Injection lasers. J. Appl. Math. and Phys. (ZAMP) 16 (1965) 89—97.

[6] Heywang, W., u. G. Winstel: Injektionslaser, Aufbau und physikalische Eigenschaften, in: Festkörperprobleme, Band IV, hrsg. von F. Sauter, Braunschweig: Vieweg 1965, 27—44.

[7] Gremmelmaier, R., u. H. J. Henkel: Galliumarsenid-Laserdioden. Siemens-Zeitschr. 39 (1965) 438—441.

[8] Lax, B.: Progress in semiconductor lasers[1]. IEEE Spectrum 2 (1965) 62—75.

[9] Tomiyasu, K.: Laser bibliography I[1]. IEEE J. Q. E. QE-1 (1965) 133—156.

[10] Tomiyasu, K.: Laser bibliography II[1]. IEEE J. Q. E. QE-1 (1965) 199—219.

[11] Basov, N. G.: Halbleiterlaser. Umschau, 9 (1965) 257—261.

[12] Gershenzon, M., u. L. A. D'Asaro: Electroluminescence from pn-junctions[1]. Bell Lab. Rec. October (1965) 359—363.

[13] Unger, K.: Inkohärente und kohärente Rekombinationsstrahlung in Halbleiterdioden. Fortschr. d. Phys. 13 (1965) 701—754.

[14] Ivey, H. F.: Electroluminescence and semiconductor lasers. IEEE J. Q. E. QE-2 (1966) 713—716.

[15] Benoit a la Guillaume, C., (Editors): Radiative recombination in semiconductors. 7thInternational Conference on the Physics of Semiconductors. Paris: Dunod.

[16] Stickland, A. C. (Editors): Gallium Arsenide. London, The Institute of Physics and the Physical Society, 1967, Conference Series No. 3, Proceedings of the International Symposium, Reading 1966.

[17] Biard, J. R., W. N. Carr u. B. S. Reed: Analysis of a GaAs-laser. Trans. Met. Soc. AIME 230 (1964) 286—290

[18] Nathan, M. I.: Semiconductor lasers. Proc. IEEE 54 (1966) 1276—1290.

[19] Willardson, R. K., u. A. C. Beer (Editors): Semiconductors and semimetals, Physics of III—V compounds, Vol. 2, London: Academic Press 1966.

[20] Gershenzon, M.: Radiative recombination in the III—V compounds. in: [19] S. 289 bis 369.

---

[1] In diesen Arbeiten wird auch auf Anwendungsbeispiele eingegangen.

[22] Reichardt, W. E.: Elektronische Strahlungsübergänge in Halbleitern. in: Halbleiter probleme II, hrsg. von W. Schottky, Braunschweig: Vieweg 1955, 161—183.

[23] Sauter, F., (Herausgeber): Festkörperprobleme V (Halbleiterprobleme Band XI) Braunschweig: Vieweg 1966.

[24] Schultz, W.: Rekombinations- und Generationsprozesse in Halbleitern. in: [23] S. 165 bis 219.

[25] Grimmeiss, H. G.: Elektrolumineszenz in III—V-Verbindungen. in: [23] S. 221—248.

[26] Gumlich, H. E.: Elektrolumineszenz von II—VI-Verbindungen. in: [23] S. 249—282.

[27] Broser, I.: Exzitonen-Lumineszenz in Halbleitern. in: [23] S. 283—318.

[28] Unger, K.: Inkohärente und kohärente Rekombinationsstrahlung in Halbleiterdioden. Fortschr. d, Phys. 13 (1965) 701—754, s. S. 710.

[29] Watanabe Nishisawa: Halbleiter Maser. Japanische Auslegeschrift SHO 35 (1960) —13.787, bekanntgemacht 20. 9. 1960.

[30] Heywang, W. u. a.: Installation pour la production ou l'amplification de rayonnement attres haute frequences. Französ. Patent Nr. 1223113, erteilt am 25. 1. 1960. Improvement in/or relating to semiconductor arragements. Engl. Patent Nr. 898411, erteilt am 26. 9. 1962.

[31] Lax, B.: Cyclotron resonance and impurity levels in semiconductors. in: Quantum Electronics, ed. by C. H. Townes, New York: Columbia University Press 1960, 428 bis 449.

[32] Bernard, M. G. A., u. G. Duraffourg: Possibilités de lasers à semiconducteurs. J. Phys. Radium 22 (1961) 836 und Laser conditions in semiconductors. Physica Status Solidi 1 (1961) 699—703.

[33] Basov, N. G., O. N. Krokhin u. Y. M. Popov: Indirect interband transitions and radiation absorption by the free carriers. in: Advances in Quantum Electronics, ed. by J. R. Singer, London: Columbia University Press 1961, 500—506 (siehe auch Diskussionsbemerkung).

[34] Benoit a la Guillaume, C., u. Mme Tric: Les semiconducteurs et leur utilisation possible dans les laser. J. Phys. Radium 22 (1961) 834—836.

[35] Keyes, R. J. u. T. M. Quist: Recombination radiation emitted by gallium arsenide. Proc. IRE 50 (1962) 1822—1823.

[36] Dumke, W. P.: Interband transitions and maser action. Phys. Rev. 127 (1962) 1559 bis 1563.

[37] Hall, R. N., et al.: Coherent light emission from GaAs-junctions. Phys. Rev. Letters 9 (1962) 366—368.

[38] Nathan, M. I., et al.: Stimulated emission of radiation from GaAs pn-junctions. Appl. Phys. Letters 1 (1962) 62—64.

[39] Quist, T. M., et al.: Semiconductor maser of GaAs. Appl. Phys. Letters 1 (1962) 91—92.

[40] Holonyak, N., jr., u. S. F. Bevacqua: Coherent (visible) light emission from Ga $(As_{1-x}P_x)$ junctions. Appl. Phys. Letters 1 (1962) 82—83.

[41] Melngailis, I.: Maser action in InAs diodes. Appl. Phys. Letters 2 (1963) 176—178.

[42] Weiser, K., u. R. S. Levitt: Stimulated light emission from indium phosphide. Appl. Phys. Letters 2 (1963) 178—179.

[43] Melngailis, I., A. J. Strauss u. R. H. Rediker: Semiconductor diode masers of $(In_xGa_{1-x})As$. Proc. IEEE 51 (1963) 1154—1155.

[44] Alexander, F. B., et al.: Spontaneous and stimulated infra-red emission from indium phosphide arsenide diodes. Appl. Phys. Letters 4 (1964) 13—15.

[45] Phelan, R. J., et al.: Infrared InSb-laser diode in high magnetic fields. Appl. Phys. Letters 3 (1963) 143—145.

[46] Stevenson, M. J., J. D. Axe u. J. R. Lankard: Line widths and pressure shifts in mode structure of stimulated emission from GaAs junctions. IBM J. Res. Dev. 7 (1963) 155—156.

[47] Meyerhofer, D., u. R. Braunstein: Frequency tuning of GaAs laser diode by uniaxial stress. Appl. Phys. Letters 3 (1963) 171—172.

[48] Burns, G., u. M. I. Nathan: Room-temperature stimulated emission. IBM J. Res. Dev. 7 (1963) 72—73.

[49] Butler, J. F., et al.: PbTe diode laser. Appl. Phys. Letters 5 (1964) 75—77.

[50] BUTLER, J. F., et al.: PbSe diode laser. Solid State Comm. 2 (1964) 303—304.

[51] BUTLER, J. F., u. A. R. CALAWA: PbS diode laser. J. el. chem. Soc. 112 (1965) 1056 bis 1057.

[52] BASOV, N. G., u. O. V. BOGDANKEVICH: Excitation of semiconductor lasers by a beam of fast electrons. in: [15] S. 225—233.

[53] BENOIT A LA GUILLAUME, C., u. J. M. DEBEVER: Effet laser par bombardement electronique. in: [15] S. 255—257.

[54] HURWITZ, C. E., u. R. J. KEYES: Electron-beam-pumped GaAs laser. Appl. Phys. Letters 5 (1964) 139—141.

[55] a) CUSANO, D. A.: Radiative recombination from GaAs directly excited by electron beams. Solid State Comm. 2 (1964) 353—358.

[55] b) CUSANO, D. A., G. E. FENNER u. R. O. CARLSON: Recombination scheme and intrinsic gap variation in $GaAs_{1-x}P_x$ semiconductors from electron beam and pn-diode excitation. Appl. Phys. Letters 5 (1964) 144—146.

[56] KLEIN, C. A.: Threshold considerations for electron-beam pumped GaAs lasers. Bull. Am. Phys. Soc. 10 (1965) 387—388.

[57] HORA, H.: Calculations of laser excitation in a GaAs anode by slow electrons. Z. Naturf. 20a (1965) 543—548.

[58] KOGELNIK, H., u. W. W. RIGROD: Visual display of isolated optical-resonator modes. Proc. IRE 50 (1962) 220.

[59] BENOIT A LA GUILLAUME, C., u. J. M. DEBEVER: Emission spontanée et stimulée du tellure par bombardement electronique. Solid State Comm. 3 (1965) 19—20.

[60] HURWITZ, C. E., A. R. CALAWA u. R. H. REDIKER: Electron beam pumped lasers of PSb, PbSe, and PbTe. IEEE J. Q. E. QE-1, (1965) 102—103.

[61] WEISER, K., u. J. F. WOODS: Evidence for avalanche injection laser in p-type GaAs. Appl. Phys. Letters 7 (1965) 225—228.

[62] BASOV, N. G., O. N. KROKHIN u. Y. M. POPOV: Generation, amplification and detection of infrared and optical radiation by quantum-mechanical systems. Soviet Phys. Uspekhi 3 (1960) 702.

[63] PHELAN, R. J., JR., u. R. H. REDIKER: Optically pumped semiconductor laser. Appl. Phys. Letters 6 (1965) 70—71.

[64] MELNGAILIS, I.: Optically pumped indiumarsenide laser. IEEE J. Quant. Electr. QE-1 (1965) 104—105.

[65] KELLY, C. E.: Interactions between closely coupled GaAs injection lasers. IEEE Trans. Electr. Devices ED-12 (1965) 1—4.

[66] a) BAGAEV, V. S., et al.: About the energy spectrum of the heavily doped GaAs. in: [15] S. 149—154.
b) HALPERIN, B. I., u. M. LAX: Impurity band tails in the high density limit. Phys. Rev. 148 (1966) 722—740.

[67] SPENKE, E.: Elektronische Halbleiter. 2. Aufl Berlin: Springer 1965, 594.

[68] POKROVSKII, Y. E., u. K. I. SVISTUNOVA: Impurity recombination radiation of diodes made of indium-doped n-typ silicon. Sov. Phys. Sol. State 7 (1965) 1275—1276.

[69] CUSANO, D. A.: siehe [55b].

[70] LARSEN, T. L., E. E. LOEBNER u. R. J. ARCHER: Relativ strength of direct and indirect radiative transitions in $GaAs_{1-x}P_x$ alloys. Bull. Am. Phys. Soc. 10 (1965) 388.

[71] HALL, R. N.: Recombination processes in semiconductors. Proc. IRE 106 B Suppl. 17 (1960) 923—931.

[72] a) DUMKE, W. P.: Spontaneous radiative recombination in semiconductors. Phys. Rev. 105 (1957) 139—144.
b) DUMKE, W. P.: Optical transitions involving impurities in semiconductors. Phys. Rev. 132 (1963) 1998—2002.
c) LASHER, G., u. F. STERN: Spontaneous and stimulated recombination radiation in semiconductors[1]. Phys. Rev. 133 (1964) A553—A563.
d) ZEIGER, H. J.: Impurity states in semiconducting masers. J. Appl. Phys. 35 (1964) 1657—1667.

---

[1] Bemerkung: In Gl. 15 und 17 dieser Arbeit ist $\varkappa^3$ jeweils zu ersetzen durch $\varkappa^2$.

[73] Krokhin, O. N., u. Y. M. Popov: Slowing-down time of nonequilibrium current carriers in semiconductors. Sov. Phys. JETP 11 (1960) 1144—1146.

[74] a) Haken, E., u. H. Haken: Zur Theorie des Halbleiterlaser. Z. Phys. 176 (1963) 421 bis 428.
b) Hall, R. N.: Coherent light emission from pn-junctions. Solid State Electronics 6 (1965) 405—416.

[75] Lasher, G., u. F. Stern: siehe [72c].

[76] Stern, F.: Effect of band tails on stimulated emission of light in semiconductors. Phys. Rev. 148 (1966) 186—194.

[77] Burstein, E.: Anomalous optical absorption limit in InSb. Phys. Rev. 93 (1954) 632 bis 633.

[78] Bonch-Bruevich, V. L., u. R. Rozman: On the theory of the absorption of light in heavily doped semiconductors. Sov. Phys. Sol. St. 6 (1965) 2016—2017.

[79] Kane, E. O.: Thomas-Fermi approach to impure semiconductor band structure. Phys. Rev. 131 (1963) 79—88.

[80] a) Cusano, D. A.: siehe [55a].
b) Casey, H. C., u. R. H. Kaiser: Analysis of n-type GaAs with electron-beam excited radiation recombination. J. El. Chem. Soc. 114 (1967) 1149—1153.

[81] Ruprecht, H.: in [16] S. 57—61.

[82] a) Zschauer, K.-H.: Properties of luminescent GaAs pn-junctions with alloyed p-region. Solid State Comm. 5 (1967) 123—126.
b) Mettler, K.: Optical properties of GaAs alloyed pn-junctions. Solid State Comm. 5 (1967) 127—130.

[83] McLean, T. P.: The absorption edge spectrum of semiconductors. in: Progress in Semiconductors, Vol. 5, ed. by A. F. Gibson, London: Heywood 1960, 60—63.

[84] a) Hill, D. E.: Infrared transmission and fluorescence of doped gallium arsenide. Phys. Rev. 133 (1964) A866—A872.
b) Braunstein, R., J. I. Pankove u. H. Nelson: Effect of doping on the emission peak and the absorption edge of GaAs. Appl. Phys. Letters 3 (1963) 31—33.

[85] Lucovsky, G.: Absorption edge measurements in compensated GaAs. Appl. Phys. Letters 5 (1964) 37—39.

[86] Allen, J. W., u. R. Cherry: Space-charge currents in gallium arsenide. Nature 189 (1961) 297—298.

[87] Unger, K.: siehe [28].

[88] Weiser, K. u. J. F. Woods: siehe [61].

[89] a) Wade, G., C. A. Wheelev u. R. G. Hunsperger: Inherent properties of a tunnel-injection laser. (Proc. IEEE 53 (1965) 98—99.
b) Berglund, C. N.: Electroluminescence using GaAs MIS-structures Appl. Phys. Letters 9 (1966) 441—443.

[90] Pilkuhn, M. H., u. H. Rupprecht: siehe [99].

[91] Scott, A. C.: Single mode differential efficiency for circular and rectangular laser diodes. Proc. IEEE 53 (1965) 315—316.

[92] Horak, G.: Untersuchung an GaAs-Laserdioden mit Dreieck-Resonator. Z. angew. Math. Phys. 16 (1965) 556—559.

[93] a) McWhorter, A. L.: Electromagnetic theory of the semiconductor junction laser. Solid State Electronics 6 (1963) 417—423.
b) Anderson, W. W.: Mode confinement and gain in injection lasers. IEEE J. Q. E. QE-1 (1965) 228—236.
c) Yariv, A., u. R. C. C. Leite: Dielectric-wave-guide mode of light propagation in pn-junctions. Appl. Phys. Letters 2 (1963) 55—57.
d) Bond, W. L., et al.: Observation of the dielectric-waveguide mode of light propagation in pn-junctions. Appl. Phys. Letters 2 (1963) 57—59.
e) Leite, R. C. C., u. A. Yariv: On mode confinement in pn-junctions. Proc. IEEE 51 (1963) 1035—1036.
f) Diemer, G., u. B. Bölger: Proposal for reduction of diffraction lasers in pn-lasers. Physica 29 (1963) 600—601.

27*

[94] a) VISVANATHAN, S.: Free carrier absorption arising from impurities in semiconductors. Phys. Rev. 120 (1960) 379—380.
b) VISVANATHAN, S.: Free carrier absorption due to polar modes in the III—V compound semiconductors. Phys. Rev. 120 (1960) 376—378.
c) RYVKIN, S. M., A. A. GRINBERG u. N. I. KRAMER: Indirect optical transitions in semiconductors involving carrier interaction. Sov. Phys. Sol. State 7 (1966) 1766—1773.

[95] BURRELL, G. J., T. S. MOSS u. A. HETHERINGTON: Transverse gain in GaAs-laser structures. Phys. Stat. Sol. 14 (1966) 109—113.

[96] a) STERN, F.: Transmission of isotropic radiation across an interface between two dielectrics. Appl. Optics 3 (1964) 111—113.
b) PILKUHN, M., H. RUPPRECHT u. J. WOODALL: Continuous stimulated emission from GaAs diodes at 77 °K. Proc. IEEE 51 (1963) 1243.

[97] a) BURNS, G., u. M. I. NATHAN: pn-junction lasers. Proc. IEEE 52 (1964) 770—794.
b) siehe [93 e].

[98] STERN, F.: Radiation confinement in semiconductor lasers. in [15] S. 165—170.

[99] PILKUHN, M. H., u. H. RUPPRECHT: Optical and electrical properties of epitaxial and diffused GaAs injection lasers. J. Appl. Phys. 38 (1967) 5—10.

[100] ANTONOFF, M. M.: Angular distribution of radiation from GaAs-injection lasers. J. Appl. Phys. 35 (1964) 3623—3624.

[101] FENNER, G. E., u. J. D. KINGSLEY: Spatial distribution of radiation from GaAs-lasers. J. Appl. Phys. 34 (1963) 3204—3208.

[102] HENKEL, H. J., E. KLEIN u. H. KUCKUCK: Das Verhalten von GaAs-Laserdioden bei hohen Strahlungsleistungen. Solid State Electronics 8 (1965) 475—478.

[103] MICHEL, A. E., u. E. J. WALKER: Interference between the infrared beams from opposite ends of a GaAs-laser. J. Appl. Phys. 34 (1963) 2492—2493.

[104] SOROKIN, P. P., J. D. AXE u. J. R. LANKARD: Spectral characteristics of GaAs-lasers operating in $Fabry$-$Perot$ modes. J. Appl. Phys. 34 (1963) 2553—2556.

[105] ARMSTRONG, J. A. u. A. W. SMITH: Interferometric measurement of line width and noise in GaAs lasers. Appl. Phys. Letters 4 (1964) 196—198.

[106] a) WILSON, D. K.: Mode control in pn-junction lasers, in [15] S. 171—176.
b) WEISER, K., u. A. E. MICHEL: Gallium Arsenide lasers with P-P^0-N-structure. in: [15] S. 177—182.

[107] NATHAN, N. I., G. BURNS u. A. B. FOWLER: Dispersion and loss in GaAs injection lasers. in: [15] S. 205—208.

[108] a) ENGELER, W. E., u. M. GARFINKEL: Temperature effects in coherent GaAs diodes. J. Appl. Phys. 34 (1963) 2746—2750.
b) GOOCH, C. H.: Transient thermal effects in gallium arsenide injection lasers. Phys. Letters 16 (1965) 5—6.
c) KONNERTH, K.: Junction heating in GaAs injection lasers. Proc. IEEE 53 (1965) 397—398.

[109] a) STATZ, H., C. L. TANG u. J. M. LAVINE: Spectral output of semiconductor lasers. J. Appl. Phys. 35 (1964) 2581—2585.
b) LAVINE, J. M., u. A. A. IANNINI: Temperature dependence of the multimode behavior of GaAs-lasers. J. Appl. Phys. 36 (1965) 402—405.

[110] a) KONNERTH, K., u. C. LANZA: Delay between current pulse and light emission of a gallium arsenide injection laser. Appl. Phys. Letters 4 (1964) 120—121.
b) GOLDSTEIN, B. S., u. J. D. WELCH: Microwave modulation of a GaAs-injection laser. Proc. IEEE 52 (1964) 715.

[111] WINOGRADOFF, N. N., u. H. K. KESSLER: Light emission and electrical characteristics of epitaxial GaAs-lasers and tunnel Diodes. Solid State Commun. 2 (1964) 119 bis 122.

[112] WINSTEL, G., u. K. METTLER: Zur Trägerrekombination in einem GaAs-Injektionslaser. in: [15] S. 183—193.

[113] FULTON, T. A., D. B. FITCHEN u. G. E. FENNER: Pressure effects in $Ga(As_{1-x}P_x)$ electroluminescent diodes. Appl. Phys. Letters 4 (1964) 9—11.

[114] RYAN, F. M., u. R. C. MILLER: The effect of uniaxial strain on the threshold current and output of GaAs-lasers. Appl. Phys. Letters 3 (1963) 162—163.

[115] a) MILLER, R. C., F. M. RYAN u. P. R. EMTAGE: Uniaxial strain effects in gallium arsenide laser diodes. in: [15] S. 209—215.
b) MEYERHOFER, D., u. R. BRAUNSTEIN: Frequency tuning of GaAs-laser diode by uniaxial stress. Appl. Phys. Letters 3 (1963) 171—172.
c) DURRETT, R. H., et al.: Uniaxial pressure wavelength changes in GaAs lasers in cw operation. Proc. IEEE 53, (1965), 2121—2122.

[116] PHELAN, R. J., et al.: Infrared InSb-laser diode in high magnetic fields. Appl. Phys. Letters 3 (1963) 143—145.

[117] a) MARINACE, J. C.: Diffused junctions in GaAs injection lasers. J. Electrochem. Soc. 110 (1963) 1153—1159.
b) PILKUHN, M. H., u. H. RUPPRECHT: Diffusion problems related to GaAs injection lasers. Trans. AIME 230 (1964) 296—300.

[118] KELLY, C. E.: Donor-diffused galliumarsenid-injection lasers, Proc. IEEE 51 (1963) 1239—1240.

[119] a) NELSON, H.: Epitaxial growth from the liquid state and its application to the fabrication of tunnel and laser diodes. RCA Review 24 (1963) 603—615.
b) MELNGAILIS, I.: Longitudinal injection-plasma laser of InSb. Appl. Phys. Letters 6 (1965) 59—60.
c) LORENZ, M. R., u. M. H. PILKUHN: Preparation and properties of solution-grown epitaxial pn-junctions in GaP. J. Appl. Phys. 37 (1966) 4094—4102.

[120] a) RUPPRECHT, H.: New aspects of solution regrowth in the device technology of gallium arsenide. in: [16] S. 57—61.
b) CAYMAN, G.: Laser action in an alloyed GaAs-junction. Solid State Electronics 8 (1965) 455—456.

[121] a) EFFER, D.: Epitaxial growth of doped and pure GaAs in an open flow system. J. Electrochem. Soc. 112 (1965) 1020—1025.
b) MEHAL E. W., R. W. HAISTY u. D. W. SHAW: GaAs Epitaxial technology for integrated circuits. Trans. Met. Soc. AIME 236 (1966) 263—267.
c) EDDOLLS, D. V., J. R. KNIGHT u. B. L. H. WILSON: The preparation and properties of epitaxial gallium arsenide. in: [16] S. 3—9.
SHAW, D. W., et al.: Gallium arsenide, epitaxial technology. in: [16] S. 10—15.
BOLGER, D. E., et al.: Preparation and characteristics of gallium arsenide. in: [16] S.16-22.
JOYCE, B. D., u. J. B. MULLIN: Pyramid formation in epitaxial gallium arsenide. in: [16] S. 23—26.
WILLIAMS, F. V.: Structural defects in epitaxial gallium arsenide. in: [16] S. 27—30.

[122] JONSCHER, A. K., u. M. H. BOYLE: The flow of carriers and its effects on the spatial distribution of radiation from injection lasers. in: [16] S. 78—84.

[123] ZIEGLER, G., u. H.-J. HENKEL: Inhomogene Störstellenverteilung in GaAs-Einkristallen. Z. angew. Phys. 19 (1965) 401—404.

[124] a) CASEY, H. C., JR., u. R. H. KAISER: Analysis of N-type GaAs with electron-beam excited radiative recombination. J. Electrochem. Soc. 114 (1967) 149—153.
b) CASEY, H. C., JR.: Investigation of inhomogeneities in GaAs by electron-beam excitation. J. Electrochem. Soc. 114 (1967) 153—158.

[125] a) ENGELER, W., u. M. GARFINKEL: Thermal characteristics of GaAs-laser junctions under high power pulsed conditions. Solid State Electronics 8 (1965) 585—604.
b) MAYBURG, S.: Temperature limitationon continuous operation of GaAs lasers. J. Appl. Phys. 34 (1963) 3417—3418.
c) QUINE, J. P., K. TOMIYASU u. C. YOUNGER: Pulse modulation of gallium arsenide injection luminescent diode laser. Proc. IEEE 51 (1963) 1141—1142.
d) KEYES, R. W.: Thermal problems of the injection laser. IBM J. Res. Dev. 9 (1965) 303—314.
e) LASHER, G. J., u. M. V. SMITH: Thermal limitations on the energy of a single injection laser light pulse. IBM J. Res. Dev. 8 (1964) 532—536.
f) LAMORTE, M. F., R. B. LIEBERT u. T. GONDA: CW-Operation of GaAs injection lasers. Proc. IEEE, 52 (1964) 1257—1258.

[126] MARINACE, J. C.: High power cw operation of GaAs junction lasers at 77°K. IBM J. Res. Dev. 8 (1964) 543—544.

[127] a) ENGELER, W. E.: Characteristics of a continuous high-power GaAs-junction laser. J. Appl. Phys. 35 (1964) 1734—1741.
b) SALOW, H., u. K.-W. BENZ: Der Aufbau von GaAs-Injektionslasern für den kontinuierlichen Betrieb bei der Temperatur des flüssigen N_2. Z. angew. Phys. 19 (1965) 157—161.
c) GOLDSTEIN, B. S., u. J. D. WELCH: siehe [110b].

[128] LINDNER, F. W.: Über das spektrale Emissionsverhalten von Nanosekunden gepulsten GaAs-Laserdioden. Phys. Letters 241 (1967) 409—411.

[129] GALLAGHER, C. C., et al.: Output power from GaAs lasers at room temperature. Proc. IEEE 52 (1964) 717—719.

[130] BURNS, G., u. M. I. NATHAN: Room-temperature stimulated emission. IBM J. Res. Dev. 7 (1963) 72—75.

[131] NELSON, H., et al.: High-efficiency injection laser at room temperature. Proc. IEEE 52 (1964) 1360—1361.

[132] PILKUHN, M., H. RUPPRECHT u. J. WOODALL: Continuous stimulated emission from GaAs diodes at 77 °K. Proc. IEEE 51 (1963) 1243.

[133] CROWE, J. W., u. R. M. CRAIG: Laser array fabrication techniques. 1967 International Circuits Conference Report, Philadelphia, USA, S. 94—95.

[134] DYMENT, J. C.: Hermite-Gaussian mode patterns in GaAs junction lasers. Appl. Phys. Letters 10 (1967) 84—88.

[135] AKSELRAD, A.: Optimum design for a room-temperature, puls-operated GaAs injection laser. Appl. Phys. Letters 8 (1966) 250—252.

[136] KESSLER, H. K.: Optical power increase in GaAs laser diodes coated with reflecting aluminium silicone mixture. Proc. IEEE 55 (1967) 99—100.

[137] BASOV, N. G., u. O. V. BOGDANKEVICH: Excitation of semiconductor lasers by a beam of fast electrons. in: [15] S. 225—233.

[138] KLEIN, C. A.: Laser-action threshold in electron-beam excited gallium arsenide. Appl. Phys. Letters 7 (1965) 200—202.

[139] HURWITZ, C. E., u. R. J. KEYES: Electron-beam-pumped GaAs laser. Appl. Phys. Letters 5 (1964) 139—141.

[140] CUSANO, D. A.: Radiative recombination from GaAs directly excited by electron beams. Solid State Comm. 2 (1964) 353.

[141] CUSANO, D. A.: Identification of laser transitions in electron-beam-pumped GaAs. Appl. Phys. Letters 7 (1965) 151—152.

[142] BERNSTEIN, L., u. R. J. BEALS: Thermal expension and related bonding problems of some III—V compound semiconductors. J. Appl. Phys. 32 (1961) 122—123.

[143] ZSCHAUER, K.-H.: Possible mechanism of Auger-Recombination in Gallium arsenide. Zur Veröffentlichung vorgesehen.

[144] DYMENT, J. C. and L. A. D'ASARO: Continuous operation of GaAs junction lasers on diamond heat sinks at 200 °K. Appl. Phys. Lett. 11 (1967) 292—294.

8 Modulationsverfahren

Von R. Müller

8.1 Einleitung

Aus den vorangegangenen Beschreibungen ist ersichtlich, daß Laser Lichtgeneratoren sind, die in gewissen wesentlichen Eigenschaften den bekannten Hochfrequenzgeneratoren gleichen. Dies bestimmt weitgehend die zu erwartenden zukünftigen Anwendungen (s. Kap. 10). Ein wichtiges Anwendungsgebiet kann die Nachrichtentechnik im allgemeinen Sinn (Nachrichtenübertragung, Datenverarbeitung und Ortung) werden. Dazu ist es erforderlich, den Träger, d. h. das Licht mit der gewünschten Nachricht (sei dies auch nur ein Pulszug, wie z. B. bei Ortungssystemen) zu modulieren. Vom nachrichtentechnischen Standpunkt läßt besonders die sehr hohe Trägerfrequenz von einigen 10^{14} Hz das Licht als Träger für Breitbandübertragungen besonders geeignet erscheinen.

In Kap. 9 wird gezeigt, daß eine Überlegenheit des Lasers gegenüber konventionellen Lichtquellen bezüglich des Signal-Geräuschabstandes nur bei sehr großen Modulations-Bandbreiten auftritt, was ebenfalls demonstriert, daß man an Breitband-Modulatoren interessiert ist. Es sei jedoch bereits an dieser Stelle auf die durch atmosphärische Einflüsse (Nebel usw.) bedingten Einschränkungen der Anwendbarkeit hingewiesen (s. Kap. 10).

Wie in der normalen HF-Technik kann beim Laser jede der die ausgesandte Welle kennzeichnenden Größen moduliert werden, d. h. vor allem die Amplitude und die Frequenz bzw. die Phase. Bei Verwendung konventioneller Lichtquellen ist nur eine Modulation der Amplitude (bzw. der Intensität) sinnvoll. Wegen der hohen Entartung der Laserstrahlung (s. Kap. 9) ist jedoch hier auch die Verwendung von Phasen- oder Frequenzmodulation möglich. Eine Modulation der Polarisation wird in der HF-Technik selten angewandt, in der Optik jedoch häufig, besonders als Zwischenschritt im Modulationsverfahren.

Wegen der im Vergleich zur HF-Technik extrem kurzen Wellenlänge sind bei optischen Generatoren die Dimensionen der abstrahlenden Elemente stets groß gegen die Wellenlänge. Der Laser ist zugleich Oszillator und Antenne. Dies führt zu der bereits beschriebenen starken Bündelung der ausgesandten Strahlung. Man hat daher hier noch die zusätzliche Möglichkeit, die Richtung der Strahlung zu modulieren. Eine Steuerung der Strahlungsrichtung kann bei der Datenverarbeitung für Schreib- oder Speicherverfahren und bei Ortungsverfahren zweckmäßig sein.

Unabhängig von der zu modulierenden Größe (Amplitude, Frequenz, Polarisation, Richtung) kann man die Modulationsverfahren in drei Gruppen einteilen.

1. Das vom Lichtgenerator mit konstanter Amplitude emittierte Licht wird außerhalb des Generators moduliert, z. B. durch eine *Kerr-Zelle* in Verbindung

mit einem Polarisator und Analysator. Dieses allgemein bekannte Verfahren wird als *externe Modulation* bezeichnet. Prinzipiell ist es für Laserlicht und das Licht konventioneller Lichtquellen gleichermaßen anwendbar. Quantitativ können sich jedoch wegen der Fokussierbarkeit von Laserlicht wesentliche Unterschiede ergeben. Die externe Modulation wird in Kap. 8.2 beschrieben.

2. Es wird die Lichterzeugung selbst beeinflußt; man nennt dies *interne Modulation*.

Für konventionelle Lichtquellen (z. B. Glimmlampen) kommt hier praktisch nur eine Steuerung der Energiezufuhr in Frage. Je nach der Art der Lichterzeugung ist dieses Verfahren mehr oder weniger trägheitsbehaftet. Während beispielsweise in normalen Glühlampen die thermische Zeitkonstante des Glühfadens nur eine entsprechend langsame Lichtmodulation zuläßt, besteht bei der Lumineszenzdiode die Möglichkeit, äußerst hohe Modulationsfrequenzen (bis zu GHz) zu verwenden.

Beim Laser sind zahlreiche Möglichkeiten gegeben, die Intensität und die Frequenz des emittierten Lichtes durch Beeinflussung eines für die Schwingungserzeugung wesentlichen Parameters zu steuern. Solche Parameter sind Verstärkung im aktiven Medium, optische Länge des Resonators, die Verluste im optischen Resonator und die durch *Zeeman-* oder *Stark-Effekt* beeinflußbare Frequenz des Laserübergangs. Es wurde z. B. bereits bei der Beschreibung der Laserdiode gezeigt, daß durch Steuerung des Diodenstroms die ausgestrahlte Lichtintensität moduliert werden kann. Die interne Modulation wird im Kap. 8.3 beschrieben. Sie beeinflußt beim Laser in entscheidendem Maße die Dynamik der Schwingungserzeugung.

3. Ein weiteres, nur beim Laser anwendbares Verfahren besteht in einer gesteuerten Auskopplung der im optischen Resonator vorhandenen Lichtintensität. Diese sog. *Auskoppelmodulation* wird in Kap. 8.4 beschrieben. Sie ermöglicht die Modulation mit breiten Frequenzbändern bei relativ kleiner Modulationsleistung. Besonders prädestiniert ist sie für Puls-Code-Modulation.

Sowohl bei der internen Modulation als auch bei der Auskoppelmodulation unterscheiden wir zwischen der Beeinflussung bereits beim normalen Laser vorhandener Parameter (wie z. B. Steuerung der Verstärkung durch die Pumprate — Pumpmodulation) einerseits und der Einführung weiterer, nur der Modulation dienender Parameter (wie z. B. elektrooptische Modulatoren) andererseits. Als zusätzliche Modulationsorgane sind prinzipiell alle Bauelemente geeignet, bei denen die Transmission oder die Reflexion eines Lichtstrahls durch elektrische oder mechanische Mittel gesteuert werden kann. Kristalle, bei denen ein linearer elektrooptischer Effekt (*Pockels-Effekt*) auftritt, sind besonders geeignet, da dieser Effekt verlustarm ist und noch bei sehr hohen Modulationsfrequenzen (GHz) auftreten kann. Außerdem kann man mit seiner Hilfe sowohl eine Steuerung der Phase des hindurchtretenden Lichtes als auch in Verbindung mit einem Analysator eine Steuerung der Amplitude vornehmen. Die einzelnen Modulationsverfahren werden daher anschließend an Hand dieses Beispiels besprochen. Die weiteren zur Modulation geeigneten Effekte werden in Kap. 8.2.8 aufgezählt; sie können sinngemäß an Stelle des elektrooptischen Effektes verwendet werden.

8.2 Externe Modulationsverfahren

8.2.1 Elektrische Doppelbrechung in Kristallen vom Typ XH_2PO_4

Der elektrooptische Effekt ist besonders ausgeprägt in Kristallen vom Typ XH_2PO_4 und XD_2PO_4, wobei X für Kalium (K) oder Ammonium (NH_4) steht. Diese Kristalle sind oberhalb ihres *Curie-Punktes*, der z. B. für KH_2PO_4 (oder abgekürzt KDP = Kaliumdihydrogen-phosphat) bei 123 °K [1] liegt, optisch einachsig tetragonal. In Abb. 8.1 hat die z-Achse die Richtung der optischen Achse, die x- und y-Achsen sind jeweils unter 45° zu den kristallographischen a-Achsen geneigt. Eine ausführliche Beschreibung der elektrooptischen Eigenschaften derartiger Kristalle vom Typ des Seignette-Salzes ist in [1—3] zu finden.

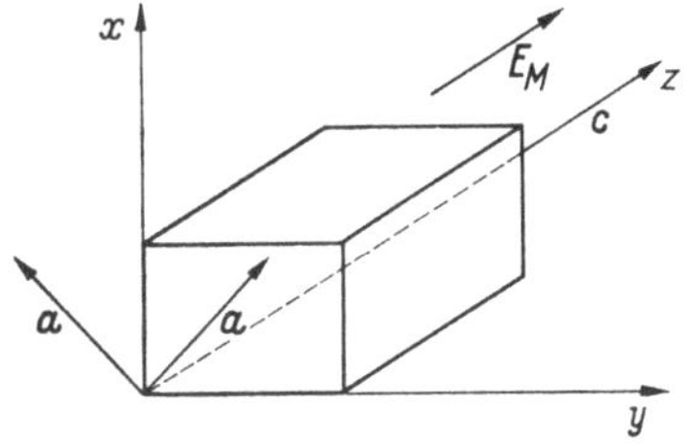

Abb. 8.1. Orientierung des Modulationskristalls.

Die übersichtlichsten und auch für die Praxis wichtigsten Verhältnisse liegen vor, wenn das modulierende elektrische Feld E_M in Richtung der optischen Achse liegt. Für diesen Fall erhält man für die drei Brechungsindizes:

$$n_x = n_1 + \frac{\Delta n}{2}; \qquad \Delta n = n_1^3 f_{63} E_M$$

$$n_y = n_1 - \frac{\Delta n}{2}$$

$$n_z = n_3 \qquad (8.2/1)$$

Der Brechungsindex n_x gilt für Licht, welches parallel zur x-Achse polarisiert ist (elektrische Feldstärke E_L der Lichtwelle parallel zur x-Achse), n_y und n_z für parallel zur y- bzw. z-Achse polarisiertes Licht. Der Brechungsindex n_1 gilt für Licht, welches in Richtung der z-Achse durch den Kristall tritt (parallel zur x-

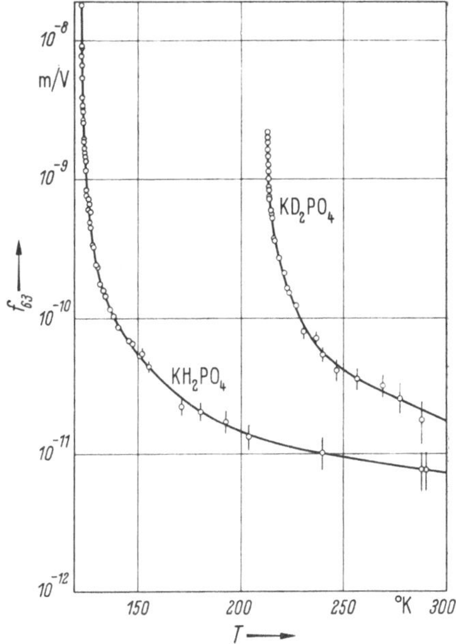

Abb. 8.2. Elektrooptischer Modul f_{63} von KH_2PO_4 und KD_2PO_4 (nach B. ZWICKER und P. SCHERRER [1])

oder y-Achse polarisiert), wenn am Kristall kein elektrisches Feld liegt; er hat für eine $\lambda = 0{,}599$ µm (Natrium D-Linie) den Wert 1,5095 für KDP bei Zimmertemperatur; n_3 hat unter denselben Bedingungen den Wert 1,4684.

Zur Ermittlung der Lichtausbreitung bei beliebiger Ausbreitungsrichtung und Polarisation dient das sog. Indexellipsoid (s. z. B. [4]). Darauf wird jedoch nicht eingegangen, da für die im folgenden benutzten Orientierungen von Kristall und Lichtwelle Gl. (8.2/1) hinreichend ist.

Der elektrooptische Modul f_{63} ist temperaturabhängig und steigt bei Annäherung an den *Curie-Punkt* stark an. Abb. 8.2 gilt für Modulationsfrequenzen unter etwa 500 MHz [1, 5]. Bei Mikrowellenfrequenzen ist f_{63} etwa auf die Hälfte abgesunken [6, 7]. Es wird erwartet, daß in diesen Materialien der elektrooptische Effekt bis zu Modulationsfrequenzen der Größenordnung von 10^{12} Hz (Eigenresonanz des die Polarisation beeinflussenden Protons im Doppelminimum-Potential des Moleküls) auftritt [8, 9]. Die Gl. (8.2/1) gelten unter der in der Praxis immer erfüllten Bedingung $\Delta n \ll n_1$. Man erkennt, daß der Brechungsindex linear von der angelegten Feldstärke abhängt.

Unter dem Gesichtspunkt der Anwendung derartiger Kristalle als Modulatoren sind insbesondere zwei Ausbreitungsrichtungen des hindurchtretenden Lichtes von Interesse:

1. Ausbreitungsrichtung parallel zum angelegten Feld; longitudinaler elektrooptischer Effekt: Hier tritt ohne angelegtes Feld *keine* (natürliche) Doppelbrechung auf. Bei $|E_M| > 0$ tritt ein Unterschied Δn der Brechungsindizes für zwei Lichtwellen, die parallel zur x- bzw. y-Achse linear polarisiert sind, auf.

2. Ausbreitungsrichtung senkrecht zum angelegten Feld (z. B. in Richtung der x-Achse); transversaler elektrooptischer Effekt: Hier tritt natürliche Doppelbrechung auf, da n_1 von n_3 verschieden ist. Zusätzlich tritt eine durch das Feld E_M hervorgerufene Doppelbrechung $\dfrac{\Delta n}{2}$ auf.

8.2.2 Phasenmodulation von Licht

Die Tatsache, daß der Brechungsindex in Kristallen mit elektrooptischem Effekt vom angelegten elektrischen Feld abhängt, ermöglicht es, die Phasenlaufzeit des Lichtes durch den Kristall und damit die Phase des austretenden Lichtes zu modulieren. Bei Vernachlässigung von Verlusten breitet sich das Licht im Kristall gemäß $\exp j\,(\omega_0 t - \beta z)$ aus (ω_0 Kreisfrequenz des eintretenden Lichtes). Die Phasenkonstante $\beta = \dfrac{2\pi}{\lambda_0} \cdot n$ hängt vom Brechungsindex n ab (λ_0 Vakuumwellenlänge des Lichtes). Bei Durchlaufen einer Strecke dz ändert sich die Phase um den Betrag

$$d\varphi = \frac{2\pi}{\lambda_0} \cdot n\,dz. \qquad (8.2/2)$$

Wird an den Kristall eine Wechselfeldstärke $E_{M1} \cos \omega_M t$ gelegt, erhält man mit Gl. (8.2/1) für Licht, welches beispielsweise in x-Richtung linear polarisiert ist, den Phasenhub (Modulationsindex)

$$\Delta \varphi_x = \frac{\pi}{\lambda_0}\, n_1^3\, f_{63} E_{M1} l. \qquad (8.2/3)$$

Dabei ist l die Länge des Lichtweges im Kristall. Für Licht, welches parallel zur y-Achse polarisiert ist, erhält man denselben Betrag des Phasenhubes, aber entgegengesetztes Vorzeichen. Gl. (8.2/3) gilt sowohl für den longitudinalen als auch für den transversalen elektrooptischen Effekt.

Bei der Ableitung von Gl. (8.2/3) wurde angenommen, daß das Licht während seines ganzen Weges durch den Kristall einem Modulationsfeld *konstanter Phase* ausgesetzt ist. Dies ist der Fall, wenn die Laufzeit des Lichtes durch den Kristall kurz gegen die Periodendauer der Modulationsschwingung ist (quasistationäre Modulation) oder wenn die Lichtwelle synchron mit dem modulierenden Feld durch den Kristall läuft (Lauffeldmodulation); wir kommen darauf noch zurück. Wenn sich die Phase des modulierenden Feldes während der Laufzeit des Lichtes durch den Kristall *ändert*, so wird der Phasenhub um den Faktor $(\sin \psi_0/2) \ / \ (\psi_0/2)$ (Spaltfaktor) verringert, wobei $\psi_0 = 2\pi\,n_1 l \ / \ \lambda_M$ der Laufwinkel des Lichtes durch den Modulator ist (λ_M Vakuumwellenlänge der modulierenden Schwingung).

Die Phase ändert sich in Abhängigkeit von der Zeit sinusförmig mit der Kreisfrequenz ω_M; dies entspricht einer Frequenzmodulation mit dem relativen Frequenzhub

$$\frac{\Delta\omega}{\omega_0} = \frac{\pi}{\lambda_M}\,n_1^3 f_{63} E_{M1}\,l. \qquad (8.2/4)$$

Für den Bau von elektrooptischen Modulatoren sind eine Reihe von Gesichtspunkten maßgebend, von denen einige hier kurz angeführt werden sollen:

1. Bei Verwendung des *longitudinalen* Effektes ist der Phasenhub proportional $E_M \cdot l = U_M$, d. h. bei gegebener Modulationsspannung U_M ist $\Delta\omega$ unabhängig von der Länge l des Kristalls. Um mit möglichst kleiner Modulationsleistung auszukommen, ist man bestrebt, die Kapazität der Elektroden klein, ihren Abstand also möglichst groß zu wählen. Dabei hat man bei hohen Frequenzen zu achten, daß der Spaltfaktor $(\sin\psi_0/2)/(\psi_0/2)$ nicht zu klein wird; $\psi_0 = \pi$ stellt in vielen Fällen den optimalen Kompromiß dar. Prinzipiell ist hier die gute Fokussierbarkeit von Laserlicht ein Vorteil, da man nur kleine Elektrodenflächen (die Öffnungen für den Strahlendurchtritt aufweisen müssen) benötigt, also kleine Kapazitäten erhält.

2. Die Anwendung des *transversalen* elektrooptischen Effektes zur Phasenmodulation bringt einige Vorteile: Der Phasenhub wächst proportional mit l, der Länge des Lichtweges; während die Spannung nur proportional d, dem Abstand der Elektroden, ist. Man erhält bei gegebener Modulationsspannung einen um den Faktor l/d größeren Phasenhub, hat jedoch hier wegen des großen Wertes von l besonders auf den den Phasenhub erniedrigenden Einfluß des Spaltfaktors zu achten. Damit verbunden ist eine Vergrößerung der Kapazität, so daß die Vergrößerung von l/d im wesentlichen nur einer „Impedanzwandlung" entspricht. Besonders Vorteile bietet die Verwendung des transversalen Effektes bei *Lauffeld-Modulatoren* (s. Kap. 8.2.5).

8.2.3 Amplitudenmodulation von Licht mit Hilfe des linearen elektrooptischen Effektes

Wenn linear polarisiertes Licht durch einen doppelbrechenden Werkstoff tritt, so verläßt es diesen im allgemeinen elliptisch polarisiert. Die Komponente der Amplitude in Richtung der ursprünglichen Polarisation und die Komponente senkrecht dazu hängen von der Stärke der Doppelbrechung, damit also von der elektrischen Modulationsfeldstärke ab. Man erhält hinter einem Analysator, der nur eine der beiden genannten linear polarisierten Komponenten durchläßt, ein amplitudenmoduliertes Signal.

Die stärkste Doppelbrechung in Kristallen von Typ XH_2PO_4 tritt auf, wenn das Licht in Richtung der optischen Achse (z-Richtung) durch den Kristall tritt (longitudinaler Effekt) und beim Eintritt parallel zu einer der beiden kristallographischen a-Achsen linear polarisiert ist (E_a in Abb. 8.3). Die x- und y-Komponenten werden dann gleich stark angeregt, und man erhält wegen des entgegengesetzten Vorzeichens der Brechungsindexänderung eine Phasendifferenz zwischen diesen beiden Komponenten.

$$\Delta\varphi = \Delta\varphi_x - \Delta\varphi_y = \frac{2\pi}{\lambda_0}\, n_1^3\, f_{63} E_M l . \tag{8.2/5}$$

Wie in Abb. 8.3 gezeigt, entstehen dadurch die beiden Komponenten der elektrischen Feldstärke der Lichtschwingung $E_\parallel$ parallel und $E_\perp$ senkrecht zum elektrischen Vektor E_a des eintretenden Lichtes.

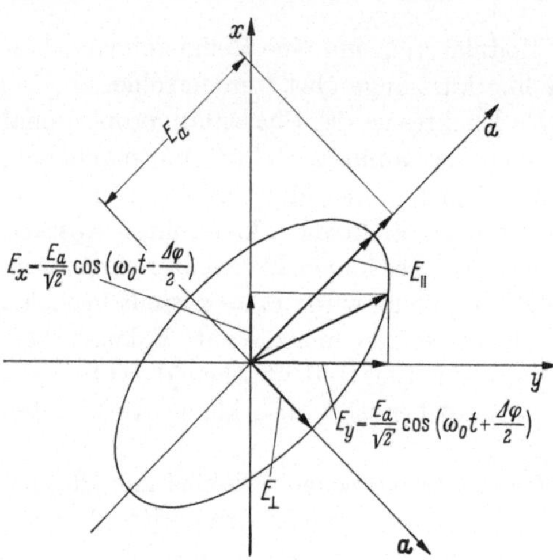

Abb. 8.3. Doppelbrechung.

$$E_\parallel = E_a \cos\frac{\Delta\varphi}{2}\cdot\cos\omega_0 t .$$

$$E_\perp = -E_a \sin\frac{\Delta\varphi}{2}\sin\omega_0 t . \tag{8.2/6}$$

Wird an den Modulationskristall außer dem modulierenden Wechselfeld der Amplitude E_{M1} ein Gleichfeld E_{M0} gelegt, so kann der Arbeitspunkt auf der durch Gl. (8.2/5) und (8.2/6) gegebenen Modulationskennlinie nach Wunsch eingestellt werden. Die üblicherweise verwendeten Demodulatoren (Photodioden, Photomultiplier usw.) geben ein der Lichtleistung proportionales Signal (Photostrom). Es interessiert daher meist die durch $\sin^2$ bzw. $\cos^2$ gegebene Abhängigkeit der Lichtleistung von der Modulationsfeldstärke. Man erkennt aus Abb. 8.4, daß die größte Modulationssteilheit und auch die geringsten Verzerrungen auftreten, wenn der Arbeitspunkt beim Wendepunkt ($\Delta\varphi_0 = \pi/2$) liegt, d. h. das aus dem Kristall austretende Licht bei Fehlen einer Wechselspannung zirkular polarisiert ist. Der Modulationsgrad m der Lichtleistung P ist für diesen Arbeitspunkt in Gl. (8.2/7) als Funktion der Modulationsspannung $U_{M1} = E_{M1}\cdot l$ gegeben, wenn nur der „lineare Teil" der Kennlinie ausgesteuert wird.

$$m = \frac{\Delta P_\perp}{P_\perp} = \Delta\varphi = \frac{2\pi n_1^3}{\lambda_0} f_{63} U_{M1} . \tag{8.2/7}$$

Die zur Einstellung dieses Arbeitspunktes erforderliche Gleichspannung ist sehr hoch, ca. 5,5 kV für KDP bei Zimmertemperatur. Ferner ist es in der Praxis unerwünscht, wenn zusätzlich zur Modulationsspannung, die beispielsweise mit Hilfe eines Mikrowellenresonators an den Kristall gelegt wird, eine Gleichspannung erforderlich ist. An Stelle der Einführung einer Vorspannung ist es daher günstiger, ein sog. $\lambda/4$-Blättchen einzuschalten, das man vor den Modulationskristall setzt, so daß in diesen bereits zirkular polarisiertes Licht eintritt. Abb. 8.5 zeigt schematisch einen Modulator dieser Art, wobei die Polarisationszustände jeweils einge-

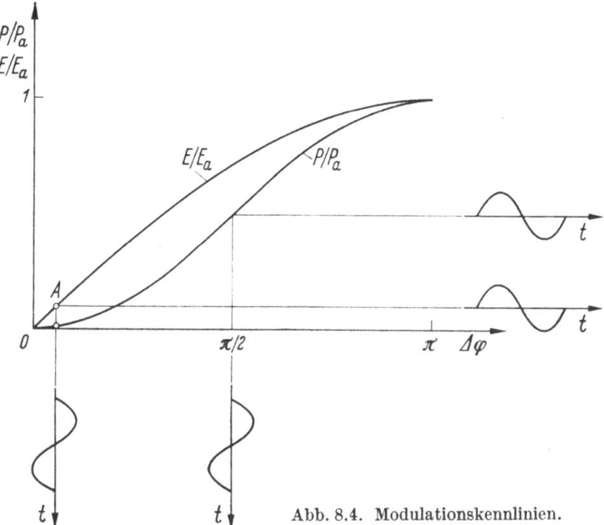

Abb. 8.4. Modulationskennlinien.

tragen sind. Setzt man in Gl. (8.2/7) die für KDP bei Zimmertemperatur geltenden Werte ein, so erhält man z. B. bei einer Lichtwellenlänge von 0,63 μm einer Modulationsgrad von 0,5 für eine Modulationsspannung von 1300 V_{eff}.

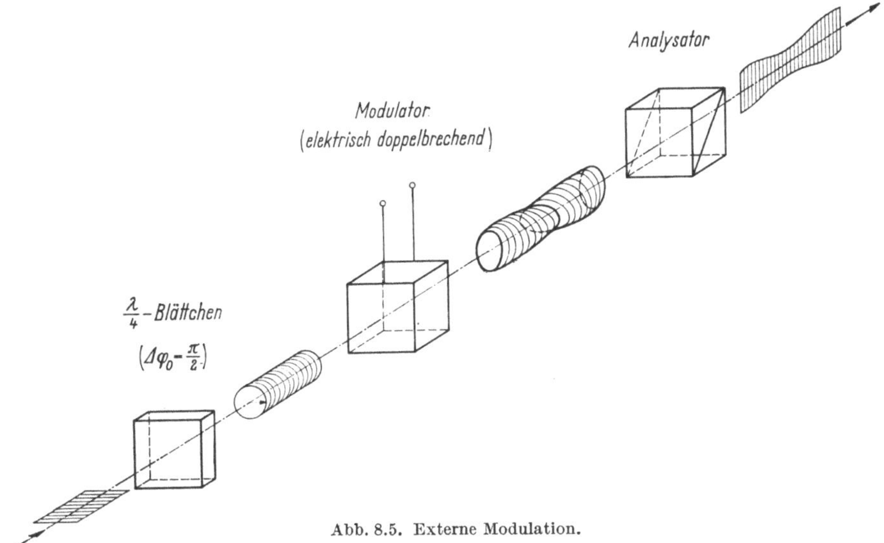

Abb. 8.5. Externe Modulation.

Der gewünschte Arbeitspunkt des Modulators kann auch durch eine geringfügige Verkippung des Modulationskristalls eingestellt werden. Es tritt dann eine schwache natürliche Doppelbrechung auf. Die Verwendung eines Modulationskristalls in einer Orientierung mit starker natürlicher Doppelbrechung ist nicht zu empfehlen, da dann die Anforderungen an die Parallelität der Endflächen des Kristalls sehr hoch sind. Aus diesem Grund ist auch die Benutzung des transversalen elektrooptischen Effektes zur Amplitudenmodulation in Kristallen vom Typ XH_2PO_4 nicht günstig. Eine Abweichung von der Parallelität um ca. 10 μm würde nämlich hier bereits ausreichen, um an den verschiedenen Stellen des Querschnitts Polarisationsrichtungen zu erzeugen, die um 90° zueinander gedreht sind. Die zusätzliche elektrische Doppelbrechung würde in diesem Fall lediglich eine Verschiebung der Polarisationsrichtungen über den Querschnitt hervorrufen, die nicht zur Amplitudenmodulation herangezogen werden kann. Diese Schwierigkeiten treten nicht auf in kubischen Kristallen (z. B. CuCl), da hier auch bei Anwendung des transversalen elektrooptischen Effektes keine natürliche Doppelbrechung vorhanden ist. Erfolge wurden wegen Herstellungsschwierigkeiten dieser Kristalle noch nicht erzielt.

Gesichtspunkte für den Bau von Mikrowellen-Lichtmodulatoren sind in [7] angegeben. Eine Beschränkung der nutzbaren Modulationsbandbreite tritt bei diesen externen Modulatoren nur durch den zum Anlegen der Modulationsspannung erforderlichen Schaltkreis auf.

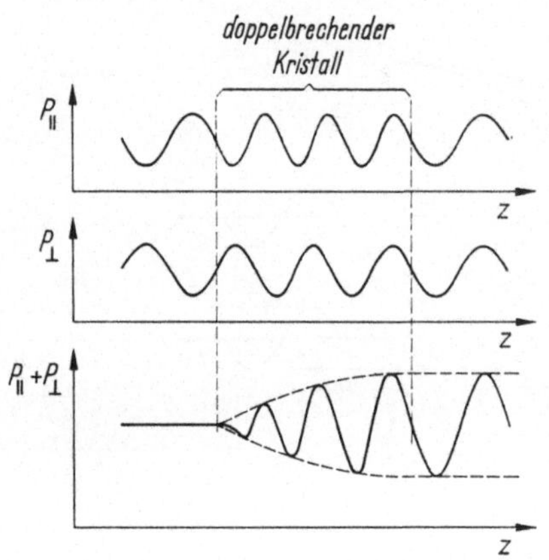

Abb. 8.6. Amplitudenmodulation. Momentanbild der Leistungen der beiden Polarisationskomponenten (nach C. F. BUHRER [11]).

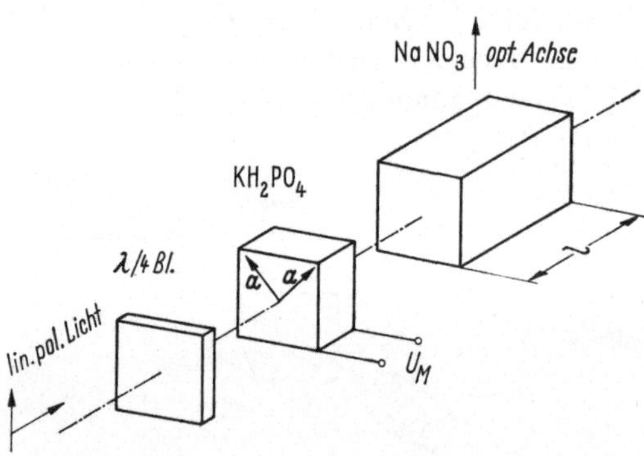

Abb. 8.7. Amplitudenmodulation (nach C. F. BUHRER [11]).

Die Modulation der 6328 Å-Linie eines He—Ne-Gaslasers durch ein 1,35 GHz-Signal mit einem Modulationsgrad von etwa 5% ist in [10] beschrieben. Als Modulator wurde ein KDP-Kristall in einem abstimmbaren koaxialen Resonator benutzt. Die erforderliche Modulationsleistung war etwa 1 W. Für den Nachweis der Modulation wurde das Signal in einer Photodiode demoduliert.

Bei den bisher beschriebenen Amplitudenmodulatoren wird zunächst eine Polarisationsmodulation erzeugt und anschließend eine der beiden entstehenden Komponenten in einem Analysator vernichtet. Von BUHRER [11] wurde ein Modulationsverfahren vorgeschlagen, welches beide Polarisationskomponenten benutzt und dadurch einen Intensitätsverlust vermeidet. Die einhüllenden der durch Gl. (8.2/6) gegebenen Polarisationskomponenten weisen für den oben diskutierten Arbeitspunkt ($\Delta\varphi_0 = \pi/2$) eine Phasenverschiebung von einer halben Modulationsperiode auf (s. Abb. 8.6 links). Die Gesamtintensität wird durch die elektrische Doppelbrechung nicht beeinflußt. Folgt auf den Modulationskristall ein doppelbrechendes Material, z. B. ein Natriumnitrat-Kristall (s. Abb. 8.7), so kann diese Phasenverschiebung kompensiert werden, und man erhält ein intensitätsmoduliertes Signal, welches allerdings nicht mehr linear polarisiert ist. Dazu muß der $NaNO_3$-Kristall so orientiert sein, daß die beiden Komponenten $E_\parallel$ und $E_\perp$ mit verschiedener Geschwindigkeit den Kristall durchlaufen. Der entstehende Modulationsgrad der Lichtleistung $m_2 = \Delta P/P$ hängt von der Länge des doppelbrechenden Kristalls ab und hat, bezogen auf den Modulationsgrad *einer* Polarisationskomponente m_1, den Wert

$$\frac{m_2}{m_1} = 2 \sin \left\{ \frac{l\pi}{\lambda_M} (n_\parallel - n_\perp) \right\} . \tag{8.2/8}$$

Darin ist $n_\parallel - n_\perp$ der Brechungsindexunterschied im $NaNO_3$-Kristall für die beiden Lichtkomponenten, deren Polarisationsrichtungen gegen die kristallographischen a-Achsen des Modulationskristalls unter 45° geneigt sind. Der größte Gewinn (Faktor 2) tritt auf für eine von der Modulationsfrequenz abhängige Länge $l = \lambda_M/2(n_\parallel - n_\perp)$. Die relative Bandbreite (für feste Kristallänge l) ist jedoch sehr groß; das Verhältnis der den 3 dB Punkten entsprechenden Modulationsfrequenzen ist 1:5. In der genannten Arbeit wird ein Experiment beschrieben, bei dem die sichtbare Strahlung des He—Ne-Gaslasers mit einem 3 GHz-Signal moduliert wird und dieses Signal in einer Mikrowellenphotoröhre (s. Kap. 8.5) demoduliert wird.

8.2.4 Einseitenband-Modulation, Frequenzversetzung

Die Einseitenband-Modulation, insbesondere mit unterdrücktem Träger, stellt ein leistungs- und bandbreitesparendes Modulationsverfahren dar. Die Einsparung an Bandbreite dürfte im optischen Frequenzbereich von geringerer Bedeutung sein; von großem Interesse ist jedoch die auf gleiche Weise erzielbare Frequenzversetzung eines optischen Trägers. Damit wird im besonderen der optische Überlagerungsempfang erleichtert.

Es wurden eine Reihe von Anordnungen vorgeschlagen, die eine Einseitenband-Modulation ermöglichen [12—15]. Bei allen diesen Verfahren werden zwei aufeinanderfolgende Phasenmodulatoren verwendet, deren Modulationsspannungen zueinander um 90° phasenverschoben sind. Wegen seiner Übersichtlichkeit wird im folgenden das von PETERS [15] vorgeschlagene System besprochen (Abb. 8.8). Verwendet wird hier der transversale lineare elektrooptische Effekt. Zwei Phasenmodulatoren sind in Reihe und um 90° zueinander gedreht, so daß jeder Modulator nur für eine Polarisationsrichtung eine Phasenmodulation hervorruft. Ist das einfallende Licht unter 45° zu den genannten Polarisationsrichtungen polarisiert, so werden beide Komponenten mit gleicher Amplitude angeregt. Man erhält am Ausgang der Phasenmodulatoren die beiden Komponenten E_x und E_y, wenn zwischen den steuernden Spannungen eine Phasenverschiebung von 90° besteht.

$$\frac{E_x}{E_a} = \frac{1}{\sqrt{2}} \cos (\omega_0 t - \varphi_x + \Delta\varphi \cos \omega_M t),$$

$$\frac{E_y}{E_a} = \frac{1}{\sqrt{2}} \cos (\omega_0 t - \varphi_y + \Delta\varphi \sin \omega_M t). \tag{8.2/9}$$

Darin bedeutet $\Delta\varphi$ den in jedem Modulator durch U_1 erzeugten Phasenhub und φ_x bzw. φ_y die entsprechende Phasendrehung ohne Modulationsspannung. Jeder der Ausdrücke in Gl. (8.2/9) kann in eine Summe von *Bessel-Funktionen* J_n entwickelt

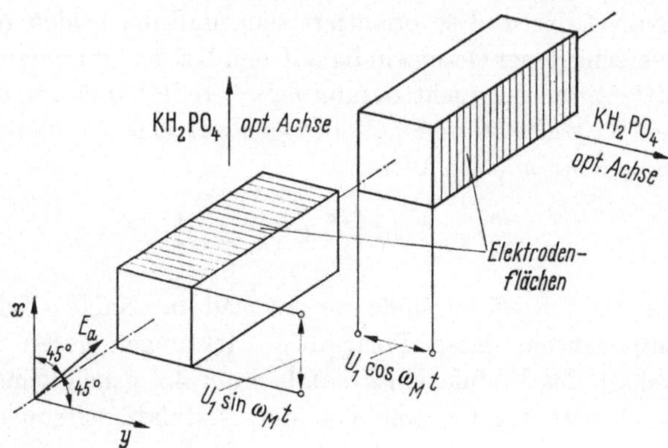

Abb. 8.8. Einseitenbandmodulation (nach C. J. PETERS [15]).

werden, und man kann dann aus der Phasenverschiebung zwischen der jeweiligen x- und y-Komponente den Polarisationszustand errechnen. Gl. (8.2/10) gibt das Ergebnis für $\varphi_x = \varphi_y$ in verkürzter komplexer Schreibweise [16] wieder (man erhält die x-Komponente, wenn man die in den Klammern oben geschriebenen Werte als Faktoren nimmt, und die y-Komponente, wenn man die unteren Werte einsetzt):

$$\begin{bmatrix} E_x \\ E_y \end{bmatrix} \cdot \frac{\sqrt{2}}{E_a} = \begin{bmatrix} 1 \\ 1 \end{bmatrix} J_0(\Delta\varphi)\exp[j\omega_0 t] + \begin{bmatrix} j \\ 1 \end{bmatrix} J_1(\Delta\varphi)\exp[j(\omega_0+\omega_M)t] +$$

$$+ \begin{bmatrix} j \\ -1 \end{bmatrix} J_1(\Delta\varphi)\exp[j(\omega_0-\omega_M)t] - \begin{bmatrix} 1 \\ -1 \end{bmatrix} J_2(\Delta\varphi)\cdot\exp[j(\omega_0+2\omega_M)t] -$$

$$- \begin{bmatrix} 1 \\ -1 \end{bmatrix} J_2(\Delta\varphi)\exp[j(\omega_0-2\omega_M)t] + \begin{bmatrix} -j \\ 1 \end{bmatrix} J_3(\Delta\varphi)\exp[j(\omega_0+3\omega_M)t] -$$

$$- \begin{bmatrix} j \\ 1 \end{bmatrix} J_3(\Delta\varphi)\exp[j(\omega_0-3\omega_M)t]. \tag{8.2/10}$$

Man erkennt, daß der Träger gleiche Polarisation wie das Eingangssignal hat und das obere bzw. untere erste Seitenband rechts bzw. links zirkular polarisiert ist. Die zweiten Seitenbänder sind linear polarisiert und zwar senkrecht auf die Polarisation des einfallenden Lichtes; die dritten Seitenbänder sind wieder zirkular polarisiert. Man kann daher mit einem geeigneten Polarisator das gewünschte Seitenband ausfiltern. Wird beispielsweise das erste obere Seitenband gewünscht, so verwendet man einen Analysator für rechts polarisiertes Licht (ein $\lambda/4$ Blättchen in Verbindung mit einem Analysator für linear polarisiertes Licht in geeigneter Orientierung). Das erste untere Seitenband und das dritte obere Seitenband werden dadurch vollständig ausgelöscht. Die Leistungen der übrigen Seitenbänder sind in Abb. 8.9, bezogen auf die Leistung des gesünschten Seitenbandes, als Funktion des Phasenhubes $\Delta\varphi$ aufgetragen. Bezogen auf die Eingangsleistung zeigt Abb. 8.10 die Leistung des ersten Seitenbandes. Man erkennt, daß bei einem Phasenhub von etwa 1,8 der Konversionswirkungsgrad ein Maximum von etwa 33% erreicht. Die Forderung, die Phasenverzögerungen der x- und y-Komponenten gleich zu halten ($\varphi_x = \varphi_y$), führt in der Praxis zu sehr hohen Genauigkeits-anforderungen.

In den genannten Einseiten-band-Modulatoren sind die Amplituden der n-ten Seitenbänder durch die *Bessel-Funktionen* $J_n(\Delta\varphi)$ gegeben. Es entsteht also außer dem gewünschten Seitenband ein Spektrum von unerwünschten Frequenzen. Mit Hilfe einer rotierenden doppelbrechenden Scheibe kann jedoch eine Frequenzversetzung mit einem Wirkungsgrad von 100% (Verluste ausgeschlossen) erzielt werden. In [17] wird eine Anordnung dieser Art unter Verwendung des kubischen Kristalls Zinksulfid beschrieben. Zwei um 90° räumlich und zeitlich verschobene Felder ergeben ein Drehfeld und damit die Wirkung einer rotierenden doppelbrechenden Platte. Die Trägeramplitude ist proportional cos $\Delta\varphi/2$ und die Amplitude der frequenzversetzten Schwingung proportional sin $\Delta\varphi/2$, wobei $\Delta\varphi$ der Phasenunterschied zwischen den beiden (sich drehenden) Polarisationsrichtungen ist. Man sieht, daß hier

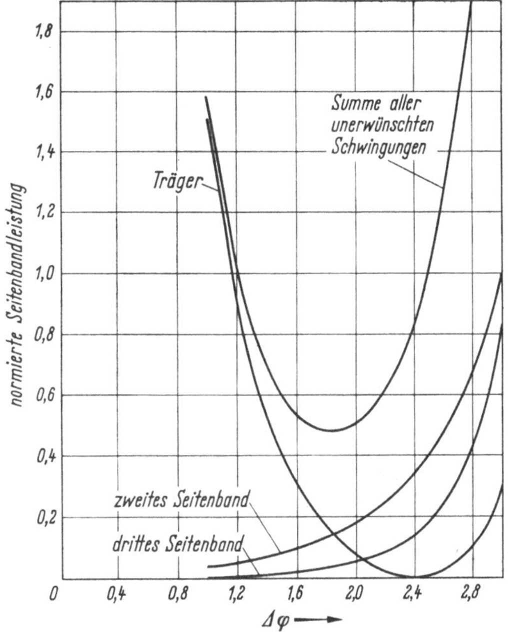

Abb. 8.9. Seitenbandleistungen, bezogen auf die Leistung des ersten Seitenbandes. Einseitenbandmodulation (nach C. J. Peters [15]).

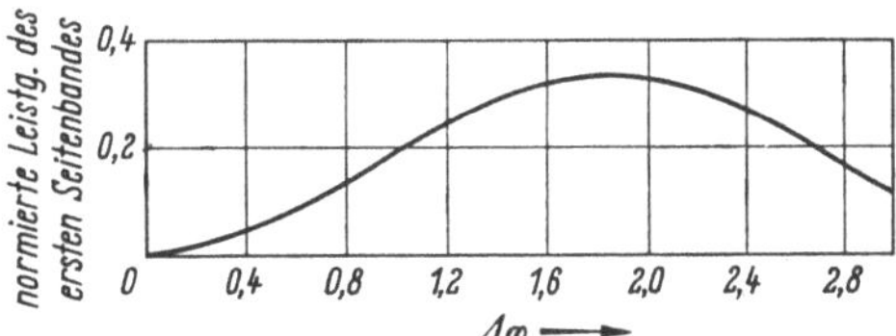

Abb. 8.10. Leistung des ersten Seitenbandes, bezogen auf die Eingangsleistung. Einseitenbandmodulation (nach C. J. Peters [15]).

für einen Phasenunterschied von π eine vollständige Frequenzversetzung erzielt werden kann. In [18] wird eine Frequenzversetzung unter Verwendung des *Kerr-Effektes* beschrieben. Die Verwendung der sonst für Modulationsanordnungen verwendeten Kristalle geringerer Symmetrie (z. B. KDP) ist nicht möglich, da sich mit ihnen der Effekt eines rotierenden doppelbrechenden Materials nicht erzielen läßt.

8.2.5. Lauffeldmodulatoren

Voraussetzung für die Gültigkeit der bei der Beschreibung der Phasenmodulation benutzten Gl. (8.2/3) war die Bedingung, daß die Laufzeit des Lichtes durch den Modulationskristall klein gegen die Periodendauer der modulierenden Feldstärke ist. Wenn diese Bedingung bei hohen Modulationsfrequenzen nicht mehr erfüllt ist, so tritt die bereits erwähnte Verringerung des Phasenhubes ein. Ist beispielsweise die Laufzeit des Lichtes gleich einer vollen Modulationsperiode ($\psi_0 = 2\pi$), so läuft das Licht gleich lang in einer Zone mit erhöhtem Brechungsindex wie in einer Zone mit niedrigerem Brechungsindex. Die Wirkungen heben sich auf, und man erhält keinen Modulationseffekt. Dies gilt, wenn das modulierende Feld nur von der Zeit und nicht vom Ort abhängt. Wenn hingegen das modulierende Feld *synchron* mit dem Lichtstrahl läuft, d. h. wenn Lichtwelle und Modulationsfeld nach Größe und Richtung gleiche Phasengeschwindigkeiten haben, so entsteht eine längs des ganzen Weges akkumulative Wirkung (Lauffeldmodulation); dies gilt für fehlende Dispersion im Modulator. Die allgemeine Bedingung für eine Wechselwirkung dieser Art wurde von TIEN [19] angegeben (s. a. [20]). Die Methode der Lauffeldmodulation kann unabhängig von der Art der Modulation (AM, FM, usw.) angewendet werden.

Im allgemeinen ist die relative Dielektrizitätskonstante für optische Frequenzen wesentlich kleiner als für Mikrowellenfrequenzen (z. B. 2,25 für Licht und ca. 20 für Mikrowellen bei KDP). Die Phasengeschwindigkeit der Lichtwelle (*TEM*-Welle) ist daher größer als die Phasengeschwindigkeit der normalen *TEM*-Welle bei der Modulationsfrequenz (Faktor 3 für obiges Beispiel). Um Synchronismus zu erzielen, muß man daher entweder die Lichtwelle verzögern oder die modulierende Welle „beschleunigen". Dies kann durch die folgenden Verfahren erreicht werden:

Synchronismus durch Verwendung eines Hohlleiters: Wird das Modulationsmaterial in einen Hohlleiter gebracht, der nahe der Grenzfrequenz arbeitet, so kann die Phasengeschwindigkeit leicht auf ein Mehrfaches der Lichtgeschwindigkeit im Medium erhöht werden. Dieses Verfahren ist sehr schmalbandig. Ein Experiment dieser Art ist in [6] beschrieben. Es wurde dabei ein Mikrowellenresonator für eine Frequenz von 9,25 GHz in seiner TM_{013} Eigenresonanz verwendet, wobei das Licht in Längsrichtung des Resonators (3 Knoten) hindurchtritt. Betrachtet man die stehende Welle im Resonator als Überlagerung zweier entgegengesetzt laufender Wellen, so ist für den Modulationseffekt die mit dem Licht in gleicher

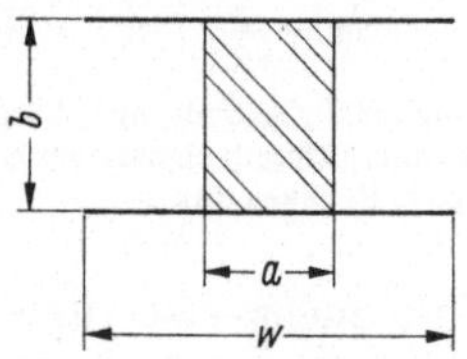

Abb. 8.11. Leitungsstruktur zur Lauffeldmodulation (Querschnitt).

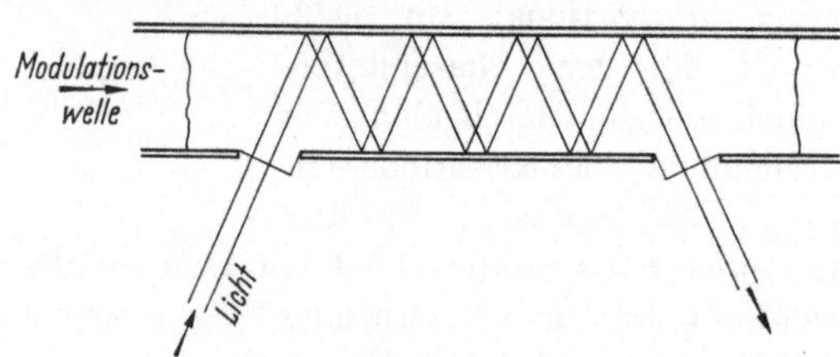

Abb. 8.12. Lauffeldmodulation (nach W. W. RIGROD und J. P. KAMINOW [20]).

Richtung laufende Mikrowelle verantwortlich, während die entgegengesetzt laufende Welle keinen nennenswerten Effekt hervorruft. Ein weiterer ähnlicher *Lauffeld-Modulator* ist in [21] beschrieben.

Synchronismus durch Verwendung einer teilweise dielektrisch belasteten Lecherleitung: Die Phasengeschwindigkeit einer elektromagnetischen Welle auf einer teilweise mit einem Dielektrikum gefüllten *Lecherleitung* (s. Abb. 8.11) liegt zwischen der Phasengeschwindigkeit einer *TEM*-Welle im Medium $c/\sqrt{\varepsilon}$ für die vollständig gefüllte Leitung) und der Lichtgeschwindigkeit c (für die nicht gefüllte Leitung). Durch den Füllgrad kann man daher Anpassung an die Lichtgeschwindigkeit im Medium c/n erreichen [22, 23]. Für Modulationswellenlängen, die groß gegen die Breite a des Dielektrikums sind, erhält man (bei Vernachlässigung der Streufelder am Leiterrand) Synchronismus bei einer Leiterbreite w einer Bandleitung entsprechend

$$w = \frac{a\,(\varepsilon - 1)}{n^2 - 1} \tag{8.2/11}$$

Der Abstand b der Leiter wird so eingestellt, daß die gewünschte Impedanz vorhanden ist.

Synchronismus durch optischen Umweg: In Abb. 8.12 ist eine Anordnung gezeigt, bei der der Synchronismus zwischen Lichtwelle und Modulationswelle dadurch erzielt wird, daß das Licht im Zick-Zack-Weg durch das Modulationsmaterial läuft [20, 24]. Die Benutzung dieses Verfahrens zur Amplitudenmodulation ist nur dann sinnvoll, wenn Kristalle mit geeigneten Symmetrieeigenschaften (z. B. der kubische Kristall CuCl) benutzt werden, da andernfalls die verschiedene (natürliche) Doppelbrechung für die zwei verschiedenen Lichtrichtungen zu Schwierigkeiten führt. Die Rechnung läßt bei Verwendung von Kupfer-Chlorid oder Strontium-Titanat einen Modulationsgrad von 50% und eine Bandbreite von 10 GHz für eine Modulationsleistung von weniger als 5 W erwarten. Störungen können hier auch durch eine Beeinflussung der Polarisation bei den Reflexionen auftreten. Geringere Schwierigkeiten sind bei der Anwendung dieses Verfahren zur Phasenmodulation zu erwarten.

Synchronismus durch alternierenden Wechsel des Vorzeichens des elektrooptischen Effektes: Eine sehr elegante Methode zur Erzielung des Synchronismus zwischen Licht- und Modulationswelle ist in [25] vorgeschlagen. Aus Gl. (8.2/1) geht hervor, daß sich die in x-Richtung polarisierte Komponente so verhält, wie die y-Komponente bei dem gleichen Wert der Feldstärke, jedoch mit entgegengesetzten Vorzeichen. Eine Drehung des Kristalls um 90° um seine optische Achse ist demnach gleichwertig mit einem Wechsel des Vorzeichens der elektrischen Feldstärke. Wenn man daher eine Kette von jeweils um 90° zueinander gedrehten Kristallen in einem homogenen elektrischen Feld hat, so ist das äquivalent einem einzigen Kristall in einer Struktur, welche die in Abb. 8.13 gezeigte Feldstärke erzeugt.

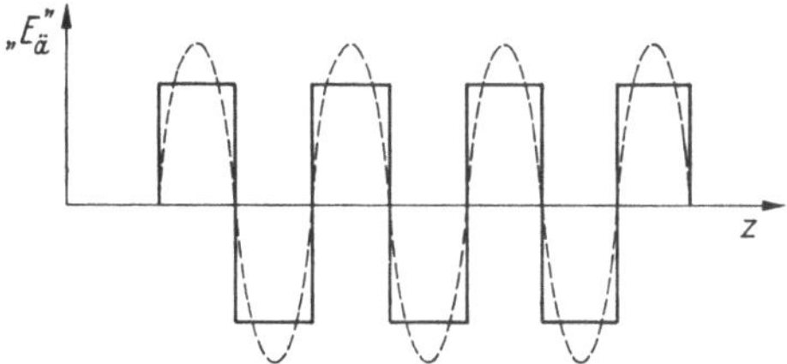

Abb. 8.13. Lauffeldmodulation (äquivalentes Modulationsfeld) (nach S. M. STONE [25]).

Diese Feldstärkeverteilung kann aufgefaßt werden als die Überlagerung einer Reihe von Wellen, wobei jeweils Wellen gleicher Amplituden in entgegengesetzter Richtung laufen. Die Länge der Kristalle kann so gewählt werden, daß für eine der Wellen Synchronismus besteht (stehende Welle gestrichelt in Abb. 8.13).

Experimente dieser Art sind in [25,27] beschrieben, wobei in der letztgenannten Arbeit die Modulationsfrequenz 16 GHz betrug und der Nachweis der Seitenbänder direkt mit Hilfe eines optischen Spektrographen erfolgen konnte.

8.2.6. Modulatoren unter Verwendung optischer Resonatoren

In den Lauffeldmodulatoren wird versucht, eine längere Wechselwirkung mit dem Licht durch Synchronismus mit der modulierenden Welle zu erzielen. Eine Verlängerung des effektiven Weges kann auch durch Mehrfach-Reflexionen in

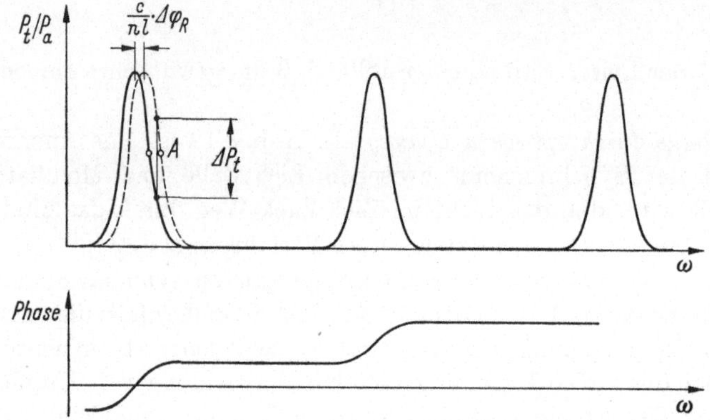

Abb. 8.14. Normierte Transmission und Phasendrehung eines *Fabry-Perot-Resonators* als Funktion der Frequenz.

einem optischen Resonator erzielt werden [28]. Für niedrige Modulationsfrequenzen kann eine quasistationäre Betrachtungsweise herangezogen werden, d. h. man kann die Modulation durch eine Verschiebung der in Abb. 8.14 angegebenen Durchlaßcharakteristik des Resonators erklären: Die relative Transmission P_t/P_a des für diesen Zweck verwendeten *Fabry-Perot-Resonators* ist unter der Annahme verlustfreier Spiegel mit dem Reflexionsfaktor R (Transmission: $1-R$) durch folgende Beziehung gegeben (s. z. B. [29]) und in Abb. 8.14 zusammen mit der Phasendrehung als Funktion der Frequenz aufgetragen.

$$\frac{P_t}{P_a} = \frac{1}{1 + \alpha^2 \sin^2\varphi_R}; \qquad \alpha^2 = \frac{4R}{(1-R)^2}. \tag{8.2/12}$$

Darin ist $\varphi_R = \dfrac{\omega n}{c}\, l + \theta$ die Phasendrehung im Resonator für einen einzigen Durchgang (n ... Brechungsindes, l ... Abstand der Spiegel, θ ... Phasendrehung bei der Reflexion). Ist der optische Resonator mit einem Material gefüllt, dessen Brechungsindex vom angelegten elektrischen Feld abhängt, so kann die Kurve, wie in Abb. 8.14 gezeigt, in Abhängigkeit von der elektrischen Feldstärke verschoben werden. Je nach der Wahl des Arbeitspunktes, d. h. der Abstimmung des Resonators auf den optischen Träger kann auf diese Weise vorwiegend Phasenmodulation oder vorwiegend Amplitudenmodulation erzielt werden. Ist der Träger genau auf die Mitte der Durchlaßkurve abgestimmt, so entsteht vorwiegend Phasenmodulation; liegt der Träger auf der Flanke der Durchlaßkurve, so erhält man vorwiegend Amplitudenmodulation.

Für den in Abb. 8.14 eingetragenen Arbeitspunkt A bei $P_t/P_a = 1/2$ (der zwar nicht dem Punkt größter Steilheit entspricht, aber eine große Aussteuerung zuläßt) erhält man eine Modulationssteilheit

$$S_R = \frac{\Delta (P_t/P_a)}{\Delta \varphi_R} = \frac{\sqrt{\alpha^2 - 1}}{2} \approx \frac{\alpha}{2}. \qquad (8.2/13)$$

Dies gilt für $(1 - R) \ll 1$ also $\alpha \gg 1$ (hohe Resonatorgüte). Der Intensitäts-Modulationsgrad m_R ist für diesen Arbeitspunkt bei genügend kleiner Aussteuerung

$$m_R = \frac{\Delta P_t}{P_t} = \frac{2\Delta P_t}{P_a} = \alpha \cdot \Delta \varphi_R. \qquad (8.2/14)$$

Weist das im optischen Resonator vorhandene Material einen linearen elektro-optischen Effekt auf, so ist $\Delta \varphi_R = \Delta \varphi_x = \Delta \varphi/2$ nach Gl. (8.2/3). Ein Vergleich mit der in Kap. 8.2.3 beschriebenen Amplitudenmodulation mit vorgeschaltetem $\lambda/4$ Blättchen zeigt gegenüber dieser eine Erhöhung des Modulationsgrades um den Faktor $\dfrac{\alpha}{2} \approx \dfrac{1}{1-R}$, der beispielsweise bei Annahme einer Spiegelreflexion von 98,4% einen Wert von 62,5 hat. Dieser „Gewinn" ist umso größer, je höher die Güte des verwendeten optischen Resonators ist, d. h. je kleiner die die zulässige Modulationsbandbreite bestimmende Bandbreite B seiner Durchlaßcharakteristik ist. Es ergibt sich für das Produkt aus Gewinn gegenüber normaler AM und verfügbarer Bandbreite der Wert

$$\text{„Gewinn-Bandbreite"-Produkt} = \frac{1}{2\pi\tau}. \qquad (8.2/15)$$

Darin bedeutet $\tau = \dfrac{n \cdot l}{c}$ die Laufzeit des Lichtes durch den Resonator.

In [30] ist ein Versuch beschrieben, bei dem ein 0,5 mm starkes KDP-Blättchen mit Spiegeln einer Reflexion von 98,4% als Modulator benutzt wird. Mit der Laufzeit $\tau = 2,5 \cdot 10^{-12}$ sec ergibt sich ein „Gewinn-Bandbreite"-Produkt von $6,36 \cdot 10^{10}$ Hz und eine verfügbare Bandbreite von 1 GHz. Die für einen Modulationsgrad von 0,5 berechnete erforderliche Modulationsspannung liegt bei 21 V_{eff} (allerdings ist hier die Bedingung $m_R \ll 1$ nicht mehr erfüllt; eine genauere Rechnung ergibt einen um 16% höheren Wert). In [30] wird angegeben, daß eine Modulationsspannung von 88 V_{eff} erforderlich war, was eventuell durch die Anwesenheit mehrerer Trägerschwingungen (axiale Moden des Lasers) oder höhere Resonatorverluste erklärt werden kann.

Die Hauptschwierigkeit in der Anwendung des eben beschriebenen Modulators liegt in der Einstellung und Konstanthaltung des Arbeitspunktes. In Erwägung zu ziehen ist hier eine automatische Frequenzabstimmung des Lasers (s. Kap. 8.3.1) oder eine elektrische Abstimmung des Modulators mit Hilfe einer Vorspannung.

In diesem Abschnitt 8.2.6 wurde angenommen, daß erstens die entstehenden Seitenbänder innerhalb des Durchlaßbereiches des Modulator-Resonators fallen und zweitens die Laufzeit des Lichtes durch den Resonator klein gegen die Periodendauer der Modulationsschwingung ist ($\psi_0 \ll 2\pi$). Sind diese Forderungen nicht mehr erfüllt, so ist eine Modulation wieder möglich, wenn die entstehenden Seitenbänder in die nächstliegenden Durchlaßbereiche fallen (Modulationsfrequenz $f_m = c/2nl$ und wenn Licht und Modulationsfeldstärke synchron durch den Kristall laufen. Dieser in [28] beschriebene „abgestimmte Betrieb" wird hier jedoch nicht behandelt, da er bezüglich Gewinn-Bandbreite dem hier beschriebenen kurzen Resonator unterlegen ist (s. Gl. 8.2/15); der Gewinn ist nur durch die Spiegelreflexion gegeben, und die Bandbreite nimmt bei fester Spiegelreflexion mit zunehmender Länge ab. Auch die Konstanthaltung des Abstandes wird schwieriger.

8.2.7 Ablenkmodulation

Die Ablenkung von Lichtstrahlen interessiert aus verschiedenen Gründen: Einmal ermöglicht die Ablenkung eines intensitätsmodulierten Lichtstrahles den Aufbau eines der *Braunschen Röhre* entsprechenden Wiedergabegerätes, zum anderen kann ein Fernsehaufnahmegerät die Abtastung eines Gegenstandes mit einem Lichtstrahl ausnutzen [31], wobei als Aufnahmekamera ein einfacher Photomultiplier Verwendung finden kann. Eine Strahlablenkung kann beim „Optischen Radar" zur Abtastung des Objektes dienen. Vor allem aber ist zu erwarten, daß die Ablenkmodulation in der Datenverarbeitung Verwendung finden wird (s. Kap. 10.4).

Wir unterscheiden zwischen einer *Analog-Ablenkung*, wobei der Ablenkwinkel monoton mit der modulierenden Größe (im allgemeinen eine elektrische Spannung) steigt, und einer *Digital-Ablenkung*, bei der eine Umsteuerung zwischen räumlich festliegenden Punkten erfolgt. Eine Größe, die die Leistungsfähigkeit eines Analog-Ablenksystems kennzeichnet, ist die Anzahl der auflösbaren Punkte, da diese Größe im Gegensatz zum Ablenkwinkel durch Linsensysteme nicht mehr beeinflußt werden kann.

Naheliegend ist eine *Mechanische Ablenkung* mittels beweglicher Spiegel. Die Verwendung rasch umlaufender verspiegelter Prismen ermöglicht sehr hohe Ablenkgeschwindigkeiten. So ergibt sich beispielsweise bei Annahme einer Umdrehungszahl von 30000 Umdrehungen pro Minute eine Ablenkgeschwindigkeit von $3{,}6 \cdot 10^5$ Grad pro Sekunde. Für ein Fernsehaufnahmegerät der oben erwähnten Art ermöglicht dies einen Ablenkwinkel von $23°$ in der für die Abtastung einer Zeile eines Fernsehbildes erforderlichen Zeit von $64\,\mu s$. Wegen der bei Mechanischen Ablenksystemen vorhandenen Trägheit arbeiten solche Systeme im wesentlichen nur mit *konstanter* Ablenkgeschwindigkeit, also kleiner Bandbreite. Etwas günstiger liegen die Verhältnisse wegen der kleineren Masse bei Verwendung verspiegelter piezoelektrischer Schwinger.

Der Ablenkwinkel δ eines *Prismas* hängt vom brechenden Winkel des Prismas γ und vom Brechungsindes n ab. Die Änderung des Brechungsindex in einem elektrooptischen Material kann daher zur Ablenkmodulation benutzt werden, (s. Abb. 8.15),

$$\Delta\delta = \frac{\sin\gamma}{\sqrt{1 - n^2 \sin\gamma}} \cdot \Delta n . \tag{8.2/16}$$

Für die in Abb. 8.15 gezeigte Orientierung ergibt sich bei Verwendung von KDP und Benutzung eines Prismas nahe bei der Totalreflexion ein Ablenkwinkel von 2° mit einer Feldstärke von 1000 V/cm, bei einer Temperatur von 130°K. Bessere Werte sind bei der Verwendung von KTN [32] (s. Kap. 8.2.8) zu realisieren.

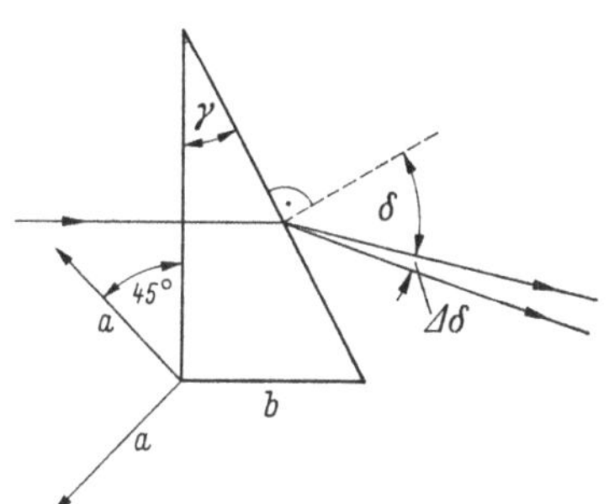
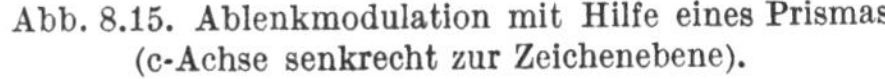

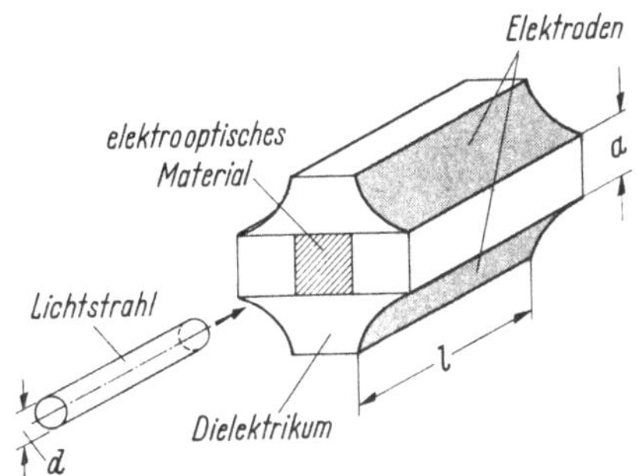

Abb. 8.15. Ablenkmodulation mit Hilfe eines Prismas. (c-Achse senkrecht zur Zeichenebene).

Abb. 8.16. Quadrupol-Ablenkmodulator.

Die Zahl der auflösbaren Punkte ist gegeben durch das Verhältnis von Ablenkwinkel zu Beugungswinkel. Nimmt man an, daß das Prisma vollständig ausgeleuchtet wird, so erhält man für die Anzahl N der auflösbaren Punkte den Wert [32, 33]

$$N = \Delta n \, \frac{b}{\lambda}, \qquad (8.2/17)$$

wobei b die Basis des Prismas ist.

Eine Begrenzung der Modulationsfrequenz bzw. der Bandbreite entsteht hier nur durch die für die Erzeugung der steuernden Feldstärke erforderlichen Schaltkreise.

Die Verwendung eines inhomogenen elektrischen Feldes zur Erzeugung einer transversalen Brechungsindexänderung wird nach [34] zur Ablenkmodulation benutzt. In Abb. 8.16 ist eine Ablenkeinrichtung gezeichnet, die zur Erzeugung des inhomogenen Feldes Quadrupol-Elektroden benutzt. Der Ablenkwinkel γ ist gegeben durch

$$\gamma = l \, \frac{dn}{dx}. \qquad (8.2/18)$$

Für die in Abb. 8.16 gezeigte Ablenkanordnung ist die Anzahl der unterscheidbaren Punkte durch folgende Gleichung gegeben ($2\Delta n \dots$ Brechungsindexänderung über Elektrodenabstand a; $d \dots$ Strahldurchmesser):

$$N = 2 \, \frac{\Delta n \, l}{\lambda} \cdot \frac{d}{a}. \qquad (8.2/19)$$

In [34] wird angegeben, daß dafür ein Wert von 100 zu realisieren sei; experimentell erreicht wurde das Verhältnis 10.

Abb. 8.17 zeigt ein Ablenkmodulationsverfahren, bei dem der Lichtstrahl in einem Medium mit steuerbarem, optischem Brechungsindex mehrfach reflektiert wird und das dem Prinzip der *Phased-Array-Antenne* entspricht [35]. Der Ablenkwinkel $\gamma = 2\Delta na/s$, wobei s der Mittenabstand benachbarter Strahlen ist. Der maximale Ablenkwinkel ist gegeben durch das Verhältnis von λ/s und damit die Zahl der unterscheidbaren Bildpunkte für beugungsbegrenzte Strahlen mit d/s. (d Öffnung

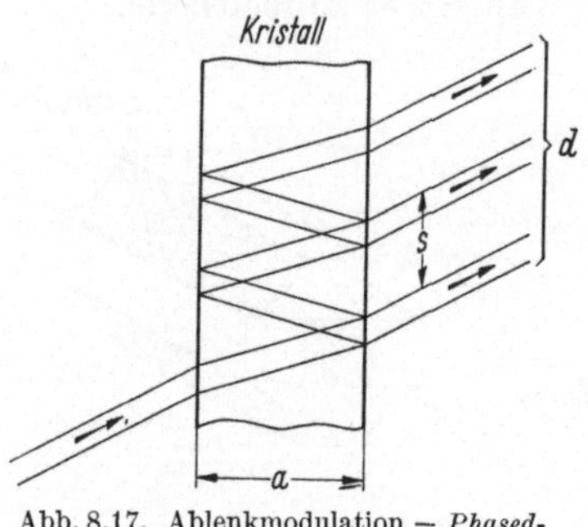

Abb. 8.17. Ablenkmodulation — *Phased-Array-Typ*.

des gesamten Strahlenbündels). Realisiert wurden 125 unterscheidbare Bildpunkte.

Alle bisher beschriebenen Ablenkmethoden ergeben eine *Analogablenkung*. Bringt man ein *Beugungsgitter* in einen Lichtstrahl, so entstehen außer dem Primärstrahl zwei (bei rein „sinusförmigem" Spalt) oder mehr Sekundärstrahlen [36]. Ein solches Beugungsgitter kann beispielsweise durch Anregung einer akustischen Welle in einem Quarzkristall realisiert werden; dies bewirkt eine periodische Schwankung des Brechungsindex. Der Ablenkwinkel

hängt ab vom Verhältnis der akustischen Wellenlänge zur Lichtwellenlänge. Eine Erhöhung der Amplitude der akustischen Strahlung bewirkt eine Erhöhung der Intensität der abgelenkten Strahlen; der Ablenkwinkel kann nur durch Änderung der Wellenlänge der akustischen Schwingung bewirkt werden. Bei konstanter Anregungsfrequenz liegt also eine *digitale Ablenkung* vor.

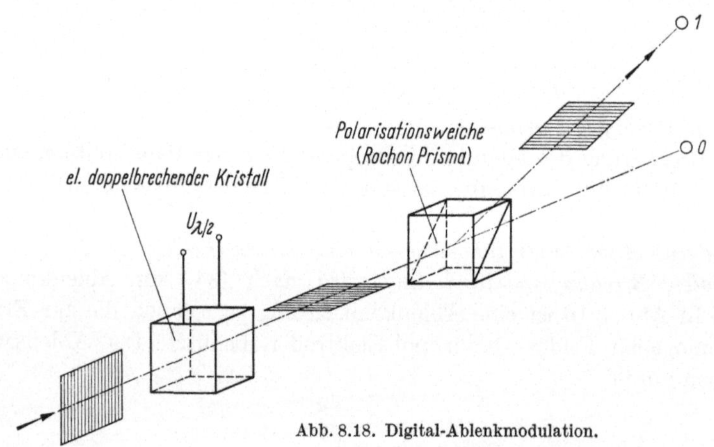

Abb. 8.18. Digital-Ablenkmodulation.

Abb. 8.18 zeigt eine weitere Digital-Ablenkeinrichtung, bei der in einem doppelbrechenden Kristall die *Polarisationsrichtung geändert* wird und die beiden Polarisationsrichtungen in einem Prisma (z. B. *Rochon-Prisma*) getrennt werden [37—39]. Dieses Ablenkverfahren kann durch Hintereinanderschalten mehrerer Elemente ausgebaut werden. Bei Verwendung von KDP ist jedoch eine Modulationsspannung von etwa 10 kV erforderlich, um eine volle Umsteuerung zu bewirken. Die Verwendung anderer Materialien, wie z. B. KTN [32] (s. Kap. 8.2.8), kann hier Vorteile bringen.

Viele der hier beschriebenen Ablenkverfahren erlauben die Verwendung sehr breiter Frequenzbänder, so daß eine mehrfache Ausnutzung durch Verwendung verschiedener optischer Frequenzen möglich ist (Color Coding [40]). Angaben über weitere Ablenksysteme in [41—43].

Tabelle 8.1 *Vergleich der elektrooptischen Eigenschaften*

Material	Brechungs-index	opt. Durchlaß-bereich	el. opt. Koeff. f_{63} mV^{-1}	Halb-wellen-spannung long. kV	Halb-wellen-spanng. transv. kV	relat. Dielektr.-konstante	Verlust faktoren	$f_{63} \cdot n^3$ mV^{-1}	Lite-ratur
(ADP) $NH_4H_2PO_4$	1,525	0,4—1,7 µm	$6,34 \cdot 10^{-12}$	9,6 (0,43 µm	—	12 (8,8 GHz)	0,04 (8,8 GHz)	$22,5 \cdot 10^{-12}$	[77]
(KDP) KH_2PO_4	1,51	0,4—1,7 µm	$-10,7 \cdot 10^{-12}$ ($f_{41} = 8,86 \cdot 10^{-12}$)	7,5 (0,536 µm)		20 (8,8 GHz)	0,02 (8,8 GHz)	$36,8 \cdot 10^{-12}$	[77]
KD_2PO_4	1,51		$26,4 \cdot 10^{-12}$			48		$90 \cdot 10^{-12}$	[78]
GaAs (kubisch)	3,34 ($\lambda = 0,78-8$ µm)	1—15 µm	$1,7 \cdot 10^{-12}$	3,95 (0,5 µm)		11,2 (NF)		$63,4 \cdot 10^{-12}$	[77]
CuCl (kubisch)	1,93	0,4—20,5 µm	$6,14 \cdot 10^{-12}$	6,2 (0,636 µm)	$7,2 \dfrac{d}{l}$	8 (5 kHz)	0,0015 (5 GHz)	$51,4 \cdot 10^{-12}$	[77]
Hexamine (kubisch)	1,59 ($\lambda = 0,589$ µm)	0,35—2 µm	$4,18 \cdot 10^{-12}$		$14,9 \dfrac{d}{l}$	3,2 (24 GHz)	0,001 (24 GHz)	$16,8 \cdot 10^{-12}$	[77]
(KTN) $KTa_{0,65}Nb_{0,35}O_3$	2,3 ($\lambda = 0,6$ µm)	ca. 0,4—6 µm	$(g_{11}-g_{12}) = 0,174 \dfrac{m^4}{Cb^2}$					ca. $1200 \cdot 10^{-12}$ für $E_0 =$ 2000 V/cm (T = 32°C)	[32]

8.2.8 Weitere zur Modulation geeignete Effekte

In Tab. 8.1 sind die elektrooptischen Daten verschiedener Materialien gegenübergestellt. Wie aus Gl. (8.2/1) hervorgehr, ist die Größe $n^3 f_{63}$ maßgebend für den Modulationseffekt. Man sieht, daß GaAs besonders günstig für eine Modulation im infraroten Frequenzbereich und KH_2PO_4 besonders günstig für Modulation im sichtbaren Bereich ist (KD_2PO_4 hat höhere dielektrische Verluste).

Außer dem linearen elektrooptischen Effekt kommt vor allem der quadratische elektrooptische Effekt (*Kerr-Effekt*) zur Modulation in Frage. Er tritt in zahlreichen Flüssigkeiten (z. B. Nitrobenzol) und einigen Kristallen auf. Hier ist die Brechungsindexänderung proportional dem Quadrat der elektrischen Feldstärke bzw. bei ferroelektrischem Material proportional der elektrischen Polarisation P [44],

$$\Delta n = B \cdot \lambda \cdot E^2$$

bzw. $\qquad \Delta n = n^3 \left(\frac{g_{11} - g_{12}}{2} \right) P^2.$ $\qquad\qquad$ (8.2/20a)

Die zweite Gleichung gilt für KTN ($KTa_xNb_{1-x}O_3$ mit $x = 0{,}65$) bei einer Orientierung von P in [001] Richtung und Lichtausbreitung in einer kristallographischen Achse senkrecht dazu.

Durch Anlegen einer Vor-„Spannung" E_0 kann man in einem kleinen Bereich eine angenäherte lineare Modulation erzielen und einen äquivalenten, elektrooptischen Koeffizienten $f_{63äq}$ definieren, der mit der Vorspannung wächst.

$$f_{63äq} = \frac{4 B \lambda E_0}{n_1^3},$$

bzw. $\qquad f_{63äq} = (g_{11} - g_{12}) P(E_0) \left. \frac{\partial P}{\partial E} \right|_{E_0}.$ $\qquad\qquad$ (8.2/20 b)

Man erkennt aus Tab. 8.1, daß für KTN mit der gewählten Vorspannung von 2000 V/cm die Modulationsempfindlichkeit wesentlich höher als bei den bekannten linearen elektrooptischen Materialien ist [32, 44].

Weiter kann zur Modulation die *Faraday-Drehung* (s. z. B. [45]) herangezogen werden, wobei jedoch der Leistungsbedarf bei der Steuerung durch Magnetfelder im allgemeinen sehr hoch ist. Die Beeinflussung der Absorptionskante eines Halbleiters durch elektrische Felder (*Franz-Keldysh-Effekt*, [46, 47]) wurde nach [48] unter Verwendung von Germanium zur Lichtmodulation benutzt. Für eine räumliche Modulation eines Laserstrahles kann unter Umständen die Beeinflussung der Absorptionskante eines Halbleiters durch den Besetzungszustand (*Burstein-Effekt*, [49]) von Interesse sein, da man damit eine einer Kathodenstrahlröhre ähnliche Modulationsröhre aufbauen könnte.

8.3 Interne Modulation

Bei der internen Modulation wird die gesamte, im optischen Resonator gespeicherte elektromagnetische Energie durch Variation eines die Schwingungserzeugung bestimmenden Parameters moduliert. Jede interne Modulation kann durch eine gesteuerte Änderung der Dielektrizitätskonstante oder der Verluste des Resonators beschrieben werden. Durch die Beeinflussung der Dielektrizitätskonstante wird eine Frequenzmodulation hervorgerufen; die Variation der Verluste im Resonator führt zu einer Amplituden-Modulation.

8.3.1 Niederfrequenzmodulation — Quasistationäre Betrachtungsweise

Diese Art der Untersuchung ist gültig für langsam veränderliche Vorgänge, deren Grenze noch genauer angegeben wird.

Amplitudenmodulation (AM): Abb. 8.19 zeigt für das Beispiel eines speziellen He—Ne-Lasers die Abhängigkeit der Ausgangsleistung von den in den optischen Resonator eingebrachten zusätzlichen Verlusten. Man erkennt, daß die Einführung einer zusätzlichen Dämpfung von 5% pro Durchgang eine 100%ige Modulation der Ausgangsleistung bewirkt. Dies ist verständlich, da allgemein die Verstärkung im Laser nur einige Prozente beträgt und daher die Schwingung aussetzt, wenn die Verluste von der gleichen Größenordnung sind. Die angegebene Änderung der Verluste würde bei Verwendung als externer Modulator nur eine AM von 5% hervorrufen, was den Vorteil der internen Modulation gegenüber der externen bezüglich erforderlicher Modulationsleistung aufzeigt. Allgemeine Angaben

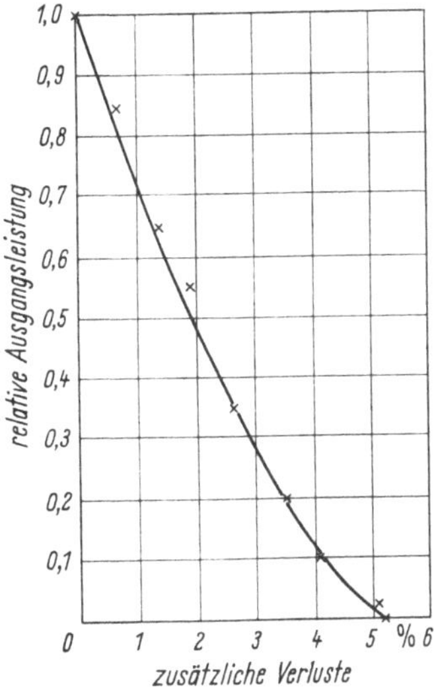

Abb. 8.19. Ausgangsleistung der sichtbaren Linie des He—Ne-Lasers als Funktion der zusätzlich in den Resonator gebrachten Verluste.

sind hier nur sehr schwer zu machen, da die Beeinflußbarkeit der inneren Energie des Resonators von der Art der Begrenzung der Schwingungsamplitude abhängt (s. Kap. 4.2).

In [50] werden Versuche dieser Art an einem Rubinlaser beschrieben (s. Abb. 8.20). Als Verstärkungselement wird ein Rubinstab benutzt, dessen optische Achse gegen die Stabachse geneigt ist (60°) und der wegen seines Dichroismus

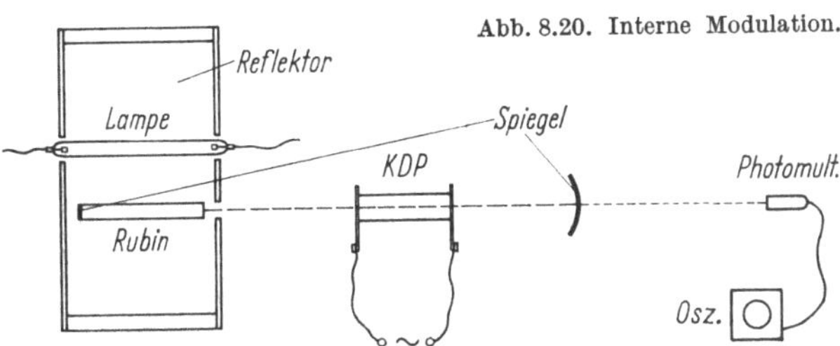

Abb. 8.20. Interne Modulation.

nur linear polarisiertes Licht einer Richtung verstärkt. Als steuerbares Dämpfungselement wird ein elektrisch doppelbrechender Kristall KDP benutzt, der so orientiert ist, daß die durchtretende Polarisationskomponente $E_\parallel$ gemäß Gl. (8.2/6) von der Doppelbrechung $\Delta\varphi$ abhängt. Wenn die Modulationsspannung

genügend hoch ist, so sind die Verluste nur für einen kurzen Teil der Modulationsperiode genügend klein, um ein Anschwingen zu ermöglichen. Es entsteht dann
eine Pulsfolge, wie in Abb. 8.21a gezeigt. Abb. 8.21b zeigt den zeitlichen Verlauf der Emission ohne Modulationsspannung; da es sich um einen im Pulsbetrieb arbeitenden Laser mittlerer Qualität handelt, treten unregelmäßige Relaxationsschwingungen auf (zwei Spikes in Abb. 8.21b).

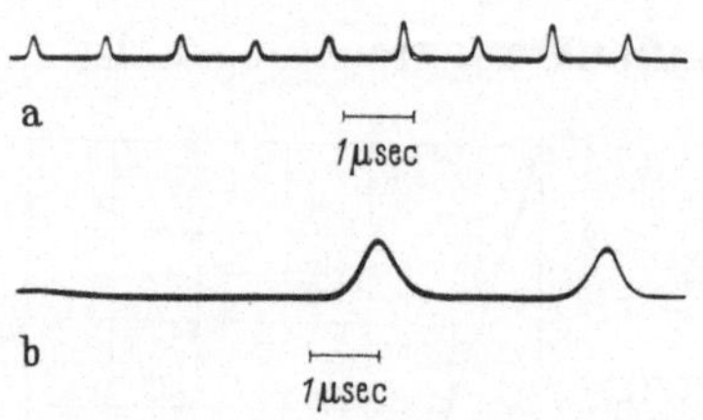

Abb. 8.21. Emission eines Rubinlasers.
a) Modulation mit 1 MHz; b) ohne Modulation
(Spikes).

Abb. 6.18 zeigt die Abhängigkeit der Ausgangsleistung des He–Ne-Lasers von der
Pumpleistung. Es ist naheliegend, diese Abhängigkeit zur Modulation heranzuziehen.
Ähnlich wie bei einer Steuerung der Verluste
tritt hier eine Modulation des Gewinns pro
Durchgang des Lichtes im Resonator auf, die
zur Modulation führt. Hier hat man aller-
dings zu beachten, daß die lange Lebensdauer (10^{-2} bis 10^{-4}) des metastabilen
$2\,^1S_0$-Termes des Heliums die Modulationsfrequenz auf sehr kleine Werte begrenzt.
Da jedoch nur kleine Änderungen der Besetzung erforderlich sind und außerdem
die Stöße mit den He-Atomen lebensdauerverkürzend wirken, kann damit auf
einfache Weise eine Modulation mit Frequenzen von maximal einigen kHz erzielt
werden.

Ganz allgemein kann man für die innere Modulation eine obere Grenze für die
Modulationsfrequenz bzw. für die Bandbreite angeben, die durch die Güte des
Resonators gegeben ist.

Hat man einen Gewinn Γ für einen Durchgang des Lichtes, so ist die Zeitkonstante τ, in der die Lichtleistung auf den e-fachen Wert steigt (bzw. bei einer
Dämpfung auf das $1/e$-fache sinkt), gegeben durch

$$\tau = \frac{l \cdot n}{(1 - \Gamma)c}. \tag{8.3/1}$$

Eine Berechnung der Pulsflankenabschrägung bei Pulsmodulation ist damit
möglich, wenn die Werte der Verstärkung und Dämpfung gegeben sind. Zu beachten ist jedoch, daß allgemein die Verstärkung Γ von der Lichtleistung (von der
Termbesetzung) abhängt, und daher Gl. (8.3/1) nur eine grobe Abschätzung darstellt.

In typischen Betriebszuständen des Lasers ist der Gewinn von gleicher Größenordnung wie die Verluste des „kalten" Resonators, so daß man τ durch die Güte Q
des Resonators ausdrücken kann. Die höchst zulässige Modulationsfrequenz und
damit die Bandbreite $\Delta\nu$ der internen Modulation kann also abgeschätzt werden
aus

$$\Delta\nu = \frac{\nu}{Q} = \frac{(1 - R)c}{2\pi\,l \cdot n}. \tag{8.3/2}$$

Mit typischen Werten für Festkörper-, Gas- und Diodenlaser ergeben sich
damit die in Tab. 8.2 angegebenen Größenordnungen für die Modulationsbandbreiten.

Tabelle 8.2 *Typische Modulationsbandbreiten der verschiedenen Laserarten bei interner Modulation*

	Verluste pro Umlauf $(1-R)$ mit Modulationskristall	(optische) Resonatorlänge	Bandbreite $\Delta\nu/\text{MHz}$
optisch gep. Festkörperlaser (Rubin)	0,04[1]	0,15 m	130
Gaslaser (He–Ne)	0,01	1 m	5
Diodenlaser (Ga–As)	0,3[2]	100 µm	$140 \cdot 10^3$

[1] Streuverluste inbegriffen, [2] Beugungsverluste inbegriffen

Man erkennt, daß beim Gaslaser die maximal möglichen Bandbreiten bei innerer Modulation sehr gering sind, beim Diodenlaser jedoch Werte von etwa 100 GHz haben können. Die bereits in Kap. 7 beschriebene Pumpmodulation der Laserdiode über den Injektionsstrom kann also sehr breitbandig sein. Eine Verringerung der Resonatorgüte zum Zwecke der Bandbreiteerhöhung wird man im

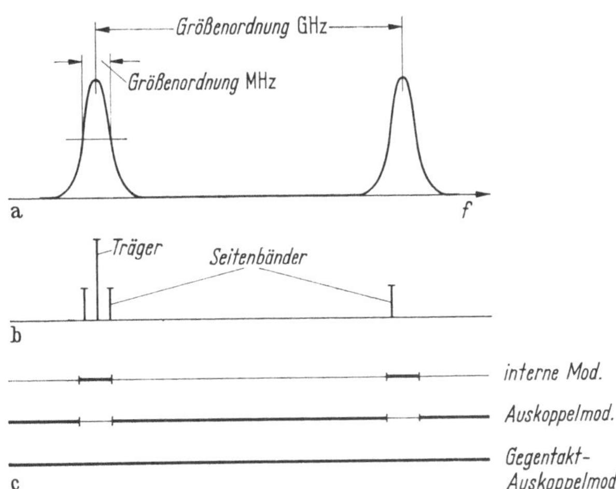

Abb. 8.22. Bandbreiten verschiedener Modulationsverfahren. a) Eigenresonanzen des optischen Resonators; b) Spektrum für interne Modulation; c) Bandbreiten.

allgemeinen vermeiden, da dies mit einer Verringerung der Stabilität der Laserschwingung, einer Erhöhung der Linienbreite (s. Kap. 9) und einer Erhöhung des Schwellenwertes (meist verbunden mit einer Erhöhung der erforderlichen Modulationsleistung) verbunden ist. Bezüglich Modulationsbandbreite und Qualität der abgegebenen Laserstrahlung bestehen also bei der internen Modulation sich widersprechende Forderungen.

Diese hier angegebene Grenze wird selbstverständlich nur erreicht, wenn die Änderung der Verluste bzw. der Verstärkung selbst genügend rasch erfolgen kann. Dies ist beispielsweise nicht der Fall bei der oben beschriebenen Pumpmodulation des He—Ne-Lasers und unter Umständen bei der Laserdiode (s. Kap. 7).

Abb. 8.22 zeigt schematisch die Durchlaßbereiche des optischen Resonators. Eine Modulation ist nach dem eben Gesagten nur möglich, wenn die entstehenden Seitenbänder in den Durchlaßbereich des Resonators fallen. Dies bedeutet aber, daß eine interne Modulation auch möglich ist, wenn die Modulationsfrequenz etwa gleich dem Abstand der Eigenfrequenzen (gleicher transversaler Ordnung) des Resonators ist. Auf diesen „abgestimmten" Hochfrequenzbetrieb kommen wir in Kap. 8.3.9 noch zurück.

Frequenzmodulation (FM): Eine Änderung der Eigenfrequenz des optischen Resonators bewirkt eine Änderung der Oszillationsfrequenz des Lasers, wobei diese Änderung um den Betrag des „Pulling" (s. Kap. 4) verringert ist. Eine Änderung der Eigenfrequenz des Resonators ist beispielsweise möglich durch eine axiale Spiegelbewegung, wenn der Spiegel auf ein piezoelektrisches Material montiert ist. Ebenso kann der durch elektrische Felder abstimmbare Brechungsindex in elektrisch doppelbrechenden Substanzen dazu herangezogen werden.

Ebenso wie bei der Amplitudenmodulation existiert auch hier die Bandbreitebegrenzung durch den optischen Resonator, so daß die Bedeutung der internen Modulation für breitbandige Frequenzmodulation gering ist. Zur automatischen Frequenzabstimmung hingegen sind diese Verfahren vorzüglich geeignet.

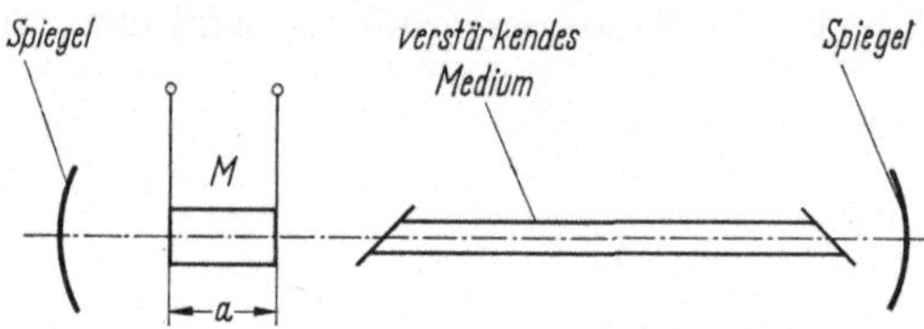

Abb. 8.23. Interne Modulation (schematisch).

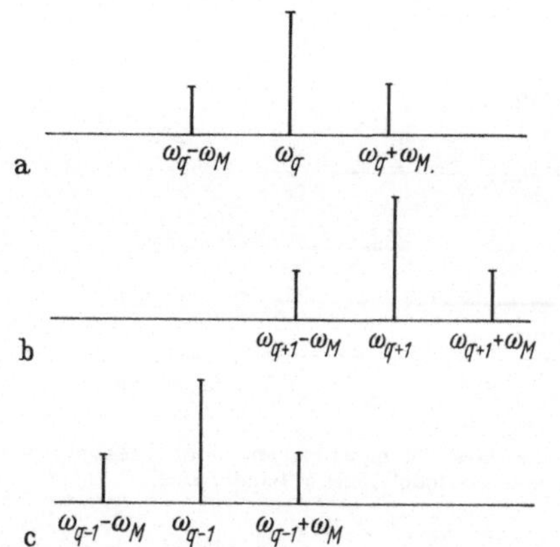

Abb. 8.24. Spektrum bei abgestimmter interner HF-Modulation. a) Modulation des Trägers bei ω_q; b) Modulation des Trägers bei ω_{q+1}; c) Modulation des Trägers bei ω_{q-1}.

8.3.2 Abgestimmte Hochfrequenzmodulation

Es wird nun die interne Modulation für den Fall behandelt, daß die Modulationsfrequenz ω_M etwa gleich dem Abstand zweier benachbarter Resonator-Eigenschwingungen (gleicher transversaler Ordnung) ist.

Abb. 8.23 zeigt schematisch einen Laser mit einem Modulator M der Länge a. Es wird für das Folgende angenommen, daß die modulierende Strecke a klein gegen die (im Medium verkürzte) Wellenlänge der Modulationsschwingung ist. Die Wirkung des Modulators wird beschrieben durch eine Änderung $\Delta\varepsilon$ seiner relativen Dielektrizitätskonstanten bzw. durch eine Änderung $\Delta\sigma$ seiner Leitfähigkeit.

Aus Gl. (4.9/18) erhält man unter der Voraussetzung nahezu monochromatischer Schwingungen (Gl. 8.3/3a) Bestimmungsgleichungen für die In-Phase-(C_q)- und Quadratur-(S_q)-Komponenten der das Medium zwischen den Resonatorspiegeln kennzeichnenden Polarisation P_q (*Lambsche Gleichungen*, s. Gln. (13) und (14) in [22] von Kap. 4 und [51]).

$$E_q(t) = A_q(t)\,\cos\left(\omega_q t + \varphi_q(t)\right) \tag{8.3/3a}$$

$$P_q(t) = C_q(t)\,\cos\left(\omega_q t + \varphi_q(t)\right) + S_q(t)\,\sin\left(\omega_q t + \varphi_q(t)\right)$$

$\left(A_q(t),\ \varphi_q(t),\ C_q(t)\ \text{und}\ S_q(t)\ \text{langsam mit}\ t\ \text{veränderliche Funktionen}\right)$.

Durch den Modulator entstehen zusätzliche Terme in der Polarisation, und zwar bei den Frequenzen $\omega_q + \omega_M = \omega_{q+1}$ und $\omega_q - \omega_M = \omega_{q-1}$ (s. Abb. 8.24). Diese Terme beschreiben den Einfluß des Modulators auf die Schwingung bei der Frequenz ω_q. Der Modulator wirkt aber ebenso auf die Schwingungen bei den Frequenzen ω_{q+1} und ω_{q-1}. Addiert man sämtliche Anteile bei der Frequenz ω_q, so erhält man für die In-Phase- und Quadratur-Komponenten der Polarisation folgende Ausdrücke:

$$C_q = \frac{\varepsilon_0\,\Delta\varepsilon}{2}\,\frac{a}{l}\,(E_{q+1}\cdot\cos\theta_{q+1} + E_{q-1}\cdot\cos\theta_q) - \frac{\Delta\sigma}{2\omega}\,\frac{a}{l}\,(E_{q+1}\cdot\sin\theta_{q+1} - E_{q-1}\sin\theta_q),$$

$$S_q = \varepsilon_0\,\chi''\,\frac{l_1}{l}\cdot E_q + \frac{\varepsilon_0\,\Delta\varepsilon}{2}\,\frac{a}{l}\,(-E_{q+1}\sin\theta_{q+1} + E_{q-1}\sin\theta_q) -$$

$$- \frac{\Delta\sigma}{2\omega}\cdot\frac{a}{l}\,(E_{q+1}\cos\theta_{q+1} + E_{q-1}\cos\theta_q). \tag{8.3/3b}$$

Darin bedeuten:

l optische Länge des Resonators,
a optische Länge des Modulators,
l_1 optische Länge des verstärkenden Mediums,
χ'' Imaginärteil der Suszeptibilität des Lasermediums ($\chi'' < 0$ bei Entdämpfung),
θ_q Phasendifferenz zwischen den Schwingungen bei ω_q und ω_{q-1}.

Durch den Modulator werden also Schwingungen im Abstand der Modulationsfrequenz miteinander verkoppelt. Allgemein wird der Abstand $\omega_q - \omega_{q-1}$ der Eigenfrequenzen mit verschiedener axialer Knotenzahl nicht genau gleich der Modulationsfrequenz ω_M sein und man definiert die Verstimmung $\delta\omega = \omega_M - (\omega_q - \omega_{q-1})$. Für den „eingeschwungenen" Zustand (Zeitableitungen in den *Lambschen Gleichungen* gleich Null gesetzt) erhält man die in Tab. 8.3 angegebenen Spektren [51—54].
Genügend große Verstimmung liegt vor, wenn diese groß gegen die Linienbreite der Laserschwingung bei fehlender Modulation ist,

$$\delta\omega \gg \delta\omega_{osz} = \omega\left(\frac{1}{Q_q} + \chi''\right),$$

mit Q_q der Güte der q-ten Eigenschwingung des Laserresonators. Man erkennt daraus, daß die Phasen der einzelnen Seitenbänder bei einer Steuerung der Leitfähigkeit denen einer amplitudenmodulierten Schwingung entsprechen, während eine Steuerung der Dielektrizitätskonstante zu einem Frequenzmodulationsspektrum führt.
In den verwendeten *Lambschen Gleichungen* sind keine amplitudenbegrenzenden Terme enthalten. Die Rechnung liefert daher für den Fall genauer Abstimmung der Modulationsfrequenz auf den Abstand der axialen Eigenfrequenzen wegen der Entdämpfung der Seitenbänder im Lasermaterial ein monoton mit der Zeit ansteigendes Spektrum. Nur bei genügend großer Verstimmung ergibt sich ein Spektrum mit zueinander festem Amplitudenverhältnis.

Tabelle 8.3 *Spektren bei abgestimmter interner Hochfrequenzmodulation*

	Spektrum	Zeigerdarstellung
Modulation der Dielektrizitätskonstanten $\Delta\varepsilon$ bei Verstimmung	$E_{q+k} = J_k(\xi)$ $\theta_{q+1} = \pi$ $\theta_q = \pi$	FM
Modulation der Dielektrizitätskonstanten $\Delta\varepsilon$ ohne Verstimmung Einschwingzustand!	$E_{q+k} = J_k\left(\dfrac{\Delta\varepsilon}{\varepsilon}\,\dfrac{\alpha}{\lambda}\,[\omega_q-\omega_{q-1}]t\right)$ $\theta_{q+1} = -\dfrac{\pi}{2}$ $\theta_q = -\dfrac{\pi}{2}$	FM
Modulation der Leitfähigkeit $\Delta\sigma$ mit Verstimmung	$E_{q+k} = J_k(\eta)$ $\theta_{q+1} = \dfrac{\pi}{2}$ $\theta_q = -\dfrac{\pi}{2}$	AM
Modulation der Leitfähigkeit $\Delta\sigma$ ohne Verstimmung Einschwingzustand!	$E_{q+k} = J_k\left(\dfrac{\Delta\sigma}{\omega\varepsilon_0}\,\dfrac{\alpha}{\lambda}\,[\omega_q-\omega_{q-1}]t\right)$ $\theta_{q+1} = \pi$ $\theta_q = 0$	AM

Darin bedeuten:

$$\xi = \frac{\omega_q-\omega_{q-1}}{\delta\omega}\,\frac{a}{\lambda}\,\frac{\Delta\varepsilon}{\varepsilon}$$ ein Maß für die Aussteuerung der Dielektrizitätskonstanten (λ Lichtwellenlänge im Modulator)

$$\eta = \frac{\omega_q-\omega_{q-1}}{\delta\omega}\,\frac{a}{\lambda}\,\frac{\Delta\sigma}{\omega\varepsilon_0}$$ ein Maß für die Aussteuerung der Leitfähigheit

Von besonderem Interesse sind folgende zwei Betriebszustände:

1. *Erzeugung einer Pulsmodulation*: Die abgestimmte Hochfrequenzmodulation führt zu einer „Synchronisation" der axialen Eigenfrequenzen. Nimmt man zunächst an, daß alle diese Eigenfrequenzen konstante Amplitude E_k haben, so ergibt sich für die Zeitabhängigkeit der Feldstärke

$$E(t) = E_k \exp\,(\mathrm{j}\,\omega_0 t)\;\frac{2\sin\dfrac{w_M t}{2}\cdot\sin\,(2k-1)\dfrac{w_M t}{2}}{1-\cos w_M t}. \tag{8.3/4}$$

Man erkennt daraus, daß ein Pulszug entsteht, dessen Pulsfolgefrequenz durch die Modulationsfrequenz gegeben ist (Abb. 8.25) und dessen Pulsdauer durch die Modulationsfrequenz und die Anzahl der verkoppelten Eigenschwingungen, also durch die Breite des gesamten Spektrums, bestimmt ist. Die mittlere Intensität wird durch diese Synchronisation der Eigenfrequenzen nicht verändert; der Spitzenwert ist um den Faktor der Anzahl der verkoppelten Schwingungen höher als der Mittelwert.

Abb. 8.26a zeigt ein auf diese Weise mit Hilfe eines He—Ne-Lasers erzielten Pulszug und Abb. 8.26b einen Einzelimpuls aus einem Pulszug, der mit Hilfe eines Argon-Lasers erzielt wurde.

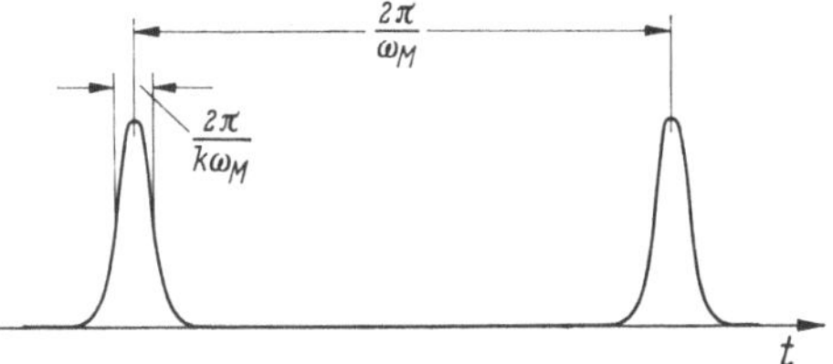

Abb. 8.25. Pulsfolge bei abgestimmter interner Hochfrequenzmodulation (AM).

Die Breite des bei der Modulation entstehenden Spektrums ist durch die Linienbreite des Überganges bestimmt. Man erhält daher umso schärfere Pulse, je breiter die Fluoreszenzlinie ist. Im Beispiel des Argonlasers besteht gute Über-

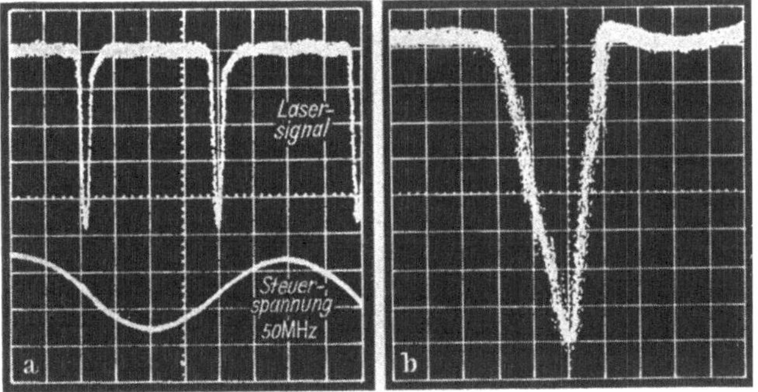

Abb. 8.26. Ausgangspulse von Gaslasern mit abgestimmter interner HF-Modulation. a) He–Ne-Laser (0,6328 µm); b) Argon-Laser (0,488 µm), Zeitdehnung: 0,2 ms/Skt. (nach M. H. CROWELL [53]).

einstimmung zwischen der Pulsdauer von 0,3 nsec und der Fluoreszenzlinienbreite von 3 bis 4 GHz. Experimente dieser Art sind in [53, 55 bis 59] beschrieben.

2. *Interne Frequenzmodulation*: Der entstehende Phasenhub $\Delta\varphi$ bei externer Modulation unter Verwendung eines gesteuerten Dielektrikums ist gegeben durch (vgl. Kap. 8.2.2[1]):

$$\Delta\varphi = \frac{\pi\,a}{\lambda}\frac{\Delta\varepsilon}{\varepsilon}. \tag{8.3/5}$$

Man erkennt durch Vergleich mit Tab. 8.3, daß der Phasenhub bei interner Modulation um den Faktor $\dfrac{w_q - w_{q-1}}{\pi\,\delta\,w}$ größer ist als bei Verwendung desselben Elementes als externer Modulator. Der Phasenhub ist hier durch die Breite der Fluoreszenzlinie begrenzt, d. h. man benötigt bei verschwindend kleiner Verstimmung $\delta\omega$ eine verschwindend kleine Änderung der Dielektrizitätskonstanten $\Delta\varepsilon$, um das Lasersignal über die gesamte Fluoreszenzlinie zu wobbeln. Dies ist verständlich, da durch die Modulation die an sich schon vorhandenen Eigenschwingungen lediglich mit solcher Phase zueinander verkoppelt werden, daß sie einem Frequenz-

---

[1] beachte: $\dfrac{\Delta n_\psi}{n_\psi} \approx \dfrac{1}{2}\dfrac{\Delta\varepsilon}{\varepsilon}$; $\lambda_0 = \sqrt{\varepsilon}\,\lambda = n\cdot\lambda$; $\Delta n_\psi = \dfrac{\Delta n}{2}$ mit Δn nach Gl. (8.2/1).

modulationsspektrum entsprechen. In [60] ist ein Versuch beschrieben, bei dem ein Frequenzhub von 1200 MHz realisiert wurde; die Verwendung des dort benutzten Modulators würde bei externer Modulation lediglich einen Hub von 30 MHz erlaubt haben.

Man kann dieses frequenzmodulierte Signal in einem zusätzlichen externen Modulator (s. Abb. 8.27) mit gleichem Hub, aber entgegengesetzter Phase so

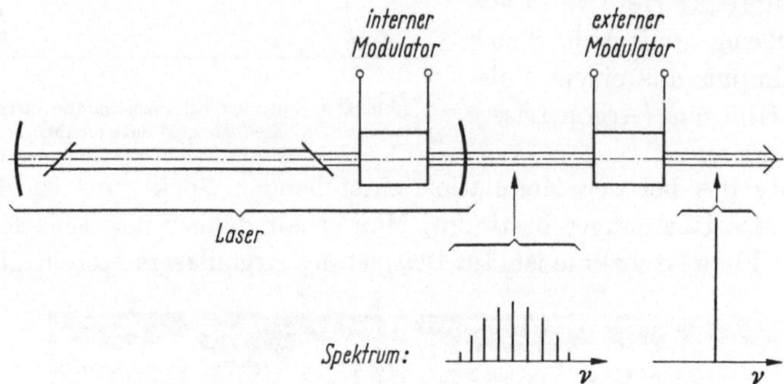

Abb. 8.27. Erzeugung einer einzelnen Schwingung hoher Leistung (super mode-Laser).

modulieren, daß man ein unmoduliertes Signal erhält. Der Vorteil dieser Anordnung liegt darin, daß die in der gesamten Fluoreszenzlinienbreite verfügbare Leistung bei einer einzigen Frequenz emittiert wird (Super-Mode-Laser) [61]. Wesentlich eleganter ist die Verwendung eines sehr selektiven Spiegels, der nur eine der miteinander verkoppelten Eigenfrequenzen auskoppelt [62]; wegen der Verkopplung der einzelnen Schwingungen wird auch hier die gesamte verfügbare Leistung aller Eigenschwingungen ausgekoppelt. Von Vorteil sind diese Verfahren nur bei inhomogen verbreiterten Fluoreszenzlinien.

Die beiden Sonderfälle zeigen deutlich, daß durch die interne Modulation die Zeitabhängigkeit der Emission zwar wirksam, aber nur schmalbandig beeinflußt werden kann. Für Nachrichtenübertragung ist das später beschriebene Prinzip der Auskoppelmodulation günstiger.

8.3.3 Modulationsverfahren, die nur für die interne Modulation geeignet sind

Außer den bisher beschriebenen Verfahren der internen Modulation besteht noch die Möglichkeit, den atomaren Übergang selbst zu beeinflussen. Dies ist möglich über den *Stark-Effekt* oder über den *Zeeman-Effekt*. Dadurch wird die Fluoreszenzlinie in ihrer Frequenzlage verschoben, ohne daß die Eigenfrequenzen des Laserresonators beeinflußt werden. Bei niedriger Modulationsfrequenz (quasistationärer Betrieb) und Vielmoden-Betrieb werden daher am Rande des Spektrums neue Linien anschwingen bzw. abklingen.

Bezüglich des dynamischen Verhaltens (Bandbreite) unterliegen diese Modulationsverfahren der für interne Modulation typischen Bandbreitebegrenzung.

8.4 Auskoppelmodulation

Bei der internen Modulation müssen die im optischen Resonator entstehenden Seitenbänder in einen seiner Resonanzbereiche fallen, da sie sich andernfalls auf Grund der Mehrfachreflexion selbst auslöschen würden. Bei der sog. Auskoppelmodulation werden die Seitenbänder sofort nach ihrer Entstehung aus dem Resonator ausgekoppelt. Dadurch fällt die für die interne Modulation geltende einschränkende Bedingung für die Modulationsfrequenz weg.

Abb. 8.28 zeigt den ursprünglichen Vorschlag der Auskoppelmodulation [63,64]. In dieser Form wird ein Ringlaser verwendet. Das unten links gezeichnete Element RL stellt eine optische Richtungsleitung dar (ein Element mit *Faraday-Drehung*

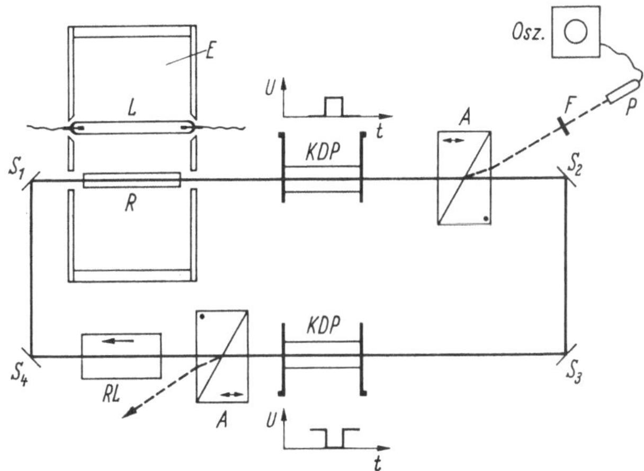

Abb. 8.28. Gegentakt-Auskoppelmodulation.

und Polarisationsfilter), so daß nur die Schwingung in einer Umlaufrichtung auftreten kann. In diesen Laser werden *zwei* Modulatoren gebracht. Jeder enthält einen Modulationskristall KDP und eine Polarisationsweiche A, beispielsweise ein *Rochon-Prisma*. Dieses Prisma läßt Licht einer Polarisation ungestört durchtreten und lenkt Licht der anderen Polarisationsrichtung aus. Das Prisma sei so eingestellt, daß es die bei fehlender Spannung am KDP-Kristall allein vorherrschende Polarisationsrichtung ungehindert hindurchtreten läßt. Wird nun an den ersten Modulator eine Spannung, beispielsweise ein Puls von 700 V gelegt, so tritt das Licht aus dem KDP-Kristall geringfügig elliptisch polarisiert aus. Die hier neu entstandene senkrechte Komponente, beispielsweise 1% der eintretenden Intensität, wird im Prisma ausgekoppelt und stellt das modulierte Signal dar. Der Rest — (99%) — läuft in den zweiten Modulator. Wird an diesen eine komplementäre Spannung angelegt (d. h. es wird ein Puls angelegt, wenn am ersten Modulator kein Puls liegt), so tritt das nicht ausgelenkte Licht aus dem zweiten Modulator vollkommen unmoduliert, jedoch geschwächt um 1%, aus. Es gelangt daher unmoduliert wieder an die Ausgangsstelle zurück. Eine Beschränkung der Bandbreite durch den Resonator tritt hier nicht auf.

Man kann nun durch geeignete Verzögerungselemente diese Anordnung beliebig breitbandig machen. Unerwünscht bleibt dabei der relativ hohe Aufwand zweier Modulatoren. Abb. 8.29 zeigt eine Anordnung, die nur einen Modulator benutzt [63, 64]. Wenn man nämlich die Modulationsfrequenzen so wählt, daß die erzeugten Seitenbänder *außerhalb* der Resonanzkurve des optischen Resonators liegen, so kann die im Resonator gespeicherte Energie nicht der Modulation folgen, und der zweite, nur zur Konstanthaltung der Energie eingeführte Modulator kann fortgelassen werden.

Die Bandbreite einer solchen Anordnung kann ohne weiteres einige 100 MHz betragen: Man erkennt dies aus dem Eigenfrequenzspektrum des Resonators (Abb. 8.22). Die interne Modulation ist auf die Breite der Resonanzkurve beschränkt; die Auskoppelmodulation mit einem Modulator auf die Lücke, die sehr breit sein kann. Die Auskoppelmodulation mit zwei Modulatoren ist durch den optischen Resonator in der Bandbreite überhaupt nicht beschränkt. In [65, 66] wird darauf hingewiesen, daß auch bei einer Modulationsfrequenz, die gleich dem halben

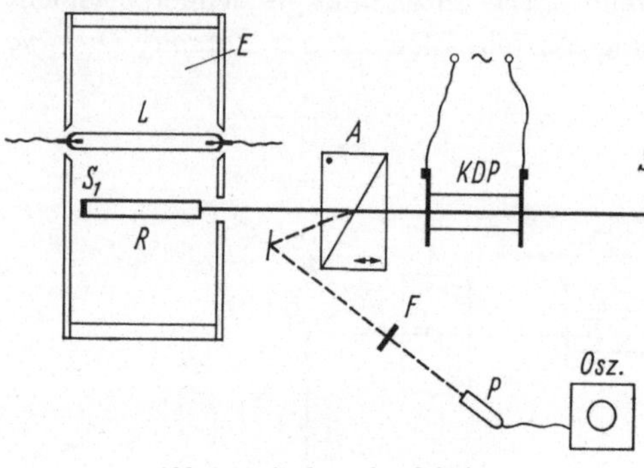

Abb. 8.29. Auskoppelmodulation.

Abstand axialer Eigenfrequenzen ist, Verzerrungen auftreten, weil die im optischen Resonator gespeicherte Energie wegen der Nichtlinearität der Modulationskennlinie auch mit der doppelten Modulationsfrequenz schwankt. Dazu ist zu bemerken, daß allgemein bei der Auskoppelmodulation meist dann Störungen

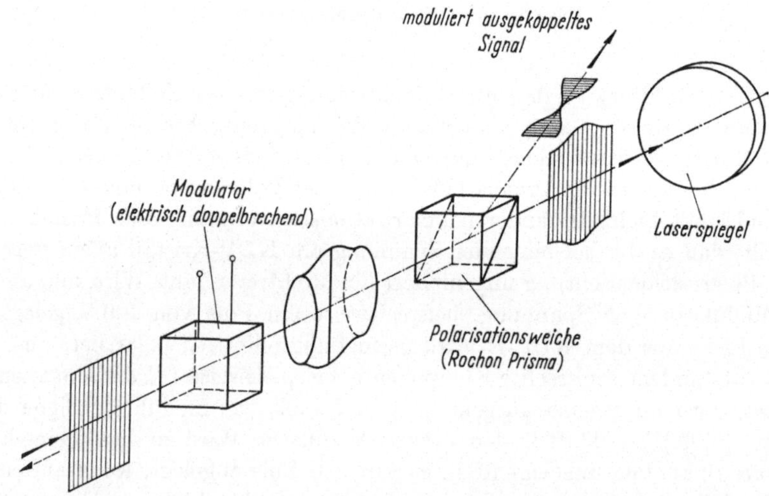

Abb. 8.30. Auskoppelmodulation (Polarisationszustände).

auftreten, wenn der in den „verbotenen" Frequenzbereichen ausgekoppelte Anteil in seiner Leistung vergleichbar mit der gesamten ausgekoppelten Leistung ist. Wird daher mit einem breitbandigen Spektrum moduliert, so ist automatisch der Anteil in den „verbotenen" Frequenzbereichen klein, und es tritt keine Störung auf. Dies betrifft nicht die Verzerrungen durch die Modulationskennlinie selbst [67].

Im folgenden einige Bemerkungen über die moduliert ausgekoppelte Leistung: Beim Laser wird im Inneren des Resonators eine sehr hohe Intensität dadurch erzielt, daß hochreflektierende Spiegel verwendet werden. Nur ein geringer Prozentsatz der im Innern laufenden Welle wird ausgekoppelt. Dies ist durchaus

nicht etwa unwirtschaftlich, da sich bei einem geringen ausgekoppelten Prozentsatz die innen gespeicherte Energie so lange erhöht, bis wieder die volle, durch den Pumpprozeß zur Verfügung stehende Leistung ausgekoppelt wird. Unwirtschaftlich wird eine geringe Auskoppelung nur dann, wenn sehr hohe Verluste vorhanden sind, so daß man einen schlechten Kreiswirkungsgrad hat (der optimale Auskoppelgrad wird in Kap. 4.8 beschrieben). Dasselbe gilt auch für die Auskoppelmodulation. Wird durch die Auskoppelmodulation 1% der intern laufenden Welle ausgekoppelt, so ist dies die gleiche Leistung, wie sie von einem Laser mit einem 1% durchlässigen Spiegel abgegeben wird.

Abb. 8.30 zeigt die Polarisationszustände für die Auskoppelmodulation. Abb. 8.31 zeigt einen Aufbau, der nach diesem Prinzip arbeitet. Man sieht links den Rubinlaser, ganz rechts den externen Spiegel. Links vom Spiegel erkennt man den Modulationskristall in seiner Halterung und zwischen Modulationskristall und Laser das als Polarisationsweiche dienende Prisma. In dieser Ausführung des Lasers trat die Emission in Spikes auf. Abb. 8.32 zeigt unten einen Spike (aufgenommen durch Spiegel S_2 in

Abb. 8.31. Auskoppelmodulation am Rubinlaser.

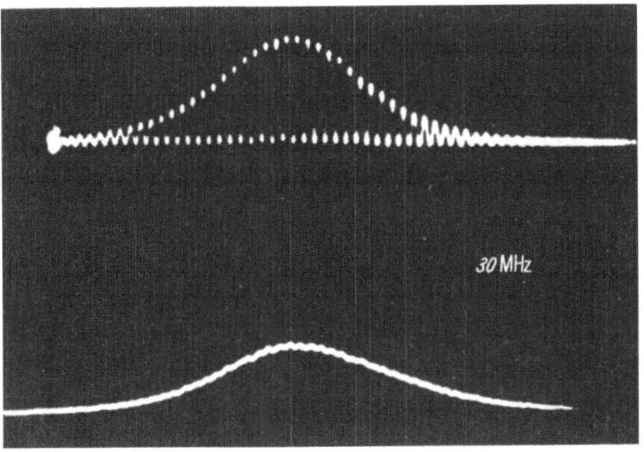

Abb. 8.32. Auskoppelmodulation am Rubinlaser (abgegebenes Signal).

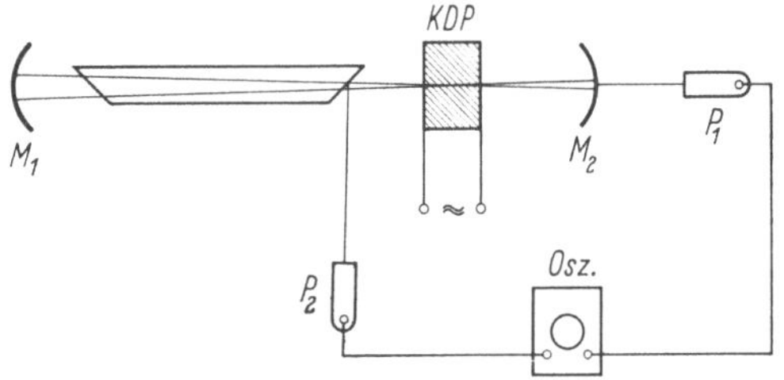

Abb. 8.33. Auskoppelung am He–Ne-Laser.

Abb. 8.29). Der moduliert ausgekoppelte Anteil ist im oberen Oszillogramm zu sehen. Man erkennt, daß trotz der 100%igen Modulation des ausgekoppelten Strahles die innere Energie praktisch unmoduliert ist.

Der Vorteil der einfachen Auskoppelmodulation nach Abb. 8.29 gegenüber der Gegentakt-Auskoppel-Modulation (Abb. 8.28) liegt einmal darin, daß nur *ein* Modulator benötigt wird und daher auch der Abgleich wegfällt, und zum anderen darin, daß der Modulationskristall zweimal durch das Licht durchsetzt wird und daher die erforderliche Modulationsspannung nur halb so groß ist. Experimente wurden daher nur nach dem Verfahren der einfachen Auskoppelmodulation vorgenommen. Die weiteren Ausführungen beziehen sich nur auf diesen Fall.

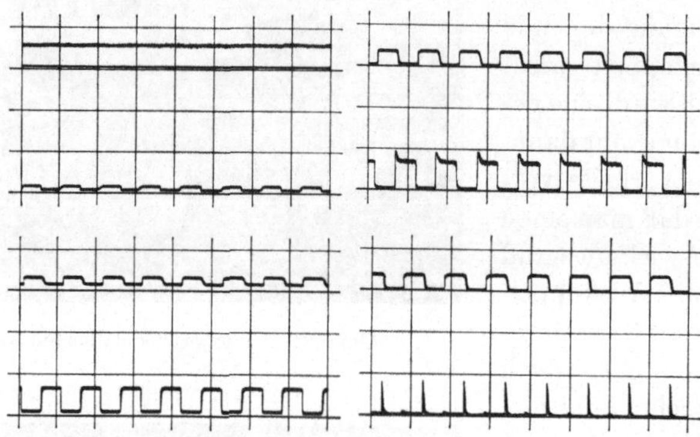

Abb. 8.34. Auskoppelmodulation am He–Ne-Laser (abgegebenes Signal).

Die Auskoppelmodulation bietet gegenüber der externen Modulation nur dann den Vorteil der kleinen erforderlichen Modulationsleistung, wenn die Phasenverzögerung $\Delta\varphi$ im doppelbrechenden Kristall klein gegen 2π ist. In diesem Arbeitsbereich ist die Amplitude der ausgekoppelten Strahlung proportional der Modulationsspannung (Abb. 8.4). Die normalen optischen Empfänger (Photodioden usw.) liefern einen Ausgangsstrom, der proportional der Strahlungsleistung ist. Damit man die Modulationsfrequenz am Ausgang des Demodulators erhält, muß am Modulator eine Vorspannung liegen oder natürliche Doppelbrechung den Arbeitspunkt geeignet festlegen (A in Abb. 8.4). Es treten hier nichtlineare Verzerrungen auf [67]. Es gibt jedoch zwei Fälle, in denen die Verzerrung nicht stören:

1. Bei Pulsmodulation ist die Verzerrung der Impulsflanke meist nicht von Interesse.

2. Bei Verwendung eines Subträgers (z. B. eines Mikrowellensignales) entsteht durch die Nichtlinearität ein Signal bei der doppelten Frequenz des Subträgers, welches weggefiltert werden kann.

Allgemein wird man bestrebt sein, den Arbeitspunkt des Modulators und die Amplitude der Modulationsspannung so einzustellen, daß maximale Leistung ausgekoppelt wird. Es gelten dazu die in Kap. 4 angegebenen Gesichtspunkte. Diese Überlegungen und insbesondere die in Abb. 8.4 angegebene Modulationskennlinie gelten nur für den „erlaubten" Bereich der Auskoppelmodulation. Andernfalls, d. h. bei sehr niederen Modulationsfrequenzen, macht sich die Leistungsbegrenzung des Lasers bemerkbar und man erhält die in Abb. 4 gezeigte Abhängigkeit der Ausgangsleistung vom Auskoppelgrad. In [68] wird die Auskoppelmodulation mit Hilfe eines He—Ne-Lasers an der Grenze des „erlaubten"

Bereiches untersucht. Abb. 8.33 zeigt schematisch den Aufbau. Als (nicht vollständig wirksame) Polarisationsweiche wurde eine der beiden *Brewster-Platten*
benutzt. In den Oszillogrammen von Abb. 8.34 sind jeweils oben die Signale des
Photodetektors P_1 (innen laufende Leistung) und unten die des Detektors P_2
(moduliert ausgekoppelte Leistung) als Funktion der Zeit dargestellt. Die Pulsfolgefrequenz betrug 1 kHz. Bereits mit einer Modulationsspannung von 30 V
kann einwandfrei ein moduliertes Signal nachgewiesen werden. An der inneren

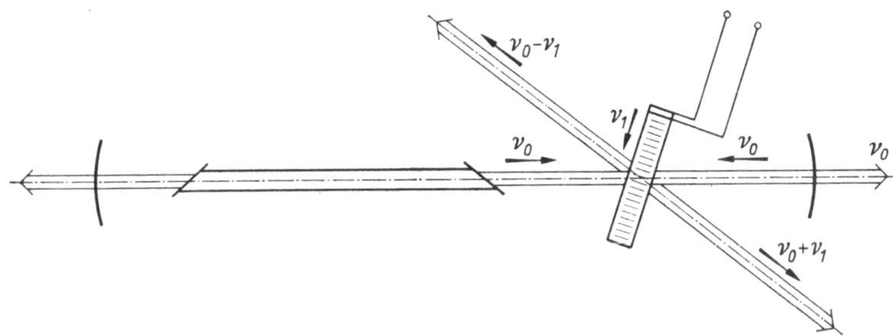

Abb. 8.35. Frequenzversetzung durch Beugung an einer akustischen Welle.

Energie ist noch keine Störung sichtbar. Bei einer Spannung von 200 V ist der
moduliert ausgekoppelte Anteil etwa gleich groß wie der an den Spiegeln ausgekoppelte Anteil. Bei einer Modulationsspannung von 1,2 kV wird die innere
Energie während der Zeiten, zu denen ausgekoppelt wird, stark verringert. Bei
1,5 kV bricht die Schwingung ab. Hier ist nur im ersten Augenblick, in dem die
innere Energie der Modulation nicht folgen kann, ein kurzer Auskoppelimpuls
feststellbar. Eine Fernsehübertragung nach dem Prinzip der Koppelmodulation
ist in [69] beschrieben.

In [70] wird ein Versuch beschrieben, bei dem der im Inneren des Laserresonators laufende Lichtstrahl an einer akustischen Welle gebeugt wird (s. Abb. 8.35).
Der gestreute Strahl ist in seiner Frequenz um den Betrag der Frequenz der akustischen Schwingung versetzt. Da die Wechselwirkung im Resonatorinneren stattfindet und wegen der Beugung die entstehende frequenzversetzte Schwingung
ungehindert ausgekoppelt wird, entspricht diese Anordnung dem Grundgedanken
der Auskoppelmodulation. Dies gilt ebenso für den in [71] beschriebenen Versuch,
bei dem im Laserresonator mit Hilfe eines KDP-Kristalls eine Modulation bei
8,9 GHz vorgenommen wird und ein selektiver Spiegel verwendet wird (ein
Fabry-Perot-Etalon), so daß der „Träger" reflektiert wird und die „Seitenbänder"
ausgekoppelt werden.

8.5 Demodulation

Die Entwicklung der Photoempfänger erhielt durch die Existenz des Lasers
einen starken Aufschwung. Besonderes Augenmerk wurde auf die Ansprechzeiten
der Photoempfänger gelegt: Es wurden Photodioden entwickelt, mit denen Signale bis in den GHz-Bereich demoduliert werden können. Als allgemeine Einführung wird auf [72] hingewiesen. Zwei besondere Demodulationselemente sollen
jedoch kurz erwähnt werden, da sie nur in Verbindung mit einem Laser sinnvoll
benutzt werden können.

1. Zur Abnahme von Mikrowellen-Subträgern wurden Mikrowellenphotoröhren nach dem Prinzip der Wanderfeldröhre gebaut [73, 74]. Es wird hier der in einer Photokathode erzeugte Mikrowellenstrom in einer nachfolgenden Wanderfeldstrecke verstärkt (s. Abb. 8.36). Die Bandbreite dieses Demodulators ist im wesentlichen durch die Wanderfeldröhre bestimmt.

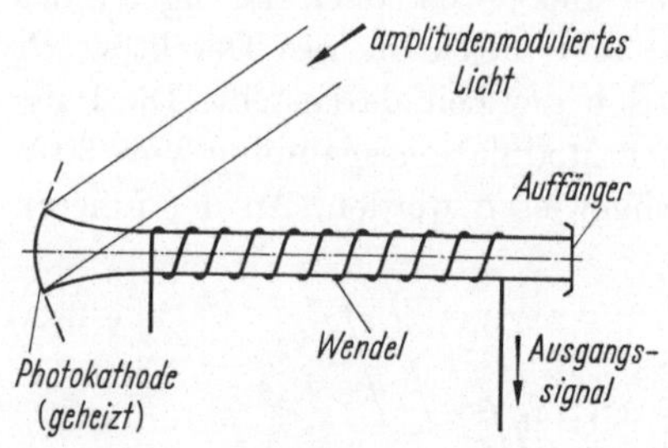

Abb. 8.36. Mikrowellen-Photoröhre.

2. Es wurden Diskriminatoren gebaut, die unter Verwendung doppelbrechender Filter eine Frequenzmodulation in Amplitudenmodulation überführen. In [75, 76] werden Dimensionierungsvorschriften für derartige optische Diskriminatoren angegeben; durch Hintereinanderschaltung zahlreicher Elemente können praktisch beliebige Formen von Demodulationskennlinien realisiert werden.

Literatur

[1] ZWICKER, P., u. P. SCHERRER: Elektrooptische Eigenschaften der seignette elektrischen Kristalle KH_2PO_4 und KD_2PO_4. Helv. Phys. Acta 17 (1944) S. 346.

[2] BECK, M., u. H. GRÄNICHER: Elektrooptische Untersuchungen an Kristallen der KH_2PO_4-Gruppe. Helv. Phys. Acta 23 (1950) 522.

[3] POCKELS, F.: Lehrbuch der Kristalloptik. Leipzig/Berlin: Teubner 1906.

[4] LANDAU, L. D., u. E. M. LIFSCHITZ: Electrodynamics of continuous media, Oxford/London/New York/Paris: Pergamon Press 1960 S. 320.

[5] CARPENTER, R. O'B.: J. Opt. Soc. Am. 40 (1950) 225.

[6] KAMINOV, J. P.: Microwave modulation of the electrooptic effect in KH_2PO_4. Phys. Rev. Letters 6 (1961) 528—530.

[7] BLUMENTHAL, R. H.: Design of a microwave-frequency light modulator. Proc. IRE 50 (1962) 452—456.

[8] KÄNZIG, W.: Ferroelectrics and antiferroelectrics. Sol. State Physics 4 (1957), ed. by F. Seitz, D. Turnbull, New York/London: Academic Press, S. 5—197.

[9] BLINC, R.: On the isotopic effects in the ferroelectric behaviour of crystals with short hydrogen bonds. J. Phys. Chem. Solids 13 (1960) 204—211.

[10] JOHNSON, K. M.: Solid-state modulation and direct demodulation of gas laser light at a microwave Frequency. Proc. IEEE 51 (1963) 1368—1369.

[11] BUHRER, C. F.: Optical modulation by light bunching. Proc. IEEE 51 (1963) 1151.

[12] BUHRER, C. F., V. FOWLER u. L. R. BLOOM: Single-sideband suppressed carrier modulation of coherent light beams. Proc. IRE 50 (1962) 1827—1828.

[13] BUHRER, C. F.: Single sideband microwave light modulation. Proc. IEEE 52 (1964) 969—970.

[14] KERR, J. R.: Wide-band optical frequency translation. Proc. IEEE 53 (1965) 496—497.

[15] PETERS, C. J.: Optical frequency translator using two phase modulators in tandem. Appl. Opt. 4 (1965) 857—861.

[16] SHURCLIFF, W. A.: Polarized light, Cambridge/Mass.: Harvard Univers. Press 1962.

[17] BUHRER, C. F., D. BAIRD u. E. M. CONWELL: Optical frequency shifting by electrooptic effect. Appl. Phys. Letters 1 (1962) 46—49.

[18] KLEMAS VYTAUTAS: Frequenzmodulation und optischer Überlagerungsempfang von Laserstrahlen. Dissertation TH Braunschweig 1965.

[19] TIEN, P. K.: Parametric amplification and frequency mixing in propagating circuits. J. Appl. Phys. 29 (1958) 1347.

[20] Rigrod, W. W., u. I. P. Kaminow: Wide-band microwave light modulation. Proc. IEEE 51 (1963) 137—140.

[21] White, R. M., u. C. E. Enderby: Electro-optical modulators employing „intermittent interaction". Proc. IEEE 51 (1963) 214.

[22] Kaminow, I. P., u. J. Liu: Propagation characteristics of partially loaded two-conductor transmission line for broadband light modulators. Proc. IEEE 51 (1963) 132—136.

[23] Peters, C. J.: Gigacicle bandwidth coherent light traveling-wave phase modulator. Proc. IEEE 51 (1963) 147—153 und 910.

[24] DiDomenico, M. Jr., u. L. K. Anderson: Broadband electro-ptic traveling-wave light modulators. Bell. Syst. Techn. J. 42 (1963) 2621—2678.

[25] Stone, S. M.: A microwave electrooptic modulator which overcomes transit time limitation. Proc. IEEE 52 (1964) 409—410.

[26] Johnson, K. M., u. D. D. Eden: Solid state modulation and demodulation of light with information from five television channels simultaneously. Proc. IEEE 53 (1965) 402—403.

[27] Myers, R. A., u. P. S. Pershan: Light modulation experiments at 16 Gc/sec. J. Appl. Phys. 36 (1965) 22—28.

[28] Gordon, E. I., u. J. D. Rigden: The Fabry-Perot electrooptic modulator. Bell. Syst. Techn. J. 42 (1963) 155—179.

[29] Jenkins, F. A., u. H. E. White: Fundamentals of Optics, New York: McGraw-Hill 1957, 273.

[30] De Angelis, X., u. W. Niblack: Electrooptic interference filter light modulator. Proc. IEEE 51 (1963) 1258.

[31] Laser t. v. camera. Electronics 38 (1965) No. 24, 29—30.

[32] Chen, F. S., J. E. Geusik et al.: Light modulation and beam deflection with potassium Tantalate–Niobate crystals. J. Appl. Phys. 37 (1966) 388—398.

[33] Skinner, J. G.: Comment on light beam deflectors. Appl. Opt. 3 (1964) 1504.

[34] Fowler, V. J., C. F. Buhrer u. L. R. Bloom: Electrooptic light beam deflector. Proc. IEEE 52 (1964) 193—194.

[35] Korpel, A.: Phased array type scanning of a laser beam. Proc. IEEE 53 (1965) 1666 bis 1667.

[36] Gordon, E. I., u. M. G. Cohen: Electrooptic [$KTa_xNb_{1-x}O_3$ (KTN)] gratings for light beam modulation and deflection. IEEE J. Q. E. QE-1 (1965) 191—198.

[37] Nelson, T. J.: Digital light deflection. Bell. Syst. Techn. J. 43 (1964) 821—845.

[38] Lipnick, R., A. Reich u. G. A. Schoen: Nonmechanical scanning of light in one and two dimensions. Proc. IEEE 53 (1965) 321.

[39] Soref, R. A., u. D. H. McMahon: Bright hopes for display systems: flat panels and light deflectors. Electronics 38 (1965) 24, 56—62.

[40] Skinner, J. G.: Increasing the memory capacity of the digital light deflector by „color colding". Bell Syst. Techn. J. XLV (1966) 597—608.

[41] Gordon, E. I.: Figure of merit for acusto-optical deflection and modulation devices. IEEE J. Q. E. QE 2 (1966) 104—105.

[42] Buck, W. E., u. T. E. Holland: Optical beam deflector. Appl. Phys. Letters 8 (1966) 198—199.

[43] Liu, S. G., u. W. L. Walters: Optical beam deflection by pulsed temperature gradients in bulk GaAs. Proc. IEEE 53 (1965) 522—523.

[44] Geusik, J. E., S. K. Kurtz et al.: Electrooptic properties of some ABO_3 perovskites in the paraelectric phase. Appl. Phys. Letters 4 (1964) 141—143.

[45] Landolt-Börnstein: Zahlenwerte und Funktionen aus Physik, Chemie, Astronomie, Geophysik und Technik, Bd. 2, Teil 8, Optische Konstanten, Berlin/Göttingen/Heidelberg: Springer 1962, 3—551.

[46] Franz, W.: Einfluß eines elektrischen Feldes auf eine optische Absorptionskante. Z. Naturf. 13a (1958) 484.

[47] Keldysh, L. V.: Influence of the lattice vibrations of a crystal on the production of electron-hole pairs in a strong electrical field. Soviet Phys. JETP 34 (1958) 665.

[48] Frova, A., u. P. Handler: Shift of optical absorption edge by an electric field: modulation of light in the space charge region of a Ge p–n junction. Appl. Phys. Letters 5 (1964) 11—13.

[49] Burstein, E.: Anomalous optical absorption limit in InSb. Phys. Review 93 (1954) 632.

[50] Gürs, K.: Innere Modulation von optischen Masern. Z. Physik 172 (1963) 163—171.

[51] Harris, S. E., u. O. P. McDuff: FM laser oscillation-theory. Appl. Phys. Letters 5 (1964) 205—206.

[52] Yariv, A.: Internal modulation in multimode laser Oscillators. J. Appl. Phys. 36 (1965) 388—391.

[53] Crowell, M. H.: Characteristics of mode-coupled lasers. IEEE J. Q. E. QE 1 (1965) 12—20.

[54] Hargrove, L. E., R. L. Fork u. M. A. Pollack: Locking of He–Ne laser modes induced by Synchronous Intracavity Modulation. Appl. Phys. Letters 5 (1964) 4—5.

[55] DiDomenico, M., Jr., u. V. Czarniewski: Locking of He–Ne laser modes by intracavity acoustic modulation in coupled interferometers. Appl. Phys. Letters 6 (1965) 150—152.

[56] Deutsch, T.: Mode-locking effects in an internally modulated ruby laser. Appl. Phys. Letters 7 (1965) 80.

[57] DeMaria, A. J., C. M. Ferrar u. G. E. Danielson, Jr.: Mode-locking of a Nd^{3+}-doped glass laser. Appl. Phys. Letters 8 (1966) 22—24.

[58] DiDomenico, M., Jr., J. E. Geusic et al.: Generation of ultrashort optical pulses by mode locking the YAIG-Nd laser. Appl. Phys. Letters 8 (1966) 180—183.

[59] McClure, R. E.: Mode locking behavior of gas lasers in long cavities. Appl. Phys. Letters 7 (1965) 148.

[60] Harris, S. E., u. R. Targ: FM-oscillation of the He–Ne-laser. Appl. Phys. Letters 5 (1964) 202—204.

[61] Harris, S. E.: Controlling laser oscillations. Electronics 38 (1965) Nr. 19, 101—105.

[62] Harris, S. E., B. J. McMurtry: Frequency selective coupling to the FM laser. Appl. Phys. Letters 7 (1965) 265.

[63] Gürs, K., u. R. Müller: Internal modulation of optical masers Proc. Symposium on Optical Masers. Brooklyn, April 16—19, 1963, Vol. XIII S. 243.

[64] Gürs, K., u. R. Müller: Breitband-Modulation durch Steuerung der Emisson eines optischen Masers (Auskoppelmodulation). Phys. Letters 5 (1965) 179—181.

[65] DiDomenico, M., Jr.: Small-signal analysis of internal (coupling-type) modulation of lasers. J. Appl. Phys. 35 (1964) 2870—2876.

[66] Kaminow, I. P.: Internal modulation of optical masers (Bandwidth limitations). J. Appl. Optics 4 (1965) 123—127.

[67] Grau, G.: Verzerrungen bei der Amplitudenmodulation von Licht. AEÜ 18 (1964) 389—392.

[68] Grau, G., u. D. Rosenberger: Low-power microwave modulation of a $0{,}63\,\mu$ He–Ne-laser. Phys. Letters 6 (1963) 129—131.

[69] Hintringer. O., u. G. Schiffner: Modulation eines He–Ne-Lasers mit einem Fernschsignal. Nachrichtentechn. Z. 17 (1964) 501—502.

[70] Siegman, A. E., C. F. Quate et al.: Frequency translation of an He–Ne laser's output frequency by acoustic output coupling inside the resonant cavity. Appl. Phys. Letters 5 (1964) 1—2.

[71] Don Peterson, G., u. A. Yariv: Parametric frequency conversion of coherent light by the electro-optic effect in KDP. Appl. Phys. Letters 5 (1964) 184—186.

[72] Ross, M.: Laser Receivers. New York: Wiley 1966.

[73] Caddes, D. E., u. B. J. McMurtry: Evaluating light demodulators. Electronics 37 (1964) Nr. 13, 54—61.

[74] Caddes, D. E.: A Ku-band traveling-wave phototube. Microwaves J. 8 (1965) 46—50.

[75] Harris, S. E.: Demodulation of phase modulated light using birefringent crystals. Proc. IEEE 52 (1964) 823—831.

[76] Harris, S. E., u. E. O. Ammann: Optical network synthesis using birefringent crystals. Proc. IEEE 52 (1964) 411—412.

[77] Heilmeier, G. H.: The dielectric and electrooptical properties of a molecular crystal-hexamine. Appl. Opt. 3 (1964) 1281—1287.

[78] Kaminow, I. P., u. E. H. Turner: Electrooptic light modulators. Proc. IEEE 54 (1966) 1374—1390.

9 Rauschen und Kohärenz im optischen Spektralbereich

Von G. Grau

Spezielle Bezeichnungen

B	Bandbreite
F	Rauscherhöhung
f	Verteilungsfunktion
H	Entropie
m_ν	Modendichte (räumlich und spektral) $[\mathrm{m}^{-3}\,\mathrm{s}]$
V	Analytisches Signal
$\gamma_x(s) = \sum s^x \operatorname{prob} x$	erzeugende Funktion
$\gamma^{(n)}\,(x_1 \ldots x_{2n})$	Kohärenzgrad n-ter Ordnung
γ	Koeffizient der Nichtlinearität eines Oszillators
δ_E	Entartungsparameter (mittlere Photonenzahl je Modus)
$\xi,\,\eta$	Rauschamplituden
ϱ_K	Korrelationskoeffizient

Im Einklang mit der für dieses Buch gewählten Darstellungsweise sollen auch die Schwankungserscheinungen im elektromagnetischen Feld auf halbklassischer Basis abgehandelt werden. Obgleich damit fast alle Ergebnisse quantenmechanischer Überlegungen mehr oder weniger gut gewonnen werden können, ist es doch vielfach unmöglich, subtilere Zusammenhänge (etwa die zwischen Verlusten und Schwankungen) damit begreiflich zu machen. Die wichtigsten Literaturstellen für die quantenmechanische Darstellung sind am Schluß des Kapitels getrennt zusammengestellt.

9.1 Grundlagen des Quantenrauschens

9.1.1 Der Begriff der Moden im Strahlungsfeld

Zuerst soll die Frage der Anzahl der Freiheitsgrade eines Feldes geklärt werden, das einen bestimmten raumzeitlichen Bereich erfüllt. In diesem Bereich wird das Feld in unabhängige, orthogonale Funktionen (Eigenfunktionen oder Moden) entwickelt. Aus der Zerlegung des Feldes in einzelne Moden ergeben sich Anhaltspunkte für eine Definition von Kohärenzzeit und Kohärenzfläche.

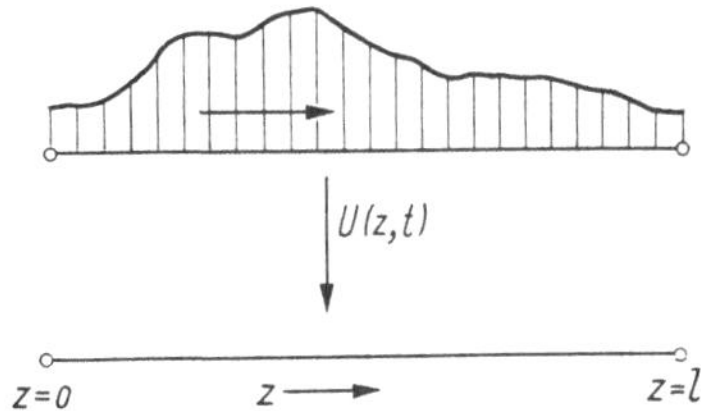

Abb. 9.1. Fortschreitende Welle auf einer homogenen, verlustlosen Leitung.

Es soll zunächst zur Erläuterung ein Stück einer homogenen, verlustlosen Leitung der Länge l betrachtet werden (Abb. 9.1). Die Spannung auf dieser Leitung genügt der Differentialgleichung

$$\frac{\partial^2 U}{\partial z^2} = \frac{1}{v^2}\,\frac{\partial^2 U}{\partial t^2}. \tag{9.1/1}$$

U ist eine Funktion von der Ortskoordinate z und der Zeit t, v ist die Phasengeschwindigkeit der Welle. Eine von links nach rechts fortschreitende Welle kann durch die Funktion

$$U(z, t) = \sum_{n=-\infty}^{+\infty} a_n(t) \exp\left(jn\,\frac{2\pi}{l}\,z\right) = \sum_{n=-\infty}^{+\infty} A_n \exp\left[jn\,\frac{2\pi}{l}\,(z - vt) + j\varphi_n\right] \qquad (9.1/2)$$

beschrieben werden. Wie man durch Einsetzen in Gl. (9.1/1) nachweist, genügen die Größen $a_n(t)$ der Differentialgleichung eines harmonischen Oszillators

$$\frac{d^2 a_n}{dt^2} + (2\pi\nu_n)^2 a_n = 0 \qquad (9.1/3)$$

mit den Frequenzen

$$\nu_n = n\,\frac{v}{l} = \frac{n}{T}. \quad n = 0, 1, 2, \dots \qquad (9.1/4)$$

T ist die Zeit, in der die Länge l mit der Phasengeschwindigkeit v durchlaufen wird. Jeder Wert von n gibt eine Teilwelle (einen Modus), die sich nach Gl. (9.1/3) wie ein harmonischer Oszillator verhält und durch zwei Integrationskonstanten (Amplitude A_n, Phase φ_n) festgelegt ist[1]. Der Abstand benachbarter Moden ist nach Gl. (9.1/4)

$$\delta\nu = \frac{v}{l} = \frac{1}{T}. \qquad (9.1/5)$$

Zur Beschreibung einer Nachricht der Bandbreite B benötigt man daher

$$M_L = \frac{B}{\delta\nu} = BT \qquad (9.1/6)$$

sogenannte *longitudinale* Moden. In einer Sekunde ($T = 1$ sec) wird die Nachricht der Bandbreite B daher durch B unabhängige Moden beschrieben. Da jeder Modus durch Amplitude A und Phase φ bestimmt ist, sind dies $2B$ voneinander unabhängige Daten pro Sekunde. Die Messung einer Nachricht der Bandbreite B besteht also darin, in jeder Sekunde den Anregungszustand B verschiedener, unabhängiger Oszillatoren zu ermitteln, also insgesamt $2B$ Bestimmungsstücke der Nachricht festzustellen; daß diese, als Abtasttheorem bekannte Tatsache keine Schranke für die in einer Sekunde übertragbare Information bei einem Nachrichtenkanal der Bandbreite B bedeutet, ist in verschiedenen Arbeiten nachgewiesen worden [1—4]. Je mehr man aber die Anzahl von $2B$ Daten überschreitet, desto stärker machen sich Meßfehler bemerkbar.

Als Anwendungsbeispiel des Abtasttheorems soll die Rauschleistung P_R angegeben werden, die ein angepaßter, auf der Temperatur T rauschender Widerstand in Form einer laufenden Welle in der Bandbreite B auf eine Leitung entsendet: es ist die Energie von B Oszillatoren pro Sekunde. Ein Oszillator im thermischen Gleichgewicht hat die mittlere Energie [5]

$$W_M = \frac{h\nu}{\exp\left(\dfrac{h\nu}{kT}\right) - 1} = h\nu\,\delta_E. \qquad (9.1/7)$$

---

[1] Da $U(z, t)$ reell sein soll, gilt $A_n = A_{-n}$, $\varphi_n = -\varphi_{-n}$.

Da man sich das elektromagnetische Feld aus Photonen der Energie $h\nu$ aufgebaut denken kann, ist δ_E (der sogenannte Entartungsparameter) die mittlere Anzahl von Photonen in einem Modus des Feldes, für thermische Felder also

$$\delta_E = \frac{1}{\exp\left(\dfrac{h\nu}{kT}\right) - 1}. \tag{9.1/8}$$

Die thermische Rauschleistung auf einer Leitung ist in der Bandbreite B daher gegeben durch

$$P_R = h\nu B \delta_E = \frac{h\nu B}{\exp\left(\dfrac{h\nu}{kT}\right) - 1} \approx kTB \quad \text{für} \quad h\nu \ll kT. \tag{9.1/9}$$

Die Zeit, die man zum Empfang eines einzigen Modus benötigt, wird als Kohärenzzeit bezeichnet

$$\tau_k = \frac{1}{B}. \tag{9.1/10}$$

Gl. (9.1/10) gilt für beliebige Spektralverteilungen bei geeigneter Definition von τ_k aus der normierten Autokorrelationsfunktion und von B aus dem normierten Leistungsspektrum [6].

Die Fortpflanzung elektromagnetischer Wellen im freien Raum bringt keine zusätzlichen Schwierigkeiten. Das Feld kann nach ebenen Wellen entwickelt werden, die sich in verschiedenen Richtungen fortpflanzen. Jede dieser Richtungen kann durch zwei Leitungen symbolisiert werden (entsprechend den beiden unabhängigen Polarisationsrichtungen der Strahlung). Die Anzahl der durch ihre Richtung zu unterscheidenden Leitungen gibt die Anzahl M_T der sog. *transversalen* Moden des Feldes.

Berechnet man als Beispiel die Rauschleistung P_R, welche durch eine Öffnung dA eines auf der Temperatur T befindlichen

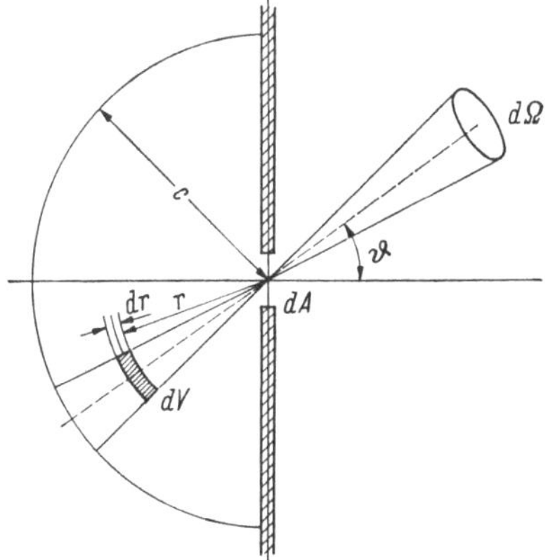

Abb. 9.2. Austritt von schwarzer Strahlung durch eine Öffnung in einem Hohlraum.

Hohlraumes im Frequenzband B unter dem Winkel ϑ zur Flächennormalen in den Raumwinkel $d\Omega$ abgestrahlt wird (Abb. 9.2) durch Integrieren der Energiedichte der Hohlraumstrahlung [7]

$$w_\nu B = \frac{8\pi h\nu^3}{c^3} \frac{B}{\exp\left(\dfrac{h\nu}{kT}\right) - 1} \tag{9.1/11}$$

über einen Kugelsektor mit dem Raumwinkel $d\Omega$ und dem Radius $r = c \cdot \tau$ ($\tau = 1$ sec), so erhält man

$$P_R = 2M_T \cdot \frac{h\nu B}{\exp\left(\dfrac{h\nu}{kT}\right) - 1} = 2\frac{dA \cos\vartheta \, d\Omega}{\lambda^2} \cdot \frac{h\nu B}{\exp\left(\dfrac{h\nu}{kT}\right) - 1}. \tag{9.1/12}$$

Für *eine* Polarisation muß man Gl. (9.1/12) durch zwei teilen, und erhält

$$P_{R,pol} = M_T \, \frac{h\nu B}{\exp\left(\dfrac{h\nu}{kT}\right) - 1},$$

(9.1/13)

wobei M_T die Anzahl der unterscheidbaren transversalen Moden (Leitungen) bedeutet,

$$M_T = \frac{dA \cos \vartheta \, d\Omega}{\lambda^2},$$

(9.1/14)

und der Faktor von M_T in Gl. (9.1/13) durch die Rauschleistung Gl. (9.1/9) auf *einer* Leitung gegeben ist.

Ein transversaler Modus liegt bei räumlicher Kohärenz der Strahlung vor. Setzt man $M_T = 1$, so berechnet man aus Gl. (9.1/14), daß im Abstand d von der Fläche dA ein Gebiet der Größe

$$A_k = \frac{d^2 \lambda^2}{dA \cos \vartheta}$$

(9.1/15)

räumlich kohärent beleuchtet wird. A_k ist die sogenannte Kohärenzfläche.

Da innerhalb einer Kohärenzzeit τ_k auf eine Kohärenzfläche A_k gerade die Photonen auftreffen, die einem *einzigen* Modus zugeordnet werden müssen, ist diese Anzahl nach Gl. (9.1/9) durch den Entartungsparameter δ_E gegeben, der für konventionelle Lichtquellen bestenfalls Werte von $10^{-4} - 10^{-2}$ erreicht. Für optische Maser dagegen kann die Entartung Werte von 10^{12} und höher erreichen.

9.1.2 Unschärferelation und Quantenrauschen

Der Übergang von der klassischen zur quantenmechanischen Auffassung soll am Beispiel eines Massenpunktes erläutert werden, der sich nur längs der x-Achse bewegen kann. Zu einem bestimmten Zeitpunkt $t = t_0$ ist der Zustand in einem zweidimensionalen Phasenraum (Abb. 9.3) durch die Lage x_0 und den Impuls p_{x0} (also durch einen Punkt) festgelegt. Die Quantenmechanik lehrt aber, daß für die Messung kanonisch konjugierter Größen (z. B. x und p_x) die Meßunsicherheiten Δx, Δp_x der Unschärferelation

$$\Delta x \, \Delta p_x \geq \frac{\hbar}{2} \qquad \left(\hbar = \frac{h}{2\pi}\right)$$

(9.1/16)

genügen. Eine gleichzeitige, genaue Kenntnis von Ort und Impuls ist dadurch ausgeschlossen. Nach Gl. (9.1/16) ist es prinzipiell unmöglich, einen Meßwert genauer als auf ein Gebiet der Fläche h im Phasenraum festzulegen, eine Unsicherheit, welche zufolge der Kleinheit des *Planckschen Wirkungsquantums* h bei makroskopischen Systemen bedeutungslos ist. Für eine physikalische Größe G bedeutet dabei ΔG die effektive Schwankung, also

$$(\Delta G)^2 = \overline{\delta G^2}$$

$$\delta G = G - \overline{G}.$$

(9.1/17)

Ein räumlich kohärentes, linear polarisiertes Lichtsignal könnte demnach in einem Phasenraum ähnlich Abb. 9.3 dargestellt werden. An die Stelle des Massenpunktes treten die längs der Leitung „verschieblichen" Photonen mit dem Impuls

$$p = \frac{h\nu}{c}.\tag{9.1/18}$$

Ein Signal der Bandbreite B ($\nu_0 \leq \nu \leq \nu_0 + B$) und der Zeitdauer τ ($t_0 \leq t \leq t_0 + \tau$) läßt sich daher durch eine Fläche der Größe

$$A = \frac{hB}{c}\,c\tau = hB\tau\tag{9.1/19}$$

in einem Phasenraum nach Abb. 9.4 darstellen. Da gemäß der Unschärferelation *einem* Zustand gerade ein Gebiet der Ausdehnung h des klassischen Phasenraumes

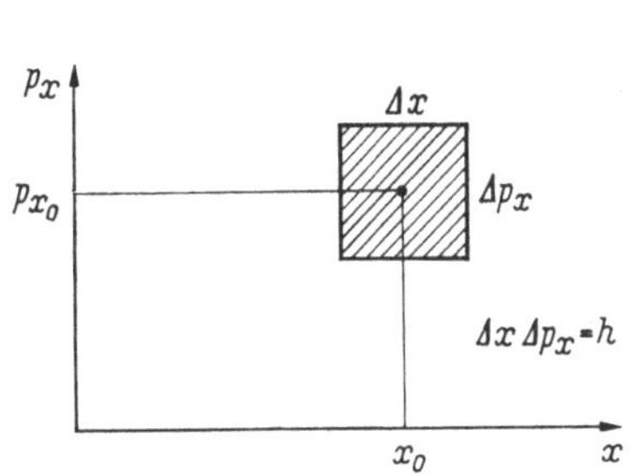

Abb. 9.3. Phasenraum für einen längs der x-Achse beweglichen Massenpunkt.

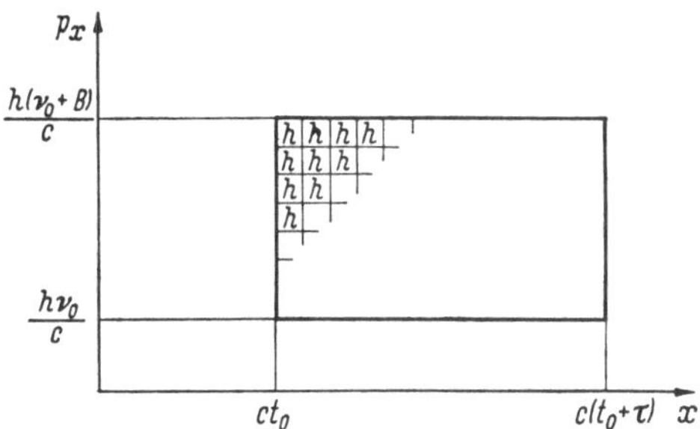

Abb. 9.4. Phasenraum eines räumlich kohärenten Signals der Bandbreite B und Zeitdauer τ.

zuzuordnen ist [7], können in Gl. (9.1/19) genau $B\tau$ verschiedene Zustände (Moden) auftreten. Vergleich mit Gl. (9.1/6) zeigt, daß die Anzahl der unterscheidbaren Quantenzustände gleich ist der Anzahl der unterscheidbaren Moden. Diese anschauliche Darstellung elektromagnetischer Signale durch „Zellen" der Ausdehnung h in einem Phasenraum geht auf GABOR [8] zurück.

Das Abtasttheorem fordert aber, daß zur genauen Rekonstruktion der Nachricht *zwei* unendlich präzise, statistisch unabhängige Messungen pro Modus vorgenommen werden. Gl. (9.1/16) zeigt die Unmöglichkeit, diese Forderung zu erfüllen, da für die kanonisch konjugierten Variablen eines Oszillators die Unschärferelation gilt,

$$\Delta q\,\Delta p \geq \frac{\hbar}{2}.\tag{9.1/20}$$

Das Gleichheitszeichen gilt für ideale Messungen, Δq und Δp sind die effektiven Breiten der Verteilungen für q und p, die man bei sehr vielen Messungen an Systemen im gleichen Zustand erhält.

Neuere Untersuchungen [9] haben gezeigt, daß man bei der *gleichzeitigen* Messung von q *und* p an einem System Streuungen Δq_g, Δp_g erhält, welche größer sind als die bei idealen Messungen von q und p.

$$(\Delta q_g)^2 = (\Delta q)^2 + \frac{\hbar b}{2},\qquad (\Delta p_g)^2 = (\Delta p)^2 + \frac{\hbar}{2b}.\tag{9.1/21}$$

Die Balance b gibt an, mit welcher relativen Genauigkeit q und p gemessen wird ($b = 0$ bedeutet ideale Messung von q, $\Delta q_g = \Delta q$, aber auch, daß über p keine Aussage gemacht werden kann, $\Delta p_g = \infty$; ähnlich ist $b = \infty$ eine ideale Messung von p, $\Delta p_g = \Delta p$, aber $\Delta q_g = \infty$). Für den Wert

$$b = \frac{\Delta q}{\Delta p} \tag{9.1/22}$$

der Balance nimmt das Produkt der Unsicherheiten für *gleichzeitige* Messungen seinen minimalen Wert an, welcher doppelt so groß ist wie bei *idealen* Messungen:

$$\Delta q_g \, \Delta p_g = \hbar. \tag{9.1/23}$$

Zur exakten Ermittlung der Nachricht hätte man für jeden Modus zwei unabhängige, exakte Messungen durchzuführen. Das wäre etwa die gleichzeitige Messung von Photonenanzahl und Phase, elektrischer und magnetischer Feldstärke, in-Phase-Komponente und Quadraturkomponente einer Welle. Zufolge der Unschärferelation Gl. (9.1/20) und Gl. (9.1/23) werden Meßunsicherheiten auftreten, die sich als Rauschen äußern. Im folgenden wird vielfach die Unschärferelation für die Photonenzahl und die Phase eines Oszillators (eines Modus) [10] verwendet werden (der Index g bezieht sich auf *gleichzeitige* Messungen)

$$\Delta N \, \Delta \varphi \geq \frac{1}{2},$$
$$\Delta N_g \, \Delta \varphi_g \geq 1. \tag{9.1/24}$$

Obwohl Schwierigkeiten bei der Definition einer Unschärferelation für N und φ bestehen [11] — man sollte besser von den Unschärfen der Komponenten in Phase und in Quadratur ausgehen — soll sie hier wegen ihrer größeren Anschaulichkeit verwendet werden.

Aus Gl. (9.1/24) entnimmt man, daß sich die quantenmechanischen Meßunsicherheiten beim Empfang einer Nachricht dann bemerkbar machen werden, wenn die Photonenanzahl pro Modus nicht mehr sehr groß ist gegen eins. Das bedeutet, daß bei konstanter Sendeleistung und Bandbreite die Unsicherheiten Gl. (9.1/24) bei sehr hohen Frequenzen bemerkbar werden müssen, da die Energie *eines* Photons frequenzproportional steigt und somit die Photonenanzahl pro Modus abnimmt.

9.1.3 Berechnung des Quantenrauschens

Ein Modus des Feldes ist nach Gl. (9.1/2) durch seine Amplitude und seine Phase festgelegt, in der komplexen Ebene (Abb. 9.5) ist er somit durch einen Zeiger darstellbar. Nach der Unschärferelation werden die klassischen Werte A_0, φ nur noch Erwartungswerte sein, um welche die Meßergebnisse schwanken. Diese Schwankungen seien durch die Zeiger δA_1 (in Phase) und δA_2 (in Quadratur) berücksichtigt, über deren Verhalten die plausiblen Annahmen

$$\overline{\delta A_1} = \overline{\delta A_2} = \overline{\delta A_1 \, \delta A_2} = 0,$$
$$\overline{\delta A_1^2} = \overline{\delta A_2^2} \tag{9.1/25}$$

gemacht werden können. Signalleistung und Rauschleistung sind daher durch

$$P_S = \frac{1}{2}\, A_0^2,$$

$$P_R = \frac{1}{2}\left(\overline{\delta A_1^2} + \overline{\delta A_2^2}\right) = \overline{\delta A_1^2} \qquad (9.1/26)$$

gegeben. Ist N die in der Zeit $\tau_k = 1/B$ registrierte Photonenanzahl (die Photonenanzahl in einem Modus), so gilt (der Effektivwert der Amplitude ist proportional der Wurzel aus der Leistung)

$$\frac{1}{\sqrt{2}}\,(A_0 + \delta A_1) = \sqrt{\frac{h\nu N}{\tau_k}} = \sqrt{\frac{h\nu \overline{N}}{\tau_k}}\left(1 + \frac{\delta N}{2\,\overline{N}} + \dots\right). \qquad (9.1/27)$$

Die Phasenschwankung ist

$$\delta\varphi = \frac{\delta A_2}{A_0}. \qquad (9.1/28)$$

Durch Kombinieren von Gl. (9.1/25) bis (9.1/28) erhält man

$$P_S = \frac{1}{2}\,A_0^2 = \frac{h\nu\,\overline{N}}{\tau_k},$$

$$P_R = \overline{\delta A_1^2} = \frac{h\nu}{2\,\tau_k}\,\frac{\overline{\delta N^2}}{\overline{N}}, \qquad (9.1/29)$$

$$\overline{\delta\varphi^2} = \frac{\overline{\delta N^2}}{4\,\overline{N}^2}.$$

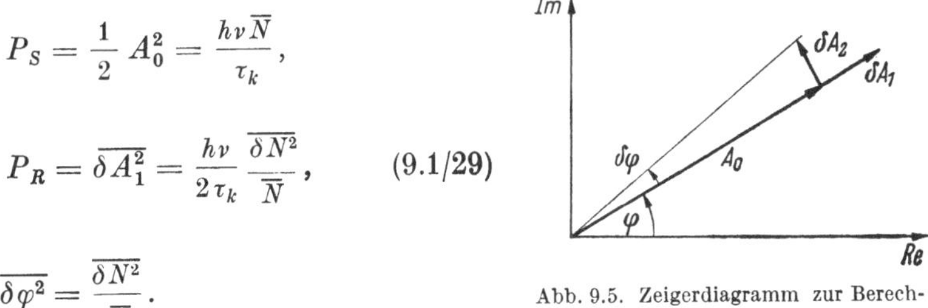

Abb. 9.5. Zeigerdiagramm zur Berechnung des minimalen Rauschens.

Die letzte der Gln. (9.1/29) gibt nach Multiplikation mit $\overline{\delta N^2}$ und Wurzelziehen

$$\Delta N\,\Delta\varphi = \frac{(\Delta N)^2}{2\,\overline{N}}. \qquad (9.1/30)$$

Für ideale Messungen gibt der Vergleich mit (9.1/24)

$$\overline{\delta N^2} \geq \overline{N}, \qquad \overline{\delta\varphi^2} \geq \frac{1}{4\,\overline{N}}. \qquad (9.1/31)$$

Das bedeutet: Mißt man bei einem Signal, welches man klassisch als eine Sinusfunktion konstanter Amplitude und Phase beschreiben würde, in gleichen Zeitabschnitten τ_k jeweils die ankommende Photonenanzahl N, so erhält man bei idealen Messungen (Gleichheitszeichen in Gl. (9.1/31)) Schwankungen der Photonenanzahl $\overline{\delta N^2} = \overline{N}$. Solche Schwankungen würde man für poissonverteilte Photonen erhalten. Im idealen, amplitudenstabilen Signal verhalten sich somit Photonen in ihrer Verteilung wie klassische, statistisch unabhängige Teilchen.

Für gleichzeitige Messungen folgt aus den Gln. (9.1/24) und Gl. (9.1/30)

$$\Delta N_g = \sqrt{2\,\overline{N}}, \qquad (9.1/32)$$

und gemäß Gl. (9.1/29) bei der Messung einer Nachricht der Bandbreite B (wenn man gleichzeitige Messungen von N und φ vornimmt, also auf Amplituden- *und* Phaseninformation Wert legt) die minimale Rauschleistung

$$P_{R,\,\text{min}} = \frac{1}{\tau_k}\, h\nu = h\nu B. \tag{9.1/33}$$

Es ist bedeutungslos, ob man diese minimalen Unsicherheiten mit der Nachricht oder dem Detektor assoziiert; sie treten bei jeder Wechselwirkung des Signals mit einem Empfänger auf und können nicht zwischen Signal und Empfänger „aufgeteilt" werden [10]. Nach Gl. (9.1/33) besteht das Quantenrauschen aus *einem* Photon pro Modus, das thermische Rauschen dagegen aus δ_E-Photonen, s. Gl. (9.1/8), und kann daher in fast allen Fällen gegen das Quantenrauschen vernachlässigt werden. Durch Gleichsetzen von Gl. (9.1/33) und Gl. (9.1/9) kann man dem Quantenrauschen die äquivalente Rauschtemperatur

$$T_R = \frac{h\nu}{k \ln 2} \tag{9.1/34}$$

zuordnen. Während das thermische Rauschen bei hohen Frequenzen exponentiell abfällt, steigt das Quantenrauschen frequenzproportional an und verhindert so eine rauschfreie Übertragung bei sehr hohen Frequenzen, bei denen die thermischen Schwankungen annähernd verschwinden.

Die Diskussion des minimalen Rauschens auf der Basis der Unschärferelation wurde zuerst von FRIEDBURG [12] angegeben und in einer Reihe von Darstellungen [13, 10, 14, 15] ausführlicher behandelt. Gegen die Verwendung der Unschärferelation zur Behandlung zeitlicher Schwankungen wurden von SENITZKY Einwände erhoben [16, 17], die aber nur Fragen der Interpretation betreffen, die wesentlichen Ergebnisse jedoch nicht berühren.

9.1.4 Das minimale Rauschen bei verschiedenen Empfangsverfahren

Für *zwei* gleichzeitige Messungen pro Modus ist das minimale Rauschen nach Gl. (9.1/33) im räumlich kohärenten, linear polarisierten Licht der Bandbreite B durch $h\nu B$ gegeben (die Rauschleistungen verschiedener unabhängiger Moden addieren sich unkorreliert); der Heterodynempfänger, der parametrische Verstärker und der Maserverstärker sind Beispiele für solche Meßgeräte[1].

Es ist aber denkbar, daß man nur *eine* Messung pro Modus durchführt, also z.B. nur die Amplitude (mit der Streuung $\delta \overline{A_1^2}$) registriert. Nach Gl. (9.1/31) und Gl. (9.1/29) erhält man in diesem Fall nur die halbe Rauschleistung, $P_R = \frac{1}{2} h\nu B$.

Empfänger, die dieses Minimum erreichen können, sind der Homodyn-Empfänger (ein Überlagerungsempfänger, bei dem Frequenz und Phase des Überlagerungssignals und der ankommenden Welle gleich sind), der entartete parametrische Verstärker und Systeme, die *nur* Amplitudenmodulation oder *nur* Frequenzmodulation

---

[1] Ein Verstärker ist nicht eigentlich ein Meßgerät, sondern wird erst durch Anschließen eines Detektors am Ausgang zu einem solchen. Ist die Leistung am Ausgang so groß, daß quantenmechanische Unsicherheiten bei der Messung keine Rolle spielen, so kann der Verstärker selbst als Meßgerät für das Eingangssignal betrachtet werden.

benutzen. In einem solchen System darf aber *kein* linearer (amplituden- *und* phasen-empfindlicher) Verstärker eingesetzt werden, weil dadurch die äquivalente Ein-gangsrauschleistung sofort den doppelten Wert $h\nu B$ annehmen würde [18].

Bei Energieempfang mit einem Photodetektor erzeugt jedes ankommende Photon mit der Wahrscheinlichkeit η (η = Quantenwirkungsgrad) ein Photo-elektron. Zwischen dem mittleren Photostrom I_0 und der mittleren Strahlungs-leistung P_S besteht somit der Zusammenhang

$$I_0 = \frac{\eta e}{h\nu}\, P_S. \tag{9.1/35}$$

Ein Strom statistisch unabhängiger Elektronen zeigt Schrotrauschen

$$\overline{\delta I^2} = 2\,e\,I_0 B. \tag{9.1/36}$$

Das Signal-Geräuschverhältnis wird somit

$$\frac{I_0^2}{\overline{\delta I^2}} = \eta\,\frac{P_S}{2h\nu B}, \tag{9.1/37}$$

und das äquivalente Eingangsrauschen beträgt daher $2h\nu B$ im Idealfall $\eta = 1$. Die Annahme statistisch unabhängiger Photoemissionen setzt aber statistisch unabhängige (d. h. in einem Modus poissonverteilte) Photonen voraus, d. h. in klassischer Beschreibung, daß die Amplitude der Lichtwelle ideal konstant ist. Signale mit anderer Photonenverteilung geben zusätzliches Rauschen zum Schrot-effekt, welches später besprochen werden soll.

Es soll hier nur erwähnt werden, daß für konventionelle Lichtquellen in jedem Modus eine *Bose-Einstein-Verteilung* von Photonen gilt, für Licht von einem ideal amplitudenstabilen Laser dagegen *Poisson-Verteilung*. Die Schwankungen in M unabhängigen Moden (mittlere Photonenanzahl pro Modus = $\overline{N}$) sind durch

$$\overline{\delta N_{\text{ges}}^2} = N_{\text{ges}} \qquad \text{(\textit{Poisson-Verteilung})},$$

$$\overline{\delta N_{\text{ges}}^2} = \overline{N}_{\text{ges}} + \frac{\overline{N}_{\text{ges}}^2}{M} \qquad \text{(\textit{Bose-Einstein-Verteilung})}, \tag{9.1/38}$$

$$(\overline{N}_{\text{ges}} = M\overline{N})$$

gegeben, und für den Laser somit kleiner als für konventionelle Strahler; da aber $\overline{N} = \delta_E$ für konventionelle Lichtquellen (außer unter extremen Bedingungen) sehr klein gegen eins ist, ist der Unterschied der beiden Verteilungen sehr schwer nach-zuweisen [19].

Ein Beispiel soll die Bedeutung von Gl. (9.1/38) erläutern: Das Verhältnis von Rauschleistung zu Signalleistung ist nach Gl. (9.1/29)

$$\frac{P_R}{P_S} = \frac{\overline{\delta N_{\text{ges}}^2}}{2\,\overline{N}_{\text{ges}}^2}, \tag{9.1/39}$$

wobei als $\overline{N}_{\text{ges}}$ die Anzahl der Photonen bezeichnet wird, die innerhalb einer Be-obachtungszeit τ_B registriert werden.

30*

Moduliert man natürliches Licht der Linienbreite $\Delta\nu$ (und daher der Kohärenzzeit $\tau_k = 1/\Delta\nu$) mit einer Nachricht der Bandbreite B, so hat man bei der Messung Beobachtungszeiten $\tau_B = 1/(2B)$ (Folge des Abtasttheorems) zu wählen. In dieser Zeit empfängt man aber

$$M = \frac{\tau_B}{\tau_k} = \frac{\Delta\nu}{2B} \qquad (9.1/40)$$

verschiedene Moden des als Trägersignal dienenden Lichtes, und erhält aus den Gln. (9.1/38) bis (9.1/40)

$$\frac{P_R}{P_S} = \frac{1}{2N_{\text{ges}}} + \frac{B}{\Delta\nu}. \qquad (9.1/41)$$

Man sieht daraus, daß (selbst für $\overline{N}_{\text{ges}} \to \infty$) P_R/P_S nie kleiner werden kann als das Verhältnis der Modulationsbandbreite B zur Trägerbandbreite $\Delta\nu$ [14, 20, 21], eine starke Einschränkung, wenn man an die Modulation schmaler Linien mit großen Bandbreiten denkt.

Für das Lasersignal erhält man hingegen zufolge $\overline{\delta N_{\text{ges}}^2} = \overline{N}_{\text{ges}}$ das Ergebnis

$$\frac{P_R}{P_S} = \frac{1}{2\overline{N}_{\text{ges}}}, \qquad (9.1/42)$$

also keine Beschränkung der Modulationsbandbreite für ein gefordertes Verhältnis P_S/P_R, da zwar bei höheren Modulationsbandbreiten τ_B (und damit $\overline{N}_{\text{ges}}$) abnimmt, was durch eine Erhöhung der Sendeleistung (und damit von $\overline{N}_{\text{ges}}$) aber ausgeglichen werden kann [20].

Das Signal-Geräuschverhältnis für den Heterodyn- und Homodynempfang, welches bisher nur aus allgemeinen Überlegungen erschlossen wurde, soll noch an Hand einer speziellen Anordnung abgeleitet werden.

Abb. 9.6 zeigt einen Gegentaktmischer [22], bei dem die Wellen des ankommenden Signals und des lokalen Oszillators mittels eines halbdurchlässigen Spiegels auf zwei Photodetektoren überlagert werden. Die Phasendifferenz von $\pi/2$ zwischen dem reflektierten und durchgelassenen Strahl am halbdurchlässigen Spiegel[1] resultiert in zwei gleich großen, gegenphasigen Photoströmen in den beiden Detektoren im Zwischenfrequenzbereich, welche elektrisch subtrahiert werden können. Der Photostrom ist proportional der (über wenige optische Perioden gemittelten) Lichtleistung $P(t)$,

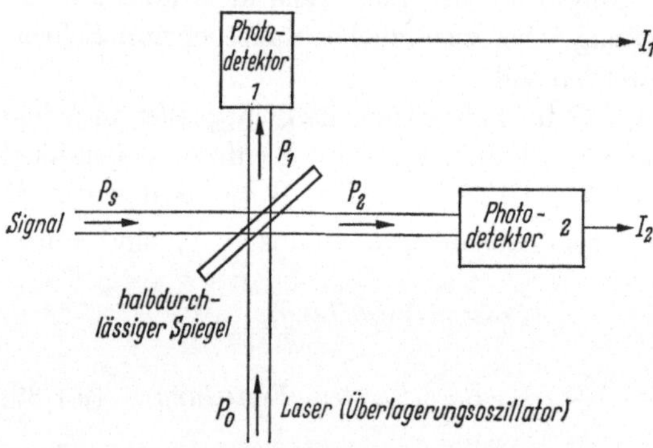

Abb. 9.6. Anordnung für den optischen Überlagerungsempfang.

$$I(t) = \frac{\eta e}{h\nu} P(t). \qquad (9.1/43)$$

---

[1] Die Koeffizienten für Reflexion und Transmission sind $\dfrac{1}{\sqrt{2}}\exp\left(j\dfrac{\pi}{4}\right)$ und $\dfrac{1}{\sqrt{2}}\exp\left(-j\dfrac{\pi}{4}\right)$.

v_S und v_0 seien die (nur wenig verschiedenen) Frequenzen des Signals und des Überlagerungsoszillators, $v_z = v_S - v_0$ sei die Zwischenfrequenz. Die Leistung $P(t)$ ist durch den komplexen Zeiger $V(t)$ der Lichtfeldstärke definiert

$$P(t) = \frac{1}{2}\, V^*(t)\, V(t). \tag{9.1/44}$$

Signalwelle und Überlagerungswelle sind vor dem Spiegel durch

$$V_S(t) = A_S \exp\left[j\left(2\pi v_S t + \frac{\pi}{4}\right)\right], \quad P_S = \frac{1}{2}\, A_S^2,$$

$$V_0(t) = A_0 \exp\left[j\left(2\pi v_0 t - \frac{\pi}{4}\right)\right], \quad P_0 = \frac{1}{2}\, A_0^2 \tag{9.1/45}$$

gegeben. Nach dem Spiegel lauten die Ausdrücke

$$V_1(t) = \frac{A_0}{\sqrt{2}} \exp\left[j\left(2\pi v_0 t - \frac{\pi}{2}\right)\right] + \frac{A_S}{\sqrt{2}} \exp\left[j\left(2\pi v_S t + \frac{\pi}{2}\right)\right],$$

$$P_1(t) = \frac{1}{4}\, A_0^2 + \frac{1}{4}\, A_S^2 - \frac{1}{2}\, A_0 A_S \cos\left(2\pi v_z t\right),$$

$$V_2(t) = \frac{A_0}{\sqrt{2}} \exp\left(j\, 2\pi v_0 t\right) + \frac{A_S}{\sqrt{2}} \exp\left(j\, 2\pi v_S t\right),$$

$$P_2(t) = \frac{1}{4}\, A_0^2 + \frac{1}{4}\, A_S^2 + \frac{1}{2}\, A_0 A_S \cos\left(2\pi v_z t\right). \tag{9.1/46}$$

Die elektrische Subtraktion der Photoströme liefert nach den Gln. (9.1/43 u. 9.1/46)

$$I_2 - I_1 = \frac{\eta e}{h v}\, A_0 A_S \cos\left(2\pi v_z t\right) = I_z \cos\left(2\pi v_z t\right). \tag{9.1/47}$$

Das Rauschen ist durch die Summe des Schrotrauschens der Gleichstromanteile der beiden Photoströme I_1 und I_2 gegeben

$$\overline{\delta I^2} = 2eB\left(I_1 + I_2\right) = \frac{\eta e^2 B}{h v}\left(A_0^2 + A_S^2\right). \tag{9.1/48}$$

Das Signal-Geräuschverhältnis ist somit

$$\frac{\dfrac{1}{2}\, I_z^2}{\overline{\delta I^2}} = \frac{\eta\, \dfrac{1}{2}\, A_S^2}{h v B\left(1 + A_S^2/A_0^2\right)} = \frac{\eta P_S}{h v B}\, \frac{1}{1 + P_S/P_0}. \tag{9.1/49}$$

Für $\eta = 1$ und starke Überlagerungssignale $P_0 \to \infty$ wird für das äquivalente Eingangsrauschen die früher erschlossene Leistung $h v B$ erreicht.

Man könnte einen Überlagerungsoszillator mit $v_0 = v_S$ verwenden, und einen kleinen Teil der ankommenden Signalleistung dazu benutzen, die Phase des lokalen Oszillators ungefähr auf die Phase des ankommenden Signals nachzu-stellen; damit könnte die Modulation der in-Phase-Komponente des Signals gemessen werden. Jetzt ist $\nu_z = 0$, und das Signal-Geräuschverhältnis ist

$$\frac{I_z^2}{\overline{\delta I^2}} = \frac{\eta P_S}{\frac{1}{2}\, h\nu B}\, \frac{1}{1 + P_S/P_0},\tag{9.1/50}$$

in Übereinstimmung mit der früher getroffenen Feststellung, daß bei *einer* Messung pro Modus ein minimales Rauschen von $1/2\ \overset{\bullet}{h}\nu B$ auftritt, welches für Homodynempfänger in der Literatur ausführlich diskutiert wurde [22, 23, 15].

Obgleich beim Photomischer das Rauschen nur halb so groß ist wie beim Photogleichrichter ($h\nu B$ gegenüber $2h\nu B$), kann der Photogleichrichter leichter eingesetzt werden; er braucht keinen Überlagerungsoszillator, keine Vorkehrungen zur Überlagerung von Signal- und Oszillatorwelle mit parallelen Phasenfronten, und ist somit auch unempfindlich gegen eine Verzerrung der Phasenfronten durch atmosphärische Störungen. Die beiden Empfangsverfahren werden in [24] aus-führlich miteinander verglichen.

9.1.5 Die Photonenverteilung von Signal, Rauschen und deren Superposition

In einem späteren Abschnitt wird zur Berechnung der Verteilung der Photo-elektronen die Wahrscheinlichkeitsverteilung der Photonen in verschiedenen Feldern benötigt werden.

Für amplitudenstabile Vorgänge (das sind solche, welche klassisch in einer komplexen Ebene durch einen Zeiger konstanter Länge und beliebiger Wahr-scheinlichkeitsverteilung der Phase dargestellt werden können) gilt für die inner-halb eines beliebigen Zeitintervalls τ gezählten Photonen N die *Poisson-Verteilung* [25]

$$\text{prob}\,(N) = \frac{(\overline{N})^N}{N!}\exp\,(-\overline{N}),\quad \overline{\delta N^2} = \overline{N}.\tag{9.1/51}$$

Gl. (9.1/51) gilt also speziell auch für Vorgänge, welche klassisch durch Sinus-funktionen konstanter Amplitude *und* Phase beschrieben werden (in der quanten-mechanischen Darstellung bezeichnet man solche Zustände als „kohärente Zu-stände" des harmonischen Oszillators, für sie gilt im Grenzwert hoher Photonen-zahlen in der Unschärferelation Gl. (9.1/24) das Gleichheitszeichen).

Die Photonenverteilung in *einem* Modus des Lichtes konventioneller Strahler (nicht bloß thermischer Lichtquellen) ist eine *Bose-Einstein-Verteilung* [25]

$$\text{prob}\,(N) = \frac{1}{(1 + \overline{N})}\,\frac{1}{(1 + 1/\overline{N})^N},\quad \overline{\delta N^2} = \overline{N}\,(1 + \overline{N}).\tag{9.1/52}$$

In der klassischen Darstellung handelt es sich um *Gaußsches Rauschen*. Das Schwankungsquadrat enthält im Vergleich zur *Poisson-Verteilung* den zusätz-lichen Term $\overline{N}^2$, welcher als die Schwankung klassischer Wellen interpretiert werden kann [26], und daher zusammen mit dem Term $\overline{N}$ (der Schwankung klassischer Teilchen) Ausdruck der Doppelnatur des Lichtes ist. Für thermisches

Licht ist $\overline{N} = \delta_E$ durch Gl. (9.1/8) gegeben. Betrachtet man M Moden konventionellen Lichtes, so gilt für die Verteilung von N_{ges} ($\overline{N}_{\text{ges}} = M \cdot \overline{N}$, z. B. $M = 2$ für unpolarisiertes Licht innerhalb einer Kohärenzzeit und Kohärenzfläche)

$$\text{prob}\,(N_{\text{ges}}) = \frac{(M + N_{\text{ges}} - 1)!}{N_{\text{ges}}!(M-1)!} \frac{1}{\left(1 + \dfrac{N_{\text{ges}}}{M}\right)\left(1 + \dfrac{M}{N_{\text{ges}}}\right)^{N_{\text{ges}}}},$$

$$\overline{\delta N_{\text{ges}}^2} = \overline{N}_{\text{ges}} + \frac{\overline{N}_{\text{ges}}^2}{M}. \tag{9.1/53}$$

Gl. (9.1/53) gilt für ganzzahlige M [27—30] und konvergiert für $M \to \infty$ gegen eine *Poisson-Verteilung*, als Ausdruck der Tatsache, daß die bezogenen Schwankungen bei Mittelung über dementsprechend viele unabhängige Moden auch dann klein gemacht werden können, wenn die bezogenen Schwankungen in *einem* Modus von der Größenordnung eins sind. Für die Photonenverteilung in teilweise polarisiertem Licht wird auf die Literatur verwiesen [31].

Bei einer Überlagerung von Signalphotonen N_S mit der Verteilung nach Gl. (9.1/51) und Rauschphotonen N_R mit der Verteilung nach Gl. (9.1/52) erhält man in einem Modus [32]

$$\text{prob}\,(N) = \frac{1}{(1 + \overline{N}_R)\left(1 + \dfrac{1}{\overline{N}_R}\right)^N} \cdot \exp\left(-\frac{\overline{N}_S}{1 + \overline{N}_R}\right) \frac{1}{N!}\, L_N\left(-\frac{\overline{N}_S}{\overline{N}_R(1 + \overline{N}_R)}\right).$$

$$\overline{N} = \overline{N}_S + \overline{N}_R, \tag{9.1/54}$$

$$\overline{\delta N^2} = \overline{N}_S + \overline{N}_R\,(1 + \overline{N}_R) + 2\,\overline{N}_S\overline{N}_R.$$

In den Schwankungen tritt somit ein Interferenzterm zwischen Signal und Rauschen auf[1].

Aus diesen Verteilungen kann man im Grenzfall N, $\overline{N} \to \infty$, $h \to 0$ die Verteilung der klassischen Leistung P erhalten [30]:

Aus Gl. (9.1/51) folgt für das amplitudenstabile Signal

$$\text{prob}\,(P) = \delta(P - \overline{P}), \tag{9.1/55}$$

aus Gl. (9.1/52) erhält man für die Verteilung der Leistung in einem Modus konventionellen Lichtes die Exponentialverteilung

$$\text{prob}\,(P) = \frac{1}{\overline{P}} \exp\left(-\frac{P}{\overline{P}}\right), \tag{9.1/56}$$

und für M verschiedene Moden aus Gl. (9.1/53)

$$\text{prob}\,(P) = \frac{M^M}{(M-1)!} \frac{P^{M-1}}{\overline{P}^M} \exp\left(-\frac{MP}{\overline{P}}\right). \tag{9.1/57}$$

---

[1] L_N ist das *Laguerresche Polynom* N-ter Ordnung.

9.2 Rauschen von Quantenverstärkern. Informationstheorie

9.2.1 Einleitung

Unter Verstärkung versteht man in der Nachrichtentechnik nicht bloß die Erhöhung der Leistung eines ankommenden Signals, sondern man impliziert damit gleichzeitig, daß die Phase am Ausgang bis auf eine frequenzunabhängige Konstante gleich der Eingangsphase ist. Im Gegensatz zu solchen „kohärenten" Verstärkern sind ja auch Systeme denkbar, welche für jedes ankommende Signalphoton $h\nu_S$ am Ausgang ein Photon $h\nu_A$ ($\nu_A > \nu_S$) abgeben, aber keinen Rückschluß auf die Phase des Eingangssignals erlauben (Quantenzähler).

Für die Behandlung des Rauschens linearer Verstärker im Quantenbereich $h\nu \gg kT$ gibt es verschiedene Methoden, die aber zu gleichen Ergebnissen führen.

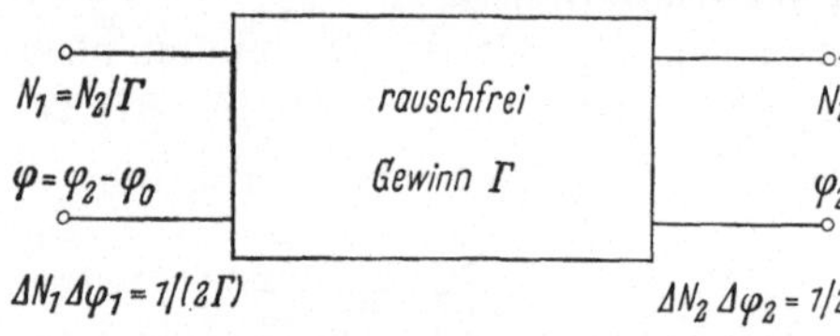

Abb. 9.7. Verletzung der Unschärferelation durch einen rauschfreien, linearen Verstärker.

Das einfachste Verfahren besteht darin, den Verstärker zusammen mit dem angeschlossenen Detektor als Meßgerät zu betrachten, welches der quantenmechanischen Unschärferelation unterliegt, und zu zeigen, daß ein rauschfreier Verstärker die Unschärferelation verletzen würde:

Am Ausgang eines solchen Verstärkers (Abb. 9.7) könnte man bei idealen Messungen Photonenanzahl und Phase mit den Fehlern $\Delta N_2 \cdot \Delta \varphi_2 = 1/2$ messen. Ist der Leistungsgewinn des Verstärkers Γ, so ist die auf den Eingang bezogene Photonenanzahlschwankung $\Delta N_1 = \Delta N_2/\Gamma$, das Produkt der Eingangsunschärfen wäre somit $\Delta N_1 \cdot \Delta \varphi_1 = 1/(2\Gamma)$ ($\Gamma > 1$), im Widerspruch zur Unschärferelation. Das minimale Rauschen des Verstärkers erhält man dadurch, daß man dem Verstärker so viel Eigenrauschen zuschreibt, daß gerade am Eingang die Unschärferelation nicht verletzt wird, und erhält als Ergebnis die Rauschleistung $h\nu B$ [12, 33, 14, 15].

Ein weiteres Verfahren zur Berechnung des minimalen Rauschens verwendet Bilanzgleichungen für die Photonenanzahl [34, 35]. Da Bilanzgleichungen ein Teilchenbild des elektromagnetischen Feldes voraussetzen, müssen Phasenbeziehungen implizit in Form der Annahmen der Kohärenz induzierter Übergänge und der Inkohärenz spontaner Übergänge angenommen werden.

Interessiert man sich nur für die Größe der Rauschleistung, nicht aber für den genauen Zustand des Strahlungsfeldes am Ausgang des Verstärkers, so ist eine quantenmechanische Analyse nicht erforderlich. Das Ergebnis detaillierter Rechnungen besagt [18, 35, 36], daß am Ausgang eines Laserverstärkers eine Superposition von Signal und *Gaußschem Rauschen* auftritt. Die am Eingang des Verstärkers ankommende Signalleistung und thermische Rauschleistung wird klassisch mit dem Leistungsgewinn Γ verstärkt, das Eigenrauschen des Verstärkers kann durch eine äquivalente Eingangsrauschleistung beschrieben werden, welche ebenfalls mit Γ verstärkt wird.

9.2.2 Berechnung des Verstärkerrauschens

Es sollen hier Bilanzgleichungen für die Photonenanzahl verwendet werden. Die verstärkende Substanz besteht aus n gleichartigen Atomen pro Volumeneinheit, von denen sich n_2 im angeregten Zustand und $n_1 = n - n_2$ im Grundzustand befinden sollen. Die Atome sollen nur zwei mögliche Energieniveaus im Abstand $W_2 - W_1 = h\nu$ besitzen, welche g_2-fach und g_1-fach entartet sein können. Die Frequenz der zu verstärkenden elektromagnetischen Welle sei ν.

Übergänge zwischen den beiden Niveaus können induziert oder spontan erfolgen. Die induzierten Übergänge erfolgen definitionsgemäß phasenrichtig, sind also für eine Verstärkung (oder Abschwächung) des Signals verantwortlich. Die zufolge $n_2 > 0$ unvermeidlichen spontanen Übergänge fügen der Welle Photonen mit statistisch gleichverteilter Phase hinzu, sind also für das Rauschen des Verstärkers verantwortlich. Nachstehende Rechnung [35] verwendet Begriffe, die in Kap. 2.11 erläutert wurden.

Die Energiedichte pro Hertz Bandbreite ist

$$w_\nu = m_\nu \, W_M(\nu), \qquad (9.2/1)$$

wobei m_ν die Modenanzahl pro Volumeneinheit und Hertz Bandbreite und $W_M(\nu)$ die Energie in einem Modus bedeuten. Für schwarze Strahlung z. B. ist $W_M(\nu)$ durch Gl. (9.1/7) gegeben, und durch Vergleich mit Gl. (9.1/11) gilt

$$m_\nu = \frac{8\pi\nu^2}{c^3}. \qquad (9.2/2)$$

Die Anzahl $n_{\nu,P}$ der Photonen pro Volumeneinheit und Hertz Bandbreite nimmt zufolge induzierter Übergänge in der Zeiteinheit um

$$\frac{dn_{\nu,P}}{dt}\bigg|_i = \frac{1}{h\nu}\frac{dw_\nu}{dt}\bigg|_i = w_\nu\,[B_{\nu,21}n_2 - B_{\nu,12}n_1] \qquad (9.2/3)$$

zu. $B_{\nu,21}$ und $B_{\nu,12}$ sind die *Einstein-Koeffizienten* für induzierte Emission und Absorption,

$$B_{\nu,12} = B_{\nu,21}\,\frac{g_2}{g_1}. \qquad (9.2/4)$$

Die Zunahme der Photonen zufolge spontaner Übergänge ist gegeben durch

$$\frac{dn_{\nu,P}}{dt}\bigg|_{sp} = \frac{1}{h\nu}\frac{dw_\nu}{dt}\bigg|_{sp} = A_\nu n_2, \qquad (9.2/5)$$

wobei A_ν der *Einstein-Koeffizient* für spontane Übergänge ist. Setzt man in Gl. (9.2/3) und Gl. (9.2/5) für w_ν aus Gl. (9.2/1) ein, so erhält man für die gesamte zeitliche Änderung der Modenenergie (induziert + spontan)

$$\frac{dW_M}{dt} = \frac{f(\nu)\,n_2}{\tau_{sp}m_\nu}\left[h\nu - W_M\left(\frac{n_1/g_1}{n_2/g_2} - 1\right)\right], \qquad (9.2/6)$$

wobei die Beziehungen

$$A_\nu = \frac{f(\nu)}{\tau_{sp}}, \quad B_{\nu,21} = \frac{A_\nu}{h\nu m_\nu} \tag{9.2/7}$$

verwendet wurden. $f(\nu)$ ist die normierte Linienform des atomaren Überganges,

$$\int_0^\infty f(\nu)\, d\nu = 1, \tag{9.2/8}$$

τ_{sp} die Lebensdauer für spontane Übergänge. Für eine *Lorentz-Linie* mit der Mittenfrequenz ν_0 und der Linienbreite $\Delta\nu = 1/(2\pi\,\tau_{sp})$ gilt[1]

$$f(\nu) = \frac{4\,\tau_{sp}}{1 + [4\pi\,\tau_{sp}(\nu - \nu_0)]^2}. \tag{9.2/9}$$

Das zeitliche Anwachsen der Modenenergie nach Gl. (9.2/6) kann man auch als konvektive Verstärkung einer Welle deuten, welche das Medium in z-Richtung mit der Lichtgeschwindigkeit c durchläuft. Es ist $d/dt = c\, d/dz$, und aus Gl. (9.2/6) folgt[2]

$$\frac{dW_M}{dz} = g(\nu)\, W_M + \frac{g(\nu)\, h\nu}{1 - \dfrac{n_1/g_1}{n_2/g_2}} \tag{9.2/10}$$

mit

$$g(\nu) = \frac{f(\nu)\, n_2\left(1 - \dfrac{n_1/g_1}{n_2/g_2}\right)}{c\,\tau_{sp} m_\nu} = \frac{f(\nu)\, n_2\left(1 - \dfrac{n_1/g_1}{n_2/g_2}\right)\lambda^2}{8\pi\,\tau_{sp}}. \tag{9.2/11}$$

Die Lösung von Gl. (9.2/10) mit der Eingangsenergie W_0 ($W_M = W_0$ bei $z = 0$) lautet

$$W_M(z) = W_0 \exp(gz) + \frac{h\nu}{1 - \dfrac{n_1/g_1}{n_2/g_2}} [\exp(gz) - 1]. \tag{9.2/12}$$

Ist die Verstärkerlänge l, und bezeichnet Γ den Leistungsgewinn (Verstärkung für $g > 0$)

$$\Gamma = \exp(gl) \tag{9.2/13}$$

so erhält man die vom Verstärker am Ausgang verursachte Rauschenergie in einem Modus aus Gl. (9.2/12) indem man $W_0 = 0$ setzt. Die äquivalente Eingangsrauschenergie $W_{R\ddot{a}}$ pro Modus für einen rauschfrei gedachten Verstärker erhält man, indem man diesen Ausdruck durch den Gewinn Γ dividiert.

$$W_{R\ddot{a}} = \frac{h\nu}{1 - \dfrac{n_1/g_1}{n_2/g_2}}\left(1 - \frac{1}{\Gamma}\right). \tag{9.2/14}$$

---

[1] Der Ausdruck $2\tau_{sp}$ kann als Kohärenzzeit τ_k bezeichnet werden, da die normierte Autokorrelationsfunktion von Gl. (9.2/9) durch $\vartheta_0(\tau) = \exp\left(-\dfrac{|\tau|}{2\tau_{sp}}\right)\cos(2\pi\nu_0\tau)$ gegeben ist.

[2] g bezeichnet die Verstärkungskonstante und ist nicht mit den Entartungen der beiden Niveaus g_1, g_2 zu verwechseln.

Die äquivalente Eingangsrauschleistung $P_{R\ddot{a}}$ für ein räumlich kohärentes Signal (*ein* transversaler Modus) der Bandbreite B (B longitudinale Moden pro Sekunde) folgt aus Gl. (9.2/14)

$$P_{R\ddot{a}} = \frac{h\nu B}{1 - \dfrac{n_1/g_1}{n_2/g_2}} \left(1 - \frac{1}{\Gamma}\right) = \frac{h\nu B}{1 - \exp\left(\dfrac{h\nu}{kT_i}\right)} \left(1 - \frac{1}{\Gamma}\right), \tag{9.2/15}$$

wobei T_i die in Gl. (2.11/2) definierte Inversionstemperatur des aktiven Mediums ist. Für hohe Verstärkung ($\Gamma \to \infty$) und vollständige Inversion ($n_1 \to 0$) folgt aus Gl. (9.2/15) die Rauschleistung $h\nu B$, in Übereinstimmung mit Gl. (9.1/33).

9.2.3 Der maximale Transinformationsgehalt im Quantenbereich

Beim Übertragen von Nachrichten über rauschende Kanäle geht ein Teil des Informationsgehaltes verloren. Unter speziellen Annahmen (additives *Gaußsches Rauschen*, gaußverteiltes Signal) erhält man im klassischen Bereich den maximalen Transinformationsgehalt pro Messung [37, 38]

$$T_{\text{max},kl} = [H(Y) - H(R)]_{\text{max}} = \frac{1}{2} \lg \left(1 + \frac{P_S}{P_R}\right). \tag{9.2/16}$$

$H(Y)$, $H(R)$ sind dabei die Entropien der Empfangsgröße und des Rauschens, P_S ist die Signalleistung, P_R die thermische Rauschleistung. Nimmt man in Gl. (9.2/16) den Binärlogarithmus, so folgt $T_{\text{max},kl}$ in der Einheit bit.

Diese Beziehung versagt im Quantenbereich; P_R sinkt bei hohen Frequenzen exponentiell ab, und damit geht der Transinformationsgehalt pro Messung gegen unendlich große Werte. Das ist darauf zurückzuführen, daß bei sinkenden Störeinflüssen immer genauere (und damit informativere) Messungen des Signals möglich werden, wobei voraussetzungsgemäß im klassischen Bereich keine prinzipielle Grenze für die Meßgenauigkeit besteht.

Im Quantengebiet ist es aber nicht mehr möglich, zwei voneinander unabhängige Messungen pro Modus durchzuführen. Es läßt sich vermuten, daß aus zwei solchen nunmehr durch die Unschärferelation miteinander verknüpften Messungen des Zustandes eines Oszillators (eines Modus) ein Transinformationsgehalt kleiner als $2\,T_{\text{max},kl}$ folgen wird.

Den maximalen Transinformationsgehalt [35, 39] pro Modus berechnet man aus

$$T_{\text{max},M} = [H(Y)_M - H(R)_M]_{\text{max}}. \tag{9.2/17}$$

Für thermisches Rauschen ist die Verteilung der thermischen Photonen N_T durch Gl. (9.1/52) gegeben. Die Entropie des Rauschens pro Modus ist daher

$$H(R)_M = \sum_{N_T=0}^{\infty} \text{prob}\,(N_T)\, \lg \left(\frac{1}{\text{prob}\,(N_T)}\right) = \lg(1 + \overline{N}_T) + \overline{N}_T \lg\left(1 + \frac{1}{\overline{N}_T}\right). \tag{9.2/18}$$

Die Empfangsgröße Y setzt sich aus der Summe von Signalphotonen N_S und thermischen Photonen N_T zusammen. Ihre Entropie wird sicher durch eine

Bose-Einstein-Verteilung (die Verteilung des thermischen Gleichgewichtes) für $N_S + N_T$ maximalisiert, ergo ist

$$H(Y)_{\max,M} = \lg\left(1 + \overline{N}_S + \overline{N}_T\right) + \left(\overline{N}_S + \overline{N}_T\right)\lg\left(1 + \frac{1}{\overline{N}_S + \overline{N}_T}\right). \qquad (9.2/19)$$

In der Bandbreite B gilt für Signalleistung und thermische Rauschleistung

$$P_S = h\nu\,\overline{N}_S B,$$

$$P_{RT} = h\nu\,\overline{N}_T B. \qquad (9.2/20)$$

Mit diesen Beziehungen erhält man

$$T_{\max,M} = \lg\left(1 + \frac{P_S}{P_{RT} + h\nu B}\right) + \frac{P_S + P_{RT}}{h\nu B}\lg\left(1 + \frac{h\nu B}{P_S + P_{RT}}\right) -$$

$$- \frac{P_{RT}}{h\nu B}\lg\left(1 + \frac{h\nu B}{P_{RT}}\right). \qquad (9.2/21)$$

Aus Gl. (9.2/21) kann man entnehmen, welche Modulations- und Empfangsverfahren im Quantenbereich vorteilhaft anzuwenden sind. Zwei Fälle sind zu unterscheiden:

1. $P_S \gg h\nu B$ (das impliziert $P_S \gg P_{RT}$, da im optischen Bereich $h\nu B \gg P_{RT}$): In Gl. (9.2/21) dominiert der erste Term, es gilt daher annähernd

$$T_{\max,M} = \lg\left(1 + \frac{P_S}{P_{RT} + h\nu B}\right). \qquad (9.2/22)$$

Dieser Transinformationsgehalt kann durch einen Maserverstärker erreicht werden. Am Ausgang des Verstärkers ist nämlich die Leistung so groß, daß klassische Messungen möglich sind. Es kann somit Gl. (9.2/16) angewendet werden, wobei sich die Eingangsrauschleistung aus der Summe der thermischen Rauschleistung P_{RT} und der äquivalenten Eingangsrauschleistung des Quantenrauschens $h\nu B$ zusammensetzt. Es ist somit pro Modus (2 klassische Messungen)

$$T_{\max,\mathrm{Maser}} = 2T_{\max,kl} = \lg\left(1 + \frac{P_S}{P_{RT} + h\nu B}\right), \qquad (9.2/23)$$

in Übereinstimmung mit Gl. (9.2/22). Der ideale Maser ist daher im Bereich $P_S \gg h\nu B$ ein ideales Empfangsgerät, da sein Transinformationsgehalt den maximal möglichen Gl. (9.2/21) nahezu erreicht. Damit wird ein kohärenter (d. h. phasenempfindlicher) Empfang im Bereich $P_S \gg h\nu B$ sinnvoll.

2. $P_S \ll h\nu B$. In diesem Fall dominiert der zweite Term in Gl. (9.2/21), der erste Term, der dem Transinformationsgehalt des Masers entspricht, ist dagegen verschwindend klein, und damit wird es unsinnig, für $P_S \ll h\nu B$ einen kohärenten Empfang durchzuführen. Dieses Ergebnis ist verständlich: $P_S \ll h\nu B$ bedeutet, daß im Mittel in einem Modus viel weniger als *ein* Signalphoton vorhanden ist. Wegen der Unschärferelation Gl. (9.1/24) ist die Streuung der Signalphase groß, der Phase kann daher nicht viel Information entnommen werden. Versucht man trotzdem, die Phase zu messen, so resultiert daraus zufolge der Abhängigkeit von

ΔN und $\Delta \varphi$ eine zusätzliche Unsicherheit ΔN, wodurch man sich der Möglichkeit begibt, die etwa in der Photonenanzahl noch vorhandene Information möglichst genau zu messen. Man verzichtet besser vollständig auf die Phasenmessung und verwendet einen Quantenzähler [39]; das angemessene Modulationsverfahren ist die Intensitätsmodulation. Der Quantenzähler ist im klassischen Bereich $P_S \gg h\nu B$ dagegen nicht vorteilhaft, da er als phasenunempfindliches Gerät die Phaseninformation „vergeudet", und daher einer ankommenden Welle, die klassisch gleich viel Information in Amplitude und Phase übermitteln kann, nur die Hälfte der Information entzieht.

9.2.4 Abschließende Bemerkungen

Messungen an einem He-Ne-Laserverstärker bei $\lambda = 3{,}39\ \mu\mathrm{m}$ ergaben ein Rauschen nur wenig über dem theoretischen Minimum $h\nu B$ [40, 41]. Um bei der Verstärkung optischer Frequenzen zu gewährleisten, daß das Eigenrauschen des Verstärkers möglichst nicht über das theoretische Minimum hinausgeht, müssen Vorkehrungen getroffen werden, die in [42] ausführlich beschrieben sind. Die bisher sorgfältigsten Messungen des Verstärkerrauschens wurden bei $\lambda = 3{,}508\ \mu\mathrm{m}$ an He-Xe-Verstärkern durchgeführt (s. Kap. 6, [123]).

Da ein Verstärker zufolge seines Eigenrauschens den Rauschabstand immer verkleinert, ist sein Einsatz nur gerechtfertigt, wenn relativ zum Eigenrauschen hohe Eingangssignalleistungen vorliegen, weil dann am Ausgang das Signal mit relativ unempfindlichen Meßgeräten ohne wesentliche Verschlechterung des Rauschabstandes gemessen werden kann. Setzt man hinter dem Verstärker einen Detektor ein, der einen bestimmten Schwellenwert hat, so ist die interessierende Größe allerdings nicht mehr das hier berechnete Signal-Geräuschverhältnis, sondern die Wahrscheinlichkeit eines „falschen Alarms", deren Berechnung die Kenntnis der Photonenverteilung am Ausgang voraussetzt [43].

9.3 Kohärenzeigenschaften optischer Felder

9.3.1 Einleitung

Die im Rahmen der klassischen Optik entstandene Kohärenztheorie [44, 45] war zwar imstande, die an konventionellen Lichtquellen beobachtbaren Erscheinungen befriedigend zu erklären, führte aber bei ihrer Anwendung auf den Laser eher zu Verwirrungen. Der Grund ist in den wesentlich verschiedenen statistischen Eigenschaften des Lichtes konventioneller Strahler einerseits und von Lasern andererseits zu suchen. Da man es vor der Erfindung des Lasers im optischen Spektralbereich ausschließlich mit Generatoren *Gaußschen Rauschens* zu tun hatte, bestand keine Notwendigkeit, eine auf Licht anderer statistischer Eigenschaften anwendbare Kohärenztheorie zu formulieren.

Es zeigt sich, daß gewisse Klassen von Feldern durchaus adäquat mit Methoden der klassischen Theorie des Rauschens beschrieben werden können, und solche Felder sind im Rahmen dieses Buches gerade von Interesse. Eine Erfassung allgemeiner optischer Felder kann aber nur mit den Mitteln der Quantenelektrodynamik geschehen.

Die Frage der Kohärenz kann hier nur in ihren elementaren Grundlagen gestreift werden. Zusammenfassende Darstellungen der Kohärenztheorie finden sich in [44, 46, 47].

9.3.2 Der klassische Kohärenzbegriff

Zur Beschreibung linearpolarisierten Lichtes genügt eine einzige, reelle, orts- und zeitabhängige Skalarfunktion $V_r(x_k)$. x_k steht dabei stellvertretend für den Ortsvektor r_k und die Zeit t_k. Vielfach wird auch die Bezeichnung $V_r(x_k) = V_{rk}$ verwendet werden. Es ist von Vorteil, statt der reellen Funktion $V_r(x_k)$ das sogenannte analytische Signal einzuführen, eine komplexe Funktion

$$V(x_k) = V_r(x_k) + j V_i(x_k), \qquad (9.3/1)$$

wobei V_i und V_r über eine *Hilbert-Transformation* bezüglich der Zeitkoordinate miteinander verknüpft sind,

$$V_i(t) = \frac{1}{\pi} \fint_{-\infty}^{+\infty} \frac{V_r(t')}{t' - t}\, dt', \qquad V_r(t) = -\frac{1}{\pi} \fint_{-\infty}^{+\infty} \frac{V_i(t')}{t' - t}\, dt'. \qquad (9.3/2)$$

Der Querstrich im Integralzeichen bedeutet, daß der *Cauchysche Hauptwert* zu nehmen ist. Eine Darstellung der Eigenschaften analytischer Signale findet man in [44, 45, 48], hier sollen nur einige Eigenschaften ohne Beweis angeführt werden. Definiert man die *Fourier-Transformation* durch[1]

$$V_r(t) = \int_{-\infty}^{+\infty} S_{V_r}(\nu) \exp\left(-2\pi j\nu t\right) d\nu,$$

$$S_{V_r}(\nu) = \int_{-\infty}^{+\infty} V_r(t) \exp\left(2\pi j\nu t\right) dt, \qquad (9.3/3)$$

($S_{V_r}(\nu)$ ist das Spektrum von $V_r(t)$), so hat das Spektrum $S_V(\nu)$ des analytischen Signals $V(t)$ nur positive Frequenzanteile

$$S_V(\nu) = \begin{cases} 2 S_{V_r}(\nu) & \nu \geq 0 \\ 0 & \nu < 0 \end{cases}. \qquad (9.3/4)$$

Die Autokorrelationsfunktion einer *reellen* Funktion $V_r(t)$ ist definiert durch

$$\vartheta_{V_r}(\tau) = \lim_{T \to \infty} \frac{1}{2T} \int_{-T}^{+T} V_r(t)\, V_r(t + \tau)\, dt = \int_{-\infty}^{+\infty} \theta_{V_r}(\nu) \exp\left(-2\pi j\nu\tau\right) d\nu, \qquad (9.3/5)$$

$$\theta_{V_r}(\nu) = \lim_{T \to \infty} \frac{\overline{S_{V_r}^*(\nu)\, S_{V_r}(\nu)}}{2T} = \int_{-\infty}^{+\infty} \vartheta_{V_r}(\tau) \exp\left(2\pi j\nu\tau\right) d\tau,$$

---

[1] Man beachte, daß die in der Elektrotechnik übliche Definition in den Exponenten die entgegengesetzten Vorzeichen verwendet.

wobei $\theta_{V_r}(\nu)$ als Leistungsspektrum von $V_r(t)$ bezeichnet wird (der Querstrich in Gl. (9.3/5) bedeutet, daß für Zufallsfunktionen $V_r(t)$ vor dem Bilden des Grenzwertes über das Ensemble gemittelt werden muß). Die mittlere Leistung des Vorganges $V_r(t)$ ist

$$\overline{P} = \vartheta_{V_r}(0) = \int\limits_{-\infty}^{+\infty} \theta_{V_r}(\nu)\, d\nu = \int\limits_{0}^{\infty} w_{V_r}(\nu)\, d\nu , \qquad (9.3/6)$$

wobei durch $w_{V_r}(\nu)$ ein nur für Frequenzen $\nu \geq 0$ von Null verschiedenes Leistungsspektrum eingeführt wurde

$$w_{V_r}(\nu) = \begin{cases} 2\,\theta_{V_r}(\nu) & \nu \geq 0 \\ 0 & \nu < 0 . \end{cases} \qquad (9.3/7)$$

Als normierte Autokorrelationsfunktion und normiertes Leistungsspektrum bezeichnet man die Ausdrücke

$$\vartheta_{V_r,0}(\tau) = \frac{\vartheta_{V_r}(\tau)}{\vartheta_{V_r}(0)} \qquad\qquad [\vartheta_{V_r,0}(0) = 1],$$

$$\theta_{V_r,0}(\nu) = \frac{\theta_{V_r}(\nu)}{\int\limits_{-\infty}^{+\infty} \theta_{V_r}(\nu)\, d\nu} \qquad \left[\int\limits_{-\infty}^{+\infty} \theta_{V_r,0}(\nu)\, d\nu = 1\right]. \qquad (9.3/8)$$

Die analogen Beziehungen für *das komplexe analytische Signal* $V(t)$ lauten

$$\vartheta_V(\tau) = \lim_{T\to\infty} \frac{1}{2T} \int\limits_{-T}^{+T} V^*(t)\, V(t+\tau)\, dt = \int\limits_{0}^{\infty} w_V(\nu)\, \exp\left(-2\pi j\nu\tau\right)\, d\nu =$$

$$= 2\vartheta_{V_r}(\tau) + 2j\,\frac{1}{\pi} \fint\limits_{-\infty}^{+\infty} \frac{\vartheta_{V_r}(\tau')}{\tau' - \tau}\, d\tau' , \qquad (9.3/9)$$

$$w_V(\nu) = \lim_{T\to\infty} \frac{\overline{S_V^*(\nu)\, S_V(\nu)}}{2T} = \int\limits_{-\infty}^{+\infty} \vartheta_V(\tau)\, \exp\left(2\pi j\nu\tau\right)\, d\tau = \begin{cases} 4\,\theta_{V_r}(\nu) & \nu \geq 0 \\ 0 & \nu < 0 , \end{cases}$$

wobei das Leistungsspektrum von $V(t)$ nach Gl. (9.3/4) nur positive Frequenzen enthält. Für die mittlere Leistung gilt

$$\overline{P} = \frac{1}{2}\,\vartheta_V(0) = \frac{1}{2} \int\limits_{0}^{\infty} w_V(\nu)\, d\nu = \int\limits_{0}^{\infty} w_{V_r}(\nu)\, d\nu . \qquad (9.3/10)$$

Die Größe

$$P(t) = \frac{1}{2}\, V^*(t)\, V(t) \qquad (9.3/11)$$

ist für schmalbandige Prozesse mit der Mittenfrequenz ν_0 der zeitliche Mittelwert der Leistung über wenige Perioden der Dauer $1/\nu_0$ (für Vorgänge mit zeitlich konstanter Amplitude $V(t) = A_0 \exp(-2\pi j\nu_0 t)$ ist dieser Mittelwert natürlich ebenfalls zeitlich konstant, $P(t) = 1/2\,A_0^2$).

Das analytische Signal für das Feld einer konventionellen Lichtquelle (mit *Bose-Einstein-Verteilung* der Photonen in einem Modus) besitzt die *Gauß-Verteilung* [47]

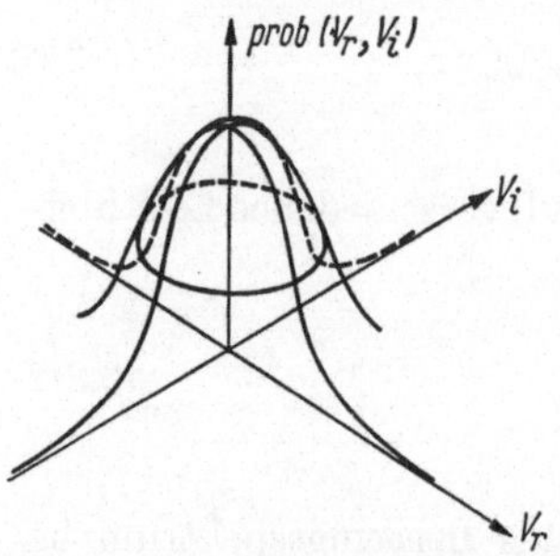

Abb. 9.8. Wahrscheinlichkeitsverteilung des analytischen Signals für Licht konventioneller Lichtquellen.

$$\text{prob}\,(V_r, V_i) = \frac{1}{2\pi\overline{P}} \exp\left(-\frac{V_r^2 + V_i^2}{2\overline{P}}\right) \qquad (9.3/12)$$

und ist in Abb. 9.8 dargestellt (*Gaußscher Maulwurfshügel*).

Vollständig ist ein Wahrscheinlichkeitsprozeß aber erst dann beschrieben, wenn man alle n-dimensionalen ($n = 1, 2, 3 \ldots \infty$) Verteilungen der Größe V an den Raum-Zeit-Punkten $x_1, x_2 \ldots x_n$ kennt, also die Funktion

$$\text{prob}\,(V_1, V_2, \ldots V_n) =$$
$$\text{prob}\,(V_{r1}, V_{i1}, V_{r2}, V_{i2}, \ldots V_{rn}, V_{in}). \qquad (9.3/13)$$

Die Besonderheit des *Gaußschen Prozesses* besteht darin, daß alle diese Verteilungen angeschrieben werden können, wenn die Kohärenzfunktion erster Ordnung

$$\Gamma^{(1)}(x_1, x_2) = \Gamma_{12}^{(1)} = \overline{V^*(x_1)\,V(x_2)} = \overline{V_1^*\,V_2} \qquad (9.3/14)$$

bekannt ist, welche der Erwartungswert von $V_1^*\,V_2$ ist. Es ist dann [49]

$$\text{prob}\,(V_1, V_2, \ldots V_n) = \frac{1}{(2\pi)^n \det(H_{jk})} \exp\left(-\frac{1}{2} \sum_{j,k=1}^{n} V_j H_{jk}^{-1} V_k^*\right). \qquad (9.3/15)$$

Dabei ist $H_{jk}\,(j, k = 1, 2 \ldots n)$ die aus den Größen $\frac{1}{2}\,\Gamma_{jk}^{(1)}$ gebildete Matrix und H_{jk}^{-1} die dazu inverse Matrix. Für $n = 1$ erhält man unter Beachten von $\overline{P} = \frac{1}{2}\,\overline{V^*V}$ Gl. (9.3/12).

Die Funktion $\Gamma^{(1)}(x_1, x_2)$ kann durch Interferenzexperimente mit aus den Raum-Zeit-Punkten x_1, x_2 kommendem Licht aus dem Kontrast und der Lage der Interferenzstreifen gemessen werden [45]. Für $t_1 = t_2$, $r_1 \neq r_2$ spricht man von räumlicher, für $r_1 = r_2$, $t_1 \neq t_2$ von zeitlicher Kohärenz. Für stationäre Prozesse hängt $\Gamma^{(1)}$ nur von der Zeitdifferenz $t_1 - t_2 = \tau$ ab.

Als kohärent erster Ordnung bezeichnet man Licht, für das der Kohärenzgrad

$$\gamma_{12}^{(1)} = \gamma^{(1)}(x_1, x_2) = \frac{\Gamma_{12}^{(1)}}{\sqrt{\Gamma_{11}^{(1)}\,\Gamma_{22}^{(1)}}} \qquad (9.3/16)$$

dem Betrag nach Eins wird, $|\gamma_{12}^{(1)}| = 1$. Praktisch bedeutet dies, daß man mit Licht aus den Punkten x_1, x_2 (bei geeigneter Justierung der relativen Intensitäten) ein Interferenzstreifensystem erhalten kann, bei dem die Intensität an den Stellen der Minima Null wird.

Für Licht am Punkt r zu verschiedenen Zeiten t_i wird die Funktion Gl. (9.3/14) identisch mit der in Gl. (9.3/9) definierten Korrelationsfunktion $\vartheta_V(t)$, welche durch das Leistungsspektrum $w_V(\nu) = 2w_{V_r}(\nu)$ gegeben ist (es handelt sich um ergodische Prozesse, Zeitmittelwerte und Ensemblemittelwerte liefern somit gleiche Ergebnisse). Die Linienform der Emission konventioneller Strahler bestimmt somit alle Wahrscheinlichkeitsverteilungen, da es sich um einen stationären, ergodischen, *Gaußschen Prozeß* handelt.

Aus der spektralen Leistungsdichte *nicht-Gaußscher Prozesse* (z. B. Laserlicht) kann jedoch nichts über die Verteilungen für V ausgesagt werden. An Hand eines Experimentes mit konventionellem Licht soll nun ein Weg gefunden werden, den Kohärenzbegriff auf jene Felder zu erweitern, die durch die Kenntnis der Funktion $\gamma_{12}^{(1)}$ *nicht* vollständig beschrieben sind.

Das Licht einer konventionellen Lichtquelle Qu (Abb. 9.9) durchläuft eine Reihe von Blenden, die *einen* transversalen Modus isolieren. Das auf den halb durchlässigen Spiegel S im Bereich A auftreffende Licht ist daher räumlich kohärent. Die beiden in gleicher Entfernung von A aufgestellten Photodetektoren D_1, D_2 registrieren die Leistungen P_1, P_2 ($\overline{P}_1 = \overline{P}_2$), aus denen in einem Korrela

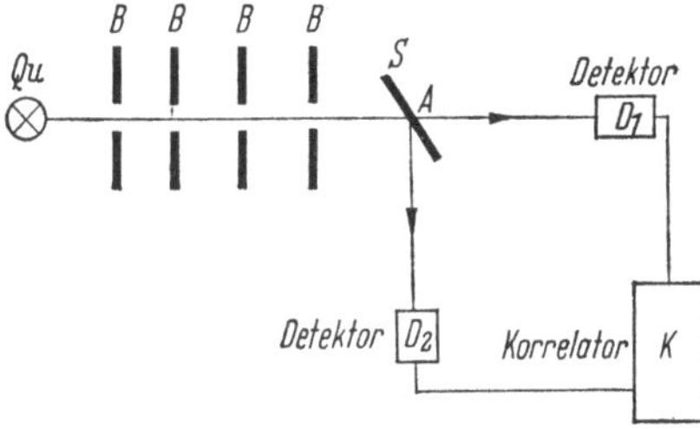

Abb. 9.9. Anordnung zur Messung der Intensitätskorrelation mit konventionellem Licht.

tor der Mittelwert $\overline{P_1 P_2}$ gebildet wird. Der Korrelator bildet daher, wenn V das analytische Signal im Punkt A ist, den Ausdruck $\dfrac{1}{4}\,\overline{V^* V^* V V}$, also einen Sonderfall der Funktion $\overline{V_1^* V_2^* V_3 V_4}$, welche nur mit der 4-dimensionalen Verteilung prob (V_1, V_2, V_3, V_4) berechnet werden kann. Für *Gaußsche Prozesse* folgt aus Gl. (9.3/15) [49]

$$\overline{P^2} = \frac{1}{4}\,\overline{V^* V^* V V} = \frac{1}{2}\left(\overline{V^* V}\right)^2 = 2\overline{P}^2. \qquad (9.3/17)$$

Es ist also eine Korrelation der Intensitätsschwankungen

$$\overline{\delta P_1\, \delta P_2} = \overline{P^2} - \overline{P}^2 = \overline{P}^2 \qquad (9.3/18)$$

vorhanden, die nur so erklärt werden kann, daß die Amplitude des Lichtes starke spontane Schwankungen ausführt. Für ideal *amplitudenstabiles* Licht dagegen wäre die Verteilung der Leistung

$$\mathrm{prob}\,(P) = \delta(P - \overline{P}), \qquad (9.3/19)$$

und die Korrelation $\overline{\delta P^2}$ wäre Null.

Daraus ergibt sich unmittelbar die sinnvolle Verallgemeinerung des Kohärenzbegriffes: Ideal amplitudenstabiles Licht zeigt keine Intensitätskorrelation (keine Korrelation zwischen den Photoströmen zweier Detektoren in einer Anordnung wie in Abb. 9.9). Spaltet man das Licht allgemein in n Strahlen auf und beleuchtet damit n Detektoren, so würde auch die n-fache Intensitätskorrelation verschwinden. Licht, für welches die Intensitätskorrelation für $n \leq M$ Detektoren verschwindet, aber nicht für $n > M$, bezeichnet man als kohärent M-ter Ordnung (damit wird ideal amplitudenstabiles Licht kohärent in allen Ordnungen, $M = \infty$).

Man definiert zweckmäßig Kohärenzfunktionen und Kohärenzgrade n-ter Ordnung

$$\Gamma^{(n)}(x_1, x_2, \ldots x_{2n-1}, x_{2n}) = \overline{V_1^* V_2^* \ldots V_{n-1}^* V_n^* V_{n+1} V_{n+2} \ldots V_{2n}},$$

$$\gamma^{(n)}(x_1, x_2, \ldots x_{2n-1}, x_{2n}) = \frac{\Gamma^{(n)}(x_1, x_2, \ldots x_{2n-1}, x_{2n})}{\prod_{k=1}^{2n} \sqrt{\Gamma^{(1)}(x_k, x_k)}}. \tag{9.3/20}$$

Aus dem Verschwinden der Intensitätskorrelation n-ter Ordnung

$$\overline{P_1 P_2 \ldots P_n} - \overline{P_1}\,\overline{P_2} \ldots \overline{P_n} = 0 \tag{9.3/21}$$

folgt damit die Bedingung für Kohärenz M-ter Ordnung

$$\gamma^{(n)}(x_1, x_2 \ldots x_n, x_n, x_{n-1} \ldots x_2, x_1) = 1 \qquad n \leq M. \tag{9.3/22}$$

Konventionelles Licht ist daher bestenfalls kohärent erster Ordnung. Vollständige Kohärenz bedeutet vollständige Amplitudenstabilität. Beginnende Amplituden-

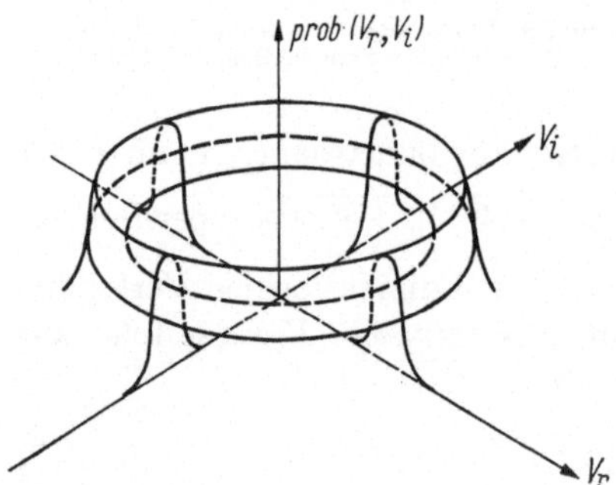

Abb. 9.10. Wahrscheinlichkeitsverteilung des analytischen Signals für Licht mit beginnender Amplitudenstabilisierung.

stabilität äußert sich in der Verteilung niedrigster Ordnung prob (V) dadurch, daß sie den Charakter eines „Ringgebirges" annimmt (Abb. 9.10). Es können also zwei Signale gleiche Linienbreite und Spektralverteilungen besitzen, sich aber dennoch in ihren Kohärenzeigenschaften unterscheiden. Darauf wurde zuerst von GOLAY [50] hingewiesen. Das ideal kohärente Signal wäre in Abb. 9.10 durch ein Ringgebirge unendlicher Höhe und verschwindender Breite dargestellt,

$$\mathrm{prob}\,(V_r, V_i) = \frac{1}{\pi}\,\delta(V_r^2 + V_i^2 - 2\overline{P}). \tag{9.3/23}$$

Die in Abb. 9.9 dargestellte Anordnung wurde von BROWN und TWISS erstmalig zur Messung der Korrelation der Intensitätsschwankungen (welche durch Gl. (9.3/18) für einen Modus gegeben ist) bei konventionellem Licht verwendet [51]. Eine interessante Anwendung ergibt sich in der Astronomie, wo aus der Korrelation der Schwankungen des Lichtes von Sternen deren Parallaxe ermittelt werden kann [52—55].

9.4 Das Rauschen von Laseroszillatoren

9.4.1 Einleitung

Das zentrale Problem bei der Berechnung von Schwankungserscheinungen in Oszillatoren ist die Ermittlung der Linienbreite und der statistischen Eigenschaften des Ausgangssignals. Da die Grundgleichungen eines Oszillators notwendigerweise nichtlinear sind, ist auch eine klassische Behandlung des Problems ziemlich aufwendig. Die hier gewählte Darstellungsweise bedient sich der bekannten Theorie klassischer Oszillatoren und entnimmt die Bedeutung einzelner makroskopischer, darin vorkommender Parameter aus quantenmechanischen Rechnungen, die für den Laser durchgeführt wurden. Damit gelangt man zu Ergebnissen für die Linienbreite und die Rauschleistung, welche mit den Resultaten voll quantenmechanischer Beschreibungen im wesentlichen übereinstimmen; Einblicke in die „mikroskopischen" Zusammenhänge kann diese phänomenologische Darstellung natürlich nicht bieten.

9.4.2 Qualitative Betrachtungen zum Oszillatorrauschen

Abb. 9.11 zeigt das Schema eines rückgekoppelten Verstärkers. Das Eingangssignal sei thermisches Rauschen des Widerstandes R_E mit der Wahrscheinlichkeitsverteilung Abb. 9.8. Der Verstärker V und der Rückkopplungsvierpol R seien linear. Ist die (phasenrichtige) Schleifenverstärkung kleiner als Eins, kann sich keine Schwingung aufschaukeln. Am nichtrauschend vorausgesetzten Ausgangswiderstand R_A entsteht eine Rauschspannung, deren Leistungsspektrum nicht weiß sein wird, sondern entsprechend der Frequenzabhängigkeit der Schaltung „gefärbt". Die Wahrscheinlichkeitsverteilung für statistisch unabhängige Messungen ist aber noch

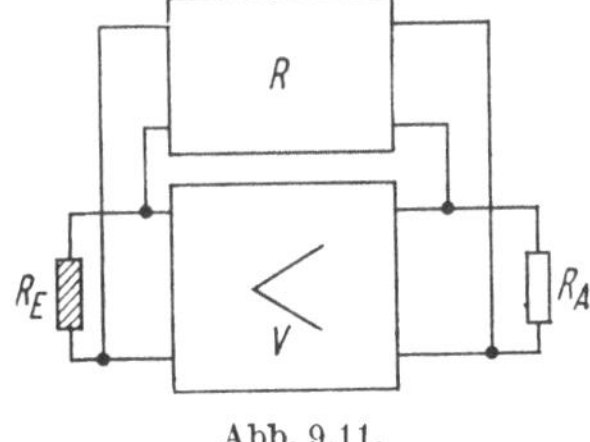

Abb. 9.11.
Rückgekoppelter Verstärker.

immer die von Abb. 9.8, da ein *Gaußscher Prozeß* bei linearen Transformationen erhalten bleibt. Aus der Spektralverteilung an R_A kann die Korrelationsfunktion $\vartheta(\tau) = \overline{V^*(t)\,V(t+\tau)}$ berechnet werden, und damit sind nach Gl. (9.3/14) und Gl. (9.3/15) alle Verteilungen des analytischen Signals an R_A gegeben.

Eine lineare Theorie kann einen Laser nur unterhalb seines Schwingungseinsatzes beschreiben; das Ausgangssignal ist zufolge der Frequenzselektivität des optischen Resonators ein in seiner Spektralverteilung geändertes *Gaußsches Rauschen* der spontanen Emissionen des aktiven Mediums. Solange die Verluste des Resonators (Abstrahlung durch die Spiegel) größer sind als die Entdämpfung zufolge der Inversion bleibt das Ausgangssignal *Gaußsches Rauschen*, wobei die Linienbreite der einzelnen achsialen Moden mit steigender Entdämpfung abnimmt. Unterhalb des Schwingungseinsatzes ist die Linienbreite somit umgekehrt proportional der abgegebenen Leistung, welche *Gaußsches Rauschen* darstellt.

Steigt die Entdämpfung so stark an, daß die Verluste überkompensiert werden, so würde die Erregung in einem linearen System exponentiell über alle Grenzen anwachsen. Tatsächlich gibt es aber immer Mechanismen, die zu einer Begrenzung und Stabilisierung der Amplitude führen; dies können Nichtlinearitäten sein, oder Regelvorgänge, welche die Amplitude in Abhängigkeit der mittleren abgegebenen Leistung steuern. Letzteres ist der Fall in einem Laser, bei dem die Überbesetzung bei konstanter Pumprate eine Funktion der Feldamplitude ist. Die makroskopische, durch das Feld induzierte Polarisation des aktiven Mediums (die in einer selbstkonsistenten Rechnung selbst wieder als Quelle des Feldes wirkt) steigt als Funktion der Feldamplitude *nicht* linear an, sondern enthält auch den Anstieg verlangsamende kubische Terme in der Feldstärkeamplitude [56, 57]. Die Verhältnisse ähneln denen eines Röhrenoszillators, bei dem der Strom im Arbeitspunkt eine kubische Funktion der Spannung ist (mit dem Unterschied, daß hier diese Beziehung nicht bloß für die Amplituden, sondern für Momentanwerte gilt). Entscheidend ist, daß zufolge der Nichtlinearitäten das Ausgangssignal ganz andere statistische Eigenschaften annimmt, und zwar zeigt sich eine Neigung zur Amplitudenstabilisierung (Abb. 9.10), also nach Kap. 9.3 steigende „Kohärenz".

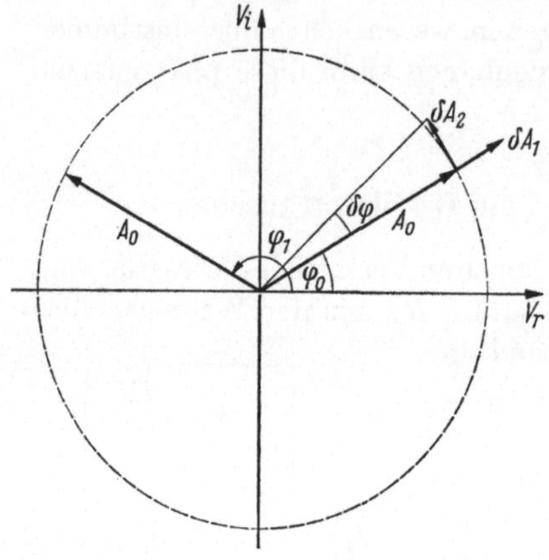

Abb. 9.12. Zeigerdiagramm für das Oszillatorsignal.

Ohne treibendes Rauschen wäre eine Schwingung $V(t) = A_0 \exp(2\pi j \nu_0 t + j\varphi_0)$ möglich, in einer mit $\exp(2\pi j \nu_0 t)$ rotierenden Ebene (Abb. 9.12) durch einen Zeiger konstanter Amplitude A_0 und Phase φ_0 dargestellt. Wegen des Rauschens wird dieser Zeiger aber durch Auslenkungen δA_1 in Phase und δA_2 in Quadratur gestört. Die Nichtlinearität entspricht nun einer Rückstellkraft, welche Auslenkungen δA_1 vom stabilen Wert A_0 rückgängig zu machen versucht. Der Mittelwert $\frac{1}{2}\overline{\delta A_1^2}$ entspricht aber einer Rauschleistung P_R, welche sich zu der kohärenten, monochromatisch abgegebenen Leistung $P_0 = \frac{1}{2}A_0^2$ addiert.

Abb. 9.13 zeigt das Leistungsspektrum, in dem die Leistung P_0 als *Dirac-Linie* $P_0\delta(\nu - \nu_0)$ erscheint, das Amplitudenrauschen AM dagegen als Spektrum endlicher Breite. Je größer die Schwingamplitude A_0 ist, desto kleiner werden zufolge der größeren nichtlinearen Rückstellkraft die Auslenkungen δA_1 sein, die der Rauschgenerator erzeugen kann: Daher wird die Rauschleistung P_R umgekehrt proportional zu P_0 sein, mit steigender Leistung P_0 nimmt die Fläche unter dem Spektrum AM ab. Da eine größere Rückstellkraft aber

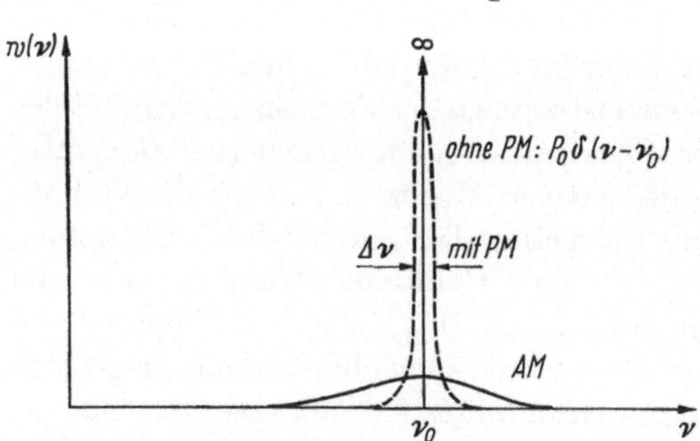

Abb. 9.13. Das Leistungsspektrum eines Oszillatorsignals.

auch ein schnelleres (höhere Frequenzanteile enthaltendes) Rückkehren der Amplitude in die Gleichgewichtslage A_0 bedeutet, wird die Linienbreite des Spektrums AM proportional P_0 steigen.

Die Auslenkungen δA_2 liegen in Quadratur zum Signal, bewirken also in erster Näherung keine Amplitudenschwankungen und damit keine zusätzliche Rauschleistung. Da für die Phase *keine* Rückstellkraft existiert, bewirkt δA_2 eine Drehung des Zeigers in der $V_r - V_i$-Ebene, eine Art „Diffusion" in φ-Richtung, wobei die Streuung der Abweichung vom Anfangswert $\overline{\delta\varphi^2}$ proportional der verstrichenen

Zeit zunimmt (die Größe der Proportionalitätskonstante ist ein Maß für die Phasenstabilität eines Oszillators). Über große Zeiten (groß gegen die Korrelationszeit des Vorganges) kann daher keine Voraussage für die Phase (außer Gleichverteilung im Intervall $0 \leq \varphi \leq 2\pi$) gemacht werden. Die Wirkung der Phasenwanderung zufolge δA_2 besteht in einem Auseinanderziehen der *Dirac-Linie* $P_0 \delta(\nu - \nu_0)$ zu einer (in Abb. 9.11 mit PM bezeichneten) Linie endlicher Breite, wobei die Fläche unter der Linie (die kohärente Leistung P_0) erhalten bleibt. Bei guten Oszillatoren $(A_0^2 \gg \overline{\delta A_1^2}, \overline{\delta A_2^2})$ ist bei einer Überlagerung der Spektren AM und PM in Abb. 9.13 die Linienbreite $\Delta\nu$ zwischen den Halbwertspunkten fast ausschließlich durch das Spektrum PM bestimmt, sie ist also eine Folge der Phaseninstabilität. Je größer A_0 ist, desto kleiner wird die Änderung $\delta\varphi$ sein, die durch ein δA_2 erzeugt wird. Die Linienbreite des Spektrums PM wird daher mit steigender Leistung P_0 abnehmen.

Da das Oszillator-Ausgangssignal sicher nicht *Gaußsches Rauschen* ist, sind seine statistischen Eigenschaften natürlich nicht durch Angeben des Leistungsspektrums festgelegt (obwohl zweckmäßigerweise ein Oszillatorsignal oft als Superposition eines monochromatischen Signals mit *Gaußschem Rauschen* beschrieben wird).

Die Tatsache, daß die Wahrscheinlichkeitsverteilung des Oszillatorsignals durch das Ringgebirge Abb. 9.10 gegeben ist (gleichverteilte Phase), besagt nicht etwa, daß zwei Oszillatoren kein Interferenzsignal geben können. Die Gleichverteilung der Phase besagt nur, daß man bei unabhängigen Messungen (im Abstand vieler Korrelationszeiten) die Phase nicht vorhersagen kann. Zu einer Zeit $t = t_0$ können aber zwei Oszillatoren sicher durch Zeiger $A_0 \exp(j\varphi_0)$, $A_0 \exp(j\varphi_1)$ beschrieben werden und geben daher eine definierte Interferenzfigur, die zufolge der Phasenwanderung im Laufe der Zeit ihre Lage ändern wird. Wird von beiden Oszillatoren in einer Zeit klein gegen die Korrelationszeit eine genügend große Photonenanzahl abgegeben, so kann das Interferenzmuster beobachtet werden (das ist der Grund dafür, daß Interferenzen zwischen zwei Lasern beobachtbar sind, mit zwei konventionellen Strahlern aber nicht, da durch δ_E $(\delta_E \ll 1)$ Photonen pro Kohärenzzeit und Kohärenzfläche kein Interferenzmuster definiert ist). Über beliebige Zeiten stehende Interferenzen setzen eine phasenstarre Kopplung der interferierenden Signale voraus (etwa bei Interferenzen am Doppelspalt bei räumlich kohärenter Ausleuchtung), was natürlich mit zwei unabhängig schwingenden Oszillatoren nicht zu erreichen ist [58].

9.4.3 Die lineare Theorie der Linienbreite

Die lineare Theorie [59—62] beschreibt einen Laser unterhalb des Schwingungseinsatzes. Die Ausbreitung eines einzigen transversalen Modus des Feldes mit linearer Polarisation kann durch eine Leitung beschrieben werden, auf der Spannungen elektrische, Ströme magnetische Feldstärken symbolisieren. Vom aktiven Medium soll der Einfachheit halber angenommen werden, daß sich sein Wellenwiderstand (das Verhältnis von elektrischer zu magnetischer Feldstärke) von dem des Vakuums $Z_0 = \sqrt{\mu_0/\varepsilon_0}$ nicht merklich unterscheidet (bei Gaslasern wird das sehr gut erfüllt sein, bei Festkörperlasern muß das ε des Mediums berücksichtigt werden). Die Fortpflanzungskonstante der Leitung sei[1]

$$\gamma = \alpha + j\beta \quad \left(\beta = \frac{2\pi}{\lambda} = \frac{\omega}{c}; \quad \omega = 2\pi\nu\right), \tag{9.4/1}$$

wobei $\alpha = -g/2$ durch Gl. (9.2/11) gegeben ist. Die Spiegel sollen verlustlos sein, und die Leistungsreflexion R besitzen. Das Ersatzschaltbild zeigt Abb. 9.14; die homogene Leitung (Kenngrößen l, Z_0, γ) stellt das Lasermedium dar, die idealen Übertrager symbolisieren die Spiegel, die Abschlußwiderstände Z_0 den Raum hinter den Spiegeln. Die Übertrager genügen den Gleichungen

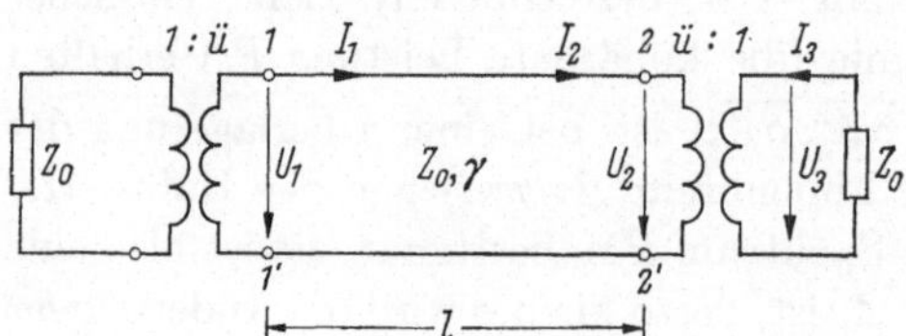

Abb. 9.14. Leitungs-Ersatzschaltbild eines optischen Resonators.

$$\left\| \begin{array}{c} U_2 \\ I_2 \end{array} \right\| = \left\| \begin{array}{cc} \ddot{u} & 0 \\ 0 & -1/\ddot{u} \end{array} \right\| \left\| \begin{array}{c} U_3 \\ I_3 \end{array} \right\|, \qquad \ddot{u}^2 = \frac{1+\sqrt{R}}{1-\sqrt{R}}. \tag{9.4/2}$$

U, I sind komplexe Zeiger. Die Leitung genügt den Gleichungen

$$\left\| \begin{array}{c} U_1 \\ I_1 \end{array} \right\| = \left\| \begin{array}{cc} \cosh \gamma l & Z_0 \sinh \gamma l \\ \dfrac{1}{Z_0}\sinh \gamma l & \cosh \gamma l \end{array} \right\| \left\| \begin{array}{c} U_2 \\ I_2 \end{array} \right\| = \|K\| \left\| \begin{array}{c} U_2 \\ I_2 \end{array} \right\|, \tag{9.4/3}$$

und kann auch als Kettenschaltung eines Phasenschiebers mit einem Verstärker $\big($Gewinn $\Gamma = \exp(-2\alpha l)\big)$ aufgefaßt werden:

$$\|K\| = \|K_\varphi\| \, \|K_\Gamma\| = \left\| \begin{array}{cc} \cos\beta l & jZ_0 \sin\beta l \\ \dfrac{j}{Z_0}\sin\beta l & \cos\beta l \end{array} \right\| \left\| \begin{array}{cc} \cosh\alpha l & Z_0 \sinh\alpha l \\ \dfrac{1}{Z_0}\sinh\alpha l & \cosh\alpha l \end{array} \right\|. \tag{9.4/4}$$

Das entsprechende Ersatzschaltbild mit konzentrierten Schaltelementen zeigt Abb. 9.15. Die einzigen rauschenden Schaltelemente sind die negativen Widerstände des Verstärkervierpols.

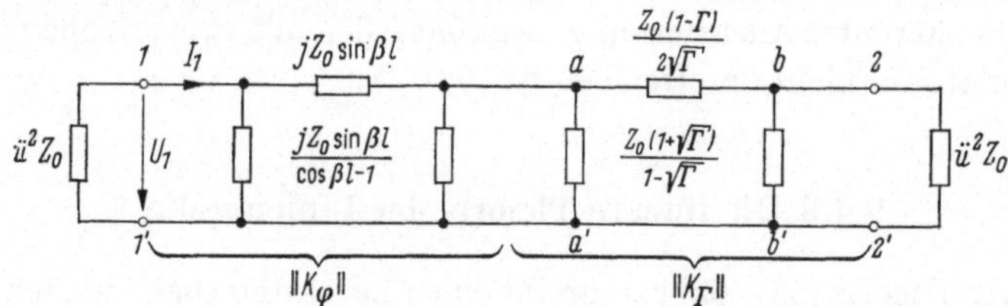

Abb. 9.15. Ersatzschaltbild eines optischen Resonators mit konzentrierten Schaltelementen.

Es ist bekannt (Abb. 9.16), daß ein auf der Temperatur T befindlicher, rauschender Widerstand durch einen nichtrauschenden Widerstand gleicher Größe in

---

[1] Es soll hier, wie in der Elektrotechnik üblich, die Zeit- und Ortsabhängigkeit $\exp(j\omega t - \gamma z)$ angenommen werden. Der Gewinn ist somit $\Gamma = \exp(-2\alpha l) = \exp(gl)$, $\alpha > 0$ bedeutet Dämpfung, $\alpha < 0$ Verstärkung.

Serie zu einem Spannungsgenerator der Rauschspannung u_R ($\bar{u}_R = 0$) oder parallel zu einem Stromgenerator i_R ($\bar{i}_R = 0$) ersetzt werden kann, wobei im Frequenzintervall $d\nu$ gilt

$$\frac{\overline{u_R^2}}{4R\,d\nu} = \frac{R\,\overline{i_R^2}}{4\,d\nu} = \frac{h\nu}{\exp\left(\dfrac{h\nu}{kT}\right) - 1}. \qquad (9.4/5)$$

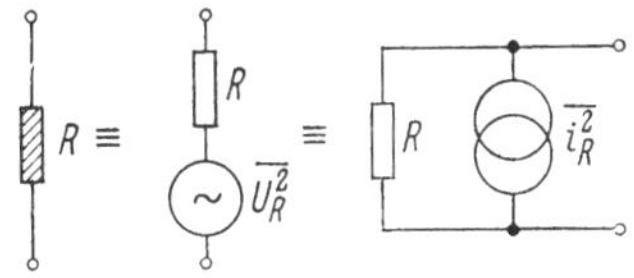

Abb. 9.16. Ersatzschaltbild eines rauschenden Widerstandes.

Die negativen Widerstände $R_- = 1/G_-$ eines verstärkenden Mediums rauschen gemäß Gl. (9.4/5), wenn man die Temperatur T durch die Inversionstemperatur T_i ersetzt, die durch

$$\exp\left(\frac{h\nu}{kT_i}\right) = \frac{n_1/g_1}{n_2/g_2} \qquad (9.4/6)$$

definiert ist. Es gilt also für negative Widerstände

$$\overline{u_R^2} = w_u(\nu)\,d\nu = 4R_- w_0(\nu)\,d\nu,$$

$$\overline{i_R^2} = w_i(\nu)\,d\nu = 4G_- w_0(\nu)\,d\nu,$$

$$w_0(\nu) = \frac{h\nu}{\exp\left(\dfrac{h\nu}{kT_i}\right) - 1}. \qquad (9.4/7)$$

$\overline{u_R^2}$, $\overline{i_R^2}$ sind natürlich positiv, da für Verstärkung ($\alpha < 0$, $\Gamma > 1$) R_-, $G_- < 0$ und $w_0(\nu) < 0$ ist. In Abb. 9.15 sind die rauschenden Widerstände des Verstärkervierpols durch Ersatzschaltungen analog Abb. 9.16 zu ersetzen, wobei die Generatoren durch Gl. (9.4/7) gegeben sind.

Aus diesem Ersatzschaltbild kann man die an *jeden* der beiden Abschlüsse $\ddot{u}^2 Z_0$ abgegebene (d. h. die durch jeden der beiden Spiegel austretende) *Gaußsche Rauschleistung* berechnen und erhält

$$dP_R = w(\nu)\,d\nu = \frac{(1 + R\Gamma)(1 - R)(1 - \Gamma)\,w_0(\nu)\,d\nu}{(1 - R\Gamma)^2 + 4R\Gamma\sin^2(2\pi\nu l/c)}. \qquad (9.4/8)$$

Die Eigenresonanzen liegen daher bei

$$\nu_{0m} = m\,\frac{c}{2l}, \qquad m \text{ ganze Zahl.} \qquad (9.4/9)$$

Die Linienbreiten zwischen den Halbwertspunkten für den „kalten" Resonator $\Delta\nu_k$ ($\Gamma = 1$) und den entdämpften Resonator $\Delta\nu$ folgen aus Gl. (9.4/8):

$$\Delta\nu_k = \frac{c}{2\pi l}\,\frac{1 - R}{\sqrt{R}}, \qquad \Delta\nu = \frac{c}{2\pi l}\,\frac{1 - R\Gamma}{\sqrt{R\Gamma}}. \qquad (9.4/10)$$

Die gesamte, innerhalb des Bereiches einer Eigenschwingung ν_{0m} aus *beiden* Spiegeln austretende Leistung folgt aus der Integration des Spektrums über einen

Bereich $c/(2l)$

$$P_{\text{ges}} = \int\limits_{\nu_{0m} - \frac{c}{4l}}^{\nu_{0m} + \frac{c}{4l}} 2w(\nu)\, d\nu = \frac{c(1 - \Gamma)(1 - R)}{l(1 - R\Gamma)}\, w_0(\nu_{0m}). \tag{9.4/11}$$

Beachtet man, daß in der Nähe des Schwingungseinsatzes das Produkt aus Verstärkung und Spiegelreflexion nahezu Eins ist, so folgt aus Gl. (9.4/10) die Beziehung

$$\frac{(\Delta\nu_k)^2}{\Delta\nu} = \frac{c(1 - R)(\Gamma - 1)}{2\pi l(1 - R\Gamma)}, \tag{9.4/12}$$

und durch Einsetzen in Gl. (9.4/11) die Linienbreite in der Form

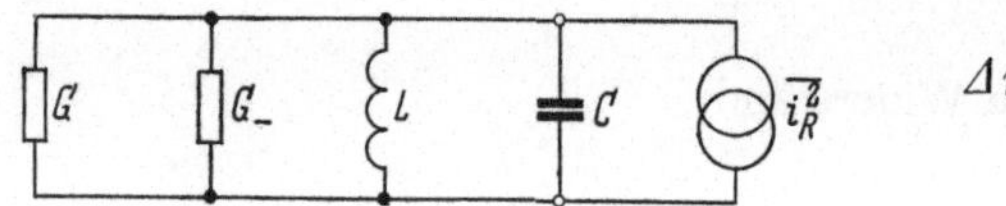

$$\Delta\nu = 2\pi\, \frac{h\nu_{0m}}{1 - \dfrac{n_1/g_1}{n_2/g_2}}\, \frac{(\Delta\nu_k)^2}{P_{\text{ges}}}. \tag{9.4/13}$$

Abb. 9.17. Das Schwingkreis-Ersatzschaltbild des Lasers.

Die Linienbreite ist also umgekehrt proportional der abgegebenen Leistung.

Für die praktisch interessierenden Fälle $\Gamma \approx 1$, $R \approx 1$, kann statt des Ersatzschaltbildes Abb. 9.15 ein Schwingkreis-Ersatzschaltbild Abb. 9.17 angegeben werden [63]. Man erhält es durch Vernachlässigen der Längswiderstände in Abb. 9.15 für $\Gamma \approx 1$ und $\nu \approx \nu_{0m}$, d. h.

$$\beta l = m\pi + \frac{2\pi l}{c}\,(\nu - \nu_{0m}). \tag{9.4/14}$$

Die Schaltelemente lauten:

$$G = \frac{2\left(1 - \sqrt{R}\right)}{Z_0\left(1 + \sqrt{R}\right)}, \qquad G_- = \frac{2\left(1 - \sqrt{\Gamma}\right)}{Z_0\left(1 + \sqrt{\Gamma}\right)},$$

$$C = \frac{l}{2cZ_0}, \qquad L = \frac{1}{\omega_{0m}^2 C}, \tag{9.4/15}$$

$$\overline{i_R^2} = w_i(\nu)\, d\nu = 4\, G_- w_0(\nu)\, d\nu.$$

G_- enthält die Entdämpfung zufolge des aktiven Mediums, die an G abgegebene Leistung ist gleich der durch *beide* Spiegel des Lasers austretenden Leistung. Berechnet man mit Hilfe dieses Ersatzschaltbildes (für die Admittanz ist die Schmalbandnäherung $Y = G + G_- + 2jC\,(\omega - \omega_{0m})$ zu nehmen) die Größen

$$\Delta\nu_k = \frac{G}{2\pi C}, \quad \Delta\nu = \frac{G + G_-}{2\pi C} = \frac{\nu_0}{Q},$$

$$P_{\text{ges}} = \int\limits_{-\infty}^{+\infty} \frac{G w_i(\nu)\, d\nu}{(G + G_-)^2 + 16\pi^2 C^2 (\nu - \nu_{0m})^2} = \frac{GQ w_i(\nu_0)}{4\omega_0 C^2}, \tag{9.4/16}$$

und vergleicht man sie mit den früheren Ergebnissen, so erhält man für $R = 1 - \varepsilon_1$, $\Gamma = 1 + \varepsilon_2$ ($\varepsilon_1, \varepsilon_2 \ll 1$) Abweichungen in der Größenordnung $\varepsilon^2/16$ [63].

9.4.4 Die nichtlineare Theorie der Linienbreite

Die nichtlineare Theorie der Linienbreite klassischer Oszillatoren wurde in einer Reihe von Arbeiten dargelegt [64—69] und in ihrer Anwendung auf den Laser durch Messungen des Amplitudenrauschens überprüft [70, 71]. Die hier gebotene Darstellung basiert auf Ergebnissen, die von MULLEN [64] für klassische Oszillatoren gewonnen wurden.

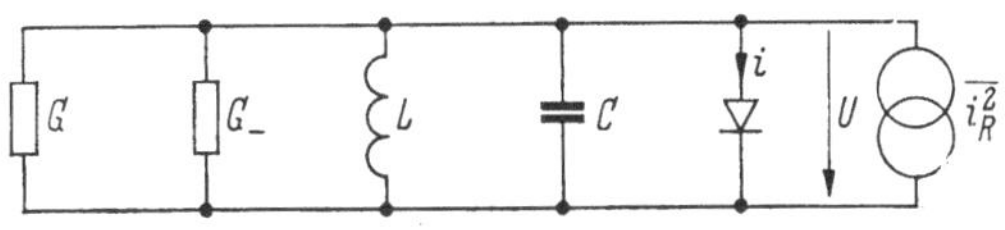

Abb. 9.18. Ersatzschaltbild eines Oszillators.

Es soll das Ersatzschaltbild Abb. 9.18 verwendet werden, das sich von dem in Abb. 9.17 (mit den durch Gl. (9.4/15) gegebenen Werten) nur durch ein hinzugefügtes nichtlineares System mit der Kennlinie

$$i = \gamma U^3 \tag{9.4/17}$$

unterscheidet (γ ist nicht zu verwechseln mit der in Gl. (9.4/1) definierten Fortpflanzungskonstante). Die Differentialgleichung der Spannung lautet[1]

$$\frac{d^2 U}{dt^2} + \frac{1}{C}\left(G + G_- + 3\gamma U^2\right)\frac{dU}{dt} + \omega_0^2 U = \frac{1}{C}\frac{di_R}{dt},$$

$$\omega_0 = 2\pi\nu_0 = (LC)^{-1/2}. \tag{9.4/18}$$

Verwendet man den Ansatz

$$U(t) = A(t)\cos\left[\omega_0 t + \varphi(t)\right] \tag{9.4/19}$$

mit den langsam veränderlichen Größen $A(t)$, $\varphi(t)$, so erhält man durch konsequentes Vernachlässigen höherer Ableitungen, multiplizieren mit $\sin\left[\omega_0 t + \varphi(t)\right]$ und Integrieren über eine optische Periode die nichtlineare Differentialgleichung (vorerst sei noch $i_R(t) = 0$ gesetzt)

$$\frac{dA}{dt} = -\frac{G + G_-}{2C}A - \frac{3\gamma}{8C}A^3. \tag{9.4/20}$$

LAMB [56, Gl. 81] erhält die Gleichung

$$\frac{dA}{dt} = \alpha_n A - \beta_n A^3, \tag{9.4/21}$$

wobei die Ausdrücke α_n, β_n Ergebnis einer quantenmechanischen Berechnung der Polarisation eines aktiven Atoms im elektromagnetischen Feld sind (die komplizierten Ausdrücke sollen hier nicht angegeben werden). Durch Vergleich gilt

$$\alpha_n = -\frac{G + G_-}{2C}, \qquad \beta_n = \frac{3\gamma}{8C}, \tag{9.4/22}$$

---

[1] Da die Verstärkung beim Laser durch die mittlere Leistung reguliert wird, müßte in Gl. (9.4/18) eigentlich $3\gamma\langle U^2\rangle$ stehen, wo $\langle U^2\rangle$ der Mittelwert über einige optische Perioden ist. In der hier durchgeführten Näherung läuft dies aber nur auf eine andere Definition des Koeffizienten γ der Nichtlinearität hinaus.

und damit sind G_-, γ (charakteristisch für lineare Entdämpfung und Nichtlinearität) als Funktion atomarer Größen bekannt, da G und C bekannt sind.

Für $i_R = 0$ hat Gl. (9.4/18) die Lösung

$$U(t) = A_0 \cos \omega_0 t, \quad A_0^2 = -\frac{G + G_-}{3\gamma/4}. \tag{9.4/23}$$

($A_0^2 > 0$, da im Schwingungsfall $|G_-| > G$ ist).

Für $i_R \neq 0$ erhält man aus Gl. (9.4/18) mit dem Ansatz (A_0 ist durch Gl. (9.4/23) gegeben)

$$U(t) = [A_0 + A_1(t)] \cos [\omega_0 t + \varphi(t)] = A(t) \cos [\omega_0 t + \varphi(t)] \tag{9.4/24}$$

die Differentialgleichungen

$$\frac{dA_1}{dt} + \frac{\omega_0}{Q} A_1 = \left\langle \frac{1}{\omega_0 C} \frac{di_R}{dt} \sin [\omega_0 t - \varphi(t)] \right\rangle,$$

$$A_0 \frac{d\varphi}{dt} = \left\langle \frac{1}{\omega_0 C} \frac{di_R}{dt} \cos [\omega_0 t - \varphi(t)] \right\rangle,$$

$$Q = -\frac{\omega_0 C}{G + G_-}. \tag{9.4/25}$$

Dabei bedeuten die spitzen Klammern Mittelwerte über wenige optische Perioden, und $Q > 0$ ist die „heiße" Güte des Resonators. Ist $w_i(v)$ das in Gl. (9.4/15) definierte Leistungsspektrum von $i_R(t)$, so lauten die Leistungsspektren der in spitzen Klammern stehenden Ausdrücke $w_i(v)/(2C^2)$ [71]. Aus Gl. (9.4/25) folgen durch *Fourier-Transformation* die analog Gl. (9.3/5) und Gl. (9.3/7) definierten Leistungsspektren von $A_1(t)$, $\varphi(t)$:

$$w_{A_1}(v) = \frac{w_i(v)}{8\pi^2 C^2 (v^2 + v_0^2/Q^2)},$$

$$w_\varphi(v) = \frac{w_i(v)}{8\pi^2 C^2 A_0^2 v^2}. \tag{9.4/26}$$

Für die Amplitude $A(t) = A_0 + A_1(t)$ und die Phase $\varphi(t)$ berechnet man damit die Korrelationsfunktionen Gl. (9.3/5)

$$\vartheta_A(\tau) = \vartheta_{A_0}(\tau) + \vartheta_{A_1}(\tau) = A_0^2 \left[1 + \frac{Q w_i(v_0)}{8\omega_0 C^2 A_0^2} \exp\left(-\frac{\omega_0 |\tau|}{Q} \right) \right],$$

$$\vartheta_\varphi(0) - \vartheta_\varphi(\tau) = \frac{w_i(v_0)}{8 C^2 A_0^2} |\tau|. \tag{9.4/27}$$

Aus Gl. (9.4/27) kann die Korrelationsfunktion des Vorganges $U(t)$ von Gl. (9.4/24) nach der Formel [72, 73]

$$\vartheta_U(\tau) = \frac{1}{2} \exp [\vartheta_\varphi(\tau) - \vartheta_\varphi(0)] \, \vartheta_A(\tau) \cos \omega_0 \tau, \tag{9.4/28}$$

und durch *Fourier-Transformation* das Leistungsspektrum

$$\theta_U(\nu) = \int\limits_{-\infty}^{+\infty} \vartheta_U(\tau) \exp\left(2\pi j \nu \tau\right) d\tau \tag{9.4/29}$$

berechnet werden.

Instruktiver ist es allerdings, die Einflüsse des Amplitudenrauschens und des Phasenrauschens getrennt zu diskutieren.

a) Beschränkt man sich vorerst auf die Amplitudenschwankungen, so folgt aus

$$\vartheta_U(\tau) = \frac{1}{2}\,\vartheta_A(\tau)\cos\omega_0\tau \tag{9.4/30}$$

das Spektrum

$$w_U(\nu) = \frac{1}{2}\,A_0^2 \delta(\nu - \nu_0) + \frac{w_i(\nu_0)}{32\pi^2 C^2}\,\frac{1}{(\nu - \nu_0)^2 + \nu_0^2/Q^2}, \tag{9.4/31}$$

also eine Überlagerung eines monochromatischen Signals mit Amplitudenrauschen der Linienbreite

$$\Delta\nu_{AM} = \frac{2\nu_0}{Q} = \frac{3\gamma}{2\pi GC}\,P_0, \tag{9.4/32}$$

wobei

$$P_0 = \frac{1}{2}\,G A_0^2 \tag{9.4/33}$$

die gesamte, aus dem Laser austretende kohärente Leistung bedeutet (Abb. 9.18). Die Linienbreite steigt also mit P_0. Die gesamte Rauschleistung P_R folgt aus Gl. (9.4/31) durch Integration des Rauschanteils,

$$P_R = \overline{GU^2} - P_0 = \frac{GQ w_i(\nu_0)}{16\omega_0 C^2} = \frac{G^2 w_i(\nu_0)}{24\gamma C}\cdot\frac{1}{P_0}. \tag{9.4/34}$$

Sie nimmt also mit steigendem P_0 ab.

b) Betrachtet man nur die Phasenschwankungen, so folgt aus der Korrelationsfunktion

$$\vartheta_U(\tau) = \frac{1}{2}\,A_0^2 \exp\left[\vartheta_\varphi(\tau) - \vartheta_\varphi(0)\right]\cos\omega_0\tau \tag{9.4/35}$$

das Spektrum

$$w_U(\nu) = \frac{\cdot w_i(\nu_0)}{32\pi^2 C^2}\,\frac{1}{(\nu - \nu_0)^2 + \left[\dfrac{w_i(\nu_0)}{16\pi C^2 A_0^2}\right]^2}. \tag{9.4/36}$$

Da dies einer Gesamtleistung $\vartheta_U(0) = \frac{1}{2}\,A_0^2$ entspricht, besteht der Einfluß der Phasenschwankungen tatsächlich in einem Verbreitern der *Dirac-Linie* des kohärenten Signals. Die Linienbreite ist

$$\Delta\nu_{PM} = \frac{w_i(\nu_0)}{8\pi C^2 A_0^2} = \frac{G w_i(\nu_0)}{16\pi C^2}\cdot\frac{1}{P_0}, \tag{9.4/37}$$

sinkt also mit wachsendem P_0. Setzt man in dieser Beziehung $w_t(v_0)$, G, und C aus Gl. (9.4/15) ein und drückt in dem so erhaltenen Ausdruck den Faktor c^2/l^2 aus Gl. (9.4/10) durch $(\Delta v_k)^2$ aus, so erhält man (bis auf einen Faktor der Größenordnung 1)

$$\Delta v_{PM} = \pi \frac{h v_0}{1 - \dfrac{n_1/g_1}{n_2/g_2}} \frac{(\Delta v_k)^2}{P_0} = \pi h v_0 N_{sp} \frac{(\Delta v_k)^2}{P_0}, \qquad (9.4/38)$$

also eine Beziehung, die formal bis auf einen Faktor 2 mit der Linienbreite Gl. (9.4/13) unterhalb des Schwingungseinsatzes übereinstimmt. N_{sp} ist, wie man aus Gl. (9.2/14) entnimmt, die Anzahl der in einen Modus spontan emittierten Quanten. Eine vollständige, quantenmechanische Rechnung [74] modifiziert das Ergebnis dahingehend, daß N_{sp} durch $N_{sp} + N_{Th} + \frac{1}{2}$ zu ersetzen ist, wobei

$$N_{Th} = \frac{1}{\exp\left(\dfrac{h v}{k T}\right) - 1} \qquad (9.4/39)$$

die Anzahl der thermischen Photonen in einem Modus bedeutet, und gibt somit im wesentlichen das gleiche Ergebnis. Die Linienbreite entsprechend Gl. (9.4/38) folgt auch aus einer von FLECK [75] durchgeführten Analyse, in der das Feld klassisch behandelt wird.

9.5 Messungen an optischen Feldern

9.5.1 Die Verteilung der Photoelektronen

Photonen sind durch ihre Wechselwirkung mit elektrischen Ladungen nachweisbar (Absorption eines Photons durch ein Detektoratom unter Freisetzen eines Photoelektrons). Die Brücke zwischen quantenmechanischer und klassischer Beschreibung (es soll wieder polarisiertes, quasimonochromatisches Licht $\Delta v \ll v$ behandelt werden) ist die durch das analytische Signal definierte, über mehrere optische Perioden gemittelte Leistung Gl. (9.3/11). Die Wahrscheinlichkeit, daß nur im Intervall t, $t + dt$ *ein* Photoelektron erzeugt wird, ist [76]

$$\text{prob}\,(1, t, dt) = \alpha P(t)\, dt = \frac{1}{2}\, \alpha V^*(t)\, V(t) dt, \quad \alpha = \frac{\eta}{h v}. \qquad (9.5/1)$$

η ist der Quantenwirkungsgrad. Bezeichnet man die in einem endlichen Intervall t, $t + T$ eingestrahlte Lichtenergie mit

$$W_T = \int\limits_t^{t+T} P(t')\, dt', \qquad (9.5/2)$$

so folgt aus Gl. (9.5/1) bei Voraussetzen der Unabhängigkeit einzelner Emissionen in verschiedenen Zeitintervallen für die im Intervall t, $t + T$ ausgeschlagenen

Photoelektronen N die Verteilung [77]

$$\text{prob}\,(N, t, T) = \frac{(\alpha W_T)^N}{N!}\,\exp\,(-\alpha W_T) \qquad (9.5/3)$$

mit den faktoriellen Momenten k-ter Ordnung

$$\overline{N^{[k]}} = \overline{N(N-1)\ldots(N-k+1)} = (\alpha W_T)^k. \qquad (9.5/4)$$

Da $P(t)$ eine Zufallsvariable ist, sind aber auch W_T und daher prob (N, t, T) und deren Momente Zufallsvariable. Will man deren Werte für ein zu einem beliebigen Zeitpunkt t beginnendes Intervall der Länge T, so muß man über das Ensemble der W_T mitteln,

$$\text{prob}\,(N, T) = \langle\text{prob}\,(N, t, T)\rangle = \int\limits_0^\infty \frac{(\alpha W_T)^N}{N!}\,\exp\,(-\alpha W_T)\,\text{prob}\,(W_T)\,dW_T, \quad (9.5/5)$$

$$\langle\overline{N^{[k]}}\rangle = \langle(\alpha W_T)^k\rangle. \qquad (9.5/6)$$

Die Schwierigkeit besteht darin, daß nur in einfachen Fällen die Verteilung von W_T angegeben werden kann (für *Gaußsches Rauschen* können die Semi-Invarianten dieser Verteilung aus der Korrelationsfunktion von $V(t)$ ermittelt werden [78]).

Die Berechnung der Momente Gl. (9.5/6) kann durch Umformen der k-ten Potenz des Integrals Gl. (9.5/2) in ein k-faches Integral vereinfacht werden [79, 80]:

$$\langle\overline{N^{[k]}}\rangle = k!\,\alpha^k \int\limits_t^{t+T} dt_k \int\limits_t^{t_k} dt_{k-1} \ldots \int\limits_t^{t_2} dt_1 \langle P(t_1)\,P(t_2)\,\ldots\,P(t_k)\rangle$$

$$= k!\,\alpha^k \int\limits_0^T d\tau_{k-1} \int\limits_0^{T-\tau_{k-1}} dt_0 \int\limits_0^{\tau_{k-1}} d\tau_{k-2} \ldots \int\limits_0^{\tau_2} d\tau_1 \langle P(t+t_0)\,P(t+t_0+\tau_1)\ldots P(t+t_0+\tau_{k-1})\rangle.$$

$$(9.5/7)$$

Die unter den Integralen stehenden Korrelationsfunktionen der Lichtleistung können berechnet werden, wenn prob $(V_1, V_2 \ldots V_k)$ bekannt ist.

Bei bekannter Photoelektronenverteilung kann man umgekehrt die Verteilung von W_T berechnen [81][1]

$$\text{prob}\,(W_T) = \frac{1}{2\pi}\,\exp\,(\alpha W_T) \int\limits_{-\infty}^{+\infty} F(x)\,\exp\,(-jx W_T)\,dx,$$

$$F(x) = \sum_{N=0}^\infty \left(\frac{jx}{\alpha}\right)^N \text{prob}\,(N, T). \qquad (9.5/8)$$

Im Partikelbild kann die Berechnung der Photoelektronenverteilung prob (N_E) aus der Photonenverteilung prob (N_P) erfolgen,

$$\text{prob}\,(N_E) = \sum_{N_P=0}^\infty \text{prob}\,(N_E/N_P)\,\text{prob}\,(N_P). \qquad (9.5/9)$$

---

[1] Die Richtigkeit dieser Beziehung folgt durch Einsetzen von Gl. (9.5/8) in Gl. (9.5/5) und Beachten von $2\pi\delta(W_T - W_T') = \int\limits_{-\infty}^{+\infty} \exp\,[jx(W_T - W_T')]\,dx$.

Dabei ist prob (N_E/N_P) die Wahrscheinlichkeit, bei N_P mit der Erfolgswahrscheinlichkeit η durchgeführten *Bernoulli-Versuchen* genau N_E Erfolge zu erzielen,

$$\text{prob } (N_E/N_P) = \binom{N_P}{N_E} \eta^{N_E} (1 - \eta)^{N_P - N_E}. \tag{9.5/10}$$

Für Mittelwerte und Streuung gilt allgemein

$$\overline{N}_E = \eta\,\overline{N}_P, \qquad \overline{\delta N_E^2} = \eta^2\,\overline{\delta N_P^2} + \eta(1 - \eta)\,\overline{N}_P. \tag{9.5/11}$$

Zwischen den erzeugenden Funktionen der beiden Verteilungen[1] besteht die einfache Beziehung [82]

$$\gamma_{N_E}(s) = \gamma_{N_P}(\eta s - \eta + 1). \tag{9.5/12}$$

9.5.2 Das Spektrum des Photostromes

Auch aus dem Spektrum des Photostromes kann Information über die Eigenschaften von Licht gewonnen werden. Die Berechnung des Spektrums [80, 83] soll hier nur skizziert werden:

Der Anodenstrom eines Photovervielfachers kann in einem Zeitintervall $t, t + T$ durch die Zeitfunktion (Erklärung siehe nachstehende Diskussion)

$$I_T(t) = \sum_{k=1}^{N} a_k e\,\delta(t - t_k) \tag{9.5/13}$$

beschrieben werden. Aus seiner Korrelationsfunktion

$$\vartheta_I(\tau) = \lim_{T \to \infty} \langle I_T(t)\,I_T(t + \tau)\rangle \tag{9.5/14}$$

kann nach Gl. (9.3/5) das Spektrum berechnet werden. Die spitzen Klammern in Gl. (9.5/14) bedeuten, daß über alle in Gl. (9.5/13) vorkommenden Zufallsvariablen gemittelt werden muß; solche Variablen sind:

a) Die Austrittszeitpunkte t_k der Photoelektronen im Intervall $t, t + T$

$$\text{prob } (t_k) = \frac{P(t_k)}{\int\limits_{t}^{t+T} P(t')\,dt'}, \tag{9.5/15}$$

b) die Anzahl N der austretenden Photoelektronen, deren Verteilung durch Gl. (9.5/3) gegeben ist;

c) die Lichtleistung $P(t)$;

d) die Größe a_k, welche angibt, wieviele Elektronen durch *ein* primäres Photoelektron zufolge des Vervielfachungsprozesses an der Anode auftreten.

---

[1] Die erzeugende Funktion der Verteilung prob (x) ist durch $\gamma_x(s) = \sum\limits_{x} s^x \text{ prob } (x)$ definiert. Das faktorielle Moment erhält man aus $\overline{x^{[k]}} = \dfrac{d^k \gamma_x(s)}{ds^k}\Big|_{s=1}$.

Bezeichnet man den Stromverstärkungsfaktor des Vervielfachers mit Γ, so gilt

$$\sum_{a_k} \text{prob}\,(a_k) = 1\,, \qquad \sum_{a_k} a_k\,\text{prob}\,(a_k) = \Gamma\,. \tag{9.5/16}$$

Ferner sei

$$\sum_{a_k} a_k^2\,\text{prob}\,(a_k) = \Gamma^2 F\,, \tag{9.5/17}$$

wobei $F > 1$ für die durch den Sekundäremissionsprozeß erzeugten Schwankungen charakteristisch ist ($F = 1$ würde bedeuten, daß durch jedes Photoelektron an der Anode genau a_k Elektronen auftreten, $\overline{\delta a_k^2} = 0$).

Der Ansatz des Stromes als Summe von *Dirac-Impulsen* bedeutet, daß das Ergebnis nur für Frequenzen gelten kann, bis zu denen Laufzeiterscheinungen vernachlässigbar sind.

Nach Ausführen der Mittelungen in der angegebenen Reihenfolge erhält man (stationäre und ergodische Prozesse vorausgesetzt)

$$\vartheta_I(\tau) = \alpha e^2 \overline{P}\,\Gamma^2 F\,\delta(\tau) + \alpha^2 e^2 \vartheta_P(\tau)\,,$$

$$\vartheta_P(\tau) = \langle P(t)\,P(t+\tau)\rangle = \lim_{T\to\infty} \frac{1}{2T} \int_{-T}^{+T} P(t)\,P(t+\tau)\,dt\,, \tag{9.5/18}$$

und durch *Fourier-Transformation* das Spektrum des Anodenstromes

$$w_I(\nu) = 2\,e\,I_0\,\Gamma \left[F + \frac{\alpha\,w_P(\nu)}{2\,\overline{P}} \right]\,, \tag{9.5/19}$$

wobei $\overline{P}$ die mittlere Lichtleistung und

$$I_0 = \alpha e \overline{P}\,\Gamma \tag{9.5/20}$$

den mittleren Anodenstrom bedeuten. $w_P(\nu)$ ist das zu $\vartheta_P(\tau)$ gehörige Spektrum.

9.5.3 Praktische Beispiele für Photoelektronenverteilungen

Setzt man in Gl. (9.5/9) für die Verteilung der Photonen prob (N_P) eine *Poisson-Verteilung* Gl. (9.1/51) oder eine *Bose-Einstein-Verteilung* Gl. (9.1/52) ein, so erhält man für die Photoelektronen wieder eine *Poisson-Verteilung* oder eine *Bose-Einstein-Verteilung* mit dem Mittelwert $\overline{N}_E = \eta\,\overline{N}_P$. Die *Bose-Einstein-Verteilung* von Photonen gilt nach Gl. (9.1/52) nur für Beobachtungszeiten $T \ll \tau_k$ (für einen Modus).

Weiß man andererseits, daß die Photoelektronen *Poisson-* bzw. *Bose-Einstein*-verteilt sind, so kann man aus Gl. (9.5/8) die Energieverteilung im Licht und die Leistungsverteilung prob (P) berechnen (für $T \ll \tau_k$ kann man $W = P \cdot T$ setzen) und erhält die Gln. (9.1/55 u. 9.1/56). Da unter der Voraussetzung statistisch gleichverteilter Phase

$$\text{prob}\,(V_r, V_i) = \frac{1}{2\pi}\,\text{prob}\,(P) \tag{9.5/21}$$

gilt, kann man daraus auch die Verteilung des analytischen Signals ermitteln, und erhält Gl. (9.3/23) bzw. Gl. (9.3/12).

Für die Superposition von *Gaußschem Rauschen* und Signal in einem Modus, also die Photonenverteilung Gl. (9.1/54), erhält man wieder die Verteilung Gl. (9.1/54) für die Photoelektronen, wenn man $\overline{N}_{ES} = \eta\,\overline{N}_{PS}$, $\overline{N}_{ER} = \eta\,\overline{N}_{PR}$ setzt. Die faktoriellen Momente dieser Verteilung lauten (L_k ist das *Laguerresche Polynom* k-ter Ordnung)

$$\overline{N_E(N_E - 1) \dots (N_E - k + 1)} = (\overline{N}_{ER})^k\, L_k\left(-\frac{\overline{N}_{ES}}{\overline{N}_{ER}}\right). \qquad (9.5/22)$$

Dies führt für $k = 1$, $k = 2$ zu den in (9.1/54) angegebenen Werten für Mittelwert und Streuung.

Für Beobachtungsintervalle $T \gg \tau_k$, in denen sehr viele Moden erfaßt werden, sind für *Gaußsches Licht* vor allem zwei Verteilungen von Interesse (da keine Verwechslung mit der Photonenanzahl möglich ist, soll ab hier wieder N für die Anzahl der Photoelektronen geschrieben werden):

Die erste [84] gilt für kleine Entartungsparameter $\delta_E \ll 1$ und ist korrekt einschließlich der Glieder erster Ordnung in δ_E,

$$\mathrm{prob}\,(N, T \gg \tau_k) = \frac{(\overline{N})^N}{N!}\,\exp\left(-\overline{N}\right)\left[1 + \frac{(N - \overline{N})^2 - N}{2\overline{N}}\,\alpha\,\delta_E\right]. \qquad (9.5/23)$$

Man sieht daraus, daß sich die Schwankungen bei Beobachtung über lange Zeiten ausmitteln und die Verteilung nur wenig von einer *Poisson-Verteilung* abweicht.

Die andere Verteilung [85] gilt für Licht mit einer *Lorentz-Linie* Gl. (9.2/9), aber für beliebige Entartung und Beobachtungszeiten $T \gg 1/\Delta\nu$ ($\Delta\nu = 1/\pi\tau_k$ ist die Linienbreite),

$$\mathrm{prob}\,(N, T \gg \tau_k) = \frac{1}{N!}\left(\frac{\overline{N}}{\beta}\right)^N s_N\left(\frac{\beta T}{\tau_k}\right)\exp\left[-\frac{T}{\tau_k}(\beta - 1)\right],$$

$$\beta = \left(1 + 2\overline{N}\,\frac{\tau_k}{T}\right)^{1/2}. \qquad (9.5/24)$$

Die Funktionen s_N sind definiert durch

$$s_{N+1}(x) = \left(1 + \frac{N}{x}\right)s_N(x) - \frac{ds_N(x)}{dx}$$

$$s_0(x) = s_1(x) = 1. \qquad (9.5/25)$$

Die faktoriellen Momente der Verteilung lauten

$$\overline{N^{[k]}} = (\overline{N})^k s_k\left(\frac{T}{\tau_k}\right). \qquad (9.5/26)$$

Ist die Anzahl der innerhalb einer Kohärenzzeit gezählten Photoelektronen klein, $\overline{N}\tau_k/T \ll 1$, so geht Gl. (9.5/24) gegen eine *Poisson-Verteilung*. Eine asymptotische Entwicklung von Gl. (9.5/24) liefert [86]

$$\mathrm{prob}\,(N, T \gg \tau_k) = \frac{\overline{N}}{\sqrt{2\pi\mu}}\,\frac{1}{\sqrt{N^3}}\,\exp\left[-\frac{1}{2\mu}\left(\sqrt{N} - \frac{\overline{N}}{\sqrt{N}}\right)^2\right] \qquad \mu = \overline{N}\,\frac{\tau_k}{T}, \quad (9.5/27)$$

und ist gültig für

$$\overline{N} \gg 1, \qquad N \gg \overline{N}\,\sqrt{\frac{2}{\mu}}. \qquad (9.5/28)$$

Für hohe Zählraten ($\mu \gg 1$) kann man daher das Verhalten von Gl. (9.5/24) auch für $N \ll \overline{N}$ durch Gl. (9.5/27) wiedergeben.

9.5.4 Streuung der Photoelektronenanzahl bei Beleuchten eines Detektors mit Gaußschem Licht und nichtidealem Laserlicht

Als Anwendungsbeispiel der in Kap. 9.5.1 angegebenen Beziehungen soll die Streuung der Photoelektronenanzahl für *Gaußsches Licht* und Laserlicht bei beliebigen Beobachtungszeiten berechnet werden.

Das analytische Signal für *Gaußsches*, quasimonochromatisches Licht lautet

$$V(t) = V_r(t) + j\,V_i(t) = [\xi(t) + j\,\eta(t)]\exp\left(-j\,\omega_0 t\right), \qquad \omega_0 = 2\pi\nu_0, \qquad (9.5/29)$$

wobei $\xi(t)$, $\eta(t)$ *Gauß*-verteilte, reelle Zufallsvariable mit der Streuung $\langle\xi^2\rangle = \langle\eta^2\rangle = \overline{P}$ sind. Hat $V_r(t)$ eine *Lorentz-Linie* nach Gl. (9.2/9) der Breite $\Delta\nu = 1/(\pi\tau_k)$ als normiertes Leistungsspektrum, so gilt (in der Bezeichnung von Kap. 9.3.2) für die Korrelationsfunktion und das Spektrum von $\xi(t)$ [87]

$$\vartheta_{\xi,0}(\tau) = \exp\left(-\frac{|\tau|}{\tau_k}\right), \qquad \theta_{\xi,0}(\nu) = \frac{2\tau_k}{1 + (2\pi\tau_k\nu)^2}. \qquad (9.5/30)$$

Analoge Ausdrücke gelten für $\eta(t)$.

Die normierte Autokorrelationsfunktion von $V(t)$ lautet damit

$$\vartheta_{V,0}(\tau) = \vartheta_{\xi,0}(\tau)\exp\left(-j\,\omega_0\tau\right). \qquad (9.5/31)$$

Man beachte, daß damit die Kohärenzzeit eines Vorganges ganz allgemein durch

$$\tau_k = \int\limits_{-\infty}^{+\infty} |\vartheta_{V,0}(\tau)|^2\,d\tau \qquad (9.5/32)$$

definiert werden kann. Die Korrelationsfunktion der Leistung $P(t) = \dfrac{1}{2}\,V^*(t)\,V(t)$ ist [87]

$$\vartheta_P(\tau) = \langle P(t)\,P(t+\tau)\rangle = \overline{P}^2\left[1 + \vartheta_{\xi,0}^2(\tau)\right] = \overline{P}^2\left[1 + |\vartheta_{V,0}(\tau)|^2\right]. \qquad (9.5/33)$$

Einsetzen in Gl. (9.5/7) gibt für $k = 1$ und $k = 2$

$$\langle\overline{N}\rangle = \alpha\int\limits_{t}^{t+T}\langle P(t')\rangle\,dt' = \alpha\overline{P}T,$$

$$\overline{\langle N(N-1)\rangle} = 2\alpha^2\int\limits_{0}^{T}d\tau\int\limits_{0}^{T-\tau}dt_0\,\overline{P}^2\left[1 + \exp\left(-\frac{2|\tau|}{\tau_k}\right)\right]. \qquad (9.5/34)$$

Aus diesen Ausdrücken erhält man [88]

$$\frac{\langle\delta N^2\rangle}{\langle\overline{N}\rangle} = 1 + \tau_k\frac{\langle\overline{N}\rangle}{T}\left\{1 - \frac{\tau_k}{2T}\left[1 - \exp\left(-\frac{2T}{\tau_k}\right)\right]\right\}. \qquad (9.5/35)$$

Die Näherungen für $T \ll \tau_k$ bzw. $T \gg \tau_k$ (die man auch aus der *Bose-Einstein-Verteilung* Gl. (9.1/52) bzw. aus Gl. (9.5/26) hätte erhalten können) lauten

$$\frac{\langle \delta N^2 \rangle}{\langle \overline{N} \rangle} = \begin{cases} 1 + \langle \overline{N} \rangle & T \ll \tau_k, \\[2mm] 1 + \tau_k \dfrac{\langle \overline{N} \rangle}{T} & T \gg \tau_k. \end{cases} \qquad (9.5/36)$$

Für *Laserlicht* lautet das analytische Signal nach Gl. (9.4/24)

$$V(t) = [A_0 + A_1(t)] \exp \left[-j\omega_0 t - j\varphi(t) \right]. \qquad (9.5/37)$$

Für $A_0^2 \gg \overline{A_1^2}$ gilt

$$P(t) = \frac{1}{2} V^*(t) V(t) \approx A_0 A_1(t) + \frac{1}{2} A_0^2. \qquad (9.5/38)$$

Daraus berechnet man die Korrelationsfunktion der Leistung

$$\vartheta_P(\tau) = \langle P(t) P(t + \tau) \rangle = \frac{1}{4} A_0^4 \left[1 + 4m^2 \vartheta_{A_1,0}(\tau) \right], \qquad (9.5/39)$$

worin der Modulationsgrad m durch

$$m = \sqrt{\frac{\langle A_1^2(t) \rangle}{A_0^2}} = \sqrt{\frac{\vartheta_{A_1}(0)}{A_0^2}} \qquad (9.5/40)$$

definiert ist und die normierte Korrelationsfunktion von $A_1(t)$ aus Gl. (9.4/27) entnommen werden kann,

$$\vartheta_{A_1,0}(\tau) = \exp \left(-\frac{\omega_0 |\tau|}{Q} \right) = \exp \left(-\frac{|\tau|}{\tau_k} \right). \qquad (9.5/41)$$

Setzt man diese Ausdrücke in Gl. (9.5/7) für $k = 1$ und $k = 2$ ein, so erhält man schließlich [88]

$$\frac{\langle \delta N^2 \rangle}{\langle \overline{N} \rangle} = 1 + 8m^2 \tau_k \frac{\langle \overline{N} \rangle}{T} \left\{ 1 - \frac{\tau_k}{T} \left[1 - \exp \left(-\frac{T}{\tau_k} \right) \right] \right\}, \qquad (9.5/42)$$

mit den Näherungen

$$\frac{\langle \delta N^2 \rangle}{\langle \overline{N} \rangle} = \begin{cases} 1 + 4m^2 \langle \overline{N} \rangle & T \ll \tau_k \\[2mm] 1 + 8m^2 \langle \overline{N} \rangle \dfrac{\tau_k}{T} & T \gg \tau_k. \end{cases} \qquad (9.5/43)$$

Für den idealen Laser ($m = 0$) ergibt sich somit eine *Poisson-Verteilung* mit der Schwankung $\langle \delta \overline{N^2} \rangle = \langle \overline{N} \rangle$.

Bei der Auswertung experimenteller Werte ist zu beachten, daß Photoelektronen, die innerhalb der Auflösungszeit τ_0 des Zählers ankommen, als *ein* Photoelektron gezählt werden; die anzubringende Korrektur soll für den einfachen Fall erläutert werden, daß für die tatsächlich innerhalb τ_0 ankommenden Photoelektronen N_0 eine *Poisson-Verteilung* gilt,

$$\mathrm{prob}\,(N_0) = \frac{(\overline{N}_0)^{N_0}}{N_0!}\exp\,(-\overline{N}_0),\qquad \frac{\overline{\delta N_0^2}}{\overline{N}_0} = 1\,. \tag{9.5/44}$$

Der Zähler registriert nicht N_0, sondern eine Variable k, welche nur zwei Werte annimmt: $k = 0$ für $N_0 = 0$, und $k = 1$ für $N_0 \neq 0$. Die Verteilung von k ist daher

$$\mathrm{prob}\,(0) = \mathrm{prob}\,(N_0 = 0) = \exp\,(-\overline{N}_0),$$

$$\mathrm{prob}\,(1) = \mathrm{prob}\,(N_0 \neq 0) = 1 - \exp\,(-\overline{N}_0)\,. \tag{9.5/45}$$

Damit berechnet man

$$\frac{\overline{\delta k^2}}{\overline{k}} = \exp\,(-\overline{N}_0)\,, \tag{9.5/46}$$

also einen Wert kleiner als eins. Weiteres über Korrekturen bei Zählexperimenten kann man [89] entnehmen.

9.5.5 Das Spektrum des Photostromes bei Beleuchten eines Detektors mit Gaußschem Licht und nichtidealem Laserlicht

Es soll ein gewöhnlicher Photodetektor vorausgesetzt werden, in der Gl. (9.5/19) für den Photostrom ist somit $\Gamma = F = 1$ zu setzen.

Für *Gaußsches Licht* erhält man aus der Korrelationsfunktion $\vartheta_P(\tau)$ Gl. (9.5/30) bis Gl. (9.5/33) das Spektrum

$$w_P(\nu) = 2\overline{P}^2\delta(\nu) + \overline{P}^2\,\frac{2\tau_k}{1 + (\pi\tau_k\nu)^2}\,. \tag{9.5/47}$$

Setzt man diesen Ausdruck in Gl. (9.5/19) ein und beachtet, daß

$$\overline{P} = \frac{\delta_E h\nu}{\tau_k} \tag{9.5/48}$$

ist, so folgt nach Einsetzen von α aus Gl. (9.5/1) das Spektrum

$$w_I(\nu) = 2I_0^2\delta(\nu) + 2eI_0\left[1 + \frac{\eta\delta_E}{1 + (\pi\tau_k\nu)^2}\right]. \tag{9.5/49}$$

Die Abweichung vom Schrotrauschen ist somit durch den Entartungsparameter δ_E gegeben, der bei konventionellem Licht (außer in Spezialfällen [90, 91]) so klein ist, daß ein Nachweis der Abweichung unmöglich ist.

Für *Laserlicht* ist die Korrelationsfunktion der Leistung $\vartheta_P(\tau)$ durch Gl. (9.5/39) bis Gl. (9.5/41) gegeben. Bezeichnet man die kohärente Leistung mit $P_0 = \frac{1}{2}A_0^2$, so erhält man das Spektrum

$$w_P(\nu) = 2P_0^2\delta(\nu) + P_0^2\,\frac{16m^2\tau_k}{1 + (2\pi\tau_k\nu)^2}\,. \tag{9.5/50}$$

32*

Einsetzen in Gl. (9.5/19) gibt für das Spektrum des Photostromes

$$w_I(\nu) = 2 I_0^2 \delta(\nu) + 2 e I_0 \left[1 + \frac{I_0}{e} \frac{8 m^2 \tau_k}{1 + (2\pi \tau_k \nu)^2} \right]. \tag{9.5/51}$$

Will man mit berechneten Werten vergleichen, so kann man m^2 aus Gl. (9.5/40) und Gl. (9.4/27) entnehmen, τ_k aus Gl. (9.5/41) und Gl. (9.4/32). Die Kohärenzzeit τ_k des Amplitudenrauschens *sinkt* nach diesen Beziehungen mit steigendem P_0, die Breite des Spektrums $w_I(\nu)$ steigt daher mit steigendem P_0.

Unterhalb des Schwingungseinsatzes gibt ein Laser *Gaußsches Rauschen* ab, es gilt für $w_I(\nu)$ daher Gl. (9.5/49). Die Linienbreite $\Delta\nu = 1/(\pi\tau_k)$ ist in diesem Fall durch Gl. (9.4/13) gegeben, d. h., τ_k *steigt* mit der abgegebenen Leistung und das Spektrum $w_I(\nu)$ wird schmäler.

9.5.6 Koinzidenzmessungen

Die Photoelektronen der beiden Detektoren in Abb. 9.9 sollen einer Koinzidenzschaltung zugeführt werden, die innerhalb der endlichen Auflösungszeit τ_0 eintretende Ereignisse als „gleichzeitig" bewertet. Die Anzahl dN_K der Koinzidenzen im Intervall t, $t + dt$ ist also das Produkt der Wahrscheinlichkeit für die Erzeugung eines Photoelektrons in dt im Detektor 1 mit der Wahrscheinlichkeit für das Auftreten eines Photoelektrons im Intervall $t - \tau_0 \leq t \leq t + \tau_0$ im Detektor 2,

$$dN_K = [\alpha P(t)\, dt] \left[\alpha \int\limits_{t-\tau_0}^{t+\tau_0} P(t')\, dt' \right]. \tag{9.5/52}$$

Die Koinzidenzrate n_K (Koinzidenzen pro Zeiteinheit) folgt durch Mitteln über das Ensemble $P(t)$

$$n_K = \left\langle \frac{dN_K}{dt} \right\rangle = \alpha^2 \int\limits_{-\tau_0}^{+\tau_0} \langle P(t) P(t + \tau) \rangle\, d\tau = \alpha^2 \int\limits_{-\tau_0}^{+\tau_0} \vartheta_P(\tau)\, d\tau. \tag{9.5/53}$$

Für die Superposition von *Gaußschem Licht* und kohärentem Licht

$$V(t) = [A_0 + \xi(t) + j\eta(t)] \exp(-j\omega_0 t) \tag{9.5/54}$$

ergibt sich unter Verwendung der Darstellung in Kap. 9.5.4 für das Rauschen ($\langle \xi^2 \rangle = P_R =$ Rauschleistung, $P_0 = \frac{1}{2} A_0^2 =$ kohärente Leistung) die Koinzidenzrate

$$n_K = 2\tau_0 \alpha^2 (P_0 + P_R)^2 (1 + \varrho_K),$$

$$\varrho_K = \frac{1}{2\tau_0 (P_0 + P_R)^2} \left[2 P_0 P_R \int\limits_{-\tau_0}^{+\tau_0} \vartheta_{\xi,0}(\tau)\, d\tau + P_R^2 \int\limits_{-\tau_0}^{+\tau_0} \vartheta_{\xi,0}^2(\tau)\, d\tau \right] \tag{9.5/55}$$

mit den Näherungen [92][1]

$$\varrho_K = \begin{cases} \dfrac{\tau_k}{2\tau_0} \cdot \dfrac{P_R^2 + 2 a P_0 P_R}{(P_0 + P_R)^2} & \tau_0 \gg \tau_k \\[3mm] \dfrac{P_R^2 + 2 P_0 P_R}{(P_0 + P_R)^2} & \tau_0 \ll \tau_k. \end{cases} \tag{9.5/56}$$

---

[1] In [92] steht in der ersten Beziehung Gl. (9.5/56) $a P_0 P_R$ statt richtig $2 a P_0 P_R$.

Die Größe a ist für verschiedene Linienformen des *Gaußschen Rauschens* der Tab. 9.1 zu entnehmen. Für $P_R = 0$ wird $\varrho_K = 0$; die Anzahl der Koinzidenzen

Tabelle 9.1 *Kohärenzzeiten, normierte Leistungsspektren und Korrelationsfunktionen für Gaußsches Schmalbandrauschen* $V(t) = [\xi(t) + j\eta(t)] \exp(-j\omega_0 t)$ *der Linienbreite* $\Delta\nu$

Linienform	$\theta_{\xi,0}(\nu) = \theta_{\eta,0}(\nu)$	$\vartheta_{\xi,0}(\tau) = \vartheta_{\eta,0}(\tau)$	τ_k	a
Lorentz	$\dfrac{\Delta\nu}{2\pi} \cdot \dfrac{1}{\nu^2 + (\Delta\nu/2)^2}$	$\exp(-\pi\Delta\nu\,\lvert\tau\rvert)$	$\dfrac{1}{\pi\Delta\nu}$	2
Rechteck	$\dfrac{1}{\Delta\nu} \quad \lvert\nu\rvert \leq \dfrac{\Delta\nu}{2}$ $0 \quad \lvert\nu\rvert > \dfrac{\Delta\nu}{2}$	$\dfrac{\sin(\pi\Delta\nu\tau)}{\pi\Delta\nu\tau}$	$\dfrac{1}{\Delta\nu}$	1
Gauß	$\dfrac{2}{\Delta\nu}\sqrt{\dfrac{\ln 2}{\pi}}\exp\left[-\dfrac{4\nu^2\ln 2}{(\Delta\nu)^2}\right]$	$\exp\left[-\dfrac{(\pi\Delta\nu\tau)^2}{4\ln 2}\right]$	$\dfrac{1}{\Delta\nu}\sqrt{\dfrac{2\ln 2}{\pi}}$	$\sqrt{2}$

in der Zeit $2\tau_0$ ist dann durch die rein zufälligen Koinzidenzen

$$\langle N_K \rangle = 2\tau_0 n_K = (2\tau_0\alpha P_0)^2 = \overline{N}_0 \cdot \overline{N}_0 \tag{9.5/57}$$

gegeben, wobei $\overline{N}_0$ die im Mittel in der Zeit $2\tau_0$ durch P_0 erzeugte Photoelektronenanzahl bezeichnet. Für *Gaußsches Rauschen* $(P_0 = 0)$ und $\tau_0 \ll \tau_k$ dagegen folgt

$$\langle N_K \rangle = 2(2\tau_0\alpha P_R)^2 = 2\overline{N}_R \cdot \overline{N}_R, \tag{9.5/58}$$

also bei gleichen Intensitäten die doppelte Anzahl von Koinzidenzen.

9.5.7 Experimente mit Laserlicht

Die ersten Messungen der Kohärenzzeit wurden an gepulsten Rubin-Lasern vorgenommen und ergaben Werte in der Größenordnung der Dauer eines Relaxationsimpulses (ca. 1 μsec) [93—95]. Die Linienbreite infolge der Phasenschwankungen wurde an einem He—Ne-Laser [96, 97] bei $\lambda = 1{,}53$ μm gemessen und ergab Werte bei 20 Hz, wogegen die Theorie für diesen Fall 0,02 Hz liefert. Diese Diskrepanz ist auf mechanische Schwingungen der Spiegel zurückzuführen (wie hoch die Anforderungen an die mechanische Stabilität sind, ist daraus ersichtlich, daß 20 Hz Frequenzänderung einer mittleren Abstandsänderung der Spiegel von nur $4 \cdot 10^{-4}$ Å auf 50 cm entsprechen).

Einfacher ist die Messung des Amplitudenrauschens, da es durch Längenänderungen des Resonators in erster Näherung nicht beeinflußt wird. Es zeigt sich [80], daß im Einklang mit der Theorie unterhalb des Schwingungseinsatzes steigende Leistung die Linie verschmälert, oberhalb dagegen verbreitert. Abb. 9.19 zeigt das auf das Schrotrauschen normierte Spektrum des Detektorstromes (s. Kap. 9.5.5) für Licht von einem He—Ne-Laser ($\lambda = 0{,}63$ μm). Die Spitze bei

170 kHz ist auf Schwingungen in der Entladung zurückzuführen. Auch Messungen der Schwankungen der Photoelektronenanzahl [88] lieferten Ergebnisse im Einklang mit der Theorie (s. Kap. 9.5.4). Das Absinken der Bandbreite des

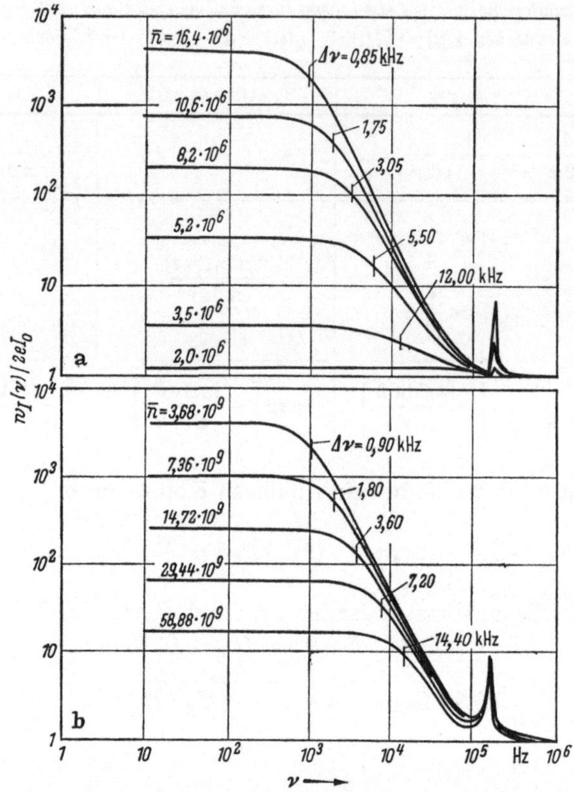

Abb. 9.19. Spektren des Photostromes bei Beleuchten eines Detektors mit Laserlicht. a) Unterhalb des Schwingungseinsatzes, b) oberhalb des Schwingungseinsatzes. Parameter ist die Photoelektronenanzahl/sec $\bar{n}$ (nach C. FREED und H. A. HAUS [80]).

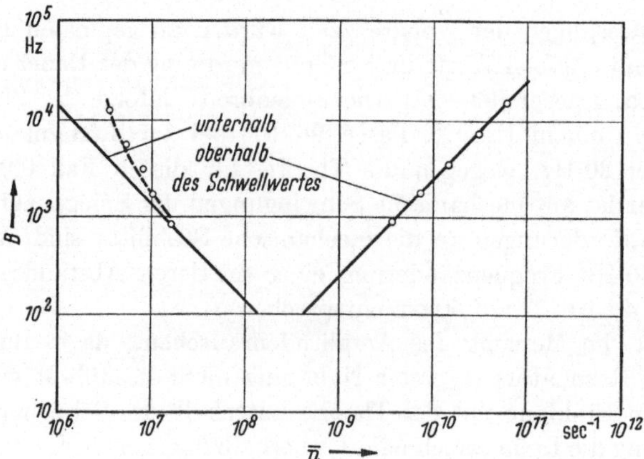

Abb. 9.20. Bandbreite B des Amplitudenrauschens eines He–Ne-Lasers (6328 Å) als Funktion der pro Sekunde gezählten Photoelektronen (nach C. FREED und H. A. HAUS [80]).

Amplitudenrauschens unterhalb des Schwellenwertes und deren Ansteigen oberhalb des Schwellenwertes mit steigender Leistung zeigt Abb. 9.20.

Bei der Untersuchung von Halbleiter-Lasern [92, 98] ist es leicht möglich, einzelne axiale Moden zu trennen (Modenabstand etwa 4,4 Å), und außerdem durch

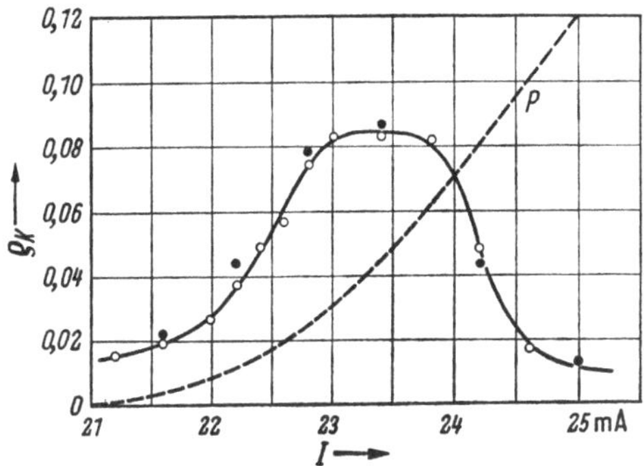

Abb. 9.21. Variation von ϱ_k [Gl. (9.5/56)] bei Ändern des Injektionsstromes I an einem GaAs-Laser. P ist die abgegebene Laserleistung (nach J. A. ARMSTRONG und A. W. SMITH [92]).

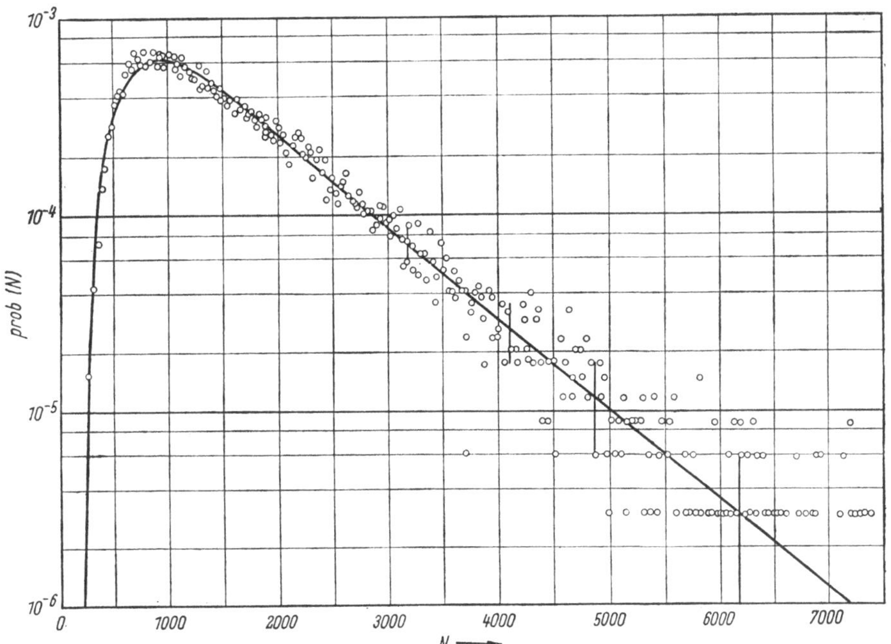

Abb. 9.22. Verteilung der Photoelektronen N für *Gaußsches Licht* (Laserlicht unterhalb des Schwingungseinsatzes). Beobachtungszeit $T = 10^{-3}$ sec, Kohärenzzeit $\tau_k = 4,2 \cdot 10^{-4}$ sec (nach C. FREED und H. A. HAUS [99]).

stabilisierte Injektionsströme den Laser in unmittelbarer Nähe des Schwingungseinsatzes zu betreiben. Abb. 9.21 zeigt, daß die Anzahl der Koinzidenzen (Kap. 9.5.6) zuerst mit steigender Leistung zunimmt, oberhalb des Schwingeinsatzes infolge der einsetzenden Amplitudenstabilisierung aber abnimmt.

Die Messung der Photoelektronenverteilung an He—Ne-Lasern unterhalb des Schwingungseinsatzes [80, 99, 100] ergab eine Bestätigung der Verteilung nach Gl. (9.5/27), welche für Beobachtungszeiten groß gegen die Kohärenzzeit *Gaußschen Lichtes* gilt (Abb. 9.22). Obwohl T nur wenig größer war als τ_k ($T = 2{,}4\,\tau_k$), ist die Übereinstimmung zwischen Theorie (ausgezogene Kurve) und Experiment gut.

Bei der Überprüfung von Beziehungen, die für *Gaußsches Licht* hoher Entartung abgeleitet wurden, hat sich besonders die von MARTIENSSEN und SPILLER [101] angegebene „quasithermische, quasikohärente Lampe" bewährt (Laserlicht wird an einem bewegten Streukörper in *Gaußsches Licht* umgewandelt; die Kohärenzzeit läßt sich mit der Bewegungsgeschwindigkeit des Streukörpers variieren). So wurde gezeigt [102], daß die Wahrscheinlichkeit für das Auftreten eines zweiten Photoelektrons im Abstand τ von einem ersten im Einklang mit der Theorie [77] für *Gaußsches Licht* größer ist, als für Laserlicht. Die Gültigkeit der *Bose-Einstein-Verteilung* für *Gaußsches Licht*, der *Poisson-Verteilung* für stabiles Laserlicht und der Verteilung Gl. (9.1/52) für deren Superposition (s. a. Kap. 9.5.3) wurde experimentell nachgewiesen [103, 104]. Die gemessenen Verteilungen für eine Beobachtungszeit $T = 10$ µsec und eine Kohärenzzeit des *Gaußschen Feldes* von $\tau_k = 40$ µsec sind in Abb. 9.23 wiedergegeben.

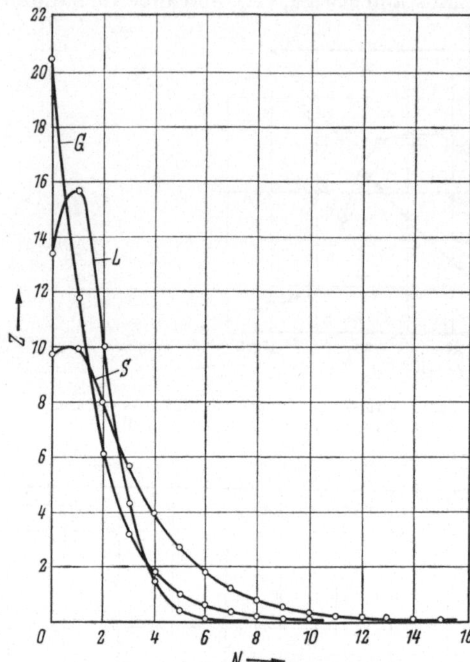

Abb. 9.23. Anzahl der Photoelektronen N ($T = 10$ µsec), die in Z Versuchen erhalten wurden (G *Gaußsches Licht*, L Laserlicht, S Superposition). Kohärenzzeit des *Gaußschen Feldes* $\tau_k = 40$ µsec (nach F. T. ARECCHI, A. BERNÉ und P. BULAMACCHI [104]).

Die theoretischen Vorstellungen werden also durch Experimente ausgezeichnet bestätigt.

Literatur

[1] WOLTER, H.: Zu den Grundtheoremen der Informationstheorie, insbesondere in der Nachrichtentechnik. AEÜ 12 (1958) 335—345.

[2] WOLTER, H.: Die Grundtheoreme der Informationstheorie als Folge der Fehlerfortpflanzungsgesetze bei der Auflösung von Faltungsintegralgleichungen. AEÜ 13 (1959) 101—113.

[3] WOLTER, H.: Verfahren zur beliebig genauen Berechnung einer Originalnachricht aus endlich vielen Beobachtungen hinter einem Rechteckbandpaß. AEÜ 13 (1959) 393—404.

[4] LÖHN, K., H. WEINERTH u. H. WOLTER: Zur Frage der Fehlerfortpflanzung und Sicherheit bei der Übermittlung von Nachrichten unter Verwendung von elektronischen Analogrechnern zur Rückrechnung. AEÜ 15 (1961) 455—466.

[5] LOUISELL, W. H.: Radiation and noise in quantum electronics, McGraw Hill 1964.

[6] MANDEL, L., u. E. WOLF: The measures of bandwidth and coherence time in optics. Proc· Phys. Soc. 80, Part 4, No. 516 (1962) 894—897.

[7] TOLMAN, R. C.: The principles of statistical mechanics. London: Oxford University Press 1938, 291.

[8] GABOR, D.: Communication theory and physics. Phil. Mag. 41 (1950) 1161—1187.

[9] ARTHURS, E., u. J. L. KELLY: On the simultaneous measurement of a pair of conjugate observables. Bell Syst. Techn. J. 44, 4 (1965) 725—729.

[10] SIEGMAN, A. E.: Microwave solid state masers, McGraw Hill 1964, Chap. 8, 364—437.

[11] LOUISELL, W. H.: Amplitude and phase uncertainty relations. Phys. Letters 7, 1 (1963) 60—61.

[12] FRIEDBURG, H.: General amplifier noise limit, Quantum Electronics, a Symposium, ed. by C. H. Townes, New York: Columbia University Press 1960, 228—232.

[13] SERBER, R., u. C. H. TOWNES: Limits on electromagnetic amplification due to complementarity. Quantum Electronics, a Symposium, ed. by C. H. Townes, New York: Columbia University Press 1960, 233—255.

[14] GRAU, G.: Rauschen im optischen Spektralbereich. Z. angew. Phys. 17, 1 (1964) 21—26.

[15] OLIVER, B. M.: Thermal and quantum noise. Proc. IEEE 53, 5 (1965) 436—454.

[16] SENITZKY, I. R.: Quantum noise, Quantum electronics. Proceedings of the Third International Congress. Paris. New York: Columbia University Press 1964, 173—177.

[17] SENITZKY, I. R.: Incoherence, quantum fluctuations and noise. Phys. Rev. 128, 6 (1962) 2864—2870.

[18] GORDON, J. P.: Quantum noise in communication channels, Quantum Electronics. Proceedings of the Third International Congress, Paris. New York: Columbia University Press 1964, 55—64.

[19] GUBLER, W.: Messungen der spontanen Schwankungen der infraroten Strahlung einer Hochdruck–Hochstrom-Argonentladung. Promotionsarbeit Nr. 3678, Institut für Höhere Elektrotechnik an der Eidgenössischen Technischen Hochschule Zürich. 1965.

[20] GRAU, G.: Temperatur- und Laserstrahlung als Informationsträger. AEÜ 18, 1 (1964) 1—4.

[21] ROWE, H. E.: Amplitude modulation with a noise carrier. Proc. IEEE 52, 4 (1964) 389—395.

[22] OLIVER, B. M.: Signal-to-noise ratios in photoelectric mixing. Proc. IRE 49, 12 (1961) 1960—1961.

[23] HAUS, H. A., u. C. H. TOWNES: Comments on „noise in photoelectric mixing". Proc. IRE 50, 6 (1962) 1544—1546.

[24] ROSS, M., D. HOLSHOUSER, E. DALLAFIOR u. R. HANKIN: Coherent light communication systems utilizing a microwave bandwidth photodetector. IRE Proc. of the National Symposium on Space Electronics and Telemetry, Oct. 1962.

[25] GLAUBER, R. J.: Coherent and incoherent states of the radiation field. Phys. Rev. 131, 6 (1963) 2766—2788.

[26] BOLGIANO, L. P.: Quantum fluctuations in microwave radiometry. IRE Trans MTT-9 (1961) 315—321.

[27] MANDEL, L.: Fluctuations in photon beams: The distribution of the photoelectrons. Proc. Phys. Soc. 74 (1959) 233—243.

[28] BOLGIANO, L. P., JR.: Photoemission statistics for narrowband signals, Quantum Electronics. Proc. of the Third International Congress, Paris. New York: Columbia University Press 1964, 187—191.

[29] YUTAKA KANO: Probability distribution functions relating to blackbody radiation. J. Phys. Soc. Japan 19, 9 (1964) 1555—1560.

[30] TROUP, G. J.: Coherent intensity distributions from boson statistics. Proc. Phys. Soc. 86 (1965) 39—43.

[31] MANDEL, L.: Intensity fluctuations of partially polarized light. Proc. Phys. Soc. 81, part 6, No. 524 (1963) 1104—1114.

[32] LACHS, G.: On the quantum-mechanical aspects of the waveshape of electromagnetic radiation. Phys. Rev. 138, 4 B (1965) B 1012—B 1016.

[33] HEFFNER, H.: The fundamental noise limit of linear amplifiers. Proc. IRE 50,7 (1962) 1604—1608.

[34] SHIMODA, K., H. TAKAHASHI u. C. H. TOWNES: Fluctuations in amplification of quanta with application to maser amplifiers. J. Phys. Soc. Japan 12, (1957) 686—700.

[35] GORDON, J. P.: Noise at optical frequencies; information theory. Quantum Electronics and Coherent Light, ed. by P. A. Miles, New York: Academic Press 1964, 156—181.

[36] GORDON, J. P.: Quantum statistics and lasers. J. of Research of the National Bureau of Standards, Section D, Radio Science, 68 D, 9 (1964) 1031—1033.

[37] ZEMANEK, H.: Elementare Informationstheorie, Wien/München: Oldenbourg 1959.

[38] Nachrichtentechnische Fachberichte, Beihefte der NTZ 28: Informationstheorie II.

[39] GORDON, J. P.: Quantum effects in communication systems. Proc. IRE 50 (1962) 1898—1908.

[40] PAANANEN, R. A., H. STATZ, D. L. BOBROFF u. A. ADAMS: Noise measurement in an He—Ne-Laser amplifier. Appl. Phys. Letters 4, 8 (1964) 149—151.

[41] BRIDGES, W. B., u. G. S. PICUS: Gas laser preamplifier performance. Appl. Opt. 3,10 (1964) 1189—1190.

[42] KOGELNIK, H., u. A. YARIV: Considerations of noise and schemes for its reduction in laser amplifiers. Proc. IEEE 52, 2 (1964) 165—172.

[43] STEINBERG, H. A.: Signal detection with a laser amplifier. Proc. IEEE 52, 1 (1964) 28—32.

[44] BERAN, M. J., u. G. B. PARRENT JR.: Theory of partial coherence. Englewood Cliffs/N.J.: Prentice Hall 1964.

[45] BORN, M., u. E. WOLF: Principles of optics, Oxford/London/New York/Paris: Pergamon Press 1959.

[46] MANDEL, L., u. E. WOLF: Coherence properties of optical fields. Rev. Modern Phys. 37, 2 (1965) 231—281.

[47] GLAUBER, R. J.: Optical coherence and photon statistics, in „Quantum Optics and Electronics", ed. by C. De Witt, A. Blandin, C. Cohen-Tannoudji, New York: Gordon & Breach 1964, 63—185.

[48] DUGUNDJI, J.: Envelopes and pre-envelopes of real waveforms. IRE Trans. IT-4, 1 (1958) 53—57.

[49] REED, I. S.: On a moment theorem for complex gaussian processes. IRE Trans. IT-8 (1962) 194—195.

[50] GOLAY, M. J. E.: Note on coherence vs. narrowbandedness in regenerative oscillators, masers, lasers etc. Proc. IRE 49 (1961) 958.

[51] HANBURY BROWN, R., u. R. Q. TWISS: Correlation between photons in two coherent beams of light. Nature 177, No. 4497, 7. January 1956, 27—29.

[52] HANBURY BROWN, R., u. R. Q. TWISS: Interferometry of the intensity fluctuations in light. I. Basic Theory: the correlation between photons in coherent beams of radiation. Proc. Royal Soc. 242 A (1957) 300—324.

[53] HANBURY BROWN, R., u. R. Q. TWISS: Interferometry of the intensity fluctuations in light, II. An experimental test of the theory for partially coherent light. Proc. Royal Soc. 243 A (1958) 291—319.

[54] HANBURY BROWN, R., u. R. Q. TWISS: Interferometry of the intensity fluctuations in light, III: Application to astronomy. Proc. Royal Soc. 248 A (1958) 199—221.

[55] HANBURY BROWN, R., u. R. Q. TWISS: Interferometry of the intensity fluctuations in light, IV: A test of an intensity interferometer on Sirius A. Proc. Roy. Soc. 248 A (1958) 222—237.

[56] LAMB, W. E., JR.: Theory of an optical maser. Phys. Rev. 134, 6 A (1964) 1429—1450.

[57] LAMB, W. E., JR.: Theory of optical maser oscillators, in Quantum Electronics and Coherent Light, ed. by P. A. Miles, New York/London: Academic Press 1964, 78 bis 110.

[58] GRAU, G.: Kohärenz und statistische Eigenschaften optischer Signale. Entwicklungs-berichte Siemens & Halske 27, 3 (1964) 311—316.

[59] GORDON, E. I.: Optical maser oscillators and noise. Bell Syst. Techn. J. 43, 1 (1964) 507—539.

[60] GRAU, G., u. L. URANKAR: Die Linienbreite der Laser-Strahlung. Entwicklungsberichte Siemens & Halske 27, 3 (1964) 317—320.

[61] VAN DER ZIEL, A.: Theorie of emission noise in lasers. Proc. IEEE 52, 12 (1964) 1738.

[62] GRAU, G.: Zur Theorie der homogenen Leitung mit verteilten Rauschgeneratoren AEÜ 20, 8 (1966) 409—415.

[63] GRAU, G.: Das Schwingkreis-Ersatzschaltbild des Lasers. AEÜ 20 (1966) 237—238.

[64] MULLEN, J. A.: Background noise in nonlinear oscillators. Proc. IRE 48 (1960) 1467–1473.

[65] CAUGHEY, T. K.: Response of van der Pol's oscillator to random excitation. J. Appl. Mech. 26, ser. E,3 (1959) 345—348.

[66] GRIVET, P., u. A. BLAQUIÈRE: Nonlinear effects of noise in electronic clocks. Proc. IEEE 51, 11 (1963) 1606—1614.

[67] GRIVET, P., u. A. BLAQUIÈRE: Masers and classical oscillators. Proc. of the Symposium on Optical Masers New York, April 16—19, 1963. Polytechnic Press, 69—93.

[68] GOLAY, M. J. E.: Normalized equations of the regenerative oscillator, noise, phase-locking and pulling. Proc. IEEE 52, 11 (1964) 1311—1330.

[69] HAFNER, E.: The effects of noise in oscillators. Proc. IEEE 54, 2 (1966) 179—198.

[70] FREED, C., u. H. A. HAUS: Measurement of amplitude noise in optical cavity masers. Appl. Phys. Letters 6, 5 (1965) 85—87.

[71] HAUS, H. A.: Amplitude noise in laser oscillators. IEEE J. Q. E. QE-1, 4 (1965) 179–180.

[72] MIDDLETON, D.: An introduction to statistical communication theory, New York: McGraw Hill 1960.

[73] MIDDLETON, D.: The distribution of energy in randomly modulated waves. Phil. Mag. 42, ser. 7, 330, July 1951, 689—707.

[74] SAUERMANN, H.: Quantenmechanische Behandlung des optischen Masers. Z. Phys. 189 (1966) 312—334.

[75] FLECK, J. A., JR.: Nonlinear laser noise and coherence. J. Appl. Phys. 37, 1 (1966) 188—193.

[76] MANDEL, L., E. C. G. SUDARSHAN u. E. WOLF: Theory of photoelectric detection of light fluctuations. Proc. Phys. Soc. 84, No. 539 (1964) 435—444.

[77] MANDEL, L.: Fluctuations in light beams. Progress in Optics, Vol. 2, ed. by E. Wolf, Amsterdam: North-Holland 1963, 183—244.

[78] SLEPIAN, D.: Fluctuations of random noise power. Bell Syst. Techn. J. 37, 1 (1958) 163—184.

[79] HAUS, H. A.: Higher order correlation functions of light intensity. MIT Quarterly Progress Rep. No. 70, 15. Juli 1963, 77—78.

[80] FREED, C., u. H. A. HAUS: Photocurrent spectrum and photoelectron counts produced by a gas laser. Phys. Rev. 141, 1 (1966) 287—298.

[81] WOLF, E., u. C. L. MEHTA: Determination of the statistical properties of light from photoelectric measurements. Phys. Rev. Letters 13, 24 (1964) 705—707.

[82] GRAU, G.: Noise in photoemission current. Appl. Opt. 4 (1965) 755—756.

[83] ALKEMADE, C. T. J.: On the excess photon noise in single-beam measurements with photoemissive and photo conductive cells. Physica 25 (1959) 1145—1158.

[84] McLEAN, T. P., u. E. R. PIKE: The photon counting distribution for gaussian light. Phys. Letters 15, 4 (1965) 318—320.

[85] GLAUBER, R. J.: Photon correlations. Phys. Rev. Letters 10, 3 (1963) 84—86.

[86] GLAUBER, R. J.: Photon counting and field correlations. Vortrag auf der „Conference on the physics of quantum electronics", San Juan (Puerto Rico) 30. Juni 1965.

[87] LAWSON, J. L., u. G. E. UHLENBECK: Threshold signals, McGraw Hill 1950, 59.

[88] FREED, C., u. H. A. HAUS: Detection of light intensity fluctuations by means of photo-electron counting. Solid State Research. MIT Lincoln Laboratory, Report No. 2, 1964.

[89] JOHNSON, F. A., R. JONES, T. P. McLEAN u. E. R. PIKE: Dead-time corrections to photon counting distributions. Phys. Rev. Letters 16, 13 (1966) 589—592.

[90] GUBLER, W., u. M. J. O. STRUTT: Untersuchungen über die statistischen Schwankungen der infraroten Strahlung einer Hochdruck–Hochstrom–Argonentladung. I. Spontane Strahlungsschwankungen eines nichtschwarzen Strahlers und ihre Messung mit einer InSb-Photodiode. Z. Naturf. 20a, 8 (1965) 1011—1018.

[91] GUBLER, W., u. M. J. O. STRUTT: Untersuchungen über die statistischen Schwankungen der infraroten Strahlung einer Hochdruck–Hochstrom–Argonentladung. II: Eigenschaften des Hochdruck–Hochstrom–Argonbogens sowie Berechnung und Messung der statistischen Strahlungsschwankungen. Z. Naturf. 20a, 9 (1965) 1156—1169.

[92] ARMSTRONG, J. A., u. A. W. SMITH: Intensity fluctuations in GaAs laser emission. Phys. Rev. 140, 1A (1965) A 155—A 164.

[93] BERKLEY, D. A., u. G. J. WOLGA: Coherence studies of emission from a pulsed ruby laser. Phys. Rev. Letters 9 (1962) 479—482.

[94] LIPSETT, S., u. L. MANDEL: Coherence time measurements of light from optical ruby masers. Nature 199, No. 4893 (1963) 553.

[95] MAGYAR, G., u. L. MANDEL: Interference fringes produced by superposition of two independent maser light beams. Nature 198, No. 4877 (1963) 255.

[96] JAVAN, A., E. A. BALLIK u. W. L. BOND: Frequency characteristics of a continuous wave He–Ne-optical maser. J. Opt. Soc. Am. 52, 1 (1962) 96—98.

[97] JASEJA, T. S., A. JAVAN u. C. H. TOWNES: Frequency stability of He–Ne-Masers and measurements of length. Phys. Rev. Letters 10 (1963) 165—167.

[98] SMITH, A. W., u. J. A. ARMSTRONG: Intensity fluctuations and correlations in a GaAs-Laser. Phys. Letters 16, 1 (1965) 38—39.

[99] FREED, C., u. H. A. HAUS: Photoelectron statistics produced by a laser operating below the threshold of oscillation. Phys. Rev. Letters 15 (1965) 943—946.

[100] SMITH, A. W., u. J. A. ARMSTRONG: Observation of photon counting distribution for laser light below threshold. Phys. Letters 19, 8 (1966) 650—651.

[101] MARTIENSSEN, W., u. E. SPILLER: Coherence and fluctuations in light beams. Am. J. Phys. 32, 12 (1964) 919—927.

[102] ARECCHI, F. T., E. GATTI u. A. SONA: Time distribution of photons from coherent and gaussian sources. Phys. Letters 20, 1 (1966) 27—29.

[103] ARECCHI, F. T.: Measurement of the statistical distribution of gaussian and laser sources. Phys. Rev. Letters 15, 24 (1965) 912—916.

[104] ARECCHI, F. T., A. BERNÉ u. P. BULAMACCHI: High-order fluctuations in a single-mode laser field. Phys. Rev. Letters 16, 1 (1966) 32—35.

Weitere Literatur (inbesondere quantenmechanische Darstellungen) zu Kapitel 9.

ARZT, V., H. HAKEN, H. RISKEN, H. SAUERMANN, C. SCHMID u. W. WEIDLICH: Quantum theory of noise in gas and solid state lasers with an inhomogeneously broadened line I. Z. Phys. 197, 3 (1966) 207—227.

BRUNET, H.: Quantum state of an ideal phase detector. Phys. Letters 10, 2 (1964) 172—173.

CAHILL, K. E.: Coherent state representations for the photon density operator. Phys. Rev. 138, 6 B (1965) B 1566—B 1576.

CARRUTHERS, P., M. M. NIETO: Coherent states and the number-phase uncertainty relation. Phys. Rev. Letters 1, 11 (1965) 387—389.

DUCOT, C.: A comparison between thermal and quantum noise in radio reception. Philips Res. Rep. 17 (1962) 382—392.

GLASSGOLD, A. E., u. D. HOLLIDAY: Quantum statistical dynamics of laser amplifiers. Phys. Rev. 139, 6A (1965) A 1717—A 1734.

GLASSGOLD, A. E., u. D. HOLLIDAY: Quantum statistics of laser amplifiers. Phys. Letters 17, 3 (1965) 249—250.

GORDON, J. P., W. H. LOUISELL u. L. R. WALKER: Quantum fluctuations and noise in parametric processes II. Phys. Rev. 129, 1 (1963) 481—485.

GORDON, J. P., L. R. WALKER u. W. H. LOUISELL: Quantum statistics of masers and attenuators. Phys. Rev. 130, 2 (1963) 806—812.

GLAUBER, R. J.: The quantum theory of optical coherence. Phys. Rev. 130, 6 (1963) 2529 bis 2539.

HAKEN, H.: Theory of coherence of laser light. Phys. Rev. Letters 13, 11 (1964) 329—331.

HAKEN, H.: A nonlinear theory of laser noise and coherence I. Z. Phys. 181 (1964) 96—124.

HAKEN, H.: A nonlinear theory of laser noise and coherence II. Z. Phys. 182 (1965) 346—359.

HAKEN, H.: Theory of intensity and phase fluctuations of a homogeneously broadened laser. Z. Phys. 190 (1966) 327—356.

HAKEN, H., u. W. WEIDLICH: Quantum noise operators for the N-level system. Z. Phys. 189 (1966) 1—9.

HARMS, J., u. J. LORIGNY: Ideal phase detector quantum state. Phys. Letters 10, 2 (1964) 173—174.

HOLLIDAY, D., u. M. L. SAGE: Statistical description of free boson fields. Phys. Rev. 138, 2B (1965) B 485—B 487.

KELLEY, P. L., u. W. H. KLEINER: Theory of electromagnetic field measurement and photo-electron counting. Phys. Rev. 136, 2A (1964) A 316—A 334.

KORENMANN, V.: Quantum theory of laser coherence and noise. Phys. Rev. Letters 14, 9 (1965) 293—295.

KORENMANN, V.: Nonequilibrium quantum statistics, application to the laser, dissertation. Lyman Laboratory of Physics, Harvard University, Cambridge/Mass. 1965.

LACHS, G.: On the quantum mechanical aspects of the waveshape of electromagnetic radiation. Research Institute, Syracuse University, Syracuse/N. Y. U. S. Goverment Report AD-607104 (8. Sept. 1964).

LAX, M.: Phase noise in a homogeneously broadened laser. Vortrag auf der Konferenz „Physics of Quantum Electronics", San Juan (Puerto Rico), 30. Juni 1965.

LOUISELL, W. H., A. YARIV u. A. E. SIEGMAN: Quantum fluctuations and noise in parametric processes I. Phys. Rev. 124 (1961) 1646—1654.

MANDEL, L.: Intensity fluctuations of partially polarized light. Proc. Phys. Soc. 81, Part 6, No. 524 (1963) 1104—1114.

MANDEL, L., u. E. WOLF: Correlation in the fluctuating outputs from two square-law detectors illuminated by light of any state of coherence and polarisation. Phys. Rev. 124, 6 (1961) 1696—1702.

PAUL, H.: Kohärenz der Laserstrahlung in semiklassischer Näherung. Ann. Phys. 7. Folge, 16 (1965) 403—406.

PAUWELS, H. J.: Phase and amplitude fluctuations of the laser oscillator. IEEE J. Q. E. QE-2,3 (1966) 54—62.

PICARD, R. H., u. C. R. WILLIS: Coherence in a model of interacting radiation and matter. Phys. Rev. 139, 1A (1965) A 10—A 15.

RISKEN, H.: Distribution- and correlation-functions for a laser amplitude. Z. Phys. 186 (1965) 85—98.

RISKEN, H.: Correlation function of the amplitude and of the intensity fluctuation for a laser model near threshold. Z. Phys. 191 (1966) 302—312.

SAUERMANN, H.: Dissipation und Fluktuationen in einem Zwei-Niveau-System. Z. Phys. 188 (1965) 480—505.

SCHMID, C., u. H. RISKEN: The Fokker-Planck equation for quantum noise of the N-level system. Z. Phys. 189 (1966) 365—384.

SENITZKY, I. R.: Induced and spontaneous emission in a coherent field V: Theory of molecular beam amplification. Phys. Rev. 127, 5 (1962) 1638—1647.

WAGNER, W. G., u. G. BIRNBAUM: Theory of quantum oscillators in a multimode cavity. J. Appl. Phys. 32, 7 (1961) 1185—1194.

WAGNER, W. G., u. R. W. HELLWARTH: Quantum noise in a parametric amplifier with lossy modes. Phys. Rev. 133, 4A (1964) A 915—A 920.

WEIDLICH, W., u. F. HAAKE: Coherence properties of the statistical operator in a laser model. Z. Phys. 185 (1965) 30—47.

WEIDLICH, W., u. F. HAAKE: Master-equation for the statistical operator of solid state laser. Z. Phys. 186 (1965) 203—221.

10 Anwendungen

Von

G. Grau, K. Gürs, R. Müller

Nützliche Anwendungen kann der Laser für alle Zwecke finden, in denen stark gebündelte Lichtstrahlen hoher Leistungsdichte benötigt werden. Die maximal erzielbaren Leistungsdichten liegen heute bei etwa 10^{14} W/cm² für Impulslaser, bei etwa 10^8 W/cm² für Dauerstrichlaser. Bei einer Anzahl von Anwendungen, jedoch keineswegs bei allen, wird auch die hohe räumliche und zeitliche Kohärenz der Laserstrahlung ausgenutzt sowie die Möglichkeit, den Laser mit Frequenzgemischen extrem großer Bandbreite zu modulieren. Dabei bleiben wegen der hohen Frequenz der Laserstrahlung die relativen Bandbreiten immer noch klein verglichen mit jenen, wie sie z. B. heute in der Nachrichtentechnik bei Mikrowellen üblich sind.

In der *physikalischen Forschung* ist der Laser bereits zu einem Instrument geworden, dessen Einsatz zahlreiche Experimente möglich gemacht hat, die mit konventionellen Lichtquellen nicht durchführbar waren. Dabei wurden u. a. Effekte experimentell gefunden, die z. T. theoretisch vorausgesagt, aber vor Erfindung des Lasers nicht beobachtet werden konnten. Es läßt sich mit großer Sicherheit voraussagen, daß auch zukünftig der Laser neue Experimente im Laboratorium erlauben wird, die zu wahrscheinlich wichtigen neuen Erkenntnissen führen werden. Über die zukünftige Bedeutung des Lasers in den verschiedenen Bereichen der *Technik* sind Prognosen nur mit erheblicher Unsicherheit behaftet. Wir stehen erst am Beginn der Entwicklung von Anwendungen des Lasers, wobei dieser mit „klassischen" Geräten und Methoden konkurriert. Ob sich bei vorgeschlagenen Anwendungen des Lasers dieser oder andere Geräte und Verfahren durchsetzen werden, muß heute vielfach noch offen bleiben. Dies beruht nicht zuletzt darauf, daß Anwendungen in der Technik sehr wesentlich durch wirtschaftliche Gesichtspunkte, über die heute vielfach noch keine Klarheit besteht, bestimmt sind. Diese Unsicherheit ist Anlaß dafür, daß in Kap. 10 Laseranwendungen nur relativ kurz behandelt werden. Ausführliche Literaturangaben sind jedoch gemacht.

10.1 Nachrichtenübertragung[1]

Entsprechend dem Wunsch, immer größere Informationsmengen über größe Entfernungen zu übertragen, besteht in der Nachrichtentechnik die Tendenz, zu immer höheren Trägerfrequenzen überzugehen. Es wächst damit die zur Verfügung stehende Bandbreite und wegen des größer werdenden Verhältnisses

---

[1] Verfasser R. Müller.

von Antennenabmessung zur Wellenlänge, die Bündelung und somit im allgemeinen die Reichweite. Es ist daher verständlich, daß nach Erfindung des ersten, von nachrichtentechnischem Standpunkt aus gesehen, einwandfreien optischen Senders, des Lasers, große Hoffnungen für seine Anwendung in der Nachrichtentechnik entstanden [1]. Die nutzbaren Bandbreiten hängen im optischen Bereich nur mehr von den Bandbreiten des jeweiligen Modulators und Demodulators ab; sie können in der Größenordnung von 10^9 Hz liegen. Die Bündelung wird in diesem Frequenzbereich nicht mehr durch die maximal gewünschten Antennenabmessungen begrenzt, sondern durch die unter Berücksichtigung der Stabilität bestmögliche Ausrichtung von Empfangs- und Sendeantenne zueinander.

Die Ausbreitung der optischen Strahlung hängt sehr stark von den atmosphärischen Verhältnissen ab. Die Bedingungen für den irdischen Nachrichtenverkehr sind äußerst ungünstig, es sei denn man verwendet Lichtwellenleiter. Für Nachrichtenverbindungen im Weltraum könnte jedoch der optische Frequenzbereich besonders geeignet sein. Im folgenden werden die einzelnen für Nachrichtenverbindungen geltenden Gesichtspunkte kurz diskutiert.

In einem Nachrichtensystem muß ein Signal mit einer solchen Leistung ausgesendet werden, daß es am Empfangsort in genügend hohem Abstand über dem Rauschpegel liegt. Das Signal-Geräuschverhältnis S/N hat an den Klemmen der Empfangsantennen für optische Frequenzen ($h\nu \gg kT$) bestenfalls den Wert

$$\frac{S}{N} = \frac{A_s A_e}{\lambda^2 r^2} \cdot \frac{P_s e^{-2\alpha r}}{h\nu B}. \qquad (10.1/1)$$

mit A_s: Fläche der Sendeantenne, A_e: Fläche der Empfangsantenne, r: Abstand zwischen Sender und Empfänger, P_s: Sendeleistung, 2α: Dämpfungskonstante des Übertragungsmediums (bezogen auf die Leistung), B: Bandbreite.

Bei Verwendung eines reinen Intensitätsempfängers mit dem Quantenwirkungsgrad η erhält man als Signal-Geräuschverhältnis am Ausgang des Detektors den Wert aus Gleichung 10.1/1 multipliziert mit $\eta/2$. Die Gl. (10.1.1) gilt für den bestmöglichen Fall, also für reines Photonenrauschen. Sind andere Rauschquellen vorhanden (Hintergrundrauschen durch gestreutes Licht, Stromverteilungsrauschen usw.), so sind entsprechende Korrekturen anzubringen (siehe Kap. 9). Der durch die Bündelung erzielte „Antennengewinn" ist A/λ^2. Es ist jedoch nur sinnvoll den Antennengewinn soweit zu erhöhen als es die Justierung der Antenne zuläßt, was durch Abschätzung des Beugungswinkels $\theta = \dfrac{\lambda}{D} = \dfrac{\lambda\pi}{\sqrt{A}}$ beurteilt werden kann. Zur Vergrößerung der Antennenfläche kann entweder eine Linsenoptik oder eine Spiegeloptik (Cassegrain) (s. z. B. [2]) Verwendung finden (Abb. 10.1.1). Je nach dem Übertragungsmedium ergeben sich verschiedene Gesichtspunkte:

Übertragung in der Atmosphäre: Abb. 10.1.2 zeigt die Transmission elektromagnetischer Strahlung durch die Atmosphäre unter normalen Bedingungen als Funktion der Frequenz. Man erkennt, daß es zahlreiche Frequenzbereiche gibt, in denen die Transmission pro Meile Werte von 80% erreicht (entsprechend einer Leistungsdämpfung von etwa 0,14 km^{-1}, 0,6 dB/km). Außer dieser Absorption tritt jedoch in Wolken und Nebel eine Streuung von Licht auf, die wesentlich größer ist und beispielsweise bei einer Sichtweite von 1 km Werte von 17 dB/km (Leistungsabnahme auf 1/50) erreicht. Aus diesem Grunde erscheint es unwahrscheinlich, daß eine Nachrichtenübertragung mit optischen Frequenzen bei Ausbreitung in der normalen Atmosphäre den derzeit eingesetzten Verfahren (z. B.

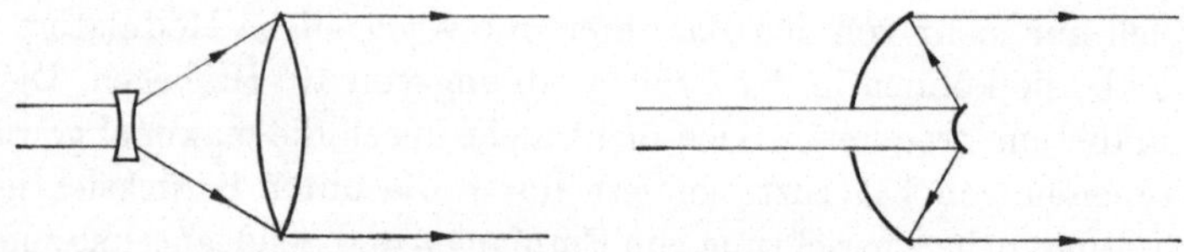

Abb. 10.1.1. Linsen- und Spiegelantennen.

Mikrowellenrichtfunk) vergleichbar oder überlegen sein wird. Andere Gesichtspunkte mögen für eine Datenübertragung gelten, bei der man geeignete Witterungsbedingungen abwarten kann.

Abgesehen von der Streuung bewirken die Schwankungen im Brechungsindex der Atmosphäre Strahlablenkungen, welche die maximale Bündelung begrenzen

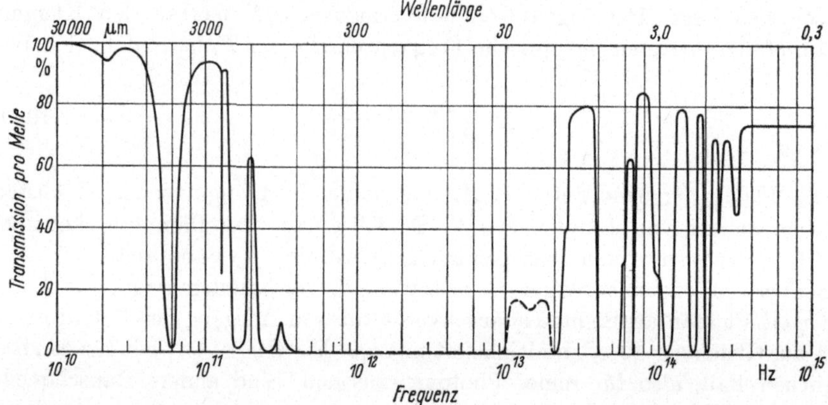

Abb. 10.1.2. Transmission elektromagnetischer Strahlung durch Luft unter normalen Bedingungen.

[3, 4, 5]. Es wurde auch untersucht [6], ob die Streuung an Wolken zur Nachrichtenübertragung auf Entfernungen über der normalen Sichtweite herangezogen werden kann, wobei allerdings die günstigen Eigenschaften der räumlichen Bündelung verloren gehen. Weitere Literatur über den Einfluß der Atmosphäre auf die Ausbreitung kohärenter optischer Strahlung: [7—18].

Übertragung durch Lichtwellenleiter: Diese Möglichkeit scheint für irdischen Weitverkehr am günstigsten (s. Kap. 10. 2)

Übertragung im Weltraum: Da im Weltraum die störenden Einflüsse der Atmosphäre fortfallen sind hier optische Frequenzen für die Nachrichtenübertragung besonders geeignet [19—23]. Bei Annahme eines Signal-Geräuschverhältnisses von 50 erhält man beispielsweise für Antennen von 5 cm Durchmesser mit einer Sendeleistung von 550 kW und einer Bandbreite von 5 MHz eine überbrückbare Entfernung von $1{,}5 \cdot 10^8$ km; dies entspricht dem Abstand Erde—Sonne. Der

Beugungswinkel beträgt für dieses Beispiel 2,6″. Man erkennt daraus, daß die Hauptschwierigkeit in diesem Fall das Auffinden des Objekts ist. Dies kann erleichtert werden, wenn vorübergehend die Bündelung auf Kosten der Bandbreite (zur Erzielung eines brauchbaren Verhältnisses Signal zu Rauschen) drastisch verringert wird. In [24] werden verschiedene Demodulationsverfahren bezüglich ihrer Eignung für Nachrichtenstrecken im Weltraum miteinander verglichen. Unter den verschiedenen Laserarten scheint hierfür der Gaslaser wegen seiner hohen Qualität der Strahlung besonders günstig. Die meisten bisher betriebenen Versuchsstrecken [25—31] benutzen jedoch die Laserdiode wegen ihrer besonders einfachen Modulierbarkeit. Rauscharme Demodulationsverfahren werden in [32 bis 35] beschrieben.

Literatur

[1] KOMPFNER, R.: Optical communications. Science 150, 3693 (Okt. 8, 1965) 149—155.

[2] MÜTZE, K.: ABC der Optik, Hanau/Main: Dausien 1961, 829.

[3] CONSORTINI, A., L. RONCHI, A. M. SCHEGGI u. G. TORALDO DI FRANCIA: Inflence of the atmospheric turbulence on the space coherence of a laser beam. Alta Frequenza 32, 11 (Nov. 1963) 790—178E.

[4] HODARA, H.: Laser wave propagation through the atmosphere. Proc. IEEE 54, 3 (März 1966) 368—375.

[5] TAYLOR, L. S.: Comments on „Laser wave propagation through the atmosphere". Proc. IEEE 54, 10 (Okt. 1966) 1461—1462.

[6] KING, M., u. S. KAINER: Some parameters of a laser-type beyond-the-horizon communication link. Proc. IEEE 53, 2 (Febr. 1965) 137—141.

[7] HÖHN, D. H.: Effects of atmospheric turbulence on the transmission of a laser beam at 6328 Å II. frequency spectra. Appl. Opt. 5, 9 (Sept. 1966) 1433—1436.

[8] HÖHN, D. H.: Effects of atmospheric turbulence on the transmission of a laser beam at 6328 Å I. distribution of intensity. Appl. Opt. 5, 9 (Sept. 1966) 1427—1431.

[9] WHITTEN, J. R., G. F. PREHMUS u. K. TOMIYASU: Q-switched laser beam propagation over a ten-mile path. Proc. IEEE 53, 7 (Juli 1965) 736.

[10] WATSON, R. D., u. M. K. CLARK: Rayleigh scattering of 6943 Ångstrom laser radiation in a nitrogen atmosphere. Phys. Rev. Letters 14, 26 (Juni 28, 1965) 1057—1058.

[11] GEORGE, T. V., L. GOLDSTEIN, L. SLAMA u. M. YOKOYAMA: Molecular scattering of ruby-laser light. Phys. Review 137, 2A (Jan. 18, 1965) A 369—A 380.

[12] EDWARDS, B. N., u. D. E. BURCH: Absorption of 3.39-micron helium—neon laser emission by methane in the atmosphere. Opt. Soc. Am. 55, 2 (Febr. 1965) 174—177.

[13] THEIMER, O.: Scattering cross section of ideal gases for narrow laser beams. Phys. Rev. Letters 13, 21 (Nov. 23, 1964) 622.

[14] GEORGE, T. V., L. SLAMA, M. YOKOYAMA u. L. GOLDSTEIN: Scattering of ruby laser beam by gases. Phys. Rev. Letters 11, 9 (Nov. 1, 1963) 403.

[15] CHASE, D. M.: Power loss in propagation through a turbulent medium for an optical-heterodyne system with angle tracking. J. Opt. Soc. Am. 56, 1 (Jan. 1966) 33—44.

[16] DAVIS, J. I.: Consideration of atmospheric turbulence in laser systems design. Appl. Opt. 5, 1 (Jan. 1966) 139—147.

[17] CONSORTINI, A., L. RONCHI, A. M. SCHEGGI u. G. T. DI FRANCIA: Influence of atmospheric scattering on the line-width of a laser beam. Alta Frequenza 33, 11 (Nov. 1964) 714—719.

[18] KNOP, C. M.: The dispersion properties of air as a possible limitation on the maximum usable bandwidth of coherent optical communication systems. Proc. IEEE 52, 3 (März 1964) 319.

[19] MEGLA, G. K.: Some new aspects for laser communications. Appl. Opt. 2, 3 (März 1963) 311—315

[20] BRINKMAN, K. L., W. K. PRATT u. E. J. VOURGOURAKIS: Design analysis for a deep-space laser communications system. Microwaves 3, 4 (April 1964) 35.

[21] MARSTEN, R. B., D. SILVERMAN u. S. GUBIN: Performance of communication systems between manned spacecraft on interplanetary voyages. J. Spacecraft and Rockets 3, 6 (Juni 1966) 828—833.

[22] GUBIN, S., R. B. MARSTEN u. D. SILVERMAN: Lasers vs. microwaves in space communications. Spacecraft and Rockets 3, 6 (Juni 1966) 818—827.

[23] Moss, E. B.: Aids to acquisition in optical communication. J. Spacecraft and Rockets 3, 6 (Juni 1966) 834—838.

[24] BROOKNER, E., M. KOLKER u. R. M. WILMOTTE: Deep-space optical communications. IEEE Spectrum 4, 1 (Jan. 1967) 75—82.

[25] JOHNSON, C. M.: Injection laser systems for communications and tracking. Electronics 36, 50 (Dez. 13, 1963) 34.

[26] GaAs laser transmits wideband data. Electronics 36, 42 (Okt. 18, 1963) 24.

[27] LOCKWOOD, R. C.: Laser communications systems leave the lab. Microwaves 3, 8 (August 1964) 6.

[28] MARION-DAVIS, D.: AM laser transmitter using gallium arsenide diode set. Electronic News 8, 388 (Aug. 12, 1963) 12.

[29] ROSE, J. A.: 118-mile audio transmission by laser. Elec. Design News 8, 13 (Nov. 1963) 6.

[30] KARLSONS, D., C. W. RENO u. W. J. HANNAN: Room-temperature GaAs laser voice-communication system. Proc. IEEE 52, 11 (Nov. 1964) 1354.

[31] CHATTERSON, E. J.: Semiconductor laser communications through multiple-scatter paths. Proc. IEEE 53, 12 (Dez. 1965) 2114—2115.

[32] SAITO, S., u. T. KIMURA: Demodulation of phase-modulated laser beam by autocorrelation. Electronics and Communications in Japan 48, 3 (März 1965) 45—51.

[33] WAITE, T., u. R. A. GUDMUNDSEN: A balanced mixer for optical heterodyning: The ANN detector. Proc. IEEE 54, 2 (Febr. 1966) 297—299.

[34] WAITE, T.: A balanced mixer for heterodyning: The magic T optical mixer. Proc. IEEE 54, 2 (Febr. 1966) 334—335.

[35] READ, W. S., u. R. G. TURNER: Tracking heterodyne detection. Appl. Opt. 4, 12 (Dez. 1965) 1570—1573.

10.2 Übertragungsleitungen für Lichtstrahlen[1]

Eine Übertragung von Laserstrahlen durch die Atmosphäre würde wegen der Absorption und Streuung bei ungünstiger Witterung keine verläßliche Strecke geben. Die in Kap. 3. 7 behandelte Äquivalenz von Resonator und Linsenleitung legt nahe, eine periodische Anordnung von Blenden (äquivalent zum *Fabry-Perot-Resonator*) oder Linsen zur verlustarmen Lichtübertragung zu verwenden [1]. Andere Vorschläge [2—5] haben wenig Aussicht auf Realisierung.

Die geringsten Beugungsverluste hat eine Folge von Linsen der Brennweite f im Abstand $d = 2f$, die dem konfokalen Resonator äquivalent ist (praktisch wird man wegen der Singularität der konfokalen Anordnung eine *nahezu* konfokale Leitung wählen, die im Stabilitätsdiagramm Abb. 3.16 im Bereich geringer Verluste liegt). Zu den Beugungsverlusten kommen noch Absorptions-, Reflexions- und Streuverluste der Linsen, die mindestens 1% je Glaslinse betragen. Eine experimentelle Leitung (10 Linsen, $f = 50$ m, $d = 97$ m, Linsendurchmesser 22,6 mm) hatte Transmissionsverluste von ca. 1 dB/km [6 und 7]. Es ist darauf zu achten, daß im Medium (Gas) keine transversalen Temperaturgradienten auftreten, die zu einer Prismenwirkung führen und den Strahl auslenken: 10^{-3} Grad Temperaturdifferenz über einen Strahlquerschnitt von 5 cm in Luft geben eine Strahlauslenkung von mehr als 5 cm auf einer Länge von 1,5 km [8].

---

[1] Verfasser G. GRAU.

Der minimale Krümmungsradius, mit dem Linsenleitungen verlegt werden können, ohne daß allzu große Verluste infolge des Auswanderns des Strahls aus der Linsenmitte entstehen ist durch

$$r_{\min} = \sqrt{\frac{d^3}{\lambda}} \qquad (d = \text{Linsenabstand}) \qquad (10.2/1)$$

gegeben [9]; für $d = 100$ m, $\lambda = 1$ µm ergibt das den indiskutabel hohen Wert $r_{\min} = 10^3$ km. Richtungsänderungen können in solchen Leitungen daher nicht stetig, sondern nur abrupt mittels Prismen oder Spiegeln erfolgen. Für brauchbare Werte von $r_{\min} = 10^3$ m ergibt sich ein Linsenabstand von $d = 1$ m. Sollen solche Leitungen erträgliche Verluste haben (Größenordnung: 1 dB/km), so dürften die Verluste pro Linse nur im Bereich einiger $10^{-2}\%$ liegen. Derart niedrige Verluste sind zwar nicht mit Glaslinsen, aber mit Gaslinsen realisierbar: Läßt man ein kühles Gas durch ein Rohr mit geheizter Wand strömen, so erhält man einen Anstieg der Temperatur in radialer Richtung und eine damit verbundene Abnahme des Brechungsindex, die etwa proportional dem Quadrat des Abstandes von der Rohrachse verläuft und nach Kap. 3. 6 eine fokussierende Wirkung hat. Weitere Einzelheiten [10—21].

Auf zwei weitere Probleme bei der Lichtausbreitung in Linsenleitungen soll kurz hingewiesen werden: Linsenfehler ändern die transversale Feldverteilung des Strahles [18, 21, 22], wogegen statistische Abstands- und Brennweitenabweichungen der Linsen vom Idealfall sowie statistische Versetzungen ein Schwanken des Strahles um die Achse der Leitung bewirken; dabei wächst der Effektivwert des Strahlabstandes von der Achse proportional mit der Wurzel aus der Anzahl der durchlaufenen Linsen [23].

Für die weitere Behandlung nicht idealer Linsenleitungen und die Möglichkeit der automatischen Nachjustierung wird auf [24—28, 9] verwiesen. Der derzeitige Entwicklungsstand der Übertragungsleitungen für Lichtstrahlen wird am besten durch ein Zitat aus [8] charakterisiert: Anfängliche Untersuchungen zeigen, daß äußerst strenge Toleranzbedingungen eingehalten werden müssen, wenn die Eigenschaften idealer Lichtleitstrukturen verwirklicht werden sollen. Neue Erfindungen mit dem Ziel, diese kritischen Toleranzen zu meistern, tauchen noch häufig auf. Es ist zu früh, um das Endresultat vorauszusehen.

Literatur

[1] Goubau, G., u. F. Schwering: On the guided propagation of electromagnetic wave beams. IRE Trans. on Antennas and Propagation, AP-9 (1961) 248—256.

[2] Marcatili, E. A. J., u. R. A. Schmeltzer: Hollow metallic and dielectric waveguides for long distance optical transmission and lasers. Bell Syst. Techn. J. 43, 4 (1964) 1783 bis 1809.

[3] Marcatili, E. A. J.: Light transmission in a multiple dielectric (gaseous and solid) guide. Bell Syst. Techn. J. 45 (1966) 97—104.

[4] Eaglesfield, C. C.: Optical pipeline: a tentative assessment. Proc. IEE, 109 B, 243 (1962) 26—32.

[5] Karbowiak, A. E.: New type of waveguide for light and infrared waves. Electron. Letters 1, 2 (1965) 47—48.

[6] Goubau, G., u. J. R. Christian: Some aspects for long distance transmission at optical frequencies. IEEE Transactions MTT 12 (1964) 212—220.

[7] Goubau, G.: Lenses guide optical frequencies to low-loss transmission. Electronics 39 (16. Mai 1966) 83—89.

[8] Miller, S. E., u. L. C. Tillotson: Optical transmission research. Proc. IEEE 54, 10 (1966) 1300—1311.

[9] Miller, S. E.: Directional control in light-wave guidance. Bell Syst. Techn. J. 43, 4 (1964) 1727—1739.

[10] Berreman, D. W.: A gas lens using unlike counter-flowing gases. Bell Syst. Techn. J. 43, 4 (1964) 1476—1479.

[11] Berreman, D. W.: A lens or light guide using convectively distorted thermal gradients in gases. Bell Syst. Techn. J. 43, 4 (1964) 1469—1475.

[12] Marcuse, D., u. S. E. Miller: Analysis of a tubular gas lens. Bell Syst. Techn. J. 43, 4 (1964) 1759—1782.

[13] Beck, A. C.: Thermal gas lens measurements. Bell Syst. Techn. J. 43, 4 (1964) 1818 bis 1820.

[14] Beck, A. C.: Gas mixture lens measurements, Bell Syst. Techn. J. 43, 4 (1964) 1821 bis 1825.

[15] Tien, P. K., J. P. Gordon u. J. R. Whinnery: Focusing of a light beam of gaussian field distribution in continuous and periodic lense-like media. Proc. IEEE 53, 2 (1965) 129—136.

[16] Berreman, D. W.: Convective gas light guides or lens trains for optical beam transmission. J. Opt. Soc. Am. 55, 3 (1965) 239—247.

[17] Marcuse, D.: Theory of a thermal gradient gas lens. IEEE Transactions MTT 13 (1965) 734—739.

[18] Miller, S. E.: Light propagation in generalized lens-like media. Bell Syst. Techn. J. 44 (1965) 2017—2063.

[19] Marcuse, D.: Properties of periodic gas lenses. Bell Syst. Techn. J. 44 (1965) 2083 bis 2116.

[20] Marcuse, D.: Comparison between a gas lens and its equivalent thin lens. Bell Syst. Techn. J. 45, 8 (1966) 1339—1344.

[21] Marcuse, D.: Deformation of fields propagating through gas lenses. Bell Syst. Techn. J. 45, 8 (1966) 1345—1368.

[22] Gordon, J. P.: Optics of general guiding media. Bell Syst. Techn. J. 45 (1966) 321 bis 331.

[23] Hirano, J., Y. Kukatsu: Stability of a light beam in a beam waveguide. Proc. IEEE 52, 11 (1964) 1284—1292.

[24] Marcuse, D.: Propagation of light rays through a lens waveguide with curved axis. Bell Syst. Techn. J. 43, 2 (1964) 741—753.

[25] Berreman, D. W.: Growth of ray oscillations about irregularly wavy axis of a lens light guide. Bell Syst. Techn. J. 44 (1965) 2117—2132.

[26] Steier, W. H.: The statistical effects of random variations in the components of a beam waveguide. Bell Syst. Techn. J. 45, 3 (1966) 451—471.

[27] Marcuse, D.: Physical limitations on ray oscillation suppressors. Bell Syst. Techn. J. 45, 5 (1966) 743—751.

[28] Marcatili, E. A. J.: Ray propagation in beam waveguides with redirectors. Bell Syst. Techn. J. 45 (1966) 105—114.

10.3 Ortung[1]

Unter Ortung versteht man die Ermittlung von Richtung und Entfernung eines Objekts. Wegen der guten Bündelung der Laserstrahlung ist die Richtungsauflösung prinzipiell höher als bei Verwendung von Mikrowellen. Diese Winkelauflösung kann so gut sein (z. B. $25 \cdot 10^{-6}$ rad [1]), daß eine „Erkennung" der

---

[1] Verfasser R. Müller.

Art des Objektes möglich ist. Bei dieser hohen Winkelauflösung werden besondere Anforderungen an die Präzision der Justierung des Systems gestellt [2]. Bezüglich der Messung der Entfernung kann eine Überlegenheit bei Verwendung optischer Strahlung allgemein nicht angenommen werden; auf die einzelnen Verfahren wird jedoch noch näher eingegangen. Da Ortungsgeräte vielfach in Fahrzeugen oder Flugkörpern untergebracht werden müssen, ist das geringe Gewicht und das kleine Volumen optischer Geräte ein wesentlicher Vorteil. Ebenso wie bei der Nachrichtenübertragung entstehen jedoch wesentliche Beschränkungen durch atmosphärische Einflüsse.

Zur Ermittlung der Entfernung gibt es allgemein folgende Verfahren:

Pulsmodulation des Trägers. Es wird die Laufzeit des Lichtimpulses zum Objekt und zurück gemessen. Bei Annahme von Impulslängen von einigen ns kann bestenfalls eine Auflösung der Größenordnung Meter erzielt werden. Dieses Verfahren wird allgemein in der Luft- und See-Navigation unter Verwendung von Mikrowellen benutzt.

Korrelationsmessung „rauschmodulierter" Träger. Die Erzeugung scharfer Impulse kann umgangen werden, wenn die Kreuzkorrelation zwischen empfangenem Signal und dem um τ verzögerten Sendesignal gemessen wird [3]. Die Korrelation wird ein Maximum, wenn die Verzögerungszeit τ gleich der zu bestimmenden Laufzeit des Signals zum Objekt und zurück ist. Bei Verwendung eines Lasers können die unregelmäßigen Spikes als „Rauschmodulation" betrachtet werden.

Entfernungsmessung durch Phasenvergleich. Ein Dauerstrichlaser wird durch ein sinusförmiges Signal in der Amplitude moduliert. Das reflektierte Signal wird demoduliert und seine Phase bezogen auf die modulierende Schwingung gemessen. Die Entfernung zum Objekt kann auf diese Weise auf Bruchteile der Wellenlänge der *modulierenden* Schwingungen gemessen werden; sie ist jedoch nur bis auf ganzzahlige Vielfache dieser Wellenlänge bestimmt. Diese Vieldeutigkeit kann durch die Anwendung mehrerer (inkommensurabler) Frequenzen ausgeschlossen werden. Entfernungsmesser dieser Art werden in der Geodäsie unter Verwendung konventioneller Lichtquellen oder unter Verwendung von Mikrowellen bereits seit längerer Zeit benutzt. Die Verwendung einer Laserfrequenz als Träger bietet einmal den Vorteil besserer Modulierbarkeit und vor allem die Möglichkeit, das Signal durch scharfe Filter vom Hintergrund zu trennen. Bei Verwendung von geeigneten Reflektoren am Objekt (*Corner-Reflektor*) können damit Entfernungen von 50—100 km mit Genauigkeiten von einigen Millimetern pro Kilometer gemessen werden [4].

Selbstverständlich ist auch eine Präzissionsmessung kurzer Entfernungen möglich durch „*Phasenvergleich*" *der Trägerwelle selbst — Interferometrie* (Kap. 10.11).

Es wurde bereits erwähnt, daß durch geeignete Reflektoren am Objekt (cooperative target) die Entfernungsmessung erleichtert und die Reichweite wesentlich erhöht werden kann. Es kann davon außer in der Geodäsie auch bei der Ortung von Satelliten Gebrauch gemacht werden [5, 6].

Allgemein gelten für die Reichweite analoge Gesichtspunkte wie die in Kap. 10.1 angeführten. Das üblichste Ortungsverfahren benutzt jedoch eine Pulsmodulation; in der nachfolgenden Gleichung wird daher die Signalenergie (in der

Pulsdauer) auf die in dieser Zeit vorhandene Rauschenergie bezogen. Die Reichweite R für die Ortung diffus reflektierender Objekte (*Lambertsches-Gesetz*, s. z. B. [7]) ist:

$$R = \sqrt{\frac{\varrho\, q\, A_e\, P_s\, \tau \cos \Phi}{(\overline{m}_s)_{\min} \pi h\, \nu}}.\tag{10.3/1}$$

ϱ: Reflektionsfaktor der Objektoberfläche, q: Quantenwirkungsgrad des Photoempfängers, A_e: wirksame Empfängerfläche, P_s: Sendeleistung, τ: Impulsdauer, Φ: Winkel zwischen Lichtstrahl und Oberflächennormale des Objekts, $(\overline{m}_s)_{\min}$: Mindestanzahl der durch das Signal erzeugten Photoelektronen.

Die Mindestanzahl der Photoelektronen ist durch Rauschüberlegungen bestimmt. Im Idealfall (reines Photonenrauschen) muß sie so groß sein, daß die Fehlerwahrscheinlichkeit für den Emfang des Impulses unter der gewünschten Grenze liegt [8]. Bei Tageslicht wird jedoch mit großer Wahrscheinlichkeit das Hintergrundrauschen als Folge der Tageslichtstreuung überwiegen. In diesem Fall muß $(\overline{m}_s)_{\min}$ so hoch gewählt werden, daß es genügend über dem durch das Störlicht verursachten Photostrom liegt. In besonderen Fällen kann auch das Schrotrauschen des Empfangsdetektors bestimmend sein. In [8] wird für die Galliumarsenid-Laserdiode die Reichweite für verschiedene Fälle berechnet. Für den dort angegebenen günstigsten Fall (Reflektor am Objekt und reines Photonenrauschen) erhält man für eine Sendeleistung von 1 kW während 100 ns eine Reichweite von 400 km unter der Annahme von $(\overline{m}_s)_{\min} = 10$ (Wahrscheinlichkeit für das Auftreten mindestens eines Photoelektrons 99,995%).

Wie bereits erwähnt, wird die Lichtausbreitung durch atmosphärische Verhältnisse sehr gestört. Diese Tatsache kann jedoch zur Untersuchung der Atmosphäre herangezogen werden. Es können dabei außer Wassertröpfchen (Wolken) auch andere streuende Teilchen geortet werden [9—13]. Von besonderem Interesse ist in diesem Zusammenhang die Untersuchung von Turbulenzen (clear air turbulence); eindeutige Ergebnisse scheinen jedoch hier noch nicht vorzuliegen [14, 15]. Um zu klären ob mit Licht im Wasser Entfernungsmessungen sinnvoll sind, wurden auch derartige Versuche (im grünen Spektralbereich) unternommen [16, 17].

An die Photoempfänger werden bei Ortungssystemen vor allem Anforderungen bezüglich der Pulsanstiegszeit gestellt. Wegen der hohen Empfindlichkeit werden allgemein Photomultiplier (s. z. B. [18]) verwendet.

Als gepulste optische Sender werden vielfach Festkörper-Laser (wie z. B. Rubin- oder Neodym-Laser) mit Güteschaltern verwendet und eventuell unter Verwendung nichtlinearer Kristalle eine Frequenzverdoppelung vorgenommen (s. Kap. 5 und 10.7). Wegen der besonders günstigen Modulierbarkeit und wegen des geringeren Gewichts werden in vielen Fällen auch Galliumarsenid-Laserdioden benutzt [19, 20, 8].

Literatur

[1] LUCY, R. F., C. J. PETERS, E. J. McGANN u. K. T. LANG: Precision laser automatic tracking system. Appl. Opt. 5, 4 (April 1966) 517—524.

[2] BARNARD, T. W., u. C. R. FENCIL: Digital laser ranging and tracking using a compound axis servomechanism. Appl. Opt. 5, 4 (April 1966) 497—505.

[3] BAND, H. E.: Noise-modulated optical radar. Proc. IEEE 52, 3 (März 1964) 306.

[4] Geodolite. Spectra-Physics. 1255 Terra Bella, Mountain View, California 94040.

[5] ANDERSON, P. H., C. G. LEHR u. L. A. MAESTRE: The two-way transmission of a ruby-laser beam between earth and a retroflecting satellite. Proc. IEEE 54, 3 (März 1966) 426—427.

[6] SNYDER, G. L., S. R. HURST, A. B. GRAFINGER u. H. W. HALSEY: Satellite laser ranging experiment. Proc. IEEE 53, 3 (März 1965) 298—299.

[7] JOOS, G.: Lehrbuch der Theoretischen Physik, 10. Aufl., Frankfurt/Main: Akademische Verlagsges. 1959, 576.

[8] GOLDSTEIN, B. S., u. G. F. DALRYMPLE: Gallium arsenide injection laser radar. Proc. IEEE 55, 2 (Febr. 1967) 181—188.

[9] COLLIS, R. T. H., u. M. G. H. LIGDA: Note on lidar observations of particulate matter in the stratosphere. J. Atmospheric Science 23, 2 (März 1966) 255—257.

[10] McCORMICK, P. D., S. K. POULTNEY, U. VAN WIJK, C. O. ALLEY u. R. T. BETTINGER: Backscattering from the upper atmosphere (75—160 km) detected by optical radar. Nature 209, 5025 (Febr. 19, 1966) 798—799.

[11] COLLIS, R. T. H.: „Lidar" looks at the sky. New Scientist 27, 450 (Juli 1, 1965) 27—29.

[12] FIOCCO, G., u. L. D. SMULLIN: Detection of scattering layers in the upper atmosphere (60—140 km) by optical radar. Nature 199, 4900 (Sept. 28, 1963) 1275.

[13] HOEHNE, W. E., u. J. L. KARNEY: Effects of solar radiation on atmospheric laser returns. Appl. Phys. Letters 7, 12 (Dez. 1965) 313—314.

[14] COLLIS, R. T. H., F. G. FERNALD u. M. G. H. LIGDA: Laser radar echoes from a stratified clear atmosphere. Nature 203, 4951 (Sept. 19, 1964) 1274.

[15] COLLIS, R. T. H., u. M. G. H. LIGDA: Laser radar echoes from the clear atmosphere. Nature 203, 4944 (Aug. 1, 1964) 508.

[16] MUTSCHLECNER, J. P., D. K. BURGE u. E. REGELSON: Sea water attenuation measurements with a ruby laser. Appl. Opt. 2, 11 (Nov. 1963) 1202.

[17] DUNTLEY, S. Q.: Light in the sea. J. Opt. Soc. Am. 53, Nr. 2, (Febr. 1963) 214—233.

[18] ROGERS, J.: Using photomultipliers for laser ranging. Electronic Industries 25, Nr. 3 (März 1966) 72—73.

[19] BIRBECK, F. E., u. K. G. HAMBLETON: A gallium arsenide laser rangefinder used as an aircraft altimeter. SERL Techn. Journ. 15, Nr. 3 (Okt. 1965).

[20] BROWN, H. E., u. R. A. BOND: Avalanche transistors drive laser diodes hard and fast. Electronics 39, Nr. 23, (Nov. 14, 1966) 137—141.

10.4 Optische Datenverarbeitung[1]

Ein in seinem Konzept sehr einfaches Beispiel der optischen Datenverarbeitung ist die *Ermittlung von Antennen-Diagrammen* unter Verwendung von verkleinerten Modellen. Diese im Verhältnis der Wellenlängen verkleinerten Antennen ermöglichen die Ausmessung des Fernfeldes sehr großer Antennengebilde, wie sie beispielsweise in der Radioastronomie benötigt werden, mit einfachen Mitteln. Voraussetzung hierfür ist die kohärente Ausleuchtung des Antennenmodells. In [1] ist als Beispiel für eine Antennenanordnung mit 2,4 km Durchmesser die Ermittlung der Strahlungsverteilung gezeigt, wie sie in einem Abstand von ca. 3000 km existiert.

Es gibt optische *Analog-Rechenverfahren*, die zur Spektrenanalyse, zur Zeichenerkennung und zur Verbesserung des Signal-Geräuschabstandes benutzt werden können. Sie beruhen auf der Tatsache, daß in der Optik mit einfachen Mitteln *Fourier-Transformationen* vorgenommen werden können. Dies wird zunächst erläutert.

---

[1] Verfasser R. MÜLLER.

Es ist von der Beugung am Gitter her bekannt, daß bei Ausleuchtung durch ein „paralleles" Lichtbündel der Winkel eines gebeugten Lichtbündels von der räumlichen Periode des Beugungsgitters abhängt (s. z. B. [2]) und im Speziellen für kleine Beugungswinkel der räumlichen Periode umgekehrt proportional ist. Bei Verwendung einer (möglichst anastigmatischen) Zylinderlinse im Strahlen-

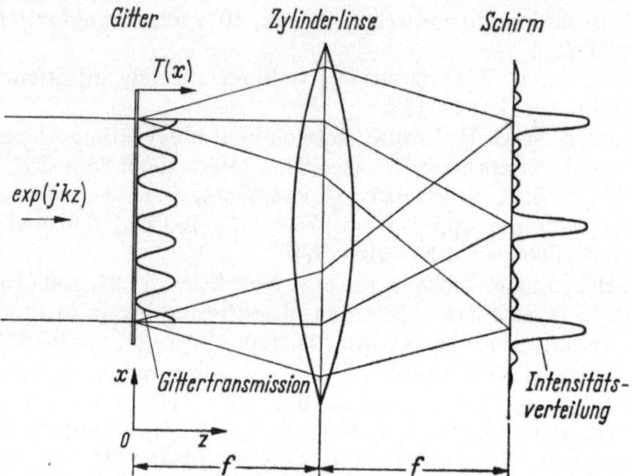

Abb. 10.4.1. Optischer eindimensionaler *Fourier-Transformator*.

gang des gebeugten Lichtes erhält man in deren Brennebene Lichtstreifen, deren Abstände von der Achse proportional den jeweiligen Beugungswinkeln und damit der räumlichen Periode des Beugungsgitters sind. Abb. 10.4.1 zeigt diese Bildung des Spektrums (und damit die *Fourier-Transformation*) für ein Beugungsgitter mit einer sinusförmigen Transmissionsfunktion $T(x)$. Diese entsteht bei der photographischen Aufnahme der Interferenz zweier ebener Wellen. Es gilt mit

$$T(x) = \frac{1}{2}\left[1 + \cos\frac{2\pi}{a}x\right] = \frac{1}{2} + \frac{1}{4}\exp\left(-j\frac{2\pi}{a}x\right) + \frac{1}{4}\exp\left(j\frac{2\pi}{a}x\right).$$

für $z < 0$: $E(x, z) = \exp(j\,kz)$ .... einfallende Welle,

$z = +0$: $E(x, z) = T(x)$,

$$z > 0 : E(x,z) = \frac{1}{2}\exp(j\,kz) + \frac{1}{4}\exp j\left(k_1 z + \frac{2\pi}{a}x\right) +$$

$$+ \frac{1}{4}\exp j\left(k_1 z - \frac{2\pi}{a}x\right). \qquad (10.4/1)$$

$$k_1^2 + \left(\frac{2\pi}{a}\right)^2 = k^2 = \left(\frac{2\pi}{\lambda_0}\right)^2.$$

Man erkennt, daß das gebeugte Licht drei plane Wellen enthält und zwar eine geradlinig weiterlaufende und zwei unter den Winkeln $\pm\,\alpha$ gebeugte Wellen, mit

$$\tan\alpha = \frac{2\pi}{a}\frac{1}{k_1} = \frac{\lambda_0}{a}\;\frac{1}{\sqrt{1 - \left(\frac{\lambda_0}{a}\right)^2}}, \quad \alpha = \frac{\lambda_0}{a} \quad \text{für } \lambda_0 \ll a. \qquad (10.4/2)$$

Hinter einer Zylinderlinse entstehen daher auf einem Schirm in der Brennebene
drei Streifen, wobei der mittlere in der Achse der Gleichkomponente entspricht
und die beiden symmetrisch zur Achse liegenden den räumlichen Frequenzen

$\pm \dfrac{1}{a}$ des Beugungsgitter. (Wegen der endlichen Breite des Beugungsgitters ent-

stehen in der Brennebene noch Nebenmaxima,
bzw. ein kontinuierliches Spektrum.) Da das
ganze System linear ist, gilt das Superposi-
tionsgesetz und es entspricht allgemein das
Schirmbild in der Brennebene der Linse dem
Spektrum der Transmissionsfunktion des
durch paralleles Licht ausgeleuchteten Objekts.

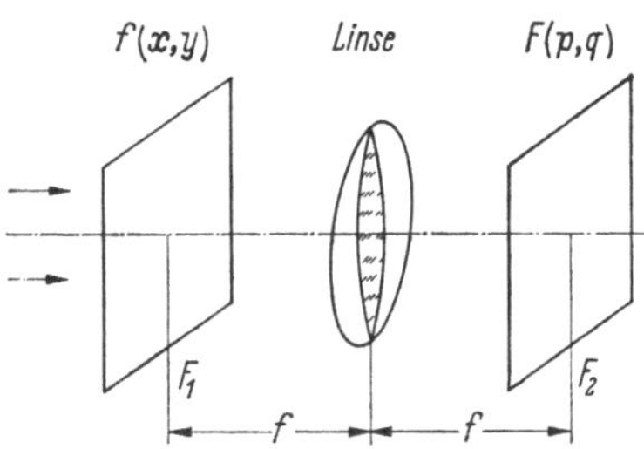

Abb. 10.4.2. Optischer zweidimensionaler
Fourier-Transformator.

Bei Verwendung sphärischer Linsen gilt
diese Bildung der *Fourier-Transformation* für
beide transversale Dimensionen. Es wurde all-
gemein gezeigt [3—5], daß in einem optischen System nach Abb. 10.4.2 bei Ausleuchtung der im allgemeinen komplexen Transmissionsfunktion $f(x, y)$ durch
eine plane Welle in der Brennebene F_2 die *Fouriertransformierte* $F(p, q)$ der
Funktion $f(x, y)$ auftritt,

$$F(p, q) = \int\limits_{-\infty}^{+\infty} \int\limits_{-\infty}^{+\infty} f(x, y) \exp\left[j(px + qy)\right] dx\, dy. \tag{10.4/3}$$

Dabei ist der Maßstab in der „Frequenzebene" F_2 gegeben durch

$$\xi = \frac{\lambda f}{2\pi}\, p \ldots \text{Auslenkung parallel zu } x,$$

$$\eta = \frac{\lambda f}{2\pi}\, q \ldots \text{Auslenkung parallel zu } y,$$

(f: Brennweite der Linse). Anwendung finden solche Frequenzanalysatoren z. B.
bei der Auswertung geophysikalischer Daten [6].

An diesem Beispiel erkennt man zwei potentielle Vorteile der optischen Datenverarbeitung: Die *Fourier-Transformation* kann zweidimensional vorgenommen
werden, und die Funktionen selbst können noch von der Zeit abhängen. Hier zeigt
sich der Vorteil des Lasers als Lichtquelle, denn die zeitliche Veränderung kann
um so rascher erfolgen, je größer bei gegebener Detektorempfindlichkeit die im
Lichtbündel der geforderten Parallelität (räumlich kohärente plane Wellen)
enthaltene Leistung ist. Man erkennt allerdings, daß der technische Einsatz bisher
sehr stark durch das Fehlen geeigneter schneller räumlicher Lichtmodulatoren
in Frage gestellt wird. Als Informationsträger wird hier üblicherweise ein Film
benutzt, der zwar Verarbeitung komplizierter Funktionen zuläßt aber keine Möglichkeit der zeitlichen Veränderung (abgesehen von einem Wechsel des Bildes).
Ein Modulator, der eine zeitliche Veränderung der räumlichen Modulation zuläßt, ist beispielsweise ein mit Hilfe eines geeigneten Wandlers zu akustischen

Schwingungen angeregter Stab. Es kann hier zwar die räumliche Frequenz verändert werden, dafür können jedoch nur rein periodische (sinusförmige) Gitter
durch die Änderung der Brechungsindex nachgebildet werden.

Abb. 10.4.3 zeigt eine Anordnung, in der durch nochmalige *Fourier-Transformation* in der Ebene F_3 die ursprüngliche Funktion rekonstruiert wird (und
zwar invertiert $f(-x, -y)$, wie es von einem optisch abbildenden System er

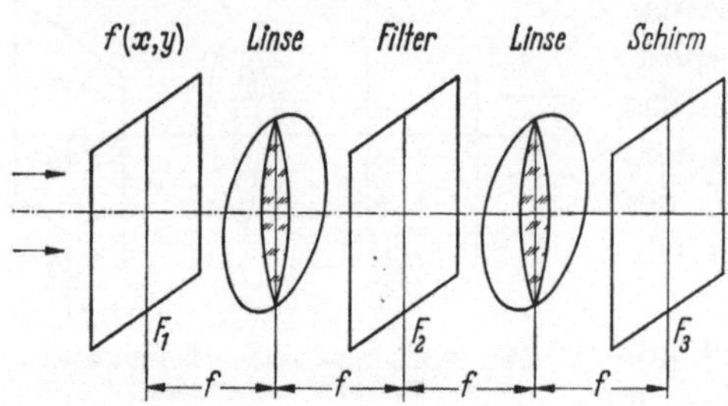

Abb. 10.4.3. Optischer zweidimensionaler Korrelator.

wartet wird [4]). Man kann nun durch Einbringen eines räumlichen Filters in die Ebene F_2 einige interessante Rechenoperationen vornehmen: Im einfachsten Fall erhält man eine *Kontrasterhöhung* des rekonstruierten Bildes durch Abschwächung der in der Achse vorhandenen Gleichkomponente [7, 8]. Ähnlich arbeitet das *Phasenkontrastfilter*, welches zur Sichtbarmachung kleiner Phasenvariationen (in der Mikroskopie) eingeführt wurde (siehe z. B. [5, 20]). Hier wird die Gleichkomponente („0") durch Einführung eines $\lambda/4$-Blättchens gegenüber den informationstragenden „Seitenbändern" ($\pm p$) um 90° phasenverschoben, so daß sich eine Intensitätsvariation ergibt (s. Abb. 10.4.4), eventuell mit

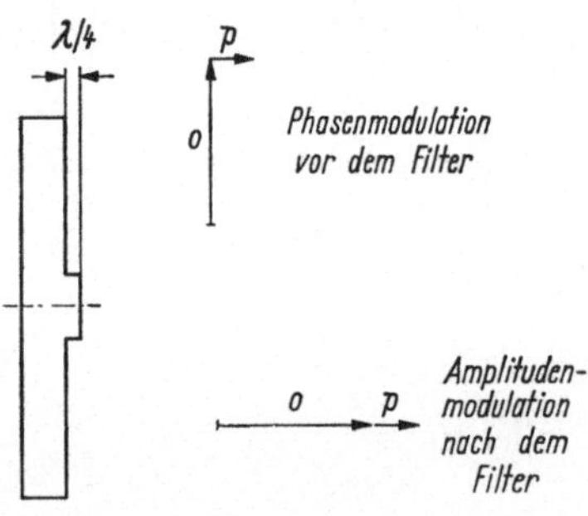

Abb. 10.4.4. Phasenkontrastfilter.

zusätzlicher Kontrasterhöhung durch Dämpfung der Gleichkomponente.

Man kann allgemein zeigen, daß man ein optimales Signal-Geräuschverhältnis bekommt, wenn man ein Filter in seiner Transmission dem Spektrum des Signales (Zeichens) anpaßt [9, 4]. Diese *angepaßten Filter* lassen sich durch elektronische Bauelemente nur schwierig realisieren. Bei der optischen Datenverarbeitung hingegen erhält man sie einfach durch Belichten einer photographischen Platte in der Ebene F_2 (Abb. 10.4.3) wenn in der Ebene F_1 das zu erkennende Zeichen liegt.

Mathematisch entspricht dieser Vorgang der Bildung einer Korrelationsfunktion
[4, 5, 10, 11]. Ist, wie im eben erwähnten Beispiel, im angepaßten Filter die
Intensitätsinformation aufgezeichnet (Fotoplatte), so wird in der Ebene F_3 nicht
das ursprüngliche Zeichen abgebildet, sondern es entsteht lediglich an dem Ort,
an dem das Zeichen bei Abbildung entstehen würde, eine maximale Lichtintensität (die Autokorrelationsfunktion ist immer größer als eine Kreuzkorrelationsfunktion). Die örtliche Lage des Zeichens ist dabei für die Erkennung belanglos;
eine Translation ergibt keine Änderung der Amplitudenverteilung des Spektrums,
sondern lediglich eine Phasenverschiebung [12]. Eine Drehung des Zeichens ist
jedoch nicht zulässig, da sich dann die Spektren in x- und y-Richtung ändern.
Diese *optischen Korrelatoren* finden Verwendung bei der Zeichenerkennung. Es
können so beispielsweise Buchstaben oder ein Wort auf einer Druckseite gefunden werden [4] oder eventuell komplizierte Röntgenbeugungsspektren aus-

gewertet werden. Bei Verwendung besonderer Interferometeranordnungen ist es möglich, auch komplexe angepaßte Filter zu realisieren [4].

In diesem Abschnitt wurden bisher nur *Analog*-Systeme beschrieben. Es ist jedoch auch eine rein optisch arbeitende *digitale Datenverarbeitung* möglich. Digital arbeitende Elemente sollen Verstärkung und müssen einen nichtlinearen Effekt aufweisen. Verstärkung ist durch das Laserprinzip möglich und als nichtlineare Effekte kommen sowohl eine sättigbare Absorption als auch eine sättigbare Verstärkung in Frage. Sättigbare Absorber im Laserresonator werden beim Riesenimpulslaser mit passivem Güteschalter verwendet (s. Kap. 5. 6). In der Tat stellt ein solcher Laser ein rein optisch arbeitendes logisches Element dar, wenn die Sättigung durch ein von außen zusätzlich eingestrahltes Licht erzielt wird. Die Laserverstärkung selbst ist ebenfalls sättigbar, und zwar kann bei beispielsweise transversaler zusätzlicher Lichteinstrahlung die Verstärkung im Laseroszillator so stark absinken, daß die Schwingung aussetzt. Je nachdem ob es sich beim Laserübergang um eine homogen oder inhomogen verbreitete Linie handelt, muß die Frequenz des eingestrahlten Lichtes innerhalb der Fluoreszenzlinienbreite oder innerhalb der natürlichen Linienbreite des Überganges liegen. Dieses „Quenching" wurde u. a. an Galliumarsenid-Lasern nachgewiesen [13]. Dabei muß die durch das Steuersignal im Lasermaterial hervorgerufene Energiedichte mindestens gleicher Größenordnung wie die des Oszillationssignals selbst sein, damit ein genügend starker Einfluß auf die Termbesetzung entsteht. Um außerdem zu erreichen, daß das vom Oszillator abgegebene Signal andere gleiche Oszillatoren steuern kann, ist Verstärkung notwendig. Abb. 10.4.5 zeigt einen Gallium-

arsenid-Inverter, der die gestellten Anforderungen erfüllt [14]. Der Laseroszillator schwingt zwischen den Flächen 3 und 4. Das Steuersignal tritt bei 1 ein, wird verstärkt und tritt verstärkt durch die Fläche 2 aus. Unerwünschte Schwingungen werden dadurch

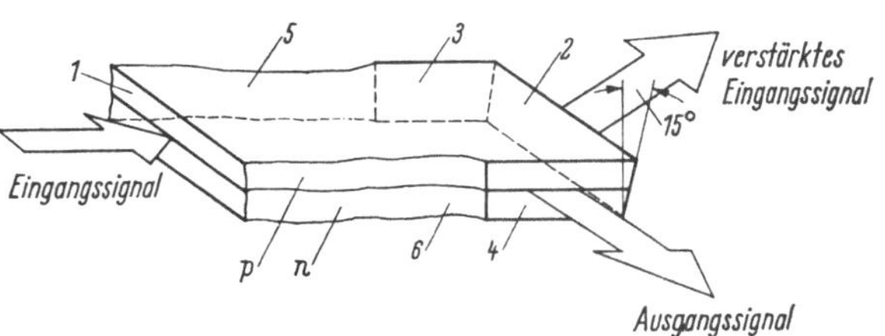

Abb. 10.4.5. Galliumarsenid-Inverter (nach O. A. REIMAN und W. F. KOSONOCKRY [14]).

verhindert, daß die Flächen 4 und 5 aufgerauht sind und die Fläche 2 nicht parallel zu 1 ist. Ein Ausgangssignal (durch 3 und 4) tritt auf, wenn kein Eingangssignal vorhanden ist. Wenn ein oder mehrere Eingangssignale bei 1 eingekoppelt werden, wird die Schwingung unterdrückt und es tritt kein Ausgangssignal auf. Es wird angegeben, daß Schaltzeiten von 10^{-10} bis 10^{-11} s möglich sind.

Es wurde auch die Verwendung von Glasfiber-Lasern zur Bildung einer „Neuristor-Logik" vorgeschlagen [15]. Weitere Literatur über optische Datenverarbeitung s. [16—19].

Literatur

[1] PRESTON, K.: Computing at the speed of light. Electronics 38, 18 (Sept. 6, 1965) 72—83.
[2] JOOS, G.: Lehrbuch der Theoretischen Physik, Frankfurt: Akademische Verlagsges. 1959, 358.
[3] RHODES, E. J.: Analysis and synthesis of optical images. Am. J. of Phys. 21 (1953) 337–343.

[4] VAN DER LUGT: Signal detection by complex signal spatial filtering. IEEE Transactions on Information Theory 10 (1964) 139—145.

[5] STROKE, G. W.: An introduction to coherent optics and holographie, New York: Academic Press 1966.

[6] JACKSON, P. L.: Diffractive processing of geophysical data. Appl. Opt. 4 (1965) 419.

[7] O'NEILL, E.: Spatial filtering in optics. IRE Transactions on Information Theory 2 (1956) 56—65.

[8] CUTRONA, L. J.: Optica computing techniques. IEEE Spectrum (Okt. 1964) 101—108.

[9] BROWN, W. M.: Analysis of linear time-invariant systems, New York: McGraw-Hill 1963.

[10] CUTRONA, L. J., et al.: Optical processing and filtering systems. IRE Transactions on Information Theory 6 (1960) 386—400.

[11] KOZMA, A., u. D. L. KELLY: Spatial filtering for detection of signals submerged in noise. Appl. Opt. 4 (1965) 387.

[12] ARMITAGE, J. D., u. A. W. LOHMANN: Character recognition by incoherent spatial filtering. Appl. Opt. 4 (1965) 461.

[13] FOWLEE, A. B.: Quenching of gallium arsenide injection lasers, Appl. Phys. Letters 3, 1 (Juli 1, 1963).

[14] REIMANN, O. A., u. W. F. KOSONOCKY: Progress in optical computer research. IEEE Spectrum 2, 3 (März 1965).

[15] KOSONOCKY, W. F.: Feasability of neuristor laser computers. Proc. of Optical Processing of Information Symposium Oct. 1962 Washington/D. C., Baltimore/Md: Spartan Books 1963.

[16] SMITH, W. V.: Computer applications of lasers, Proc. IEEE 54, 10 (Okt. 1966) 1295 bis 1300.

[17] LEITH, E. N., et al: Coherent optical systems of data processing. Proc. of Symposium on Optical and Electro-Optical Information Processing Technologie, MIT Press.

[18] KOSONOCKY, W. F.: Laser digital devices. Proc. of Symposium on Optical Information Processing Technologie Nov. 1964, Boston/Mass., MIT Press (1965).

[19] KOSONICKY, W. F., R. H. CORNELY u. F. J. MARLOW: GaAs laser inverter. Digest International Solid-State Circuits Conf. Febr. 1965 Philadelphia/Penn.

[20] MÜTZE, K.: ABC der Optik, Hanau/Main: Dausien 1961, 634.

10.5 Holographie[1]

Wenn es gelänge eine von einem beleuchteten Gegenstand auf uns zukommende optische Welle auf irgendeiner zwischen uns und diesem Gegenstand verlaufenden Trennfläche amplituden- und phasengetreu „einzufrieren", und zu einem beliebigen späteren Zeitpunkt wieder „aufzutauen", so würde die „aufgetaute" Welle ein genaues, dreidimensionales, mit Parallaxeneffekt behaftetes, also naturgetreues Bild des Gegenstandes vermitteln, weil die „aufgetaute" Welle der ursprünglichen Welle in jeder Hinsicht gleich wäre. Verfahren, die eine Aufnahme und Wiedergabe solcher Bilder ermöglichen, werden als *Holographie* bezeichnet und wurden schon 1948 von GABOR angegeben [1, 2]. Allgemeines Interesse an diesem Prinzip wurde erst nach der Erfindung des Lasers geweckt, da zur Aufnahme und Wiedergabe von Hologrammen (griechisch: holos = ganz) Licht mit hohem räumlichem und zeitlichem Kohärenzgrad erforderlich ist.

Das Prinzip der Aufnahme und Reproduktion von Hologrammen soll hier kurz erläutert werden; Abb. 10.5.1 zeigt eine photographische Platte P, auf die zwei ebene Wellen unter den Winkeln ϑ_1, ϑ_2 auftreffen. Diese beiden Wellen sind

---

[1] Verfasser G. GRAU.

von einer einzigen kohärenten Welle W mittels der Spiegel S_1, S_2 abgeleitet. Die Amplituden der beiden Wellen in der Ebene der Platte P seien A_1 und A_2. Die

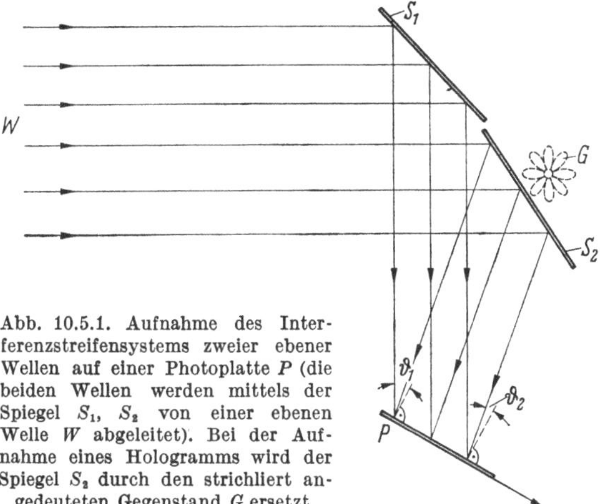

Abb. 10.5.1. Aufnahme des Interferenzstreifensystems zweier ebener Wellen auf einer Photoplatte P (die beiden Wellen werden mittels der Spiegel S_1, S_2 von einer ebenen Welle W abgeleitet). Bei der Aufnahme eines Hologramms wird der Spiegel S_2 durch den strichliert angedeuteten Gegenstand G ersetzt.

Feldstärke in der Plattenebene lautet daher für Vorgänge mit der Zeitabhängigkeit $\exp(-j\omega t)$ und kleine Winkel ϑ

$$E(x) = A_1 \exp(+j\alpha_1 x) + A_2 \exp(-j\alpha_2 x),$$

$$\alpha_i = \frac{2\pi\vartheta_i}{\lambda}, \qquad (i = 1, 2), \tag{10.5/1}$$

und die Lichtintensität $S(x)$ gibt ein Interferenz-Streifensystem

$$S(x) \sim E(x)E^*(x) = A_1^2 + A_2^2 + 2A_1A_2 \cos[(\alpha_1 - \alpha_2)x]. \tag{10.5/2}$$

Entfernt man den Spiegel S_2 und bringt an seine Stelle irgendeinen Gegenstand G, so wird dieser das Licht streuen und in der Ebene der Platte P eine Feldstärke $A(x) \exp[-j\Phi(x)]$ erzeugen.

Überlagerung mit der von S_1 kommenden Referenzwelle gibt auf der Platte die Intensität

$$S(x) \sim A_1^2 + A^2(x) + 2A_1A(x) \cos[\alpha_1 x + \Phi(x)]. \tag{10.5/3}$$

Vergleich mit Gl. (10.5/2) zeigt, daß das Interferenzstreifenmuster in seiner Amplitude und Phase durch die „Nachricht" $A(x) \exp[-j\Phi(x)]$ moduliert wurde. Ist γ die Steigung der Schwärzungskurve der Platte[1], so ist der *Amplitudentransmissionskoeffizient* der Platte $\sqrt{T(x)}$ für $A_1^2 \gg A^2(x)$ gegeben durch

$$T(x) \sim [S(x)]^{-\gamma/2} \sim 2A_1^2 - \gamma A^2(x) -$$
$$- \gamma A_1 \exp(-j\alpha_1 x) A(x) \exp[-j\Phi(x)] -$$
$$- \gamma A_1 \exp(+j\alpha_1 x) A(x) \exp[+j\Phi(x)]. \tag{10.5/4}$$

---

[1] Die Schwärzungskurve lautet $\Sigma(x) = -\lg T(x) = k + \gamma \lg[S(x)\tau]$; dabei ist Σ die Schwärzung, T der Leistungstransmissionskoeffizient der Platte, τ die Belichtungszeit und k eine Konstante [3].

Wenn man berücksichtigt, daß die Einführung einer linearen Phasenverschiebung in einer ebenen Welle nach Abb. 10.5.2 eine Ablenkung der Welle bedeutet (Ablenkung durch ein Prisma), kann die Rekonstruktion des dreidimensionalen Bildes aus Gl. (10.5/4) gut verstanden werden: Beleuchtet man die entwickelte Hologrammplatte P (Abb. 10.5.3) mit einer ebenen Welle, so entstehen gemäß Gl. (10.5/4) hinter dem Hologramm vier verschiedene Wellen. Die ersten beiden Terme entsprechen einer ungebeugten und einer schwach gebeugten Welle. Der dritte Term entspricht infolge des Faktors $\exp(-j\alpha_1 x)$ einer unter dem Winkel $\vartheta_1 = \alpha_1 \lambda/(2\pi)$ nach unten abgelenkten Welle, welche in der Hologrammebene P die Amplituden-

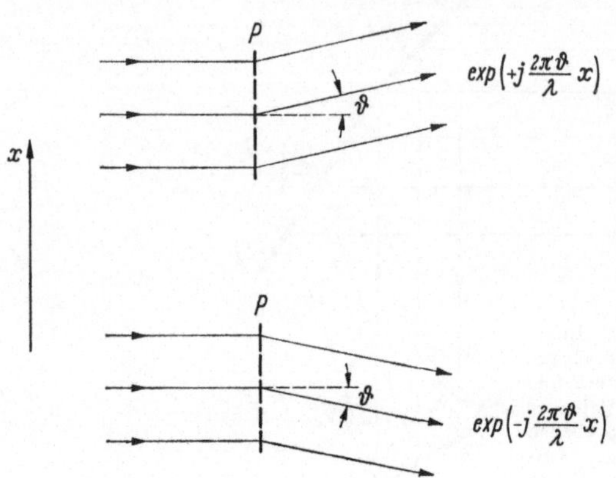

Abb. 10.5.2. Ablenkung einer ebenen Welle durch Einführen einer linearen Phasenverschiebung in der Ebene P.

und Phasenverteilung $A(x)\exp[-j\Phi(x)]$ zeigt. Diese Welle gleicht also jener Welle, die bei der Aufnahme des Hologramms (Abb. 10.5.1) vom Gegenstand G ausging und auf die photographische Platte P fiel. Die Verlängerung der Lichtstrahlen hinter dem Hologramm führt daher zu einem dreidimensio-

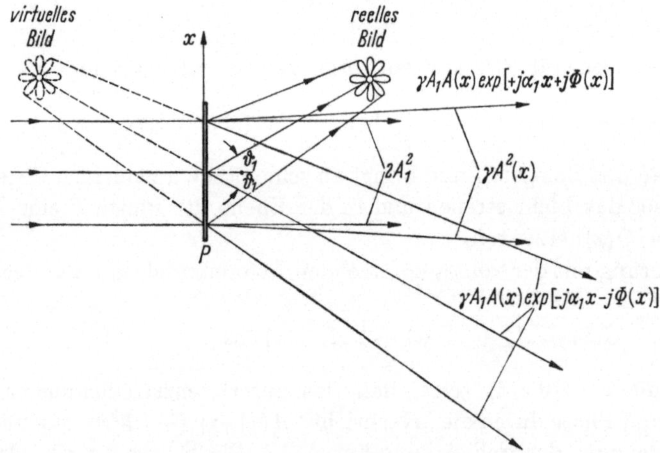

Abb. 10.5.3. Rekonstruktion eines Hologramms durch Beleuchtung mit einer ebenen Welle. Die Wellen entsprechen den vier Anteilen des Amplitudentransmissionskoeffizienten in Gl. (10.5/4).

nalen, virtuellen Bild des Gegenstandes. Der vierte Term entspricht zufolge des Faktors $\exp(+j\alpha_1 x)$ einer um den Winkel $\vartheta_1 = \alpha_1 \lambda/(2\pi)$ nach oben abgelenkten Welle mit der zur Nachricht $A(x)\exp[-j\Phi(x)]$ konjugiert komplexen Phase, was gleichbedeutend ist mit einer Welle, die in Richtung negativer Zeiten zurückläuft und daher (in Umkehrung des Vorganges bei der Aufnahme) ein reelles, dreidimensionales, auf einem Schirm auffangbares Bild des Gegenstandes im Raum entwirft. Da bei der Aufnahme jedes Flächenelement der Photoplatte von jedem Flächenelement des abzubildenden Gegenstandes Licht erhält, genügt auch schon ein kleines Bruchstück des aufgenommenen Hologramms zur Rekonstruktion des Bildes.

Da das Hologramm über das Objekt all jene Information enthält, die man bekommen kann, wenn man das Objekt durch ein Fenster von der Größe der Photoplatte betrachtet (von allen innerhalb des Fensterrahmens möglichen Blickpunkten), wird durch das Zerbrechen des Hologramms das „Fenster" verkleinert und infolgedessen die Anzahl der möglichen, perspektivisch verschiedenen Ansichten des Objektes verkleinert.

Dieses Verfahren zur amplituden- und phasengetreuen Aufzeichnung eines Wellenfeldes bietet zusammen mit der Tatsache, daß die komplexen Felder in den beiden Brennebenen einer Linse ein *Fourier-Paar* darstellen, vielfältige Möglichkeiten der Anwendung in der optischen Datenverarbeitung. Für spezielle Fragen (Auflösung von Hologrammen, linsenlose Mikroskopie, Mehrfarbenhologramme, Phasenhologramme, Datenverarbeitung) wird auf die Literatur verweisen: [4] ist eine ausführliche Darstellung (mit vielen weiteren Literaturstellen bis Ende 1965), [5—10] sind allgemeinverständliche Einführungen, [11—21] bringen eine Auswahl von Arbeiten neueren Datums. [22] ist eine chronologische Zusammenstellung von 180 Arbeiten mit Inhaltsangabe aus den Jahren 1948—1966. Eine Übersicht über den letzten Stand der Holographie (April 1967) gibt [23].

Literatur

[1] GABOR, D.: A new microscopic principle. Nature 161 (1948) 777—778.

[2] GABOR, D.: Microscopy by reconstructed wave fronts. Proc. Roy. Soc. London 197 A (1949) 454—487.

[3] KOHLRAUSCH, F.: Praktische Physik, Bd. 1, Stuttgart: Teubner, 20. Aufl., 1955, 503 u. 507.

[4] STROKE, G. W.: An introduction to coherent optics and holography, New York/London: Academic Press 1966.

[5] CUTRONA, L. J.: Optical computing techniques, IEEE Spectrum (Oktober 1964) 101 bis 108.

[6] LEITH, E. N., u. J. UPATNIEKS: Photography by laser. Scientific American 212, 6 (1965) 24—35.

[7] PENNINGTON, K. S.: How to make laser holograms. Microwaves 4 (Okt. 1965) 35—40.

[8] BLUM, J.: Holography: the picture looks good. Electronics (April 1966) 139—143.

[9] COLLIER, R. J.: Some current views on holography. IEEE Spectrum (Juli 1966) 67 bis 74.

[10] SPILLER, E.: Optische Nachrichtenübertragung durch Holographie. Umschau Heft 9 (1966) 288—292; Heft 10 (1966) 315—321.

[11] PENNINGTON, K. S., u. L. H. LIN: Multicolour wave front reconstruction. Appl. Phys. Letters 7 (1965) 56—57.

[12] LIN, L. H., K. S. PENNINGTON, G. W. STROKE u. A. E. LABEYRIE: Multicolour holographic image reconstruction with white-light illumination. BSTJ 45 (1966) 659—660.

[13] URBACH, J. C., u. R. W. MEIER: Thermoplastic xerographic holography. Appl. Opt. 5 (1966) 666—667.

[14] UPATNIEKS, J., J. MARKS u. R. FEDOROWICZ: Color holograms for white light reconstruction. Appl. Phys. Letters 8 (1966) 286—287.

[15] KOCK, W. E.: Hologram television. Proc. IEEE 54 (1966) 331.

[16] ENLOE, L. H., J. A. MURPHY u. C. B. RUBINSTEIN: Hologram transmission via television. BSTJ 45 (1966) 335—339.

[17] HEFLINGER, L. O., R. F. WUERKER u. R. E. BROOKS: Holographic interferometry. J. Appl. Phys. 37 (1966) 642—649.

[18] UPATNIEKS, J., A. VAN DER LUGT u. E. N. LEITH: Correction of lens aberrations by means of holograms. Appl. Opt. 5 (1966) 589—593.

[19] HAINES, K. A., u. B. P. HILDEBRAND: Surface-deformation measurement using the wavefront reconstruction technique. Appl. Opt. 5 (1966) 595—602.

[20] GABOR, D., u. W. P. GOSS: Interference microscope with total wave front reconstruction. J. Opt. Soc. Am. 56 (1966) 849—858.

[21] LEITH, E. N., A. KOZMA, J. UPATNIEKS, J. MARKS u. N. MASSEY: Holographic data storage in three-dimensional media. Appl. Opt. 5 (1966) 1303—1311.

[22] CHAMBERS, R. P., u. J. S. COURTNEY-PRATT: Bibliography on holograms. J. of the Society of Motion Picture and Television Engineers 75 (April 1966) 373—435.

[23] COLLIER, R. J.: An up-to-date look at holography. Bell Laboratories Record 45, 4 (1967) 103—109.

10.6 Kurzzeitphotographie[1]

Mit dem Laser steht eine Lichtquelle zur Verfügung, die je nach der Betriebsweise Lichtimpulse mit einer Dauer zwischen 10^{-2} und 10^{-11} s liefert. Diese Impulse besitzen eine ausreichende Energie, so daß man sie als Photoblitze in der Kurzzeitphotographie einsetzen kann. Auch sehr kurzzeitige Impulse im Nanosekunden-Bereich und darunter geben noch eine ausreichende Belichtung, wenn man mit Modenkopplung im Riesenimpulsbetrieb arbeitet und kleine Objekte mit Millimeter-Abmessungen aufnehmen will. — Es können Einzelimpulse oder auch Impulsfolgen erzeugt werden:

Die längsten Impulsdauern erhält man im normalen Impulsbetrieb des Lasers. Die Impulsdauern entsprechen der Pumpzeit durch die verwendeten Blitzlampen. Mittlere Impulsbreiten von 0,1 bis 100 µs besitzen die in Kap. 5.4.2 beschriebenen Relaxationsimpulse. Solche Impulse treten spontan in der Emission auf (insbesondere beim Rubinlaser), ohne daß eine Modulation des Lasers nötig ist. Durch geeignete Gestaltung des Laserresonators erreicht man, daß diese Impulse in Form einer regelmäßigen Folge (Abb. 5.37) erscheinen. Impulse von 10 bis 100 ns Dauer liefert der Riesenimpuls-Laser (Kap. 5.6). Nach der Methode der Impulsauskopplung (Kap. 5.6.1d) ergibt sich eine Emission von der Dauer der Laufzeit $2L/c$ (z. B. 1 ns) des Lichts für doppelten Weg durch den Resonator. Die kürzesten Impulse entstehen durch Modenkopplung, und zwar entweder spontan (s. Kap. 4.14), oder wenn man den Laser mit der Differenzfrequenz zwischen benachbarten longitudinalen Eigenschwingungen moduliert (s. Kap. 8.3.2). Eine solche Modenkopplung kann sich auch im Riesenimpulsbetrieb ergeben; der erzeugte Riesenimpuls unterteilt sich dann noch in eine Folge getrennter Einzelimpulse. Das Verhältnis des Abstandes der Impulse zur Impulsbreite ist dabei ungefähr gleich der Zahl der überlagerten Moden und kann bei 1000 liegen. Auch im Fall der Modenkopplung kann man isolierte Einzelimpulse durch Impulsauskopplung (s. Kap. 5. 6) gewinnen.

In der Praxis werden die Möglichkeiten, die der Laser für die Kurzzeitphotographie bietet, noch nicht voll ausgenutzt. Immerhin beweisen einige erfolgreiche Experimente den Vorteil des Lasers für diese Anwendung. Es liegen

---

[1] Verfasser K. GÜRS.

z. B. Bewegungsaufnahmen einer fliegenden Luftgewehrkugel vor, die mit einer Folge von Relaxationsimpulsen belichtet wurde [2]. Ein schnellfliegendes Geschoß (Geschwindigkeit 7 km/s) kann man bei Belichtung mit einem einzelnen Riesenimpuls aufnehmen [4].

Literatur

[1] TAKUMA, H., u. O. BUTSURI: J. Appl. Phys. Japan 31 (1962) 414.
[2] YAJIMA, T., F. SHIMIZU u. K. SHIMODA: High speed photography using a ruby optical maser. Appl. Opt. 6, 1 (1962) 770—771.
[3] COLEMAN, K. R.: Ultrahigh-speed photography. Internat. Sci. Technol. 40, 25 (Jan. 1964).
[4] TRAMMEL, W. V.: Laser photography of hypervelocity projectiles. Rev. Sci. Instr. 36, 11 (1965) 1551—1553.

10.7 Nichtlineare Optik[1]

10.7.1 Einleitung

Bei der Fortpflanzung eines Lichtstrahls durch ein Medium können die schweren Atomkerne auf das schnell veränderliche Feld nicht reagieren. Die leichten und schwach gebundenen Valenzelektronen dagegen können ihre Lage periodisch unter dem Einfluß des Feldes ändern, und werden zu schwingenden Dipolen, welche ihrerseits Strahlung bei der Frequenz der erregenden Welle abgeben. Diese Sekundärstrahlung ist gegenüber der Primärstrahlung um 90° in der Phase verzögert, und ihre Überlagerung bewirkt eine in Vorwärtsrichtung mit verminderter Phasengeschwindigkeit laufende Welle.

Eine Lichtwelle sehr hoher Intensität erzeugt nun im Medium eine sehr starke Polarisation, welche nicht mehr proportional mit der Feldstärke ansteigt, sondern nichtlineare Terme enthält. Die Polarisation kann ganz allgemein als Potenzreihe der elektrischen und magnetischen Feldstärke (sowie ihrer räumlichen und zeitlichen Ableitungen) angesetzt werden

$$P = \varepsilon_0 \chi_1 E + \varepsilon_0 \chi_2 E^2 + \varepsilon_0 \chi_3 E^3 + \dots + \varepsilon_0 \overline{\chi}_2 B \frac{\partial E}{\partial t} + \varepsilon_0 \overline{\chi}_3 B^2 E + \dots \qquad (10.7/1)$$

Der erste Term ist die lineare Polarisation (Suszeptibilität χ_1), die weiteren Terme geben nichtlineare Effekte, die zum Teil schon aus der klassischen Optik geläufig sind: überlagert man ein Gleichfeld E_0 und ein optisches Wechselfeld E, so gibt ein Term $\varepsilon_0 \chi_2 E_0 E$ eine Polarisation bei der Lichtfrequenz, und somit eine Beeinflussung der Phasengeschwindigkeit der Lichtwelle. Dieser Effekt ist als linearer elektrooptischer Effekt (*Pockels-Effekt*) bekannt. Der Ausdruck $\varepsilon_0 \chi_3 E_0^2 E$ ist ebenfalls eine Polarisation bei der Lichtfrequenz, welche proportional dem Quadrat einer angelegten Gleichfeldstärke ist: Dies ist der quadratische elektrooptische oder *Kerr-Effekt*. Ein magnetisches Gleichfeld B_0 zusammen mit einem Lichtfeld E führen zu einem Term $\varepsilon_0 \overline{\chi}_3 E B_0^2$, welcher die magnetische Doppelbrechung (*Cotton-Mouton-Effekt*) darstellt. Ähnlich lassen sich alle anderen

---

[1] Verfasser G. GRAU.

klassischen elektro- und magnetooptischen Effekte entsprechenden Gliedern der Entwicklung Gl. (10.7/1) zuordnen.

Die wesentlichen nichtlinearen Effekte, die bei hoher Lichtintensität auftreten können, lassen sich nun aus Gl. (10.7/1) unmittelbar ablesen. Der Ausdruck proportional E^2 gibt für $E \sim \cos 2\pi\nu t$ einen konstanten Term und einen zeitabhängigen Term doppelter Frequenz: Diese Effekte sind als optische Gleichrichtung und Erzeugung der optischen zweiten Harmonischen bekannt. Überlagert man zwei Wellen verschiedener Frequenz $E_1 \sim \cos 2\pi\nu_1 t$, $E_2 \sim \cos 2\pi\nu_2 t$, so verursacht der E^2-Term die Erzeugung von Summen- und Differenzfrequenz $\nu_1 \pm \nu_2$. Entsprechend folgt aus dem E^3-Term die Möglichkeit der Erzeugung einer optischen dritten Harmonischen sowie der Erzeugung von Kombinationsfrequenzen zwischen drei Wellen verschiedener Frequenz. Der E^3-Term ist auch für die Selbstfokussierung intensiver Lichtstrahlen im Medium verantwortlich: Ist $E = E_1 \cos 2\pi\nu_1 t$, so enthält der Term E^3 einen Anteil proportional $E_1^2 \cdot E_1 \times \cos 2\pi\nu_1 t = E_1^2 \cdot E$, also eine Polarisation bei der Lichtfrequenz, welche proportional der Intensität E_1^2 der Welle ist. Damit ist ein Ansteigen des Brechungsindex an Stellen hoher Intensität verbunden. Da die Intensität eines Lichtstrahls in der Achse am größten ist, erreicht dort auch der Brechungsindex ein Maximum, womit eine fokussierende Wirkung verbunden ist, die der Divergenz durch Beugung entgegenwirkt und diese sogar überkompensieren kann.

Bei allen diesen Effekten ist das Medium selbst am Energieaustausch zwischen den einzelnen Wellen sozusagen nur als Katalysator beteiligt. Es können aber auch Fälle eintreten, in denen eine Wechselwirkung mit einer Resonanz des Mediums stattfindet. So können z. B. zwei Photonen gleichzeitig absorbiert werden und einen elektronischen Übergang hervorrufen, oder es können Summen- und Differenzfrequenzen zwischen einer erregenden, intensiven Lichtwelle und Moleküleigenschwingungen erzeugt werden (*Raman-Effekt*).

Als wesentlich ist bei all diesen nichtlinearen Effekten zu beobachten: Die Effekte treten dann besonders stark auf, wenn bei einer nichtlinearen Wechselwirkung der Photonenimpuls erhalten bleibt (kein zusätzlicher Stoßpartner). Praktisch bedeutet dies, daß z. B. bei der Erzeugung einer Frequenz ν_3 als Summe von ν_1 und ν_2

$$\nu_3 = \nu_1 + \nu_2 \tag{10.7/2}$$

eine analoge Beziehung für die vektoriellen Fortpflanzungskonstanten zu erfüllen ist

$$\beta_3 = \beta_1 + \beta_2. \tag{10.7/3}$$

Die Erfüllung von Gl. (10.7/3) bezeichnet man als Phasenanpassung. Ihre Bedeutung soll hier noch am Beispiel der Erzeugung der zweiten Harmonischen erläutert werden: Bezeichnet man die Fortpflanzungskonstanten bei den Frequenzen ν, 2ν mit β_ν, $\beta_{2\nu}$, so folgt

$$2\nu = \nu + \nu, \qquad \beta_{2\nu} = \beta_\nu + \beta_\nu = 2\beta_\nu, \tag{10.7/4}$$

und daraus für die Brechungsindizes

$$n_{2\nu} = n_\nu, \tag{10.7/5}$$

d. h., die Phasengeschwindigkeit der Wellen bei den Frequenzen v, $2v$ muß gleich groß sein. Für diesen Fall ist eine vollständige Umwandlung der Grundwelle in die zweite Harmonische möglich. Ist dagegen $n_{2v} \neq n_v$, so wird eine periodische Schwankung der Amplitude der zweiten Harmonischen vorausgesagt, wobei der Maximalwert der Amplitude der Harmonischen desto kleiner ist, je mehr sich die Phasengeschwindigkeiten unterscheiden.

Diese Aussagen können durch folgende Überlegungen bestätigt werden: Auf eine lineare Kette von Atomen (Abb. 10.7.1 a) fällt in Achsenrichtung eine intensive Lichtwelle ein, welche in ihnen eine Polarisation bei der doppelten Frequenz in der angegebenen Richtung erzeugt. Jedes dieser Atome soll eine Welle bei der zweiten Harmonischen mit der Amplitude A abstrahlen. Sind die Phasengeschwindigkeiten von anregender Grundwelle und abgestrahlter Harmonischer gleich, so sind die Beiträge aller weiteren Atome in Phase mit der bereits erzeugten Harmonischen, die Amplituden addieren sich (Abb. 10.7.1 b), wodurch die Amplitude der Harmonischen proportional mit der durchlaufenen Strecke zunimmt. Aus energetischen Gründen nimmt die Amplitude der Grundwelle gleichzeitig ab. Sind die Phasengeschwindigkeiten der Grundwelle und der ersten Harmonischen nicht gleich, so sind die Beiträge A der einzelnen Atome zur zweiten Harmonischen phasenverschoben (Abb. 10.7.1 c), woraus ersichtlich ist, daß die Amplitude A_{ges} vorerst zunimmt, aber schließlich wieder abnimmt. Der Maximalwert von A_{ges} wird bei gleichbleibender Größe von A desto größer, je kleiner die Phasenverschiebung φ zwischen den Beiträgen benachbarter Atome ist, d. h. je genauer die Phasengeschwindigkeiten der Grundwelle und der ersten Harmonischen übereinstimmen. Die periodische Änderung der Intensität der zweiten Harmonischen erfolgt mit einer Periode (s. Kap. 10. 7.3)

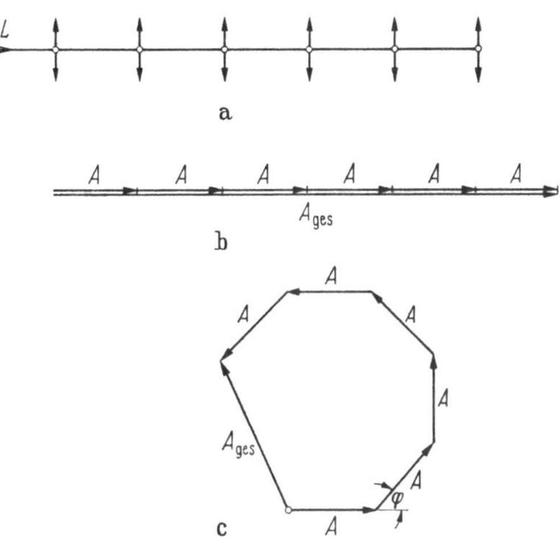

Abb. 10.7.1. a) Polarisation einer Kette von Atomen durch eine intensive Lichtwelle L; b) Addition der Beiträge der einzelnen Atome zur Amplitude der zweiten Harmonischen im Fall der Phasenanpassung; c) Addition der Beiträge der einzelnen Atome zur Amplitude der zweiten Harmonischen bei fehlender Phasenanpassung.

$$L_k = \frac{\pi}{\beta_{2v} - \beta_v} = \frac{\lambda}{4(n_{2v} - n_v)} . \tag{10.7/6}$$

L_k wird auch als „Kohärenzlänge" bezeichnet, λ ist die Wellenlänge der Fundamentalen im Vakuum. Die periodische Änderung der Intensität der Harmonischen als Funktion der durchlaufenen Strecke im Fall unvollkommener Phasenanpassung kann durch Verkippen einer Platte aus einem nichtlinearen Medium im Strahlengang nachgewiesen werden [1]. Abb. 10.7.2 zeigt eine Meßkurve und

34*

ausgezeichnete Übereinstimmung zwischen theoretischer und experimenteller Kohärenzlänge.

Gl. (10.7/1), die zur Erklärung der möglichen Effekte herangezogen wurde, kann allgemein in dieser einfachen Form nicht aufrecht erhalten werden. Die Koeffizienten χ haben Tensorcharakter, woraus sich insofern Konsequenzen

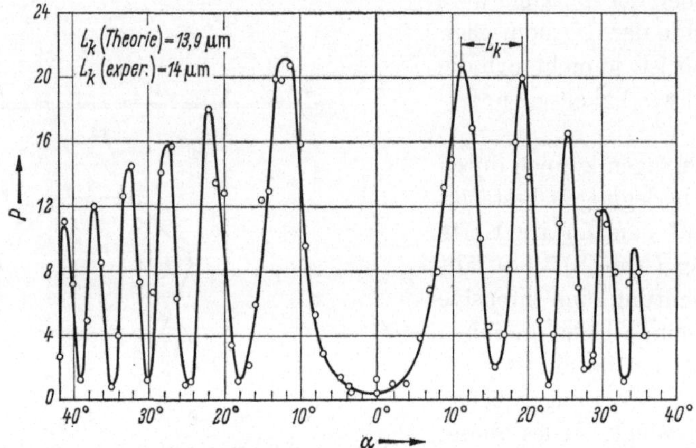

Abb. 10.7.2. Intensität P der zweiten Harmonischen in willkürlichen Einheiten als Funktion des Verkippungswinkels α einer Quarzplatte im Strahlengang eines Rubinlasers (nach P. D. MAKER et al. [1]). Theoretische Kohärenzlänge 13,9 μm, experimentell: 14 μm.

ergeben, als das Auftreten gewisser nichtlinearer Effekte an eine bestimmte Symmetrie des Mediums gebunden ist.

Die Ansätze zu einer quantitativen Theorie sollen im folgenden gebracht werden. Als Ergänzung sei auf einige einführende [2—4] sowie enzyklopädische Arbeiten mit weiteren Literaturangaben verwiesen [5—7]. Eine Diskussion der klassischen elektrooptischen und magnetooptischen Effekte ist [8] zu entnehmen.

10.7.2 Grundlegende Beziehungen

In den *Maxwell-Gleichungen* für nichtleitende, unmagnetische Medien

$$\mathrm{rot}\,\boldsymbol{H} = \frac{\partial \boldsymbol{D}}{\partial t},$$

$$\mathrm{rot}\,\boldsymbol{E} = -\mu_0\,\frac{\partial \boldsymbol{H}}{\partial t}, \tag{10.7/7}$$

ist die dielektrische Verschiebung durch einen nichtlinearen Polarisationsbeitrag zu ergänzen[1]

$$D_i = \varepsilon_0\,(\delta_{ij} + \chi_{ij}^{(1)})\,E_j + P_i^{NL}. \tag{10.7/8}$$

δ_{ij} ist der Einheitstensor, $\chi_{ij}^{(1)}$ der lineare Suszeptibilitätstensor. In der nichtlinearen Polarisation

$$P_i^{NL} = 2\varepsilon_0\chi_{ijk}^{(2)}E_jE_k + 4\varepsilon_0\chi_{ijkl}^{(3)}E_jE_kE_l + \cdots \tag{10.7/9}$$

---

[1] Je nach Zweckmäßigkeit sollen hier symbolische und analytische Schreibweise der Tensorrechnung nebeneinander verwendet werden.

sind unter den angegebenen und analog gebauten höheren Termen auch solche möglich, welche die magnetische Feldstärke sowie zeitliche und räumliche Ableitungen der Feldstärken enthalten. Zerlegt man die elektrische Feldstärke in ebene Wellen (r ist die in Fortpflanzungsrichtung gezählte Koordinate, $\sum'$ bedeutet, daß bei der Summierung das Glied mit $l = 0$ ausgelassen wird)[1]

$$E_i(r, t) = \mathfrak{E}_i(r, 0) + \frac{1}{2} \sum_{l=-n}^{+n}{}' \mathfrak{E}_i(r, \nu_l) \exp\left[j(\beta_l r - 2\pi\nu_l t)\right], \qquad (10.7/10)$$

so gilt für reelle $E_i(r, t)$

$$\nu_{-l} = -\nu_l, \qquad \beta_{-l} = -\beta_l^*, \qquad \mathfrak{E}_i(r, \nu_{-l}) = \mathfrak{E}_i{}^*(r, \nu_l). \qquad (10.7/11)$$

Ähnlich kann die nichtlineare Polarisation als Summe harmonischer Komponenten angeschrieben werden

$$P_i^{NL}(r, t) = \mathfrak{P}_i^{NL}(r, 0) + \frac{1}{2} \sum_{l=-m}^{+m}{}' \mathfrak{P}_i^{NL}(r, \nu_l) \exp\left(-2\pi j\nu_l t\right). \qquad (10.7/12)$$

Da P_i^{NL} als allgemeine Funktion der Felder und deren Ableitungen vorausgesetzt wurde, kann ein Faktor $\exp(j\beta r)$ in Gl. (10.7/12) nicht mehr explizit vorkommen.

Aus Gl. (10.7/7) folgt:

$$\operatorname{rot} \operatorname{rot} \boldsymbol{E} = -\mu_0 \frac{\partial^2 \boldsymbol{D}}{\partial t^2}. \qquad (10.7/13)$$

Setzt man in Gl. (10.7/13) für $\boldsymbol{D}$ aus Gl. (10.7/8) ein und verwendet die Ansätze Gl. (10.7/10) und Gl. (10.7/12) für $\boldsymbol{E}$ und $\boldsymbol{P}^{NL}$, so erhält man unter der Annahme, daß die Amplituden schwach ortsabhängig sind und das Medium in der linearen Näherung isotrop ist (d. h. der Tensor $\delta_{ij} + \chi_{ij}^{(1)}$ wird bei der Frequenz ν_1 durch die relative Dielektrizitätskonstante ε_1 ersetzt) für die einzelnen Frequenzkomponenten die Gleichungen

$$\frac{d\mathfrak{E}_i(r, \nu_l)}{dr} = \frac{j\beta_l}{2\varepsilon_0\varepsilon_l} \mathfrak{P}_i^{NL}(r, \nu_l) \exp\left(-j\beta_l r\right). \qquad (10.7/14)$$

Da die Amplituden $\mathfrak{P}_i^{NL}(r, \nu_l)$ zufolge Gl. (10.7/9) nichtlinear von den Amplituden $\mathfrak{E}_i(r, \nu_l)$ abhängen, sind die Gleichungen (10.7/14) ein System nichtlinearer Differentialgleichungen für die Amplituden $\mathfrak{E}_i(r, \nu_l)$.

Terme in Gl. (10.7/9), welche zeitliche Ableitungen der Felder E_i enthalten, führen zu einer Frequenzabhängigkeit der Effekte. Man kann daher zeitliche Ableitungen in die Betrachtung einschließen, wenn die Komponenten der Suszeptibilitätstensoren frequenzabhängig angesetzt werden. Die Schreibweise $\chi_{ijk}^{(2)}(\nu_3, \nu_1, \nu_2)$ bedeutet, daß von E_j und E_k die Anteile mit der Zeitabhängigkeit $\exp(-2\pi j\nu_1 t)$ bzw. $\exp(-2\pi j\nu_2 t)$ betrachtet werden, was in einem Anteil der nichtlinearen Polarisation P_i^{NL} mit der Zeitabhängigkeit $\exp(-2\pi j\nu_3 t)$ mit $\nu_3 = \nu_1 + \nu_2$ resultiert. Analog wäre $\chi_{ijk}^{(2)}(\nu_3, \nu_1, -\nu_2)$ für die Verknüpfung von Anteilen von E_j und E_k proportional zu $\exp(-2\pi j\nu_1 t)$ bzw. $\exp(+2\pi j\nu_2 t)$ anzusetzen, was zu einem Polarisationsanteil proportional $\exp(-2\pi j\nu_3 t)$ mit $\nu_3 = \nu_1 - \nu_2$ führt.

Die Tensorkomponenten können komplexe Werte annehmen, wobei positive Imaginärteile einer Absorption, negative Imaginärteile einer Verstärkung entsprechen. Für verlustlose Medien sind die Tensorkomponenten reell und bewirken die Verkopplung vorhandener

---

[1] Im Einklang mit der Literatur wird in der nichtlinearen Optik die Zeitabhängigkeit $\exp(-j\,2\pi\nu t)$ angesetzt.

und Erzeugung neuer Frequenzkomponenten oder eine intensitätsabhängige Änderung der Phasengeschwindigkeit für vorhandene Frequenzen. Die in den verschiedenen Kristallklassen von Null verschiedenen Komponenten von $\chi_{ijk}^{(2)}$ und $\chi_{ijkl}^{(3)}$ sind tabelliert [9], [10]; $\chi_{ijk}^{(2)}$ hat die Form der piezoelektrischen d-Tensoren, welche eine kontrahierte Form der Tensoren 3. Stufe darstellen ($d_{im} = \chi_{ijk}^{(2)}$ für $j = k$; $d_{im} = {}^1\!/_2\,\chi_{ijk}^{(2)} + {}^1\!/_2\,\chi_{ikj}^{(2)}$ für $j \neq k$; dabei ist $i, j, k = 1, 2, 3$ und $m = 1, 2, \dots 6$).

Außer den durch die Kristallsymmetrien vorgeschriebenen Bedingungen müssen die Tensorkomponenten noch weiteren Beziehungen gehorchen [11, 12], die aus einer zeitabhängigen Störungsrechnung oder aus Energiebetrachtungen folgen.

10.7.3   Effekte zufolge des Tensors $\chi_{ijk}^{(2)}$

Zufolge der Transformationseigenschaften von Tensoren 3. Stufe verschwindet $\chi_{ijk}^{(2)}$ in Medien mit Inversionssymmetrie. Für Medien ohne Inversionssymmetrie gilt [11, 12]

$$\chi_{ijk}^{(2)}(\nu_1, \nu_2, \nu_3) = \chi_{ikj}^{(2)}(\nu_1, \nu_2, \nu_3),$$

$$\chi_{ijk}^{(2)}(\nu_1, \nu_2, \nu_3) = \chi_{ijk}^{(2)*}(-\nu_1, -\nu_2, -\nu_3), \tag{10.7/15}$$

wobei in Medien, die für ν_1, ν_2, ν_3 verlustlos sind, die Komponenten reell sind und

$$\chi_{ijk}^{(2)}(\nu_1, \nu_2, \nu_3) = \chi_{jik}^{(2)}(-\nu_1, -\nu_2, -\nu_3) \tag{10.7/16}$$

erfüllen.

Für die Erzeugung einer *optischen zweiten Harmonischen* sollen die Verhältnisse etwas ausführlicher besprochen werden. Die anfangs mit hoher Intensität vertretene und daher Anlaß zu nichtlinearen Erscheinungen gebende Feldstärke der Frequenz ν sei

$$E_i(r, t) = \frac{1}{2}\left\{\mathfrak{E}_i(r, \nu)\exp\left[j(\beta_\nu r - 2\pi\nu t)\right] + \text{c.c.}\right\}. \tag{10.7/17}$$

Die erzeugte nichtlineare Polarisation lautet unter Berücksichtigung von Gl. (10.7/15) und Gl. (10.7/16)

$$P_i^{NL}(r, t) = 2\varepsilon_0\chi_{ijk}^{(2)}E_j(r, t)\,E_k(r, t) =$$

$$= \varepsilon_0\chi_{ijk}^{(2)}(0, \nu, -\nu)\,\mathfrak{E}_j(r, \nu)\,\mathfrak{E}_k^*(r, \nu) +$$

$$+ \frac{1}{2}\,\varepsilon_0\left\{\chi_{ijk}^{(2)}(2\nu, \nu, \nu)\,\mathfrak{E}_j(r, \nu)\,\mathfrak{E}_k(r, \nu)\exp\left[j(2\beta_\nu r - 4\pi\nu t)\right] + \text{c.c.}\right\} =$$

$$= \mathfrak{P}_i^{NL}(r, 0) + \frac{1}{2}\left\{\mathfrak{P}_i^{NL}(r, 2\nu)\exp\left(-2\pi j \cdot 2\nu t\right) + \text{c.c.}\right\}. \tag{10.7/18}$$

Setzt man aus diesem Ausdruck in Gl. (10.7/14) ein, so erhält man[1] ein gekoppeltes System nichtlinearer Differentialgleichungen für die Amplituden der Grundwelle und der Oberwelle.

$$\frac{d\mathfrak{E}_i(r, 2\nu)}{dr} = \frac{j\beta_{2\nu}}{2\,\varepsilon_0\varepsilon_{2\nu}}\,\chi_{ijk}^{(2)}(2\nu, \nu, \nu)\,\mathfrak{E}_j(r, \nu)\,\mathfrak{E}_k(r, \nu)\exp\left[-j(\beta_{2\nu} - 2\beta_\nu)r\right],$$

$$\frac{d\mathfrak{E}_i(r, \nu)}{dr} = \frac{j\beta_\nu}{2\,\varepsilon_0\varepsilon_\nu}\,2\,\chi_{ijk}^{(2)}(\nu, 2\nu, -\nu)\,\mathfrak{E}_j(r, 2\nu)\,\mathfrak{E}_k^*(r, \nu)\exp\left[j(\beta_{2\nu} - 2\beta_\nu)r\right]. \tag{10.7/19}$$

---

[1] In Gl. (10.7/18) tritt auch eine Komponente $\mathfrak{P}_i^{NL}(r, \nu)$ auf, wenn man in Gl. (10.7/17) die neugeschaffene Frequenzkomponente $\mathfrak{E}_i(r, 2\nu)$ berücksichtigt.

Lösungen für dieses Gleichungssystem sind angegeben worden [11]. Nimmt man an, daß anfangs keine Intensität bei der Frequenz 2ν vorhanden ist, und daß nur wenig Energie in die Oberwelle umgewandelt wird, so kann in der ersten Gl. (10.7/19) $\mathfrak{E}(r,\nu)$ konstant angenommen werden, und die Lösung lautet

$$\mathfrak{E}_i(r, 2\nu) \sim \frac{1 - \exp\left(-j\Delta\beta r\right)}{j\Delta\beta},$$

$$\Delta\beta = \beta_{2\nu} - 2\beta_\nu = \frac{4\pi\nu}{c}\left(n_{2\nu} - n_\nu\right). \tag{10.7/20}$$

Die Amplitude der zweiten Harmonischen ist somit im Einklang mit den Überlegungen in Kap. 10.7.1 eine periodische Funktion der Differenz der Fortpflanzungskonstanten $\beta_{2\nu} - 2\beta_\nu$, und erreicht ihren Maximalwert für die Kohärenzlänge

$$L_k = \frac{\pi}{\Delta\beta}, \tag{10.7/21}$$

der um so größer ist, je kleiner $\Delta\beta$ wird. Für $\Delta\beta = 0$ (Phasenanpassung) steigt die Amplitude $\mathfrak{E}_i(r, 2\nu)$ linear mit der durchlaufenen Strecke r an. In natürlich doppelbrechenden Kristallen können Ausbreitungsrichtungen gefunden werden, für welche $n_\nu = n_{2\nu}$ gilt, wobei in positiv (negativ) einachsigen Kristallen die Grundwelle als außerordentlicher (ordentlicher) Strahl, die zweite Harmonische als ordentlicher (außerordentlicher) Strahl propagiert. Da im doppelbrechenden Medium aber Ausbreitungsrichtung (Richtung des Ausbreitungsvektors β) und Richtung des Energietransports (*Poynting-Vektor*) im allgemeinen nicht übereinstimmen, ist bei endlichen Strahlquerschnitten auch bei Phasenanpassung $(2\beta_\nu = \beta_{2\nu})$ die Richtung der *Poynting-Vektoren* (= Strahlrichtung) verschieden, wodurch ein Auseinanderlaufen der Strahlen und eine endliche Wechselwirkungslänge bedingt ist. Praktisch ist daher auch für Phasenanpassung keine vollständige Umwandlung der Grundwelle in die zweite Harmonische zu erwarten.

Es ist gelungen, bis zu 30% der Intensität der Grundwelle in die zweite Harmonische umzuwandeln; das Verfahren hat daher für die Erzeugung kohärenten Lichtes bei der doppelten Laserfrequenz praktische Bedeutung. Die Umwandlungskoeffizienten $\chi_{ijk}^{(2)}$ für verschiedene geeignete Materialien (z. B. ADP, KDP, LiNbO$_3$) sowie Literaturangaben zur Erzeugung der zweiten Harmonischen sind z. B. [7] zu entnehmen. Entsprechend dem Term $\mathfrak{P}_i^{NL}(r, 0)$ in Gl. (10.7/18) ist mit der Erzeugung der zweiten Harmonischen immer eine *optische Gleichrichtung* verknüpft.

Im allgemeinen beschreiben die Tensorkomponenten $\chi_{ijk}^{(2)}$ in verlustlosen Medien eine *parametrische Wechselwirkung* zwischen Wellen mit drei verschiedenen Frequenzen. Durch Anschreiben der nichtlinearen Polarisation und Anwendung von Gl. (10.7/14) erhält man ein gekoppeltes System nichtlinearer Differentialgleichungen für die Amplituden $\mathfrak{E}_i(r, \nu_l)$ mit $l = 1, 2, 3$. Je nachdem, welche Beziehung zwischen den drei Frequenzen gilt, erhält man verschiedene Effekte. In jedem Falle gelten die sogenannten *Manley-Rowe-Beziehungen* [13] für verlustlose nichtlineare Elemente

$$\sum_{m=0}^{\infty} \sum_{n=-\infty}^{\infty} \frac{m P_{mn}}{m\nu_1 + n\nu_2} = 0, \qquad \sum_{m=-\infty}^{\infty} \sum_{n=0}^{\infty} \frac{n P_{mn}}{m\nu_1 + n\nu_2} = 0, \tag{10.7/22}$$

wobei P_{mn} die bei der Frequenz $m\nu_1 + n\nu_2$ auftretende Leistung ist, die positiv gezählt wird, wenn sie in das nichtlineare Element hineinfließt. In den Summen sind die Terme mit $m = n = 0$ wegzulassen.

Sind die Wellen hoher Intensität die mit den Frequenzen ν_1, ν_2 und betrachtet man die *Erzeugung der Summenfrequenz* $\nu_3 = \nu_1 + \nu_2$, so folgt aus Gl. (10.7/22)

$$P_3 = -\frac{\nu_3}{\nu_1}\, P_1, \qquad P_3 = -\frac{\nu_3}{\nu_2}\, P_2. \qquad (10.7/23)$$

Für positive Leistungen P_1, P_2 (Leistungen, die in das Medium hineinfließen) bei den Frequenzen ν_1, ν_2 ist also P_3 negativ, d. h. es wird Leistung bei der Summenfrequenz ν_3 vom nichtlinearen Medium abgegeben. Gl. (10.7/23) ist die Energiebilanz, die besagt, daß je ein Photon der Energie $h\nu_1$, $h\nu_2$ vernichtet und dafür eines der Energie $h\nu_3$ erzeugt wird. Da nicht bloß die Energie, sondern auch der Impuls erhalten bleiben muß, gilt eine zu $\nu_3 = \nu_1 + \nu_2$ analoge Beziehung für die vektoriellen Fortpflanzungskonstanten

$$\beta_3 = \beta_1 + \beta_2. \qquad (10.7/24)$$

Ist Gl. (10.7/24) erfüllt, so ist ein anfangs linearer Anstieg von $\mathfrak{E}_i(r, \nu_3)$ mit der durchlaufenen Distanz r zu erwarten. Liegt dagegen keine Phasenanpassung vor ($\Delta\beta = \beta_3 - \beta_1 - \beta_2 \neq 0$), so ist ein periodischer Verlauf zu erwarten.

Eine interessante Umkehrung der Erzeugung der Summenfrequenz ist die gekoppelte Erzeugung von Wellen der Frequenzen ν_1, ν_2 durch eine Welle hoher Intensität der Frequenz ν_3 (in Gl. (10.7/23) bedeutet dies $P_3 > 0$, $P_1, P_2 < 0$). Dies entspricht der *parametrischen Verstärkung* von Wellen der Frequenz ν_1, ν_2 (Signal- und Hilfsfrequenz) auf Kosten einer Pumpwelle ν_3. Wird das nichtlineare Medium in einen optischen Resonator gebracht, der bei ν_1, ν_2 hohe Güte besitzt, so können parametrische Oszillationen entstehen [14—16]. Von Bedeutung ist dabei, daß die Fortpflanzungskonstanten durch eine Temperaturänderung des nichtlinearen Mediums beeinflußt werden können, wodurch sich die Frequenz der parametrischen Schwingung derart ändert, daß Gl. (10.7/24) erfüllt ist. So wurden in $LiNbO_3$ durch eine Temperaturänderung im Bereich von $10\,°C$ Schwingungen zwischen $0{,}97\ \mu m$ und $1{,}15\ \mu m$ beobachtet (als Pumpe wurde die zweite Harmonische eines Nd-dotierten $CaWO_4$-Lasers, $\lambda = 0{,}529\ \mu m$ verwendet [14]).

Parametrische Schwingung ist auch im entarteten Fall $\nu_1 = \nu_2 = \nu_3/2$ zu erreichen. Dieser Fall ist die Umkehrung der Erzeugung der zweiten Harmonischen, da je ein Photon der Frequenz ν_3 in zwei Photonen der Frequenz $\nu_3/2$ zerfällt, d. h. *Erzeugung der Subharmonischen.*

Ein weiterer möglicher Fall ist die *Erzeugung der Differenzfrequenz* aus zwei anfangs vorhandenen Wellen der Frequenzen ν_1, ν_2, (ν_1 sei größer als ν_2). Erzeugt wird die Frequenz $\nu_3 = \nu_1 - \nu_2$, die Impulsbilanz verlangt für die Fortpflanzungskonstanten

$$\beta_3 = \beta_1 - \beta_2. \qquad (10.7/25)$$

Die *Manley-Rowe-Beziehungen* (10.7/22) liefern

$$P_3 = -\frac{\nu_3}{\nu_1}\, P_1 = \frac{\nu_3}{\nu_2}\, P_2. \qquad (10.7/26)$$

Da Leistung bei der Frequenz v_3 erzeugt werden soll, muß P_3 negativ sein. Das ist nur möglich, wenn P_1 positiv und P_2 negativ ist. Bei der Erzeugung der Differenzfrequenz werden somit Photonen bei der größeren der beiden ursprünglich vorhandenen Frequenzen (bei v_1) vernichtet, und Photonen bei den Frequenzen v_3 *und* v_2 erzeugt. Das bedeutet, daß nicht nur die Differenzfrequenz erzeugt wird, sondern daß außerdem die Welle mit der kleineren der beiden ursprünglich vorhandenen Frequenzen (im vorliegenden Fall v_2) verstärkt wird. Wie alle anderen bisher erwähnten Effekte wurde auch die Erzeugung von Differenzfrequenzen beobachtet [17, 18].

Ist das nichtlineare Medium für die in Frage kommenden Frequenzen undurchsichtig (d. h. die Größen $\chi_{ijk}^{(2)}$ sind komplex), so kann ein nichtlinearer Effekt, z. B. die Erzeugung der zweiten Harmonischen, an der Oberfläche stattfinden [19—21].

10.7.4 Effekte zufolge des Tensors $\chi_{ijkl}^{(3)}$

In verlustlosen Medien sind die Tensorkomponenten reell und verkoppeln im allgemeinen vier verschiedene Frequenzen, wobei die Amplituden der Wellen einem System nichtlinearer Differentialgleichungen vom Typ der Gl. (10.7/14) gehorchen. Von Null verschiedene Komponenten können in allen Kristallklassen und auch in isotropen Medien vorkommen. Die $\chi_{ijkl}^{(3)}$ erfüllen ähnlich wie die $\chi_{ijk}^{(2)}$ in Gl. (10.7/15) und Gl. (10.7/16) bestimmte Permutationsrelationen [11, 12].

Die *Erzeugung der optischen dritten Harmonischen* folgt aus einem Term der nichtlinearen Polarisation

$$\mathfrak{P}_i^{NL}(r, 3v) \sim \chi_{ijkl}^{(3)}(3v, v, v, v)\, \mathfrak{E}_j(r, v)\, \mathfrak{E}_k(r, v)\, \mathfrak{E}_l(r, v). \qquad (10.7/27)$$

Für Phasenanpassung ($\beta_{3_v} = 3\beta_v$) wurde ein Umwandlungsgrad der Leistung von $3 \cdot 10^{-6}$ beobachtet.

Die *Erzeugung der zweiten Harmonischen* ist auch möglich, wenn das Medium außer einer Welle der Frequenz v auch einem elektrischen Gleichfeld ausgesetzt wird, und resultiert aus einem Polarisationsanteil

$$\mathfrak{P}_i^{NL}(r, 2v) \sim \chi_{ijkl}^{(3)}(2v, 0, v, v)\, \mathfrak{E}_j(r, 0)\, \mathfrak{E}_k(r, v)\, \mathfrak{E}_l(r, v). \qquad (10.7/28)$$

Die *Selbstfokussierung* eines Lichtstrahls hoher Intensität zufolge der Wirkung seines eigenen Feldes kommt von einem Polarisationsanteil der Form

$$\mathfrak{P}_i^{NL}(r, v) \sim \chi_{ijkl}^{(3)}(v, v, v, -v)\, \mathfrak{E}_j(r, v)\, \mathfrak{E}_k(r, v)\, \mathfrak{E}_l^*(r, v) \qquad (10.7/29)$$

und wurde schon in Kap. 10.7.1 besprochen. Im allgemeinen tritt außer der Selbstfokussierung auch eine Änderung des Polarisationszustandes ein, da die Brechungsindexänderung für rechts- und linkszirkular polarisiertes Licht verschieden ist [7]. Einzelheiten s. [22—25].

Ähnlich kann eine Welle hoher Intensität der Frequenz v_2 die Fortpflanzung einer Welle der Frequenz v_1 über einen Term

$$\mathfrak{P}_i^{NL}(r, v_1) \sim \chi_{ijkl}^{(3)}(v_1, v_1, v_2, -v_2)\, \mathfrak{E}_j(r, v_1)\, \mathfrak{E}_k(r, v_2)\, \mathfrak{E}_l^*(r, v_2) \qquad (10.7/30)$$

beeinflussen. Für den Spezialfall $v_2 = 0$ erhält man den *Kerr-Effekt*.

Bisher wurden nur solche Wechselwirkungen betrachtet, bei denen die Suszeptibilität reell bleibt. Es sollen nun einige Fälle betrachtet werden, in denen es zur *Wechselwirkung mit Resonanzen des nichtlinearen Mediums* kommt (Molekül-

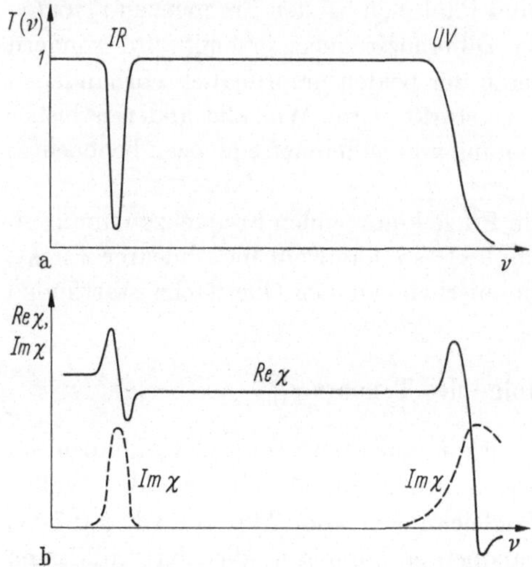

schwingungen, elektronische Übergänge); die Suszeptibilität bekommt dabei einen Imaginärteil mit Resonanzcharakter, wobei positive Realteile Dämpfung, negative Realteile Verstärkung bedeuten. Einige der auftretenden Effekte sollen kurz behandelt werden.

Es soll die spektrale Transmission eines potentiell nichtlinearen Mediums mit weißem Licht geringer Intensität gemessen werden. Die sich ergebende Transmissionskurve $T(v)$ zeigt Absorptionen im Infrarot und Ultraviolett (Abb. 10.7.3a), denen ein Verlauf der Suszeptibilität entspricht, wie er in Abb.10.7.3 b dargestellt ist. Bestrahlt man das Medium zusätzlich mit Laserlicht hoher Intensität der Frequenz v_L, so ändert sich die spektrale Transmission für weißes Licht geringer Intensität und man erhält eine Kurve, wie sie in Abb. 10.7.4 a dargestellt ist, was einer in Abb.10.7.4 b gezeigten Änderung der Suszeptibilität gegenüber Abb. 10.7.3 b entspricht. Alle auftretenden Effekte können durch Polarisationsterme mit komplexen Suszeptibilitäten der Form

Abb. 10.7.3. a) Spektrale Transmission $T(v)$ eines Mediums für weißes Licht geringer Intensität mit Absorptionen im Infrarot (IR) und Ultraviolett (UV); b) Verlauf der Suszeptibilität entsprechend der Transmissionskurve $T(v)$ in a).

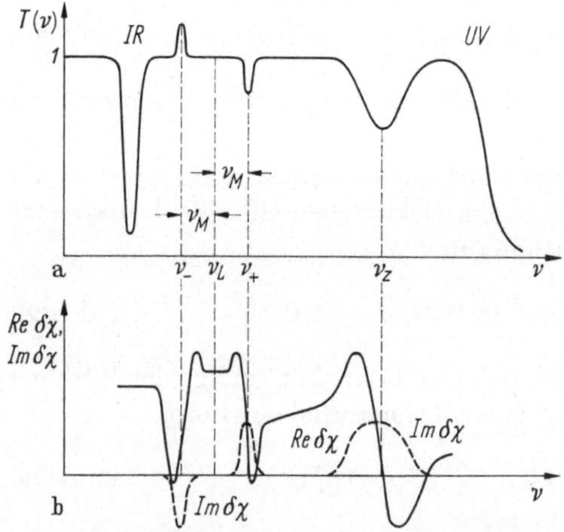

Abb. 10.7.4. a) Spektrale Transmission $T(v)$ eines Mediums für weißes Licht geringer Intensität bei gleichzeitiger Bestrahlung mit Laserlicht hoher Intensität der Frequenz v_L; b) Änderung der Suszeptibilität für weißes Licht geringer Intensität bei Bestrahlung mit intensivem Laserlicht gegenüber Abb. 10.7.3 b.

$$\mathfrak{P}_i^{NL}(r, v) \sim \chi_{ijkl}^{(3)}(v, v, v_L, -v_L)$$
$$\mathfrak{E}_j(r, v)\,\mathfrak{E}_k(r, v_L)\,\mathfrak{E}_l^*(r, v_L) \quad (10.7/31)$$

beschrieben werden, welche die nichtlineare Polarisation bei einer Frequenz v in Anwesenheit intensiven Laserlichtes der Frequenz v_L darstellen. Man stellt folgende Änderungen fest (Abb.10.7.3 u. 10.7.4):

a) Es ist eine Absorption im Bereich der Frequenz v_z aufgetreten (entsprechend $Im\,\delta\chi > 0$). Es handelt sich hier um eine *Zweiphotonenabsorption*, bei der ein Laserphoton der Frequenz v_L und ein Photon aus dem weißen Licht der Frequenz v_z gleichzeitig absorbiert werden und im Medium einen elektronischen

Übergang gerader Parität der Frequenz $\nu_e = \nu_L + \nu_z$ hervorrufen. Aus Zweiphotonenresonanzen kann Information über angeregte Zustände erlangt werden, die mit den normalen spektroskopischen Methoden nicht erreichbar ist. Als Spezialfall können zwei Photonen der Laserwelle selbst absorbiert werden, woraus einzusehen ist, daß ein bei ν_L durchsichtiges Medium für Licht hoher Intensität undurchsichtig werden kann.

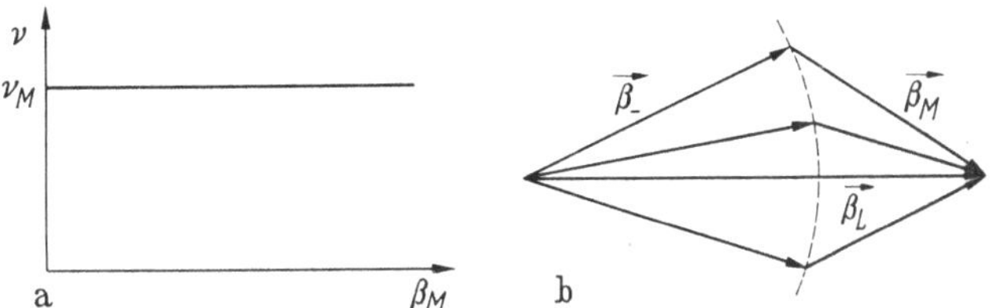

Abb. 10.7.5. a) Dispersionsdiagramm einer Molekülschwingung in einer *Raman-aktiven Flüssigkeit*; b) Diagramm zur Phasenanpassung bei Erzeugung der *Stokesschen Linie* $\nu_- = \nu_L - \nu_M$.

b) Die Absorption bei der Frequenz ν_+ entsteht dadurch, daß im Medium eine Molekülschwingung der Frequenz ν_M angeregt und gleichzeitig ein Photon bei der Laserfrequenz ν_L emittiert wird ($\nu_+ = \nu_L + \nu_M$). ν_M ist die Frequenz eines *Raman-Überganges*.

c) Die Verstärkung bei der Frequenz ν_- (in der *Raman-Spektroskopie* als *Stokessche Frequenz* bezeichnet) rührt daher, daß ein Photon der Laserfrequenz ν_L eine Molekülschwingung der Frequenz ν_M anregt, wobei die restliche Energie gleichzeitig als Photon bei der Frequenz ν_- abgegeben wird ($\nu_L = \nu_M + \nu_-$).

Daraus ergeben sich einige interessante Konsequenzen. Nach c) kann durch ein nichtlineares Medium im Inneren eines Lasers eine Welle der Frequenz ν_- erzeugt und auch induziert verstärkt werden. Durch diesen sogenannten induzierten *Raman-Effekt* $\nu_- = \nu_L - \nu_M$ kann die Intensität bei der Frequenz ν_- so groß werden, daß ν_- anstelle von ν_L eine *Stokessche Frequenz* $\nu_- - \nu_M = \nu_L - 2\nu_M$ erzeugt, usw. Es treten also im *Raman-Laser* im allgemeinen die Frequenzen $\nu_L, \nu_L - \nu_M, \nu_L - 2\nu_M, \nu_L - 3\nu_M$ usw. auf. Die Impulsbilanz für die Erzeugung von ν_- z. B. fordert

$$\beta_- = \beta_L - \beta_M. \tag{10.7/32}$$

Diese Bedingung ist leicht zu erfüllen: Bei den *Raman-aktiven* Substanzen handelt es sich meist um Flüssigkeiten (Nitrobenzol, Schwefelkohlenstoff). Das Dispersionsdiagramm (Abb. 10.7.5a) der Molekülschwingungen zeigt, daß bei ν_M praktisch beliebige Fortpflanzungskonstanten β_M auftreten können (die schwingenden Moleküle sind kaum verkoppelt und die Gruppengeschwindigkeit der Molekülschwingung ist daher praktisch Null). Da der Betrag von β_- festgelegt ist, läßt sich die Phasenbedingung (Abb. 10.7.5b) für alle Richtungen erfüllen. Praktisch beobachtet man einen breiten Kegel *Stokesscher Emission* ν_-, wobei maximale Intensität in Richtung von β_L abgestrahlt wird. Der Grund liegt darin, daß dies (Abb. 10.7.5b) einem minimalen Wert für β_M entspricht, dem die geringsten Dämpfungsverluste der Molekülschwingung entsprechen (größte Wellenlänge der Fortpflanzung der Molekülschwingungen).

Im Gefolge des induzierten *Raman-Effekts* tritt Emission auch bei der *Antistokes-Frequenz* $\nu_+ = \nu_L + \nu_M$ auf. Dies ist folgendermaßen zu erklären: Beim

35*

induzierten *Raman-Effekt* treten hohe Intensitäten bei den Frequenzen ν_L und ν_- auf. Diese Frequenzen geben einen Anteil der nichtlinearen Polarisation

$$\mathfrak{P}_i^{NL}(r, \nu_+) \sim \chi_{ijkl}^{(3)}(\nu_+, \nu_L, \nu_L, -\nu_-)\, \mathfrak{E}_j(r, \nu_L)\, \mathfrak{E}_k(r, \nu_L)\, \mathfrak{E}_l^*(r, \nu_-), \qquad (10.7/33)$$

und somit Strahlung bei der Frequenz $\nu_+ = 2\nu_L - \nu_- = \nu_L + \nu_M$. Aus der Phasenbedingung

$$\beta_+ = 2\beta_L - \beta_- \qquad (10.7/34)$$

ist zu verstehen, daß die *Anti-Stokes-Frequenz* in Richtung von Kegelmänteln um die Richtung von β_L auftritt (im Gegensatz dazu erfüllt die *Stokessche Strahlung* nach Gl. (10.7/32) einen vollen Kegel ohne scharfe Begrenzung): β_+, β_L und β_- sind ja in ihrem Betrag durch die Dispersionseigenschaften der *Raman-aktiven* Substanz eindeutig festgelegt und lassen die Erfüllung von Gl. (10.7/34) nur zu, wenn β_+ mit β_L einen ganz bestimmten Winkel einschließt (= halber Öffnungswinkel jenes Kegels, längs dessen Mantelfläche die *Anti-Stokessche Strahlung* emittiert wird). Ähnlich wie aus Gl. (10.7/33) die Erzeugung von $\nu_L + \nu_M$ aus ν_L und $\nu_L - \nu_M$ verständlich ist, können aus den primären Frequenzen ν_L, $\nu_L - m\nu_M$ die *Anti-Stokesschen Frequenzen* $\nu_L + m\nu_M$ $(m = 2, 3 \dots)$ erzeugt werden. Weitere Einzelheiten siehe [26—28].

10.7.5 Weitere nichtlineare Effekte

Die *induzierte Brillouin-Streuung* ist eine Erscheinung analog zum induzierten *Raman-Effekt*, wobei jedoch die Wechselwirkung des Lichtes nicht mit einer lokalisierten Molekülschwingung, sondern mit einer akustischen Welle vor sich geht. Ist die Frequenz der akustischen Schwingung ν_A, die der Laserwelle ν_L, so wird die *Stokessche Frequenz* $\nu_- = \nu_L - \nu_A$ erzeugt. Die Fortpflanzungskonstanten der beiden optischen Wellen und der akustischen Welle müssen die Bedingung $\beta_- = \beta_L - \beta_A$ erfüllen. Die *Stokessche Welle* hoher Intensität der Frequenz ν_- läuft gewöhnlich entgegengesetzt zum primären Laserstrahl, durchquert daher nochmals das Medium und gibt Anlaß zu einer weiteren *Stokesschen Welle* $\nu_- - \nu_A = \nu_L - 2\nu_A$ usw. Es sind bis zu acht verschiedene Frequenzen $\nu_L - m\nu_A$ beobachtet worden [29]. Entsprechende *Anti-Stokes-Linien* $\nu_+ = \nu_L + \nu_A$ sind (vermutlich wegen der für diesen Prozeß nicht erreichbaren Phasenanpassung) noch nicht beobachtet worden. Der *Brillouin-Effekt* kann auch zum Zweck der Erzeugung akustischer Wellen hoher Intensität ausgenützt werden. Weitere Einzelheiten s. [30—32].

Die Aufzählung der beobachteten nichtlinearen Effekte ist damit keineswegs vollständig; weitere Erscheinungen sind in [7] und [33] erwähnt.

Literatur

[1] MAKER, P. D., R. W. TERHUNE, M. NISENOFF u. C. M. SAVAGE: Effects of dispersion and focusing on the production of optical harmonics, Phys. Rev. Letters 8 (1962) 21—22.

[2] GIORDMAINE, J. A.: The interaction of light with light, Scientific American 210 (April 1964) 38—49.

[3] TERHUNE, R. W.: Nonlinear optics, Internat. Sci. Technol. (August 1964) 38—47.

[4] KAMINOV, I. P.: Parametric principles in optics. IEEE Spectrum 2, 4 (1965) 35—43.

[5] FRANKEN, P. A., u. J. F. WARD: Optical harmonics and nonlinear phenomena. Rev. Mod. Phys. 35, 1 (1963) 23—39.

[6] BLOEMBERGEN, N.: Nonlinear optics, New York/Amsterdam: Benjamin 1965.

[7] MINCK, R. W., R. W. TERHUNE u. C. C. WANG: Nonlinear optics. Proc. IEEE 54, 10 (1966) 1357—1374.

[8] LANDAU, L. D., u. E. M. LIFSHITZ: Electrodynamics of continuous media, Oxford/London/New York/Paris: Pergamon Press 1960.

[9] CADY, W. G.: Piezoelectricity, New York: Mc Graw-Hill 1946.

[10] BRISS, R. R.: Property tensors in magnetic crystal classes. Proc. Phys. Soc. (London) 79 (1962) 946—953.

[11] ARMSTRONG, J. A., N. BLOEMBERGEN, J. DUCUING u. P. S. PERSHAN: Interactions between light waves in a nonlinear dielectric. Phys. Rev. 127, 6 (1962) 1918—1939.

[12] PERSHAN, P. S.: Nonlinear optical properties of solids: energy considerations. Phys. Rev. 130, 3 (1963) 919—929.

[13] MANLEY, J. M., u. H. E. ROWE: Some general properties of nonlinear elements — I. General energy relations. Proc. IRE 44 (1956) 904—913.

[14] GIORDMAINE, J. A., u. R. C. MILLER: Tunable coherent parametric oscillation in $LiNbO_3$ at optical frequencies. Phys. Rev. Letters. 14, 24 (1965) 973—976.

[15] YARIV, A.: Parametric interactions of optical modes. IEEE J. of Quantum Electronics 2, 2 (1966) 30—37.

[16] GIORDMAINE, J. A., u. R. C. MILLER: Optical parametric oscillation in the visible spectrum. Appl. Phys. Letters. 9, 8 (1966) 298—300.

[17] VAN TRAN, N., J. SPALTER, J. HANUS, J. ERNEST u. D. KEHL: Generation of the difference frequency by non-collinear light beams in KDP crystal. Phys. Letters. 19, 4 (1965) 285—287.

[18] ZERNIKE, F., u. P. R. BERMAN: Generation of far infrared as a difference frequency. Phys. Rev. Letters. 15, 26 (1965) 999—1001.

[19] BLOEMBERGEN, N., u. P. S. PERSHAN: Light waves at the boundary of nonlinear media. Phys. Rev. 128 (1962) 606—622.

[20] DUCUING, J., u. N. BLOEMBERGEN: Observation of reflected light harmonics at the boundary of piezoelectric crystals. Phys. Rev. Letters 10 (1963) 474—476.

[21] CHANG, R. K., u. N. BLOEMBERGEN: Experimental verification of the laws for the reflected intensity of second harmonic light. Phys. Rev. 144 (1966) 775—780.

[22] CHIAO, R. Y., E. GARMIRE u. C. H. TOWNES: Self-trapping of optical beams. Phys. Rev. Letters 13, 15 (1964) 478.

[23] KELLEY, P. L.: Self-focusing of optical beams. Phys. Rev. Letters 15, 26 (1965) 1005—1008.

[24] SHEN, Y. R.: Electrostriction, optical Kerr-effekt and selffocusing of laser beams. Phys. Letters 20, 4 (1966) 378—380.

[25] GROB, K., u. M. WAGNER: Equations of Ginzburg-Landau type in nonlinear optics. Phys. Rev. Letters 17, 15 (1966) 819—821.

[26] MAKER, P. D., u. R. W. TERHUNE: Study of optical effects due to an induzed polarization third order in the electric field strength. Phys. Rev. 137 A (1965) 801—818.

[27] SHEN, Y. R., u. N. BLOEMBERGEN: Theory of stimulated Brillouin and Raman scattering. Phys. Rev. 137 A, 6 (1965) 1787—1805.

[28] ECKHARDT, G.: Selection of Raman laser materials. IEEE J. of Quantum Electronics QE-2, 1 (1966) 1—8.

[29] GARMIRE, E., u. C. H. TOWNES: Stimulated Brillouin scattering in liquids. Appl. Phys. Letters 5, 4 (1964) 84.

[30] CHIAO, R. Y., C. H. TOWNES u. B. P. STOICHEFF: Stimulated Brillouin scattering and coherent generation of intense hypersonic waves. Phys. Rev. Letters 12 (1964) 592—595.

[31] BREWER, R. G.: Growth of optical plane waves in stimulated Brillouin scattering. Phys. Rev. 140 A (1965) 800—805.

[32] LOUDON, R.: Theory of stimulated Raman scattering from lattice vibrations. Proc. Phys. Soc. (London) 82 (1963) 393—400.

[33] Physics of Quantum Electronics, Conference Proceedings, ed. by P. L. KELLEY, B. LAX u. P. E. TANNENWALD, New York: Mc Graw-Hill 1966, 3—264.

10.8 Plasmaerzeugung und -diagnostik[1]

Fokussiert man die Strahlung eines Hochleistungslasers (Riesenimpulslaser, s. Kap. 5. 6) in ein Gas, so wird das Gas unter Funkenbildung ionisiert. Die Schwellenleistung für diesen Effekt liegt im Megawattbereich; sie hängt von der Bündelung des Strahls, d. h. auch von der Art und Ordnung der angeregten Eigenschwingungen ab. Laser mit sehr hoher Ausgangsleistung (1 GW und mehr) können bei Verwendung einer langbrennweitigen Optik die Luft auf eine Strecke von einigen Metern ionisieren. Der Funken entsteht durch Stoßionisation wie bei der normalen Gasentladung. Die stoßenden Elektronen erhalten ihre Energie durch Absorption von Photonen aufgrund eines zur Emission von Bremsstrahlung inversen Effekts. Rechnungen zeigen [42], daß bei Leistungsdichten des Laserstrahls von $6 \cdot 10^{11}$ W/cm² im Fall von atomarem Wasserstoff das Gas innerhalb 10^{-9} s vollständig ionisiert wird (43 Stoßgenerationen). Für das Plasma ergibt sich bei der genannten Leistungsdichte und einer Pulsdauer von 10^{-8} s eine Maximaltemperatur von $10^7\,°$K.

Die Experimente zur Erzeugung von Plasmen mittels Laser konkurrieren mit anderen Verfahren, die mit dem Ziel einer kontrollierten Kernfusion ausgeführt werden. Um möglichst heiße Plasmen zu erhalten, muß man die verschiedenen Verluste (durch Bremsstrahlung, thermische Strahlung, Wärmeleitung und Expansion des Plasmas) während des Aufheizprozesses klein halten, d. h. man muß die Energie in möglichst kurzer Zeit (10^{-9} s) zuführen. Um eine hohe Zahl thermonuklearer Reaktionen zu erzielen, muß ferner das Reaktionsobjekt eine hohe Dichte besitzen und darf nicht zu klein sein. Man untersucht deshalb Plasmen, die durch Bestrahlen fester Substanzen entstehen. Die für eine kontrollierte Kernfusion voraussichtlich erforderliche Leistung könnte zur Zeit nur von einer sehr großen Zahl synchron geschalteter Laser aufgebracht werden.

Über die Möglichkeit der Plasmaerzeugung hinaus leistet der Laser sehr gute Dienste zur Bestimmung der Plasmaeigenschaften, wie Elektronen- und Ionentemperatur und -dichte. Zum Teil wird der Laser nur zur Verbesserung konventioneller Methoden eingesetzt, z. B. für interferometrische Untersuchungen zur Bestimmung der (Elektronen-) Dichte und für Messungen der *Faraday-Rotation* zur Bestimmung des Magnetfelds im Plasma [1—5, 8, 9, 13—15, 20, 21, 23—26, 29, 41].

Neue Methoden beruhen darauf, daß man Laserlicht in das Plasma fokussiert und das Streulicht untersucht. Diese Streumessungen geben lokale Informationen und sind z. B. in bezug auf die Temperaturbestimmungen einfacher und genauer als die alten spektroskopischen Verfahren [6, 7, 11, 12, 16—19, 22, 27, 28, 33—35, 37—40].

Sofern man die streuenden Elektronen als statistisch unabhängig annehmen kann (*Thomson-Streuung*), hat das Spektrum des gestreuten Lichts eine *Gaußsche Verteilung*. Aus der Lage der Streulinie kann man auf eine Elektronendrift, aus der Breite auf die Elektronentemperatur und aus der Intensität auf die Dichte schließen. — Wenn Kollektiveffekte maßgebend sind (Dichteschwankungen), besteht das gestreute Licht im wesentlichen aus einer zentralen Linie und zwei symmetrisch angeordneten Satellitenlinien. Die Breite der schmalen Mittellinie ist

---

[1] Verfasser K. Gürs

ein Maß für die Ionentemperatur. Der Abstand der Seitenlinien ist ungefähr gleich der doppelten Plasmafrequenz, woraus ebenfalls die Elektronendichte folgt [31].

Ob bei den Experimenten die Elektronen als unabhängig angenommen werden können oder Kollektiveffekte wesentlich sind, hängt von dem Wert eines Parameters α ab,

$$\alpha = \lambda / \left(4\pi\lambda_D \sin\frac{\Theta}{2}\right), \qquad (10.8/1)$$

mit λ = Laserwellenlänge, λ_D = *Debye-Länge* im Plasma und Θ = Streuwinkel. Häufig ist für große Θ (z. B. 90°, Senkrechtstreuung) $\alpha \ll 1$ und die Elektronen streuen unabhängig voneinander, während man aus dem vorwärtsgestreuten Licht ($\Theta \approx 0$; $\alpha \gg 1$) auf die kollektiven Eigenschaften des Plasmas schließen kann [10, 32, 36].

Schwierigkeiten bei den Streumessungen infolge des sehr geringen *Thomson-Streuquerschnitts* und der Plasmaeigenstrahlung sind inzwischen überwunden, und zwar durch Verwendung leistungsstarker Laser und geeigneter Filter.

Literatur

[1] Ascoli-Bartoli, U., S. Martellucci u. E. Mazzucato: Some contributions of ruby laser light source to the study of plasma refractivity. Il Nuovo Cimento 32, 2 (1964) 298.

[2] Ashby, D. E. T. F., D. F. Jephcott, A. Malein u. F. A. Raynor: Performance of the He–Ne gas laser as an interferometer for measuring plasma density. J. Appl. Phys. 36, 1 (1965) 29—34.

[3] Ashby, D. E. T. F., u. D. F. Jephcott: Measurement of plasma density using a gas laser as an infrared interferometer. Appl. Phys. Letters 3, 1 (1963) 15—16.

[4] Baker, D. A., J. E. Hammel u. F. C. Jahoda: Extension of plasma interferometry technique with a He–Ne laser. Rev. Sci. Instr. 36, 3 (1965) 395—396.

[5] Boornard, A., L. J. Nicastro u. J. Vollmer: Determination of plasma density by laser interferometric and continuum radiation intensity measurements. Appl. Phys. Letters 7, 10 (1965) 258—260.

[6] Brown, L. S., u. T. W. B. Kibble: Interaction of intense laser beams with electrons. Phys. Rev. 133, 3 A (1964) A 705.

[7] Brown, T. S., u. D. J. Rose: Plasma diagnostics using lasers: Relations between scattered spectrum and electron-velocity distribution. J. Appl. Phys. 37, 7 (1966) 2709—2714.

[8] Buser, R. G., u. J. J. Kainz: Interferometric measurements of rapid phase changes in the visible and near infrared using a laser light source. Applied Opt. 3, 12 (1964) 1495.

[9] Chen, C. J.: Velocity-profile measurement in plasma flows using tracers produced by a laser beam. J. Appl. Phys. 37, 8 (1966) 3092—3095.

[10] Chan, P. W., u. R. A. Nodwell: Collective scattering by laser light in plasma. Phys. Rev. Letters 16, 4 (1966) 122—124.

[11] Davies, W. E. R., u. S. A. Ramsden: Scattering of light from the electrons in a plasma. Phys. Letters 8, 3 (1964) 179—180.

[12] DeSilva, A. W., D. E. Evans u. M. J. Forrest: Observation of Thomson and co-operative scattering of ruby laser light by a plasma. Nature 203, 4952 (1964) 1321.

[13] Deuel, R. W., L. P. Kirchner u. E. Thornton: The laser interferometer as a diagnostic tool in shock-tube experiments. Appl. Phys. Letters 8, 3 (1966) 59—60.

[14] Dougal, A. A., J. P. Craig u. R. F. Gribble: Time-space resolved experimental diagnostics of theta-pinch plasma. Phys. Rev. Letters 13, 5 (1964) 156—158.

[15] Dougal, A. A., J. P. Craig u. R. F. Gribble: Experimental optical maser diagnostic of dense plasmas. Bull. Am. Phys. Soc. 9, 2 (1964) 151.

[16] Fünfer, E., B. Kronast u. G. H. Kunze: Experimental results on light scattering by a Θ-pinch plasma using a ruby laser. Phys. Letters 5, 2 (1963) 125.

[17] Gatland, I. R., L. Gold u. J. W. Moffat: Laser beam detection of electron-photon interaction. Phys. Letters 12, 2 (1964) 105.

[18] George, T. V., L. Slama, M. Yokoyama u. L. Goldstein: Scattering of ruby-laser beam by gases. Phys. Rev. Letters 11, 9 (1963) 403—406.

[19] George, T. V., L. Slama, M. Yokoyama u. L. Goldstein: Molecular scattering of ruby-laser light. Phys. Rev. 137, 2A (1965) 369—380.

[20] Gerardo, J. B., u. J. T. Verdeyen: The laser interferometer: Application to plasma diagnostics. Proceedings of the IEEE 52, 6 (1964) 690.

[21] Gerardo, J. B., J. T. Verdeyen u. M. A. Gusinow: High-frequency laser interferometry in plasma diagnostics. J. Appl. Phys. 36, 7 (1965) 2146—2151.

[22] Gerry, E. T., u. D. J. Rose: Plasma diagnostics by Thomson scattering of a laser beam. J. Appl. Phys. 37, 7 (1966) 2715—2724.

[23] Gormezano, C.: Mesure de la densité d'un plasma par un laser à gaz. C. R. Acad. Sci. 259, 17 (1964) 2805—2808.

[24] Gribble, R. F., J. P. Craig u. A. A. Dougal: Spatial density measurements in fast theta-pinch plasma by laser excitation of coupled infrared resonators. Appl. Phys. Letters 5, 3 (1964) 60—62.

[25] Hayler, D. A., u. C. L. Rudder: Transmission of coherent light through shock produced plasmas. Proc. IEEE 51, 2 (1963) 365.

[26] Hooper, E. B. Jr., u. G. Bekefi: A laser interferometer for repetitively pulsed plasmas. Appl. Phys. Letters 7, 5 (1965) 133—135.

[27] Hughes, T. P.: New method for the determination of plasma electron temperature and density from Thomson scattering of an optical maser beam. Nature 194, 4825 (1962) 268—269.

[28] Kingsland, D. O.: A ruby laser diagnostic plasma probe. Proc. IEEE 53, 2 (1965) 196.

[29] Kricker, W. A., u. W. I. B. Smith: A moving mirror laser interferometer for plasma diagnostics. Phys. Letters 14, 2 (1965) 102—103.

[30] Kroll, N. M., A. Ron u. N. Rostoker: Optical mixing as a plasma density probe. Phys. Rev. Letters 13, 3 (1964) 83.

[31] Kronast, B.: Laser application in the field of plasma physics. Z. angew. Math. Phys. (Schweiz) 16, 1 (1965) 120—121.

[32] Kronast, B., H. Röhr, E. Glock, H. Zwicker u. E. Fünfer: Measurements of the ion and electron temperature in a theta-pinch plasma by forward scattering. Phys. Rev. Letters 16, 24 (1966) 1082—1085.

[33] Kunze, H. J., A. Aberhagen u. E. Fünfer: Electron density and temperature measurements in a 26 kJ theta-pinch by light scattering. Phys. Letters 13, 1 (1964) 38.

[34] Kunze, H. J., E. Fünfer, B. Kronast u. W. H. Kegel: Measurement of the spectral distribution of light scattered by a theta-pinch plasma. Phys. Letters 11, 1 (1964) 42—43.

[35] Ramsden, S. A., u. W. E. R. Davies: Radiation scattered from the plasma produced by a focused ruby laser beam. Phys. Rev. Letters 13, 7 (1964) 227.

[36] Ramsden, S. A., u. W. E. R. Davies: Observation of cooperative effects in the scattering of a laser beam by a plasma. Phys. Rev. Letters 16, 8 (1966) 303—306.

[37] Schwarz, S. E.: Plasma diagnosis by means of optical scattering. J. Appl. Phys. 36, 6 (1965) 1836—1841.

[38] Schwarz, S. E.: Scattering of optical pulses from a non-equilibrium plasma. Proc. IEEE 51, 10 (1963) 1362.

[39] Toraldo di Francia, G.: Interaction of focused laser with a beam of charged particles. Il Nuovo Cimento 37 ,4 (1965) 1553—1560.

[40] Warmock, A. C. C., W. N. Deuchars, J. Irving u. D. E. Kidd: Gas laser measurements of the electron density of a plasma produced by a very fast theta-pinch preheater. Appl. Phys. Letters 7, 2 (1965) 29—30.

[41] Watteau, J.-P.: Diffusion of light by electrons of a plasma under laboratory conditions. L'Onde Electrique 46, 466 (1966) 62—74.

[42] Browne, P. F.: Mechanism for gas breakdown by lasers. Proc. Phys. Soc. 86, 554 (1965) 1323—1332.

[43] BUSCHER, H. T., R. G. TOMLINSON u. E. K. DAMON: Frequency dependence of optically
    induced gas breakdown. Phys. Rev. Letters 15, 22 (1965) 847—849.
[44] MANDEL'SHTAM, S. L., P. P. PASHININ, A. V. PROKHINDEEV, A. M. PROKHOROV u.
    N. K. SUKHODREV: Study of the „spark" produced in air by focused laser radiation.
    Sov. Phys. JETP 20, 5 (1965) 1344—1346.
[45] NELSON, P., P. VEYRIE, M. BERRY u. Y. DURAND: Experimental and theoretical studies
    of air breakdown by intense pulse of light. Phys. Letters 13, 3 (1964) 226.
[46] WRIGHT, J. K.: Theory of the electrical breakdown of gases by intense pulses of light.
    Proc. Phys. Soc. 84, 537 (1964) 41.

10.9 Materialbearbeitung[1]

Materialbearbeitung ist ein wichtiges Anwendungsgebiet des Lasers. Dies
beruht auf der guten Fokussierbarkeit und auf der dadurch erzielbaren hohen
Leistungsdichte des Laserstrahls. Gegenüber der Anwendung von Elektronenstrahlen besteht der Vorteil, daß die Bearbeitung nicht im Vakuum durchgeführt
werden muß. Ferner ist es beim Bearbeiten nichtleitender Werkstoffe vorteilhaft, daß, im Gegensatz zu Elektronenstrahlen, eine die Auftreffgeschwindigkeit
der Elektronen und die Fokussierung störende Aufladung nicht auftritt.

Enthält der Laserstrahl (mit der Wellenlänge λ und dem Durchmesser D in der
Fokussierungslinse) nur den Grundmode, so läßt sich gemäß den Gesetzen der
Beugung der Strahl auf einen Durchmesser

$$d \approx \frac{\lambda f}{D} \tag{10.9/1}$$

fokussieren. Dabei ist f die Brennweite der abbildenden Linse. Mit guten optischen
Abbildungssystemen kann man $f \approx D$ und damit $d \approx \lambda$ erreichen. Sind Eigen-
schwingungen höherer Ordnung m vorhanden, so vergrößert sich d etwa um den
Faktor $\sqrt{m+1}$.

Zur Materialbearbeitung mit Pulsbetrieb dienen z. B. Rubinlaser. Die Energie
des einzelnen Laserimpulses liegt dabei zwischen 1/10 und einigen 10 Ws; die Im-
pulszeiten sind von der Größenordnung 1 ms. Bisweilen werden auch mit Q-switch
betriebene Laser eingesetzt. Hauptproblem ist die geeignete Dosierung und Repro-
duzierung der Energie des einzelnen Laserimpulses. Für die Feinbearbeitung im
Dauerbetrieb hat sich der Laser mit Neodym in Yttrium-Aluminium-Granat
bewährt. Sehr gut geeignet zur Werkstoffbearbeitung ist auch der CO_2-Laser
($\lambda = 10,6\ \mu$m) mit Dauerleistungen von 50 bis einigen 1000 W.

Die Laserenergie wird vom bestrahlten Werkstück nur zum Teil absorbiert.
Die zugeführte Energie hängt also vom Absorptionsvermögen des Werkstoffs ab,
das eine Funktion der Wellenlänge und der Oberflächenbeschaffenheit ist. Die
Absorption erfolgt bei Metallen in einer Oberflächenschicht, deren Tiefe kleiner ist
als die Wellenlänge. Bei hohen Leistungsdichten erhitzt sich die Oberfläche rasch
bis auf eine Temperatur oberhalb des Siedepunktes, ohne daß in der kurzen Zeit
merkliche Verluste durch Wärmeleitung entstehen. Dabei wird eine Oberflächenschicht verdampft. Es entsteht eine dichte Dampfwolke I, und aus dem bestrahlten Werkstoff werden glühende Tröpfchen explosionsartig herausgeschleudert

---

[1] Verfasser K. GÜRS.

(Abb. 10.9.1; s. a. [22, 32]). Eine zur Strahlfokussierung dienende Optik (Linse, Mikroskop) muß vor diesen glühenden Teilchen geschützt werden (Zwischenschalten eines mikroskopischen Deckglases, Anblasen mit Preßluft).

Abb. 10.9.1. Laserbohren. Glühende Teilchen werden im Dampfstrahl mitgerissen (Zeiß-Werkphoto).

Die durch die zugeführte Energie im Werkstück entstehende Temperaturerhöhung ist durch die Wärmeleitung, Wärmestrahlung und durch die Verdampfungswärme des Materials bestimmt. Beziehungen hierfür und die beim Bohren von Löchern auftretenden Wirkungen sind z. B. in [1, 2, 17, 32] angegeben.

Folgende Anwendungen des Lasers zur Materialbearbeitung seien genannt:

a) Bohren von Löchern mit Durchmessern bis hinunter zu einigen μm in Metallen und Isolatoren. Abb. 10.9.2 zeigt z. B. einen Uhrenstein aus künstlichem Rubin mit einer Bohrung von 60 μm Durchmesser. Wie man auf dem unteren Teil des Bildes erkennt, ist der Durchmesser längs der Bohrung weitgehend konstant. Bohrungen von etwa 30 μm Durchmesser in einer Glimmerplatte sind in Abb. 10.9.3

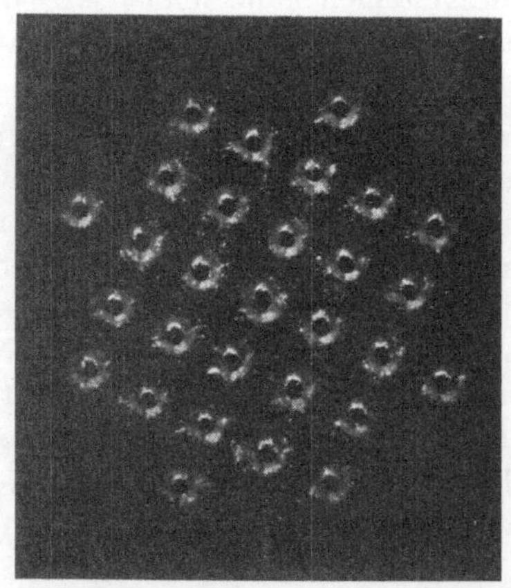

Abb. 10.9.3. Bohrungen von etwa 30 μm Durchmesser in einer Glimmerplatte (nach S. Panzer [29]).

Abb. 10.9.2. Laserbohrung von 60 μm Durchmesser in einem Rubin-Uhrenstein von etwa 0,35 mm Dicke.
←

wiedergegeben. Auch Ziehsteine und Düsen lassen sich mittels Laser herstellen, wobei das Bohren von Diamanten besonderes Interesse hat. Man bearbeitet dielektrische Kristalle, um Springen zu vermeiden, zweckmäßig mit mehreren

Laserimpulsen begrenzter Leistung. Die Bohrungen in Diamanten lassen sich mit dem gewünschten konischen Profil herstellen; kleinste Durchmesser unter 10 μm sind erreichbar. Das Bohren von Diamanten mittels Laser erfordert einen Zeitaufwand von einigen Minuten gegenüber dem von etwa 24 Stunden für den normalerweise üblichen Arbeitsgang ohne Laser [5].

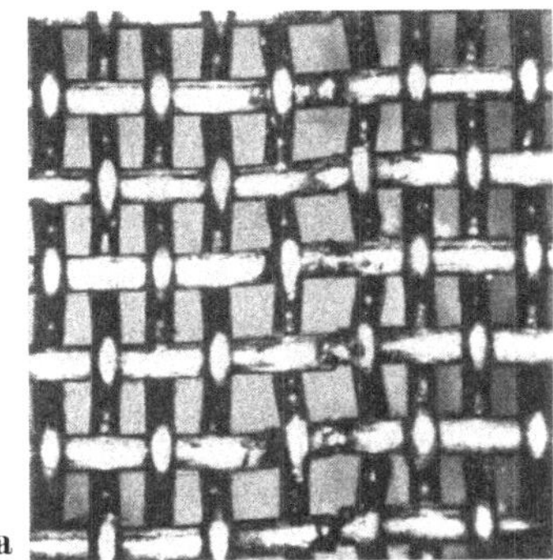

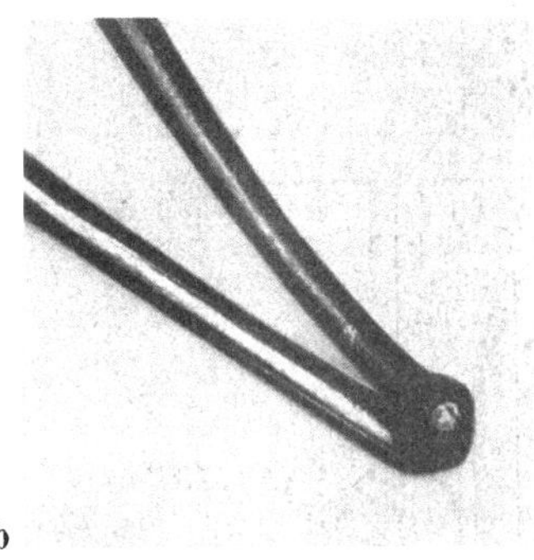

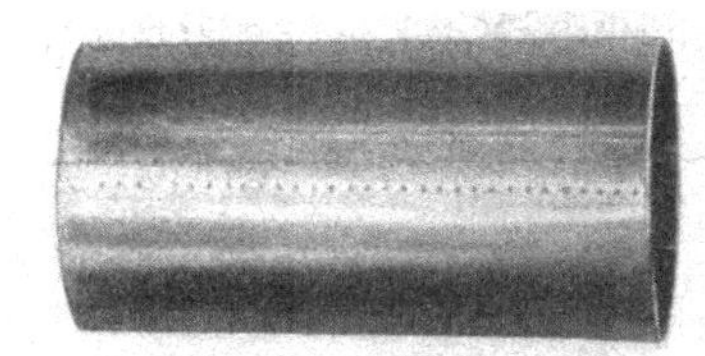

Abb. 10.9.4. Laserschweißungen. a) Verbindung eines Netzes aus Kupferdrähten von 0,2 mm Durchmesser; b) Thermoelement aus Nickel- und Konstantandraht; c) punktgeschweißtes Rohr aus 0,2 mm starkem Federstahlblech (nach S. PANZER [29]).

b) **Fein- und Feinstschweißen** von Metallen und Nichtmetallen, wie das Kontaktieren in der Mikroelektronik, das Verschweißen von Netzen aus dünnen Metalldrähten (Abb. 10.9.4 a), das Schweißen von Thermoelementen (Abb. 10.9.4 b) und das Punktschweißen kleiner Bauteile (Abb. 10.9.4c). Der Vorteil der Laserpulsschweißung besteht u. a. in der ausgeprägten Lokalisierung der Temperaturerhöhung infolge starker Fokussierung und **kurzzeitiger** Energiezufuhr. Dadurch wird das bei anderen Schweißmethoden häufig beobachtete Verziehen der Teile vermieden oder vermindert. Mit dem Laser kann man auch verschiedenartige Metalle verschweißen, die sich auf andere Weise nur schwer verbinden lassen. Zum Beispiel kann man ein Federblech aus einem hochschmelzenden mit einer Unterlage aus einem niedrigschmelzenden Material verbinden. Verzinnte dünne Drähte lassen sich aneinander oder an eine verzinnte Unterlage mittels Laser leicht anlöten.

c) **Oberflächenbearbeitung**, wie z. B. Abtragen kleiner Massen zum Auswuchten oder Justieren, Fräsen von Aufdampfschichten, Abgleichen elektronischer Bauelemente (Schichtwiderstände [34]).

d) **Grobschweißen, Schneiden und Schmelzen.** Hierfür wird der CO_2-Laser eingesetzt. Man kann Metalle, Keramik und Kunststoffe schweißen und schneiden sowie Quarz und andere dielektrische Materialien schmelzen, auch Einkristalle bei lasergeheizter Schmelze aus dem Tiegel oder nach der Methode des tiegelfreien Zonenschmelzens ziehen. Zur Zeit werden zahlreiche Verfahren der industriellen Anwendung des CO_2-Lasers erprobt. Einige Vorversuche verliefen sehr erfolgreich.

Der Wirkungsgrad des CO_2-Lasers ist hoch (15 bis 20%), außerdem kann man den Laserstrahl verlustfrei auf das zu bearbeitende Objekt bündeln. Daher liegt der Gesamtwirkungsgrad höher als bei anderen Energiequellen, wie z. B. Glühlampen, Flammen oder Hochfrequenzsendern.

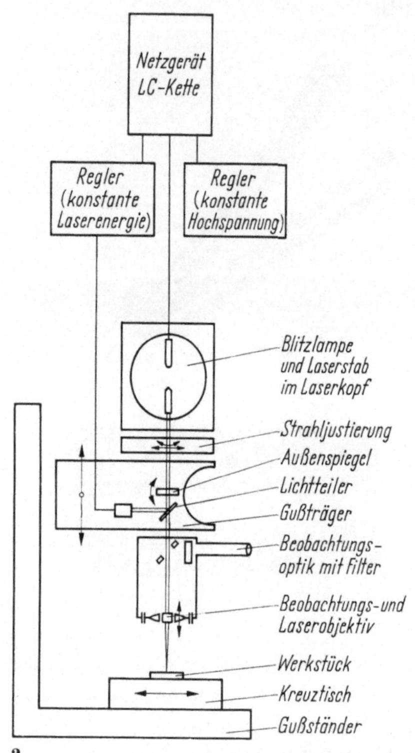

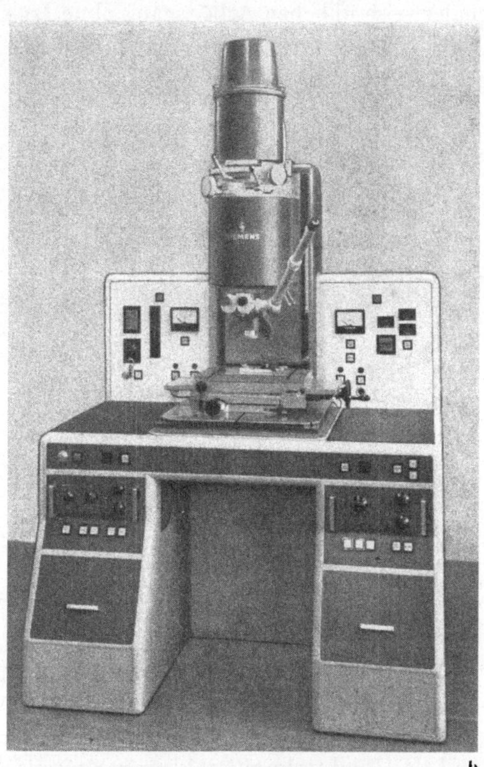

Abb. 10.9.5. Lasergerät zur Materialbearbeitung (UBL 5001 der Siemens AG). a) Schematische Darstellung des optischen Teils; b) Photographie des Geräts.

Lasermaterial	Rubin, 75 mm lang, 4 bis 6 mm Durchmesser	Beobachtungsmikroskop	Stereomikroskop, Vergrößerung maximal 70fach
Laser-Impulsenergie	maximal 6 bis 10 Ws	Kühlung	Wasserkreislauf mit Entionisierer
Laser-Impulslänge	0,4 bis 4 ns (angepaßt)		
Impulsfolgefrequenz	maximal 25 Hz	Anschlüsse	Drehstrom 380 V. 25 A, Wasser 20 l/min
Blitzlampenverlustleistung	maximal 5 kVA		
Laserobjektiv	Brennweite 24 mm, Arbeitsabstand 100 mm	Platzbedarf	Lasergerät 5 bis 6 m², Stromversorgung 3 bis 4 m²

Daß man der Materialbearbeitung mittels Impulslaser Bedeutung beimißt, äußert sich auch in der Tatsache der Konstruktion spezieller Laser-Schweiß- und Bohrgeräte [30, 33]. An diese müssen die Forderungen reproduzierbarer Ergebnisse, der Zuverlässigkeit, befriedigender Lebensdauer und der Eignung zur Automatisierung der Arbeitsvorgänge gestellt werden. Bei den Impulslasern müssen Energie, Impulslänge und Zahl der Impulse definiert einstellbar sein. Neben dem eigentlichen Laserkopf und dem Stromversorgungsgerät erfordert dies Regelsysteme. Ferner ist es normalerweise notwendig, das Werkstück während der Bearbeitung auch optisch zu beobachten. Dazu muß ein Mikroskop im Gerät vorhanden sein. Abb. 10.9.5 zeigt eine schematische Darstellung eines serienmäßig hergestellten

Lasergerätes zur Werkstoffbearbeitung und die Photographie dieses Gerätes. Wesentliche Daten des Universal-Bearbeitungs-Lasers (Siemens UBL 5001) sind der Abb. 10.9.5b hinzugefügt.

Literatur

[1] ADAMS, C. M., JR., u. G. A. HARDWAY: Fundamentals of laser beam machining and drilling. IEEE Transactions IGA 1, 2 (1965).

[2] BAHUN, C. J., u. R. D. ENGQUIST: Metallurgical applications of lasers. Proc. Nat. Electr. Conf. 18, 2 (1962) 607—619.

[3] Bruma, M. S.: Usinage photonique avec générateur laser. Proc. 3rd. Int. Symp. on Quantum Electronics, ed. by P. Grivet and N. Bloembergen. New York: Columbia University Press 1964, 1333—1367.

[4] DONOVAN, R. F.: Laser techniques for metal joining. Paper Creat. Sem. Am. Soc. Tool and Manuf. Engrs. 1963—1964.

[5] EPPERSON, P. J., R. W. DYER u. J. C. GRZYWA: The laser now a production tool. Western Electric Eng. 10, 2 (1966) 9—17.

[6] FAIRBANKS, R. H., u. C. M. ADAMS: Laser beam fusion welding. Welding J. 43 (1964) 97—102.

[7] FAIRBANKS, R., u. R. L. MARTIN: Some aspects of laser beam welding. Proc. Nat. Electr. Conf. 18, 2 (1962) 786.

[8] FORBES, N.: Laser beam machining. Microelectronics and Reliability 4, 1 (1965) 105—108.

[9] PATZKE, H. G.: Laser für die Werkstoffbearbeitung. VDI-Z. 64, 18 (1964) 787—791.

[10] GARDNER, A. R.: Lasers in engineering. Product Engineering 36, 21 (1965) 118—124.

[11] LEMMOND, C. Q., u. L. H. STAUFFER: Energy beams as working tools. IEEE Spectrum 1, 7 (1964) 67—80.

[12] LOCQUIN, M.: Micro-usinage photonique par laser. Electronique Industr. Nucléaire 68 (1963) 366—368, 378.

[13] MILLER, K. J., u. J. D. NINNIKHOVEN: Laser welding. Machine Design 37, 18 (1965) 120—125.

[14] NAMBA, S., u. P. H. KIM: Electron and laser beam processing. Jap. J. Appl. Phys. 3, 9 (1964) 536—545.

[15] NORTON, J. F., u. J. G. McMULLEN: Laser-formed apertures for electron beam instruments. J. Appl. Phys. 34, 12 (1963) 3640—3641.

[16] OSIAL, T. A.: The laser as a machining and welding tool. Design News 20, 22 (1965) 162 bis 173.

[17] PANZER, S.: Die Anwendungen des Lasers für die Materialbearbeitung. Z. f. angew. Math. u. Phys. (Schweiz) 16, 1 (1965) 138—155.

[18] PLATTE, W. N., u. J. F. SMITH: Laser techniques for metals joining. Welding Research J. Suppl. (1963) 481S—489S.

[19] PEPPERS, N. A.: A laser microscope. Appl. Opt. 4, 5 (1965) 555—558.

[20] PRICE, T. E.: Laser welding of semiconductors. Instr. Electronics 2, 10 (1964) 478—479.

[21] RAIA, E. C.: The many-sided laser. Mechanical Engineering 87, 4 (1965) 48—54.

[22] READY, J. F.: Effects due to absorption of laser radiation. J. Opt. Soc. Am. 53, 4 (1963) 514.

[23] SCHWARZ, H., u. A. J. DeMARIA: Elektronen-, Ionen- und Laser-Strahlen zur Materialbearbeitung. Physikal. Bl. 19, 7 (1963) 307—314.

[24] SMITH, H. M., u. A. F. TURNER: Vacuum deposited thin films using a ruby laser. Appl. Opt. 4, 1 (1965) 147—148.

[25] WANDINGER, L., u. K. KLOHN: Laser-alloyed tunnel diodes for microwave applications. Proc. IEEE 51, 6 (1963) 938—939.

[26] YOUNG, D. S.: The laser as an industrial tool. Western Electric Eng. 8, 4 (1964) 2—10.

[27] PANZER, S.: Probleme der Laser-Materialbehandlung beim Einsatz in industriellen Prozessen. Elektr. Ausrüstung 4 (1964) 124—134.

[28] PANZER, S.: Thermische Wirkungen der Laserstrahlung auf Werkstoffe. Zeiss-Informationen 56 (1956) 60—67.

[29] Panzer, S.: Mikroskop und Laser. Zeiss-Informationen 64 (1967) 50—54.
[30] Rauscher, G.: UBL 5001, ein Universal-Bearbeitungs-Laser. Siemens Z. 41 (1967) 273 bis 275.
[31] Angerer, K., H. Boersch et al.: Herstellung von Blendenbohrungen mit Laserstrahlung. Phys. Verh. 14 (1963) 162.
[32] Harris, T. J.: High speed photographs of laser induced heating. IBM J. Res. Dev. 7 (1963) 342—344.
[33] Feldmann, D.: Lichttechnische Probleme in hochenergetischen Lasern. Lichttechnik 9 (1964) 445—448.
[34] ohne Verf.: Laser trims resistors to 0,05%. Electric Equipment Engineering 11, 11 (1963) 18.

10.10 Medizinische und biologische Anwendungen[1]

Ein Überblick über die Untersuchungen der Strahlungseinwirkungen auf biologische Gewebe und Organe ist in [1] (mit reichhaltiger Literaturangabe) angegeben. Eine Reihe von Wirkungen können durch reine thermische Effekte (wie in Kap. 10.9) erklärt werden. Es treten jedoch einige Erscheinungen auf [2], zu deren Erklärung offenbar andere Effekte, z. B. Polarisation im hohen elektrischen Feld, herangezogen werden müssen.

Besonderes Interesse verdient die Strahlungseinwirkung auf die Augen und die Haut. Die Laser-Strahlung kann schwerwiegende Schädigungen des Auges hervorrufen. Ein scharfer Grenzwert, unter dem eine Schädigung nicht eintritt, kann kaum angegeben werden; es wurden jedoch bereits bei Ausgangsenergien von 0,04 Ws (Wellenlänge 6943 Å) Augenschäden festgestellt [3, 4]. Von anderer Seite wurde als Anhaltspunkt für diesen Grenzwert eine Energiedichte von 2,5 bis 25 Ws/cm² angegeben [5, 6]. Besonders gefährlich ist die Tatsache, daß das Auge je nach seiner Akkommodation das Licht auf die Retina fokussieren kann. Auch Infrarot- und Ultraviolett-Strahlung kann ernste Schäden hervorrufen, da diese in der Linse und im Glaskörper absorbiert werden. Literatur über Unfälle dieser Art und entsprechende Vorkehrungsmaßnahmen: s. [7—11]. Diese Vorschläge besagen unter anderem: Vermeidung unkontrollierter Reflexion, besonders auch in den Frequenzbereichen nichtsichtbarer Strahlung; Verwendung von Abschirmungen, so daß der mögliche Strahlengang genau bekannt ist und Ausschließung von Personen, denen die Gefahren unbekannt sind. Die Verwendung von Schutzbrillen wurde untersucht, doch ist auch dabei vor einem direkten Blick in die Laser-Strahlung zu warnen, da die Gläser springen können. Außerdem kann die Strahlung von den Gläsern reflektiert werden und andere Personen treffen.

Der Laser kann in der Augenheilkunde verwendet werden. Es gibt Lichtkoagulatoren, die zur Anschweißung einer losgelösten Netzhaut dienen können [12 bis 19]. Die Verwendung eines Lasers als Lichtquelle kann gegenüber der Verwendung konventioneller Lichtquellen folgende Vorteile bringen: Wahl einer besonders geeigneten Wellenlänge; besonders gute Fokussierbarkeit; gleichzeitige Beobachtung bei einer anderen Lichtwellenlänge und Einwirkung in so kurzer Zeit, daß eine Augenbewegung ausgeschlossen ist.

---

[1] Verfasser R. Müller.

Untersucht wurde die Behandlung von Zähnen [20, 21] und an zahlreichen Stellen die Strahlungseinwirkung auf Tumore [22—27]. Zum Teil sind diese Versuche sehr vielversprechend, da eindeutig ein Unterschied zwischen der Wirkung auf kranke und gesunde Zellen besteht. Fragen der Verschleppung und weiteres Wachstum nach der Bestrahlung sind jedoch noch nicht genügend geklärt. Bei der Bestrahlung von Hautkrebs (Melanom) [28] kann die unterschiedliche Einwirkung durch die verschiedene Absorption der Strahlung bereits erklärt werden. Ein technisch weitgehend durchentwickeltes „Laser-Skalpell" ist in [40] beschrieben.

Allgemein stellt die Untersuchung der Einwirkung auf Gewebe ein breites Forschungsgebiet dar. Es wurde z. B. festgestellt, daß manche Gewebsschichten ziemlich unbeeinflußt blieben, während darunterliegende sehr starke Schädigungen aufwiesen. Ferner konnte die Bildung freier Radikale (nachgewiesen durch Messung des Elektronen-Spins) durch Laserbestrahlung festgestellt werden [29]. Die gute Fokussierbarkeit des Lasers ermöglicht die Bestrahlung von einzelnen Zellen und gibt damit der Forschung ein wirkungsvolles Werkzeug in die Hand [30—39].

Literatur

[1] Fine, S., E. Klein u. R. E. Scott: Laser irradiation of biological systems. IEEE Spectrum 1, 4 (April 1964) 81.

[2] Tomberg, V. T.: Non-thermal biological effects of laser beams. Nature 204, 4961 (Nov. 28, 1964) 868.

[3] Koester, C. J., E. Snitzer, C. J. Campell u. M. C. Rittler: Experimental laser retina coagulator. J. Opt. Soc. Am. 52 (1962) 607.

[4] Campell, C. J., M. C. Rittler u. C. J. Koester: The optical maser as a retina coagulator: an evaluation. Trans. Am. Acad. Ophthalmol. Otolaryngol 67 (1963) 58.

[5] Zaret, M. M., G. M. Breinin, H. Schmidt, H. Ripps, I. M. Siegel u. L. R. Solon: Ocular lesions producted by an optical maser (laser). Science 134 (1961) 1525.

[6] Zaret, M. M., H. Ripps, I. M. Siegel u. G. M. Breinin: Laser photocoagulation of the eye. A.M.A. Arch. Ophthalmol. 69 (1963) 97.

[7] Frankhauser, F., u. W. Lotmar: Radiation damage to the eye, specifically that caused by laser irradiation. Z. angew. Phys. 20, 6 (Mai 31, 1966) 521—524.

[8] Wolbarsht, M. L., K. E. Fligsten u. J. R. Hayes: Retina: pathology of neodymium and ruby laser burns. Science 150, 3702 (Dez. 10, 1965) 1453—1454.

[9] Schlickman, J. J., u. R. H. Kingston: The dark side of the laser, Electronics 38, 8 (April 19, 1965) 93—98.

[10] Campell, C. J., M. C. Rittler, K. S. Noyori, C. H. Swope u. C. J. Kester: The threshold of the retina to demage by laser energy. Arch. Ophthalmol. 76, 3 (Sept. 1966) 437—442.

[11] Vos, J. J.: Heat-demage to the retina by lasers and photocoagulators. Ophthalmologica 151, 6 (Juni 1966) 652—654.

[12] L'Esperance, F. A.: Xenon-arc and laser photocoagulation. Archives of Ophthalmology 75, 1 (Jan. 1966).

[13] Kohtiao, A., I. Resnick, J. Newton u. H. Schwell: Threshold lesions in rabbit retinas exposed to pulsed ruby laser radiation. Am. J. Ophthalmol. 62. 4 (Okt. 1966) 664 bis 669.

[14] Kohtiao, A., I. Resnick, J. Newton u. H. Schwell: Temperature rise and photocoagulation of rabbit retinas exposed to the cw-laser. Am. J. Ophthalmol. 62, 3 (Sept. 1966) 524—528.

[15] Campell, C. J.: Application of fiber laser techniques to retinal surgery. Arch. Ophthalmol. 72 (Dez. 1964) 850.

[16] ZWENG, H. C., M. FLOCKS, N. S. KAPANY, N. SILBERTRUST u. N. A. PEPPERS: Experimental laser coagulation. Am. J. Ophthalmol. 58 (Sept. 1964) 353—362.

[17] KAPANY, N. S., N. SILBERTRUST u. N. A. PEPPERS: Laser retinal photocoagulator. Appl. Opt. 4, 5 (Mai 1965) 517—522.

[18] POMERANTZEFF, O., C. L. SCHEPENS u. H. M. FREEMAN: Studies in photocoagulation I.—IV. Brit. J. Ophthalmol. 48, 6 (Juni 1964) 298—317.

[19] CAMPELL, C. J., V. CURTICE, K. S. NOYORI u. M. C. RITTLER: Clinical studies in laser photocoagulation, Arch. Ophthalmol. 74, 1 (Juli 1965) 57—65.

[20] GOLDMAN, G., P. HORNBY, P. MEYER u. B. GOLDMAN: Impact of the laser on dental caries, Nature 203, 4943 (Juli 25, 1964) 417.

[21] TAYLOR, R., G. SHKLAR u. F. ROEBER: The effects of laser radiation on teeth, dental pulp, and oral mucosa of experimental animals; Oral Surgery, Oral Medicine and Oral Pathology 19, 6 (Juni 1965) 786—795.

[22] JAMA STAFF: Laser used with x-ray speeds tumor regression, J. Am. Med. Assoc. 196, 7 (Mai 16, 1966) 35.

[23] MINTON, J. P., u. A. S. KETCHAM: The effect of neodymium laser radiation on two experimental malignant tumors systems, Surgery, Gynecology & Obstetrics 120, 3 (März 1965) 481—487.

[24] GOLDMAN, L., R. WILSON, P. HORNBY u. R. MEYER: Laser radiation of malignancy in man. Cancer 18, 5 (Mai 1965) 533—545.

[25] GOLDMAN, L., R. WILSON, P. HORNBY u. R. MEYER: Lasers and cancer. Brit. Med. J. 1, 5442 (April 24, 1965) 1080—1081.

[26] ROSOMOFF, H. L., R. HELLSTROM, J. BROWN u. F. CARROLL: Effect of laser on carcinoma in man. J. Am. Med. Assoc. 192, 2 (April 12, 1965) 175—176.

[27] MINTON, J. P., G. H. WEISS u. M. ZELEN: Oncolysis with laser energy combined with chemotherapy. Nature 207, 4993 (Juli 10, 1965) 140—141.

[28] McGUFF, P. E., R. A. DETERLING, jr. u. L. S. GOTTLIEB: Laser radiation for metastatic malignant melanoma. J. Am. Med. Assoc. 195, 5 (Jan 31, 1966) 149—150.

[29] DERR, V., E. KLEIN u. S. FINE: Electron spin resonance tests of laser irradiated biological systems. Appl. Opt. 3, 6 (Juni 1964) 786—787.

[30] SAKS, N. M., u. C. A. ROTH: A ruby laser as microsurgical instrument. Science 141 (1963) 46.

[31] LITHWICK, N. H., M. K. HEALY u. J. COHEN: Micro-analysis of bone by laser microprobe. Surgical Forum 15 (1964) 439—441.

[32] MALT, R. A.: Effects of laser radiation on subcellular components. Fed. Proc. 24, Nr. 1, Teil 3, Suppl. 14 (Jan.—Febr. 1965) S 122—S 125.

[33] FINE, S., E. KLEIN et al.: Interaction of laser radiation with biologic systems I. Studies on interaction with tissues. Fed. Proc. 24, Nr. 1, Teil 3, Suppl. 14 (Jan.—Febr. 1965) S 35—S 47.

[34] KLEIN, E., et. al.: Interaction of laser radiation with biologic systems III. Studies on biologic systems in vitro, Fed. Proc. 24, Nr. 1, Teil 3, Suppl. 14 (Jan.-Febr. 1965) S 104—S 110.

[35] SIMON, K. H.: Theory and medical uses of the laser. Med. Monatsschrift 20, 7, (Juli 1966) 301—304.

[36] JOHNSON. F. M., R. OLSON u. D. E. ROUNDS: Effects of high-power green laser radiation on cells in tissue culture. Nature 205, 4972 (Febr. 13, 1965) 721—722.

[37] GOLDMAN, L., u. J. R. ROCKWELL: Laser action at the cellular level. J. Am. Med. Assoc. 198, 6, (Nov. 7 1966) 641—644.

[38] BOOTH, A. D., R. S. C. COBBOLD u. C. WACKER: Laser in cytology. Nature 203, 4946 (Aug. 15, 1964) 789.

[39] ROSOMOFF, H. L., u. R. CARROLL: Reaction of neoplasm and brain to laser. Arch. Neurology 14 (Febr. 1966) 143—148.

[40] Ohne Verf.: New „Light Knife" devised, at Bell Labs. for Medical Research, Bell Labs. Rec. 45, 5 (Mai 1967) 158.

10.11 Präzisionsmessung geometrischer und mechanischer Größen[1]

In einem Laser-Interferometer ergeben sich wegen der großen Kohärenzlänge auch bei großem Gangunterschied zwischen den Teilstrahlen deutliche Interferenzen. Dementsprechend kann man mit dem Laser Präzissionsmessungen großer Längen ausführen. Eine Grenze findet das Verfahren in mechanischen Instabilitäten des Interferometeraufbaus und in Schwankungen der Luftdichte. Erfolgreich eingesetzt wurden Interferometer mit Weglängendifferenzen bis 120 m [2].

Genaue Messungen von Längen bis zu einigen Metern spielen in der Feinwerktechnik eine große Rolle. Für solche Messungen stehen bereits kommerzielle Lasergeräte zur Verfügung, die eine relative Frequenzstabilität von $\delta v/v = 10^{-8}$ besitzen. Man verwendet insbesondere He—Ne-Laser mit einer Resonatorlänge von etwa 15 cm, in denen nur eine einzelne Eigenschwingung angeregt ist. Die Stabilisierung dieser Laser beruht auf dem Effekt des *Lamb-Dips* (relatives Minimum der Verstärkung bei Abstimmung der Laserfrequenz auf die Mitte der Fluoreszenzlinie, vgl. Kap. 4.14 und 6.9 sowie [38, 39]. Eine Stabilisierung des He—Ne-Lasers kann ferner mit Hilfe des *Zeeman-Effekts* geschehen, wobei man z. B. ausnutzt, daß rechts- und links-zirkular polarisiertes Licht je nach der Wellenlänge in einer Neon-Gaszelle verschieden stark absorbiert wird [8]. Diese Verfahren setzen eine definierte Lage der Fluoreszenzlinie voraus. Da sich diese Linie jedoch mit dem Gasdruck verschiebt [5], muß man den Fülldruck im Laserrohr bzw. Gasrohr genau kontrollieren (s. Kap. 6.9). Die Längenmessung führt man dann auf eine Abzählung der Intensitätsmaxima oder -minima zurück, die bei Verschiebung des Interferometerspiegels am Ort eines schnell ansprechenden Photoempfängers entstehen. Natürlich kann man durch Berücksichtigung der Meßzeit auch die Geschwindigkeit angeben, mit der sich der Interferometerspiegel bewegt.

Andere weniger genaue Methoden der Bestimmung von Längen und Bewegungen beruhen auf Laufzeitmessungen des Lichts. Laser-Riesenimpulse von 10 ns Dauer entsprechen einem Lichtweg von 3 m. Daher kann man unter Verwendung solcher Impulse auf etwa 1 m genau messen (Laser-Radar). Die Genauigkeit läßt sich noch steigern, wenn man mit ultrakurzen Lichtimpulsen arbeitet, wie sie durch Modenkopplung entstehen (s. Kap. 10.3 und 10.6). — Schließlich kann man auch den *Doppler-Effekt* zur Geschwindigkeitsbestimmung ausnutzen [12, 23].

Zu den Interferenzmethoden der Bestimmung von Längen und Dicken muß man auch solche Methoden rechnen, bei denen die Beugung an Staubteilchen und Nebeltröpfchen beobachtet wird. Eine Auswertung der Beugungsbilder liefert genaue Durchmesser für Teilchen bis hinunter zu wenigen μm [13, 14, 33].

Optische Längenänderungen entstehen nicht nur durch Bewegung von Objekten, sondern auch durch Dichte- und Brechungsindexschwankungen in dem Medium, in dem sich das Licht ausbreitet. In Hinblick auf die Anwendung des Lasers zur Dichtemessung sei erwähnt, daß eine Luftdruckänderung von 2 millibar

---

[1] Verfasser K. Gürs.

bei einer Wegstrecke von 1 m eine optische Längenänderung von λ ergibt. Der Laser kann also als sehr empfindliches Barometer eingesetzt werden [28]. Besonders empfindlich sind ferner Methoden der Messung geringer Absorptions- und Brechungsindexänderungen, bei denen man das Meßobjekt im inneren Strahlengang eines rückgekoppelten Laserverstärkers unterbringt. Kleine Abstimmungsänderungen des Resonators gegenüber der Signalwellenlänge geben dann große Unterschiede in der Verstärkung [4, 17].

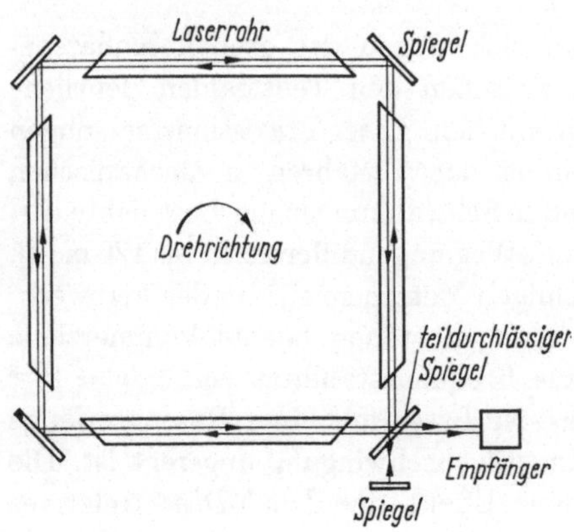

Abb. 10.11.1. Ringlaser mit vier Laserrohren zur Messung von Drehgeschwindigkeiten.

Außer zur Messung von Längen und Längenänderungen bei Translationsbewegungen kann der Laser in einer bestimmten Ausführung auch direkt zur genauen Messung der Winkelgeschwindigkeit bei Drehbewegungen eingesetzt werden [24, 26]. Für diese Zwecke verwendet man Ringlaser, bei denen das Licht auf einem geschlossenen Weg umläuft (Abb. 10.11.1). Die Anordnung braucht nicht symmetrisch zu sein, lediglich muß der Strahl bei seinem Umlauf eine bestimmte endliche Fläche einschließen. — Der Laser soll mit der Kreisfrequenz ω um eine Achse z rotieren, und es sei die Projektion der vom Laser eingeschlossenen Fläche auf eine Ebene senkrecht zu z mit A bezeichnet.

Für den Strahl in Drehrichtung verlängert sich dann der optische Weg, in Gegenrichtung verkürzt er sich. Die Weglängenänderung ΔL kann klassisch berechnet werden und ergibt sich zu

$$\Delta L = \pm\, 2\, A\,\omega/c. \tag{10.11/1}$$

Da die relative Längenänderung $\Delta L/L$ gleich der relativen Änderung $\Delta \nu/\nu$ der Eigenfrequenzen ist, erhält man als Frequenzdifferenz $\Delta \nu$ der in beiden Richtungen umlaufenden Wellen

$$\Delta \nu = 4\omega\, A/\lambda L. \tag{10.11/2}$$

Danach ist $\Delta \nu$ um ungefähr den Faktor L/λ (z. B. 10^6) größer als ω und kann in vielen praktischen Fällen bestimmt werden. Zur Messung von $\Delta \nu$ bringt man je einen Anteil der in beiden Richtungen laufenden Wellen am Ort eines Photoempfängers zur Überlagerung, wie in Abb. 10.11.1 dargestellt ist.

Im Experiment kann die Beziehung (10.11/2) bis zu hohen Drehfrequenzen ω verifiziert werden. Mit Abnahme von ω bricht bei kleinen Kreisfrequenzen die Messung ab, d. h. man beobachtet keine Differenzfrequenz $\Delta \nu$ mehr. Es setzt dann eine Kopplung der Eigenschwingungen ein (im Resonator bilden sich stehende Wellen aus). Dieser Effekt ist unerwünscht und begrenzt die Anwendbarkeit des Verfahrens. Die Kopplung tritt je nach dem Laser und den Versuchsbedingungen bei unterschiedlichen Frequenzen auf, und zwar im Bereich zwischen 50 Hz $< \Delta \nu < 5$ kHz. Die untere Grenze entspricht einer Drehgeschwindigkeit ω, die nur noch wenig über der Drehgeschwindigkeit der Erde liegt.

Literatur

[1] AAGARD, R. L., D. CHEN u. G. N. OTTO: Index of refraction measured by double-slit diffraction of coherent light from a gas laser. Appl. Opt. 3, 5 (1964) 643—644.

[2] ARECCHI, F. T., u. A. SONA: Long distance interferometry with a He–Ne laser. Proc. Int. Symp. Laser Phys. a. Appl., Z. angew. Math. Phys. (Schweiz) 16 (1965) 128—129.

[3] BALLIK, E. A.: Optical maser frequency stabilization and precise wavelength measurements. Phys. Letters 4, 3 (1963) 173—176.

[4] BOERSCH, H., G. HERZIGER u. H. WEBER: Gekoppelte Laserresonatoren als Verstärker zur Messung optischer Konstanten. Phys. Letters 8, 2 (1964) 109—111.

[5] BLOOM, A. L., u. D. L. WRIGHT: Pressure shifts in a stabilized single wavelength He–Ne laser. Bericht der Firma Spectra Physics.

[6] BOSE, H.: Utilisation du laser pour la mesure des distances. L'Onde Electrique 43, (1963) 738—747.

[7] BRADSELL, R. H.: Distance measurement by means of a light beam polarisation-modulated at a microwave frequency. Proc. 3rd. Int. Symp. on Quantum Electronics (Paris 1963), ed. by P. Grivet and N. Bloembergen, New York: Columbia University Press 1964, 1541—1547.

[8] BRÄNDLI, H. P., R. DÄNDLIKER u. K. P. MEYER: Absolute frequency stabilization of a gas laser using optical resonance amplification techniques. IEEE J. Q. E. 2, 6 (1966) 153.

[9] BUSER, R. G., u. J. KAINZ: Interferometrie measurements of rapid phase changes in the visible and near infrared using a laser light source. Appl. Opt. 3, 12 (1964) 1495—1499.

[10] CHAMBERLAIN, J. E., u. H. A. GEBBIE: Determination of the refractive index of a solid using a far infra-red maser. Nature 206 (1965) 602—603.

[11] CHEO, P. K., u. C. V. HEER: Beat frequency between two traveling waves in a Fabry-Perot square cavity. Appl. Opt. 3, 6 (1964) 788—789.

[12] FOREMAN, J. W. Jr., E. W. GEORGE u. R. D. LEWIS: Measurement of localized flow velocities in gases with a laser doppler flow meter. Appl. Phys. Letters 7, 4 (1965) 77—78.

[13] GEBHART, J., u. S. SCHMIDT: Interferenzerscheinungen an dünnen durchsichtigen Glasfäden bei kohärenter Beleuchtung. Z. angew. Phys. 19, 2 (1965) 141—143.

[14] GEBHART, J., u. H. STRAUBEL: Untersuchungen zur Lichtstreuung an absorptionsfreien kugelförmigen Einzelteilchen im Grenzbereich der geometrischen Optik. Z. angew. Phys. 20, 2 (1965) 145—149.

[15] HARRISON, A. E.: Solid-state light sources for distance-measuring equipment. Proc. IEEE 52, 1 (1964) 101.

[16] HEER, C. V.: An experiment for the observation of the „Coriolis-Zeeman" effect for photons. Proc. 3rd. Int. Symp. on Quantum Electronics (Paris 1963), ed. by P. Grivet and N. Bloembergen, New York: Columbia University Press 1964, 1305—1311.

[17] HERZIGER, G., H. LINDNER u. H. WEBER: Messung geringer Absorptions- und Brechungsindexänderungen mit dem Laserverstärker. Z. angew. Phys. 17, 2 (1964) 67—68.

[18] JASEJA, T. S., A. JAVAN u. C. H. TOWNES: Frequency stability of He–Ne masers and measurements of length. Phys. Rev. Letters 10, 5 (1963) 165—167.

[19] JASEJA, T. S., u. A. JAVAN: He–Ne optical maser: A new tool for precision measurements. Lasers and Masers Applications, ed. by W. S. C. Chang, Ohio State Univ. (1963) 208.

[20] JAVAN, A., T. S. JASEJA u. C. H. TOWNES: Short-time frequency stability of He–Ne optical masers. Bull. Am. Phys. Soc. II 8 (1963) 380—381.

[21] KLASS, P. J.: Ring laser device performs rate gyro angular sensor functions. Avionics 78 (1963) 98—99.

[22] KLASS, P. J.: Laser flowmeter measures gases. Fluids Aviation Week 82, 2 (1965) 75—77.

[23] KROGER, R. D.: Motion sensing by optical heterodyne doppler detection from diffuse surfaces. Proc. IEEE 53, 2 (1965) 211—212.

[24] MACEK, W. M., u. D. T. M. DAVIS Jr.: Rotation rate sensing with traveling-wave ring lasers. Appl. Phys. Letters 2, 3 (1963) 67—68.

[25] MACEK, W. M., D. T. M. DAVIS Jr., R. W. OLTHUIS, J. R. SCHNEIDER u. G. R. WHITE: Ring laser rotation rate sensor. Optical Masers, ed. by J. Fox, Brooklyn: Polytechnic Press 1963, 199—209.

[26] MACEK, W. M., D. T. M. DAVIS Jr., R. W. OLTHUIS, J. R. SCHNEIDER u. G. R. WHITE: Ring laser rotation rate sensor. Proc. 3rd. Int. Symp. on Quantum Electronics (Paris 1963), ed. by P. Grivet and N. Bloembergen, New York: Columbia University Press 1964, 1313—1317.

[27] MACEK, W. M., J. R. SCHNEIDER u. R. M. SALOMON: Measurement of Fresnel drag with the ring laser. J. Appl. Phys. 35, 8 (1964) 2556—2557.

[28] McNISH, A. G.: Lasers for length measurement. Science 146, 3641 (1964) 177—182.

[29] MAZANKO, I. P.: Über die Anwendung der Laser in der optischen Interferometrie. J. angew. Spektroskopie 1, 2 (1964) 153—157 (russ.).

[30] MOROKUMA, T.: Interference fringes with long path difference using He–Ne laser. J. Opt. Soc. Am. 53, 3 (1963) 394—395.

[31] PROCTOR, E. K.: On the minimum detectable rotation rate for a laser rotation sensor. Proc. IEEE 51, 7 (1963) 1035.

[32] ROCHEROLLES, R., J. ROBIEUX u. G. COURRIER: Télémétrie précise à grande distance à l'aide du laser. Onde Electrique 44, 445 (1964) 361—372.

[33] SILVERMAN, B. A., B. J. THOMPSON u. J. H. WARD: A laser fog disdrometer. J. Appl. Meterology 3, 6 (1964) 792—801.

[34] SMITH, R. C., u. L. S. WATKINS: A proposed method for reducing the locking frequency of a ring laser. Proc. IEEE 53, 2 (1965) 161.

[37] VALI, V., R. S. KROGSTAD u. W. VALI: Measurement of earth tides and continental drift with laser interferometer. Proc. IEEE 52, 7 (1964) 857—858.

[35] STAVIS, G.: Optical diffraction velocimeter. Instr. Contr. Syst. 39, 2 (1966) 99—102.

[36] THORNTON, E.: Incorporation of a laser into the arm of an interferometer for measurement of transient phase changes. J. Appl. Phys. 36, 11 (1965) 3539—3541.

[38] WHITE, A. D.: Frequency stabilization of gas lasers. IEEE J. Q. E. QE-1 (1965) 349—357.

[39] WHITE, A. D.: Pressure- and current-dependent shifts in the center-frequency of the Doppler-broadened $(2p_4 \rightarrow 3s_2)$ 6328 Å ^{20}Ne transition. Appl. Phys. Letters 10 (1967) 24—26.

Sachverzeichnis

Die durch Kursivsatz hervorgehobenen Seitenzahlen bezeichnen die Stelle,
an der das Stichwort ausführlich behandelt wird.